办公大师经典丛书

中文版 Access 2019 宝典

(第 9 版)

[美] 迈克尔·亚历山大(Michael Alexander)
迪克·库斯莱卡(Dick Kusleika) 著
张骏温 何保锋 译

清华大学出版社
北 京

Michael Alexander, Dick Kusleika
Access 2019 Bible
EISBN：978-1-119-51475-6

图书在版编目(CIP)数据

中文版 Access 2019 宝典/(美)迈克尔・亚历山大(Michael Alexander)，(美)迪克・库斯莱卡(Dick Kusleika) 著；张骏温，何保锋 译. —9 版. —北京：清华大学出版社，2019（2024.4重印）
(办公大师经典丛书)
书名原文：Access 2019 Bible
ISBN 978-7-302-53606-2

Ⅰ. ①中…　Ⅱ. ①迈…　②迪…　③张…　④何…　Ⅲ. ①关系数据库系统　Ⅳ. ①TP311.132.3

中国版本图书馆 CIP 数据核字(2019)第 173920 号

责任编辑：王　军　韩宏志
封面设计：孔祥峰
版式设计：思创景点
责任校对：成凤进
责任印制：丛怀宇

出版发行：清华大学出版社
网　　址：https://www.tup.com.cn，https://www.wqxuetang.com
地　　址：北京清华大学学研大厦 A 座　　邮　　编：100084
社 总 机：010-83470000　　邮　　购：010-62786544
投稿与读者服务：010-62776969，c-service@tup.tsinghua.edu.cn
质 量 反 馈：010-62772015，zhiliang@tup.tsinghua.edu.cn
印 装 者：三河市铭诚印务有限公司
经　　销：全国新华书店
开　　本：190mm×260mm　　印　　张：40.75　　字　　数：1377 千字
版　　次：2019 年 9 月第 1 版　　印　　次：2024 年 4 月第 5 次印刷
定　　价：128.00 元

产品编号：082453-01

译　者　序

2018 年 9 月，微软在 Ignite 2018 大会上面向 Windows 和 Mac 用户推出了 Office 2019 办公套件，Access 是 Microsoft Office 的一个成员，是把数据库引擎的图形用户界面和软件开发工具结合在一起的数据库管理系统。

Access 的用途体现在以下几个方面。第一，用来进行数据分析：Access 有强大的数据处理、统计分析功能，利用 Access 的查询功能，可以方便地进行各类汇总、平均等统计，并可灵活设置统计的条件。比如在统计分析上万条记录、十几万条记录及以上的数据时速度快且操作方便，这一点是 Excel 无法与之相比的。第二，Access 支持 Visual Basic 宏语言，它是一个面向对象的编程语言，可用来开发软件，如生产管理、销售管理、库存管理等各类企业管理软件，其最大的优点是易学！非计算机专业的人员也能学会。企业管理人员可通过 Access 软件来规范下属的行为，推行其管理思想。第三，在开发一些小型网站的 Web 应用程序时，可用 ASP+Access 存储数据。

本书全面介绍全球最流行的数据库管理工具 Access，从基础知识到高级技能，应有尽有。这本内容丰富的参考书可帮助读者利用 Access 2019 提供的所有功能，无论是刚开始接触 Access 2019 的新手还是有一定经验的老手，都可在本书中找到创建完美数据库解决方案需要的所有知识和专家指导意见。Access 使数据库新手和程序员能够存储、组织、查看、分析和共享数据，并构建强大的、可集成的、自定义的数据库解决方案——但是数据库可能很复杂，很难导航。本书帮助读者利用数据库的强大功能，对其用途、构造和应用程序有清晰透彻的了解，包括：

- 理解数据库对象和设计系统对象；
- 构建表单、创建表、操作数据表和添加数据验证；
- 使用 Visual Basic 自动化和 XML 数据访问页面设计；
- 与 Word、Excel 等办公软件交换数据。

本书分为 7 个部分，包括 Access 构建块、了解 Access 表、使用 Access 查询、在 Access 中分析数据、使用 Access 窗体和报表、Access 编程基础知识、高级 Access 编程技术。本书的每一章都是全书的组成部分，但它们也可以独立存在，有各自的示例文件。本书不必按顺序阅读，你可根据自己的实际情况，按照任意顺序阅读本书，例如，可从一章跳转到另一章，也可以从一个主题跳转到另一个主题。

本书对应的网站提供了书中使用的所有例子和数据库。本书适合任何想学习 Access 的人员，无论你是否从事计算机相关行业，无论你是否接触过 Access，通过学习本书均可快速掌握 Access 的管理方法和技巧。

这里要感谢清华大学出版社的编辑，他们为本书的出版投入了巨大热情并付出了很多心血。没有他们的帮助和鼓励，本书不可能顺利付梓。

对于这本经典之作，译者本着“诚惶诚恐”的态度，在翻译过程中力求“信、达、雅”，但是鉴于译者水平有限，错误和失误在所难免，如有任何意见和建议，请不吝指正。

译　者

作 者 简 介

Michael Alexander 是 Microsoft 认证的应用程序开发人员(MCAD)，并编写了多部有关使用 Microsoft Access 和 Microsoft Excel 进行高级商业分析的著作。他拥有 20 年以上的 Microsoft Office 解决方案咨询与开发经验。凭借长期以来对 Excel 社区所做的突出贡献，Michael 被授予 Microsoft MVP 称号。其联系地址是 www.datapigtechnologies.com。

Dick Kusleika 已经连续 12 年被授予 Microsoft MVP 称号，他拥有 20 年以上的 Microsoft Office 使用经验。Dick 为客户开发基于 Access 和 Excel 的解决方案，并在美国以及澳大利亚等地举办了多场有关 Office 产品的培训研讨会。此外，Dick 还在 www.dailydoseofexcel.com 上撰写了一个受欢迎的有关 Excel 的博客。

技术编辑简介

Joyce J. Nielsen 在出版业工作了超过 25 年，是一名作家、开发编辑、技术编辑和项目经理，专门为领先的教育和零售出版商提供 Microsoft Office、Windows、Internet 和通用技术图书。Joyce 拥有印第安纳大学布卢明顿凯利商学院的定量商业分析理学学士学位。她目前居住在亚利桑那州。

致 谢

我们要向 John Wiley & Sons 的专家们表示最诚挚的谢意，没有你们的辛勤工作，就没有本书的成功问世。要特别感谢我们的家人，他们在本书的整个编写过程中为我们提供了巨大支持，使我们可以全身心投入到工作中。

前　言

欢迎使用《中文版 Access 2019 宝典(第 9 版)》，它是了解现今功能最强大的桌面数据库管理系统的个人指南。

快速浏览本书的内容，就会认识到，Microsoft Access 能以其他应用程序无法实现的方式帮助管理数据。甚至连使用最广泛的应用程序 Microsoft Excel 都无法实现 Access 的功能。现在，将 Access (数据库管理应用程序)与 Excel (电子表格应用程序)进行比较似乎没有太大意义，但毫无疑问，在各种组织中，用户每天都在使用 Excel 来管理和分析大量数据。当然，读者使用本书的原因可能是想要突破 Excel 的限制。

对于需要面对日益膨胀的数据的分析师来说，Access 可以极大地提升其工作效率。Access 只需要非常少的性能开销便可处理较大的数据集。它不存在预定的行限制。它还可以高效地管理不同数据表之间的关系。此外，Access 附带了很多工具，可以帮助构建自己的可分发应用程序。

现在，我们面对空前庞大的数据，需要更多地进行复杂的数据分析，高级分析师需要掌握一些新的工具，以便摆脱机械地使用电子表格进行分析的状况。鉴于此，本书在提升你的技能的过程中可以发挥非常重要的作用。本书不仅介绍 Access，还探讨各种可通过 Access 改善日常数据管理和分析的方法。

本书读者对象

书中包含成为 Access 2019 高手需要的所有内容。本书首先介绍数据库的基本知识，然后逐章介绍具体内容。

本书的设计初衷是增强各种水平用户(Access 初、中、高级用户)的技能集。如果你是 Access 初学者，那么建议从头开始学习。如果已经非常熟悉 Access，可以轻松地构建 Access 应用程序，就可以从本书的后面部分开始学习。

如果你是初次接触数据库管理领域，则本书包含了开始学习 Access 2019 所需的全部内容。本书还提供了一些高级主题，以供参考和学习。初级开发人员应该特别关注第 I 部分，该部分介绍了构建成功、高效数据库所需的基本技能。作为数据库设计师，评价其能力的标准始终不变，那就是其构建的应用程序的执行性能如何以及处理用户交付给他们的数据的情况。

如果你想要了解 VBA(Visual Basic for Applications)编程的基本知识，就可以在本书中找到所需的内容。尽管 VBA 是一个内容非常丰富的主题，完全可以单独编写一本书，但本书的部分章节初步介绍了如何利用 VBA 增强自己的 Access 数据库。本书第 VI 部分解释通过添加到数据库中的代码编写 VBA 过程和构建 Access 应用程序的具体细节，其中包含很多技术细节。

本书的组织结构

本书分为以下 7 个部分。

- **第 I 部分：Access 构建块**。第 I 部分对数据库的基本元素提供了详细说明，为之后的学习打下坚实基础，介绍数据库管理的关键词，解释如何规划表和使用 Access 数据类型。在该部分，还首次接触到 Access 以及 Access 界面。
- **第 II 部分：了解 Access 表**。第 II 部分讨论构建 Access 表、管理表之间的关系以及链接到不同的数据源(例如 Excel 文件、文本文件、SQL Server 以及其他 Access 数据库)所需的技能。
- **第 III 部分：使用 Access 查询**。第 III 部分介绍 Access 提供的一部分基本分析工具。该部分探讨查询生成器以及基于 Access 表创建简单和高级分析输出的技术，介绍查询的基本知识，其中包括聚合查询、动作查询以及交叉表查询。
- **第 IV 部分：在 Access 中分析数据**。第 IV 部分介绍许多高级技术，它们可以真正将数据分析带到一个全新水平。该部分研究如何通过查询转换数据、创建自定义计算、执行条件分析、构建强大的子查询以及在查询中应用统计分析。

- **第 V 部分：使用 Access 窗体和报表。**第 V 部分重点介绍如何使用 Access 构建窗体和报表。该部分介绍将数据转换为美观用户界面和 PDF 样式 Access 报表的基本知识，讲述如何通过高级窗体控件来改进 Access 应用程序的外观。
- **第 VI 部分：Access 编程基础知识。**第 VI 部分进入下一阶段，讲述编程的基本原理。该部分的章节首先介绍 Access 宏，分析 VBA 基本原理，并利用 VBA 来增强 Access 数据库。该部分帮助掌握驱动 Access 应用程序的复杂对象和事件模型，以及如何充分利用这种丰富的编程环境，构造所需的 VBA 代码。
- **第 VII 部分：高级 Access 编程技术。**第 VII 部分将关注点转移到自动化和集成上，介绍如何利用其他程序和平台来增强报告机制。在该部分的章节中，不仅学习精通 VBA 所需的基本技能，还会介绍很多技术内幕和诀窍，它们可以应用于 Access 应用程序开发项目。在该部分，还将介绍 Access 中扩展的 Microsoft SharePoint 集成功能，这些功能允许在 SharePoint 站点上发布 Access 表、窗体和报表。

本书使用方法

尽管每一章都是全书的组成部分，但它们也可以独立存在，具有各自的示例文件(可在本书的 Web 站点上获取)。本书不必按顺序阅读，而是可以作为如下情形的参考书：

- 尝试某个操作时遇到困难
- 需要执行以前从未执行过的操作
- 有时间、有兴趣学习 Access 的新增功能

简言之，可根据自己的实际情况，按照任意顺序阅读本书，例如，可从一章跳转到另一章，也可以从一个主题跳转到另一个主题。

Web 站点上的内容

可以在本书对应的 Web 站点上找到本书中演示的示例，该站点的 URL 地址为 www.wiley.com/go/access2019bible。此外，还可扫封底二维码下载。

获取其他 Access 相关帮助

在使用本书中学到的新功能和工具时，有时可能需要额外的帮助。第一个可以提供此类帮助的地方是 Access 的帮助系统。Access 中的帮助系统并非完美无缺。对于初级用户来说，该帮助系统可能像一个笨重的插件，它会返回一个复杂的主题列表，与要搜索的原始主题没有任何关联。但一旦学会如何高效使用 Access 帮助系统，该系统通常会成为在获取某主题的额外帮助时可以采用的最简捷方式。

下面提供了一些提示，可以帮助充分利用 Access 的帮助系统：

- **寻求帮助时位置非常重要。**相对于新版 Access，旧版 Access 中的帮助系统似乎对用户更友好，效率更高。但实际上，Microsoft 对 Access 帮助系统的机制做出了根本性变更。

  在 Access 2019 中，实际上存在两个帮助系统：一个提供有关 Access 功能的帮助，而另一个提供有关 VBA 编程主题的帮助。Access 并不是根据输入的条件执行全局搜索，而仅针对与当前位置相关的帮助系统匹配搜索条件。从本质上讲，这意味着获得的帮助是由当前所处的 Access 区域决定的。因此，如果需要获得有关 VBA 编程主题的帮助，那么在执行搜索时，需要位于 VBA 编辑器中。另一方面，如果需要有关生成查询的帮助，建议进入“查询设计”视图。这样可以确保关键字搜索针对正确的帮助系统执行。
- **联机帮助要好于脱机帮助。**当搜索某个主题的帮助信息时，Access 会检查是否连接到 Internet。如果已连接，Access 将基于 Microsoft Web 站点中的联机内容返回帮助结果。如果没有连接，Access 将使用随 Microsoft Office 一起存储在本地的帮助文件。为最大限度地增加在 Access 中获取的帮助信息，一种方法就是使用联机帮助。联机帮助一般要好于脱机帮助，因为通过联机帮助找到的内容通常更详细，包含更新信息，包含指向其他一些无法脱机访问的资源的链接。

- **通过联机资源丰富知识库**。了解一些专门讨论 Access 的 Web 站点和论坛。这些资源可以作为补充帮助，它们不仅提供基本 Access 主题相关帮助，还提供一些适用于具体情况的提示和诀窍。下面列出可在开始阶段使用的站点：
  - www.allenbrowne.com
  - https://developer.microsoft.com/en-us/Access
  - www.mvps.org/Access
  - www.utteraccess.com

  上述站点都可供免费使用，当需要额外帮助信息时，它们会起到非常大的作用。

目　录

第Ⅰ部分　Access 构建块

第Ⅱ部分　了解 Access 表

第Ⅲ部分　使用 Access 查询

第Ⅳ部分 在 Access 中分析数据

第V部分　使用 Access 窗体和报表

第VII部分 高级 Access 编程技术

第 I 部分

Access 构建块

本书的每一部分都基于前面的部分，每一部分中的各章都列举一些示例，说明如何利用前面部分和章节中解释的技术。作为开发人员，阅读各章内容并练习本书中包含的示例可以掌握很多技能，有助于开发出卓越的应用程序。

但任何人在接触一个全新领域时，都需要找到相应的学习起点，第 I 部分介绍任何人想要成功使用 Access 进行数据库开发所需掌握的基本技能。本部分涵盖的主题解释了成功使用数据库环境所需的概念和技术，并提供了规范化数据以及规划和实现高效的表所需的技能。

如果读者已经了解了数据库设计中涉及的概念，可以跳过这些章节。如果是初次接触数据库，请花一些时间阅读这一部分的内容，全面透彻地理解这些重要主题。

本部分包含的内容：

第1章

数据库开发简介

本章内容

- 介绍数据库、表、记录、字段和值之间的差异
- 探索在一个数据库中使用多个表的原因
- 探索 Access 数据库对象
- 设计数据库系统

数据库开发与其他绝大多数计算机使用方法都有所不同。在 Microsoft Word 或 Excel 中，处理应用程序的方法相对直观明了，与此不同的是，良好的数据库开发要求掌握一定的准备知识。必须了解一些基本知识，其中包括数据库术语、基本数据库概念以及数据库最佳实践。

本章将介绍数据库开发的基本知识。

交叉参考：

如果你希望立即了解 Access 的相关内容，可以跳转到第 2 章。

1.1 Access 的数据库术语

Access 沿用绝大多数(但不是全部)传统的数据库术语。术语“数据库”“表”“记录”“字段”和“值”表示从最大到最小的层次结构。几乎所有数据库系统都使用这些术语。

1.1.1 数据库

通常情况下，“数据库”一词是一个计算机术语，表示有关某个特定主题或商业应用程序的信息集合。数据库有助于通过一种逻辑方式组织相关信息，以便于访问和检索。

注意：

某些旧版的数据库系统使用术语“数据库”描述各表；而现在，术语“数据库”适用于数据库系统的所有元素。

数据库不仅适用于计算机，还包括手动数据库。有时，将这些数据库称为手动档案系统或手动数据库系统。通常情况下，这些档案系统由人员、纸张、文件夹和档案柜组成，其中纸张是手动数据库系统的要素。在手动数据库系统中，通常具有收文篮和输出篮，以及特定类型的正式存档方法。要手动访问相应信息，可以打开文件柜、取出文件夹，并找到正确的纸张。用户可以填写纸张表单作为输入，可能使用键盘来输入将在表单上显示的信息。可通过以下方式查找信息：手动对纸张进行排序，或将多页纸张上的信息复制到另一张纸上(甚至可以复制到 Excel 电子表格中)。可以使用电子表格或计算器对数据进行分析，或者通过妙趣横生的新颖方式来显示数据。

Access 数据库只不过是纸张档案系统的存档和检索功能的自动化版本。Access 数据库在精心定义的结构中存储信息。Access 表可存储各种不同类型的数据，从简单的几行文本(例如姓名和地址)到图片、音频或视频图像等复杂数据。通过以精确格式存储数据，使诸如 Access 的数据库管理系统(Database Management System，DBMS)可将数据转换为有用信息。

在 Access 数据库中，表是主要的数据存储库。查询、窗体和报表提供对数据的访问，允许用户添加或提取数

据，以及通过有用的方式呈现数据。绝大多数开发人员会向窗体和报表中添加宏或 VBA(Visual Basic for Applications)代码，以使其 Access 应用程序更易于使用。

诸如 Access 的关系数据库管理系统(RDBMS)会在相关表中存储数据。例如，一个包含员工数据(姓名和地址)的表可能与一个包含工资信息(发放日期、工资金额和支票编号)的表相关。

通过查询，用户可以基于这些相关表提出一些复杂问题(例如“2012 年为 Jane Doe 支付的所有薪水的总额是多少？”)，并以屏幕上的窗体和打印出的报表形式显示答案。

实际上，关系数据库和手动档案系统之间的一个根本差别在于，在关系数据库系统中，单个人员或条目的数据可以存储在单独的表中。例如，在患者管理系统中，患者的姓名、地址以及其他联系信息可能存储在一个单独的表中，与保存患者治疗信息的表分开。实际上，治疗信息表保存所有患者的所有治疗信息，并使用患者标识符(通常是一个编号)在治疗信息表中查找各个患者的治疗信息。

在 Access 中，数据库是数据以及相关对象的整体容器。它不仅是表的集合，而且包含很多类型的对象，例如查询、窗体、报表、宏以及代码模块。

当打开 Access 数据库时，数据库中的对象(表、查询等)会呈现出来，以供使用。可以根据需要同时打开多个 Access 副本，也可以同时处理多个数据库。

许多 Access 数据库包含几百甚至几千个表、窗体、查询、报表、宏和模块。除了少数几种例外情况外，Access 2019 数据库中的所有对象都驻留在单个文件中，该文件的扩展名为 ACCDB 或 ACCDE。Access 数据库的扩展名也可能是 MDB 或 MDE，使用这两个扩展名是为了向后兼容 Access 2003 及更早版本。

1.1.2　表

表仅是原始信息(称为数据)的容器，类似于手动档案系统中的文件夹。Access 数据库中的每个表都包含有关单个实体(例如人员或产品)的信息，并以行列的形式组织表中的数据。

交叉参考：

第 3 章和第 4 章将介绍一些非常重要的规则，用于管理关系表的设计以及将这些规则纳入 Access 数据库。这些规则和指南可以确保应用程序正常执行，同时保护表中所包含数据的完整性。

在 Access 中，表就是一个实体。设计和构建 Access 数据库，甚至是在处理现有的 Access 应用程序时，必须考虑表和其他数据库对象如何表示数据库管理的物理实体，以及实体如何相互关联。

创建表后，可采用类似电子表格的形式(称为数据表)查看该表，数据表由行和列(分别称为记录和字段，请参阅 1.1.3 节)组成。尽管数据表和电子表格表面上非常相似，但实际上数据表是完全不同的一种对象类型。

交叉参考：

第 5 章将讨论 Access 数据表，以及数据表与电子表格之间的差别。第 3 章将介绍有关字段和字段属性的更多信息。

1.1.3　记录和字段

数据表划分为多个行(称为记录)和列(称为字段)，其中，第一行(每一列顶部的标题)包含数据库中各个字段的名称。

每一行都是一条单独的记录，其中包含与该记录相关的字段。在手动系统中，行是单独的表单(纸张)，字段相当于输出表单中用于填充的空白区域。

每一列都是一个字段，其中包含很多属性，用于指定字段中包含的数据的类型，以及 Access 应如何处理字段的数据。这些属性包括字段的名称(Company)以及字段中数据的类型(Text)。字段也可能包含其他属性。例如，Address 字段的 Size 属性向 Access 指出允许在地址中包含的最大字符数。

注意：

使用 Access 时，术语“字段”用于指代存储在记录中的特性。在包括 Microsoft SQL Server 的其他许多数据库系统中，更常用的术语是列，而不是字段。字段和列具有相同含义。具体使用哪种术语取决于包含记录的表背后的数据库系统。

1.1.4　值

记录和字段的交叉点是值，也就是实际数据元素。例如，如果有一个称为 Company 的字段，那么输入到该字段中的公司名称表示一个数据值。一些特定的规则控制如何在 Access 表中包含数据。

交叉参考：

有关这些规则的更多信息，请参阅第 3 章和第 4 章。

1.2　关系数据库

Access 是一种关系数据库管理系统。Access 数据存储在相关表中，一个表(如 Customers)中的数据与另一个表(如 Orders)中的数据相关。Access 维护相关表之间的关系，以便于提取一个客户的信息或该客户的所有订单信息，而不会丢失任何数据或者提取出不属于该客户的订单记录。

当使用多个表时，可通过减少冗余数据的输入来简化数据输入和报告。例如，为使用客户信息的应用程序定义两个表，就不需要在客户每次购买商品时都存储该客户的姓名和地址。

创建表后，需要将它们彼此关联。例如，如果有一个 Customers 表和一个 Sales 表，就可以使用二者共有的一个字段关联这两个表。这种情况下，Customer Number 是两个表中都包含的一个备选字段。通过这种关联，可以在 Sales 表中看到 Customer Number 与 Customers 表匹配的客户的销售额。

这种模型的优势在于，不必在每次向 Sales 表中添加新记录时都重复有关客户的关键特性(如客户姓名、地址、城市、省/自治区、邮政编码)，只需要添加客户编号。例如，当某个客户更改地址时，仅需要在 Customers 表的一条记录中更改地址。

为什么要创建多个表

创建多个表的可能性几乎总会吓退初级数据库用户。绝大多数情况下，初学者希望创建一个庞大的表，其中包含自己所需的全部信息，例如，一个 Customer 表，其中包含客户完成的所有销售信息、客户的姓名、地址以及其他信息。毕竟，如果之前曾使用 Excel 来存储数据，在 Access 中构建表时采用同样的方法看起来是非常合理的。

如果在一个大表中包含所有客户信息，则该表很快就会变得难以维护。必须为客户进行的每次销售输入客户信息(在每一行重复姓名和地址信息)。如果客户在一次购买活动中购买了多种商品，那么对于每次销售中购买的商品也存在重复输入问题。这会导致系统效率大大降低，并增加出现数据输入错误的可能性。表中信息的存储效率会大大降低，某些字段可能并不是每条销售记录都需要的，结果导致表中存在很多空字段。

对于创建的表，其中要保存尽可能少的信息，同时使系统仍然易于使用并有足够的灵活性，以满足增长的需求。为实现这一目标，需要考虑创建多个表，每个表包含仅与该表的主题相关的字段。在创建表后，可使用其他 Access 数据库对象将它们链接起来，创建有意义的视图和报表。下一节将深入讨论此主题。

将数据划分到一个数据库内的多个表中可使系统更易于维护，因为某种给定类型的所有记录都位于同一个表中。通过花费一定的时间将数据合理划分到多个表中，可以大大缩短设计和工作时间。该过程称为规范化。

交叉参考：

第 4 章将介绍更多有关规范化的信息。

1.3　Access 数据库对象

如果是初次接触数据库(即使是拥有丰富使用经验的数据库用户)，在开始构建 Access 数据库之前，需要先了解一些主要概念。Access 数据库包含 6 种顶级对象，而这些对象由数据以及使用 Access 所需的工具组成，如下所述。

- **表**：保存实际数据。
- **查询**：搜索、排序和检索特定数据。

- **窗体**：允许以自定义格式输入和显示数据。
- **报表**：显示和输出格式化数据。
- **宏**：自动执行任务，而不必编程。
- **模块**：包含使用 VBA 编程语言编写的编程语句。

1.3.1　表

如本章前面所述，表是 Access 数据库中的主要数据存储库。通过一种特殊类型的对象(数据表)，可以与表进行交互。尽管不是一种持久数据库对象，但数据表按照类似于 Excel 工作表的行列格式显示表的内容。数据表以原始形式显示表的信息，不进行任何转换或筛选。数据表视图是用于显示所有记录的所有字段的默认模式。

可使用键盘上的方向键来滚动浏览数据表。在处于某个数据表中时，也可以显示其他表中的相关记录。此外，还可以对显示的数据进行更改。

1.3.2　查询

查询可从数据库中提取信息。查询会选择并定义一组满足特定条件的记录。绝大多数窗体和报表在显示之前，都会通过查询来组合、筛选数据或对数据进行排序。查询通常通过宏或 VBA 过程来调用，以更改、添加或删除数据库记录。

下面是查询示例：销售办公室的人员向数据库提出请求，“通过姓名以字母顺序显示位于马萨诸塞州并在过去 6 个月购买过商品的所有客户”或者“显示在过去 6 个月内购买过雪佛兰汽车模型的所有客户，并先按客户姓名再按销售日期进行排序。”

用户在提出问题时并不是使用日常的英语，而是使用 QBE(Query By Example，示例查询)方法。当在“查询设计器”窗口中输入指令并运行查询时，查询会将指令转换为 SQL(Structured Query Language，结构化查询语言)，并检索所需的数据。

交叉参考：

第 8 章将讨论“查询设计器”窗口以及如何构建查询。

1.3.3　数据输入和显示窗体

数据输入窗体帮助用户快速、轻松、准确地将信息输入数据库表中。相对于数据表，数据输入和显示窗体提供的结构化数据视图的结构化程度更高。通过这种结构化视图，可以查看、添加、更改或删除数据库记录。通过数据输入窗体输入数据是将数据输入数据库表时最常用的方式。

数据输入窗体可用于限制对表中特定字段的访问。也可以通过数据验证规则或 VBA 代码来增强窗体，以便在将数据添加到数据库表中之前检查其有效性。

绝大多数用户都倾向于将信息输入数据输入窗体，而不是输入表的数据表视图。通常情况下，窗体类似于我们熟悉的纸质文档，可帮助用户处理数据输入任务。通过引导用户浏览要更新的表的各个字段，窗体可以使数据输入非常便于理解。

只读窗体通常用于查询目的。这些窗体显示某个表中的特定字段。显示某些字段而不显示其他字段意味着，可以限制某个用户对敏感数据的访问，而允许其访问同一个表中的其他字段。

1.3.4　报表

报表以类似于 PDF 的格式显示数据。Access 在创建报表时提供了额外的灵活性。例如，可以配置报表以便列出给定表(如 Customers 表)中的所有记录，也可以使报表仅包含满足特定条件的记录(如居住在亚利桑那州的所有客户)。为此，可以基于查询创建报表，该查询仅选择报表所需的记录。

报表通常会组合多个表来显示不同数据集中的各种复杂关系。打印发票就是一个示例。Customers 表提供了客户的姓名和地址(以及其他相关数据)，Sales 表提供了相关的记录，为订购的每种产品打印各个行条目(line-item)信息。报表还会计算销售总额，并以特定格式打印。此外，还可让 Access 将记录输出到发票报表中，所谓发票报表，就是一个用于汇总发票的打印文档。

1.3.5 宏和 VBA

Excel 中有宏和 VBA 编程功能，Microsoft Access 中也有对应的功能。Microsoft Access 数据分析的真正强大的功能和灵活性也正在于此。无论是以自定义函数、批处理分析还是自动化的方式来使用它们，宏和 VBA 模块都能添加一种自定义的灵活性，这是使用其他任何方法都难以实现的。例如，可使用宏和 VBA 自动执行冗余分析和需要重复执行的分析过程，从而让自己有时间完成其他任务。另外，宏和 VBA 还可以降低人工出错的风险，并确保每次都以相同的方式进行分析。从第 22 章开始将探索宏和 VBA 的优点，并学习如何使用它们来计划和运行批处理分析。

提示：
当设计数据库表时，请记住想要打印的所有信息类型。这样可以确保能够从数据库表中获取各个报表中所需的信息。

1.3.6　数据库对象

要创建数据库对象，如表、窗体和报表，首先需要完成一系列设计任务。设计做得越好，生成的应用程序就会越出色。在设计时考虑得越全面，完成任何系统的速度越快，成功的可能性也越大。设计过程并不是必不可少的，其意图也并不是生成大量的文档资料。设计对象的唯一目的是生成一条清晰的途径，并在实现该对象时遵循该途径。

1.4　5 步设计法

本节介绍的 5 个设计步骤为创建数据库应用程序提供了坚实基础，这些应用包括表、查询、窗体、报表、宏以及简单的 VBA 模块。

在每个步骤中花费的时间完全取决于所构建的数据库的具体情况。例如，有时用户会提供想要从其 Access 数据库输出的报表示例，而且报表上数据的来源显而易见，设计这种报表只需要几分钟的时间。其他情况下，特别是当用户的要求非常复杂或者应用程序支持的业务流程需要大量的调查工作时，可能需要在步骤 1 上花费很多天的时间。

在阅读设计过程的每个步骤时，请始终关注设计的输出和输入。

1.4.1　步骤 1：总体设计——从概念到实际

所有软件开发人员都会面临类似的问题，首先是确定如何满足最终用户的需求。在集中精力解决详细问题前，必须了解用户的总体要求，这一点非常重要。

例如，用户可能要求提供一个支持以下任务的数据库：

- 输入和维护客户信息(姓名、地址以及财务历史数据)。
- 输入和维护销售信息(销售日期、付款方式、总金额、客户身份以及其他字段)。
- 输入和维护销售行条目信息(购买的商品的详细信息)。
- 从所有表(Sales、Customers、Sales Line Items 和 Payments)中查看信息。
- 针对数据库中的信息提出所有类型的问题。
- 生成月度发票报表。
- 生成客户销售历史记录。
- 生成邮件标签和邮件合并报表。

在查看上述 8 项任务时，可能需要考虑用户未提及的其他外围任务。在进入设计阶段前，先坐下来认真了解现有流程是如何工作的。为此，必须针对现有系统以及如何对其实现自动操作进行全面的需求分析。

准备一系列问题，用于探究客户的业务模式以及客户如何使用其数据。例如，在考虑自动完成任何类型的业务时，可能会提出以下问题：

- 当前使用哪些报表和窗体？

- 当前如何存储销售、客户以及其他记录？
- 如何处理计费过程？

在提出上述问题以及其他一些问题时，客户可能会想起设计人员应该了解的其他业务事项。

预排现有的流程对于感受业务活动也大有帮助。可能需要多次返回，以观察现有的流程以及员工的工作方式。

在准备完成其余步骤时，请将客户考虑在内，让用户了解你所执行的操作并针对所有实现的操作要求提供输入，确保这些内容都在用户需求的范围内。

1.4.2　步骤 2：报表设计

尽管从报表开始似乎有点奇怪，但很多情况下，相对于应用程序的其他任何方面，用户对数据库内容的打印输出更感兴趣。报表通常包括应用程序管理的数据的每一部分。由于报表趋向于提供综合性内容，因此通常情况下，它们是收集有关数据库要求的重要信息的最佳方式。

当你看到将在本节中创建的报表时，可能会问：“首先生成哪一部分，先有鸡还是先有蛋？”首先设计报表布局，还是首先确定构成报表的数据项和文本？实际上，这些条目是同时考虑的。

其实，如何在报表中布置数据并不重要。不过，在这一阶段花费的时间越多，稍后构建报表时就会越轻松。部分用户甚至会在报表上绘制一些网格线，用于精确标识每一部分数据的显示位置。

1.4.3　步骤 3：数据设计

设计阶段的下一步是盘点报表所需的所有信息。最佳方法之一是列出每个报表中的数据项。在执行该操作的过程中，请认真记下在多个报表中均包含的条目。对于包含在多个报表中的数据项，请确保对应的名称保持一致，因为它们实际上是同一个数据项。

例如，可以首先处理每个报表需要的所有客户数据，如表 1.1 所示。

表 1.1　报表中找到的与客户相关的数据项

客户报表	发票报表
Customer Name	Customer Name
Street	Street
City	City
State	State
Zip Code	Zip Code
Phone Numbers	Phone Numbers
E-mail Address	
Web Address	
Discount Rate	
Customer Since	
Last Sales Date	
Sales Tax Rate	
Credit Information (四个字段)	

通过比较每个报表所需的客户信息类型，可以发现，存在很多通用的字段。绝大多数客户数据字段在两个报表中均可以找到。表 1.1 仅显示了每个报表中使用的一部分字段，即与客户信息相关的字段。由于相关行和字段的名称相同，因此可以轻松地确保拥有所有数据项。尽管对于这种小型数据库，轻松地查找条目并不是非常重要，但当需要处理包含许多字段的大型表时，这一点就会变得非常重要。

在提取客户数据后，可以继续处理销售数据。这种情况下，只需要分析发票报表中特定于销售的数据项。表 1.2 列出了报表中包含销售相关信息的字段。

表 1.2　报表中的销售数据项

发票报表	行条目数据
Invoice Number	Product Purchased
Sales Date	Quantity Purchased
Invoice Date	Description of Item Purchased
Payment Method	Price of Item
Salesperson	Discount for Each Item
Discount (销售总体折扣)	
Tax Location	
Tax Rate	
Product Purchased (多行)	
Quantity Purchased (多行)	
Description of Item Purchased (多行)	
Price of Item (多行)	
Discount for each item (多行)	
Payment Type (多行)	
Payment Date (多行)	
Payment Amount (多行)	
Credit Card Number (多行)	
Expiration Date (多行)	

在检查报表所需的销售信息类型时，可以看到，一些条目(字段)是重复的(如 Product Purchased、Quantity Purchased 以及 Price of Item 字段)。每个发票可能具有多个条目，其中的每个条目需要相同类型的信息，如订单编号和每个商品的价格。许多销售信息具有多个购买的商品。此外，每个发票可能包含部分付款，并且该付款信息可能具有多行付款信息，因此可将这些重复条目放入各自的分组中。

可获取前一节中在销售信息组内找到的所有条目，并将其提取到自己的组中，供发票报表使用。表 1.2 显示了与每个行条目相关的信息。

1.4.4　步骤 4：表设计

接下来处理较困难的部分：必须确定构成报表的表需要哪些字段。当检查构成许多文档的众多字段和计算时，将开始注意到哪些字段属于数据库中的各个表(将字段安排到各个逻辑组中，就已经完成了大部分准备工作)。现在，需要包含提取的每个字段。由于各种原因，稍后还需要添加其他字段，不过，其中某些字段不会出现在任何表中。

不需要将数据的每个微小细节都添加到数据库的表中，了解这一点非常重要。例如，用户可能希望将假期和其他非工作日添加到数据库中，以便轻松了解在某一天哪些员工可以上班。但是，如果在初始开发阶段加入过多的想法，很容易给应用程序的初始设计带来巨大压力。由于 Access 表可在以后非常轻松地修改，因此最好在初始设计完成之后再考虑一些不太关键的条目。一般来说，在数据库开发项目开始以后，调整用户请求并不困难。

在使用每个报表显示所有数据后，需要按照用途合并数据(例如，分成不同的逻辑组)，然后针对这些功能比较数据。为了完成这一操作步骤，首先需要查看客户信息，并合并所有不同字段以创建一个数据项集合。然后，针对销售信息和行条目信息执行相同的操作。表 1.3 对上述三组信息中的数据项进行了比较。

表 1.3　比较数据项

客户数据	发票数据	行条目	付款信息
Customer Name	Invoice Number	Product Purchased	Payment Type
Street	Sales Date	Quantity Purchased	Payment Date
City	Invoice Date	Description of Item Purchased	Payment Amount

(续表)

客户数据	发票数据	行条目	付款信息
State	Discount (销售总体折扣)	Price of Item	Credit Card Number
Zip Code	Tax Rate	Discount for Each Item	Expiration Date
Phone Numbers(两个字段)		Taxable?	
E-mail Address			
Web Address			
Discount Rate			
Customer Since			
Last Sales Date			
Sales Tax Rate			
Credit Information(四个字段)			

开始创建单个表时，合并和比较数据是一种非常好的方法，不过，除此之外，还需要执行很多操作。

在了解如何执行数据设计的过程中，也了解到客户数据必须拆分为两个组。其中某些条目仅对每个客户使用一次，而其他条目可能具有多个条目。Sales 列就是这样的一个示例，在该列中，付款信息可以具有多行信息。

需要将这些信息类型进一步拆分为各自的列，从而将所有相关条目类型分散到各自的列中，这是设计流程的规范化部分的一个示例。例如，一个客户可以与公司之间具有多个联系人，或者针对单笔销售进行多次付款。当然，我们已经将数据分为以下三个类别：客户数据、发票数据以及行条目。

请记住，一个客户可能具有多张发票，每种发票上可能具有多个行条目。发票数据类别包含有关各个销售的信息，而行条目类别包含有关每张发票的信息。请注意，这三列彼此相关，例如，一个客户可能具有多张发票，而每张发票可能需要多个行条目。

表之间的关系可能各不相同。例如，每个销售发票有且仅有一个客户，而每个客户可能具有多个销售。销售发票和发票的行条目之间也存在类似的关系。

数据库表关系要求关系涉及的两个表中存在一个唯一的字段。每个表中的唯一标识符可帮助数据库引擎适当地联接和提取相关数据。

只有 Sales 表具有唯一标识符(Invoice Number)，这意味着需要向其他每个表中至少添加一个字段，以作为指向其他表的链接。例如，向 Customers 表中添加一个 Customer ID 字段，向 Invoices 表中添加同样的字段，并通过每个表中的 Customer ID 字段在这两个表之间建立关系。数据库引擎使用客户与发票之间的关系将客户与其发票联系在一起。表之间的关系是通过键字段建立的。

交叉参考：

第 4 章介绍有关创建和了解关系以及规范化流程的内容。

了解将一组字段链接到另一组字段的需求后，可向每个组中添加必需的键字段。表 1.4 显示了两个新组以及为每组字段创建的链接字段。这些链接字段称为主键和外键，用于将这些表链接在一起。

表 1.4　包含键的表

客户数据	发票数据	行条目数据	销售付款数据
Customer ID	Invoice ID	Invoice ID	Invoice ID
Customer Name	Customer ID	Line Number	Payment Type
Street	Invoice Number	Product Purchased	Payment Date
City	Sales Date	Quantity Purchased	Payment Amount
State	Invoice Date	Description of Item Purchased	Credit Card Number
Zip Code	Payment Method	Price of Item	Expiration Date
Phone Numbers (两个字段)	Salesperson	Discount for Each Item	
E-mail Address	Tax Rate		

(续表)

客户数据	发票数据	行条目数据	销售付款数据
Web Address			
Discount Rate			
Customer Since			
Last Sales Date			
Sales Tax Rate			

唯一标识表中每一行的字段称为主键。相关表中对应的字段称为外键。在该示例中，Customers 表中的 Customer ID 是主键，而 Invoices 表中的 Customer ID 是外键。

假定 Customers 表中的某条记录对应的 Customer ID 字段值为 12。Invoices 表中 Customer ID 为 12 的任何记录都为客户 12“所有”。

通过添加到每个表中的键字段，现在可在每个表中找到一个链接到数据库中其他表的字段。例如，表 1.4 显示 Customers 表和 Invoice 表中均包含 Customer ID，其中 Customer ID 在前者中为主键，在后者中为外键。

如表 1.4 中的前三列所示，前面已经对系统标识了三个核心表。这只是完成最终表设计过程中一般的初步设计。还创建了一个附加的事实表，用于保存销售付款数据。通常情况下，付款详细信息(如信用卡号)不是销售发票的一部分。

事实证明，在开发面向数据库的应用程序时，花费一些时间合理设计数据库以及其中包含的表是最重要的操作步骤。通过高效地设计数据库，可以控制数据，消除成本高昂的数据输入错误，仅对必要的字段执行数据输入。

本书的初衷不是讲授数据库理论及其所有细微差别，只是简要介绍数据库的规范化技术。第 4 章将介绍规范化的详细信息，但与此同时，应该了解规范化是将数据拆分为构成表的过程。如本章前面所述，很多 Access 开发人员会将各种不同的信息(如客户、发票数据以及发票行条目)添加到一个大表中。包含大量不同数据的大表很快就会变得难于处理，很难保持更新。由于客户的电话号码显示在包含该客户数据的每一行中，因此在电话号码发生更改时，必须进行多次更新。

1.4.5　步骤 5：窗体设计

在创建数据并建立表关系后，需要开始设计窗体。窗体由可以在“编辑”模式中输入或查看的字段构成。一般来讲，Access 屏幕应该与手动系统中使用的表单非常相似。

在设计窗体时，需要在屏幕上放置三种类型的对象，如下所述。

- **标签和文本框数据输入字段：**Access 窗体和报表上的字段称为控件。
- **特殊控件(命令按钮、多行文本框、选项按钮、列表框、复选框、业务图以及图片)。**
- **用于增强窗体的图形对象(颜色、线条、矩形以及三维效果)。**

理想情况下，如果基于现有的打印表单开发窗体，那么 Access 数据输入窗体应该类似于打印表单。各个字段在屏幕上的相对位置应该与其在打印表单中的位置相同。

标签显示消息、标题或题注。文本框提供的区域可以用于输入或显示数据库中包含的文本或数字。复选框表示一种情况：要么处于未选中状态，要么处于选中状态。Access 中可以使用的其他类型的控件包括命令按钮、列表框、组合框、选项按钮、切换按钮以及选项组。

交叉参考：

从第 V 部分开始，将详细介绍有关创建窗体的主题。

第2章

Access 简介

本章内容：

- 查看 Access 欢迎屏幕
- 从头开始创建数据库
- 打开新的数据库
- 了解 Access 界面

本章将了解 Access 用户界面的主要组件。

2.1 Access 欢迎屏幕

如果是通过 Windows 打开 Access 2019（“开始”|Access），则可以看到默认的欢迎屏幕，如图 2.1 所示。欢迎屏幕提供了一些选项，用于打开现有的 Access 数据库或创建新的数据库。

图 2.1　Access 欢迎屏幕提供了开始使用 Access 的多种方式

注意：

如果直接从 Windows 资源管理器打开 Access 数据库(通过双击对应的数据库文件)，则不会看到欢迎屏幕。相反，系统会直接进入数据库界面，相关内容将在本章后面进行介绍。

在欢迎屏幕的左上角，会看到“最近使用的文档”部分。此处列出的文件是之前通过 Access 2019 打开的数据库。可以单击此处列出的任何数据库文件将其打开。

注意：

在填充“最近使用的文档”部分时，Access 不会区分现有数据库与删除的数据库。这意味着可能在“最近使用的文档”列表中看到已经删除的数据库。单击“最近使用的文档”列表中某个已经删除的数据库仅会激活一条错误消息，指出 Access 无法找到该数据库。

在“最近使用的文档”部分的下面，将看到“打开其他文件”超链接。单击此链接可浏览并打开本地计算机或网络上的数据库。

在欢迎屏幕的顶部，可以联机搜索 Access 数据库模板。通常情况下，这些模板会作为启动数据库，用于实现各种不同的用途。Microsoft 免费提供这些模板。

在欢迎屏幕的中心，将显示各种预定义的模板，可以单击这些模板以便下载和使用。Microsoft 建立了联机模板存储库，允许用户下载部分或完全构建的 Access 应用程序。这些模板数据库可满足很多常见的业务要求，如任务管理和资产跟踪。可能需要花费一点时间来浏览各种联机模板，不过本书不介绍它们。

还可以从空白数据库开始，从头开始创建数据库。

注意：

Access 2013 和 Access 2016 提供了创建 Web 数据库的选项。这些数据库可以发布为 SharePoint 上的自定义 Web 应用程序。微软已经弃用 Access Web 应用程序，不再将 Web 数据库作为 Access 2019 的一个选项。

2.2　如何创建空白数据库

要创建新的空白数据库，可单击欢迎屏幕上的“空白数据库”选项(请参见图 2.1)。当执行该操作时，将显示图 2.2 中所示的对话框，在该对话框中，可以指定数据库的名称和位置。

注意：

新数据库的默认位置是 Documents 文件夹。如果想要使用其他文件夹，请单击“文件名”文本框右侧的“浏览”按钮(类似于 Windows 资源管理器文件夹)，浏览到想要使用的位置。

单击“文件”选项卡，然后选择“选项”，并修改“默认数据库文件夹”设置(在“常规”选项卡中)，还可以让 Access 始终将自定义的位置作为默认位置。

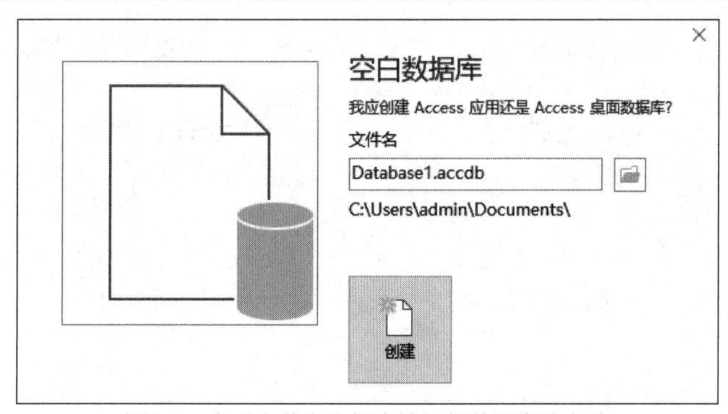

图 2.2　在“文件名”框中输入新数据库的名称

单击“创建”按钮后，Access 会自动打开新的数据库。在图 2.3 中，注意，Access 打开了新的数据库，在该数据库中已经添加了一个空白表，可向其中添加字段以及其他设计详情。

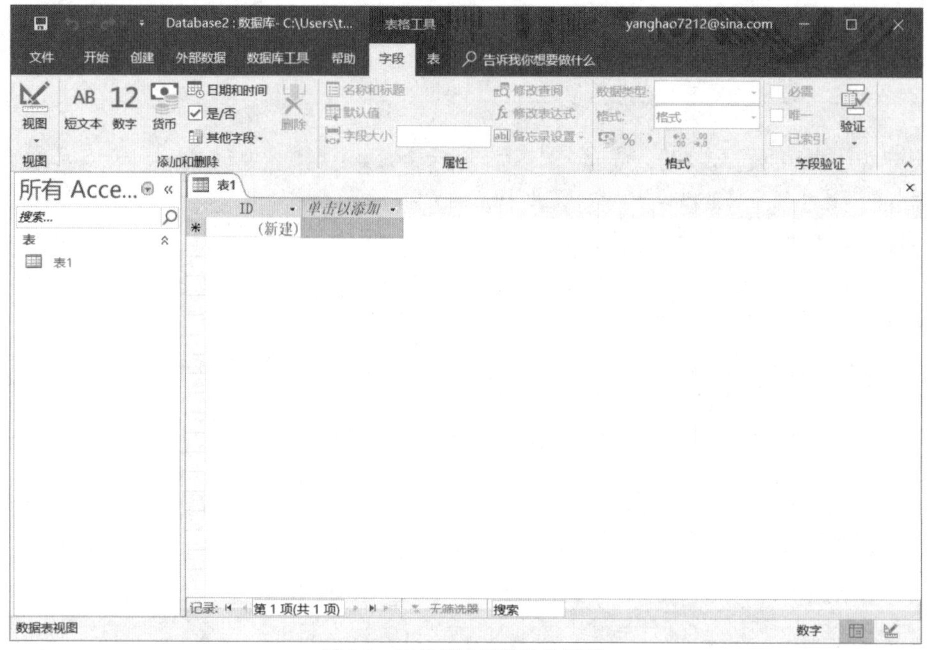

图 2.3 已经创建了新的数据库

Access 文件格式

从 Access 2007 以后，Access 数据库文件的默认文件格式已经变为 ACCDB，而不再是 MDB。读者应花费一点时间了解为什么要进行这一变更，以及这种变更如何影响 Access 2019 处理旧版 Access 数据库文件的方式。

从一开始，Access 就一直使用名为 Jet(Joint engine technology，连接性引擎技术)的数据库引擎。在 Access 2007 中，Access 开发团队希望向 Access 中添加一些重要的新功能，如多变量和附件字段。由于这些新功能非常重要，因此无法通过支持新功能所需的代码来翻新 Jet。鉴于此，Microsoft 开发了一种全新的数据库引擎，也就是 Access 连接性引擎(Access Connectivity Engine，ACE)。

Access 2019 支持多种文件格式，其中包括：

- Access 2007—2019 ACCDB 格式
- Access 2002—2003 MDB 格式
- Access 2000 MDB 格式

如果读者仍然工作在使用 Access 2003 的环境中，那么为实现兼容性，就必须一直选择 Access 2002—2003 MDB 格式。类似地，如果使用了老版本的数据库，并且这些数据库使用了数据库复制或用户级安全性，那么也必须使用 MDB 格式。Access ACCDB 文件不支持复制和用户级安全性。

在 Access 2019 中，可以打开 Access 2002—2003 以及 Access 2000 MDB 文件，并对其进行任何所需的更改，但是只能使用特定于这些版本的功能。某些新的 Access 功能将不可用，特别是那些依赖 ACE 数据库引擎的功能。

可通过以下方式转换使用之前的某种格式保存的数据库：在 Access 2019 中打开相应的数据库，选择“文件”|“另存为”，然后在“另存为”对话框中，选择任意一种不同的 Access 格式。

2.3 Access 2019 界面

在创建或打开新的数据库后，Access 屏幕将如图 2.4 所示。屏幕的顶部是功能区。在屏幕左侧，可以看到“导航”窗格。这两个组件构成了 Access 界面的主要部分。此外，还可以根据需要使用“快速访问”工具栏，并且可以通过在其中放置一些常用的命令来自定义该工具栏。

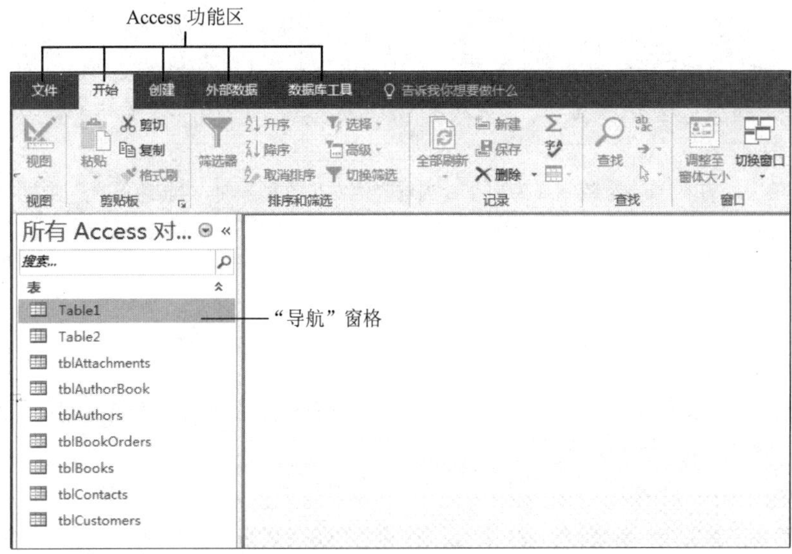

图 2.4　在 Access 界面中，首先看到的是顶部的功能区以及左侧的“导航”窗格

2.3.1　“导航”窗格

在使用 Access 时，位于屏幕左侧的“导航”窗格是主要导航辅助工具。“导航”窗格显示表、查询、窗体、报表以及其他 Access 对象类型。它也可以显示不同对象类型的组合。

单击“导航”窗格标题栏中的下拉列表可以显示导航选项(请参见图 2.5)。

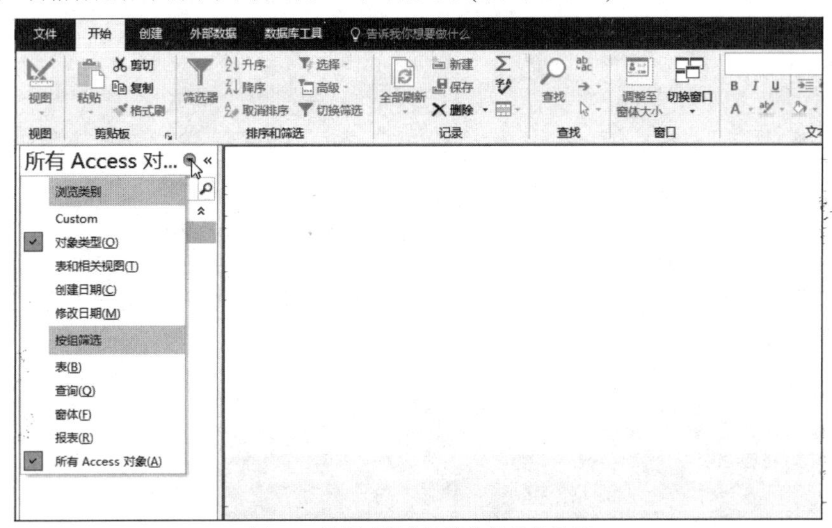

图 2.5　选择“导航”窗格的备选显示

导航选项分为两类，分别为“浏览类别”和“按组筛选”。首先，在“浏览类别”下选择一个选项，然后在“按组筛选”下选择一个选项。显示的“按组筛选”选项取决于选择的“浏览类别”选项。接下来将介绍每个“浏览类别”选项，以及对应的“按组筛选”选项。

1. 自定义

自定义(Custom)选项可在“导航窗格”中创建一个新的选项卡。默认情况下，这个新选项卡的标题默认为“自定义组 1”，并且包含拖放到该选项卡区域中的对象。添加到某个自定义组中的项仍会显示在各自的对象类型视图中，稍后详细介绍。

当选择 Custom 时，“按组筛选”类别将显示之前创建的所有自定义组。可以使用“按组筛选”类别筛选出任何已创建的自定义组。

提示：

要分组功能相关的不同对象(如表、查询和窗体)，自定义组是一种非常好的方式。例如，可创建 Customers 自定义组，并添加与客户活动相关的所有数据库对象。某个自定义组中包含的项也可显示在其他组中。

2. 对象类型

"对象类型"选项与之前的 Access 版本最为相似。当选择"对象类型"时，"按组筛选"类别将显示以下选项：

- 表
- 查询
- 窗体
- 报表
- 所有 Access 对象

默认情况下，"导航"窗格显示当前数据库中的所有对象。如果已经在使用某种筛选视图，但想要查看数据库中的所有对象，请选择"所有 Access 对象"。

3. 表和相关视图

对于"表和相关视图"选项，需要稍加解释。Access 设法让开发人员了解数据库中各个对象之间的隐藏连接。例如，某个特定表可能在多个查询中使用，或者在某个窗体或报表中引用。选择"表和相关视图"选项后，可以了解每个表影响的对象。

当选择"表和相关视图"选项时，"按组筛选"类别将显示数据库中的表。单击"按组筛选"类别中的每个对象会对列表进行筛选，以便仅显示该对象以及其他所有从属对象和引用对象。

4. 创建日期

该选项可按创建日期对数据库对象进行分组。当需要了解某个对象的创建时间时，该设置非常有用。

当选择"创建日期"时，"按组筛选"类别将显示以下选项：

- 今天
- 昨天
- 上周
- 两周前
- 更早

5. 修改日期

该选项可按修改日期对数据库对象进行分组。当需要了解某个对象的修改时间时，该设置非常有用。

当选择"修改日期"时，"按组筛选"类别将显示以下选项：

- 今天
- 昨天
- 上周
- 两周前
- 更早

选项卡式窗口

对于使用早期版本的 Access 的部分开发人员来说，一个常见的困扰是：在 Access 环境中同时打开多个对象时，各个对象常相互重叠、遮挡，很难在各个对象之间进行导航。

Microsoft 向 Access 添加了选项卡式文档界面，可以防止对象遮挡同时打开的其他对象。只需要选择与某个对象相关的选项卡，对应的对象便会切换到前面。

提示：

如果不喜欢新的选项卡式窗口配置，可通过选择"文件"|"选项"返回到旧的重叠窗口。在 Access 的"选项"对话框中，选择"当前数据库"选项卡，将"文档窗口选项"从"选项卡式文档"更改为"重叠窗口"。为使更改生效，必须关闭并重新打开数据库。

2.3.2　功能区

功能区占据了 Access 主屏幕的顶部区域。从 Access 2007 起，功能区替代了之前 Access 版本中显示的菜单和工具栏。

功能区包含 6 个标准选项卡，每个选项卡都包含任意数量的控件和命令(参见图 2.4)。

- **文件**：单击“文件”选项卡，打开 Office Backstage 视图。Office Backstage 视图包含很多选项，可用于创建数据库、打开数据库、保存数据库以及配置数据库。接下来的补充内容深入研究了 Office Backstage 视图。
- **开始**：“开始”选项卡的主题是“常用”。一般情况下，可在该选项卡中找到使用 Access 过程中重复调用的不相关命令。例如，其中包含用于格式化、复制和粘贴、排序和筛选的命令。
- **创建**：“创建”选项卡包含用于在 Access 中创建各种对象的命令。研究该选项卡花费的时间最多。在该选项卡中，可以开始创建表、查询、窗体、报表和宏。在阅读本书的过程中，将始终使用“创建”选项卡。
- **外部数据**：“外部数据”选项卡专门用于将 Access 与其他数据源进行集成。该选项卡中的命令可以导入和导出数据、与外部数据库建立连接以及使用 SharePoint 或其他平台。
- **数据库工具**：“数据库工具”选项卡包含用于处理数据库内部工作的命令。该选项卡中的工具可以用于在表之间创建关系、分析数据库的性能、记录数据库以及压缩和修复数据库。
- **帮助**：Access 2019 还包含“帮助”选项卡，它没有数据库功能，但提供了支持和培训的链接。

Access 功能区中除了 6 个标准选项卡之外，还可以看到上下文选项卡。上下文选项卡是特殊类型的选项卡，仅当选择某种特定的对象时才会显示。例如，当使用查询生成器时，会显示“查询工具”|“设计”选项卡，如图 2.6 所示。

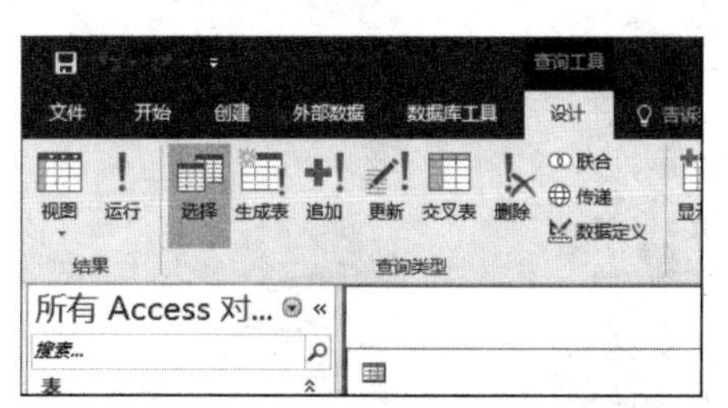

图 2.6　上下文选项卡包含特定于当前活动对象的命令

Office Backstage 视图

Office Backstage 视图(如图 2.8 所示)是很多选项(用于创建、打开或配置 Access 数据库)的入口。通过单击功能区(请参见上一节内容)上的“文件”选项卡可切换到 Backstage 视图。

Backstage 选项包括的活动在 Access 主窗口中工作时不常用，但在保存、打印或维护 Access 数据库时必不可少。将这些选项放到 Backstage 区域意味着，当使用 Access 时，它们不必显示在功能区上的任何位置。

后续章节将介绍 Backstage 命令的相关内容。

2.3.3　快速访问工具栏

快速访问工具栏(如图 2.7 所示)是一个可以自定义的工具栏，允许向其中添加日常操作中最重要的命令。默认情况下，快速访问工具栏包含三个命令：“保存”“撤消”和“恢复”。

如果单击快速访问工具栏旁边的下拉箭头，将显示更多可用命令(请参见图 2.8)。在任意选项旁边放置一个复选标记，可将其添加到快速访问工具栏中。

该下拉列表中显示的命令没有限制。可以添加所有种类的命令。如要将某个命令添加到快速访问工具栏中，请执行下面的步骤。

(1) **单击快速访问工具栏旁边的下拉箭头，然后选择“其他命令”选项。**此时将显示“Access 选项”对话框的“快速访问工具栏”选项卡(如图 2.9 所示)。

(2) **在左侧的“从下列位置选择命令”下拉列表中，选择“所有命令”。**

(3) **从按字母顺序排列的命令列表中，选择需要的命令，然后单击“添加”按钮。**

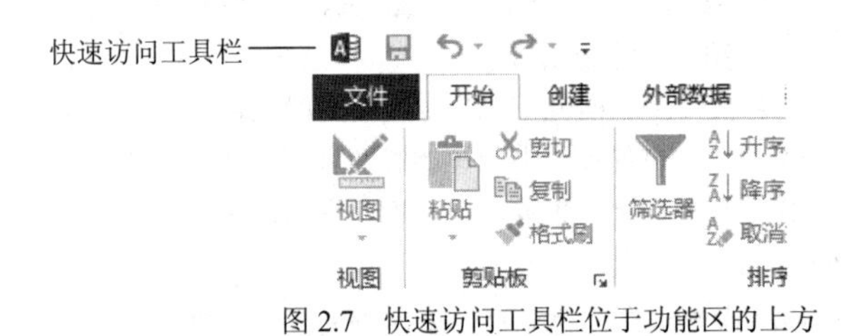

图 2.7　快速访问工具栏位于功能区的上方

图 2.8　可添加到快速访问工具栏中的命令

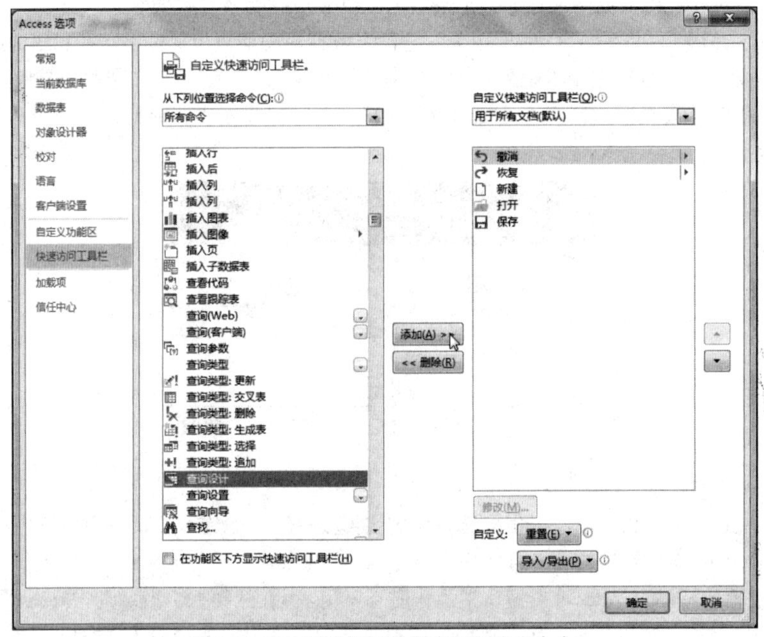

图 2.9　向快速访问工具栏中添加更多命令

(4) 操作完毕后，单击“确定”按钮。

提示：

要更改快速访问工具栏上的图标顺序，请选择“Access 选项”对话框的“快速访问工具栏”选项卡(参见图 2.9)。右侧的列表显示当前位于快速访问工具栏中的所有命令。可以单击每个命令，并单击右侧的向上和向下箭头，在列表中向上或向下移动命令。该操作可以更改命令的排列顺序。

第 II 部分

了解 Access 表

本部分包含的主题解释了用于创建和管理 Access 数据库表的技术，这是在 Access 中构建的任何应用程序的核心。

这些章节不仅介绍如何构建表，还讨论一些基本概念，而这些概念是充分利用本书其余各部分所述功能的关键。

第 3 章定义了表及其组成部分，为后面的学习奠定了坚实基础。第 4 章将了解表关系的重要性，以及如何在数据库中的各个表之间高效地构建和管理关系。第 5 章将演示用于高效排序、筛选和使用原始表及数据表的技术。最后，第 6 章和第 7 章将阐述如何访问数据库以外的内容，以及如何基于导入的或链接的外部数据源创建表。

本部分包含的内容：

第3章

创建 Access 表

本章内容：

- 创建新表
- 修改表的设计
- 使用字段属性
- 指定主键
- 添加索引
- 记录表的设计
- 保存新表
- 使用表
- 向表中添加数据
- 使用附件字段

本章将介绍如何创建新的 Access 数据库及其表。本章将建立数据库容器，用于保留在学习 Access 过程中构建的表、窗体、查询、报表和代码。最后，将创建 Collectible Mini Cars 数据库使用的实际表。

> Web 内容
> 本章使用名为 Chapter03.accdb 的数据库中的示例。如果尚未从本书对应的 Web 站点下载此文件，请立即下载。

3.1 表的类型

对于 Access，表自始至终就是一个表。但是，对于 Access 应用程序，不同的表可用于实现不同的目的。数据库表可以分为以下三种类型：对象表、事务表和联接表。了解所要创建的表的类型有助于确定创建表的方法。

3.1.1 对象表

对象表是最常见的表类型。此类型表的每条记录都保存了与实际对象相关的信息。客户是一个实际对象，tblCustomers 表中的记录保存有关客户的信息。对象表中的字段反映它们所表示的对象的特征。City 字段描述客户的一个特征，即客户所在的实际城市。在创建对象表时，请考虑使对象与众不同或非常重要的特征。

3.1.2 事务表

除了对象表外，还有一类十分常见的表，那就是事务表。事务表的每条记录都保存有关事件的信息。针对某本书下订单就是一个事件示例。要保存所有订单的详细信息，可能需要创建一个名为 tblBookOrders 的表。事务表几乎总是包含 Date/Time 字段，因为事件发生的时间通常是需要记录的重要信息。另一种常见的字段类型是引用对象表的字段，如引用 tblCustomers 表中下订单的客户。在创建事务表时，请考虑事件创建的信息以及所涉及的人员。

3.1.3　联接表

联接表是最容易设计的表，但对于生成设计良好的数据库具有非常重要的作用。通常情况下，关联两个表是一个简单的过程，比如，一个客户订购了一本书，可以轻松地将该订单与该客户相关联。但有时关系并不是这么清晰明确。一本书可能有多个作者。一个作者也可能参与撰写很多本书。这种关系称为多对多关系，当存在这种关系时，在两个表的中间会存在联接表。通常情况下，联接表的名称反映关联关系，如 tblAuthorBook。一般情况下，联接表仅包含三个字段，分别是用于标识每条记录的唯一字段、对关联关系一侧的引用以及对关联关系另一侧的引用。

3.2　创建新表

创建数据库表不仅是一门科学，更是一种艺术。对于任何新的数据库项目来说，充分了解用户的要求都是最基本的步骤。

交叉参考：

第 4 章将介绍应用数据库设计规则创建 Access 表的详细信息。

本章将介绍创建基本的 Access 表所需的操作步骤。下面将介绍向 Access 数据库中添加表的过程，其中包括选择适当的数据类型，并将其分配给表中每个字段等较复杂的主题。

最好总是在使用 Access 工具向数据库中添加表之前，合理地规划各个表。对于许多表，特别是较小的表，在将其添加到数据库中之前，其实没必要执行大量的规划工作。毕竟，对于那些保存查找信息(如城市、省/自治区/直辖市的名称)的表，设计过程中并不需要太多的规划。但对于更复杂的实体，如客户和产品，通常需要反复思考，付出大量精力才能确保正确实现。

尽管在 Access 中，可在不进行任何规划工作的情况下设计表，但最好认真地规划数据库系统。可以稍后进行更改，但这样做会浪费大量时间，一般情况下，如果在一开始就做好规划，那么后期的系统维护就会变得非常轻松。

下面在 Chapter03.accdb 数据库中添加新的空表。了解向 Access 数据库中添加新表所需的步骤非常重要。

命名约定的重要性

绝大多数 Access 开发人员最后都采用一种命名约定来帮助标识各种数据库对象。绝大多数命名约定相对都比较简单，所涉及的内容无非是向对象名称中添加前缀，用于表示该对象的类型。例如，员工窗体可能命名为 frmEmployees。

随着数据库大小和复杂程度的不断增加，为数据库中的对象建立命名约定的需求也变得越来越强烈。即使启用“执行名称自动更正”选项(单击“文件”按钮，然后选择“选项”|“当前数据库”|“名称自动更正选项”)，Access 也仅更正最明显的名称更改。更改某个表的名称几乎会破坏使用该表信息的每个查询、窗体和报表。最佳防范措施就是采用合理的对象名称，在开始构建 Access 数据库时尽早使用某种命名约定，并在整个项目实施过程中始终严格遵循该命名约定。

Access 对于分配给数据库对象的名称设定的限制非常有限。因此，完全有可能出现两个截然不同的对象(例如，窗体和报表，或者表和宏)具有相同名称的情况。不过，不能使表和查询有相同的名称，因为表和查询在数据库中占用相同的名称空间。

尽管诸如 Contacts 和 Orders 的简单名称已经足够，但随着数据库大小和复杂程度的不断增加，用户可能搞不清楚某个特定的名称到底指代哪个对象。例如，本书后面包括通过代码和宏来操纵数据库对象的相关内容。在使用内置到 Access 中的编程语言 VBA 时，引用的对象之间一定不存在多义性和混淆。如果窗体和报表都命名为 Contacts，可能使代码产生混淆。

最简单的命名约定是为对象名称添加由三四个字符构成的前缀，用于表示使用该名称的对象的类型。使用该约定，表对应的前缀为 tbl，而查询对应的前缀为 qry。一般情况下，对于窗体、报表、宏和模块，该约定所接受的前缀分别为 frm、rpt、mcr 以及 bas 或 mod。

在本书中，绝大多数复合对象的名称都采用骆驼拼写法，如 tblBookOrders、tblCustomers 等。大多数用户都会发现，相对于全大写或全小写字符形式的名称(如 TBLBOOKORDERS 或 tblbookorders)，采用骆驼拼写法的名称更容易阅读和记忆。

此外，我们还不时使用数据库对象的非正式引用。例如，前面示例中包含联系人信息的表的正式名称为 tblContacts。对该表的非正式引用可能是“Contacts 表”。

绝大多数情况下，用户永远也看不到数据库对象的正式名称。应用程序开发人员所面临的挑战之一是提供一个无缝的用户界面，以隐藏支持该用户界面的所有数据管理和数据存储实体。可以轻松地控制标题栏以及窗体、报表和其他用户界面组件中显示的文本，以隐藏数据结构和界面要素的实际名称。

Access 最多允许表名包含 64 个字符。应该利用这一点，为表、查询、窗体和报表提供描述性或信息性的名称。因为表名 tblBookOrders 很容易处理和理解，所以没有理由为表使用 BkOrd 这样简短但难以理解的名称。

当然，描述性名称可能会出现某种极端情况。例如，如果 frmUpdateInfo 能够很好地表示某个窗体，那么将其命名为 frmUpdateContactInformation 没有任何意义。长名称比短名称出现拼写错误或读取错误的可能性更大，因此在分配名称时，应该根据自己的判断提供最合理的名称。

尽管 Access 允许在数据库对象的名称中使用空格，但应避免使用空格。空格非但不会增加可读性，反而会带来一些棘手的问题，特别是在扩大到客户端/服务器环境或者将 OLE 自动化与其他应用程序结合使用时。即使不希望将自己的 Access 应用程序扩展到客户端/服务器环境，或者将 OLE 或 DDE 自动化融入自己的应用程序，也应养成不在对象名称中使用空格的习惯。

最后，可在表名中使用某些特殊字符，如下划线。作为大型命名约定的一部分，某些开发人员会使用下划线分隔表名称中的各个单词。除非使用的是允许包含特殊字符的特定约定，否则应该避免使用特殊字符。

3.2.1　设计表

设计表是一个包含很多操作步骤的过程。按顺序执行这些步骤，可以快速创建表设计，并将所需的操作降到最少：

(1) 创建新表。

(2) 输入字段名称、数据类型、属性以及(可选)说明。

(3) 设置表的主键。

(4) 为相应的字段创建索引。

(5) 保存表的设计。

一般来说，某些表永远也不会真正完成。随着用户需求的变化或者管理应用程序的业务规则的变化，可能会需要在“设计”视图中打开某个现有的表。像绝大多数有关 Access 的图书一样，本书在介绍创建表的过程时，假设使用的每个表都是全新的。不过，实际情况是，对 Access 应用程序所做的绝大多数工作都是针对数据库中的现有对象执行的。其中的部分对象是自己添加的，而其他对象可能是另外的开发人员在过去某个时间点添加的。但是，维护现有数据库组件的过程与从头开始创建同一对象的过程完全相同。

提示：

对于修改构建后的表，需要注意的是，向表中添加新字段永远也不会导致问题。现有的查询、窗体、报表甚至是 VBA 代码将像之前一样继续使用该表。这些对象不会引用新字段，因为该字段是在对象创建之后添加的。新字段不会自动添加到现有对象中，但可以将其添加到应用程序中所需的位置，所有功能都可以按预期工作。

如果删除或重命名表中的字段，问题就出现了。即使启用了“自动更正”功能，Access 也不会在整个数据库中更新 VBA 代码、控件属性和表达式中的字段名称引用。一般情况下，建议不要更改现有字段(或其他任何数据库对象)。在将表、字段以及其他数据库对象添加到数据库中时，应该始终努力为其提供良好、确凿的描述性名称，而不要计划稍后返回来对其进行修改。

提示：

在日常操作中，很多 Access 开发人员都会禁用“自动更正”功能(使用“文件”选项卡访问 Backstage，选择“选项”，然后选择“当前数据库”。在“名称自动更正选项”中，确保取消选中“跟踪名称自动更正信息”）。“自动更正”功能会对性能产生负面影响，因为需要不断地观察应用程序中的名称更改，并根据需要采取相应的更正操作。

此外，由于“自动更正”功能无法完全更正应用程序中的所有名称，因此当更改某个数据库对象的名称时，总会有更多需要完成的工作。

首先在 Access 屏幕顶部的功能区中打开“创建”选项卡。“创建”选项卡(如图 3.1 所示)包含创建表、窗体、报表以及其他数据库对象需要的所有工具。

图 3.1　“创建”选项卡包含向 Access 数据库中添加新对象所需的工具

Web 内容

下面的示例使用在本书对应的 Web 站点上找到的 Chapter03.accdb 数据库。

可通过两种主要方法将新表添加到 Access 数据库中，这两种方法都是从“创建”选项卡的“表格”组调用的，如下所述。

- **单击“表”按钮**：在“数据表”视图中通过一个名为 ID 的自动编号字段，将一个表添加到数据库中。
- **单击“表设计”按钮**：在“设计”视图中将一个表添加到数据库中。

此例将使用“表设计”按钮，不过首先来看一下“表”按钮。

单击“表”按钮会将新表添加到 Access 环境中。新表将显示在“数据表”视图中导航窗格右侧的区域。新表如图 3.2 所示。请注意，新表显示在“数据表”视图中，已经插入了一个 ID 列，在 ID 字段的右侧具有一个“单击以添加”列。

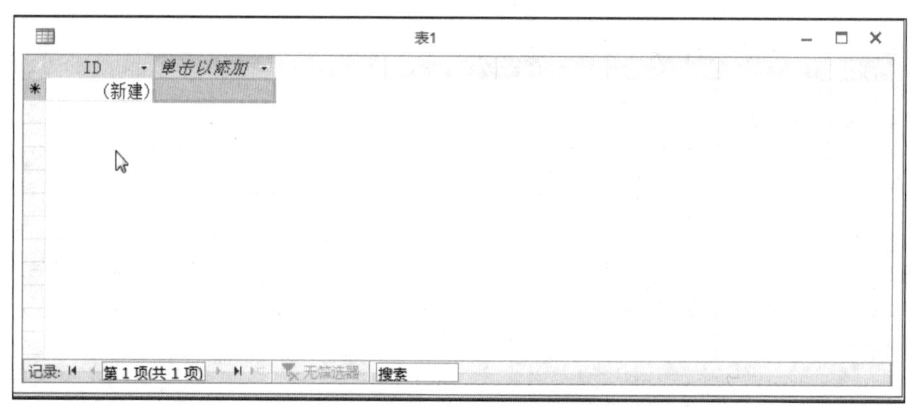

图 3.2　“数据表”视图中的新表

“单击以添加”列允许用户快速向表中添加字段。用户只需要在新列中输入数据即可。要为字段分配名称，可以右击字段的标题，选择“重命名字段”命令，然后为字段输入名称。换句话说，构建 Access 表与在 Excel 中创建电子表格非常相似。

注意：

在之前的 Access 版本中，这种方法通常称为“在‘数据表’视图中创建表”。

添加新列后，可以通过功能区的“字段”选项卡上的工具(如图 3.3 所示)为字段设置特定的数据类型，还可以设置其格式、验证规则和其他属性。

添加新表的第二种方法是单击“创建”选项卡上“表格”组中的“表设计”按钮。Access 将在“设计”视图中打开一个新表，允许向该表的设计中添加字段。图 3.4 显示的是添加一些字段后的新表设计。“表设计”视图提供了一种更完善的方法来构建 Access 表。

图 3.3 字段设计工具位于功能区的“字段”选项卡中

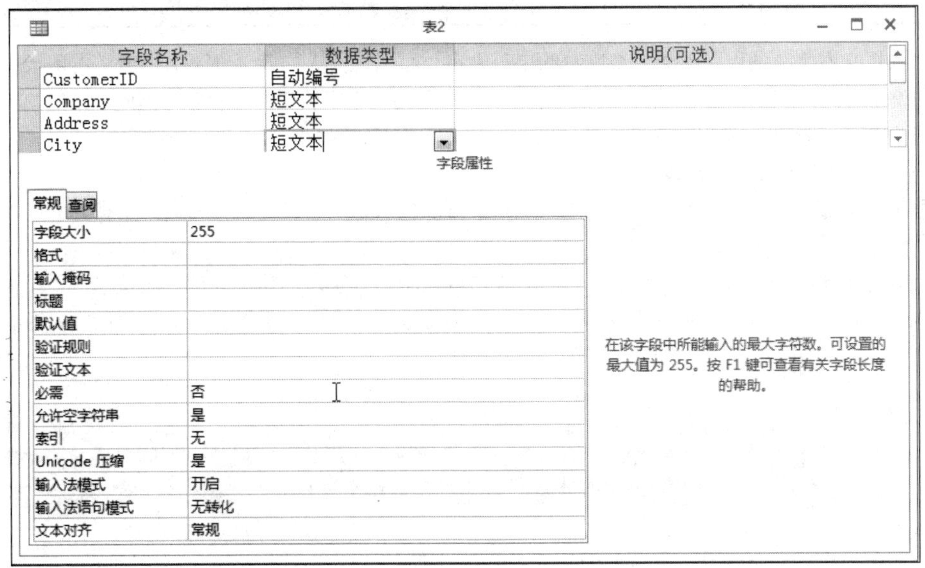

图 3.4 在“设计”视图中添加了一个新表

表设计器非常便于理解，每一列都具有明确的标签。最左侧是“字段名称”列，在该列中，可以输入添加到表中的字段的名称。可为表中的每个字段分配数据类型，并可以酌情为字段提供说明。本章后面将更详细地讨论数据类型。

对于此练习，将为 Collectible Mini Cars 应用程序创建 Customers 表。该表的基本设计如表 3.1 所示。3.3 节将详细介绍该表的设计细节。

表 3.1 Collectible Mini Cars 的 Customers 表

字段名称	数据类型	说明
CustomerID	自动编号	主键
Company	短文本	联系人的雇主或其他附属机构
Address	短文本	联系人的地址
City	短文本	联系人所在的城市
State	短文本	联系人所在的省/自治区/直辖市
ZipCode	短文本	联系人的邮政编码
Phone	短文本	联系人的电话
Fax	短文本	联系人的传真
Email	短文本	联系人的电子邮件地址
WebSite	短文本	联系人的 Web 地址
OrigCustomerDate	日期和时间	联系人首次从 Collectible Mini Cars 购买商品的日期
CreditLimit	货币	客户的信用额度(以美元为单位)
CurrentBalance	货币	客户的当前余额(以美元为单位)
CreditStatus	短文本	客户的信用状态的说明
LastSalesDate	日期和时间	客户从 Collectible Mini Cars 购买商品的最近日期

(续表)

字段名称	数据类型	说明
TaxRate	数字(双精度)	适用于客户的销售税
DiscountPercent	数字(双精度)	为客户提供的例行折扣
Notes	长文本	关于该客户的备注和观察资料
Active	是/否	客户是否仍与 Collectible Mini Cars 具有销售往来

表 3.1 中的短文本字段使用默认 255 个字符的字段大小。虽然任何人的姓名都不大可能会占用 255 个字符，但是提供非常长的姓名也没有什么坏处。Access 仅存储实际输入到文本字段中的字符数。因此，分配 255 个字符并不是对数据库中的每个名称实际使用 255 个字符。

再次查看图 3.4，会发现“表设计”窗口包含下面两个区域。

- **字段输入区域**：使用窗口顶部的字段输入区域，可以输入每个字段的名称和数据类型。也可以输入可选的说明。
- **字段属性区域**：该区域位于窗口底部，可以在该区域中指定字段的属性。这些属性包括字段大小、格式、输入掩码以及默认值等。属性区域中显示的实际属性取决于字段的数据类型。有关这些属性的更多详细信息将在 3.4.7 节中介绍。

提示：

可通过两种方式在表设计器的上半部分和下半部分之间切换，一是在鼠标指针位于所需的窗格时单击鼠标，二是按 F6 键。按 F6 键可以循环切换所有打开的窗格，如导航窗格和属性搜索，因此可能需要多次按 F6 键，才能切换到所需的窗格。

3.2.2　使用“设计”选项卡

Access 功能区的“设计”选项卡(如图 3.5 所示)包含许多控件，可帮助创建新的表定义。

图 3.5　功能区的“设计”选项卡

“设计”选项卡上的控件影响表设计中的重要考虑因素。接下来的几节只会介绍图 3.5 中所示的小部分控件。至于其他按钮，将在 3.3 节以及本书后续章节中详细介绍。

1. 主键

单击该按钮可以指定希望将表中的哪些字段用作表的主键。按照惯例，主键应该显示在表中所包含字段列表的顶部，但在表的设计中，它可以显示在任意位置。3.6 节将更详细地讨论主键。

提示：

要移动某个字段，只需要使用鼠标左键单击相应字段名称左侧的选择器，使该字段在表设计器中突出显示，然后将该字段拖动到所需的新位置。

2. 插入行

尽管表中各个字段的顺序对于数据库引擎没有太大差异，但许多开发人员会处理字段的顺序。Access 中的许多向导显示字段的顺序与表中的顺序相同。例如，将地址字段放在城市字段上方可能更便于后续的开发。

交叉参考：

复合键由多个字段组合在一起，并以单个键的形式出现，相关信息将在第 4 章中详细介绍。

单击“插入行”按钮会在鼠标光标所在位置的上方插入一个空行。例如，如果光标当前位于表设计器的第二行，那么单击“插入行”按钮会在第二行的位置插入一个空行，将现有的第二行移到第三行的位置。

3. 删除行

单击“删除行”按钮可将一行从表的设计中删除。

> **警告：**
> 在真正删除某一行之前，Access 不会要求确认删除。

4. 属性表

单击“属性表”按钮可以打开表的“属性表”对话框(如图 3.6 所示)。通过这些属性，可以指定重要的表特征，如适用于整个表的验证规则，或者用于表数据的替代排序顺序。

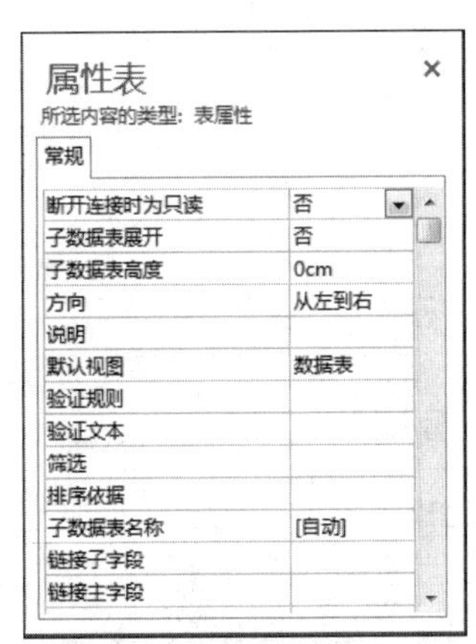

图 3.6　“属性表”对话框

5. 索引

有关索引的详细信息将在 3.7 节中介绍。单击“索引”按钮将打开“索引”对话框，通过该对话框，可以指定表中各个字段的索引的详细信息。

3.2.3　使用字段

在“表设计”窗口上半部分的输入区域中输入字段名称和字段数据类型，可以创建字段。可选的“说明”属性可以表明相应字段的用途。说明信息会在数据输入过程中显示在屏幕底部的状态栏中，可能会对使用应用程序的用户起到一定的帮助作用。输入每个字段的名称和数据类型后，可以在字段属性区域中输入属性，进一步指定每个字段的使用方式。

1. 命名字段

字段名称应该具有足够的描述性，以使开发人员、系统用户和 Access 能够识别该字段。字段名称应该足够长，以便快速识别该字段的用途，当然也不能过长(稍后，当输入验证规则或者在计算中使用字段名称时，会希望尽量避免输入较长的字段名称)。

要输入字段名称，将鼠标指针放在“表设计”窗口中“字段名称”列下面的第一行中。然后，输入有效的字段名称，在此过程中需要遵循以下规则。

- 字段名称的长度可以为 1~64 个字符。
- 字段名称可以包含字母、数字以及许多特殊字符，但不能包含句点(.)、感叹号(!)、重音标记(`)和方括号([ ])。
- 字段名称可以包含空格。应该尽量避免在字段名称中使用空格，原因与避免在表名称中使用空格相同。
- 不能使用低位 ASCII 字符，如 Ctrl+J 或 Ctrl+L (ASCII 值 0~31)。
- 不能以空格开头。

可采用大写、小写或混合大小写的形式输入字段名称。如果在输入字段名称时出现错误，可以将鼠标光标放在要更正的位置，然后输入更改的内容。可以随时更改字段名称，即使表中包含数据也没有关系。

> **注意：**
> Access 不区分大小写，因此数据库本身并不关注是将表命名为 tblCustomers 还是 TblCustomers。选择大写、小写还是混合大小写形式的字符完全由用户决定，目标就是使表名称具有更强的描述性，且便于阅读。

> **警告：**
> 在保存表以后，如果更改了一个字段名称，而该字段名称也在查询、窗体或报表中使用，那么也必须在这些对象中进行同样的更改。导致 Access 应用程序出错的主要原因之一就是更改了表和字段等基本数据库对象的名称，但没有在整个数据库中所有必需的位置进行同样的更改。很容易出现这种错误的两种情况是：在窗体或报表上某个控件的控件源中遗漏字段名称引用，或者字段名称引用深深嵌入应用程序中某个位置的 VBA 代码中。

2. 指定数据类型

当输入字段时，还必须确定每个字段所要保存的数据的类型。在 Access 中，可以选择多种数据类型。表 3.2 列出了可供使用的数据类型。

表 3.2　Microsoft Access 中可用的数据类型

数据类型	所存储数据的类型	存储大小
短文本	字母数字字符	不超过 255 个字符或更少
长文本	字母数字字符	不超过 1GB 字符或更少
数字	数字值	1、2、4 或 8 字节；对于同步复制 ID(GUID)为 16 字节
大型数字	数字值	8 字节
日期/时间	日期和时间数据	8 字节
货币	货币数据	8 字节
自动编号	自动编号增量	4 字节；对于同步复制 ID(GUID)为 16 字节
是/否	逻辑值：Yes/No、True/False	1 位(0 或–1)
OLE 对象	图片、图表、声音、视频	最多 1GB (磁盘空间限制)
超链接	指向 Internet 资源的链接	不超过 1GB 字符
附件	一个特殊字段，可将外部文件附加到 Access 数据库中	因附件而异
计算	该字段存储基于表中其他字段执行的计算	通过设置“结果类型”属性来确定
查阅向导	显示另一个表中的数据	一般情况下为 4 字节

图 3.7 显示了用于为刚创建的字段选择数据类型的“数据类型”下拉列表。

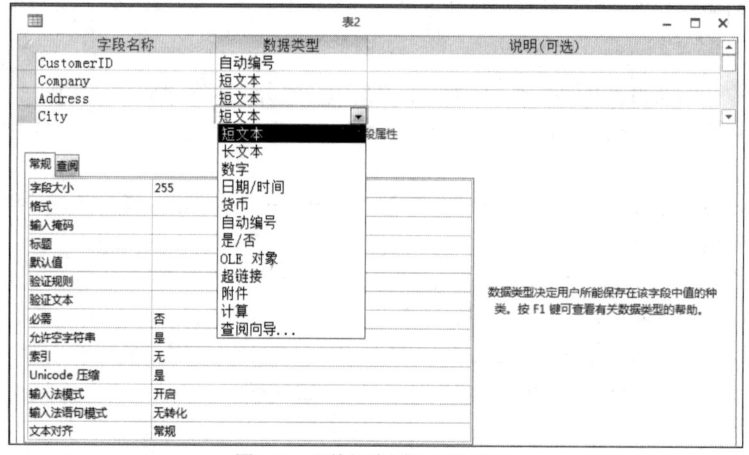

图 3.7　“数据类型”下拉列表

必须为每个字段分配上述数据类型之一。某些数据类型具有其他选项，如“短文本”字段和“数字”字段都有“字段大小”选项。

下面列出了在为表中的新字段选择数据类型时需要考虑的一些基本问题。

- **数据类型是什么？**数据类型应该反映字段中存储的数据。例如，对于数量和价格之类的数字，应该选择某种数字数据类型进行存储。但是，不要在数字字段中存储电话号码或社会保险号之类的数据，应用程序不会对电话号码执行加法或乘法等数值运算。对于社会保险号和电话号码等常见数据，建议改用文本字段。

> **注意：**
> 数字字段不会存储前导 0。如果将 02173 之类的邮政编码放在数字字段中，那么意味着实际存储的只是后 4 位数字，即 2173。

- **所选的数据类型的存储要求是什么？**尽管可以使用长整型数据类型来替代整型或字节，但长整型的存储要求(4 个字节)是整型的两倍。这意味着，使用和操纵数字所需的内存会增加一倍，存储对应的值所需的磁盘空间也会加倍。使用最小的数据类型/字段大小，仍可以保存该字段中最大的值。

- **要对字段排序或编制索引吗？**对于长文本和 OLE 对象字段，鉴于其二进制性质，不能对其排序或编制索引。使用长文本字段时应格外谨慎。存储和使用长文本字段所需的开销是相当大的。
- **数据类型对排序要求的影响是什么？**数字数据排序与文本数据排序有所不同。使用数字数据类型，一系列数字会按照预期进行排序：1、2、3、4、5、10、100。对于文本数据，同样的一系列数字会按照以下形式进行排序：1、10、100、2、3、4、5。如果按照数值顺序对文本数据进行排序非常重要，那么在排序之前，需要首先对数据应用转换函数。

提示：

如果以适当顺序对表示数字的文本数据进行排序非常重要，就可能需要在数字前面加上前缀 0(如 001、002 等)。然后，文本值将按照预期的顺序进行排序：001、002、003、004、005、010、100。

- **数据是文本还是日期？**在使用日期时，将其存储到日期/时间字段中几乎总是比存储到短文本字段中更好。文本值排序方式与日期排序方式有所不同(日期在内部作为数字值进行排序)，这可能影响依赖时间顺序的报表和其他输出。

新功能

“大型数字”数据类型是 Access 2019 新增的。它的主要作用是支持与使用该数据类型的其他数据库(如 SQL Server)的兼容性。如果使用该类型，数据库将无法与旧版本的 Access 兼容。只有有明确的理由，才应使用“大型数字”类型。

不要尝试将日期存储在一个日期/时间字段中，而将时间存储在另一个日期/时间字段中。日期/时间字段专门用于处理日期和时间，阅读本书会发现，仅显示日期/时间值的日期或时间部分非常容易。

日期/时间字段还可以存储不连续的日期和时间，而不是时间间隔。如果跟踪持续时间非常重要，那么可以使用两个日期/时间字段，一个记录持续期间的开始，另一个记录持续期间的结束，也可以使用一个长整型字段来存储表示已过去的秒数、分钟数、小时数等数值。

- **需要什么报表？**无法对报表上的长文本或 OLE 数据进行排序或分组。如果基于长文本或 OLE 数据准备报表非常重要，可以向表中添加一个“标记”字段，如日期或序号，以用于提供排序键。

短文本数据类型

短文本数据类型保存简单字符信息(字母、数字、标点)。名称、地址和说明都是文本数据，不在计算中使用的数值数据也是文本数据(例如电话号码、社会保险号以及邮政编码)。

尽管在属性区域中指定每个短文本字段的大小，但对于任何短文本字段，可以输入的数据长度不能超过 255 个字符。Access 使用可变长度字段存储文本数据。如果将某个字段的宽度指定为 25 个字符，但对每条记录仅使用 5 个字符，那么在数据库中仅使用可以存储 5 个字符的空间。

ACCDB 数据库文件可能迅速膨胀，但这通常不是文本字段导致的。不过，还是建议将短文本字段的宽度限制为该字段可能达到的最大值。姓名不太容易处理，因为在某些国家或地区，使用相当长的姓名是司空见惯的。对于邮政编码，比较安全的做法是限制在 12 个字符以下，美国的州缩写始终采用两个字符。限制短文本字段的宽度，也就限制了在窗体中使用该字段时用户可以输入的字符数。

长文本数据类型

长文本数据类型保存可变的数据数量，最多可达 1GB。长文本字段仅使用存储数据所必需的内存。因此，如果一条记录使用 100 个字符，另一条记录只需要 10 个字符，还有一条需要 3 000 个字符，那么仅使用每条记录所需的空间。

不需要为长文本数据类型指定字段大小。Access 会为数据分配所需的空间。

新功能

在 Access 2013 之前的版本中，短文本数据类型简单地称为“文本”，而长文本数据类型称为“备注型”。如果使用的是之前的版本，那么需要参考旧的数据类型名称。这些数据类型的属性和限制并没有发生变化，只是名称发生了更改。

数字数据类型

通过数字数据类型，可以输入数值数据，也就是将在数学计算中使用或表示标量(如库存数量)的数字(如果数据将在货币计算中使用，则应该使用货币数据类型，该数据类型可以保证在执行计算时不会出现舍入错误)。

存储在数字字段中的数值数据的确切类型由“字段大小”属性确定。表 3.3 列出了各种数字数据类型、其最大值和最小值范围、每个数字数据类型支持的小数位数以及每个数字数据类型所需的存储空间(以字节为单位)。

表 3.3　数字字段设置

字段大小设置	范围	小数位数	存储大小
字节	0~255	无	1 字节
整型	–32 768~32 767	无	2 字节
长整型	–2 147 483 648~2 147 483 647	无	4 字节
单精度	-3.4×10^{38}~3.4×10^{38}	7	4 字节
双精度	-1.797×10^{308}~1.797×10^{308}	15	8 字节
同步复制 ID	不适用	不适用	16 字节
小数	-9.999×10^{27}~9.999×10^{27}	15	8 字节

警告：

很多错误都是由于为数字字段选择了错误的数值类型导致的。例如，注意整型数据类型的最大值为 32 767。曾经有一个数据库在很多年里都运行得非常完美，突然由于溢出错误而开始崩溃。经过查证，溢出是由某个设置为整型数据类型的字段导致的，当公司偶尔处理非常大的订单时，超过了最大值 32 767。

注意，将两个数字加在一起或者执行任何数学运算时，如果生成的值过大而无法存储在某个字段中，就可能会发生溢出。在操作(如对两个数字执行加法或乘法运算)导致运行期间出现溢出情况时，才会发生某些非常难以解决的错误。

设计表时需要格外谨慎，允许的数值应该大于预期在数据库中看到的值。这并不是说，应该对所有数字字段使用双精度数据类型。双精度数据类型非常大(8 字节)，在计算或其他数值运算中使用时，可能会导致速度降低。对于绝大多数浮点数计算，单精度数据类型可能是更好的选择，而在小数位数无关紧要的情况下，选择长整型应该是不错的做法。

大型数字

“大型数字”数据类型的值从-2^{63}到$2^{63}-1$。这些数字比大多数人需要的更大。Access 添加它主要是为了与具有这种数据类型的其他数据库兼容，特别是 SQL Server。

如果使用了“大型数字”数据类型，请注意，2019 年前的 Access 版本并不都支持这种数据类型。如果要链接到使用此数据类型的数据库或从其中导入数据，请在 Access “选项”的“当前数据库”选项卡中选中“支持链接/导入表的大型数字(BigInt)数据类型”复选框。

日期/时间数据类型

日期/时间数据类型是一种专门的数字字段，用于保存日期或时间(或者日期和时间)。当日期存储在日期/时间字段中时，计算日期之间的天数以及执行其他日历运算会非常简单。存储在日期/时间字段中的日期数据也会适当地进行排序和筛选。日期/时间数据类型保存从 100 年 1 月 1 日到 9999 年 12 月 31 日之间的日期。

货币

货币数据类型是另一种专门的数字字段。货币数字在计算过程中不会舍入，在小数点左侧保持 15 位精度，而在右侧保持 4 位精度。由于货币字段使用固定的小数点位置，因此在执行数值计算时，它们的速度要比双精度值快。

自动编号

自动编号字段是另一种专门的数字字段。向表中添加一个自动编号字段时，Access 会自动为该字段分配一个长整型(32 位)值(从 1 开始)，并在每次向该表中添加一条记录时对该值进行递增。或者，自动编号字段的值也可以是自动插入新记录中的随机整数。

一个表中只能有一个自动编号字段。为记录分配了自动编号字段以后，便不能通过编程方式或由用户对其值进行更改。自动编号字段存储为长整型数据类型，并占用 4 字节。自动编号字段可能的值范围为 1~4 294 967 296，对于绝大多数表来说，远远超过了主键所需的数量。

注意：

自动编号字段并不保证会生成连续的、不中断的一组序号。例如，如果在添加新记录的过程中发生中断(比如，在输入新记录的数据时，用户按了 Esc 键)，自动编号字段将“跳过”一个数字。不应该使用自动编号字段来提供序号流。通过数据宏(有关数据宏的内容将在第 22 章中介绍)或 VBA 代码可以轻松地向表中添加序号。

提示：

如果在两个表之间创建关系，并且该关系中的一个字段是自动编号字段，那么另一个字段应该设置为长整型数据类型，以防出现溢出错误。有关在表之间创建关系的内容将在第 4 章中介绍。

是/否

是/否字段仅接受两个可能值中的一个。是/否字段在内部存储为 1 (是)或 0 (否)，用于表示 yes/no、on/off 或 true/false。是/否字段占用一个存储位。

OLE 对象

OLE 对象字段存储 OLE 数据，这种数据是高度专业化的二进制对象，如 Word 文档、Excel 电子表格、声音剪辑、视频剪辑以及图像。OLE 对象是通过 Windows 识别为 OLE 服务器的应用程序创建的，并且可以链接到父应用程序或者嵌入到 Access 表中。OLE 对象只能显示在 Access 窗体和报表的绑定对象框中。不能对 OLE 字段编制索引。

超链接数据类型

超链接数据类型字段保存某些文本和数字的组合，该组合存储为文本，并用作超链接地址。这种字段最多可以包含四个部分，如下所述。

- 显示在某个控件中的文本(通常格式化为可以单击的链接)。
- Internet 地址——文件或 Web 页面的路径。
- 文件或页面中的任何子地址。Web 页面上的图片就是一个子地址的示例。超链接地址的每个部分通过#号来分隔。
- 用户悬停在链接上时显示在屏幕提示中的文本。

Access 超链接甚至可以指向其他 Access 数据库中的窗体和报表。这意味着，可以使用超链接打开外部 Access 数据库中的窗体或报表，并在用户的计算机上显示该窗体或报表。

附件

附件数据类型是在 Access 2007 中引入的。实际上，附件数据类型是导致 Microsoft 更改 Access 数据文件格式的原因之一。旧版的 MDB 格式无法容纳附件。

相比于其他 Access 字段类型，附件数据类型比较复杂，在 Access 窗体中显示时，它需要一种特殊的控件类型。有关这种字段类型的详细信息，请参见 3.12 节。

计算

计算字段包含一个表达式，该表达式可以包含同一表中的数字、文本和字段，以及 Access 函数。它不能引用其他表中的字段。“计算”不是数据类型，尽管 Access 将其包含在数据类型列表中。它具有 ResultType 属性，该属性决定了字段包含何种类型的数据。

如果在查询中反复执行相同的计算，则可以使用计算字段。例如，如果有 TaxableAmount 字段和 SalesTaxRate 字段，就可以创建 SalesTaxAmount 字段，将它们相乘。

使用这种字段几乎违反了第三范式(有关数据规范化的信息，请参阅第 4 章)。字段实际上存储的是公式，而不是计算值。但这就是查询的用途，在表中保存数据，在查询中执行计算是组织应用程序的好方法。

查阅向导

查阅向导数据类型会插入一个字段，使最终用户可以从另一个表或 SQL 语句的结果中选择一个值。值也可能显示为组合框或列表框。在设计时，查阅向导会引导开发人员完成在将该数据分配给字段时定义查阅特征的过程。

从查阅向导字段列表中拖动一项时，会自动在窗体上创建一个组合框或列表框。该列表框或组合框还会显示在包含该字段的查询数据表上。

3. 输入字段说明

字段说明完全是可选的，使用字段说明仅是为了帮助记忆，或者让其他开发人员了解该字段的用途。通常情况下，根本不会使用“说明”列，或者仅对用途不太明显的字段使用该列。如果输入字段说明，那么只要在 Access 中使用该字段(可以在数据表或窗体中)，它便会显示在状态栏中。字段说明有助于阐明用途模糊的字段，或者在数据输入过程中为用户提供相应字段值的更完整解释。

4. 指定数据验证规则

最后一个主要的设计决策关注的是数据验证，在用户输入数据时它会变得非常重要。应确保只有正确数据(通过某些预定义测试的数据)进入系统。需要处理多种类型的数据验证。例如，可以测试已知的各个项，保证“性别”字段只能接收 Male、Female 或 Unknown 值。或者，也可以测试范围，指定“重量”的值必须位于 0～1500 磅。有关验证规则的更多详细信息将在 3.4.7 节中介绍。

3.3 创建 tblCustomers 表

使用不同的数据类型，应该可以创建 tblCustomers 表的最终工作副本。

本章使用数据库 Chapter03.accdb 中的各种数据。如果还没有下载它，现在就需要下载。除了“Complete”后缀之外，这个数据库中的表与本章中的表具有相同名称。如果希望了解表的外观，请按照以下步骤查看其中一个表。

3.3.1 使用自动编号字段

Access 针对自动编号字段给出了一些特殊的注意事项。如果已经向表中添加了任何数据，则不能将之前定义的字段从另一种类型改为自动编号。如果尝试将某个现有字段更改为自动编号，将显示如下错误消息：

在表中输入了数据后，则不能将任何字段的数据类型改为“自动编号”(即使该字段中还没有添加数据也不可以)。

必须添加一个新的自动编号字段，然后开始对其进行处理，而不能将某个现有字段改为自动编号。

> **注意：**
> 在一个 Access 表中只能添加一个自动编号字段。一般来说，建议在应用程序需要其特殊特征的地方使用自动编号字段。

3.3.2 完成 tblCustomers 表

在“设计”视图中创建了 tblCustomers 表以后，即可最终完成其设计。前面的表 3.1 列出了 tblCustomers 表的字段定义。如表 3.1 所示，输入字段名称和数据类型。接下来将说明如何更改现有字段(其中包括重新排列字段顺序、更改字段名称以及删除字段)。

下面列出了向表结构中添加字段所需的操作步骤。

(1) 将光标放在希望字段出现的行中的“字段名称”列。

(2) 输入字段名称，并按 Enter 或 Tab 键移动到“数据类型”列。

(3) 从“数据类型”列的下拉列表中选择该字段的数据类型。

(4) 如有必要，在“说明”列中为字段添加相应的说明。

重复上述步骤以创建 tblCustomers 表的每个数据输入字段。可以按向下箭头(↓)键在行之间移动，也可以使用鼠标单击任意行。按 F6 键可将焦点从“表设计”窗口的顶部切换到底部，或从底部切换到顶部。

3.4　更改表设计

即使是经过完美规划的表也需要不断的更改。可能需要添加其他字段、移除某个字段、更改某个字段的名称或数据类型，或者只是简单地重新排列字段名称的显示顺序。

尽管可以随时对表的设计做出更改，但对于包含数据的表，必须考虑一些特殊的注意事项。如果所做的更改会损坏表中的数据，比如使文本字段变小或者更改数字字段的“字段大小”属性，那么更改时务必谨慎。可以放心地向表中添加新字段，这不会导致任何问题，但更改现有字段可能引发问题，很少有例外。当表在应用程序中投入使用后，最好不要更改其中的字段名称。

3.4.1　插入新字段

要插入新字段，请在“表设计”窗口中，将鼠标光标放在某个现有字段上，右击表设计界面中的某个字段，然后选择“插入”|“行”命令；或者只在功能区中单击“插入行”按钮，就会在表中添加新的一行，现有字段将下移一行。然后，可以输入新的字段定义。插入字段不会干扰其他字段或现有数据。如果有查询、窗体或报表使用该表，可能也需要将该字段添加到这些对象中。

3.4.2　删除字段

可通过三种方式删除字段。在表处于“设计”视图的情况下：

- 通过单击行选择器选择相应的字段，然后按 Delete 键。
- 右击选定的字段，然后从快捷菜单中选择“删除行”命令。
- 选择相应的字段，然后从功能区“设计”选项卡上的“工具”组单击“删除行”按钮。

当删除包含数据的字段时，将显示警告消息，指出将丢失表中选定字段的数据。如果表中包含数据，确保想要去除该字段(列)的数据，则还需要从使用该字段名称的查询、窗体、报表、宏和 VBA 代码中删除同样的字段。

提示：

如果尝试删除的字段是某个关系的一部分(主键或辅助键字段)，Access 会说明不能删除该字段，除非在“关系”窗口中取消对应的关系。

有关表关系以及“关系”窗口的内容将在第 4 章中讨论。

如果删除某个字段，则还必须在 Access 中修复对该字段的所有引用。由于可以在窗体、查询、报表甚至是表数据验证中使用字段名称，因此必须认真检查自己的系统，从而找出所有可能使用特定字段名称的地方。

3.4.3　更改字段位置

在表的“设计”视图中输入时，所采用的字段顺序将确定表的数据表视图中从左到右的列序。如果决定对字段进行重新排列，可以单击字段选择器，并使用鼠标将相应字段拖动到所需的新位置。

3.4.4　更改字段名称

要更改字段名称，可以在“表设计”窗口中选择该字段的名称并输入新名称；Access 会自动更新表设计。只要是在创建新表，该过程就非常轻松。对于现有表，如果应用程序的其他地方引用了该表，那么更改字段名称会引发问题，3.2.1 节已经讨论过这个问题。

3.4.5　更改字段大小

在表设计中，增大字段大小是非常简单的事情。对于文本字段，只需要增大“字段大小”属性的值，而对于数字字段，只需要指定不同的字段大小即可。必须格外注意数字字段中的小数点属性，以确保不会选择支持的小数位数低于当前所用位数的新大小。

警告：

如果想要减小字段大小，请确保表中的任何数据都不大于新的字段宽度。选择较小的字段大小可能会导致数据丢失。

提示：

请记住，每个文本字段仅使用在字段中实际输入的字符数。但仍然应该尝试将字段设置为仅与最大值相等，这样，Access 就可以阻止其他用户输入可能不适合某个窗体或报表的值。

3.4.6　处理数据转换问题

某些情况下，即使想尽各种办法，也需要更改某个包含数据的字段的数据类型，如果出现这种情况，则需要进行数据类型转换，而这样可能造成数据丢失。我们应该了解对现有数据进行数据类型转换所产生的后果，具体如下所述。

- **任意数据类型转换为自动编号：**无法实现。必须在新字段中新建自动编号字段类型。
- **短文本转换为数字、货币、日期/时间或是/否：**绝大多数情况下，数据类型转换都是在不损坏数据的情况下进行的。不适合的值都将自动删除。例如，一个包含“January 28, 2012”的文本字段会准确无误地转换为日期/时间字段。但是，如果将包含“January 28, 2012”的字段更改为“是/否”数据类型，那么其值将被删除。
- **长文本转换为短文本：**这是一种直接转换，不会丢失或损坏数据。任何长于为短文本字段指定的字段大小的文本都将被截断并舍弃。
- **数字或大型数字转换为短文本：**不会丢失任何信息。数字将转换为使用“常规数字”格式的文本。
- **数字或大型数字转换为货币：**由于货币数据类型使用固定小数点，因此在截断数字的过程中可能损失一些精度。
- **日期/时间转换为短文本：**不会丢失任何信息。日期和时间数据会转换为使用“常规日期”格式的文本。
- **货币转换为短文本：**不会丢失任何信息。货币值将转换为不带货币符号的文本。
- **货币转换为数字：**这是一种非常简单直接的转换。在转换货币值以适应新数字字段的过程中，可能会丢失部分数据。例如，在将货币值转换为长整型值时，小数部分将被截断(去除)。
- **自动编号转换为短文本：**在转换过程中不会出现丢失数据的情况，但如果文本字段的宽度不足以保存整个自动编号值，数字将被截断。
- **自动编号转换为数字：**这是一种非常简单直接的转换。在转换自动编号值以适应新数字字段的过程中，可能会丢失部分数据。例如，对于大于 32 767 的自动编号值，如果将其转换为整型字段，则会被截断。
- **是/否转换为短文本：**只是简单地将是/否值转换为文本。不会丢失任何信息。

注意：

无法将 OLE 对象数据类型转换为其他任何数据类型。

3.4.7　分配字段属性

构建到 Access 表中的字段属性具有非常大的帮助作用，可以帮助管理表中的数据。绝大多数情况下，字段属性由数据库引擎实施，这意味着只要使用字段的值，属性便统一应用。例如，如果已经在表设计中设置了“默认值”属性，则默认值在表的数据表视图、窗体和查询中均可用。

实际上，字段属性属于 Access 表和 Excel 工作表之间众多差异中的一种。了解字段属性只是开始使用 Access 表(而不是 Excel 工作表)存储数据所需的若干技能中的一种。

每个字段数据类型都有各自的属性集。例如，数字字段具有“小数位数”属性，短文本字段具有“文本对齐”属性。尽管许多数据类型共享很多相同的属性(如“名称”)，但还是有大量不同的字段属性，很容易使人混淆，或者错用对应的属性。接下来讨论一些较重要的常用字段属性。

注意：
以下内容包含很多对 Access 表设计器中的属性和属性设置的引用。属性的正式名称(如 DefaultValue)绝对不会包含空格，但是，属性在表设计器中的表达式通常会包含空格，以方便阅读(如 Default Value)。在表达式、VBA 代码和宏中引用属性时，这些相对次要的差别会变得非常重要。在代码或宏中对属性进行正式引用时，请始终使用属性名称的“无空格”形式，而不是在 Access 用户界面上看到的属性引用。

1. 常规属性

下面列出了所有的常规属性(请注意，它们可能不会全部显示，具体取决于选择的数据类型)。

- **字段大小**：应用于短文本字段时，会将字段的大小限制为指定的字符数(1~255)。默认值为 255。
- **新值**：适用于自动编号字段。允许指定“递增”或“随机”类型。
- **格式**：更改数据在输入后的显示方式(大写、日期等)。有很多不同的格式类型适用于 Access 数据。其中的很多差别将在本节稍后解释。
- **输入掩码**：用于采用预定义格式(电话号码、邮政编码、社会保险号、日期、客户 ID)的数据输入。适用于数字和文本数据类型。
- **小数位数**：指定货币、数字、大型数字数据类型的小数位数。
- **标题**：窗体和报表字段的可选标签。在窗体或报表上创建控件时，Access 使用“标题”属性而不是字段名称。
- **默认值**：为新输入到字段中的数据自动提供的值。该值可以是适合该字段数据类型的任何值。默认值就是一个初始值，可以在数据输入过程中对其进行更改。要指定默认值，只需要在“默认值”属性设置中输入所需的值。默认值可以是表达式，也可以是数字或文本字符串。

注意：
由于默认情况下，数字和货币数据类型的默认值设置为 0，因此当添加新记录时，这些字段会自动设置为 0。许多情况下，例如体检结果以及许多财务应用程序，0 并不是适用于数字字段的默认值。请务必验证在 Access 应用程序中 0 是不是适用的默认值。

- **验证规则**：确保输入到字段中的数据符合某些业务规则，如“大于 0”“日期必须在 2000 年 1 月 1 日之后”等。
- **验证文本**：数据验证失败时显示的消息。
- **必需**：指定是否必须向字段中输入值。
- **允许空字符串**：确定是否可以向短或长文本字段中输入空字符串("")以便将其与 Null 值区分开来。
- **索引**：加速数据访问，并且如有必要，还可将数据限制为唯一值。有关索引的更多信息将在本章后面解释。
- **Unicode 压缩**：用于多语言应用程序。需要的数据存储空间会增加约一倍，但可以确保无论使用什么语言或符号，包括 Access 报表在内的 Office 文档都可以正确显示。一般来说，除非应用程序需要在亚洲语言环境中使用，否则不需要使用 Unicode 值。
- **输入法模式**：也称为 Kanji 转换模式属性，当失去控制时，该属性用于显示是否维护 Kanji 模式。该设置在英语或其他欧洲语言应用程序中没有意义。
- **输入法语句模式**：用于确定当焦点移入或移出字段时，进行切换的表的字段或窗体的控件的语句模式。该设置在英语或其他欧洲语言应用程序中没有意义。

2. 格式

在显示或打印输出表字段中包含的数据时，“格式”属性指定该数据的显示方式。在表级别设置该属性时，格式将在整个应用程序中生效。每种数据类型存在不同的格式选项。

Access 针对绝大多数字段数据类型提供了内置的格式选项。用于显示字段值的具体格式受控制面板中的“区域和语言”设置的影响。

“格式”属性仅影响值的显示方式，而不会影响值本身或者值在数据库中的存储方式。

如果选择构建某种自定义格式，可在字段的“格式”属性框中构造一个字符串。有很多不同的符号可以用于每种数据类型。Access 提供了全局的格式规范，可以用于任何自定义格式，具体如下所述。

- (空格)：将空格显示为字符。
- “SomeText”：将引号之间的文本显示为文字文本。
- ! (感叹号)：左对齐显示内容。
- * (星号)：使用下一个字符填充空格。
- \ (反斜线)：将下一个字符显示为文字文本。使用反斜线可以显示在其他情况下对 Access 具有特殊意义的字符。
- [颜色]：使用方括号中指定的颜色(黑色、蓝色、绿色、蓝绿色、红色、洋红色、黄色或白色)显示输出。

如果既定义了格式，也定义了输入掩码，将优先采用“格式”属性。

数字和货币字段格式

数字和货币字段有许多有效的格式。可以使用某种内置的格式，也可构造自己的自定义格式。

- **常规数字**：数字以输入时的格式显示(这是数字数据字段的默认格式)。
- **货币**：添加千位分隔符(通常为逗号)，在小数右侧两位数的位置添加小数点，并将负数包含在括号内。货币字段值在显示时带有通过控制面板中的“区域和语言”设置指定的货币符号(如美元符号或欧元符号)。
- **固定**：始终在小数点的左侧至少显示一位数字，在右侧至少显示两位数字。
- **标准**：使用千位分隔符，并且小数点右侧有两位小数。
- **百分比**：将数字值乘以 100，并在右侧添加百分比符号。百分比值显示小数点右侧的两位小数。
- **科学记数**：科学记数法用于显示数字。
- **欧元**：用于在数字前面加上欧元货币符号前缀。

表 3.4 汇总了上述内置的数值格式。

表 3.4　数值格式示例

格式类型	输入的数字	显示的数字	定义的格式
常规	987 654.321	987 654.321	#.###
货币	987 654.321	$987 654.32	$#,##0.00;($#,##0.00)
欧元	987 654.321	€987 654.32	€#,##0.00; (€#,##0.00)
固定	987 654.321	987 654.32	#.##
标准	987 654.321	987 654.32	#,##0.00
百分比	0.987	98.70%	#.##%
科学记数	987 654.321	9.88E+05	0.00E+00

上述所有格式都是将“小数位数”属性设置为“自动”基础上的默认格式。适用的具体格式还取决于“字段大小”属性和控制面板中的“区域和语言”设置。

自定义数值格式

可以通过组合一些符号来创建自定义格式。下面列出了在数字和货币字段中使用的符号。

- . (句点)：指定应该显示小数点的位置。
- , (逗号)：千位分隔符。
- 0 (零)：表示 0 或一位数字的占位符。
- # (#号)：表示没有任何内容或一位数字的占位符。
- $(美元符号)：显示美元符号字符。
- % (百分比符号)：将值乘以 100 并添加百分比符号。
- E–或 e–：使用科学记数法显示数字。使用减号表示负指数，不带符号表示正指数。
- E+或 e+：使用科学记数法显示数字。使用加号表示正指数。

可通过以下方式创建自定义格式：组成包含一到四部分的字符串，使用分号分隔每一部分。对于 Access 来说，每一部分都有不同的意义，如下所述。

- **第一部分**：正值的格式。
- **第二部分**：负值的格式。

- **第三部分**：0 值的格式。
- **第四部分**：空值的格式。

每一部分都由一个数值格式字符串和一个可选的颜色指定值组合而成。下面是一种自定义格式的示例：

```
0,000.00[Green];(0,000.00)[Red];"Zero";"—"
```

该格式指定显示数字，所有未使用的位置均显示 0(、使用逗号千位分隔符、将负数包含在括号中、使用" Zero"表示 0 值，使用短横线表示空值。

内置的日期/时间格式

下面列出了内置的日期/时间格式(这些示例适用于控制面板中“区域和语言”设置为“英语(美国)”的情况)。

- **常规日期**：如果值仅包含日期，则不显示时间值，反之亦然。日期以内置的短日期格式(m/d/yyyy)显示，而时间数据以长时间格式显示。
- **长日期**：Thursday, November 12, 2015。
- **中日期**：12-Nov-15。
- **短日期**：11/12/2015。
- **长时间**：5:34:23 PM。
- **中时间**：5:34 PM。
- **短时间**：17:34。

日期和时间格式受控制面板中“区域和语言”设置的影响。

自定义日期/时间格式

构造包含以下符号的规范字符串，可以创建自定义格式：

- **: (冒号)**：分隔时间元素(小时、分钟、秒)。
- **/ (正斜线)**：分隔日期元素(日、月、年)。
- c：指示 Access 使用内置的常规日期格式。
- d：将月份中的日期显示为一位或两位数字(1~31)。
- dd：使用两位数字(01~31)显示月份中的日期。
- ddd：将星期几显示为三个字符的缩写形式(Sun、Mon、Tue、Wed、Thu、Fri、Sat)。
- dddd：使用星期几的全名(Sunday、Monday、Tuesday、Wednesday、Thursday、Friday、Saturday)。
- ddddd：使用内置的短日期格式。
- dddddd：使用内置的长日期格式。
- w：使用数字表示星期几。
- ww：显示年中的周数。
- m：使用一位或两位数字显示一年中的月份。
- mm：使用两位数字(可根据需要添加前导 0)显示一年中的月份。
- mmm：将月份显示为三个字符的缩写形式(Jan、Feb、Mar、Apr、May、Jun、Jul、Aug、Sep、Oct、Nov、Dec)。
- mmmm：显示月份的全名(例如，January)。
- q：将日期显示为一年中的季度。
- y：显示一年中的天数(1 到 366)。
- yy：将年份显示为两位数字(例如，15)。
- yyyy：将年份显示为 4 位数字(2015)。
- h：使用一位或两位数字显示小时数(0~23)。
- hh：使用两位数字显示小时数(00~23)。
- n：使用一位或两位数字显示分钟数(0~59)。
- nn：使用两位数字显示分钟数(00~59)。
- s：使用一位或两位数字显示秒数(0~59)。
- ss：使用两位数字显示秒数(00~59)。

- ttttt：使用内置的长时间格式。
- AM/PM：使用带有大写 AM 或 PM 的 12 小时制格式。
- am/pm：使用带有小写 am 或 pm 的 12 小时制格式。
- A/P：使用带有大写 A 或 P 的 12 小时制格式。
- a/p：使用带有小写 a 或 p 的 12 小时制格式。

短文本和长文本字段格式

在应用于短文本字段时，格式可以帮助说明包含在字段中的数据。tblCustomers 使用多种格式。State 文本字段在“格式”属性中包含一个">"，以大写形式显示数据输入。Active 字段具有是/否格式，而且“查阅”|“显示控件”属性设置为“文本框”。

默认情况下，短文本和长文本字段显示为纯文本。如果某种特定的格式要应用于短文本或长文本字段数据，可使用下面的符号来构造该格式。

- @：需要一个字符或空格。
- &：可以选择输入一个字符(不是必需)。
- <：强制将所有字符转换为对应的小写形式。
- >：强制将所有字符转换为对应的大写形式。

自定义格式最多可以包含三个不同的部分，每一部分使用分号分隔，如下所述。

- **第一部分**：包含文本的字段的格式。
- **第二部分**：包含空字符串的字段的格式。
- **第三部分**：包含空值的字段的格式。

如果仅给定了两个部分，那么第二部分适用于空字符串和空值。例如，对于下面的格式，当字段中不包含任何字符串数据时，将显示 None；当字段中存在空值时，将显示 Unknown。如果不是上面两种情况，则显示字段中包含的简单文本：

```
@;"None";"Unknown"
```

表 3.5 列出了多个使用“英语(美国)”区域设置的自定义文本格式示例。

表 3.5　格式示例

指定的格式	输入的数据	显示的格式数据
>	Adam Smith	ADAM SMITH
<	Adam Smith	adam smith
@@-@@	Adam	Ad-am
&-@@	Ad	-Ad
@;"Empty"	" "	Empty
@;"Empty"	Null	Empty

是/否字段格式

是/否字段将显示 Yes、No、True、False、On 或 Off，具体取决于字段中存储的值以及字段的“格式”属性设置。Access 针对是/否字段类型预定义了以下非常明显的格式规范。

- Yes/No：显示 Yes 或 No。
- True/False：显示 True 或 False。
- On/Off：显示 On 或 Off。

Yes、True 和 On 都表示同样的“正”值，而 No、False 和 Off 表示相反的(“负”)值。

Access 存储“是/否”数据的方式可能与预期的有所不同。“是”数据存储为–1，而“否”数据存储为 0。一般希望将“否”数据存储为 0，将“是”数据存储为 1，但事实并非如此。如果没有设置格式，Access 将显示–1 或 0，并以这种方式存储和显示。

不管设置什么格式，都可以使用内置格式的任何单词或者以数字形式，将数据输入“是/否”字段。要输入“否”

数据，可输入 False、No、Off 或 0。要输入“是”数据，可输入 True、Yes、On 或任何非 0 数字。如果输入 0 或–1 以外的数字，Access 会将其转换为–1。

也可为“是/否”字段指定自定义格式。例如，假定表中包含一个字段，用于指示员工是否参加了方针宣讲会议。尽管是或否的答案很适用，但希望使字段的显示具有一些别样的特色。默认情况下，复选框用于指示“是/否”字段的值(选中表示是)。要自定义“是/否”字段的外观显示，请根据下面的模式设置其“格式”属性：

```
;"Text for Yes values";"Text for No values"
```

请注意该字符串最前面的占位符分号。另外注意，每个文本元素都必须使用引号括起来。如果处理的是员工表，可能使用下面的“格式”属性说明符：

```
;"Attendance OK";"Must attend orientation"
```

为将默认的复选框显示更改为文本，还必须将“是/否”字段的“显示控件”属性设置为“文本框”。

超链接字段格式

Access 显示和存储超链接数据的方式可能也与预期的有所不同。该类型的格式最多由三部分组成，各部分之间用#号分隔，如下所述。

- **显示文本**：在字段或控件中显示为超链接的文本。
- **地址**：指向 Internet 上的文件(UNC)或页面(URL)的路径。
- **子地址**：文件或页面内的特定位置。
- **屏幕提示**：用户悬停在链接上时显示的文本。

“显示文本”属性是在字段或控件中显示的文本，而地址和子地址是隐藏的。在下面的示例中，“Microsoft MSN Home Page”是显示的文本，而 http://www.msn.com 是超链接的地址。

```
Microsoft MSN Home Page#http://www.msn.com
```

3. 输入掩码

使用“输入掩码”属性，用户可更轻松地以正确格式输入数据。输入掩码限制用户向应用程序中输入数据的方式。例如，可将输入数据限制为仅包含电话号码数字、社会保险号以及员工 ID。社会保险号的输入掩码可能类似于“000-00-0000”。该掩码要求输入到每个空白位置，将输入内容限制为仅包含数字，不允许输入字符或空格。

字段的输入掩码适用于显示该字段的任何位置(包括查询、窗体和报表)。

“输入掩码”属性值是字符串，该字符串最多可以包含三个使用分号分隔的部分，如下所述。

- **第一部分**：包含掩码本身，由稍后显示的符号组成。
- **第二部分**：指示 Access 是否将掩码中包含的文字字符与数据的其他部分一起存储。例如，掩码可能包含短横线，用于分隔社会保险号的各个部分，而电话号码可能包含括号和短横线。如果使用 0 值，则指示 Access 将文字字符存储为数据的一部分，而使用 1 值则指示 Access 仅存储数据本身。
- **第三部分**：定义“占位符”字符，告诉用户预期输入区域中包含多少字符。很多输入掩码使用#号或星号(*)作为占位符。

下面的字符用于构成输入掩码字符串。

- 0：需要输入一位数字，不允许输入加号(+)和减号(–)。
- 9：可以选择输入一位数字，不允许输入加号(+)和减号(–)。
- #：可以选择输入数字或空格。在表中保存数据时，空格将被删除。允许输入加号和减号。
- L：需要输入 A~Z 中的一个字母。
- ?：可以选择输入 A~Z 中的一个字母。
- A：需要输入一个字符或一位数字。
- a：可以选择输入一个字符或一位数字。
- &：允许输入任何字符或空格(必需)。
- C：允许输入任何字符或空格(可选)。
- .(句点)：小数占位符。

- , (逗号)：千位分隔符。
- : (冒号)：日期和时间分隔符。
- ; (分号)：分隔符字符。
- - (短横线)：分隔符字符。
- / (正斜线)：分隔符字符。
- < (小于号)：将所有字符转换为小写形式。
- > (大于号)：将所有字符转换为大写形式。
- ! (感叹号)：从右到左显示输入掩码。字符将从右到左填充掩码。
- \ (反斜线)：将下一个字符显示为文字。

在查询或窗体中，在字段的“属性表”上使用相同的掩码字符。

通过动作查询将数据导入表或向表中添加数据时，将忽略输入掩码。

分配给字段的“格式”属性将覆盖输入掩码。这种情况下，输入掩码仅在输入数据时生效，输入完成后，将根据“格式”属性重新设置格式。

输入掩码向导

尽管可以手动输入掩码，但使用输入掩码向导能够更轻松地为文本或日期/时间类型的字段创建输入掩码。当单击“输入掩码”属性时，将在属性的输入框中显示一个生成器按钮(三个点)。单击该生成器按钮可启动该向导。图 3.8 显示的是输入掩码向导的第一个屏幕。

输入掩码向导不仅显示每个预定义输入掩码的名称，还针对每个名称显示一个示例。可从预定义掩码列表中进行选择。在“尝试”文本框中单击并输入测试值，可查看数据项的显示情况。选择输入掩码后，下一个向导屏幕允许对掩码进行细化，并指定占位符符号(可能是#或@)。另一个向导屏幕允许确定是否将特殊字符(如社会保险号中的短横线)与数据一起存储。当完成向导时，Access 会在字段的“属性表”中添加输入掩码字符。

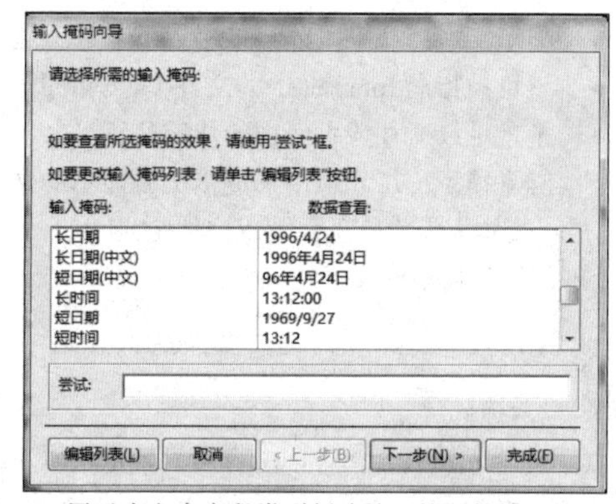

图 3.8　用于为文本字段类型创建输入掩码的输入掩码向导

> **提示：**
> 为了给文本和日期/时间字段创建自己的“输入掩码”属性，可以在输入掩码向导中单击“编辑列表”按钮，然后输入描述性名称、输入掩码、占位符字符以及示例数据内容。创建后，新的掩码将在下次使用输入掩码向导时可用。

可根据需要输入任意数量的自定义掩码。也可以确定国际设置，以便处理多种国家/地区的掩码。在一个数据库中创建的自定义输入掩码可在其他数据库中使用。

4. 标题

将字段从字段列表拖动到窗体或报表上创建的控件上，“标题”属性可确定在附加到此类控件的默认标签中显示的内容。对于包含相应字段的表或查询，标题还会在数据表视图中显示为列标题。

> **警告：**
> 使用“标题”属性时要格外谨慎。由于标题文本在数据表视图中显示为列标题，因此可能会被查询的数据表视图中的列标题所误导。当字段在查询中出现时，无法立即访问该字段的属性，因此必须认识到，列标题实际上是由“标题”属性确定的，可能不反映字段的名称。更容易混淆的是在表的设计视图中分配的标题与在“查询设计”视图中字段的属性表中分配的标题是不同的属性，可以包含不同的文本。

标题可以长达 2 048 个字符，除了最详细的说明外，该长度对于其他所有内容都绰绰有余。

5. 验证规则和验证文本

“验证规则”属性可以确定对字段输入内容的要求。验证规则由 ACE 数据库引擎实施，可以确保输入到表中的数据符合应用程序的要求。

验证属性是实施业务规则的良好途径，例如确保某种产品不会以 0 美元的价格销售，或者要求某位员工的考核日期在其雇用日期之后。此外，与其他字段属性一样，验证规则可在应用程序中使用字段的任何位置实施。

“验证规则”属性的值是一个字符串，其中包含用于测试用户输入的表达式。用作字段的“验证规则”属性的表达式不能包含用户定义的函数，也不能包含任何 Access 域或聚合函数(DCount、DSum 等)。字段的“验证规则”属性不能引用窗体、查询或应用程序中的其他表(但是，这些限制不适用于针对窗体上的控件应用的验证规则)。尽管应用于表中记录的规则可以引用同一个表中的字段(记录级别的验证规则是在表的属性表中设置的，而不是在各个字段中设置的)，但是字段验证规则不能引用表中的其他字段。

“验证文本”属性包含一个在消息框中显示的字符串，当用户的输入不满足“验证规则”属性的要求时就会显示该字符串。“验证文本”属性值的最大长度为 255 个字符。

当使用“验证规则”属性时，应该始终指定“验证文本”值，以免触发在违反该规则时 Access 显示的常规消息框。使用“验证文本”属性可为用户提供有帮助的消息，用于解释该字段可接收的值。当超出附加到 CreditLimit 字段的验证规则指定的值时，就会显示如图 3.9 所示的消息框。

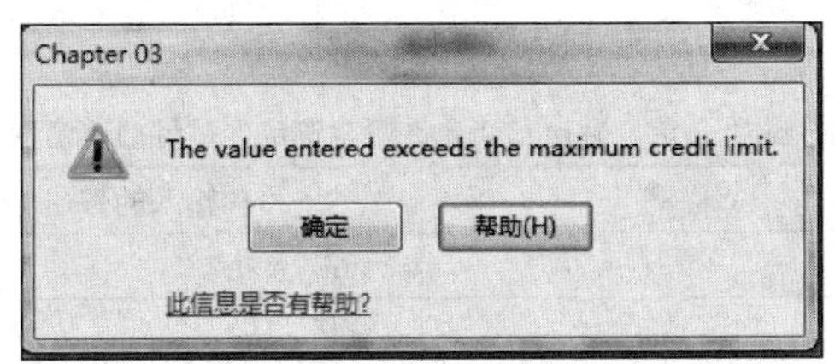

图 3.9 一个数据验证警告框。当用户在字段中输入的值不符合在表设计中指定的规则时，将显示该警告框

“验证规则”属性不适用于窗体上选项组内的复选框、选项按钮或切换按钮。选项组本身具有“验证规则”属性，适用于该组内的所有控件。

验证属性经常用于确保特定日期在其他日期之后(例如，员工的退休日期必须在其开始工作日期之后)，为库存数量等值输入的是非负数字，以及将输入限制为不同的数字或文本范围。

Access 表达式(如“验证规则”属性)中使用的日期使用#号(#)括起来或由#分隔。要将 LastSalesDate 数据项限制为 2018 年 1 月 1 日与 2019 年 12 月 31 日之间的日期，可输入 Between #1/1/2018# And #12/31/2019#。

提示：

要将上限限制为当前日期，可以输入一组不同的日期，如 Between #1/1/2018# And Date()。Date()是一种内置的 VBA 函数，可以返回当前日期，该函数完全可以作为验证规则或其他表达式的组成部分。

将一个字段拖动到窗体上时，新控件的“验证规则”属性不会设置为该字段的验证规则。除非在控件的属性表中输入新的“验证规则”值，否则 Access 会实施在表级别设置的规则。

字段和控件的“验证规则”属性将在焦点离开表字段或窗体控件时实施。适用于字段和绑定到字段的控件的“验证规则”属性将针对这两种实体实施。在绑定的控件上编辑数据以及焦点离开控件时，将应用表级别的规则。

对于链接的“外”表(例如 Excel、文本文件或其他数据库)，不能创建表级别的“验证规则”属性。应将“验证规则”属性应用于链接的外表中绑定到字段的控件。

6. 必需

“必需”属性指示 Access 必须向字段中输入内容。如果将该属性设置为“是”，则必须在表中的字段或绑定到字段的窗体控件中输入内容。“必需”字段的值不能为空。

“必需”属性不适用于自动编号字段。默认情况下，所有自动编号字段都会在创建新记录时分配值。

Access 数据库引擎实施“必需”属性。如果在某个字段的“必需”属性设置为“是”的情况下，用户尝试离开绑定到该字段的文本框控件，则会生成错误消息。

“必需”属性可与“允许空字符串”属性结合使用，以确定某个字段的值何时未知或不存在。

7. 允许空字符串

“允许空字符串”属性指定是否希望空字符串("")成为短文本或长文本字段的有效输入。“允许空字符串”属性接收以下值。

- **是**：空字符串是有效输入。
- **否**：表不会接收空字符串，而是在未提供有效的文本数据时向字段中插入 null 值。

结合使用“允许空字符串”和“必需”属性可区分不存在的数据(表示为空字符串)和未知的数据(存储为 null 值)。某些情况下，希望在短文本或长文本字段中存储适当的值。

没有电子邮件地址的客户就是不存在的数据的一个示例。电子邮件地址字段应该设置为空(长度为 0)字符串，表示该客户没有电子邮件地址。另一个客户是公司的全新客户，其电子邮件地址字段中应包含 null 值，表示不知道该客户是否有电子邮件地址。

输入掩码可帮助应用程序用户区分字段包含 null 值的情况。例如，可将输入掩码设置为在字段包含空字符串时显示 No email，而在值为 null 时显示 Unknown。

“必需”属性确定字段是否接收 null 值，而“允许空字符串”属性允许在字段中包含空字符串。这两个独立的属性组合在一起，就提供了一种方式，来确定字段值是未知的，还是字段不存在值。

“必需”属性和“允许空字符串”属性之间的交互作用可能会非常复杂。表 3.6 汇总了这两个属性如何组合以强制用户输入值，或者在字段中插入 null 值或空字符串。

表 3.6 “必需”属性和“允许空字符串”属性的组合形式

允许空字符串	必需	用户输入的数据	表中存储的值
否	否	null	null
否	否	空格	null
否	否	空字符串	不允许
是	否	null	null
是	否	空格	null
是	否	空字符串	空字符串
否	是	null	不允许
否	是	空格	不允许
否	是	空字符串	不允许
是	是	null	不允许
是	是	空格	空字符串
是	是	空字符串	空字符串

8. 索引

“索引”属性告诉 Access，用户想要将某个字段用作表中的索引。在内部组织索引字段以便加快查询、排序和分组操作的速度。如果打算经常在查询中包含某个特定的字段(例如，员工 ID 或社会保险号)，或者该字段频繁地在报表中进行排序或分组，那么应该将其“索引”属性设置为“是”。

“索引”属性的有效设置如下所述。

- **无**：字段未编制索引(默认设置)。
- **有(有重复)**：字段已编制索引，Access 允许在列中存在重复值。该设置适用于姓名等值，像 Smith 这样的姓名可能会在表中多次出现。
- **有(无重复)**：字段已编制索引，不允许在列中出现重复值。该设置适用于应该在表中保持唯一的数据，例如社会保险号、员工 ID 以及客户编号。

有关索引的信息详见本章后面的内容。

除了主键外，还可以根据需要对任意数量的字段编制索引，以提供最佳性能。对于每个表，Access 最多可以接收 31 个索引。请记住，在向表中添加新记录时，每个索引都会使性能略有降低。Access 会在每次添加新记录时动态更新索引信息。如果某个表包含的索引过多，在添加每个新记录时可能出现明显的延迟。

“索引”属性在字段或表的属性表中设置。必须使用表的属性表来设置多字段索引。有关多字段索引的信息将在本章后面讨论。

自动索引选项

“Access 选项”对话框(“文件”|“选项”|“对象设计器”)包含一个条目(“在导入/创建时自动索引”)，可以指示 Access 在将特定字段添加到表设计中时自动对其编制索引。默认情况下，以 ID、key、Code 或 num 开头或结尾的字段(例如，EmployeeID 或 TaskCode)会在创建时自动编制索引。每次向表中添加新记录时，字段的值都会添加到字段的索引中。如果希望 Access 对其他字段名称模式自动编制索引，可以在“Access 选项”对话框的“对象设计器”选项卡上，向“在导入/创建时自动索引”文本框中添加新值(请参见图 3.10)。

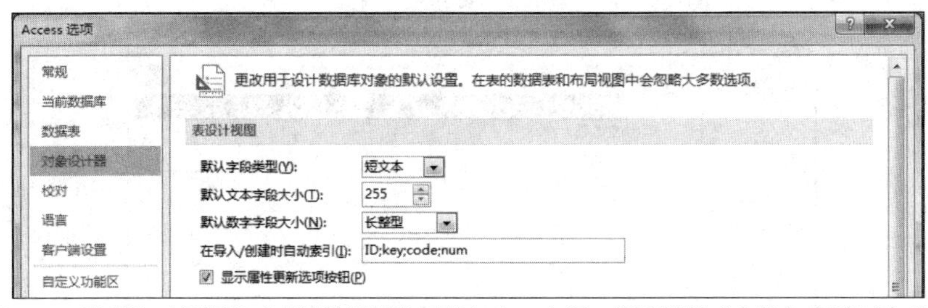

图 3.10 “Access 选项”对话框的“表设计视图”区域包含一个框，用于设置“在导入/创建时自动索引”选项

何时索引

一般来说，应对频繁搜索或排序的字段编制索引。请记住，索引会降低某些操作的速度，例如插入记录以及某些动作查询。

不能对长文本和 OLE 对象字段编制索引。Access 无法针对这些复杂的数据类型维护索引。

如果某个字段包含的唯一值非常少，则不应使用索引。例如，对包含人员性别的字段或是/否字段编制索引并不会带来明显的益处。因为此类字段中包含的值的范围非常有限，Access 可以轻松地对这些字段中的数据排序。

如果经常需要同时对多个字段(例如，名字和姓氏)执行排序，可使用多字段索引。Access 可以非常轻松地对此类表进行排序。

3.5 了解 tblCustomers 字段属性

在输入字段名称、数据类型和字段说明后，可能需要回头对每个字段做进一步的细化。每个字段都有一些属性，每种数据类型都有不同的属性。在 tblCustomers 中，必须为多种数据类型输入属性。图 3.11 显示了 CreditLimit 字段的属性区域。请注意，属性框中包含两个选项卡，即“常规”和“查阅”。

按 F6 键可在字段输入网格和“字段属性”窗格之间切换(可能需要多次按 F6 键才能进入所需的窗格)。单击所需的窗格也可以在窗格之间移动。将鼠标指针移到字段中时，某些属性会显示可能的值列表，同时显示一个向下箭头。当单击该箭头时，值会显示在下拉列表中。

常规 查阅

格式	$#,##0.00;($#,##0.00)
小数位数	2
输入掩码	
标题	
默认值	0
验证规则	<=2500
验证文本	The value entered exceeds the maximum credit limit.
必需	否
索引	无
文本对齐	常规

图 3.11 货币字段 CreditLimit 的属性区域

提示：

图 3.11 显示了 CreditLimit 货币字段可用的 10 个属性。其他类型，如“数字”“日期/时间”“短文本”或“是/否”显示的选项更多或更少。

“表设计”窗口的“字段属性”窗格还有一个选项卡，即“查阅”选项卡。单击该选项卡以后，可能看到一个属性，即“显示控件”属性。该属性适用于短文本、数字以及是/否字段。

图 3.12 显示了“Active”是/否字段的“查阅属性”窗口，其中仅包含“显示控件”属性。该属性有三个选项，分别是“复选框”“文本框”和“组合框”。选择其中一个选项可以确定在将某个字段添加到窗体时使用的控件类型。通常情况下，除是/否字段以外的所有控件都会创建为文本框，是/否字段默认创建为复选框。但对于是/否数据类型，可能想要使用“文本框”设置，来显示 Yes/No、True/False 或在“格式”属性框中专门设置的其他选项。

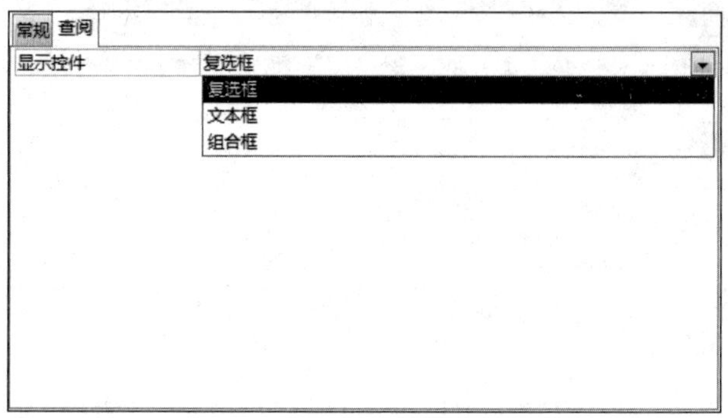

图 3.12　是/否字段的“查阅”选项卡

交叉参考：

有关组合框的内容将在第 19 章中介绍。

如果处理的是短文本字段而非是/否字段，并且知道某个短文本字段只能是少数组合中的一种，则可以为显示控件选择“组合框”选项。选择组合框作为 CreditStatus 字段的显示控件时，“查阅”选项卡如图 3.13 所示。CreditStatus 只有两个可以接收的值，分别是 OK 和 Not OK。这两个值(使用分号分隔)指定为组合框的“行来源”，“行来源类型”设置为“值列表”。

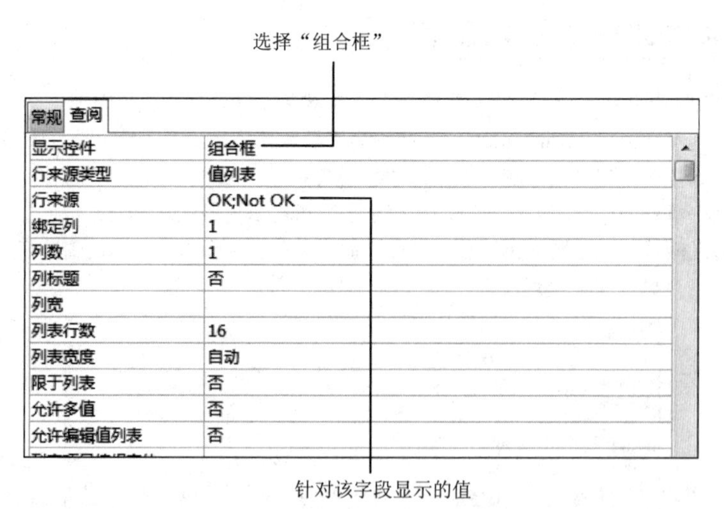

图 3.13　将组合框设置为 CreditStatus 的显示控件

图 3.13 显示的组合框使用值列表作为项，也可以指定查询或 SQL 语句作为组合框的行来源。

图 3.14 显示了当 tblCustomers 显示为数据表时 CreditStatus 字段的显示情况。用户只能选择 OK 或 Not OK 作为信用状况，将字段添加到 Access 窗体时将显示同样的组合框。

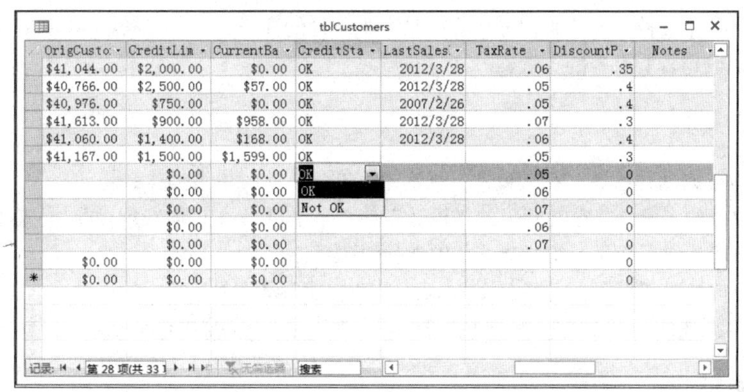

图 3.14　使用组合框作为查阅控件来限制字段上的用户输入

对于每种数据类型来说，查找字段的属性是不同的。是/否数据类型字段不同于文本字段或数字字段。由于查找字段实际上是组合框，因此当选择查找字段数据类型时，将显示组合框的标准属性。

3.6　设置主键

每个表都应该具有一个主键，即每条记录都有一个唯一值的字段或字段组合(在数据库管理领域，该原则称为实体完整性)。在 tblCustomers 中，CustomerID 字段是主键。每个客户都有一个唯一的 CustomerID 值，因此，数据库引擎可将一条记录与其他记录区分开来。CustomerID 17 指代 Contacts 表中唯一的一条记录。如果不指定主键(唯一值字段)，Access 可自动创建一个主键。

3.6.1　选择主键

如果没有 CustomerID 字段，那么必须依赖其他字段或字段组合来实现唯一性。不能使用 Company 字段，因为两个客户很可能具有相同的公司名称。实际上，甚至不能同时使用 Company 和 City 字段(在多字段键中)，原因与前面相同，同一座城市的同一家公司中存在两个具有相同姓名的客户是完全有可能的。需要找出可以使每条记录具有唯一性的一个字段或字段组合。

为解决上述问题，最简单的方法是添加一个自动编号字段，作为表的主键。tblCustomers 中的主键是 CustomerID，该字段就是一个自动编号字段。

如果不将某个字段指定为主键，Access 可以添加一个自动编号字段并将其指定为表的主键。自动编号字段可以成为非常好的主键，因为 Access 会自动创建值，永远不会在一个表中重复使用同样的数字，并且无法更改自动编号字段的值。

好的主键应该满足以下条件。

- 唯一标识每条记录。
- 不能为空值。
- 创建记录时必须存在。
- 必须保持稳定(主键一旦建立，你永远也不应该更改其值)。
- 应该非常简单，包含尽可能少的属性。

除了唯一标识表中的行之外，主键还可以提供其他好处，如下所述。

- 主键始终是索引。
- 索引对一个或多个字段维护预先排好的顺序，可以大大加快查询、搜索和排序请求的速度。
- 当向表中添加新记录时，Access 会检查重复数据，不允许主键字段存在任何重复值。
- 默认情况下，Access 按照主键的顺序显示表的数据。

将某个字段(例如CustomerID)指定为主键，可以按照有意义的顺序显示数据。在该示例中，由于CustomerID字段是自动编号字段，因此其值由Access按照记录存入系统的顺序自动分配。

理想的主键应该是一个保持不变并且保证在表中具有唯一性的字段。出于这些原因，Collectible Mini Cars 数据库专门使用自动编号字段作为所有表的主键。

3.6.2　创建主键

可通过下面三种方式来创建主键。在“设计”视图中打开表，执行以下操作。

- 选择要用作主键的字段，并在功能区的“设计”选项卡上单击“工具”组中的“主键”按钮(钥匙图标)。
- 右击相应的字段，然后从显示的快捷菜单中选择“主键”命令。
- 在不创建主键的情况下保存表，并允许 Access 自动创建自动编号字段。

在指定主键以后，会在相应字段名称左侧的灰色选择器区域显示一个钥匙图标，指示已经针对该字段创建了主键。

3.6.3　创建复合主键

可以指定将某个字段组合用作表的主键。此类键通常称为复合主键。如图 3.15 所示，选择想要包含在复合主键中的字段，然后在功能区的“工具”选项卡上单击钥匙图标。如果要使用彼此不相邻的字段创建主键，需要在选择字段时按下 Ctrl 键。

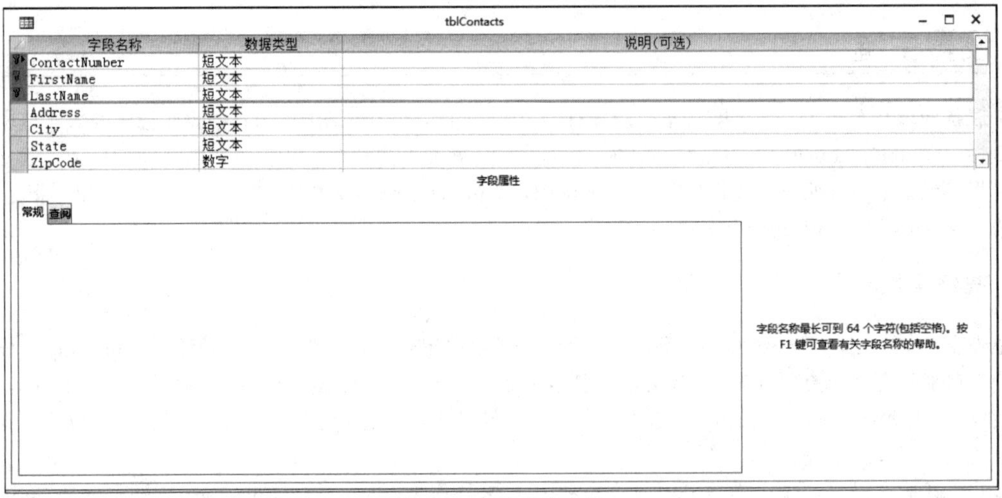

图 3.15　创建复合主键

复合主键主要在以下情况下使用：开发人员强烈感觉到主键应该由数据库中自然存在的数据组成。曾经有一段时间，所有开发人员都被告知，每个表都应该有一个自然主键(表中自然包含的数据)。

目前，复合主键很少使用，因为开发人员逐渐认识到，数据具有高度不可预测性。即使用户承诺，某个字段组合永远也不会在表中重复，还是会出现意外情况。使用代理主键(并不是在表的数据中自然存在的键字段，例如自动编号的员工 ID)将表的设计与表的数据分隔开来。自然主键的问题在于，如果数据集足够大，选择作为表主键的字段值最终可能会出现重复。

此外，当使用复合键时，维护表之间的关系变得更加复杂，因为构成主键的字段必须在包含相关数据的所有表中重复。使用复合键很容易增加数据库的复杂性，而不会增加稳定性、完整性或其他所需的功能。

3.7　为 Access 表编制索引

数据很少会以有意义的顺序输入到表中。通常情况下，记录会按照随机顺序(按照时间排序的数据除外)添加到表中。例如，繁忙的订单输入系统会在一天内收集有关很多不同客户订单的信息。绝大多数情况下，该数据将用于报告单个客户的订单，以便计费，或者提取订单数量，进行库存管理。但是，Orders 表中的记录是以时间顺序排列的，在准备详细记录客户订单的报表时，这种方法不一定有帮助。这种情况下，应该按照客户 ID 的顺序输入数据。

为进一步说明这个概念，请考虑很多人用于存储姓名、地址和电话号码的 Rolodex 卡文件。假定在某个时刻，文件中的卡处于固定状态。可以添加新卡，但只能将其添加到卡文件的结尾。该限制意味着 Jones 可能位于 Smith 的后面，而在 Jones 的后面可能是 Baker。换句话说，该文件中存储的数据没有特定的顺序。

像这种未经排序的 Rolodex 使用起来非常困难。必须搜索每张卡来查找某个特定的人员，这是一个非常痛苦且耗时的过程。当然，这并不是使用地址卡文件的方式。向文件中添加一张卡时，会将其插入 Rolodex 中其逻辑上所属的位置。绝大多数情况下，这表示根据姓氏按字母顺序将卡插入 Rolodex 中。

记录会按照前面的固定卡文件示例那样添加到 Access 表中。新记录总是添加到表的末尾，而不是表中间的合理位置。但在订单输入系统中，可能希望将新记录插入同一客户的其他记录下面。遗憾的是，Access 表的工作方式并非如此。表的自然顺序就是记录添加到表中的顺序。有时，该顺序称为输入顺序或物理顺序，以强调表中的记录按照其添加到表中的顺序显示。

以自然顺序使用表未必是坏事。如果很少对数据进行搜索，或者表非常小，那么自然顺序可获得完美效果。此外，还存在一些情况，要求添加到表中的数据高度有序。如果表用于收集顺序数据(例如电表的读数)，并且数据按照相同的连续顺序使用，就不需要对数据使用索引。

但在某些情况下，仅使用自然顺序是不够的，此时，Access 会提供索引功能，以帮助快速查找和排序记录。在表中创建索引，可以为表中的记录指定逻辑顺序。Access 使用索引为表中的数据维护一种或多种内部排序顺序。例如，可以选择为 LastName 字段编制索引，因为该字段会频繁地包含在查询和排序例程中。

Access 在表中使用索引的方式，与在书中使用索引的方式类似：若要查找数据，Access 会在索引中查找该数据的位置。绝大多数情况下，表会包含一个或多个简单索引。简单索引仅涉及表中的单个字段。简单索引可能会按照升序或降序顺序排列表的记录。简单索引是通过将字段的“索引”属性设置为以下值之一来创建的：

- 有(有重复)
- 有(无重复)

默认情况下，不会对 Access 字段编制索引，但是很难想象，表不需要特定类型的索引。下一节将讨论为什么在 Access 表中使用索引非常重要。

3.7.1　索引的重要性

Microsoft 的统计数据显示，Access 数据库中一半以上的表不包含索引。这个数字不包含索引编制错误的表，只包含完全没有索引的表。似乎很多人都没有意识到对 Access 数据库中的表编制索引的重要性。

为了演示索引的功能和价值，本书对应的 Web 站点上包含了一个名为 IndexTest.accdb 的数据库。该数据库包括两个相同的表，其中包含大约 355 000 个随机的单词。一个表针对 Word 字段编制了索引，另一个没有编制索引。通过一个小窗体(如图 3.16 所示)，可以查询已编制索引或未编制索引的表，并显示搜索花费的毫秒数。

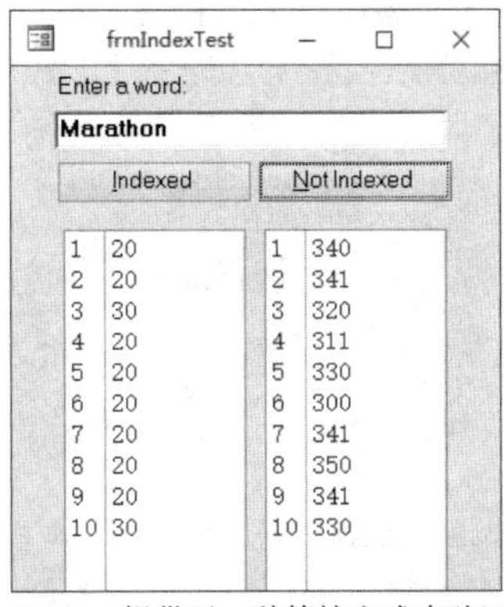

图 3.16　frmIndexTest 提供了一种简捷方式来验证索引的重要性

按钮分别运行每个测试 10 次，结果显示在按钮下方的列表框中。已编制索引的表始终能够在 10~30ms 找到某个单词，而未编制索引的搜索所花费的时间通常为 300～350ms。显示如图 3.16 所示的结果几乎在瞬间完成，不会增加运行查询所需的总体时间。不言而喻，运行查询所需的实际时间在很大程度上取决于计算机的硬件，但向字段中添加索引后，性能增强 500%甚至更多是比较常见的。

由于索引意味着 Access 针对已编制索引字段中包含的数据维护一种内部排序顺序，因此可以看到为什么索引增强会查询性能。对于在查询中频繁涉及或需要在窗体或报表上频繁进行排序的每个字段，都应该编制索引。

如果没有索引，Access 必须搜索数据库中的每一条记录以便查找匹配项。该过程称为表扫描，类似于搜索 Rolodex 文件中的每张卡，以查找在某家公司工作的所有人员。只有到达卡系列的末尾，才能确保已经找遍文件中的所有相关卡。

如本章前面所述，对于表的主键字段始终会编制索引。这是因为主键用于查找表中的记录。对主键编制索引，可使 Access 更加轻松地在当前表或与当前表相关的外表中找到所需的表。如果没有索引，那么 Access 必须搜索相关表中的所有记录，以确保找遍所有相关记录。

提示：

由于未编制索引表造成的性能损失可能会对 Access 应用程序的总体性能产生破坏性的影响，因此只要听到关于应用程序性能的抱怨，就应该考虑把编制索引作为一种可能的解决方案。

3.7.2　多字段索引

多字段索引(也称为复合索引)非常容易创建。在“设计”视图中，单击功能区的“设计”选项卡中的“索引”按钮，会显示“索引”对话框(如图 3.17 所示)，在该对话框中，可以指定要包含在索引中的字段。

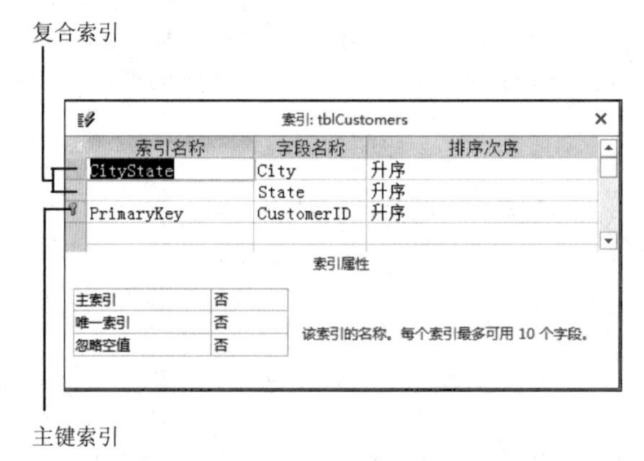

图 3.17　多字段(复合)索引可以增强性能

输入索引名称(图 3.17 中为 CityState)并切换到“字段名称”列。使用下拉列表选择要包含在索引中的字段。在该例中，City 和 State 组合为一个索引。显示在该行之下、且不包含索引名称的任意行将作为复合索引的一部分。Access 会在以下情况中考虑这两个字段：针对该表创建排序顺序时，加快包括 City 和 State 字段的查询速度以及排序相关操作。

注意：

复合索引中字段的顺序非常重要。仅当在查询中提供 City 时，Access 才会使用本章所述的 CityState 索引，但在只提供 State 时，该索引不会提供任何优势。

一个复合索引中最多可以包含 10 个字段。只要复合索引未用作表的主键，该复合索引中的任何字段就可以为空。

图 3.18 显示了如何设置索引的属性，将光标放在“索引”对话框中包含索引名称的行中。请注意“索引”对话框的下半部分显示的三个属性。

索引属性非常易于理解(这些属性同样适用于单字段索引和复合索引)。

- **主索引**：当设置为“是”时，Access 会将该索引用作表的主键。可将多个字段指定为主键，但应牢记控制主键的规则，特别是要求每个主键值必须唯一以及复合主键中的字段不能为空的规则。“主索引”属性的默认值为“否”。

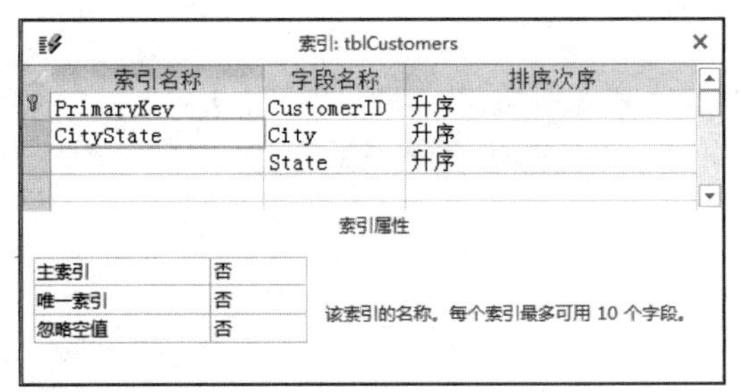

图 3.18　很容易设置索引的属性

- **唯一索引**：当设置为“是”时，索引在表中必须唯一。社会保险号字段是非常好的唯一索引候选字段，因为应用程序的业务规则可能要求在表中有且只有一个社会保险号实例。相反，姓氏字段不应该用于编制唯一索引，因为很多姓氏都十分常用，如 Smith 和 Jones，在姓氏字段上设置唯一索引只会带来问题。当应用于复合键时，字段值的组合必须唯一，而复合键中的每个字段可以与表中的其他字段重复。
- **忽略空值**：如果某条记录的索引字段包含空值(对于复合索引，仅当索引中的所有字段都为空时才会出现这种情况)，该记录的索引不会对总体索引编制产生任何积极作用。换句话说，除非记录的索引包含某种类型的值，否则 Access 不知道将该记录插入表的内部索引排序列表中的什么位置。因此，需要指示 Access 在索引值为空时忽略记录。默认情况下，“忽略空值”属性设置为“否”，这表示 Access 会将具有空索引值的记录与其他任何包含空索引值的记录一起插入索引方案中。

应该测试索引属性对 Access 表的影响，并使用最适合数据库处理的数据的属性。

一个字段可以既是表的主键，也是复合索引的一部分。应该根据需要对表编制索引，以达到最佳性能，而不必担心过度索引或者违反古怪的索引规则。例如，在诸如 Collectible Mini Cars 的数据库中，tblSales 中的发票号会频繁地在窗体和报表中使用，应该对其编制索引。此外，在很多情况下，发票号与其他字段结合使用，例如销售日期或销售人员 ID。应该考虑向销售表中添加复合索引，其中组合使用发票号与销售日期和销售人员 ID。

3.7.3　何时对表编制索引

根据表中的记录数，维护索引可能会产生一些额外的系统开销，这种情况下无法证明在表的主键之外再创建索引是合理的选择。尽管创建索引后，数据检索速度比没有索引时快一些，但只要在表中输入或更改记录，Access 就必须更新索引信息。相反，对未编制索引的字段进行更改不需要额外的文件活动。可以轻松地从未编制索引的字段检索数据，就像从已编制索引的字段检索数据一样，只是速度没有后者快。

一般来说，在表非常大，并且对主键之外的字段编制索引可以加快搜索速度时，最好考虑添加辅助索引。但是，即使表很庞大，如果表中的记录经常更改或者频繁地添加新记录，编制索引还是可能会导致性能下降。每次更改或添加记录时，Access 都必须更新表中的所有索引。

鉴于索引的各种优势，为什么不为表中的所有内容都编制索引呢？对过多的字段编制索引存在哪些缺点？是否可能对表过度索引？

首先，索引会在一定程度上增加 Access 数据库的大小。如果对实际上并不需要索引的表编制索引，表中的每条记录都会占用一定的磁盘空间。更重要的是，每次向表中添加记录时，表中的每个索引都会对性能产生一定的影响。由于 Access 会在每次添加或删除记录时自动更新索引，因此必须对每条新记录调整内部索引。如果某个表中包含 10 个索引，那么每次添加新记录或删除现有记录时，Access 都需要进行 10 次索引调整，从而会在大表上产生明显的延迟，特别是在速度较慢的计算机上。

有时，对记录中的数据所做的更改会导致调整索引方案。如果这种更改导致记录在排序或查询活动中更改其位置，就会出现这种情况。因此，如果处理的是经常更改但很少进行搜索的大数据集，那么可以选择不对表中的字段编制索引，或者编制最少的索引，即仅对可能进行搜索的少数字段编制索引。

当开始处理 Access 表时，可能会首先使用最简单的单字段索引，随着对索引过程越来越熟悉，逐渐开始使用更复杂的索引。但务必牢记，在提高搜索效率与在表中维护大量索引所产生的系统开销之间需要保持平衡。

记住，索引并不会修改表中记录的实际排列情况，这一点也非常重要。在建立索引后，将维护记录的自然顺序(记录添加到表中的顺序)。

注意：

Access 数据库上的压缩和修复周期会强制 Access 重新构建所有表中的索引，并在 ACCDB 文件中按照主键顺序对表进行重新排列。维护操作可以确保 Access 数据库保持最高的工作效率。第 31 章将详细介绍压缩和修复实用程序。

3.8　打印表设计

在功能区的“数据库工具”选项卡中单击“分析”组中的“数据库文档管理器”按钮，可以打印表设计。“分析”组包含很多工具，允许轻松地对数据库对象进行文档编制。当单击“数据库文档管理器”按钮时，将显示“文档管理器”对话框，可以在该对话框中选择要打印的对象。在图 3.19 中，在“文档管理器”对话框的“表”选项卡中选择了 tblCustomers。

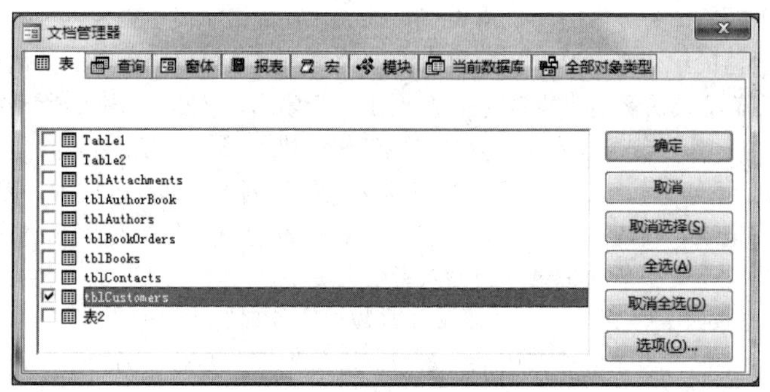

图 3.19　“文档管理器”对话框

也可以设置各种用于打印的选项。当单击“选项”按钮时，将显示“打印表定义”对话框(如图 3.20 所示)，通过该对话框，可以选择表设计中要打印的信息。可以打印各个字段名称、所有属性、索引甚至网络权限。

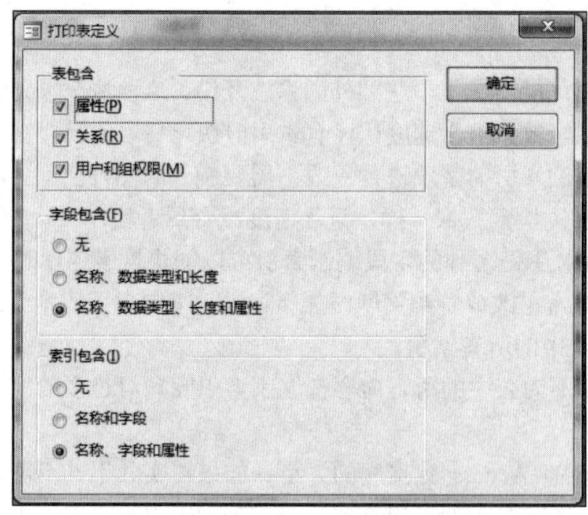

图 3.20　“打印表定义”对话框中的打印选项

警告：

建议不要在“打印表定义”对话框中选择过多的选项。如果打印表设计的每个细节内容，可能需要很多输出页面。建议仅打印表中的少数选项，并根据需要向选项中添加内容。

选择要查看的数据后，Access 会生成一个报表。可以在“打印预览”窗口中查看该报表，或者将其发送到打印机。也可以将该报表保存在数据库中，使其成为应用程序文档的一部分。

提示：

“数据库文档管理器”会针对指定的所有对象和对象属性创建一个表。可以使用该实用程序来归档窗体、查询、报表、宏和模块等数据库对象。

3.9　保存完成的表

可通过以下方式保存完成的表设计：选择“文件”|“保存”，或者单击 Access 环境左上角的快速访问工具栏上的“保存”按钮。如果是第一次保存表，Access 会要求提供名称。表名最多可以包含 64 个字符，并遵循标准的 Access 对象命名约定，即可以包含字母和数字，不能以数字开始，也不能包含标点符号。如果尝试关闭未保存的表，Access 会提示保存它。

如果之前曾经保存过该表，现在想要使用其他名称重新保存，可以选择“文件”|“另存为”|“对象另存为”，然后单击“另存为”按钮，并输入其他表名。该操作将创建新的表设计，而原始表保持不变，仍然使用原始名称。如果想要删除旧表，请在“导航”窗格中选择该表，然后按 Delete 键。

3.10　操纵表

将许多表添加到数据库中后，就可以在其他数据库中使用它们，或将其副本作为备份。很多情况下，可能希望仅复制表的设计，而不包含表中的所有数据。可以在“导航”窗格中指定很多表操作，其中包括：

- 重命名表
- 删除表
- 复制数据库中的表
- 将表复制到另一个数据库中

可以通过直接操纵来执行上述任务，也可以使用菜单项来执行。

3.10.1　重命名表

要对表进行重命名，可以在“导航”窗格中右击相应表的名称，然后在显示的快捷菜单中选择“重命名”命令。更改了表名后，它会显示在“表”列表中，其中的表会按字母顺序重新排序。

> **警告：**
> 如果对表进行重命名，必须在之前引用了该表的所有对象中更改相应的表名，包括查询、窗体和报表。

3.10.2　删除表

要删除表，可在“导航”窗格中右击相应的表名，然后在显示的快捷菜单中选择“删除”命令；或者在“导航”窗格中选择相应的表，然后按 Delete 键。与绝大多数删除操作一样，必须在确认框中单击“是”按钮来确认删除。

> **警告：**
> 请注意，如果在按住 Shift 键的同时按 Delete 键，删除表 (或者其他任何数据库对象)就不需要确认。Shift+Delete 组合键对于删除项非常有用。但是，如果使用不当，也会带来很大的风险。

3.10.3　复制数据库中的表

利用“开始”选项卡上“剪贴板”组中的复制和粘贴选项，可以复制数据库中的任何表。当将表粘贴回数据库时，将显示“粘贴表方式”对话框，要求从下面三个选项中进行选择。

- **仅结构**：单击“仅结构”按钮将创建一个新的空表，其设计与复制的表相同。通常情况下，该选项用于创建临时表或存档表，以便将旧记录复制到其中。
- **结构和数据**：当单击“结构和数据”时，将创建表设计及其所有数据的完整副本。
- **将数据追加到已有的表**：单击“将数据追加到已有的表”按钮会将所选表的数据添加到另一个表的底部。该选项对于合并表非常有用，例如，要将月交易表中的数据添加到年度历史记录表，可以使用该选项。

要复制表，可执行下面的步骤。

(1) 在“导航”窗格中右击相应的表名，然后从显示的快捷菜单中选择“复制”命令；或者单击“开始”选项卡上“剪贴板”组中的“复制”按钮。

(2) 从快捷菜单中选择“粘贴”命令，或者单击“开始”选项卡上“剪贴板”组中的“粘贴”按钮。此时将显示“粘贴表方式”对话框(如图 3.21 所示)。

(3) 输入新表的名称。如果是将数据追加到现有的表中(请参见下一步)，则必须输入现有表的名称。

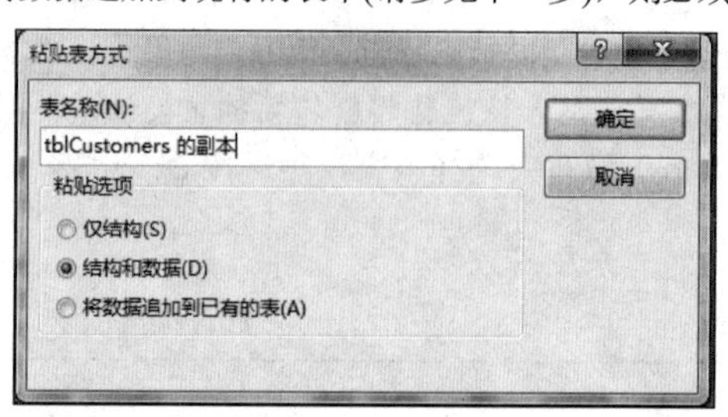

图 3.21　粘贴表将打开“粘贴表方式”对话框

(4) 从“粘贴表方式”对话框中选择下列粘贴选项之一：仅结构、结构和数据、将数据追加到已有的表。

(5) 单击“确定”按钮完成该操作。

3.10.4　将表复制到另一个数据库

与在数据库中复制表一样，也可以将表复制到另一个数据库。需要执行该操作的原因多种多样。可能希望在多个系统之间共享一个通用表，或者可能需要针对系统中的重要表创建备份副本。

将表复制到另一个数据库时，不会复制表之间的关系。Access 只会将表设计和数据复制到其他数据库。从本质上说，将表复制到其他数据库的方法与在数据库内复制表相同，如下所述。

(1) 在“导航”窗格中右击相应的表名，然后从显示的快捷菜单中选择“复制”命令，或者单击“开始”选项卡上“剪贴板”组中的“复制”按钮。

(2) 打开另一个 Access 数据库，右击“导航”窗格中的任意位置，并从快捷菜单中选择“粘贴”命令，或者单击“开始”选项卡上“剪贴板”组中的“粘贴”按钮。此时将显示“粘贴表方式”对话框。

(3) 输入新表的名称。

(4) 选择下列粘贴选项之一：仅结构、结构和数据、将数据追加到已有的表。

(5) 单击“确定”按钮完成该操作。

3.11　向数据库表中添加记录

向表中添加记录非常简单，只需要在“导航”窗格中单击表，将其在数据表视图中打开。表打开以后，输入每个字段的值。图 3.22 显示了在“数据表”视图中向表中添加记录的情况。

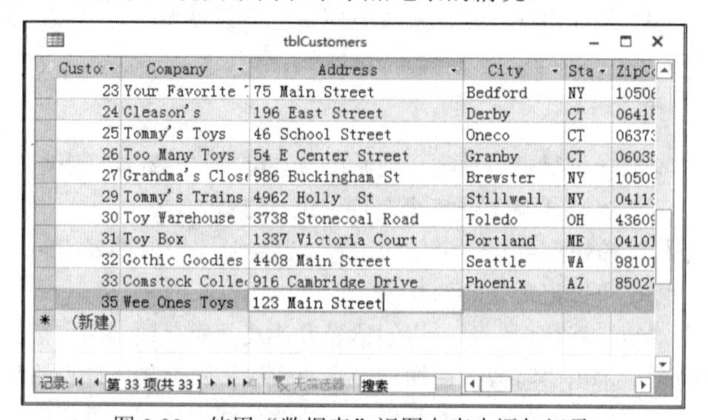

Custo	Company	Address	City	Sta	ZipC
23	Your Favorite	75 Main Street	Bedford	NY	1050
24	Gleason's	196 East Street	Derby	CT	0641
25	Tommy's Toys	46 School Street	Oneco	CT	0637
26	Too Many Toys	54 E Center Street	Granby	CT	0603
27	Grandma's Clos	986 Buckingham St	Brewster	NY	1050
29	Tommy's Trains	4962 Holly St	Stillwell	NY	0411
30	Toy Warehouse	3738 Stonecoal Road	Toledo	OH	4360
31	Toy Box	1337 Victoria Court	Portland	ME	0410
32	Gothic Goodies	4408 Main Street	Seattle	WA	9810
33	Comstock Colle	916 Cambridge Drive	Phoenix	AZ	8502
35	Wee Ones Toys	123 Main Street			
(新建)					

图 3.22　使用“数据表”视图向表中添加记录

可以向除 CustomerID 外的所有字段中输入信息。自动编号字段会自动给 CustomerID 提供编号。

尽管可以通过“数据表”视图直接将记录添加到表中，但这并不是最有效的方式。使用窗体添加记录是更好的方式，因为窗体的后台代码可以动态提供默认值(或许基于已经添加到窗体的数据)，并在数据输入过程中与用户通信。

交叉参考：

本书第 V 部分将讨论如何生成窗体来输入数据。

3.12　了解附件字段

Microsoft 认识到，数据库开发人员必须处理多种不同类型的数据。尽管传统的 Access 数据类型(文本、货币、OLE 对象等)可以处理多种不同类型的数据，但是直到最近，在不对文件执行任何转换(例如，转换为 OLE 数据)的情况下，仍旧无法提供完整文件作为 Access 数据。

自从 Access 2010 起，Access 就已经包含了附件数据类型，可以将整个文件放入 Access 数据库作为表的“附件”。当单击附件字段时，会显示小的“附件”对话框(如图 3.23 所示)，允许查找要附加到表的文件。

图 3.23 中的“添加”按钮可以打开熟悉的“选择文件”对话框，允许搜索一个或多个要附加到字段的文件。选定的文件将添加到图 3.23 所示的列表。另外请注意，“附件”对话框包含用于从字段删除附件的按钮，以及用于将附件保存回计算机磁盘的按钮。

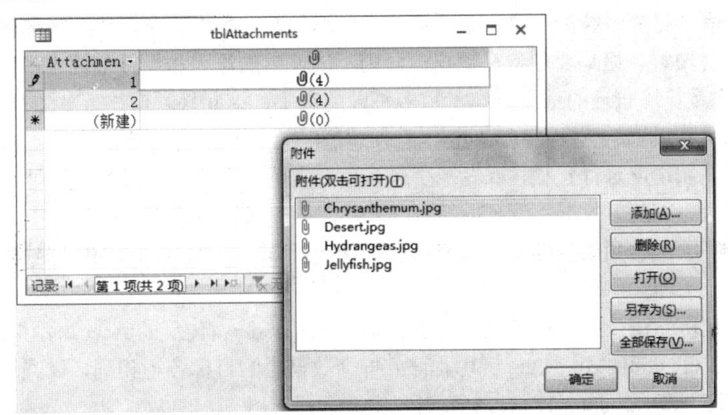

图 3.23　管理“附件”字段中的附件

对于附件数据类型，有一点非常重要：表中的单个附件字段可以包含多个不同类型的文件。完全有可能在一个附件字段中存储 Word 文档、多个音频或视频剪辑以及很多照片。

警告：

显而易见，由于附加的数据会合并到数据库中，因此，如果添加很多附件，ACCDB 文件会迅速膨胀。在使用附件数据类型时应该权衡利弊，仅在为 Access 应用程序带来的利大于弊时使用。

第**4**章

了解表关系

本章内容：

- 了解无懈可击的数据库设计
- 规范化数据库数据
- 探讨常见的表关系
- 了解完整性规则
- 向表中添加键字段

前面介绍了关于关系数据库系统的一个最基本假设：数据散布在很多表中，这些表通过主键和外键相互关联。尽管这种基本原则很容易理解，但是要理解将数据拆分到不同表中的原因和场合就困难多了。

由于 Access 等关系数据库管理的数据存在于很多不同的表中，因此必须通过某种方式来连接数据。数据库执行这些连接的效率越高，数据库应用程序作为整体运行的情况就越好、越灵活。

尽管数据库旨在对真实情况进行建模，或者至少是管理真实情况中涉及的数据，但即使是最复杂的情况也可以简化为表对之间的很多关系。随着数据库管理的数据变得越来越复杂，可能需要向设计中添加更多的表。例如，管理公司员工事务的数据库会包含用于存储员工信息(姓名、社会保险号、地址、雇用日期等)、工资信息、员工所属福利计划等内容的表。

本章使用来自不同业务状况下的各种数据，包括 Northwind Traders (传统的 Access 示例数据库)、小书店以及在本书其他章节中使用的 Collectible Mini Cars 应用程序。每个数据集的目标各不相同，以强调关系理论的不同方面。本章中描述的所有表都包含在 Chapter04.accdb 数据库中。

但是，当处理实际数据时，一次只关注两个表之间的关系。首先创建 Employees 和 Payroll 表，通过某种关系连接这两个表，以便查找某位员工的所有工资信息。

> **Web 内容**
> 本章使用 Chapter04.accdb 数据库中的各种数据。如果尚未下载该数据库，现在需要立即下载。如果按照这些示例进行操作，那么可使用该数据库中的表，也可在另一个数据库中创建表。

4.1 构建无懈可击的数据库

前 3 章中介绍了许多 Access 数据库中常见关系的示例。到目前为止，最常见的表关系类型是一对多关系。Collectible Mini Cars 应用程序有许多此类关系：Customers 表中的每条记录都与 Sales 表中的一条或多条记录相关(每个联系人可能通过 Collectible Mini Cars 购买了多件商品)。

交叉参考：

有关一对多关系的内容详见 4.3 节。

可以轻松地联想到这样一种排列，即允许将 Customers 和 Sales 表中包含的数据合并到一个表中。为此只需要为每个联系人下的每份订单提供单独的一行。当出现新订单时，将包含该客户和相应订单信息的新行添加到表中。

图 4.1 中显示的 Access 表 tblCustomersAndOrders 就是此类排列的一个示例。在该图中，OrderID 列包含该联系

人所下订单的编号(该表中的数据按 CustomerID 排序，以显示每个联系人下的订单数量)。图 4.1 中的表是通过组合 Northwind Traders 示例数据库中的 Customers 和 Orders 表的数据创建的，包含在本书对应 Web 站点上的 Chapter04.accdb 数据库文件中。

请注意 CompanyName 列右侧的 OrderID 列。每个联系人(例如 Alfreds Futterkiste)都下了一定数量的订单。该表中最右侧的列(超出了该图的右侧边缘)包含有关每个联系人的更多信息，其中包括地址和电话号码，而公司信息以外的列包含具体的订单信息。该表总共包含 24 个不同的字段。

图 4.1 所示的设计是将 Excel 之类的电子表格应用程序用于处理数据库时所出现的情况。由于 Excel 是完全面向电子表格的，因此没有可用于将数据拆分成不同表的设置，这样用户只能将所有信息都保存在一个大型电子表格中。

tblCustomersAndOrders

CustomerID	CompanyName	OrderID	ContactName	ContactTitle	Address	Cit
ALFKI	Alfreds Futterkiste	10643	Maria Anders	Sales Representati	Obere Str.	Berlir
ALFKI	Alfreds Futterkiste	10692	Maria Anders	Sales Representati	Obere Str.	Berlir
ALFKI	Alfreds Futterkiste	10702	Maria Anders	Sales Representati	Obere Str.	Berlir
ALFKI	Alfreds Futterkiste	10835	Maria Anders	Sales Representati	Obere Str.	Berlir
ALFKI	Alfreds Futterkiste	10952	Maria Anders	Sales Representati	Obere Str.	Berlir
ALFKI	Alfreds Futterkiste	11011	Maria Anders	Sales Representati	Obere Str.	Berlir
ANATR	Ana Trujillo Emparedados y hel	10308	Ana Trujillo	Owner	Avda. de la	Méxicc
ANATR	Ana Trujillo Emparedados y hel	10625	Ana Trujillo	Owner	Avda. de la	Méxicc
ANATR	Ana Trujillo Emparedados y hel	10759	Ana Trujillo	Owner	Avda. de la	Méxicc
ANATR	Ana Trujillo Emparedados y hel	10926	Ana Trujillo	Owner	Avda. de la	Méxicc
ANTON	Antonio Moreno Taquería	10365	Antonio Moreno	Owner	Mataderos	Méxicc
ANTON	Antonio Moreno Taquería	10507	Antonio Moreno	Owner	Mataderos	Méxicc
ANTON	Antonio Moreno Taquería	10535	Antonio Moreno	Owner	Mataderos	Méxicc
ANTON	Antonio Moreno Taquería	10573	Antonio Moreno	Owner	Mataderos	Méxicc
ANTON	Antonio Moreno Taquería	10677	Antonio Moreno	Owner	Mataderos	Méxicc
ANTON	Antonio Moreno Taquería	10682	Antonio Moreno	Owner	Mataderos	Méxicc
ANTON	Antonio Moreno Taquería	10856	Antonio Moreno	Owner	Mataderos	Méxicc
ANTON	Antonio Moreno Taquería	11078	Antonio Moreno	Owner	Mataderos	Méxicc
AROUT	Around the Horn	10383	Thomas Hardy	Sales Representati	120 Hanover	Londor

记录: 第 1 项(共 831 无筛选器 搜索

图 4.1　一个包含客户、联系人和订单数据的 Access 表

这种排列具有很多问题，如下所述。

- **表迅速膨胀，以至于无法管理**。Northwind Traders 中的 Contacts 表包含 11 个不同的字段，而 Orders 表中包含的字段还有 14 个。有一个字段 OrderID 在两个表中同时存在。每次下订单时，都需要为添加到表中的每条记录添加合并表中的所有 24 个数据字段，其中包括很多与订单并不直接相关的数据(例如联系人姓名和联系人职务)。
- **数据难以维护和更新**。对于非常大的表，即使是对其中的数据进行简单的更改(例如，更改某个联系人的电话号码或传真号码)，也需要搜索表中的所有记录，并更改出现的每一个电话号码。这种情况下，很容易出现输入错误或者漏掉一处或多处需要更改的内容。需要更改的记录越少，用户的效率会越高，出错的概率也越小。
- **单个集成式的表设计浪费磁盘空间和其他资源**。由于组合的表包含大量冗余数据(例如，每次销售都要重复联系人的地址)，因此这些冗余信息会占用大量的硬盘空间。除了浪费磁盘空间以外，网络流量、计算机内存以及其他资源的有效利用率也会大大降低。

有一种更好的设计，即关系设计，它将重复数据放入一个单独的表中，在第一个表中留出一个字段，用作对第二个表中数据的引用。将冗余数据移出原来的表，需要在关系模型中增加额外的字段，但这提高了效率，付出的代价很小。

规范化数据并对 Access 应用程序应用严格的数据库设计规则还有另一个非常大的优势，那就是数据几乎“无懈可击”，不会受到损坏。在设计、管理良好的数据库中，可以向用户保证，窗体和报表中显示的信息能够真实反映基础表中存储的数据。设计较差的数据库很容易发生数据损坏，这意味着记录有时可能会“丢失”，永远也不会显示在窗体和报表中，即使用户将相应的数据添加到应用程序也无济于事。此外，应用程序的查询还可能返回错误的数据。无论是哪种情况，数据库都会变得不可信，因为用户永远也不能确定他们在窗体和报表中看到的内容是否正确。

用户一般会相信在屏幕上看到的以及在纸张上打印出来的内容。试想一下，如果某位客户从来没有为某次购买行为付费，或者库存被误更新，可能会出现怎样的问题。如果数据库设计不当，绝对不会带来什么好的结果。数据库开发人员有责任确保自己设计的应用程序尽可能强壮，且具有足够的复原能力。遵循适当的数据规范化规则有助于实现这一目标。

4.2　数据规范化和反规范化

将数据拆分到多个表中的过程称为规范化数据。规范化包含若干阶段，第 1~3 个阶段非常容易理解和实现，一般情况下，这三个阶段对于绝大多数应用程序就足够了。尽管可以实现更高级别的规范化，但通常下会被绝大多数开发人员忽略，只有最有经验、要求最严格的开发人员才会使用。

为了说明规范化过程，这里将用到一个小数据库，图书批发商可能使用该数据库来跟踪当地小书店下的订单。该数据库必须处理以下信息：

- 订购图书的日期
- 下订单的客户
- 每本图书的订购数量
- 订购的每本书的名称

尽管该数据集非常简单，但是包含使用 Access 数据库应用程序管理的典型数据类型，并且提供了规范化数据集的有效示范。

4.2.1　第一范式

规范化的初始阶段称为第一范式(1NF)，要求表符合以下规则：

表的每个字段只能包含一个值，该表不能包含重复的数据组。

表是二维存储对象，在一个字段中存储多个值或者允许在表中存在重复组意味着第三个数据维度。图 4.2 显示了构建表以管理书店订单(tblBookOrders1)的第一次尝试。请注意，某些书店订购了多本书。BookTitle 字段中的值 7 Cookie Magic 表示该联系人订购了 7 本名为 Cookie Magic 的烹饪图书。该表在多个方面违反了第一范式，将数量和商品名称存储在同一个单元格只是其中的一个方面。

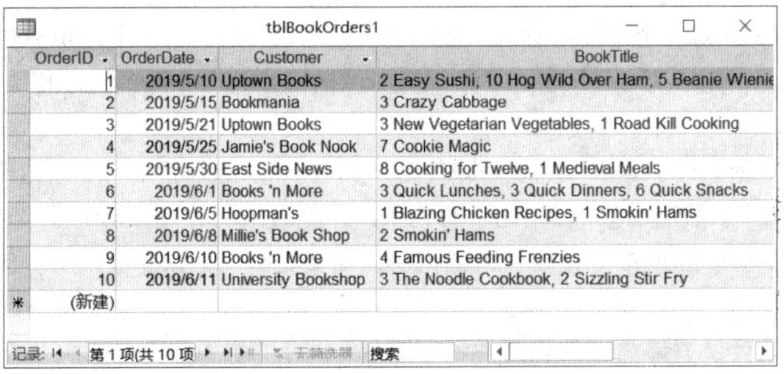

tblBookOrders1

OrderID	OrderDate	Customer	BookTitle
1	2019/5/10	Uptown Books	2 Easy Sushi, 10 Hog Wild Over Ham, 5 Beanie Wienie
2	2019/5/15	Bookmania	3 Crazy Cabbage
3	2019/5/21	Uptown Books	3 New Vegetarian Vegetables, 1 Road Kill Cooking
4	2019/5/25	Jamie's Book Nook	7 Cookie Magic
5	2019/5/30	East Side News	8 Cooking for Twelve, 1 Medieval Meals
6	2019/6/1	Books 'n More	3 Quick Lunches, 3 Quick Dinners, 6 Quick Snacks
7	2019/6/5	Hoopman's	1 Blazing Chicken Recipes, 1 Smokin' Hams
8	2019/6/8	Millie's Book Shop	2 Smokin' Hams
9	2019/6/10	Books 'n More	4 Famous Feeding Frenzies
10	2019/6/11	University Bookshop	3 The Noodle Cookbook, 2 Sizzling Stir Fry
(新建)			

记录: 第 1 项(共 10 项　无筛选器　搜索

图 4.2　未经规范化的 tblBookOrders 表

图 4.2 中的表是以平面文件的方式构建数据库的典型示例。平面文件数据库中的数据存储在两个维度(行和列)中，忽视了可能在诸如 Access 的关系数据库系统中存在的第三个维度(相关表)。

请注意图 4.2 中的表如何违反规范化的第一条规则。该表中的许多记录在 BookTitle 字段中包含多个值。例如，名为 Smokin' Hams 的图书显示在第 7 条和第 8 条记录中。数据库无法轻松地处理该数据，如果想要交叉引用书店订购的图书，必须解析 BookTitle 字段中包含的数据，以确定哪些联系人订购了哪些图书。

图 4.3(tblBookOrders2 表)显示的是稍好一些的设计。图书的数量和名称分别保存在不同的列中。每一行仍然包含单个订单的所有数据。这种排列使数量和标题信息的检索略微轻松，但是重复的数量和标题组(列 Quant1、Title1、Quant2、Title2 等)仍然违反规范化的第一条规则。图 4.3 中的行高已调整，以便于查看表的排列情况。

图 4.3 中的设计仍然比较笨拙，处理起来比较困难。保存图书数量和名称的列是该表始终需要实现的功能。开发人员必须添加足够的列以容纳单个订单中可能购买的最大图书数量。例如，假设开发人员预期没有任何书店会一次订购超过 50 本书。这意味着需要向表中添加 100 列(订购的每本书需要两列，Quantity 和 Title)。如果某家书店订购了一本书，那么表中的其他 98 列都将为空，这非常浪费资源，效率低下。

根据图 4.3 所示的设计，查询 tblBookOrders2 表以获取特定图书的销售数据会非常困难。任何图书的销售数量都分散在整个表中，位于不同的行和列，很难确定到哪里查找某本书的销售数据。

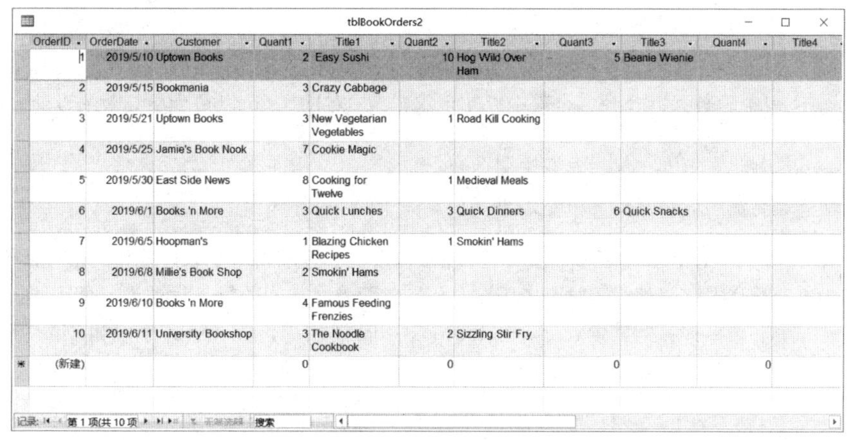

tblBookOrders2

OrderID	OrderDate	Customer	Quant1	Title1	Quant2	Title2	Quant3	Title3	Quant4	Title4
1	2019/5/10	Uptown Books	2	Easy Sushi	10	Hog Wild Over Ham	5	Beanie Wienie		
2	2019/5/15	Bookmania	3	Crazy Cabbage						
3	2019/5/21	Uptown Books	3	New Vegetarian Vegetables	1	Road Kill Cooking				
4	2019/5/25	Jamie's Book Nook	7	Cookie Magic						
5	2019/5/30	East Side News	8	Cooking for Twelve	1	Medieval Meals				
6	2019/6/1	Books 'n More	3	Quick Lunches	3	Quick Dinners	6	Quick Snacks		
7	2019/6/5	Hoopman's	1	Blazing Chicken Recipes	1	Smokin' Hams				
8	2019/6/8	Millie's Book Shop	2	Smokin' Hams						
9	2019/6/10	Books 'n More	4	Famous Feeding Frenzies						
10	2019/6/11	University Bookshop	3	The Noodle Cookbook	2	Sizzling Stir Fry				
(新建)			0		0		0		0	

记录: 第 1 项(共 10 项)　搜索

图 4.3　相比于前一设计，只有很小的改进

此外，如果任意图书订单超过 50 本书，就必须对表进行重新设计，以容纳该订单所需的额外列。当然，用户可能会为订单添加第二行，使表中的数据更难处理。

图 4.4 显示了 tblBookOrders3 表，这是按照第一范式采用图 4.3 中的数据创建的新表。tblBookOrders3 表并不是在单条记录中堆叠多个图书订单，实际上，该表中的每条记录都包含某个客户订购的一本图书。在这种设计中，需要更多的记录，但数据处理要轻松得多。第一范式会使效率大大提高，因为表中不包含未使用的字段。每个字段对于表的用途都有特定意义。

tblBookOrders3

OrderID	OrderDate	Customer	Quantity	Title
1	2019/5/10	Uptown Books	10	Hog Wild Over Ham
1	2019/5/10	Uptown Books	5	Beanie Wienie Treats
1	2019/5/10	Uptown Books	7	Easy Sushi
2	2019/5/15	Bookmania	2	Crazy About Cabbage
3	2019/5/21	Uptown Books	1	Road Kill Cooking
3	2019/5/21	Uptown Books	3	New Vegetarian Vegetables
4	2019/5/25	Jamie's Book Nook	7	Cookie Magic
5	2019/5/30	East Side News	1	Medieval Meals
5	2019/5/30	East Side News	8	Cooking for Twelve
6	2019/6/1	Books 'n More	6	Quick Snacks
6	2019/6/1	Books 'n More	3	Quick Dinners
6	2019/6/1	Books 'n More	3	Quick Lunches
7	2019/6/5	Hoopman's	1	Blazing Chickens
7	2019/6/5	Hoopman's	1	Smokin' Hams
8	2019/6/8	Millie's Book Shop	2	Smokin' Hams
9	2019/6/10	Books 'n More	4	Famous Feeding Frenzies
10	2019/6/11	University Bookshop	2	Sizzling Stir Fry
0			0	

记录: 第 1 项(共 17 项)　搜索

图 4.4　最终选择了第一范式

图 4.4 中的表所包含的数据与图 4.2 和图 4.3 中的相同。但是，新的排列方式使数据处理变得更加轻松。例如，可以轻松地构造查询以返回客户订购的某本书的总数，或者确定某家书店订购了哪些书。

提示：

表应该始终属于第一范式。请确保表的每个单元格只包含一个值，不要在一个单元格中混合多个值，不要包含重复组(如图 4.3 所示)。

不过，到目前为止，表的设计优化并未完成。对于表 BookOrders 中的数据以及该应用程序中的其他表，还需要进行很多优化。特别是，图 4.4 所示的表包含很多冗余信息。每次客户订购同一本书时，都会重复书名，订单编号和订单日期对于一个订单的所有行都是重复的。

还有一个更细小的问题：OrderID 不能再用作该表的主键。由于 OrderID 对于一个订单中的每个书名都是重复的，因此不能使用它来标识表中的各个记录。不过，现在 OrderID 字段是该表的键字段，可以用于查找与某个订单相关的所有记录。规范化的下一步可以更正这种情况。

4.2.2　第二范式

将 tblBookOrders 表中的数据拆分到多个表中以实现第二范式(2NF)，可以得到更高效的设计。规范化的第二条规则表述如下：

将不直接依赖于表主键的数据移到另一个表中。

该规则意味着，一个表应该包含代表单个实体的数据。由于我们逐渐将一个未规范化的表转换为规范化的数据，因此 tblBookOrders3 表没有主键。我们暂时不考虑这个问题，而是将表中的每一行视为一个实体。该行中不是该实体必需的组成部分的所有数据被移到其他表中。在 tblBookOrders3 表中，Customer 字段和 Title 字段都不是订单不可或缺的组成部分，应该将其移到其他表中。

1. 标识实体

难道客户不是订单的组成部分吗？实际上，它们是。但是，存储在 tblBookOrders3 表的 Customer 字段中的数据是客户的姓名。如果客户更改了姓名，并不会对订单造成根本性影响。类似地，图书是订单的组成部分，但书名不是。

为解决这种问题，需要用不同的表来存储客户和图书信息。首先创建一个名为 tblBookStores 的新表，如图 4.5 所示。

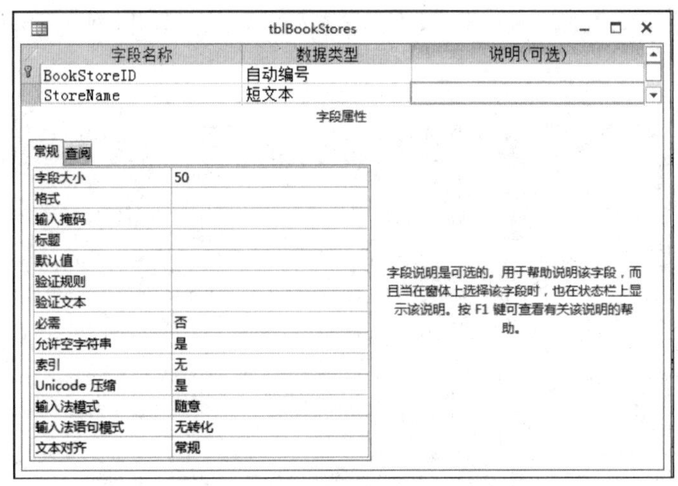

图 4.5　将客户的数据移到他另一个表中

要创建 tblBookStores，请执行下面的步骤。

(1) 单击功能区的“创建”选项卡上的“表设计”。

(2) 添加一个名为 BookStoreID 的自动编号字段。

(3) 单击功能区的“表格工具”|“设计”选项卡上的“主键”。

(4) 添加一个名为 StoreName 的短文本字段。

(5) 将 StoreName 的字段大小设置为 50。

(6) 将该表保存为 tblBookStores。

可以存储有关客户的其他信息，例如他们的邮寄地址和电话号码。现在，将不属于订单不可或缺的组成部分的数据移到另一个表中，从而使数据符合第二范式。

接下来为图书创建一个表，具体操作步骤如下。

(1) 单击功能区的“创建”选项卡上的“表设计”。

(2) 添加一个名为 BookID 的自动编号字段。

(3) 单击功能区的“表格工具”|“设计”选项卡上的“主键”。

(4) 添加一个名为 BookTitle 的短文本字段。

(5) 将该表保存为 tblBooks。

客户和图书仍然是订单的组成部分(只不过不是客户姓名和书名)，还需要一种方式将表彼此关联起来。客户可能会更改姓名，但客户不能更改 BookStoreID，因为它是我们创建的，也是由我们控制的。类似地，出版商可能更改书名，但不能更改 BookID。tblBookStores 和 tblBooks 的主键是可靠的指针，指向它们标识的对象，不受其他信息更改的影响。

图 4.6 显示了这三个表，不过，tblBookOrder4 现在包含的并不是客户姓名和书名，而是其在 tblBookStores 和 tblBooks 中的相关记录的主键。当一个表的主键用作另一个表中的字段时，它就称为外键。

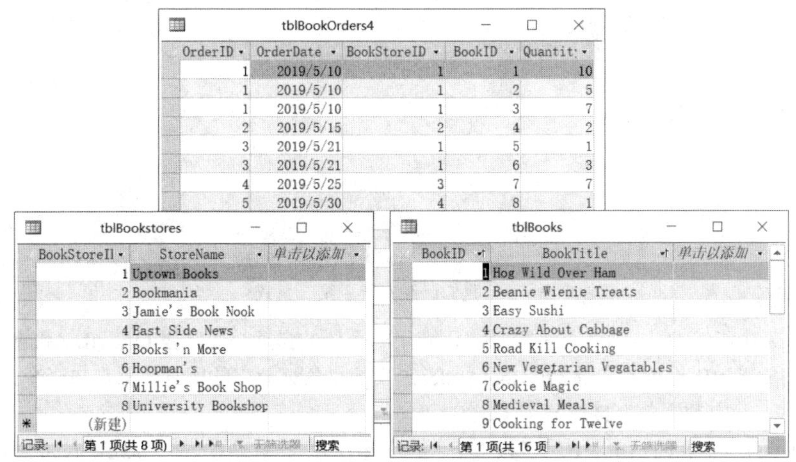

tblBookOrders4

OrderID	OrderDate	BookStoreID	BookID	Quantit:
1	2019/5/10	1	1	10
1	2019/5/10	1	2	5
1	2019/5/10	1	3	7
2	2019/5/15	2	4	2
3	2019/5/21	1	5	1
3	2019/5/21	1	6	3
4	2019/5/25	3	7	7
5	2019/5/30	4	8	1

tblBookstores

BookStoreII	StoreName	单击以添加
1	Uptown Books	
2	Bookmania	
3	Jamie's Book Nook	
4	East Side News	
5	Books 'n More	
6	Hoopman's	
7	Millie's Book Shop	
8	University Bookshop	
(新建)		

记录: 第 1 项(共 8 项)　搜索

tblBooks

BookID	BookTitle	单击以添加
1	Hog Wild Over Ham	
2	Beanie Wienie Treats	
3	Easy Sushi	
4	Crazy About Cabbage	
5	Road Kill Cooking	
6	New Vegetarian Vegatables	
7	Cookie Magic	
8	Medieval Meals	
9	Cooking for Twelve	

记录: 第 1 项(共 16 项)　搜索

图 4.6　使表符合第二范式的第一步

在将客户数据拆分到其自己的表中之前，如果 Uptown Books 将名称更改为 Uptown Books and Periodicals，就必须标识 tblBookOrders3 表中包含客户 Uptown Books 的所有行，并更改标识出的每一行的字段值。

在此过程中忽略客户姓名的一个实例称为更新异常，会导致记录与数据库中的其他记录不一致。尽管我们知道 Uptown Books 和 Uptown Books and Periodicals 是同一家书店，但从数据库的角度看，它们是两个完全不同的组织。用于检索 Uptown Books and Periodicals 下的所有订单的查询会漏掉由于更新异常而导致 Customer 字段值仍为 Uptown Books 的那些记录。

将客户姓名从订单表中移除还有一个优势：现在姓名仅存在于数据库中的一个位置。如果 Uptown Books 将名称更改为 Uptown Books and Periodicals，就只需要在 tblBookStores 表中更改与之对应的条目。在此处所做的更改将反映到整个数据库中，包括使用该客户姓名信息的所有窗体和报表。

标识单独的实体并将其数据置于单独的表中是实现第二范式的良好开端。但是，这并非终点。此处的订单表仍然没有可以用作主键的唯一字段。OrderID 字段有重复值，这表明，要实现第二范式，还有很多工作需要完成。

2. 不太明显的实体

客户和图书是物理对象，很容易标识为单独的实体。下一步操作有点抽象。此处的订单表(现在称为 tblBookOrders4)仍然包含有关两个独立但相关的实体信息。订单是实体，订单详细信息(订单中的各行)也是实体。

图 4.6 中显示的 tblBookOrders4 的前三条记录包含相同的 OrderID、OrderDate 和 BookStoreID。这三个字段是订单整体的特征，而不是订单中每一行的特征。Quantity 和 BookID 字段在前三条记录中包含不同的值。Quantity 和 BookID 是订单中某个特定行的特征。

> **提示：**
>
> 如果多条记录的值是重复的，例如图 4.6 所示的 tblBookOrders4 中的 OrderID，则表示数据还不符合第二范式。某些数据应该是重复的，例如外键。而像日期和数量等其他一些数据，出现重复也是很自然的，并不表示存在问题。

使订单数据满足第二范式的最后一步是将订单组成信息作为整体放入单独表中，与订单中每一行的信息区分开来。创建一个名为 tblBookOrderDetails 的新表，其中包含字段 BookOrderDetailID、Quantity 和 BookID。BookOrderDetailID 是一个自动编号字段，将用作主键，而 BookID 是一个外键字段，使用它关联两个表。图 4.7 显示了新的订单表 tblBookOrders5 和新的订单详细信息表 tblBookOrderDetails。

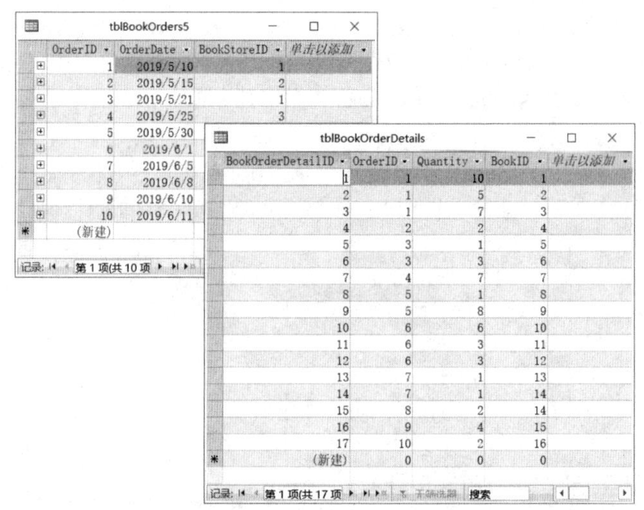

tblBookOrders5

OrderID	OrderDate	BookStoreID	单击以添加
1	2019/5/10	1	
2	2019/5/15	2	
3	2019/5/21	1	
4	2019/5/25	3	
5	2019/5/30		
6	2019/6/1		
7	2019/6/5		
8	2019/6/8		
9	2019/6/10		
10	2019/6/11		
(新建)			

记录: 第 1 项(共 10 项

tblBookOrderDetails

BookOrderDetailID	OrderID	Quantity	BookID	单击以添加
1	1	10	1	
2	1	5	2	
3	1	7	3	
4	2	2	4	
5	3	1	5	
6	3	3	6	
7	4	7	7	
8	5	1	8	
9	5	8	9	
10	6	6	10	
11	6	3	11	
12	6	3	12	
13	7	1	13	
14	7	1	14	
15	8	2	14	
16	9	4	15	
17	10	2	16	
(新建)	0	0	0	

记录: 第 1 项(共 17 项　无筛选器　搜索

图 4.7　我们已经实现了第二范式

tblBookOrders5 表中的旧 OrderID 字段被删除，创建了一个新的自动编号字段 OrderID。现在，在订单表中有一个唯一字段，可以将 OrderID 设置为主键。tblBookOrders5 表的每条记录中的所有数据都与一个订单实体直接相关。或者，按照第二范式，所有数据都直接依赖于主键。

tblBookOrderDetails 表中的 OrderID 字段是一个外键，用于将两个表关联在一起。图 4.7 显示，在 tblBookOrderDetails 表中，前三条记录的 OrderID 是 1，它映射到 tblBookOrders5 表的第一条记录。

tblBookOrderDetails 表中的所有字段都直接依赖于主键 BookOrderDetailID。第一条记录中的数量 10 与订单中的该行项直接相关。它只是间接地与该订单整体相关，就像接下来两条记录中的数量 5 和 7。这种间接关系是通过在记录中包含 OrderID 外键创建的。

原始表 tblBookOrders1 在每条记录中包含有关多个不同实体的数据。通过一系列的操作步骤，我们将数据拆分为 4 个表，分别是 tblBookOrders5、tblBookOrderDetails、tblCustomers 和 tblBooks，其中每个表都包含有关一个实体的数据。最终，这里的数据实现了第二范式。

将一个表拆分为多个表，其中的每个表描述数据的特定方面，这一过程称为分解。分解是规范化过程中一个非常重要的部分。尽管各个表看起来都比原始表(请参见图 4.2)小，但表中包含的数据与之前是相同的。

处理书店表的开发人员可使用查询通过新颖方式重新组合这 4 个表中的数据。我们可以轻松地确定不同客户订购每种类型的图书的数量，或者某本图书的订购次数。当与包含诸如图书单位成本、图书售价等信息的表结合使用时，图书批发商的重要财务状况就会变得一目了然。

另外注意，tblBookOrders5 表中的记录数减少了。这是使用关系数据库的优势之一。每个表只包含表示该表所描述的实体(在这种情况下为图书订单)所需的数据。相对于给添加到表中的每条新记录添加重复的字段值(参见图 4.2)，效率有了很大的提高。

3. 打破规则

有时，可能必须打破规则。例如，假设根据上一年的购买量，书店可以享受一定的折扣。如果严格遵循规范化的规则，折扣百分比应该包含在 tblBookStores 表中。毕竟，折扣依赖于客户，而不是订单。

但是，适用于每个订单的折扣可能比较随意。图书批发商可能允许销售人员为重要客户提供一些特别优惠。这种情况下，希望在包含图书订单信息的表中包括 Discount 列，即使这意味着在许多记录中包含重复信息也需要这样做。可以将传统的折扣作为客户记录的一部分存储在 tblBookStores 表中，并用它作为 Discount 列的默认值，但允许销售人员在对客户做出特殊安排的情况下覆盖该折扣值。

实际上，这似乎仅仅打破了第二范式规则。默认折扣直接依赖于客户。给定的实际折扣直接依赖于订单。送货地址可能存在类似的情况。客户可能要求把绝大多数订单发送给他们，但偶尔他们可能希望将某个订单的产品直接送到他们的客户那里。客户的送货地址直接与客户相关，订单的实际送货地址直接与订单相关。对象表中的值作为事务表中的默认值在大型数据库中是常见情况。

交叉参考：

有关对象表和事务表的讨论，请参阅第 3 章。

4.2.3　第三范式

规范化的最后一步称为第三范式(3NF)，它要求移除所有可以派生自表中(或数据库的其他表中)其他字段包含的数据的字段。例如，假设销售经理坚持要求在 Orders 表中添加一个字段，用于包含某个订单中的图书总数。当然，该信息可以通过 tblBookOrderDetails 表中的 Quantity 字段计算得出。

实际上并不需要向订单表中添加新的 OrderTotal 字段。Access 可以通过数据库中的数据轻松计算出该值。在数据库中存储订单总数的唯一优势在于，可以在某个窗体或报表需要计算得出的数据时，略微节省 Access 检索并计算信息所需的时间。

删除计算得到的数据可以维护数据库中数据的完整性。图 4.7 显示了 tblBookOrderDetails 表中与 OrderID 为 1 的订单相关的三条记录。通过对 Quantity 字段求和，可以看到订购了 22 本书。如果存在 OrderTotal 字段，而总数被错误地输入为 33，而不是 22，就会出现数据不一致的情况。报表使用 OrderTotal 字段显示的图书订购总数，不同于报表根据 tblBookOrderDetails 表生成的数字。

根据构建的应用程序，可能会有很好的理由在表中存储计算的数据，特别是计算耗时较长的情况，或者存储值必须作为报表上打印的计算值的审计检查的情况下。相对于在打印报表时(此时需要操纵几千条记录来生成单个报表)执行计算，在数据输入过程中(此时按照一次操纵一条记录的方式处理数据)执行计算的效率要高得多。

如 4.2.4 节所述，有一些很好的理由来选择在数据库表中包含计算的字段。而在本节中，决定执行反规范化最常见的原因是确保在数据库中存储的计算值与在报表中打印的值相同。

提示：

尽管可以实现更高级别的规范化，但对于绝大多数数据库应用程序，第三范式已经绰绰有余。至少，应该始终将冗余或重复数据移到其他表中，力争实现第一范式。

有关异常的更多信息

必须牢记有关更新异常的问题，这一点非常重要。规范化数据库中表的总体目标是通过最小的维护代价实现最高的性能。

在未经规范化的数据库设计中，可能出现三种类型的错误。遵循本章中所列的规则有助于避免以下缺陷。

- **插入异常**：在向另一个表中添加新记录时，会在相关表中出现错误。例如，假定添加了上面所述的 OrderTotal 字段。在对订单进行处理以后，客户会调用并更改订购的图书数量，或者向同一订单中添加新书目。除非对数据库进行了精细的设计，可以自动更新计算的 OrderTotal 字段，否则在表中插入新数据时，该字段中的数据将出现错误。

  如果在应用程序中插入异常是需要解决的问题，那么可以在更改时使用宏(请参阅第 22 章)帮助同步表中的数据。
- **删除异常**：删除异常会导致从表中删除记录时意外丢失数据。假定 tblBookOrders3 表包含每个书店的名称、地址以及其他联系信息。如果删除包含某个客户订单的最后一条记录，会无意中丢失该客户的联系信息。将客户联系信息保存在单独表中可以防止数据意外丢失。建议不要在表中使用级联删除，一个理由就是避免出现删除异常。有关级联删除的更多详细信息，请参阅 4.3 节。
- **更新异常**：存储不依赖于表的主键的数据，会导致在更改独立信息时不得不更新多行内容。将独立数据(例如书店信息)保存在自己的表中意味着，只需要更新单个信息实例。

4.2.4　反规范化

在介绍规范化数据库的所有理由之后，下面考虑一下，在什么情况下可能会有意选择反规范化表或使用未经规范化的表。

一般来说，规范化数据是为了提高数据库的性能。例如，即使使出浑身解数，某些查找也需要相当长的时间。

甚至是使用经过认真索引和规范化的表，一些查找仍然需要较长时间，特别是要查找的数据比较复杂或者数据量非常庞大时。

类似地，某些计算值可能需要较长的时间来求值。相比于动态求解表达式，简单地存储计算值会更快。当用户群在内存有限的老旧计算机或速度缓慢的计算机上工作时，这种情况尤为明显。

反规范化数据的另一个常见理由是能够重新生成与最初一样的文档。例如，如果需要重新打印一年前的发票，但客户的姓名在去年发生了变更，在经过完美规范化的数据库中，重新打印发票会显示新的客户姓名。如果存在一些商业上的原因，要求精确地重新生成发票，可能需要在创建发票时将客户的姓名存储在发票记录中。

请注意，反规范化数据库架构的大多数步骤会导致额外的编程时间，用于保护数据和用户，避免出现由未规范化设计所导致的问题。例如，对于计算的 OrderTotal 字段，必须插入代码，用于在该字段中的数据值发生更改时，计算和更新该字段。当然，这种额外的编程需要一定的时间来实现，也需要进行运行时处理。

警告：

请确保反规范化设计不会导致其他问题。如果有意对某个数据库设计进行反规范化，但无法使所有工作都正常完成(特别是在开始遇到前一节讨论的任何异常时)，请寻找适当的解决方法，以允许使用经过完全规范化的设计。

最后，请始终记录反规范化设计过程中执行的所有操作。将来完全有可能要求对应用程序进行维护或者添加新功能。如果提供的设计元素违反规范化的规则，那么其他开发人员在努力"优化"该设计的过程中可能使前面缜密思考的工作付诸东流。当然，执行维护的开发人员的意图是好的，但是他可能无意中重新生成之前通过精密的反规范化解决的性能问题。

要牢记的一点是反规范化几乎总是为了报告或性能而进行，而不仅仅是维护表中的数据。请考虑这样一种情况，为某个客户提供了特价折扣，但该折扣与他的传统折扣并不对应。此时，存储向客户实际开票的数额可能会非常有用，而不要在每次打印报表时依赖数据库计算折扣。存储实际数额可确保报表始终反映向客户开票的数额，而不是报告一个依赖数据库中可能会随时间发生变化的其他字段的值。

4.3　表关系

许多人一开始都使用像 Excel 这样的电子表格应用程序来构建数据库。遗憾的是，电子表格将数据另存为二维工作表(行和列)，无法轻松地将各个工作表连接在一起。必须手动将工作表的每个单元格连接到其他工作表中对应的单元格，这真的是一个冗长且乏味的过程。

像工作表这样的二维存储对象称为平面文件数据库，因为它们缺乏关系数据库的三维特质。图 4.8 显示了一个用作平面文件数据库的 Excel 工作表。

	A	B	C	D	E	F	G	H
1	EmployeeID	LastName	FirstName	Title	PayrollDate	CheckNumber	CheckAmount	
2	1	Davolio	Nancy	Marketing Manager	8/23/2016	10344	1417.38	
3	2	Fuller	Andrew	Vice President, Sales	8/23/2016	10345	3327.56	
4	3	Leverling	Janet	Sales Representative	8/23/2016	10346	1952.19	
5	4	Peacock	Margaret	Sales Representative	8/23/2016	10347	1417.38	
6	5	Buchanan	Steven	Sales Manager	8/23/2016	10348	2113.76	
7	6	Suyama	Michael	Sales Representative	8/23/2016	10349	2113.76	
8	7	King	Robert	Sales Representative	8/23/2016	10350	978.55	
9	8	Callahan	Laura	Inside Sales Coordinator	8/23/2016	10351	1952.19	
10	9	Dodsworth	Anne	Sales Representative	8/23/2016	10352	1952.19	
11	1	Davolio	Nancy	Marketing Manager	8/30/2016	10353	1417.38	
12	2	Fuller	Andrew	Vice President, Sales	8/30/2016	10354	3327.56	
13	3	Leverling	Janet	Sales Representative	8/30/2016	10355	1952.19	
14	4	Peacock	Margaret	Sales Representative	8/30/2016	10356	1417.38	
15	5	Buchanan	Steven	Sales Manager	8/30/2016	10357	1215.92	
16								
17								

Sheet1

图 4.8　一个用作平面文件数据库的 Excel 工作表

在查看图 4.8 时，平面文件数据库的问题应该一目了然。请注意，员工信息在工作表的多行中重复。每次向员工发放工资支票时，都会在工作表中添加新的一行。显然，该工作表很快就会变得非常大，导致难以管理和使用。

请考虑对图 4.8 中的数据进行相对简单的更改所需的工作量。例如，更改某位员工的职位需要搜索大量记录，并编辑各个单元格中包含的数据，这会增加很多出错的机会。

使用 Excel VBA 语言进行巧妙的编程，可将图 4.8 所示的工作表中的数据与另一个包含工资支票详细信息的工作表链接起来。还可通过编程方式更改各行中的数据。但是，如果利用诸如 Access 之类的关系数据库的强大功能，便不需要做上述繁杂工作。

4.3.1　连接数据

表的主键可以唯一标识表中的记录。在存储员工数据的表中，员工的社会保险号、名字和姓氏的组合或员工 ID 都可能用作主键。假定选择员工 ID 作为 tblEmployees 表的主键。在与 tblPayroll 表建立关系时，使用 EmployeeID 字段将两个表连接在一起。图 4.9 显示了这种排列情况(请参阅 4.3.3 节)。

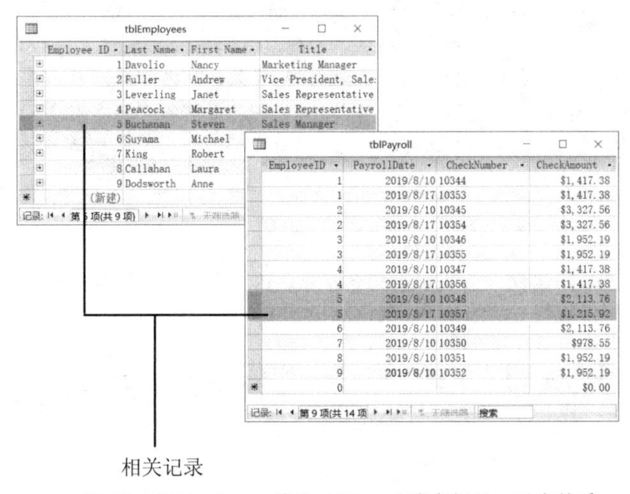

图 4.9　tblEmployees 表和 tblPayroll 表之间是一对多关系

针对一些与使用自然键(例如，社会保险号)相关的问题，将在 4.5.3 节中讨论。

尽管在图 4.9 中看不到关系，但 Access 知道关系存在，因为已经在 tblEmployees 表和 tblPayroll 表之间建立了正式的关系(将在 4.5.4 节中介绍这一过程)。由于这两个表之间的关系，Access 可以针对 tblEmployees 表中的任何员工，立即从 tblPayroll 表中检索所有记录。

对于图 4.9 中所示的关系示例，tblEmployees 表的每条记录都与 tblPayroll 表中的多条记录相关，这是关系数据库系统中最常见的关系类型，但这并不是表中数据唯一的相关方式。本书以及绝大多数有关 Access 等关系数据库的图书都会介绍三种基本的表关系类型，如下所述。

- 一对一
- 一对多
- 多对多

图 4.10 显示了 Collectible Mini Cars 数据库中的绝大多数表关系。

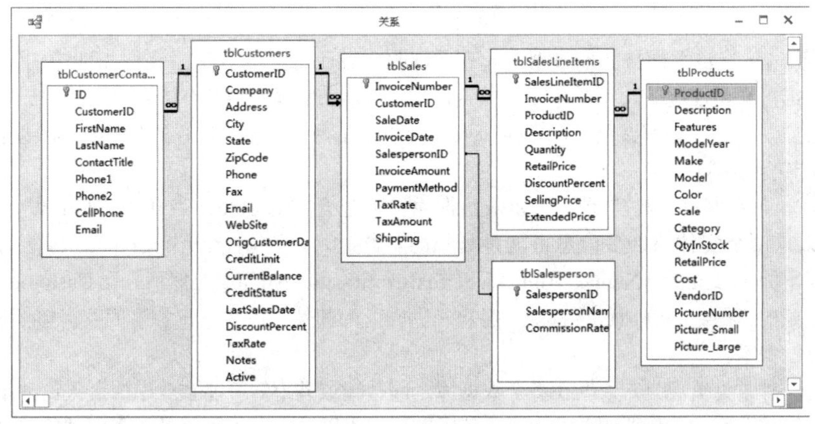

图 4.10　Collectible Mini Cars 数据库中的绝大多数表关系

请注意，各个表之间存在多个一对多关系(例如，tblSales 到 tblSalesLineItems，tblProducts 到 tblSalesLineItems 以及 tblCustomers 到 tblSales)。在表之间指定的关系非常重要。它告诉 Access 如何从两个或更多个表的字段中查找和显示信息。程序需要了解应该在一个表中查找唯一一条记录，还是基于关系查找多条记录。例如，tblSales 表与 tblCustomers 表相关，二者之间为多对一关系。这是因为，Collectible Mini Cars 系统关注的重点是销售。这意味着始终会有唯一的客户与每条销售记录相关。也就是说，多个销售可与一个客户相关联。这种情况下，Collectible Mini Cars 系统实际上使用 tblCustomers 作为查找表。

注意：

关系可能会非常难以理解，它们依赖于系统关注的重点。例如，当处理 tblCustomers 和 tblSales 表时，始终可以创建一个查询，该查询具有从 tblCustomers 到 tblSales 的一对多关系。尽管系统关注的是销售(发票)，但有时可能想要生成与客户(而不是发票)相关的报表或视图。由于一个客户可以有多次销售活动，因此 tblCustomers 表中始终会有一条记录，tblSales 表中至少会有一条记录。实际上，tblSales 表中可能有很多相关记录。这样，Access 知道仅在 Customers 表中查找一条记录，在 Sales 表中查找任何具有相同客户编号的记录(可能是一条，也可能是多条)。

4.3.2 一对一

表之间的一对一关系意味着，对于第一个表中的每条记录，第二个表中有且仅有一条对应的记录。图 4.11 对这一概念进行了说明。

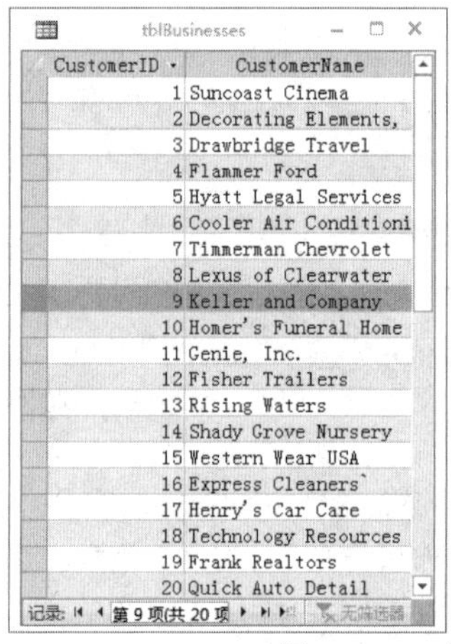

tblBusinesses

CustomerID	CustomerName
1	Suncoast Cinema
2	Decorating Elements,
3	Drawbridge Travel
4	Flammer Ford
5	Hyatt Legal Services
6	Cooler Air Conditioni
7	Timmerman Chevrolet
8	Lexus of Clearwater
9	Keller and Company
10	Homer's Funeral Home
11	Genie, Inc.
12	Fisher Trailers
13	Rising Waters
14	Shady Grove Nursery
15	Western Wear USA
16	Express Cleaners`
17	Henry's Car Care
18	Technology Resources
19	Frank Realtors
20	Quick Auto Detail

记录: 第 9 项(共 20 项

tblSecurityIDs

CustomerID	SecurityCode
1	1040
2	3125
3	1171
4	4669
5	7424
6	2765
7	7928
8	5588
9	8519
10	0187
11	2977
12	7394
13	4865
14	5223
15	3034
16	1014
17	0079
18	3999
19	7811
20	7446

记录: 第 9 项(共 20 项

图 4.11 一对一关系

纯粹的一对一关系在关系数据库中并不常见。绝大多数情况下，第二个表中包含的数据也包括在第一个表中。事实上，一般情况下会避免使用一对一关系，因为它们违反了规范化的规则。根据规范化的规则，如果数据描述单个实体，则不应该将其拆分到多个表中。由于一个人有且仅有一个生日，因此生日应该包括在包含某人的其他数据的表中。

但在某些情况下，将特定数据与其他数据一起存储在表中并不好。例如，请考虑图 4.11 中的情况。tblSecurityIDs 中包含的是机密数据。通常情况下，不希望对公共客户信息(姓名、地址等)具有访问权限的用户能够访问客户用于购买或计费的机密安全代码。如有必要，tblSecurityIDs 可以位于网络上某个位置的其他磁盘，甚至可以在可移动介质上维护，以防止未授权访问。

子类型是一对一关系的另一种实例。例如，数据库可能包含 Customers 表和 Vendors 表。如果客户和供应商都是公司，那么这两个实体的许多信息可能是类似的。此时，可以创建一个 Companies 表，让它包含两个实体的所有类似数据，例如 CompanyName、Address 和 TaxIdentificationNumber。然后，让 Customers 表和 Vendors 表包含对 Companies 表的引用，并分别包含特定于客户和供应商的其他字段。客户和供应商实体都是公司的子类型，二者之间具有一对一关系。

一对一关系的一种常见情况是，数据在多个数据库之间传输或共享。可能企业中的运务员并不需要查看客户的所有数据。运务员的数据库并不包括职务、生日、备用电话号码以及电子邮件地址等不相关的信息，而只包含客户的姓名、地址以及其他送货信息。在运务员的数据库中，Customers 表中的一条记录与位于组织内某一位置的中央计算机上的主 Customers 表中的对应记录具有一对一关系。尽管数据包含在单独的 ACCDB 文件中，但表之间的链接可以是活动的(这意味着，对主记录所做的更改会立即反映在运务员的 ACCDB 文件中)。

4.3.3　一对多

对于关系数据库中的表，更常见的关系是一对多关系。在一对多关系中，第一个表(父表)中的每条记录与第二个表(子表)中的一条或多条记录相关。第二个表中的每条记录仅与第一个表中的一条记录相关。

毫无疑问，一对多关系是关系数据库系统中最常见的关系类型。一对多关系的示例很多。

- **客户和订单**：每个客户(“一”这一侧)都下了多个订单(“多”这一侧)，但每个订单只会发送给一个客户。
- **老师和学生**：每个老师教授许多学生，但每个学生只对应一个老师(在特定的班级中)。
- **员工和工资支票**：每个员工会收到多个工资支票，但每个工资支票只能发给一个员工。
- **病人和处方**：每位病人会针对某种疾病接受零个或多个处方，但是每个处方只能针对一位病人。

如 4.5.4 节所述，Access 可以非常轻松地在表之间建立一对多关系。图 4.12 对一对多关系进行了说明。该图使用 Northwind Traders 数据库中的表，清楚地演示了 Customers 表中的每条记录如何与 Orders 表中的多条不同记录相关。一个订单只能发送给一个客户，因此，这种排列满足一对多关系的所有要求。

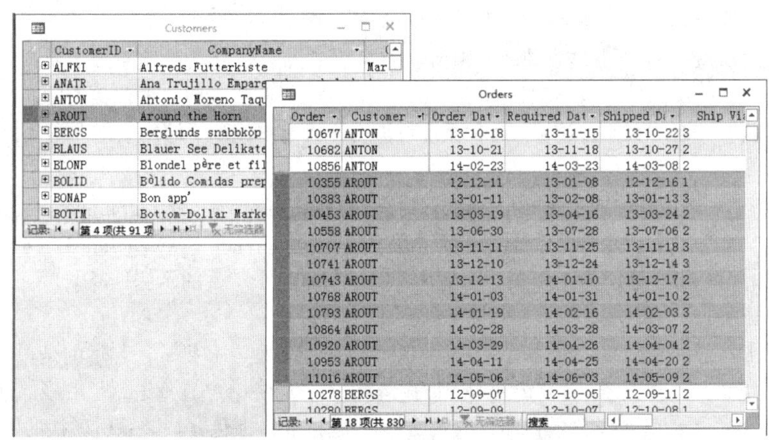

图 4.12　Northwind Traders 数据库包含多个一对多关系

尽管在图 4.12 演示的关系中，“多”这一侧的记录按照 Customer 字段以字母顺序进行了排序，但对于关系中“多”这一侧的表中的记录并没有按任何特定的顺序排列。

> **注意：**
> 对于一对多关系中相关表之间的关系，父子关系是用于解释这种关系最常见的表达形式，还可以将其他表达形式应用于该设计，例如主/从表。要牢记的一点是，参照完整性的意图是防止关系中“多”这一侧的表中丢失记录。参照完整性可以保证永远也不会出现孤立记录(这种子记录没有匹配的父记录)。在处理相关表时，一定要记住哪个表在“一”这一侧，哪个表在“多”这一侧。

注意，如果不使用单独的表存储订单信息，记录客户的所有订单会相当困难。相对于图 4.12 中显示的一对多关系，本节前面讨论的平面文件备选方案需要多得多的更新操作。每次客户通过 Northwind Traders 下订单时，都会向 Orders 表中添加一条新记录。在一对多关系中，只有 CustomerID(例如 AROUT)会作为外键添加到 Orders 表中，并指回 Customers 表。相对来说，保存客户信息是很简单的，因为每个客户记录仅在 Customers 表中出现一次。

4.3.4　多对多

偶尔也会遇到多对多的情况。在多对多关系中，两个表中的每条记录可以与另一个表中的零条、一条或多条记录相关。图 4.13 显示了一个示例。tblStudents 表中的每个学生可以属于多个俱乐部，而 tblClubs 表中的每个俱乐部具有多个会员。

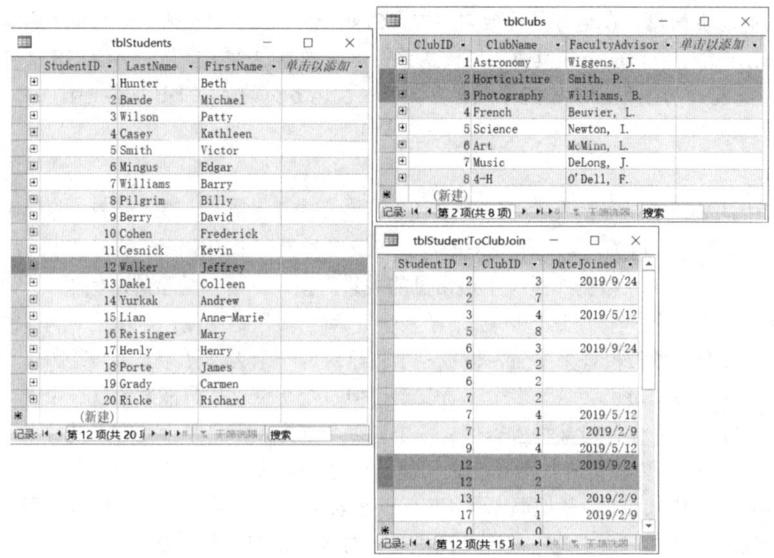

tblStudents

StudentID	LastName	FirstName	单击以添加
1	Hunter	Beth	
2	Barde	Michael	
3	Wilson	Patty	
4	Casey	Kathleen	
5	Smith	Victor	
6	Mingus	Edgar	
7	Williams	Barry	
8	Pilgrim	Billy	
9	Berry	David	
10	Cohen	Frederick	
11	Cesnick	Kevin	
12	Walker	Jeffrey	
13	Dakel	Colleen	
14	Yurkak	Andrew	
15	Lian	Anne-Marie	
16	Reisinger	Mary	
17	Henly	Henry	
18	Porte	James	
19	Grady	Carmen	
20	Ricke	Richard	
(新建)			

记录: 第 12 项(共 20 项)　搜索

tblClubs

ClubID	ClubName	FacultyAdvisor	单击以添加
1	Astronomy	Wiggens, J.	
2	Horticulture	Smith, P.	
3	Photography	Williams, B.	
4	French	Beuvier, L.	
5	Science	Newton, I.	
6	Art	McMinn, L.	
7	Music	DeLong, J.	
8	4-H	O'Dell, F.	
(新建)			

记录: 第 2 项(共 8 项)　搜索

tblStudentToClubJoin

StudentID	ClubID	DateJoined
2	3	2019/9/24
2	7	
3	4	2019/5/12
5	8	
6	3	2019/9/24
6	2	
6	2	
7	2	
7	4	2019/5/12
7	1	2019/2/9
9	4	2019/5/12
12	3	2019/9/24
12	2	
13	1	2019/2/9
17	1	2019/2/9
0	0	

记录: 第 12 项(共 15 项)

图 4.13　一个由学生及其所属的俱乐部构成的数据库是多对多关系的一个示例

如图 4.13 所示，多对多关系有点难以理解，因为它们不能在 Access 之类的关系数据库系统中直接建模。一般情况下，我们会将多对多关系拆分为两个单独的一对多关系，并通过联接表将它们联接在一起。联接表与多对多关系中涉及的两个表均具有一对多关系。最初，这种原理可能会让人有点混淆，但仔细检查图 4.13 后，就会发现这种关系的优势所在。

在图 4.13 中，可以发现 Jeffrey Walker (StudentID 12)属于 Horticulture 和 Photography 两个俱乐部(ClubID = 2 和 ClubID = 3)，这就是一个学生属于多个俱乐部的示例。还可以看到，French 俱乐部(ClubID = 4)有 Barry Williams 和 David Berry 两个学生(StudentID 分别为 7 和 9)，这是一个俱乐部有多个学生的示例。每个学生属于多个俱乐部，而每个俱乐部包含多个会员。

由于联接表会增加额外的复杂性，因此通常认为多对多关系更难建立和维护。幸运的是，如果遵循一些规则，Access 可以非常轻松地建立此类关系。有关这些规则的内容在本书的各个位置都进行了解释。例如，为了更新多对多关系的任何一侧(例如，更改某个学生的俱乐部会员资格)，联接表必须包含该关系所联接的两个表的主键。

多对多关系在商业环境中非常常见，如下所述。

- **律师与客户(或者医生与病人)**：每位律师可能参与多个案件，而在每个案件中，每位客户可能由多位律师代理诉讼。
- **病人和保险险种**：许多人都会由多个保险保单承保。例如，如果雇主为雇员及其配偶都提供了医疗保险，那么雇员将具有多个险种。
- **视频光碟租赁和客户**：在一年的时间里，每个视频光碟会被多个客户租赁，而每个客户会在一年中租赁多个视频光碟。
- **杂志订阅**：绝大多数杂志的发行量都以百万计。绝大多数读者一次都会订阅多本杂志。

Collectible Mini Cars 数据库在 tblCustomers 表和 tblSalesPayments 表之间具有多对多关系，并通过 tblSales 表进行链接。每个客户可能购买了多件商品，而每件商品可能通过多次付款支付费用。除了联接联系人和销售付款之外，tblSales 表还包含其他信息，例如销售日期和发票编号。多对多关系中的联接表通常包含有关联接数据的信息。

如图 4.13 所示，联接表可以包含除它们所联接的表的主键之外的其他信息。tblStudentToClubJoin 表就包括一个字段，用于记录相关学生加入相关俱乐部的日期。

4.4　完整性规则

Access 允许应用参照完整性规则，用于防止数据出现丢失或损坏的情况。参照完整性表示，在执行更新、删除以及其他记录操作的过程中将保留表之间的关系。关系模型定义了多个规则，用于实施关系数据库的参照完整性要求。此外，Access 还包含自己的一组参照完整性规则，通过 ACE 数据库引擎来实施。

假定工资单应用程序不包含任何规则来管理数据库中数据的使用方式，发出的工资支票就可能并未与某位员工相关联。从业务角度看，将工资支票发放给薪水册上不存在的员工是非常严重的失误。最后，当审计员介入并向管理者通知亏损时，便会注意到这一问题。

参照完整性严格基于表的键字段进行操作。参照完整性意味着，数据库引擎将在每次添加、更改或删除键字段(无论是主键还是外键)时进行检查。如果对某个键字段值的更改导致关系失效，就称为违反参照完整性。可以对表进行设置，以便自动实施参照完整性。

图 4.14 说明了 tblCustomers 表和 tblSales 表之间的关系。tblCustomers 表通过 CustomerID 字段与 tblSales 表相关。tblCustomers 表中的 CustomerID 字段是主键，而 tblSales 表中的 CustomerID 字段是外键。该关系将每个客户与销售发票连接在一起。在该关系中，tblCustomers 表是父表，而 tblSales 表是子表。

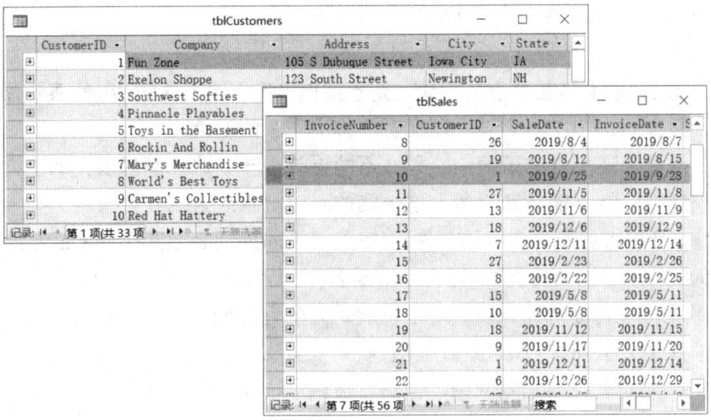

图 4.14　一个典型的数据库关系

在数据库应用程序中出现孤立的记录是非常糟糕的。由于销售信息几乎总是报告为哪种产品被销售给哪些客户，因此在绝大多数情况下，未链接到有效客户的销售发票不会被发现。很容易了解哪些产品被销售给 Fun Zone，但对于任意给定的销售记录，要想了解没有有效的客户进行购买的情况，可能并不容易。在图 4.14 中，与 Fun Zone 相关的发票记录通过 tblSales 表中相应数据周围绘制的框表示。

由于参照完整性规则是由 Access 数据库引擎实施的，因此在数据库中出现数据的任何位置都可以确保满足数据完整性，其中包括表、查询或窗体。在建立了应用程序的完整性要求后，就不必再担心相关表中的数据会丢失或杂乱无序。

参照完整性在数据库应用程序中的必要性怎么强调也不为过。很多开发人员认为他们可以使用 VBA 代码或用户界面设计来防止出现孤立记录。然而，实际情况是，在绝大多数数据库中，存储在某个表中的数据可能会在应用程序内的多个不同位置使用，甚至可能在其他应用程序中使用。此外，考虑到很多数据库项目都会在很多年中不断扩展，有很多开发人员将要使用，而开发人员并不总是能够回想起应该如何保护数据。到目前为止，要确保存储在任何数据库系统中的数据的完整性，最好的方法是利用数据库引擎的强大功能来实施参照完整性。

常规关系模型的参照完整性规则可以确保关系表中包含的记录不会丢失或混淆。显而易见，保护并保留联接表的主键非常重要。此外，如果在一个表中所做的更改影响了其他表(例如，删除一对多关系中“一”这一侧的记录)，那么应该将相应的更改传递到连接第一个表的其他表。否则，两个表中的数据很快就会变得不同步。

4.4.1　主键不能包含空值

第一条参照完整性规则指出，主键不能包含空值。空值就是不存在的值。如果从来没有为某个字段分配过值(甚至是默认值)，那么该字段的值就是空值。对于数据库表中的行，不能在主键字段中包含空值，因为主键的主要目的是保证该行的唯一性。很显然，空值不能保证唯一性，如果允许主键为空值，那么关系模型将无法工作。Access 不允许将某个已经包含空值的字段设置为主键。

此外，Access 不能求解空值。由于空值不存在，因此无法将其与其他任何值比较。不大于任何值，也不小于任何值，就是不存在。因此，不能使用空值来查找表中的记录或者构成两个表之间的关系。

Access 会自动实施第一条参照完整性规则。当向表中添加数据时，不能在不生成任何警告的情况下将主键字段留空(这也是自动编号字段可以作为主键的原因之一)。将 Access 表中的某个字段指定为主键后，Access 不允许删除该字段中的数据，也不允许更改该字段中的值，从而导致与另一条记录中的值重复。

在使用由多个字段构成的复合主键时，复合键中的所有字段都必须包含值。不允许任何字段为空。复合主键中的值组合必须唯一。

4.4.2　所有外键值必须与对应的主键匹配

第二条参照完整性规则指出，所有外键值必须与对应的主键匹配。这意味着，一对多关系中“多”(或子级)这一侧的表中的每条记录必须在关系中“一”(或父级)这一侧的表中具有对应的记录。如果关系中“多”这一侧的记录在“一”这一侧没有对应的记录，则它称为孤立的记录，实际上将从数据库模式中移除。标识数据库中的孤立记录可能会非常困难，因此应该尽量避免出现这种情况。

第二条规则的意义如下。

- **如果“一”这一侧(父级)不存在对应的记录，则不能向“多”这一侧(子级)的表中添加行。**如果子记录包含 ParentID 字段，那么 ParentID 值必须匹配父表中某个现有的记录。
- **如果执行某项更改会创建孤立的子记录，那么不能更改“一”这一侧的表中的主键值。**
- **删除“一”这一侧的一行不能导致“多”这一侧的对应记录成为孤立记录。**

例如，在销售示例中，tblSales 表(“多”这一侧)中每条记录的外键必须匹配 tblCustomers 表中的主键。如果不删除 tblSales 表中对应的记录，则不能删除 tblCustomers 表(“一”这一侧)中的记录。

参照完整性规则会产生一些奇怪的结果，其中之一就是完全有可能产生不与任何子记录匹配的父记录。从直觉上判断，这种结果是有意义的。公司很可能存在还没有收到工资支票的员工。或者，Collectible Mini Cars 公司可能雇用了一名新员工，该员工还没有任何销售业绩。当然，最后，绝大多数父记录会与一条或多条子记录匹配，但该条件并不是关系数据库的要求。

如下一节所述，通过 Access 可以轻松地指定要在应用程序中使用的完整性规则。但应该认识到，不使用参照完整性规则意味着，最后可能会产生孤立记录以及其他数据完整性问题。

4.5　键

当创建数据库表(如第 3 章中创建的那些表)时，应该为每个表指定主键。通过主键，可以确保表记录只包含唯一的值，例如，可能具有多个名为 Michael Heinrich 的联系人，甚至可能有多个 Michael Heinrich (例如父亲和儿子)居住在相同的地址。这种情况下，需要决定如何在 Customers 数据库中创建记录，以分别标识每个 Michael Heinrich。

唯一标识表中的每条记录就是主键字段的作用。以 Collectible Mini Cars 为例，CustomerID 字段(为下订单的每个客户分配的唯一编号)是 tblCustomers 表的主键，也就是说，该表中的每条记录都有不同的 CustomerID 编号(没有任何两条记录具有相同的编号)。这一点非常重要，原因如下。

- 同一个客户不应在 tblCustomers 表中有两条记录，因为这样可能无法更新该客户的记录。
- 希望确保表中的每条记录都准确无误，以便从该表中提取的信息都是正确的。
- 不希望表(及其记录)的大小超出必要的范围。添加冗余或重复的字段和记录只会使数据库变得更加复杂，而不会有什么价值。

为每条记录指定单个唯一值的功能可使表整洁、可靠，这称为实体完整性。在每条记录中使用不同的主键值(例如 tblCustomers 表中的 CustomerID)，可以区分两条记录(这种情况下为客户)，即使记录中的所有其他字段都相同，也可以区分开来。这一点非常重要，因为表中很容易出现两个同名的客户，例如 Fred D. Smith。

从理论上讲，可以使用客户的姓名和地址，但两个名叫 Fred D. Smith 的人可能居住在同一个城镇和省/市，或者父亲和儿子(Fred David Smith 和 Fred Daniel Smith)可能居住在相同的地址。设置主键的目的是在表中创建可以保证唯一性的记录。

如果在创建 Access 表时未指定主键，Access 会询问是否要创建主键。如果答案是肯定的，Access 将使用自动编号数据类型为该表创建主键。每次向该表中添加记录时，都会自动插入一个自动编号字段，该字段中的值一经确定便不能再更改。此外，某个自动编号值在表中出现以后，绝对不会再重复使用该值，即使包含该值的记录被删除，该值也不会再出现在该表中。实际上，由于自动编号字段是在任何其他数据之前添加到新记录的，因此，如果因某种原因而没有保存新行，新的自动编号也根本不会在该表中使用。

4.5.1　确定主键

如前所述，通常一个表会包含一个唯一字段(或字段组合)，也就是该表的主键，它可以使每条记录都具有唯一性。主键是一个标识符，而该标识符通常是文本、数字或自动编号数据类型。为了确定该 ID 字段的内容，需要指定一种为该字段创建唯一值的方法。采用的方法可能会非常简单，比如让 Access 自动分配一个自动编号值，或者使用要跟踪的实际值的第一个字母外加一个序列号(例如 A001、A002、A003、B001、B002 等)。该方法可能依赖于字段内容的一组随机字母和数字(只要每个字段具有唯一值即可)，或者根据表中多个字段的信息进行复杂计算。

但是，没有任何理由解释为什么主键值必须对应用程序有意义。之所以在表中存在主键，目的就是确保每一行具有唯一性，以及为表关系提供定位标记。许多 Access 开发人员会按照惯例使用自动编号字段作为主键，只是因为它们满足主键的所有要求，并且不会增加应用程序的复杂性。

实际上，如果表中的数据发生更改，那么有意义的主键可能会导致出现混淆。例如，如果某个员工信息表的主键是员工姓氏的第一个字母加上一个序列号，那么 Jane Doe 的 EmployeeID 可能是 D001。如果 Jane 准备结婚并更改她的姓氏，那么她的 EmployeeID 将不再与其记录中的数据保持一致。她的 EmployeeID 可能仍然是唯一的，但是，当某人想要利用该数据时，这种情况也可能会导致出现混淆。

表 4.1 列出了 Collectible Mini Cars 中的表，并描述了一种可能的计划说明如何生成每个表中的主键值。如该表所示，生成键值计划并不需要执行大量的操作。任何初始方案只要带有比较巧妙的序列号一般都是可行的。当尝试输入重复键值时，Access 会自动发出提醒。为避免出现重复，只要向序列号中添加值 1。

表 4.1　生成主键

表	可能生成的主键值
tblCustomers	Companies：Access 分配的自动编号字段
tblSales	Invoice Number：自动编号字段
tblSalesLineItems	Invoice Number (来自 Sales 表)和一个自动编号字段
tblProducts	Product Number，由提交新产品的人员输入
tblSalesPayments	Invoice Number (来自 Sales 表)和一个自动编号字段
tblSalesperson	Sales Person ID：自动编号字段
tblCategories	Category of Items：由提交新记录的人员输入

尽管使用逻辑(或许已经通过 VBA 代码实现)为主键字段生成唯一值并不难，但到目前为止，最简易的方法还是使用自动编号字段作为表中的主键。自动编号字段的特殊特征(自动生成、具有唯一性、不能更改等)使其成为主键的理想之选。此外，自动编号值仅仅是包含 4 个字节的整数值，数据库引擎可以非常便捷地管理它。出于上述所有原因，Collectible Mini Cars 全部使用自动编号字段作为其表中的主键。

> **注意：**
> 自动编号字段可以保证具有唯一性，但并不保证它们具有连续性。有很多理由可以解释为什么自动编号中可以引入间隙，例如删除记录，永远也不应该认定自动编号是连续的。

读者可能会认为，这些序列号使得在表中查找信息比较困难。请记住，在绝大多数情况下，都不会按照 ID 字段查找信息。通常会根据表的用途查找信息。例如，在 tblCustomers 表中，可能会根据客户姓名(姓氏、名字或二者的组合)查找信息。即使多条记录中出现同一个姓名，也可以查看表中的其他字段(邮政编码、电话号码)，找到正确的客户。除非碰巧知道客户的 ID 编号，否则可能永远也不会使用它搜索信息。

4.5.2　主键的优点

假定客户第一次向某家公司下了一个订单，第二天却决定增加订单数额。致电订货处的工作人员时，他们可能要求客户提供客户编号。但客户不知道自己的客户编号。接下来，他们要求客户提供其他一些信息，一般是邮政编码和姓氏。这样就缩短了客户列表，然后，他们会要求客户提供地址。在数据库中找到客户后，他们就找到了客户编号。某些企业在搜索客户记录时，使用电话号码或电子邮件地址作为起点。

交叉参考：

主键和外键参见第1章，但由于这些概念在数据库应用程序中非常重要，因此本章再次讨论了它们。

数据库系统通常有多个表，这些表通过某种方式相互关联。例如，在Collectible Mini Cars数据库中，tblCustomers表和tblSales表通过CustomerID字段相互关联。由于每个客户是一个人或组织，因此在tblCustomers表中只需要一条记录。

但是，每个客户可能会进行多次购买，这意味着需要设置第二个表，用于保存每次销售的信息，这个表就是tblSales表。另外，每张发票代表一次销售(在特定日期的特定时间)。使用CustomerID将客户与销售关联起来。

父表中的主键(tblCustomers表中的CustomerID)与子表中的外键(tblSales表中的CustomersID字段)相关。

除了作为表之间的公共链接字段以外，Access数据库表中的主键字段还有以下优点。

- 主键字段始终会编制索引，大大加快了涉及主键字段的查询、搜索和排序操作的速度。
- Access强制在每次向表中添加记录时都输入值(对于自动编号字段，会自动提供值)，从而保证数据库表符合参照完整性规则。
- 向表中添加新记录时，Access会检查重复的主键值，防止输入重复内容，以维护数据完整性。
- 默认情况下，Access会按照主键顺序显示数据。

提示：

索引是一种特殊的内部文件，创建的目的是在表中按某种特定的顺序放置记录。例如，tblCustomers表中的主键字段是根据CustomerID字段按顺序放置记录的索引。对于编制了索引的表，Access可以使用索引快速查找表中的记录。

4.5.3　指定主键

如前几节所述，为使数据库的设计能够避免出现各种问题，选择表的主键是一个重要步骤。如果实施得当，主键可以帮助稳固和保护存储在Access数据库中的数据。在阅读下面几节的内容时务必牢记，控制主键最重要的规则是确保分配给表中主键字段的值必须唯一。此外，理想的主键应该是稳定不变的。

1. 单字段主键与复合主键

有时，如果表中无法以单个值的形式指定理想的主键，那么可以组合多个字段来创建复合主键。例如，一般情况下，仅名字或姓氏不足以充当主键，但是，如果将名字和姓氏与生日组合在一起，便可以获得唯一的值组合，并用作主键。通过Access可以非常轻松地将若干字段组合成复合主键。

在使用复合键时，需要考虑一些实际的问题：

- **复合键中的任何字段都不能为空。**
- **有时，通过表中自然存在的数据构成复合键可能会比较困难。**有时，表中的记录只有一两个字段有差别，其他许多字段可能在表中是重复的。
- **每个字段都可以在表中重复，但复合键字段的组合不能重复。**

但是，复合键也有很多问题：

- **复合键会使数据库的设计变得复杂。**如果使用父表中的三个字段来定义表的主键，那么这三个字段必须出现在每个子表中。
- **确保复合键中的所有字段都存在一个值(因此，任何字段都不为空)可能并不容易。**

提示：

如果不是绝对必要，绝大多数开发人员都会避免使用复合键。在很多情况下，对于通过记录中的数据生成的复合键而言，与复合键相关的问题会大大超过使用它所带来的益处。

2. 自然主键与代理主键

许多开发人员坚持认为，应该仅使用自然主键。自然主键是通过表中已有的数据生成的，例如社会保险号或员工编号。如果单个字段不足以唯一标识表中的记录，开发人员会建议组合若干字段来构成复合主键。

但在很多情况下，数据库表中并不存在“完美”的自然键。尽管像 SocialSecurityNumber 这样的字段似乎是理想的主键，但这种类型的数据存在很多问题：

- **字段值不通用**。并不是每个人都有社会保险号。
- **将记录添加到数据库时，可能并不知道对应的值**。由于主键绝对不能为空，因此必须进行一些设置，以便在社会保险号未知时提供某种“临时”主键，在值已知后，刷新父表和子表中的数据。
- **像社会保险号这样的值一般会比较大**。社会保险号至少包含 9 个字符，此外，在各组数字之间还有短横线。主键较大会带来不必要的复杂性，运行速度会比使用较小的主键慢很多。
- **法律和隐私问题抑制了这种数据类型的使用**。社会保险号被视为“个人身份识别信息”，(在美国)其使用受到“社会保障法案 2005”(Social Security Protection Act of 2005)的限制。

警告：

到目前为止，最大的问题在于，如果在将记录提交到数据库时不知道主键值，那么无法将记录添加到表中。即使在永久值已知之前插入了临时值，但在相关表中刷新数据所需的工作量可能会非常大。毕竟，除非在关系中启用“级联更新”，否则，如果相关子记录存在于其他表中，便无法更改主键的值。

尽管自动编号值在表的数据中并不是自然存在的，但由于使用自动生成且无法删除或更改的简单数值具有很多优势，因此绝大多数情况下，对于大多数表，自动编号字段都是主键的理想之选。

3. 创建主键

要创建主键，可以在“设计”视图中打开一个表，选择要用作主键的一个或多个字段，然后单击功能区的“表格工具”|“设计”选项卡上的“主键”按钮。如果要指定多个字段来创建复合键，请在按住 Ctrl 键的同时使用鼠标选择相应的字段，然后单击“主键”按钮。

交叉参考：

如何设置表的主键可参见第 3 章。

4.5.4 创建关系并实施参照完整性

通过“关系”窗口，可以建立关系以及要应用于关系中所涉及表的参照完整性规则。创建永久的托管式关系以确保 Access 表之间的参照完整性非常简单，如下所述。

(1) **选择“数据库工具”|“关系”**。此时将显示“关系”窗口。

(2) **单击功能区上的“显示表”按钮，或者右击“关系”窗口，然后从显示的快捷菜单中选择“显示表”命令**。此时将显示“显示表”对话框(如图 4.15 所示)。

(3) **将 tblBookOrders5 表和 tblBookOrderDetails 表添加到“关系”窗口中(在“显示表”对话框中双击每个表，或者选择每个表并单击“添加”按钮)**。

(4) **通过将“一”这一侧的表中的主键字段拖放到“多”这一侧的表中的外键上，创建关系**。或者，也可将外键字段拖放到主键字段上。

对于此例，将 tblBookOrders5 表中的 OrderID 拖放到 tblBookOrderDetails 表中的 OrderID 上。Access 将立即打开“编辑关系”对话框(如图 4.16 所示)，可在该对话框中为希望在表之间建立的关系指定详细信息。请注意，Access 将 tblBookOrders5 表和 tblBookOrderDetails 表之间的关系识别为一对多关系。

(5) **指定希望 Access 在数据库中实施的参照完整性详细信息**。在图 4.16 中，请注意“级联删除相关记录”复选框。如果该复选框处于未选中状态，那么 Access 将不允许删除 tblBookOrders5 (“一”这一侧的表)中的记录，除非先删除 tblBookOrderDetails (“多”这一侧的表)中所有对应的记录。如果选中此复选框，将在关系所涉及的表中自动“级联”删除操作。级联删除可能是比较危险的操作，因为“多”这一侧的表中的删除不要求确认。

(6) **单击“创建”按钮**。Access 会在“关系”窗口中显示的表之间绘制一条线，用于表示关系的类型。在图 4.17 中，1 符号表示 tblBookOrders5 表是关系的“一”这一侧，而无限符号(∞)指定 tblBookOrderDetails 表为关系的“多”这一侧。

图 4.15　“显示表”对话框

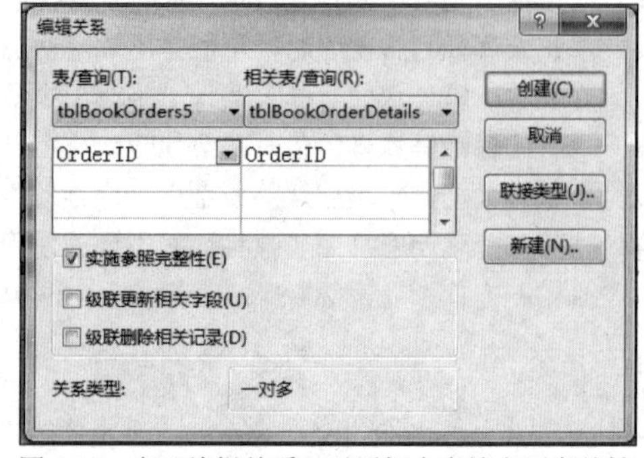

图 4.16　在“编辑关系”对话框中实施参照完整性

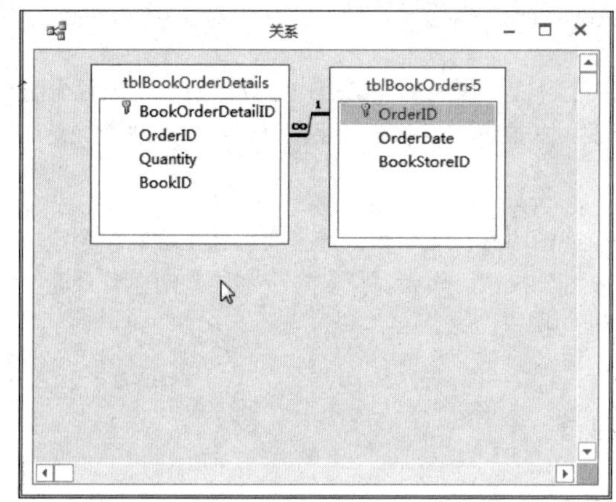

图 4.17　tblBookOrders5 表和 tblBookOrderDetails 表之间的一对多关系

1. 指定表之间的联接类型

“编辑关系”窗口的右侧包含 4 个按钮，如下所述。

- **创建**：单击“创建”按钮，会返回“关系”窗口，并应用指定的更改。
- **取消**：单击“取消”按钮将取消当前所做的更改，并返回“关系”窗口。
- **联接类型**：单击“联接类型”按钮将打开“联接属性”对话框。
- **新建**：通过“新建”按钮可以在两个表和字段之间指定全新的关系。

默认情况下，当处理相关表的查询时，Access 仅返回两个相关表都有的记录。对于 4.4 节中的工资单示例，这意味着只会看到在工资支票表中具有有效工资支票记录的员工，而不会看到尚未收到工资支票的员工。有时，此类关系称为内部联接，因为仅显示在关系两侧都存在的记录。

不过，内部联接并不是 Access 支持的唯一一种联接类型。单击“联接类型”按钮可打开“联接属性”对话框。“联接属性”对话框中的备选设置允许指定要看到父表或子表中的所有记录，而不管是否与另一侧的记录匹配。如果子表中的外键为空值，就可能出现不匹配的子记录。此类联接(称为外部联接)可能会非常有用，因为它准确反映了应用程序中数据的状态。

对于 Collectible Mini Cars 示例，目标是查看所有客户，而不管是否在 tblSales 表中包含记录。要指定将客户连接到销售的外部联接，请执行下面的步骤：

(1) **从“关系”窗口中，添加 tblCustomers 和 tblSales 表。**

(2) **将 CustomerID 从一个表拖放到另一个表。**此时将显示“编辑关系”对话框。

(3) **单击“联接类型”按钮。**此时将显示“联接属性”对话框(如图 4.18 所示)。

(4) **选中“包括“tblCustomers”中的所有记录和“tblSales”中联接字段相等的那些记录”选项按钮。**

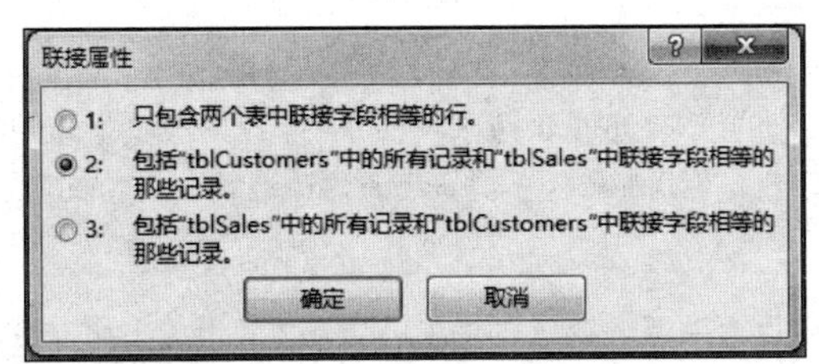

图 4.18　“联接属性”对话框，用于设置 tblCustomers 和 tblSales 之间的联接属性

(5) **单击“确定”按钮**。返回到“编辑关系”对话框。

(6) **单击“创建”按钮**。返回到“关系”窗口。现在，“关系”窗口中应该显示一个从 tblCustomers 表到 tblSales 表的箭头。此时，可以开始在外部联接关系的两个表之间设置参照完整性。

提示：

要更改现有的关系，请在“关系”窗口中双击要更改的关系对应的线。此时将显示“编辑关系”对话框，可以在其中更改参照完整性和联接类型设置。

对于图 4.18 所示的联接属性，只要查询中涉及 tblCustomers 表和 tblSales 表，默认便会返回所有客户记录，即使某位客户尚未下任何订单也是如此。该设置应该更全面地反映了公司的客户群，而不是将返回的记录限制为已经下订单的客户。

没必要为数据库中的每个关系都建立联接类型。如后续章节所述，可以为应用程序中的每个查询指定外部联接。许多开发人员会选择对数据库中的所有关系使用默认的内部联接，然后针对每个查询调整联接属性，以便生成所需的结果。

2. 实施参照完整性

在使用“编辑关系”对话框指定关系、验证表和相关字段，指定表之间的联接类型后，应该设置表之间的参照完整性。选中“编辑关系”对话框下半部分中的“实施参照完整性”复选框，表示希望 Access 对表之间的关系实施参照完整性规则。

警告：

如果选择不实施参照完整性，可以添加新记录、更改键字段或删除相关记录，而不会出现关于违反参照完整性的警告，这样可能会更改关键字段，损坏应用程序的数据。如果没有有效的完整性规则，那么可以创建具有孤立记录的表(例如，没有客户的销售)。对于普通的操作(例如数据输入或更改信息)，应该实施参照完整性规则。

实施参照完整性还会启用另外两个非常有用的选项(级联更新和级联删除)。这些选项位于“编辑关系”对话框底部附近(参见图 4.16)。

注意：

选择“实施参照完整性”并单击“创建”按钮(如果已经重新打开“编辑关系”窗口以编辑关系，则单击“确定”按钮)时，Access 可能不允许创建关系并实施参照完整性。对于这种行为，最可能的原因是，要求 Access 创建的关系违反参照完整性规则，例如子表中包含孤立记录。这种情况下，Access 会显示如图 4.19 所示的对话框，以发出警告。在该例中，之所以发出警告，原因是 tblSales 表中的某些记录在 tblSalesperson 表中没有匹配的值。这意味着 Access 无法在这两个表之间实施参照完整性，因为表中的数据已经违反了参照完整性规则。

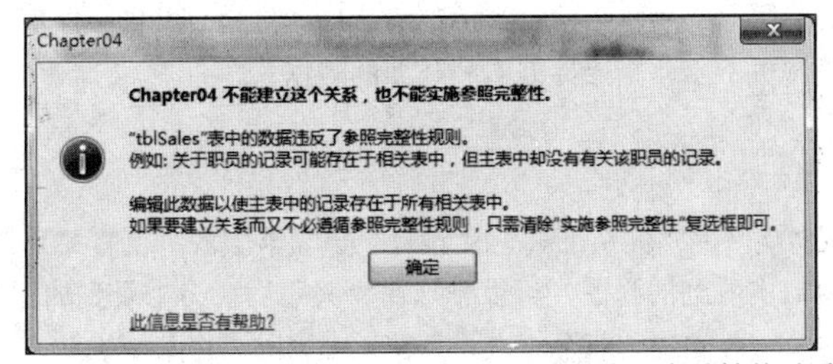

图 4.19　警告由于违反了完整性规则而无法实施参照完整性的对话框

提示：

要消除现有表之间的任何冲突，可以使用查询向导找出“多”这一侧的表中违反参照完整性的记录，从而创建一个“查找不匹配项”查询。然后，可以将不匹配项查询转换为删除查询，以删除违反规则的记录，或向 SalespersonID 字段中添加适当值。

可以移除违反规则的记录，返回“关系”窗口，并在两个表之间设置参照完整性。通过删除记录清除数据的做法是否合适，完全取决于管理应用程序的业务规则。在绝大多数环境中，仅因为无法实施参照完整性而删除订单，是很糟糕的。

选择“级联更新相关字段”选项

如果在“编辑关系”对话框中指定“实施参照完整性”，Access 将启用“级联更新相关字段”复选框。该选项告诉 Access，如果用户更改某个相关字段(主表中的主键字段，例如 CustomerID)的内容，新的 CustomerID 将级联更新到所有相关表中。

注意：

如果主表中的主键字段是多个表之间的相关字段，则必须针对所有相关表选择“级联更新相关字段”选项，否则它将无法工作。

但一般来说，几乎没有任何理由可以证明主键的值可能会发生更改。4.3.1 节中的第 1 个例子说明了缺少社会保险号的情况，这种情况下，可能需要在将员工数据添加到数据库以后，使用永久社会保险号替换临时社会保险号。但是，当使用自动编号或其他代理键值时，几乎没有任何理由证明必须在将记录添加到数据库中以后更改主键值。事实上，自动编号字段是不能更改的。

选择“级联删除相关记录”选项

“级联删除相关记录”选项会指示 Access，在删除父记录时也删除所有相关子记录。尽管在某些情况下，该选项可能非常有用，但级联删除也会带来很多警告。

例如，如果在选择了“级联删除相关记录”后尝试删除某个客户(该客户离开相应的地区)，Access 会首先从子表(tblSales 和 tblSalesLineItems)中删除所有相关记录，然后删除客户记录。换句话说，Access 会针对每位客户一次性删除每次销售的销售行条目中的所有记录，即销售的详细信息项、关联的销售记录以及客户记录。

前面介绍了与级联删除相关的主要问题。如果在删除客户记录时删除客户的所有销售记录，将无法正确报告该段时期内的销售情况。例如，无法可靠地报告前一年的销售数额，因为“过期”客户的所有销售记录都已从数据库中删除。此外，在这个示例中，也无法报告销售趋势、产品类别销售情况以及应用程序数据的其他多种用途。

这种情况下，在 tblCustomers 表中使用 Active 字段(是/否数据类型)来表示哪些客户仍然处于活动状态就非常有意义。可以非常轻松地在只需要当前客户的查询中包含 Active 字段(Active = Yes)，而在需要所有销售(不管客户的活动状态如何)的查询中忽略 Active 字段。

提示：

要使用“级联删除相关记录”选项，必须对数据库中所有的表关系指定“级联删除相关记录”。如果不对相关表链条中的所有表指定该选项，Access 不会级联删除操作。

通常情况下，在数据库中启用级联删除可能并不好。如果启用，很容易出现意外删除重要数据的情况。假定用户意外删除了一位客户，清除了该客户的整个销售历史记录，包括付款、送货、订货不足、促销以及其他活动。一般情况下，不应该允许用户通过单个操作删除许多不同类型的数据。

4.5.5　查看所有关系

打开“关系”窗口，单击功能区的“关系工具”|“设计”选项卡上的“所有关系”可以查看数据库中的所有关系。如果要简化在“关系”窗口中看到的视图，可以删除在“关系”窗口中看到的相应表，“隐藏”某个关系。单击某个表，然后按 Delete 键，Access 会将该表从“关系”窗口中移除。将某个表从“关系”窗口中移除，不会删除该表与数据库中的其他表之间的任何关系。

在构建数据库表时，请确保相关表中的外键字段(对于 tblBookOrders5 和 tblBookOrderDetails，外键是 tblBookOrderDetails 中的 OrderID)的“必需”属性设置为“是”。该操作会强制用户在外键字段中输入值，从而提供表之间的关系路径。

在“关系”窗口中建立的关系是永久的，由 Access 管理。如果建立了永久关系，那么当添加表时，这些关系将默认显示在“查询设计”窗口中(查询的信息参见第 III 部分)。即使在表之间没有永久关系，也可在“查询设计”窗口中包含多个表的情况下，随时建立临时关系。

4.5.6　删除关系

在设计阶段，即使在精心规划的设计中，表的结构也可能发生变化。此时，可能必须删除然后重新建立表之间的一些关系。“关系”窗口仅仅是表之间的关系的图示。如果打开“关系”窗口，单击相应关系中的每个表，然后按 Delete 键，则可以删除该关系中各个表的图示，但不会删除关系本身。必须先单击连接相应表的线，并按 Delete 键删除该关系，然后删除每个表的图示，从而将关系完全删除。

4.5.7　遵从应用程序特定的完整性规则

除了 ACE 数据库引擎强制实施的参照完整性规则以外，还可以建立许多其他业务规则，并由在 Access 中构建的应用程序实施。在很多情况下，客户或用户会指出必须由应用程序实施的业务规则。开发人员可以编写 Visual Basic 代码、表设计、字段属性等来实现用户预期的业务规则。

典型的业务规则包括如下项：

- 订单输入人员必须在输入窗体中输入他的 ID 编号。
- 数量不能小于 0。
- 单位售价不能低于单位成本。
- 订单送货日期必须在订单日期之后。

这些规则常常在设计时添加到表中。实施此类规则对于保护数据库管理的数据的价值大有帮助。例如，在图 4.20 中，Quantity 字段的“验证规则”(>=0)可确保数量不能为负数。如果库存工作人员尝试在 Quantity 字段中填入负数，会弹出一个错误消息框，其中包含以下验证文本：Must not be a negative number。

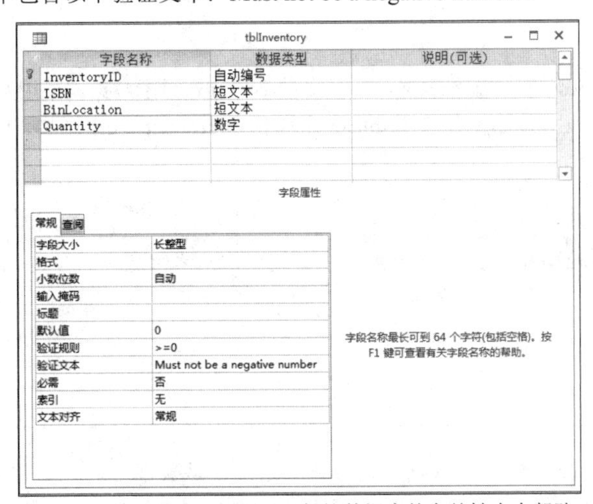

图 4.20　简单的验证规则对于保护数据库的完整性大有帮助

也可在表的属性表上使用“验证规则”属性建立表范围内的一条验证规则，从而为表中的数据提供特定保护。遗憾的是，只能针对整个表创建一条规则，很难为所有可能的违规情况提供特定验证文本。

“验证规则”属性有一些限制。例如，不能在规则中使用用户定义的函数。此外，也不能在规则中引用其他字段、其他记录中的数据或其他表。验证规则会阻止用户输入某些内容，而不仅是提供用户可以绕过的警告。如果需要提供警告，但仍然允许用户继续输入，那么不应该使用验证规则。

本书将介绍使用 VBA 实施业务规则的一些示例。

第5章

使用 Access 表

本章内容：

- 了解数据表
- 研究数据表窗口
- 打开数据表
- 输入新数据
- 导航记录
- 在数据表中更改值
- 使用撤消功能
- 在数据表中复制和粘贴值
- 在数据表中替换值
- 在数据表中添加记录
- 在数据表中删除记录
- 在数据表中显示记录
- 排序和筛选记录
- 聚合数据
- 打印记录

本章将使用数据表向 Access 表中输入数据，并以多种不同方式显示数据。使用数据表视图，可按常见的电子表格风格的格式一次查看许多记录。本章将使用 tblContacts 和 tblProducts 表来添加、更改和删除数据，并了解数据表视图中可用的不同功能。

Web 内容

本章中使用的是名为 Chapter05.accdb 的数据库。如果还没有从本书对应的 Web 站点下载该数据库，现在需要立即下载。

5.1 了解数据表

使用数据表仅仅是在 Access 中查看数据的众多方式之一。从表面上看，数据表类似于电子表格，因为它也是以一系列行和列的形式显示数据。图 5.1 显示了表的典型数据表视图。每一行表示一条记录，而每一列表示表中的一个字段。在数据表中上下滚动可以查看超出屏幕范围的行(记录)，左右滚动可以查看超出屏幕范围的列(字段)。

注意：

本章中所述的很多行为也适用于 Access 窗体。绝大多数 Access 窗体一次仅显示一条记录中的数据，在此类窗体上与数据进行交互与使用数据表的一行中的数据非常类似。

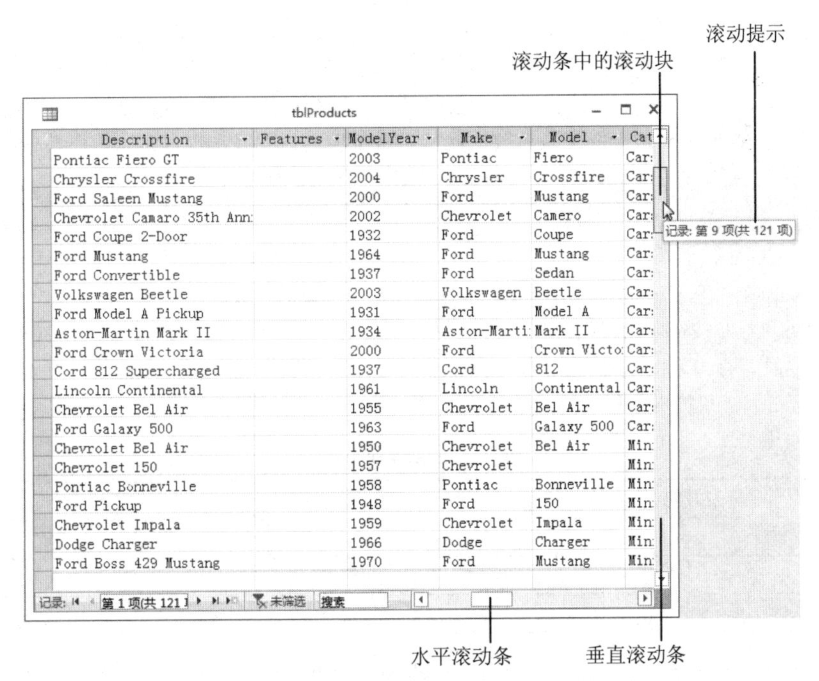

图 5.1　一个典型的数据表视图。每一行表示表中的一条记录，每一列表示表中的一个字段(例如 Description 或 ModelYear)

数据表完全可以自定义，这就允许以多种方式查看数据。例如，可以更改字体大小、列宽和行高，使屏幕中显示更多或更少的数据。重新排列行和/或列的顺序可以在逻辑上组织记录和字段。如果锁定列，那么当滚动到数据表的其他部分时，这些列会保持在原位置，而隐藏列会使它们消失。筛选数据可以隐藏与特定条件不匹配的记录。

注意：

在数据表视图中，可以查看表和查询，甚至窗体也可以显示为数据表。本章所述的某些数据表行为可能与读者的情况并不完全相符，具体取决于对应的数据源。当基础数据源是查询或窗体时，这种情况尤为明显。这些数据源可能是只读的。

记录和字段简介

表是用于存储相关信息的容器，相关信息包括客户记录、假日卡片列表、生日提醒、工资单信息等。每个表都有一种由字段组成的整齐匀称的结构，每个字段都包含一个用于标识和描述所存储信息的唯一名称，还有特定的数据类型，包括文本、数值、日期、时间等，用于限制用户在这些字段中输入的内容。在数据表(一种用于存储信息的二维表)中显示时，Access 会在列中显示这些字段。

表由记录组成，记录保存了有关单个实体(例如单个客户或一种产品)的信息。一条记录由存储在表结构的所有字段中的信息组成。例如，如果表有三个字段，分别是姓名、地址和电话号码，那么第一条记录仅包含一个姓名、一个地址和一个电话号码。第二条记录也仅包含一个姓名、一个地址和一个电话号码。

要同时查看表的许多记录，数据表是理想之选。一条记录显示为数据表中的一行，每一行包含该特定记录的信息。字段显示为数据表中的列，每一列包含单个字段的内容。这种行列格式允许同时查看大量数据。

5.2　数据表窗口

数据表最初按主键排列记录，并按表设计中的顺序排列字段。在 Access 窗口的顶部，可以看到标题栏(显示数据库文件名)、快速访问工具栏和功能区。在 Access 窗口的底部，可以看到状态栏，其中显示有关数据表的信息。例如，它可能包含字段描述信息、错误消息、警告或进度条。

通常情况下，错误消息和警告会显示在屏幕中央的对话框中，而不是显示在状态栏中。如果将鼠标指针悬停在状态栏的条目，就会显示一个屏幕提示，其中的简短消息说明了该条目的定义或用途。

数据表窗口的右侧包含一个滚动条，用于显示不同的记录子集(假定所有记录在屏幕上显示不下)。在记录之间滚动时，会显示一个滚动提示(如图 5.1 所示)，它会指出最先可见的记录有哪些。滚动条上的“滚动块”(滚动条上的小矩形)的大小可以大致反映要显示的记录总数的比例。数据表窗口的底部也包含一个滚动条，用于在字段之间移动(从左到右)。数据表窗口的左下角还有一个用于在记录之间移动的导航按钮。

5.2.1　在数据表中移动

可使用鼠标轻松地在数据表窗口中移动，指出要更改或添加数据的位置，只需要单击记录中的某个字段。此外，使用功能区、滚动条和导航按钮可以轻松地在字段和记录中移动。可将数据表当成没有行号和列字母的电子表格。列中包含的是字段名称，行表示的是唯一记录，这些记录在每个单元格中都有可标识的值。

表 5.1 列出了可用于在数据表中移动的导航键。

表 5.1　在数据表中导航

导航方向	按键
下一个字段	Tab
上一个字段	Shift+Tab
当前记录的第一个字段	Home
当前记录的最后一个字段	End
下一条记录	向下箭头键(↓)
上一条记录	向上箭头键(↑)
第一条记录的第一个字段	Ctrl+Home
最后一条记录的最后一个字段	Ctrl+End
向上滚动一页	PgUp
向下滚动一页	PgDn
向右滚动一页	Ctrl+PgDn
向左滚动一页	Ctrl+PgUp

5.2.2　使用导航按钮

导航按钮(如图 5.2 所示)指的是位于数据表窗口底部的 6 个控件，它们可用于在记录之间移动。最左侧的两个控件可以分别移动到数据表中的第一条记录或上一条记录。最右侧的三个控件可以分别导航到数据表中的下一条记录、最后一条记录或者新记录。如果知道记录编号(特定记录的行号)，则可以单击记录编号框，输入记录编号，然后按 Enter 键。

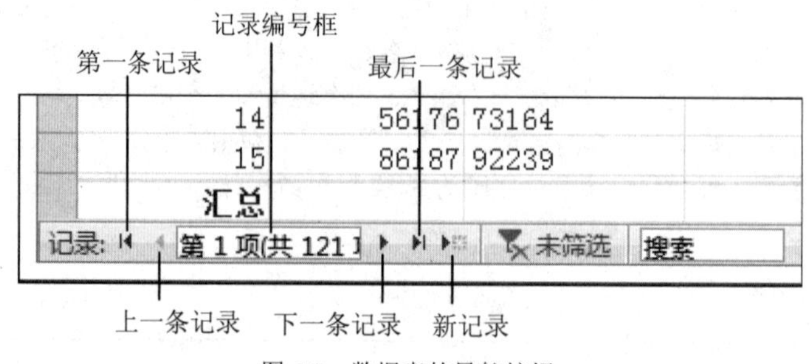

图 5.2　数据表的导航按钮

> **注意：**
> 如果输入的记录编号大于表中包含的记录数，将显示一条错误消息，指出不能转到指定的记录。

5.2.3 检查数据表功能区

数据表功能区(如图 5.3 所示)提供了一种使用数据表的方式。“开始”功能区上包含一些熟悉的对象，也包含一些新对象。本节提供了功能区上各个组的概览，各个命令详见本章稍后的内容。

交叉参考：

第 30 章会定制功能区。

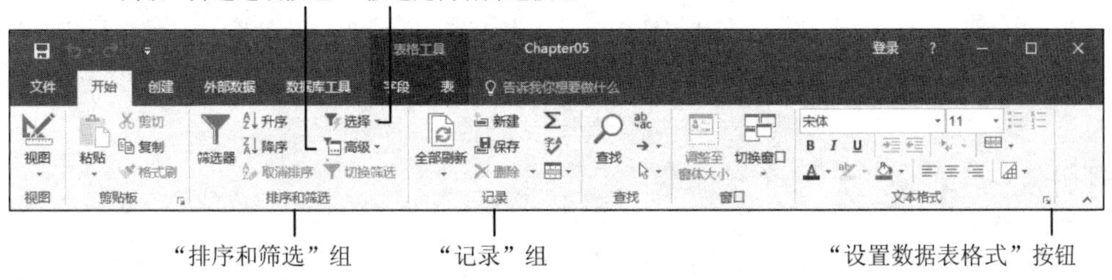

图 5.3 数据表功能区的“开始”选项卡

1. 视图

通过“视图”组可以在“数据表”视图和“设计”视图之间切换。单击“视图”命令的向下箭头，可以查看这两个选项。单击“设计视图”可更改对象的设计(表、查询等)。单击“数据表视图”将返回数据表。

2. 剪贴板

“剪贴板”组包含“剪切”“复制”和“粘贴”命令。这些命令的工作方式类似于其他应用程序(例如 Word 和 Excel)。单击“粘贴”命令的向下箭头可显示三个选项，分别是“粘贴”“选择性粘贴”和“粘贴追加”。“选择性粘贴”允许以不同的格式(文本、CSV、记录等)粘贴剪贴板的内容。“粘贴追加”可以将剪贴板的内容粘贴为新记录，前提是具有类似结构的一行已经复制到剪贴板。

3. 排序和筛选

通过“排序和筛选”组，可以更改行的顺序，还可以根据所需的条件限制显示的行。

4. 记录

通过“记录”组可以保存、删除记录或向数据表中添加新记录。该组中的命令还可以用于显示总数、检查拼写、冻结和隐藏列，以及更改行高和单元格宽度。

5. 查找

通过“查找”组可以查找和替换数据，以及转到数据表中的特定记录。使用“选择”命令可以选择一条记录或所有记录。

6. 窗口

“窗口”组包含两个按钮，可以帮助控制在 Access 主窗口中打开的项(窗体、报表、表等)：

- **调整至窗体大小**：“调整至窗体大小”按钮可在窗口中调整窗体的尺寸，以适合在创建该窗体时设置的尺寸。默认情况下，Access 窗体具有可调整尺寸的边框，这意味着用户可将窗体拖动到新尺寸。“调整至窗体大小”按钮可将窗体还原为在设计时指定的尺寸。
- **切换窗口**：通过“切换窗口”按钮，可以选择不同的打开窗口进行处理。用户所需的窗体或报表可能位于另一个窗体或报表的下方，“切换窗口”按钮提供了一种快速的方式，可以选择在 Access 主窗口中将某个对象置于其他对象的顶部。

注意：

如果使用选项卡文档(Access 2019 中的默认设置)，“窗口”组不会显示在“开始”选项卡上。要在重叠窗口和选项卡文档之间切换，请在“Access 选项”的“当前数据库”区域设置“文档窗口选项”。

7. 文本格式

通过“文本格式”组可以更改数据表中文本字段的外观。使用这些命令可以更改字体、大小、粗体、斜体、颜色等。选择一种字体属性(例如粗体)会将该属性应用于数据表中的所有字段(请参阅本段内容下面的“注意”部分，了解该规则的唯一例外情况)。使用“左对齐”“右对齐”和“居中”命令可调整选定列中的数据。单击“网格线”命令可打开或关闭网格线。使用“可选行颜色”命令可以更改隔行的颜色或者将其全部设置为相同的颜色。

> **注意：**
> 如果当前在数据表中选定的字段属于长文本数据类型，那么“文本格式”组中控件的行为方式会有所不同。当选择长文本字段时，可以更改字段中各个字符和单词的字体属性(粗体、下划线、斜体等)，但只有“文本格式”属性设置为“格式文本”时才能更改。默认情况下，“文本格式”属性(仅适用于长文本数据类型)设置为“纯文本”。

5.3 打开数据表

要从“数据库”窗口中打开数据表，请执行下面的步骤：

(1) 使用从本书对应的 Web 站点下载的 Chapter05.accdb 数据库，单击“导航”窗格中的“表”。

(2) 双击要打开的表名称(在该示例中为 tblProducts)。

打开数据表的另一种替代方法是右击 tblProducts，然后从弹出菜单中选择“打开”命令。

> **提示：**
> 如果位于任意设计窗口中，单击功能区的“视图”组中的“数据表视图”命令可在数据表中查看数据。

5.4 输入新数据

当首次在数据表视图中打开某个表时，将显示该表中的所有记录。如果表是刚刚创建的，新的数据表将不包含任何数据。图 5.4 显示了一个空的数据表和功能区中“字段”选项卡的一部分。当数据表为空时，第一行将在记录选择器中包含一个星号(*)，表示它是一条新记录。

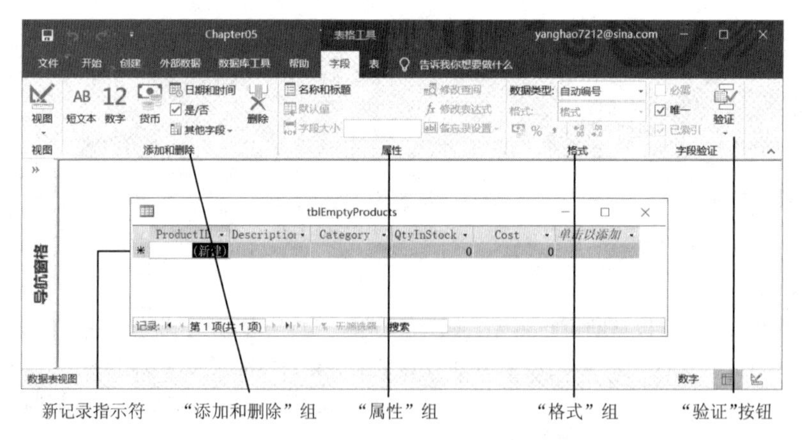

图 5.4　一个空的数据表。请注意，第一条记录为空，并且在记录选择器中具有一个星号

功能区的“表格工具”选项卡组包括构建完整的表所需的几乎所有工具。可通过“表格工具”选项卡组中的控件指定数据类型、默认格式、索引、字段和表验证以及其他表构造任务。

如果数据表已经包含记录，那么新行将显示在数据表底部。单击功能区的“记录”组中的“新建”命令，或者单击数据表底部的导航按钮组中的“新记录”按钮，可将光标移动到新行，或者只需要单击最后一行(其中包含星号)。当开始输入数据时，星号将变为铅笔形状，表示正在编辑相应的记录。在输入数据的行下方显示一个新行(包含星号)。新记录指针始终显示在数据表的最后一行中。图 5.5 显示了向 tblProducts 表中添加一条新记录的情况。

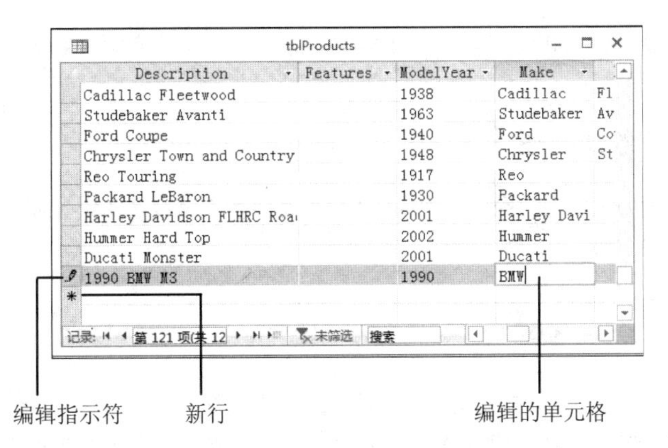

图 5.5　向 tblProducts 表的数据表视图中输入一条新记录

要向 tblProducts 表的打开数据表视图中添加一条新记录，请执行下面的步骤：

(1) 在功能区的“开始”选项卡上，单击“记录”组中的“新建”按钮。

(2) 为表的所有字段输入值，通过按 Enter 键或 Tab 键在各个字段之间移动。

在添加或编辑记录时，可能会看到三种不同的记录指针，如下所述。

- **正在编辑记录**：铅笔图标。
- **记录已锁定(多用户系统)**：挂锁图标。
- **新记录**：星号图标。

警告：

如果记录包含自动编号字段，Access 将在该字段中显示名称(“新建”)。不能在该类型的字段中输入值，只能按 Tab 键或 Enter 键跳过该字段。当开始输入数据时，Access 会自动写入相应的数字。

5.4.1　保存记录

移动到其他记录时，Access 会保存正在编辑的记录。通过 Tab 键在所有字段中切换、单击导航按钮、单击功能区的“记录”组中的“保存”以及关闭表等操作，都可将编辑的记录写入数据库。当铅笔图标从记录选择器中消失时，就表示记录已经保存。

要保存记录，必须在每个字段中输入有效的值。需要对字段验证数据类型、唯一性(如果对唯一值编制了索引)以及在“验证规则”属性中输入的任何验证规则。如果表中指定的主键不是自动编号字段，则必须确保在主键字段中输入唯一值，以免出现图 5.6 中所示的错误消息。避免在输入数据时出现此错误消息的一种方法是，使用自动编号字段作为表的主键。

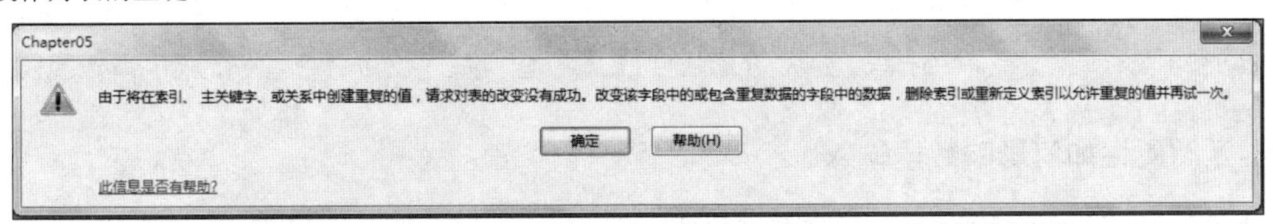

图 5.6　向新记录中输入重复主键值后，尝试保存记录时，Access 显示的错误消息。使用自动编号字段作为主键可避免出现该错误

提示：

快速访问工具栏中的“撤消”按钮可以取消对当前记录和上次保存的记录所做的更改。更改了第二条记录后，便无法再撤消保存的记录。

提示：

按 Shift+Enter 组合键，可将记录保存到磁盘而不退出记录。

学习了如何在新记录或现有记录中输入、编辑和保存数据，下一节将介绍 Access 如何在字段中输入内容时对数据进行验证。

5.4.2　了解数据类型的自动验证

Access 会自动验证某些数据类型。因此，对于这些数据类型，不需要在指定表属性时输入任何数据验证规则。Access 自动验证的数据类型包括：

- 数字/货币
- 日期/时间
- 是/否

Access 会在用户移离字段时验证数据类型。当在数字或货币字段中输入字母时，最初不会看到提示这些字符无效的警告。但是，当按 Tab 键离开该字段或者单击其他字段时，将看到如图 5.7 所示的警告。该警告允许选择输入新值或者将该列的数据类型更改为文本。如果输入其他不适用的字符(符号、字母等)、输入多个小数点或者输入对于指定的数值数据类型过大的数字，则会看到此消息。

图 5.7　输入的数据与字段的数据类型不匹配时，Access 显示的警告。Access 提供了一些选项用于更正此问题

Access 会验证日期/时间字段是否具有有效的日期或时间值。如果尝试在日期/时间字段中输入像 14/45/05 这样的日期、像 37:39:12 这样的时间或者无效的字符，则会看到如图 5.7 所示的警告。

是/否字段要求输入以下定义的值之一。

- 是：Yes、True、On、–1 或非 0 数值(显示为–1)。
- 否：No、False、Off 或 0。

当然，可在字段的“格式”属性中定义自己的可接受值，但一般情况下，这些值是唯一接受的值。如果输入无效的值，将显示警告消息，指示输入的值不适用。

> **提示：**
> “是/否”字段的“显示控件”的默认值是“复选框”。在“是/否”字段中显示复选框会阻止用户输入无效数据。

5.4.3　了解属性如何影响数据输入

由于字段类型各不相同，因此，可以针对每种类型使用不同的数据输入方法。5.4.1 节介绍了某些数据类型验证是自动完成的。但是，设计 tblContacts 表意味着输入某些用户定义的格式和数据验证规则。接下来探讨如何输入各种类型的数据。

1. 标准文本数据输入

tblContacts 表中的第一个字段 ContactID 是一个自动编号字段，而该表中的其他字段是短文本字段。跳过 ContactID 后，只需要在每个字段中输入值并向后移动。ZipCode 字段对数据项使用输入掩码(00000\-9999;0;)。Phone 和 Fax 字段也使用输入掩码(!\(999") "000\-0000;0;_)。输入掩码中的 0 表示必须输入数值。输入掩码中的 9 表示可以选择输入数值。ZipCode 输入掩码要求必须在前 5 位中输入数值，后 4 位是否输入数值是可选的。除非使用输入掩码对短文本字段进行限制，否则其接受任何字符。

> **提示：**
> 要在一个短文本或长文本字段中输入多行文本，请按 Ctrl+Enter 组合键添加新的一行。例如，对于设置了多行地址字段格式的大型文本字符串，这非常有用。

2. 日期/时间数据输入

tblContacts 表中的 OrigCustDate 和 LastSalesDate 字段是日期/时间数据类型，这两个字段均使用短日期格式(3/16/2019)。但是，可以将格式定义为中日期(16-Mar-19)或长日期(Monday, March 16, 2019)。使用上述任一格式只是意味着，无论以哪种形式输入日期，日期始终以指定的格式显示[即短日期(3/16/2019)、中日期(16-Mar-19)或长日期(Monday, March 16, 2019)]。因此，如果输入 3/16/19 或 16 Mar 19，Access 会在退出该字段时以指定的格式显示该值。实际上，存储在数据库中的日期不带任何格式，因此，为字段选择的格式并不影响数据的存储方式。

> **提示：**
> 格式仅影响数据的显示，不会更改表中数据的存储。

> **警告：**
> 一般情况下，最好不要对日期/时间数据应用输入掩码。Microsoft Access 可自动执行大量的工作，来验证日期和时间值。使用输入掩码本来是为了避免出现问题，但实际上，对包含日期的控件使用输入掩码，遇到数据输入问题的可能性会更大。

3. 带有数据验证的数字/货币数据输入

tblContacts 表中的 CreditLimit 字段指定了一个验证规则。该字段设置了“验证规则”属性，将信用额度限制为 250 000 美元。如果违反了该规则，将显示一个对话框，其中包含针对该字段输入的验证文本。如果想要允许某个联系人的信用额度超过 250 000 美元，可以在表设计中更改验证规则。

Access 使用的确切货币字符(在该示例中为美元符号)由控制面板的“区域和语言设置”中设置的“区域”选项确定。

4. OLE 对象数据输入

可以向数据表中输入对象链接和嵌入(Object Linking and Embedding，OLE)对象数据，即使并未看到该对象也没有关系。OLE 对象字段可以保存许多不同的项类型，包括：

- 位图图片
- 声音文件
- 商业图表
- Word 或 Excel 文件

OLE 服务器支持的任何对象都可以存储在 Access OLE 对象字段中。通常情况下，OLE 对象会输入到窗体中，以便看到、听到或使用相应值。当 OLE 对象显示在数据表中时，会出现特定的文本，指出该对象是什么(例如，可能会在 OLE 对象字段中看到“位图图片”)。可通过以下两种方式向字段中输入 OLE 对象。

- 从剪贴板粘贴。
- 在 OLE 对象字段上右击，并从弹出菜单中选择“插入对象”命令。

5. 长文本字段数据输入

tblProducts 表中的 Features 字段的数据类型为长文本。对于该数据类型，每个字段最多允许 1GB 的文本。向长文本字段中输入文本时，一次只能看到一小部分字符，字符串的其余部分滚动到视线以外。按 Shift+F2 组合键会显示一个带有滚动条的“缩放”窗口(请参阅图 5.8)，在该窗口中，可以一次查看更多的字符。单击该窗口底部的“字体”按钮可以采用其他字体或大小查看所有文本(图 5.8 中的字体在“缩放”窗口的默认字体大小 8 磅的基础上进行了大幅放大)。

首次在“缩放”窗口中显示文本时，将选中所有文本。在窗口的任意位置单击可以取消选择文本。如果无意中删除了所有文本，或者更改了某些本来不想更改的内容，可单击“取消”按钮，退回包含字段原始数据的数据表。

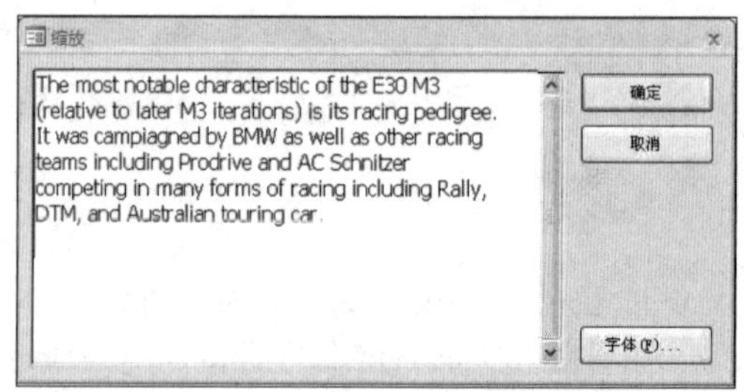

图 5.8 “缩放”窗口。请注意，虽然增大了字体，但仍然可以看到字段的全部数据

提示：

在设计 Access 对象(表、窗体、报表、查询)时，可以使用“缩放”窗口(按 Shift+F2 组合键)查看在正常情况下超出视线范围的文本。

5.5 在数据表中导航记录

在输入记录后想要对其进行更改是很常见的。需要更改记录的原因包括，收到新的信息要求更改现有值，或者发现现有值中存在错误。

当决定编辑表中的数据时，第一步是打开相应的表，当然前提是该表尚未打开。在“导航”窗格中的表列表中，双击 tblProducts 表将其在数据表视图中打开。如果已经位于该表的设计视图中，请单击“数据表视图”按钮切换视图。

在 Access 中打开一个具有相关表的数据表时，将添加带有加号(+)的一列，用于表示相关记录或子数据表。单击某一行的加号可打开该行的子数据表。

5.5.1 在记录之间移动

在记录中滚动，并将光标置于所需的记录上，就可以移动到任意记录。对于较大的表，滚动浏览所有记录可能需要一定的时间，因此，最好能使用其他方法快速到达特定的记录。

使用垂直滚动条可查看更多记录。滚动条箭头一次移动一条记录。要一次移动多条记录，请拖动滚动块或单击滚动块与滚动条箭头之间的区域。

提示：

当使用滚动条移动到数据表的另一个区域时，请查看滚动提示。在单击某个字段之前，Access 不会更新记录编号框。

使用 5 个导航按钮(请参阅图 5.2)可在记录之间移动。只需要单击这些按钮便可以移动到所需的记录。如果知道记录编号(特定记录的行号)，可以单击记录编号框，输入记录编号，然后按 Enter 键。

此外，还可以使用功能区的“查找”组中的“转至”命令导航到第一条记录、上一条记录、下一条记录、最后一条记录以及新记录。

5.5.2 查找特定值

尽管可移动到某条特定的记录(如果知道相应的记录编号)或者移动到当前记录中的某个特定字段，但通常是想查找某个字段中的特定值。可使用以下方法之一查找字段中的值。

- 从功能区的“查找”组中选择“查找”命令。
- 按 Ctrl+F 组合键。
- 使用数据表窗口底部的“搜索”框。

前两种方法会显示“查找和替换”对话框(如图 5.9 所示)。要将搜索限制为特定的字段，请在打开该对话框之前，将光标放在想要搜索的字段中。将“查找范围”组合框更改为“当前文档”可在整个表中搜索该值。

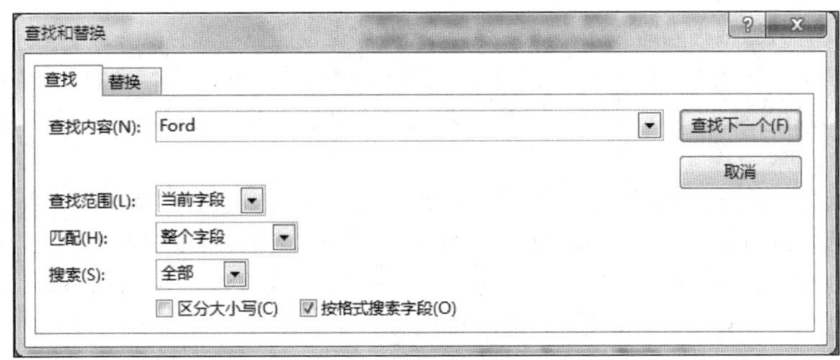

图 5.9　“查找和替换”对话框。激活该对话框最快捷的方法是按 Ctrl+F 组合键

提示：
如果通过单击记录选择器(记录旁边的灰色小框)突出显示整个记录，Access 会自动搜索所有字段。

“查找和替换”对话框允许控制搜索的很多方面。在“查找内容”组合框中输入想要搜索的值，该组合框包含最近使用的搜索列表。可以输入某个特定的值，也可以选择使用通配符。表 5.2 列出了该对话框中可用的通配符。

表 5.2　通配符

字符	说明	示例
* (星号)	匹配任意数量的字符	Ford*可以找到 Ford Mustang
? (问号)	匹配任意单个字符	F?rd 可以找到 Ford
[ ] (方括号)	匹配字符列表中的一个字符	19[67]1 可以找到 1961 和 1971
! (感叹号)	与方括号配合使用，可以排除字符列表中的字符	19[!67]1 可以找到 1951，但不能找到 1961
- (连字符)	与方括号配合使用，可以匹配指定范围内的字符	196[2–8]可以找到 1962 到 1968
# (井号)	匹配一个数字	1:##可以找到 1:18，但不能找到 1:9

可配合使用通配符，使搜索功能更加强大。例如，196[!2–8]将找到 1961 和 1969，但不会找到 1962~1968。

“匹配”下拉列表包含三个选项，可以避免使用通配符，如下所述。

- **字段任何部分：** 如果选择“字段任何部分”，Access 会执行搜索以查看该值是否包含在字段中的任何位置。该搜索在字段中的任何位置查找 Ford，搜索结果包括 Ford Mustang、2008 Ford F-150 以及 Ford Galaxy 500 等值。
- **整个字段：** 默认值是“整个字段”，该选项会查找包含输入的完整内容的字段。例如，如果要在字段中搜索的值是 Ford，那么“整个字段”选项只会找到 Ford，不会找到其他任何内容。
- **字段开头：** 使用“字段开头”选项搜索 Ford 会从字段的开头进行搜索，并返回包含 Ford 作为说明的前 4 个字符的所有行。

除了上述组合框外，还可以使用位于“查找和替换”对话框底部的两个复选框，如下所述。

- **区分大小写：**“区分大小写”可确定搜索是否区分大小写。默认设置是不区分大小写(未选中)。搜索 SMITH 可以找到 smith、SMITH 或 Smith。如果选中“区分大小写”复选框，则必须按照字段值的大小写形式输入搜索字符串(数字、货币和日期/时间数据类型没有大小写属性)。

  如果选中“区分大小写”，Access 不会使用“按格式搜索字段”值(第二个复选框)，该选项会将搜索限制为表中显示的实际值(如果针对字段在数据表中的显示设置了格式，应该勾选该复选框)。
- **按格式搜索字段：**“按格式搜索字段”复选框是选择的默认设置，该选项仅查找与在“查找内容”框中指定的文本具有相同字符模式的文本。如果清除此框，那么在查找文本时将不考虑格式设置。例如，如果要在 Cost 字段中搜索值$16 500，那么在勾选“按格式搜索字段”复选框的情况下，必须输入逗号。取消选中该复选框可以搜索无格式值(16500)。

警告：
勾选“按格式搜索字段”复选框可能使搜索速度变慢。

单击“查找下一个”按钮后搜索即开始。如果 Access 找到搜索的值，光标会在数据表中突出显示该值。要查找该值的下一处位置，请再次单击“查找下一个”按钮。对话框将保持打开，以便查找多处。在“搜索”下拉列表中选择三个搜索方向选项(“向上”“向下”或者“全部”)之一可以更改搜索方向。当找到想要查找的值以后，单击“关闭”即可关闭该对话框。

使用数据表窗口(请参阅图 5.1)底部的搜索框可以快速搜索某个值的第一个实例。当使用搜索框时，Access 会搜索整个数据表，在字段的任何部分查找相应的值。如果在搜索框中输入 FORD，当输入每个字母时，数据表会移动到最接近的匹配项。首先，会查找第一个字符为 F 的字段，然后会查找前两个字符为 FO 的字段，以此类推。找到完整的值后，将停止搜索。要查找下一个实例，请按 Enter 键。

5.6　在数据表中更改值

如果所在的字段没有值，可以在该字段中输入新值。向某个字段中输入新值时，请遵循与新记录项相同的规则。

5.6.1　手动替换现有值

一般情况下，当输入某个字段时，要么不选中任何字符，要么选中整个值。如果使用键盘(Tab 键或箭头键)输入字段，将选中整个值(当整个值反底显示时，就表示将其选中)。当开始输入时，新内容将自动替换选定的值。

在某个字段中单击时，不会选中其中的值。要使用鼠标选中整个值，请使用以下方法：

- 当光标显示为大的加号时，只需要单击值的左侧。
- 单击值的左侧，按住鼠标左键，然后拖动鼠标以选中整个值。
- 在字段中单击并按 F2 键。

提示：

要将现有值替换为字段的“默认值”属性中设置的值，请选择相应的值，然后按 Ctrl+Alt+空格键。要将现有值替换为前一条记录的同一个字段的值，请按 Ctrl+' (撇号)组合键。按 Ctrl+; (分号)组合键可在字段中插入当前日期。

警告：

按 Ctrl+– (减号)组合键将删除当前记录。在删除数据前，Access 要求确认删除。

5.6.2　更改现有值

如果要更改现有值，而不是替换整个值，可以使用鼠标在字段中任意字符的前面单击，激活插入模式，当输入新值时，现有值将移动到右侧。如果按 Insert 键，输入将更改为重叠模式，当输入新值时，一次将替换一个字符。使用箭头键可在字符之间移动而不会对其产生任何影响。按退格键将清除光标左侧的字符，而按 Delete 键将删除光标右侧的字符。

表 5.3 列出了各种编辑方法。

表 5.3　编辑方法

编辑操作	按键
在字段中移动插入点	按向右箭头(→)和向左箭头(←)键
在字段中插入一个值	选择插入点并输入新数据
切换整个字段和插入点	按 F2 键
将插入点移动到字段的开头	按 Home 键
将插入点移动到字段的末尾	按 End 键
选中前一个字符	按 Shift+向左箭头(←)键
选中下一个字符	按 Shift+向右箭头(→)键

(续表)

编辑操作	按键
选中从插入点到开头的所有字符	按 Ctrl+Shift+向左箭头(←)键
选中从插入点到末尾的所有字符	按 Ctrl+Shift+向右箭头(→)键
将现有值替换为新值	选中整个字段并输入新值
将某个值替换为前一个字段的值	按 Ctrl+' (撇号)组合键
将当前值替换为默认值	按 Ctrl+Alt+空格键
在短文本或长文本字段中插入一个换行符	按 Ctrl+Enter 组合键
保存当前记录	按 Shift+Enter 组合键或者移动到其他记录
插入当前日期	按 Ctrl+; (分号)组合键
插入当前时间	按 Ctrl+: (冒号)组合键
添加新记录	按 Ctrl++ (加号)组合键
删除当前记录	按 Ctrl+– (减号)组合键
切换复选框或选项按钮中的值	按空格键
撤消对当前字段所做的更改	按 Esc 键或者单击“撤消”按钮
撤消对当前记录所做的更改	按 Esc 键或者在撤消当前字段以后再次单击“撤消”按钮

无法编辑的字段

某些字段无法编辑，下面给出几个示例。

- **自动编号字段：** Access 会自动维护自动编号字段，当创建新记录时计算相应的值。可以将自动编号字段用作主键。
- **计算字段：** 窗体或查询可能包含保存表达式结果值的字段。这些值并未实际存储在表中，因此无法编辑。
- **多用户锁定记录中的字段：** 如果一个用户正在编辑某条记录，该记录可能会被锁定，另一个用户不能编辑该记录中的任何字段。

5.7　使用撤消功能

快速访问工具栏上的“撤消”按钮经常处于灰显状态，因为没有需要撤消的操作。但是，只要开始编辑某条记录，便可以使用该按钮撤消在当前字段中输入的内容。也可使用 Esc 键撤消更改，按 Esc 键可以取消对当前编辑的某个字段所做的任何更改，如果当前没有编辑字段，将取消对上一个编辑的字段所做的更改。按 Esc 键两次将撤消对当前整个记录所做的更改。

向字段中输入值后，单击“撤消”按钮可以撤消对该值所做的更改。在移动到另一个字段后，单击“撤消”按钮可以撤消对前一个字段值所做的更改。也可在撤消字段更改后再次单击“撤消”按钮，从而撤消对当前未保存的记录所做的全部更改。保存记录后，单击“撤消”按钮仍可撤消更改。但是，在编辑下一条记录后，便无法再撤消对前一条记录所做的更改。

警告：

编辑多条记录后，“撤消”命令便不起作用了。在某个数据表中工作时，如果从一条记录移动到另一条记录，将保存所做的更改，只能撤消对当前记录所做的更改。

5.8　复制和粘贴值

将数据复制或剪切到剪贴板的操作由 Microsoft Office 或 Microsoft Windows 执行，具体取决于数据的类型；该操作不是 Access 的特定功能。在剪切或复制值后，可使用功能区的“剪贴板”组中的“粘贴”命令，将其粘贴到另一个字段或记录中。可以从任意 Windows 应用程序剪切、复制或粘贴数据，或者在 Access 中从一个任务剪切或复制数据并将其粘贴到另一个任务。使用这种方法，可在表或数据库之间复制整个记录，也可以在数据表和 Word、Excel 应用程序之间复制值。

单击“粘贴”命令的向下箭头将显示以下三个选项。

- **粘贴**：将剪贴板的内容插入一个字段中。
- **选择性粘贴**：可以选择以不同的格式(文本、CSV、记录等)粘贴剪贴板的内容。
- **粘贴追加**：将剪贴板的内容粘贴为新记录，前提是复制了具有类似结构的一行。

提示：

可以使用记录选择器选择一条记录或一组记录，将一条或多条记录剪切或复制到剪贴板中，然后使用“粘贴追加”命令将其添加到具有类似结构的表中。

5.9　替换值

要替换字段中的现有值，可以手动找到要更新的记录，也可以使用“查找和替换”对话框。可以使用以下方法显示“查找和替换”对话框。

- 从功能区的“查找”组中选择“替换”命令。
- 按 Ctrl+H 组合键。

“查找和替换”对话框允许替换当前字段中或整个表中的值。使用该对话框可以查找某个特定值，并在字段或表中出现该值的所有位置将其替换为新值。

激活“查找和替换”对话框后，选择“替换”选项卡，并在“查找内容”框中输入想要查找的值。在选择完其余所有搜索选项(例如，禁用“按格式搜索字段”)以后，单击“查找下一个”按钮，查找该值的第一个实例。要更改当前找到的条目(在光标下)的值，请在“替换为”框中输入一个值，然后单击“替换”按钮。例如，图 5.10 在当前字段中查找 Mini Vans 值，并将其更改为 Minivans。

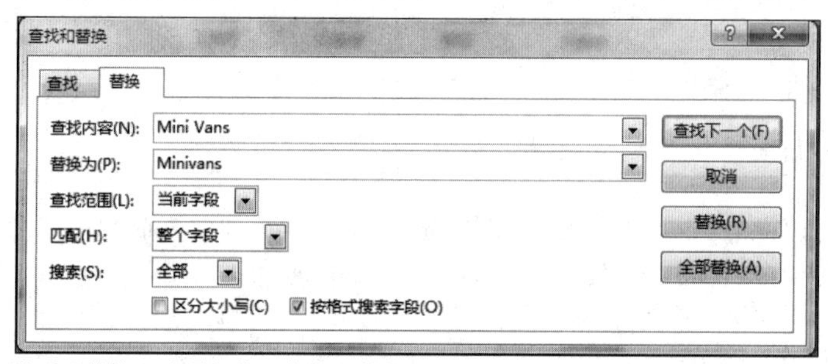

图 5.10　显示“替换”选项卡的“查找和替换”对话框。本例要将 Mini Vans 替换为 Minivans

可在“查找”选项卡上选择搜索选项，然后选择“替换”选项卡继续进行选择。但是，仅使用“替换”选项卡完成整个过程要容易得多。输入要查找的值以及要用于替换该值的值。在该对话框中填入所有正确信息以后，选择右侧的命令按钮之一。

- **查找下一个**：查找下一个具有“查找内容”字段中值的字段。
- **取消**：关闭窗体，不执行任何查找和替换。
- **替换**：仅替换当前字段中的值(注意：必须首先单击“查找下一个”按钮) 。
- **全部替换**：查找所有包含“查找内容”值的字段，并将其替换为“替换为”值。如果确认要替换所有值，可以使用该选项；请认真检查“查找范围”框，确保未在整个数据表中替换不希望替换的值。

5.10　添加新记录

可以通过很多方式向数据表中添加记录：

- 单击数据表的最后一行，其中记录指针是一个星号。

- 单击新记录导航按钮(最右侧的按钮)。
- 单击功能区的“记录”组中的“新建”命令。
- 从功能区的“查找”组中选择“转至”|“新建”。
- 移动到最后一条记录并按向下箭头(↓)键。
- 按 Ctrl++ (加号)组合键。
- 右击任何记录选择器，然后从显示的上下文菜单中选择“新记录”命令。不管单击的是哪条记录的选择器，新记录都会追加到底部。

移动到新记录后，向所需的字段中输入数据并保存记录。

5.11　删除记录

要删除记录，请使用记录选择器选择一条或多条记录，然后按 Delete 键，单击功能区的“记录”组中的“删除”命令，或者右击某条记录的选择器。“删除”命令的下拉列表包含“删除记录”命令，该命令可以删除当前记录，即使该记录未选中也没有关系。当删除记录时，会显示一个对话框，要求确认删除(请参阅图 5.11)。如果选择“是”按钮，记录将被删除；如果选择“否”按钮或按 Esc 键，则不会进行任何更改。

警告：
该对话框的默认值为“是”。按 Enter 键会自动删除记录。如果无意中通过该方法清除了记录，该操作无法撤消。

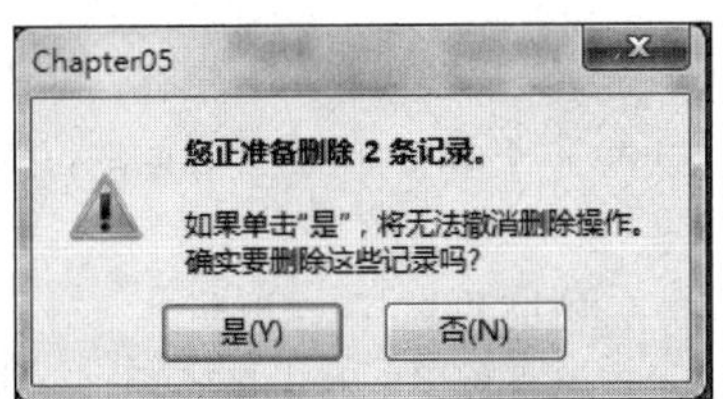

图 5.11　“删除记录”对话框警告，要删除特定数目的记录，默认响应为“是”(允许删除)，因此，在删除记录时请务必谨慎

警告：
如果在表之间设置了关系并选中了“实施参照完整性”，例如，tblContacts(Customer)表与 tblSales 表相关，就不能删除具有相关子记录(在 tblSales 表中)的父记录(在 tblContacts 表中)，除非同时勾选“级联删除”复选框。否则，会显示错误消息对话框，报告如下错误：由于表“<表名称>”中包含相关记录，不能删除或改变该记录。

要选择多条连续的记录，请单击要选择的第一条记录的记录选择器，将鼠标指针拖动到要选择的最后一条记录。或者，单击以选择第一条记录，然后按住 Shift 键并单击要选择的最后一条记录。

提示：
要使用键盘选择多条连续的记录，请按 Shift+空格键选择当前记录，然后按 Shift+向下箭头(↓)键或 Shift+向上箭头(↑)键将选择范围扩展到相邻记录。

5.12　显示记录

可以通过很多方法提高添加或更改记录的工作效率。更改字段顺序、隐藏和冻结列、更改行高或列宽、更改显示字体、更改显示或删除网格线都可以使数据输入变得更加轻松。

5.12.1　更改字段顺序

默认情况下，Access 在数据表中显示字段的顺序与字段在表设计中的顺序相同。有时，希望某些字段彼此相邻，以更好地分析数据。若要重新排列字段，请单击相应的列标题，以选择一列，然后将该列拖动到新位置(如图 5.12 所示)。

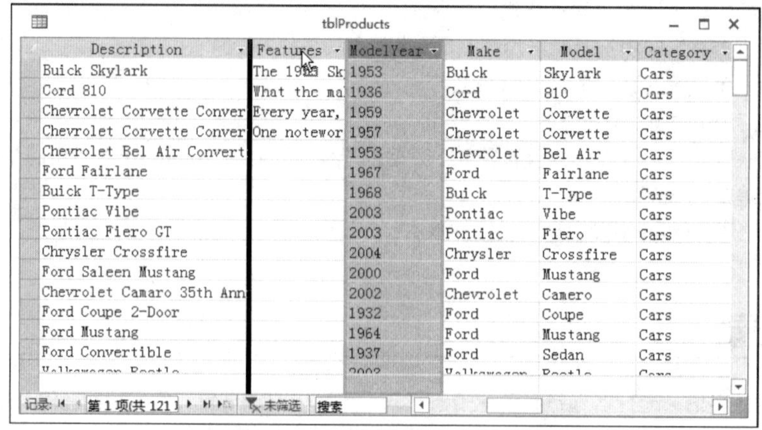

图 5.12　选择并拖动一列以更改字段顺序

可以一次选择并拖动一列，也可以选择多列并同时移动选中的所有列。假定在 tblProducts 数据表中，希望 ModelYear 显示 Features 列的前面。请执行下面的步骤：

(1) **将鼠标指针置于 ModelYear 列标题上方**。光标将更改为向下箭头。

(2) **单击以选择该列**。现在，整个 ModelYear 列将突出显示。

(3) **释放鼠标左键**。

(4) **在该列标题上再次单击鼠标左键**。指针将更改为在下方带有方框的箭头。

(5) **将该列拖动到数据表左边 Description 和 Features 字段之间的位置**。在这两个字段之间将显示很窄并为黑色的一列(参见图 5.12)。

(6) **释放鼠标左键**。该列将移动到数据表的 Features 字段前面。

通过这种方法，可以移动任意的单个字段或者选定的若干连续字段。要选择多个字段，请在多个列标题范围内单击并拖动鼠标。然后，可将这些字段向左或向右移动，或者移出窗口的右侧或左侧边界。

> **注意：**
> 在数据表中移动字段并不会影响表设计中的字段顺序。

5.12.2　更改字段显示宽度

要更改字段显示宽度(列宽)，可以在对话框中指定宽度(以字符数为单位)，或者拖动列边框。在列边框上悬停光标时，光标将更改为双箭头符号。

要使某一列变宽或变窄，请执行下面的步骤：

(1) **将鼠标指针放在两个列名称之间的字段分隔线上**。鼠标指针将变为一条小短线，并带有指向左右两边的箭头，当然，前提是将指针放在正确的位置。

(2) **向左拖动列边框使它变宽，或向右拖动使它变窄**。

> **提示：**
> 在光标更改为双箭头以后双击右侧列边框，可以立即将某一列调整为最佳宽度(基于最长的可见数据值)。

> **注意：**
> 调整列宽不会更改表的字段大小中允许的字符数，只是更改了列中包含的数据的可见空间量。

或者，为了调整列宽，也可右击相应的列标题，然后从弹出菜单中选择“字段宽度”命令以显示“列宽”对话框(如图 5.13 所示)，在“列宽”框中设置希望在该列的宽度范围内可以容纳的字符数，或者单击“标准宽度”复选框将该列设置为其默认大小。单击“最佳匹配”按钮可将列宽调整为显示最宽的可见值范围。

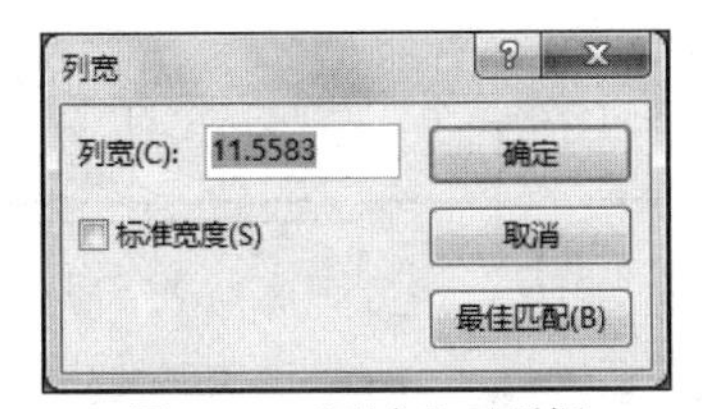

图 5.13 “列宽”对话框

警告：

要隐藏一列，可以将该列的右边框向左拖动，直到接触到左边框，或者在“列宽”对话框中将列宽设置为 0。如果执行此操作，只有在功能区的“记录”组中选择“其他”|“取消隐藏字段”，才能重新显示隐藏的列。

5.12.3 更改记录显示高度

可能需要增加行高，以容纳更大的字体或使用多行的文本。拖动某一行的边框，以使行变高或变低，就可以更改所有行的记录(行)高度。

拖动某条记录的边框时，光标将更改为垂直的双箭头，如图 5.14 的左侧边缘所示。

要使行变高或变低，可执行下面的步骤：

(1) **将鼠标指针放在两行的记录选择器之间。**光标将更改为双向箭头(向上和向下)。

(2) **向上拖动行边框使所有行变低，或向下拖动使所有行变高。**

注意：

更改行高的过程会更改数据表中所有行的行大小。记录行不能有不同的高度。

tblProducts

Description	Features	ModelYear	Make	Model	Category
Buick Skylark	The 1953 Sk	1953	Buick	Skylark	Cars
Cord 810	What the ma	1936	Cord	810	Cars
Chevrolet Corvette Converti	Every year,	1959	Chevrolet	Corvette	Cars
Chevrolet Corvette Converti	One notewor	1957	Chevrolet	Corvette	Cars
Chevrolet Bel Air Convertib		1953	Chevrolet	Bel Air	Cars
Ford Fairlane		1967	Ford	Fairlane	Cars
Buick T-Type		1968	Buick	T-Type	Cars
Pontiac Vibe		2003	Pontiac	Vibe	Cars
Pontiac Fiero GT		2003	Pontiac	Fiero	Cars
Chrysler Crossfire		2004	Chrysler	Crossfire	Cars
Ford Saleen Mustang		2000	Ford	Mustang	Cars
Chevrolet Camaro 35th Anniv		2002	Chevrolet	Camero	Cars
Ford Coupe 2-Door		1932	Ford	Coupe	Cars
Ford Mustang		1964	Ford	Mustang	Cars
Ford Convertible		1937	Ford	Sedan	Cars

记录: 第 8 项(共 121 项) 未筛选 搜索

图 5.14 更改行的高度。如图所示放置光标，并拖动到所需的高度

要调整行大小，也可以在功能区的“记录”组中选择“其他”|“行高”，显示“行高”对话框，在该对话框中，可以磅值为单位输入行高。选中“标准高度”复选框可使所有行返回其默认大小。

警告：

如果向上拖动记录的网格线，使其与其上方前一条记录中的网格线重叠，所有行都将隐藏。如果在“行高”对话框中将行高设置为接近 0 的值(例如，设置为 0.1)，也会出现这种情况。这种情况下，只有使用“行高”对话框将行高设置为更大的数值，才能重新显示所有行。

5.12.4 更改显示字体

默认情况下，Access 会以 Calibri 11 磅常规字体显示数据表中的所有数据。使用功能区的“文本格式”组中的命令和下拉列表(如图 5.15 所示)可更改数据表的文本外观。

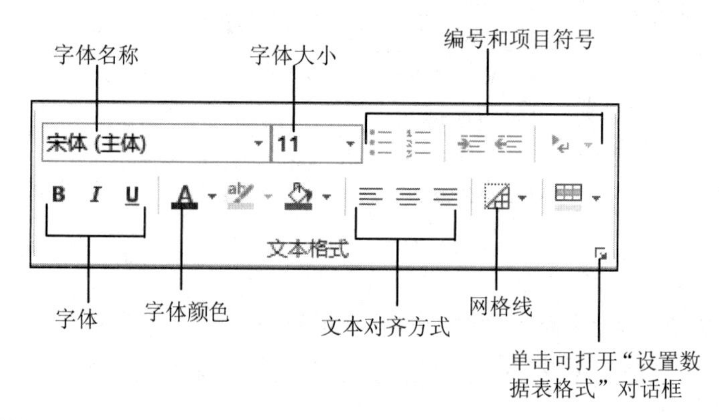

图 5.15　直接从功能区更改数据表的字体。针对整个数据表选择字体类型样式、大小和其他字体属性

设置字体显示会影响整个数据表。如果要在屏幕上看到更多数据，可使用非常小的字体。如果有必需的硬件，也可以切换到更高的分辨率显示大小。如果要看到更大的字符，可以增加字体大小或者单击“加粗”按钮。

5.12.5　显示单元格网格线和隔行颜色

网格线通常情况下在字段(列)之间和记录(行)之间显示。可使用功能区的“文本格式”组中的“网格线”命令(如图 5.15 所示)设置网格线的显示方式。可在“网格线”下拉列表中选择以下选项。

- 网格线：交叉。
- 网格线：横向。
- 网格线：纵向。
- 网格线：无。

使用“文本格式”组中的“背景色”和“可选行颜色”下拉列表可以更改数据表的背景色。通过“背景色”调色板可以更改数据表中所有行的颜色。“可选行颜色”调色板可以更改偶数行的颜色。如果设置了“可选行颜色”，“背景色”调色板将仅影响奇数行。要删除可选行颜色设置，可将“可选行颜色”设置为“无颜色”。

更改网格线设置或可选行颜色后，Access 会询问是否保存对数据表的布局所做的更改。如果希望更改成为永久性更改，务必单击“是”按钮。

通过“设置数据表格式”对话框(如图 5.16 所示)，可以完全控制数据表的外观。使用功能区的“文本格式”组右下角的“设置数据表格式”命令可以打开该对话框。使用“单元格效果”下的“平面”“凹陷”和“凸起”单选按钮可将网格更改为三维外观。单击“网格线显示方式”下的“水平”和“垂直”复选框可切换想要查看的网格线。使用可用颜色调色板更改“背景色”“替代背景色”和“网格线颜色”。对话框中间的示例显示了所做更改的预览效果。

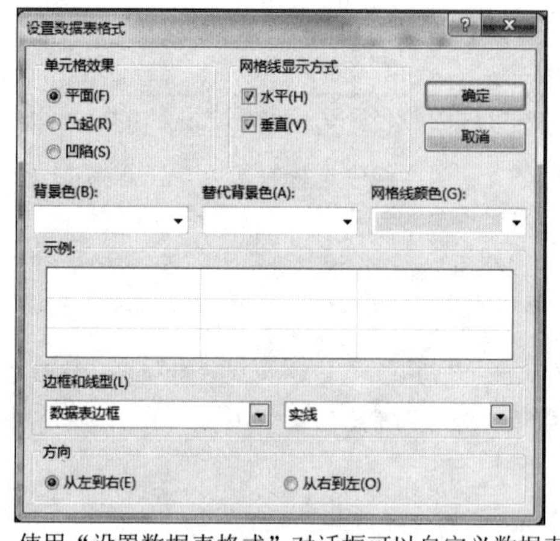

图 5.16　使用“设置数据表格式”对话框可以自定义数据表的外观

使用“边框和线型”下拉列表可以更改网格线的外观。可以更改“数据表边框”和“列标题下划线”的线型。为第一个下拉列表中的每个选项选择一种不同的线型。可供选择的不同线型如下。

- 透明边框
- 实线
- 虚线
- 短划线
- 点线
- 稀疏点线
- 点划线
- 点点划线
- 双实线

图 5.17 显示的数据表使用短划线(而不是实线)，可选行颜色对比度较高。可根据自己的喜好使用各种颜色和线型自定义数据表的外观。

tblContacts

ContactID	ContactTyp	FirstName	LastName	Company	Address	City
1	Buyer	John	Jones	Nopa Auto Pa	11253 Main St	Springfield
2	Seller	Hank	Masters	Jiffy Auto S	623 Field Ro	Springfield
3	Both	Larry	Minkler	All Start Aut	971 E Main St	Detroit
11	Both	Joe	Hammerman	Columbia Che	105 Main Stre	Columbia
12	Buyer	Cary	James	James Auto P	59 South Stre	Portland
13	Buyer	Mark	Uno	Fillion Sale	8908 North P	South Windsc
14	Buyer	Brandon	Aley	Tip Top Chev	1916 Erickso	Fairbanks
15	Both	Michael	Dennis	Newbury Auto	75 Main Stre	Bedford
16	Both	Mark	Martin	Peekskill Sa	51 Tolland T	Lake Peekski
17	Both	Karl	Johnson	KJ Auto Repa	350 Broadway	Rye
18	Both	William	Gleason	R & G Monda	196 East Stre	Derby
19	Both	Alex	Tomaso	Tires Nation	46 School St	Oneco
20	Both	Karla	Hayes	Hayes Auctio	54 E Center S	Granby
21	Seller	Teresa	Aikins	Middletown A	100 Northfie	Middletown
22	Both	John	Marino	Bill Thomas S	986 Buckingh	Brewster
23	Both	Donald	Peterson	Yantic Auto	8 Oak Street	Yantic

记录: 第 1 项(共 58 项　搜索

图 5.17　数据表中的不同线型和行颜色

5.12.6　对齐列中的数据

使用对齐方式按钮可以将一列中的数据左对齐、右对齐或者居中。Access 根据字段的数据类型选择默认的对齐方式(文本左对齐、数字/日期右对齐)，可以为字段选择不同于默认的对齐方式。要更改列中数据的对齐方式，请执行下面的步骤：

(1) 将光标放在要更改对齐方式的列中的任意位置。

(2) 单击功能区的“文本格式”组中的“左对齐”“居中”或“右对齐”命令(参见图 5.15)，更改列数据的对齐方式。

5.12.7　隐藏和取消隐藏列

要隐藏列，可以将列网格线拖动到前一个字段，或者将列宽设置为 0。

(1) 将光标放在要隐藏的列中的任意位置。

(2) 在功能区的“记录”组中选择“其他”|“隐藏字段”。该列将消失，因为列宽已经设置为 0。要隐藏多列，请首先选择要隐藏的列，然后选择“其他”|“隐藏字段”。

将某一列隐藏后，要重新显示该列，可在功能区的“记录”组中选择“其他”|“取消隐藏字段”。显示一个对话框，勾选每个字段旁边的复选框，可以有选择地取消隐藏相应的列(参见图 5.18)。单击“关闭”按钮可返回数据表，其中显示所需的列。也可以在该对话框中取消勾选要隐藏的每个字段旁边的复选框，来隐藏一列或多列。

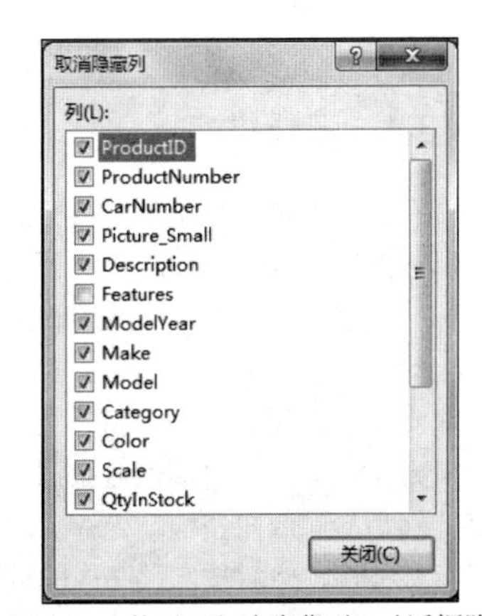

图 5.18　使用“取消隐藏列”对话框隐藏和取消隐藏列

5.12.8　冻结列

如果要在许多列之间向左和向右滚动，但使某些列保持不动，可以在功能

区的“记录”组中选择“其他”|“冻结字段”。例如，使用该命令，可使 ProductID 和 Description 字段保持可见，同时滚动数据表，以查找产品的特色功能。当其他字段水平滚动出可见范围时，冻结的列会显示在数据表的最左边。如果想要一次冻结多个字段，这些字段必须是连续的。当然，可以先移动相应的字段，使其彼此相邻。当想要取消冻结数据表列时，只需要选择“其他”|“取消冻结所有字段”。

提示：
当取消冻结列时，相应的列不会移动回原始位置。必须手动将其移回原始位置。

5.12.9　保存更改的布局

当关闭数据表时，会保存所有数据更改，但可能会丢失所有布局更改。在对数据表进行所有这些显示更改后，可能不希望在下次打开同一个数据表时再次进行这些更改。如果做出了任何布局更改，当关闭该数据表时，Access 会提示保存对布局所做的更改。选择“是”按钮将保存更改。单击快速访问工具栏上的“保存”图标，也可以手动保存布局更改。

警告：
当按照示例进行操作时，如果希望显示的屏幕与本章其余部分中的截图匹配，请不要保存对 tblProducts 的更改。

5.12.10　保存记录

当移离某条记录时，Access 会保存该记录。在不移离记录的情况下，可通过按 Shift+Enter 组合键或者从功能区的“记录”组中选择“保存”来保存记录。关闭数据表也会保存记录。

5.13　在数据表中排序和筛选记录

通过功能区的“排序和筛选”组(如图 5.19 所示)，可重新排列各行的顺序以及减少行数。使用该组中的命令，可按需要的顺序显示所需的记录。下面几节将说明如何使用这些命令。

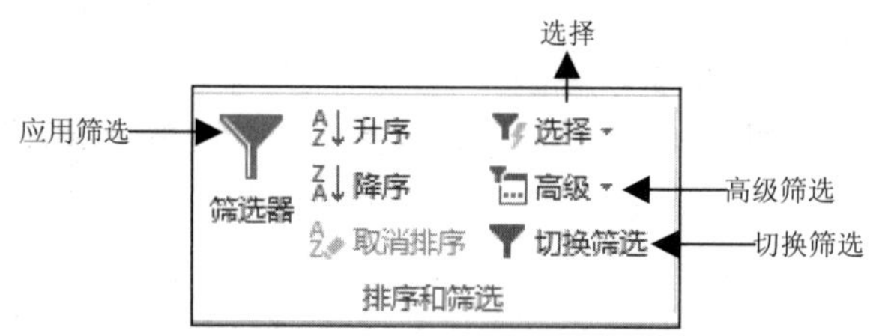

图 5.19　通过“排序和筛选”组可以更改记录顺序以及减少行数

5.13.1　记录排序

有时，你可能只是想要按照所需的顺序对记录进行排序。通过“排序和筛选”组的“升序”或“降序”命令，可以按照升序或降序对选定的列排序。要使用这些命令，请单击要作为排序依据的字段，然后单击“升序”或“降序”。数据将立即按照选定的排序顺序重新显示。右击某一列并选择任意一种排序按钮也可以对数据排序。右击菜单上的标题会根据字段的数据类型而发生变化。短文本字段显示“从 A 到 Z 排序”和“从 Z 到 A 排序”，而数值字段显示“从小到大排序”和“从大到小排序”。某些字段无法排序，例如 OLE 和长文本字段。

要基于多个字段的值对数据排序，请按以下方式突出显示多列：突出显示一列(请参阅 5.12.1 节)，按住 Shift 键，然后向右或向左拖动光标。当选择一个排序命令时，Access 首先会按照主要顺序(按照第一个突出显示的字段)对记录排序，然后按照顺序内的顺序(基于后续字段)进行排序。如果需要选择多个不连续(没有相互连在一起)的列，可以移动它们，使其彼此相邻(请参阅 5.12.1 节)。

提示：
要按照原始顺序显示记录，请使用功能区的“排序和筛选”组中的“取消排序”命令。

提示：
另一种选择多列的方法是单击一个列标题，然后释放鼠标按键。之后，按下 Shift 键，并单击另一个列标题，然后释放鼠标按键。这两列之间的列都将被选中。

5.13.2　筛选选定内容

通过“按选定内容筛选”，可以基于当前字段值选择记录。例如，使用 tblProducts，将光标放在 Category 列中包含 Trucks 的一行中。单击功能区的“排序和筛选”组中的“选择”命令，并选择“等于‘Trucks’”。Access 将对数据表进行筛选，仅显示类别为卡车的记录。

当单击“选择”命令时，Access 会自动提供 4 个选项，如下所述。

- 等于“Trucks”
- 不等于“Trucks”
- 包含“Trucks”
- 不包含“Trucks”

导航按钮(位于数据表窗口的底部)右侧的区域会说明，数据表当前是否进行了筛选。此外，功能区上的“切换筛选”命令将突出显示，表示目前正在使用一种筛选器。当单击该命令时，将取消筛选。筛选规范并未删除，而只是处于禁用状态。再次单击“切换筛选”命令将应用同一个筛选器。

按选定内容筛选具有累加性。可以继续选择值，每次都单击“选择”命令。

提示：
右击要作为筛选依据的字段内容，然后从可用的菜单选项中选择。

如果想要进一步指定某个选定内容，然后查看所有与该选定内容不匹配的内容(例如，Make 字段不是 Chevrolet)，请将光标移动到该字段(值为 Chevrolet 的 Make 字段)，右击数据表，然后从右击快捷菜单显示的筛选选项中选择“不等于‘Chevrolet’”命令。

在数值或日期字段中使用“选择”命令时，从可用命令中选择“介于”可输入一个值范围。输入最小数字和最大数字或者最早日期和最晚日期，将记录限制为介于所需范围的值。

想象一下，使用这种方法按照销售人员查看特定时间段或特定产品的销售情况。按照选定内容筛选提供了最大的可能，可以深入探究后续的数据层。即使在单击“切换筛选”命令重新显示所有记录后，Access 仍会在内存中存储查询规范。图 5.20 显示了经过筛选的数据表，“按选定内容筛选”列表在 Category 字段上仍然打开。

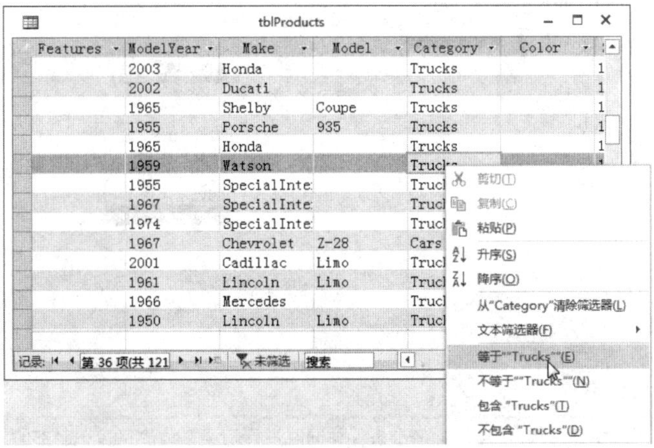

图 5.20　使用“按选定内容筛选”

数据表经过筛选后，每一列的列标题中都会有一个指示符，表明是否对该列应用了筛选器。将鼠标指针悬停在指示符上方可以看到显示筛选器信息的屏幕提示。单击指示符可使用图 5.21 所示的弹出菜单为该列指定其他条件。对于未经过筛选的列，单击列标题中的向下箭头可显示类似的菜单。

tblProducts

Description	Features	ModelYear	Make	Model	Category	Color	Scale	QtyInStock	RetailPrice	Cost
Buick Skylark	The 1953 Skyla	1953	Buick				1:18	1	$27.99	$16.
Cord 810	What the make	1936	Cord				1:18	1	$39.99	$23.
Chevrolet Corvette Convertible	Every year, mc	1959	Chevrolet				1:18	1	$25.99	$15.
Chevrolet Corvette Convertible	One notewortl	1957	Chevrolet			w	1:18	1	$21.99	$13.
Chevrolet Bel Air Convertible		1953	Chevrolet				1:18	1	$34.99	$20.
Ford Fairlane		1967	Ford			Red	1:18	1	$31.99	$19.
Buick T-Type		1968	Buick				1:18	1	$32.99	$19.
Pontiac Vibe		2003	Pontiac			w	1:18	1	$19.99	$11.
Pontiac Fiero GT		2003	Pontiac				1:18	1	$23.14	$13.
Chrysler Crossfire		2004	Chrysler				1:18	1	$27.99	$16.
Ford Saleen Mustang		2000	Ford				1:18	1	$0.00	$0.
Chevrolet Camaro 35th Anniversa		2002	Chevrolet				1:24	1	$33.00	$19.
Ford Coupe 2-Door		1932	Ford				1:18	1	$27.99	$16.
Ford Mustang		1964	Ford				1:18	1	$27.99	$16.
Ford Convertible		1937	Ford				1:18	1	$23.99	$14.
Volkswagen Beetle		2003	Volkswagen				1:18	1	$21.99	$13.
Ford Model A Pickup		1931	Ford				1:18	1	$29.99	$17.
Aston-Martin Mark II		1934	Aston-Martin	Mark II	Cars		1:18	1	$44.99	$26.
Ford Crown Victoria		2000	Ford	Crown Victoria	Cars		1:18	1	$24.99	$14.
Cord 812 Supercharged		1937	Cord	812	Cars		1:32	1	$25.99	$15.

升序(S)
降序(O)
从"Make"清除筛选器(L)
文本筛选器(F)
Duesenburg
E-One
Ford
GMC
Harley Davidson
Honda
Hudson
Hummer
确定　取消

记录: 第 1 项(共 121 项)　未筛选　搜索

图 5.21　筛选 Make 字段。使用列筛选器菜单选择某个字段的条件

该菜单包含的命令可以按照升序或降序对列进行排序、从字段中清除筛选器、选择特定的筛选器以及选中要在数据表中显示的值。可用的命令会根据该列的数据类型而异。在该示例中，“文本筛选器”允许输入一个条件，以基于输入的数据来筛选数据。

该菜单中的复选框包含该列中显示的数据。在该示例中，选项包括：(全选)、(空白)以及对应于表中每个 Make 的条目。单击“(全选)”可查看所有记录，而不管该字段的值为何。单击“(空白)”将显示不包含数据的记录。选择任何数据值就只显示字段中包含选定值的记录。勾选想要查看的 Make 旁边的复选框，取消勾选想要排除的 Make 旁边的复选框。

如果要筛选数据，但找不到想要使用的值，不过知道该值，就可以单击“文本筛选器”(或者“数字筛选器”、“日期筛选器”等)命令并选择可用的命令之一(等于、不等于、开头是等)，这会显示一个对话框，可在该对话框中输入所需的值。

5.13.3　按窗体筛选

通过“按窗体筛选”可以向数据表上的单个行中输入条件。单击“按窗体筛选”按钮可将数据表转换为在每一列中都包含下拉列表的单独一行。下拉列表包含该列对应的所有唯一值。窗口底部的“或”选项卡可以为每个组指定 OR 条件。在功能区的“排序和筛选”组中选择“高级”|“按窗体筛选”，进入“按窗体筛选”模式，如图 5.22 所示。

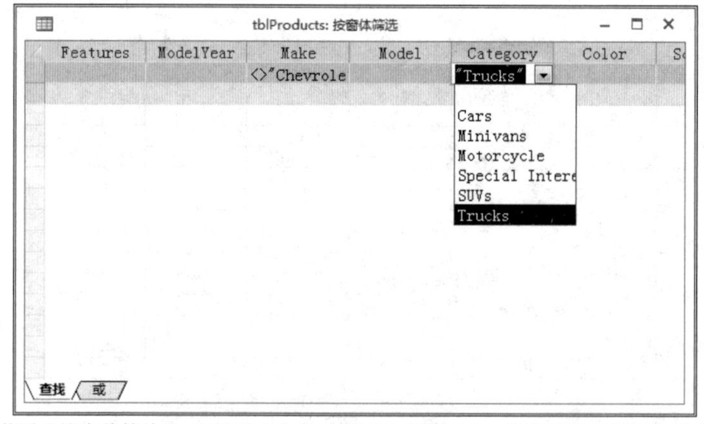

图 5.22　使用“按窗体筛选”，可设置多个条件并同时进行筛选。请注意窗口底部的“或”选项卡

从组合框中选择值，或者输入想要在字段中搜索的值。如果想要查看 Category 为 Trucks 或 SUVs 的记录，

请从 Category 下拉列表中选择 Trucks，选中窗口底部的“或”选项卡，然后从 Category 下拉列表中选择 SUVs。要查看 Category 是 SUVs 并且 QtyInStock 为 1 的记录，请从 Category 下拉列表中选择 SUVs，并在 QtyInStock 中输入 1。在输入所需的条件后，单击“切换筛选”命令应用筛选器(“切换筛选”按钮如图 5.19 所示)。

使用“或”选项卡可以根据需要输入任意数量的条件。如果还需要对选定内容执行更高级的操纵，可以从功能区的“排序和筛选”组中选择“高级”|“高级筛选/排序”，以显示实际的按示例查询(Query by Example，QBE)界面，使用该界面可以输入更复杂的条件。

交叉参考：

第 8 章讨论查询，第 9 章**讨论**运算符和表达式。

5.14　聚合数据

Access 数据表支持在数据表的底部显示一个“汇总”行。通过在功能区的“开始”选项卡上单击“记录”组中的“合计”按钮(“合计”按钮由希腊字母Σ标记，与 Excel 中的自动求和按钮非常类似)可打开“汇总”行。汇总行中的每一列可以设置为不同的聚合计算(合计、平均值、最小值、最大值、计数、标准偏差或方差)。

要使用“汇总”行，请在数据表视图中打开一个表或窗体，然后在功能区的“开始”选项卡上单击“记录”组中的“合计”按钮(参见图 5.23)。Access 将在数据表的底部添加一个“汇总”行，就在新行的下面。

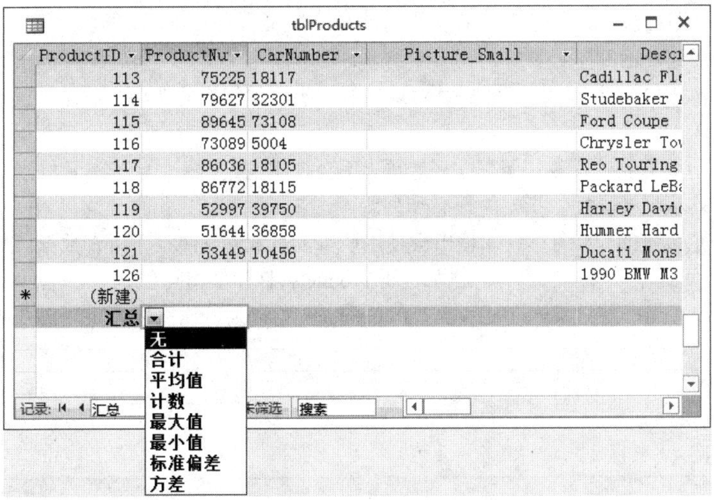

图 5.23　数据表“汇总”行

单击“汇总”行中的一列会将数据表单元格转换为一个下拉列表。下拉列表中的条目取决于该列的数据类型。例如，在文本列中，下拉列表仅显示“无”和“计数”，而在数值列中，将包含汇总计算的完整子集(“合计”“平均值”和“计数”等)。日期时间列包含“无”“平均值”“计数”“最小值”和“最大值”。

汇总计算是动态的。如果更改数据表或基础表中的数据，“汇总”行中显示的计算结果会在非常短的延迟之后自动更新。重新计算大量汇总会对性能产生一定影响，因此，在不需要“汇总”行的情况下应隐藏该行。

为数据表中的列选择的汇总选项将持久保存。如果关闭数据表并重新打开，“汇总”行仍然存在。

要移除“汇总”行，请打开数据表，然后单击功能区的“记录”组中的“合计”按钮。对于“汇总”行，有一种非常有趣的情况：如果选择将其移除，稍后可以还原它(再次单击“合计”按钮即可)。该行将还原为其原始设置。

5.15　打印记录

可按简单的行列布局打印数据表中的所有记录。第 20 章将讲述如何生成格式化报表。现在，最简单的打印方法是单击“文件”|“打印”命令，并选择一种打印选项，如图 5.24 所示。

图 5.24　Microsoft Access “打印”菜单

如果选择的是“打印”命令，而不是“快速打印”或“打印预览”命令，Access 将显示“打印”对话框。在“打印”对话框中，可以选择以下选项，对打印输出进行自定义设置。

- **打印范围**：打印整个数据表，或者仅打印选定的页面或记录。
- **份数**：确定要打印的份数。
- **逐份打印**：确定是否逐份打印多份。

也可更改打印机，单击“属性”按钮，然后针对所选打印机设置相应的选项。通过“设置”按钮可以设置页边距和打印标题。

打印输出将反映打印数据表时有效的所有布局选项。不会打印隐藏的列。仅当单元格网格线属性处于启用状态时才会打印网格线。打印输出还会反映指定的行高和列宽。

一页中只能包含一定数量的列和行，打印输出会使用所需的页数，以便打印所有数据。Access 会根据需要分解打印输出，以便在每一页上打印所需的内容。例如，tblProducts 打印输出可能包含 9 页，其中需要 3 页来打印 tblProducts 中的所有字段，而所有记录也需要 3 页。tblContacts 的记录可能需要 4 页。需要的页数取决于布局和使用的打印机。

5.16　预览记录

尽管数据表中的所有信息都已准备好打印，可能仍然不确定是否需要更改列宽或行高，或者调整字体，以进一步提高打印输出的质量。要对打印作业进行预览，可单击“打印”菜单下的“打印预览”命令，以显示“打印预览”窗口。在单页预览中，默认视图是第一页。使用功能区中的命令可以选择不同的视图，并进行放大和缩小。单击“打印”命令可将数据表打印到打印机。单击功能区右侧的“关闭打印预览”命令可以返回数据表视图。

第6章

导入和导出数据

本章内容：

- 了解外部数据
- 选择适合的导入和导出选项
- 创建导入规范
- 导出到外部表和文件

本章将介绍如何通过导入操作将来自外部源的数据存入 Access 数据库。此外，还将介绍如何通过导出操作基于数据创建外部文件。导入过程指的是将数据从某些外部源(例如 XML 文件)添加到 Access 数据库中，而从 Access 导出表示在 Access 数据库之外创建某些对象，比如 XML 文件或 Excel 文件，其中包含存储在 Access 中的数据。

Web 内容

本章将使用各种文件进行导入，此外，还将使用两个 Access 数据库，分别是 Chapter06_1.accdb 和 Chapter06_2.accdb。这两个数据库用于导入和导出示例。已完成导入操作的表在文件中已重命名。如果尚未将这些文件从本书对应的 Web 站点下载到计算机上，现在需要立即下载。该 Web 站点包含这两个数据库以及许多不同格式的辅助文件(XLS、XML、TXT 等)。请确保将这些文件都复制到自己的计算机上。

6.1 Access 如何使用外部数据

在当今的数据库领域，在 Access 与其他程序之间交换信息是一项必不可少的功能。通常情况下，信息会存储在各种应用程序中，并且采用各种数据格式。与许多其他产品一样，Access 也有自己的文件格式，用于支持参照完整性并提供对各种数据类型的支持，例如 OLE 对象。绝大多数情况下，仅使用 Access 就足以完成工作。但某些情况下，需要将数据从一个 Access 数据库文件移到另一个数据库文件，或者使用另一种程序所支持格式的数据。

6.1.1 外部数据的类型

Access 可在多种应用程序之间使用和交换数据。例如，可能需要从 Microsoft Excel 文件、SQL Server、Oracle 甚至是文本文件中获取数据。Access 可以在多种类别的应用程序之间移动数据，其中包括其他 Windows 应用程序、Macintosh 应用程序、数据库管理系统、文本文件甚至是大型机文件。

6.1.2 使用外部数据的方式

很多情况下，需要将数据从另一种应用程序或文件移动到自己的 Access 数据库中，或者进行反向移动。有时可能需要获取已经在外部电子表格文件中包含的信息。可以手动重新输入所有信息，也可以将其自动导入数据库中。

Access 提供了很多工具，可以与其他数据库或电子表格文件交换数据。实际上，Access 可以与许多不同的文件类型交换数据，其中包括：

- Access 数据库对象(所有类型)
- 文本文件

- Excel 文件
- ODBC 数据库(SQL Server、Sybase Server、Oracle Server 以及其他兼容 ODBC 的数据库)
- HTML 表格、列表和文档
- XML 文档
- Outlook 表格
- Microsoft Exchange 文档
- SharePoint 列表
- Azure 数据库
- Word 文档
- RTF 格式文档

Access 通过多种方式使用这些外部数据源：

- **链接**：链接到数据会创建与其他 Access 数据库中的表的连接，或者链接到其他格式的数据。链接将以源文件格式(例如 Excel 或 XML)使用数据。链接的数据仍保留在其原始文件中。不应移动、删除或重命名包含链接数据的文件，否则，Access 将无法在下次需要时找到相应的数据。如果移动或重命名链接的数据源不可避免，Access 会提供相应的工具，用于重新链接到该源。
- **导入**：导入会将数据从数据源、其他 Access 数据库或其他应用程序的数据库文件复制到 Access 表中。导入的数据将转换为适当的 Access 数据类型，存储在表中，并在此之后由 Access 管理。
- **导出**：导出会将数据从 Access 表复制到文本文件、其他 Access 数据库或其他应用程序的文件中。与导入一样，更改源数据不会影响导出的数据。

交叉参考：

有关在 Access 与外部数据之间进行链接的内容，参见第 7 章。

每种方法都有明显的优缺点，如接下来的几节所述。

1. 何时链接到外部数据

在 Access 中进行链接，可以按照其他应用程序的格式使用数据，从而将文件与现有应用程序共享。如果以其他数据库格式保存数据，Access 可以读取该数据，而原始应用程序仍然可以使用它。如果想要在 Access 中使用其他程序也需要使用的数据，那么该功能会非常有用。但是，对于可以对链接的数据执行的操作存在一些限制。例如，不能在链接的 Excel 电子表格或链接的文本文件中更新数据。将 Access 用作 SQL Server 数据库的前端时，使用外部数据的功能也会非常有用，这种情况下，可链接到 SQL Server 表并直接更新数据，而不必将数据批量上传到 SQL Server。

Access 数据库经常链接到外部数据，这样用户就可以使用 Access 窗体来添加和更新外部数据，或者在 Access 报表中使用外部数据。

可在 Access 中链接到以下类型的数据：

- 其他 Access 表(ACCDB、ACCDE、ACCDR、MDB、MDA、MDE)
- Excel 电子表格
- Outlook 文件夹
- 文本文件
- XML 文件
- HTML 文档
- SharePoint 列表
- ODBC 数据库

警告：

Access 可以链接到某些格式(如 HTML 表、文本文件、Excel 文件和 XML 文档)以进行只读访问。可以使用和查看 HTML 或文本格式的表，但是，不能使用 Access 更新这些表，也不能向其中添加记录。

使用链接的表的一大缺陷在于，不能在表之间实施参照完整性(除非所有链接的表都在同一个外部 Access 数据库中，或者都在其他一些支持参照完整性的数据库管理系统中)。链接的表的性能可要比本地表差一些。根据源以及源数据的位置，用户在打开基于链接数据的窗体或报表时，可能会有明显的延迟。

在查询中联接“链接数据”和“本地数据”时，性能问题会更明显。由于 Access 无法对外部数据应用优化方法，因此许多联接的效率低下，需要耗费大量内存和 CPU 时间才能完成。但是，Access 可以使用许多不同类型的外部数据，使其成为需要这些功能的应用程序的理想平台。

2. 何时导入外部数据

导入数据可将外部表或数据源存入新的或现有的 Access 表中。通过导入数据，Access 会自动从外部格式转换数据，并将其复制到 Access 中。甚至可将数据对象导入与当前打开的数据库或项目不同的 Access 数据库或 Access 项目中。如果知道只会在 Access 中使用数据，则应该导入该数据。一般情况下，Access 在使用自己的本地表时速度会更快。

注意：

由于导入会生成另一份数据，因此，可能希望在将副本导入 Access 后删除旧文件。但有时，也可能想要保留旧的数据文件。例如，数据可能是仍在使用的 Excel 电子表格。这种情况下，只能维护副本数据，需要更多的磁盘空间来存储它(这两个文件可能会不同步)。

导入数据的主要原因之一是根据需要对其进行自定义设置。将某个表导入 Access 数据库后，可以像在当前数据库中构建的表一样使用新导入的表。另一方面，对于链接的表，可以进行的更改有非常大的限制。例如，不能指定主键或分配数据输入规则，这意味着不能针对链接的表实施完整性规则。此外，由于链接的表指向外部文件，而 Access 需要在某个特定的位置查找该文件，因此，分发应用程序会更困难。

数据经常会从被新 Access 应用程序替换的过时系统导入 Access 数据库中。当导入过程完成时，可将过时的应用程序从用户的计算机中删除。

提示：

如果要频繁地从同一个源中导入数据，可使用宏或 VBA 过程自动完成该过程。如果需要定期从某个外部源中导入数据，或者必须对导入的数据应用复杂的转换，自动化会非常有帮助。

3. 何时导出数据

导出数据可将数据传递到其他应用程序。通过导出数据，Access 会自动将数据转换为外部格式，并将其复制到外部应用程序可以读取的文件中。如前所述，有时，如果要修改数据，必须将数据导入 Access 中，而不能仅链接到外部数据源。如果仍需要在外部应用程序中使用修改后的数据，除了通过导出修改后的数据创建新文件以外，没有更好的选择。

导出数据的一个常见原因是，想要与其他没有安装 Access 的用户共享数据。

使用不支持的程序中的数据

尽管并不常见，但需要使用的程序数据可能偶尔没有存储在支持的外部数据库中或者未采用支持的文件格式。这种情况下，这些程序通常可将其数据导出或转换为 Access 可以识别的某种格式。要使用这些程序中的数据，请将其导出为 Access 可以识别的格式，然后将其导入 Access 中。

例如，许多应用程序可以导出为 XML 文件格式。如果 XML 格式不可用，大多数程序(甚至是不同操作系统上的程序)可以将数据导出为带分隔符或固定宽度的文本文件，然后将这两种文件导入 Access 中。

6.2　用于导入和导出的选项

在介绍导入和导出过程之前，先简单了解一下使用Access导入和导出数据的各个选项。

Access 通常被描述为许多数据类型的“着陆架”。意思就是 Access 可以在很多应用程序之间使用和交换数据。

例如，可能需要从 SQL Server 或 Oracle、文本文件，甚至是 XML 文档中获取数据。Access 可以在几类应用程序、数据库引擎甚至是平台(大型机和 Macintosh 计算机)之间移动数据。

在 Access 中打开 Chapter06_1.accdb 数据库，然后单击功能区的“外部数据”选项卡(参见图 6.1)，将看到以下组：“导入并链接”“导出”以及“Web 链接列表”。

图 6.1　功能区的“外部数据”选项卡显示了 Access 可用的外部数据源的多样性

“导入并链接”组包括以下选项。

- **新数据源**
- **已保存的导入**
- **链接表管理器**

“新数据源”下拉列表包含 4 个类别，每个类别包含几个数据格式：

- **从文件**
  - Excel
  - HTML 文档
  - XML 文件
  - 文本文件
- **从数据库**
  - Access
  - 从 SQL Server
  - 从 Azure 数据库
  - dBASE 文件
- **从联机服务**
  - SharePoint 列表
  - 从 Dynamics 365 (在线)
  - 从 Salesforce
  - 数据服务
- **从其他源**
  - ODBC 数据库
  - Outlook 文件夹

“导出”组包括以下选项。

- **已保存的导出**
- **Excel**
- **文本文件**
- **XML 文件**
- **PDF 或 XPS**
- **通过电子邮件发送**
- **Access**
- **Word 合并**
- **其他**：单击该按钮可打开“其他”下拉列表，其中包含以下选项。
  - Word
  - SharePoint 列表
  - ODBC 数据库

- HTML 文档
- dBASE 文件

很明显，针对 Access 作为数据“着陆架”的角色，Microsoft 已经做好了充分准备。

6.3　如何导入外部数据

导入操作可将外部数据复制到 Access 数据库中。外部数据仍然保持其原始状态，但是，导入之后，Access 中将存在外部数据的一份副本。当导入文件时(与链接表不同)，Access 会将外部源中的数据副本转换到 Access 表中的记录。外部数据源在导入过程中不会发生变化。导入过程完成后不再维护与外部数据源的连接。

可将信息导入新的或现有的表中。每种类型的数据可以导入一个新表中。但是，某些导入类型(例如电子表格和文本文件)不一定具有与 Access 兼容的表结构。这种情况下，Access 将自动创建一个表结构。如果想要控制表的结构，应该在导入之前创建表。

6.3.1　从其他 Access 数据库导入

可将某个源数据库中的项目导入当前数据库中。导入的对象可以是表、查询、窗体、报表、宏或模块。要将某一项导入当前 Access 数据库中，请执行下面的步骤：

(1) 打开要将数据导入其中的目标数据库。在本示例中，打开 Chapter06_1.accdb 数据库。

(2) 选择“外部数据”选项卡。

(3) 单击“导入并链接”|“新数据源”|“从数据库”|“Access”选项，然后单击“浏览”按钮，选择源数据库的文件名(Chapter06_2.accdb)。

(4) 选择“将表、查询、窗体、报表、宏和模块导入当前数据库”选项按钮，然后单击“确定”按钮。此时将显示“导入对象”对话框(如图 6.2 所示)。该对话框提供了用于导入数据库对象的选项。

图 6.2　很多类型的 Access 数据库对象都可以从一个 Access 数据库导入一个数据库中

注意：

在使用外部 Access 数据库时，可以导入任何类型的对象，包括表、查询、窗体、报表、宏以及 VBA 代码模块。

(5) 选择一个表，然后单击“确定”按钮。如果目标数据库中已经存在一个对象，那么会在导入对象的名称中添加一个序号，使其与原始数据项区分开来。例如，如果 tblDepartments 表已经存在，新导入的表将命名为 tblDepartments1。

此时将显示“获取外部数据”对话框的“保存导入参数”界面，其中包含一项非常有用的功能，允许保存导入过程，如图 6.3 所示。

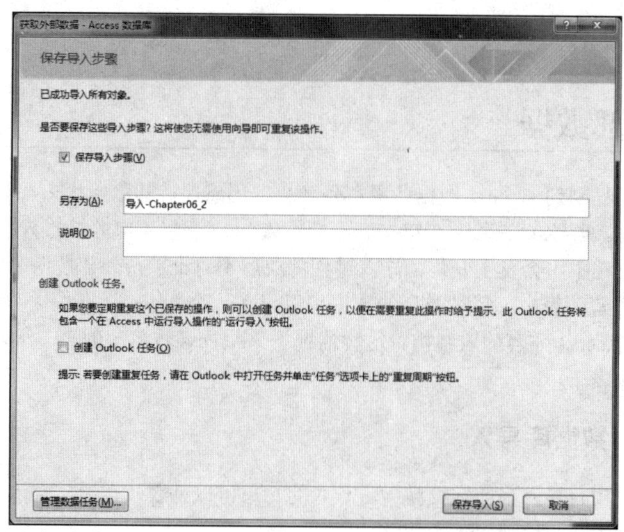

图 6.3　通过“保存导入步骤”功能，可以保存频繁执行的导入过程，以供将来使用

(6) 选中“保存导入步骤”复选框，Access 会显示“另存为”和“说明”字段。

(7) 为导入过程提供一个名称，以便回想起已保存导入的目的，然后单击“保存导入”。以后，可以在功能区的“外部数据”选项卡的“导入并链接”组中单击“已保存的导入”按钮，再次执行已保存的导入过程。在“管理数据任务”对话框(参见图 6.4)中，可以更改已保存导入的名称、源文件的位置以及已保存的导入的说明。关于已保存导入的所有其他信息(例如目标表名称)都无法更改。如果需要更改其他信息，请使用适当的参数创建一个新的已保存导入。

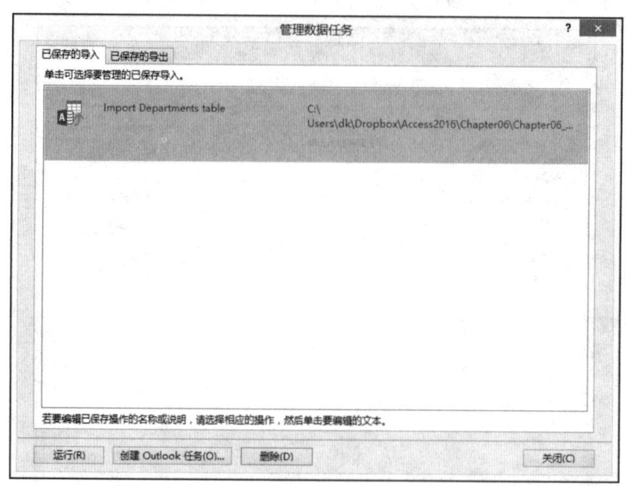

图 6.4　“已保存的导入”功能可以重新运行之前保存的导入过程

提示：

“管理数据任务”对话框包括“创建 Outlook 任务”按钮，用于将导入过程设置为计划的 Outlook 任务。通过这种方式，可以非常方便地定期自动执行导入过程。

注意：

每次运行“已保存的导入”时，都会用导入的数据创建一个新表。例如，如果导入 tblDepartments，会创建一个名为 tblDepartments 的表。再次运行已保存的导入，会创建一个名为 tblDepartments1 的表。然后，再运行一次已保存的导入，会创建一个名为 tblDepartments2 的表，以此类推。已保存的导入不会替换最初导入的表。

6.3.2　从 Excel 电子表格导入

可将 Excel 电子表格中的数据导入新表或现有的表中。导入 Excel 数据的主要规则是，列中的每个单元格必须包含相同类型的数据。将 Excel 数据导入新表中时，Access 会基于 Excel 数据的前几行(列标题除外)猜测要分配给新表中每个字段的数据类型。如果前几行之后的任何 Excel 行包含不兼容的数据，则可能出现导入错误。在图 6.5 中，Age 列应只包含数值数据，但其中包含一个以单词形式写入的年龄。这很可能在导入过程中出现错误。应该更改第 5 行的数据，以使整个列仅包含数值数据(如图 6.6 所示)。

图 6.5　Access 可以从 Excel 电子表格导入数据，但存在一些限制

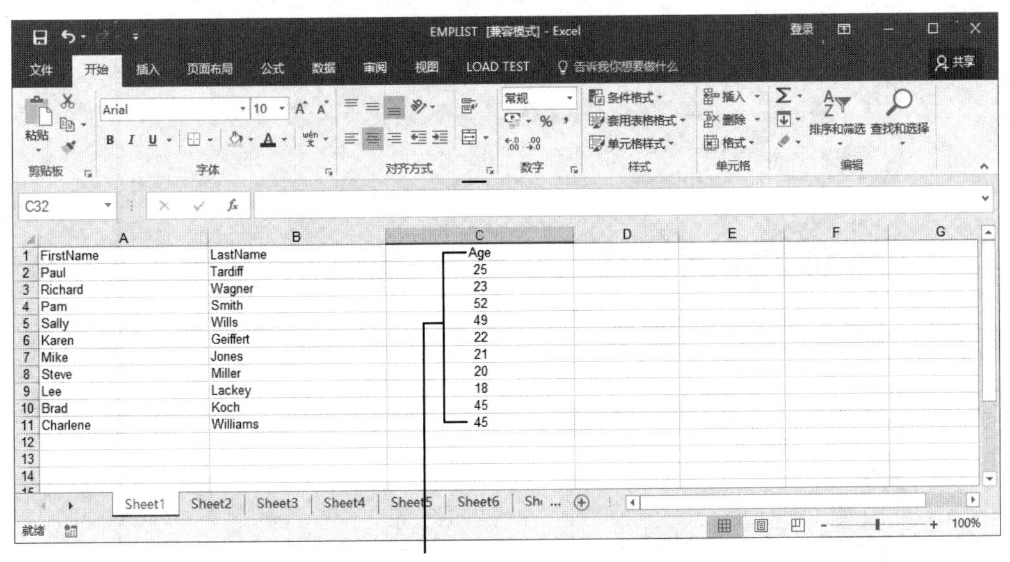

图 6.6　Excel 工作表列应该包含一致的数据

可导入某个 Excel 电子表格中的所有数据，也可以仅导入命名区域的单元格中的数据。在电子表格中命名一定区域的单元格可以使导入 Access 的过程变得更加轻松。电子表格通常采用多组单元格(或区域)的格式。例如，一个区域可能包含按客户划分的销售清单，而另一个区域可能包括所有客户的总销售额、按产品类型划分的总额或者按购买月份划分的总额。为每组单元格提供区域名称，可将导入限制为仅包含电子表格数据的一部分。

要导入 EMPLIST.xls，请执行下面的步骤：

(1) 打开 **Chapter06_1.accdb** 数据库。

(2) 单击“外部数据”选项卡上的“导入并链接”|“新数据源”|“从文件”|“Excel”按钮。

(3) 定位到要导入的 Excel 文件。

(4) 选择“将源数据导入当前数据库的新表中”，然后单击“确定”按钮。第一个“导入数据表向导”界面(如图 6.7 所示)显示了 Excel 电子表格中的工作表或命名区域的列表以及数据预览。

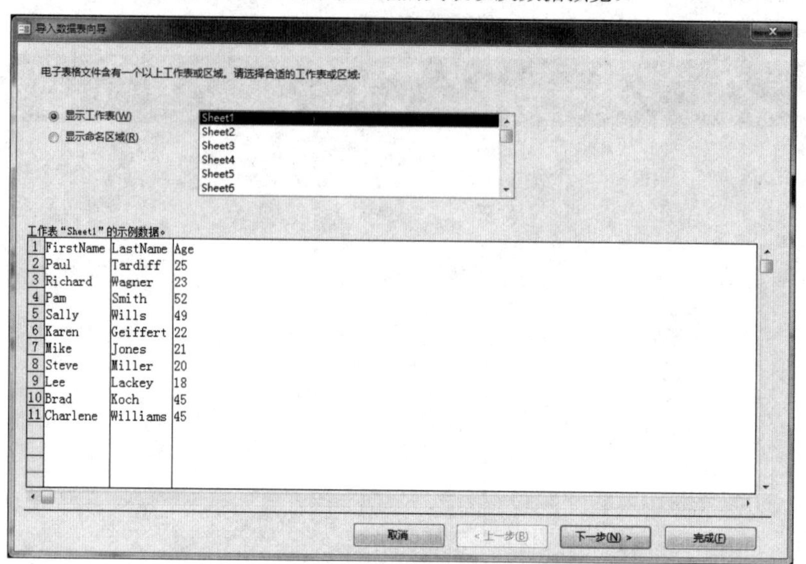

图 6.7　导入数据表向导

(5) 选择一个工作表或命名区域，然后单击“下一步”按钮。

(6) 在下一个界面(如图 6.8 所示)中，勾选“第一行包含列标题”复选框，然后单击“下一步”按钮。通常情况下，不希望将 Excel 列标题另存为字段数据。Access 会将列标题用作新表中的字段名称。

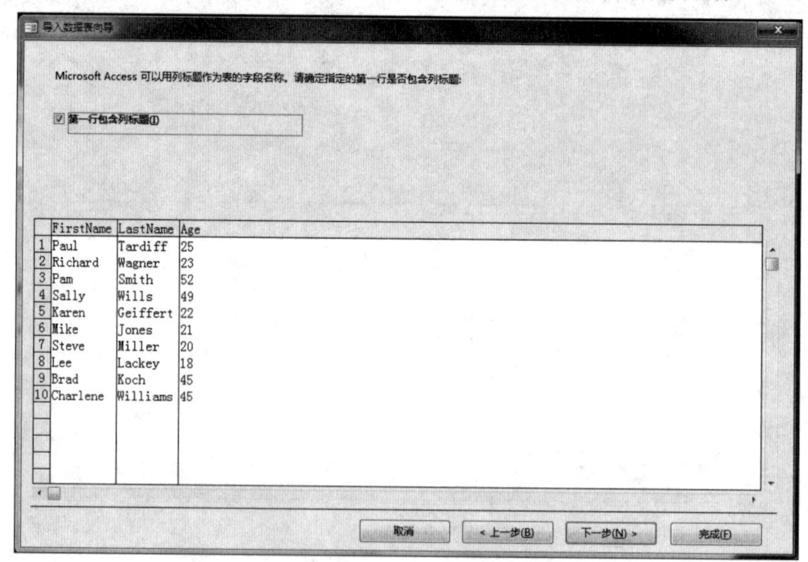

图 6.8　确定第一行是否包含列标题

(7) 在下一个界面(如图 6.9 所示)中，可以覆盖默认字段名称和数据类型，从导入中删除字段，以及为某个字段创建索引，完成操作后，单击“下一步”按钮。

(8) 在下一个界面中，设置新表的主键(参见图 6.10)，然后单击“下一步”按钮。主键可以唯一标识表中的每一行。

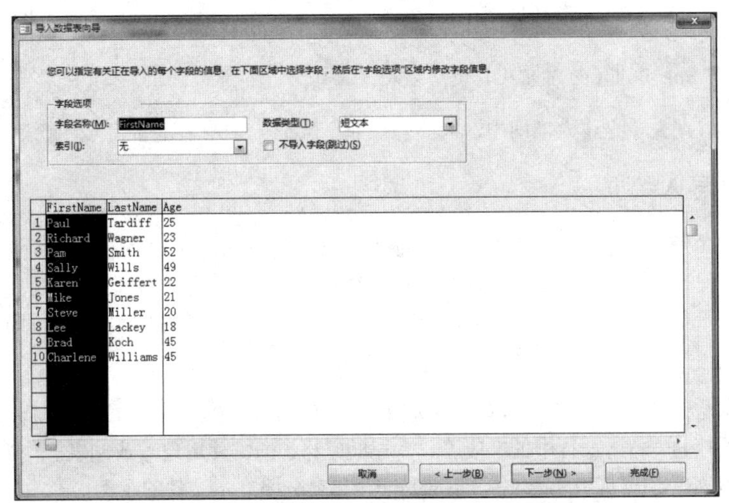

图 6.9　可以覆盖 Access 选择的任何默认设置

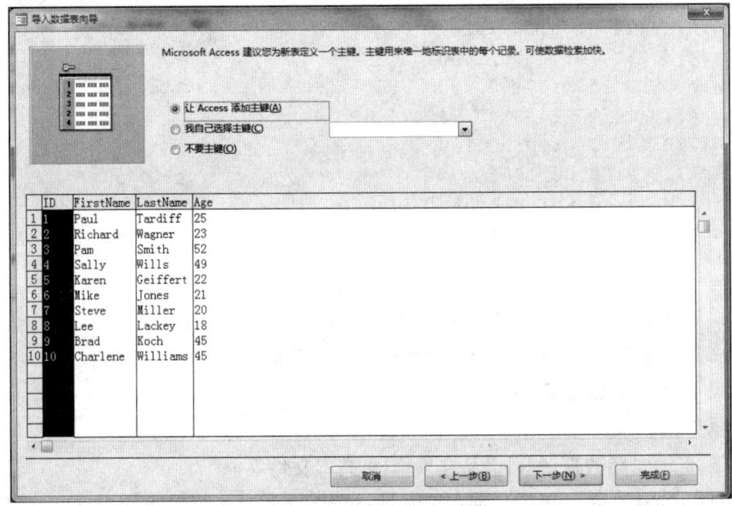

图 6.10　为新表指定主键

警告：

为导入的文件选择主键时需要注意。选择的字段必须符合主键的规则：任何值都不能为空，不允许出现重复值。表主键的目的是唯一标识表中的行，因此，如果 Excel 电子表格中的所有列都不适合这一目的，那么最好让 Access 添加一个默认的主键字段。Access 添加的主键始终是自动编号字段，始终遵从数据规范化规则。

有关主键的内容参见第 3 章和第 4 章。

(9) 指定新表的名称，然后单击“完成”按钮。

警告：

如果导入的 Excel 文件与已经链接的一个 Excel 文件同名，Access 会询问是否覆盖现有的文件。除非真的想要替换链接表，否则必须为新导入的表提供新名称。

(9) 如果愿意，可以保存导入过程以便稍后执行。现在，新表显示在“导航”窗格中。

6.3.3　导入 SharePoint 列表

SharePoint 列表是 Access 数据库的备选数据源。由于 SharePoint 列表驻留在 Web 服务器上，因此，有资格的用户可以通过网络访问 SharePoint 数据。于是，Access 几乎可在任何位置共享数据。

交叉参考：

第 32 章将专门介绍 SharePoint 的内容及其使用方法。

由于 SharePoint 部署在大量企业内部网中，因此，保证了 Access 继续在企业环境中扮演主要角色。

6.3.4　从文本文件导入数据

使用文本文件输出的原因有很多种，例如企业到企业(B2B)数据传输。此外，大型机数据通常也会输出为文本文件，以便在桌面应用程序中使用。Access 可从两种不同类型的文本文件导入数据，分别是带分隔符的文本文件和固定宽度文本文件。Access“导入文本向导”可以帮助导入或导出带分隔符的文本文件和固定宽度文本文件。

1. 带分隔符的文本文件

在带分隔符的文本文件(有时也称为逗号分隔文本文件、逗号分隔值文本文件或制表符分隔文本文件)中，每条记录位于文本文件中单独的一行上。行中的字段不包含尾随空格，通常使用逗号或制表符作为字段分隔符，某些字段可能包含在分隔符(例如单引号或双引号)中。下面是一个逗号分隔文本文件的示例：

```
1,Davolio,Nancy,5/1/14 0:00:00,4000
2,Fuller,Andrew,8/14/14 0:00:00,6520
3,Leverling,Janet,4/1/14 0:00:00,1056
4,Peacock,Margaret,5/3/15 0:00:00,4000
5,Buchanan,Steven,10/17/15 0:00:00,5000
6,Suyama,Michael,10/17/15 0:00:00,1000
7,King,Robert,1/2/14 0:00:00,1056
8,Callahan,Laura,3/5/14 0:00:00,1056
9,Dodsworth,Joseph,11/15/14 0:00:00,1056
```

请注意，该文件有 9 条记录(文本行)和 5 个字段。用逗号分隔各个字段。在该示例中，文本字段没有使用双引号进行分隔。另外注意，各行的长度是不同的，因为每行中的数据是可变的。

要导入带分隔符的文本文件 ImportDelim.txt，请执行下面的步骤：

(1) 打开 Chapter06_1.accdb 数据库。

(2) 选择“外部数据”选项卡。

(3) 单击“导入并链接”|“新数据源”|“从文件”|“文本文件”。

(4) 定位到 ImportDelim.txt 文件，选择“导入”选项按钮，然后单击“确定”按钮。此时将显示“导入文本向导”的第一个界面(如图 6.11 所示)。“导入文本向导”界面会显示文本文件中的数据，并允许选择带分隔符的文本文件或固定宽度文本文件。

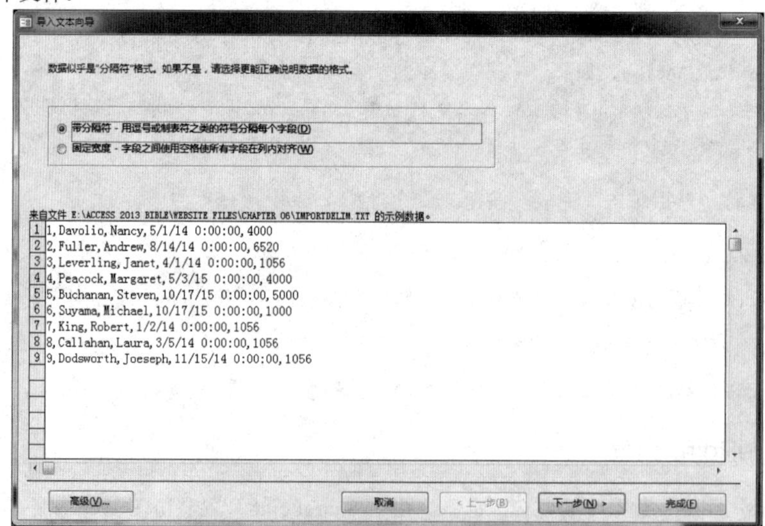

图 6.11　“导入文本向导”的第一个界面

(5) 选择“带分隔符”单选按钮，然后单击“下一步”按钮。此时将显示“导入文本向导”的下一个界面(如图 6.12 所示)。该界面允许指定在带分隔符的文件中使用的分隔符。在带分隔符的文本文件中，分隔符指的是位于各个字段之间的字符。分隔符通常是逗号或分号，当然，也可以是其他字符。

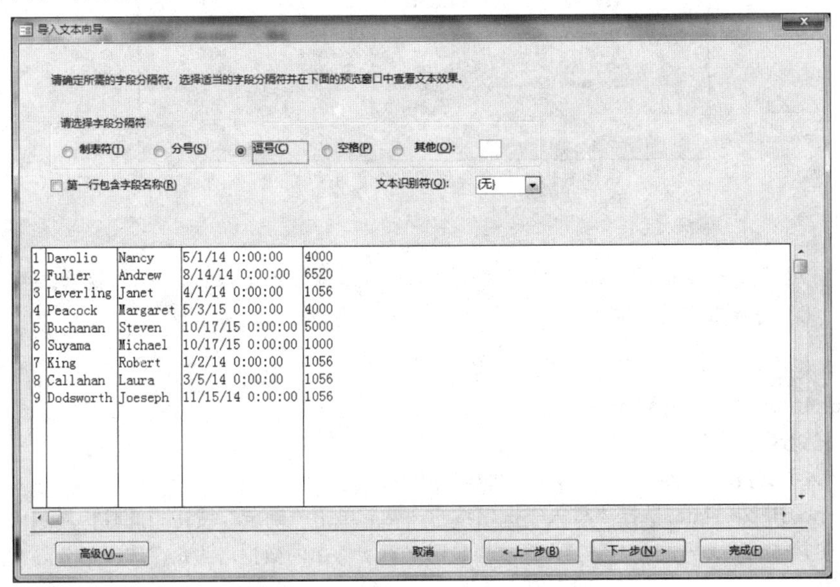

图 6.12　第二个“导入文本向导”界面

(6) 选择用于分隔各个字段的分隔符，如果使用某种不常见的分隔符，请选择“其他”单选按钮，并在“其他”框中输入相应的分隔符。

警告：

如果文本文件中的某个字段将分隔符作为数据，那么可能会导致使用的分隔符出错。例如，如果使用逗号来分隔字段，而某个字段的值为 Acme Widgets, Inc.，Access 在导入文件时会出错。解决方案是使用双引号将文本字段括起来(即“Acme Widgets, Inc.”)，这样，逗号便不会错误地解释为字段分隔符。这种双引号的用法称为文本限定符。绝大多数情况下，会使用单引号或双引号作为文本限定符，这种方法通常可以解决与数据字段中包含的特殊字符相关的问题。

(7) 如果第一行包含导入表的字段名称，可勾选“第一行包含字段名称”复选框。处理完此界面后，单击“下一步”按钮。接下来的几个界面类似于导入 Excel 电子表格的步骤。可以更改字段名称、指定主键以及保存导入过程，以供将来使用。使用描述性的 Access 表名称保存导入的文本文件。Access 默认使用文本文件的名称创建新表。新表显示在“导航”窗格中。

提示：

为了在带分隔符的文件中指定不包含任何数据的字段，请不要在逗号之间包含任何字符(甚至不能包含空格字符)。行尾的空字段通过文本行结尾的逗号来指明。

2. 固定宽度文本文件

固定宽度的文本文件也将每个记录放在单独的行上。然而，每个记录中的每个字段都有相同的字符数(字符数是固定的，因此字段名称也是固定的)。如果字段的字符数少于它的固定宽度，就会在末尾添加空格，直到字段达到固定的字符数为止。图 6.13 显示了固定宽度的文件示例。即使第一列只包含一个字符，也要添加空格，使每个记录的第二列都从相同的位置开始。

请注意，固定宽度文本文件中的字段不用分隔符来分隔。相反，它们在每条记录中的相同位置开始，每条记录的长度完全相同。

文本值(例如名字和姓氏)不会用引号括起来。因为没有列分隔符，所以不可能在字段中出现非法字符，这就要求字段必须包含限定的文本。位于行中某字段位置上的任何内容都被认为是该字段的数据。

图 6.13 一个典型的固定宽度文本文件

注意：
如果要导入的 Access 表有主键字段，那么文本文件就不能有任何重复的主键值。如果发现重复的主键，导入过程将报告错误，无法导入有重复主键的行。

要导入固定宽度的文本文件，请执行下面的步骤：

(1) 打开 Chapter06_1.accdb 数据库。

(2) 选择“外部数据”选项卡。

(3) 单击“导入并链接”|“新数据源”|“从文件”|“文本文件”。

(4) 定位到 ImportFixed.txt，选择“导入”选项按钮，然后单击“确定”按钮。此时将显示“导入文本向导”的第一个界面(参见图 6.11)。“导入文本向导”界面会显示文本文件中的数据，并允许选择带分隔符的文本文件或固定宽度的文本文件。

(5) 选择“固定宽度”单选按钮，然后单击“下一步”按钮。此时将显示“导入文本向导”的下一个界面(如图 6.14 所示)。

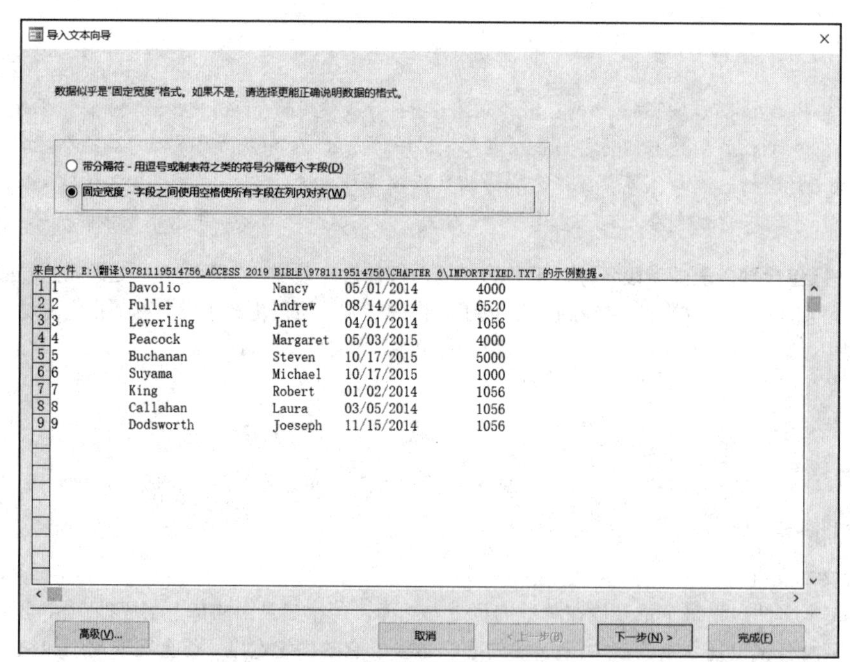

图 6.14 固定宽度文本文件的“导入文本向导”界面

(6) 根据需要调整字段宽度。Access 会根据各行中通用程度最高的间距推测用于字段的最佳间隔。在该示例中，字段间隔非常一致。但如有必要，可以使用鼠标捕获分隔线，并向左或向右移动，以更改文件中字段的宽度。

提示：
要添加新的分隔线，可以在数据区域中单击鼠标，然后把出现的分隔线移动到需要的位置。要删除已经存在的分隔线，只需要双击该线条。

(7) 单击向导底部的“高级”按钮。此时将显示“导入规格”对话框(如图 6.15 所示)。在“导入规格”对话框中，可以指定日期和时间的默认格式、字段名称、索引以及数据类型。此外，该对话框还允许跳过不想导入的字段。有关此对话框的详细信息，请参阅下面的补充说明。

(8) 确保“日期顺序”设置为 YMD，并且勾选“年份为四个数字”复选框。

(9) 勾选“日期具有前导零”复选框。

(10) 单击“确定”按钮，关闭“导入规格”对话框。

(11) 继续进入“导入文本向导”的其他界面。

图 6.15　用于导入固定宽度文本文件的“导入规格”对话框

使用“导入规格”对话框

使用“导入规格”对话框的一个优势在于，可以指定作为导入源或导出目标的文件类型。“语言”和“代码页”下拉列表可以确定基本的格式类型。“代码页”下拉列表显示可用于选定语言的代码页。

也可为带分隔符的文本文件指定“字段分隔符”选项。该组合框中提供了 4 个内置的字段分隔符选项，分别是分号、制表符、空格和逗号，你也可以根据需要在组合框中输入其他字符，将其指定为分隔符。

还可以指定用于括住文本字段的文本识别符。通常情况下，带分隔符的文件中的文本字段使用引号等字符括起来，用于将文本数据与其他字段分隔开来。在将社会保险号和电话号码之类的数值数据指定为文本数据(而不是数值数据)时，文本识别符会非常有用。

“文本识别符”下拉列表实际上是一个组合框，因此，可以在文本区域中输入不同的分隔符。

当 Access 导入或导出数据时，它会将日期转换为某种特定的格式(例如 MMDDYY)。可以使用“日期顺序”组合框中的 6 个选项之一指定日期字段的转换方式。

- DMY
- DYM
- MDY
- MYD
- YDM
- YMD

这些选项指定日期每一部分的顺序。D 表示某月中的第几日(1～31)，M 表示日历月(1～12)，而 Y 表示年份。默认的日期顺序设置为美国格式(即月日年)。当使用欧洲日期时，顺序通常会更改为日月年。

可以使用“日期分隔符”字段指定日期分隔符。默认的日期分隔符为正斜线(/)，不过可以将其更改为其他任何分隔符，例如句点。欧洲日期通常用句点来分隔，例如 22.10.2019。

> **注意：**
>
> 当导入带日期类型数据的文本文件时，必须在月日年之间使用分隔符。如果将字段指定为日期/时间类型，但没有使用分隔符，那么 Access 会报告错误。当导出日期字段时，不需要使用分隔符。
>
> 使用“时间分隔符”选项，可指定文本文件中时间值各部分之间的分隔符(通常为冒号)。要更改分隔符，只需要在“时间分隔符”框中输入想要使用的字符。
>
> 勾选“年份为四个数字”复选框可指定日期字段的年份部分采用四个数字格式。通过勾选该复选框，可导入包含世纪的日期(例如 1981 或 2001)。默认设置为使用四位数年份。
>
> “日期具有前导零”选项可指定日期值包括前导零。这意味着日期格式会根据需要包括前导零(例如 02/04/03)。

6.3.5　导入和导出 XML 文档

使用 Microsoft Access 可以轻松地导入 XML 文档。XML 通常用于在不同的平台、数据库、操作系统、应用程序或公司之间传输信息！XML 可以用于原始数据、元数据(数据描述)，甚至是处理数据。毫不夸张地说，绝大多数 Access 开发人员最后都会使用 XML 格式导入或导出数据。

在 Access 中显示 XML 需要通过一种不同寻常的方式来完成。可以轻松地将简单的 XML 文档导入 Access 数据库中。但是，要弄清楚 Access 怎样出色地使用 XML，最好的方法是开始向 XML 中导出一些内容。

要从 Access 向 XML 文件中导出数据，请执行下面的步骤：

(1) 打开 Chapter06_1.accdb 数据库。

(2) 在数据表视图中打开 tblDepartments。

(3) 选择“外部数据”选项卡，然后单击“导出”部分中的“XML 文件”。

(4) 将 XML 文件命名为 tblDepartments.xml，然后单击“确定”按钮。 此时将显示“导出 XML”对话框(如图 6.16 所示)。

(5) 单击“确定”完成导出过程。

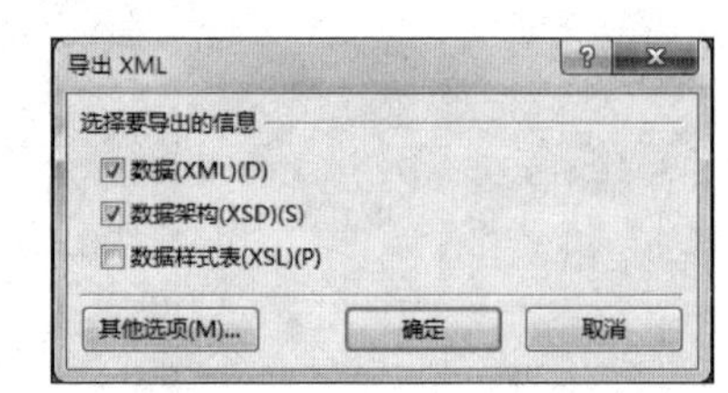

图 6.16　“导出 XML”对话框

“导出 XML”对话框包括为 XML 导出过程指定高级选项的选项。单击“其他选项”按钮将打开一个对话框(参见图 6.17)，其中包含一些重要的 XML 设置。

图 6.17　高级 XML 导出选项

XML 文件中包含的数据可能是关系数据，也可能是分层数据。例如，单个 XML 文件可能包含有关产品类别以及产品本身的信息。为使其他应用程序了解复杂的 XML 文件，需要使用构架文件。对于以 XML 格式导出的数据，Access 会自动生成构架文件(XSD 扩展名)。图 6.18 显示了“导出 XML”对话框的“构架”选项卡。

XML 构架文件包含每个字段的数据类型以及源表的主键和索引等信息。

XML 导出过程的进一步细化包括指定在使用导出数据的应用程序中应该如何显示 XML 数据(使用 HTML 约定指定样式表)。绝大多数情况下，并不需要 XML 样式表文件(XSL 扩展名)，因为使用 XML 文件的应用程序会按照用户的需要显示数据。图 6.19 显示了“导出 XML”对话框的“样式表”选项卡。请注意，默认情况下不会选择该选项卡上的任何选项。

图 6.18　导出 XML 构架信息

图 6.19　XML 样式表选项

在文本编辑器(例如记事本)中，打开 tblDepartments.xml。将看到该 XML 文件的内容，如图 6.20 所示。

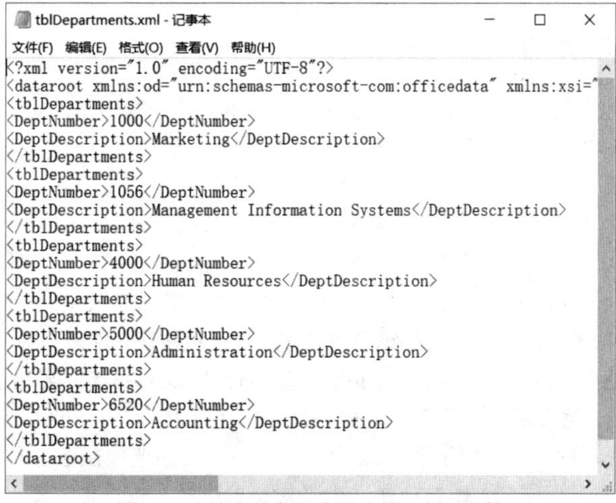


```
<?xml version="1.0" encoding="UTF-8"?>
<dataroot xmlns:od="urn:schemas-microsoft-com:officedata" xmlns:xsi="
<tblDepartments>
<DeptNumber>1000</DeptNumber>
<DeptDescription>Marketing</DeptDescription>
</tblDepartments>
<tblDepartments>
<DeptNumber>1056</DeptNumber>
<DeptDescription>Management Information Systems</DeptDescription>
</tblDepartments>
<tblDepartments>
<DeptNumber>4000</DeptNumber>
<DeptDescription>Human Resources</DeptDescription>
</tblDepartments>
<tblDepartments>
<DeptNumber>5000</DeptNumber>
<DeptDescription>Administration</DeptDescription>
</tblDepartments>
<tblDepartments>
<DeptNumber>6520</DeptNumber>
<DeptDescription>Accounting</DeptDescription>
</tblDepartments>
</dataroot>
```

图 6.20　以纯文本形式导出的 XML 文件

该文本文件的前两行定义所使用的 XML 的版本和构架。导出的数据和结构从第 3 行开始。XML 是一种由标记组成的层次结构，这些标记定义数据的结构，每一部分数据都位于开始标记和结束标记之内。每条记录的开头是表名称对应的标记。在该示例中，<tblDepartments>是定义表的标记。向下若干行以后，有一个结束标记</tblDepartments>指定记录的结束。

> **注意：**
> XML 也使用标记为数据提供上下文。开始标记定义结构的开始，由小于号(<)和大于号(>)之间的文本组成。结束标记定义结构的结束。结束标记的格式与开始标记类似，唯一的不同之处在于小于号(<)之后带有一条正斜线。

在这两个标记之间是该记录的字段和数据。第一条记录的第一个字段记录为<DeptNumber>1000</DeptNumber>。可以识别 XML 的应用程序会将该行解释为，有一个名为 DeptNumber 的字段，该记录在该字段中的值为 1000。该标记和数据的层次结构应用于记录中的每个字段以及表中的每条记录。

Access 可以导出 XML，也可以导入 XML。要导入刚刚导出的 tblDepartments.xml 文件，请执行下面的步骤：

(1) 单击“外部数据”选项卡的“导入并链接”|“新数据源”|“从文件”|“XML 文件”。

(2) 定位到 tblDepartments.xml，单击“打开”，然后单击“确定”按钮。此时将显示“导入 XML”对话框(如图 6.21 所示)，其中显示了 Access 如何解释 XML 数据。

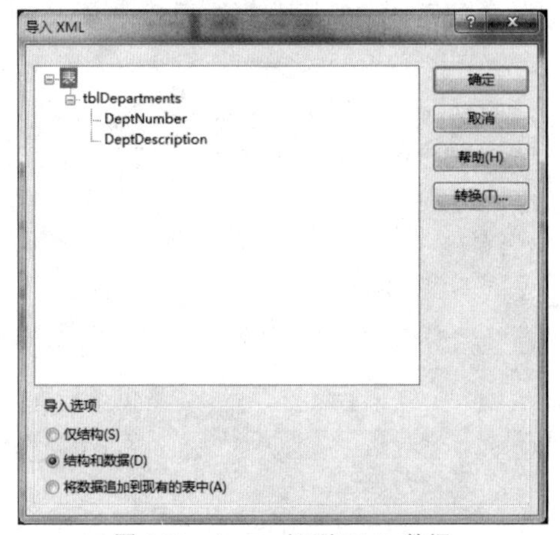

图 6.21　Access 识别 XML 数据

(3) 单击“确定”按钮。如本章前面所述，可以在关闭之前保存导入步骤。

Access 将这个格式良好的 XML 文件转化为一个表。<tblDepartments>标记确定导入的表的名称，<tblDepartments>标记及其结束标记中的标记定义字段，而字段标记之间的数据将成为新表中的数据。

6.3.6　导入和导出 HTML 文档

在 Access 中，可以像其他任何数据库、Excel 电子表格或文本文件一样轻松地导入 HTML 表。只须选择要导入的 HTML 文件，然后使用“HTML 导入向导”即可。“HTML 导入向导”的工作方式与本章前面所述的其他导入向导非常相似。

与上一节说明 XML 导入和导出一样，本节也将反过来执行 HTML 导入。首先，导出一个表并生成 HTML 文件，然后将该文件重新导入 Access 中，从而创建一个新表。要完成上述过程，执行下面的步骤：

(1) 打开 Chapter06_1.accdb 数据库，在“导航”窗格中选择 tblEmployees。

(2) 选择“外部数据”选项卡，单击“导出”组中的“其他”下拉按钮，然后选择“HTML 文档”。

(3) 在“导出-HTML 文档”对话框(参见图 6.22)中将某个 HTML 文件指定为导出目标。

(4) 选择 HTML 输出选项，然后单击“确定”按钮。单击“确定”按钮后，HTML 导出即告完成。除非勾选“导出数据时包含格式和布局”复选框，否则除了图 6.22 中的选项外，其他选项在导出 HTML 数据时均不可用。

“导出数据时包含格式和布局”是“导出–HTML 文档”对话框中的一个选项，选择该选项会显示其他导出选项。最重要的选项是它允许为导出指定 HTML 模板。HTML 模板是一个普通的 HTML 文件，只是它包含 Access 可以识别的一些特殊标记。这些标记会指示 Access 在导出时将特定数据放在什么位置，允许定义 HTML 文档的其他方面，例如样式和徽标。

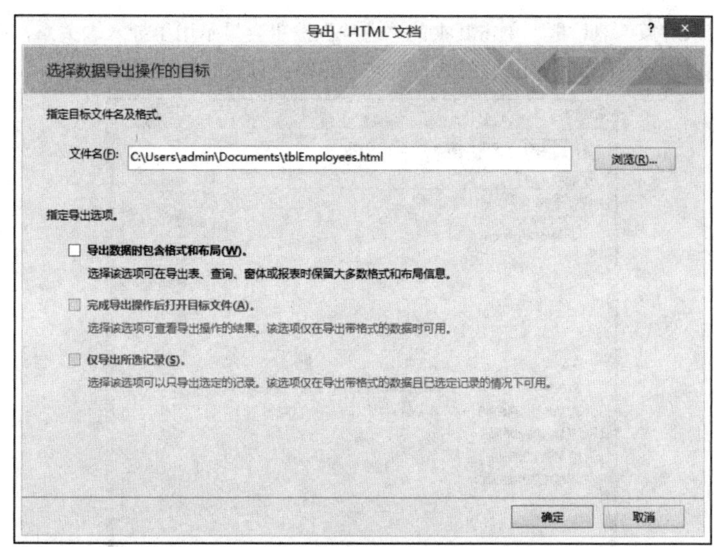

图 6.22　“导出-HTML 文档”对话框

导入 HTML 非常类似于本章前面所述的文本文件导入过程。实际上，“导入 HTML 向导”的绝大多数界面和选项都与“导入文本向导”相同，例如定义字段的数据类型以及确定主键。

6.3.7　导入除表之外的其他 Access 对象

可导入其他 Access 数据库表或者其他数据库中的任何其他对象，这意味着可以导入其他 Access 数据库中的现有表、查询、窗体、报表、宏或模块。此外，还可以导入自定义工具栏和菜单。

作为简单的演示，请执行下面的步骤：

(1) **打开 Chapter06_1.accdb 数据库。**

(2) **单击“导入并链接”|“新数据源”|“从数据库”|“Access”，从其他数据库选择要导入的选项。**此时将显示图 6.23 所示的界面。注意，在该对话框中，可以指定是导入数据库对象，还是链接到外部 Access 数据库中的表。

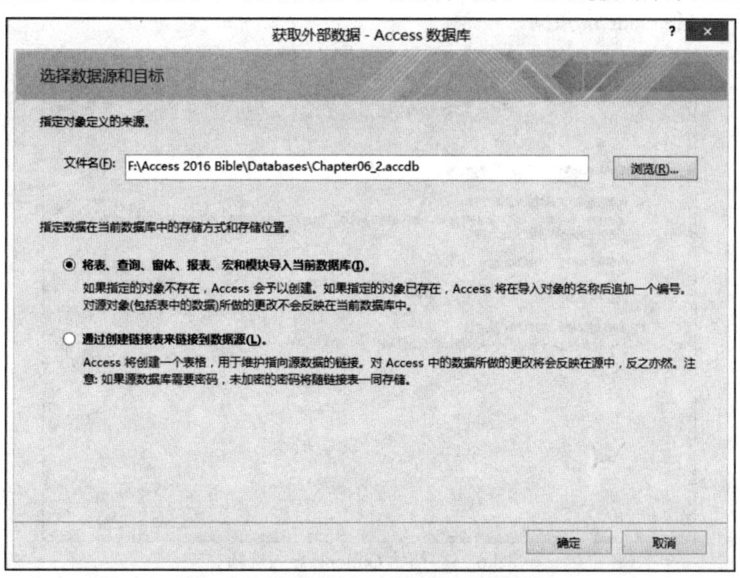

图 6.23　同一个向导可以导入对象以及链接到外部 Access 表

(3) **定位到 Chapter06_2.accdb 数据库，然后单击“确定”按钮。**图 6.24 显示可以导入每种类型的 Access 对象。

如果在同一次导入中包含表、查询、窗体、报表、宏或模块等所有对象，就可以从每个选项卡选择对象，然后同时导入所有对象。

图 6.24 显示了“导入对象”对话框。单击其中的“选项”按钮会显示用于导入表关系、菜单、工具栏以及其他 Access 数据库对象的选项。导入(以及导出)是在更改对象之前备份对象的绝佳方法。

图 6.24　导入 Access 对象

6.3.8　导入 Outlook 文件夹

一项非常有趣的 Access 导入功能是，可以直接从 Outlook 导入数据。绝大多数人都会将 Outlook 视为一种电子邮件系统，然而，它支持很多重要的业务需求，例如排定计划和联系人管理。

在使用 Outlook 数据时，Access 并不关注导入的数据项是电子邮件还是联系人。Access 可以同样轻松地处理所有类型的 Outlook 对象。

从“导入并链接”组选择“新数据源”|“从其他源”|“Outlook 文件夹”，打开初始的“Outlook 文件夹”导入对话框(如图 6.25 所示)。Access 提供了多个选项，分别用于导入 Outlook 数据、将数据添加到现有的 Access 表或者从当前 Access 数据库链接到 Outlook 数据。

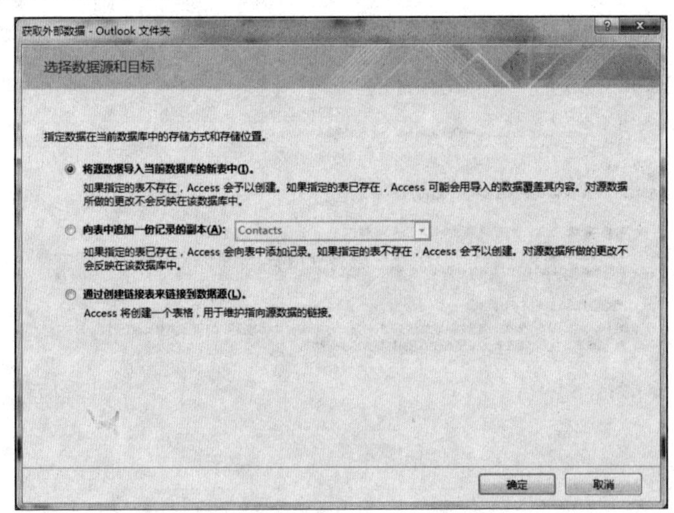

图 6.25　初始 Outlook 导入选项

选择导入选项会打开 Import Exchange/Outlook Wizard(如图 6.26 所示)。如该对话框所示，Access 可导入 Outlook 电子邮件、联系人、日历、日记以及其他文件夹。

根据在该向导中选择的条目，其余的向导界面会帮助完成将 Outlook 数据存入 Access 的整个过程。可将 Outlook 数据导入新表或现有的表、添加主键、指定数据类型，以及保存导入过程供以后执行。

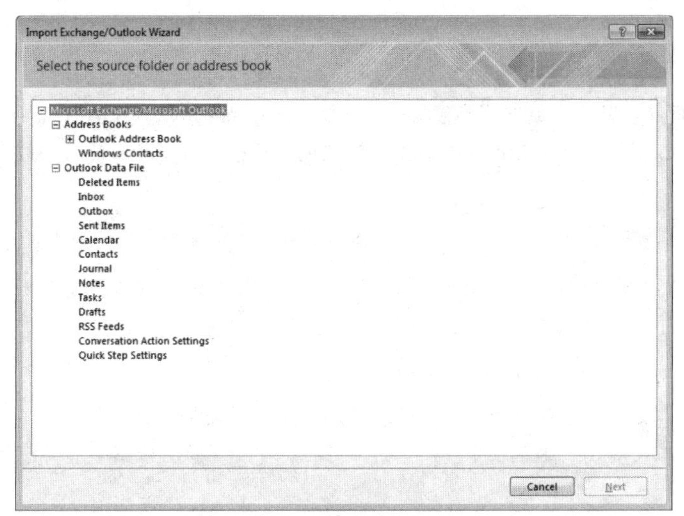

图 6.26　将 Outlook 对象导入 Access 中

6.4　如何导出到外部格式

导出过程会将数据从 Access 表复制到某种其他应用程序或数据源中，例如 XML 文档。导出的结果将使用目标数据源的格式，而不是 Access 数据库的格式。可将数据从 Access 表或查询复制到新的外部文件中。此外，还可以将表导出到多种不同的数据源。

> 注意：
> 通常情况下，导入的任何对象也可以导出，除非本章中另有说明。

6.4.1　将对象导出到其他 Access 数据库中

当导出过程的目标是 Access 数据库时，可以导出每种类型的 Access 对象(表、查询、窗体、报表等)。导入过程允许同时导入许多对象，而导出过程与此不同，它只允许一次导出一个对象。要将某个对象导出到其他 Access 数据库中，请执行下面的常规步骤。

(1) **打开源数据库并选择要导出的对象。**

(2) **单击“外部数据”选项卡的“导出”区域中的“Access”按钮。**此时将显示“导出-Access 数据库”对话框。

(3) **使用“浏览”按钮找到目标 Access 数据库。**

> 注意：
> 在尝试向目标数据库中导出对象时，请确保该数据库未处于打开状态。否则将发生锁定冲突。

(4) **单击“保存”，再单击“确定”按钮。显示**“导出”对话框。

> 注意：
> 表可以导出为“定义和数据”或者仅导出为“数据”。如果选择了“仅定义”，将导出表的结构和索引，但是新表不包含记录。两个选项都不会导出与其他表的关系。

如果目标数据库中已经存在某个对象，那么系统会询问是否希望替换目标数据库中的对象。如果不替换，可在目标数据库中创建一个新对象。

(5) **选择“定义和数据”，单击“确定”。**

(6) **在向导的最后一步中，可以保存导出配置供将来使用。**如果需要频繁地执行相同的导出过程，该选项会非常方便。

6.4.2　通过 ODBC 驱动程序导出

Access 可导出到任何兼容开放式数据库连接(Open Database Connectivity，ODBC)的数据库。兼容 ODBC 的数据库带有一个 ODBC 驱动程序，作为 Access 与该数据库之间的连接。许多非常流行的数据库(包括 Access)都兼容 ODBC。

> **注意：**
> 每个兼容 ODBC 的数据库驱动程序(Access 和数据库之间的连接器)的命名都稍有区别，并且需要不同的信息。关于特定数据库的信息，请参阅对应数据库的文档。

要通过 ODBC 驱动程序导出，请执行下面的步骤：

(1) 打开 Chapter06_1.accdb，并选择要导出的对象，例如 tblEmployees。

(2) 在“外部数据”的“导出”组选项卡中，单击 “其他”|“ODBC 数据库”。将打开如图 6.27 所示的“导出”对话框。

(3) 为表输入一个名称，或者单击“确定”按钮以使用默认名称。

(4) 在“选择数据源”对话框(如图 6.28 所示)中，为数据库选择合适的驱动程序。本例使用 SQLite3，这是一个免费、开源且兼容 ODBC 的数据库。关于数据库驱动程序的名称，请查阅数据库的文档。

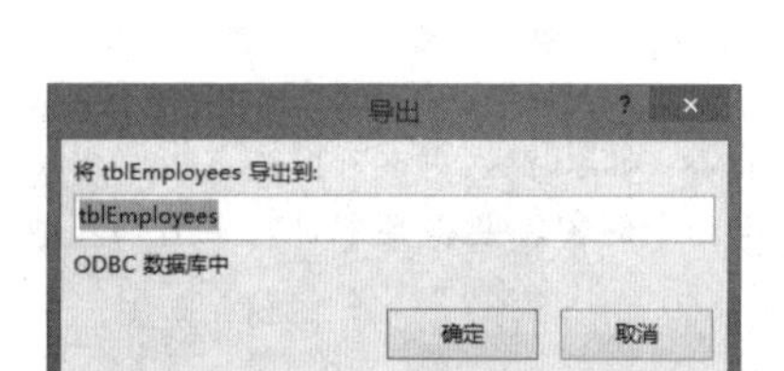

图 6.27　在 ODBC 目标数据库中命名表

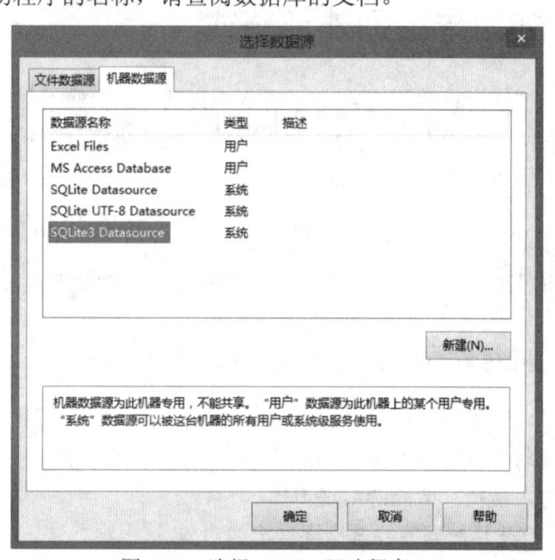

图 6.28　选择 ODBC 驱动程序

(5) 如有必要，保存导出步骤。

一些 ODBC 驱动程序将提示输入其他信息，例如数据库名或表名。其他应用程序，例如 SQLite3，将文件名存储在驱动程序文件中，并将表名指定为导出表的名称。导出完成后，就可以在其他数据库中使用新表。图 6.29 显示，tblEmployees 被成功地导出到 SQLite3 数据库中。

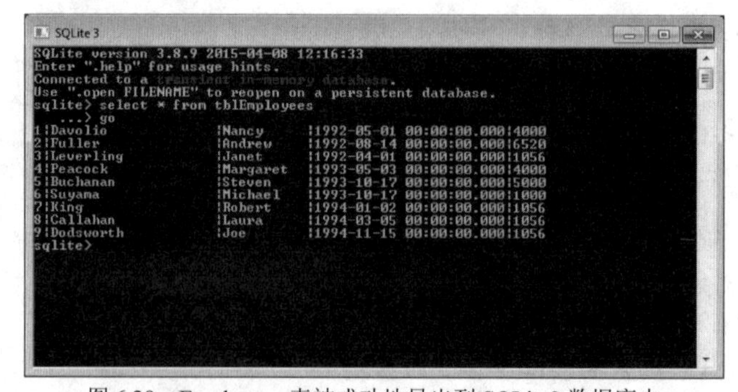

```
SQLite version 3.8.9 2015-04-08 12:16:33
Enter ".help" for usage hints.
Connected to a transient in-memory database.
Use ".open FILENAME" to reopen on a persistent database.
sqlite> select * from tblEmployees
   ...> go
1|Davolio         |Nancy     |1992-05-01 00:00:00.000|4000
2|Fuller          |Andrew    |1992-08-14 00:00:00.000|6520
3|Leverling       |Janet     |1992-04-01 00:00:00.000|1056
4|Peacock         |Margaret  |1993-05-03 00:00:00.000|4000
5|Buchanan        |Steven    |1993-10-17 00:00:00.000|5000
6|Suyama          |Michael   |1993-10-17 00:00:00.000|1000
7|King            |Robert    |1994-01-02 00:00:00.000|1056
8|Callahan        |Laura     |1994-03-05 00:00:00.000|1056
9|Dodsworth       |Joe       |1994-11-15 00:00:00.000|1056
sqlite>
```

图 6.29　Employees 表被成功地导出到 SQLite3 数据库中

6.4.3　导出到 Word 中

Access 提供了两种方式可以将数据传输到 Word 中，分别是导出到 RTF 格式和 Word 合并。RTF 格式是纯文本文件，但包含用于定义格式的特殊字符。导出到 RTF 选项会创建一个具有 RTF 扩展名的文档，而不是本机 Word 文档。但是，Word 可以像写字板以及许多其他文本编辑器一样读取 RTF 文档。

将数据合并到 Word 中

导出到 Word 中选项真正强大的功能是通过“Word 合并”实现的。使用“Word 合并”，可以控制数据出现在 Word 文档中的什么位置。该功能适用于发送信函、填写信封地址、生成报表以及创建文件夹标签。

要为 tblDepartments 中的每个部门创建文件夹标签，请执行下面的步骤：

(1) 在数据表视图中打开 tblDepartments。

(2) 单击“外部数据”选项卡上“导出”组中的“Word 合并”按钮。

(3) 在“Microsoft Word 邮件合并向导”的第一个界面(如图 6.30 所示)中，选择“创建新文档并将数据与其链接”单选按钮，然后单击“确定”按钮。Word 将打开一个新文档，并在右侧显示“邮件合并”任务窗格。

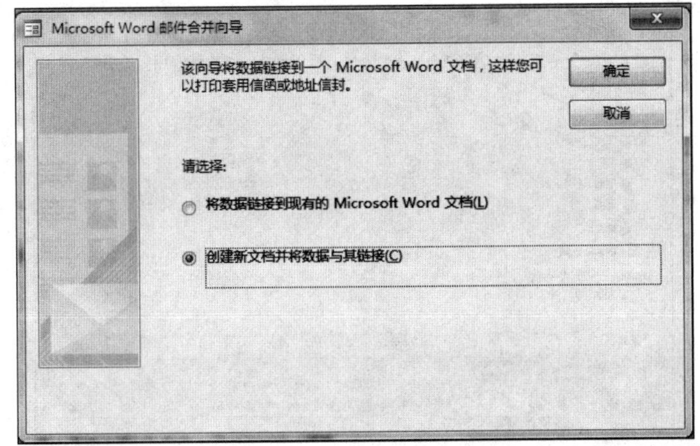

图 6.30　“Microsoft Word 邮件合并向导”允许将数据导出到现有文档或新文档中

(4) 完成“Word 邮件合并向导”中的步骤。选择“标签”作为文档类型，再选择标签的样式。

(5) 在标签和模板上排列 DeptNumber 和 DeptDescription 并完成合并。使用功能区的“邮件”选项卡中的“插入合并域”按钮，将字段放到标签上。可以添加其他文本和标点符号，甚至可以把字段放到单独的行中。图 6.31 显示了一个合并操作的结果，其中部门编号和说明通过冒号来分隔。

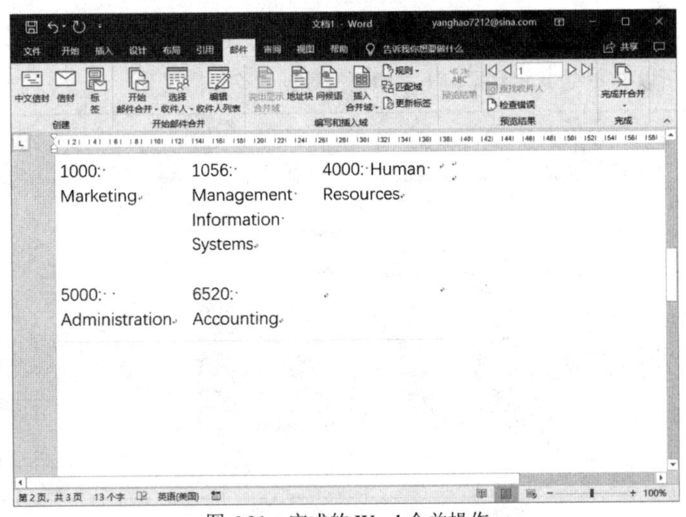

图 6.31　完成的 Word 合并操作

> **注意：**
> 可以先将 Word 文档转换为文本文件，再从 Word 导入 Access。甚至可同时使用 Word 与 Excel 来生成带分隔符的文本文件。

6.4.4　发布到 PDF 或 XPS

开发 PDF 和 XPS 文件格式的初衷是按照在打印页面上的形式显示数据。通常情况下，使用这些格式显示的数据不可编辑。发布到 PDF 或 XPS 会输出相对较小的文件，当想要共享数据但不希望其他人更改数据时，该功能非常有用。

要将 tblEmployees 导出到 PDF 中，执行下面的步骤：

(1) 在“导航”窗格中选择 tblEmployees。

(2) 从功能区的“外部数据”选项卡上的“导出”组中选择“PDF 或 XPS”。此时将显示“发布为 PDF 或 XPS”对话框。

(3) 从“保存类型”下拉列表中选择 PDF (请参阅图 6.32)。

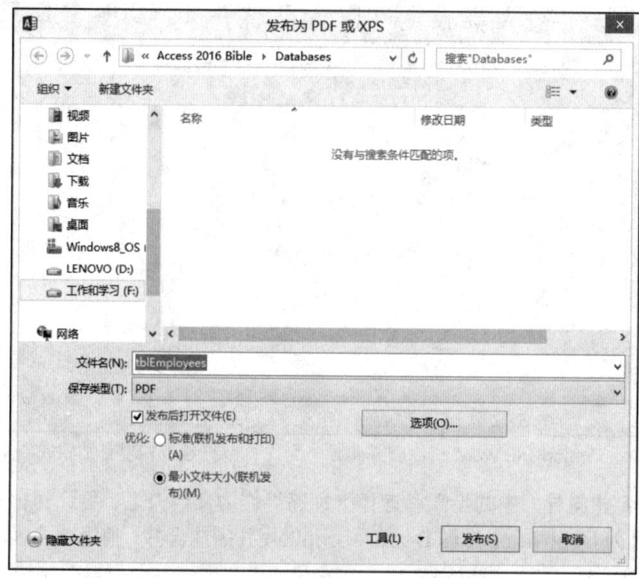

图 6.32　选择 PDF 或 XPS 作为文件格式

(4) 单击“发布”按钮。

如图 6.33 所示，结果是一个可以通过许多不同的 PDF 阅读器程序打开的 PDF 文件。绝大多数计算机都安装了某种 PDF 阅读器软件，所以 PDF 是共享数据但不希望更改数据的绝佳格式。

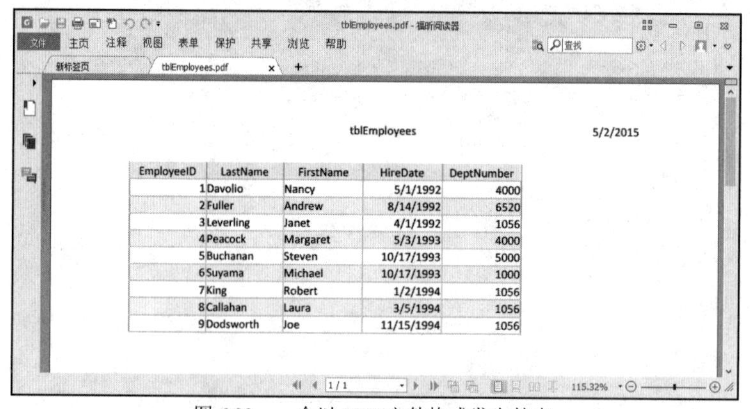

tblEmployees　　5/2/2015

EmployeeID	LastName	FirstName	HireDate	DeptNumber
1	Davolio	Nancy	5/1/1992	4000
2	Fuller	Andrew	8/14/1992	6520
3	Leverling	Janet	4/1/1992	1056
4	Peacock	Margaret	5/3/1993	4000
5	Buchanan	Steven	10/17/1993	5000
6	Suyama	Michael	10/17/1993	1000
7	King	Robert	1/2/1994	1056
8	Callahan	Laura	3/5/1994	1056
9	Dodsworth	Joe	11/15/1994	1056

图 6.33　一个以 PDF 文件格式发布的表

第 7 章

链接到外部数据

本章内容：

- 查看外部数据的类型以及使用外部数据的方法
- 将 Access 数据库链接到外部数据
- 使用链接表
- 拆分 Access 数据库

第 6 章学习了可以导入 Access 和从中导出的外部数据的类型。还了解到何时应该导入和导出以及何时应该链接。本章将通过一个实时且不断更新的数据链接，介绍在 Access 中使用外部数据的方法。

Web 内容

本章将使用 Chapter07.accdb 数据库，以及其他一些将用于链接的文件。如果尚未从本书对应的 Web 站点将这些文件下载到计算机上，现在需要立即下载。

注意，由于本章的要点是说明 Access 如何使用外部数据，因此，需要将一些外部数据的示例复制到计算机上。遗憾的是，在使用外部数据时，Access 需要每个文件的精确路径，而不能使用相对路径。这意味着，将 Chapter07.accdb 复制到自己的计算机时，必须重新链接各个外部文件，否则将无法正常使用。本章将介绍如何执行该操作。现在，需要了解表 7.1 中的表链接到所示的文件。

表 7.1　链接到外部文件的表

表	外部文件类型	文件名
ContactsFixed	文本文件	ContactsFixed.txt
Customers	Excel 8.0	CollectibleMiniCars.xls
CustomerTypes	HTML	CustomerTypes.html
Products	Excel 8.0	CollectibleMiniCars.xls
tblSales	Access	Chapter07_Link.accdb
tblSalesLineItems	Excel 8.0	tblSalesLineItems.xls
tblSalesPayments	Access	Chapter07_Link.accdb

链接到 Access 应用程序的数据具有各种格式。不可能仅用一章的篇幅说明每种链接操作类型。因此，本章将讨论链接到外部数据所需的基本步骤，并提供一些示例演示如何在 Access 中执行这些过程，而不是提供与工作可能有关或无关的大量示例。

如下所述，了解外部数据格式对于成功完成链接操作非常重要。只有对外部数据格式有一定的了解，才能成功地将数据导入 Access 应用程序中，或者通过链接将数据合并到 Access 数据库中。本章将指出选择链接到外部数据时涉及的许多问题，本章将作为一个指南，指导在 Access 应用程序中执行这些操作。

修复链接

稍后将详细讨论链接表管理器。现在，执行下面的步骤，以便修复 Chapter07.accdb 中的链接表。

(1) 将 Chapter 07 文件夹复制到计算机，并记住保存的位置。

(2) 打开 Chapter07.accdb。

(3) 在功能区的“外部数据”选项卡上单击“导入并链接”组中的“链接表管理器”。此时将显示“链接表管理器”。

(4) 单击“全选”按钮，然后单击“确定”按钮。系统将提示输入每个链接表的新位置。

(5) 使用本章前面提供的文件名表，定位到每个文件。“链接表管理器”将显示一条消息，指出所有选定的链接表都已成功刷新。当前尝试刷新的表名在文件对话框的标题栏中，

(6) 单击“关闭”按钮，关闭“链接表管理器”。

现在，可以按照本章中示例的步骤进行操作。

7.1 链接外部数据

随着数据库市场的不断发展，使用来自多种不同数据源的信息的需求也会逐步增加。如果在 SQL Server 数据库或旧版 Excel 电子表格中捕获了某些信息，那么不希望将这些信息再次从上述数据源输入 Access 中。而且，公司的流程或者策略可能要求将数据保留在这些外部文件中，这样就不必承担因复制数据而导致数据不同步的风险。理想情况下，希望打开包含数据的 Access 表，并以其本机格式使用相应的信息，而不必复制数据或者编写转换程序对其进行访问。很多情况下，以某种数据库格式访问信息而以另一种格式使用信息的功能是许多商业项目必不可少的起点。

使用代码将数据从一种应用程序格式复制或转换为另一种格式非常耗时，而且成本高昂。复制或转换过程所花费的时间可能使操作成功变得没有意义，几乎等同于失败。因此，需要在环境中的各种不同数据源之间找到一种中间格式。

Access 可同时链接到其他数据库系统包含的多个表。在链接某个外部文件后，Access 会存储链接规范，并使用外部数据，就像它们存储在本地表中一样。Access 可以轻松地链接到其他 Access 数据库表以及支持 ODBC 的非 Access 数据库表。一种建议的做法是将一个 Access 数据库拆分为两个独立的数据库，以便在多用户或客户端-服务器环境中使用。本章后面将详细讨论如何用这种方式拆分数据库。

7.1.1 标识链接表

6.1.2 节介绍了 Access 可以链接到的数据库表和其他文件类型。Access 在对象列表中显示链接表的名称，并使用一个特殊图标来指示相应的表为链接表，而不是本地表。指向图标的箭头表示相应的表名代表链接数据源。图 7.1 在列表中显示了多个链接表(箭头图标指示对应的文件是链接文件。此外，图标还指出链接到当前 Access 数据库的文件类型。例如，Excel 文件显示 Excel 徽标，而 HTML 表带有一个地球仪符号)。

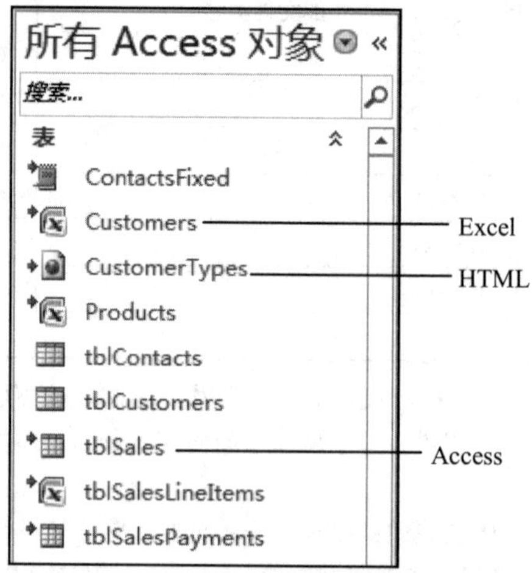

图 7.1　Access 数据库中的链接表。请注意，每个链接表都有一个箭头图标，指示其状态为链接表

将外部数据库表链接到 Access 数据库后，可以像其他任何表一样使用该链接表。例如，图 7.2 显示了一个使用若干链接表的查询：tblCustomers (本地 Access 表)、tblSales (链接 Access 表)、tblSaleLineItems (来自一个 Excel 文件)以及 Products (来自另一个 Excel 文件)。可以看到，没有采取任何方法区分来自外部数据源的表，Access 对待它们的方式与其他任何表别无二致。

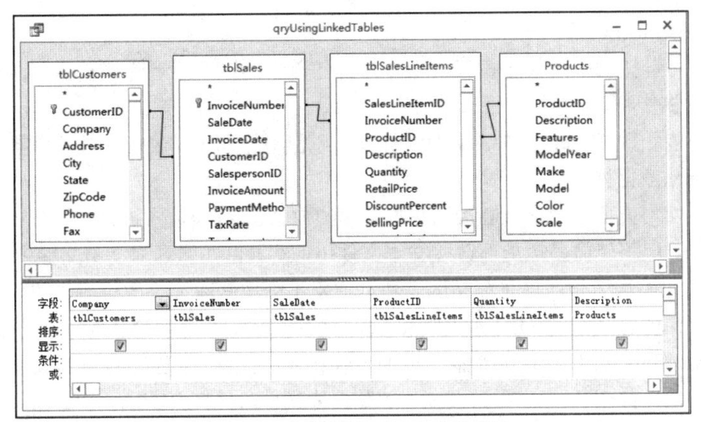

图 7.2　一个使用外部链接表的查询

该查询显示了链接到各种数据源的潜在益处，并无缝地显示来自内部表和链接表的数据。图 7.3 显示的是该查询返回的数据表。该数据表中的每一列都来自不同的数据源。

qryUsingLinkedTables

Company	InvoiceNu	SaleDate	ProductII	Quantity	Description
Fun Zone	4	2012/3/28	59	1	GMC Pickup
Fun Zone	4	2012/3/28	45	1	Ford Woody
Fun Zone	4	2012/3/28	2	1	Cord 810
Zoomy Collectible	5	2012/5/10	4	5	Chevrolet Corvette Conve
Zoomy Collectible	5	2012/5/10	34	1	Porsche 935
Zoomy Collectible	5	2012/5/10	5	2	Chevrolet Bel Air Conver
Zoomy Collectible	5	2012/5/10	3	1	Chevrolet Corvette Conve
Your Favorite Thi	6	2012/5/7	6	3	Ford Fairlane
Your Favorite Thi	6	2012/5/7	8	1	Pontiac Vibe
Grandma's Closet	7	2012/7/5	2	1	Cord 810
Grandma's Closet	7	2012/7/5	7	4	Buick T-Type
Grandma's Closet	7	2012/7/5	57	1	Chevy Bel Air
Too Many Toys	8	2012/8/4	51	3	Chevy Bel Air Hardtop
Too Many Toys	8	2012/8/4	38	1	Eagle #6 Bobby Unser
Too Many Toys	8	2012/8/4	1	3	Buick Skylark
Too Many Toys	8	2012/8/4	8	1	Pontiac Vibe
Paul's Best Toys	9	2012/8/12	56	1	Datsun 240Z
Paul's Best Toys	9	2012/8/12	1	1	Buick Skylark
Fun Zone	10	2012/9/25	33	3	Shelby Coupe

记录: 第 1 项(共 88 项　无筛选器　搜索

图 7.3　外部链接数据的数据表视图

图 7.3 显示了在 Access 中使用链接数据的一个重要概念：用户不知道也不关心数据驻留在什么地方。他们只希望以预期的格式查看数据。只有开发人员了解将该数据存入用户界面(UI)过程中所涉及的问题。除了链接数据的限制(参见下一节)之外，用户看不出本地数据和链接数据之间的差异。

注意：

将外部表链接到 Access 数据库后，不要将源表移动到其他驱动器或目录中。Access 不会将外部数据文件存入 ACCDB 文件，只是通过文件名和文件路径维护链接。如果移动外部表，则需要使用“链接表管理器”更新链接，相关信息将在 7.2.5 节中介绍。

7.1.2　链接数据的限制

尽管本章指出，使用链接数据就像它存在于本地 Access 表中一样，但某些操作是不能在链接数据上执行的。而且，禁止的操作在某种程度上取决于链接到 Access 的数据类型。

理解这些限制比较容易。链接数据永远不会被 Access“拥有”。链接到 Access 的外部文件是由它们各自的应用程序来管理的。例如，Excel 工作表由 Excel 管理。让 Access 自由修改 Excel 工作表中的数据会比较危险。例如，由于许多 Excel 操作都依赖于行和列在工作表中的相对位置，因此，向工作表中插入一行可能会破坏 Excel 对数据执行的计算以及其他操作。删除一行可能会导致在 Excel 工作表中误用命名区域，从而出现类似的问题。由于没有切实可行的方法让 Access 了解外部数据文件的所有者对其执行的所有操作，因此，Microsoft 选择采取保守方式，不允许 Access 修改可能给数据所有者造成麻烦的数据。

下面列出链接数据的限制。

- **Access 数据**：对链接表中的数据执行的操作没有任何限制。不能删除或重命名源表。此外，也不能更改源表的字段或数据类型。
- **Excel 数据**：不能更改 Excel 工作表中的现有数据，也不能在工作表中删除或添加数据行。从本质上说，Access 会将 Excel 数据视为只读模式。
- **文本文件**：出于实用方面的考虑，链接到文本文件的数据在 Access 中被视为只读的。尽管可以在窗体和报表中使用该数据，但不能简易地更新链接文本文件中的行，也不能删除文本文件中的现有行。但奇怪的是，可以向文本文件中添加新行，这可能是因为新行通常不会像删除或更改现有行的内容那样破坏现有操作。
- **HTML**：HTML 数据完全被当作 Excel 数据来处理。不能修改、删除 HTML 表中的行，也不能向其中添加行。
- **Outlook 联系人**：Outlook 联系人可以显示在 Access 窗体和报表中，但不能对其执行添加、删除或更改操作。
- **ODBC**：ODBC 是一种在 Access 数据库和外部数据库文件(例如 SQL Server 或 Oracle)之间使用驱动程序进行数据访问的技术。一般来讲，由于链接数据源是数据库表，因此，可以执行任何能够对本地 Access 表执行的数据库操作(例如修改、删除、添加)，前提是在 Access 中定义了唯一索引(7.1.4 节会详细讨论 ODBC 数据库表的内容)。

7.1.3 链接到其他 Access 数据库表

可通过链接到相应的表，Access 无缝地合并其他 Access 文件中的数据。通过该过程可以轻松地跨网络或在本地计算机上实现 Access 应用程序之间的数据共享。本节的内容适用于从 Access 数据库链接到的任何 Access 数据文件。后面几节将简要解释链接到 Access 表和链接到 Access 可以识别的其他数据文件类型之间的差别。

注意：

Access 开发人员的一种常见做法是将 Access 数据库拆分为两部分。一部分包含查询、窗体、报表以及应用程序的其他 UI 组件，而另一部分包含表和关系。拆分 Access 数据库有很多益处，其中包括一些性能优势，还便于维护。本章后面会讨论 Access 数据库的拆分。本节所述的链接到外部 Access 表的过程是拆分数据库范例的必要组成部分。

链接到其他 Access 表后，可以像打开的数据库中的任何表一样使用链接表(但是，不能在与非源数据库的其他表的关系中使用)。要从 Chapter07.accdb 数据库文件链接到 Chapter07_Link.accdb 数据库中的 tblSalesPayments，请执行下面的步骤：

(1) 打开 Chapter07.accdb。

(2) 选择功能区的“外部数据”选项卡，然后单击“导入并链接”|“新数据源”|“从数据库”|“Access”。此时将显示“获取外部数据-Access 数据库”对话框(如图 7.4 所示)。

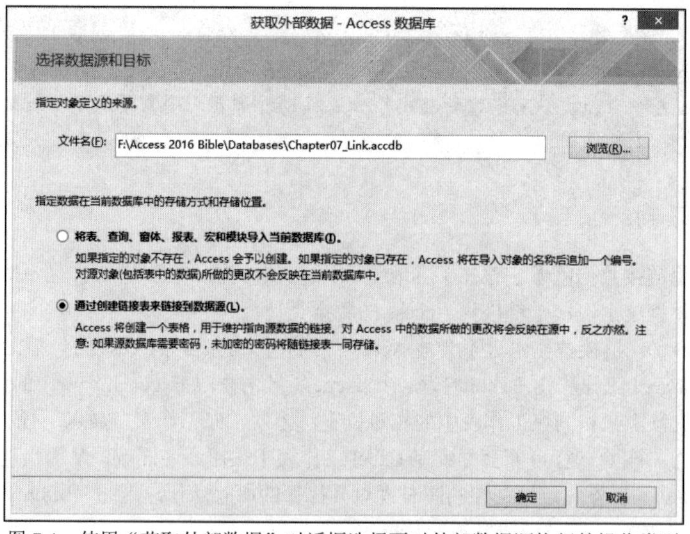

图 7.4　使用“获取外部数据”对话框选择要对外部数据源执行的操作类型

(3) 单击“浏览”按钮。此时将显示“打开”对话框。

(4) 找到 Chapter07_Link.accdb，然后单击“打开”按钮。“打开”对话框将关闭，并返回到“获取外部数据-Access 数据库”对话框。

(5) 在“获取外部数据-Access 数据库”对话框中选择用于链接的选项按钮，然后单击“确定”按钮。在“链接表”对话框中，可以从选定数据库(在该示例中为 Chapter07_Link)选择一个或多个表。图 7.5 显示了针对 Chapter07_Link.accdb 打开的“链接表”对话框。

图 7.5 使用“链接表”对话框选择用于链接的 Access 表

(6) 选择 tblSalesPayments，然后单击“确定”按钮。双击表名称不会链接表，必须突出显示该表，然后单击“确定”按钮。

链接 tblSalesPayments 后，Access 将返回对象列表并显示新链接的表。图 7.6 显示的是链接到当前数据库的 tblSalesPayments。请注意附加到 tblSalesPayments 的特殊图标。该图标表示该表链接到一个外部数据源。将鼠标指针悬停在链接表上，将显示链接表的数据源。

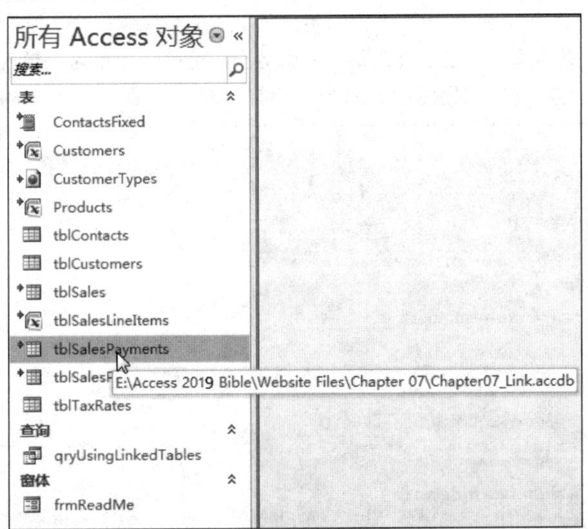

图 7.6 添加了 tblSalesPayments 的“导航”窗格。悬停在链接表图标上将显示其数据源

提示：

为了一次链接到多个表，可以在“链接表”对话框中单击“确定”按钮之前选择多个表。单击“全选”按钮可选择所有表。选择所有表后，可单击各个选项将其取消选中。

7.1.4　链接到 ODBC 数据源

关于数据共享的一个显著进步是由 Microsoft 和其他供应商建立的开放式数据库连接(Open Database Connectivity，ODBC)标准。ODBC 是软件供应商用于为数据库产品创建驱动程序的规范。该规范使 Access 应用程序可以在多种不同的数据库平台上以标准的方式使用数据。如果编写符合 ODBC 规范的应用程序，那么应用程序将可以使用其他任何遵从 ODBC 的后端。

例如，假定创建一个使用 SQL Server 数据库后端的 Access 应用程序。实现此要求最常见的方式是使用 SQL Server ODBC 驱动程序。在开发该应用程序后，一家分支机构也要使用该应用程序，但他们使用 Oracle 作为数据库主机。如果应用程序严格遵循 ODBC 语法，那么只要获取 Oracle ODBC 驱动程序，应该就可以将同样的应用程序与 Oracle 结合使用。不仅供应商为自己的产品提供驱动程序，现在还有专门创建和提供 ODBC 驱动程序的软件供应商。

7.1.5　链接到非数据库数据

也可以链接到非数据库数据，例如 Excel、HTML 和文本文件。当选择上述某种数据源类型时，Access 会运行链接向导，全程提示执行相应的操作。

1. 链接到 Excel

当链接到 Excel 数据时，应该注意下面的主要问题：

- Excel 工作簿文件可能包含多个工作表。必须选择链接到工作簿文件中的哪个工作表(除非使用命名区域)。
- 可以链接到 Excel 工作表中的命名区域。每个区域将成为 Access 中一个单独的链接表。
- Excel 列可能包含几乎所有类型的数据。成功链接到 Excel 工作表并不意味着应用程序能够使用该工作表中包含的所有数据。由于 Excel 不会限制工作表中包含的数据类型，因此，应用程序可能在链接 Excel 工作表的单个列中遇到多种类型的数据。这意味着可能需要添加代码或提供其他策略，以处理 Excel 工作表中包含的各类数据。

本书对应的 Web 站点包含一个 Excel 电子表格，该电子表格是通过从 Collectible Mini Cars 应用程序导出 Products 表创建的。可以使用该文件练习如何链接到 Excel 数据，不过请记住，在实际操作中，在 Excel 电子表格中可能遇到的数据要比 CollectibeMiniCars.xls 文件中包含的数据复杂得多，且更加无序。

要链接到 Excel 电子表格 CollectibleMiniCars.xls，请执行下面的步骤：

(1) 在 Chapter07.accdb 数据库中，在功能区的“外部数据”选项卡上单击“导入并链接”|“新数据源”|“从文件”|“Excel”。此时将显示“获取外部数据-Excel 电子表格”对话框(如图 7.7 所示)。

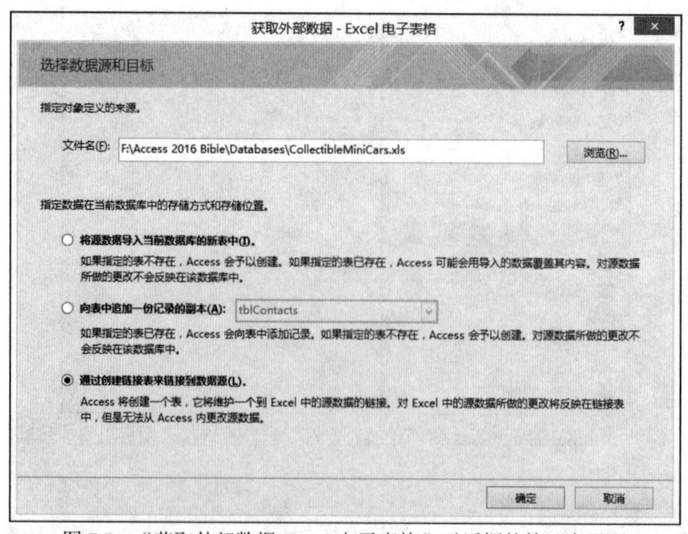

图 7.7　“获取外部数据-Excel 电子表格”对话框的第一个界面

(2) 选中“通过创建链接表来链接到数据源”单选按钮，然后单击“浏览”按钮。“获取外部数据”对话框适用于导入和链接操作，因此，在继续之前请确保选择正确的操作。

交叉参考：

将数据导入 Access 中的详细信息参见第 6 章。

(3) 找到并打开相应的 Excel 文件。在“打开”对话框中选择 CollectibleMiniCars 电子表格文件，然后单击“打开”按钮。

(4) 在“获取外部数据-Excel 电子表格”对话框中单击“确定”按钮。请注意，“链接数据表向导”包含用于在工作簿文件中选择工作表或命名区域的选项。如图 7.8 所示，在该示例中，电子表格文件中包含三个不同的工作表(名为 Products、Sales 和 Customers)。

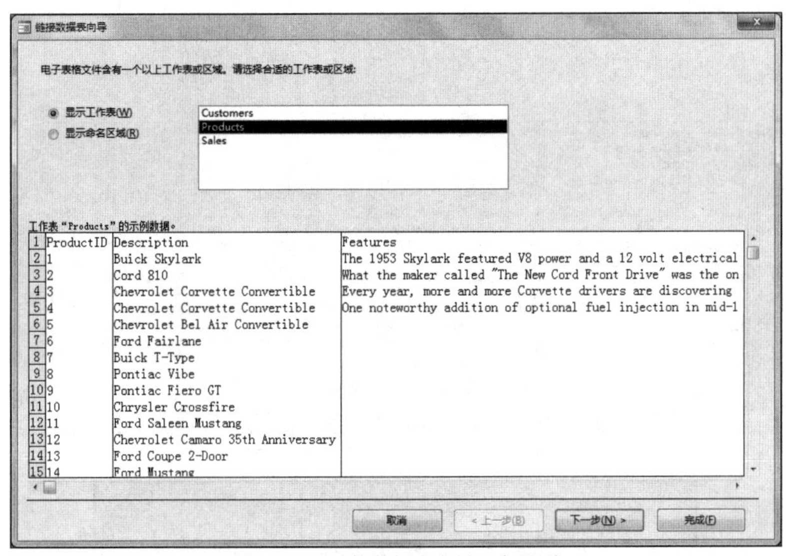

图 7.8　“链接数据表向导”主界面

(5) 选择 Products 工作表。“链接数据表向导”指导用户完成很多不同的界面，在这些界面中，可以指定详细信息，例如“第一行包含列标题”以及要应用于 Excel 工作表中每一列的数据类型。“链接数据表向导”的最后一个界面会要求提供新链接表的名称。

(6) 单击“完成”按钮。链接表已建立，并返回 Access 环境。

与数据库开发中的其他许多操作一样，链接到外部数据源过程中涉及的许多决策都是基于数据在应用程序中的使用方式做出的。此外，为字段提供的名称和其他详细信息对应用程序具有直接影响。

2. 链接到 HTML 文件

本书未详细介绍对链接到 HTML 文档中包含的数据的过程，因为 Access 对此过程施加了相当严格的限制。例如，Access 无法从随意的 HTML 文件中检索数据。数据必须呈现为 HTML 表，采用行列格式，并且数据必须比较整洁(不存在异常数据或数据混合的情况，例如在单个 HTML 表中包含文本、图像和数值数据)。

如果在页面中显示多个 HTML 表，或者数据以分层方式显示(父数据和子数据)，很可能会遇到问题。

提示：

链接到随意的 HTML 文档只能偶尔进行，或者尽量避免。建议链接到的 HTML 文档应是专门为 Access 应用程序准备的数据源，而不要尝试使用随意的 HTML 文件。如果有人不怕麻烦仍要创建专门的 HTML 文档，用作 Access 数据源，那么相比于 HTML，生成逗号分隔值(CSV)文件或固定宽度的文本文件可能是更好的选择。在 CSV 文件中，每一行中的字段用逗号来分隔，常用于将数据从一个应用程序移到另一个应用程序。有关 CSV 文件和固定宽度的文件类型，参见下一节。

链接 HTML 数据的过程与链接到 Excel 电子表格非常类似。

(1) 在功能区的“外部数据”选项卡上单击“导入并链接”|“新数据源”|“从文件”|“HTML 文档”。此时将显示“获取外部数据-HTML 文档”对话框。

(2) 选中“通过创建链接表来链接到数据源”选项，然后单击“浏览”按钮。此时将显示“打开”对话框，在该对话框中，可以搜索想要链接的 HTML 文件。

此后，链接到 HTML 数据的过程类似于链接到其他类型的数据文件，包括提供链接数据的字段名称和其他详细信息。图 7.9 显示了“链接 HTML 向导”的第一个界面。单击 “高级”按钮可转到“链接规格”界面(如图 7.10 所示)，在该界面中，可以提供字段名称以及其他详细信息。

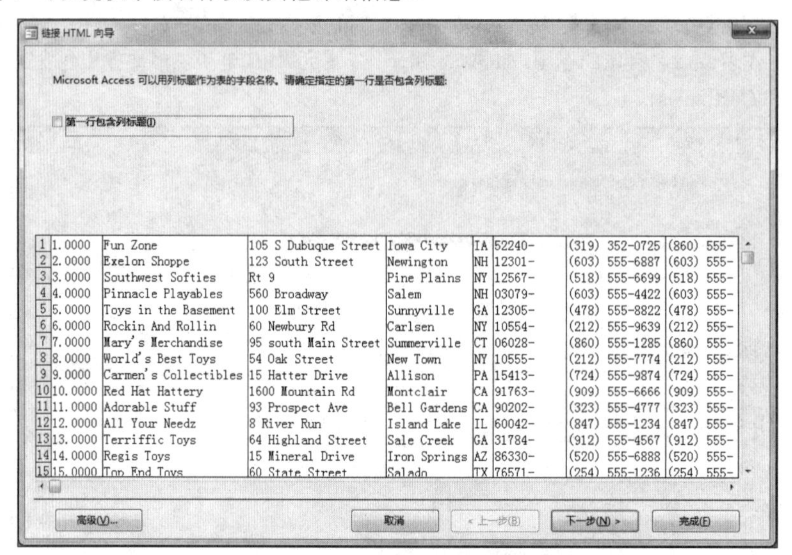

图 7.9　显示 HTML 文件中数据的“链接 HTML 向导”界面

图 7.10　用于为链接表命名列标题(字段名称)的“链接规格”界面

本书对应的 Web 站点包含非常简单的 HTML 文件 CustomerTypes.html，通过它可以练习链接到 HTML 文档的过程。由于数据在 HTML 文档中存储的方式多种多样，因此，无法针对链接到 HTML 数据的过程归纳出一种通用的方法。但是，掌握链接到外部数据源的能力后，可进一步提高技能。

3. 链接到文本文件

比链接到 HTML 文件更常见的一种情况是链接到存储在纯文本文件中的数据。包括 Word 和 Excel 在内的绝大多数应用程序都可以使用各种文本格式发布数据。最常见的格式包括：

- **固定宽度**：在固定宽度的文本文件中，每一行表示数据库表的一行。一行中的每个字段占用的字符数与当前行上方和下方的行中对应字段完全相同。例如，某个固定宽度文本文件中，Last Name 字段可能占用 20 个字符，电话号码字段可能仅使用 10 或 15 个字符。每个数据字段都在右侧填充空格，以填满分配给该字段的宽度。图 7.11 显示了在记事本中打开的典型固定宽度文件。

```
Contacts_FixedWidth - 记事本
文件(F) 编辑(E) 格式(O) 查看(V) 帮助(H)
1       Buyer       John        Jones       Nopa Auto Parts
2       Seller      Hank        Masters     Jiffy Auto Sales
3       Both        Larry       Minkler     All Start Autos
11      Both        Joe         Hammerman   Columbia Chevy
12      Buyer       Cary        James       James Auto Parts
13      Buyer       Mark        Uno         Fillion Sales And Service
14      Buyer       Brandon     Aley        Tip Top Chevy
15      Both        Michael     Dennis      Newbury Auto
16      Both        Mark        Martin      Peekskill Sales
17      Both        Karl        Johnson     KJ Auto Repair
18      Both        William     Gleason     R & G Monda Inc
19      Both        Alex        Tomaso      Tires National
20      Both        Karla       Hayes       Hayes Auctions
21      Seller      Teresa      Aikins      Middletown Auto Parts
22      Both        John        Marino      Bill Thomas Sales, Inc
23      Both        Donald      Peterson    Yantic Auto Parts
24      Seller      Dennie      Parkson     ACC Car Sales
25      Buyer       Ann         Bond        A-1 Auto Sales
26      Seller      Joe         Crook       Main Street Used Auto Parts
27      Both        Jeffrey     Lan         LAN Trucking
28      Buyer       Matt        Smith       ABC Trucking
29      Both        David       Smith       Fordman Colonial Times
30      Both        Cindy       Casey       Circle Auto Sales
31      Both        Karen       Bailey      Sammy Fordman
```

图 7.11　一个典型的固定宽度文本文件

- **逗号分隔值(CSV)**：CSV 文件比固定宽度文件更难理解。在这种文件中，每个字段通过逗号字符(,)与其他字段分隔，并且每个字段占用包含数据所需的空间。一般来说，在 CSV 文件中，字段之间不包含空格。CSV 文件的优势在于，数据可以包含在较小文件中，因为每个字段仅占用包含数据所需的磁盘空间。难点在于有时字段中会有逗号，需要文本限定符，如双引号。

在记事本中打开时，CSV 文件的可读性比较差。图 7.12 显示了一个典型的 CSV 文本文件。

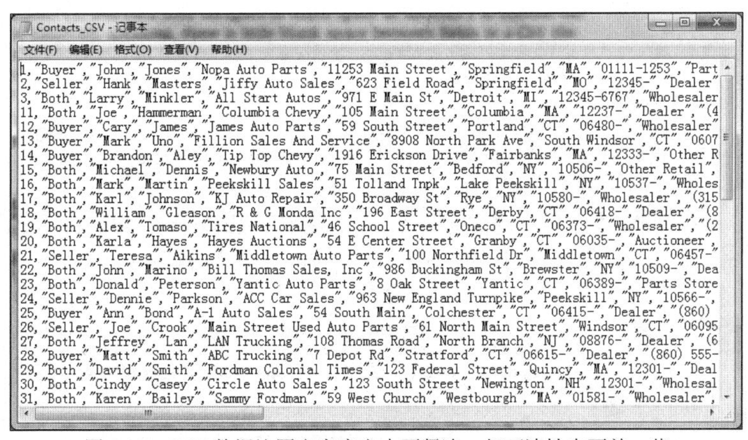

```
Contacts_CSV - 记事本
文件(F) 编辑(E) 格式(O) 查看(V) 帮助(H)
1,"Buyer","John","Jones","Nopa Auto Parts","11253 Main Street","Springfield","MA","01111-1253","Part
2,"Seller","Hank","Masters","Jiffy Auto Sales","623 Field Road","Springfield","MO","12345-","Dealer"
3,"Both","Larry","Minkler","All Start Autos","971 E Main St","Detroit","MI","12345-6767","Wholesaler
11,"Both","Joe","Hammerman","Columbia Chevy","105 Main Street","Columbia","MA","12237-","Dealer","(4
12,"Buyer","Cary","James","James Auto Parts","59 South Street","Portland","CT","06480-","Wholesaler"
13,"Buyer","Mark","Uno","Fillion Sales And Service","8908 North Park Ave","South Windsor","CT","0607
14,"Buyer","Brandon","Aley","Tip Top Chevy","1916 Erickson Drive","Fairbanks","MA","12333-","Other R
15,"Both","Michael","Dennis","Newbury Auto","75 Main Street","Bedford","NY","10506-","Other Retail",
16,"Both","Mark","Martin","Peekskill Sales","51 Tolland Tnpk","Lake Peekskill","NY","10537-","Wholes
17,"Both","Karl","Johnson","KJ Auto Repair","350 Broadway St","Rye","NY","10580-","Wholesaler","(315
18,"Both","William","Gleason","R & G Monda Inc","196 East Street","Derby","CT","06418-","Dealer","(8
19,"Both","Alex","Tomaso","Tires National","46 School Street","Oneco","CT","06373-","Wholesaler","(2
20,"Both","Karla","Hayes","Hayes Auctions","54 E Center Street","Granby","CT","06035-","Auctioneer",
21,"Seller","Teresa","Aikins","Middletown Auto Parts","100 Northfield Dr","Middletown","CT","06457-"
22,"Both","John","Marino","Bill Thomas Sales, Inc","986 Buckingham St","Brewster","NY","10509-","Dea
23,"Both","Donald","Peterson","Yantic Auto Parts","8 Oak Street","Yantic","CT","06389-","Parts Store
24,"Seller","Dennie","Parkson","ACC Car Sales","963 New England Turnpike","Peekskill","NY","10566-",
25,"Buyer","Ann","Bond","A-1 Auto Sales","54 South Main","Colchester","CT","06415-","Dealer","(860)
26,"Seller","Joe","Crook","Main Street Used Auto Parts","61 North Main Street","Windsor","CT","06095
27,"Both","Jeffrey","Lan","LAN Trucking","108 Thomas Road","North Branch","NJ","08876-","Dealer","(6
28,"Buyer","Matt","Smith","ABC Trucking","7 Depot Rd","Stratford","CT","06615-","Dealer","(860) 555-
29,"Both","David","Smith","Fordman Colonial Times","123 Federal Street","Quincy","MA","12301-","Deal
30,"Both","Cindy","Casey","Circle Auto Sales","123 South Street","Newington","NH","12301-","Wholesal
31,"Both","Karen","Bailey","Sammy Fordman","59 West Church","Westbourgh","MA","01581-","Wholesaler",
```

图 7.12　CSV 数据比固定宽度文本更紧凑，但可读性也更差一些

文本文件经常用作不同应用程序之间的中间数据传输媒介。例如，环境中可能存在一个过时的数据管理系统，该系统与 Access 中的任何链接或导入数据类型都不兼容。如果足够幸运，该过时系统可以输出固定宽度文件或 CSV 文件。链接到或导入固定宽度文件或 CSV 文件可能是与该过时系统共享数据的最佳选项。最起码，相对于将所有信息从过时系统重新输入到 Access 中，链接或导入数据所需的时间要少得多。

要链接到 Contacts_FixedWidth.txt 或 Contacts_CSV.txt 文件，请执行下面的步骤：

(1) 打开 Chapter07.accdb 并选择功能区的“外部数据”选项卡。

(2) 在“外部数据”选项卡上单击“导入并链接”|“新数据源”|“从文件”|“文本文件”按钮。此时将显示“获取外部数据-文本文件”对话框。

(3) 确保选中“通过创建链接表来链接到数据源”选项，然后单击“浏览”按钮。此时将显示“打开”对话框。

(4) 找到相应的文本文件(Contacts_FixedWidth.txt 或 Contacts_CSV.txt)，然后单击“打开”按钮。

(5) 在“获取外部数据-文本文件”对话框中单击“确定”按钮。将转到“链接文本向导”。

一般来说，Access 会准确判断出数据在文件中的分隔方式。链接到文本数据的过程无非是单击“下一步”按钮，并确认 Access 已正确识别文件中的数据。

> Web 内容
>
> 我们并没有显示或说明“链接文本向导”中的每个对话框。建议链接到 Contacts_CSV.txt 和 Contacts_FixedWidth.txt，这两个文件都包含在本书对应的 Web 站点上。
>
> 链接到这些文件时，唯一需要输入的是为 Access 在文本文件中找到的每个字段提供名称。如果足够幸运，文本文件会在第一行中包含字段名称。否则，链接到文本文件很可能需要为每个字段指定名称。

7.2 使用链接表

在链接到其他数据库中的某个外部表后，便可以像其他 Access 表一样使用该外部表。可将链接表与窗体、报表和查询结合使用，就像使用本地 Access 表一样。在使用外部表时，可以修改其许多特性(例如，设置视图属性和关系、设置查询中各个表之间的链接以及重命名表)。

关于重命名链接表，有一点需要注意：为 Access 内部的表提供其他名称不会更改链接到应用程序的文件名。Access 在链接表中所引用的名称在 Access 应用程序中维护，不会影响链接的物理表。

7.2.1 设置视图属性

尽管外部表可以像其他 Access 表一样使用，但不能更改外部表的结构(不能删除、添加或重新排列字段)。不过，可以给链接表中的字段设置一些属性，如下所述。

- 格式
- 小数位数
- 标题
- 输入掩码
- Unicode 压缩
- IME 序列模式
- 显示控件

要更改这些属性，请在“设计”视图中打开链接表。在“设计”视图中打开链接表时，Access 会发出警告，指出不能对设计进行修改。图 7.13 显示了在“设计”视图中打开 Products 表时显示的警告。尽管存在该警告，还是可以更改上述属性。

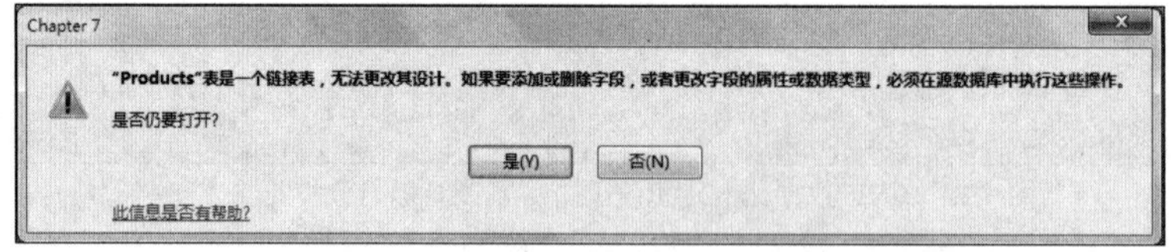

图 7.13 在“设计”视图中打开链接表导致出现警告

7.2.2 设置关系

> **提示：**
>
> Access 允许通过关系生成器，在表级别设置链接的非 Access 表与本地 Access 表之间的永久性关系。但是，不能在链接表之间或链接表与内部表之间设置参照完整性。Access 允许基于在关系生成器中设置的关系创建窗体和报表。

链接到外部 Access 表会维护外部表之间可能存在的关系。因此，在链接到后端数据库时，前端数据库可以识别在后端数据库中建立的关系，并遵循验证规则和默认值。这一点非常好，因为这意味着，将会实施已经定义的规则，而与为使用表创建的前端数量无关。

交叉参考：

关系详见第 4 章。

7.2.3　优化链接表

在使用链接表时，Access 必须从外部文件中检索记录。该过程需要一定的时间，特别是表保存在网络上或 SQL 数据库中的情况下。在使用外部数据时，可以通过遵守以下基本规则来优化性能。

- **避免在查询条件中使用函数**。尤其不要使用聚合函数，例如 DTotal 或 DCount，这些函数会在执行查询操作之前从链接表中检索所有记录。
- **限制查看的外部记录数量**。创建查询时使用限制外部表中的记录数的条件。然后，其他查询、窗体或报表可以使用该查询。
- **避免在数据表中进行过多的移动**。仅在数据表中查看需要的数据。在非常大的表中，尽量避免上下翻页以及跳转到第一条或最后一条记录(有一种例外情况，那就是当向外部表中添加记录时)。
- **如果向外部链接表中添加记录，可创建一个窗体用于添加记录，并将“数据输入”属性设置为“是”**。这会使该窗体成为一个输入窗体，每次执行时都显示一条空白记录。数据输入窗体不会预填充绑定表中的数据。使用专门的数据输入窗体要比生成普通窗体更高效，它会填充链接源中的数据，然后移动到链接数据的末尾，以便添加新记录。

7.2.4　删除链接表引用

从数据库中删除链接表非常简单，只须执行以下三个步骤。

(1) 在“导航”窗格中，选择想要删除的链接表。

(2) 按 Delete 键，或者右击该链接表，然后从显示的快捷菜单中选择“删除”命令。

(3) 在 Access 对话框中单击“确定”按钮删除该文件。

> **注意：**
> 删除外部表只会将其名称从数据库对象列表中删除。并不会从源位置删除实际数据。

7.2.5　查看或更改链接表的信息

当移动、重命名或修改与链接表关联的表、索引或关系时，应该使用“链接表管理器”来更新链接。否则，Access 将无法找到链接所引用的数据文件。若要使用“链接表管理器”更新链接，请执行下面的步骤：

(1) 选择功能区的“外部数据”选项卡，然后单击“链接表管理器”按钮。此时将显示“链接表管理器”(如图 7.14 所示)，在这里，可以查找数据库中与链接表关联的数据文件。

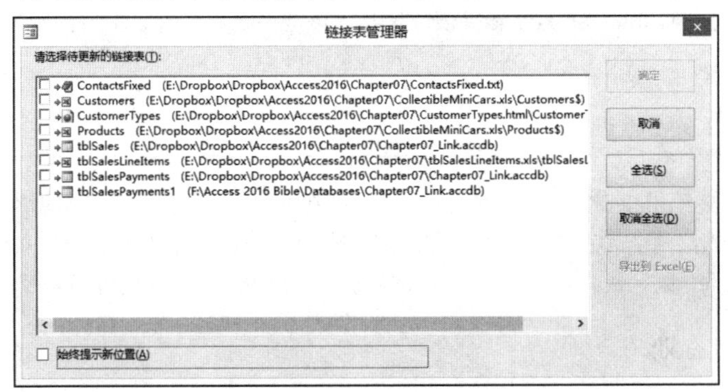

图 7.14　“链接表管理器”可以重新定位已经移动的外部表

(2) 单击某个链接表旁边的复选框，然后单击“确定”按钮。

(3) 找到缺少的文件并重新链接到 Access。如果所有文件都已正确链接，单击“确定”按钮后 Access 会验证与所有选定表关联的所有链接。

(4) 如果知道所有链接数据源都已移动，请勾选“始终提示新位置”复选框，然后单击“确定”按钮。随后，Access 要求提供新位置，并以批处理的形式链接所有表。该操作比一次链接一到两个表要快得多。但是，如果所有表都来自不同的源，那么“链接表管理器”仍然要求每次选择一个源。

7.2.6 刷新链接表

Access 会自动使链接表中的数据与源数据保持同步。不需要任何用户干预即可获得最新数据。在数据表视图中打开或以其他方式使用某个链接表时，Access 会尝试根据源数据的类型限制对它的访问。例如，Access 会锁定正在使用的链接文本文件，从而不能在文本编辑器中打开该文件。

为了演示如何自动同步链接数据，请按照下面的步骤创建一个文本文件的链接表并编辑该文本文件。

(1) 在功能区的“外部数据”选项卡上，单击“导入并链接”|“新数据源”|“从文件”|“文本文件”。

(2) 使用名为 ContactsFixed.txt 的固定宽度文本文件创建一个链接文本文件。该文件格式设置良好，因此，Access 会正确判断出字段的开始位置。在该练习中，不必关心字段名称。

(3) 打开链接表 ContactsFixed。请注意，该表包含 12 条记录。如果尝试在文本编辑器中打开 ContactFixed.txt，Windows 会指出，该文件正在被另一个进程使用，不允许打开它。

(4) 关闭 ContactsFixed 表。

(5) 使用喜欢的纯文本编辑器(例如记事本)向文本文件中添加新的一行。不要使用 Word 添加新行，因为这样可能会使用非纯文本格式保存文件。图 7.15 显示了新的 ContactsFixed.txt 文件。

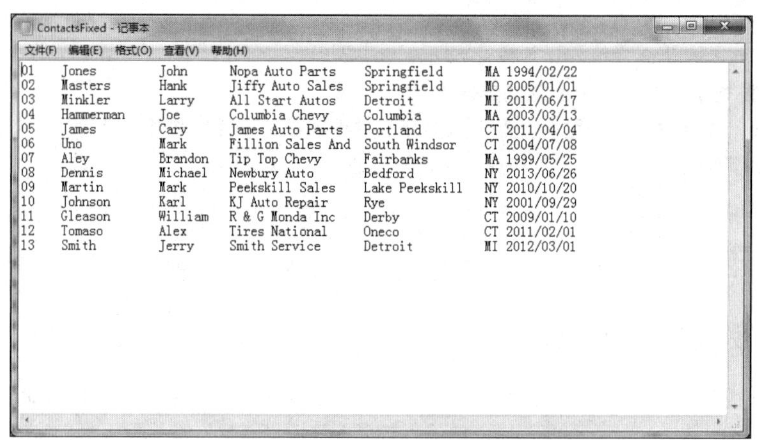

图 7.15 文本文件中的新行将与 Access 自动同步

(6) 保存文件并关闭文本编辑器。

(7) 在 Access 中，打开 ContactsFixed 链接表。现在，该链接表还包含第 13 行。

7.3 拆分数据库

需要在 Access 数据库之间链接表的原因有很多种。其中最常见的一个原因是拆分数据库。拆分数据库指的是在一个 ACCDB 文件的基础上创建两个 ACCDB 文件。通常情况下，其中一个文件称为后端，仅包含表和关系。另一个文件称为前端，其中包含查询、宏、代码以及 UI 元素，例如窗体和报表。前端还包含指向后端中所有表的链接。

7.3.1 拆分数据库的益处

对于拆分 Access 数据库，至少有一个极好的理由。尽管可以在网络中的某台共享计算机上放置 ACCDB 文件的单个副本，但这种设计所导致的性能下降相当明显。

使用存储在远程计算机上的 Access 数据库并非仅将数据从远程计算机移动到本地计算机这么简单。必须将所有窗体、菜单和功能区定义都传输到本地计算机，以便 Windows 在本地计算机的显示器上构造 UI。本地计算机上的 Windows 安装必须截获所有键盘和鼠标事件，并将其传送到远程计算机，以便运行正确的代码来响应这些事件。最后，远程计算机上的单个 Access 副本必须实现所有数据请求，不管其多么琐碎或者要求苛刻。当使用该数据库同一个远程安装副本的用户数量增加时，所有这些操作的影响还会加剧。

幸运的是，将数据库应用程序拆分为前端和后端组件后，上述绝大多数问题都会消失。本地 Windows 安装基于前端数据库中存储的信息处理 UI。所有代码都在用户的台式计算机上运行，而不是在远程计算机上运行。此外，本地安装的 Access 副本可以处理所有本地数据请求，只有那些涉及远程数据的请求才会传递到后端数据库。

在详细介绍拆分数据库的过程之前，先考虑一些与单文件数据库相关的问题。首先，与其他一些开发系统不同，Access 数据库应用程序中的所有对象都存储在单个文件中，即每天使用的 ACCDB 文件。许多其他数据库系统(如 FoxPro for Windows)会针对每个应用程序维护很多不同的文件，通常是每个对象(窗体、表等)一个文件。尽管处理多个文件在一定程度上增加了数据库开发和维护的复杂性，但更新单个窗体或查询非常简单，只需要将相关文件替换为更新的窗体或查询文件。

更新 Access 数据库对象更复杂一些。替换 Access 数据库中大量用户使用的窗体或查询可能比较棘手。替换窗体或其他数据库对象通常需要工作数小时，才能将对象导入每个用户的数据库副本中。

另一个考虑因素是单文件 Access 数据库中固有的网络流量问题。图 7.16 显示了该问题的一个示例。该图显示了一种共享 Access 数据库的常见方法。图中位于左上角的计算机是文件服务器，用于保存 Access 数据库文件。假定整个数据库包含在文件服务器上的单个 ACCDB 文件中，数据库已经启用共享数据访问。图 7.16 中的每个工作站都安装了一个 Access (或 Access 运行时)的完整副本。

现在，当工作站 C 上的用户打开数据库时会出现什么情况？该计算机上的 Access 安装必须查找文件服务器上的 ACCDB 文件，打开该文件，然后启动应用程序。这意味着在用户可以使用该数据库之前，必须通过网络执行所有初始窗体、查询以及其他启动活动。只要打开窗体或者运行查询，执行查询所需的信息都必须通过网络进行传输，降低了操作的速度(在图 7.16 中，网络负载通过粗虚线来表示)。

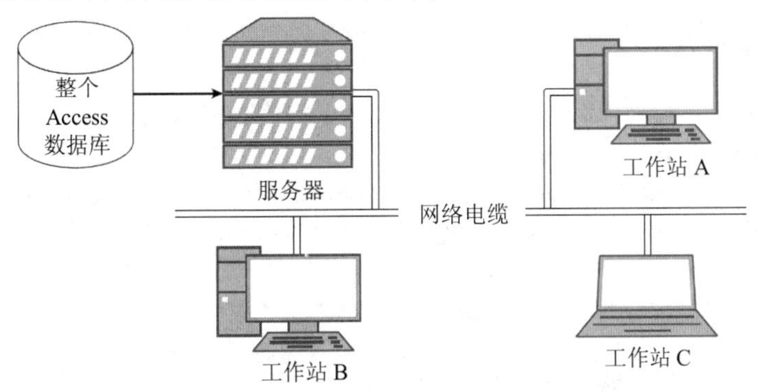

图 7.16　保存在文件服务器上的数据库可能生成大量的网络流量

当多个用户使用同一数据库时，图 7.16 所示的情况甚至会变得更糟。这种情况下，每个附加用户的 Access 副本执行的查询、窗体打开和其他操作都会增加网络流量。想象一下，通过网络执行的每个操作使图中的虚线越来越粗，那会是一种怎样的情况。

图 7.17 演示了拆分数据库模型。请注意，后端数据库位于服务器上，而前端数据库的各个副本位于每个工作站上。每个前端数据库都包含指向后端 ACCDB 文件中的表的链接。此外，前端数据库还包含窗体、报表、查询以及应用程序的其他用户界面组件。每个数据库，无论前端还是后端，都小于它们合并后的数据库。

图 7.17 中的网络流量有所降低，因为只有链接信息和查询返回的数据通过网络传输。使用数据库应用程序的用户可以使用存储在本地前端 ACCDB 文件中的窗体、查询、报表、宏和代码。由于前端只有一个用户访问，因此 Access 的本地副本可以立即打开数据库并开始启动操作，从而大大缩短了响应时间。仅当实际运行查询时才会增加网络流量。

拆分数据库设计的第二个主要益处在于，更新窗体、报表以及其他应用程序组件时，只需要替换每个用户的计算机上的前端数据库，并重新建立指向后端数据库中表的链接。实际上，图 7.17 中的设计支持自定义前端的概念，具体取决于位于每个工作站的用户的要求。例如，位于工作站 A 的管理者可能需要访问位于工作站 B 和工作站 C 的用户无法访问的个人信息。这种情况下，工作站 A 上的前端数据库包括查看个人信息所需的窗体、查询以及其他数据库对象。

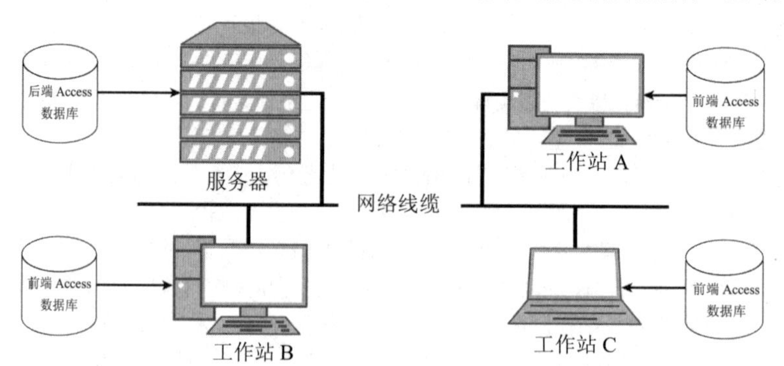

图 7.17　保存在文件服务器上的数据库可能会生成大量的网络流量

7.3.2　了解将哪些对象放置到什么位置

本地 ACCDB 文件包含所有 UI 对象，其中包括窗体、报表、查询、宏和模块。将 UI 组件保存在本地计算机上可以显著提高性能。不必通过网络传输窗体、查询或报表，在本地计算机上操纵这些对象要比通过网络访问轻松得多。

所有共享表以及这些表之间的关系都应该放在服务器的后端数据库中。服务器数据库以共享模式打开，所以多个用户都可以访问其所有对象。服务器数据库中的表链接到每个用户的台式计算机上的前端 ACCDB。需要说明的是，将同一个表同时链接到多个数据库没有任何问题。

显而易见，当多个用户使用某个表中的数据时，可能会出现多个用户编辑同一条记录的情况。Access 数据库引擎处理这一问题时，会锁定正在被某个用户编辑的记录。当多个用户尝试更新同一条记录时，便会出现锁定争用。只有一个用户对记录具有“实时”访问权限，而其他所有用户要么被锁定，要么暂时保存其更改，直到记录持有者完成更改为止。

7.3.3　使用数据库拆分器插件

数据库拆分器有助于将一个应用程序拆分为前端数据库和后端数据库。通过该向导，可以称心如意地生成并测试数据库，然后扫清为多用户访问准备应用程序的障碍。

我们试着将 Northwind Traders 数据库拆分为前端和后端 ACCDB 文件。首先，选择功能区的“数据库工具”选项卡，然后单击“移动数据”组中的“Access 数据库”按钮，从而启动数据库拆分器。初始向导界面(如图 7.18 所示)解释了数据库拆分器的操作，并建议在继续操作之前先备份数据库。

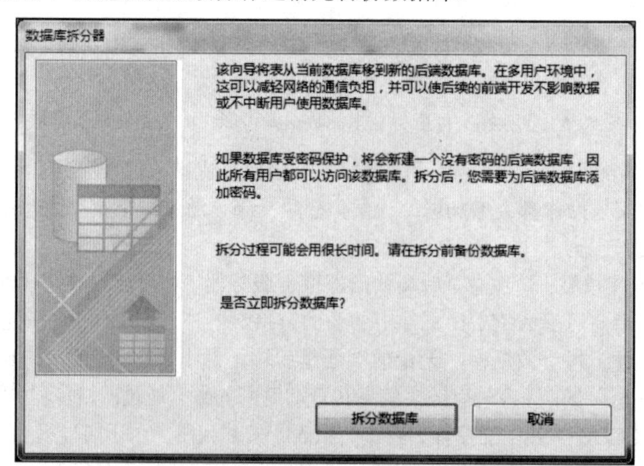

图 7.18　数据库拆分器是一个非常简单的向导

需要向数据库拆分器提供的唯一附加信息是想要将后端数据库放在什么位置。图 7.19 显示的是大家熟悉的资源管理器风格的“创建后端数据库”对话框，在该对话框中，可以指定后端 ACCDB 文件的位置。默认情况下，后端数据库与原始数据库同名，只是添加了_be 后缀(例如 MyDB_be.accdb)。

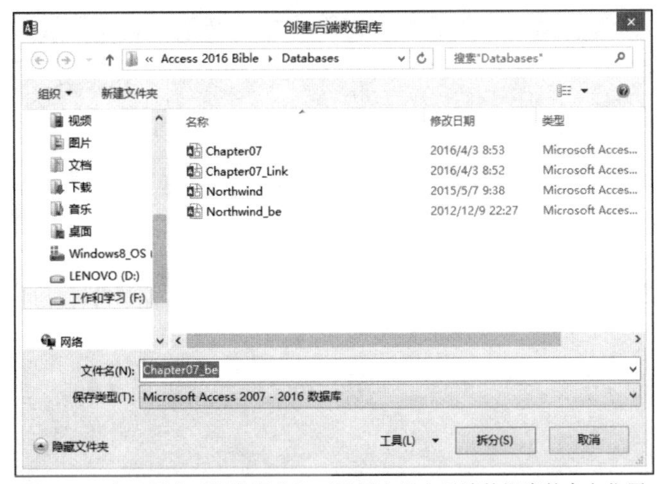

图 7.19　在“创建后端数据库”对话框中指定后端数据库的永久位置

警告：

通过通用命名约定(Universal Naming Convention，UNC)路径或映射的驱动器可访问网络位置。UNC 路径以两条反斜线开头，接着是服务器名称，然后是网络位置的路径。\\MyServer\MyDatashare\ MyFolder\就是一个 UNC 路径的示例。映射的驱动器为特定的 UNC 路径指定一个字母(例如 S:)。映射的驱动器对于每台计算机是唯一的，但并不保证某台计算机上的映射驱动器在另一台计算机上也是相同的。在创建后端数据库时，始终使用 UNC 路径链接表，因为 UNC 路径对于同一网络中的所有计算机都是相同的。要使用 UNC 路径，请通过“网络”快捷方式导航到网络位置。

当单击“拆分”按钮(参见图 7.19)时，数据库拆分器将创建后端数据库，将所有表导入其中，删除本地数据库中的表，并创建指向后端表的链接。换句话说，数据库拆分器执行的操作步骤与数据库拆分器不可用时需要手动执行的步骤完全相同。

注意：

请做好准备，该过程需要一定的时间，尤其是在数据库较大的情况下。由于 Access 需要创建新的数据库，将表传输到新数据库中，并创建指回原始数据库的链接，因此，拆分过程所需的时间很可能不仅仅是几分钟而已。如果该过程所需的时间超出预期，请不要担心，数据库拆分会带来很大的性能提升。

此外，记住，数据库拆分器非常简单，一般会忽略诸如可用磁盘空间的系统注意事项。请确保目标计算机上存在足够的磁盘空间用于容纳后端数据库。

图 7.20 显示的是拆分 Northwind Traders 数据库之后的 Access“导航”面板。后端数据库仅包含从 Northwind.accdb 文件中导出的表。注意，与 Northwind.accdb 文件中的所有表关联的图标已经更改，表示它们现在指向后端数据库中的副本。在将前端分发给用户之前，需要从后端数据库导入所有本地表。

图 7.20　数据库拆分器为数据库中的所有表创建链接

第 III 部分

使用 Access 查询

第 III 部分中的各章将介绍可在 Access 中使用的一些基本分析工具和方法。这一部分的内容可以为生成 Access 查询奠定坚实基础。

通过查询可将各种数据源汇集到一起，并在有用的视图中显示组合的信息。它们可以将 Access 表中的原始数据合成为有意义的分析。

第 8 章首先探讨查询生成器，以及基于 Access 表创建简单分析输出的方法。第 9 章简要介绍可用于向 Access 数据分析中增加一些复杂内容的各种运算符和表达式。最后，第 10 章将深入探讨更高级的查询概念，不再是简单地从表中选择数据，而是执行较复杂的操作，探讨如何聚合查询输出、如何执行动作查询以及如何创建各种交叉表查询。

本部分包含的内容：

第8章

使用查询选择数据

本章内容：

- 了解查询的概念及其功能
- 创建查询
- 在查询中指定字段
- 显示查询的结果
- 在查询的设计中添加和删除字段
- 对查询的结果排序
- 筛选查询返回的记录
- 打印查询返回的记录
- 保存查询
- 在一个查询中包含多个表
- 在查询中添加、删除和移动表
- 在查询的设计中联接表
- 了解用于在查询中联接表的选项

查询是数据库应用程序必不可少的组成部分。查询提供了很多有用的工具，通过这些工具，开发人员和用户可从多个表中提取数据、按照有用的方式组合这些数据，并以数据表、窗体或打印报表的形式将其呈现给用户。

有这样一句老生常谈的话："查询将数据转化为信息"。在某种程度上，确实是这样，这也是我们经常把它挂在嘴边的原因。表中包含的数据并不是特别有用，因为在绝大多数情况下，表中的数据没有特定的显示顺序。此外，在经过适当规范化的数据库中，重要的信息分布在很多不同的表中。通过查询可将各个数据源汇集到一起，并以用户可以实际使用数据的方式呈现组合的信息。

Web 内容

本章中练习的初始数据库为 Chapter08.accdb，可以从本书对应的 Web 站点下载。

8.1 查询简介

单词 query (查询)源于拉丁语 quaerere，意思是"询问或查究"。多年以后，查询已经成为提问、质询、查究或问题的同义词。

Access 查询是针对 Access 表中存储的信息提出的问题。可使用 Access 查询工具生成查询。查询可以是关于单个表中数据的简单问题，也可以是关于多个表中信息的较复杂问题。例如，要求数据库仅显示在 2012 年销售的卡车。在以查询形式提交问题后，Access 将返回请求的信息。

8.1.1 查询的功能

查询非常灵活。它们允许以能想象到的任何方式来查看数据。绝大多数数据库系统都会随着时间的推移不断发展和变化。很多情况下，数据库的原始目的与其当前用法截然不同。

下面列举了使用 Access 查询可以完成的一些操作：

- **选择表**。可以从单个表获取信息，也可以从多个通过某些公共数据而相关的表中获取信息。假定想要查看每种类型的客户名称以及该客户购买的商品。在使用多个表时，Access 可将数据组合为单个记录集(记录集是满足指定条件的记录的集合)。
- **选择字段**。指定希望在记录集中看到每个表中的哪些字段。例如，可从 tblCustomers 和 tblSales 表中选择客户名、邮政编码、销售日期和发票编号。
- **提供条件**。记录选择基于选择条件。例如，只想看到某种产品类别的记录。
- **排序记录**。可能希望按照特定的顺序对记录排序。例如，需要查看按照姓氏和名字排序的客户联系人。
- **执行计算**。使用查询可以执行计算，例如记录中数据的平均值、总计或计数。
- **创建表**。基于查询返回的数据创建全新的表。
- **在窗体和报表上显示查询数据**。基于查询创建的记录集可能只包含报表或窗体需要的正确字段和数据。使报表或窗体基于查询意味着，每次打印报表或打开窗体时，都会看到表中包含的最新信息。
- **将某个查询用作其他查询(子查询)的数据源**。可以基于其他查询返回的记录创建查询。这对于执行即席查询非常有用，在这种查询中，可能会重复对条件做出小的更改。这种情况下，第二个查询会筛选第一个查询的结果。
- **对表中的数据进行更改**。动作查询可以通过一次操作对基础表中的多行进行修改。动作查询常用于维护数据，例如更新特定字段中的值、追加新数据或者删除过时的数据。

8.1.2　查询返回的内容

Access 会组合一个查询的记录，默认情况下，在执行查询时会在数据表视图中显示这些记录。查询返回的记录集通常称为记录集。记录集是一组动态记录。查询返回的记录集一般不会存储在数据库中，除非指示 Access 使用这些记录生成一个表。

交叉参考：

可在第 5 章了解有关数据表视图的更多信息。

当保存查询时，只会保存查询的结构，而不保存返回的记录。也就是说，只会存储用于生成查询的 SQL 语法。

交叉参考：

第 14 章将介绍查询背后的 SQL 语法。

不将记录集保存到物理表有很多好处，如下所述：

- 在存储设备(通常为硬盘)上需要的空间更少。
- 查询使用记录的更新版本。

每次执行查询时，都会读取基础表并重新创建记录集。由于并不会存储记录集本身，因此，查询会自动反映自上次执行查询以后对基础表所做的更改，即使在实时的多用户环境中也是如此。根据需求，可按数据表、窗体或报表的形式查看查询的记录集。当窗体或报表基于查询时，每次打开该查询时，都会重新创建其记录集，并将其绑定到相应的窗体或报表。

也可在宏和 VBA 过程中使用查询的记录集，以帮助完成任意数量的自动化任务。

8.2　创建查询

在创建表并在其中放置数据后，即可使用查询。要开始查询，请在功能区上选择“创建”选项卡，然后在“查询”组中单击“查询设计”按钮。该操作可以打开查询设计器，如图 8.1 所示。

图 8.1 中显示了两个窗口。下面的窗口是查询设计器。悬浮在设计器上方的是“显示表”对话框。“显示表”对话框是模式化的，这意味着，在继续进行查询之前，必须在该对话框中执行某些操作。在继续之前，请添加查询所

需的表。在该示例中，tblProducts 表处于突出显示状态，可以添加到查询中。

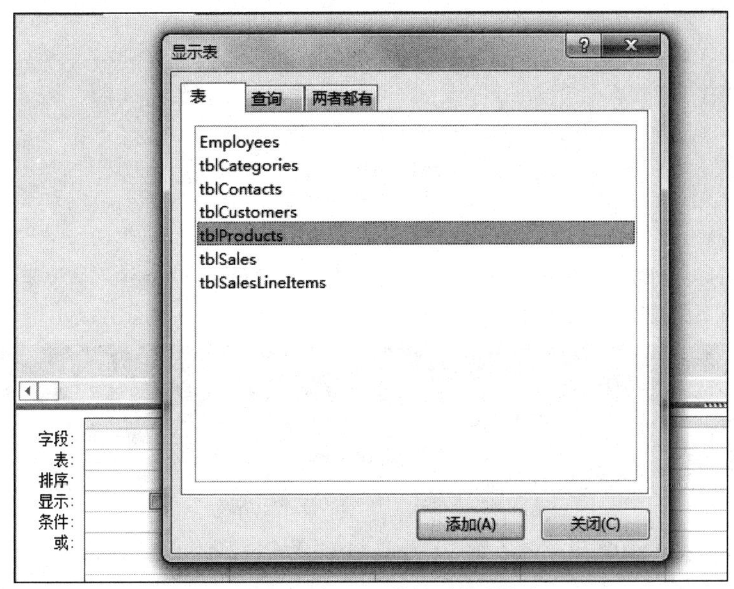

图 8.1　“显示表”对话框和查询设计窗口

“显示表”对话框(请参阅图 8.1)显示数据库中的表和查询。双击 tblProducts 可将其添加到查询设计中，也可在列表中突出显示 tblProducts 表，并单击“添加”按钮进行添加。在添加 tblProducts 表之后关闭“显示表”对话框。图 8.2 显示了添加到查询中的 tblProducts 表。

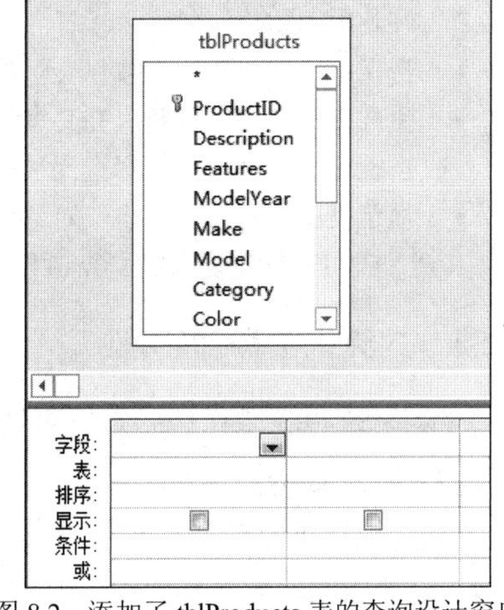

图 8.2　添加了 tblProducts 表的查询设计窗口

要向查询中添加其他表，可在查询设计器的上半部分中的右击任意位置，然后从显示的快捷菜单中选择“显示表”。“显示表”对话框打开后，一般可以选择需要的所有表和查询对象，来建立查询。

也可以把表或查询从“导航”窗格拖动到查询设计器的上半部分。如果已经退出了“显示表”对话框，但需要在查询中执行快速添加操作，这是一个方便的技巧。功能区的“设计”选项卡上也有一个“显示表”按钮。

从查询设计器中删除表非常简单。只需要在查询设计器中右击相应的表，然后从快捷菜单中选择“删除表”。

查询设计窗口有三个主要的视图，如下所述：

- **设计视图**：在该视图中可以创建查询
- **数据表视图**：显示查询返回的记录
- **SQL 视图**：显示查询的 SQL 语句

查询设计器由两部分构成，如下所述：

- **表/查询窗格(顶部)**：向查询的设计中添加表或查询及其对应的字段列表时，将添加到该位置。每个要添加的对象都有一个对应的字段列表。每个字段列表包含对应表或查询中所有字段的名称。单击字段列表的边缘，并将其拖动到不同的尺寸，可以调整其大小。可能需要调整字段列表的大小，以便显示某个表的所有字段。
- **按示例查询(QBE)设计网格(底部)**：QBE 窗格保存查询中涉及的字段名以及用于选择记录的条件。QBE 窗格中的每一列包含上部窗格中表或查询包含的单个字段的信息。

这两个窗格通过一个窗格大小调整滚动条水平分隔(参见图 8.2)。可使用该滚动条将设计网格向左或向右移动，或者使用鼠标单击并向上或向下拖动该滚动条，以更改上部窗格和下部窗格的相对大小。

单击所需的窗格或者按 F6 键，可以在上部窗格和下部窗格之间切换。每个窗格都有水平滚动条和垂直滚动条，以帮助移动到不同的位置。

将字段从上部窗格拖动到 QBE 窗格，可实际生成查询。

图 8.2 显示了查询设计器底部的一个空 QBE 窗格。该 QBE 窗格有六个带标签的行：

- **字段**：这是用于输入或添加字段名称的位置。
- **表**：该行显示字段所在的表。这在包含多个表的查询中非常有用。
- **排序**：通过该行可以对查询的指令排序。
- **显示**：该行确定是否在返回的记录集中显示该字段。
- **条件**：该行包含用于对返回的记录进行筛选的条件。
- **或**：该行是可以向其中添加多个查询条件的许多行中的第一行。

本章后面创建查询时，将介绍这些行的更多信息。

“查询工具”|“设计”功能区(如图 8.3 所示)包含很多特定于生成和使用查询的不同按钮。本书的章节在用到这些按钮时会加以解释，下面仅简介主要的按钮。

图 8.3　“查询工具”|“设计”功能区

- **视图**：用于在查询设计窗口中切换数据表视图和设计视图。通过“视图”下拉控件，还可以显示查询背后的基本 SQL 语句。
- **运行**：运行查询。显示选择查询的数据表，与从“视图”按钮中选择“数据表视图”具有相同的功能。但在使用动作查询时，“运行”按钮会执行查询指定的操作(追加、生成表等)。
- **选择**：单击“选择”按钮会将打开的查询转换为选择查询。
- **生成表、追加、更新、交叉表和删除**：每个按钮都用于指定生成的查询类型。绝大多数情况下，可通过单击上述按钮之一将选择查询转换为动作查询。
- **显示表**：打开“显示表”对话框。

其余按钮用于创建更高级的查询和显示查询的属性表。

8.2.1　向查询中添加字段

向查询中添加字段有多种方式。可以一次添加一个字段，选择并添加多个字段，或者选择字段列表中的所有字段。

1. 添加单个字段

添加单个字段有多种方式。一种方法是在查询设计器的顶部窗格中双击表中相应的字段名称。该字段名会立即显示在 QBE 窗格的第一个可用列中。也可以在查询设计器顶部窗格中拖动某个表中的某个字段，将其放到 QBE 窗格的一列中。将某个字段放到 QBE 窗格中的两个字段之间会使其他字段向右移动。

在图 8.4 中，可以看到 Cost 字段放到 QBE 窗格中。添加一个字段后，可以简单地添加下一个需要在查询中包含的字段。

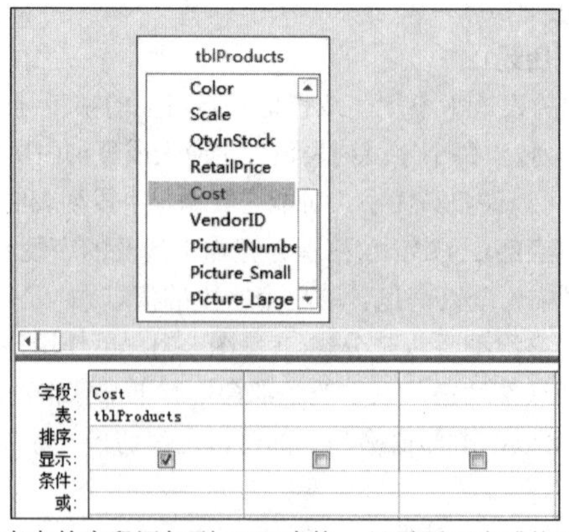

图 8.4　要将表中的字段添加到 QBE 窗格，只需要双击或拖动相应的字段

QBE 窗格的“表”行中的每个单元格都有一个下拉列表，其中列出查询设计器的上部窗格中包含的表。

2. 添加多个字段

从“字段列表”窗口中选择字段，并将其拖动到 QBE 窗格，可以一次添加多个字段。选定的字段不一定是连续的(一个挨一个)。按住 Ctrl 键的同时选择相应的字段即可选择多个字段。图 8.5 演示了添加多个字段的过程。

字段将按照其在表中的显示顺序添加到 QBE 窗格中。

也可以添加表中的所有字段，方法是双击字段列表的标题(在图 8.6 中为 tblProducts)突出显示表中的所有字段，然后将突出显示的字段拖动到 QBE 窗格。

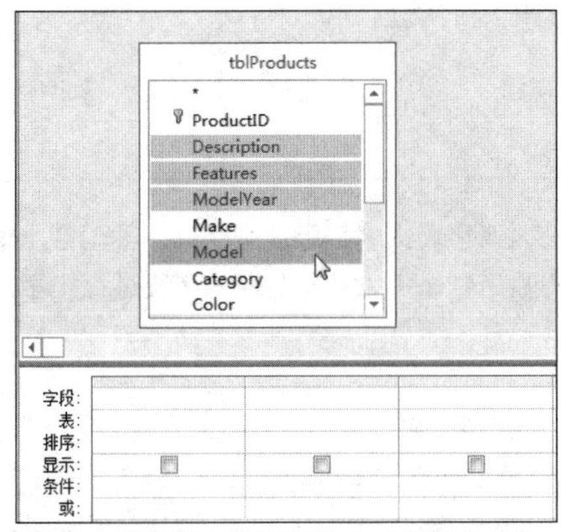

图 8.5　选择多个要添加到 QBE 窗格的字段

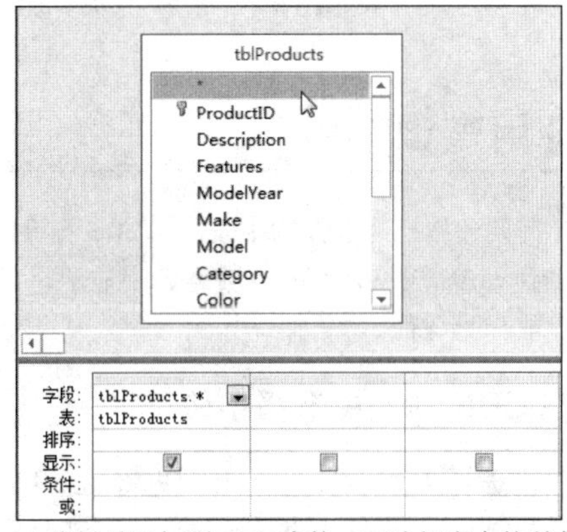

图 8.6　将星号添加到 QBE 窗格，可选择表中的所有字段

或者，可以单击字段列表中的星号(*)并拖动到 QBE 窗格(或者双击星号将其添加到 QBE 窗格)。尽管该操作不会将所有字段添加到 QBE 窗格，但星号会指示 Access 在查询中包含表中的所有字段。

提示：

与选择所有字段不同，星号会在单个列中放置一个对所有字段的引用。像上一个示例那样拖动多个列时，会将相应的名称拖动到 QBE 窗格中。如果稍后更改表的设计，且需要使用已更改的字段，就必须同时更改查询的设计。使用星号选择所有字段的优势在于，对基础表做出更改时不需要对查询进行更改。星号意味着选择表中的所有字段，而不考虑字段名或表中字段数量的更改。

警告：

使用星号指定表中所有字段的不利方面在于，查询会按照指示返回表中的所有字段，而不考虑每个字段是否在窗体或报表上使用。检索未使用的数据是一个效率低下的过程。很多情况下，性能问题都可以追溯到星号，因为它会向窗体或查询中返回许多不需要的字段。此外，也无法控制字段在数据表中出现的顺序。

8.2.2　运行查询

选择字段后，单击“查询工具”|“设计”功能区上的“运行”按钮(参见图 8.7)，可运行查询。

图 8.7　单击“运行”按钮可显示查询的结果

要返回 QBE 窗格，可上转到“开始”选项卡，并选择“视图”|“设计视图”。或者，也可以右击查询的选项卡标题(如图 8.8 所示)，然后选择“设计视图”。

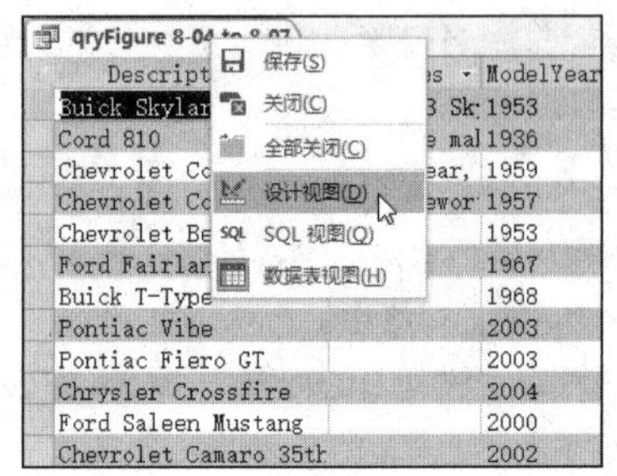

图 8.8　右击查询选项卡标题，然后选择“设计视图”返回 QBE 窗格

8.3　使用查询字段

有时，需要使用已经选择的字段，例如，重新排列其顺序、插入新字段或者删除现有字段。甚至可能想要将某个字段添加到 QBE 窗格，而不在数据表中显示它。添加字段而不显示它，可以针对隐藏的字段进行排序，或者使用隐藏的字段作为条件。

8.3.1　在 QBE 窗格中选择字段

在可以移动字段的位置之前，必须先将其选中。为选择字段，应使用字段选择器行。

字段选择器是一个很窄的灰色区域，位于查询设计器底部的 QBE 窗格中每一列的顶部。每一列表示一个字段。要选择 Category 字段，可移动鼠标指针，直到在字段选择器中显示一个小的选择箭头(在该示例中是一个深色的向下箭头)，然后单击并拖动相应的列。图 8.9 显示了位于 Category 列上方的选择箭头(在该列被选中之前)。

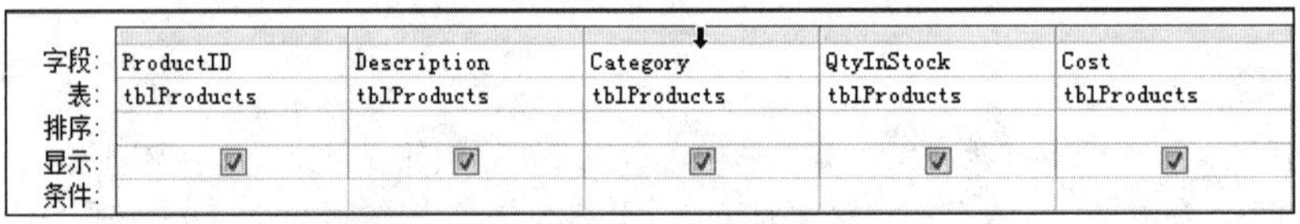

字段:	ProductID	Description	Category	QtyInStock	Cost
表:	tblProducts	tblProducts	tblProducts	tblProducts	tblProducts
排序:					
显示:	☑	☑	☑	☑	☑
条件:					

图 8.9　在 QBE 窗格中选择一列。当移动到字段选择器上方时，指针将更改为向下箭头

提示：
为了选择多个连续的字段，可以单击第一个要选择的字段，然后拖动到其他字段的字段选择器栏。

8.3.2　更改字段顺序

字段在 QBE 窗格中从左到右的显示顺序决定了它们在数据表视图中的显示顺序。移动 QBE 窗格中的字段，就可以在查询结果中实现新的字段序列。在选中字段的情况下，只需要将字段拖动到新位置，即可在 QBE 设计中移动字段。

单击某个字段的选择器栏，然后在按住鼠标左键的同时，将该字段拖动到 QBE 窗格中的新位置。

图 8.10 显示 Category 字段处于突出显示状态。向左移动选择器字段时，字段 ProductID 和 Description 之间的列分隔符会更改(变宽)，以显示保存 Category 字段的位置。

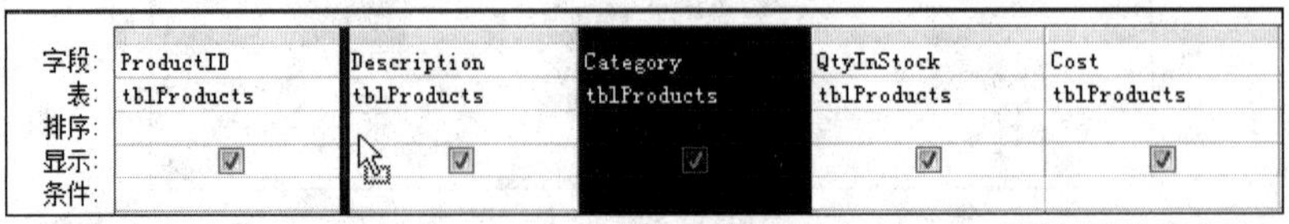

字段:	ProductID	Description	Category	QtyInStock	Cost
表:	tblProducts	tblProducts	tblProducts	tblProducts	tblProducts
排序:					
显示:	☑	☑	☑	☑	☑
条件:					

图 8.10　将 Category 字段移到 ProductID 和 Description 之间。请注意 Description 列附近箭头下方的 QBE 字段图标

提示：
查询中的字段顺序与数据在窗体或报表中的显示方式无关。通常情况下，会按照用户的要求在窗体或报表上排列控件。

8.3.3　在 QBE 窗格中调整列大小

一般情况下，QBE 窗格会在屏幕的可查看区域中显示 8-10 个字段(取决于屏幕是宽度)。其余字段可通过移动窗口底部的水平滚动条来查看。

可能想要缩小某些字段，以便在 QBE 窗格中看到更多的列。可以调整列宽以使其减小(或增大)，方法是将鼠标指针移动到两个字段之间的边距线，然后向左或向右拖动列调整器(请参阅图 8.11)。

字段:	ProductID	Category	Description	QtyInStock	Cost
表:	tblProducts	tblProducts	tblProducts	tblProducts	tblProducts
排序:					
显示:	☑	☑	☑	☑	☑
条件:					

图 8.11　在 QBE 窗格中调整列宽

提示：

在 QBE 窗格中调整列宽还有一种更简单的方式：双击网格中用于分隔两列的直线。Access 会自动调整列宽，以适应列中显示的数据。

QBE窗格中某一列的宽度不会影响字段的数据在数据表、窗体或报表中的显示方式。QBE窗格中的列宽只是为开发人员执行某些操作提供便利。此外，当保存并关闭查询后，不会保留QBE列宽设置。

8.3.4　删除字段

为从 QBE 窗格中删除某个字段，可以选择字段并按 Delete 键。也可以右击某个字段的选择器栏，然后从显示的快捷菜单中选择“剪切”。

8.3.5　插入字段

要在 QBE 窗格中插入新字段，可以在 QBE 窗格上方的表窗格中拖动某个字段列表窗口中的字段，将其放到 QBE 窗格的一列上。新列将插入到放置字段的列的左侧。双击字段列表中的某个字段，会在 QBE 窗格中最右侧的位置添加新列。

8.3.6　隐藏字段

执行查询时，可能希望仅显示 QBE 窗格中的某些字段。例如，假定选择了 FirstName、LastName、Address、City 和 State。然后，决定要临时查看同样的数据，但不包含 State 字段。不必删除 State 字段，而可以取消选中 State 列中的“显示”复选框(参见图 8.12)，隐藏该字段。

在查询中隐藏某个字段的常见原因是，该字段用于排序或作为条件，但在查询结果中并不需要其值。例如，请考虑一个涉及发票的查询。出于多方面的原因，用户可能希望查看按照订单日期排序的发票，尽管实际订单日期与这一特定的目的并没有关联。只需要在 QBE 窗格中包含 OrderDate 字段，设置 OrderDate 字段的排序顺序，然后取消选中其“显示”复选框。Access 会按 OrderDate 字段对数据排序，但该字段并未显示在查询的结果中。

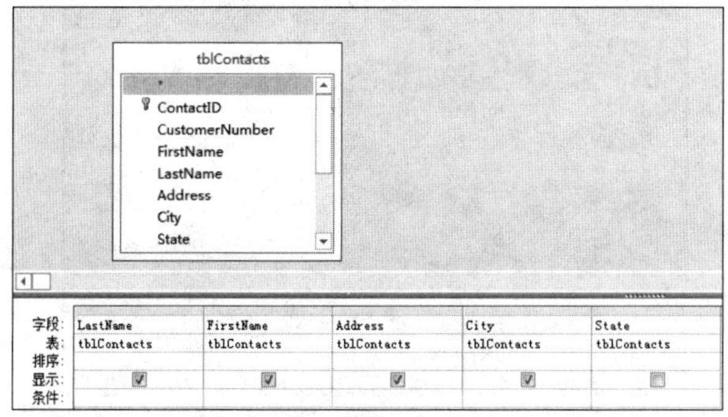

图 8.12　取消选中 State 字段对应的“显示”复选框，该字段就不会显示在结果中

注意：

如果保存的查询有未使用的字段(其“显示”复选框处于未选中状态，并且没有任何条件或排序顺序应用于该字段)，Access 会在查询优化过程中将该字段从查询中排除。下次打开该查询时，该字段不会包含在查询的设计中。

8.3.7　更改字段的排序顺序

查看记录集时，通常希望以某种排序顺序显示数据，以便于分析数据。例如，可能希望查看 tblProducts 表中按类别排序的结果。

排序会按照字母或数值顺序显示记录。排序顺序可以是升序或降序。可针对单个字段进行排序，也可针对多个字段进行排序。

可在 QBE 窗格的“排序”行中输入排序方向。要针对某个字段(例如 LastName)指定排序顺序，请执行下面的步骤：

(1) 将光标放在 LastName 列的“排序”单元格中。

(2) 单击单元格中显示的下拉列表，然后选择想要应用的排序顺序(“升序”或“降序”)。图 8.13 显示的是给 LastName 和 FirstName 字段指定了升序排序的 QBE 窗格。注意，在字段的“排序”单元格中选中“升序”选项。

注意：

不能针对长文本字段或 OLE 对象字段进行排序。

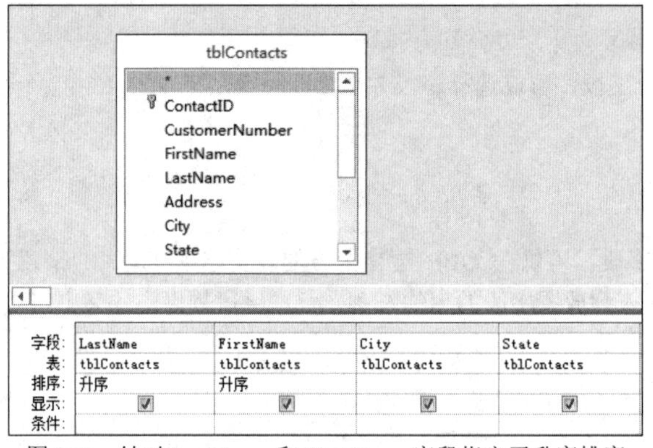

图 8.13　针对 LastName 和 FirstName 字段指定了升序排序

对多个字段排序时，字段在 QBE 窗格中从左到右的显示顺序非常重要。这些字段不仅在数据表中按照从左到右的顺序显示，也按照同样的顺序进行排序，这称为排序顺序优先。首先对包含排序条件的最左侧的字段进行排序，接下来对该字段右侧第一个包含排序条件的字段进行排序，依此类推。在图 8.13 所示的示例中，首先对 LastName 字段排序，然后对 FirstName 字段排序。

图 8.14 显示了图 8.13 中查询的结果。注意，数据先按 LastName 字段、再按 FirstName 字段进行排序。这就是为什么在查询的数据中，Ann Bond 显示在 John Bond 前面，而 John Jones 显示在 Kevin Jones 前面。

LastName	FirstName	City	State
Aikins	Teresa	Middletown	CT
Aley	Brandon	Fairbanks	MA
Bailey	Karen	Westbourgh	MA
Baker	Harry	Mohegan Lak	NY
Bond	Ann	Colchester	CT
Bond	John	Colchester	CT
Calson	Larry	Chicota	TX
Casey	Debbie	Jackhorn	KY
Crook	Joe	Windsor	CT
Jackson	Harry	Tuskahoma	OK
James	Cary	Portland	CT
Johnson	Karl	Rye	NY

图 8.14　在对多个字段排序时，QBE 窗格中的字段顺序至关重要

8.4　向查询中添加条件

很多情况下，用户希望仅使用符合特定条件的记录。否则，查询可能返回过多记录，导致严重的性能问题。例如，希望仅查看在过去 6 个月内没有购买任何产品的客户。Access 可以轻松地指定查询的条件。

8.4.1　了解选择条件

选择条件是在从数据库中提取数据时应用于数据的筛选规则。选择条件会告诉 Access 要在记录集中显示的记录。典型的条件包括“所有销售人员”“除卡车以外的车辆”或者“零售价超过 75 美元的产品”。

选择条件限制查询返回的记录。选择条件帮助用户仅选择用户想要查看的记录，而忽略其他所有记录。

可在 QBE 窗格的“条件”行中指定条件。还可将条件指定为表达式。表达式可以是简单表达式(例如“卡车”或“非卡车”)，也可以是使用内置 Access 函数的复杂表达式。

正确使用查询条件对于 Access 数据库的成功至关重要。绝大多数情况下，用户并不了解数据库表中存储的数据，但接受在窗体或报表上看到的任何内容，认为这些内容真实代表了数据库的状态。如果条件选择不当，应用程序的用户就无法看到重要信息，导致以后出现决策失误或严重的业务问题。

8.4.2　输入简单字符串条件

字符类型的条件适用于文本类型的字段。在很多情况下，都会输入想要检索的文本示例。下面提供了一个简单示例，该示例仅返回产品类型为“CARS”的产品记录：

(1) **添加 tblProducts，并选择 Description、Cost、QtyInStock 和 Category 字段**。

(2) **在 Category 列下的“条件”单元格中输入 CARS(参见图 8.15)**。请注意，Access 会在值两侧添加双引号。Access 与许多其他数据库系统不同，它会自动假设所需的内容。

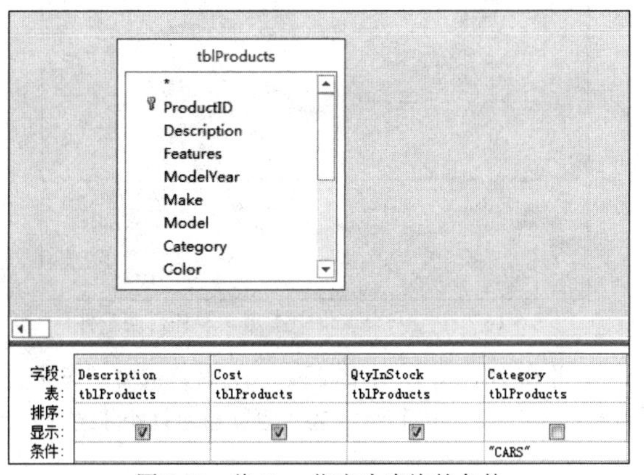

图 8.15　将 Cars 指定为查询的条件

(3) **运行查询**。注意，只有汽车会显示在查询结果中。

在查看查询的结果时，每一行都显示 Cars 是没有意义的。实际上，由于该查询仅返回有关汽车的信息，因此用户完全可以假定每条记录都引用一辆汽车，不需要在查询中显示产品类别。在查询的设计中取消选中 Category 字段的“显示”框，会将 Category 从数据表中删除，从而使数据更便于理解。

可通过以下任何方式输入条件表达式：

```
CARS
= CARS
"CARS"
= "Cars"
```

默认情况下，Access 不区分大小写，因此，单词 cars 的任何形式都可以用作查询的条件。

图 8.15 是一个非常好的示例，充分说明了用于各种简单字符条件类型的选项。也可在条件列中输入 Not Cars，以便返回所有不是汽车(卡车、货车等)的产品。

通常情况下，在处理字符数据时，可以输入等于值、不等于值或者可接受值的列表。

该功能非常强大。假定只需要提供一个示例，Access 不仅解释它，而且使用它创建查询记录集。这就是按示例查询的确切意义：输入一个示例，让数据库基于该示例生成查询。

要清除单元格中的条件，请选中相应的内容并按 Delete 键，或者选中相应的内容，并单击鼠标右键，然后从显示的快捷菜单中选择“剪切”。

8.4.3　输入其他简单条件

也可以针对数值、日期和是/否字段指定条件。只需要在条件字段中输入示例数据，就像针对文本字段所执行的操作一样。几乎在所有情况下，Access 都可以理解输入的条件，并进行相应调整，将条件正确应用于查询的字段。

还可以向一个查询中添加多个条件。例如，假定只想查看居住在 Connecticut 的客户，他自 2010 年 1 月 18 日起(其中，OrigCustDate 大于或等于 2010 年 1 月 18 日)就成为客户。该查询需要在 State 和 OrigCustDate 字段中均设置条件。为此，必须在同一个条件行中放置上述两个示例，这一点至关重要。要创建该查询，可执行下面的步骤：

(1) 基于 tblContacts 创建一个新查询。

(2) 将 OrigCustDate、FirstName、LastName 和 State 添加到 QBE 窗格中。

(3) 在 State 列的“条件”单元格中输入 CT。

(4) 在 OrigCustDate 列的“条件”单元格中输入>=2010/01/18。Access 会在条件框中的日期左侧添加#号。图 8.16 显示了这个查询。

(5) 运行查询。

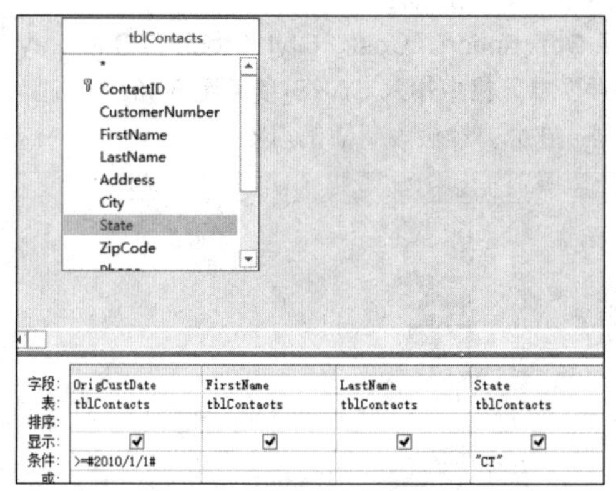

图 8.16　在同一个查询中指定文本和日期条件

Access 显示居住在 Connecticut 并在 2010 年 1 月 18 日后成为客户的客户记录。

Access 会使用比较运算符比较日期字段与某个值。这些运算符包括小于号(<)、大于号(>)、等于号(=)或者这些运算符的组合。

注意，Access 会自动在日期值左侧添加#号分隔符。Access 使用这些分隔符来区分日期和文本数据。这里的#号与 Access 添加到"Cars"条件中的引号所起的作用一样。由于 OrigCustDate 是一个日期时间字段，因此，Access 知道所需的内容并自动插入适当的分隔符。

注意，Access 会根据控制面板中的区域和语言设置来解释日期。例如，在欧洲和亚洲的绝大多数国家/地区中，#5/6/2010 会解释为 2010 年 6 月 5 日，而在美国，该日期解释为 2010 年 5 月 6 日。很容易构造出非常完美的查询，但由于区域设置中的细微差别，导致查询返回错误的数据。

交叉参考：

第 9 章将详细介绍运算符和优先顺序的相关内容。

8.5　打印查询的记录集

创建查询后，可以轻松地打印记录集中的所有记录。尽管不能指定某种类型的报表，但可以针对查询创建的记录集打印简单的矩阵类型的报表(行和列)。

在打印记录集时，有一定的灵活性。如果知道数据表的设置与预期相同，则可通过下面的步骤指定一些选项：

(1) 使用刚为自 2010 年 1 月 18 日起即处于活动状态的 Connecticut 客户创建的查询。

(2) 选择“文件”|“打印”。这将提供三个选项：可以选择“快速打印”，而不指定任何打印设置；可以使用特定的打印设置来打印；也可以选择“打印预览”，在打印之前预览输出。本例选择“打印”命令。

(3) 在“打印”对话框中指定所需的打印选项，然后单击“确定”。

打印输出会反映在打印数据集时生效的所有布局选项。不会打印隐藏的列，仅当“网格线”选项处于启用状态时才会打印网格线。打印输出还将反映指定的行高和列宽。

8.6 保存查询

要保存查询，请单击 Access 屏幕顶部的快速访问工具栏中的“保存”按钮。首次保存查询时，Access 会要求提供查询的名称。

保存查询后，Acccss 会返回到之前工作的模式。少数情况下，可能想要 次性保存并退出查询。要执行此操作，请单击查询设计器右上角中的“关闭窗口”按钮。在实际保存和关闭查询之前，Access 总是要求确认是否保存所做的更改。

8.7 创建多表查询

使用查询从单个表获取信息是十分常见的，很多情况下，还需要来自多个相关表中的信息。例如，要获取某个购买者的姓名以及客户购买的产品。该查询需要四个表，分别是 tblCustomers、tblSales、tblSalesLineItems 和 tblProducts。

交叉参考：

第 4 章介绍了主键和外键的重要性以及它们如何将表链接在一起。还介绍了如何使用“关系”窗口在表之间创建关系。最后讨论了参照完整性如何影响表中的数据。

为数据库创建表并确定各个表如何彼此相关以后，即可生成多表查询，以获取多个相关表中的信息。多表查询所显示的数据就像存在于一个大表中一样。

创建多表查询的第一步是将这些表添加到查询设计窗口中，如下所述：

(1) 在功能区的“创建”选项卡上单击“查询设计”按钮，创建一个新的查询。

(2) 在“显示表”对话框中双击 tblCustomers、tblSales、tblSalesLineItems 和 tblProducts 的名称，添加这四个表。

(3) 单击“关闭”按钮。

注意：

也可以在列表中分别突出显示每个表，并单击“添加”，来添加这些表。

图 8.17 显示了查询设计窗口的顶部窗格，其中包含刚添加的四个表。由于关系是在表级别设置的，因此会自动将联接线添加到查询中。

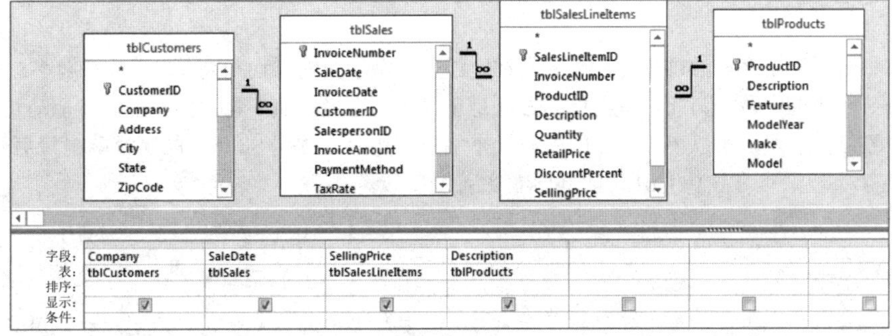

图 8.17 添加了四个表的查询设计窗口。请注意，联接线已经存在

注意：

可随时添加更多的表，只需要从“查询工具”|“设计”功能区中选择“查询设置”|“显示表”。此外，也可在设计窗口中单击鼠标右键，然后从显示的上下文菜单中选择“显示表”选项。

将多个表中的字段添加到查询中时，其步骤与处理单个表完全相同。可以一次添加一个字段，一次添加一个包含多个字段的组，或者添加一个表中的所有字段。

如果选择的字段在多个表中同名，Access 会添加相应表的名，后跟一个句点再加上字段名。例如，如果 ProductID 字段存在于查询设计窗口中使用的多个表(如 tblProducts 和 tblSalesLineItems)中，添加来自 tblSalesLineItems 表的 ProductID 字段会在设计网格中将该字段显示为 tblSalesLineItems.ProductID。这有助于选择正确的字段名。使用这种方法，可从某个特定表中选择同名的字段。

提示：

在选择字段时，最简单的方式仍是在查询设计器的上半部分中双击相应的字段名称。要执行此操作，可能需要调整字段列表窗口的大小，以便看到想要选择的字段。

8.7.1　查看表名

在一个查询中使用多个表时，QBE 窗格中的字段名称可能会变得含糊不清。例如，可能不清楚某个 Description 字段来自哪个表。

Access 会自动维护与 QBE 窗格中显示的每个字段关联的表名。在图 8.18 显示的查询设计器中，在 QBE 窗格中的字段名下方显示每个表的名称。

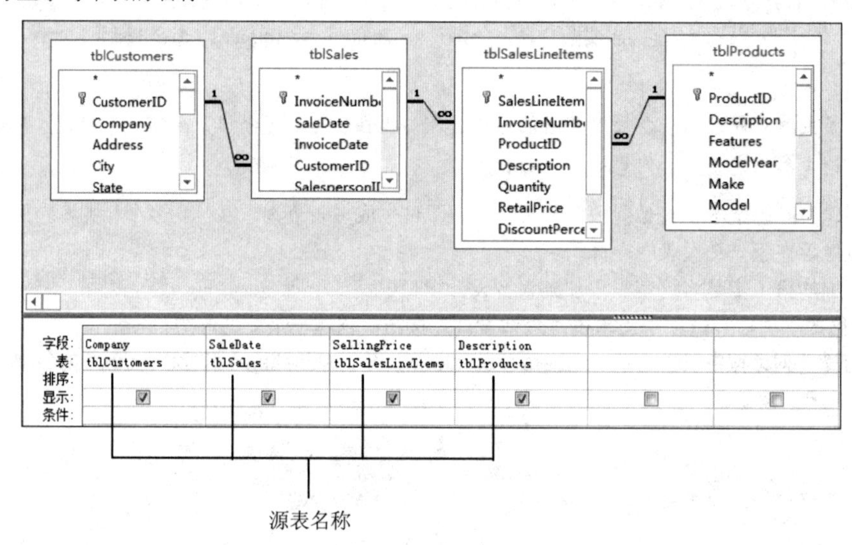

图 8.18　显示表名的 QBE 窗格。请注意，其中显示所有四个表名

8.7.2　添加多个字段

在多表查询中添加多个字段的过程与在单表查询中添加多个字段的过程相同。当添加来自多个表的字段时，必须一次添加来自一个表的字段。为此，最简单的方法是选择多个字段，然后将它们一起向下拖动到 QBE 窗格中。

要选择多个连续的字段，可以单击列表中的第一个字段，然后在按住 Shift 键的同时单击最后一个字段。要选择列表中的非连续字段，可在按住 Ctrl 键的同时单击各个字段。

警告：

选择星号(*)存在几个缺点：不能针对星号列本身指定条件。需要从相应的表中添加一个字段，然后输入条件。另外，当选择了星号时，也不能对单个字段排序。同样，需要从表中添加单独的字段，以便应用需要的排序。

8.7.3　了解多表查询的限制

在使用多个表创建查询时，对于可以编辑的字段存在一些限制。通常情况下，可更改查询的记录集中的数据，并在基础表中保存所做的更改。主要的例外情况是表的主键，如果实施了参照完整性，且该字段是关系的组成部分时，就不能编辑主键值。

某些情况下，可能希望手动编辑某查询生成的记录集。在 Access 中，表中的记录可能并不总是可以更新的。表 8.1 显示了表中的字段何时可以更新。如表 8.1 所示，基于一对多关系的查询在两个表中都可以更新(具体取决于查询的设计方式)。

表 8.1　更新查询的规则

查询或字段的类型	是否可以更新	注释
一个表	是	
一对一关系	是	
结果包含长文本字段	是	如果基础查询没有基于多对多关系，那么长文本字段可以更新
结果包含超链接	是	如果基础查询没有基于多对多关系，那么超链接可以更新
结果包含 OLE 对象	是	如果基础查询没有基于多对多关系，那么 OLE 对象可以更新
一对多关系	通常可以	根据设计方法存在一些限制(请参阅文本)
多对多关系	否	如果记录类型 = 记录集，则可以更新窗体或数据访问页面中的数据
两个或更多不包含联接线的表	否	必须具有联接才能确定是否可以更新
交叉表	否	创建数据的快照
总计查询(求和、平均值等)	否	在创建快照时使用分组数据
“唯一值”属性设置为“是”	否	仅在快照中显示唯一记录
特定于 SQL 的查询	否	并集和传递会使用 ODBC 数据
计算字段	否	自动重新计算
只读字段	否	如果以只读方式打开或者位于只读驱动器(CD-ROM)上
权限被拒绝	否	在使用用户级安全的旧 MDB 数据库中，不允许进行插入、替换或删除
没有唯一标识符的 ODBC 表	否	必须存在唯一标识符
没有主键的 Paradox 表	否	必须存在主键文件
被另一个用户锁定	否	某个字段被另一个用户锁定时，无法对其进行更新

8.7.4　克服查询限制

表 8.1 显示，某些情况下，表中的查询和字段无法更新。一般情况下，执行聚合运算或使用 ODBC 数据源的任何查询都无法更新，其他绝大多数查询都可以更新。如果查询有多个表，并且某些表有一对多关系，那么某些字段可能无法更新(具体取决于查询的设计)。

1. 更新唯一索引(主键)

如果某个查询使用一对多关系中涉及的两个表，那么该查询必须包含“一”这一侧的表中的主键。Access 必须有主键值，才能在两个表中找到相关记录。

2. 将查询中的现有数据替换为一对多关系

通常情况下，在一对多查询中，“多”这一侧的表(例如 tblSales 表)中的所有字段都是可以更新的。“一”这一侧的表(tblCustomers)中除主键字段以外的所有字段都可以更新。这对于绝大多数数据库应用程序来说已经足够了。此外，“一”这一侧的表中的主键字段几乎不会更改，因为它是指向联接表中记录的链接。

3. 更新查询中的字段

如果要向一对多关系所涉及的两个表中添加记录，请包含“多”这一侧的表中的外键，并在数据表中显示该字段。执行此操作后，可从“一”这一侧的表或“多”这一侧的表开始添加记录。“一”这一侧的表的主键字段会自动复制到“多”这一侧的表的联接字段。

如果要向窗体中的多个表添加记录(参见第 17 章和第 18 章)，请记住包含两个表中的所有(或者绝大多数)字段。否则，不会在窗体中包含完整记录集的数据。

8.8　使用表窗格

查询设计器的上部(表)窗格包含的信息对查询非常重要。了解表窗格以及如何使用字段列表对于生成复杂的查询至关重要。

8.8.1　查看联接线

联接线用于连接查询设计器中的表(参见图 8.17)。联接线将一个表中的主键连接到另一个表中的外键。联接线表示 Access 数据库中两个表之间的关系。在该示例中，联接线从 tblSales 表到 tblCustomers 表，将 tblCustomers 表中的 CustomerID 连接到 tblSales 表中的 CustomerID 字段。在关系生成器中设置了关系后，Access 将添加联接线。

交叉参考：

这些线已经预先绘制好了，因为已经如第 4 章中所述在表之间设置了关系。

如果针对关系设置了参照完整性，Access 就在查询设计器中对连接到相应表的联接使用稍粗的线条。一对多关系通过在联接线的“多”这一侧的表上添加一个无限符号(∞)来表示。

如果满足下面的条件，Access 会自动联接两个表：

- 两个表有同名的字段。
- 同名的字段属于同样的数据类型(文本、数值等)。请注意，自动编号数据类型与数值类型(长整型)相同。
- 其中一个字段在其表中是主键。

注意：

在表之间创建关系后，会在两个字段之间维护联接线。在表中移动以选择字段时，联接线会相对于链接字段移动。例如，如果向 tblCustomers 中窗口的底部下滚，联接线会针对客户编号向上移动，最终在表窗口顶部停止。

当使用多个表时，这些联接线可能会交叉或重叠，产生混乱。在表中滚动时，联接线最终会可见，其链接到的字段会明确显现出来。

8.8.2　移动表

要在查询编辑器中移动字段列表，可以使用鼠标捕捉字段列表窗口的标题栏(表名所在的位置)，然后将该窗口拖动到新位置。还可以单击并拖动字段列表的边框，来改变其高度和宽度，从而改变其大小。

在保存并关闭查询时，Access 会保存调整后的排列设置。一般来说，当下次打开查询时，字段列表将按照同样的配置来显示。

8.8.3　删除表

有时，可能需要从查询中删除某些表。要执行此操作，可使用鼠标在查询设计窗口的顶部窗格中选择想要删除的表，然后按 Delete 键，或者，也可以右击字段列表窗口，然后从显示的快捷菜单中选择“删除表”。

当然，从查询的设计中删除某个表并不会将该表从数据库中删除。

警告：

从查询设计中删除某个表时，指向该表的联接线也被删除。在删除之前不会显示任何警告或确认消息。该表以及添加到 QBE 窗格中的任何表字段将从屏幕中删除。不过，请注意，在计算字段中引用的删除表不会被删除。当尝试运行查询时，这种表引用可能导致错误。

交叉参考：

有关计算字段的内容详见第 12 章。

8.8.4　添加更多表

可以向某个查询中添加更多表，或在无意中删除了某个表后，需要将其重新添加到查询中。为此，可以单击“设计”功能区中“查询设置”组上的“显示表”按钮，打开“显示表”对话框。

8.9　创建和使用查询联接

在生成查询时，可能经常需要联接两个或更多相关表，以得到所需的结果。例如，希望将员工表联接到交易表，以创建一个报表，其中包含交易详细信息以及记录这些交易的员工的相关信息。使用的联接类型将决定输出的记录。

8.9.1　了解联接

有三种基本的联接类型，分别是内联接、左外联接和右外联接，如下所示。

- **内联接**：内联接运算会指示 Access，仅选择两个表中有匹配值的记录。对于联接字段中的值并不同时显示在两个表中的记录，将在查询结果中省略。图 8.19 直观地说明了内联接运算。

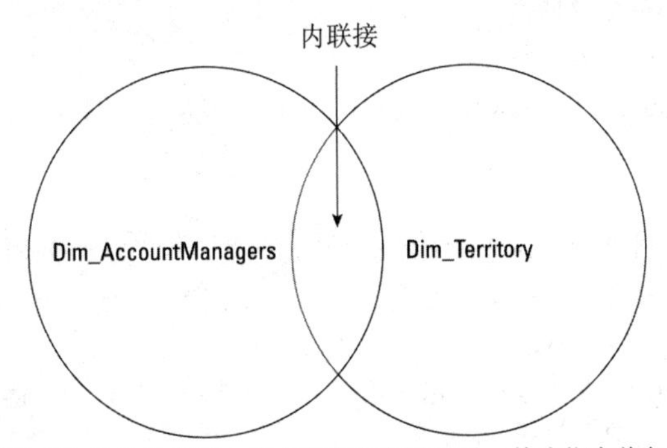

图 8.19　内部联接运算将仅选择在两个表中有匹配值的记录。箭头指向将包含在结果中的记录

- **左外联接**：左外联接运算(有时称为“左联接”)会指示 Access 选择第一个表中的所有记录(不管是否存在匹配值)，再从第二个表中选择联接字段有匹配值的记录。图 8.20 直观说明了左联接运算。

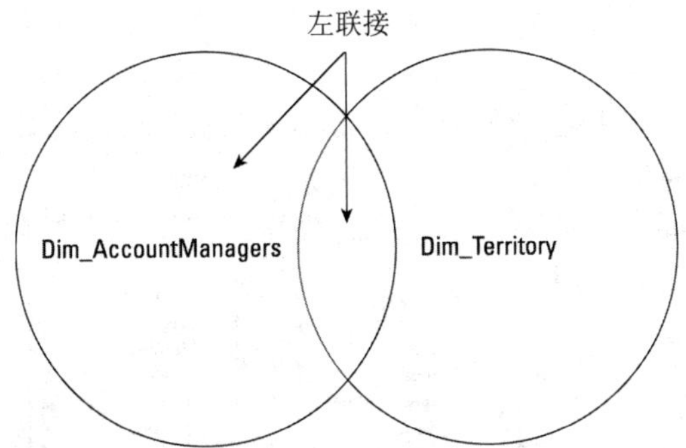

图 8.20　左外联接选择第一个表中的所有记录，再从第二个表中选择两个表中有匹配值的记录。箭头指向将包含在结果中的记录

- **右外联接**：右外联接运算(有时称为“右联接”)会指示 Access 选择第二个表中的所有记录(不管是否存在匹配值)，再从第一个表中选择联接字段有匹配值的记录(参见图 8.21)。

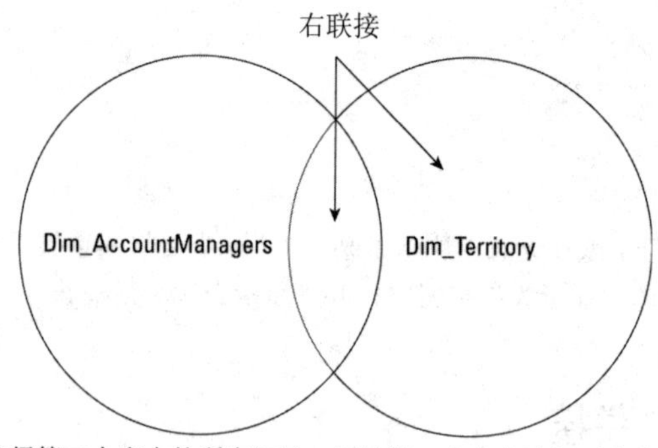

图 8.21　右外联接选择第二个表中的所有记录，再从第一个表中选择两个表中有匹配值的记录。箭头指向将包含在结果中的记录

默认情况下，Access 查询仅返回在关系的两侧均存在数据的记录(内联接)。例如，从 Contacts 表和 Sales 表中提取数据的查询，仅返回联系人实际下达了销售订单的记录，而不会显示尚未下达销售订单的联系人。如果某条联系人记录中至少一条销售记录不匹配，那么查询不会返回相应的联系人数据。这意味着，有时查询可能不会返回预期的所有记录。

尽管这是查询中两个表之间存在的最常见联接类型，但有时用户希望查看一个表中的所有数据，而不管这些记录是否在另一个表中有匹配值。实际上，用户经常希望看到在联接的另一侧没有匹配值的那些记录。比如，销售部门想要了解去年没有下达销售订单的所有联系人。为处理此类查询，必须修改默认查询联接特征。

可通过以下三种方式在表之间创建联接：

- 设计数据库时在表之间创建关系。
- 为查询选择两个表，其中，这两个表中包含一个同名、且数据类型相同的字段。该字段是其中一个表的主键字段。
- 修改默认联接行为。

前两种方法会自动在查询设计窗口中进行。向查询中添加相关表时，查询设计器中会显示表之间的关系。此外，还会在具有通用字段的两个表之间创建一个自动联接，前提是该字段是其中一个表的主键，并在“选项”对话框中选中了“启用自动联接”选项(默认选中)。

如果关系是在关系生成器中设置的，那么在以下情况下，可能看不到自动联接线：

- 两个表有一个通用字段，但其名称不同。
- 一个表不相关，无法与另一个表逻辑相关(例如，tblCustomers无法直接联接tblSalesLineItems表)。

如果有两个不相关的表，但需要在一个查询中联接它们，那么可以使用查询设计窗口。在查询设计窗口中联接表不会在表之间创建永久性关系，实际上，联接(关系)只是在查询运行时应用于表。

8.9.2　利用即席表联接

图 8.22 显示了一个简单的查询，其中包含 tblSales、tblSalesLineItems、tblProducts 和 tblCategories 表。这是一个即席联接，是在 Categories 表添加到查询中时建立的。

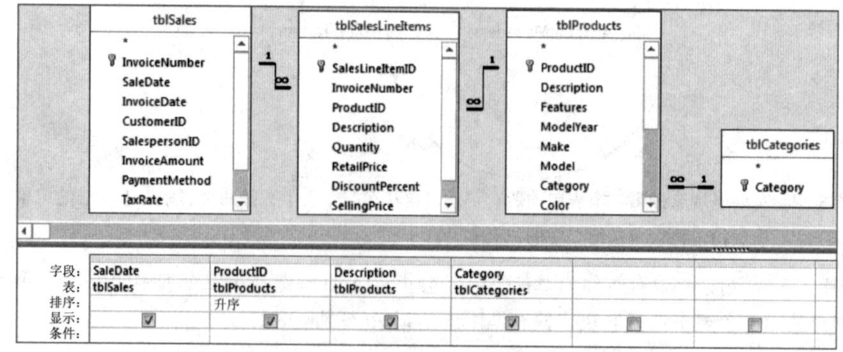

图 8.22　tblProducts 和 tblCategories 之间的一个即席联接

tblProducts 和 tblCategories 之间不存在直接关系。但是，Access 发现在两个表中都存在 Category 字段，确定 Category 数据类型在两个表中是相同的，并且确定 tblCategories 表中的 Category 字段是主键。因此，Access 在这两个表之间添加了一个即席联接。

注意：
在以下情况下，表不会在查询中自动联接：它们尚未在表级别联接、它们没有同名的字段用作主键，或者“自动联接”选项处于关闭状态。

如果 Access 没有自动联接 tblProducts 和 tblCategories (可能是因为 Category 字段在两个表中的名称不同)，可以轻松地添加即席联接，只需要从一个表中拖动 Category 字段，并将其放在另一个表中的对应字段。

8.9.3　指定联接类型

默认情况下，绝大多数联接都有一个问题：它们在查询执行时展现出内联接行为。对于图 8.22 中的查询，如果某个产品记录没有指定类别(例如，从未指定类别的一辆车)，则查询不会返回类别不匹配的任何产品记录。

问题在于，甚至无法看出缺少字段。确定该查询应该返回更多记录的唯一方式，是仔细检查销售记录，编写另一个查询对所有销售进行计数，或执行其他一些审核操作。

为准确了解销售情况，必须修改 tblProducts 和 tblCategories 之间的联接特征。小心地右击 tblProducts 和 tblCategories 之间的细联接线，然后从显示的快捷菜单中选择“联接属性”命令。该操作将打开“联接属性”对话框(参见 8.23)，可在该对话框中指定两个表之间的备用联接。

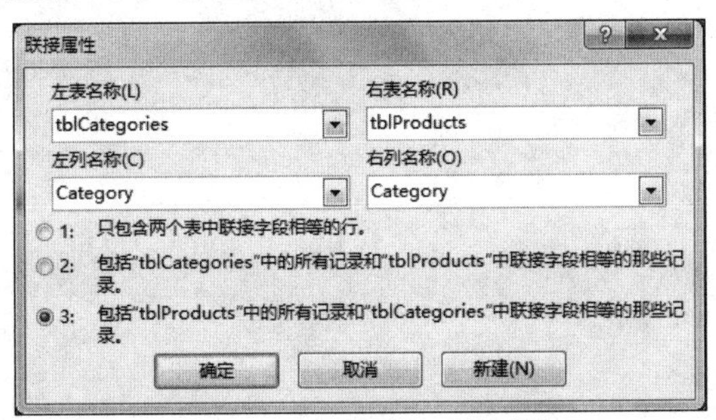

图 8.23　为查询选择一个外联接

在图 8.23 中，选中了第三个选项(包括 tblProducts 中的所有记录)，其中第一个选项是默认选项。选项 2 和 3 分别是左外联接和右外联接。这些选项会指示 Access 从联接中涉及的左侧(或右侧)表中检索所有记录，而不管这些记录是否在联接的另一侧匹配。

图 8.24 显示了新联接的结果。在该图的右下角中，可以看到外联接在 Access 查询设计器中的显示情况。

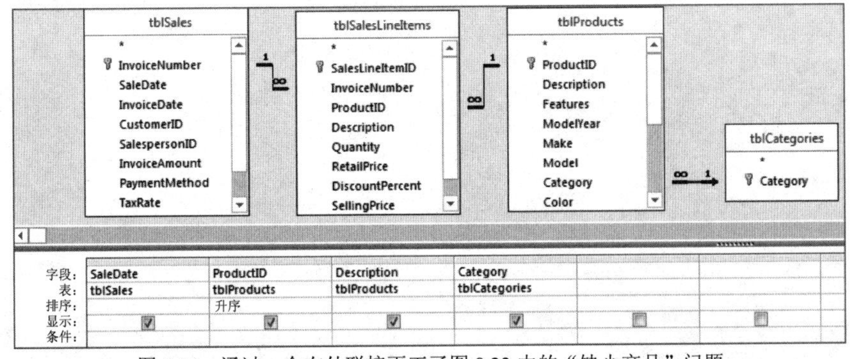

图 8.24　通过一个右外联接更正了图 8.22 中的“缺少产品”问题

当然，很容易创建没有任何意义的联接，但在查看数据时，可以非常明显地发现联接是错误的。如果两个联接字段没有相同的值，将得到一个未选择任何记录的数据表。

永远也不要创建没有意义的联接。例如，肯定不要将 tblCustomer 表中的 City 字段联接到 tblSales 表中的 SalesDate

字段。尽管 Access 允许创建这种联接，但生成的记录集不会包含任何记录。

注意：

Access 允许在表之间创建多字段联接(可以绘制多条联接线)。两个字段必须具有相同的数据，如果没有，那么查询不会找到可以显示的任何记录。

8.9.4　删除联接

要删除两个表之间的联接线，请选中该联接线，并按 Delete 键。将鼠标指针放在联接线的任何部分并单击一次，就可以选中该联接线。

警告：

如果删除了两个表之间的联接，但这些表仍然保留在查询设计窗口中，并且未联接到其他表，那么求解可能产生意外的结果。没有联接，Access 会创建一个视图，其中包含两个表中记录的任何可能组合，这通常称为笛卡尔积。注意在查询设计窗口中删除联接，仅影响当前执行的查询，“关系”窗口中建立的基本关系保持不变。

第9章

在 Access 中使用运算符和表达式

本章内容：

- 了解表达式中的运算符
- 创建复杂查询
- 使用简单条件生成查询
- 在查询中使用多个条件
- 编写复杂的查询条件

前一章使用一个或多个表中的选定字段创建了查询。还对数据进行了排序，设置了条件，以限制查询返回的结果。本章将重点介绍如何使用运算符和表达式计算信息、比较值，以及采用不同的格式显示数据(使用查询生成示例)。

本章将使用查询来演示运算符和函数的用法，但本章练习所运用的原理适用于 Access 中任何使用运算符和表达式的地方。

> Web 内容
> 本章中练习的初始数据库为 Chapter09.accdb，可从本书对应的 Web 站点下载。

9.1 运算符简介

通过运算符可以比较值，将文本字符串合并到一起，设置数据格式，以及执行各种任务。可使用运算符指示 Access 针对一个或多个操作数执行特定的操作。运算符和操作数的组合称为表达式。

> **注意：**
> 本章将多次看到“求值(evaluate)”一词。当为 Access 提供字段、表达式、变量等时，Access 会对该项进行求值，并(在内部)将该项表示为值。应该按照 Access 求值的预期方式编写表达式，这一点非常重要。如果 Access 错误地计算了表达式，则应用程序不会按预期执行。对于 Access 开发人员来说，了解 Access 如何计算查询的条件或 VBA 代码中使用的表达式是成功的关键。

每次在 Access 中创建方程式时，都会使用运算符。例如，运算符可在表属性中指定数据验证规则、在窗体和报表中创建计算字段，以及在查询中指定条件。

9.1.1 运算符的类型

可以将运算符分组为以下类型：

- 数学运算符
- 比较运算符
- 字符串运算符
- 布尔(逻辑)运算符
- 其他运算符

1. 数学运算符

数学运算符也称为算术运算符，因为它们用于执行数值计算。按照定义，可使用数学运算符将数字作为操作数来处理。当使用数学运算符时，数字可以是任意数值数据类型。数字可以是常量值、变量的值或是字段的内容。可单独使用这些数字，也可组合使用，以创建复杂的表达式。

有 7 种基本的数学运算符，如下所述：

+	加法
-	减法
*	乘法
/	除法
\	整数除
^	求幂
Mod	取模

交叉参考：

本节讨论的数学运算符通常在计算字段中使用。计算字段的内容详见第 12 章。

加法运算符：+

如果要在查询中创建一个计算字段，用于将税金添加到价格中，可使用下面的表达式：

```
[TaxAmt]+[Price]
```

减法运算符：–

减法运算符(–)执行简单的减法运算，例如从价格中减去折扣，来计算最终的发票金额，对应的表达式如下：

```
[Price] - ([Price] * [DiscountPercent])
```

注意：

尽管括号不是数学运算符，但它们在许多表达式中都非常重要，相关内容参见后面的“运算符优先顺序”一节。

乘法运算符：*

使用乘法运算符(*)的一个简单示例是计算多个商品的总价。可以设计一个查询，用于显示购买的商品数量以及每件商品的价格。然后，可以添加一个计算字段，其中包含购买的商品数量乘以每件商品的价格所得到的值。在该例中，表达式如下所示：

```
[Quantity] * [Price]
```

除法运算符：/

使用除法运算符(/)可以对两个数字进行除法运算。例如，假定有 212 个人中了 100 万美元的大奖。确定每个人应得奖金额 4 716.98 美元的表达式如下：

```
1000000 / 212
```

注意：

请注意，数值 1 000 000 不包含逗号。Access 无法对包含标点的数值执行数学运算。

整数除运算符：

整数除运算符(\)获取任意两个数字(number1 和 number2)，将它们向上或向下舍入为整数，将第一个数字除以第二个数字(number1/number2)，然后舍弃小数部分，只保留整数值。表 9.1 列出的示例说明了整数除与普通除法运算的差别：

表 9.1　普通除法与整数除法的比较示例

普通除法	整数除法
100 / 6 = 16.667	100 \ 6 = 16
100.9 / 6.6 = 15.288	100.9 \ 6.6 = 14
102 / 7 = 14.571	102 \ 7 = 14

> **注意：**
>
> Access 会基于"四舍六入五成双"或"向偶数舍入"的原则对整数进行舍入。舍入结果始终为最接近的偶数值：6.5 舍入为 6，7.5 舍入为 8。仅当舍入的值恰好位于两个整数的中间时，才会生成异常结果。显然，6.51 舍入为 7，而 6.49 舍入为 6。Access 这么做的原因是将舍入错误降至最低。

求幂运算符：^

求幂运算符(^)将某个数字自乘为幂指数形式。将某个数字自乘只是意味着将某个数字乘以自身。例如，4 × 4 × 4 (即 4^3)与输入公式 4^3 的结果是一样的。

指数不一定是整数，它甚至可以是负数。例如，2^2.1 将返回 4.28709385014517，而 4^–2 的结果为 0.0625。

取模除法运算符：Mod

取模运算符(Mod)获取任意两个数字(number1 和 number2)，将它们向上或向下舍入为整数，将第一个数字除以第二个数字(number1/number2)，然后返回余数。表 9.2 列出的示例说明了取模除法运算与普通除法运算的差异。

表 9.2　普通除法与取模除法的差异

普通除法	取模除法	解释
10 / 5 = 2	10 Mod 5 = 0	10 被 5 整除
10 / 4 = 2.5	10 Mod 4 = 2	10 / 4 商为 2，余数为 2
22.24 / 4 = 5.56	22.24 Mod 4 = 2	22 / 4 商为 5，余数为 2
22.52 / 4 = 5.63	22.52 Mod 4 = 3	23 / 4 商为 5，余数为 3

取模除法的诀窍在于，返回值为对操作数执行整数除后得到的余数。Mod 运算符通常用于确定某个数字是偶数还是奇数，方法是使用 2 作为除数执行取模除法运算，如下所示：

```
5 Mod 2 = 1
4 Mod 2 = 0
```

如果 Mod 返回 1，则说明被除数是奇数。当被除数是偶数时，Mod 返回 0。

2. 比较运算符

比较运算符用于比较方程式中的两个值或表达式。有 6 种基本的比较运算符，如下所示：

=　　等于
<>　　不等于
<　　小于
<=　　小于或等于
>　　大于
>=　　大于或等于

基于比较运算符生成的表达式始终返回 True、False 或 Null。当无法计算表达式时，就返回 Null。

当阅读下面的说明时，请记住，Access 在绝大多数情况下不区分大小写。例如，在比较字符串时，CAR、Car 和 car 对于 Access 来说是相同的。

> **注意：**
>
> 对于比较运算符表达式，Access 实际上会返回一个数值。Access 使用–1 来表示 True，使用 0 来表示 False。

如果方程式的任何一侧为 Null 值，则结果始终为 Null。

等于运算符：=

如果两个表达式相同，那么等于运算符(=)将返回 True。例如：

[Category] = "Car"。如果 Category 为 Car，将返回 True；如果为其他类别，将返回 False。

[SaleDate] = Date()。如果 SaleDate 中的日期为今天，将返回 True；如果是其他日期，将返回 False。

不等于运算符：<>

不等于运算符(<>)与等于运算符刚好相反。例如：

[Category] <> "Car"。如果 Category 为 Car 之外的任何值，将返回 True；仅当 Category 为 Car 时才返回 False。

小于运算符：<

如果方程式的左侧小于右侧，小于运算符(<)将返回逻辑值 True，在下面的示例中：

[Price] < 1000。如果 Price 字段包含小于 1000 的值，将返回 True；只要 Price 字段的值大于或等于 1000，就会返回 False。

有趣的是，小于运算符可以轻松地用于字符串值(绝大多数比较运算符都适用)。例如，下面的表达式结果为 False：

```
"Man" < "Woman"
```

实际上，Access 没有对表达式进行深入分析，只是对两个字符串进行逐字符的比较。由于 M 在字母表中位于 W 的前面，因此单词 Man 不大于 Woman。在对字符串数据进行排序或以特定顺序排列名称时，比较字符串的功能会非常有价值。

再次强调一下，由于 Access 字符串比较不区分大小写，因此 XYZ 不大于 xyz。

> **注意：**
> 对数字执行基于字符串的比较，不能得到预期的结果。例如，10 将位于 9 的前面，因为从字面上看，1 位于 9 的前面。

小于或等于运算符：<=

如果方程式左侧的操作数小于或等于右侧的操作数，那么小于或等于运算符(<=)将返回 True，在下面的示例中：

[Price] <= 2500。如果 Price 等于 2500 或小于 2500，将返回 True；而当 Price 大于 2500 时，将返回 False。

> **警告：**
> 必须正确书写比较运算符。如果输入=<，那么 Access 会报错。该运算符中的字符顺序非常重要。必须为小于或等于，也就是<=。

大于运算符：>

大于运算符(>)与小于运算符刚好相反。当方程式左侧的操作数大于右侧的操作数时，该运算符将返回 True。例如：

[TaxRate] > 3.5。如果 TaxRate 大于 3.5，将返回 True；只要 TaxRate 小于或等于 3.5，就返回 False。

大于或等于运算符：>=

如果方程式的左侧大于或等于右侧，大于或等于运算符(>=)将返回 True。例如：

[TaxRate] >= 5。如果 TaxRate 为 5 或更大的值，将返回 True；当 TaxRate 小于 5 时，将返回 False。

3. 字符串运算符

Access 提供了三种字符串运算符用于处理字符串。与数学运算符和逻辑运算符不同，字符串运算符专门用于处理字符串数据类型，如下所示：

&	连接操作数
Like	操作数类似
Not Like	操作数不类似

连接运算符：&

连接运算符可将两个字符串联接成一个字符串。在某些方面，连接类似于加法。不过，与加法不同的是，连接始终返回字符串：

```
[FirstName] & [LastName]
```

但在返回的字符串中，姓名之间不包含空格。如果[FirstName]为"Fred"，而[LastName]为"Smith"，那么返回的字符串为 FredSmith。如果希望姓名之间包含一个空格，就必须明确在字符串之间添加一个空格，如下所示：

```
[FirstName] & " " & [LastName]
```

连接运算符可轻松地联接字符串与数值或日期类型的值。使用&时不需要通过特殊的函数将数字或日期转换为字符串。

例如，假定有一个数字字段(HouseNumber)和一个文本字段(StreetName)，要组合这两个字段，可以使用下面的表达式：

```
[HouseNumber] & " " & [StreetName]
```

如果 HouseNumber 为"1600"，而 StreetName 为"Pennsylvania Avenue N.W."，那么返回的字符串为：

```
"1600 Pennsylvania Avenue N.W."
```

注意：
在返回的字符串两侧添加引号，可以使结果清晰易懂。

为了在报表页面的底部打印输出 OperatorName 和当前日期，可以通过下面的表达式来实现：

```
"This report was printed " & Now() & " by " & [OperatorName]
```

请注意单词 printed 后面以及单词 by 前后的空格。如果日期为 2012 年 3 月 21 日，时间为下午 4:45，那么该表达式应如下：

```
This report was printed 3/21/12 4:45:40 PM by Jim Rosengren
```

加法运算符(+)也可以连接两个字符串。例如，要组合 tblContacts 中的 FirstName 和 LastName，使其显示为一个字符串，对应的表达式应为：

```
[FirstName] + " " + [LastName]
```

提示：
了解了连接运算符的工作原理后，可更轻松地维护数据库表达式。如果在处理字符串时总是使用连接运算符(&)，而不使用加法运算符(+)，则不必关注连接操作数的数据类型。使用连接运算符的表达式会自动将所有操作数转换为字符串。有时，使用加法运算符连接字符串可能生成无法预测的结果，因为 Access 必须确定操作数是数字还是字符串，然后采取相应的操作。连接运算符会强制 Access 将操作数视为字符串，并始终返回字符串结果。

尽管&和+都可用作连接运算符，但某些情况下，使用+可能会生成意外结果。当连接两个值时，&总是会返回字符串。传递给&的操作数可能是字符串、数值或日期/时间值、字段引用等，但返回的始终是字符串。

由于&总是返回字符串，因此在处理可能为 Null 的数据时，常用它来防止出现“无效的 Null 使用”错误。例如，假定 Access 窗体上的某个特定文本框可能包含值，也可能不包含值，因为无法确定用户是否在该文本框中输入了内容。在将该文本框的内容分配给某个变量(参见第 24 章)时，某些开发人员会在分配过程中将空字符串连接到该文本框的内容，如下所示：

```
MyVariable = txtLastName & ""
```

&可以确保，即使该文本框包含 Null 值，也会为变量分配一个字符串，而不会引发错误。

另一方面，当其中一个操作数为 Null 时，+运算符将返回 Null 值，如下所示：

```
MyVariable = txtLastName + ""
```

在该例中，如果 txtLastName 真的为 Null，用户可能会遇到“无效的 Null 使用”错误，因为连接运算的结果为 Null (假定 txtLastName 包含 Null 值)。

大多数有经验的 Access 开发人员会使用+进行算术运算，而总是使用&进行字符串连接运算。

Like 和 Not Like 运算符

Like 运算符及与之相反的 Not Like 运算符用于比较两个字符串表达式。这些运算符确定一个字符串是否与另一个字符串的模式相匹配。返回值为 True、False 或 Null。Like 和 Not Like 运算符不区分大小写。

Like 运算符使用以下语法：

```
expression Like pattern
```

Like 在模式中查找表达式，如果存在，运算将返回 True。例如：

`[FirstName] Like "John"`。如果名字为 John，则返回 True。

`[LastName] Like "SMITH*"`。如果姓氏为 Smith、Smithson 或其他以“Smith”开头的姓名(不管是否首字母大写)，将返回 True。

`[State] Not Like "NY"`。对于 New York 以外的任何州，返回 True。

注意：

如果 Like 运算中的任意操作数为 Null，则返回的结果为 Null。

Like 和 Not Like 运算符为字符串比较提供了强大且灵活的工具。通配符增强了 Like 运算符的灵活性。

使用通配符

表 9.3 显示了 5 个可与 Like 运算符结合使用的通配符。

表 9.3　可与 Like 运算符结合使用的通配符

通配符	用途
?	单个字符(0～9、Aa～Zz)
*	任意数量的字符(0～n)
#	任意单个数字(0～9)
[list]	列表中的任意单个字符
[!list]	不在列表中的任意单个字符

[list]和[!list]都可在两个字符之间使用连字符来表示范围。下面列举一些通配符示例：

`[tblContacts].[LastName] Like "Mc*"`	对于以"Mc"或"MC"开头的姓氏(例如"McDonald""McJamison"和"MCWilliams")返回 True；对于不以"Mc"或"MC"开头的姓氏，将返回 False。
`[Answer] Like "[A-D]"`	如果 Answer 为 A、B、C、D、a、b、c 或 d，则返回 True。对于其他字符，将返回 False。
`"AB1989" Like "AB####"`	返回 True，因为字符串以"AB"开头，并且后跟 4 位数字。
`"AB198" Like "AB####"`	返回 False，因为字符串虽然以"AB"开头，但没有后跟 4 位数字。
`"AB19893" Like "AB####"`	返回 False，因为字符串虽然以"AB"开头，但后跟的数字超过了 4 位。
`[LastName] Not Like "[A,E,I,O,U]*"`	对于不以元音开头的姓氏，返回 True。对于"Smith"和"Jones"，将返回 True，而对于"Adams"和"O'Malley"，将返回 False。
`[City] Like "?????"`	对于长度刚好为 5 个字符的城市，返回 True。

提示：

如果尝试匹配的模式中包含通配符，则必须用方括号将通配符括起来。在下面的示例中，模式中的[*]会将第三个位置的星号视为数据：

```
"AB*Co" Like "AB[*]C*"
```

由于星号字符括在方括号中，因此不会误将其视为星号通配符。

4. 布尔(逻辑)运算符

布尔运算符(也称为逻辑运算符)用于在表达式中创建多个条件。与比较运算符类似，这些运算符也是始终返回 True、False 或 Null。布尔运算符包括以下 6 种：

And	当表达式 1 和表达式 2 都为 True 时返回 True
Or	当表达式 1 或表达式 2 中的任何一个为 True 时返回 True
Not	当表达式不为 True 时返回 True
Xor	当表达式 1 或表达式 2 中的任何一个为 True 时(但不能两个同时为 True)返回 True
Eqv	当表达式 1 和表达式 2 都为 True 或 False 时返回 True
Imp	对两个数值表达式中相同位置的数位执行按位比较

And 运算符

使用 And 运算符可以对两个表达式执行逻辑接合。如果两个表达式都为 True，则该运算符返回 True。And 运算符的一般语法为：

```
表达式 1 And 表达式 2
```

例如：

```
[tblContacts].[State] = "MA" And      仅当两个表达式都为 True 时才返回 True。
[tblContacts].[ZipCode] = "02379"
```

逻辑 And 运算符的结果取决于 Access 对两个操作数的求值情况。表 9.4 说明了当操作数为 True 或 False 时所有可能的结果。注意，仅当两个操作数都为 True 时，And 运算才返回 True。

表 9.4　And 运算结果

表达式 1	表达式 2	表达式 1 And 表达式 2
True	True	True
True	False	False
True	Null	Null
False	True	False
False	False	False
False	Null	False
Null	True	Null
Null	False	False
Null	Null	Null

Or 运算符

Or 运算符可以对两个表达式执行逻辑析取。如果满足任何一个条件，Or 运算符将返回 True。Or 运算符的一般语法为：

```
表达式 1 Or 表达式 2
```

下面的示例说明了 Or 运算符的工作方式：

```
[LastName] = "Casey" Or [LastName] = "Gleason"      如果 LastName 为 Casey 或 Gleason，则返回 True。
[TaxLocation] = "TX" Or [TaxLocation] = "CT"        如果 TaxLocation 为 TX 或 CT，则返回 True。
```

与 And 一样，Or 运算符也是根据 Access 对其操作数求值的结果返回 True 或 False。表 9.5 中显示了两个操作数所有可能的组合。请注意，仅当两个操作数都为 False 时，Or 运算符才会返回 False。

表 9.5　Or 运算结果

表达式 1	表达式 2	表达式 1 Or 表达式 2
True	True	True
True	False	True
True	Null	True
False	True	True
False	False	False
False	Null	Null
Null	True	True
Null	False	Null
Null	Null	Null

Not 运算符

Not 运算符对数值或布尔表达式进行求反运算。如果表达式为 False，则 Not 运算符返回 True；如果表达式为 True，则该运算符返回 False。Not 运算符的一般语法为：

```
Not [numeric|boolean] 表达式
```

下面的示例说明了如何使用 Not 运算符：

```
Not [Price] <= 100000              如果 Price 大于 100 000，则返回 True
If Not (City = "Seattle") Then     对于 Seattle 以外的任何城市，返回 True
```

如果操作数为 Null，Not 运算符将返回 Null。表 9.6 中显示了所有可能的值。

表 9.6　Not 运算结果

表达式	Not 表达式
True	False
False	True
Null	Null

5. 其他运算符

Access 还有三个非常有用的运算符，如下所述：

```
Between...And        范围
In                   列表比较
Is                   保留字
```

Between...And 运算符

Between...And 运算符确定某个表达式的值是否在指定的值范围内，一般语法如下：

```
expression Between value1 And value2
```

如果表达式的值位于 value1 和 value2 范围内，或者与 value1 或 value2 相同，则结果为 True；否则，结果为 False。请注意，Between…And 运算符包含边界值，相当于>=而且<=。

下面的示例说明了如何使用 Between...And 运算符：

```
[TotalCost] Between 10000 And 19999             如果 TotalCost 介于 10 000 和 19 999 之间，或
                                                者等于 10 000 或 19 999，则返回 True。
[SaleDate] Between #1/1/2012# And #12/31/2012#  当 SaleDate 发生在 2012 年时返回 True。
```

Between...And 运算符也可与 Not 运算符结合使用，对该逻辑进行求反运算：

```
Not [SaleDate] Between #1/1/2012# And #3/31/2012#   仅当 SaleDate 不在 2012 年第一季度时返回 True。
```

In 运算符

In 运算符可确定某个表达式的值是否与列表中的任何值相等。In 运算符的一般语法为：

```
Expression In (value1, value2, value3, ...)
```

如果在列表中找到表达式的值，则结果为 True；否则，结果为 False。

下面的示例使用 In 运算符作为 Category 列中的查询条件：

```
In ('SUV','Trucks')
```

该查询仅显示 SUV 或卡车车型。

也可在 VBA 代码中使用 In 运算符：

```
If [tblCustomers].[City] In("Seattle", "Tacoma") Then
```

在上述示例中，仅当 City 字段为 Seattle 或 Tacoma 时，才会执行 If...Then...Else 语句的主体。

可使用 Not 运算符对 In 运算符的返回值进行求反运算：

```
If strCity Not In ("Pittsburgh", "Philadelphia") Then
```

在上述示例中，仅当 strCity 未设置为 Pittsburgh 或 Philadelphia 时，才会执行 If...Then...Else 语句的主体。

Is 运算符

通常情况下，Is 运算符与关键字 Null 结合使用，以确定对象的值是否为 Null，一般语法为：

```
expression Is Null
```

在 VBA 环境中，Is 运算符可用于比较各种对象，以确定它们是否代表相同的实体。

下面的示例使用了 Is 运算符：

```
[LastName] Is Null     如果LastName字段为Null,则返回True;如果LastName字段包含任何值,则返回False。
```

注意，Is 运算符仅适用于对象和对象变量，例如表中的字段，这一点非常重要。Is 运算符不能用于简单变量(例如字符串或数字)。

9.1.2　运算符优先顺序

在使用具有多个运算符的复杂表达式时，Access 必须确定先计算哪个运算符，然后计算哪个运算符，依此类推。对于数学、逻辑和布尔运算符，Access 具有内置的、预先确定的顺序，称为运算符优先顺序。Access 将始终遵循该顺序，除非使用括号改写其默认行为。

括号内的运算会先于括号外的运算执行。在括号中，Access 会遵循默认的运算符优先顺序。

首先根据运算符的类别确定优先顺序。运算符的优先顺序等级如下：

(1) 数学运算符

(2) 比较运算符

(3) 布尔运算符

每个类别都包含自己的优先顺序，接下来介绍各个类别的优先顺序。

1. 算术运算符优先顺序

算术运算符遵循以下优先顺序：

(1) 求幂运算符

(2) 求反运算符

(3) 乘法和/或除法运算符(从左到右)

(4) 整数除运算符

(5) 取模除法运算符

(6) 加法和/或减法运算符(从左到右)

(7) 字符串连接

2. 比较运算符优先顺序

比较运算符遵循以下优先顺序：

(1) 等于运算符
(2) 不等于运算符
(3) 小于运算符
(4) 大于运算符
(5) 小于或等于运算符
(6) 大于或等于运算符
(7) Like 运算符

3. 布尔运算符优先顺序

布尔运算符遵循以下优先顺序：

(1) Not 运算符
(2) And 运算符
(3) Or 运算符
(4) Xor 运算符
(5) Eqv 运算符
(6) Imp 运算符

9.2 在查询中使用运算符和表达式

运算符和表达式最常见的一种用法是生成复杂的查询条件。透彻理解这些构造的工作方式可使生成复杂、有用的查询的过程变得更轻松。本节将具体介绍如何使用运算符和表达式生成查询条件。本章其余部分中的某些信息与前面讨论的内容类似，但专门针对查询设计。

了解如何指定条件对于设计和编写高效的查询至关重要。尽管可按单个条件针对单个表使用查询，但许多查询可使用更复杂的条件从多个表提取信息。

由于这种复杂性，查询只能按照需要的顺序检索需要的数据。例如，希望从数据库中选择并显示数据，以获取下列信息：

- Chevy 汽车或 Ford 卡车型号的所有购买者
- 在过去 60 天内购买过产品的所有购买者
- 超过 90 美元的商品的所有销售
- 每个州的客户数
- 发表了评论或表达不满的客户

随着数据库系统不断发展壮大，我们希望检索上述示例中的信息子集。使用运算符和表达式，可创建复杂的选择查询，以限制查询返回的记录数。本节将讨论使用运算符和表达式的选择查询的相关内容。稍后，在处理窗体、报表和 VBA 代码时运用这些知识。

交叉参考：

第 8 章深入介绍了如何在 Access 中设计查询。

9.2.1 使用查询比较运算符

在使用选择查询时，可能需要指定一个或多个条件以限制显示信息的范围。在方程式和计算中使用比较运算符，可以指定条件。运算符的类别包括数学运算符、关系运算符、逻辑运算符和字符串运算符。在选择查询中，运算符在按示例查询(QBE)窗格的“字段”单元格或“条件”单元格中使用。

表 9.7 显示了用于选择查询的最常见运算符。

表 9.7　选择查询中使用的常见运算符

数学运算符	关系运算符	逻辑运算符	字符串运算符	其他运算符
* (相乘)	= (等于)	And	& (连接)	Between...And
/ (相除)	<> (不等于)	Or	Like	In
+ (相加)	> (大于)	Not	Not Like	Is Null
- (相减)	< (小于)			Is Not Null

使用这些运算符，可以找出如下记录组：

- 包括图片的产品记录
- 某个范围内的记录，例如发生在 11 月到 1 月之间的所有销售
- 满足 And 和 Or 条件的记录，例如不是卡车或 SUV 的所有汽车记录
- 不匹配某个值的所有记录，例如不是汽车的任何类别

向查询中添加条件时，可针对所需的示例使用相应的运算符。在图 9.1 中，示例是 Cars。运算符是等于(=)。注意，图中并未显示等于号，因为它是选择查询的默认运算符。

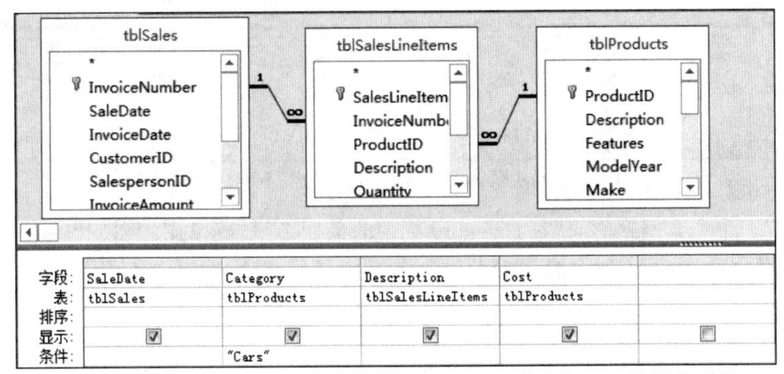

图 9.1　QBE 窗格显示一个简单条件，要求显示类别为 Cars 的所有型号

9.2.2　了解复杂条件

可使用表 9.7 中所列运算符的任意组合生成复杂的查询条件。对于许多查询来说，复杂条件包括一系列 And 和 Or 运算符，如下面的示例所示：

- 州必须为 Connecticut 或 Texas。
- 城市必须为 Sunnyville 且州必须为 Georgia。
- 州必须为 MA 或 MO，且城市必须为 Springfield。

这些示例演示了逻辑运算符 And/Or 的用法。很多情况下，在 QBE 窗格的不同单元格中输入示例数据，可以创建复杂条件，如图 9.2 所示。在图 9.2 中，在 State 和 Category 列中均指定了条件。在 State 列中，条件指定“CA 或 AZ”，而 Category 列中的附加条件添加了“不是 Cars”。当两个列中的条件组合使用时，会将返回的记录限制为客户所在的州为 California 或 Arizona，产品类别不是汽车的那些记录。

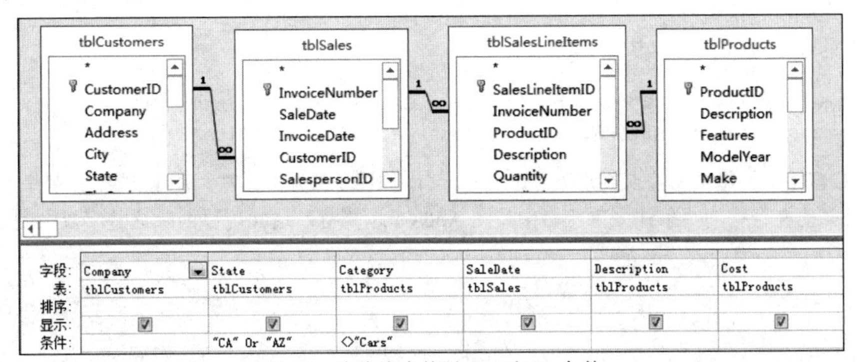

图 9.2　在查询中使用 And 和 Or 条件

但使用显式的布尔运算符并不是基于多个条件选择记录的唯一方式。图 9.3 演示了一种常见的 Access 方法：使用复杂条件而完全不输入运算符关键字 And/Or。在该例中，“堆叠”在单个列中的条件指定 Or 运算。例如，在 State 列中，条件解释为"CA" Or "AZ"。QBE 窗格的另一列中显示的条件指示 And 运算。因此，Category 列中的条件与州条件组合，并解释如下：

```
(State = "CA" And Category <> "Cars") Or
(State = "AZ" And Category <> "Cars")
```

在任何一种情况下，图 9.2 和图 9.3 中的查询是等效的，返回相同的数据。

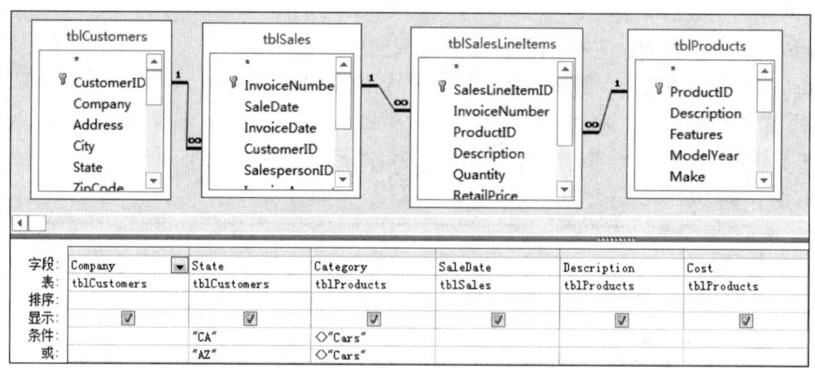

图 9.3 在不使用 And/Or 运算符的情况下创建复杂条件

图 9.3 中的查询有一个令人困惑的问题：Category 列中的条件必须显示两次，针对 State 列中的每个值分别显示一次。如果 Category 条件仅在 State 列中的“AZ”所在的行中显示一次，组合条件将解释如下：

```
(State = "AZ" and Category <> "Cars") Or (State = "CA")
```

本章后面的“在多个字段中输入条件”一节将讲述如何创建这类复杂的查询。

提示：
在 QBE 窗格中，在同一行中输入 And 条件，而在不同行中输入 Or 条件。

Access 利用图形查询，创建一条 SQL SELECT 语句，以从表中实际提取信息。单击功能区的“视图”组中的下拉列表，选择“SQL 视图”，将窗口的内容更改为显示 SQL SELECT 语句(如图 9.4 所示)，该语句是 Access 基于图 9.3 中置于 QBE 窗格中的字段和条件创建的。

```
Figure-03
SELECT tblCustomers.Company, tblCustomers.State, tblProducts.Category, tblSales.SaleDate, tblProducts.Description, tblProducts.Cost
FROM tblProducts INNER JOIN (tblCustomers INNER JOIN (tblSales INNER JOIN tblSalesLineItems ON tblSales.InvoiceNumber =
tblSalesLineItems.InvoiceNumber) ON tblCustomers.CustomerID = tblSales.CustomerID) ON tblProducts.ProductID = tblSalesLineItems.ProductID
WHERE (((tblCustomers.State)="CA") AND ((tblProducts.Category)<>"Cars")) OR (((tblCustomers.State)="AZ") AND ((tblProducts.Category)<>"Cars"));
```

图 9.4 图 9.3 中查询的 SQL 视图。注意，该视图中包含一个 OR 运算符和两个 AND 运算符(在 WHERE 子句中)

作者重新排列了图 9.4 中的 SQL 语句，使之更加清晰。在数据库中切换到 SQL 视图时，将看到一条很长的多行语句，各部分之间没有换行符。

此查询条件的表达式如下：

```
(tblCustomers.State = "CA" AND tblProducts.Category <> "Cars") OR
(tblCustomers.State = "AZ" AND tblProducts.Category <> "Cars")
```

必须为 QBE 窗格中的每个州输入类别条件(<> "Cars")，如图 9.3 所示。在本章后面的“在多个字段中输入条件”一节中，将学习如何在查询的“条件”单元格中使用 And/Or 运算符，这样可以消除这些字段中的冗余条目。

提示：
该例查找的是 Category 字段中不包含 Cars 的所有型号。要查找匹配某个值的记录，请删除具有相应值的<>运算符。例如，输入 Cars 可找到类别为 Cars 的所有记录。在处理选择查询时，不必在 QBE 窗格中使用等于号。

And/Or 运算符是处理复杂条件时最常用的运算符。这些运算符考虑两个不同的表达式(And/Or 运算符的每一侧分别一个)，然后确定表达式的结果为 True 还是 False。接下来，运算符会比较两个表达式的结果，得到逻辑 True/False 答案。例如，对于上一段中提供的表达式中的第一个 And 语句：

```
(tblCustomers.State = "CA" AND tblProducts.Category <> "Cars")
```

如果 Category 为 Cars 以外的任何内容，则条件的右侧(tblProducts.Category <> "Cars")将求值为 True。And 运算符比较左侧表达式和右侧表达式的逻辑 True/False 值，返回 True/False 答案。

注意：
当某个字段完全没有任何值时，表示该字段具有 Null 值。Null 表示某个字段中缺少信息输入。Null 既不是 True 也不是 False，也不同于空格字符或 0。Null 只是表示没有任何值。如果不在 City 字段中输入名称而是将其跳过，Access 会将该字段保留为空(除非在表的设计中提供默认值)。这种空白的状态称为 Null。

当 And/Or 运算的结果为 True 时，整体条件为 True，且查询显示满足 True 条件的记录。

注意，仅当表达式的两侧都为 True 时，And 运算的结果才为 True，而对于 Or 运算，只要表达式的一侧为 True，结果就为 True。实际上，一侧可能为 Null 值，如果另一侧为 True，那么 Or 运算的结果仍为 True。这是 And/Or 运算符的根本区别。

9.2.3　在选择查询中使用函数

当使用查询时，可使用内置的 Access 函数来显示信息。例如，可能希望显示以下项：

- 销售日期是星期几
- 以大写形式显示的所有客户名称
- 两个日期字段的差

可通过为查询创建计算字段来显示上述所有信息。

交叉参考：
第 12 章将深入讨论计算字段，本书会始终贯穿这些内容。

9.2.4　在选择查询中引用字段

在查询中使用表名称和字段的名称时，最好使用方括号([])将名称括起来。Access 要求使用方括号将包含空格或标点符号的字段名称括起来。下面的示例使用方括号把字段名称括起来：

```
[tblSales].[SaleDate] + 30
```

在该例中，向 tblSales 中的 SaleDate 字段添加了 30 天。

警告：
如果在 QBE 窗格中省略字段名两侧的方括号([])，Access 可能使用引号将该字段名称括起来，并将其视为文本，而不是字段名称。

9.3　输入单值字段条件

某些情况下，希望基于单个字段条件限制返回的查询记录。例如，在以下查询中：

- 居住在 New York 的客户(购买者)信息
- 卡车型号的销售额
- 在一月份购买过产品的客户

上述每个查询都需要一个单值条件。简单地说，单值条件就是在 QBE 窗格中只输入一个表达式。该表达式可以是示例数据，例如"CA"，也可以是函数，例如 DatePart("m",[SaleDate]) = 1。几乎可为任何数据类型指定条件表达式，包括文本、数值、日期/时间等。甚至 OLE 对象和计算字段类型也可以指定条件。

9.3.1　输入字符(文本或备注型)条件

可针对文本或备注型字段使用字符条件。这些条件是相应字段内容的示例或模式。例如，要创建一个查询，返回居住在 New York 的客户，请执行下面的步骤：

(1) 基于 tblCustomers 表在设计视图中打开一个新查询，并向 QBE 窗格中添加 Company、Phone 和 State 字段。

(2) 单击 State 字段对应的“条件”单元格。

(3) 在该单元格中输入 NY。查询应该如图 9.5 所示。请注意，仅打开了一个表，仅选择了三个字段。单击“开始”功能区的“视图”组中的“数据表视图”按钮，可查看该查询的结果。

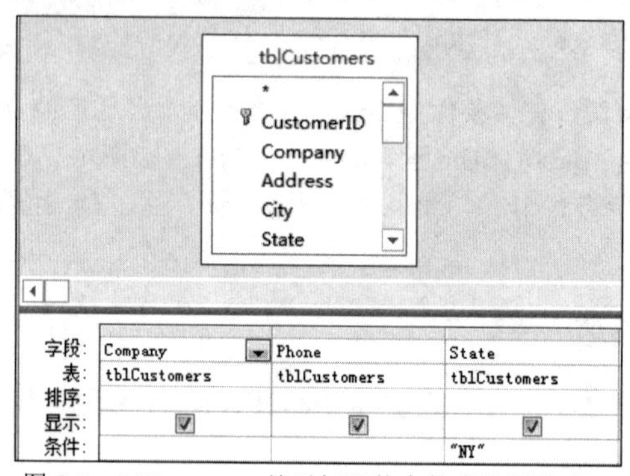

图 9.5　tblCustomers 处于打开状态的查询设计窗口

不需要在文字 NY 之前输入等号，因为这是一个选择查询。要查看除 New York 之外的所有州，必须在 NY 之前输入<> (不等于)或 Not 运算符。

也不需要在 NY 两侧输入引号。Access 假定要使用文字字符串 NY，并自动添加引号。

当字段中的数据包含引号时，有一些特殊的注意事项。例如，假定某个查询查找姓名为 Robert "Bobby" Jones 的人。理想情况下，联系人表中应该包括昵称字段用于捕获"Bobby"，但是，如果没有昵称字段，数据输入人员可能会将名字输入为 Robert "Bobby"，在"Bobby"两侧使用引号。

这种情况下，Access 会将双引号字符视为数据，并可能需要在条件中包含引号。最简单的解决方案是使用如下条件表达式：

```
'Robert "Bobby"'
```

注意条件字符串两侧的单引号。Access 可以正确地将单引号解释为分隔符，并将单引号中的双引号理解为数据。不应该使用如下所示的表达式：

```
"Robert 'Bobby'"
```

当然，该例中引号的用法与上一示例刚好相反。在本例中，Access 预期会在名字字段中查找"Bobby"两侧的单引号，因此不会返回任何记录。

9.3.2　Like 运算符和通配符

前面使用了文字条件。用户指定了让 Access 查找的精确字段内容，在上一示例中为 NY。Access 使用该文字来检索记录。但有时只知道字段内容的一部分，或者希望基于某种模式看到更多记录。

例如，假定希望查看说明中包含 convertible 的商品的所有产品信息。许多不同的品牌和型号都可能是敞篷的，在任何字段中都不能单独使用 convertible 作为查询条件。此时需要使用通配符以确保成功选中说明中包含 convertible 的所有记录。

下面是另一个示例：假定一位购买者去年购买了两款红色车型。用户记得在 Notes 字段中记录了颜色信息，但记不起是哪位客户购买的。若要查找这些记录，需要针对 tblCustomers 中的 Notes 字段使用通配符搜索，以找出包含单词 red 的记录。

在某个字段的“条件”单元格中使用 Like 运算符可以针对该字段的内容执行通配符搜索。Access 将在该字段中搜索模式，可以使用问号(?)表示单个字符，或者使用星号(*)表示多个字符。除了?和*以外，Access 还使用其他三种字符执行通配符搜索。表 9.3 列出了 Like 运算符可以使用的通配符。

问号(?)代表位于与示例表达式中的问号相同位置的单个字符。星号(*)代表星号所在位置任意数量的字符。#号代表#号所在位置的单个数字(0～9)。方括号([])及其包含的列表代表与方括号内列表中的任一字符匹配的任意单个字符。最后，方括号中的感叹号(!)表示列表的 Not 运算符，也就是不与列表中的任何字符匹配的单个字符。

这些通配符可以单独使用，也可以彼此组合使用。它们甚至可以在同一个表达式中多次使用。

为创建一个使用 Like 运算符的示例，假定要查找喜欢红色汽车的客户，且知道在 tblCustomers 表的某个 Notes 字段中使用了单词 red。要创建该查询，请执行下面的步骤：

(1) 将 tblCustomers、tblSales、tblSalesLineItems 和 tblProducts 添加到该查询中。

(2) 将 tblCustomers 中的 Company 和 Notes、tblSales 中的 SalesDate 以及 tblProducts 中的 Description 添加到 QBE 窗格中。

(3) 单击 Notes 字段的“条件”单元格，并输入* red *作为条件。务必在第一个星号和 r 之间以及后一个星号和 d 之间分别放置一个空格，换句话说，也就是在单词 red 前后分别放置一个空格。

提示：

在上述步骤中，在单词 red 前后分别放置了一个空格。如果不放置空格，Access 会找出所有包含单词 red 的词，例如 aired、bored、credo、fired、geared、restored 等。在单词 red 前后分别放置一个空格，Access 便会知道仅查找单词 red。

如果 Notes 字段以单词 red 开头(例如“red cars are the customer’s preference”)，Access 不会在结果中包含该记录，因为单词 red 前面没有空格。

为查询生成条件时，应该多做尝试。由于表中的数据(特别是文本字段)可能无法预测，因此需要创建多个查询，才能捕获所有数据。在该例中，可以创建一个补充查询，其条件为“red *”，以尝试捕获此记录。

但是，该例有一个问题。注意，条件("* red *")要求在单词 red 之后有一个空格。这意味着此查询不会返回包含以下注释的记录：

```
Customer wants any model of car, as long as it’s red!
```

由于在 red 之后没有空格，因此会错过该记录。正确的条件应该是：

```
Like "* red[ ,.!*]"
```

" ,.!*"两侧的方括号指示 Access，当 Notes 字段以单词 red 结尾，后跟空格或标点符号时，应该选择相应的记录。很明显，还需要考虑方括号中包含其他字符的情况，必须对查询的字段所包含的各种数据有很好的了解。

在“条件”单元格外部单击时，Access 会自动添加 Like 运算符，并在表达式两侧添加引号。查询 QBE 窗格应该如图 9.6 所示。

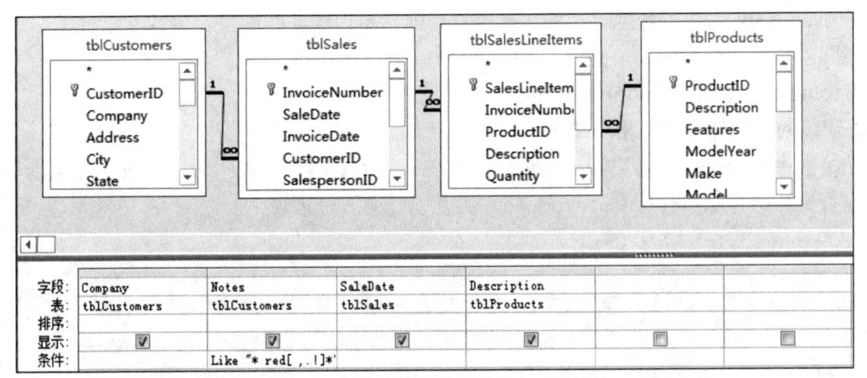

图 9.6　在选择查询中使用 Like 运算符

创建该查询后，单击“数据表视图”命令可以查看该查询的结果。结果如图9.7所示。

如果单击功能区的“数据表视图”命令，可以看到很多记录与查询条件相匹配。该查询返回的记录集在 Company 和 Notes 列中包含冗余信息，因为该信息要求与销售和产品数据一起提供。

Company	Notes	SaleDate	Description
Terriffic Toys	I' d prefer cars that were red, blue or yellow.	2012/11/6	Ford Fairlane
Carmen's Collectibl	Customer wants any model of car, as long as it'	2012/11/17	Chevrolet Bel Air
Carmen's Collectibl	Customer wants any model of car, as long as it'	2012/11/17	Chevrolet 150
Carmen's Collectibl	Customer wants any model of car, as long as it'	2012/11/17	Volkswagen Beetle
Rockin And Rollin	Seems to like red models.	2012/12/26	Ford Galaxy 500
Rockin And Rollin	Seems to like red models.	2012/12/26	Ford Convertible
Rockin And Rollin	Seems to like red models.	2012/12/26	Ford Galaxy 500
Rockin And Rollin	Seems to like red models.	2013/1/13	Buick T-Type
Carmen's Collectibl	Customer wants any model of car, as long as it'	2013/3/29	Ford Convertible
Carmen's Collectibl	Customer wants any model of car, as long as it'	2013/5/9	Honda F1 RA272
Terriffic Toys	I' d prefer cars that were red, blue or yellow.	2013/6/30	Chevrolet Bel Air
Terriffic Toys	I' d prefer cars that were red, blue or yellow.	2013/6/30	Lincoln Continental L
Terriffic Toys	I' d prefer cars that were red, blue or yellow.	2013/6/30	Honda F1 RA272
Terriffic Toys	I' d prefer cars that were red, blue or yellow.	2013/7/13	Lincoln Presidental L

图 9.7　在备注型字段中将 Like 运算符与选择查询结合使用的结果。查询在 Notes 字段中查找单词 red

如果满足以下条件，Access 将自动添加 Like 运算符和引号：

- 表达式不包含空格。
- 仅使用通配符?、*或#。
- 在引号("")中使用方括号([])。

如果使用方括号而不带引号，那么必须提供 Like 运算符和引号。

将 Like 运算符与通配符结合使用是在备注型字段中执行模式搜索的最佳方法。这在文本和日期字段中一样有用，如表 9.8 中的示例所示。表 9.8 显示了一些可在数据库的表中搜索记录的示例。

表 9.8　将通配符与 Like 运算符结合使用

表达式	适用的字段	条件的结果
Like "Ca*"	tblCustomers.LastName	查找姓氏以 Ca 开头(例如 Carson 和 Casey)的联系人的所有记录
Like "* red *"	tblProducts.Features	查找在 Features 字段以任意字符开头和结束、并且在某个位置包含单词 red 的产品的所有记录
Like "C*"	tblSales.PaymentMethod	查找通过付款方法以 C 开头的所有销售
Like "## South Main"	tblCustomers.Address	查找住所的门牌号介于 10 到 99 之间(包含边界值，例如 South Main 大街的 10、22、33、51 号)的联系人的所有记录
Like "[CDF]*"	tblCustomers.City	查找客户居住城市名称以 C、D 或 F 开头的联系人的所有记录
Like "[!EFG]*"	tblCustomers.City	查找联系人所在城市名称以 E、F 或 G 之外的任何字母开头的所有记录

9.3.3　指定非匹配值

要指定非匹配值，只需要在不希望匹配的表达式前面使用 Not 或<>运算符。例如，希望查看购买了汽车的所有联系人，但将来自 New York 的购买者排除在外。要查看如何指定上述非匹配值，请执行下面的步骤：

(1) 在设计视图中打开一个新查询，并添加 tblCustomers。

(2) 从 tblCustomers 中添加 Company 和 State 字段。

(3) 在 State 字段的“条件”单元格中单击。

(4) 在该单元格中输入<> NY。如果在退出该字段前没有向 NY 两侧添加引号，Access 会自动添加。该查询应如图 9.8 所示。该查询将选择除居住在 New York 的购买者以外的所有记录。

注意：

在前面的步骤(4)中，可用 Not 运算符代替<>，用于排除 New York (NY)。使用这两个运算符得到的结果是一样的。一般情况下，这两个运算符可以互换，但使用关键字 Is 时除外。不能将条件输入为 Is <> Null，而必须输入为 Not Is Null，更准确地说是 Is Not Null。

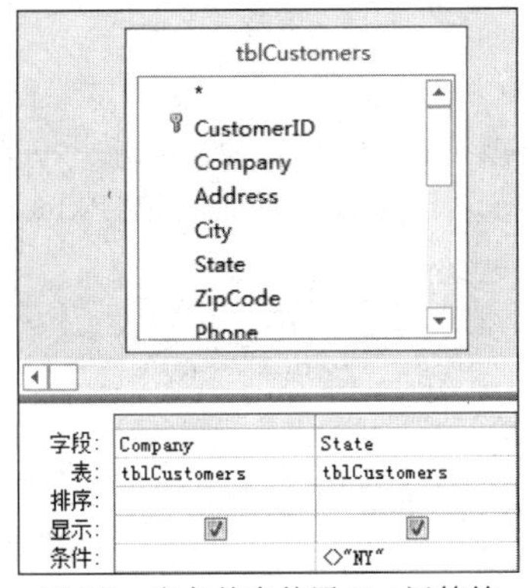

图 9.8　在条件中使用 Not 运算符

9.3.4　输入数值条件

可以在数值或货币数据类型的字段中使用数值条件。只需要在数学或比较运算符(但不要使用逗号)后输入数字和十进制符号(如有必要)。例如，希望查看产品的库存数量小于 10 的所有商品，操作步骤如下：

(1) 在设计视图中打开一个新查询，并添加 tblProducts。

(2) 将 tblProducts 表中的 ProductID、Description、Make、Model 和 QtyInStock 添加到 QBE 窗格中。

(3) 在 Make 字段的“排序”单元格中单击，并从下拉列表中选择“升序”。

(4) 在 QtyInStock 字段的“条件”单元格中单击，并在该单元格中输入<10。查询如图 9.9 所示。在使用数值数据时，Access 不会像处理字符串条件那样，使用引号将表达式括起来。

适用于数值字段的条件通常包括比较运算符，例如小于(<)、大于(>)或等于(=)。如果想要指定等于以外的比较，必须输入运算符和值。记住，在运行选择查询时，Access 会默认使用等号。这就是为什么在图 9.9 的示例中，需要在 QtyInStock 列中指定<10 的原因。

Access 不会使用引号将该条件括起来，因为 QtyInStock 是数值字段，不需要分隔符。

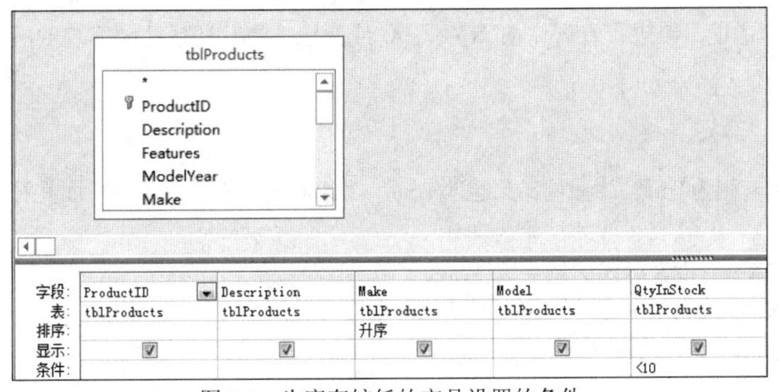

图 9.9　为库存较低的产品设置的条件

9.3.5　输入 True 或 False 条件

True 和 False 条件用于是/否类型的字段。提供为条件的示例数据必须求值为 True 或 False。也可以使用 Not 和<>运算符来表示相反的值，但是/否数据还具有 Null 状态，也需要考虑这种情况。Access 可以识别多种形式的 True 和 False。

因此，不必输入 Yes，可以在“条件”单元格中输入以下任意值：On、True、Not No、<> No、<No 或–1。

注意：

是/否字段可以有三种状态，分别是 Yes、No 和 Null。仅当没有在表中设置默认值且尚未输入值时，才会使用 Null。选中 Is Null 将仅显示在字段中包含 Null 的记录，而选中 Is Not Null 将始终显示字段为 Yes 或 No 的所有记录。为是/否字段选中(或者选中后再取消选中)某个复选框后，该字段便永远也不可能为 Null。它一定是 Yes 或 No (–1 或 0)。

9.3.6　输入 OLE 对象条件

可为 OLE 对象指定以下条件：Is Null 或 Is Not Null。例如，假定并不是所有产品都有图片，而希望仅查看有图片的那些记录，也就是图片不为 Null 的记录。可为 tblProducts 表的 Picture 字段指定 Is Not Null 条件。

提示：
Is Not Null 是正确语法，也可在 QBE 窗格中使用 Not Null，Access 会自动提供 Is 运算符。

9.4　在一个查询中使用多个条件

本章前面的几节对单个字段使用了单一条件。如这几节所述，可为任何字段类型指定单一条件。本节将基于单个字段使用多个条件。例如，希望查看来自 New York、California 或 Arizona 购买者的所有记录。或者查看在 2012 年第一季度销售的所有产品的记录。

QBE 窗格有一定的灵活性，可解决这些类型的问题。可在选择查询中为多个字段指定条件。例如，使用多个条件，可确定在过去 90 天销售了哪些产品。下面的表达式都可在 SaleDate 字段的条件中作为条件：

```
Between Date() And Date() - 90
Between Date() And DateAdd("d",-90,Date())
```

在上面两个表达式中，使用 DateAdd 函数的表达式更明确，对任务的针对性更强。

交叉参考：
第 12 章将深入地探究关于创建日期计算的主题。

9.4.1　了解 Or 运算

当希望某个字段满足两个条件之一时，可在查询中使用 Or 运算符。例如，希望查看居住在 New York 或 California 的客户的所有记录。换句话说，希望查看居住在 NY、CA 或两地都为其居住地的客户的所有记录。该运算的常规表达式为：

```
[State] = "NY" Or [State] = "CA"
```

如果该表达式的任何一侧为True，生成的结果也为True。为说明这一点，请考虑下面几种情况：

- 客户 1 居住在 NY——该表达式的结果为 True。
- 客户 2 居住在 CA——该表达式的结果为 True。
- 客户 3 居住在 NY 和 CA——该表达式的结果为 True。
- 客户 4 居住在 CT——该表达式的结果为 False。

9.4.2　使用 Or 运算符指定多个值

Or 运算符用于针对某个字段指定多个值。例如，如果希望查看居住在 CT、NJ 或 NY 的购买者的所有记录，可使用 Or 运算符。为此，请执行下面的步骤：

(1) 在设计视图中打开一个新查询，并添加 tblCustomers 和 tblSales。

(2) 添加 tblCustomers 表中的 Company 和 State，以及 tblSales 表中的 SalesDate。

(3) 在 State 字段的“条件”单元格中单击。

(4) 在该单元格中输入 AZ Or CA Or NY。QBE 窗格应该如图 9.10 所示。Access 会自动使用引号将示例数据(AZ、CA 和 NY)括起来。

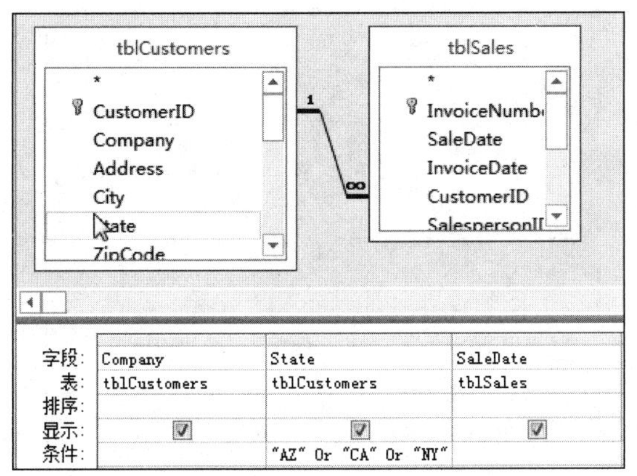

图 9.10 使用 Or 运算符。注意 State 字段下的两个 Or 运算符—— "AZ" Or "CA" Or "NY"

9.4.3 使用 QBE 窗格的“或”单元格

除了使用文字 Or 运算符作为 State 字段下“条件”行中的单个表达式，还可在垂直方向上为 QBE 窗格中相应字段的各个行提供单个条件，如图 9.11 所示。

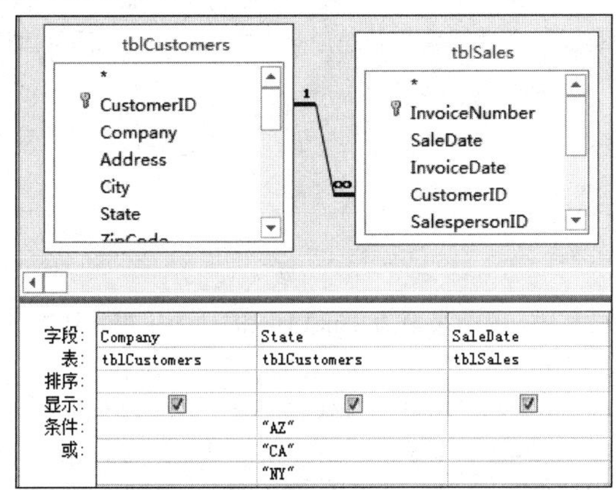

图 9.11 使用 QBE 窗格的“或”单元格。可沿垂直方向在 QBE 窗格中放置条件

提示：

Access 允许每个字段最多使用 9 个“或”单元格。如果需要指定更多“或”条件，请在各个条件之间使用 Or 运算符(例如，"AZ" Or "CA" Or "NY" Or "PA")。

Access在保存查询时，对图9.11中的设计进行重新排列，以匹配图9.10中的查询。当使用“Vertical”Or条件生成查询时，Access将所有Or条件放到一个表达式中，优化了查询背后的SQL语句。

9.4.4 对 In 运算符使用值列表

为单个字段指定多个值的另一种方法是使用 In 运算符。In 运算符会从某个值列表中查找一个值。例如，在图 9.11 使用的查询中，在 State 字段下使用表达式 IN(AZ, CA, NY)。圆括号中的值列表将成为示例条件。查询应如图 9.12 所示。

Access 会自动添加引号将 AZ、CA 和 NY 括起来。

注意：

当使用 In 运算符时，必须用逗号分隔每个值(示例数据)。

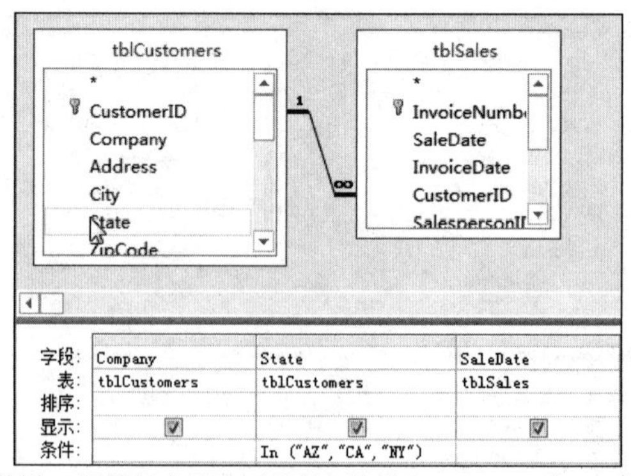

图 9.12　使用 In 运算符查找购买者所在的州为 AZ、CA 或 NY 的所有记录

9.4.5　使用 And 运算符指定范围

And 运算符常用于具有数值或日期/时间数据类型的字段。它很少用于文本数据类型，但在某些情况下确实可以这样使用。例如，希望查看姓名以字母 d、e 或 f 开头的所有购买者。此处便可以使用 And 运算符(>="D" And <="F")，不过在这种情况下使用 Like 运算符会更好(Like "[DEF]*")，因为它更容易理解。

当希望某个字段满足指定的两个或多个条件时，可在查询中使用 And 运算符。例如，希望查看在 2012 年 10 月 1 日到 2013 年 3 月 31 日之间购买了产品的购买者的记录。换句话说，显示的销售必须发生在 2012 年的最后一个季度以及 2013 年的第一季度。该例的一般表达式为：

```
(SaleDate >= #10/1/2012#) And (SaleDate <= #3/31/2013#)
```

注意：
在该例中包含圆括号是为了更清晰。

与 Or 运算符(该运算符在多种情况下的结果都为 True)不同的是，仅当表达式的两侧都为 True 时，And 运算的结果才为 True。为说明 And 运算符的用法，请考虑以下几种情况：

- SaleDate(9/22/2012)不晚于 10/01/2012，早于 3/31/2013——结果为 False。
- SaleDate(4/11/2013)晚于 10/01/2012，不早于 3/31/2013——结果为 False。
- SaleDate(11/22/2012)晚于 10/01/2012 并且早于 3/31/2013——结果为 True。

对单个字段使用 And 运算符会在该字段中设置可接受值的范围。因此，在单个字段中使用 And 运算符的主要目的是定义要查看的记录范围。例如，可以使用 And 运算符创建一个范围条件，用于显示在 2012 年 10 月 1 日到 2013 年 3 月 31 日之间(包括这两个日期)购买了产品的所有购买者。要创建该查询，请执行下面的步骤：

(1) 使用 tblCustomers 和 tblSales 创建一个新查询。

(2) 添加 tblCustomers 中的 Company 以及 tblSales 中的 SaleDate。

(3) 在 SaleDate 字段的“条件”单元格中单击。

(4) 在该单元格中输入>= #10/1/2012# And <= #3/31/2013#。该查询应该如图 9.13 所示。

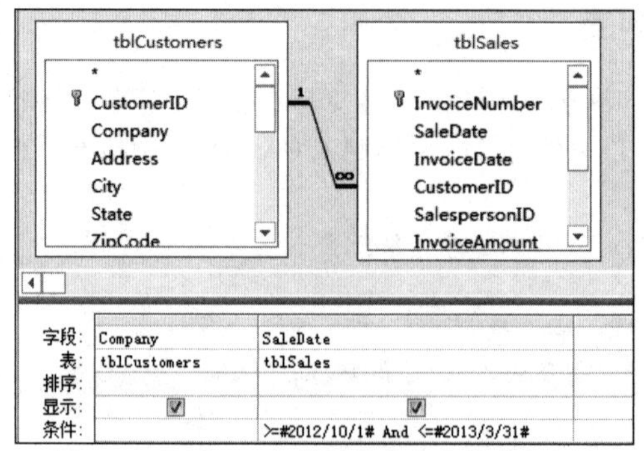

图 9.13　使用 And 运算符指定复杂的查询条件

注意#号在 And 运算符的两侧用于分隔表达式中的日期。Access 将#号识别为日期和时间值的分隔符。如果不使用#号，Access 会将日期值求解为数值表达式(对于上述示例中 And 运算符左侧的日期值，将求解为 2012 除以 10 再除以 1。

9.4.6　使用 Between...And 运算符

请求一定范围的记录的另一种方法是使用 Between...And 运算符。使用 Between...And 运算符，可以查找满足一定值范围的记录，例如产品的价目表中价格为 50 美元或 100 美元的所有产品。使用前面的示例，创建如图 9.14 所示的查询。

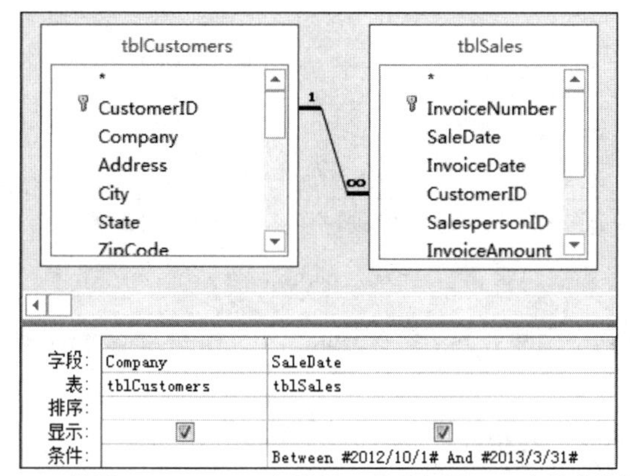

图 9.14　使用 Between...And 运算符。结果与图 9.13 中的查询相同

Between...And 运算符的操作数也包含在范围内。这意味着在 2012 年 10 月 1 日和 2013 年 3 月 31 日发生的销售也包含在查询结果中。

9.4.7　搜索 Null 数据

字段可能由于多种原因而没有任何内容，例如，可能在输入数据时还不知道对应的值，或者执行数据输入的人员忘记了输入信息，亦或字段的信息被删除了。Access 对这种字段不会执行任何操作。除非在表设计中指定了默认值，否则该字段将保持为空(当字段真的为空时，则该字段的值为 Null)。

从逻辑上讲，Null 既不是 True 也不是 False。Null 字段并不等效于全部为空格或 0。Null 字段就是没有任何值。

什么是 Null 值

数据库必须处理所有类型的信息。我们对文本、数值、日期以及其他数据类型都非常熟悉，在绝大多数情况下，值是已知的。例如，我们肯定知道新员工的名字和姓氏，但是可能不知道他的中间名。数据库如何表示未知的值以及实际上可能并不存在的值？此时就需要使用 Null。默认情况下，在提供值之前，数据库表中的绝大多数字段都是 Null。该值可能来自于用户在窗体上输入的值，也可能通过字段的“默认值”属性提供。如果员工没有中间名，就可以在用于保存中间名的字段中输入空字符串("")。这种情况下，空字符串表示没有中间名。但是，只要值未知，该字段就是 Null。

Access 允许通过下面两种特殊运算符来使用 Null 值字段：

- Is Null
- Is Not Null

可使用上述运算符基于某个字段的 Null 状态来限制条件。本章前面学习了，Null 值可以用于查询有图片文件的产品。在接下来的示例中，将查找没有填写 Notes 字段的购买者，步骤如下：

(1) 使用 tblCustomers 和 tblSales 创建一个新查询。

(2) 添加 tblCustomers 表中的 Notes 和 Company，以及 tblSales 表中的 SaleDate。

(3) 在 Notes 字段中输入 Is Null 作为条件。

(4) 取消选中 Notes 字段中的“显示”框。

查询应如图 9.15 所示。选择“数据表视图”命令可以查看在 Notes 字段中没有值的记录。

取消选中了“显示”框，因为不需要在查询结果中显示 Notes 字段。该条件仅选择 Notes 字段为 Null 的数据行，很明显在 Notes 字段中没有任何内容，从而没必要在结果中显示该字段。

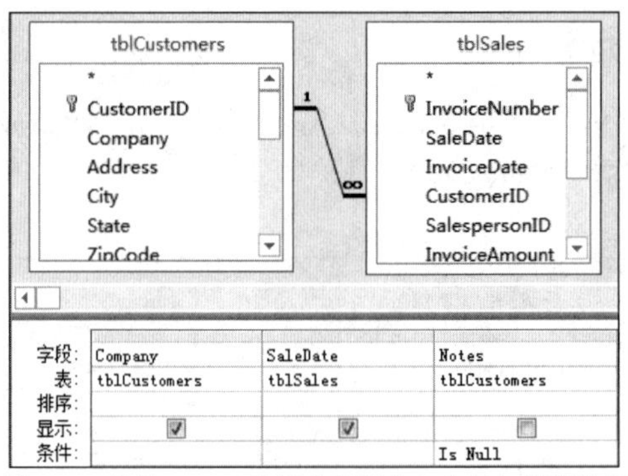

图 9.15　使用 Is Null 选择字段没有包含任何数据的行

提示：

在使用 Is Null 和 Is Not Null 运算符时，可以输入 Null 或 Not Null，Access 会自动向“条件”字段中添加 Is。

9.5　在多个字段中输入条件

本章前面使用了在单个字段中指定的单个以及多个条件。本节将跨多个字段使用条件。当想要基于多个字段条件限制记录时，可在用作范围的每个字段中设置条件。假定想要搜索销售给 Kansas 经销商的所有型号，或者想要搜索 Massachusetts 或 Connecticut 地区中摩托车型号的购买者。或想要搜索 Massachusetts 地区的所有摩托车购买者或者 Connecticut 地区的卡车购买者。上述每个查询都需要在多个字段中以及多个行上放置条件。

9.5.1　在一个查询中跨字段使用 And 和 Or 运算符

要跨字段使用 And 和 Or 运算符，请将示例或模式数据放在一个字段的“条件”单元格(用于 And 运算符)和“或”单元格(相对于另一个字段中的位置)。要在两个或多个字段之间使用 And 运算符时，可在 QBE 窗格中跨同一行放置示例或模式数据。要在两个字段间使用 Or 运算符时，可在 QBE 窗格中的不同行上放置条件。图 9.16 显示了 QBE 窗格和这种放置的一个极端示例。

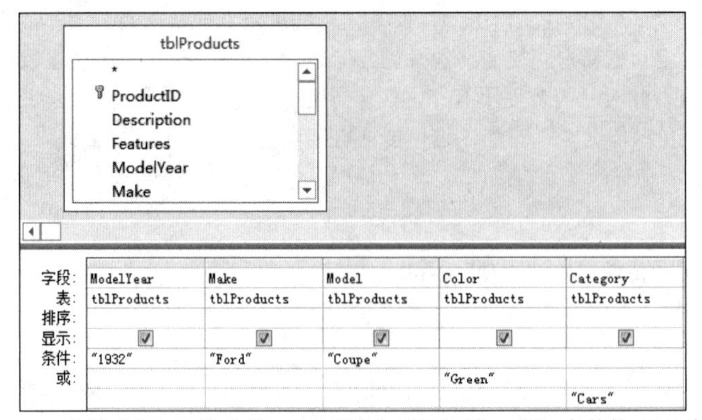

图 9.16　使用“条件”和“或”行在字段之间放置了 And/Or 条件的 QBE 窗格

如果某个值匹配下列任意条件，则图 9.16 中的查询将显示一条记录：

- ModelYear = 1932 And Make = Ford And Model = Coupe (必须全部为 True)。
- Color = Green (即使另外两行中的一行或全部为 False，这个也可能为 True)。
- Category = Cars (即使另外两行中的一行或全部为 False，这个也可能为 True)。

只要上述三个条件之一为 True，就会在查询的结果中显示记录。

下面显示了图 9.16 中查询背后的 SQL 语句：

```
SELECT ModelYear, Make, Model, Color, Category
FROM tblProducts
WHERE ((ModelYear="1932") AND (Make="Ford") AND (Model="Coupe"))
OR (Color="Green")
OR (Category="Cars")
```

该 SQL 语句中圆括号的位置非常重要。一组圆括号将 Field1、Field2 和 Field3 的条件括起来，用于 Field4 和 Field5 的每个条件也用圆括号括起来。当然，这意味着 ModelYear、Make 和 Model 作为组应用，而 Color 和 Category 单独使用。

9.5.2 跨一个查询的多个字段指定 Or 条件

尽管 Or 运算符并不像 And 运算符那样经常跨字段使用，但在某些情况下，Or 运算符也是非常有用的。例如，希望查看位于 Connecticut 的联系人购买的任何型号的记录，或者查看卡车型号的记录，而不考虑客户所居住的州。要创建该查询，请执行下面的步骤：

(1) 将 tblCustomers、tblSales、tblSalesLineItems 和 tblProducts 添加到一个新查询中。

(2) 添加 tblCustomers 表中的 Company 和 State，以及 tblProducts 表中的 Description 和 Category。

(3) 输入 CT 作为 State 字段的条件。

(4) 在 Category 字段下的“或”单元格中输入 Trucks。 查询应该如图 9.17 所示。注意，为 State 和 Category 字段输入的条件不在 QBE 窗格的同一行中。在 QBE 窗格的不同行上放置条件时，Access 会将其解释为字段之间的 Or 运算。该查询将返回居住在 Connecticut 或者已经购买了卡车型号的客户。

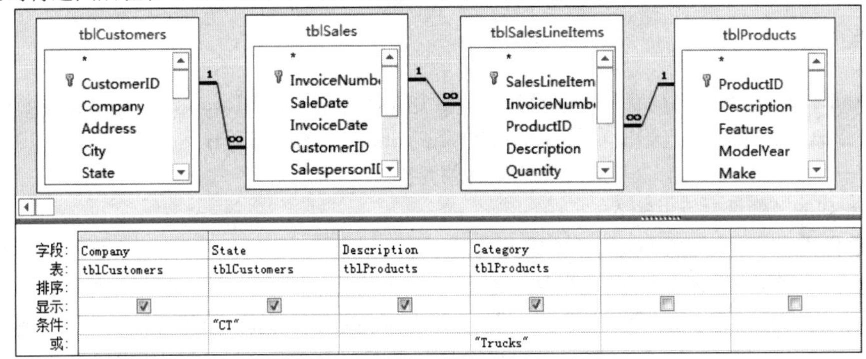

图 9.17 在字段之间使用 Or 运算符

下面列出了图 9.17 中查询背后的 SQL 语句：

```
SELECT tblCustomers.Company, tblCustomers.State,
tblProducts.Description, tblProducts.Category
FROM tblProducts
INNER JOIN (tblCustomers
INNER JOIN (tblSales INNER JOIN tblSalesLineItems
ON tblSales.InvoiceNumber = tblSalesLineItems.InvoiceNumber)
ON tblCustomers.CustomerID = tblSales.CustomerID)
ON tblProducts.ProductID = tblSalesLineItems.ProductID
WHERE (tblCustomers.State="CT") OR (tblProducts.Category="Trucks")
```

注意 WHERE 子句中的圆括号。其中任何一个条件(State = "CT"或 Category="Trucks")都可以为 True，此时查询将返回相应的记录。

在 QBE 窗格中，将"Trucks"移到"CT"所在的行，会将查询的逻辑更改为返回居住在 Connecticut 并购买了卡车型号的客户。重新排列的查询如图 9.18 所示。

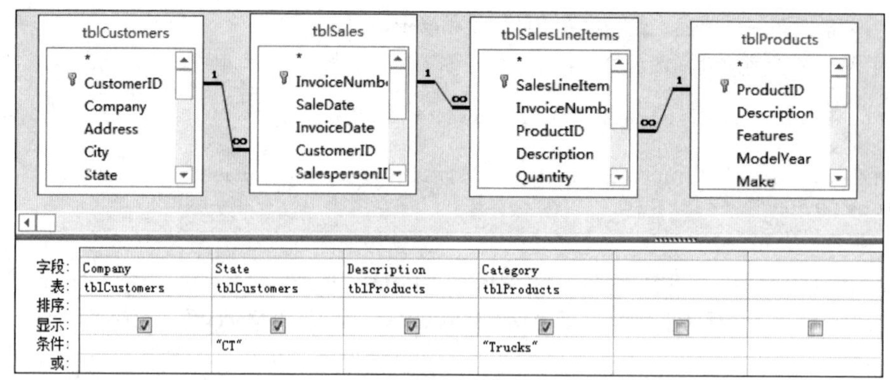

图 9.18　在 QBE 窗格中进行简单的重新排列，将产生一个完全不同的查询

下面列出了重新排列后查询所对应的 SQL 语句：

```
SELECT tblCustomers.Company, tblCustomers.State,
tblProducts.Description, tblProducts.Category
FROM tblProducts
INNER JOIN (tblCustomers
INNER JOIN (tblSales INNER JOIN tblSalesLineItems
ON tblSales.InvoiceNumber = tblSalesLineItems.InvoiceNumber)
ON tblCustomers.CustomerID = tblSales.CustomerID)
ON tblProducts.ProductID = tblSalesLineItems.ProductID
WHERE (tblCustomers.State="CT") AND (tblProducts.Category="Trucks")
```

区别是比较明显的，因为重新排列对返回记录的限制性更大。后者仅返回一条记录，而前者返回了 17 行。

9.5.3　在不同字段中使用 And 和 Or 运算符

单独使用 And 和 Or 运算符后，就可在不同字段中使用 And 和 Or 运算符来创建查询。在接下来的示例中，查询将显示 Connecticut 地区的所有汽车型号购买者以及 New York 地区的卡车型号购买者的记录，步骤如下：

(1) 使用前一个示例中的查询，首先清空两个条件单元格。

(2) 在 State 列的“条件”行中输入 CT。

(3) 在 QBE 窗格中 CT 下面的“或”行中输入 NY。

(4) 在 Category 字段中输入 Cars 作为条件。

(5) 在 Category 字段中 Cars 的下面输入 Trucks。 图 9.19 显示了该查询。请注意，CT 和 Cars 位于同一行中；NY 和 Trucks 位于另一行中。该查询表示跨字段的两个 And 运算以及每个字段中的一个 Or 运算。

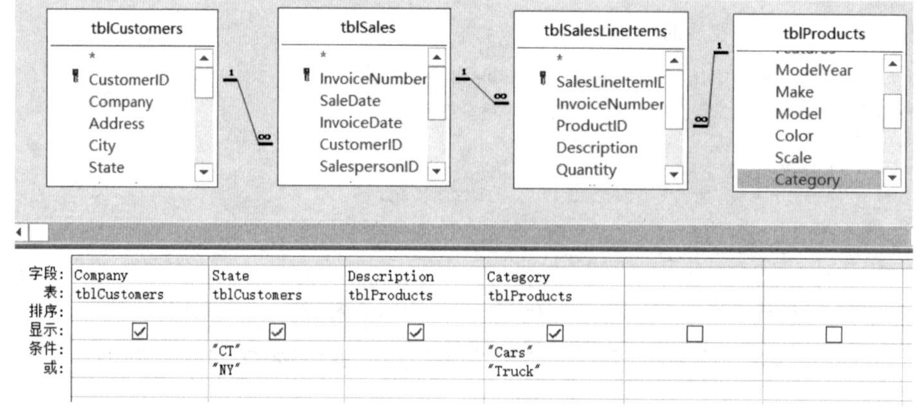

图 9.19　在选择查询中使用 And 和 Or 运算符

关于此查询，一个要点是 Access 实际上返回两组数据，即 Connecticut 地区的小汽车型号所有者以及 New York 地区的卡车型号所有者。其他所有客户和型号的组合都将被忽略。

9.5.4　不同行上的复杂查询

假定要查看在 2012 年前 6 个月购买 Chevy 型号且购买者居住在 Massachusetts 的所有记录，或者购买了任何类型的车辆并且购买者居住在 California 的所有记录。在该例中，使用三个字段设置条件，即 tblCustomers.State、tblProducts.Description 和 tblSales.SaleDate。下面列出设置这些条件的表达式：

```
 (tblSales.SaleDate Between #1/1/2012# And #6/30/2012#) AND
(tblCustomers.State="MA")) OR (tblCustomers.State="CA")
```

该查询设计如图 9.20 所示。

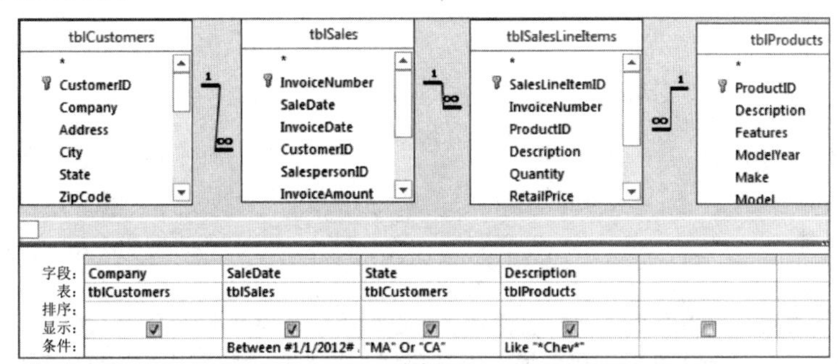

图 9.20　跨字段使用多个 And 和 Or 运算符。这是一个相当复杂的选择查询

警告：

注意，Access 会基于控制面板中的区域和语言设置来解释日期。这些设置可以指示 Access 将短日期解释为 mm/dd/yyyy 或 dd/mm/yyyy 形式(具体取决于区域设置)。在使用日期时，请务必考虑这些区域差异。

此外，还要记住，默认情况下，Access 会将从 00 到 30 的两位数年份解释为 2000 到 2030，介于 31 到 99 之间的所有两位数年份解释为 1931 到 1999。最好在数据输入过程中统一使用 4 位数的年份，这便是其中一个原因。

第10章

选择查询以外的查询形式

本章内容：

- 使用聚合查询
- 使用动作查询
- 考虑交叉表查询
- 优化查询的性能

在 Access 中分析数据时，使用选择查询检索和显示特定记录是一项基本任务。但这只是数据分析的一小部分。数据分析的范围非常宽泛，包括分组和比较数据、更新和删除数据、对数据执行计算以及报告数据。Access 具有一些内置的工具和功能，专门用于处理上述每项任务。

本章将深入介绍 Access 中可供使用的各种工具，以及它们如何帮助处理选择查询以外的查询形式。

> Web 内容
> 本章中练习的初始数据库为 Chapter10.accdb，可从本书对应的 Web 站点下载。

10.1 聚合查询

聚合查询有时也称为分组查询，构建这种查询类型有助于快速分组和汇总数据。使用选择查询，只能检索显示在数据源中的记录。但使用聚合查询，可以检索数据的汇总快照，其中显示总计、平均值、计数等。

10.1.1 创建聚合查询

为深入理解聚合查询所执行的操作，请考虑以下场景：要求按时间段提供总收入的合计。为响应该请求，在设计视图中启动一个查询，并添加 Dim_Dates.Period 和 Dim_Transactions.LineTotal 字段，如图 10.1 所示。如果按原样运行该查询，将得到数据集中的每条记录，而不是需要的汇总信息。

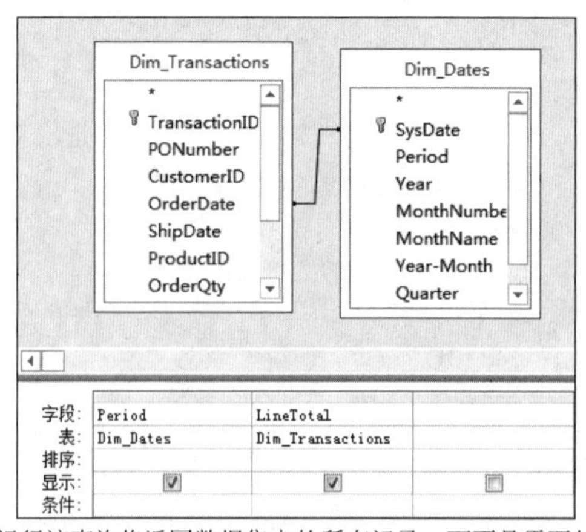

图 10.1 运行该查询将返回数据集中的所有记录，而不是需要的汇总信息

提示：

这里顺便提一下如何在设计视图中启动查询：转到功能区并选择“创建”选项卡。在该选项卡中，选择“查询设计”。此时将在一个空的“查询设计”视图的上方打开“显示表”对话框。选择需要使用的表。

交叉参考：

如果需要更多信息，请参见第 8 章中 Access 查询的基本知识。

为获得按时间段显示的收入汇总，需要在设计网格中激活“汇总”。要执行此操作，请转到功能区，选择“设计”选项卡，然后单击“汇总”按钮。如图 10.2 所示，在设计网格中激活“汇总”后，在网格中会出现新的一行，称为“总计”。“总计”行会指示 Access 在对指定字段执行聚合时使用什么聚合函数。

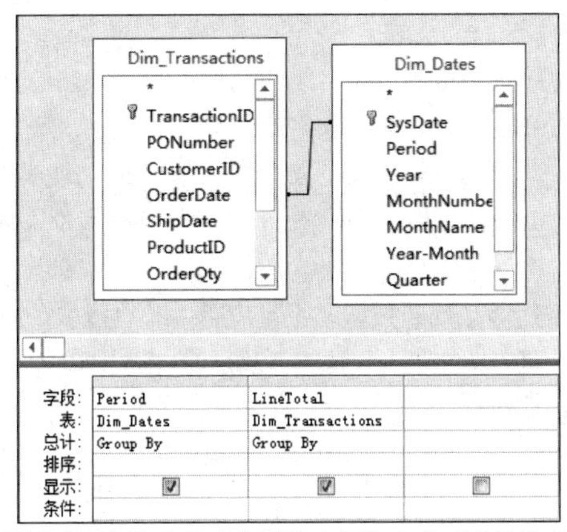

图 10.2　在设计网格中激活“汇总”会向查询网格中添加一个“总计”行，其值默认为 Group By

注意，“总计”行在网格的每个字段下都包含单词 Group By。这意味着将对字段中所有类似的记录进行分组，以便提供唯一的数据项。本章后面将深入介绍不同的聚合函数。

这里要做的是调整“总计”行中的聚合函数，以与尝试执行的分析相对应。在该场景中，需要组合数据集中的所有时间段，然后对每个时间段的收入求和。因此，需要对 Period 字段使用 Group By 聚合函数，而对 LineTotal 字段使用“合计”聚合函数。

由于“总计”行的默认选择为 Group By 函数，因此，不需要更改 Period 字段。但是，需要将 LineTotal 字段的聚合函数从 Group By 更改为“合计”。这会告诉 Access，对 LineTotal 字段中的收入数额求和，而不是对其进行组合。要更改聚合函数，只需要单击 LineTotal 字段的下拉列表，如图 10.3 所示，然后选择“合计”。此时，可以运行查询。

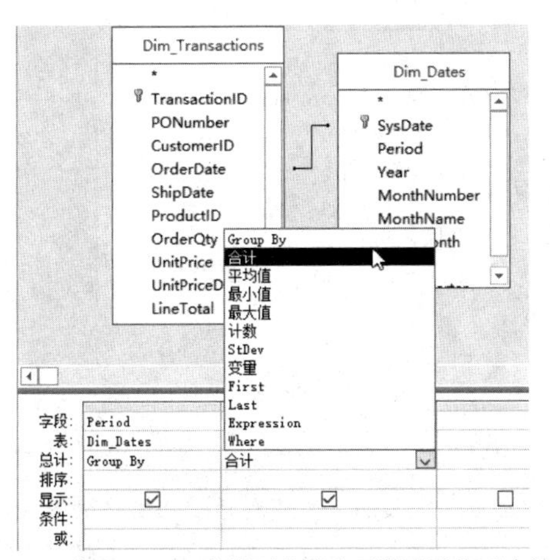

图 10.3　将 LineTotal 字段下的聚合函数更改为“合计”

如图 10.4 所示，生成的表提供了数据集的汇总，按时间段显示总收入。

Period	LineTotal之合计
200607	¥1,282,530.35
200608	¥3,008,547.90
200609	¥2,333,985.05
200610	¥1,982,360.35
200611	¥4,338,025.75
200612	¥3,457,253.40
200701	¥1,928,725.30
200702	¥3,712,032.10
200703	¥3,109,211.70
200704	¥2,224,498.50
200705	¥4,308,999.75

图 10.4　运行查询后，将获得按时间段显示总收入的汇总

为列名创建别名

请注意，在图 10.4 中，Access 自动将 LineTotal 字段的名称更改为“LineTotal 之合计”。这是 Access 增加的一种通用惯例，以说明此处的数据是对 LineTotal 字段求和的结果。某些情况下，这种重命名可能带来便利，但是，如果需要将这些结果分发给其他人，就要为该字段提供更好的名称。此时就需要使用别名。

别名是为字段提供的替代名称，以使该字段的名称在查询结果中更具可读性。可通过以下两种方法为字段创建别名：

- **方法 1**：在字段前面添加希望作为字段名称的文本，后跟一个冒号。图 10.5 演示了如何创建别名，以确保查询结果有用户友好的列名。运行该查询将生成一个数据集，其中包含 Period 列和 TotalRevenue 列。

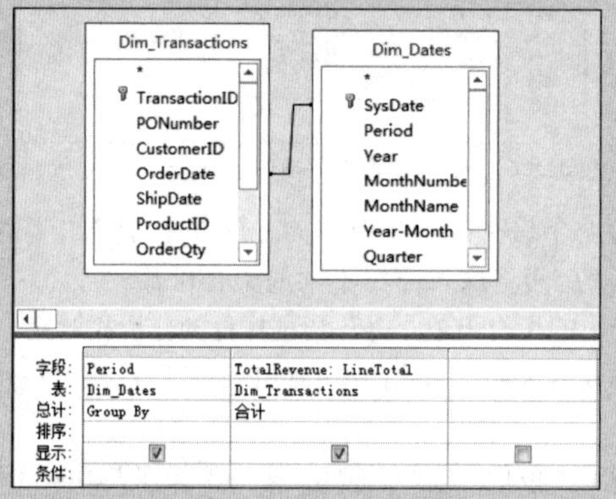

图 10.5　创建别名

- **方法 2**：右击相应的字段名称，然后选择“属性”。此时将显示“字段属性”的“属性表”对话框。在该对话框的“标题”输入框中输入所需的别名，如图 10.6 所示。

图 10.6　输入别名

警告：

注意，如果使用“字段属性”对话框来定义别名，则对于使用别名的查询，其设计视图或者 SQL 字符串会出现指示不清的情况。使用查询的用户可能会产生一些混淆。因此，一般情况下，最好使用第一种方法定义别名。

10.1.2　聚合函数

在图 10.3 所示的示例中，从“总计”下拉列表中选择了“合计”聚合函数。很明显，可以选择所提供的 12 种函数。毫无疑问，下面将分析何时需要使用其他函数。因此，了解每种聚合函数对数据分析所起的作用非常重要。

1. Group By

Group By 聚合函数可将指定字段中的所有记录聚合成唯一的组。在使用 Group By 聚合函数时，需要记住以下几点：

- **Access 会在其他任何聚合之前在聚合查询中执行 Group By 函数**。如果与其他聚合函数一起执行 Group By 函数，将首先执行 Group By 函数。图 10.4 中的示例说明了这一点。Access 会在对 LineTotal 字段求和之前，先对 Period 字段进行分组。
- **Access 对每个分组依据字段进行升序排序**。除非另行指定，否则，任何标记为分组依据的字段都按照升序排序。如果查询有多个分组依据字段，将从最左侧的字段开始，对每个字段进行升序排序。
- **Access 将多个分组依据字段视为一个唯一项**。为说明这一点，创建如图 10.7 所示的查询。该查询对在 201201 时间段内记录的所有交易进行计数。

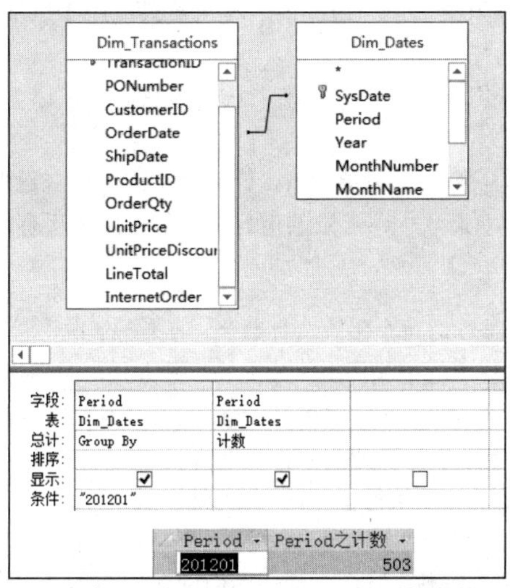

图 10.7　该查询仅返回一行，显示 201201 时间段的记录总数

现在返回到查询设计视图，并添加 ProductID，如图 10.8 所示。这次，Access 会将 Period 和 ProductID 的每个组合视为一个唯一项。在给每个组中的记录计数之前，先对每个组合进行分组。这么做的好处在于，向分析中添加了一个维度，不仅可确定在 201201 期间针对每个 ProductID 记录的交易数量，而且，如果加总所有交易，将获得 201201 期间记录的准确交易总数。

字段：	Period	ProductID	Period
表：	Dim_Dates	Dim_Transactions	Dim_Dates
总计：	Group By	Group By	计数
排序：			
显示：	☑	☑	☑
条件：	"201201"		

Period	Produc	Period之计数
201201	710	22
201201	732	4
201201	753	164
201201	755	9
201201	756	8
201201	757	5
201201	759	7
201201	760	15
201201	761	15
201201	762	17

图 10.8　该查询会生成更多记录，但是，如果加总每个组中的计数，总数将达到 503

2. 合计、平均值、计数、StDev、变量

这些聚合函数都是针对选定字段中的记录执行数学计算。注意，这些函数将排除设置为 Null 的记录。换句话说，这些聚合函数将忽略空单元格。

- **合计**：计算指定字段或分组中所有记录的合计值。该函数只能用于以下数据类型：自动编号、货币、日期/时间以及数字。
- **平均值**：计算指定字段或分组中所有记录的平均值。该函数只能用于以下数据类型：自动编号、货币、日期/时间以及数字。
- **计数**：对指定字段或分组中的条目数进行计数。该函数可用于所有数据类型。
- StDev：计算指定字段或分组中所有记录的标准偏差。该函数只能用于以下数据类型：自动编号、货币、日期/时间以及数字。
- **变量**：计算指定字段或分组中的所有值与组平均值的差量。该函数只能用于以下数据类型：自动编号、货币、日期/时间以及数字。

3. 最小值、最大值、First、Last

与其他聚合函数不同之处在于，这些函数将对指定字段或分组中的所有记录进行求值，并从该组返回单个值。

- **最小值**：返回指定字段或分组中记录的最低值。该函数只能用于以下数据类型：自动编号、货币、日期/时间、数字以及文本。
- **最大值**：返回指定字段或分组中记录的最高值。该函数只能用于以下数据类型：自动编号、货币、日期/时间、数字以及文本。
- First：返回指定字段或分组中第一条记录的值。该函数可用于所有数据类型。
- Last：返回指定字段或分组中最后一条记录的值。该函数可用于所有数据类型。

4. Expression、Where

聚合查询有一条固定的规则：必须针对每个字段执行聚合。但某些情况下，需要把字段用作实用程序。也就是说，使用字段执行计算或应用筛选器。这些字段是获得最终分析的一种方式，而不是最终分析的一部分。上述情况下，将使用 Expression 函数或 Where 子句。Expression 函数和 Where 子句的独特之处在于，它们本身不执行任何分组操作。

- Expression：Expression 聚合函数一般是在聚合查询中利用自定义计算或其他函数时应用。Expression 会指示 Access，针对每个记录或组分别执行指定的自定义计算。
- Where：Where 子句允许对未包含在聚合查询中的字段应用条件，对分析有效地应用筛选器。

要查看实际使用的 Expression 聚合函数，请在设计视图中创建如图 10.9 所示的查询。注意，在该查询中使用两个别名，Revenue 用于 LineTotal 字段，Cost 用于此处定义的自定义计算。使用别名 Revenue 可为 LineTotal 合计提供一个用户友好的名称。

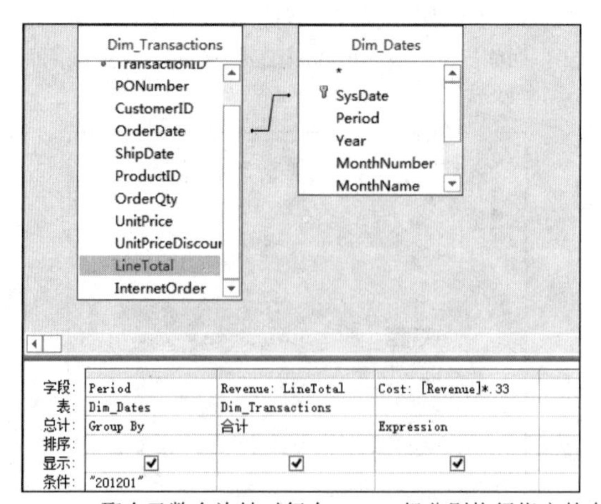

图 10.9　Expression 聚合函数允许针对每个 Period 组分别执行指定的自定义计算

现在，可使用[Revenue]在自定义计算中表示 LineTotal 的合计。Expression 聚合函数指示 Access，针对每个 Period 组生成的 LineTotal 合计执行[Revenue]*0.33，将所有合计值连接到一起。运行该查询将返回总 Revenue 和每个 Period

组的 Cost。

要查看实际使用的 Where 子句，请在设计视图中创建如图 10.10 所示的查询。在“总计”行中将对 ProductID 进行分组，并对 LineTotal 求和。但 Period 字段没有选择任何聚合，因为只希望使用它筛选出一个特定的时间段。在 Period 字段的条件中输入了 201201。如果按原样运行该查询，会显示以下错误消息：尝试执行的查询不包含作为聚合函数一部分的特定表达式。

```
Your query does not include the specified expression 'Dim_
Dates.Period="201201"' as part of an aggregate function.
```

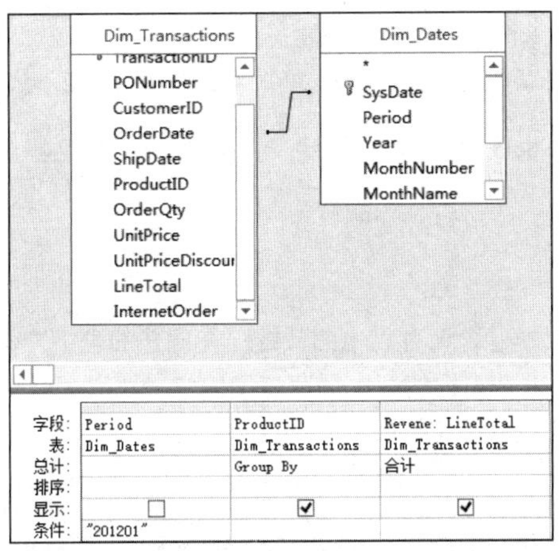

图 10.10　运行该查询将导致出现错误消息，因为没有针对 Period 定义聚合

要成功运行该查询，可单击 Period 字段的“总计”下拉列表，并选择 Where。此时，查询应如图 10.11 所示。指定 Where 子句后，就可以成功地运行该查询。

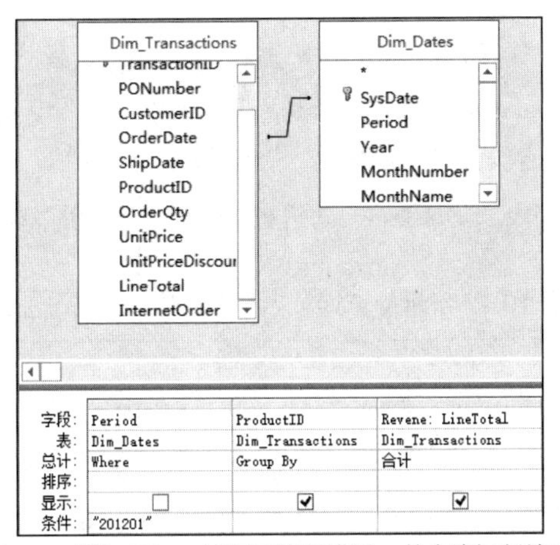

图 10.11　添加 Where 子句可修复错误，并允许运行该查询

注意：

Where 子句的最后一个要点是，在图 10.11 中，“显示”行中对应于 Period 字段的复选框中没有复选标记。这是因为通过 Where 子句标记的字段无法在聚合查询中显示。因此，该复选框必须为空。如果给具有 Where 子句的字段选中“显示”复选框，将显示一条错误消息，指出不能显示在“总计”行中输入了 Where 的字段。

10.2　动作查询

如前所述，除了查询数据外，数据分析的范围还包括成型数据、更改数据、删除数据以及更新数据。为帮助处理这些任务，Access 提供了动作查询作为数据分析工具。遗憾的是，很多用户都不使用这些工具，相反，他们选择将小块数据导出到 Excel 中来执行这些任务。如果执行这些任务只是为了对较小数据集进行一次性分析，那么这样做可能没有问题。但是，如果需要每周执行一次同样的分析，或者需要操纵的数据集超出 Excel 的限制，该如何处理？在此类情况下，如果仍然将数据导出到 Excel 中，对数据进行操作，然后将数据重新导入 Access 中，就不切合实际了。使用动作查询，由于所有分析过程都是在 Access 中完成的，因此可提高工作效率，降低出错的可能性。

可按与选择查询相同的方式来考虑动作查询。与选择查询一样，动作查询也是根据传递到查询的定义和条件从数据源中提取数据集。差别在于，动作查询在返回结果时不会显示数据集，而是对这些结果执行特定动作。其执行的动作取决于其类型。

注意：
与选择查询不同的是，不能使用动作查询作为窗体或报表的数据源，因为它们不会返回可以读取的数据集。

有四种类型的动作查询，分别是生成表查询、删除查询、追加查询和更新查询。每种查询类型都执行唯一的一种动作。

10.2.1 生成表查询

生成表查询会创建一个新表，其中包含现有表中的数据。在创建的表中，记录满足生成表查询的定义和条件。

简单地说，如果创建一个查询，并在自己的表中捕获查询的结果，那么可使用生成表查询创建一个包含查询结果的硬表。然后，可在其他一些分析过程中使用新表。

警告：
如果构建生成表查询，必须为将在运行该查询时生成的表指定名称。如果为新表提供的名称与某个现有表相同，将覆盖现有的同名表。如果使用生成表查询意外覆盖了另一个表，将无法恢复旧表。在为生成表查询创建的表指定名称时，请务必谨慎，避免覆盖现有信息。

注意：
在生成表查询生成的表中，数据不会以任何方式链接到其源数据。这意味着，当原始表中的数据发生更改时，新表中的数据不会相应更新。

假定要求向市场部门提供客户列表以及每个客户的销售历史信息。使用生成表查询可以获取所需的数据。要创建生成表查询，请执行下面的步骤：

(1) 在查询设计视图中创建如图 10.12 所示的查询。

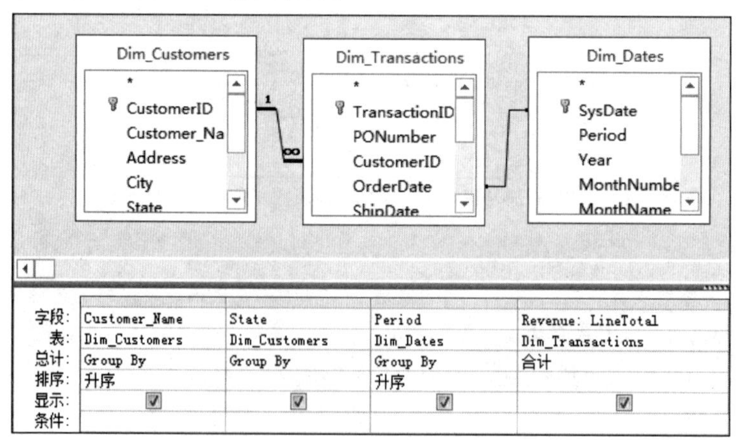

图 10.12 在设计视图中创建该查询

(2) 选择功能区的“设计”选项卡，然后单击“生成表”按钮。此时将显示“生成表”对话框(如图 10.13 所示)。

(3) 在“表名称”字段中，输入新表的名称。对于此示例，输入 SalesHistory。请确保不要输入数据库中已经存在的表名，因为那样会覆盖已经存在的表。

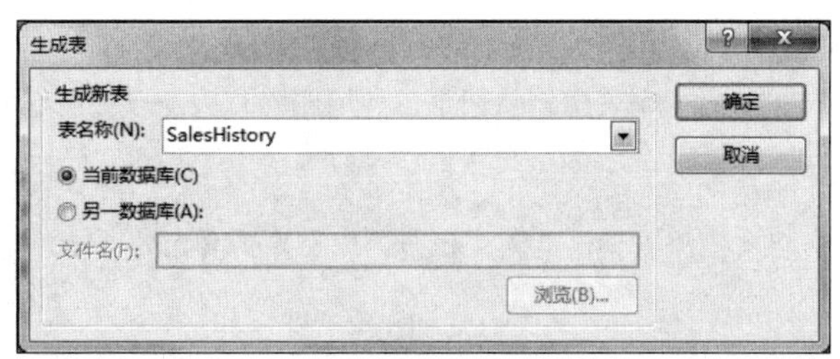

图 10.13　输入新表的名称

(4) **单击“确定”关闭对话框，然后单击“运行”运行查询。**Access 将显示如图 10.14 所示的警告消息，说明无法撤消此操作。

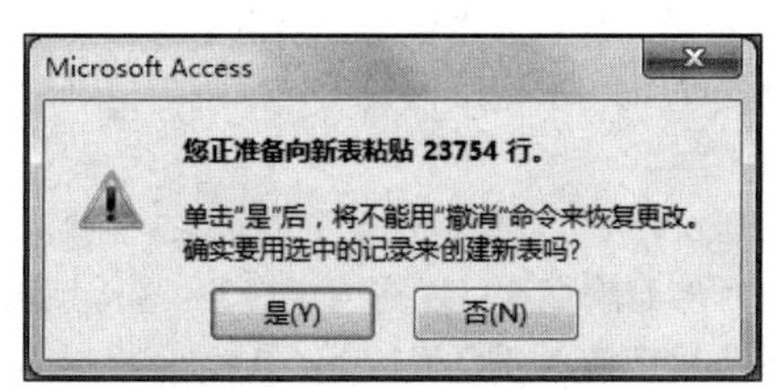

图 10.14　单击“是”运行查询

(5) **单击“是”确认并创建新表。**

当查询运行完成时，在表对象中有一个名为 SalesHistory 的新表。

将聚合查询结果转换为硬数据

从本质上说，聚合查询的结果是无法更新的。这意味着无法编辑聚合查询返回的任何记录，因为聚合数据与基础数据之间没有任何关系。

但是，可将聚合查询更改为生成表查询，并使用聚合查询的结果创建一个硬表。使用新的硬表，就可以编辑所需的内容。

为说明上述方法的工作原理，可在设计视图中创建如图 10.15 所示的查询。然后将该查询改为生成表查询，输入新表的名称，然后运行该查询。

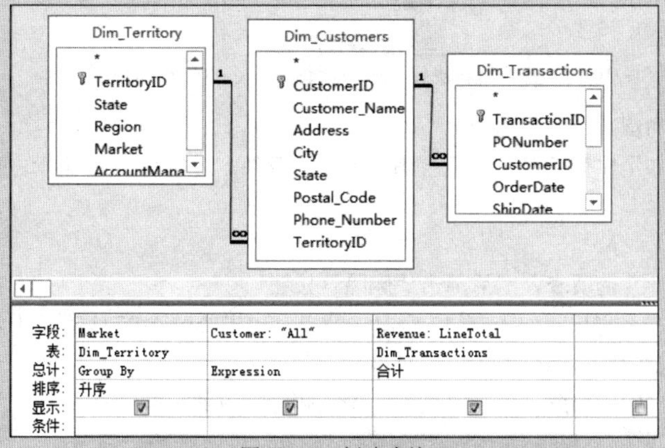

图 10.15　创建查询

注意，在上图中，定义了别名为 Customer 的一列。在该别名后面，输入了 All(带引号)。当运行该查询时，注意新表包含 Customer 列，其中每一条记录的值都是 All。该示例说明，运行生成表查询时，可以动态创建自己的列，只需要为该列创建一个别名，并在冒号后定义其内容。

10.2.2　删除查询

删除查询会根据指定的定义和条件从表中删除相应的记录。也就是说，删除查询会影响满足指定条件的一组记录。

尽管可手动删除记录，但某些情况下，使用删除查询更高效。例如，如果有一个非常大的数据集，使用删除查询删除记录要比手动删除快得多。此外，如果想要基于多个复杂条件删除特定的记录，也需要使用删除查询。最后，如果需要根据与一个表的比较结果从另一个表中删除记录，使用删除查询是一种很好的方法。

> **警告：**
> 与其他动作查询一样，不能撤消删除查询的效果。但是，删除查询要比其他动作查询危险得多，因为无法恢复意外删除的数据。

鉴于删除的数据无法恢复，建议执行下面的操作之一，并养成习惯，避免出现致命错误：

- 运行选择查询以显示要删除的记录。然后，检查显示的记录，确认这些确实是想要删除的记录，接下来再作为删除查询运行该查询。
- 运行选择查询以显示要删除的记录。然后，将查询更改为生成表查询。运行该生成表查询，以生成要删除的数据的备份。最后，作为删除查询再次运行该查询，以删除记录。
- 在运行删除查询之前，备份数据库。

现在，假定市场部门指出，SalesHistory 表包含他们不需要的记录。他们希望删除 201206 时段之前的所有历史记录。刚创建的针对 SalesHistory 表执行的删除查询可以完成该任务。要创建删除查询，请执行下面的步骤：

(1) 添加 Period 字段，并在“条件”行中输入<PD201206。Access 将自动在条件两边加上双引号。设计网格应如图 10.16 所示。

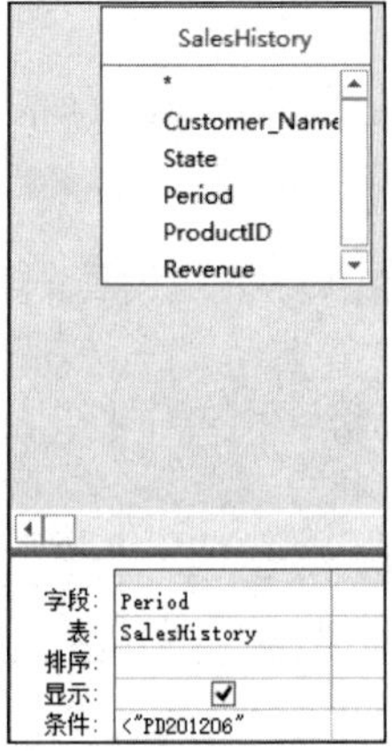

图 10.16　该查询将选择 Period 字段值早于 201206 的所有记录

(2) 运行该查询，执行测试。

(3) 检查返回的记录，并记住有 2781 条记录满足指定的条件。现在，如果基于这些查询定义运行删除查询，将删除 2781 条记录。

(4) 返回到设计视图。

(5) 选择功能区的“设计”选项卡，然后单击“删除”按钮。

(6) 再次运行查询。Access 将显示如图 10.17 所示的消息，指出要删除 2781 行数据，并警告该操作无法撤消。这是预计的数字，因为之前运行的测试返回了 2781 条记录。

(7) 由于所有内容都已检验，因此，单击“是”，确认删除相应的记录。

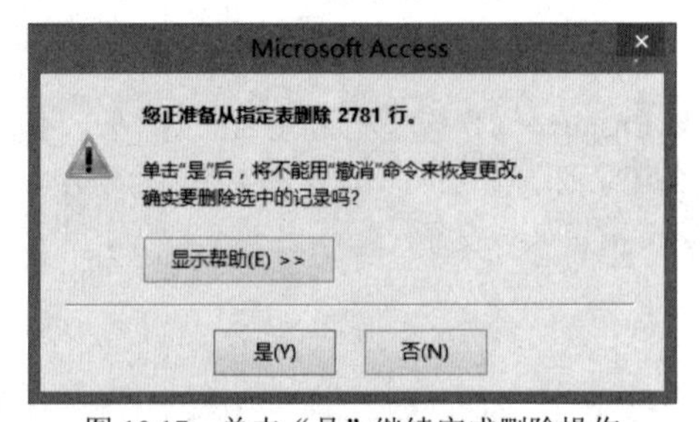

图 10.17　单击“是”继续完成删除操作

注意：

如果使用的是非常大的数据集，Access 可能会显示一条消息，说明撤消命令不可用，因为操作太大，或者没有足够的可用内存。很多用户会错误地将该消息解释为，该操作无法完成是因为没有足够的内存。但实际上，该消息只是说明，如果选择继续操作，Access 将无法提供撤消该更改的选项。这适用于删除查询、追加查询和更新查询。

根据一个表中的记录删除另一个表中的记录

在很多分析中，都需要根据一个表中的记录删除另一个表中的记录。该任务比较容易。但是，很多用户会因为一个简单的错误而无法完成该任务。

图 10.18 中的查询看起来非常简单。它指示 Access，如果在 Customer_ListB 表中找到客户，则删除 Customer_ListA 表中的所有记录。

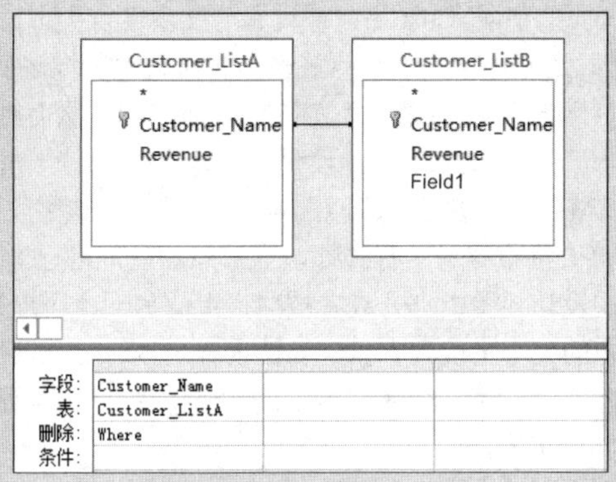

图 10.18　该查询看起来很简单

如果运行该查询，Access 会显示如图 10.19 所示的消息。该消息要求指定哪个表包含想要删除的记录。

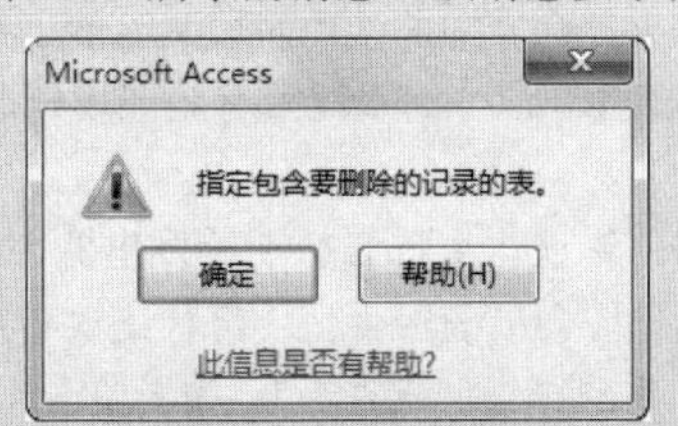

图 10.19　显示的消息

该消息让许多 Access 用户感到为难。遗憾的是，该消息并没有明确指出修复该错误需要哪些内容。不过，修复该错误还是比较简单的：首先，删除 CustomerName 字段，来清除查询网格。接着双击 Customer_ListA 表中的星号(*)。这样会明确告诉 Access，Customer_ListA 表包含想要删除的记录。图 10.20 演示了生成该查询的正确方法。

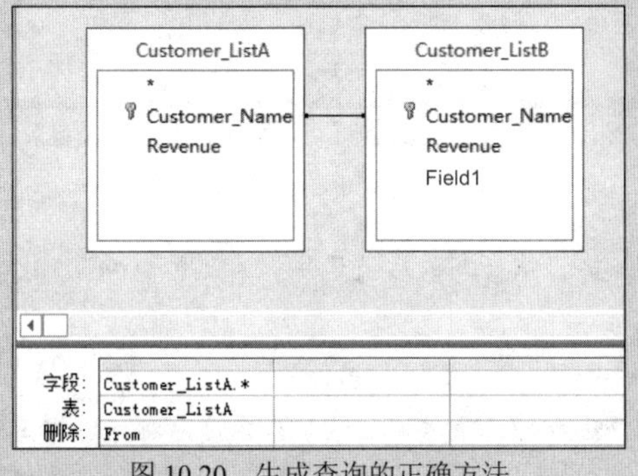

图 10.20　生成查询的正确方法

10.2.3　追加查询

追加查询会根据在查询中指定的定义和条件向某个表中追加记录。换句话说，使用追加查询，可将查询的结果添加到某个表的末尾，高效地向表中添加行。

使用追加查询，本质上就是从一个表或查询中复制记录，并将其添加到另一个表的末尾。当需要将较大的数据集从某个现有的表传输到另一个表中时，需要使用追加查询。例如，如果 Old Transactions 表用于存档交易记录，可使用追加查询轻松地将 New Transactions 表中的最新一批交易添加到 Old Transactions 表中。

警告：

有可能并不是想要追加到某个表中的所有记录都会实际追加到相应的表中。此外，还需要提防多次运行同一个追加查询，从而出现数据重复的情况。

一般情况下，存在两种原因可能导致在追加过程中丢失记录，如下所述：

- **类型转换失败**：当源数据的字符类型与目标表列的字符类型不匹配时，会出现这种问题。例如，假定有一个表，其中包含一个名为 Cost 的字段。Cost 字段被设置为文本字符类型，因为有些输入项被标记为 TBD (To Be Determined)，原因是当时还不知道成本具体是多少。如果尝试将该字段追加到另一个将 Cost 字段设置为数字字符类型的表，所有标记为 TBD 的条目都将更改为 Null，从而删除 TBD 标记。
- **键值冲突**：当尝试将重复的记录追加到目标表中设置为主键或者索引为“不允许重复”的字段时，会发生这种冲突。换句话说，当具有一个不允许重复的字段时，Access 不允许在该字段中追加与现有记录重复的任何记录。

追加查询的另一个风险在于，该查询很容易运行失败。导致追加查询运行失败的原因有两种，如下所述：

- **违反锁定约束**：当目标表在设计视图中打开或者被网络上的另一个用户打开时，会发生这种违规。
- **违反验证规则**：当目标表中的某个字段具有以下属性设置之一时，会发生这种违规。
  - **“ 必需”字段属性设置为“是”**：如果目标表中的某个字段的“必需”属性设置为“是”，但没有向该字段追加数据，追加查询将会失败。
  - **“允许空字符串”属性设置为“否”**：如果目标表中的某个字段的“允许空字符串”属性设置为“否”，但没有向该字段追加数据，追加查询将会失败。
  - **验证规则设置为任何内容**：如果目标表中的某个字段具有验证规则，但追加查询违反了该规则，追加查询将会失败。例如，如果目标表中的 Cost 字段具有验证规则，该规则设置为>0，那么不能向该字段追加数量小于或等于 0 的记录。

幸运的是，如果操作将要导致上述任何错误，Access 会明确发出警告。图 10.21 中显示了该警告消息，指出由于错误，不能追加所有记录。此外，该消息还会准确告诉由于每种错误导致无法追加的记录数量。在该示例中，由于键值冲突导致记录无法追加。可以选择单击“是”或“否”。如果单击“是”，将忽略该警告并追加所有记录，但忽略存在错误的记录。如果单击“否”，查询将被取消，这意味着不会追加任何记录。

Microsoft Access
Microsoft Access 不能在追加查询中追加所有记录。
Microsoft Access 设置 0 字段为 Null 是因为类型转换失败，它未将 5979 记录添加到表是因为键值冲突，没有添加 0 记录是因为锁定冲突，没有添加 0 记录是因为验证规则冲突。
是否执行动作查询?
如要忽略错误并且执行查询，请单击“是”。
关于冲突原因的解释，请选择“帮助”按钮。
是(Y)
否(N)
帮助(H)

图 10.21　警告消息告诉在追加过程中会丢失记录

警告：

请记住，与其他所有动作查询一样，执行完成后便无法撤消追加查询。

提示：

如果可以识别出最近在目标表中追加的记录，那么从技术角度看，可以撤消追加操作，只需要删除新追加的记录即可。很明显，该操作是有条件的，那就是为自己提供一种识别追加的记录的方法。例如，可创建一个字段，其中包含特定的代码或标记，用于识别追加的记录。该代码可以是日期、简单字符等任何内容。

我们假定市场部门告诉，他们出现了失误，实际上他们需要的是 2012 财年所有的销售历史记录。因此，他们需要将 201201~201205 这一期间重新添加到 SalesHistory 报表中。此时可以使用追加查询。

为向他们提供所需的内容，请按照下面的步骤进行操作：

(1) **在查询设计视图中创建一个与图 10.22 所示的查询类似的查询。**

(2) **选择功能区的“设计”选项卡，然后单击“追加”按钮。**此时将显示“追加”对话框(如图 10.23 所示)。

(3) **在“表名称”字段中，输入想要将查询结果追加到其中的表的名称。**在该示例中，输入 SalesHistory。

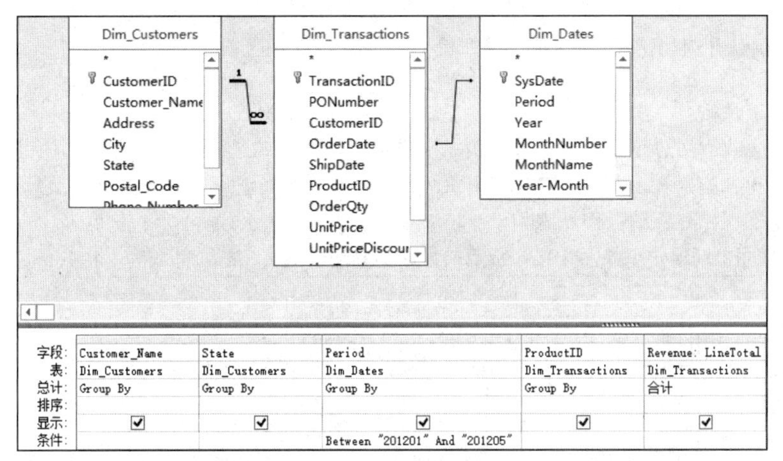

图 10.22　该查询将选择包含在 201201 到 201205 期间内的所有记录

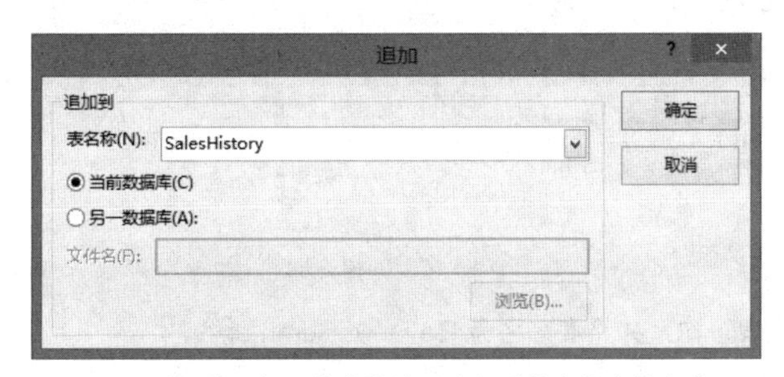

图 10.23　输入想要将查询结果追加到其中的表的名称

(4) **输入目标表的名称后，单击“确定”**。查询网格将包含新的一行，名为“追加到”，位于“排序”行下方(请参阅图 10.24)。该行的用途是选择目标表中想要追加查询结果信息的字段的名称。例如，Period 字段下的“追加到”行显示单词 Period。这意味着该查询的 Period 字段中的数据将被追加到 SalesHistory 表中的 Period 字段。

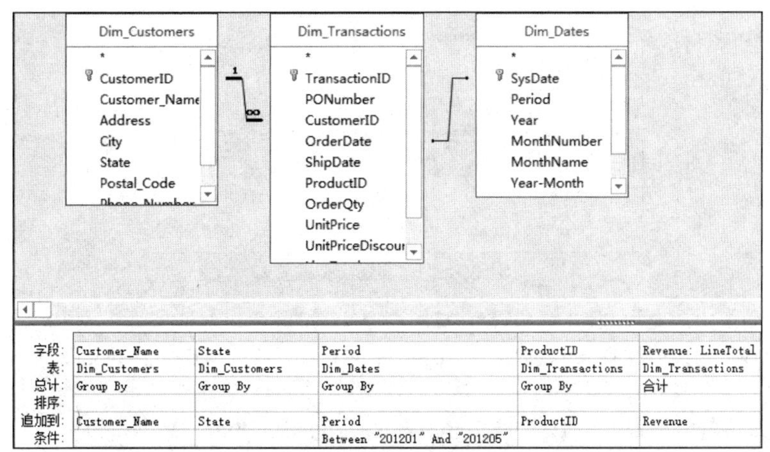

图 10.24　在“追加到”行中，选择目标表中想要追加查询结果信息的字段名

(5) **运行查询**。Access 会显示一条消息，如图 10.25 所示，指出将要追加 2781 行数据，并警告无法撤消该操作。

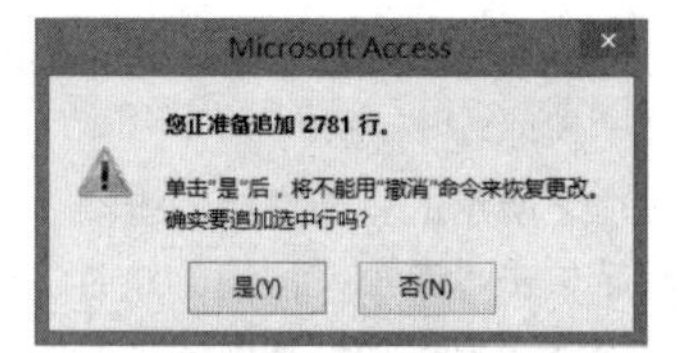

图 10.25　单击“是”继续完成追加操作

(6) 单击“是”确认并追加记录。

向数据集中添加汇总行

经理希望创建一个收入汇总报表，显示每个市场中每位客户经理的总收入。他还希望看到每个市场的总收入。不必为经理提供两个单独的报表，而是可以为其提供一个表，其中既包含客户经理的详细信息，也包含市场汇总信息。该操作非常容易实现，对应的操作步骤如下：

(1) 在查询设计视图中创建一个如图 10.26 所示的查询类似的查询。注意，需要为 LineTotal 字段创建一个别名。

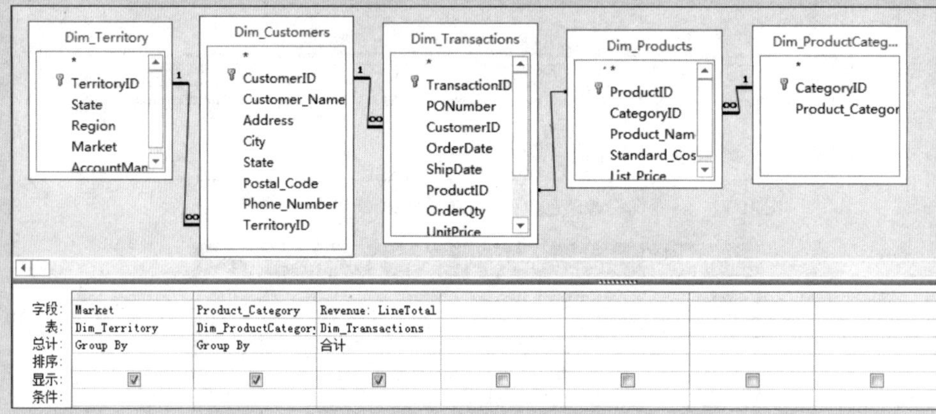

图 10.26　创建查询

(2) 将该查询更改为生成表查询，并将表命名为 RevenueSummary。

(3) 运行该查询。

(4) 现在，使用刚创建的 RevenueSummary 表按市场汇总收入；要执行此操作，请在查询设计视图中创建一个与图 10.27 所示的查询类似的查询。

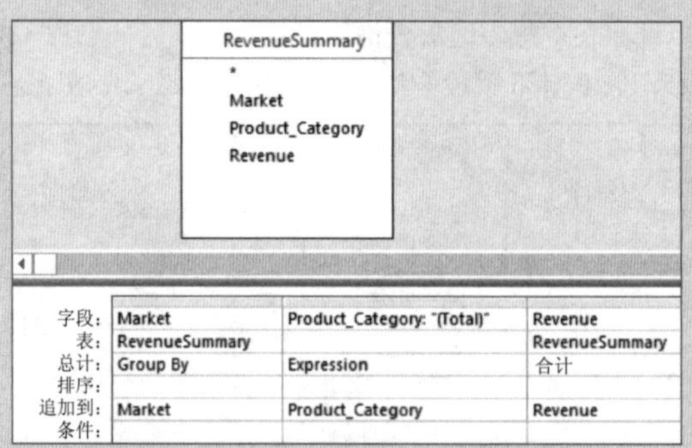

图 10.27　创建与此类似的查询

花一些时间查看该图中的查询。会注意到，会生成一个自定义的 Product_Category 字段，并在其中填充"(Total)"。这可以确保能够清楚地识别出追加到 RevenueSummary 表中的汇总行，因为它们的 Product_Category 字段中将包含单词 Total。

(5) 将该查询更改为追加查询，并将这些结果追加到 RevenueSummary 表。

现在，可以打开 RevenueSummary 表，并按 Market 和 Product_Category 进行排序。正如在图 10.28 中看到的，已经成功创建了一个表，其中针对每个产品类别包含一个总收入行，并且针对每个市场包含一个总收入行，所有这些内容都包含在一个表中。

Market	Product_Category	Revenue
Baltimore	(Total)	¥19,387.00
Baltimore	Bar Equipment	¥80.00
Baltimore	Fryers	¥352.00
Baltimore	Ovens and Ranges	¥7,470.00
Baltimore	Refrigerators and Co	¥10,730.00
Baltimore	Warmers	¥755.00
Buffalo	(Total)	¥5,283,983.55
Buffalo	Bar Equipment	¥37,397.90
Buffalo	Commercial Appliance	¥237,297.85
Buffalo	Concession Equipment	¥187,711.00
Buffalo	Fryers	¥127,287.70
Buffalo	Ovens and Ranges	¥1,654,376.65
Buffalo	Refrigerators and Co	¥2,030,464.50
Buffalo	Warmers	¥1,009,447.95
California	(Total)	¥11,363,506.25

图 10.28　已经成功地创建了一个表

10.2.4　更新查询

使用更新查询的主要目的是节省时间。要一次性编辑大量数据，没有任何方法比使用更新查询更轻松。例如，假定有一个 Customers 表，其中包含客户的邮政编码。如果邮政编码 32750 已更改为 32751，可以轻松地更新 Customers 表，以将 32750 替换为 32751。

警告：

与其他所有动作查询一样，必须始终采取预防措施，以确保可以撤消更新查询的效果。为了在出现错误时返回到原始数据，请在运行更新查询之前备份数据库。或者，也可以运行选择查询，以显示要更新的数据，然后将该查询更改为生成表查询；运行该生成表查询，以生成要更新的数据的备份；然后作为更新查询再次运行该查询，从而覆盖相应的记录。

假定刚刚收到通知，原来使用邮政编码 33605 的所有客户的邮政编码已经更改为 33606。为使数据库保持准确，必须将 Dim_Customers 表中的所有 33605 邮政编码更新为 33606。若要实现上述更新，请执行下面的步骤：

(1) **在查询设计视图中创建如图 10.29 所示的查询。**

(2) **运行该查询，执行测试。**

(3) **检查返回的记录，并记住有 6 条记录满足指定的条件。**现在，如果根据这些查询定义运行更新查询，将更新 6 条记录。

(4) **返回到设计视图。**

(5) **选择功能区的“设计”选项卡，然后单击“更新”按钮。**现在，查询网格包含一个名为“更新到”的新行。该行的用途是输入希望将当前数据更新到的值。在该场景中，如图 10.30 所示，要将所选记录的邮政编码更新为 33606。

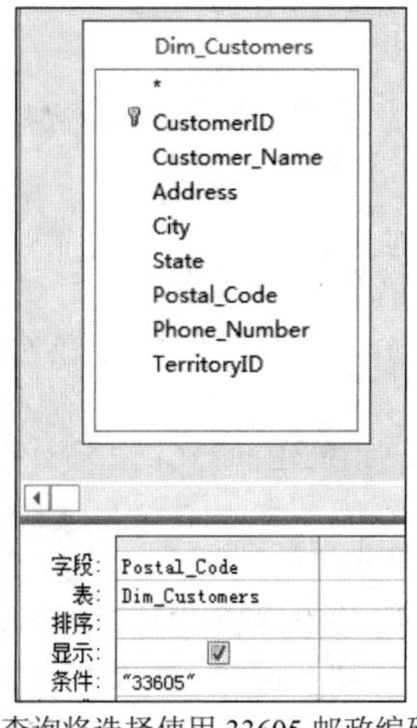

图 10.29　该查询将选择使用 33605 邮政编码的所有客户

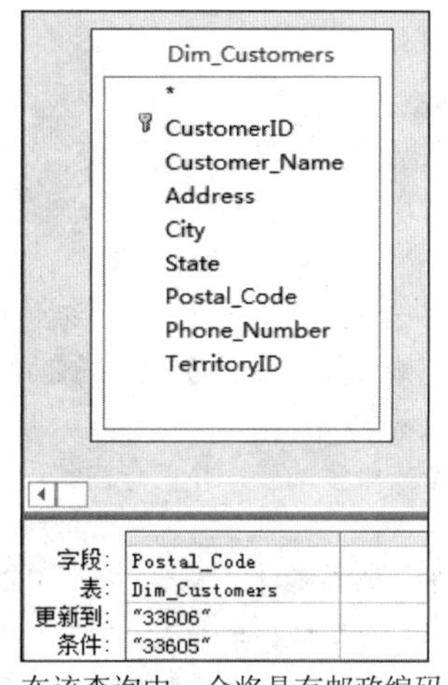

图 10.30　在该查询中，会将具有邮政编码 33605 的所有客户的邮政编码更新为 33606

(6) **运行该查询**。Access 会显示如图 10.31 所示的消息，指出要更新 6 行数据，并警告无法撤消该操作。这是预计应该看到的数字，因为之前运行的测试返回了 6 条记录。

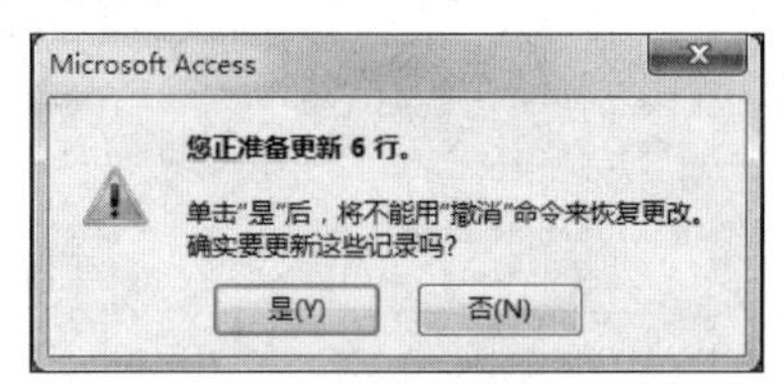

图 10.31　单击“是”继续完成更新操作

(7) 由于所有内容都已检验，因此，单击“是”确认并更新记录。

在更新查询中使用表达式

某些情况下，需要执行特定于记录的更新。也就是说，不使用特定值更新多条记录，而是根据某个表达式对每条记录分别进行更新。

为说明这种情况，在设计视图中基于本章前面的“生成表查询”一节中创建的 SalesHistory 表启动一个查询。按照如图 10.32 所示构建查询。

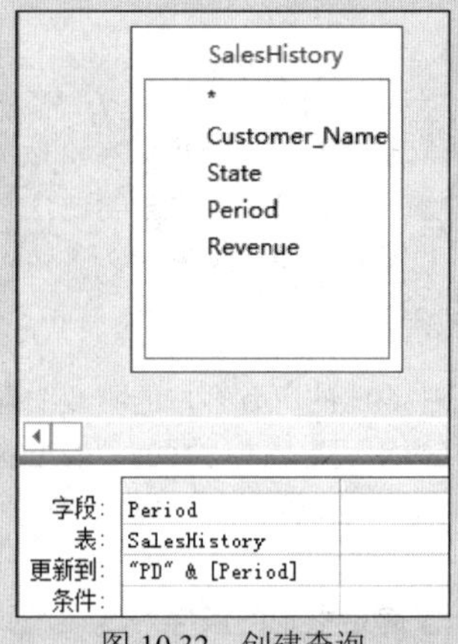

图 10.32　创建查询

该查询会指示 Access 将 Period 更新为“PD”与 Period 字段值构成的连接文本。

运行该查询后，Period 字段中的所有值都有前缀 PD。例如，201201 更新为 PD 201201。

注意，这只是可以用于更新记录的一个表达式示例。可以对更新查询使用几乎所有表达式，从数学函数到字符串运算无一不可。

关于可更新数据集的说明

并不是所有数据集都可以更新。也就是说，Access 可能由于这样或那样的原因而无法更新某个数据集。如果更新查询失败，将显示以下消息之一：“操作必须使用可更新查询”或者“记录集不可更新”。

如果出现以下情况，更新查询将会失败：

- **查询使用与另一个查询的联接**。要解决此问题，请创建一个可以代替联接查询的临时表。
- **查询基于交叉表查询、聚合查询、联合查询或包含聚合函数的子查询**。要解决此问题，可创建一个可以代替该查询的临时表。
- **查询基于三个或更多的表，并且存在多对一对多关系**。要解决此问题，请创建一个可以在没有该关系的情况下使用的临时表。
- **查询基于“唯一值”属性设置为“是”的表**。要解决此问题，请将该表的“唯一值”属性设置为“否”。
- **查询基于被另一个用户锁定的表**。要解决此问题，请确保该表未在设计视图中或者未被另一个用户锁定。
- **查询基于以只读模式打开或位于只读驱动器上的数据库表**。要解决此问题，请获取该数据库或驱动器的写入访问权限。

- **查询基于没有唯一索引的链接 ODBC 表或没有主键的 Paradox 表**。要解决此问题，请向链接表中添加主键或唯一索引。
- **查询基于 SQL 传递查询**。要解决此问题，请创建一个可以代替该查询的临时表。

10.3　交叉表查询

交叉表查询是一种特殊的聚合 查询，可汇总指定字段的值，并通过两组维度将它们组合在矩阵布局中，一组放在矩阵的左侧，另一组列在矩阵的顶部。交叉表查询非常适合分析随时间变化的趋势，或者提供一种方法以快速识别数据集中的异常情况。

交叉表查询的分析结构非常简单。要创建将成为交叉表的矩阵结构，最少只需要三个字段。第一个字段构成行标题，第二个字段构成列标题，而第三个字段构成矩阵中心的聚合数据。中心的数据可以表示合计、计数、平均值或其他聚合函数。图 10.33 显示了交叉表查询的基本结构。

Region Name	QTR1	QTR2	QTR3	QTR4
Region A	data	data	data	data
Region B	data	data	data	data
Region C	data	data	data	data

图 10.33　交叉表查询的基本结构

创建交叉表查询有两种方法。可以使用“交叉表查询向导”，也可以使用查询设计网格手动创建交叉表查询。

10.3.1　使用交叉表查询向导创建交叉表查询

要使用“交叉表查询向导”创建交叉表查询，请执行下面的步骤：

(1) **选择功能区的“创建”选项卡，然后单击“查询向导”按钮**。此时将显示“新建查询”对话框，如图 10.34 所示。

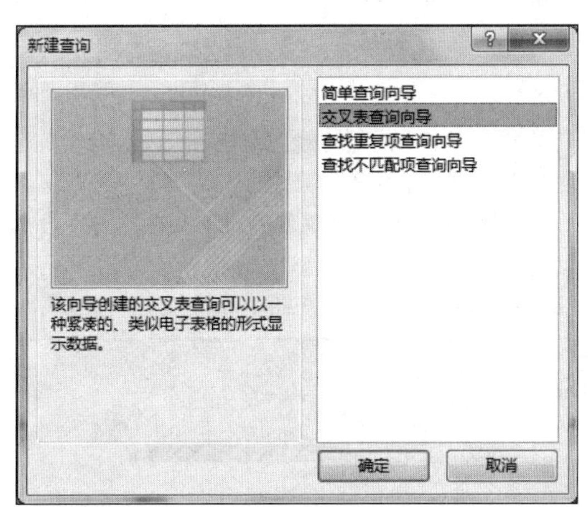

图 10.34　从“新建查询”对话框中选择“交叉表查询向导”

(2) **从选项列表中选择“交叉表查询向导”，然后单击“确定”**。“交叉表查询向导”中的第一步是确定要使用的数据源。如图 10.35 所示，可选择查询或表作为数据源。在该示例中，使用 Dim_Transactions 表作为数据源。

(3) **选择 Dim_Transactions，然后单击“下一步”按钮**。

下一步是确定要用作行标题的字段。

(4) **选择 ProductID 字段，然后单击带有>符号的按钮将该字段移动到“选定字段”列表中**。对话框应该如图 10.36 所示。注意，ProductID 字段显示在对话框底部的示例图中。

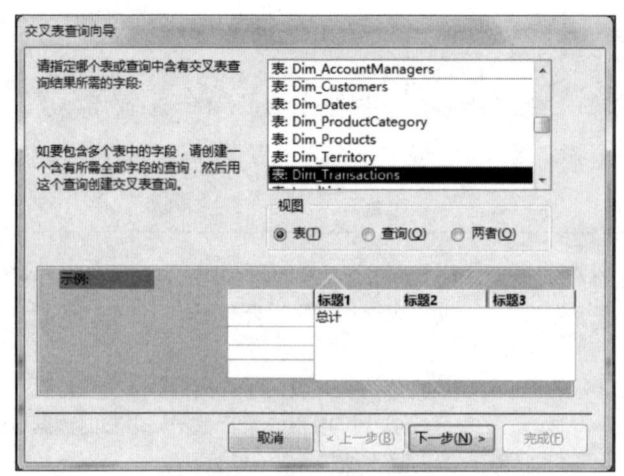

图 10.35　为交叉表查询选择数据源

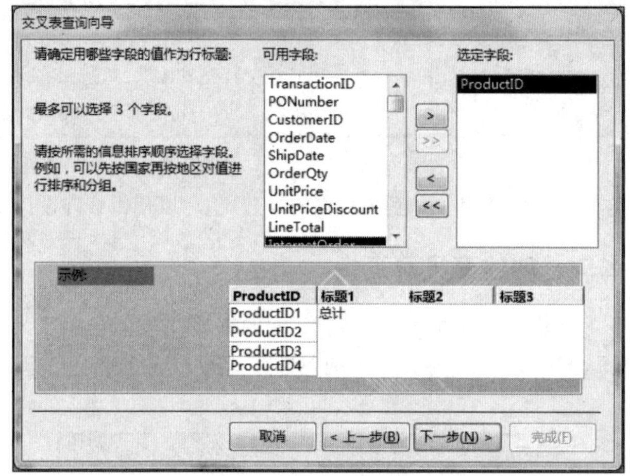

图 10.36　选择 ProductID 字段，然后单击“下一步”按钮

最多可选择三个字段包含在交叉表查询中作为行标题。记住，Access 会将每个标题组合视为一个唯一项。也就是说，在聚合每个组中的记录之前，先对每个组合进行分组。

(5) 单击“下一步“按钮。下一步是确定要用作交叉表查询的列标题的字段。请记住，交叉表中只能有一个列标题。

(6) 从字段列表中选择 OrderDate 字段。请注意，在图 10.37 中，对话框底部的示例图更新为显示 OrderDate。

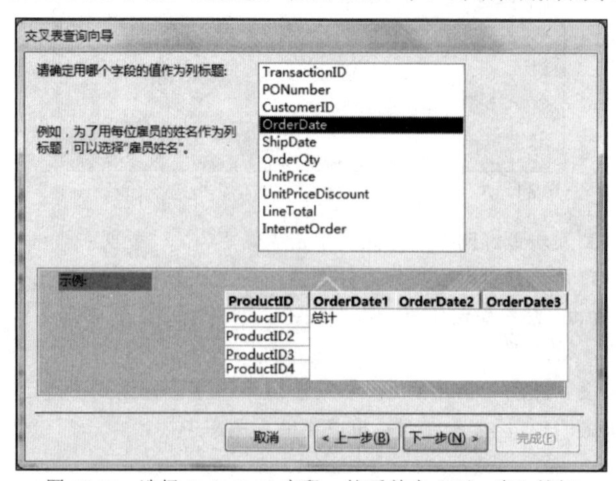

图 10.37　选择 OrderDate 字段，然后单击“下一步”按钮

注意：

如果要用作列标题的字段包含具有句点(.)、感叹号(!)或方括号([或])的数据，这些字符将在列标题中更改为下划线字符(_)。如果相同的数据用作行标题，则不会出现这种情况。该行为是预先设计好的，因为 Access 中字段名称的命名约定不允许使用这些字符。

如果列标题是一个日期字段，如该示例中的 OrderDate，将看到图 10.38 中所示的步骤。在该步骤中，可以选择指定作为日期分组依据的间隔。

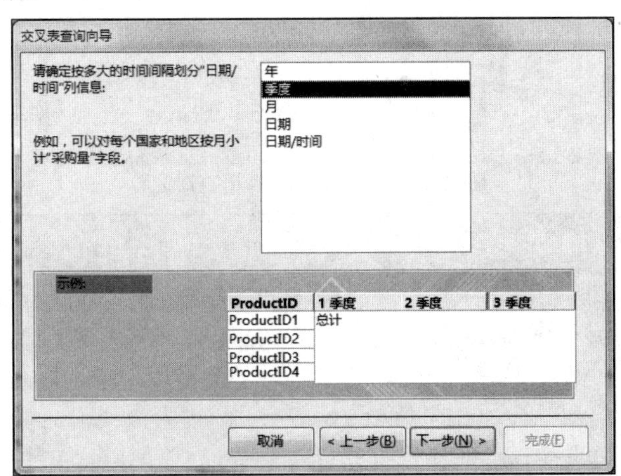

图 10.38　选择“季度”，然后单击“下一步”按钮

(7) 选择“季度”，注意，对话框底部的示例图将相应更新。

操作快要完成了。在如图10.39所示的倒数第二步中，确定要聚合的字段以及要使用的函数。

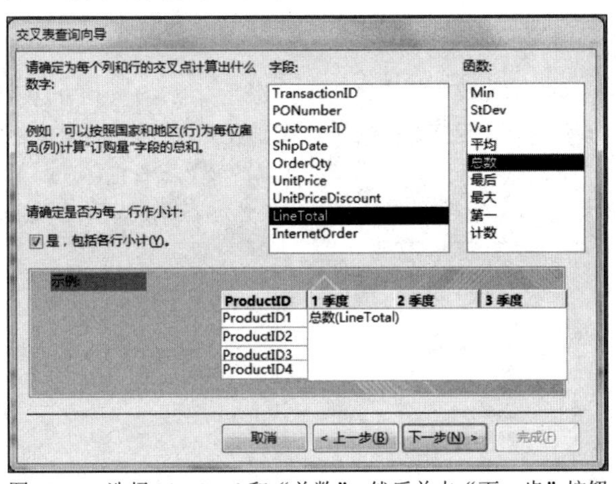

图 10.39　选择 LineTotal 和“总数”，然后单击“下一步”按钮

(8) 从“字段”列表中选择 LineTotal 字段，然后从“函数”列表中选择“总数”。请注意“是，包括各行小计”复选框。默认情况下，该复选框处于选中状态，以确保交叉表查询包括一个 Total 列，其中包含每一行的合计。如果不需要此列，只需要取消选中该复选框。

如果查看对话框底部的示例图，可以完全了解最终的交叉表查询将执行哪些操作。在该示例中，交叉表查询将按季度计算每个 ProductID 对应的 LineTotal 字段的合计值。

如图 10.40 所示，最后一步是为交叉表查询命名。

(10) 在该示例中，将交叉表命名为 Product Summary by Quarter。在命名查询后，可选择查看查询或修改设计。

(11) 在该示例中，希望查看查询的结果，因此，只需要单击“完成”按钮。

仅通过几次单击，就创建了一个功能完善的报表，其中按季度显示每种产品的收入绩效(参见图 10.41)。

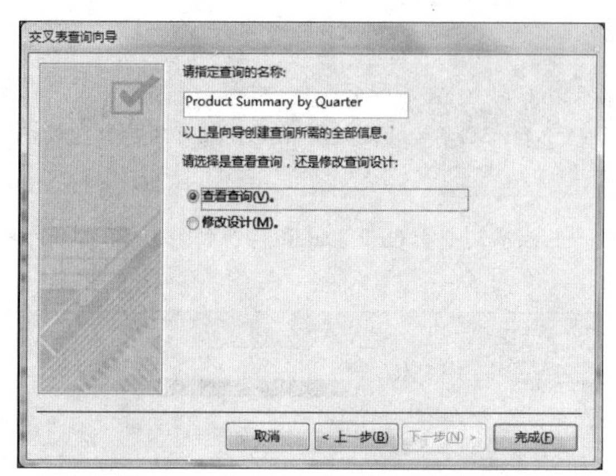

图 10.40　单击“完成”查看查询结果

Produc	总计 LineTotal	季度1	季度2	季度3	季度4
709	¥28,663.80	¥3,787.20	¥8,000.40	¥9,485.40	¥7,390.80
710	¥353,507.05	¥69,334.85	¥64,463.10	¥62,870.60	¥156,838.50
718	¥732,725.50		¥171,432.25	¥414,166.75	¥147,126.50
719	¥5,853,748.80	¥1,244,884.20	¥1,541,942.70	¥1,616,661.00	¥1,450,260.90
720	¥495,413.50			¥495,413.50	
732	¥160,733.00	¥23,115.00	¥49,948.50	¥36,247.00	¥51,422.50
733	¥57,352.00		¥22,411.50	¥13,065.00	¥21,875.50
753	¥9,373,695.50	¥2,286,041.00	¥2,949,132.00	¥1,824,659.50	¥2,313,863.00
755	¥582,601.20	¥145,650.30	¥166,482.60	¥103,370.40	¥167,097.90
756	¥526,095.55	¥133,975.65	¥155,210.75	¥85,507.75	¥151,401.40
757	¥250,742.10	¥82,378.10	¥83,924.30		¥84,439.70
759	¥517,812.55	¥116,694.85	¥147,762.65	¥124,890.65	¥128,464.40
760	¥1,680,850.20	¥340,321.65	¥439,951.80	¥489,024.00	¥411,552.75
761	¥1,609,727.40	¥346,173.30	¥433,207.60	¥433,159.70	¥397,186.80
762	¥1,970,584.00	¥412,384.00	¥521,899.00	¥558,061.00	¥478,240.00
763	¥1,381,724.40	¥298,040.80	¥374,013.60	¥373,272.00	¥336,398.00
764	¥953,558.70	¥211,096.10	¥263,555.85	¥245,037.80	¥233,868.95

图 10.41　只需要几次单击操作即可实现强大的分析功能

将交叉表查询转换为硬数据

毫无疑问，在某些场景中，必须将交叉表查询转换为硬数据，以便在其他分析中使用查询结果。对于此操作，一个简单的小窍门是在生成表查询中使用已保存的交叉表查询创建一个新表，其中包含交叉表查询结果。

首先在设计视图中创建一个新的选择查询，并添加已保存的交叉表查询。在图 10.42 中，会注意到，自己使用的是刚创建的 Product Summary by Quarter 交叉表。添加想要包含在新表中的字段。

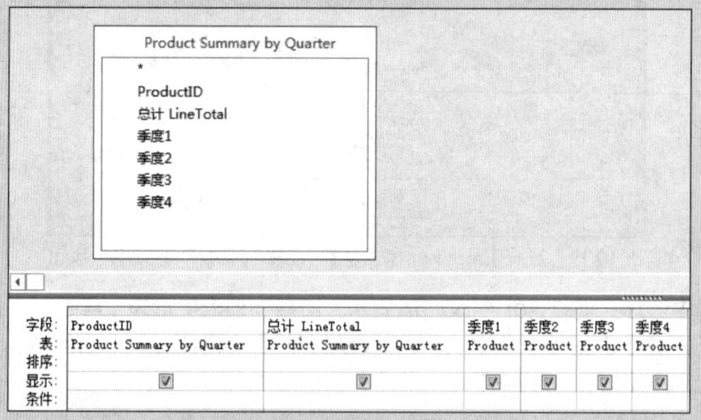

图 10.42　添加已保存的交叉表查询

此时，只需要将查询转换为生成表查询，并运行该查询。在运行生成表查询后，将获得一个硬表，其中包含交叉表的结果。

10.3.2　手动创建交叉表查询

尽管“交叉表查询向导”只需要几次单击便可轻松地创建交叉表，但它存在一些限制，可能会降低数据分析的功效，如下所述：

- 只能为交叉表选择一个基础数据源。这意味着，如果需要对保存在多个表中的数据执行交叉表查询，必须采取额外的步骤创建一个临时查询，以用作数据源。
- 在“交叉表查询向导”中无法使用条件对交叉表查询进行筛选或限制。
- 只能使用三个行标题。
- 不能在“交叉表查询向导”中显式定义列标题的顺序。

好消息是，可通过查询设计网格手动创建交叉表查询。手动创建交叉表查询，在分析中具有更大的灵活性。

1. 使用查询设计网格创建交叉表查询

要使用查询设计网格创建交叉表查询，请执行下面的步骤：

(1) 创建如图 10.43 所示的聚合查询。请注意，将使用多个表来获取所需的字段。手动创建交叉表查询的一个优势在于，不必只使用一个数据源，可以使用任意多个数据源，定义查询中的字段。

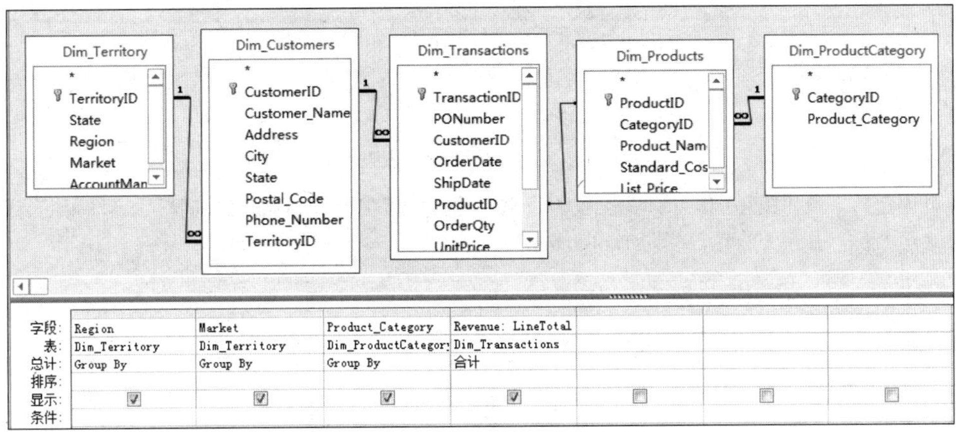

图 10.43 创建如本图所示的聚合查询

(2) 选择功能区的“设计”选项卡，然后单击“交叉表”按钮。此时向查询网格中添加名为“交叉表”的一行(参见图 10.44)。该行的用途是定义每个字段将在交叉表查询中扮演的角色。

(3) 在每个字段下的“交叉表”行中，选择该字段将成为行标题、列标题还是值。

(4) 运行该查询，查看交叉表的实际效果。

在查询网格中构建交叉表查询时，请记住以下几点：

- 必须至少有一个行标题、一个列标题和一个值字段。
- 不能定义多个列标题。
- 不能定义多个值标题。
- 并未限制只能使用三个行标题。

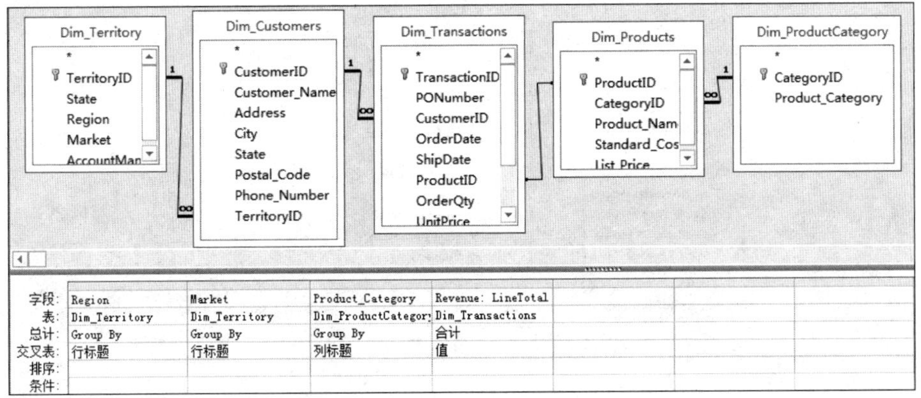

图 10.44 在“交叉表”行中设置每个字段的角色

创建具有多个值字段的交叉表视图

交叉表查询的规则之一是，不能有多个值字段。但是，可以突破该限制，通过相同的数据组分析多个指标。

首先创建如图 10.45 所示的交叉表查询。注意列标题是一个自定义字段，将显示地区名称，并在旁边包含单词 Revenue。

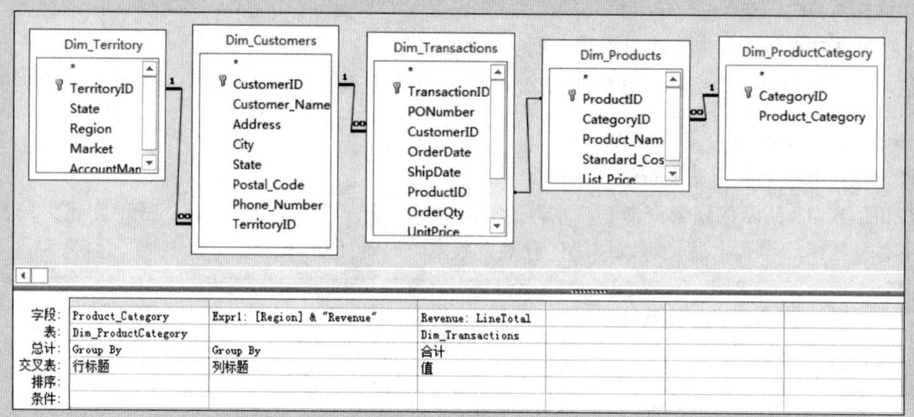

图 10.45　创建一个交叉表查询

接下来，创建另一个如图 10.46 所示的交叉表查询，并将其另存为 Crosstab-2。同样，列标题还是一个自定义字段，显示地区名称，并在旁边包含单词 Transactions。

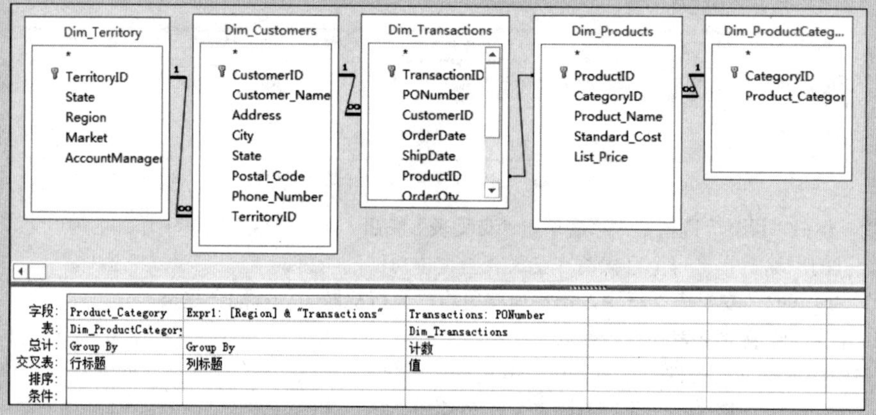

图 10.46　创建另一个交叉查询

最后，创建一个选择查询，在行标题上联接这两个交叉表查询。在图 10.47 显示的示例中，行标题是 Product_Category 字段。按照适当的顺序添加所有字段。当运行该查询时，结果是一个合并两个交叉表查询的分析，实际上提供了多个值字段。

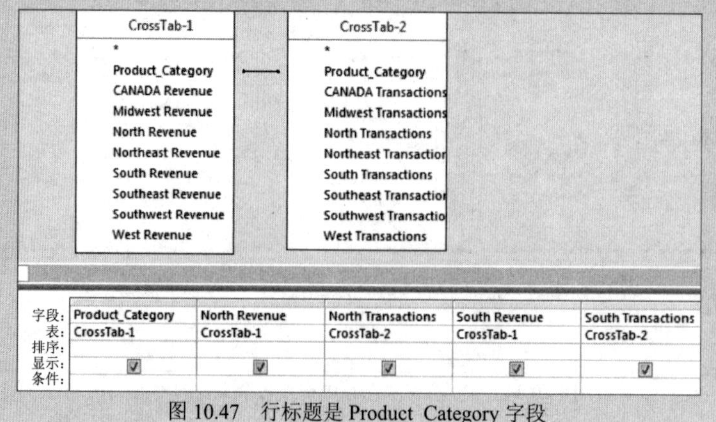

图 10.47　行标题是 Product_Category 字段

> **注意：**
> 请记住，如果有多个行标题，必须针对每个行标题创建一个联接。

2. 自定义交叉表查询

交叉表查询非常有用，所以可能需要应用某些自定义设置，以便获得所需的结果。本节将介绍一些方法，用于自定义交叉表查询，以满足特定需求。

在交叉表查询中定义条件

筛选或限制交叉表查询的功能是手动创建交叉表查询的另一个优势。要为交叉表查询定义筛选器，只需要像其他聚合查询那样输入相应的条件。图 10.48 演示了这种方法。

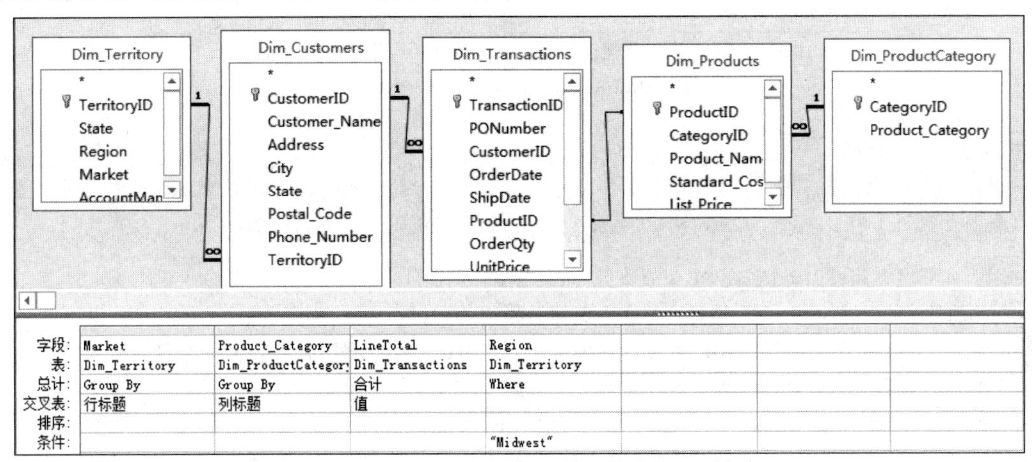

图 10.48　可定义一个条件以对交叉表查询进行筛选

更改交叉表查询列标题的排序顺序

默认情况下，交叉表查询会按照字母顺序排列其列标题。例如，图 10.49 所示的交叉表查询将生成一个数据集。其中列标题按以下顺序显示：Canada、Midwest、North、Northeast、South、Southeast、Southwest 和 West。

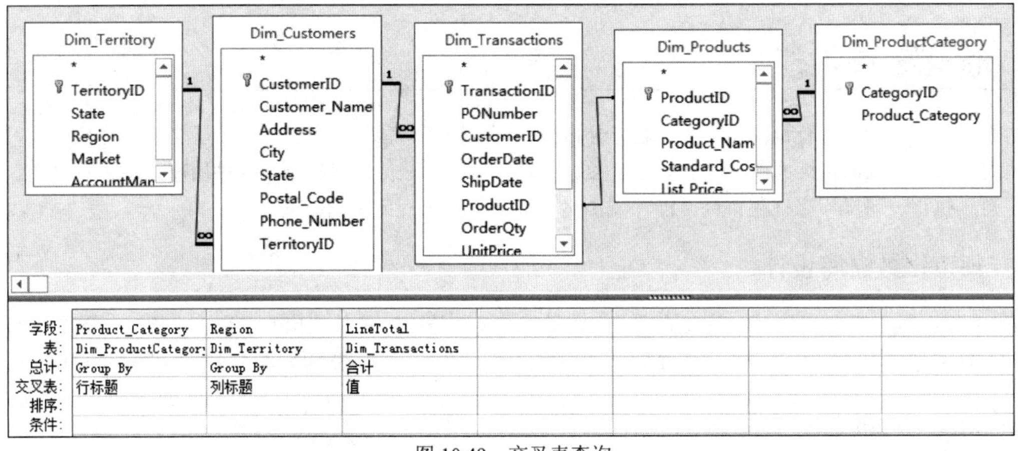

图 10.49　交叉表查询

绝大多数情况下，这样做可能都没问题，但是，如果公司总部位于 California，管理人员自然想要先查看 West 地区。可在“查询属性”中更改“列标题”属性，来指定交叉表查询的列顺序。

要转到“列标题”属性，请执行下面的步骤：

(1) 在设计视图中打开查询。

(2) 在白色查询网格上方右击灰色区域，然后从显示的快捷菜单中选择“属性”。此时将显示“查询属性”对话框，如图 10.50 所示。

(3) 更改“列标题”属性，输入希望看到的列标题显示顺序。

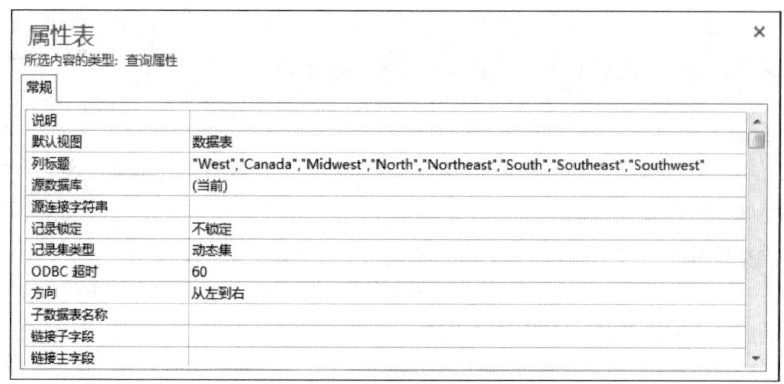

图 10.50 “列标题”属性设置为按以下顺序显示列：West、Canada、Midwest、North、Northeast、South、Southeast 和 Southwest

提示：

当希望按照月份顺序(而不是字母顺序)显示月份时，调整“列标题”属性会比较方便。只需要按照希望的显示顺序输入各个月份列。例如：Jan、Feb、Mar、Apr、May、Jun、Jul、Aug、Sep、Oct、Nov、Dec。

在使用“列标题”属性时，请务必牢记以下几点：

- 必须将输入的列名用引号括起来，并使用逗号分隔每一列。
- 如果意外将某个列名拼写错误，将导致该列从交叉表查询结果中排除，并包括一个具有错误拼写的名称的虚拟列，但其中不包含任何数据。
- “列标题”属性不区分大小写，输入 Jan 或 JAN 的结果相同。
- 输入到“列标题”属性中的列名称将显示在最终结果中，即使该列中没有数据。
- 必须输入希望包含在交叉表报表中的每一列。从“列标题”属性中排除某一列会将该列从交叉表查询结果中排除。
- 清除“列标题”属性可确保所有列按字母顺序显示。

10.4 优化查询性能

当分析几千条记录时，查询性能不是问题。分析进程可以快速、顺畅地运行，几乎不会出现任何问题。但当移动并处理几十万条记录时，性能就是个大问题。数据量越大，查询运行速度越慢，这种情况永远也不会变。尽管如此，还是可以执行一些操作来优化查询性能，减少运行大型分析进程所需的时间。

10.4.1 规范化数据库设计

许多 Access 初学者会构建一个很大的扁平表，将其称为数据库。这种结构似乎很有吸引力，因为不必处理联接，在构建查询时只需要引用一个表。但在此类结构中，随着数据量的不断增长，查询性能会急剧下降。

了解 Access 查询优化器

绝大多数关系数据库程序都有一个内置的优化器，以便在处理大量数据时，也能确保具备高效的性能。Access 也有一个内置的查询优化器。当构建查询、将其关闭然后重新打开时，Access 有时会变换条件和表达式，这是因为其内置的查询优化器所造成的。

查询优化器负责建立查询执行策略。查询执行策略是发送给 Access 数据库引擎(ACE)的一组指令，告诉它如何通过最快、最经济高效的方式运行查询。Access 查询优化器的查询执行策略基于以下因素：

- 查询使用的表的大小
- 查询使用的表中是否存在索引
- 查询使用的表和联接的数量

- 查询使用的任何条件或表达式的存在情况和作用范围

当查询首次运行时，将创建该执行策略，并在每次保存查询或压缩数据库时重新编译。建立查询执行策略后，ACE 数据库引擎只需要在每次运行查询时引用该策略，就可以有效地优化查询执行性能。

“无用输入，无用输出”这种说法指的是从数据库获得的结果取决于输入的数据。这一概念也适用于Access的查询优化器。由于Access的优化功能很大程度上取决于表和查询的组成和效用，因此，设计糟糕的表和查询可能会限制Access查询优化器的有效性。

当规范化数据库以采用某种关系结构时，需要将数据拆分为多个较小的表。这有以下两种效果：

- 自动删除冗余数据，查询只需要扫描较少的数据。
- 只查询包含所需信息的表，防止在每次运行查询时扫描整个数据库。

10.4.2　在适当的字段中使用索引

试想一下，有一个包含 1000 条记录的文件柜，这些记录没有按照字母顺序排序。则提取出以 S 开头的所有记录需要多长时间？毫无疑问，在按照字母顺序排序的文件归档系统中，提取所需的记录要轻松得多。对 Access 表中的字段编制索引，类似于对文件柜中的记录按字母顺序排序。

如果在运行的查询中，需要对尚未编制索引的字段进行排序和筛选，Access 必须先扫描并读取整个数据集，然后才能返回结果。可以想象，对于大型数据集，这需要非常长的时间。与此相对，对已经编制索引的字段进行排序和筛选的查询，运行速度要快得多，因为 Access 可以使用索引来检查位置和限制。

转到表的设计视图并调整“索引”属性，可对表中的某个字段创建索引。

交叉参考：

索引的相关内容参见第 3 章。

现在，在开始针对数据库中的每个字段创建索引之前，针对索引编制提出一点忠告：尽管索引可以显著加快选择查询的执行速度，但它们也会显著降低诸如更新、删除和追加等动作查询的执行速度。这是因为，当针对已编制索引的字段运行动作查询时，Access 除了更改实际表之外，还需要更新每个索引。因此，一定要限制编制索引的字段。

一种最佳实践是将索引编制限制为以下类型的字段：

- 需要定期使用条件筛选值的字段
- 预计用作其他表中的联接的字段
- 预计会定期对值进行排序的字段

10.4.3　通过改进查询设计进行优化

一些简单的查询设计选择就可以大大改善查询的性能，其效果甚至会让吃惊。下面介绍的一些操作可以加快查询执行速度，优化分析过程：

- 避免对未编制索引的字段进行排序或筛选。
- 避免构建从表中选择*的查询。例如，SELECT * FROM MyTable 会在每次运行该查询时强制 Access 从系统表中查找字段名称。
- 在创建总计查询时，仅包含实现查询目标所需的字段。在 GROUP BY 子句中包含的字段越多，查询的执行时间越长。
- 有时，只需要在查询设计中包含对其设置条件的字段。在最终结果中不需要的字段应该设置为“不显示”。换句话说，就是在查询设计网格的“显示”行中移除复选框的复选标记。
- 避免使用没有限度的范围，例如>或<。而应该使用 Between...And 语句。
- 在分析过程中使用较小的临时表，而不是较大的核心表。例如，不要将两个较大的表联接在一起，而应该考虑创建较小的临时表(仅包含相关记录)，然后联接这两个表。尽管需要额外的步骤来创建和删除临时表，但通常情况下，运行速度会大为提高。
- 尽可能在交叉表查询中使用固定列标题。这样，Access 不必采取额外的步骤在交叉表查询中建立列标题。

- 避免在子查询或域聚合函数中使用计算字段。子查询和域聚合函数已经存在固有的性能损失。在其中使用计算字段会大大增加查询的性能损失。

交叉参考：

有关子查询和域聚合查询的内容，请参见第 15 章。

10.4.4　定期压缩和修复数据库

随着时间的推移，数据库会由于大量的日常操作而发生更改。表的数量可能会增加或减少，可能添加或移除了一些临时表和查询，可能有一两次异常关闭了数据库，而列表会持续增加。所有这些操作都可能会更改表统计数据，使之前已编译的查询具有不准确的查询执行计划。

当压缩和修复数据库时，会强制 Access 重新生成表统计数据，重新优化查询，以便在下次执行查询时重新编译它们。这样可以确保 Access 使用最准确有效的查询执行计划运行查询。要压缩和修复数据库，只需要在功能区上选择“数据库工具”选项卡，然后选择“压缩和修复数据库”命令。

执行以下操作，可将数据库设置为在每次关闭时自动压缩和修复：

(1) 在功能区上选择“文件”。

(2) 单击“选项”。此时将显示“Access 选项”对话框。

(3) 选择“当前数据库”以显示当前数据库的配置设置。

(4) 在“关闭时压缩”旁放置一个复选标记，并单击“确定”确认更改。

第 IV 部分

在 Access 中分析数据

前面介绍了如何将数据组织到表中，以及如何使用查询与这些数据进行交互，本部分中的各章将重点介绍 Access 2019 中帮助实现更有意义的数据分析的工具和功能。毫无疑问，使用 Access 满足数据分析需求，可以帮助简化分析流程、提高生产效率，分析更大的数据集。

第 11 章介绍数据转换，提供如何清理原始数据，使其成型，并保存到临时区域中的示例。第 12 章深入分析如何在分析中创建和利用自定义计算，该章还介绍如何处理日期，以及如何在简单的日期计算中使用它们。第 13 章介绍一些条件分析方法，允许向分析流程中添加业务逻辑。第 14 章探讨 SQL 语法以及一些可用于改善分析的特定于 SQL 的查询。第 15 章介绍功能强大的子查询以及域聚合函数。第 16 章演示许多可使用子查询和域聚合函数执行的高级统计分析。

本部分包含的内容：

第 11 章

在 Access 中转换数据

本章内容：

- 查找并删除重复记录
- 填充空白字段
- 连接
- 更改大小写
- 删除前导空格和尾随空格
- 查找并替换特定文本
- 填充字符串
- 分解字符串

通常情况下，数据转换需要通过某些操作来“清理”数据，此类操作包括建立表结构、删除重复项、清理文本、删除空白以及标准化数据字段。

我们经常会收到不完善的或者原始的数据。也就是说，这些数据可能包含重复项，可能包含空白字段，可能存在不一致的文本等。在对这种状态的数据执行任何有意义的分析前，需要完成数据转换或数据清理的过程，这一点非常重要。

本章将介绍 Access 中的一些工具和方法，通过这些工具和方法，可以轻松地清理和修改数据，而不必借助 Excel。

> **Web 内容**
> 本章中练习的初始数据库为 Chapter11.accdb，可从本书对应的 Web 站点下载。

11.1 查找并删除重复记录

对于分析来说，重复记录绝对是可怕的杀手。重复记录对分析的影响可能会非常广泛，几乎可以破坏生成的所有指标、汇总和分析评估。鉴于此，当收到新的数据集时，首当其冲的工作是查找并删除重复记录。

11.1.1 定义重复记录

在数据集中查找并删除重复记录之前，一定要先考虑如何定义重复记录(duplicate record)。为说明这一点，看看如图 11.1 所示的表，其中有 11 条记录。在这 11 条记录中，有多少条是重复记录？

SicCode	PostalCode	CompanyNumber	DollarPotential	City	State	Address
1389	77032	11147805	$9,517.00	houston	tx	6000 n sem heirten pkwy e
1389	77032	11147848	$9,517.00	houston	tx	43410 e herdy rd
1389	77042	11160116	$7,653.00	houston	tx	40642 rachmend ave ste 600
1389	77051	11165400	$9,517.00	houston	tx	5646 helmis rd
1389	77057	11173241	$9,517.00	houston	tx	2514 san filape st ste 6600
1389	77060	11178227	$7,653.00	houston	tx	100 n sem heirten pkwy e ste 100
1389	77073	11190514	$9,517.00	houston	tx	4660 rankan rd # 400
1389	77049	11218412	$7,653.00	houston	tx	4541 mallir read 6
1389	77040	13398882	$18,379.00	houston	tx	3643 wandfirn rd
1389	77040	13399102	$18,379.00	houston	tx	3643 wandfirn rd
1389	77077	13535097	$7,653.00	houston	tx	44160 wisthiamir rd ste 100

图 11.1　该表中是否存在重复记录？这取决于对重复记录的定义

如果将图 11.1 中的重复记录定义为仅是 SicCode 重复，将找到 11 条重复记录。现在，如果将重复记录的定义扩展为 SicCode 和 PostalCode 均重复，那么只会找到两个重复项，即 PostalCode 77032 和 77040 存在重复。最后，如果将重复记录定义为 SicCode、PostalCode 和 CompanyNumber 的唯一值重复，将不会找到任何重复项。

该示例说明，有两条记录在某一列中具有相同的值，并不一定表示重复记录。完全由用户来确定哪个字段或哪个字段组合可以最好地定义数据集中的唯一记录。

明确了哪个字段或哪些字段构成表中的唯一记录后，可轻松地测试表是否存在重复记录，只需要尝试将它们设置为主键或组合键。为说明这种测试，请在设计视图中打开 LeadList 表，然后将 CompanyNumber 字段标记为主键。如果尝试保存此更改，将显示如图 11.2 所示的错误消息。该消息表示数据集中存在一些重复记录需要处理。

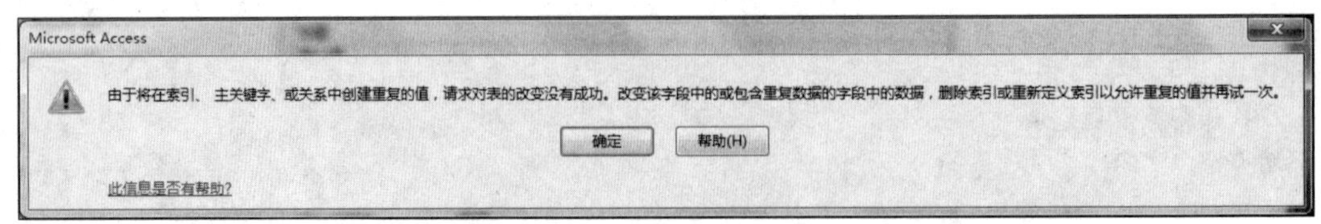

图 11.2　如果在尝试设置主键时遇到该错误消息，说明数据集中存在重复记录

交叉参考：

有关设计表的内容参见第 3 章。

11.1.2　查找重复记录

如果确定数据集确实包含重复记录，一般情况下，最好先找出并检查重复记录，再将其删除。彻底检查记录可以确保，不会将记录错误地当成重复记录，并将其从分析中删除。如果发现误将有效记录确定为重复项，就需要在构成唯一记录的定义中包含另一个字段。

要在数据集中查找重复记录，最简单的方法是运行“查找重复项查询向导”，步骤如下：

(1) **选择功能区的“创建”选项卡，然后单击“查询向导”按钮**。此时将显示“新建查询”对话框，如图 11.3 所示。

(2) **选择“查找重复项查询向导”，然后单击“确定”按钮**。

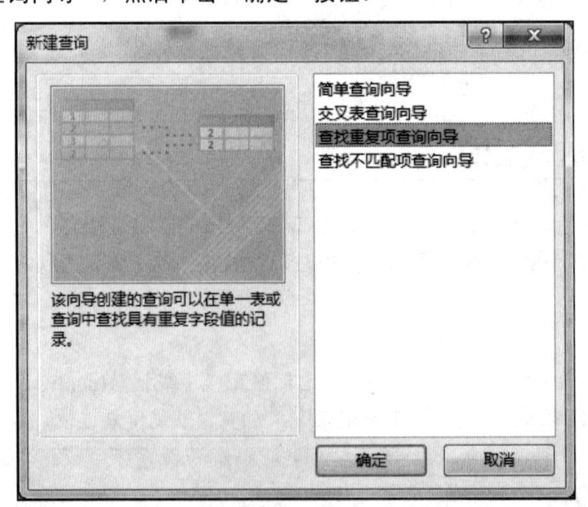

图 11.3　选择“查找重复项查询向导”，然后单击“确定”按钮

(3) **选择要在查找重复项查询中使用的特定数据集(参见图 11.4)**，然后单击“下一步”按钮。

(4) **确定哪个字段或字段组合最适合定义数据集中的唯一记录，然后单击“下一步”按钮**。在如图 11.5 所示的示例中，仅通过 CompanyNumber 字段来定义唯一记录。

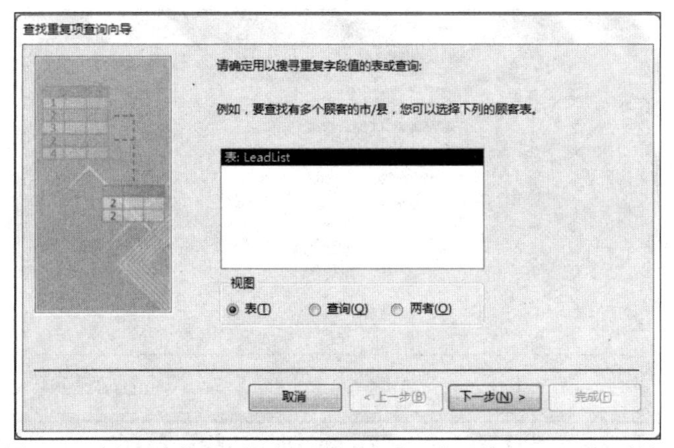

图 11.4　选择要在其中查找重复项的数据集，然后单击“下一步”按钮

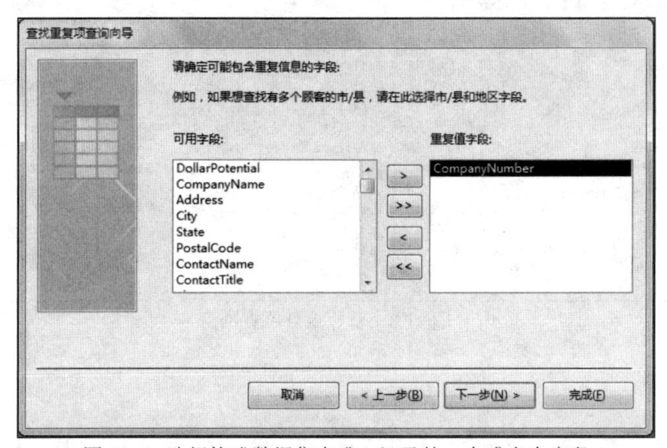

图 11.5　选择构成数据集中唯一记录的一个或多个字段

(5) 选择希望在查询中看到的附加字段(参见图 11.6)，然后单击“下一步”按钮。

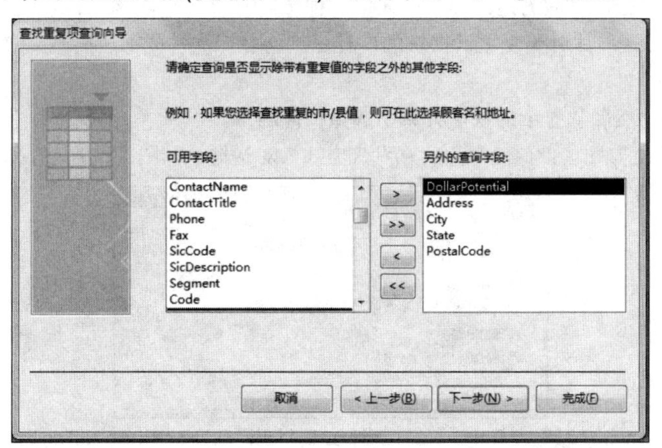

图 11.6　选择希望在查询中看到的一个或多个字段

(6) 为查询命名，然后单击“完成”按钮(参见图 11.7)。新的查找重复项查询将立即打开，以供检查。图 11.8 中显示了生成的查询。现在，Access 已经找到重复的记录，只需要删除重复记录即可删除重复项。

注意：

查找重复项查询中显示的记录不仅是重复内容。其中包括一条唯一记录以及重复记录。例如，在图 11.8 中，请注意，存在四条记录标记为 CompanyNumber 11145186。在这四条记录中，有三条是重复记录，可将其删除，而剩下的一条应该作为唯一记录保留下来。

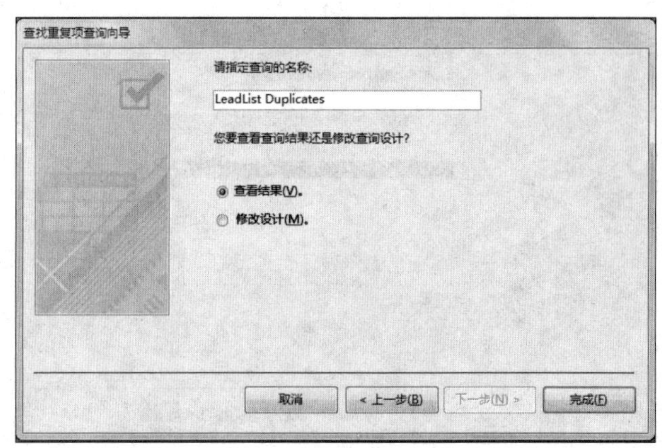

图 11.7　为查询命名，然后单击“完成”按钮

CompanyNumber	DollarPotential	Address	City	State	PostalCode
10625840	¥47,039.00	1100 landirs rd	n little roc	ar	72117
10625840	¥47,039.00	1100 landirs rd	n little roc	ar	72117
11145186	¥60,770.00	5364 iost fwy	houston	tx	77029
11145186	¥60,770.00	5364 iost fwy	houston	tx	77029
11145186	¥60,770.00	5364 iost fwy	houston	tx	77029
11145186	¥60,770.00	5364 iost fwy	houston	tx	77029
11166089	¥60,770.00	6632 biffalo spiidway	houston	tx	77054
11166089	¥60,770.00	6632 biffalo spiidway	houston	tx	77054
11166089	¥60,770.00	6632 biffalo spiidway	houston	tx	77054
11166089	¥60,770.00	6632 biffalo spiidway	houston	tx	77054
11220179	¥60,770.00	40420 tilge rd	houston	tx	77095
11220179	¥60,770.00	40420 tilge rd	houston	tx	77095
11220179	¥60,770.00	40420 tilge rd	houston	tx	77095
11220179	¥60,770.00	40420 tilge rd	houston	tx	77095

图 11.8　查找重复项查询

11.1.3　删除重复记录

如果使用的数据集较小，删除重复项就像手动从查找重复项查询中删除记录一样轻松。但是，如果使用的是大型数据集，查找重复项查询可能会产生大量的重复记录，完全手动删除不切实际。从包含 5000 行的查找重复项查询中手动删除记录会把人累瘫，幸运的是，你可以采用一种替代方法。

这种方法就是利用 Access 针对重复主键提供的内置保护功能一次性删除所有重复项。为了说明这种方法，请执行下面的步骤：

(1) 右击 LeadList 表，然后从显示的快捷菜单中选择“复制”。

(2) 再次右击并选择“粘贴”。 此时将显示“粘贴表方式”对话框，如图 11.9 所示。

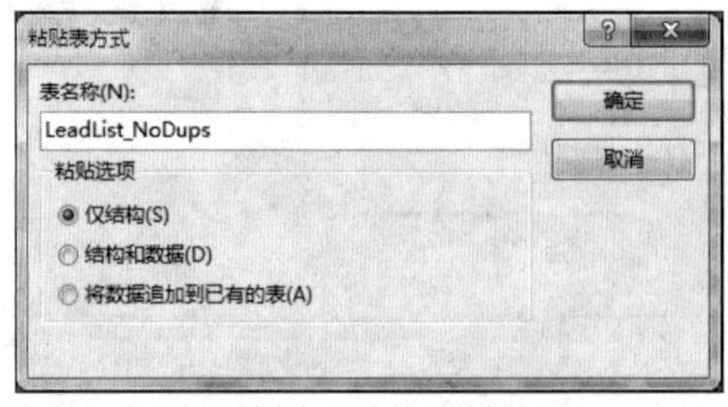

图 11.9　激活“粘贴表方式”对话框将表结构复制到名为 LeadList_NoDups 的新表中

(3) 将新表命名为 LeadList_NoDups，并从“粘贴选项”部分中选择“仅结构”。 此时将创建一个新的与原始表结构相同的空表。

(4) 在设计视图中打开新表 LeadList_NoDups，并将适当的字段或字段组合设置为主键。 完全由用户来确定哪个字段或字段组合最适合定义数据集中的唯一记录。如图 11.10 所示，仅通过 CompanyNumber 字段来定义唯一记录，因此，只有 CompanyNumber 字段将被设置为主键。

这里先暂停一下，检查到目前为止所拥有的对象和设置。此时，应该有 LeadList 表以及 LeadList_NoDups 表。LeadList_NoDups 表是空的，并将 CompanyNumber 字段设置为主键。

字段名称	数据类型
CompanyNumber	短文本
DollarPotential	货币
CompanyName	短文本
Address	短文本
City	短文本
State	短文本
PostalCode	短文本
ContactName	短文本
ContactTitle	短文本
Phone	短文本
Fax	短文本
SicCode	短文本
SicDescription	短文本

图 11.10　将最适合定义唯一记录的一个或多个字段设置为主键

(5) 创建一个追加查询，用于将 LeadList 表中的所有记录追加到 LeadList_NoDups 表。当运行该追加查询时，将显示如图 11.11 所示的消息。

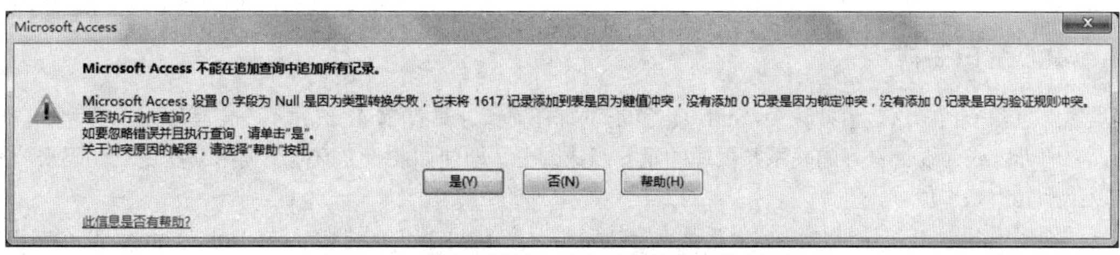

Microsoft Access
Microsoft Access 不能在追加查询中追加所有记录。
Microsoft Access 设置 0 字段为 Null 是因为类型转换失败，它未将 1617 记录添加到表是因为键值冲突，没有添加 0 记录是因为锁定冲突，没有添加 0 记录是因为验证规则冲突。
是否执行动作查询?
如要忽略错误并且执行查询，请单击"是"。
关于冲突原因的解释，请选择"帮助"按钮。
是(Y)
否(N)
帮助(H)
此信息是否有帮助?

图 11.11　现在可以追加排除了重复项的所有记录

交叉参考：

对追加查询不是很熟悉？可以回到前面的第 10 章，深入了解相关内容。

由于 LeadList_NoDups 表中的 CustomerNumber 字段设置为主键，因此，Access 不会允许追加重复的客户编号。仅通过几次单击，就高效创建了一个不包含重复项的表。现在，可使用这个不包含重复项的表作为数据源，来执行任何后续分析！

使用一个生成表查询删除重复项

下面的小窍门允许运行生成表查询来删除重复项，步骤如下：

(1) 选择功能区的“创建”选项卡，然后选择“查询设计”。

(2) 在“显示表”对话框中，选择包含重复项的表。

(3) 把表中的所有字段都添加到查询设计窗格中。

(4) 在“查询工具”|“设计”选项卡上，选择“属性表”命令。此时将显示“属性表”对话框，如图 11.12 所示。

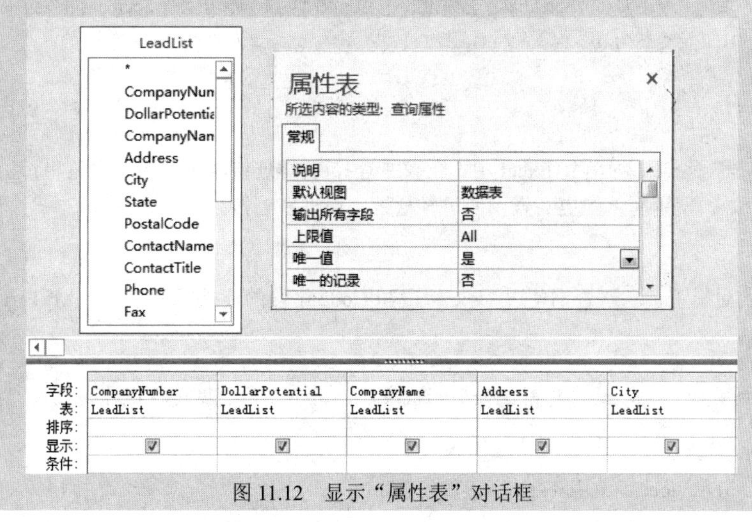

图 11.12　显示“属性表”对话框

在这里，只需要将“唯一值”属性更改为“是”。关闭“属性表”对话框，并将查询类型改为“生成表查询”。

警告：

请注意，Access 不会进行模糊逻辑确定，来查看记录是否可能重复。它会完全按照字面内容处理请求。例如，简单的地址或电话号码输入错误意味着允许在表中包含实际上重复的行。需要始终牢记这一点，在处理需要手动输入数据的文本字段时尤其如此。

11.2 常见的转换任务

除了重复记录以外，我们收到的许多不完善数据集还需要执行其他类型的转换操作。本节介绍需要执行的一些较常见转换任务。

11.2.1 填充空白字段

字段常常包含空值。这些值被认为 Null，也就是没有任何值。具有 Null 值并不一定是坏事。实际上，如果使用得当，它们可以成为设计良好的关系数据库的重要组成部分。即便如此，仍旧需要使用某些逻辑代码来填充空白字段，以指示其中缺少值。

填充数据集中的 Null 字段就像运行更新查询一样简单。在图 11.13 的示例中，将 DollarPotential 字段中的 Null 值更新为 0。

注意，实际上存在两种空值，即 Null 和空字符串("")。填充文本字段的空值时，需要将空字符串作为条件包含在更新查询中，以确保不会遗漏任何字段。在图 11.14 的示例中，将 Segment 字段中的空值更新为 Other。

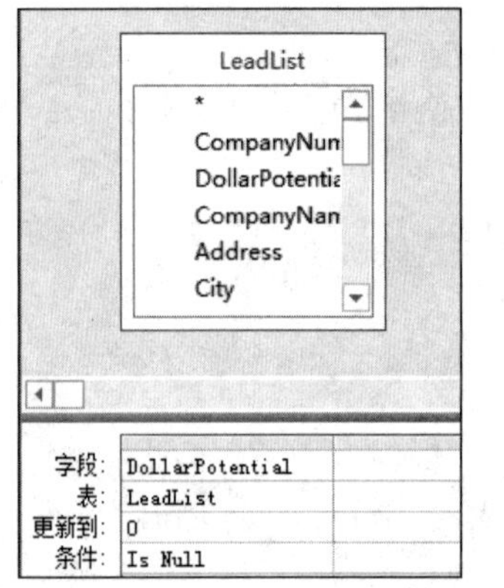

图 11.13 该查询会将 DollarPotential 字段中的 Null 值更新为 0

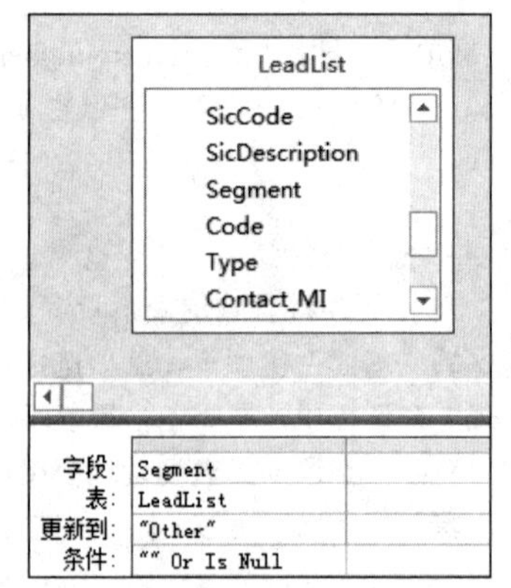

图 11.14 该查询将 Segment 字段中的空值更新为 Other 值

11.2.2 连接

总是有用户将数据从 Access 导出到 Excel 中，仅仅是连接(首尾连接两个或更多字符串)后，便将数据重新导入回 Access。在 Access 中，使用简单的更新查询便可轻松地实现许多连接。

1. 连接字段

查看图 11.15 中的更新查询。该查询使用 Type 字段和 Code 字段的连接行值来更新 MyTest 字段。

提示：

在对实际数据应用更改之前，最好先创建一个测试字段，用于测试数据转换操作的效果。

下面分析以下查询要素：

- [Type]：它会指示 Access 使用 Type 字段的行值。

- &：该符号是将字符串连接到一起的字符运算符。
- [Code]：它会指示 Access 使用 Code 字段的行值。

图 11.16 显示了该查询的结果。

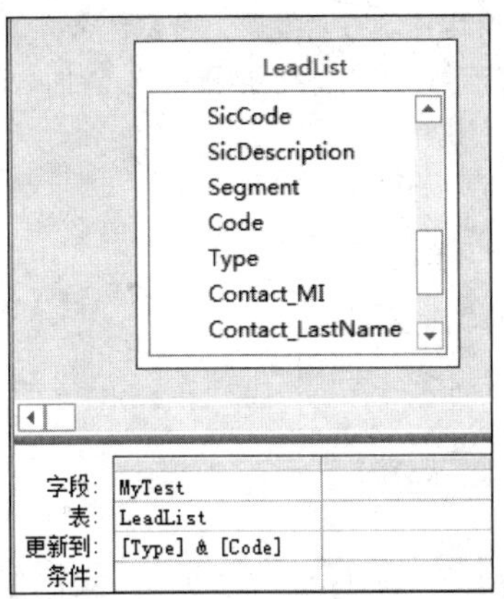

图 11.15　该查询将连接 Type 字段和 Code 字段的行值

Type	Code	MyTest
DB	100199	DB100199
DB	200	DB200
DB	100199	DB100199
DB	100199	DB100199
DB	100199	DB100199
DB	100199	DB100199
DB	100199	DB100199
DB	100199	DB100199
DB	100199	DB100199
DB	100199	DB100199
DB	200	DB200
DB	100199	DB100199

图 11.16　现在，MyTest 字段包含 Type 字段和 Code 字段的连接值

警告：

在运行执行连接的更新查询时，请确保要更新的字段足够大，可以接受连接的字符串。例如，如果连接字符串的长度为 100 个字符，而要更新的字段的大小仅为 50 个字符，那么连接字符串将被截短，不会发出任何警告。

2. 使用自己的文本增加字段值

添加自己的文本可以增加字段中的值。例如，希望连接 Type 字段和 Code 字段的行值，但使用冒号分隔它们。图 11.17 中的查询可实现该操作。

下面分析以下查询要素：

- [Type]：它会指示 Access 使用 Type 字段的行值。
- &：该符号是将字符串连接到一起的字符运算符。
- ": "：该文本向连接字符串中添加一个冒号。
- &：该符号是将字符串连接到一起的字符运算符。
- [Code]：它会指示 Access 使用 Code 字段的行值。

图 11.18 显示了该查询的结果。

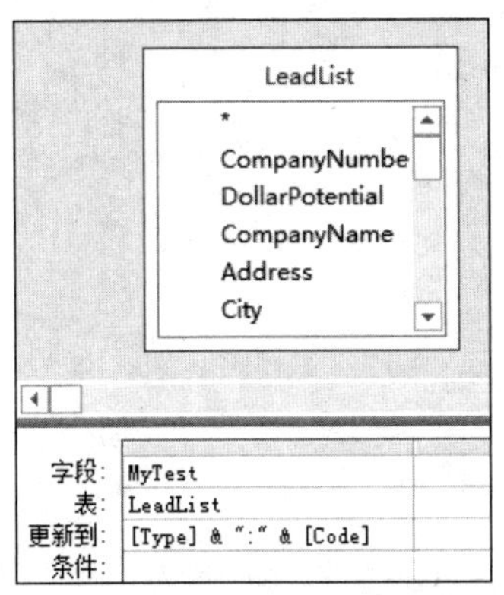

图 11.17　该查询连接 Type 字段和 Code 字段的行值，并使用冒号分隔它们

Type	Code	MyTest
DB	100199	DB:100199
DB	200	DB:200
DB	100199	DB:100199
DB	100199	DB:100199
DB	100199	DB:100199
DB	100199	DB:100199
DB	100199	DB:100199
DB	100199	DB:100199
DB	100199	DB:100199
DB	100199	DB:100199
DB	200	DB:200

图 11.18　现在，MyTest 字段包含 Type 字段和 Code 字段的连接值，两个字段值之间使用冒号隔开

注意：

在查询中指定自己的文本时，必须将该文本用引号括起来。不需要引号就可以连接数值数据。

11.2.3　更改大小写

确保数据库中的文本具有正确的大写形式可能没什么意义，但实际上这非常重要。试想一下，客户表包含一个地址字段，该字段中的所有地址都是小写。如果这些地址显示在标签、套用信函或者发票上会是什么样子？幸运的是，对于处理包含成千上万条记录的表的用户，Access 提供了一些内置函数，可以轻松地更改文本的大小写。

图 11.19 中的 LeadList 表包含一个 Address 字段，其中的地址全部采用小写字母。

Address	City	State	PostalCode
46 gin criaghten w ebrems dr	agawam	ma	01001
426 bewlis rd	agawam	ma	01001
651 sheimekir ln	agawam	ma	01001
44 almgrin dr	agawam	ma	01001
35 mall ln	brimfield	ma	01010
460 fillir rd	chicopee	ma	01020
320 mimeraal dr ste 4	chicopee	ma	01020
4010 shiradan st	chicopee	ma	01022
5046 wistevir rd	chicopee	ma	01022
40 meple st	east longmeadow	ma	01028
242 biich st	holyoke	ma	01040

图 11.19　Address 字段全部采用小写字母

要修复 Address 字段值的大小写问题，可使用 StrConv 函数，该函数可将字符串转换为指定的大小写形式。要使用 StrConv 函数，必须提供两个必需参数，即要转换的字符串和转换类型。

```
StrConv(要转换的字符串, 转换类型,)
```

要转换的字符串就是使用的文本。在查询环境中，可使用某个字段的名称来指定想要转换该字段的所有行值。

转换类型告诉 Access，想要将指定的文本转换为全部大写、全部小写还是适当的大小写形式。可以通过一组常数来标识转换类型，如下所示：

- **转换类型 1**：将指定文本转换为大写字符。
- **转换类型 2**：将指定文本转换为小写字符。
- **转换类型 3**：将指定文本转换为适当的大小写形式。也就是说，每个单词的第一个字母采用大写形式。

例如：

```
StrConv("My Text",1)转换为"MY TEXT"。
StrConv("MY TEXT",2)转换为"my text"。
StrConv("my text",3)转换为"My Text"。
```

图 11.20 中的更新查询将 Address 字段的值转换为适当的大小写形式。

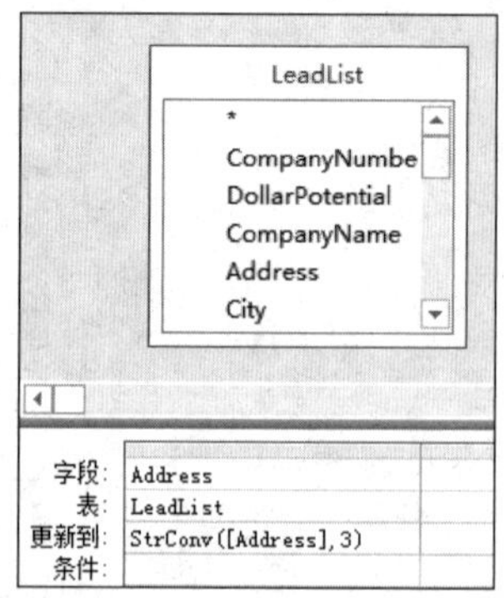

图 11.20　该查询将地址转换为适当的大小写形式

注意：

也可以分别使用 UCase 和 LCase 函数将文本转换为大写和小写文本。这些函数的更多细节请查看 Access 的帮助文件。

11.2.4　删除字符串中的前导空格和尾随空格

当从大型机系统、数据仓库甚至是文本文件中收到数据集时，字段值中包含前导空格和尾随空格的情况并不少见。这些空格可能导致一些异常结果，在将包含前导空格和尾随空格的值追加到其他干净的值时尤其如此。为说明这一点，可查看图 11.21 中的数据集。

该示例是一个聚合查询，用于显示 California、New York 和 Texas 的潜在收入合计。但是，前导空格导致 Access 将每个州分为两组，无法看到准确的合计。

State	DollarPotential之合计
ca	¥26,561,554.00
ny	¥7,483,960.00
tx	¥13,722,782.00
ca	¥12,475,489.00
ny	¥827,563.00
tx	¥7,669,208.00

图 11.21　前导空格导致无法进行准确的聚合

使用 Trim 函数可轻松地删除前导空格和尾随空格。图 11.22 显示了如何使用更新查询来更新字段，以便删除前导空格和尾随空格。

注意：

使用 LTrim 函数只删除前导空格，而使用 RTrim 函数只删除尾随空格。

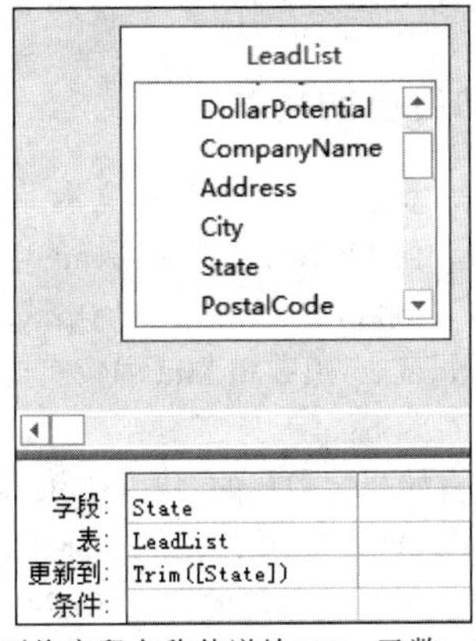

图 11.22　在更新查询中只需要将字段名称传递给 Trim 函数，即可删除前导空格和尾随空格

11.2.5　查找并替换特定文本

假定用户在一家名为 BLVD 的公司工作。有一天，公司的总裁指出，现在所有地址中的“blvd”缩写都侵犯了公司的商标名称，必须尽快改为“Boulevard”。如何满足这项新要求呢？用户首先想到的是使用所有 Office 应用程序中都提供的内置“查找和替换”功能。但是，当数据由数十万行组成时，“查找和替换”功能一次只能处理几千条记录。这样做显然效率不是很高。

这种情况下，Replace 函数是理想之选，其语法如下：

```
Replace(Expression, Find, Replace[, Start[, Count[, Compare]]])
```

Replace 函数包含三个必需参数和三个可选参数，如下所述：

- Expression(必需)：这是所求值的完整字符串。在查询环境中，可使用字段的名称来指定要对该字段的所有行值进行求值。
- Find(必需)：这是需要查找并替换的子字符串。
- Replace(必需)：这是用作替换文本的子字符串。
- Start(可选)：在子字符串中开始搜索的位置，默认值为 1。

- Count(可选)：要替换的字符串出现次数，默认值为全部。
- Compare(可选)：要使用的比较类型。可以指定为二进制比较、文本比较或默认的算法比较。更多细节请查看 Access 的帮助文件。

例如：

```
Replace("Pear", "P", "B")返回"Bear"。
Replace("NowHere", "H", "h")返回"Nowhere"。
Replace("Microsoft Access", "Microsoft ", "")返回"Access"。
Replace("Roadsign Road", "Road", "Rd",9)在第 9 个字符处启动替换功能，返回值为"Roadsign Rd"。
```

图 11.23 显示了如何使用 Replace 函数来满足这种场景的要求。

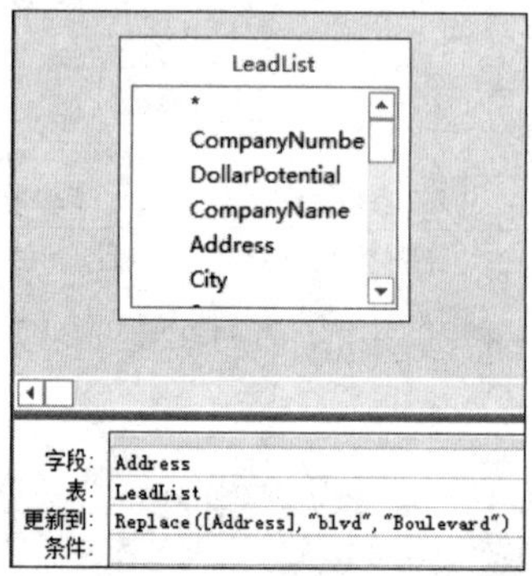

图 11.23　该查询将查找“blvd”的所有实例，并将其替换为“Boulevard”

11.2.6　在字符串中的关键位置添加自己的文本

在转换数据时，有时需要在字符串中的关键位置添加自己的文本。例如，在图 11.24 中，有两个字段。Phone 字段是从大型机报表中接收的原始电话号码，而 MyTest 字段是同样的电话号码，但已转换为标准格式。可以看出，在字符串中适当的位置添加了两个括号以及短划线，得到了正确的格式。

图 11.24 中的编辑是组合使用 Right 函数、Left 函数和 Mid 函数实现的。使用 Right、Left 和 Mid 函数，可以从不同位置开始提取字符串部分，如下所述：

- Left 函数返回从字符串最左侧字符开始指定数量的字符。Left 函数的必需参数是要求值的文本以及要返回的字符数。例如，Left("70056-3504", 5)将返回从最左侧字符开始的五个字符(即 70056)。
- Right函数返回从字符串最右侧字符开始指定数量的字符。Right函数的必需参数是要求值的文本以及要返回的字符数。例如，Right("Microsoft", 4)返回从最右侧字符开始的四个字符(即soft)。
- Mid 函数返回从指定字符位置开始指定数量的字符。Mid 函数的必需参数是准备求值的文本、起始位置以及要返回的字符数。例如，Mid("Lonely", 2, 3)返回字符串中从第二个字符或字符编号 2 开始的三个字符(即 one)。

Phone	MyTest
6025526111	(602)552-6111
1406664640	(140)666-4640
5404362224	(540)436-2224
5302442400	(530)244-2400
1105225600	(110)522-5600
6606415600	(660)641-5600
5431426300	(543)142-6300
5434251100	(543)425-1100
5403155400	(540)315-5400
6066540220	(606)654-0220

图 11.24　在字符串中的关键位置添加适当的字符，将电话号码转换为标准格式

提示：

在 Mid 函数中，如果所使用文本中的字符数少于长度参数，将返回整个文本。例如，Mid("go",1,10000)返回 go。如本章稍后所述，当使用嵌套函数时会出现这种情况。

图 11.25 显示了 MyTest 字段如何更新为格式正确的电话号码。

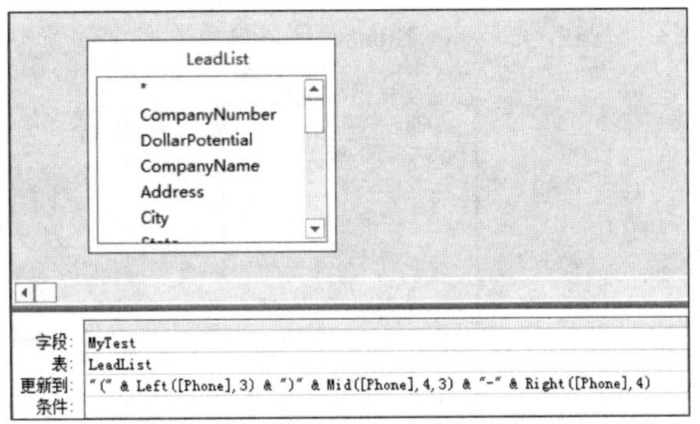

图 11.25　该查询将使用格式正确的电话号码更新 MyTest 字段

下面分析以下查询要素：

- "("：该文本向生成的字符串中添加一个左括号。
- &：该符号是将字符串联接到一起的字符运算符。
- Left([Phone],3)：该函数提取[Phone]字段中从左数的三个字符。
- &：该符号是将字符串联接到一起的字符运算符。
- ")"：该文本向生成的字符串中添加一个右括号。
- &：该符号是将字符串联接到一起的字符运算符。
- Mid([Phone],4,3)：该函数将提取[Phone]字段中从字符编号 4 开始的三个字符。
- &：该符号是将字符串联接到一起的字符运算符。
- "-"：该文本向生成的字符串中添加一个短划线。
- &：该符号是将字符串联接到一起的字符运算符。
- Right([Phone],4)：该函数提取[Phone]字段中从右数的四个字符。

为字符串填充特定数量的字符

有时键字段需要包含特定数量的字符，以便数据可与外围平台(例如 ADP 工资系统或 SAP 数据库)交互。

例如，假定 CompanyNumber 字段长度必须为 10 个字符。对于长度不是 10 个字符的字段值，必须填充足够的前导 0，使其成为包含 10 个字符的字符串。

注意，数字字段(Number 数据类型的字段)不能包含填充 0，因为 Access 会自动将其删除。如果需要某个数字字符串包含填充 0，必须将该字段设置为 Short Text 数据类型。

该操作的一个小窍门是向每个公司编号中添加十个 0，而不管其当前长度是多少，然后将它们传递到 Right 函数，使用该函数仅提取从右侧数的 10 个字符。例如，对于公司编号 29875764，首先将其转换为 000000000029875764，然后将其传递到 Right 函数，仅提取从右侧数的十个字符：Right("000000000029875764",10)。最终结果是 0029875764。

尽管上述操作在本质上包含两个步骤，但仅使用一个更新查询也可以完成。图 11.26 显示了后一种方法的实现过程。该查询首先将每个公司编号与 0000000000 连接，然后将该连接字符串传递到 Right 函数，由该函数提取从右侧数的 10 个字符。

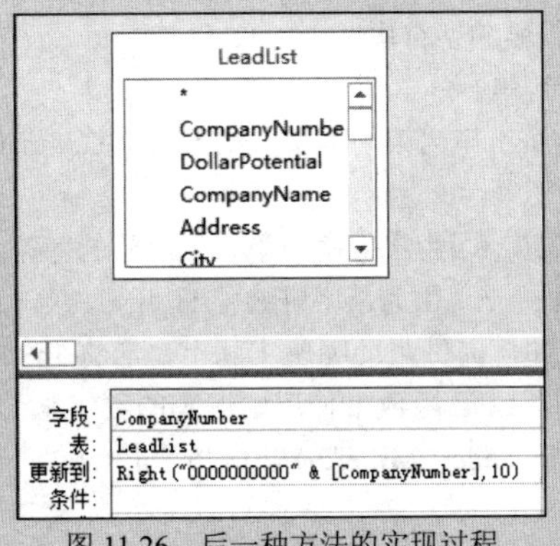

图 11.26　后一种方法的实现过程

图 11.27 显示了该查询的结果。现在，CompanyNumber 字段包含由 10 个字符构成的公司编号。

CompanyNumber
0000000113
0013792992
0014280866
0000000630
0000002298
0000003082
0000003128
0019641288
0000003909
0000004758
0013972608

图 11.27　查询的结果

11.2.7　使用字符标记分解字符串

有时，数据集中两个或更多截然不同的数据堆积在一个字段中，并使用逗号分隔。例如，在图 11.28 中，ContactName 字段中的值是表示“Last name, First name, Middle initial”的字符串。需要将该字符串分解为三个单独的字段。

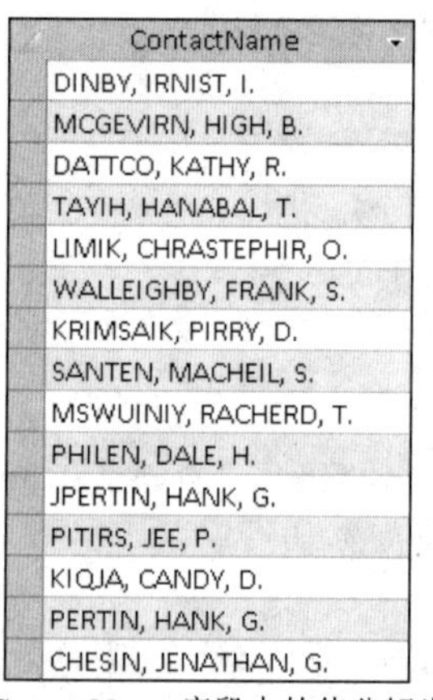

ContactName
DINBY, IRNIST, I.
MCGEVIRN, HIGH, B.
DATTCO, KATHY, R.
TAYIH, HANABAL, T.
LIMIK, CHRASTEPHIR, O.
WALLEIGHBY, FRANK, S.
KRIMSAIK, PIRRY, D.
SANTEN, MACHEIL, S.
MSWUINIY, RACHERD, T.
PHILEN, DALE, H.
JPERTIN, HANK, G.
PITIRS, JEE, P.
KIQJA, CANDY, D.
PERTIN, HANK, G.
CHESIN, JENATHAN, G.

图 11.28　需要将 ContactName 字段中的值分解为三个单独的字段

尽管这不是一项直截了当的任务，但借助 InStr 函数可以轻松地完成，该函数的语法如下：

```
InStr(Start, String, Find, Compare)
```

InStr 函数会在另一个字符串中搜索指定的字符串，并返回其位置编号。InStr 函数包含两个必需参数以及两个可选参数，如下所述：

- **Start (可选)**：这是开始搜索的位置的字符编号，默认值为 1。
- **String (必需)**：这是要在其中搜索的字符串。
- **Find (必需)**：这是要查找的字符串。
- **Compare (可选)**：该参数指定字符串比较的类型。如果指定 Compare 参数，Start 参数将不再是可选参数。

例如：

InStr("Alexander, Mike, H",",")返回 10，因为字符串中第一个逗号的字符编号为 10。

InStr(11,"Alexander, Mike, H",",")返回 16，因为从字符编号 11 开始的第一个逗号的字符编号是 16。

如果 InStr 函数仅返回一个数字，如何提供帮助呢？实际上，应将 InStr 函数与 Left、Right 或 Mid 函数结合使用，以便提取字符串。例如，不必在 Left 函数中使用硬编码的数字来传递必需的长度参数，而可使用嵌套的 InStr 函数返回该数字。例如，Left("Alexander, Mike",9)与 Left("Alexander, Mike", Instr("Alexander, Mike", ",")-1)的结果相同。

注意：

在 Left、Right 或 Mid 函数中嵌套 InStr 函数时，可能需要添加或减少字符，具体取决于想要实现的操作。例如，Left("Zey, Robert", InStr("Zey, Robert", ","))返回"Zey,"。为什么要在返回的结果中包含逗号？InStr 函数返回 4，因为字符串中的第一个逗号是第四个字符。然后，Left 函数使用这个返回值 4 作为长度参数，因此，实际上提取的是从左侧数的四个字符，也就是"Zey,"。

如果想要进行不包含逗号的干净提取，必须将函数修改为以下形式：

```
Left("Zey, Robert", InStr("Zey, Robert", ",")-1)
```

从 InStr 函数的结果中减去 1 得到 3，而不是 4。之后，Left 函数使用 3 作为长度参数，因此，实际上提取的是从左侧数的三个字符，也就是"Zey"。

要分解图 11.29 中的联系人姓名字段，最简单的方法是使用两个更新查询。

警告：

这一过程需要一定的技巧，因此，应创建和使用一些测试字段，以便在出错时返回到出错前的状态。

1. 查询 1

图 11.29 中的第一个查询分解出 ContactName 字段中的姓氏，并更新 Contact_LastName 字段。然后，它使用剩余的字符串更新 Contact_FirstName 字段。

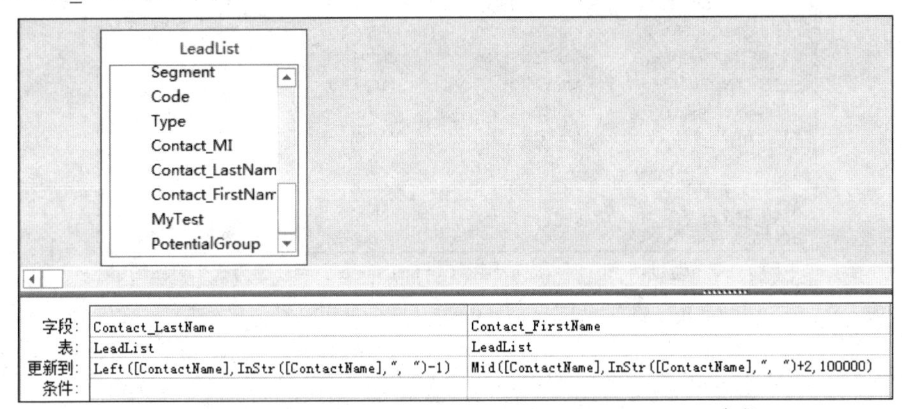

图 11.29　该查询更新 Contact_LastName 和 Contact_FirstName 字段

如果打开 LeadList 表，可以看到第一个更新查询的效果。图 11.30 显示了目前的进度。

Contact_LastName	Contact_FirstName
DINBY	IRNIST, I.
MCGEVIRN	HIGH, B.
DATTCO	KATHY, R.
TAYIH	HANABAL, T.
LIMIK	CHRASTEPHIR, O.
WALLEIGHBY	FRANK, S.
KRIMSAIK	PIRRY, D.
SANTEN	MACHEIL, S.
MSWUINIY	RACHERD, T.
PHILEN	DALE, H.
JPERTIN	HANK, G.
PITIRS	JEE, P.
KIQJA	CANDY, D.
PERTIN	HANK, G.
CHESIN	JENATHAN, G.

图 11.30　检查目前的进度

2. 查询 2

图 11.31 中的第二个查询更新 Contact_FirstName 字段和 Contact_MI 字段。

运行第二个查询后，可打开对应的表查看结果，如图 11.32 所示。

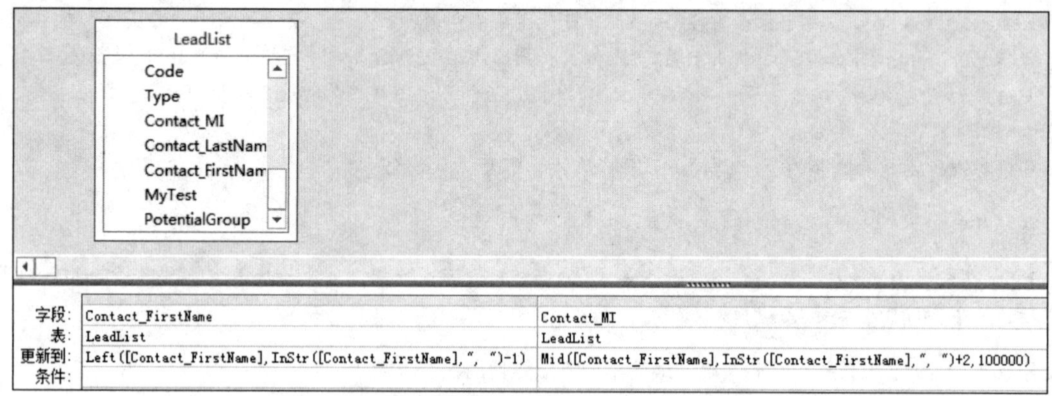

图 11.31　该查询从 Contact_FirstName 字段中分解出名字和中间名首字母缩写

ContactName	Contact_LastName	Contact_FirstName	Contact_MI
DINBY, IRNIST, I.	DINBY	IRNIST	I.
MCGEVIRN, HIGH, B.	MCGEVIRN	HIGH	B.
DATTCO, KATHY, R.	DATTCO	KATHY	R.
TAYIH, HANABAL, T.	TAYIH	HANABAL	T.
LIMIK, CHRASTEPHIR, O.	LIMIK	CHRASTEPHIR	O.
WALLEIGHBY, FRANK, S.	WALLEIGHBY	FRANK	S.
KRIMSAIK, PIRRY, D.	KRIMSAIK	PIRRY	D.
SANTEN, MACHEIL, S.	SANTEN	MACHEIL	S.
MSWUINIY, RACHERD, T.	MSWUINIY	RACHERD	T.
PHILEN, DALE, H.	PHILEN	DALE	H.
JPERTIN, HANK, G.	JPERTIN	HANK	G.
PITIRS, JEE, P.	PITIRS	JEE	P.
KIQJA, CANDY, D.	KIQJA	CANDY	D.
PERTIN, HANK, G.	PERTIN	HANK	G.
CHESIN, JENATHAN, G.	CHESIN	JENATHAN	G.

图 11.32　通过两个查询，成功地将 ContactName 字段分解为三个单独的字段

第12章

使用计算和日期

本章内容：

- 在分析中使用计算
- 在分析中使用日期

在实际生活中，几乎没有任何组织只按表面情况分析原始数据。大多数情况下，在执行大规模分析前，必须先使用计算和日期执行一些初步分析。如本章所述，Access 提供了大量工具和内置函数，以使用计算和日期。

Web 内容

本章中练习的初始数据库为 Chapter12.accdb，可从本书对应的 Web 站点下载。使用示例数据库时，可以打开图中所示的查询。某些查询看起来可能不同于此处显示的屏幕截图。不必担心，由于内置的查询优化器，Access 有时会重新调整条件和表达式。查询优化器的任务是以最快且成本效益最高的方式构建查询。

12.1 在分析中使用计算

如果 Excel 用户尝试了解 Access，那么一定会有这样的问题：“公式都去哪儿了？”在 Excel 中，可以灵活地通过公式将计算直接输入到所分析的数据集中。但在 Access 中无法这样做。那么问题就来了，“在 Access 中，计算存储在哪里？”

如前所述，Access 的工作原理与 Excel 有所不同。在数据库环境中工作时，最好将数据与分析分开。从这种意义上讲，无法将计算(公式)存储在数据集中。现在，可将计算的结果存储在表中，但使用表存储计算的结果存在一定的问题，原因如下：

- 存储的计算会占用宝贵的存储空间。
- 在表中的数据发生更改时，需要持续不断地维护存储的计算。
- 一般情况下，存储的计算会将数据绑定到一条分析途径。

建议不要将计算结果存储为硬数据，更好的做法是实时执行计算，也就是仅在需要时才执行。这样可以确保获得最新、最准确的结果，不会将数据绑定到某个特定的分析。

12.1.1 常见的计算场景

在 Access 中，使用表达式来执行计算。表达式由值、运算符或函数组成，可以对其求值，返回单个值，并在后续过程中使用该值。例如，2+2 是一个表达式，它返回整数 4，该值可在后续分析中使用。在 Access 中，几乎可在任何对象中使用表达式来实现各种任务，包括查询、窗体、报表、数据访问页面，在一定程度上甚至可以在表中使用。本节了解如何使用表达式构建实时计算，来扩展分析。

1. 在计算中使用常量

通常情况下，绝大多数计算都包含硬编码的数字或常量。常量是一个静态值，不会变化。例如，在表达式 [List_Price]*1.1 中，1.1 就是一个常量，值 1.1 永远也不会变化。图 12.1 说明了如何在查询内的表达式中使用常量。

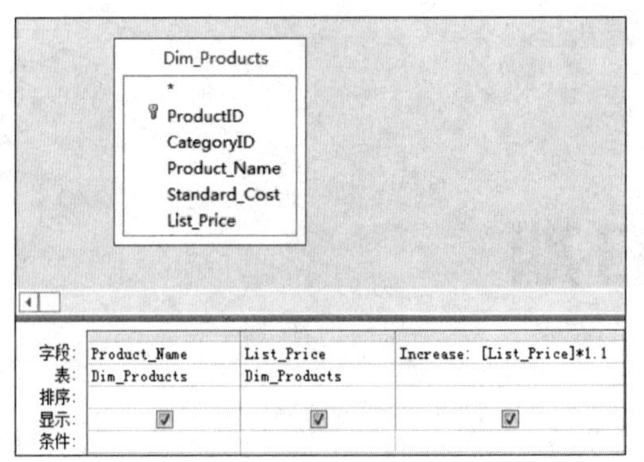

图 12.1　在该查询中，使用一个常量来计算 10%的价格增长

在该例中构建了一个查询，用于分析每种产品的当前价格与提升 10%后的价格的对比情况。在别名 Increase 下输入的表达式会将每条记录的 List_Price 字段乘以常量值 1.1，计算出在 List_Price 字段原始值的基础上提高 10%后的价格。

2. 在计算中使用字段

并非所有计算都要求指定常量。实际上，要完成的很多数学运算都针对数据集内的字段中已经存在的数据来执行。可使用数字或货币格式的任何字段来执行计算。

例如，在如图 12.2 所示的查询中，没有使用任何常量。相反，计算将使用数据集的每条记录中的值来执行。这类似于在 Excel 公式中引用单元格值。

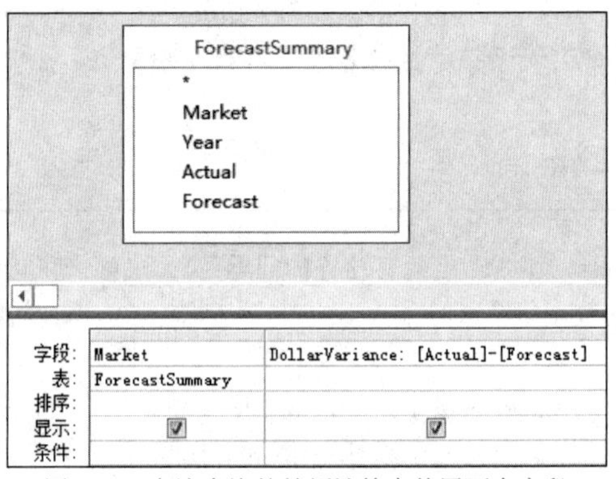

图 12.2　在该查询的差额计算中使用两个字段

3. 在计算中使用聚合结果

使用聚合结果作为计算中的表达式，可在一个查询中执行多个分析步骤。在图 12.3 所示的示例中，运行一个聚合查询。

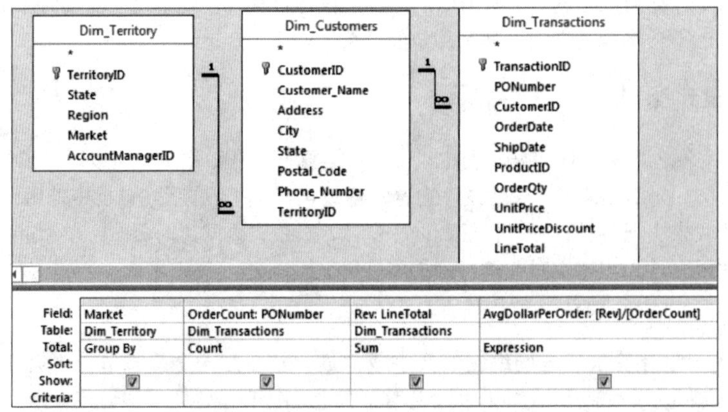

图 12.3　在该查询中，使用每个市场的聚合结果作为计算中的表达式

该查询按以下顺序执行：

(1) 查询按市场对记录进行分组。

(2) 查询计算每个市场的订单数和收入合计。

(3) 查询分别指定已经定义的别名(OrderCount 和 Rev)。

(4) 查询使用每个品牌的聚合结果作为 AvgDollarPerOrder 计算中的表达式。

4. 使用一个计算的结果作为另一个计算中的表达式

请记住，并没有限制每个查询只能使用一个计算。实际上，可以使用一个计算的结果作为另一个计算中的表达式。图 12.4 说明了这个概念。

在该查询中，首先计算调整的预测值，然后在另一个计算中使用该计算的结果，用于返回实际值与调整的预测值的差额。

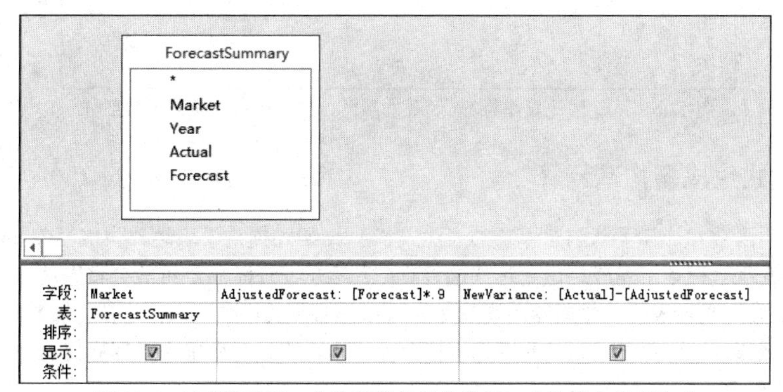

图 12.4　该查询使用一个计算的结果作为另一个计算中的表达式

5. 使用计算作为函数的参数

在如图 12.5 所示的查询中，计算返回一个带有小数的数字。也就是说，该计算返回的数字包含一个小数点，后跟许多尾随数位。但这里希望返回一个约整数，使生成的数据集更便于阅读。

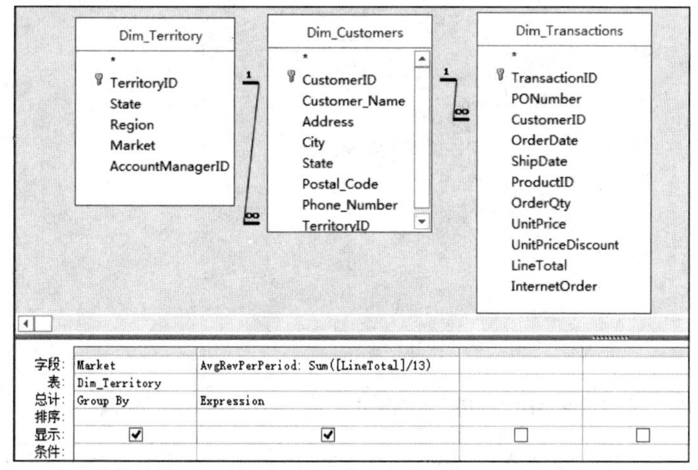

图 12.5　该计算的结果不便于阅读，因为它们都是小数，而且小数点后有很多位数。将结果强制转换为约整数可以使结果更便于阅读

要将计算的结果强制转换为整数，可使用 Int 函数。Int 函数是一个数学函数，它可以删除数字的小数部分，并返回生成的整数。该函数带有一个参数，也就是一个数字。但是，不必将数字硬编码到该函数中，而可以使用计算作为参数。图 12.6 说明了这个概念。

> **注意：**
> 只要函数接受数值作为参数，就可在其中使用生成数值的计算。

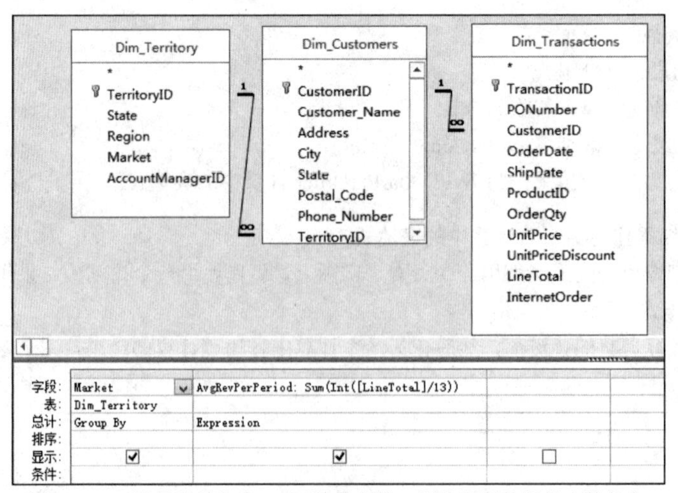

图 12.6　可使用计算作为 Int 函数的参数，删除所得数据的小数部分

12.1.2　使用表达式生成器构造计算

如果不满足于使用函数和计算手动创建复杂的表达式，Access 还提供了表达式生成器(Expression Builder)。表达式生成器允许通过几次鼠标单击完成构造表达式的过程。热衷的 Excel 用户可能会将表达式生成器与 Excel 中的“插入函数向导”关联在一起。表达式生成器的用途是通过选择必需的函数和数据字段，轻松地构建表达式。

要激活表达式生成器，在要包含表达式的查询网格单元格内单击，然后单击鼠标右键，从显示的快捷菜单中选择“生成器”，如图 12.7 所示。

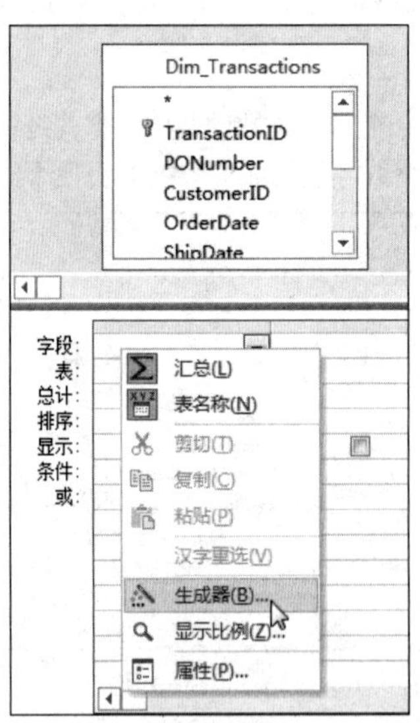

图 12.7　在查询网格的“字段”行内右击，并选择“生成器”，激活表达式生成器

提示：

在任何要编写表达式的位置右击，可激活表达式生成器，包括窗体中的控件属性、报表中的控件属性、表中的字段属性以及查询设计网格中的字段属性。

如图 12.8 所示，表达式生成器有 4 个工作窗格。在上部的窗格中，可以输入表达式。下部的窗格显示可供使用的不同对象。在左下角的窗格中，可使用加号图标显示可用于构建表达式的数据库对象。

双击任何数据库对象可向下钻取到下一级别的对象。例如，通过双击“函数”对象，可钻取到“内置函数”(Build-In Functions)文件夹，该文件夹中包含 Access 中可用的所有函数。图 12.9 中的表达式生成器设置为显示所有可用的数学函数。

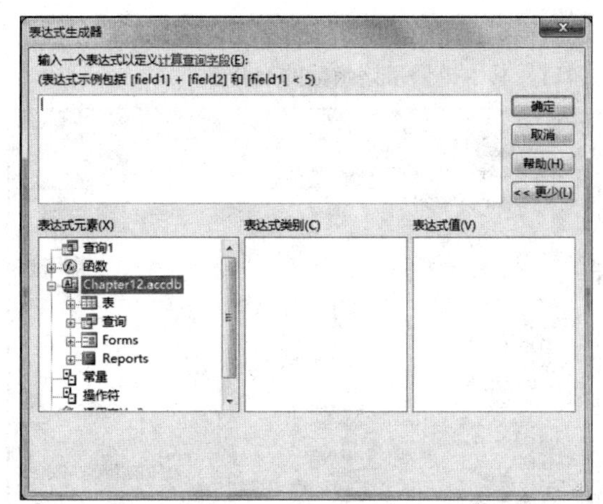

图 12.8　表达式生成器显示可在表达式中使用的任何数据库对象

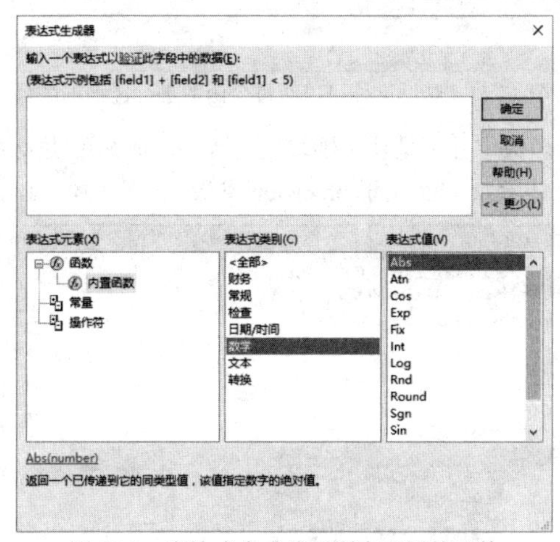

图 12.9　表达式生成显示所有可用的函数

注意：
如果使用的是 2019 以外某个版本的 Access，表达式生成器与图 12.9 略有不同，但基本功能是相同的。

只需要双击所需的函数，Access 会自动在表达式生成器的上部窗格中输入该函数。在图 12.10 所示的示例中，选择的函数是 Round。可以看出，该函数会立即显示在表达式生成器的上部窗格中，Access 会显示使该函数正常工作所需的参数。该例标识了两个参数：number 和 precision。

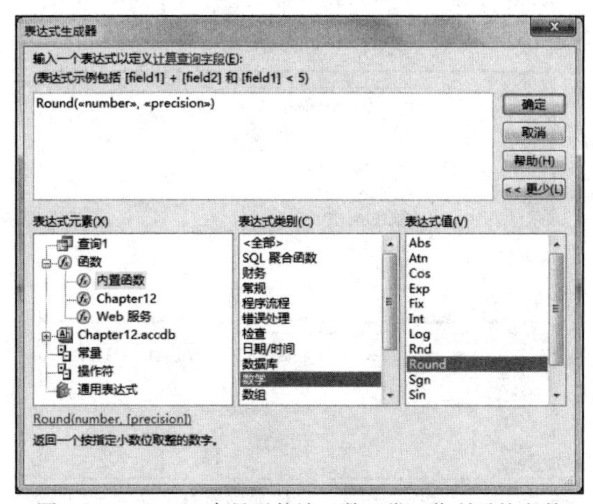

图 12.10　Access 会显示使该函数正常工作所需的参数

如果不知道某个参数的意义是什么，只需要在上部窗格中突出显示该参数，单击对话框底部的超链接(参见图 12.11)。此时将显示“帮助”窗口，其中提供了该函数的解释。

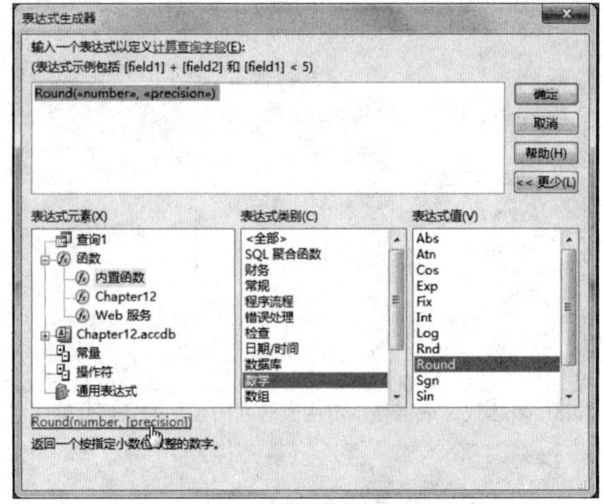

图 12.11　帮助文件可以对每个函数进行详细的解释

如图 12.12 所示，在 Round 函数中并不是使用硬编码的数字，而是使用表达式来返回动态值。该计算用于将[Dim_Transactions]![LineTotal]的合计除以 13。由于 precision 参数是可选的，因此该例中并没有包含该参数。

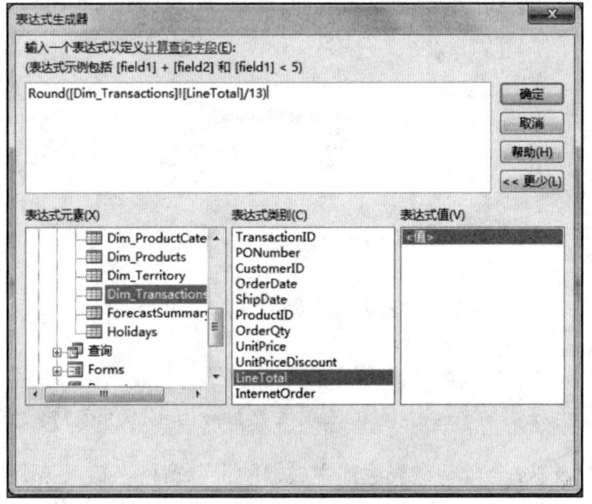

图 12.12　此处的函数对([Dim_Transactions]![LineTotal])/13 计算的结果取整

如果满意新创建的表达式，请单击“确定”按钮将其插入查询网格中。图 12.13 显示，新的表达式添加为一个字段。请注意，新字段有默认别名 Expr1，可将其重命名为其他更有意义的名称。

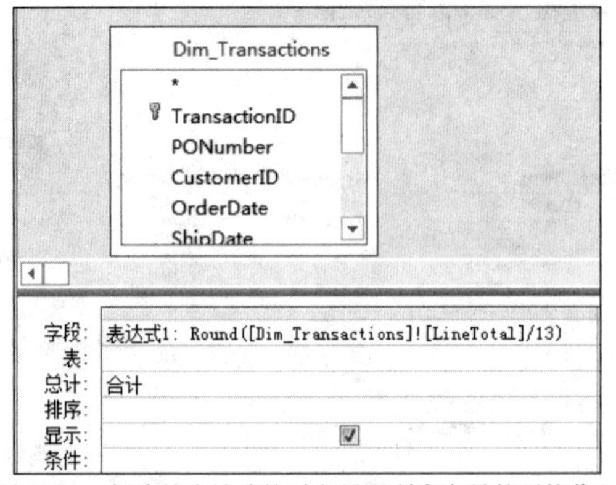

图 12.13　新建的表达式按时段显示所有交易的平均收入

12.1.3　常见的计算错误

不管使用哪种平台来分析数据，在使用计算时，总会有出错的风险。Access 没有魔法，无法防止在分析中出错。但是，可以采取一些基本操作来避免最常见的计算错误。

1. 了解运算符的优先顺序

在当年学习代数时就知道，处理复杂方程式时，需要执行多个数学运算，此时，方程式并不一定按照从左到右的顺序求值。某些运算的优先级要高于其他运算，因此，必须先对这种运算求值。针对运算符的优先顺序，Access 环境也有类似的规则。当使用的表达式和计算中涉及多个运算时，将按照预先确定的顺序对每个运算求值。必须了解 Access 中的运算符优先顺序，这一点非常重要。构建错误的表达式可能导致分析错误。

在 Access 中，运算顺序如下所述：

(1) 求解括号中的项。

(2) 执行求幂运算(^计算指数幂)。

(3) 执行求反运算(-转换为相反的值)。

(4) 按照同样的优先顺序执行乘法运算(*相乘)和除法运算(/相除)。

(5) 按照同样的优先顺序执行加法运算(+相加)和减法运算(−相减)。

(6) 求解字符串连接运算(&)。

(7) 按同样的优先顺序求解比较运算符和模式匹配运算符(>、<、=、<>、>=、<=、Like、Between、Is)。

(8) 按以下顺序求解逻辑运算符：Not、And、Or。

> **注意：**
> 如果两种运算的优先顺序相同，将按照从左到右的顺序执行。

运算顺序如何才能避免分析错误？请考虑下面的基本示例：计算(20+30)*4 的正确答案是 200。但是，如果去掉括号，即变为 20+30*4，此时，Access 会按照以下顺序执行该计算：30*4 = 120，再加上 20，等于 140。运算符优先顺序会强制 Access 先执行乘法运算，再执行加法运算。因此，输入 20+30*4 将提供错误答案。由于 Access 中的运算符优先顺序强制先对括号中的所有运算求值，因此将 20+30 放在括号中，可确保生成正确的答案。

2. 密切关注 Null 值

Null 值表示没有任何值。当 Access 表中的某个数据项为空或者不包含任何信息时，即认为是 Null 值。

如果 Access 遇到一个 Null 值，它并不假定该 Null 值代表 0。相反，它会立即返回一个 Null 值作为答案。为说明这种行为，构建如图 12.14 所示的查询。

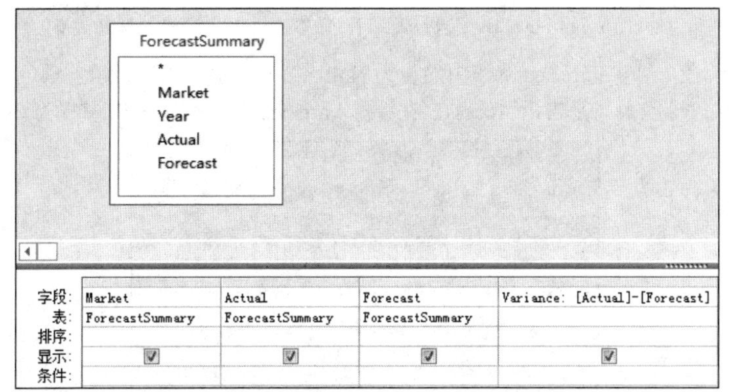

图 12.14　为说明 Null 值如何导致计算错误，在设计视图中构建该查询

运行该查询，将看到如图 12.15 所示的结果。注意第一条记录的差额计算并未显示预期的结果，而显示 Null 值。这是因为该记录的预测值是一个 Null 值。

对照图 12.15，可想象一下 Null 计算错误会对分析造成多大破坏，对于错综复杂的分析过程，破坏尤其严重。此外，Null 计算错误难以确定和修复。

Market	Actual	Forecast	Variance
Baltimore	$8,571.00		
Buffalo	$2,103,749.00	$2,163,175.64	($59,426.64)
California	$3,970,922.40	$3,743,168.24	$227,754.16
CANADA	$1,300,568.10	$1,198,797.92	$101,770.18
Charlotte	$8,586,372.20	$7,969,278.04	$617,094.16
Chicago	$159,293.00	$140,286.23	$19,006.77
Dakotas	$149,198.70	$140,938.93	$8,259.77
Dallas	$2,130,941.40	$2,067,835.02	$63,106.38
Denver	$1,302,986.85	$1,221,948.00	$81,038.85
Florida	$36,117,372.05	$37,622,262.55	($1,504,890.50)
Great Lakes	$614,349.10	$573,346.94	$41,002.16
Kansas City	$950,374.15	$904,571.09	$45,803.06
Knoxville	$17,361.00	$16,564.09	$796.91
New England	$772,343.10	$731,248.87	$41,094.23
Omaha	$744,337.50	$687,854.12	$56,483.38
Phoenix	$1,703,992.80	$1,635,833.09	$68,159.71
Seattle	$156,448.00	$162,705.92	($6,257.92)
Tulsa	$987,686.75	$928,425.55	$59,261.20

图 12.15　如果计算中有任何变量为 Null，那么生成的答案是 Null 值

尽管如此，仍然可以使用 Nz 函数来避免 Null 计算错误，该函数可将遇到的任何 Null 值转换为指定的值，语法如下：

```
Nz(variant, valueifnull)
```

Nz 函数带有两个参数，如下所述：

- *variant*：正在使用的数据
- *valueifnull*：希望在 variant 为 Null 时返回的值

Nz([*MyNumberField*],0)将 MyNumberField 中的 Null 值转换为 0。

在前面的示例中，由于 Forecast 字段存在问题，因此可将 Forecast 字段传递到 Nz 函数。图 12.16 显示了调整后的查询。

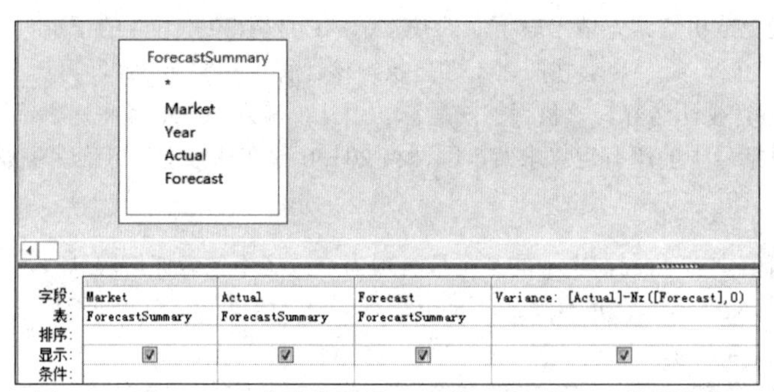

图 12.16　将 Forecast 字段传递到 Nz 函数。以便将 Null 值转换为 0

如图 12.17 所示，现在，尽管 Forecast 字段中的值为 Null，第一条记录仍然显示差额值。请注意，Nz 函数并未在 Null 值中实际添加 0。Nz 函数只是告诉 Access，在计算 Variance 字段时将 Null 值视为 0。

Market	Actual	Forecast	Variance
Baltimore	$8,571.00		$8,571.00
Buffalo	$2,103,749.00	$2,163,175.64	($59,426.64)
California	$3,970,922.40	$3,743,168.24	$227,754.16
CANADA	$1,300,568.10	$1,198,797.92	$101,770.18
Charlotte	$8,586,372.20	$7,969,278.04	$617,094.16
Chicago	$159,293.00	$140,286.23	$19,006.77
Dakotas	$149,198.70	$140,938.93	$8,259.77
Dallas	$2,130,941.40	$2,067,835.02	$63,106.38
Denver	$1,302,986.85	$1,221,948.00	$81,038.85
Florida	$36,117,372.05	$37,622,262.55	($1,504,890.50)
Great Lakes	$614,349.10	$573,346.94	$41,002.16
Kansas City	$950,374.15	$904,571.09	$45,803.06
Knoxville	$17,361.00	$16,564.09	$796.91
New England	$772,343.10	$731,248.87	$41,094.23
Omaha	$744,337.50	$687,854.12	$56,483.38
Phoenix	$1,703,992.80	$1,635,833.09	$68,159.71
Seattle	$156,448.00	$162,705.92	($6,257.92)
Tulsa	$987,686.75	$928,425.55	$59,261.20

图 12.17　现在，第一条记录显示了一个差额值

3. 检查表达式中的语法

计算表达式中的基本语法错误也可能导致出错。请遵循下面的基本准则，以避免错误：

- 如果在计算中使用字段，请用方括号([])将字段名括起来。
- 确保字段名拼写无误。
- 在为计算字段分配别名时，确保不会意外使用要查询的任何表中的字段名。
- 不要在别名中使用非法字符，例如句点(.)、感叹号(!)、方括号([])或逻辑与符号(&)。

12.2　在分析中使用日期

在 Access 中，从 1899 年 12 月 31 日开始的每个日期都存储为一个正序列号。例如，1899 年 12 月 31 日存储为 1，1900 年 1 月 1 日存储为 2，依此类推。这种将日期存储为序列号的系统通常称为 1900 系统，它是所有 Office 应用程序的默认日期系统。可以利用该系统来执行带有日期的计算。

12.2.1　简单的日期计算

图 12.18 显示了一个可针对日期执行的最简单计算。在该查询中，将每个送货日期增加 30。该查询将订单日期加上 30 天，实际返回一个新日期。

警告：

为正确计算，日期必须保存在一个字段中，且必须是日期/时间格式。如果将日期输入文本字段，该日期表面上看起来仍然是日期，但 Access 将其视为字符串。最终结果是，针对该文本格式字段中的日期执行的任何计算都将失败。请确保所有日期都存储在日期/时间格式的字段中。

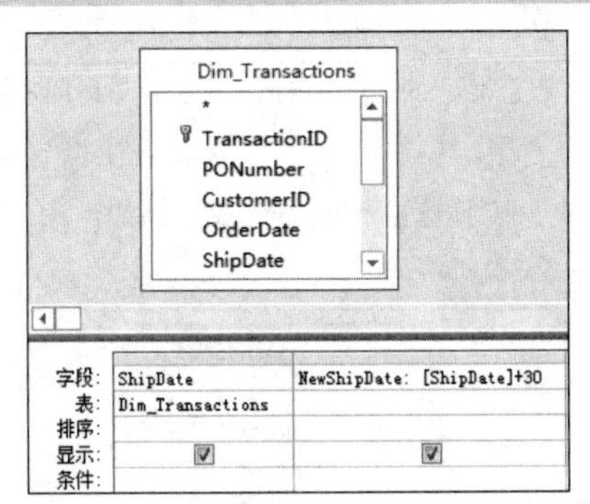

图 12.18　将每个送货日期增加 30，就是创建一个等于送货日期加上 30 天的日期

也可以计算两个日期之间的天数。例如，图 12.19 中的计算在本质上是将一个日期的序列号减去另一个日期的序列号，从而得出这两个日期之间的天数。

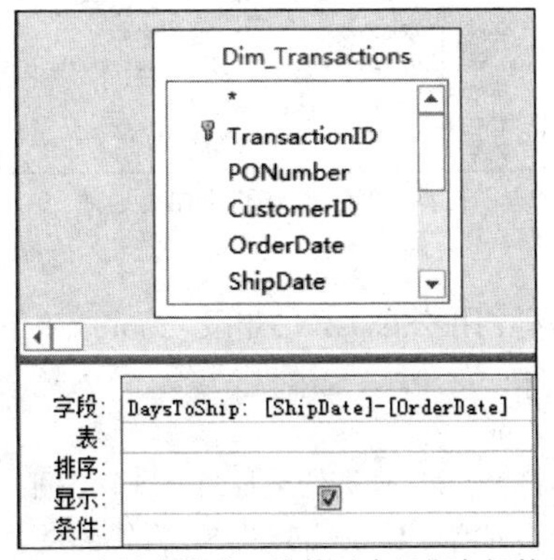

图 12.19　在该查询中，计算两个日期之间的天数

12.2.2　使用函数进行高级分析

Access 2019 提供了 25 个内置的日期/时间函数。其中一些函数几乎不会使用，而另一些在分析中经常使用。本节讨论在日常分析中用到的一些基本日期/时间函数。

1. Date 函数

Date 函数是一个内置的 Access 函数，用于返回当前的系统日期，也就是当天的日期。使用这个通用函数，就再也不需要将当前的日期硬编码到计算中。也就是说，可以创建将当前系统日期用作变量的动态计算，每天提供不同的结果。本节将介绍一些可利用 Date 函数增强分析的方法。

确定今天与过去某个日期之间的天数

假定需要计算过期的应收账款。此时，需要知道当前日期，以便确定应收账款过期了多长时间。当然，可以手动输入当前日期，但这比较麻烦，容易出错。

为说明如何使用 Date 函数，可创建如图 12.20 所示的查询。

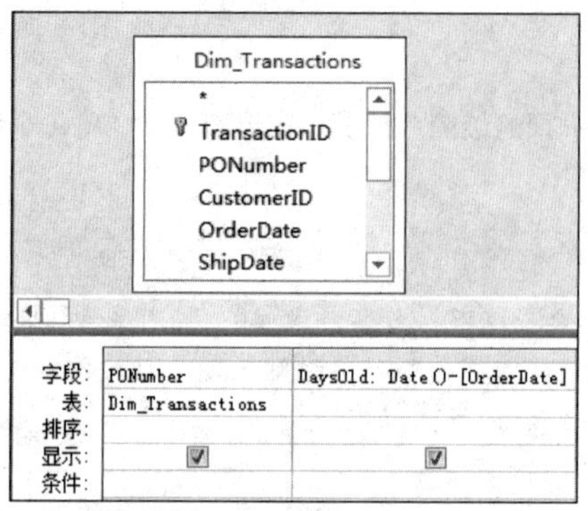

图 12.20　该查询返回今天的日期与每个订单日期之间的天数

在条件表达式中使用 Date 函数

可将 Date 函数包含在条件表达式中，来筛选出相应的记录。例如，图 12.21 中的查询返回订单日期在 90 天之前的所有记录。

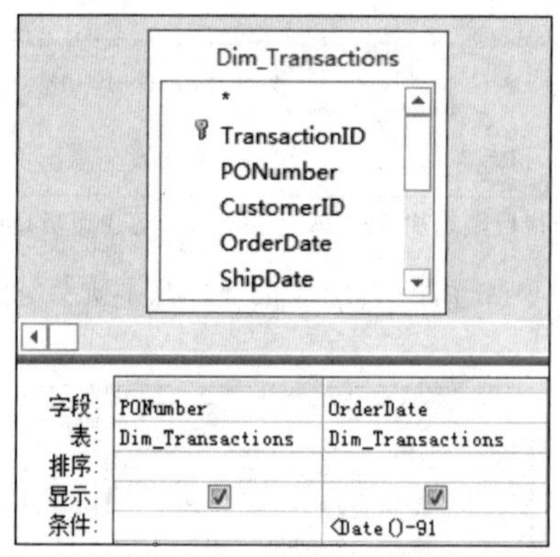

图 12.21　不管今天的日期是什么，该查询始终返回 90 天之前的所有订单

使用 Date 函数计算年数

假定要求提供客户经理的列表以及他们在公司工作的年限。为完成该任务，需要计算今天的日期与每位经理的入职日期之间的差。

首先，需要构建如图 12.22 所示的查询。

当查看如图 12.23 所示的查询结果时，会发现计算结果是两个日期之间的天数，而不是年数。

为纠正该问题，请切换回设计视图，并将计算除以 365.25。为什么要除以 365.25？该数字是考虑闰年的情况下一年的平均天数。图 12.24 显示了这一变化。请注意，现在原始计算括在括号中，以免由于运算符优先顺序而出错。

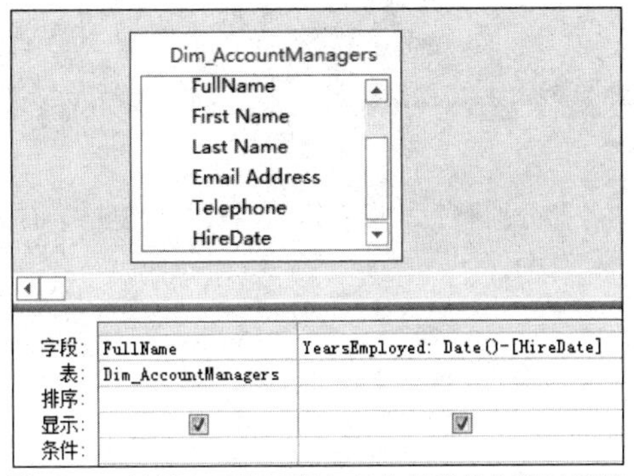

图 12.22　计算今天的日期与每位经理的入职日期差

FullName	YearsEmployed
Ian Harrell	3430
Kirstie Paulson	3396
Megan Winston	3360
Austen Cope	3288
Maleah Menard	3180
Annabel Locklear	3096
Norman Stackhouse	2970
Pauline Mccollum	2914
Martin Stamps	2897
Rosetta Kimbrough	2851
Truman Dubois	2816
Carma Gough	2752

图 12.23　该数据集显示的是天数，而不是年数

查看如图 12.25 所示的结果，证实现在返回的确实是年数。接下来只需要使用 Int 函数去除日期的小数部分。为什么要使用 Int 函数？Int 函数不会将年数向上或向下舍入，只是将数字转换为可以读取的整数。

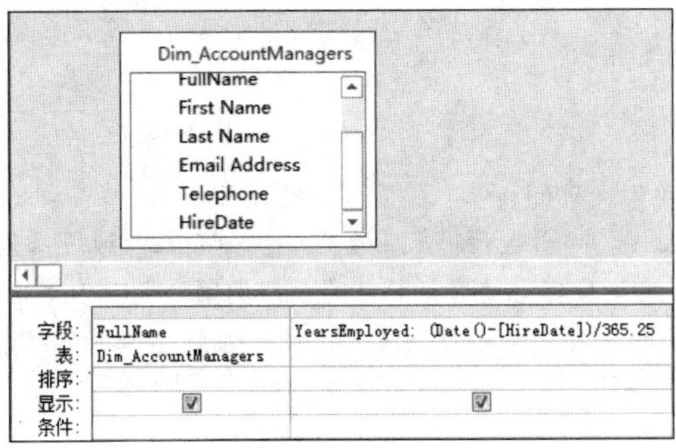

图 12.24　将原始计算除以 365.25，将答案转换为年数

提示：

如果想要舍入年数，只需要将日期计算包含在 Round 函数中。Round 函数详见 Access 帮助文件。

FullName	YearsEmployed
Ian Harrell	9.39082819986311
Kirstie Paulson	9.29774127310062
Megan Winston	9.19917864476386
Austen Cope	9.00205338809035
Maleah Menard	8.70636550308008
Annabel Locklear	8.47638603696099
Norman Stackhouse	8.13141683778234
Pauline Mccollum	7.97809719370294
Martin Stamps	7.9315537303217
Rosetta Kimbrough	7.80561259411362
Truman Dubois	7.709787816564
Carma Gough	7.53456536618754

图 12.25　现在，查询返回年数，但需要去除结果中的小数部分

将计算包含在 Int 函数中，可以确保结果是不包含小数部分的整数年限(参见图 12.26)。

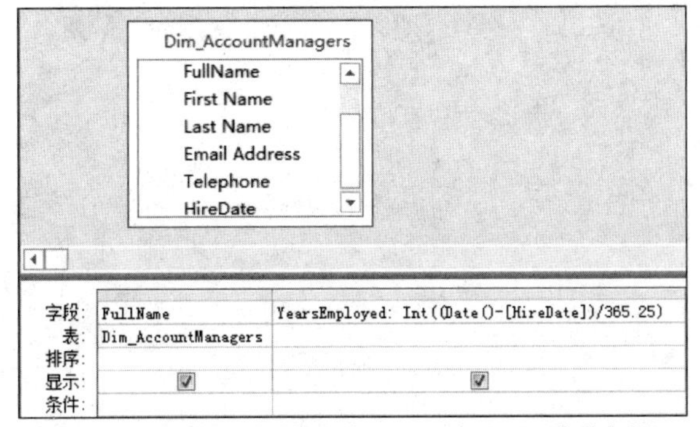

图 12.26　运行该查询返回每位员工在公司工作的年限

提示：

可用同样的方法计算某人的年龄。只需要将入职日期替换为出生日期即可。

2. Year、Month、Day 和 Weekday 函数

Year、Month、Day 和 Weekday 函数用于返回表示日期各部分的整数。所有这些函数都需要一个有效的日期作为参数。例如：

```
Year(#12/31/2019#)返回 2019。
Month(#12/31/2019#)返回 12。
Day(#12/31/2019#)返回 31。
Weekday(#12/31/2019#)返回 4。
```

注意：

本章中的日期对应于美国英语中的日期格式：月/日/年。例如，5/1/2015 表示 2015 年 5 月 1 日，而不是 2015 年 1 月 5 日。如果习惯于采用日/月/年的日期格式，这种日期格式就是不合逻辑的，本书作者在撰写本章时采用的是月/日/年格式。在阅读本章时，读者一定能适应作者的这种表达方式。

注意：

Weekday 函数返回某个日期是一周中的第几天。在 Access 中，一周的各日从星期天开始按照 1 到 7 的顺序编号。因此，如果 Weekday 函数返回 4，那么表示当天是星期三。如果在某地区每周的第一天不是星期天，则可以使用可选的 FirstDayOfWeek 参数。该参数指定将星期几计为一周的第一天。在该参数中输入 1 可将一周的第一天设置为星期天，输入 2 将设置为星期一，输入 3 则设置为星期二，依此类推。如果省略该参数，则默认情况下，一周的第一天设置为星期天。

图 12.27 显示了如何在查询环境中使用这些函数。

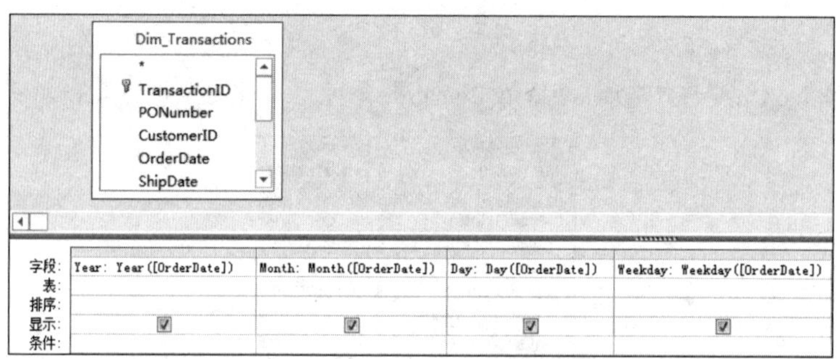

图 12.27　通过 Year、Month、Day 和 Weekday 函数，可以分离出日期的某一部分

仅查询工作日的一种简单方法

假定要求提供产品产生的收入总额，但只包含 2013 日历年中工作日期间产生的收入。工作日定义为周末或假期以外的日期。

为此，首先需要一个列出公司在 2013 年所有假期的表。图 12.28 显示，假期表只是一个字段，其中列出指定为假期的所有日期。

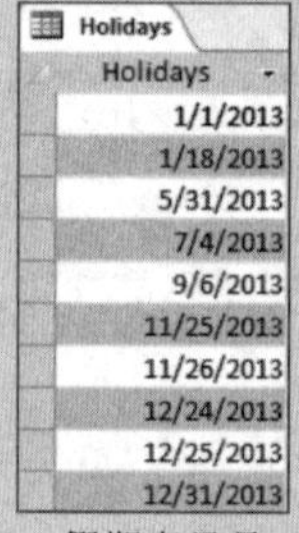

Holidays

Holidays
1/1/2013
1/18/2013
5/31/2013
7/4/2013
9/6/2013
11/25/2013
11/26/2013
12/24/2013
12/25/2013
12/31/2013

图 12.28　假期表只是一个字段

建立了包含公司所有假期的表之后，就可以开始构建该查询了。图 12.29 说明了如何构建可筛选掉非工作日的查询。

下面分析上图中的查询执行哪些操作：

(1) 创建一个从 Dim_Transactions 到 Holidays 的左联接，告诉 Access 需要 Dim_Transactions 中的所有记录。

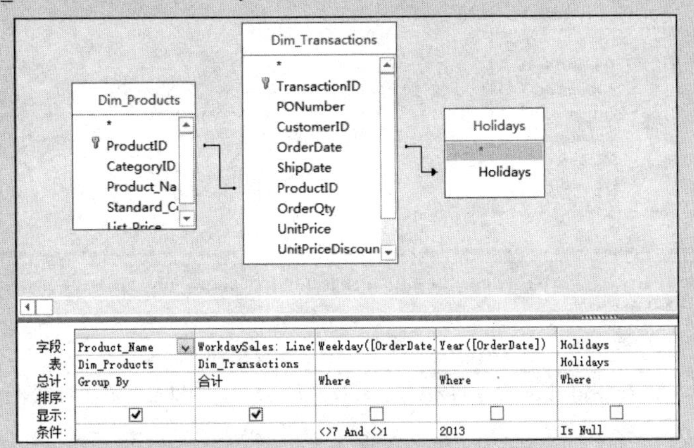

图 12.29　构建可筛选掉非工作日的查询

(2) 然后在 Holidays 下使用 Is Null 条件。该条件会将 Dim_Transactions 限制为仅包含不匹配 Holidays 表中任何假期的那些日期。

(3) 然后使用 Weekday 函数返回 Dim_Transactions 中每个服务日期是一周中的星期几。

(4) 筛选新创建的 Weekday 字段，以筛选掉那些表示星期六和星期天(1 和 7)的日期。

(5) 最后，筛选出订单日期在 2013 年的记录。

3. DateAdd 函数

对很多组织来说，一种常见分析是确定将在哪一天到达某个基准点。例如，绝大多数企业都希望知道订单将在哪一天过期 30 天。此外，应该在哪一天向客户发送警告函？执行上述分析的一种简便方法是使用 DateAdd 函数，返回增加了指定的间隔时间后得到的日期，对应的语法如下：

```
DateAdd(interval, number, date)
```

DateAdd 函数将返回增加了指定的间隔时间后得到的日期。

DateAdd 函数包含三个必需参数：

- interval(必需)：想要使用的时间间隔。可用的间隔如下：
  - “yyyy”：年
  - “q”：季度
  - “m”：月
  - “y”：一年中的天数
  - “d”：日
  - “w”：一周的第几天
  - “ww”：周
  - “h”：小时
  - “n”：分钟
  - “s”：秒
- number(必需)：要增加的间隔数量。正数将返回将来的日期，而负数将返回过去的日期。
- date(必需)：当前使用的日期值。例如：

```
DateAdd("ww",1,#11/30/2019#)返回 12/7/2019。
DateAdd("m",2,#11/30/2019#)返回 1/30/2020。
DateAdd("yyyy",-1,#11/30/2019#)返回 11/30/2018。
```

图 12.30 中的查询说明了如何使用 DateAdd 函数来确定达到特定基准点的准确日期。使用该查询创建两个新字段，分别是 Warning Date 和 Overdue Date。在 Warning Date 字段中使用的 DateAdd 函数返回原始订单日期之后三周的日期。在 Overdue Date 字段中使用的 DateAdd 函数返回原始订单日期之后一个月的日期。

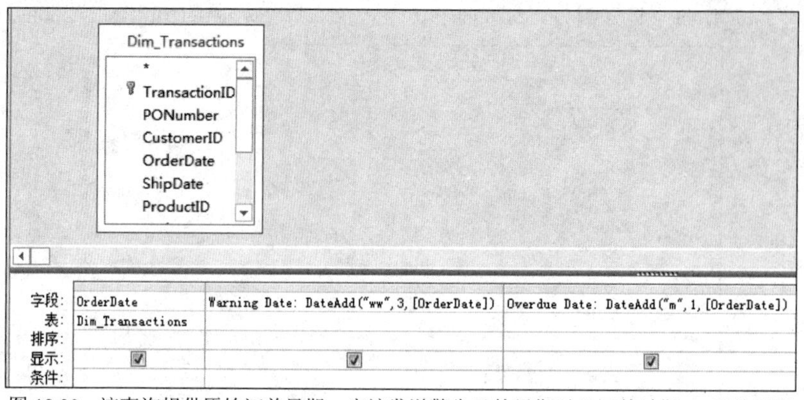

图 12.30　该查询提供原始订单日期、应该发送警告函的日期以及订单过期 30 天的日期

4. 将日期分组为季度

为什么需要将日期分组为季度？绝大多数数据库在存储日期时并不考虑季度。因此，如果想按季度分析数据，必须将日期转换为季度。令人惊讶的是，没有任何日期/时间函数允许将日期分组为季度。不过，Access 提供了 Format 函数。

Format 函数属于文本函数类别，允许根据格式指令将某个变量转换为字符串。从分析日期的角度看，可以给 Format 函数传递多种有效的指令，如下所述：

Format(#01/31/2019#, "yyyy")返回 2019。
Format(#01/31/2019#, "yy")返回 19。
Format(#01/31/2019#, "q")返回 1。
Format(#01/31/2019#, "mmm")返回 Jan。
Format(#01/31/2019#, "mm")返回 01。
Format(#01/31/2019#, "d")返回 31。
Format(#01/31/2019#, "w")返回 5。
Format(#01/31/2019#, "ww")返回 5。

注意：
将日期传递给 Format 函数后，返回的值是一个字符串，不能在后续计算中使用该字符串。

图 12.31 中的查询显示如何将所有订单日期分组为季度，然后对季度进行分组，以获取每个季度的收入合计。

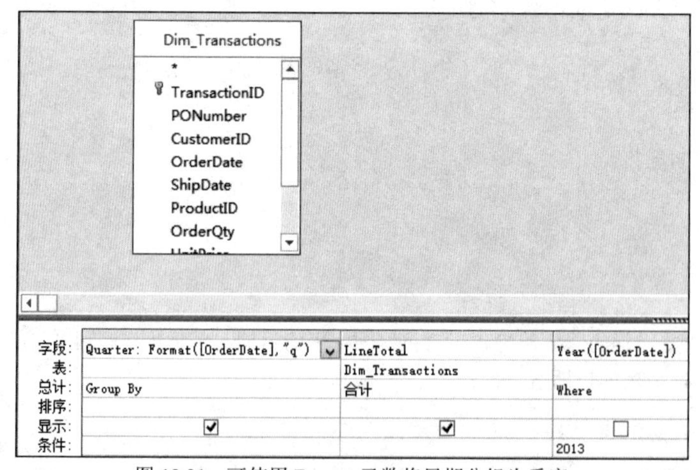

图 12.31　可使用 Format 函数将日期分组为季度

要获得更奇特的效果，可在交叉表查询中插入 Format 函数，使用 Quarter 作为列(请参见图 12.32)。

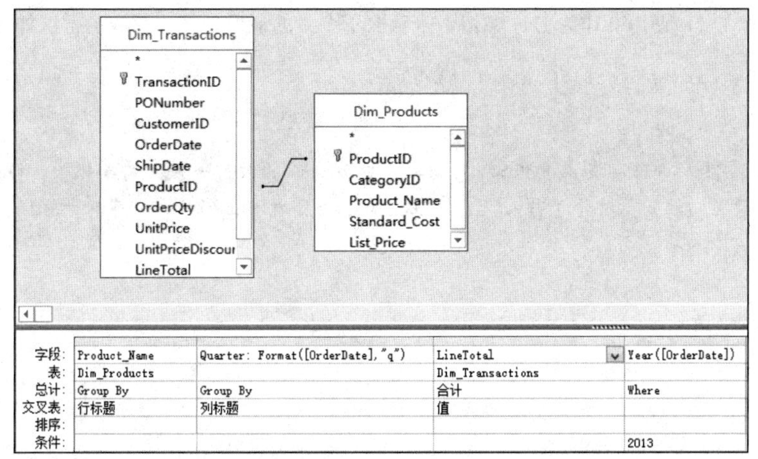

图 12.32　也可在交叉表查询中使用 Format 函数

如图 12.33 所示，通过生成的数据集可以清楚地了解每一季度每种产品的收入情况。

Product_Name	1	2	3	4
Filter Sheets 131/2˝ X 24˝	$11,970.00	$22,548.75	$55,258.00	$29,307.25
Filter Sheets 14˝ X 22˝	$28,284.60	$57,696.10	$190,679.15	$129,965.20
Filter Sheets 161/2˝ X 251/2˝	$3,018.35	$3,402.60	$58,183.40	$63,390.65
Filter Sheets 163/8˝ X 243/8˝	$49,286.10	$101,954.70	$106,431.90	$111,335.50
Food Warmer Pickup Stations 24˝W		$7,901.60	$15,529.50	$9,389.10
Food Warmer Pickup Stations 72˝W	$11,804.00	$18,532.80		
Fry Basket Black Handle		$336.00	$7,469.40	$6,965.40
Fry Basket Yellow Handle			$7,360.00	$11,592.00
Fryer Brush	$3,497.00	$6,325.15	$49,318.10	$143,146.90
Funnel Cake Fryer			$347,907.20	$282,902.80
Garnish Center	$5,376.00	$15,484.50	$8,742.00	$3,450.00

图 12.33　成功地将日期分组为季度

5. DateSerial 函数

DateSerial 函数允许组合给定的年、月和日分量，来构造日期值。该函数非常适于将组合在一起可表示日期的若干分离的字符串转换为真正的日期。该函数的语法如下：

```
DateSerial(Year, Month, Day)
```

DateSerial 函数有三个参数：

- Year(必需)：100 到 9999 范围内的任何数字或数值表达式
- Month(必需)：任何数字或数值表达式
- Day(必需)：任何数字或数值表达式

例如，下面的语句返回 April 3, 2019：

```
DateSerial(2019, 4, 3)
```

那么，这有什么帮助呢？现在可在 DateSerial 函数中对表达式执行计算，对函数语法进行一些调整。请考虑下面的操作：

- 从当前月份减去 1，使用 1 作为 Day 参数，来获取上个月的第一天。对应的语法如下：

  ```
  DateSerial(Year(Date()), Month(Date()) - 1, 1)
  ```

- 将当前月份增加 1，使用 1 作为 Day 参数，来获取下个月的第一天。对应的语法如下：

  ```
  DateSerial(Year(Date()), Month(Date()) + 1, 1)
  ```

- 将当前月份增加 1，使用 0 作为 Day 参数，来获取本月的最后一天。对应的语法如下：

```
DateSerial(Year(Date()), Month(Date())+1, 0)
```

- 将当前月份增加 2，使用 0 作为 Day 参数，来获取下个月的最后一天。对应的语法如下：

```
DateSerial(Year(Date()), Month(Date()) +2, 0)
```

提示：

将 0 传递给 Day 参数，将自动提供 DateSerial 函数中指定月份的最后一天。需要指出，DateSerial 函数非常智能，可以处理跨年的情况。例如，对于 1 月，Month(Date())-1 仍可返回正确结果；而对于 12 月，Month(Date()) + 1 也可返回正确结果。

第13章

执行条件分析

本章内容：

- 使用参数查询
- 使用条件函数
- 比较IIf函数与Switch函数

前面的分析都直接明了。我们构建查询、添加一些条件、添加计算、保存查询，然后根据需要运行查询。但是，如果控制分析的条件经常变化，或者分析过程取决于是否满足特定条件，会发生什么情况？这种情况下，可以使用条件分析，这种分析的输出取决于一组预定义的条件。除了VBA和宏以外，还有很多工具和函数可用于构建条件分析，包括参数查询、IIf函数以及Switch函数。

本章了解到这些工具和函数如何帮助节省时间、组织分析过程以及增强分析。

Web内容

本章中练习的初始数据库为Chapter13.accdb，可从本书对应的Web站点下载。

13.1 使用参数查询

在构建分析过程时，预知可能需要的每种条件组合通常是非常困难的。此时，参数查询可提供帮助。

参数查询(parameter query)是一种交互式查询，在查询运行之前提示输入条件。当需要在每次运行时使用不同的条件向查询提出不同的问题时，参数查询就非常有用。为了充分理解参数查询如何提供帮助，需要构建如图13.1所示的查询。使用该查询，可查看在201205系统期间内记录的所有采购订单。

尽管该查询可提供所需的数据，但问题在于，系统期间的条件被硬编码为201205。这意味着，如果想要分析其他期间的收入，就不得不重新构建该查询。使用参数查询允许创建条件分析(该分析基于在每次运行查询时指定的变量)。要创建参数查询，只需要将硬编码的条件替换为括在方括号([])中的文本，如图13.1所示。

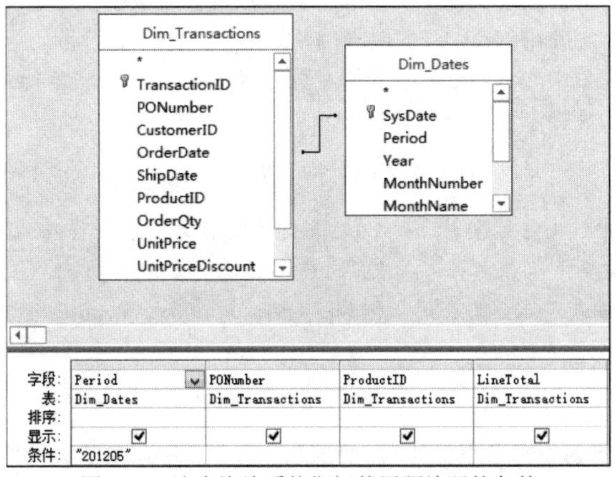

图13.1 该查询给系统期间使用硬编码的条件

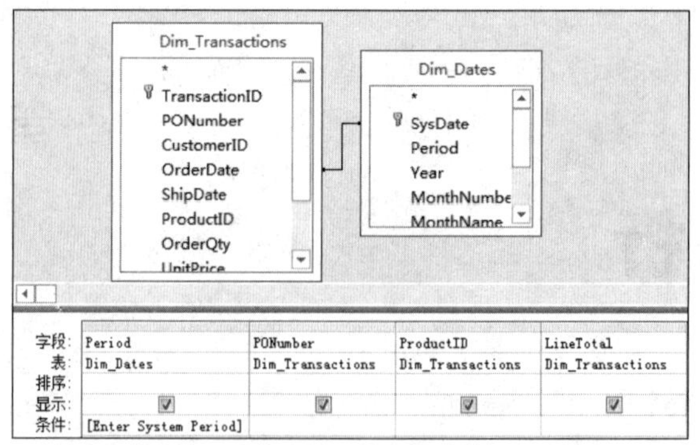

图 13.2　要创建参数查询，请将硬编码的条件替换为括在方括号([])中的文本

运行参数查询会打开“输入参数值”对话框，并要求输入变量。请注意，在参数的方括号中输入的文本将显示在该对话框中。此时，只需要输入参数，如图 13.3 所示。

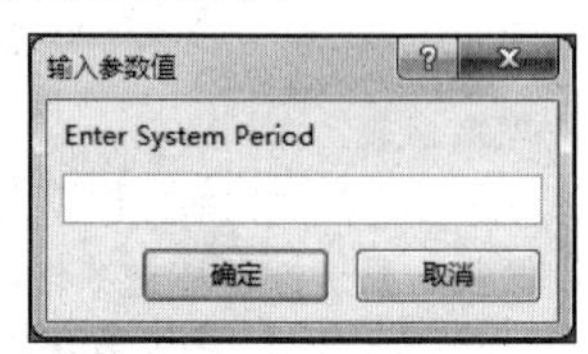

图 13.3　“输入参数值”对话框允许在每次运行查询时指定条件

13.1.1　参数查询的工作原理

当运行参数查询时，Access 尝试将文本用引号括起来。将文本转换为文字字符串。但是，如果使用方括号([])将文本括起来，Access 会认为它是一个变量，并尝试使用下面一系列测试将特定值绑定到该变量：

(1) Access 检查该变量是否为字段名称。如果 Access 确定该变量是一个字段名称，将在表达式中使用该字段。

(2) 如果该变量不是字段名称，Access 会检查该变量是否为计算字段。如果 Access 确定该表达式确实是一个计算字段，则会执行相应的数学运算。

(3) 如果该变量不是计算字段，Access 会检查该变量是否引用某个对象，例如打开的窗体或报表上的控件。

(4) 如果上述所有条件都不满足，剩下的唯一选项就是向用户询问该变量究竟是什么，因此，Access 会显示“输入参数值”对话框，显示在“条件”行中输入的文本。

13.1.2　参数查询的基本规则

与 Access 中的其他功能一样，参数查询也有自己的一组基本规则，要正确使用它们，就必须遵循这些规则。

- 必须用方括号([])将参数括起来。否则，Access 会自动将文本转换为文字字符串。
- 不要使用字段的名称作为参数。否则，Access 会将参数替换为该字段的当前值。
- 不能在参数的提示文本中使用句点(.)、感叹号(!)、方括号([])或者&符号。
- 必须限制参数的提示文本中的字符数。输入的参数提示文本过长，可能导致提示在“输入参数值”对话框中被截断。此外，还应使提示尽可能简洁明了。

提示：

如果真的想要在参数提示中使用字段名称，可以在字段名称后面添加其他字符。例如，不要输入[System_Period]，而是使用[System_Period: ?]。这里请记住，冒号(:)或问号(?)并没有什么特殊功能。任何字符都可以使用。实际上，为用户提供格式化所需参数的方式可能会更有用，例如[System_Period: yyyymm]。

13.1.3　使用参数查询

图 13.2 中的示例使用一个参数定义单个条件。尽管这是在查询中使用参数最常见的方式，但有很多方式可以利用该功能。实际上，可以肯定地说，使用参数查询的方式越新颖，即席分析(impromptu analysis)就会越精彩、高级。

本节介绍可在查询中使用参数的不同方法。

1. 使用多个参数条件

在查询中使用的参数数量没有任何限制。另一方面，图 13.4 说明了如何在查询中利用多个参数。当运行该查询时，会提示输入系统期间和产品 ID，从而允许动态筛选这两个数据点，而不必重新编写查询。

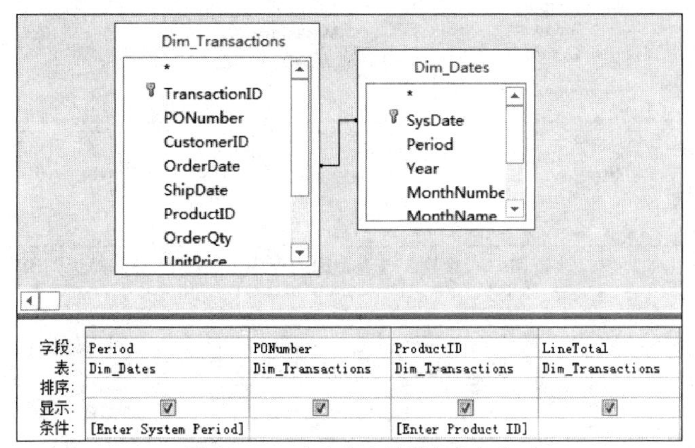

图 13.4 可在查询中使用多个参数

2. 将参数与运算符结合使用

可通过通常在查询中使用的任何运算符组合参数提示。将参数与标准运算符结合使用，可在分析中动态扩展或缩减筛选条件，而不必重新构建查询。为说明这种方法的工作原理，需要构建如图 13.5 所示的查询。

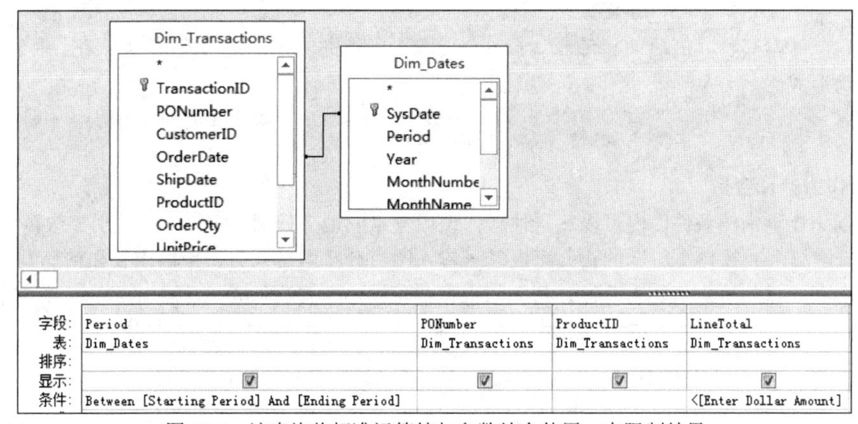

图 13.5 该查询将标准运算符与参数结合使用，来限制结果

该查询使用 Between...And 运算符和<(小于)运算符，根据用户定义的参数限制查询的结果。由于在该查询中构建了三个参数提示，因此，会三次提示输入内容：一次提示输入起始期间，一次提示输入结束期间，还有一次提示输入美元金额。返回的记录数取决于输入的参数。例如，如果输入 201201 作为起始期间，201203 作为结束期间，以及 5000 作为美元金额，将得到 1700 条记录。

3. 将参数与通配符结合使用

参数查询有一个问题：如果在运行查询时忽略参数，查询将不返回任何记录。解决此问题的一种方法是将参数与通配符结合使用，以便在忽略参数时返回所有记录。

为说明如何将通配符与参数结合使用，需要构建如图 13.6 所示的查询。当运行该查询时，会提示输入期间。由于使用了通配符，因此，可以选择通过在参数中输入“期间”指示符来筛选出单个期间，或者也可以忽略参数，返回所有记录。

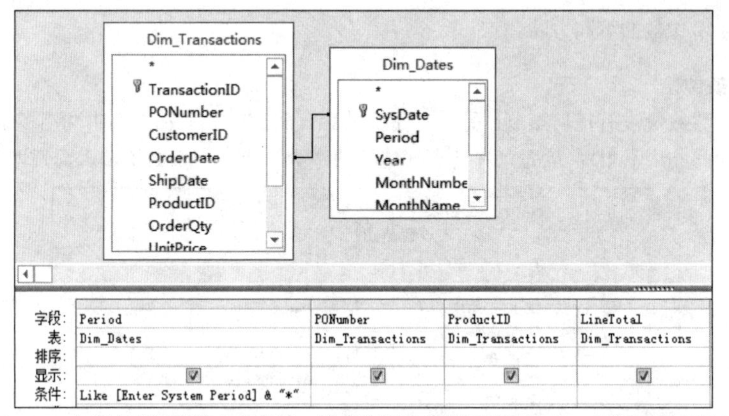

图 13.6 如果忽略该查询中的参数，该查询因为使用了通配符(*)，而返回所有记录

提示：

将通配符与参数结合使用，用户在输入部分参数的情况下仍能获得结果。例如，假定参数查询中的条件为：

```
Like [Enter Lastname] & "*"
```

输入“A”作为参数，将返回以字母 A 开头的所有姓氏。

或者，假定参数查询中的条件为：

```
Like "*" & [Enter Lastname] & "*"
```

输入“A”将返回包含字母 A 的所有姓氏。

注意，该操作仅返回有实际值的所有记录，而不会返回在字段中包含 Null 值的记录。为了也能返回 Null 值，需要使用以下查询形式：

```
Like "*" & [Enter Lastname] & "*" or IS NULL
```

4. 使用参数作为计算变量

参数不仅可以用作查询的条件，也可以在其他任何使用变量的地方使用。实际上，使用参数特别有效的方式是在计算中使用它。例如，如图 13.7 所示的查询可以基于输入的百分比增量来分析价格增长如何影响当前价格。当运行该查询时，应输入所需的价格增长百分比。传入百分比值后，参数查询将它用作计算中的一个变量。

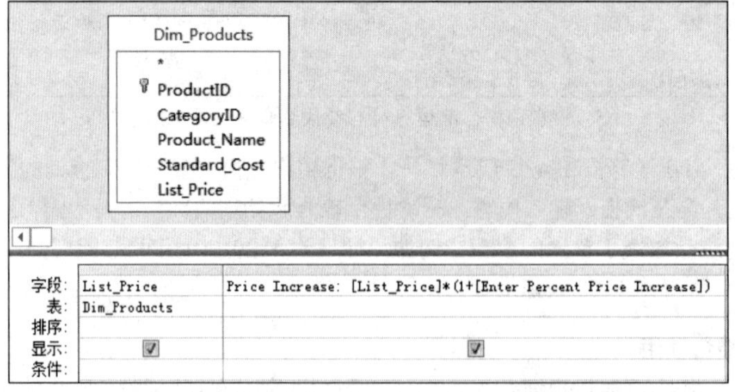

图 13.7 可在计算中使用参数，从而在每次运行查询时更改计算变量

5. 使用参数作为函数自变量

也可以使用参数作为函数中的自变量。图 13.8 显示了使用参数代替硬编码日期的 DateDiff 函数。当运行该查询时，将提示输入开始日期和结束日期。随后，这些日期将用作 DateDiff 函数中的自变量。再次强调一下，这允许在每次运行查询时指定新日期，而不必重新构建查询。

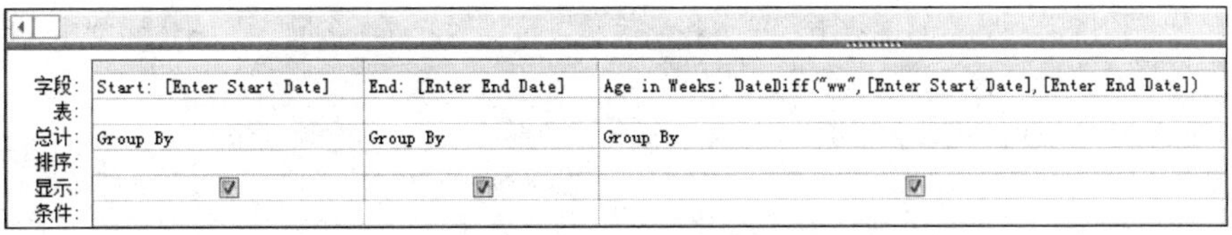

字段:	Start: [Enter Start Date]	End: [Enter End Date]	Age in Weeks: DateDiff("ww",[Enter Start Date],[Enter End Date])
表:			
总计:	Group By	Group By	Group By
排序:			
显示:	☑	☑	☑
条件:			

图 13.8　可使用参数作为函数中的自变量，以代替硬编码的值

警告：

输入到参数中的值必须适合函数自变量所需的数据类型。例如，如果在 DateDiff 函数中使用参数，分配该参数的变量必须是日期，否则函数将无法正常运行。

注意：

当运行图 13.8 所示的查询时，只需要输入一次开始日期和结束日期，但在查询中的两个位置都要使用它们。这是因为，为参数分配变量后，该分配就可应用于该参数将来的每个实例。

对于在查询中多次使用的参数，会多次提示输入该参数的值，问题在于参数名的输入方式略有差异。请考虑复制参数，以免出现这种情况。

创建接受多个输入条目的参数提示

如图 13.9 所示的参数查询，可按在参数中指定的可变期间来动态地筛选结果。但是，该查询不允许同时查看多个期间的结果。

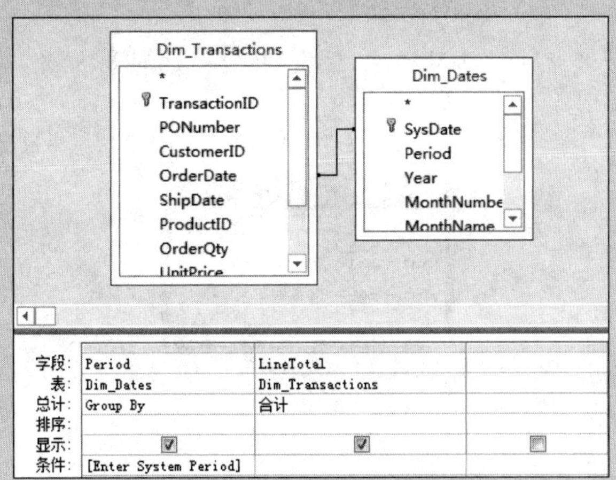

图 13.9　参数查询示例

可使用多个参数，如图 13.10 所示。与上图中的查询不同，该查询允许在查询结果中包含多个期间。但构建到查询中的参数数量仍受到限制(在该示例中为三个)。

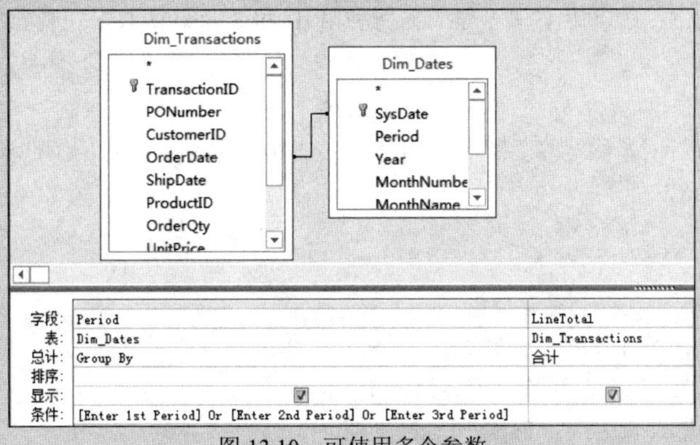

图 13.10　可使用多个参数

那么，如何允许使用任意数量的参数项？答案相当简单。可以创建一个参数，把它传递到 InStr 函数，用于测试位置编号。

图 13.11 中的查询说明如何完成上述操作。

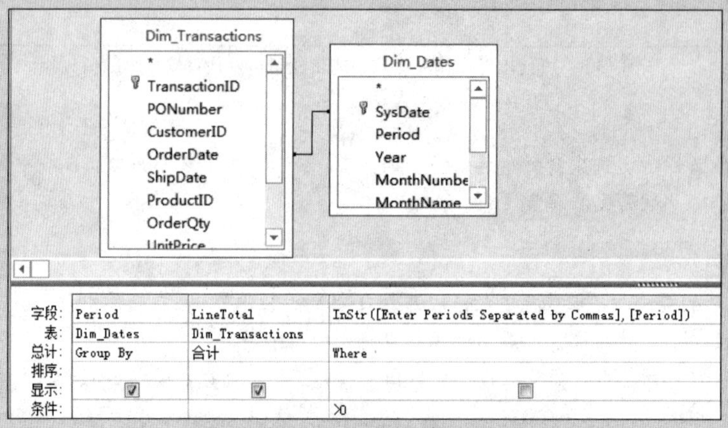

图 13.11　完成上述操作

注意，参数并没有用作 Period 字段的条件，是在 InStr 函数用来测试输入到参数提示中的变量的位置编号，如下所示：

```
InStr([Enter Periods Separated by Commas],[Period])
```

如果 InStr 函数找到变量，将返回一个位置编号；如果未找到，将返回 0。因此，唯一需要的就是返回位置编号大于 0 的记录(即用于参数的条件)。

当运行该查询时，将显示“输入参数值”对话框(如图 13.12 所示)。然后，可根据需要输入任意数量的变量。

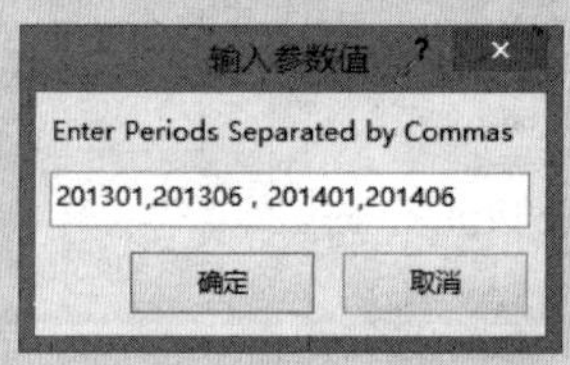

图 13.12　“输入参数值”对话框

13.2　使用条件函数

参数查询并不是 Access 中进行条件分析的唯一工具。Access 还提供了一些内置函数，可帮助进行值比较、数据验证以及条件求值。其中的两个函数是 IIf 函数和 Switch 函数。这些条件函数(也称为程序流函数)用于测试条件，并根据这些测试的结果提供不同的输出。本节学习如何利用 IIf 和 Switch 函数来控制分析流。

13.2.1　IIf 函数

IIf(immediate if)函数即针对单次运算复制 IF 语句的功能。IIf 函数将对特定的条件求值，并根据求得的 True 或 False 值返回结果，对应的语法如下：

```
IIf(Expression, TrueAnswer, FalseAnswer)
```

要使用 IIf 函数，必须提供三个必需参数：

- Expression (必需)：要计算的表达式
- TrueAnswer (必需)：表达式为 True 时返回的值
- FalseAnswer (必需)：表达式为 False 时返回的值

> **提示：**
> 可将 IIf 函数中的逗号视为 THEN 和 ELSE 语句。例如，考虑下面的 IIf 函数:
>
> ```
> IIf(Babies = 2 , "Twins", "Not Twins")
> ```
>
> 该函数的字面意思是：如果 Babies 等于 2，则返回 Twins，否则返回 Not Twins。

1. 使用 IIf 函数避免数学错误

为说明需要使用 IIf 函数来解决的一个简单问题，构建如图 13.13 所示的查询。

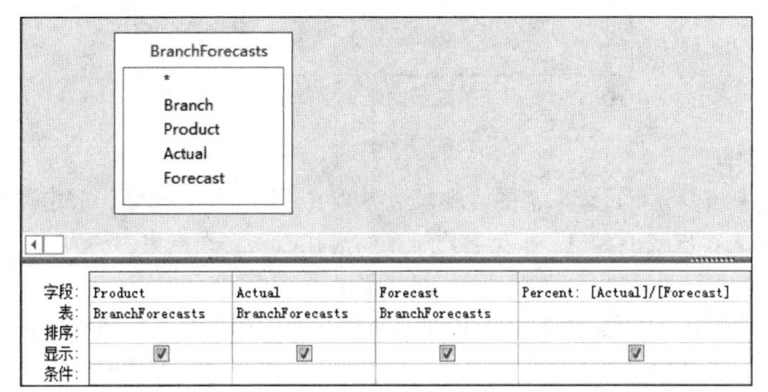

图 13.13　该查询将针对 Actual 和 Forecast 字段执行计算，以计算相对于预测的百分比

当运行该查询时，注意，并不是所有结果都是清晰明了的。如图13.14所示，存在一些除数为0的错误。也就是说，在将实际收入除以预测值时，预测值为0。

Product	Actual	Forecast	Percent
90830	171	0	#Div/0!
90830	520	658	79.03%
90830	706	727	97.11%
90830	1,025	1,206	84.99%
90830	1,064	1,400	76.00%
90830	1,195	0	#Div/0!
90830	1,370	0	#Div/0!
90830	1,463	0	#Div/0!
90830	1,483	1,786	83.03%
90830	1,522	1,951	78.01%
90830	1,525	0	#Div/0!

图 13.14　结果中显示的错误是由于某些收入对应的除数为 0

尽管该问题似乎没有什么破坏性，但在更复杂的多层次分析过程中，这些错误可能危害数据分析的完整性。为避免这些错误，可在执行计算之前，使用 IIf 函数对数据集执行条件分析，对每条记录求解 Forecast 字段。如果预测值为 0，就不执行计算，只是返回 0 值。如果预测值不为 0，将执行计算，以获取正确的值。IIf 函数应该如下：

```
IIf([Forecast]=0,0,[Actual]/[Forecast])
```

图 13.15 说明了如何实际使用该 IIf 函数。

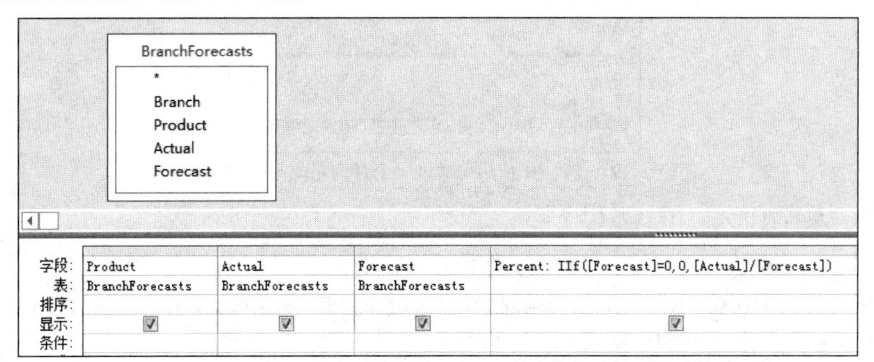

图 13.15　该 IIf 函数可测试预测值是否为 0，并在执行计算时绕过这些 0 值

如图 13.16 所示，上述错误已经避免了。

Product	Actual	Forecast	Percent
90830	171	0	0.00%
90830	520	658	79.03%
90830	706	727	97.11%
90830	1,025	1,206	84.99%
90830	1,064	1,400	76.00%
90830	1,195	0	0.00%
90830	1,370	0	0.00%
90830	1,463	0	0.00%
90830	1,483	1,786	83.03%
90830	1,522	1,951	78.01%
90830	1,525	0	0.00%

图 13.16 IIf 函数帮助避免了除数为 0 的错误

2. 使用 IIf 函数节省时间

也可以使用 IIf 函数来减少分析过程所需的步骤，最终节省分析时间。例如，假定需要根据客户带来的潜在收入将列表中的客户标记为大客户或小客户。根据客户带来的潜在收入将数据集中的 MyTest 字段更新为“LARGE”或“SMALL”。

如果不使用 IIf 函数，那么需要运行如图 13.17 和图 13.18 所示的两个更新查询才能完成该任务。

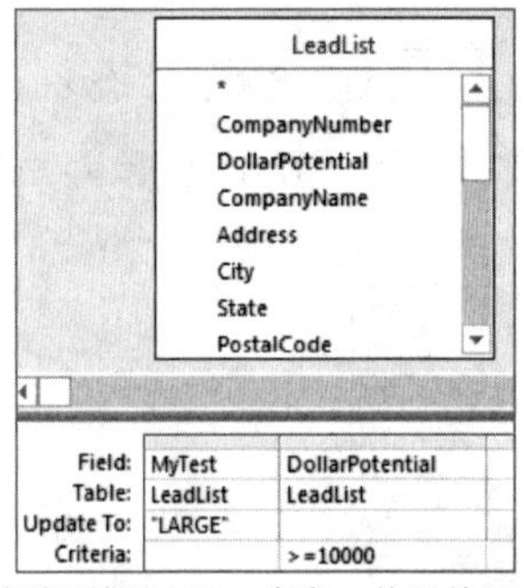

图 13.17 该查询将更新 MyTest 字段，使用单词“LARGE”标记带来的潜在收入等于或大于 10 000 美元的所有客户

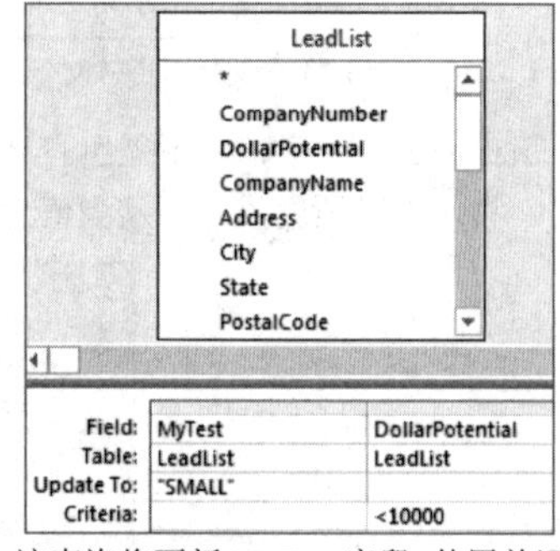

图 13.18 该查询将更新 MyTest 字段，使用单词“SMALL”标记带来的潜在收入小于 10 000 美元的所有客户

图 13.17 和图 13.18 所示的查询能够完成任务吗？当然可以。不过，如果使用 IIf 函数，只需要一个查询便可完成同样的任务。

图 13.19 所示的更新查询说明了如何使用 IIf 函数作为更新表达式。

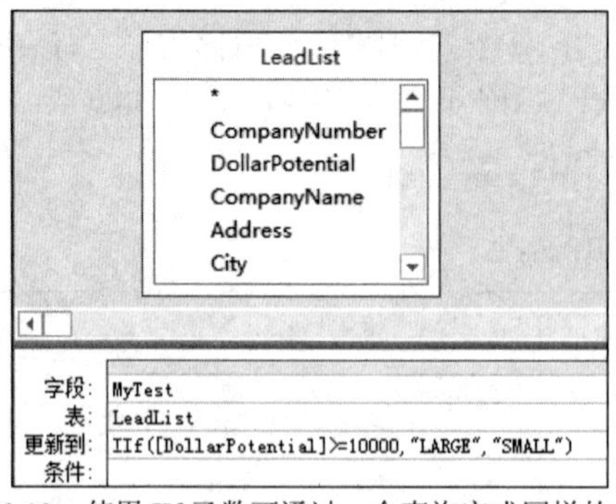

图 13.19 使用 IIf 函数可通过一个查询完成同样的任务

下面看看用作更新表达式的 IIf 函数：

```
IIf([DollarPotential]>=10000,"LARGE","SMALL")
```

该函数指示 Access 对每条记录的 DollarPotential 字段求值。如果 DollarPotential 字段的值大于或等于 10 000，则使用单词 LARGE 作为更新值，否则，使用单词 SMALL。

提示：

可在 IIf 函数中使用条件运算符(AND、OR、BETWEEN)，向条件表达式中添加一个层级。例如，下面的函数将测试潜在收入和部门，以获取 True 或 False 值。

```
IIf([DollarPotential]>10000 And [Segment]="Metal Fabrication","True","False")
```

3. 针对多个条件嵌套 IIf 函数

有时，需要测试的条件过于复杂，无法通过基本的 IF...THEN...ELSE 结构处理。这种情况下，可使用嵌套的 IIf 函数，也就是在 IIf 函数中再嵌入 IIf 函数。请考虑下面的示例：

```
IIf([VALUE]>100,"A",IIf([VALUE]<100,"C","B"))
```

该函数检查 VALUE 是否大于 100。如果大于，将返回“A”；如果不大于，将触发第二个 IIf 函数。第二个 IIf 函数检查 VALUE 是否小于 100。如果是，则返回“C”；如果不是，则返回“B”。

其理念是，由于 IIf 函数会生成 True 或 False 答案，因此，可将 False 表达式设置为另一个 IIf 函数，而不是使用硬编码的值，从而扩展条件。这会触发另一个求值。嵌套 IIf 函数的数量没有任何限制。

4. 使用 IIf 函数创建交叉表分析

许多经验丰富的分析人员都使用 IIf 函数来创建自定义交叉表分析，而不是使用交叉表查询。创建不带交叉表查询的交叉表分析具有很多优势，其中之一是可以对其他不相关的数据项进行归类和分组。

在图 13.20 所示的示例中，返回在 2014 年前和 2014 年后受雇于公司的客户经理数。使用交叉表查询无法实现这种归类。

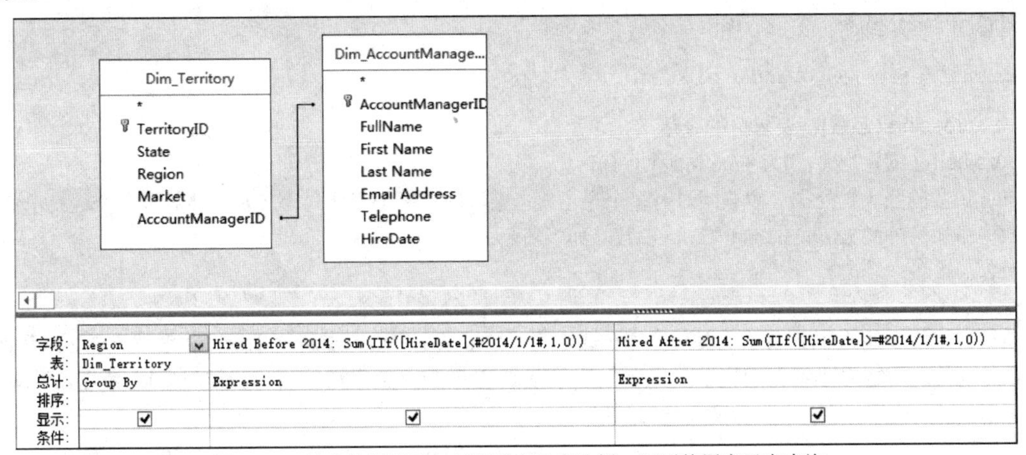

图 13.20 该查询说明了如何创建交叉表分析，而不使用交叉表查询

图 13.21 所示的结果与使用交叉表查询返回的结果一样清楚且用户友好。

Region	Hired Before 2014	Hired After 2014
CANADA	0	5
Midwest	8	0
North	6	0
Northeast	14	0
South	6	0
Southeast	5	0
Southwest	6	0

图 13.21 生成的数据集提供了清楚的交叉表样式的数据视图

创建不带交叉表查询的交叉表分析的另一个优势在于，可在交叉表报表中包含多个计算。例如，在图 13.22 所示的查询中，以交叉表格式返回单位和收入的合计值。

如图 13.23 所示，生成的数据集以易于阅读的格式提供了大量信息。由于标准的交叉表查询不允许使用多个值计算(在该示例中，单位和收入都是值)，因此，使用标准的交叉表查询无法生成这种视图。

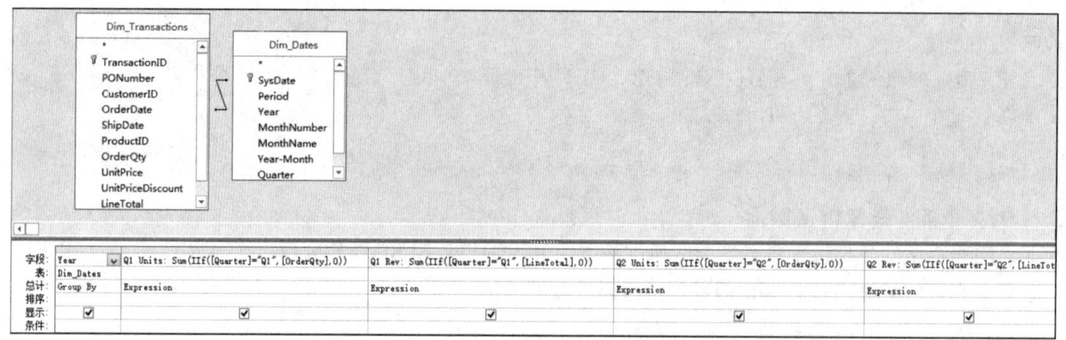

图 13.22　使用 IIf 函数创建交叉表样式的报表允许计算多个值

Year	Q1 Units	Q1 Rev	Q2 Units	Q2 Rev
2011	0	$0.00	0	$0.00
2012	4517	$8,749,969.10	5865	$9,761,310.90
2013	12352	$9,262,135.00	18603	$12,554,344.60
2014	31540	$18,071,842.70	43700	$22,996,203.25

图 13.23　该分析无法在标准的交叉表查询中创建，因为这种查询不允许多个计算

13.2.2　Switch 函数

通过 Switch 函数，可对一个表达式列表求值，返回与求值为 True 的表达式相关的值。要使用 Switch 函数，必须至少提供一个表达式和一个值。该函数对应的语法如下：

```
Switch(Expression, Value)
```

- Expression (必需)：要求值的表达式。
- Value (必需)：表达式为 True 时返回的值。

Switch 函数的强大之处在于能够同时对多个表达式求值，确定哪个表达式为 True。要对多个表达式求值，只需要向函数中添加另外的 *Expression* 和 *Value* 参数，如下所示：

```
Switch(Expression1, Value1, Expression2, Value2, Expression3, Value3)
```

在执行时，该 Switch 函数会依次对每个表达式求值。如果某个表达式求解为 True，将返回该表达式后面的值。如果有多个表达式求解为 True，则将返回第一个 True 表达式的值(其他表达式的值将被忽略)。请记住，对于可以使用 Switch 函数求解的表达式数量没有任何限制。

警告：

如果 Switch 函数中的所有表达式均不是 True，那么该函数将返回 Null 值。例如，下面的函数将对 Count 求解，并根据得到的结果返回值。

```
Switch([Count] < 10, "Low", [Count] > 15, "High")
```

该函数的问题在于，如果 Count 介于 10 和 15 之间，将返回 Null 值，因为没有任何一个表达式包含这些数字。这可能间接导致分析的其他部分出错。

为避免这种情况，可添加一个“全部捕获”表达式，并提供在所有表达式都不是 True 时返回的值。

```
Switch([Count] < 10, "Low", [Count] > 15, "High", True, "Middle")
```

添加 True 作为最后一个表达式，会强制在其他所有表达式均不是 True 时返回值“Middle”，而不是返回 Null 值。

13.2.3　比较 IIf 函数与 Switch 函数

尽管 IIf 函数是一种通用工具，可处理绝大多数条件分析，但实际上，IIf 函数的参数数量是固定的，所以它是一个基本的 IF...THEN...ELSE 结构。由于存在该限制，如果不使用嵌套的 IIf 函数，就很难对复杂条件求解。尽管使用嵌套 IIf 函数并没有什么问题，但在某些分析中，需要求解的条件很多，因此构建嵌套 IIf 函数并非最实用的方法。

为说明这一点，请考虑以下情况。根据年收入或购买公司产品的数额将客户分类为不同的组是十分常见的。假定组织的分类策略是将客户分类为四个组：分别是 A、B、C 和 D (参见表 13.1)。

表 13.1　客户分类

年收入	客户分类
>= 10 000 美元	A
>=5000 美元但<10 000 美元	B
>=1000 美元但<5000 美元	C
<1000 美元	D

下要根据每个客户的销售交易对 TransactionMaster 表中的客户进行分类。在实际操作中，可以使用 IIf 函数或 Switch 函数。

使用 IIf 函数的问题在于，这种情况需要使用相当多的嵌套。也就是说，需要在 IIf 表达式中使用其他 IIf 表达式，以处理每一层可能的条件。如果使用 IIf 函数，下面列出了表达式(注意[REV]是用于[LineTotal]字段的别名)：

```
IIf([REV]>=10000,"A",IIf([REV]>=5000 And [REV]<10000,"B",
IIf([REV]>1000 And [REV]<5000,"C","D")))
```

在上述表达式中，不仅很难确定下一步要执行什么操作，而且层级结构错综复杂，产生语法或逻辑错误的可能性大大提高。

与上面的嵌套 IIf 函数相对的是，下面的 Switch 函数非常直观清晰：

```
Switch([REV]<1000,"D",[REV]<5000,"C",[REV]<10000,"B",True,"A")
```

该函数指示 Access 在 REV 小于 1000 时返回值“D”。如果 REV 小于 5000，则返回值“C”。如果 REV 小于 10 000，则返回值 “B”。如果上述条件均不满足，则返回值 “A”。图 13.24 显示了如何在查询中使用该函数。

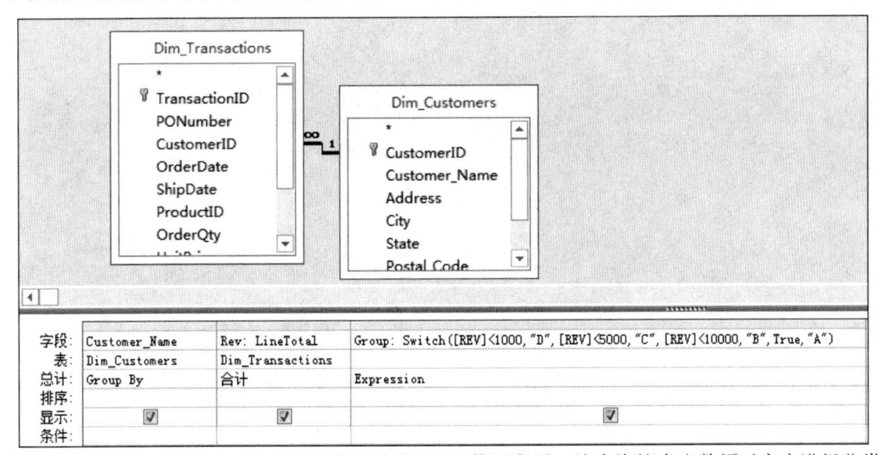

图 13.24　有时，使用 Switch 函数比使用嵌套 IIf 函数更实用。该查询按支出数额对客户进行分类

注意：

注意，小于 1000 的记录也小于 10 000。那么，为什么不是所有小于 10 000 的记录都标记为 B？请记住，Switch 函数会按照从左到右的顺序对表达式求值，仅返回第一个求解为 True 的表达式的值。

从这种意义上讲，需要使用有益于分析逻辑的顺序，对 Switch 函数中的表达式进行排序。

运行该查询时，将看到如图 13.25 所示的结果数据集。

Customer_Name	Rev	Group
ACASCO Corp.	$253.00	D
ACECUL Corp.	$14,771.00	A
ACEHUA Corp.	$9,095.00	B
ACOPUL Corp.	$10,190.00	A
ACORAR Corp.	$4,750.00	C
ACSBUR Corp.	$33.00	D
ADACEC Corp.	$395.00	D
ADADUL Corp.	$5,637.00	B
ADANAS Corp.	$8,573.00	B
ADCOMP Corp.	$4,206.00	C
ADDATI Corp.	$1,020.00	C
ADDOUS Corp.	$921.00	D

图 13.25　根据一定的年收入将每个客户标记为相应的目标组

第 14 章

使用 SQL 的基本知识

本章内容：

- 了解基本 SQL
- 了解高级 SQL
- 使用特定于 SQL 的查询

结构化查询语言(Structured Query Language，SQL)是关系数据库管理系统(如 Access)用于执行各种任务的语言。为指示 Access 执行任何类型的查询，需要把指令转换为 SQL。不必紧张，实际上我们已经构建和使用了 SQL 语句，只是你自己并未意识到。

本章讲述 SQL 在你处理 Access 的过程中所扮演的角色，并分析在构建查询时生成的 SQL 语句。还将探索一些可以使用 SQL 语句执行的高级操作，以完成无法通过 Access 用户界面执行的操作。本章的基本知识可以为你打下坚实的基础，使你能更好地了解本书后面介绍的一些高级技术。

> **Web 内容**
> 本章中练习的初始数据库为 Chapter14.accdb，可从本书对应的 Web 站点下载。

14.1 了解基本 SQL

之所以说 SQL 的使用受到限制，主要原因在于 Access 的用户友好程度要比绝大多数人对它的评价更高。实际上，Access 的绝大多数操作都是在用户友好的环境中执行的，它将繁杂的工作隐藏在后台。

为说明这一点，在设计视图中构建如图 14.1 所示的查询。在这个相对简单的查询中，要获得的是按“期间”显示的收入合计。

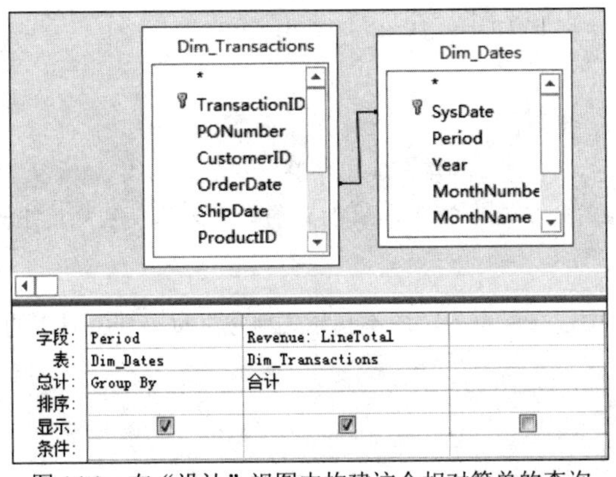

图 14.1 在“设计”视图中构建这个相对简单的查询

接下来，选择功能区上的“设计”选项卡，然后选择“视图”|“SQL 视图”。Access 将从设计视图切换到图 14.2 所示的视图。

如图 14.2 所示，在“设计”视图中设计查询时，Access 正在马不停蹄地创建 SQL 语句，以允许查询运行。该示例显示，有了 Access 提供的用户友好的界面，未必需要了解每个查询背后的 SQL 语句。现在问题来了：如果在不了解 SQL 的情况下也可以很好地运行查询，为什么还要学习 SQL？

```
SELECT Dim_Dates.Period, Sum(Dim_Transactions.LineTotal) AS Revenue
FROM Dim_Dates INNER JOIN Dim_Transactions ON Dim_Dates.SysDate = Dim_Transactions.OrderDate
GROUP BY Dim_Dates.Period;
```

图 14.2　选择“视图”|“SQL 视图”可进入 SQL 视图

无可否认，Access 提供了便捷的查询界面，确实使很多人在并未真正理解 SQL 的情况下就开始操作。但是，如果要掌握使用 Access 进行数据分析的真正强大功能，就必须了解 SQL 的基本知识。

14.1.1　SELECT 语句

SELECT 语句是 SQL 的基础，它允许从数据集中检索记录。SELECT 语句的基本语法如下：

```
SELECT column_name(s)
FROM table_name
```

SELECT 语句总是与 FROM 子句结合使用。FROM 子句用于标识构成数据源的表。

请尝试以下操作：在设计视图中启动一个新查询。关闭“显示表”对话框(如果处于打开状态)，在功能区上选择“设计”选项卡，然后选择“视图”|“SQL 视图”。在 SQL 视图中，输入如图 14.3 所示的 SELECT 语句，然后在功能区的“设计”选项卡上选择“运行”，以运行该查询。

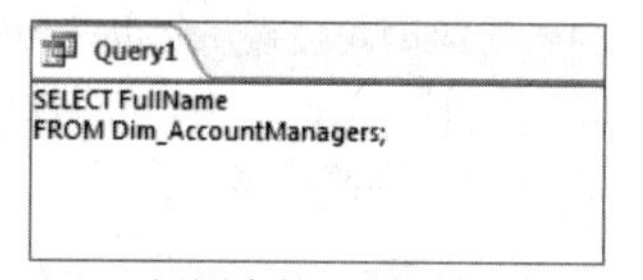
Query1
SELECT FullName
FROM Dim_AccountManagers;

图 14.3　SQL 视图中的一个基本 SELECT 语句

这就手动编写了自己的第一个查询。

注意：

注意，图 14.2 中 Access 自动创建的 SQL 语句在结尾处包含一个分号。分号是结束 SQL 语句的标准方式，某些数据库程序要求使用分号。但在 Access 中，不一定要使用分号来结束 SQL 语句，因为 Access 会在查询编译时自动添加分号。

1. 选择特定的列

在 SELECT 语句中显式定义特定的列，可以从数据集中检索这些列，如下所示：

```
SELECT AccountManagerID, FullName,[Email Address]
FROM Dim_AccountManagers
```

警告：

如果数据库中任何列的名称包含空格或非字母数字字符，那么在 SQL 语句中，必须用方括号([])将其括起来。例如，对于从名为 Email Address 的列中选择数据的 SQL 语句，该列名必须采用[Email Address]形式。

2. 选择所有列

使用通配符(*)可以从数据集中选择所有列，而不必显式地定义每一列。对应的语法如下：

```
SELECT * FROM Dim_AccountManagers
```

14.1.2　WHERE 子句

可在 SELECT 语句中使用 WHERE 子句筛选数据集，并根据条件选择特定的记录。WHERE 子句总与某个运算符结合使用，例如= (等于)、<> (不等于)、> (大于)、< (小于)、>= (大于或等于)、<= (小于或等于)或 BETWEEN (在

常规范围中)。

下面的 SQL 语句仅检索姓氏为 Winston 的员工：

```
SELECT AccountManagerID, [Last Name], [First Name]
FROM Dim_AccountManagers
WHERE [Last Name] = "Winston"
```

而以下 SQL 语句仅检索入职日期晚于 2012 年 5 月 16 日的员工：

```
SELECT AccountManagerID, [Last Name], [First Name]
FROM Dim_AccountManagers
WHERE HireDate > #5/16/2012#
```

注意：

请注意，在上面的两个示例中，单词 Winston 包含在引号中("Winston")，而日期 5/16/2012 两侧添加了#号(#5/16/2012#)。在 SQL 语句中引用文本值时，必须使用引号将值括起来，而引用日期时，必须在日期两侧使用#号。

14.1.3　深入了解联接

在构建查询时，经常需要联接两个或多个相关表，以便获得所需的结果。例如，可能需要将员工表联接到交易表，以便在创建的报表中既包含交易的详细信息，也包含记录这些交易的员工的信息。使用的联接类型将确定输出的记录。

交叉参考：

有关联接的内容，请参阅第 8 章。

1. 内联接

内联接(inner join)运算会指示 Access 仅从两个表中选择有匹配值的记录。查询结果中将忽略联接字段值未同时出现在两个表中的记录。

下面的 SQL 语句将仅选择 AccountManagerID 字段中的员工编号同时出现在 Dim_AccountManagers 表和 Dim_Territory 表中的记录。

```
SELECT Region, Market,
Dim_AccountManagers.AccountManagerID, FullName
FROM Dim_AccountManagers INNER JOIN Dim_Territory ON
Dim_AccountManagers.AccountManagerID =
Dim_Territory.AccountManagerID
```

2. 外联接

外联接(outer join)运算会指示 Access 从一个表中选择所有记录，而仅从另一个表中选择联接字段具有匹配值的记录。有两种类型的外联接，分别是左联接和右联接。

左联接(left join)运算(有时称为“左外联接”)指示 Access 从第一个表中选择所有记录(不管是否匹配)，而仅从第二个表中选择联接字段具有匹配值的记录。

下面的 SQL 语句从 Dim_AccountManagers 表中选择所有记录，而仅从 Dim_Territory 表中选择 AccountManagerID 字段值存在于 Dim_AccountManagers 表中的记录。

```
SELECT Region, Market,
Dim_AccountManagers.AccountManagerID, FullName
FROM Dim_AccountManagers LEFT JOIN Dim_Territory ON
Dim_AccountManagers.AccountManagerID =
Dim_Territory.AccountManagerID
```

右联接(right join)运算(有时称为“右外联接”)指示 Access 从第二个表中选择所有记录(不管是否匹配)，而仅从第一个表中选择联接字段具有匹配值的那些记录。

下面的 SQL 语句从 Dim_Territory 表中选择所有记录，而仅从 Dim_AccountManagers 表中选择 AccountManagerID 字段的值存在于 Dim_Territory 表中的记录。

```
SELECT Region, Market,
Dim_AccountManagers.AccountManagerID, FullName
FROM Dim_AccountManagers RIGHT JOIN Dim_Territory ON
Dim_AccountManagers.AccountManagerID =
Dim_Territory.AccountManagerID
```

提示：

注意，在上面的联接语句中，在每个列名前列出了表名，并使用点号分隔(例如，Dim_AccountManager.AccountManagerID)。为利用多个表的查询构建 SQL 语句，通常最好采用表名加字段名的形式，以免混淆或出错。Access 会自动为所有查询执行此操作。如果要引用的表或字段包含空格之类的特殊字符，也需要使用方括号。

14.2　了解高级 SQL 语句

SQL 语言非常通用，除了基本的 SELECT、FROM 和 WHERE 语句外，还允许执行很多操作。本节探索可用 SQL 完成的一些高级操作。

14.2.1　使用 Like 运算符扩展搜索

Like 运算符本身与等于(=)运算符没有差别。例如，下面两个 SQL 语句返回相同数量的记录：

```
SELECT AccountManagerID, [Last Name], [First Name]
FROM Dim_AccountManagers
WHERE [Last Name] = "Winston"


SELECT AccountManagerID, [Last Name], [First Name]
FROM Dim_AccountManagers
WHERE [Last Name] Like "Winston"
```

通常情况下，Like 运算符会与通配符结合使用，以扩展搜索的范围，使其包含匹配某种模式的记录。Access 中的有效通配符如下：

- *****：星号表示任意数字和类型字符。
- **?**：问号表示任意单个字符。
- **#**：#号表示任意单个数字。
- **[]**：方括号允许将单个字符或字符数组传递到 Like 运算符。与方括号中的字符值匹配的任何值都包含在结果中。
- **[!]**：在方括号中嵌入感叹号，可将单个字符或字符数组传递到 Like 运算符。与感叹号后面的字符值匹配的任何值都将从结果中排除。

表 14.1 列出的示例 SQL 语句使用 Like 运算符从同一表列中选择不同的记录。

表 14.1　使用 Like 运算符的选择方法

使用的通配符	SQL 语句示例	结果
*	SELECT Field1 FROM Table1 WHERE Field1 Like "A*"	选择 Field1 中以字母 A 开头的所有记录
*	SELECT Field1 FROM Table1 WHERE Field1 Like "*A*"	选择 Field1 中包含字母 A 的所有记录
?	SELECT Field1 FROM Table1 WHERE Field1 Like "???"	选择 Field1 中长度为三个字符的所有记录
?	SELECT Field1 FROM Table1 WHERE Field1 Like "B??"	选择 Field1 中以字母 B 开头的三字母字符串的所有记录

(续表)

使用的通配符	SQL 语句示例	结果
#	SELECT Field1 FROM Table1 WHERE Field1 Like "###"	选择 Field1 中具有三位数字的所有记录
#	SELECT Field1 FROM Table1 WHERE Field1 Like "A#A"	选择 Field1 中包含三个字符、以字母 A 开头、中间是一位数字并以字母 A 结尾的所有记录
#、*	SELECT Field1 FROM Table1 WHERE Field1 Like "A#*"	选择 Field1 中以字母 A 和任一数字开头的所有记录
[]、*	SELECT Field1 FROM Table1 WHERE Field1 Like "*[$%!*/]*"	选择 Field1 中包含 SQL 语句显示的任一特殊字符的所有记录
[!]、*	SELECT Field1 FROM Table1 WHERE Field1 Like "*[!a-z]*"	选择 Field1 中不是文本值，而是数字值或@符号之类的特殊字符的所有记录
[!]、*	SELECT Field1 FROM Table1 WHERE Field1 Like "*[!0-9]*"	选择 Field1 中不是数字值，而是文本值或@符号之类的特殊字符的所有记录

14.2.2 在不分组的情况下选择唯一值和行

DISTINCT 谓词可从数据集的选定字段中仅检索唯一值。例如，下面的 SQL 语句从 PvTblFeed 表中仅选择唯一市场名称，返回 14 条记录：

```
SELECT DISTINCT Market
FROM PvTblFeed
```

如果 SQL 语句选择多个字段，那么对于给定记录来说，只有所有字段值的组合唯一，该记录才会包含在结果中。

如果需要整个行唯一，可使用 DISTINCTROW 谓词。DISTINCTROW 谓词可以仅检索整个行唯一的记录。也就是说，选定字段中所有值的组合不与返回的数据集中的其他任何记录匹配。可以像在 SELECT DISTINCT 子句中一样使用 DISTINCTROW 谓词。

```
SELECT DISTINCTROW AccountManagerID
FROM Dim_AccountManagers
```

14.2.3 使用 GROUP BY 子句分组和聚合

使用 GROUP BY 子句可按列值聚合数据集中的记录。在设计视图中创建聚合查询时，必不可少地要使用 GROUP BY 子句。下面的 SQL 语句对 Market 字段分组，并提供每个市场中的州计数。

```
SELECT Market, Count(State)
FROM Dim_Territory
GROUP BY Market
```

使用 GROUP BY 子句时，将在执行聚合之前，对查询中包含的任意 WHERE 子句求解。但某些情况下，可能需要在应用分组之后再应用 WHERE 条件。此时，可以使用 HAVING 子句。

例如，该 SQL 语句将分组 Market 字段值为 Dallas 的记录，然后仅返回 Revenue 合计小于 100 的客户记录。再次强调一下，分组是在检查 Revenue 合计是否小于 100 之前进行的。

```
SELECT Customer_Name, Sum(Revenue) AS Sales
FROM PvTblFeed
Where Market = "Dallas"
GROUP BY Customer_Name
HAVING (Sum(Revenue)<100)
```

14.2.4　使用 ORDER BY 子句设置排序顺序

ORDER BY 子句可按指定的字段对数据排序。默认排序顺序是升序，因此，按升序对字段排序不需要显式的指令。下面的 SQL 语句对生成的记录排序，先按照 Last Name 以升序排列，再按 First Name 以升序排列：

```
SELECT AccountManagerID, [Last Name], [First Name]
FROM Dim_AccountManagers
ORDER BY [Last Name], [First Name]
```

要按降序排序，必须在想要按降序排序的每一列后面使用 DESC 保留字。下面的 SQL 语句对生成的记录排序，先按照 Last Name 以降序排列，再按 First Name 以升序排列：

```
SELECT AccountManagerID, [Last Name], [First Name]
FROM Dim_AccountManagers
ORDER BY [Last Name] DESC, [First Name]
```

14.2.5　使用 AS 子句创建别名

AS 子句可以为列和表指定别名。一般情况下，使用别名的原因有两种：第一种是希望缩短列名或表名，使其易于读取；第二种是使用同一个表的多个实例，需要通过一种方式来指代一个实例或其他实例。

1. 创建列的别名

下面的 SQL 语句对 Market 字段分组，并提供每个市场中的州计数。此外，通过包含 AS 子句，为包含州计数的列提供了别名 State Count。

```
SELECT Market, Count(State) AS [State Count]
FROM Dim_Territory
GROUP BY Market
HAVING Market = "Dallas"
```

2. 创建表的别名

下面的 SQL 语句为 Dim_AccountManagers 指定了别名“MyTable”。

```
SELECT AccountManagerID, [Last Name], [First Name]
FROM Dim_AccountManagers AS MyTable
```

14.2.6　仅显示 SELECT TOP 或 SELECT TOP PERCENT

当运行 SELECT 查询时，将检索满足指定的定义和条件的所有记录。而当运行 SELECT TOP 语句或者上限值查询时，将指示 Access 筛选返回的数据集，仅显示特定数量的记录。

1. 解释的上限值查询

为充分理解 SELECT TOP 语句执行的操作，需要构建如图 14.4 所示的聚合查询。

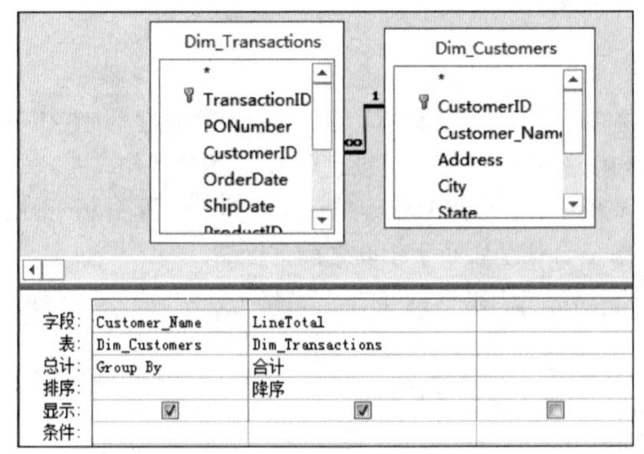

图 14.4　在设计视图中构建此聚合查询。注意，查询仅针对 LineTotal 的合计值进行降序排序

在“查询工具”|“设计”选项卡上，单击“属性表”命令。该操作将激活“属性表”对话框，如图 14.5 所示。或者，也可以使用键盘上的 F4 键来激活“属性表”对话框。

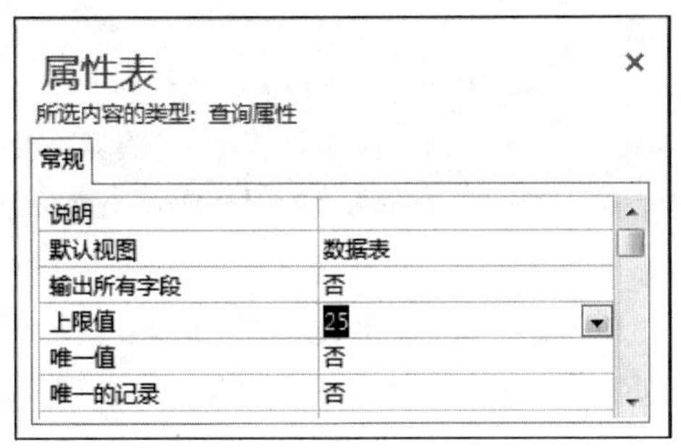

图 14.5　将“上限值”属性改为 25

在“属性表”对话框中，将“上限值”属性改为 25。

如图 14.6 所示，在运行该查询后，仅返回收入合计值排在前 25 位的客户。如果希望返回排在后 25 位的客户，只需要将 LineTotal 字段的排序顺序改为“升序”。

Customer_Name	LineTotal之合计
SUASHU Corp.	¥2,738,933.20
GUPDYU Corp.	¥2,062,418.05
CATYOF Corp.	¥2,007,139.00
SCULOS Corp.	¥1,374,781.70
WHATLU Corp.	¥1,357,050.30
MADOSM Corp.	¥1,282,750.00
USANGE Corp.	¥1,226,356.55
CORULA Corp.	¥1,201,995.95
RADASS Corp.	¥1,198,185.00
SMEAS Corp.	¥1,191,758.00
GRECUW Corp.	¥1,187,312.80
AVAATA Corp.	¥1,174,196.45
ZUQHYR Corp.	¥1,173,088.50
ANATUD Corp.	¥1,093,389.95
THEMOG Corp.	¥1,087,385.00
BASHUQ Corp.	¥1,081,070.55
ATLANT Corp.	¥1,077,585.85
CUGGAN Corp.	¥1,071,389.30
WORUTC Corp.	¥1,068,895.55
EBANAU Corp.	¥1,025,716.70
USLAND Corp.	¥1,005,005.95
QAAKUY Corp.	¥996,152.20
MUUZEO Corp.	¥946,096.70
CUANTY Corp.	¥937,880.00
SUASHF Corp.	¥912,274.15

图 14.6　运行该查询，返回收入排在前 25 位的客户

注意：

Access 不会打破等值的情况。如果第 24 位、第 25 位和第 26 位客户有相同的总收入，将实际返回 26 行。

2. SELECT TOP 语句

SELECT TOP 语句很容易被认出来。运行下面的查询同样可以返回如图 14.6 所示的结果。

```
SELECT TOP 25 Customer_Name, Sum(LineTotal) AS SumOfLineTotal
FROM Dim_Customers INNER JOIN Dim_Transactions ON
Dim_Customers.CustomerID = Dim_Transactions.CustomerID
GROUP BY Customer_Name
ORDER BY Sum(LineTotal) DESC
```

请记住，不必处理汇总或货币即可使用上限值查询。在下面的 SQL 语句中，返回在公司中工作年限最长(也就是入职日期最早)的十位客户经理，生成一份资历报表：

```
SELECT TOP 10 AccountManagerID, [Last Name], [First Name]
```

```
FROM Dim_AccountManagers
ORDER BY HireDate ASC
```

警告：

请注意上述 SQL 语句中 DESC 和 ASC 子句的用法。当使用 SELECT TOP 语句时，必须正确指定排序方向，因为不同的排序方向会选择完全不同的结果，要么是工作年限最长的十个结果，要么是工作年限最短的十个结果。记住，对某个字段排序时不必显示该字段，例如，前面示例中的 HireDate 字段。

3. SELECT TOP PERCENT 语句

SELECT TOP PERCENT 语句的工作方式与 SELECT TOP 语句完全相同，只是 SELECT TOP PERCENT 语句返回的记录表示总记录数的 n%，而不是 n 条记录。例如，下面的 SQL 语句返回按收入排在前 25%的记录：

```
SELECT TOP 25 PERCENT Customer_Name, Sum(LineTotal) AS SumOfLineTotal
FROM Dim_Customers INNER JOIN Dim_Transactions ON
Dim_Customers.CustomerID = Dim_Transactions.CustomerID
GROUP BY Customer_Name
ORDER BY Sum(LineTotal) DESC
```

注意：

记住，SELECT TOP PERCENT 语句仅提供返回的数据集中记录总数的前百分之几或后百分之几，而不是记录中总计值的百分比。例如，上面的 SQL 语句不会仅提供构成 LineTotal 字段中总计值的 25%的那些记录。它提供查询的数据集中总记录数的前 25%条记录。换句话说，如果使用 SELECT 语句可返回 5961 记录，那么使用 SELECT TOP 25 PERCENT 将返回 1491 行。

14.2.7　通过 SQL 语句执行动作查询

当构建动作查询时，实际上是构建特定于该动作的 SQL 语句。这些 SQL 语句除了选择记录外，还可执行其他许多操作。

1. 转换的生成表查询

生成表查询使用 SELECT...INTO 语句生成一个硬编码的表，其中包含查询的结果。下面的示例首先选择客户经理编号、姓氏和名字；然后创建一个名为 Employees 的新表：

```
SELECT AccountManagerID, [Last Name], [First Name] INTO Employees
FROM Dim_AccountManagers
```

2. 转换的追加查询

追加查询使用 INSERT INTO 语句向某个表中插入新行。下面的示例从 Dim_AccountManagers 表向 Employees 表中插入新行：

```
INSERT INTO Employees (AccountManagerID, [Last Name], [First Name])
SELECT AccountManagerID, [Last Name], [First Name]
FROM Dim_AccountManagers
```

3. 转换的更新查询

更新查询使用 UPDATE 语句与 SET 来修改数据集中的数据。下面的示例更新 Dim_Products 表中的 List_Price 字段，以使价格增长 10%。

```
UPDATE Dim_Products SET List_Price = [List_Price]*1.1
```

4. 转换的删除查询

删除查询使用 DELETE 语句来删除数据集中的行。下面的示例从 Employees 表中删除所有行。

```
DELETE * FROM Employees
```

14.2.8　使用 TRANSFORM 语句创建交叉表

TRANSFORM 语句允许创建以简明视图显示数据的交叉表数据集。TRANSFORM 语句需要具有三个主要部分才能正常工作，如下所述：

- 要聚合的字段
- 确定交叉表的行内容的 SELECT 语句
- 构成交叉表的列的字段(“数据透视字段”)

语法如下：

```
TRANSFORM Aggregated_Field
SELECT Field1, Field2
FROM Table1
GROUP BY Select Field1, Field2
PIVOT Pivot_Field
```

例如，下面的语句创建一个交叉表，在该交叉表中，行显示地区和市场，列显示产品，中央部分显示收入。

```
TRANSFORM Sum(Revenue) AS SumOfRevenue
SELECT Region, Market
FROM PvTblFeed
GROUP BY Region, Market
PIVOT Product_Description
```

14.3　使用特定于 SQL 的查询

特定于 SQL 的查询在本质上就是无法通过 Access 查询网格运行的动作查询。这些查询必须在 SQL 视图中或通过代码(宏或 VBA)运行。特定于 SQL 的查询有多种类型，每种查询都执行特定动作。本节介绍其中一些查询，重点介绍可在 Access 中用于成型和配置数据表的查询。

14.3.1　使用 UNION 运算符合并数据集

UNION 运算符用于合并两个兼容的 SQL 语句，生成只读的数据集。例如，下面的 SELECT 语句生成一个按地区和市场显示收入的数据集(见图 14.7)。

```
SELECT Region, Market, Sum(Revenue) AS [Sales]
FROM PvTblFeed
GROUP BY Region, Market
```

Region	Market	Sales
MIDWEST	DENVER	¥645,584.10
MIDWEST	KANSASCITY	¥574,899.15
MIDWEST	TULSA	¥628,407.41
NORTH	BUFFALO	¥450,478.72
NORTH	CANADA	¥776,247.78
NORTH	MICHIGAN	¥678,708.11
NORTH	NEWYORK	¥873,580.79
SOUTH	CHARLOTTE	¥890,514.49
SOUTH	DALLAS	¥467,086.11
SOUTH	FLORIDA	¥1,450,397.76
SOUTH	NEWORLEANS	¥333,452.80
WEST	CALIFORNIA	¥2,254,751.64
WEST	PHOENIX	¥570,254.17

图 14.7　该数据集按地区和市场显示收入

下面的 SELECT 语句生成一个单独的数据集(见图 14.8)，其中按地区显示总收入。

```
SELECT Region, "Total" AS [Market], Sum(Revenue) AS [Sales]
```

```
FROM PvTblFeed
GROUP BY Region
```

Region	Market	Sales
MIDWEST	Total	¥1,848,890.66
NORTH	Total	¥2,779,015.40
SOUTH	Total	¥3,141,451.17
WEST	Total	¥3,004,832.22

图 14.8　该数据集按地区显示总收入

其理念是将上面两个数据集合并到一起，创建一个分析，在一个表中显示详细信息和总收入。UNION 运算符非常适于完成此类工作，即合并两个 SELECT 语句的结果。要使用 UNION 运算符，只需要启动一个新的查询，切换到 SQL 视图，输入下面的语法：

```
SELECT Region, Market, Sum(Revenue) AS [Sales]
FROM PvTblFeed
GROUP BY Region, Market
UNION
SELECT Region, "Total" AS [Market], Sum(Revenue) AS [Sales]
FROM PvTblFeed
GROUP BY Region
```

可以看到，上面的语句只不过是通过 UNION 运算符合并到一起的两个 SQL 语句。将这两个语句合并后(见图 14.9)，结果就是在同一表中显示详细信息和总收入的数据集。

Region	Market	Sales
MIDWEST	DENVER	¥645,584.10
MIDWEST	KANSASCITY	¥574,899.15
MIDWEST	Total	¥1,848,890.66
MIDWEST	TULSA	¥628,407.41
NORTH	BUFFALO	¥450,478.72
NORTH	CANADA	¥776,247.78
NORTH	MICHIGAN	¥678,708.11
NORTH	NEWYORK	¥873,580.79
NORTH	Total	¥2,779,015.40
SOUTH	CHARLOTTE	¥890,514.49
SOUTH	DALLAS	¥467,086.11
SOUTH	FLORIDA	¥1,450,397.76
SOUTH	NEWORLEANS	¥333,452.80
SOUTH	Total	¥3,141,451.17
WEST	CALIFORNIA	¥2,254,751.64
WEST	PHOENIX	¥570,254.17
WEST	SEATTLE	¥179,826.42
WEST	Total	¥3,004,832.22

图 14.9　现在，两个数据集已经组合到一起，创建了一个提供汇总和详细数据的报表

注意：

运行联合查询时，Access 会按照 SELECT 语句中的位置匹配两个数据集中的列。这意味着以下两点：SELECT 语句必须有相同的列数，两个 SELECT 语句中列的顺序非常重要。Access 不会试图匹配列名。实际上，两个数据集中的列名不必匹配。只要列的数据类型匹配，Access 就会根据每个列的位置输出两个表的联合结果。在结果数据集中输出的是第一个 SELECT 语句中的列名。

警告：

注意，UNION 运算符实际上是对生成的数据集执行 SELECT DISTINCT。这意味着，UNION 语句可很好地消除重复行，所谓重复行，指的是每个字段中的所有值在两个数据集中都是相同的。如果在运行 UNION 查询时发现遗漏了某些记录，请考虑使用 UNION ALL 运算符。UNION ALL 运算符执行的操作与 UNION 相同，只是它不应用 SELECT DISTINCT 语句，因此不会消除重复行。

14.3.2　使用 CREATE TABLE 语句创建表

在分析过程中，经常需要创建临时表，以便分组、操纵或者仅保存数据。CREATE TABLE 语句可以通过一个特定于 SQL 的查询完成上述操作。

与生成表查询不同，CREATE TABLE 语句仅用于创建表的结构或架构。使用 CREATE TABLE 语句不会返回任何记录。该语句可以在分析过程中的任意时间策略性地创建一个空表。

CREATE TABLE 语句的基本语法如下：

```
CREATE TABLE TableName
(<Field1Name> Type(<Field Size>), <Field2Name> Type(<Field Size>))
```

要使用 CREATE TABLE 语句，只需要启动一个新查询，切换到 SQL 视图，为表定义结构。

下面的示例使用三个字段创建一个名为 TempLog 的新表。第一个字段是可以接受 50 个字符的 Text 字段，第二个字段是可以接受 255 个字符的 Text 字段，第三个字段是 Date 字段。

```
CREATE TABLE TempLog
([User] Text(50), [Description] Text, [LogDate] Date)
```

注意：

请注意，在上面的示例中，没有为第二个文本列指定字段大小。如果省略字段大小，Access 将使用为数据库指定的默认字段大小。

14.3.3　使用 ALTER TABLE 语句操纵列

ALTER TABLE 语句提供了其他一些在后台更改表的结构的方法。有几个可与 ALTER TABLE 语句结合使用的子句，其中的四个在 Access 数据分析中非常有用，它们分别是 ADD、ALTER COLUMN、DROP COLUMN 以及 ADD CONSTRAINT。

注意：

与本章前面提到的 SQL 语句相比，ALTER TABLE 语句及其各个子句的使用频率要小得多。但是，当分析过程要求动态更改表的结构时，使用 ALTER TABLE 语句会非常方便，帮助避免任何可能的手动操作。

应该注意，无法撤消使用 ALTER TABLE 语句执行的任何动作。因此，在使用这些语句时，需要格外谨慎。

1. 使用 ADD 子句添加列

顾名思义，ADD 子句可以向某个现有表中添加列。该子句的基本语法如下：

```
ALTER TABLE <TableName>
ADD <ColumnName> Type(<Field Size>)
```

要使用 ADD 语句，只需要在 SQL 视图中启动一个新查询，并为新列定义结构。例如，运行下面的示例语句，将创建一个名为 SupervisorPhone 的新列，并将该列添加到名为 TempLog 的表中。

```
ALTER TABLE TempLog
ADD SupervisorPhone Text(10)
```

2. 使用 ALTER COLUMN 子句更改列

在使用 ALTER COLUMN 子句时，需要在某个现有表中指定现有的一列。该子句主要用于更改给定列的数据类型和字段大小。该子句的基本语法如下：

```
ALTER TABLE <TableName>
ALTER COLUMN <ColumnName> Type(<Field Size>)
```

要使用 ALTER COLUMN 语句，只需要在 SQL 视图中启动一个新查询，并针对给定的列定义更改。例如，下面的示例语句将更改 SupervisorPhone 字段的字段大小。

```
ALTER TABLE TempLog
ALTER COLUMN SupervisorPhone Text(13)
```

3. 使用 DROP COLUMN 子句删除列

DROP COLUMN 子句可从某个现有表中删除给定的列。该子句的基本语法如下：

```
ALTER TABLE <TableName>
DROP COLUMN <ColumnName>
```

要使用 DROP COLUMN 语句，只需要在 SQL 视图中启动一个新的查询，并为新列定义结构。例如，运行下面的示例语句，将从 TempLog 表中删除 SupervisorPhone 列：

```
ALTER TABLE TempLog
DROP COLUMN SupervisorPhone
```

4. 使用 ADD CONSTRAINT 子句动态添加主键

对于很多分析人员来说，Access 是一种易于使用的提取、转换、加载(ETL)工具。也就是说，Access 允许从许多数据源中提取数据，然后对这些数据重新格式化并整理到统一的表中。许多分析人员还使用可以激发一系列查询的宏来实现 ETL 过程的自动化处理。这在绝大多数情况下都没有任何问题。

但在某些实例中，ETL 过程要求将主键添加到临时表中，使数据在处理过程中保持规范化。此类情况下，大多数用户会选择执行下面两种操作之一：在处理过程中停止宏，然后手动添加所需的主键；或者创建一个永久性的表，仅用于保存已经设置了主键的表。

但还有第三种选择：使用 ADD CONSTRAINT 子句，该子句允许动态创建主键。该子句的基本语法如下：

```
ALTER TABLE <TableName>
ADD CONSTRAINT CONSTRAINTNAME PRIMARY KEY (<Field Name>)
```

要使用 ADD CONSTRAINT 子句，只需要在 SQL 视图中启动一个新查询，然后定义要添加的新主键。例如，下面的示例语句将向 TempLog 表中的三个字段应用复合键。

```
ALTER TABLE TempLog
ADD CONSTRAINT CONSTRAINTNAME PRIMARY KEY (ID, Name, Email)
```

14.3.4 创建传递查询

传递查询将 SQL 命令直接发送到数据库服务器(例如 SQL Server、Oracle 等)。这些数据库服务器通常称为系统的后端，而 Access 是客户端工具或前端。可以使用特定服务器所要求的语法发送命令。

传递查询的优势在于，分析和处理实际上是在后端服务器上完成的，而不是在 Access 中完成的。所以它们比那些从链接表提取数据的查询快得多，特别是在链接表非常大时，速度差别就更明显。

要构建传递查询，请执行下面的步骤：

(1) **在功能区的“创建”选项卡上，单击“查询设计”命令。**

(2) **关闭“显示表”对话框。**

(3) **单击“查询工具”|“设计”选项卡上的“传递”命令。**此时将显示 SQL 设计窗口。

(4) **输入适合于目标数据库系统的 SQL 语句。**图 14.10 中显示了一个简单的 SQL 语句。

图 14.10 要创建传递查询，必须使用 SQL 窗口

(5) **在“查询工具”|“设计”选项卡上，单击“属性表”命令。**此时将显示“属性表”对话框(如图 14.11 所示)。

(6) **为服务器输入适当的连接字符串。**通常情况下，应该输入平常用于连接到服务器的 ODBC 连接字符串。

(7) **单击“运行”。**

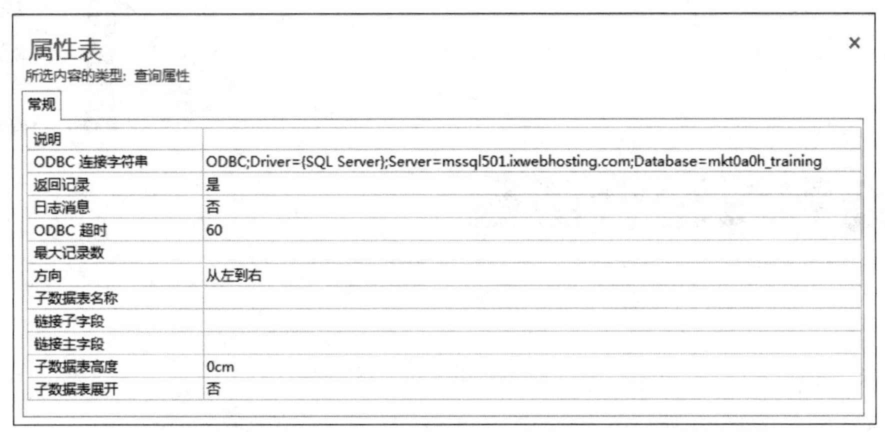

图 14.11　必须在传递查询的“属性表”对话框中指定 ODBC 连接字符串

当选择使用传递查询时，应该注意以下事项：

- 必须自己构建 SQL 语句。Access 不会提供任何帮助，不能使用 QBE 构建语句。
- 如果服务器的连接字符串发生更改，需要返回到传递查询的属性，编辑 ODBC 连接字符串属性。或者，如果使用现有的 DSN，则只需要编辑 DSN 配置。
- 从传递查询获得的结果是只读的。不能更新或编辑返回的记录。
- 只能编写选择数据的查询。这意味着，不能编写更新查询、追加查询、删除查询或者生成表查询。
- 要发送到服务器的 SQL 语句是通过硬编码方式写入的，不可能包含动态参数(像参数查询那样)。原因在于，发送 SQL 语句后，无法将参数传递到服务器。

第 15 章

子查询和域聚合函数

本章内容：

- 使用子查询增强分析
- 使用域聚合函数

通常都会在层中执行分析，每层分析都使用上一层或者基于上一层而构建。实际上，这种将多个层构建到分析过程中的做法非常常见。例如，使用另一个查询作为数据源来构建查询时，实际上就是对分析进行分层处理。当基于由生成表查询创建的临时表构建查询时，也是在对分析进行分层处理。

对于上述所有分层处理分析的常规方法，有两点是共通的：

- **它们都会向分析过程添加一个步骤**。如果必须运行一个查询，才能为另一个查询提供数据，或者必须创建临时表，才能继续进行分析，则需要添加另一项任务，在获得最终结果之前必须完成该任务。
- **它们全都需要创建临时表或临时查询，使数据库中充满表和查询对象，导致分析过程非常混乱，数据库也很容易过度膨胀**。这种情况下，子查询和域聚合函数可以提供帮助。

子查询和域聚合函数允许通过一个查询将不同的层构建到分析中，不再需要临时表或临时查询。

交叉参考：

学习子查询和域聚合函数的相关主题需要了解 SQL。绝大多数初级 Access 用户未掌握 SQL 基础知识。如果属于这种情况，请先暂停学习，返回到第 14 章，了解足够的 SQL 基本知识，才能继续学习本章中的内容。

Web 内容

本章中练习的初始数据库为 Chapter15.accdb，可以从本书对应的 Web 站点下载。

15.1 使用子查询增强分析

子查询(有时称为子选择查询)是嵌套在其他查询中的选择查询。子查询的主要用途是允许在执行某个查询的过程中使用另一个查询的结果。使用子查询，可以解答多分支问题，为进一步的选择指定条件，或者定义要在分析中使用的新字段。

如图 15.1 所示的查询说明了如何在设计网格中使用子查询。在查看该查询时，请记住，这仅是一个说明如何使用子查询的示例，子查询并非只能用作条件。

如果构建如图 15.1 所示的查询并切换到 SQL 视图，将看到如图所示的 SQL 语句。能找出子查询吗？请查找第二个 SELECT 语句。

```
SELECT CustomerID, Sum(LineTotal) AS SumOfLineTotal
FROM Dim_Transactions
WHERE CustomerID IN
(SELECT [CustomerID] FROM [Dim_Customers] WHERE [State] = "CA")
GROUP BY CustomerID
```

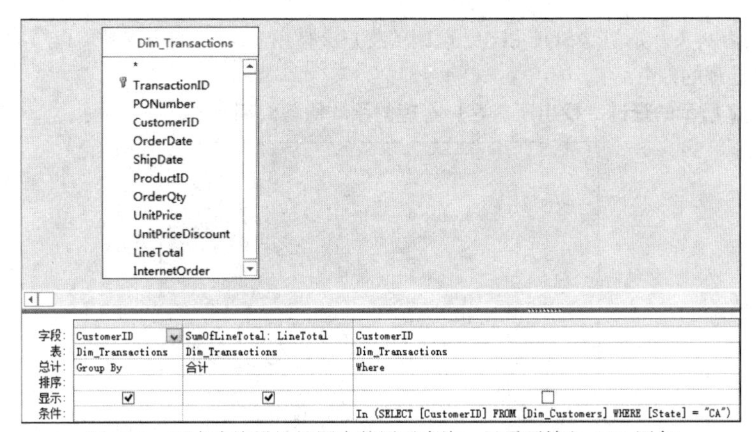

图 15.1　要在查询设计视图中使用子查询，只需要输入 SQL 语句

> 注意：
> 子查询必须始终包含在括号中。

子查询背后的真正意图在于，首先执行子查询，然后在外查询(在其中嵌套子查询的查询)中使用子查询的结果作为条件、表达式、参数等。在如图 15.1 所示的示例中，子查询将首先返回属于 California 市场的分支列表。然后，外查询使用该列表作为条件，筛选出不属于 California 市场的员工。

15.1.1　使用子查询的原因

与使用联接的标准查询相比，子查询的运行速度通常要慢一些。这是因为，子查询要么针对整个数据集执行，要么求解多次，即针对外查询处理的每一行分别求解一次。所以它们的执行速度比较慢，特别是在数据集较大的情况下。那么，为什么还要使用它们呢？

许多分析都需要一些使用临时表或临时查询的多步骤过程。尽管临时表和查询本身没有错误，但在分析过程中过度使用它们，可能导致分析过程变得非常混乱，数据库也很容易过度膨胀。

尽管使用子查询会对性能产生了一定影响，但为了获得流畅的流程以及优化的分析过程，这点影响是可以接受的。甚至会发现，随着越来越习惯于编写自己的 SQL 语句，在动态查询中使用子查询实际上节省了时间。

15.1.2　子查询基本规则

在使用子查询时，必须了解一些规则和限制，如下所述：

- 子查询至少在其 SQL 字符串中必须有一个 SELECT 语句和一个 FROM 子句。
- 必须用括号将子查询括起来。
- 从理论上讲，最多可以在一个查询中嵌套 31 个子查询。但是，具体的数字取决于系统的可用内存以及子查询的复杂程度。
- 只要子查询返回单个值，便可将其用作表达式。
- 仅当子查询是 SELECT TOP 或 SELECT TOP PERCENT 语句时，才能在其中使用 ORDER BY 子句。
- 不能在包含 GROUP BY 子句的子查询中使用 DISTINCT 关键字。
- 如果在外查询和子查询中均使用某个表，那么在包含该表的查询中必须使用表别名。

15.1.3　在不输入 SQL 语句的情况下创建子查询

有些用户可能尽量避免使用子查询，因为他们并不习惯于编写自己的 SQL 语句。的确，即使是执行最小的分析，所需的大量 SQL 语句也会令人望而生畏。

例如，假定要求提供“服务时间超过所有客户经理的平均服务时间”的客户经理数。听起来这似乎是一个比较简单的分析，如果使用子查询，确实会非常简单。

不过，从哪里入手呢？只需要在查询的 SQL 视图中编写一个 SQL 语句，然后运行该语句即可。但是，实际上很多 Access 用户并没有从头开始创建 SQL 语句。聪明的用户会使用 Access 的内置功能以节省时间和精力。诀窍是将分析拆分为多个可管理的部分。

(1) 创建如图 15.2 所示的查询，找出所有客户经理的平均服务时间。

Dim_AccountManagers
*
AccountManagerID
FullName
First Name
Last Name
Email Address
Telephone
HireDate
字段:
表:
总计:
排序:
显示:
条件:
Avg_TIS_in_Months: Avg(DateDiff("m",[HireDate],Date()))
Expression

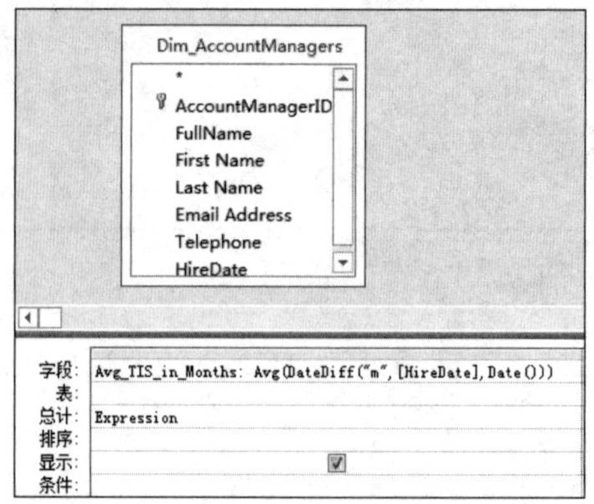

图 15.2　创建一个查询，找出所有客户经理的平均服务时间

(2) 切换到 SQL 视图(如图 15.3 所示)，并复制 SQL 语句。

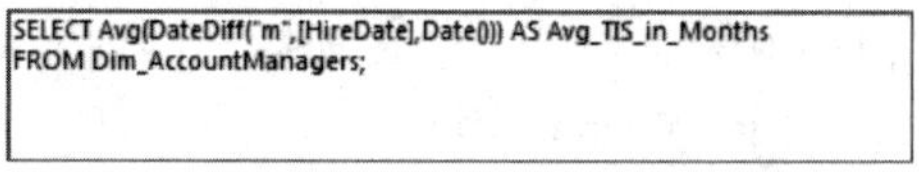

SELECT Avg(DateDiff("m",[HireDate],Date())) AS Avg_TIS_in_Months
FROM Dim_AccountManagers;

图 15.3　切换到 SQL 视图并复制 SQL 语句

(3) 创建一个查询，按服务时间计算客户经理数。图 15.4 中的查询即用于执行此操作。

(4) 右击 TIS_in_Months 字段下的“条件”行，并选择“显示比例”。此时将显示“缩放”对话框(如图 15.5 所示)。“缩放”对话框可帮助更轻松地处理那些太长而无法在查询网格中显示出来的文本。

Dim_AccountManagers
*
AccountManagerID
FullName
First Name
Last Name
Email Address
Telephone
HireDate
字段:
表:
总计:
排序:
显示:
条件:
MyCount: AccountManagerID
Dim_AccountManagers
计数
TIS_in_Months: DateDiff("m",[HireDate],Date())
Where

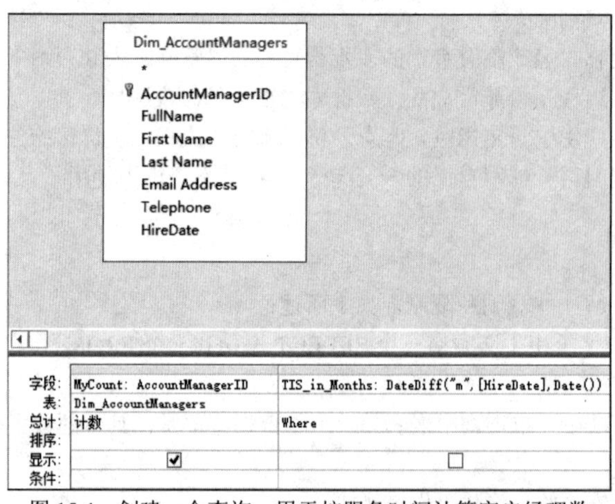

图 15.4　创建一个查询，用于按服务时间计算客户经理数

缩放
SELECT Avg(DateDiff("m",[HireDate],Date())) AS Avg_TIS_in_Months
FROM Dim_AccountManagers;
确定
取消
字体(F)...

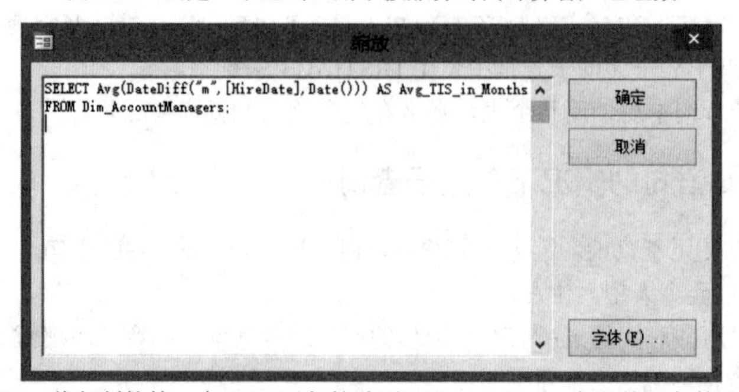

图 15.5　将复制的第一个 SQL 语句粘贴到 TIS_in_Months 字段的“条件”行中

(5) 在“缩放”对话框打开的情况下，将之前复制的 SQL 语句粘贴到白色输入区域。

注意：

记住，子查询必须用括号括起来，因此，需要在刚粘贴的 SQL 语句两侧输入括号。还需要确保删除 Access 自动添加的所有回车符。

(6) 为完成查询，在子查询的前面输入大于号(>)，并将 TIS_in_Months 行的 GROUP BY 改为 WHERE 子句。单击“确定”接受修改。此时，查询应该如图 15.6 所示。

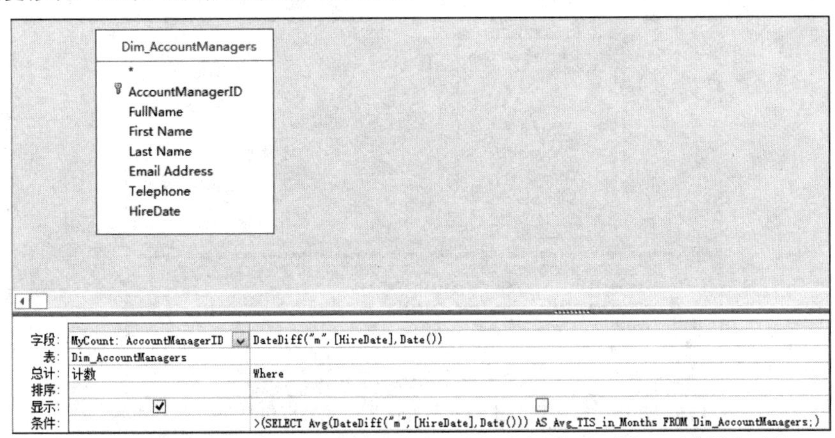

图 15.6　运行该查询将指出，有 12 位客户经理的服务时间超过公司平均服务时间

现在，如果转到图 15.6 所示的查询的 SQL 视图，将看到下面的 SQL 语句：

```
SELECT Count(AccountManagerID) AS MyCount
FROM Dim_AccountManagers
WHERE (((DateDiff("m",[HireDate],Date()))
>(SELECT Avg(DateDiff("m",[HireDate],Date())) AS Avg_TIS_in_Months
FROM Dim_AccountManagers;)));
```

其优点在于，不必输入上述所有语法。只需要利用自己的 Access 知识将为获取最终结果而必须采取的操作组合到一起。随着对 SQL 越来越熟悉，你会发现，完全可以手动创建子查询，而不会出现任何问题。

15.1.4　将 IN 和 NOT IN 运算符与子查询结合使用

IN 和 NOT IN 运算符可在一个查询中运行两个查询。其理念是，首先执行子查询，然后外部查询使用生成的数据集来筛选最终的输出。

如图 15.7 所示的示例首先运行一个子查询，选择位于 California (CA)的所有客户。然后，外部查询使用生成的数据集作为条件，返回与子查询中返回的客户编号匹配的那些客户的 LineTotal 合计。

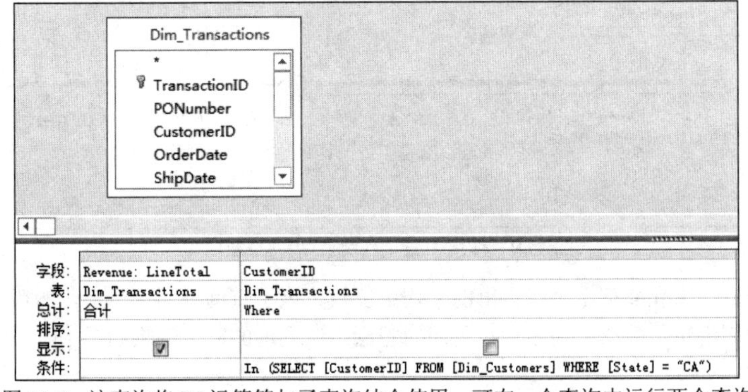

图 15.7　该查询将 IN 运算符与子查询结合使用，可在一个查询中运行两个查询

如果使用 NOT IN 运算符，将得到相反的结果，即返回与子查询中返回的客户编号不匹配的那些客户的 LineTotal 合计。

15.1.5　将子查询与比较运算符结合使用

顾名思义，比较运算符(如=、<、>、<=、>=、<>等)用于比较两项，返回 True 或 False。当将子查询与比较运算符结合使用时，会要求 Access 比较外部查询生成的数据集与子查询生成的数据集。

例如，要返回购买量超过所有客户的平均购买量的所有客户，可使用如图 15.8 所示的查询。

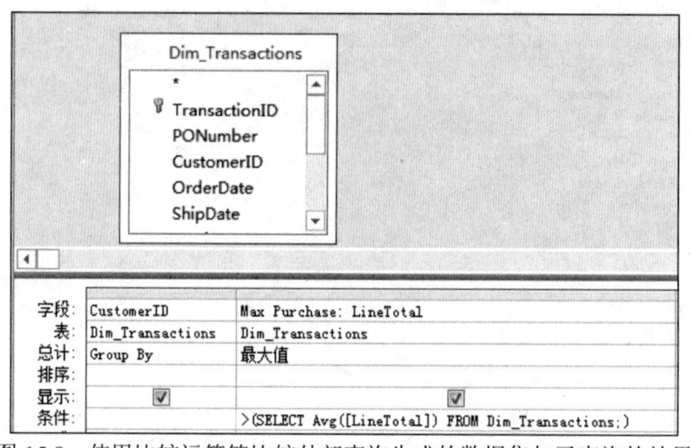

图 15.8　使用比较运算符比较外部查询生成的数据集与子查询的结果

子查询将首先运行，提供所有客户的平均购买量。这是单个值，随后，Access 比较该值与外部查询生成的数据集。换句话说，就是将每个客户的最大购买量与公司平均购买量进行比较。如果某个客户的最大购买量超过了公司平均购买量，则会将其包含在最终输出结果中，否则，会将其从输出结果中排除。

注意：
与比较运算符结合使用的子查询必须返回单个值。

15.1.6　使用子查询作为表达式

在前面的每个示例中，都将子查询与 WHERE 子句结合使用，实际上就是使用子查询的结果作为外部查询的条件。也可使用子查询作为表达式，前提是该子查询必须返回单个值。如图 15.9 所示的查询显示了如何使用子查询作为计算中的表达式。

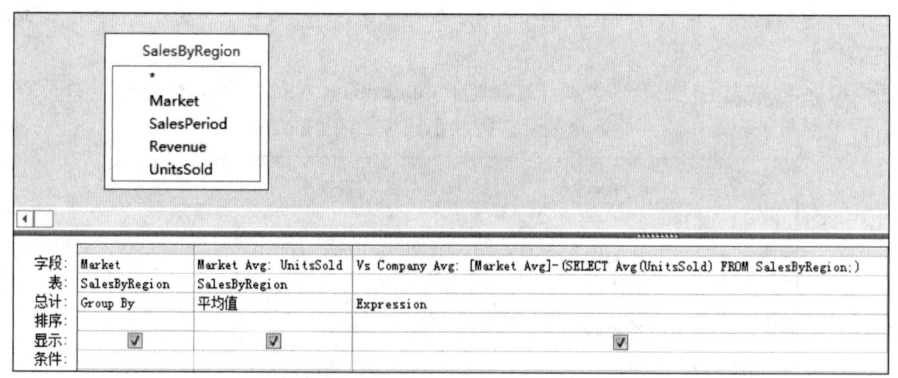

图 15.9　使用子查询作为计算中的表达式

该示例使用一个子查询来获取整个公司售出的平均单位数，该子查询返回单个值。然后，在计算中使用该值，以确定每个市场的平均售出单位数与公司平均数之间的差额。该查询的输出结果如图 15.10 所示。

Market	Market Avg	Vs Company Avg
Asia	1,142	-612
Australia	1,119	-635
Northern Europ	2,647	893
South America	1,165	-589
Southern Europ	1,800	46
United Kingdom	2,591	837
United States	1,814	60

图 15.10　查询结果

15.1.7　使用相关子查询

相关查询(correlated subqueries)本质上就是反过来引用外部查询中某一列的子查询。相关子查询的独特之处在于，标准子查询只需要求解一次便可获得结果，而相关子查询需要求解多次，即针对外部查询处理的每一行分别求解一次。为说明这一点，请考虑下面两个 SQL 语句。

1. 非相关子查询

下面的 SQL 语句使用了非相关子查询。是如何判断出来的呢？该子查询没有引用外部查询中的任何列。该子查询只需要求解一次，即可提供整个数据集的平均收入。

```
SELECT MainSummary.Branch_Number,
    (SELECT Avg(Revenue)FROM MainSummary)
    FROM MainSummary
```

2. 相关子查询

下面的 SQL 语句使用了相关子查询。该子查询返回到外部查询，并引用 Branch_Number 列，实际上会强制子查询针对外部查询处理的每一行分别求解一次。该查询的最终结果将是一个数据集，显示公司中每个分支结构的平均收入。图 15.11 显示了该 SQL 语句在查询编辑器中的显示情况。

```
SELECT MainSummary.Branch_Number,
    (SELECT Avg(Revenue)FROM MainSummary AS M2
    WHERE M2.Branch_Number = MainSummary.Branch_Number) AS AvgByBranch
FROM MainSummary
GROUP BY MainSummary.Branch_Number
```

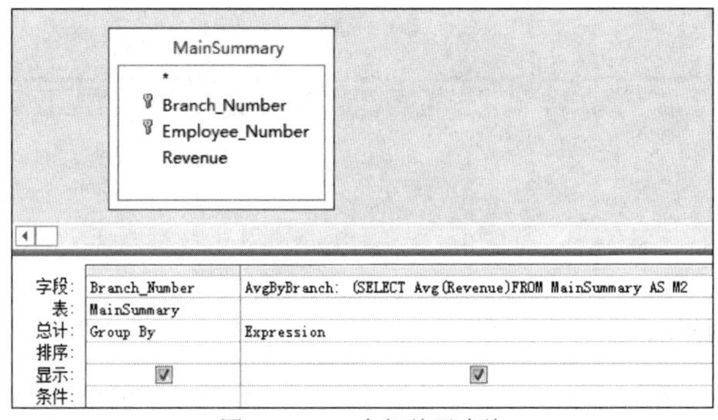

图 15.11　一个相关子查询

将别名与相关子查询结合使用

请注意，在相关子查询中，使用 AS 子句来建立表别名 M2。执行该操作的原因在于，子查询和外部查询都使用同一个表。为其中一个表提供别名，Access 就可以准确区分在 SQL 语句中引用的是哪个表。尽管该 SQL 语句中的别名被指定给子查询，但可以轻松地为外部查询中的表指定别名。

注意，字符 M2 没有任何意义。实际上，可以使用任何文本字符串，只要别名和表名加起来不超过 255 个字符即可。

要在设计视图中为某个表指定别名，只需要右击字段列表，然后在显示的快捷菜单中选择“属性”，如图 15.12 所示。

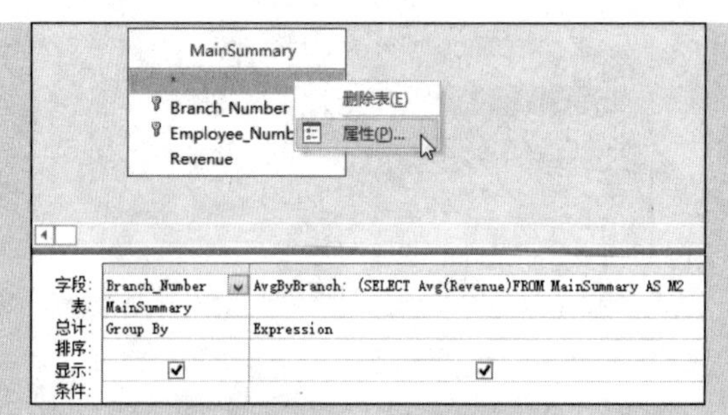

图 15.12　指定别名

接下来，编辑“别名”属性，将其指定为想要使用的字符(见图 15.13)。当字段列表上的名称更改为新指定的别名时，就说明别名指定已经生效。

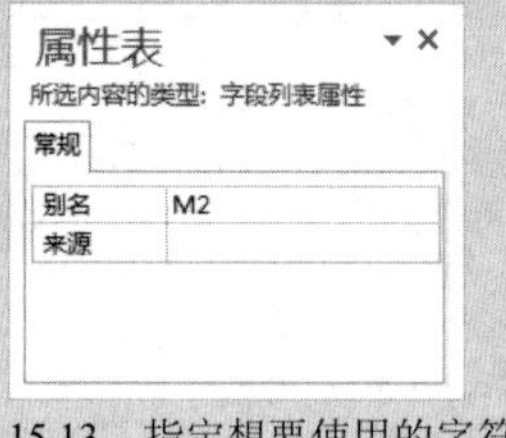

图 15.13　指定想要使用的字符

3. 使用相关子查询作为表达式

如图 15.9 所示的示例使用了一个非相关子查询来确定每个市场的平均售出单位数与公司的平均售出单位数之间的差额。

可将同一类型的方法应用于相关子查询。在如图 15.14 所示的查询中，关联每个分支机构编号，可以确定每个员工的年收入与该员工所在分支机构的平均收入之间的差额。

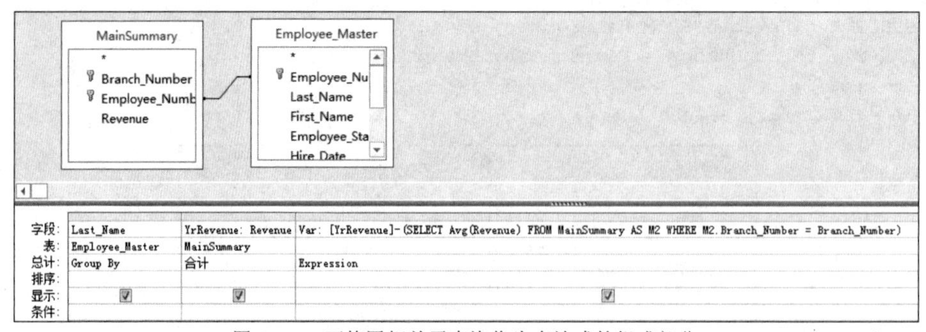

图 15.14　可使用相关子查询作为表达式的组成部分

15.1.8　在动作查询中使用子查询

动作查询可以像选择查询一样轻松地包含子查询。下面的示例说明了如何在动作查询中使用子查询。

1. 生成表查询中的子查询

下例说明如何在生成表查询中使用子查询，创建一个新表，其中包含 1995 年 1 月 1 日前入职的所有员工的数据：

```
SELECT E1.Employee_Number, E1.Last_Name, E1.First_Name
INTO OldSchoolEmployees
FROM Employee_Master as E1
WHERE E1.Employee_Number IN
    (SELECT E2.Employee_Number
    FROM Employee_Master AS E2
    WHERE E2.Hire_Date <#1/1/1995#)
```

2. 追加查询中的子查询

下面的示例在追加查询中使用子查询，为 LeadList 中的 CustomerMaster 表添加新客户：

```
INSERT INTO CustomerMaster (Customer_Number, Customer_Name, State )
SELECT CompanyNumber,CompanyName,State
FROM LeadList
WHERE CompanyNumber Not In
     (SELECT Customer_Number from CustomerMaster)
```

3. 更新查询中的子查询

下面的示例在更新查询中使用子查询，在 PriceMaster 表中将南部区域的分支机构的所有价格都增加 10%：

```
UPDATE PriceMaster SET Price = [Price]*1.1
WHERE Branch_Number In
     (SELECT Branch_Number from LocationMaster WHERE Region = "South")
```

使用一个查询获取数据集的一部分

可以使用上限值子查询轻松地获取数据集的第二四分位数，步骤如下：

(1) 创建一个上限值查询，返回数据集中前 25%的记录。为了指定某个查询为上限值查询，可右击白色查询网格上方的灰色区域并选择“属性”。在“属性表”对话框中，调整“上限值”属性以返回所需的前 *n* 个值，如图 15.15 所示。对于该示例，使用 25%。

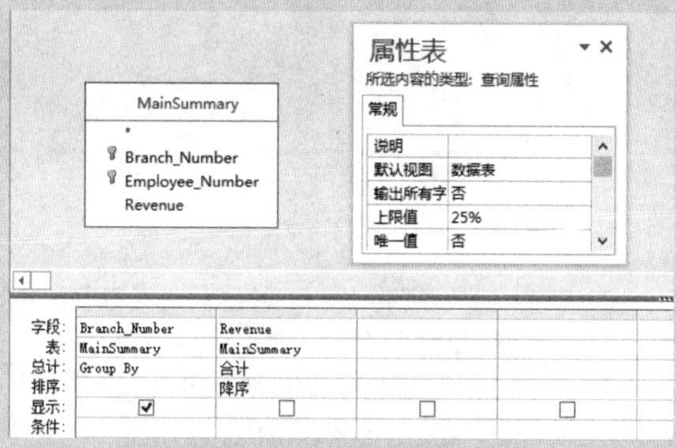

图 15.15　调整“上限值”属性

(2) 切换到 SQL 视图(如图 15.16 所示)，并复制 SQL 字符串。

```
SELECT TOP 25 PERCENT MainSummary.Branch_Number
FROM MainSummary
GROUP BY MainSummary.Branch_Number
ORDER BY MainSummary.Branch_Number, Sum(MainSummary.Revenue) DESC;
```

图 15.16　切换到 SQL 视图

(3) 切换回设计视图，并将刚复制的 SQL 语句粘贴到 Branch_Number 字段的“条件”行中。要执行此操作，请右击 Branch_Number 字段的“条件”行，并从显示的快捷菜单中选择“显示比例”。然后，将 SQL 语句粘贴到“缩放”对话框中，如图 15.17 所示。

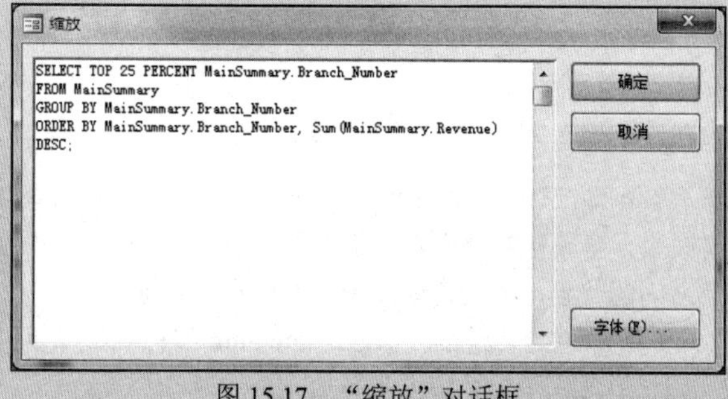

图 15.17　“缩放”对话框

(4) **下一部分需要一定的技巧，需要对 SQL 语句执行以下编辑，使其适用于这种情况：**

- 由于该子查询是 Branch_Number 字段的条件，只需要在 SQL 语句中选择 Branch_Number；因此，可删除 MainSummary.Branch_Number 以及其后的逗号。
- 删除所有回车符。
- 在子查询两侧添加括号，并在整个子查询(连同括号)之前添加 NOT IN 运算符。

此时，“缩放”对话框应该如图 15.18 所示。

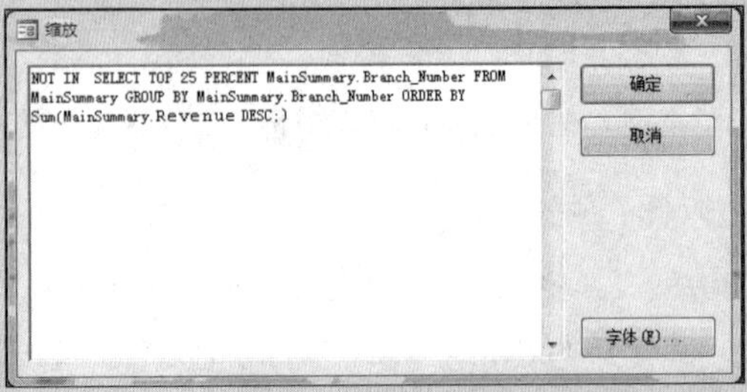

缩放

```
NOT IN  SELECT TOP 25 PERCENT MainSummary.Branch_Number FROM
MainSummary GROUP BY MainSummary.Branch_Number ORDER BY
Sum(MainSummary.Revenue DESC;)
```

确定　取消　字体(F)...

图 15.18　修改后的内容

(5) **切换到设计视图。**如果一切正常，查询应该如图 15.19 所示。

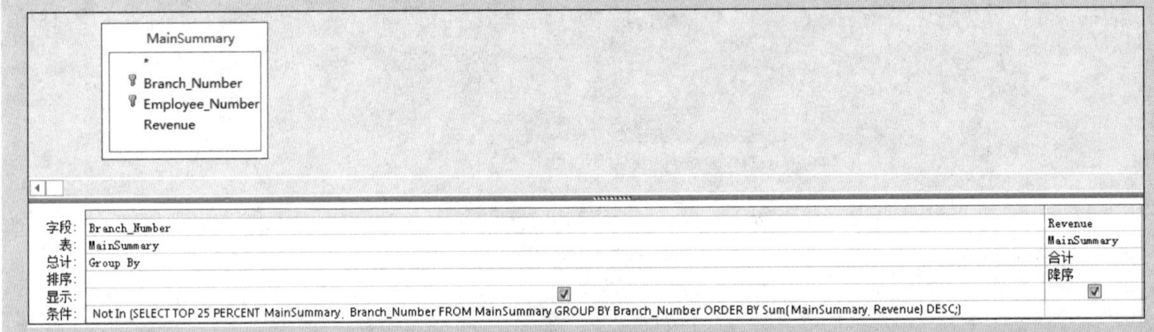

图 15.19　最终查询

查询已构建完成。若要获取 50%，只需将子查询中的 TOP 25 PERCENT 替换为 TOP 50 PERCENT；若要获取 75%，请使用 TOP 75 PERCENT。

注意：
确保检查本章的示例文件，获得此处已完成的查询。

4. 删除查询中的子查询

下面的示例在删除查询中使用子查询，在LeadList表中将与CustomerMaster表中相同的客户删除：

```
DELETE *
FROM LeadList
WHERE CompanyNumber In
    (SELECT Customer_Number from CustomerMaster)
```

15.2　域聚合函数

通过域聚合函数，可以从整个数据集(域)中提取并聚合统计信息。这些函数与聚合查询的区别在于，聚合查询会在求值之前先对数据分组，而域聚合函数针对整个数据集求值，因此，域聚合函数永远也不会返回多个值。为了明确掌握聚合查询与域聚合函数之间的差异，请构建如图 15.20 所示的查询。

运行该查询可以获得如图 15.21 所示的结果。注意，Aggregate Sum 列针对每一年包含不同的合计值，而 Domain Sum 列(域聚合函数)仅包含一个合计值(对应于整个数据集)。

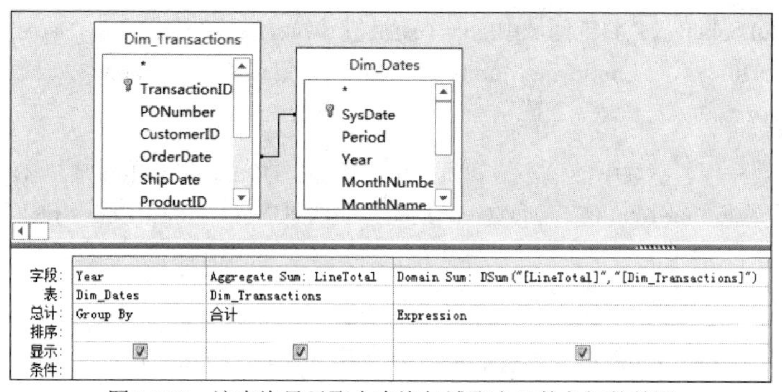

图 15.20　该查询显示聚合查询与域聚合函数之间的差别

Year	Aggregate Sum	Domain Sum
2011	$16,402,703	164564683.25
2012	$45,317,067	164564683.25
2013	$61,776,867	164564683.25
2014	$41,068,046	164564683.25

图 15.21　可以清楚地看到聚合查询与域聚合函数之间的差异

注意：

尽管本章中的示例显示的是在查询表达式中使用的域聚合函数，但也可以在宏、模块或者窗体和报表的计算控件中使用这些函数。

域聚合函数的分解结构

存在 12 种不同的域聚合函数，但它们有相同的分解结构，如下所示：

```
FunctionName("[Field Name]","[Dataset Name]", "[Criteria]")
```

- FunctionName：这是域聚合函数的名称。
- Field Name (必需)：该表达式标识包含数据的字段。
- Dataset Name (必需)：该表达式标识所使用的表或查询，也称为域。
- Criteria (可选)：该表达式用于限制执行域聚合函数的数据范围。如果不指定任何条件，将针对整个数据集执行域聚合函数。

注意：

不能在域聚合函数中将参数用作表达式。

15.2.1　了解不同的域聚合函数

Access 提供了 12 种不同的域聚合函数，每一种都执行不同的操作。本节介绍每种函数的用途和功效。

1. DSum

DSum 函数返回域中指定字段的总合计值。例如 DSum("[LineTotal]", "[Dim_Transactions]")返回 Dim_Transactions 表中 LineTotal 字段的总合计值。

2. DAvg

DAvg 函数返回域中指定字段的平均值。例如，DAvg("[LineTotal]", "[Dim_Transactions]")返回 Dim_Transactions 表中 LineTotal 字段的平均值。

3. DCount

DCount 函数返回域中的记录总数。例如，DCount("*", "[Dim_Transactions]")返回 Dim_Transactions 表中的记录总数。

4. DLookup

DLookup 函数返回与在 DLookup 函数中定义的条件匹配的指定字段的第一个值。如果不提供条件，或者提供的条件不足以标识唯一行，DLookup 函数将返回域中的一个随机值。例如，DLookUp("[Last_Name]", "[Employee_ Master]", "[Employee_Number]='42620' ")返回 Employee_Number 为 42620 的记录的 Last_Name 字段值。

5. DMin 和 DMax

DMin 和 DMax 函数分别返回域中的最小值和最大值。例如，DMin("[LineTotal]", "[Dim_ Transactions]")返回 Dim_Transactions 表中的最低 LineTotal 值，而 DMax("[LineTotal]", "[Dim_ Transactions]")返回 Dim_Transactions 表中的最高 LineTotal 值。

6. DFirst 和 DLast

DFirst和DLast函数分别返回域中的第一个值和最后一个值。例如，DFirst("[LineTotal]", "[Dim_ Transactions]")返回Dim_Transactions表中的第一个LineTotal值，而DLast("[LineTotal]", "[Dim_ Transactions]")返回Dim_Transactions表中的最后一个LineTotal值。记住，可使用ORDER BY子句对DFirst或DLast函数中使用的字段排序，否则得到的是字段的随机值。

7. DStDev、DStDevP、DVar 和 DvarP

可使用DStDev和DStDevP函数分别返回总体示例和总体的标准偏差。类似地，DVar和DVarP函数分别返回总体示例和总体的方差。例如，DStDev("[LineTotal]", "[Dim_Transactions]")返回Dim_Transactions表中所有LineTotal的标准偏差。DVar("[LineTotal]", "[Dim_Transactions]")返回Dim_Transactions表中所有LineTotal的方差。

15.2.2　了解域聚合函数的语法

域聚合函数的独特之处在于，使这些函数正常工作的语法实际上因具体情况而异。这导致某些非常失望的用户完全弃用域聚合函数。本节将介绍一些常规的准则，以帮助构建域聚合函数。

1. 不使用条件

下面的示例对 Dim_Transactions 表(域)中的 LineTotal 字段值求和。字段名和数据集名必须始终用引号括起来。

```
DSum("[LineTotal]","[Dim_Transactions]")
```

> **提示：**
> 请注意使用方括号。尽管并不总是必需的，但一般最好在标识字段、表或查询时使用方括号。

2. 使用文本条件

下面的示例对 PvTblFeed 表(域)中 Branch_Number 字段值为 301316 的 Revenue 字段值求和。注意，Branch_Number 字段采用文本格式。在指定文本或字符串条件时，必须用单引号将条件括起来。此外，还必须使用双引号将整个条件表达式括起来。

```
DSum("[Revenue]", "[PvTblFeed]", "[Branch_Number] = '301316' ")
```

> **提示：**
> 可在域聚合函数的条件表达式中使用任何有效的 WHERE 子句。这可以为域聚合函数添加一级功能，因为它们支持使用多列和逻辑运算符，例如 AND、OR、NOT 等。下面是一个示例：
> ```
> DSum("[Field1]", "[Table]", "[Field2] = 'A' OR [Field2] = 'B' AND [Field3] = 2")
> ```

如果引用窗体或报表中的控件，语法需要稍加更改，如下所示：

```
DSum("[Revenue]", "[PvTblFeed]", "[Branch_Number] = ' " &
[MyTextControl] & " ' " )
```

注意，需要使用单引号将控件的值转换为字符串。换句话说，如果窗体控件的值为 301316，那么"[System_Period] = ' " & [MyTextControl] & " ' "实际上将转换为"[System_Period] = '301316' "。

3. 使用数字条件

下面的示例对 Dim_Transactions 表(域)中 LineTotal 字段值大于 500 的 LineTotal 字段值求和。注意，并没有使用单引号，因为 LineTotal 字段是一个数字字段。

```
DSum("[LineTotal]", "[Dim_Transactions]", "[LineTotal] > 500 ")
```

如果引用窗体或报表中的控件，语法需要稍加更改，如下所示：

```
DSum("[LineTotal]", "[Dim_Transactions]", "[LineTotal] >" [MyNumericControl])
```

4. 使用日期条件

下面的示例对 Dim_Transactions 表(域)中 OrderDate 字段值为 07/05/2013 的 LineTotal 字段值求和：

```
DSum("[LineTotal]", "[Dim_Transactions]", "[OrderDate] = #07/05/2013# ")
```

如果引用窗体或报表中的控件，语法需要稍加更改，如下所示：

```
DSum("[LineTotal]", "[Dim_Transactions]", "[OrderDate] = #" &
[MydateControl] & "#")
```

注意，使用#号将控件的值转换为日期。换句话说，如果窗体控件的值为 07/05/2013，那么"[Service_Date] = #" & [MydateControl] & "#"实际上将转换为"[Service_Date] = #07/05/2013# "。

15.2.3　使用域聚合函数

与子查询一样，在执行大规模的分析以及处理非常大的数据集时，域聚合函数的效率并不是非常高。这些函数更适合在较小的数据子集上进行专业分析时使用。的确，绝大多数情况下，是在求解的数据集是可预测、可控的环境中找到域聚合函数。但是，这并不表示域聚合函数不能在日常数据分析中使用。本节介绍一些示例，说明如何使用域聚合函数来实现一些常见任务。

1. 计算总数的百分比

如图 15.22 所示的查询返回分组的产品以及每种产品类别对应的 LineTotal 合计。这是一个非常有必要的分析，但是，可以轻松地增强它，只需要添加一列，用于显示每种产品在总收入中所占的百分比。

Product_Category	Revenue
Bar Equipment	$1,806,137.90
Commercial Appliances	$8,634,337.05
Concession Equipment	$10,083,748.40
Fryers	$3,971,959.10
Ovens and Ranges	$58,399,471.75
Refrigerators and Coo	$43,786,517.10
Warmers	$37,882,511.95

图 15.22　要添加一列，用于显示每种产品类别在总收入中所占的百分比

要获取每种产品在总收入中所占的百分比，自然需要了解整个数据集的总收入。此时需要使用 DSum 函数。下面的 DSum 函数返回数据集的总收入：

```
DSum("[LineTotal]","[Dim_Transactions]")
```

现在，可使用该函数作为计算中的表达式，返回每个产品组在总收入中所占的百分比。图 15.23 中显示了具体的查询构成。

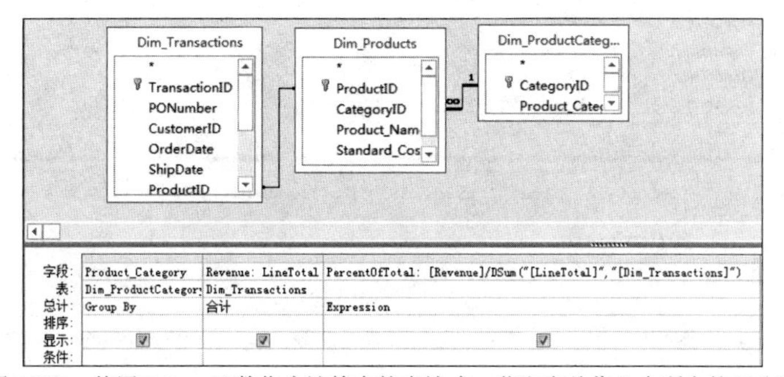

图 15.23　使用 DSum 函数作为计算中的表达式，获取在总收入中所占的百分比

如图 15.24 所示的结果证明这是一种非常简捷的方法，可通过一个查询获取每个组的总收入以及每个组在总收入中所占的百分比。

Product_Category	Revenue	PercentOfTotal
Bar Equipment	$1,806,137.90	1.10%
Commercial Appliances	$8,634,337.05	5.25%
Concession Equipment	$10,083,748.40	6.13%
Fryers	$3,971,959.10	2.41%
Ovens and Ranges	$58,399,471.75	35.49%
Refrigerators and Coo	$43,786,517.10	26.61%
Warmers	$37,882,511.95	23.02%

图 15.24　通过一个查询检索到每个组的总收入以及每个组在总收入中所占的百分比

2. 创建运行计数

如图 15.25 所示的查询使用 DCount 函数作为表达式，以返回在每个特定的发票日期处理的发票数量。

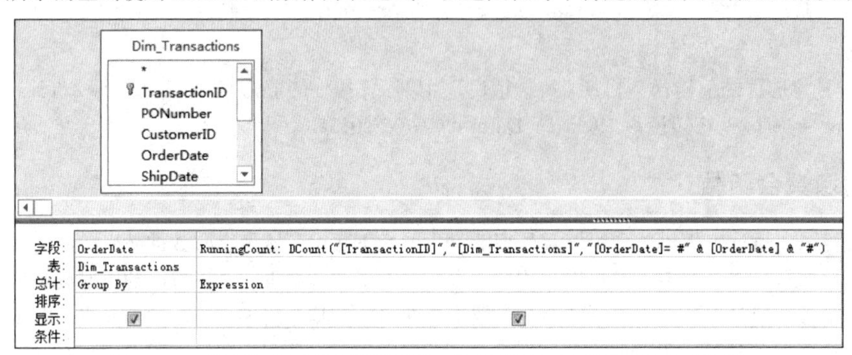

图 15.25　该查询返回所有发票日期，以及在每个日期处理的发票数量

下面分析一下该 DCount 函数执行的操作：

```
DCount("[TransactionID]","[Dim_Transactions]","[OrderDate]= #" &
[OrderDate] & "#")
```

该 DCount 函数获取发票日期等于(=)查询返回的每个发票日期的发票数。因此，在图 15.25 所示的查询环境中，生成的数据集将显示每个发票日期及其对应的发票计数。

如果更改 DCount 函数，指示该函数返回发票日期等于或早于(<=)查询返回的每个发票日期的发票数，会出现什么情况？

```
DCount("[TransactionID]","[Dim_Transactions]","[OrderDate]<= #" &
[OrderDate] & "#")
```

上面的 DCount 函数返回每个日期的发票计数以及在此之前的任何日期的发票计数，从而提供运行计数。

要实际执行上述操作，只需要将 DCount 函数中的=运算符替换为<=运算符，如图 15.26 所示。

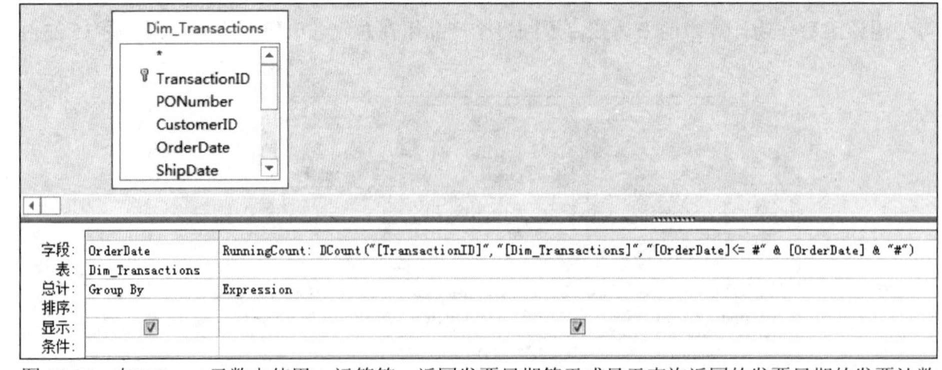

图 15.26　在 DCount 函数中使用<=运算符，返回发票日期等于或早于查询返回的发票日期的发票计数

图 15.27 中显示了生成的运行计数。

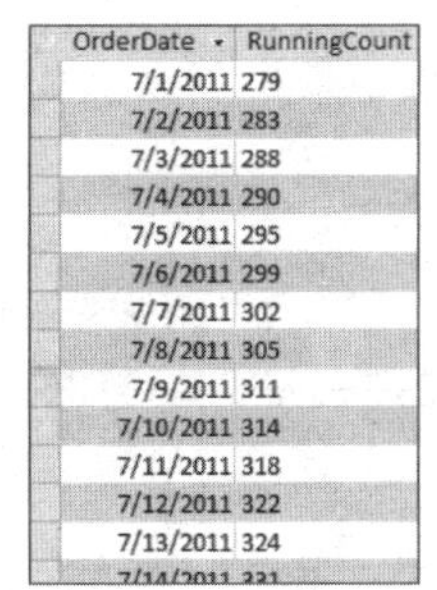

OrderDate	RunningCount
7/1/2011	279
7/2/2011	283
7/3/2011	288
7/4/2011	290
7/5/2011	295
7/6/2011	299
7/7/2011	302
7/8/2011	305
7/9/2011	311
7/10/2011	314
7/11/2011	318
7/12/2011	322
7/13/2011	324
7/14/2011	331

图 15.27　现在，分析中包含运行计数

提示：

可使用 DSum 函数获取运行总和，而不是运行计数。

3. 使用前一条记录中的值

如图 15.28 所示的查询使用 DLookup 函数返回前一条记录中的收入值。该值放入新列 Yesterday 中。

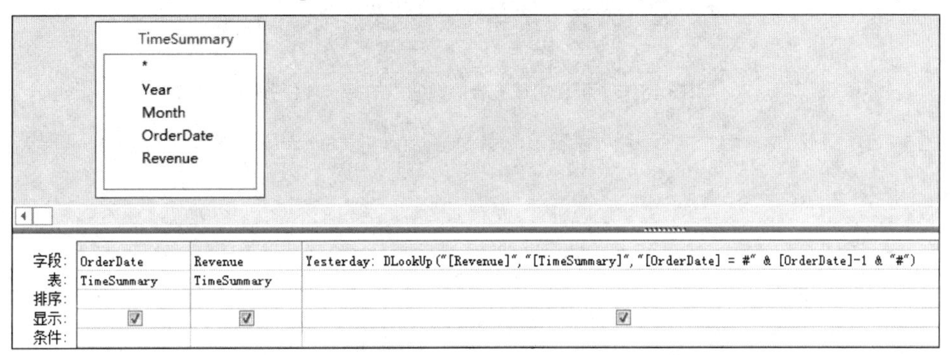

图 15.28　该查询使用 DLookup 函数引用前一个收入值

该方法类似于在创建运行总和时使用的方法，因为它也使用比较运算符，以更改域聚合函数的意义。在下面的示例中，DLookup 函数搜索发票日期等于查询返回的每个发票日期减 1(-1)的收入值。如果将某个日期减去 1，将获得昨天的日期！

```
DLookUp("[Revenue]","[TimeSummary]","[OrderDate] = #" & [OrderDate]-1 & "#")
```

提示：

如果改为加 1，将获得序列中的下一条记录。但是，这种方法不适用于文本字段。它只适用于日期字段和数值字段。如果使用的表中不包含任何数值字段或日期字段，就需要创建一个自动编号字段。这样可以提供唯一的数值标识符，以供使用。

运行如图 15.28 所示的查询，将生成如图 15.29 所示的结果。

OrderDate	Revenue	Yesterday
1/5/2008	$1,218.87	
1/6/2008	$29,280.65	1218.8734
1/7/2008	$34,418.48	29280.6534
1/8/2008	$34,437.67	34418.4828
1/9/2008	$41,319.75	34437.6745
1/12/2008	$37,923.82	
1/13/2008	$37,900.75	37923.8214
1/14/2008	$33,318.55	37900.7498
1/15/2008	$44,478.61	33318.5515
1/16/2008	$31,350.05	44478.6144

图 15.29　可进一步使用此功能，针对前一天执行计算

为增强分析，可添加一个计算字段，提供今天和昨天的收入差额。创建新的一列，并输入[Revenue]-Nz([Yesterday],0)，如图 15.30 所示。注意，Yesterday 字段包含在 Nz 函数中，以免因 Null 字段而出错。

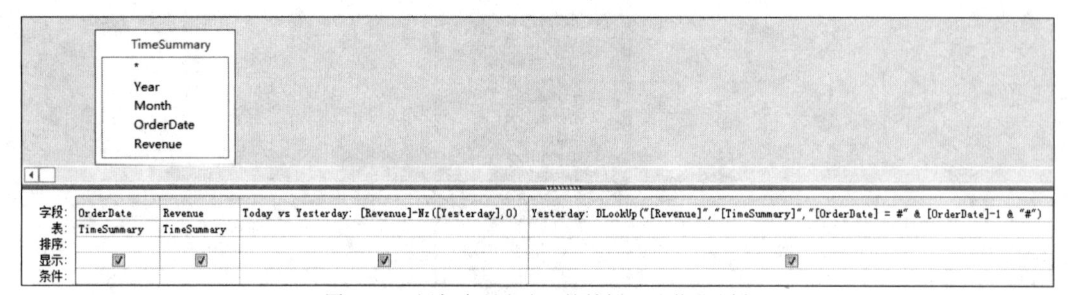

图 15.30　添加今天和昨天的差额，以增强分析

图 15.31 显示了结果。

OrderDate	Revenue	Today vs Yesterday	Yesterday
1/5/2008	$1,218.87	$1,218.87	
1/6/2008	$29,280.65	$28,061.78	1218.8734
1/7/2008	$34,418.48	$5,137.83	29280.6534
1/8/2008	$34,437.67	$19.19	34418.4828
1/9/2008	$41,319.75	$6,882.07	34437.6745
1/12/2008	$37,923.82	$37,923.82	
1/13/2008	$37,900.75	($23.07)	37923.8214
1/14/2008	$33,318.55	($4,582.20)	37900.7498
1/15/2008	$44,478.61	$11,160.06	33318.5515
1/16/2008	$31,350.05	($13,128.57)	44478.6144

图 15.31　可使用域聚合函数完成的另一项任务

第16章 在 Access 中运行描述性统计

本章内容：

- 确定排名、众数和中值
- 从数据集中抽取随机抽样
- 计算百分点排名
- 确定记录的四分位数名次
- 创建频率分布

描述性统计(descriptive statistics)可以通过易于理解的定量汇总来显示大量数据。当对数据求和、计数和求平均值时，将生成描述性统计。一定要注意，描述性统计仅用于描绘数据集，并允许使用其他分析中使用的比较。这与推论性统计(inferential statistics)不同，在推论性统计中，结论是在数据范围以外推断出的。为帮助加深对描述性统计与推论性统计之间差异的认识，请考虑一个客户调查。描述性统计将汇总所有客户的调查结果，并通过可理解的指标来描述数据，而推论性统计根据观察到的各组客户之间的差别推断出一些结论，例如，客户忠诚度。

对于推论性统计，像 Excel 之类的工具要比 Access 更适合处理这些类型的分析。为什么呢？首先，Excel 附带了很多内置的函数和工具，可以轻松地执行推论性统计，而 Access 并未提供这种工具。其次，推论性统计通常针对较小的数据子集执行，通过 Excel 可以灵活地分析和显示这种数据集。

另一方面，运行描述性统计非常适于在 Access 中完成。实际上，在 Access 中运行描述性统计，而不选择在 Excel 中运行，是由数据集的结构和量决定的，通常是最明智的选择。

> **Web 内容**
> 本章中练习的初始数据库为 Chapter16.accdb，可从本书对应的 Web 站点下载。

16.1 基本描述性统计

本节讨论可以使用描述性统计执行的一些基本任务。

16.1.1 使用聚合查询运行描述性统计

本书前面运行了许多 Access 查询，其中就包含一些聚合查询。在运行这些聚合查询时，实际上在创建描述性统计。可以使用聚合查询生成最简单的描述性统计。为说明这一点，如图 16.1 所示的查询将输出关于所有销售代表产生的收入的描述性统计。

与 Excel 中提供的描述性统计功能类似，该查询的结果(如图 16.2 所示)提供了整个数据集的关键统计指标。

可以轻松地向描述性统计中添加层。在图 16.3 中，向查询中添加了 Branch_Number 字段。这将为每个分支机构提供关键统计指标。

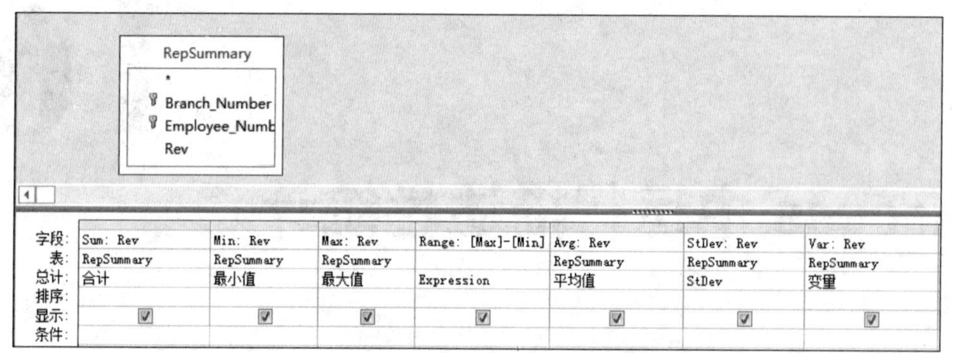

图 16.1 运行该聚合查询，提供一组有用的描述性统计信息

Sum	Min	Max	Range	Avg	StDev	Var
$10,774,159	$86	$137,707	$137,621	$16,009	$21,059	$443,484,375

图 16.2 整个数据集的关键统计指标

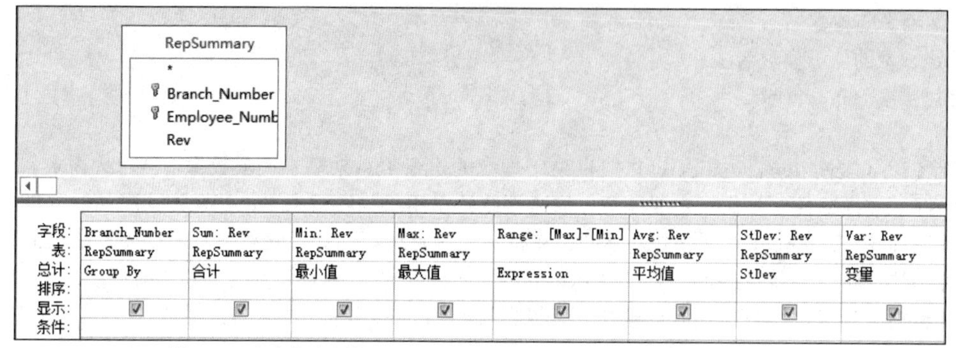

图 16.3 向查询中添加 Branch_Number 字段，为分析添加另一个维度

如图 16.4 所示，现在，可在各个分支机构之间比较描述性统计，对比它们的绩效。

Branch_Number	Sum	Min	Max	Range	Avg	StDev	Var
101313	$444,631	$124	$78,824	$78,700	$22,232	$29,111	$847,454,523
101419	$124,597	$99	$46,645	$46,546	$20,766	$19,027	$362,039,701
102516	$63,228	$678	$36,387	$35,709	$21,076	$18,390	$338,192,979
103516	$101,664	$151	$31,428	$31,277	$6,778	$9,338	$87,200,338
173901	$107,216	$402	$33,136	$32,734	$13,402	$13,371	$178,773,758
201605	$69,818	$624	$27,657	$27,033	$8,727	$9,496	$90,165,337
201709	$96,853	$184	$42,778	$42,593	$6,918	$12,375	$153,131,218
201714	$288,714	$145	$57,803	$57,658	$12,553	$15,901	$252,833,070
201717	$450,524	$169	$61,521	$61,352	$34,656	$25,160	$633,007,891
202600	$151,338	$277	$58,473	$58,196	$18,917	$25,557	$653,147,704

图 16.4 每个分支机构都有一次性的描述性统计视图

16.1.2 确定排名、众数和中值

对数据集中的记录进行排名、获取数据集的众数和中值都是数据分析人员需要经常执行的任务。但是，Access 并未提供轻松执行这些任务的内置功能。这意味着，必须找出一种方法来完成这些描述性统计任务。本节学习一些可以用于确定排名、众数和中值的方法。

1. 对数据集中的记录进行排名

毫无疑问，有时需要根据特定的指标(例如收入)对数据集中的记录进行排名。记录的排名不仅对显示数据很有帮助，而且在计算高级描述性统计(例如中值、百分点和四分位数)时也是一个关键变量。

要确定记录在数据集中的排名，最简单的方法是使用相关子查询。图 16.5 所示的查询说明了如何使用子查询创建排名。

下面看看生成排名的子查询：

```
(SELECT Count(*)FROM RepSummary AS M1 WHERE [Rev]>[RepSummary].[Rev])+1
```

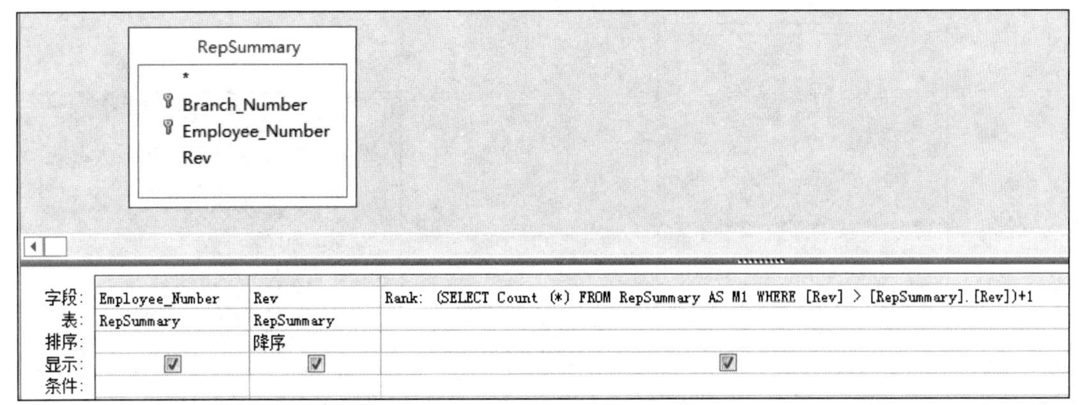

图 16.5　该查询按收入对员工进行排名

该相关子查询返回 M1 表(指的是别名为 M1 的 RepSummary 表)中满足以下条件的记录总数：M1 表中的 Rev 字段大于 RepSummary 表中的 Rev 字段。然后，将该子查询返回的值增加 1。为什么要将该值增加 1 呢？如果不这样做，具有最高值的记录将返回 0，因为没有任何记录会大于具有最高值的记录。结果是，排名从 0 开始，而不是从 1 开始。加 1 实际上是确保排名从 1 开始。

注意：

由于这是一个相关子查询，因此，针对数据集中的每条记录求解该子查询，为每条记录提供不同的排名值。有关相关子查询的内容详见第 15 章。

图 16.6 显示了查询结果。

提示：

要在查询中创建自动编号字段时，该方法也非常有用。

Employee_Number	Rank	Rev
64621	1	$137,707.14
4136	2	$111,681.81
5060	3	$106,299.32
56422	4	$102,239.87
56405	5	$83,525.72
160034	6	$78,823.82
60425	7	$77,452.50
3466	8	$76,789.52
52635	9	$76,684.54
52404	10	$76,532.26

图 16.6　为数据集创建了一个 Rank 列

2. 获取数据集的众数

数据集的众数(mode)是在一组数字中出现最频繁的数字。例如，{4, 5, 5, 6, 7, 5, 3, 4}的众数是 5。

与 Excel 不同的是，Access 没有内置的 Mode 函数，因此，需要创建自己的方法来确定数据集的众数。可以通过多种方法来获取数据集的众数，最简单的方法是使用查询计算某个特定数据项的出现次数，然后筛选出最高计数。为说明这种方法，请执行下面的步骤。

(1) **构建如图 16.7 所示的查询**。如图 16.8 所示的结果似乎没有多大帮助，但是，如果将其转换为上限值查询，仅返回排在最前面的记录，实际上就可以获得众数。

(2) **选择“查询工具”|“设计”选项卡，然后单击“属性表”命令**。此时将显示该查询的“属性表”对话框。

(3) **将“上限值”属性更改为 1，如图 16.9 所示**。获得具有最高计数的一条记录。

如图 16.10 所示，现在，只有一个 Rev 数字，即出现最频繁的那个数字。这就是众数。

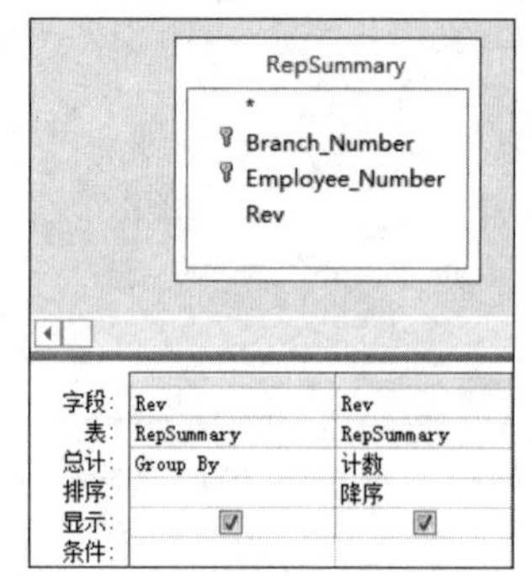

图 16.7　该查询根据 Rev 字段分组，然后计算 Rev 字段中每个数字的出现次数。该查询按照 Rev 字段降序排序

Rev	Rev之计数
¥158.60	4
¥145.02	3
¥154.55	3
¥185.27	3
¥245.78	3
¥151.03	3
¥122.89	3
¥309.11	3
¥254.34	2

图 16.8　就快完成了。将该查询转换为上限值查询，即可获得所需的众数

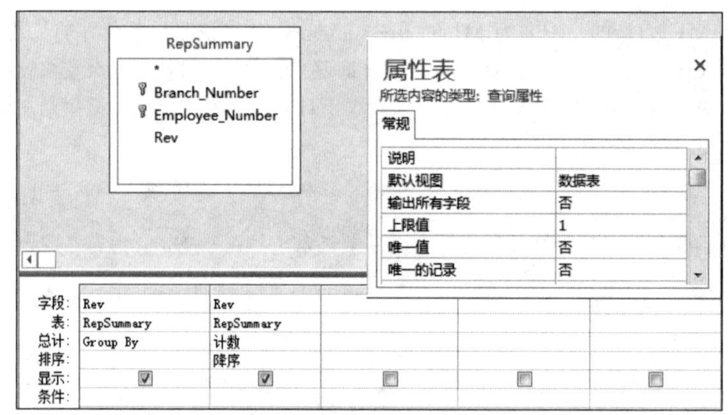

图 16.9　将“上限值”属性设置为 1

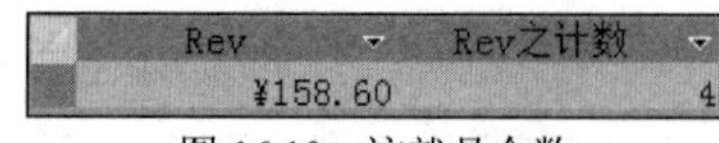

Rev	Rev之计数
¥158.60	4

图 16.10　这就是众数

注意：

请记住，如果出现值相等的情况，上限值查询将显示所有相关记录。这样实际上会提供多个众数。这种情况下，需要手动确定使用哪个众数。

3. 获取数据集的中值

数据集的中值(median)是数据集中的中间数字。换句话说，数据集有一半数字的值大于中值，另一半数字的值小于中值。例如，{3, 4, 5, 6, 7, 8, 9}中的中值数字是 6，因为 6 是该数据集的中间数字。

提示：

为什么不能仅计算平均值并用它作为中值呢？有时，对包含异常值的数据集计算平均值可能会使分析出现显著的偏离。例如，如果计算{32, 34, 35, 37, 89}的平均值，答案将是 45.4。问题在于，45.4 并不能准确代表该数字采样的中心趋势。对于该采样示例使用中值更有意义。在该示例中，中值是 35，该值更能代表上述数据的走向。

Access 没有内置的 Median 函数，因此，需要创建相应的方法来确定数据集的中值。要获取中值，一种简单方法是通过下面两个步骤构建一个查询：

(1) 创建一个用于对记录排序和排名的查询。如图 16.11 所示的查询将对 RepSummary 表中的记录进行排序和排名。

(2) 计算数据集中的记录总数，然后将该数字除以 2，来确定数据集中处在最中间的记录。执行该操作会提供一个中间值。其理念是：由于记录现已排序和排名，那么与中间值具有相同排名的记录就是中值。图 16.12 中的子查询返回数据集的中间值。注意，该值包含在 Int 函数中，以便去除数字的小数部分。

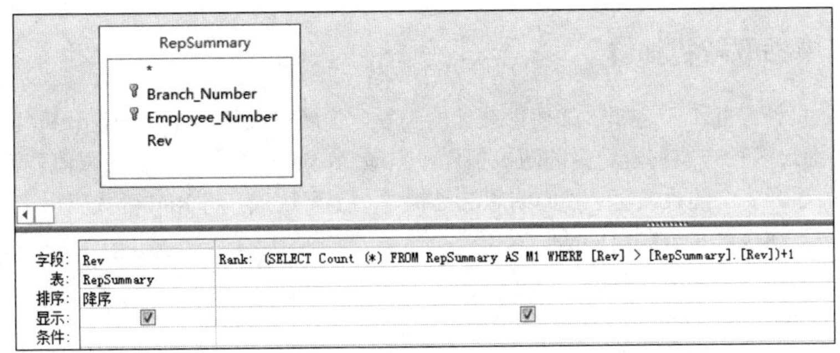

图 16.11　查找数据集中值的第一步是为每条记录指定排名

如图 16.13 所示，中间值为 336。可以到记录 336 中查看中值。

如果希望仅返回中值，只需要使用子查询作为 Rank 字段的条件，如图 16.14 所示。

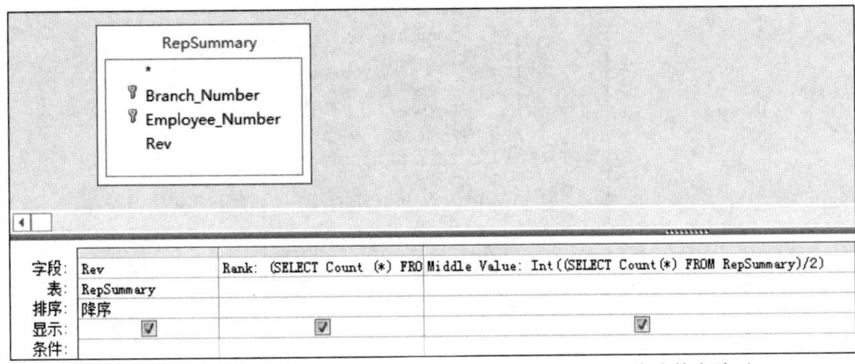

图 16.12　中间值子查询对数据集中的所有记录计数，然后将该数字除以 2

Rev	Rank	Middle Value
$137,707.14	1	336
$111,681.81	2	336
$106,299.32	3	336
$102,239.87	4	336
$83,525.72	5	336
$78,823.82	6	336
$77,452.50	7	336
$76,789.52	8	336
$76,684.54	9	336
$76,532.26	10	336
$75,690.33	11	336
$75,489.77	12	336
$75,358.76	13	336
$74,653.99	14	336

图 16.13　到记录 336 中获取数据集的中值

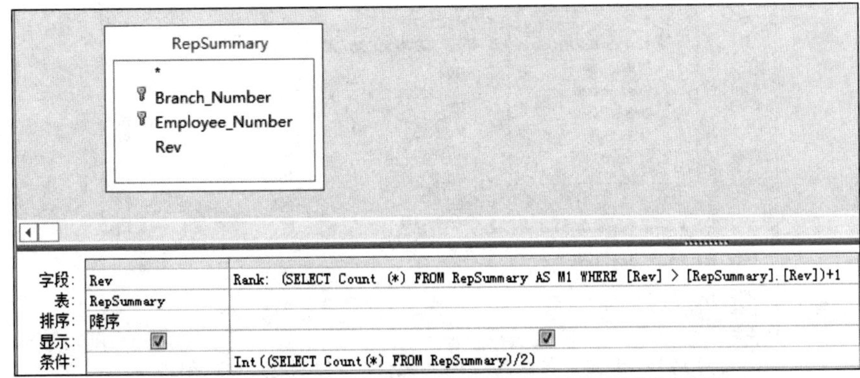

图 16.14　使用子查询作为 Rank 字段的条件将确保仅返回中值

16.1.3　从数据集中抽取随机抽样

尽管创建数据的随机抽样并不一定属于描述性统计的类别，但随机抽样通常是统计分析的基础。

在 Access 中，可通过多种方式创建数据的随机抽样，但最简单的一种方法是在上限值查询中使用 Rnd 函数。Rnd 函数可根据初始值返回一个随机数字。我们的想法是构建一个表达式，将 Rnd 函数应用于包含数字的字段，然后设置查询的“上限值”属性，来限制返回的记录。

为说明这种方法，请执行下面的步骤：

(1) 在设计视图中针对 TransactionMaster 表启动一个查询。

(2) 创建 Random ID 字段，如图 16.15 所示，然后对该字段进行排序(升序或降序都可以)。

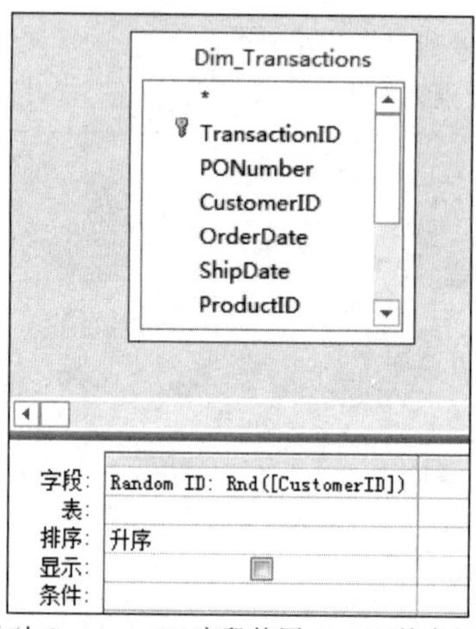

图 16.15　首先通过对 Customer ID 字段使用 Rnd 函数来创建 Random ID 字段

注意：

Rnd 函数不能处理包含文本值或 Null 值的字段。Rnd 函数可以处理包含所有数值的字段，即使该字段的格式为文本字段也没有关系。

如果表由仅包含文本的字段构成，可以添加一个自动编号字段，以便用于 Rnd 函数。另一个选项是通过 Len 函数来传递包含文本的字段，然后在 Rnd 函数中使用该表达式，例如，Rnd(Len([Mytext]))。

(3) 选择“查询工具”|“设计”选项卡，然后单击“属性表”命令。此时将显示该查询的“属性表”对话框。

(4) 将“上限值”属性更改为 1000，如图 16.16 所示。

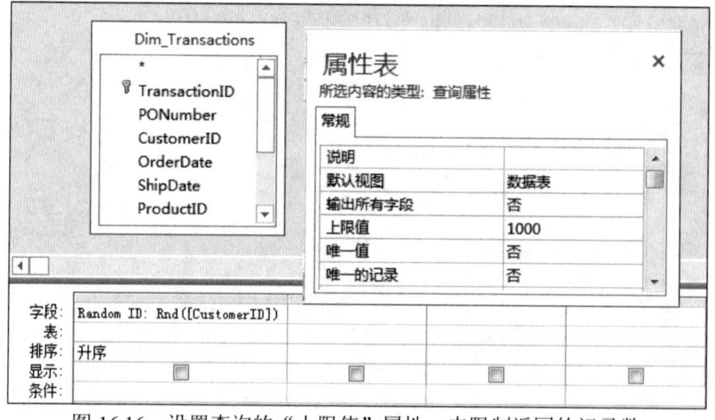

图 16.16　设置查询的“上限值”属性，来限制返回的记录数

(5) 将 Random ID 字段的“显示”行设置为 False，并添加希望在数据集中看到的字段。

(6) 运行该查询。将拥有数据的一个完全随机抽样，如图 16.17 所示。

> **警告：**
> 重新运行该查询、切换视图状态或者对数据集排序，将产生一组不同的随机记录。如果要对已经建立的一组随机记录(不会发生更改)执行详尽的分析，需要将该查询作为生成表查询来运行，以便创建硬表(hard table)。

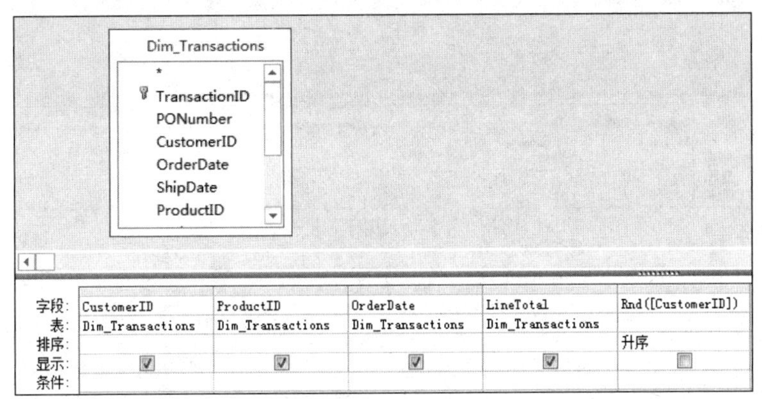

图 16.17　运行该查询将生成一个包含 1000 条随机记录的抽样

16.2　高级描述性统计

在使用描述性统计时，浅尝辄止是不行的。实际上，基本的统计分析经常会引导出更高级的统计分析。本节在前述基本知识的基础上创建高级的描述性统计。

16.2.1　计算百分点排名

百分比排名(percentile rank)表示特定分数相对于正常组标准的名次。百分比在确定标准化测试的性能时用得最多。如果某个学生在标准化测试中的分数为 90%，那么她的分数高于其他 90%参加测试的孩子。另一种表达方式是她的分数在参加测试的所有孩子中处于前 10%的行列。在数据分析中，通常使用百分点作为一种测量某个主体相对于整个组的性能的方法，例如，根据年收入确定每个员工的百分点排名。

计算某个数据集的百分点排名只是一个简单的数学运算。百分点排名的公式为：(记录计数–排名)/记录计数。关键就是获取此数学运算所需的全部变量。

请执行下面的步骤：

(1) **构建如图 16.18 所示的查询**。该查询将首先按照年收入对每个员工进行排名。请确保为新字段提供别名 Rank。

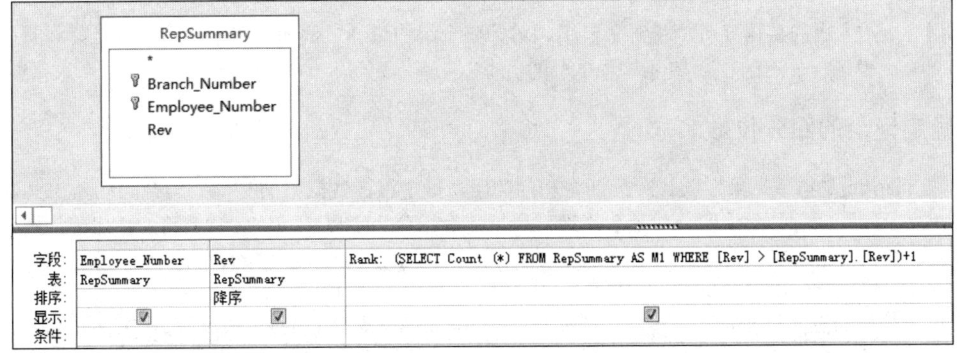

图 16.18　启动一个按收入对员工排名的查询

(2) **添加一个字段，用于对数据集中的所有记录计数**。如图 16.19 所示，使用一个子查询来执行此操作。请确保为新字段提供别名 RCount。

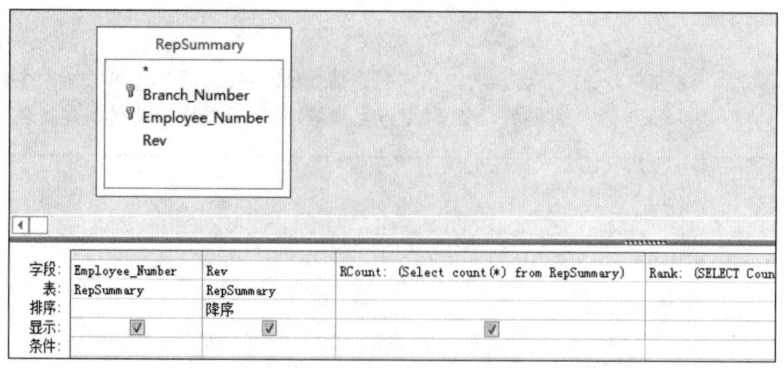

图 16.19　添加一个字段，用于返回总的数据集计数

(3) **使用表达式(RCount–Rank)/RCount 创建一个计算字段**。此时，查询应该如图 16.20 所示。

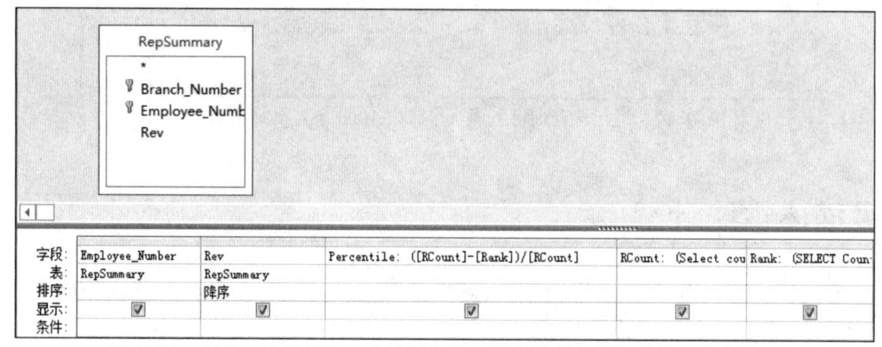

图 16.20　最后一步是创建一个计算字段，用于提供每条记录的百分点排名

(4) **运行该查询**。对 Rev 字段排序，生成如图 16.21 所示的结果。

Rank	Percentile	Employee_Number	Rev	RCount
1	99.85%	64621	$137,707.14	673
2	99.70%	4136	$111,681.81	673
3	99.55%	5060	$106,299.32	673
4	99.41%	56422	$102,239.87	673
5	99.26%	56405	$83,525.72	673
6	99.11%	160034	$78,823.82	673
7	98.96%	60425	$77,452.50	673
8	98.81%	3466	$76,789.52	673
9	98.66%	52635	$76,684.54	673
10	98.51%	52404	$76,532.26	673
11	98.37%	3660	$75,690.33	673
12	98.22%	1336	$75,489.77	673
13	98.07%	56416	$75,358.76	673
14	97.92%	55144	$74,653.99	673

图 16.21　成功计算出每个员工的百分点排名

再次强调一下，生成的数据集可测量每个员工相对于整个组的成绩。例如，在数据集中排名第 6 的员工，其百分点排名是 99%，表示该员工的收入超过其他 99%的员工。

16.2.2　确定记录的四分位数名次

四分位数(quartile)是将数据集按统计分为四个相同的组，每个组占数据集的 25%。集合的最高 25%是第一四分位数，最低 25%是第四四分位数。四分位数名次通常用于将数据分为可以单独比较和分析的逻辑组。例如，如果要根据月收入建立最低绩效标准，可将最低值设置为等于第二四分位数中员工的平均收入。这可以确保至少有 50%的员工曾经达到或超过该最低绩效标准。

为数据集中的每条记录建立四分位数并不涉及数学运算，而是一个比较问题。其理念是将每条记录的排名值与数据集的四分位数基准进行比较。什么是四分位数基准？假定数据集包含 100 条记录。将 100 除以 4 将得到第一四分位数基准(25)。这意味着，排名小于或等于 25 的所有记录都位于第一四分位数中。要获取第二四分位数基准，需要计算 100/4*2。要获取第三四分位数基准，需要计算 100/4*3，以此类推。

通过上面的信息，马上就知道需要对数据集中的记录进行排名，并计算数据集中记录的数量。首先构建如

图 16.22 所示的查询。按照如图 16.18 所示的方式构建 Rank 字段。按照如图 16.19 所示的方式构建 RCount 字段。

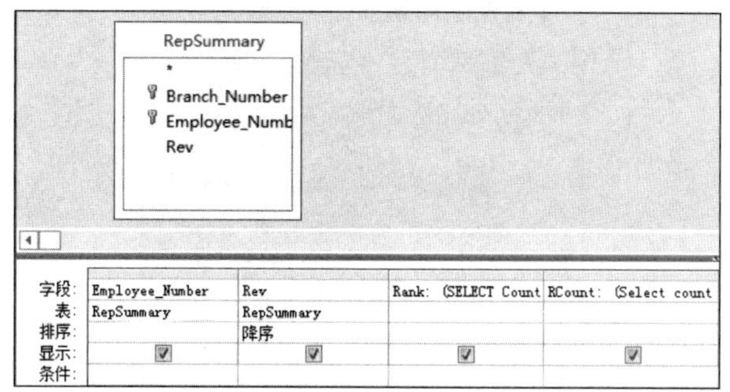

图 16.22　首先创建 Rank 字段，用于按收入对每个员工进行排名，再创建 RCount 字段，用于计算数据集中的记录总数

在查询中创建了 Rank 和 RCount 字段后，可在 Switch 函数中使用这些字段，使用适当的四分位数名次标记每条记录。下面看看要使用的 Switch 函数：

```
Switch([Rank]<=[RCount]/4*1,"1st",[Rank]<=[RCount]/4*2,"2nd",
[Rank]<= [RCount]/4*3,"3rd",True,"4th")
```

该 Switch 函数将遍历四个条件，比较每条记录的排名值与数据集的四分位数基准。

交叉参考：

有关 Switch 函数，请参阅第 13 章。

图 16.23 显示了如何将该 Switch 函数用到查询中。注意，此处将使用别名 Quartile。

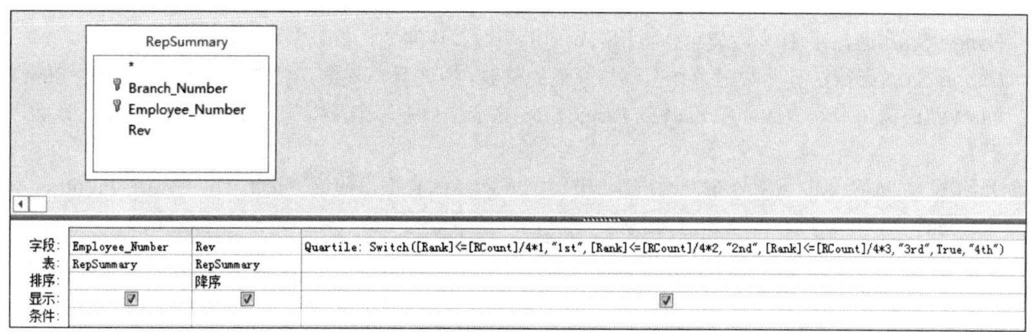

图 16.23　使用 Switch 函数创建四分位数标记

如图 16.24 所示，可根据任何字段对生成的数据集排序，而不会破坏四分位数名次标记。

Employee_Number	Rev	Rank	Quartile	RCount
104	$9,023.50	294	2nd	673
1044	$447.33	520	4th	673
1050	$179.74	614	4th	673
1054	$54,147.73	55	1st	673
106	$38,013.36	105	1st	673
113	$963.06	458	3rd	673
1130	$67,961.15	18	1st	673
1135	$1,477.21	429	3rd	673
1156	$192.07	602	4th	673
1245	$38,189.81	103	1st	673
1336	$75,489.77	12	1st	673
1344	$12,242.75	268	2nd	673
1416	$1,120.57	445	3rd	673
142	$1,622.30	421	3rd	673

图 16.24　可按任何方式对最终数据集排序，而不会丢失四分位数标记

16.2.3　创建频率分布

频率分布(frequency distribution)是一种特殊的分析类型，用于根据代表指定值属性的变量的出现次数对数据进

行归类。图 16.25 显示了使用 Partition 函数创建的频率分布。

Employees	Dollars
158	: 499
183	500: 5499
49	5500: 10499
43	10500: 15499
31	15500: 20499
34	20500: 25499
36	25500: 30499
22	30500: 35499
23	35500: 40499
13	40500: 45499
19	45500: 50499
15	50500: 55499
17	55500: 60499
10	60500: 65499
5	65500: 70499
4	70500: 75499
6	75500: 80499
1	80500: 85499

图 16.25　该频率分布是使用 Partition 函数创建的

通过该频率分布，可按员工所在的收入范围对员工进行聚类分组。例如，183 名员工属于 500: 5999 分组，表示有 183 名员工的个人收入介于 500～5999 美元之间。可通过多种方式获得此处的结果，但构建频率分布最简单的方式是使用 Partition 函数，该函数的语法如下：

```
Partition(Number, Range Start, Range Stop, Interval)
```

该 Partition 函数确定某个数值所属的范围，表示该数值在计算的范围系列中的位置。Partition 函数需要下面四个参数：

- *Number*(必需)：求解的数字。在查询环境中，通常使用字段的名称来指定，要对该字段的所有行值进行求解。
- *Range Start*(必需)：作为数值总体范围起始值的整数。请注意，该数字不能小于 0。
- *Range Stop*(必需)：作为数值总体范围结束值的整数。请注意，该数字不能等于或小于 Range Start 参数值。
- *Interval*(必需)：作为从 Range Start 到 Range Stop 整个系列中每个范围的跨度的整数。注意，该数字不能小于 1。

要创建如图 16.25 所示的频率分布，请构建如图 16.26 所示的查询。如该查询所示，它使用 Partition 函数来指定要求解 Revenue 字段，系列范围起始值为 500，系列范围结束值为 100 000，范围间隔为 5000。

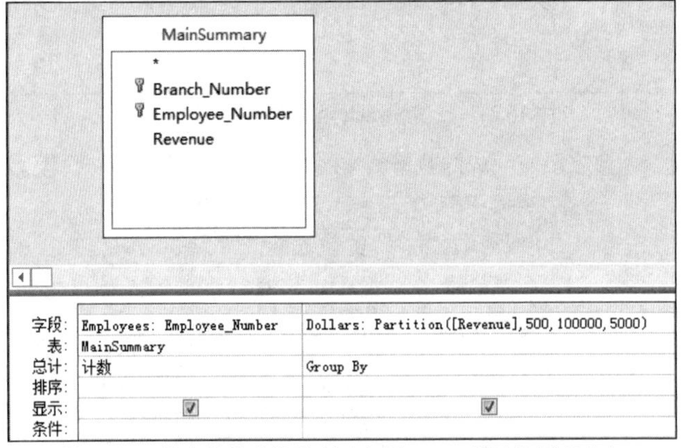

图 16.26　这个简单查询将创建如图 16.25 所示的频率分布

向查询中添加 Group By 字段，还可创建按组显示的频率分布。图 16.27 通过添加 Branch_Number 字段说明了这种操作。

查询结果是一个数据集(如图 16.28 所示)，其中为每个分支结构包含一个单独的频率分布，详细列出了每个收入分布范围中的员工数。

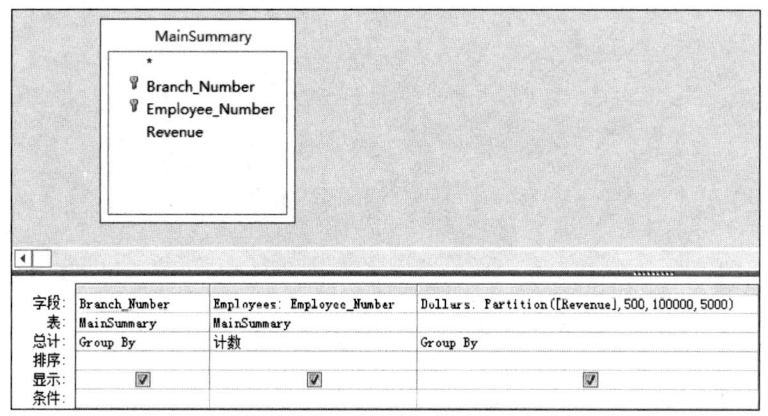

图 16.27　该查询为数据集中的每个分支机构编号创建一个单独的频率分布

Branch_Number	Employees	Dollars
101313	3	: 499
101313	7	500: 5499
101313	2	5500: 10499
101313	1	15500: 20499
101313	1	20500: 25499
101313	1	25500: 30499
101313	1	45500: 50499
101313	1	60500: 65499
101313	1	70500: 75499
101313	2	75500: 80499
101419	2	: 499
101419	1	10500: 15499
101419	1	25500: 30499
101419	1	30500: 35499
101419	1	45500: 50499
102516	1	500: 5499

图 16.28　成功使用一个查询创建了多个频率分布

第 V 部分

使用 Access 窗体和报表

窗体和报表是 Access 工具集中功能异常强大的组件。

Access 窗体可在数据库表的基础上构建用户界面，为很多类型的组织提供了一个强壮、快速的应用程序开发平台。Access 报表允许轻松地将自己的数据库分析与 PDF 样式的精美报告功能相集成，并在其中包括分组、排序和条件格式设置。

第 17~19 章介绍了将简单的数据库转化为可行的应用程序需要了解的所有信息，这种应用程序具有吸引人的界面，可用于查看、添加、编辑和删除数据。

第 20、21 章指导用户构建 Access 报表，为用户提供一种灵活的方式，按照所需的细节级别查看汇总信息，并能以多种不同的格式打印信息。

本部分包含的内容：

第 17 章

创建基本的 Access 窗体

本章内容：

- 使用窗体视图
- 了解不同类型的窗体
- 向窗体中添加控件
- 使用属性表

窗体为查看、添加、编辑和删除数据提供了最灵活的方式。它们也用于切换面板(switchboards，具有按钮的窗体，可提供导航功能)，还用于控制系统流的对话框以及消息。控件指的是窗体上的对象，例如标签、文本框和按钮等。本章学习如何创建不同类型的窗体。也会介绍窗体上使用的各种控件类型。此外，本章还讨论窗体和控件属性，以及如何通过设置或更改属性值来确定 Access 界面的外观和行为。

要添加到 Access 数据库中的窗体是所创建的应用程序的关键部分。绝大多数情况下，不应该允许用户直接访问表或查询数据表。用户非常容易删除有价值的信息或者错误地向表中输入数据。窗体为管理数据库数据的完整性提供了一种有用工具。由于窗体可包含 VBA 代码或宏，因此，可在实际输入数据或删除对象之前，使用窗体验证输入的数据或确认删除。此外，设计良好的窗体还可通过在用户进入某个控件时显示消息，帮助用户了解需要哪种类型的数据，从而降低对用户的培训要求。窗体可以提供默认值，或者根据用户输入的数据或从数据库表中检索的数据执行计算。

Web 内容

在这一章中，将使用 Chapter17.accdb 中的 tblProducts、tblCustomers 以及其他表。

17.1 使用窗体视图

窗体是有视图的。对于开发人员或最终用户而言，视图与窗体有不同的交互方式。还可指定哪些视图是可用的。要更改窗体的视图，请使用功能区中”开始”选项卡上的“视图”下拉列表。下面是对每个可用视图的描述以及可见的属性控件：

- **窗体视图**：这是最终用户与窗体最常见的交互方式。在窗体视图中显示窗体，相当于运行应用程序。在窗体视图中，不执行任何设计或布局工作，只与数据交互。如果不希望以这种方式使用特定窗体，可将属性“允许窗体视图”设置为“否”。
- **数据表视图**：这是允许最终用户与数据进行交互的另一个视图。它没有窗体视图那么常用。其外观类似于表的数据表视图，但是可以更好地控制用户与字段的交互。属性“允许数据表视图”可以设置为“否”，以禁止查看此视图中的窗体。
- **设计视图**：这个视图完成窗体设计的大多数工作。它显示了窗体的主要区域，如页眉、细节和页脚，以及主网格和次网格，以帮助控件的定位。控件在这个视图中包含其名称，而在其他视图中则包含数据。不能禁用设计视图。
- **布局视图**：视图和设计视图之间的混合形式。在布局视图中，可以看到数据在窗体上显示的样子。甚至可以在记录之间移动。没有网格线，窗体的主要部分没有分隔开。但移动控件和更改控件属性的能力有限。属性“允许布局视图”可以设置为“否”，以禁用此视图。

在典型的设计周期中，首先在设计视图中处理窗体，在布局视图中对其进行微调，再在窗体或数据表视图中测试它。要切换视图，请使用功能区上“开始”选项卡上的“视图”控件，如果视图是打开的，请右击其标题栏；如果窗体是关闭的，请右击“导航”窗格中的视图图标。如果要切换的视图不在菜单上，请切换到设计视图，并选中属性表中的“允许”属性。

17.1.1　了解不同类型的窗体

使用功能区的“创建”选项卡上的“窗体”组可以向数据库中添加窗体。“窗体”组中的命令(如图 17.1 所示)允许创建不同类型的窗体，以不同的方式使用 Access 窗体。

图 17.1　使用功能区的“创建”选项卡上的“窗体”组可以向数据库中添加新窗体

- **窗体**：创建一个新窗体，允许一次为一条记录输入信息。只有打开或选择表、查询、窗体或报表才能使用该命令。在“导航”窗格中，当某个表或查询处于突出显示状态的情况下单击“窗体”按钮时，Access 将新窗体绑定到该数据源，并在布局视图中打开该窗体。
- **窗体设计**：创建一个新的空白窗体，并在设计视图中显示该窗体。该窗体不会绑定到任何数据源。必须指定数据源(表或查询)，从数据源的字段列表中添加控件，来构建窗体。
- **空白窗体**：立即创建一个不包含任何控件的空白窗体。与“窗体设计”类似，新的窗体不会绑定到数据源，但它会在布局视图中打开。
- **窗体向导**：Access 提供了一个简单向导，以帮助开始构建窗体。该向导要求指定数据源，并提供了一个屏幕，用于选择要包含在窗体上的字段，并允许从许多非常基本的布局中为新窗体选择布局。
- **导航**：Access 导航窗体是为用户提供应用程序导航功能的专用窗体。有关导航窗体的信息详见本章后面的内容。
- **其他窗体**：“窗体”组中的“其他窗体”按钮有一个下拉箭头，单击该箭头将显示一个库，其中包含许多其他的窗体类型。
  - **多个项目**：这是一种简单的表格式窗体，其中显示绑定到选定数据源的多条记录，而不是通常的一次显示一个记录的样式。
  - **数据表**：创建一个显示为数据表的窗体。
  - **分割窗体**：创建一个分割窗体，在窗体的上部、下部、左侧或右侧区域中显示一个数据表，并在相对的部分中显示一个传统的窗体，为数据表中选定的记录输入信息。
  - **模式对话框**：为模式对话框窗体提供一个模板。模式对话框窗体(通常称为对话框)将一直保留在屏幕上，直到用户提供对话框请求的信息或者被用户关闭。

功能区的“创建”选项卡上的“窗体”组中的选项都完成相同的工作——创建表单。不同之处在于，每个选项都设置了特定的表单属性，以获得所需的效果。可自行设置这些属性。例如，如果选择了“窗体设计”，且仅使用数据表视图，这与在“其他窗体”菜单中选择“数据表”相同。这些控件都是方便的快捷方式，但是如果选择了错误的控件，也不必担心。可以更改属性，使表单的外观和行为符合自己的需要。

如果不了解上述列表中的术语，请不要担心，本章后面将详细讨论上述每个术语。请记住，Access 功能区及其内容非常依赖上下文，因此，当选择“创建”选项卡时，上述每一项都可能不可用。

17.1.2　创建新窗体

像 Access 开发的许多其他方面一样，Access 提供了多种方式用于向应用程序中添加新窗体。其中最简单的一种方式是选择数据源(例如表)，然后单击功能区的“创建”选项卡上的“窗体”命令。另一种方法是使用“窗体向导”，让向导指导完成指定新窗体的数据源及其他细节的整个过程。

1. 使用“窗体”命令

使用功能区的“窗体”组中的“窗体”命令，可以根据在“导航”窗格中选择的表或查询自动创建新的窗体。

> **注意：**
> 在之前的 Access 版本中，该过程称为自动创建窗体(AutoForm)。

要基于 tblProducts 表创建一个窗体，请执行下面的步骤：

(1) 在“导航”窗格中选择 tblProducts 表。

(2) 选择功能区上的“创建”选项卡。

(3) 单击“窗体”组中的“窗体”命令。Access 创建一个新的窗体，其中包含 tblProducts 表中的所有字段，并显示在布局视图中，如图 17.2 所示(图 17.2 中的窗体以 frmProducts_AutoForm 的形式包含在 Chapter17.accdb 示例数据库中)。

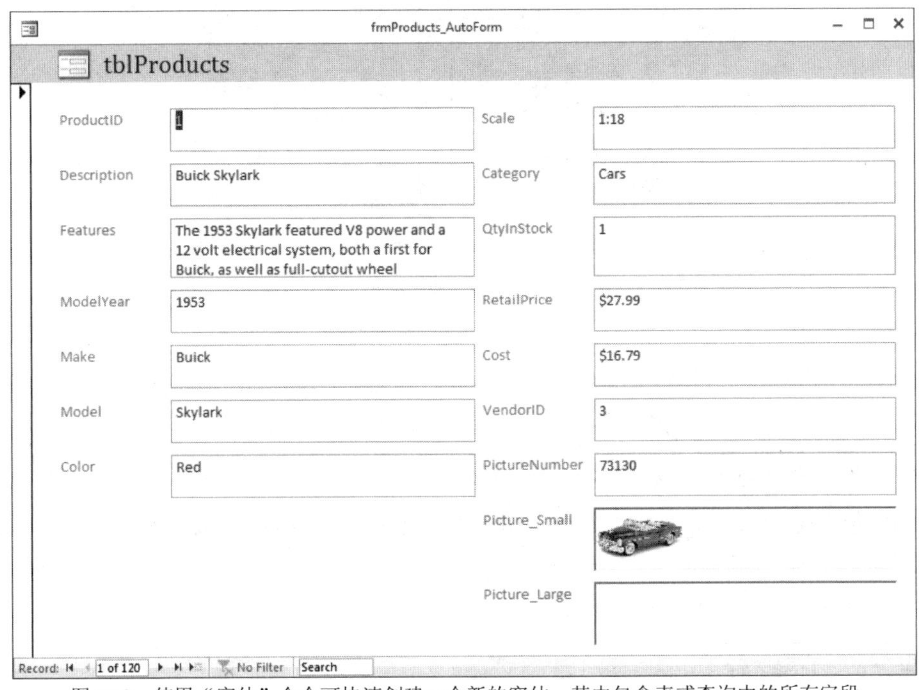

图 17.2　使用“窗体”命令可快速创建一个新的窗体，其中包含表或查询中的所有字段

新窗体将在布局视图中打开，其中填充了控件，每个控件都绑定到基础数据源中的一个字段。通过布局视图可以很好地了解各个控件的相对显示位置，但在调整控件大小或在窗体上移动控件方面，它仅提供有限的功能。右击窗体的标题栏并选择“设计视图”，可以重新排列窗体上的控件。

“窗体”组中的“窗体设计”按钮也可用于创建一个新窗体，只是窗体不会自动绑定到表或者查询，也不会向窗体的设计界面上添加控件，并在设计视图中打开窗体。“窗体设计”命令在以下情况下最有用：所创建的新窗体可能不使用基础数据源中的所有字段，并且希望从一开始就对控件的定位有更多的控制。

类似地，“空白窗体”选项也打开一个新的空白窗体，但这次是在布局视图中打开。可以从字段列表向窗体的界面中添加控件，但对控件定位的控制非常有限。“空白窗体”选项非常适于在不需要精确定位控件的情况下使用绑定控件快速构建窗体。在不到一分钟的时间内即可生成新的空白窗体。

2. 使用“窗体向导”

使用“窗体”组中的“窗体向导”命令可以通过向导创建窗体。“窗体向导”将引导用户回答与要创建的窗体相关的一系列问题，然后自动创建该窗体。“窗体向导”允许选择希望包含在窗体上的字段、窗体布局(纵栏表、表格、数据表、两端对齐)以及窗体标题。

要在 tblCustomers 表的基础上启动“窗体向导”，请执行下面的步骤：

(1) 在“导航”窗格中选择 tblCustomers。

(2) 选择功能区的“创建”选项卡。

(3) 单击“窗体”组中的“窗体向导”按钮。Access 将启动“窗体向导”，如图 17.3 所示。

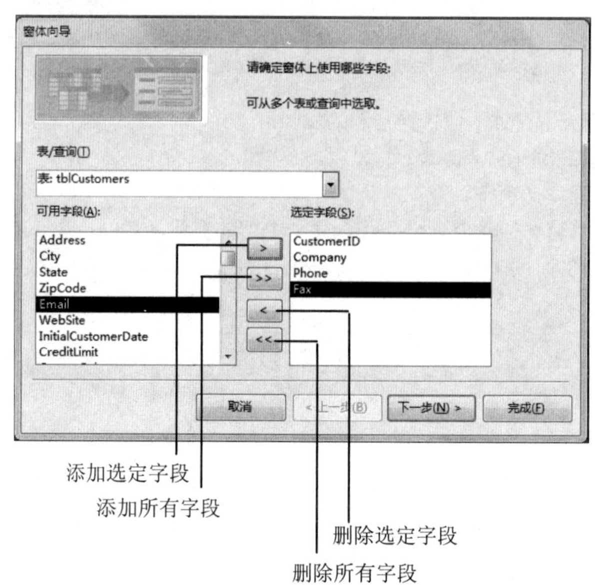

图 17.3　使用“窗体向导”通过所选字段创建窗体

向导最初会填充 tblCustomers 表中的字段，但可以使用字段选择区域上方的“表/查询”下拉列表选择其他表或查询。使用窗体中间的按钮可在“可用字段”和“选定字段”列表框中添加和删除字段。

注意：
也可双击“可用字段”列表框中的任何字段，将其添加到“选定字段”列表框中。

使用窗体底部的一系列按钮可以导航至向导的其他步骤。此处显示的按钮类型对于绝大多数向导对话框都是通用的，如下所述：

- **取消**：取消向导而不创建窗体。
- **上一步**：返回到向导的上一步。
- **下一步**：前进到向导的下一步。
- **完成**：使用当前选择和未完成步骤的默认选择结束向导。

警告：
如果在不选择任何字段的情况下单击“下一步”或“完成”按钮，Access 将提示只有先为窗体选择字段，才能继续操作。

单击“下一步”按钮将打开第二个向导对话框(如图 17.4 所示)，在该对话框中，可以指定新窗体的总体布局和外观。

“纵栏表”布局是向导的默认布局，也可选择“表格”“数据表”或“两端对齐”选项。单击“下一步”按钮将转到最后一个向导对话框(如图 17.5 所示)，在该对话框中，可提供新窗体的名称。

提示：
使用“窗体向导”的主要优势在于，它可将新窗体绑定到数据源，并针对选定字段添加控件。但绝大多数情况下，完成“窗体向导”以后仍需要完成大量工作。

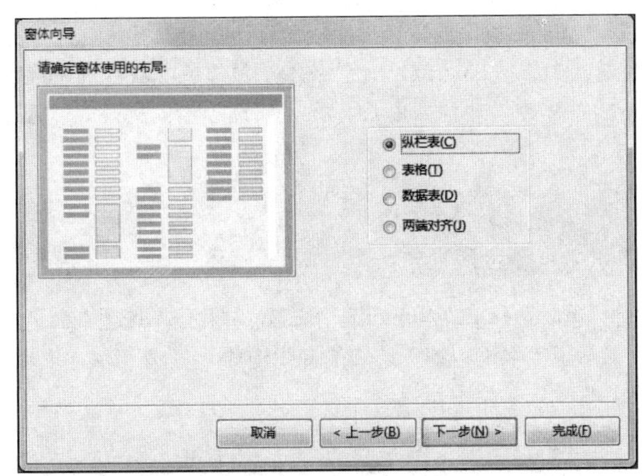

图 17.4　选择新窗体的总体布局

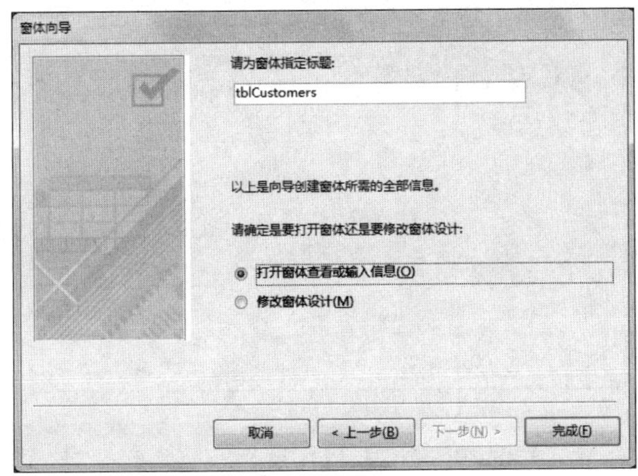

图 17.5　保存新窗体

17.1.3　了解特殊类型的窗体

在使用 Access 时，“窗体”一词可能表示多种不同对象中的一种，具体取决于上下文。本节讨论 Access 中几种不同的“窗体”使用方式，并为每种用法提供一个示例。

1. 导航窗体

导航窗体包含很多选项卡，提供对窗体/子窗体排列布局中其他窗体的即时访问。子窗体是显示在另一个窗体中的窗体，本章后面将讨论这类窗体。功能区的“导航”按钮提供了很多按钮放置选项(如图 17.6 所示)。“水平标签”是默认设置。

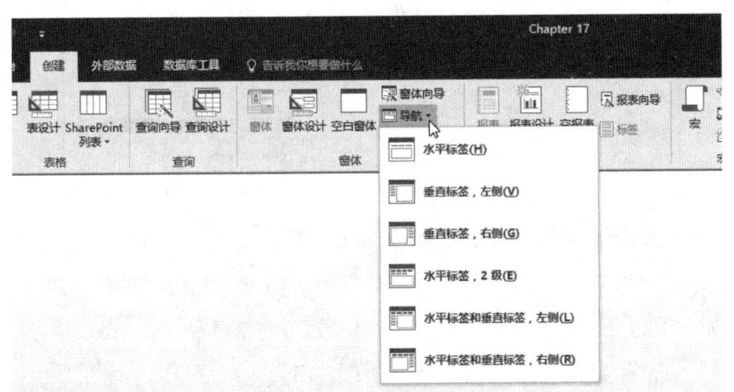

图 17.6　“导航”按钮提供了很多选项卡放置选项

在“导航”下拉列表中选择“水平标签”放置选项，将在设计视图中打开新的导航窗体(见图 17.7)。新窗体在顶部包含一行标签，标签下面是一个很大的区域，用于嵌入子窗体。可以直接在选项卡中输入选项卡的标签(例如 Products)，也可以通过标签的“标题”属性来添加。在完成选项卡的标签后，Access 会在当前选项卡的右侧添加一个新的空白选项卡。

提示：

可将现有的窗体拖入导航窗体的选项卡区域中，使其成为子窗体。

在图 17.7 中，选择导航窗体模板时选择了“水平标签”选项，并将一个选项卡命名为 Products，Access 会生成一个新的“新增”标签。图 17.6 显示了“水平标签”选项的替代选项(“垂直标签，左侧”、“垂直标签，右侧”等)。

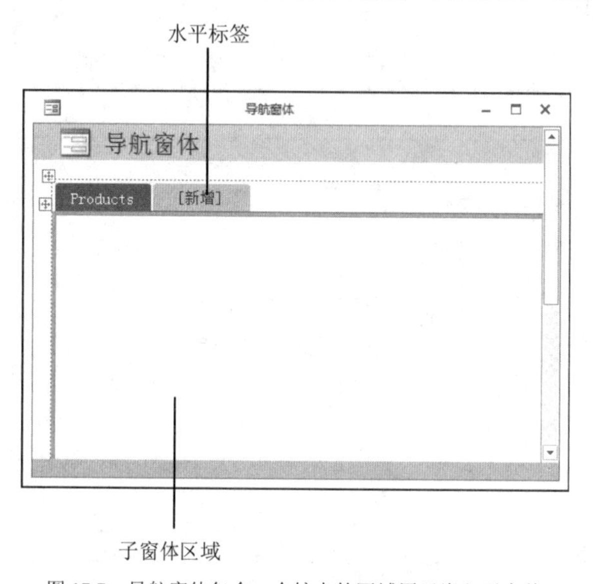

图 17.7　导航窗体包含一个较大的区域用于嵌入子窗体

Products 选项卡的属性表(如图 17.8 所示)包含“导航目标名称”属性，用于指定要用作该选项卡的子窗体的 Access 窗体。从“导航目标名称”属性中的下拉列表选择一个窗体，Access 将自动创建与该子窗体的关联。

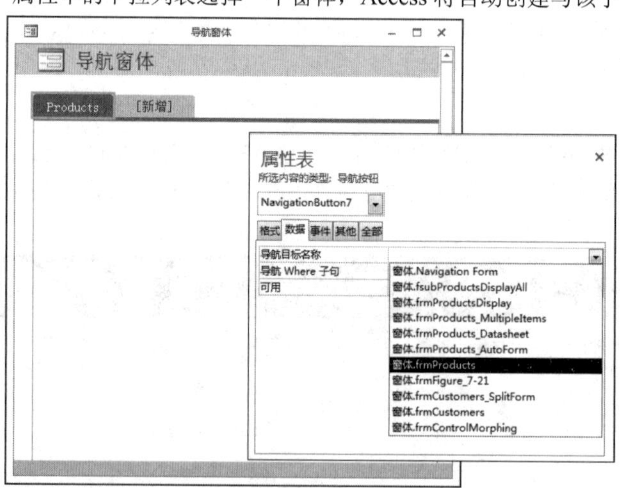

图 17.8　使用“导航目标名称”属性指定选项卡的子窗体

完成后的导航窗体如图 17.9 所示。自动生成的导航窗体会过度使用屏幕空间。可以执行很多操作来增强该窗体，例如，删除导航窗体的标头部分，减少用于容纳子窗体的空白空间，等等。图 17.9 所示的 frmProducts 窗体包含在 Chapter17.accdb 示例数据库中。

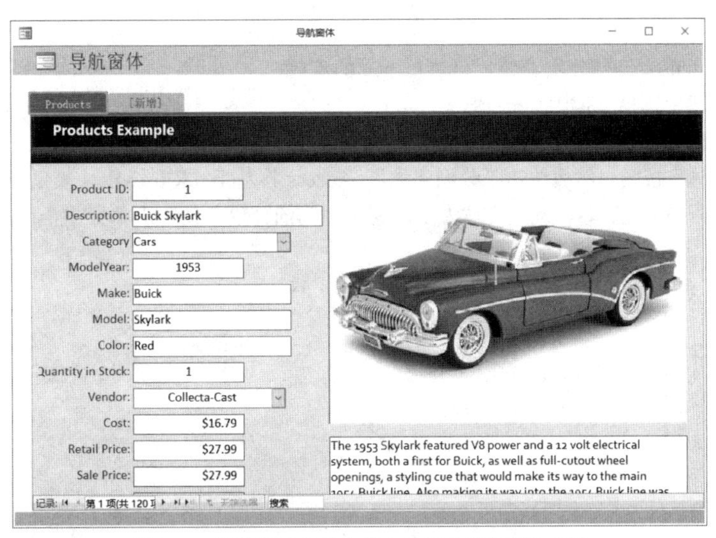

图 17.9　导航窗体是提供基本导航功能的便捷方法

提示：

如果已经知道要为导航窗体添加的窗体的名称，就可以在新的选项卡中输入它。例如，如果在新选项卡中输入 frmProducts 来代替 Products，frmProducts 就会自动作为子窗体添加。如果愿意，可以编辑选项卡的名称，删除前缀 frm。

2. 多个项目窗体

单击功能区的“窗体”组中的“其他窗体”按钮，然后单击“多个项目”按钮，可以基于在“导航”窗格中选择的表或查询创建一个表格式窗体。表格式窗体与数据表非常相似，但它比纯粹的数据表更加吸引人。

由于表格式窗体是一种 Access 窗体，因此，可将窗体上的默认文本框控件转换为组合框、列表框以及其他高级控件。表格式窗体可以一次显示多条记录，因此，在检查或更新多条记录时，这种窗体会非常有用。要基于 tblProducts 表创建多个项目窗体，请执行下面的步骤：

(1) 在“导航”窗格中选择 tblProducts。

(2) 选择功能区上的“创建”选项卡。

(3) 单击“其他窗体”按钮，然后单击“多个项目”。Access 将基于 tblProducts 表创建一个新的多个项目窗体，并显示在布局视图中(如图 17.10 所示)。

tblProducts

ProductID	Description	Features	ModelYear	Make
1	Buick Skylark	The 1953 Skylark featured V8 power and a 12 volt electrical system, both a first for Buick,	1953	Buick
2	Cord 810	What the maker called 'The New Cord Front Drive' was the only front wheel drive car built in	1936	Cord
3	Chevrolet Corvette Convertible	Every year, more and more Corvette drivers are discovering the joys of fusing	1959	Chevrolet
4	Chevrolet Corvette Convertible	One noteworthy addition of optional fuel injection in mid-1957 (also available on	1957	Chevrolet
5	Chevrolet Bel Air Convertible		1953	Chevrolet
6	Ford Fairlane		1967	Ford
7	Buick T-Type		1968	Buick

记录: 第 1 项(共 120 项　无筛选器　搜索

图 17.10　若要一次查看多个记录，可创建多项目窗体

3. 分割窗体

单击功能区的“窗体”组中的“其他窗体”按钮，然后单击“分割窗体”按钮，可以基于在“导航”窗格中选择的表或查询创建一个分割窗体。分割窗体功能可以同时提供两个数据视图，允许在下半部分的数据表中选择记录，

在上半部分中编辑窗体中的信息。

若要基于 tblCustomers 表创建分割窗体，请执行下面的步骤：

(1) 在“导航”窗格中选择 tblCustomers。

(2) 选择功能区上的“创建”选项卡。

(3) 单击“其他窗体”按钮，然后单击“分割窗体”。Access 将基于 tblCustomers 表创建一个新的分割窗体，并显示在布局视图中(如图 17.11 所示)。调整窗体大小，使用中间的分隔条使下半部分完全可见。

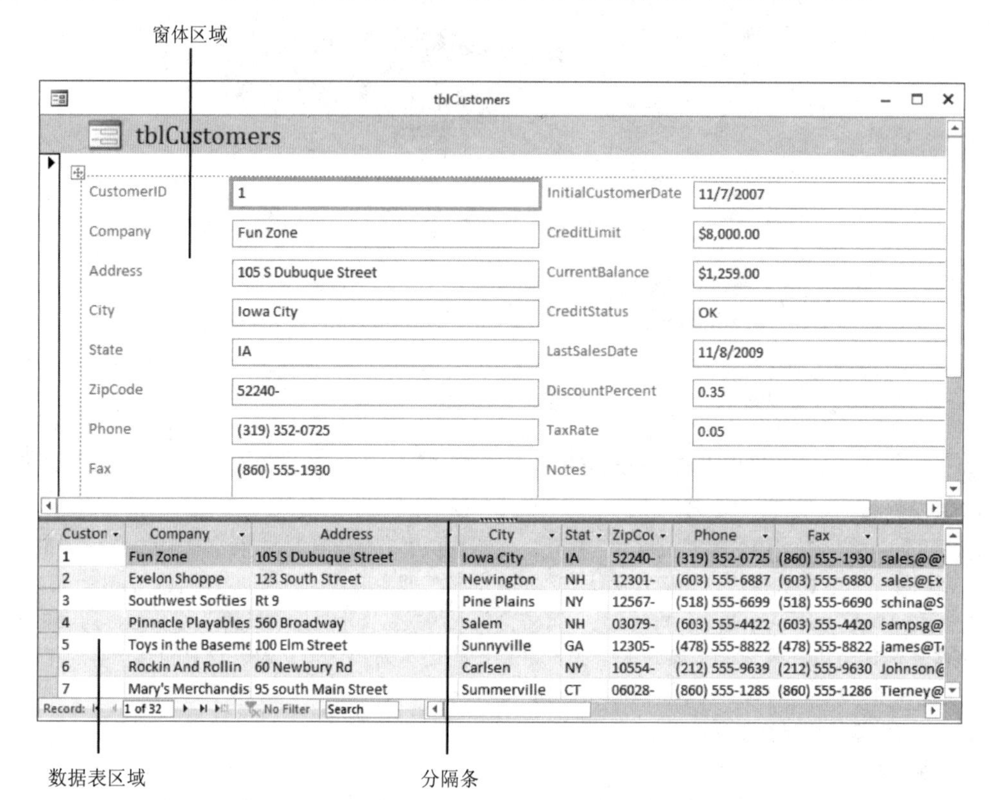

图 17.11　要从列表中选择记录并在窗体中编辑它们，可创建分割窗体。
可以使用分隔条来调整窗体上半部分和下半部分的大小

“分割窗体方向”属性(在窗体属性表的“格式”选项卡中)决定数据表是位于窗体区域的顶部、底部、左侧还是右侧。默认设置如图 17.11 所示，数据表区域位于底部。frmCustomers_SplitForm (如图 17.11 所示)包含在 Chapter17.accdb 示例数据库中。

4. 数据表窗体

单击功能区的“窗体”组中的“其他窗体”按钮，然后单击“数据表”按钮，可以创建一个类似于表或查询的数据表的窗体。若要以行列格式查看数据，又想限制显示和可编辑的字段，数据表窗体非常有用。

要基于 tblProducts 表创建数据表窗体，请按下面的步骤进行操作：

(1) 在“导航”窗格中选择 tblProducts。

(2) 选择功能区上的“创建”选项卡。

(3) 单击“窗体”组中的“其他窗体”按钮，然后单击“数据表”。从功能区上的“视图”下拉菜单中选择“数据表视图”，可查看创建为数据表的窗体。默认情况下，数据表窗体在打开时显示在数据表视图中。

提示：

默认情况下，某些窗体的“允许数据表视图”属性设置为“否”。对于这些窗体，“视图”下拉菜单不会显示“数据表视图”选项。本章后面的“属性简介”一节详细介绍窗体属性。

17.1.4　调整窗体区域的大小

在设计视图中，在带有网格线的区域可以给窗体添加控件。该区域就是窗体的显示大小。可以通过以下方式来调整窗体网格区域的大小：将光标放在任意区域边框上，拖动区域边框使其变大或变小。图 17.12 显示了在设计视图中调整大小的空白窗体。

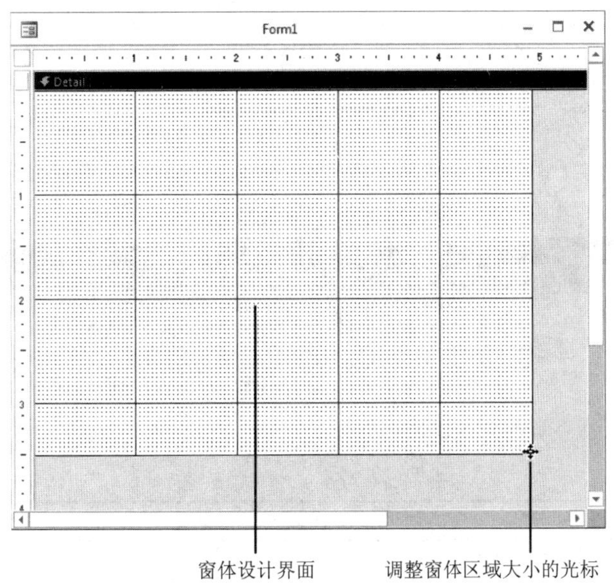

图 17.12　空白窗体的设计视图。拖动右下角可调整窗体区域的大小

17.1.5　保存窗体

单击快速访问工具栏中的“保存”按钮，可以随时保存窗体。当提示为窗体提供名称时，为其提供一个有意义的名称(例如，frmProducts、frmCustomers 或 frmProductList)。为窗体提供名称后，下次单击“保存”时便不会再提示输入名称。

在更改后关闭窗体时，Access 会要求保存它。如果不保存窗体，在打开该窗体后(或上次单击“保存”以后)所做的更改将会丢失。在工作时，如果对结果感到满意，就应该经常保存窗体。

提示：
如果要对某个窗体进行大量更改，可能需要生成该窗体的一份副本。例如，如果想要对 frmProducts 窗体执行操作，可在“导航”窗格中复制然后粘贴该窗体，为其提供诸如 frmProductsOriginal 的名称。稍后，当完成更改并对其进行测试后，可删除原始副本。

17.2　使用控件

控件和属性构成窗体和报表的基础。开始在自定义窗体和报表中应用控件和属性之前，必须先了解它们的基本概念，这一点至关重要。

注意：
尽管本章介绍的是窗体，但窗体和报表具有很多共同特征，包括控件以及可以使用控件执行的操作等。在本章学习了控件的内容后，在创建报表时，所有内容几乎同样适用。

控件指的是窗体或报表上的对象，例如标签或文本框，在所有 Windows 应用程序(例如 Access、Excel、基于 Web 的 HTML 窗体)或 VB.NET、C++或 C#等语言中都使用它们。尽管每种语言或产品有不同的文件格式和不同的属性，但 Access 中的文本框类似于其他 Windows 产品中的文本框。

可以向控件中输入数据，并使用控件显示数据。控件可以绑定到表中的字段(在控件中输入值时，也会在特定的基础表字段中保存该值)，或者也可将数据取消绑定并显示在窗体中，但在窗体关闭时不保存它。控件也可以是未包含数据的对象，如直线或矩形。

一些没有内置到 Access 中的控件是单独开发的，它们主要是 ActiveX 控件。ActiveX 控件扩展了 Access 的基本功能集，可从各个供应商那里获得。

不管是使用窗体还是报表，创建和使用控件的过程都基本相同。本章从窗体的角度解释控件。

17.2.1　对控件进行分类

窗体和报表包含多种不同类型的控件。可使用“设计”选项卡上的“控件”组将这些控件添加到窗体中，如图 17.13 所示。将鼠标悬停在控件上方，会显示工具提示，指示该控件的相关内容。

图 17.13　“设计”选项卡允许在窗体的设计视图中添加和自定义控件

表 17.1 简要介绍了一些基本的 Access 控件。

表 17.1　Access 窗体中的控件

控件	功能
文本框	显示数据并允许用户编辑数据
标签	显示用户不能修改的静态文本
按钮	也称为命令按钮。单击按钮时将运行宏或 VBA 代码
选项卡控件	显示项卡类型的界面，每个选项卡包含不同的控件
超链接	创建一个指向 Web 页面、图片、电子邮件地址或程序的链接
Web 浏览器控件	向窗体中添加 Web 浏览器以显示 Web 页面
导航控件	提供显示子表单的选项卡界面。从功能区的“创建”组上选择导航控件，会创建带该控件的窗体
选项组	容纳多个选项按钮、复选框或切换按钮
分页符	通常用于报表，表示物理分页符
组合框	框和列表框的组合。它包括顶部用于输入文本的文本框区域和用于从列表中选择的下拉列表框
图表	以图形格式显示数据
直线	粗细和颜色可变的图线，用于分隔对象
切换按钮	这是一种具有两种状态(分别是开或关)的按钮，通常使用图片或图标(而不是文本)来显示不同状态
矩形	矩形可采用任何颜色或尺寸，可以是实心的或空心的，矩形用于以直观方式分组相关控件
列表框	一种始终显示在窗体或报表上的值列表
复选框	一种有两种状态的控件，显示为方形。如果选中，则包含一个复选标记；如果取消选中，则为空方形。在设置复选框对应的值之前，为灰显方形
未绑定对象框	容纳未绑定到某个表字段的 OLE 对象或嵌入式图片，可包含图形、图片、声音文件和视频
附件	管理附件数据类型中的附件。附件字段(请参阅第 3 章)提供了一种将外部文件(如音乐、视频剪辑或 Word 文档)附加到 Access 表的方式
“选项”按钮	也称为“单选按钮”，当选中选项时，该按钮显示为一个带点的圆圈
子窗体/子报表	在主窗体或主报表中显示另一个窗体或报表
绑定对象框	容纳绑定到某个表字段的 OLE 对象或嵌入式图片
图像	显示位图图片，系统开销极小

展开“控件”组，单击该组右下角的“其他”按钮可显示“使用控件向导”按钮，该按钮不会向窗体中添加控

件。实际上，“使用控件向导”按钮用于确定当添加特定控件时是否会自动激活向导。选项组、组合框、列表框、子窗体/子报表、绑定对象框、未绑定对象框和命令按钮控件都有对应的向导，可在添加新控件时提供帮助。也可使用“ActiveX 控件”按钮(同样位于展开的“控件”组底部)显示能添加到 Access 中的 ActiveX 控件列表。

有三种基本的控件类别，如下所述：

- **绑定控件**：指的是绑定到窗体底层的数据源中某个字段的控件。在绑定控件中输入值时，Access 会自动更新当前记录中的字段。绝大多数用于输入数据的控件都可以是绑定控件。控件可以绑定到绝大多数数据类型，包括文本、日期/时间、数字、是/否、OLE 对象以及备注型字段。
- **未绑定控件**：未绑定控件可以保留输入的值，但它们不会更新任何表字段。可将这些控件用于文本标签显示，用于诸如直线和矩形的控件，或者用于保存未存储在表中而是存储在窗体中的未绑定 OLE 对象(如位图图片或徽标)。通常情况下，使用 VBA 代码来处理未绑定控件中的数据，并直接更新 Access 数据源。

交叉参考：

有关使用 VBA 处理窗体和控件以及使用未绑定数据的信息，请参见第 28 章。

- **计算控件**：计算控件基于表达式，例如函数或计算。计算控件未被绑定，因为它们并不直接更新表字段。=[SalePrice] - [Cost]就是一个计算控件的示例。该控件计算两个表字段的差额，显示在窗体上，但未绑定到任何表字段。未绑定计算控件的值可以被窗体上的其他控件引用，可以在窗体上另一个控件的表达式中使用，或者在窗体模块的 VBA 代码中使用。

17.2.2　添加控件

可通过多种方式向窗体中添加控件，如下所述：

- **在功能区的“设计”选项卡上单击“控件”组中的一个按钮，然后在窗体上绘制一个新的未绑定控件**：使用控件的 ControlSource 属性可将新控件绑定到窗体的数据源中的某个字段。
- **从字段列表拖动一个字段，向窗体中添加一个绑定控件**：Access 会自动选择一种适合于字段数据类型的控件，并将该控件绑定到选定字段。
- **双击字段列表中的一个字段，向窗体中添加一个绑定控件**：双击字段与将字段从字段列表拖动到窗体的效果是类似的。唯一的差别在于，通过双击字段添加控件时，由 Access 来决定将新控件添加到窗体上的什么位置。通常情况下，新控件会添加到最新添加的控件的右侧，有时也会添加到其下面。
- **右击字段列表中的一个字段，并选择“向视图添加字段”**：右击字段会在与双击字段情况下相同的位置放置一个绑定控件。
- **将某个现有控件复制并粘贴到窗体上的另一个位置**：复制控件可以通过以下常用方法来完成：单击功能区“开始”选项卡上的“复制”、右击控件并从显示的快捷菜单中选择“复制”，或在选中控件的情况下按 Ctrl+C 组合键。粘贴的控件将绑定到与被复制的控件相同的字段。

1. 使用“控件”组

当使用“控件”组中的按钮添加控件时，应决定对每个字段使用哪种类型的控件。添加的控件是未绑定的(不会附加到某个表字段中的数据)，有诸如 Text21 或 Combo11 的默认名称。创建控件后，需要决定将该控件绑定到哪个表字段，输入标签的文本并设置属性。本章后面会介绍有关设置属性的信息。

使用“控件”组可以一次添加一个控件。要创建三个不同的未绑定控件，请执行下面的步骤：

(1) 在设计视图中打开之前创建的窗体，单击“控件”组中的“文本框”按钮。

(2) 将鼠标指针移动到“窗体设计”窗口，单击并按照初始大小和位置将新控件拖动到窗体界面上。可以看到在添加文本框时，也添加了一个标签控件。

(3) 单击“控件”组中的“选项”按钮，单击并按照初始大小和位置将新的选项按钮拖动到窗体界面上。

(4) 单击“控件”组中的“复选框”按钮，并像添加其他控件一样将其添加到窗体中。完成后，屏幕应该如图 17.14 所示。

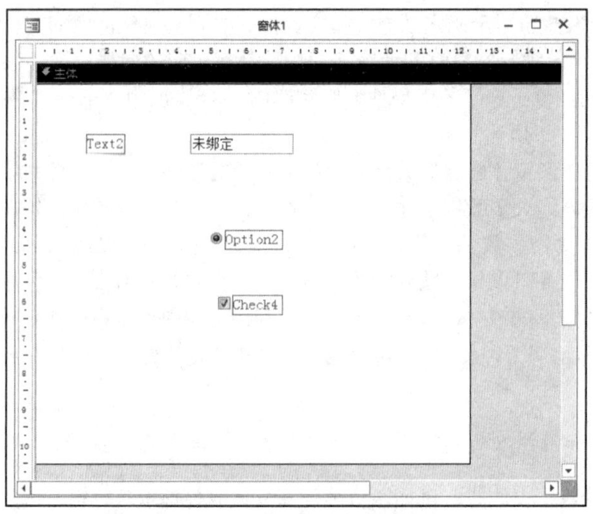

图 17.14　从“控件”组添加的未绑定控件

> **提示：**
> 在选定某个控件的情况下单击“窗体设计”窗口。将创建一个默认大小的控件。如果想要添加多个相同类型的控件，可以右击“控件”组中的图标，并选择“删除多个控件”，然后在窗体上绘制所需数量的控件。单击选择器控件(箭头)，可解锁控件，并返回到正常操作。

> **提示：**
> 要从窗体的详细信息区域删除网格线，请在窗体处于设计视图的情况下，从功能区的“排列”选项卡上的“大小/空格”控件中选择“网格”。这一节中的绝大多数示例图都不显示网格，因此，更容易看到控件的边缘。

2. 使用字段列表

字段列表显示窗体所基于的表或查询中的字段的列表。在功能区的“设计”选项卡上单击“工具”组中的“添加现有字段”按钮(见图 17.13)，可打开字段列表。

如果创建窗体所使用的方法自动将窗体绑定到某个表或查询，将会显示该表或查询的字段列表。此示例创建一个使用“空白窗体”按钮的窗体，该按钮不会自动将窗体绑定到数据源。这种情况下，字段列表仅显示一个“显示所有表”链接。单击“显示所有表”链接可以获取包含表的列表。然后，单击 tblProducts 表旁的加号可以显示该表中的字段。

从字段列表中拖动 Model 字段并将其放到窗体上，可创建一个绑定到 tblProducts 表中 Model 字段的控件。可以一次选择并拖动一个字段，也可以使用 Ctrl 键或 Shift 键选择多个字段，操作如下：

- 若要选择多个连续的字段，请按住 Shift 键并单击所需的第一个和最后一个字段。
- 若要选择多个不连续的字段，请按住 Ctrl 键并单击所需的每个字段。

> **注意：**
> 仅能将多个字段拖动到已绑定到数据源的窗体。只有在至少添加了一个字段后，Access 才允许选择多个字段。

默认情况下，字段列表停靠在 Access 窗口的右侧。“字段列表”窗口可以移动，也可以调整其大小，如果其中包含的字段数量超过窗口可以容纳的数量，还会显示一个垂直滚动条。图 17.15 中显示了未停靠且可以在窗体上面移动的字段列表。

当选择指针在控件框中处于活动状态时，将字段从字段列表拖动到设计窗口，将根据该字段的数据类型生成默认的控件类型。通常，默认情况下是一个绑定文本框。如果从“字段列表”窗口中拖动一个是/否字段，Access 将添加一个复选框。另外，要选择控件的类型，可以从控件组中选择控件，并将字段从字段列表拖到设计窗口。例如，如果在控件框中选择组合框，并将一个短文本字段拖到设计窗口，Access 将创建一个绑定到该字段的组合框，而不是默认的文本框。这只适用于适合字段数据类型的控件。选择其他类型的控件都会导致创建默认控件类型。

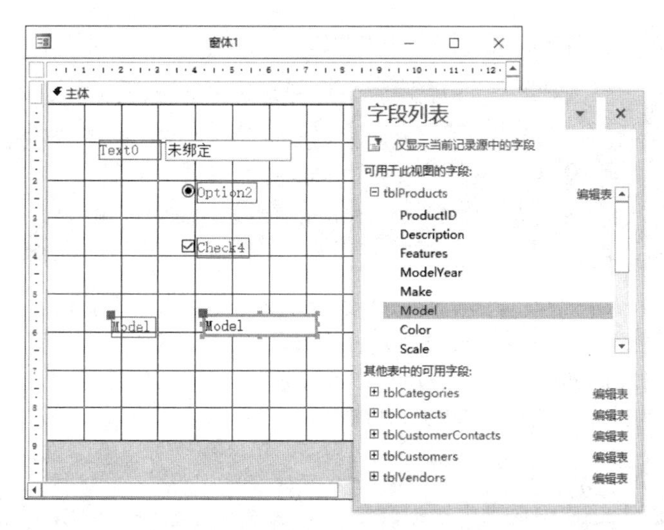

图 17.15　单击“工具”组中的“添加现有字段”，可显示“字段列表”窗口

警告：

从“字段列表”窗口拖动多个字段时，第一个控件就放在释放鼠标按钮的位置。请确保控件的左侧具有足够的空间用于放置标签。如果没有足够的空间，标签将滑动到控件下方。

从“字段列表”窗口拖动字段有多个不同的优点，如下所述：

- 控件会自动绑定到字段。
- 字段属性会继承表级格式、状态栏文本、数据验证规则和消息。
- 标签控件和标签文本使用字段名作为标题进行创建。
- 标签控件将附加到字段控件，因此，它们会一起移动。

从“字段列表”窗口中选择 Description、Category、RetailPrice 和 Cost 字段并将其拖动到窗体，如图 17.16 所示。双击某个字段也会将其添加到窗体中。

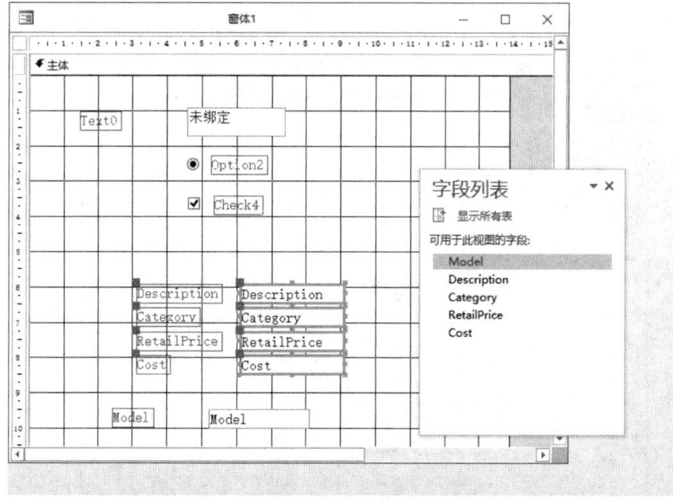

图 17.16　从字段列表拖动字段，向窗体添加绑定控件

在窗体的设计视图中有 4 对新的控件，每对都包含一个标签控件和一个文本框控件(Access 会自动将标签控件附加到文本框控件)。可按组的形式使用这些控件，也可以独立使用，还可以对它们执行选择、移动、调整大小或删除操作。注意，每个控件都有一个标签，其标题与字段名相匹配，并且文本框控件会显示在文本框中使用的绑定字段名称。如果只想调整控件的大小，而不调整标签，则必须分别处理两个控件(标签和关联的文本框)。本章后面将介绍有关使用附加到控件的标签的信息。

要关闭字段列表，可以单击功能区的“工具”组中的“添加现有字段”命令，或单击字段列表上的“关闭”按钮。

提示：

在 Access 中，可在创建控件后更改其类型，然后设置控件的所有属性。例如，假定将某个字段添加为文本框控件，但想要将其更改为列表框。右击该控件并从弹出菜单中选择“更改为”可以更改控件类型。但是，只能从某些类型的控件变为其他一些类型。可将几乎任何类型的控件更改为文本框控件，而选项按钮控件有更多选项，列表框控件和组合框控件是可以互换的。

在本章后面的“属性简介”一节中，将学习如何更改控件名称、标题以及其他属性。使用属性可以加速命名控件和将其绑定到特定字段的过程。如果要查看绑定控件与未绑定控件之间的差别，请使用功能区的“视图”组中的“视图”命令切换到窗体视图。Description、Category、RetailPrice 和 Cost 控件将显示数据，因为它们绑定到 tblProducts 表。其他三个控件不显示数据，因为它们未绑定到任何数据源。

注意：

当从字段列表添加控件时，Access 会将窗体的 RecordSource 属性构建为一个 SQL 语句。添加了上述 4 个字段后的 RecordSource 属性如下所示：

```
SELECT tblProducts.Model, tblProducts.Description,
    tblProducts.Category, tblProducts.RetailPrice,
    tblProducts.Cost FROM tblProducts;
```

如果开始时使用的是一个绑定到某个表或查询的窗体，那么 RecordSource 应该设置为整个表或查询，不会随着添加或删除字段而发生更改。

17.2.3　选择和取消选择控件

向窗体中添加控件后，可以对其执行调整大小、移动或复制操作。第一步是选择一个或多个控件。根据控件的大小，选定的控件可能会在周围显示四到八个句柄(小的方形，称为移动和大小句柄)，分别位于各个边的拐角和中间。左上角的移动句柄比其他句柄要大，一般使用它来移动控件。可使用其他句柄来调整控件的大小。图 17.17 显示了一些选定的控件及其移动句柄和大小句柄。

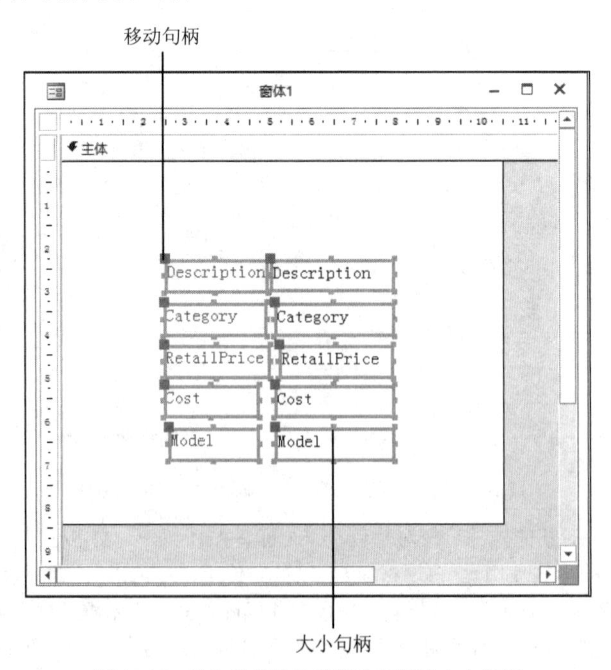

图 17.17　选定的控件及其移动句柄和大小句柄

只有选中“控件”组中的“选择”命令(看起来像一个箭头)，才可选择控件。如果使用“控件”组创建单个控件，Access 会自动将指针重新选择为默认值。

1. 选择单个控件

在控件上的任意位置单击，可以选择任意单个控件。当单击某个控件时，将显示大小句柄。如果控件具有附加标签，还将在控件的左上角显示标签的移动句柄。如果选择与另一个控件关联的标签控件，将显示该标签控件的所有句柄，而仅在关联控件中显示移动句柄。

2. 选择多个控件

可通过以下方式选择多个控件：

- 在按住 Shift 键的同时单击每个控件。
- 穿过想要选择的控件或在其周围拖动指针。
- 在标尺中单击并拖动以选择一定范围的控件。

图 17.17 以图形方式显示了选择多个绑定控件的结果。如果通过拖动鼠标选择多个控件，那么在拖动鼠标时会显示一个矩形。请谨慎操作，仅针对想要选择的控件拖动矩形。任何矩形触碰到或者包含在矩形中的控件都将被选中。如果只想选择标签，请确保选择矩形仅触碰标签。

提示：

如果矩形穿过某些控件时，对应的控件并未选中，原因可能是将全局选中方式属性设置为“全部包含”。这意味着，仅当选择矩形完全包含某控件时，才会选中该控件。要更改该选项，可选择“文件”|“选项”。然后，在“Access 选项”对话框中选择“对象设计器”，并将“窗体/报表设计视图”的“选中方式”设置为“部分包含”。

提示：

按住 Shift 或 Ctrl 键，可以选择多个不连续的控件。这样可以选择位于屏幕上完全不同部分的控件。在设计视图中单击窗体，然后按 Ctrl+A 组合键选中窗体中的所有控件。按住 Shift 或 Ctrl 键并单击任意选定的控件，可将其从选中范围中去除。

3. 取消选择控件

单击窗体中不包含控件的未选中区域可以取消选择控件。如果执行此操作，句柄将从任何选定的控件中消失。选择另一个控件也会取消选择一个已经选中的控件。

17.2.4 操纵控件

创建窗体是一个多步骤过程。一旦完成了窗体上控件的添加，就需要将控件调整为适当的大小并移动到正确的位置。功能区的“排列”选项卡(如图 17.18 所示)包含帮助操纵控件的命令。

图 17.18　“排列”选项卡允许使用移动和调整大小控件，操纵窗体的总体布局

1. 调整控件大小

可以用控件上部、下部和右侧边缘任何较小的句柄来调整控件大小。控件边角中的大小句柄允许拖动控件，以增减宽度和高度(宽度和高度的改变是同时进行的)。使用控件侧边中间的句柄只能沿一个方向增大或减小控件。顶部和底部的句柄控制控件的高度，而左侧和右侧的句柄更改控件的宽度。

当鼠标指针接触到选定控件的边角大小句柄时，指针将变成一个对角双箭头。之后，可以拖动大小句柄，直到控件达到所需的大小。如果鼠标指针接触到选定控件的侧边句柄，指针将更改为水平或垂直双向箭头。图 17.19 显示的是调整大小后的 Description 控件。请注意 Description 控件边角处的双向箭头。

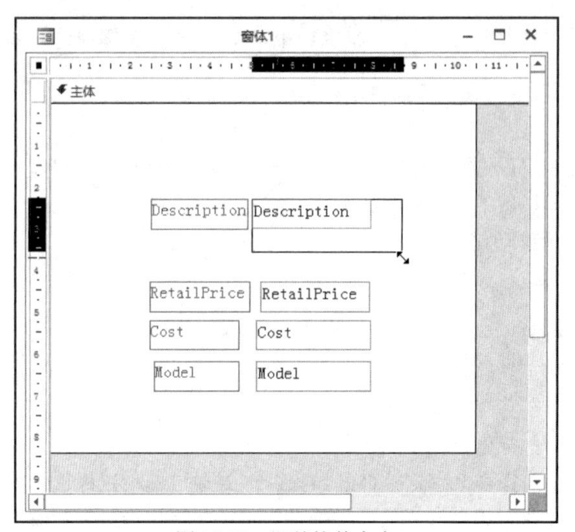

图 17.19　调整控件大小

> **提示：**
> 按住 Shift 键并按箭头键(向上箭头、向下箭头、向左箭头和向右箭头)可以小幅调整控件的大小。这种方法也适用于多个选定的控件。使用这种方法，控件一次只能更改 1 个像素(如果在功能区的“排列”选项卡的“大小/空格”库中选择“对齐网格”，将移动到最近的网格线)。

当双击任何大小句柄时，Access 会将控件的大小调整为最适合控件中包含的文本。如果增加了字体大小，却发现文本在底部或右侧被截断，那么使用该功能会非常有用。对于标签控件，请注意，尽管文本控件仅在垂直方向调整大小，但此最适合大小(best-fit sizing)功能将在垂直和水平方向调整大小。这是因为，当 Access 处于“窗体设计”模式时，无法预测显示字段的多大部分，字段名和字段内容可能有非常大的差别。有时，Access 不能正确调整标签的大小，必须手动更改其大小。

2. 自动调整控件大小

功能区的“排列”选项卡的“调整大小和排序”组中的“大小/空格”下拉菜单包含多个命令，可以帮助排列控件，如下所述：

- **正好容纳**：针对包含的文本的字体调整控件高度和宽度。
- **至最高**：使选定控件达到最高选定控件的高度。
- **至最短**：使选定控件达到最短选定控件的高度。
- **对齐网格**：将选定控件的所有边向内或向外移动，以对齐网格上的最近点。
- **至最宽**：使选定控件达到最宽选定控件的宽度。
- **至最窄**：使选定控件达到最窄选定控件的宽度。

> **提示：**
> 在选择多个控件后单击右键，可以访问很多命令。当右击多个控件时，会出现一个快捷菜单，其中显示了用于调整控件大小和对齐控件的选项。

3. 移动控件

选择某个控件后，可通过以下方法轻松地移动它：

- 单击控件并按住鼠标按钮，光标将更改为一个四向箭头。拖动鼠标可将控件移动到新位置。
- 单击一次选中控件，然后将鼠标移动到任何突出显示的边上方，光标将更改为四向箭头。拖动鼠标可将控件移动到新位置。
- 选中控件并使用键盘上的箭头键移动控件。使用这种方法，控件一次只能更改 1 个像素(如果在功能区的“排列”选项卡的“大小/空格”库中选择“对齐网格”，将移动到最近的网格线)。

- 单击并拖动控件左上角的移动句柄。这与其他方法的不同之处在于，它独立地移动控件或其标签。其他方法将控件和标签一起移动。

图 17.20 显示了一个单独移动到文本框控件上面的标签控件。

如果在释放鼠标按钮之前按 Esc 键，将取消移动或调整大小操作。完成移动或大小调整操作后，可根据需要单击快速访问工具栏上的“撤消”按钮，撤消所做的更改。

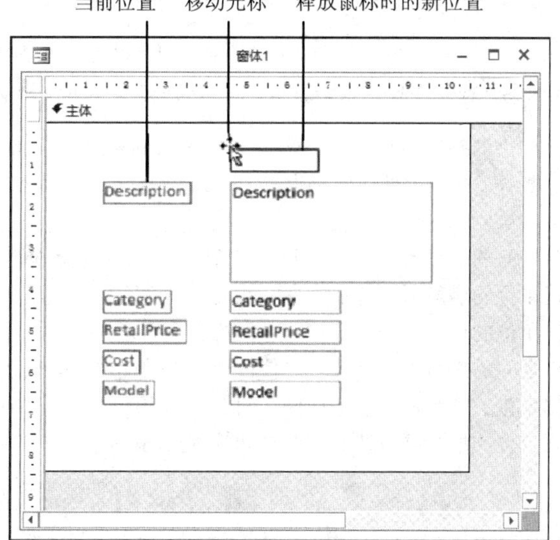

图 17.20　移动控件

4. 对齐控件

可以移动多个控件，以使它们全部对齐。功能区的“排列”选项卡上“调整大小和排序”组的“对齐”库中包含以下对齐命令：

- **对齐网格**：将选定控件的左上角与最近的网格点对齐。
- **靠左**：将选定控件的左边与最左侧的选定控件对齐。
- **靠右**：将选定控件的右边与最右侧的选定控件对齐。
- **靠上**：将选定控件的顶边与最顶端的选定控件对齐。
- **靠下**：将选定控件的底边与最底端的选定控件对齐。

可通过选择一种对齐命令对齐任意数量的选定控件。当选择一种对齐命令时，Access 将使用最接近所需选项的控件作为对齐的模型。例如，假定有三个控件，想要使它们左对齐。它们将基于三个控件构成的组中离左侧最远的控件对齐。

图 17.21 显示了几组控件。第一组控件未对齐。中间一组控件中的标签控件是左对齐，而右侧一组中的文本框控件是右对齐。

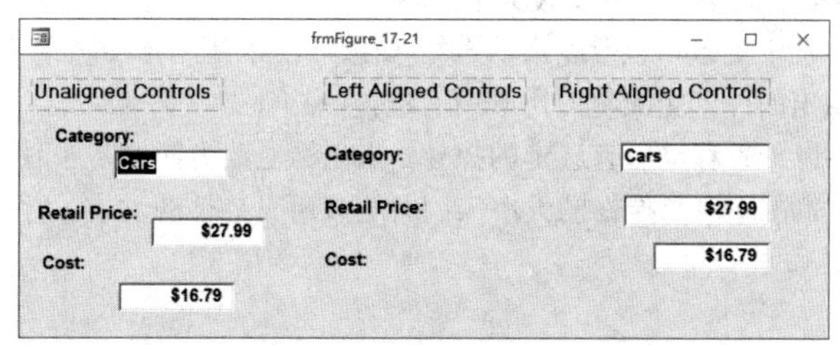

图 17.21　网格中的未对齐控件和已对齐控件的示例

每种类型的对齐必须分别完成。在该示例中，可同时将所有标签左对齐，或将所有文本框右对齐。

默认情况下，当窗体处于设计视图中时，Access 会在窗体的整个界面上显示一系列小点。网格可以帮助对齐控件。从功能区的“排列”选项卡上“调整大小和排序”组下的“大小/空格”库中选择“网格”命令，可以隐藏或显示网格。也可以使用同一库中的“标尺”命令隐藏或显示标尺。

使用“大小/空格”库中的“对齐网格”命令可在绘制控件或将其放到窗体上时将控件对齐到网格。在移动现有控件或调整其大小时，也可以使用此命令将控件对齐到网格。

当移动现有控件或调整其大小时，Access 只允许从网格点移动到网格点。如果禁用“对齐网格”，Access 将忽略网格，允许将控件放在窗体或报表上的任意位置。

提示：
在创建控件之前(或者在调整控件大小或移动控件时)，按 Ctrl 键可暂时禁用“对齐网格”。可使用“网格线 X 坐标”和“网格线 Y 坐标”窗体属性更改各个窗体的网格精细度(点数)。数值越高表示精细度越高。窗体属性详见第 18 章。

功能区的“排列”选项卡上的“调整大小和排序”组中包含用于调整控件间距的命令。间距命令将根据前两个选定控件的间距调整控件之间的距离。如果控件在屏幕上横向排列，则使用水平间距；如果控件在屏幕上纵向排列，则使用垂直间距。间距命令包括：

- **水平相等**：使选定控件之间的水平间距相等。要使该命令可用，必须选择三个或更多的控件。
- **水平增加**：按一个网格单位的增量增加选定控件之间的水平间距。
- **水平减少**：按一个网格单位的增量减少选定控件之间的水平间距。
- **垂直相等**：使选定控件之间的垂直间距相等。要使该命令正常使用，必须选择三个或更多的控件。
- **垂直增加**：按一个网格单位的增量增加选定控件之间的垂直间距。
- **垂直减少**：按一个网格单位的增量减少选定控件之间的垂直间距。

提示：
对齐控件仅对齐控件本身。如果想要对齐控件中的文本(也称为调整文本)，则必须使用功能区的“格式”选项卡上的“字体”组，然后单击“左对齐”“右对齐”或“居中”按钮。

5. 修改控件的外观

若要修改控件的外观，选择相应的控件并单击修改该控件的命令，例如“字体”或“控件”组中的选项。若要更改 Description 标签的文本颜色和字体，请执行下面的步骤：

(1) 单击窗体上的 Description 标签。

(2) 在功能区的“格式”选项卡上的“字体”组中，将“字号”改为 14，单击“加粗”按钮，并将“字体颜色”更改为蓝色。

(3) 调整 Description 标签的大小，以显示较大的文本。可双击任意大小句柄来自动调整该标签的大小。

要同时修改多个控件的外观，选择相应的控件并单击修改这些控件的命令，例如“字体”或“控件”组中的命令。要更改 Category、Retail Price、Cost 和 Model 标签和文本框的文本颜色和字体，请执行下面的步骤：

(1) 拖动选择框，选中上述四个标签和四个文本框。

(2) 在功能区的“格式”选项卡上的“字体”组中，将“字号”改为 14，单击“加粗”按钮，并将“字体颜色”改为蓝色。

(3) 调整这些标签和文本框的大小，以显示较大的文本。可以双击任意大小句柄来自动调整这些控件的大小。

当单击命令时，控件的外观将发生更改，以反映新的选择(如图 17.22 所示)。每个控件中文本的字号将增加，具有粗体效果，颜色变为蓝色。做出的任何更改将应用于所有选定的控件。

当选定多个控件时，也可以一起移动所有选定的控件。当光标更改为四向箭头时，单击并拖动就可以移动所选定的控件。也可通过调整选定范围中一个控件的大小来同时更改所有控件的大小。所有选定的控件都将增加或减少同样的单位数。

6. 组合控件

如果需要定期更改多个控件的属性，可能希望将这些控件组合到一起。要将多个控件组合到一起，请在按住 Shift 键的同时单击相应控件，或者将选择框拖过这些控件，从而将它们选中。在选中所需的控件后，从功能区的“排列”选项卡上的“大小/空格”库中选择“组合”命令。选中组中的某个控件时，该组中的所有控件都将被自动选中，如图 17.23 所示。

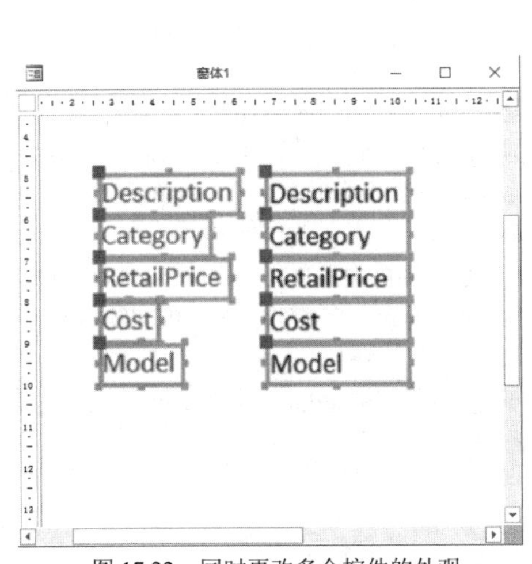

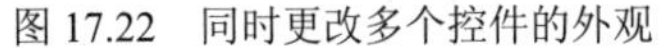
图 17.22　同时更改多个控件的外观

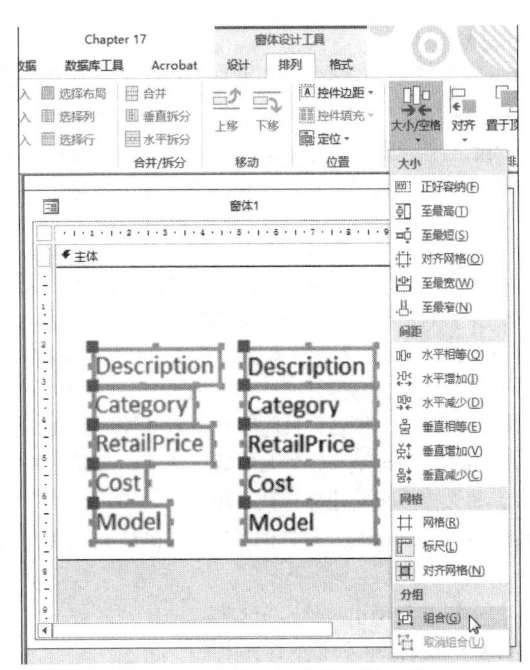

图 17.23　将多个控件组合到一起

双击某个控件可仅选择组中的一个控件。在选中组中的单个控件后，可单击其他任何控件将其选中。要重新选择整个组，请单击窗体中的空白区域，之后单击组中的任何一个控件。

要调整整个组的大小，请将鼠标放在想要调整大小的一侧。在出现双箭头后，单击并拖动，直到达到所需的大小。组中的每个控件都将更改大小。要移动整个组，请单击组并将其拖动到新位置。将控件组合到一起后，不必在每次对其进行更改时都选择所有控件。

要删除某个组，请通过单击组中的任意字段选中该组，然后从功能区的“排列”选项卡的“大小/空格”库中选择“取消组合”命令。

7. 更改控件的类型

尽管很多时候可能希望使用复选框来显示布尔(是/否)数据类型，但也可以通过其他方式来显示相应的值，例如切换按钮，如图 17.24 所示。如果值为 True，则切换按钮被提升；如果值为 False，则该按钮被下压(或者至少是非常不明显)。

要将复选框转换为切换按钮，请执行下面的步骤：

(1) 选中 Before 标签控件(就是标签控件，不是复选框)。

(2) 按 Delete 键删除该标签控件，因为不需要该控件。

(3) 右击复选框，然后从弹出菜单中选择“更改为”|“切换按钮”。

(4) 调整切换按钮的大小并在其中单击，以获取闪烁光标，然后在按钮上输入 After 作为其标题(显示在图 17.24 中靠右的位置)。

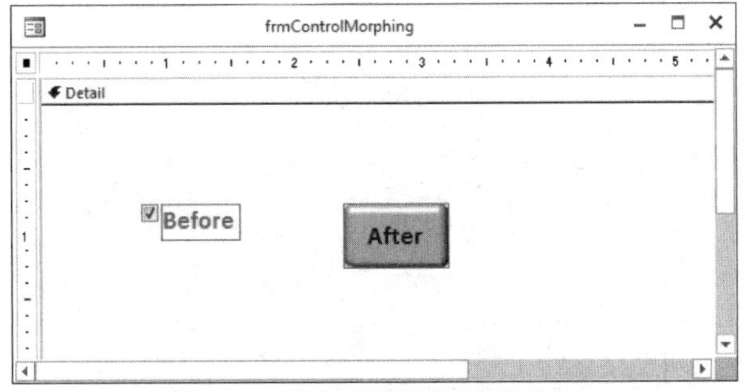

图 17.24　将复选框转换为切换按钮

8. 复制控件

可通过将任意控件复制到剪贴板，然后在所需位置粘贴副本来创建该控件的副本。如果已经为某个控件输入许多属性或者指定了特定格式，那么可以复制该控件而仅修改部分属性(例如控件的名称和绑定字段名称)，从而生成一个不同的控件。该功能非常适用于多页窗体，当想要在不同的页面以及不同的位置显示相同的值时，或将某个控件从一个窗体复制到另一个窗体时，可以使用该功能。

9. 删除控件

只需要在窗体的设计视图中选中某个控件，然后按键盘上的 Delete 键，便可删除该控件。此时，控件以及任何附加的标签都将消失。如果想要删除的内容恢复原样，只需要立即从快速访问工具栏中选择“撤消”(或者使用撤消的键盘快捷键 Ctrl＋Z)。也可以通过以下方式删除控件：从功能区的“开始”选项卡上的“剪贴板”组中选择“剪切”，或从功能区的“开始”选项卡上的“记录”组中选择“删除”。

可同时删除多个控件，只需要选中多个控件并按 Delete 键。也可以删除整组控件，方法一样，即选择相应的组并按 Delete 键。如果某个控件具有附加标签，可通过单击标签本身，然后选择一种删除方法，仅删除标签。如果选中控件，那么控件和标签都将被删除。

要仅删除 Description 控件的标签，请执行下面的步骤(该示例假定将该 Description 文本框控件放在“窗体设计”窗口中)。

(1) 仅选中 Description 标签控件。

(2) 按 Delete 键将标签从窗体中删除。

10. 将标签重新附加到控件

在本章后面的“命名控件标签及其标题”一节中，将了解到控件与其标签之间的特殊关系。默认情况下，Access 控件在被添加到窗体中时会包含一个标签，当在窗体上重新放置控件时，该标签会在控件周围移动。“命名控件标签及其标题”一节介绍了上述行为以及如何使用控件标签。如果从控件中意外删除了某个标签，可以重新附加该标签。要创建并重新附加一个标签到某个控件，请执行下面的步骤：

(1) 单击“控件”组中的“标签”按钮。

(2) 将鼠标指针放置在“窗体设计”窗口中。鼠标指针将变为大写字母 A。

(3) 在希望控件开始的位置单击并按住鼠标按钮，拖动鼠标调整控件的大小。

(4) 输入 Description，然后在控件外部单击。

(5) 选中 Description 标签控件。

(6) 从功能区的“开始”选项卡上的“剪贴板”组中选择“剪切”。

(7) 选中 Description 文本框控件。

(8) 从功能区的“开始”选项卡上的“剪贴板”组中选择“粘贴”，将该标签控件附加到该文本框控件。

将标签附加到控件的另一种方法是单击标签旁边的信息图标，如图 17.25 所示。该信息图标指示该标签未与控件关联。从菜单中选择“将标签与控件关联”命令，然后选择希望与该标签关联的控件。

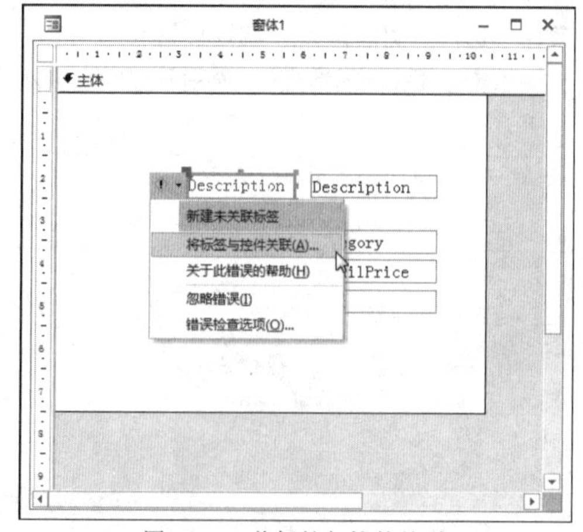

图 17.25　将标签与控件关联

17.3　属性简介

属性是控件、字段或数据库对象的命名特性，用于修改控件、字段或对象的特征。这些特性的示例包括对象的大小、颜色、外观或名称。属性也可以修改控件的行为，例如，确定控件是只读还是可以编辑，可见还是不可见。

在窗体和报表中广泛使用属性来更改控件的特征。窗体上的每个控件都有属性。窗体本身也有属性，其每个部分也是一样。这种情况同样适用于报表，报表本身具有属性，每个报表部分以及单个控件也都有属性。标签控件也有自己的属性，即使将其附加到另一个控件也不会丢失其属性。

使用功能区命令执行的所有操作都可以通过设置属性来完成，从移动控件和调整控件大小到更改字体和颜色，无一不可。实际上，这些命令所做的全部操作无非是更改选定控件的属性。

17.3.1　显示属性表

属性显示在属性表(有时称为“属性”窗口)中。要显示 Description 文本框的属性表，请执行下面的步骤：

(1) 将 Description、Category、RetailPrice、Cost 和 Model 字段从字段列表拖动到窗体的设计视图中。

(2) 单击 Description 文本框控件将其选中。

(3) 单击功能区的“设计”选项卡上的“工具”组中的“属性表”命令，或者按 F4 键显示属性表。显示的屏幕应该与图 17.26 类似。在图 17.26 中，Description 文本框控件已被选中，可滚动属性表中的“格式”选项卡来查找与该文本框关联的边距属性。

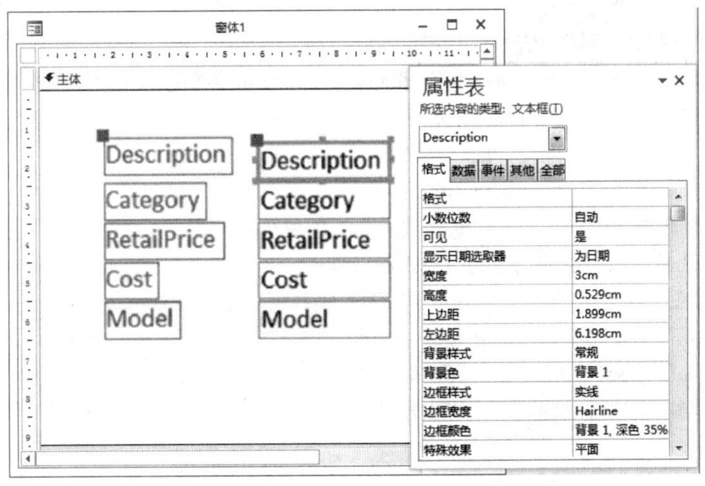

图 17.26　使用属性表更改对象的属性

由于属性表是一个窗口，因此可以将其取消停靠，或者对其进行移动和调整大小。但是，该窗口没有“最大化”或“最小化”按钮。

> **提示：**
> 双击取消停靠的属性表的标题栏区域可使其返回到最近的停靠位置。

如果控件的属性表不可见，可通过多种方式显示该窗口，如下所述：

- 选择一个控件，并单击功能区的“设计”选项卡上的“工具”组中的“属性表”命令。
- 双击任意控件的边缘。
- 右击任意控件，并从弹出菜单中选择“属性”。
- 在选中任意控件的情况下按 F4 键。

17.3.2　了解属性表

在显示属性表的情况下，单击设计视图中的任意控件可以显示该控件的属性。选择多个控件可显示选定控件的类似属性。通过垂直滚动条可在各种属性中移动。

属性表具有一个“全部”选项卡，以便你查看某个控件的所有属性。或者，也可以选择另一个选项卡，将视图限制为特定的一组属性。具体的选项卡和属性组如下所述：

- **格式**：这些属性确定标签或值的显示形式，其中包括字体、大小、颜色、特殊效果、边框以及滚动条。
- **数据**：这些属性影响值的显示形式及其绑定到的数据源，其中包括控件来源、输入掩码、验证、默认值以及其他数据类型属性。
- **事件**：事件属性是命名事件，例如单击鼠标按钮、添加记录、按某个键(可通过宏或 VBA 过程调用的形式为其定义响应)等。
- **其他**：其他属性显示控件的其他特征，例如控件的名称或显示在状态栏中的说明。

交叉参考：

相对于早期版本的 Access，最新 Access 版本中可用的属性数量大大增加。最重要的一些属性在本书的很多章中都有介绍。有关事件属性和事件过程的讨论，请参阅第 26 章。

图 17.26 显示了 Description 文本框的属性表。第一列中列出了属性名称，第二列用于输入或选择属性设置或选项。可使用属性表顶部附近的组合框(在图 17.26 中显示 Description)来更改显示哪个控件的属性。该组合框还允许选择窗体上的其他对象，例如“主体”节、窗体页眉或者窗体本身。

17.3.3　更改控件的属性设置

可以通过多种不同的方法来更改属性设置，其中包括：

- 在属性表中输入或选择所需的值。
- 对于某些属性，在属性表中双击属性名称可以循环切换该属性的所有可接受值。
- 直接通过更改控件本身来更改属性，例如更改控件的大小。
- 使用从绑定字段继承的属性或控件的默认属性。
- 通过使用功能区命令输入控件的颜色选择。
- 通过使用功能区命令更改标签文本样式、大小、颜色和对齐方式。

可通过单击某个属性并输入所需的值来更改控件的属性。

在图 17.27 中，可在“控件来源”属性输入区域的右侧看到一个向下箭头以及一个包含三个点的按钮。对于某些属性，当在属性输入区域中单击时，会在该区域中显示一个下拉箭头。该下拉箭头告诉 Access 提供了一个值列表供从中进行选择。如果单击“控件来源”属性中的向下箭头，会发现该下拉列表中显示了几个字段。将“控件来源”属性设置为表中的某个字段会创建一个绑定控件。

图 17.27　设置某个控件的“控件来源”属性

某些属性具有一个标准值列表，例如“是”或“否”，而其他属性显示可变的字段、窗体、报表或宏列表。每个对象的属性由控件本身及该控件所用于的对象来确定。

Access 中提供了一项非常好的功能，那就是能通过重复双击选项来循环切换属性选项。例如，双击“何时显示”属性可交替选择“两者都显示”“只打印显示”以及“只屏幕显示”。

“生成器”按钮包含一个省略号(...)，可打开 Access 中的诸多生成器之一，其中包括宏生成器、表达式生成器以及代码生成器。当打开某种生成器并进行某些选择时，会自动填充属性。本书后续章节将介绍有关生成器的内容。

每种类型的对象都有自己的“属性表”和属性。其中包括窗体本身、窗体的每个部分以及窗体的每个控件。一旦通过单击“设计”选项卡上的按钮显示了属性表，就可以通过如下两种方式来更改属性表中显示的内容：选择窗体上的对象，或者从属性表的组合框中选择对象。“属性表”窗口会立即更改，以显示选定对象的属性。

17.3.4　命名控件标签及其标题

可能已经注意到，每个数据字段都有一个标签控件和一个文本框控件。通常情况下，标签的“标题”属性与文本框的“名称”属性相同。文本框的“名称”属性通常与表的字段名称相同，即显示在“控件来源”属性中的名称。有时，标签的“标题”会有所不同，因为会针对表中的某个字段向“标题”属性中输入值。

当在窗体上创建控件时，建议在设置控件的“名称”属性时使用标准的命名约定，这是一种非常好的做法。可采用前缀后跟将来可以识别的有意义名称的形式来命名每个控件(例如，txtTotalCost、cboState、lblTitle)。表 17.2 显示了窗体和报表控件的命名约定。可在 www.xoc.net/standards 上找到非常完整且结构完善的命名约定。

表 17.2　窗体/报表控件命名约定

前缀	对象
frb	绑定对象框
cht	图表(图)
chk	复选框
cbo	组合框
cmd	命令按钮
ocx	ActiveX 自定义控件
det	主体(节)
gft[n]	页脚(组节)
fft	窗体页脚节
fhd	窗体页眉节
ghd[n]	页眉(组节)
hlk	超链接
img	图像
lbl	标签
lin	直线
lst	列表框
opt	选项按钮
grp	选项组
pge	页面(选项卡)
brk	分页符
pft	页面页脚(节)
phd	页面页眉(节)
shp	矩形
rft	报表页脚(节)
rhd	报表页眉(节)

(续表)

前缀	对象
sec	节
sub	子窗体/子报表
tab	选项卡控件
txt	文本框
tgl	切换按钮
fru	未绑定对象框

图 17.27 显示的属性是 Description 文本框的特定属性。前两个属性“名称”和“控件来源”都设置为 Description。

“名称”属性其实就是字段本身的名称。当将某个控件绑定到字段时，Access 会自动将该控件的“名称”属性指定为绑定字段的名称。针对未绑定控件，将提供诸如 Field11 或 Button13 的名称。但是，也可以根据个人需要为控件提供其他任何名称。

对于绑定控件，“控件来源”属性是该控件绑定到的表字段的名称。在该示例中，Description 引用的是 tblProducts 表中的同名字段。未绑定控件没有控件来源，而计算控件的控件来源实际上是用于计算的表达式，例如，在该示例中为=[RetailPrice] - [Cost]。

第 18 章

在 Access 窗体上使用数据

本章内容：

- 在窗体视图中查看和修改数据
- 编辑窗体数据
- 打印 Access 窗体
- 了解窗体属性
- 添加窗体页眉和页脚
- 调整窗体的布局
- 向窗体中添加计算控件
- 将窗体转换为报表

第 17 章介绍了创建和显示窗体所需的工具，包括设计视图、绑定和未绑定控件、字段列表以及功能区上的控件组。本章将介绍如何使用窗体上的数据、查看和更改窗体的属性以及使用布局视图。

Access 应用程序的用户界面由窗体构成。窗体可以显示和更改数据、接受新数据以及与用户进行交互。窗体削弱了应用程序的很多个性化特征，精心设计的用户界面可以大大减少新用户所需的培训。

绝大多数情况下，Access 窗体上显示的数据会绑定(直接或间接)到 Access 表。对窗体上的数据所做的更改会影响存储在基础表中的数据。

> Web 内容
> 本章使用 Chapter18.accdb 数据库中的 tblProducts、tblSales 和 tblContacts 来提供创建示例所需的数据。

18.1 使用窗体视图

在窗体视图中，可以实际查看和修改数据。窗体视图中的数据与表或查询的数据表视图中显示的数据相同，只是显示形式略有不同。窗体视图以一种用户友好的格式显示数据，这种格式由用户创建和设计。

交叉参考：
有关在数据表视图中工作的更多详细信息，请参阅第 5 章。

为说明窗体视图的用法，请执行下面的步骤，基于 tblProducts 表创建一个新窗体：

(1) 在“导航”窗格中选择 tblProducts。

(2) 选择功能区上的“创建”选项卡。

(3) 单击“窗体”组中的“窗体”命令。

(4) 单击“开始”选项卡的“视图”组中的“窗体视图”按钮，从布局视图切换到窗体视图。

图 18.1 显示窗体视图中一个新建的窗体。该视图的顶部显示了窗体的标题栏及其标题，以及窗体页眉，底部显示导航控件。位于屏幕中央的窗体显示数据，一次显示一条记录。

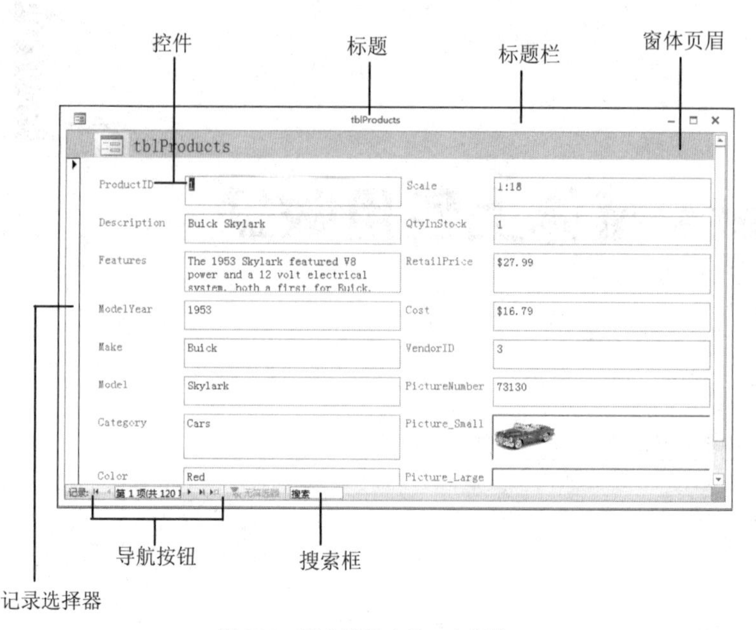

图 18.1　窗体视图中的一个窗体

提示：

如果窗体包含的字段数超过屏幕可以同时显示的数量，Access 会自动显示水平和/或垂直滚动条，可以使用滚动条查看其余的数据，也可通过按 PgDn 键来查看其余数据。如果位于窗体的底部，或者整个窗体无须滚动便可在屏幕上完全显示，那么当按 PgDn 键时，将移动到下一条记录。

窗口底部的状态栏显示在创建表(或窗体)时定义的活动字段的“状态栏文本”属性。如果某个字段不存在“状态栏文本”，Access 将在状态栏中显示“窗体视图”。一般情况下，错误消息和警告显示在屏幕中央的对话框中，而不是显示在状态栏中。导航控件和搜索框位于窗体窗口的底部，而视图快捷方式位于状态栏中。这些功能可用于从一条记录移到另一条记录，或者用于快速查找数据。

18.1.1　了解功能区的“开始”选项卡

功能区的“开始”选项卡(如图 18.2 所示)提供了一种使用数据的方式。“开始”选项卡包含一些熟悉的对象，也有一些新对象。本节将概述“开始”选项卡。其中的各个命令将在本章后面详细介绍。

注意：

请记住，功能区及其控件的具体内容与所处的上下文紧密相关。根据当前执行的任务，一个或多个命令可能会灰显或者不可见。尽管这种行为可能会使人产生困惑，但 Microsoft 的本意是尽可能简化功能区，以重点关注手头正在执行的任务，而不必在工作过程中处理无关的命令。

图 18.2　功能区的“开始”选项卡

1. “视图”组

“开始”选项卡的最左侧是“视图”组，通过该组可在以下视图中进行切换，而这些视图可通过单击按钮下拉箭头进行查看。

- **窗体视图**：允许操纵窗体上的数据。
- **数据表视图**：以行列格式显示数据。

- **布局视图**：允许在查看数据的同时更改窗体的设计。
- **设计视图**：允许对窗体的设计进行更改。

交叉参考：
有关数据表视图的信息，请参见第 5 章。

注意：
上述所有命令可能并不是在所有窗体上都可用。通过设置窗体的属性，可以限制哪些视图是可用视图。在本章后面的“使用窗体属性”一节中，将了解到有关窗体属性的更多信息。

2. “剪贴板”组

“剪贴板”组包含“剪切”“复制”“粘贴”和“格式刷”命令。这些命令的工作方式与其他应用程序(如 Word 和 Excel)中的对应命令是一样的。“剪贴板”是 Windows 提供的一种资源，几乎被所有 Windows 应用程序所共享。例如，只要上下文环境合适，就可将从 Excel 复制或剪切的项目粘贴到 Access 中。举例来说，可从 Excel 工作表中复制一个 VBA 过程，然后将其粘贴到 Access VBA 代码模块中，因为二者的上下文环境是一样的。但是，不能复制 Excel 电子表格，然后将其粘贴到窗体视图中的 Access 窗体上，因为窗体视图无法使用 Excel 电子表格。

提示：
Office 具有自己的剪贴板，可通过以附加的、更贴近 Office 的格式存储复制的内容来使用 Windows 剪贴板。复制一个 Excel 范围，Office 剪贴板将以 Office 格式存储该范围。例如，将该范围粘贴到处于设计视图中的窗体上，此时会自动创建一个 OLE 控件。

“粘贴”命令的下拉箭头提供了三个选项，如下所述：

- **粘贴**：将复制到 Windows 剪贴板的任何条目插入 Access 中的当前位置。根据所执行的任务，粘贴的条目可能是纯文本、控件、表或窗体，也可能是其他一些对象。
- **选择性粘贴**：为提供以不同格式(文本、CSV、记录等)粘贴剪贴板内容的选项。
- **粘贴追加**：将剪贴板的内容粘贴为新记录，前提是复制到剪贴板的记录具有类似的结构。很明显，对于任何不涉及复制和粘贴数据库表记录的操作，“粘贴追加”命令处于禁用状态。

“剪贴板”组中的其他控件包括：

- **剪切**：将条目从其在应用程序中的当前位置移除，并将其粘贴到 Windows 剪贴板上。将项目从其当前位置移除并不会销毁该条目，但必须在将第二个条目复制到剪贴板之前粘贴该条目(剪切或复制的条目会覆盖剪贴板上的任何内容)。
- **复制**：将条目或对象复制到剪贴板。可对纯文本应用复制操作，不过，该操作同样适用于窗体或报表上的控件(当然，窗体或报表应该处于设计视图中)、数据库记录、整个表、查询以及其他数据库对象等。Windows 剪贴板几乎可以接受所有复制到其中的内容。
- **格式刷**：“格式刷”(图标像是一个画笔笔刷)是一种特殊工具，在设计视图中处理 Access 窗体和报表时使用。“格式刷”的概念非常简单：可以复制某个条目的格式(如字体设置)，然后将该格式应用于另一个或另一组条目。

提示：
在窗体或报表中处理许多控件时，使用“格式刷”可以大大节省时间。将某个控件(例如文本框)设置为希望所有文本框都具有的外观形式，选中该文本框，并单击(或双击)“格式刷”。然后，当单击另一个文本框时，第一个文本框的格式设置将应用于第二个文本框。双击“格式刷”会将其“锁定”，这样可将第一个条目的格式应用于多个条目(单击一次“格式刷”或按 Esc 键即可将其解除锁定)。

3. “排序和筛选”组

通过“排序和筛选”组，可以更改记录的顺序，并基于定义的条件限制窗体上显示的记录。

4. “记录”组

通过“记录”组，可以保存、删除记录，或向窗体中添加新记录。此外，其中还包含用于显示合计、检查拼写、冻结和隐藏列的命令，以及更改行高和单元格宽度(当窗体在数据表视图中显示时)的命令。

5. “查找”组

通过“查找”组，可以查找和替换数据，以及转到数据表中的特定记录。使用“选择”命令可选择一条记录或所有记录。

6. “窗口”组

“窗口”组包含两个控件，如下所述：

- **调整至窗体大小**：在设计视图中使用窗体时，Access 会在保存该窗体时“记住”其尺寸(高度和宽度)。在使用重叠窗口界面时，用户可能通过将窗体边框拖动到新的尺寸和形状来调整窗体大小。使用“调整至窗体大小”可将窗体返回到设计时所设置的尺寸。
- **切换窗口**：“切换窗口”提供了一种非常便捷的方式，可查看当前在 Access 主窗口中打开的所有对象(窗体、报表和表等)。当单击“切换窗口”时，会显示一个下拉列表，可从该下拉列表中选择另一个对象，以便更改为该对象。

注意：

如果当前数据库的“文档窗口选项”选项设置为“选项卡式文档”，那么“开始”选项卡中不会包含“窗口”组。对于选项卡式文档，所有打开的 Access 对象都可以通过选项卡界面进行访问，因此，切换窗口的选项不是必需的。要更改“文档窗口选项”选项，请选择“文件”|“选项”，并在“Access 选项”对话框的“当前数据库”区域中设置适当的选项。

7. “文本格式”组

通过“文本格式”组，可在数据表视图或设计视图中更改数据表的外观。使用这些命令可以更改字体、大小、加粗、倾斜、颜色等。使用“左对齐”“右对齐”和“居中”命令可以调整选定列中的数据版式。单击“网格线”选项可启用和禁用网格线。使用“可选行颜色”可以更改可选行的颜色，或将所有行设置为相同的颜色。在修改“文本格式”属性设置为“格式文本”的长文本字段中的文本时，可使用这些命令来更改字体、颜色等。

18.1.2 在字段中导航

导航窗体与在数据表中移动几乎相同。只需要单击所需的控件并对数据进行更改或添加内容，便可轻松地在窗体中移动。由于窗体窗口中仅显示屏幕可以容纳的字段，因此，需要使用各种导航辅助工具在窗体中或记录之间移动。

表 18.1 显示了用于在窗体中的字段之间移动的导航键。

表 18.1　在窗体中导航

导航方向	按键
下一个字段	Tab 键、向右箭头(→)键、向下箭头(↓)键或 Enter 键
上一个字段	Shift+Tab 组合键、向左箭头(←)键或向上箭头(↑)键
当前记录的第一个字段	Home 键
第一条记录的第一个字段	Ctrl+Home 组合键
当前记录的最后一个字段	End 键
最后一条记录的最后一个字段	Ctrl+End 组合键
下一个页面	PgDn 键或“下一条记录”
上一个页面	PgUp 键或“上一条记录”

18.1.3 在窗体的记录中移动

尽管一般情况下会使用窗体一次显示一条记录，但仍需要在记录之间移动。执行此操作最简单的方式是使用导航按钮，如图 18.3 所示。

图 18.3　窗体的导航按钮

导航按钮是位于窗体窗口左下角的六个控件。使用最左侧的两个控件可以移动到窗体中的第一条记录和上一条记录。使用最右侧的三个控件可以转到窗体中的下一条记录、最后一条记录或新记录。如果知道记录编号(特定记录的行号)，可以单击“当前记录”框，输入记录编号，并按 Enter 键直接转到该记录。

导航控件中显示的记录编号只是当前记录在记录集中位置的指示符，在筛选或排序记录时可能会发生更改。记录编号的右侧是当前视图中的记录总数。记录计数可能不同于基础表或查询中的记录数。当筛选窗体上的数据时，记录计数会发生更改。

18.2　更改窗体中的值

本书前面的章节学习了一些用于在表中添加、更改和删除数据的数据表方法。这些方法也可以在 Access 窗体上使用。表 18.2 对这些方法进行了汇总。

表 18.2　编辑方法

编辑方法	按键
在控件中移动插入点	按向右箭头(→)键和向左箭头(←)键
在控件中插入值	选择插入点并输入新数据
选择控件的完整内容	按 F2 键
将现有值替换为新值	选择整个字段并输入新值
将某个值替换为前一个字段的值	按 Ctrl+’(单引号)
将当前值替换为默认值	按 Ctrl+Alt+空格键
将当前日期插入控件中	按 Ctrl+; (分号)
将当前时间插入控件中	按 Ctrl+: (冒号)
在文本控件中插入换行符	按 Ctrl+Enter 组合键
插入新记录	按 Ctrl++ (加号)
删除当前记录	按 Ctrl+– (减号)
保存当前记录	按 Shift+Enter 组合键或移动到另一条记录
切换复选框或选项按钮中的值	空格键
撤消对当前控件所做的更改	按 Esc 键或单击“撤消”按钮
撤消对当前记录所做的更改	按 Esc 键或在撤消当前控件后再次单击“撤消”按钮

注意：

对于向右箭头(→)键和向左箭头(←)键，其在导航模式中的工作方式与在编辑模式中有所不同。使用 F2 键可在导航模式和编辑模式之间切换。对于所处的模式，唯一的可视提示就是在编辑模式中会显示插入点。在导航模式下，箭头键用于在控件之间导航，而在编辑模式下，这些键用于选择文本。

18.2.1　了解无法编辑的控件

某些控件无法进行编辑，其中包括下面这些控件：

- **显示自动编号字段的控件：** Access 会自动维护自动编号字段，并在创建每条新记录时计算值。
- **计算控件：** Access 可能会在窗体或查询中使用计算控件。计算值并不实际存储在表中。
- **锁定或禁用的字段：** 可设置某些窗体和控件属性，以阻止对数据进行更改。
- **多用户锁定记录中的控件：** 如果另一个用户锁定了相应的记录，那么无法编辑该记录中的任何控件。

18.2.2　使用图片和 OLE 对象

对象链接和嵌入(Object Linking and Embedding，OLE)对象不是 Access 数据库的一部分。OLE 对象通常包括图片，也可能是指向 Word 文档、Excel 电子表格和音频文件的链接。此外，也可以包含视频文件，例如 MPG 或 AVI 文件。

在数据表视图中，如果不访问 OLE 服务器(例如 Word、Excel 或 Windows Media Player)，则无法查看图片或 OLE 对象。但在设计视图中，可以调整 OLE 控件区域的大小，使其足以在窗体视图中显示图片、图表或其他 OLE 对象。也可以调整窗体上文本框控件的大小，以便看到字段中的数据，而不必像数据表中的字段那样对值进行放大处理。

Access OLE 控件支持许多类型的对象。与数据表一样，可以通过以下两种方式将 OLE 字段输入窗体中：

- 使用功能区的“剪贴板”组中的控件将对象(例如 MP3 文件)复制并粘贴到剪贴板。
- 右击 OLE 控件，然后从显示的快捷菜单中单击“插入对象”以显示可用于插入对象的对话框，如图 18.4 所示。使用该对话框可以向 OLE 字段中添加新对象，也可以从某个现有文件添加对象。“由文件创建”选项按钮可以添加现有文件中的图片或其他 OLE 对象。

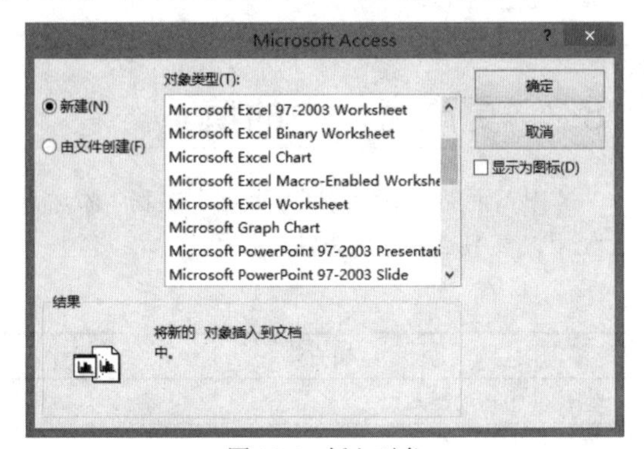

图 18.4　插入对象

在 OLE 控件中显示图片时，可以设置“缩放模式”属性来控制表示 OLE 对象的图像的显示方式。该属性的设置包括：

- **剪裁**：使图像保持其原始尺寸，裁切掉图片中不适合控件的部分。
- **缩放**：使图像适合控件显示区域，并保持其原始比例，但这样可能产生额外的空白空间。
- **拉伸**：调整图像大小以完全适应边框。拉伸设置可能使图片变形。

18.2.3　在长文本字段中输入数据

frmProducts 窗体中的 Features 字段是一个长文本数据类型的字段。这种类型的字段最多可以包含 1GB 的字符。前四行数据显示在文本框中。当在该文本框中单击时，会显示一个垂直滚动条，使你可以查看控件中的所有数据。

更好的是，如果希望增大控件以显示更多数据，可在窗体的设计视图中调整控件的大小。在长文本字段的文本框中查看更多文本的另一种方法是在选中文本框的情况下按 Shift+F2 组合键。此时将显示一个“缩放”对话框，如图 18.5 所示，可在该对话框中看到更多数据。“缩放”对话框中的文本完全可以编辑。可以添加新文本，也可以更改控件中已经存在的文本。

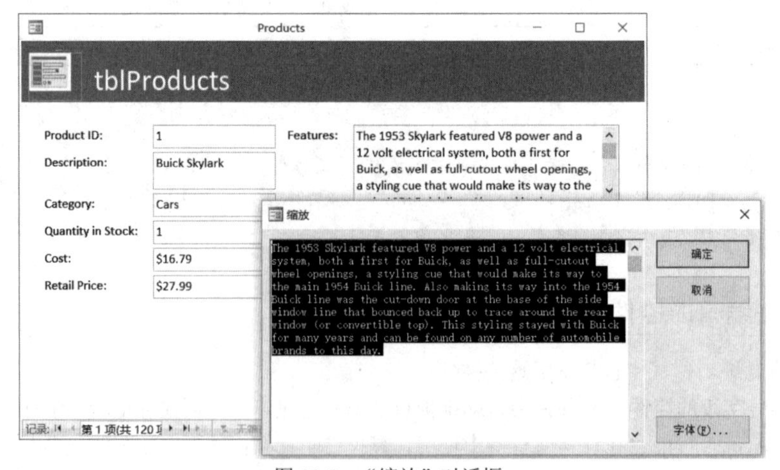

图 18.5　“缩放”对话框

18.2.4　在日期字段中输入数据

frmSales_Layout 窗体中的 SaleDate 字段(如图 18.6 所示)是一个日期/时间数据类型的字段。该字段被格式化为可以接受和显示日期值。当在该文本框中单击时，会自动在其旁边显示一个“日期选取器”图标，如图 18.6 所示。单击该日期选取器将显示一个日历，可以从中选择日期。

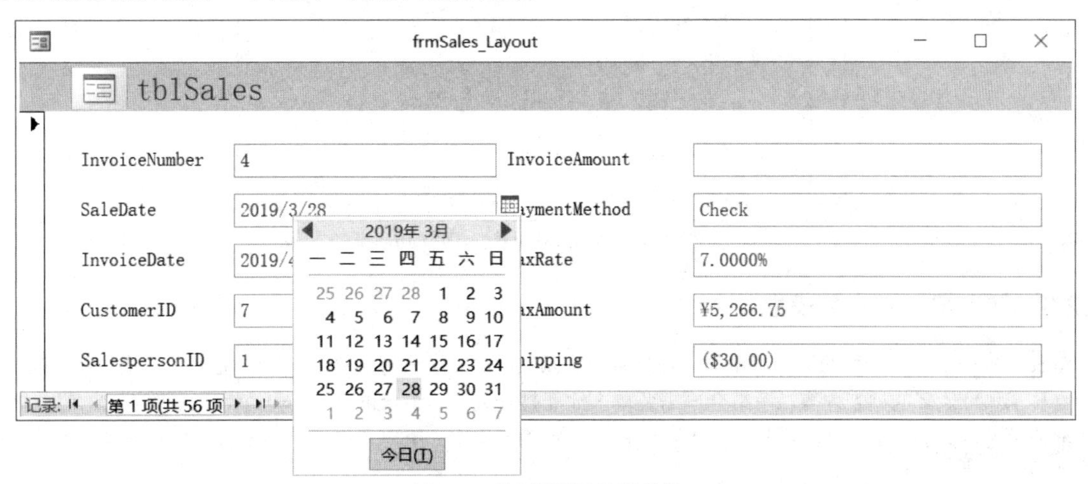

图 18.6　使用日期选取器控件

如果日期选取器未显示，请切换到设计视图，并将控件的“显示日期选取器”属性更改为“为日期”，如图 18.7 所示。如果不希望使用日期选取器，请将“显示日期选取器”属性设置为“从不”。

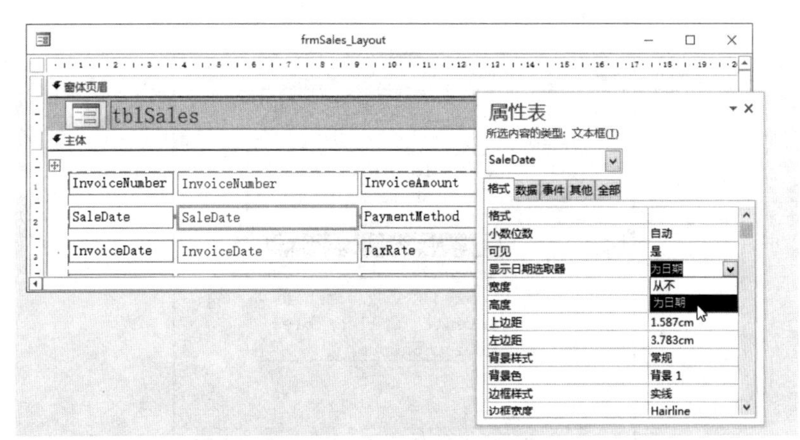

图 18.7　设置“显示日期选取器”属性

18.2.5　使用选项组

通过选项组，可从很多选项按钮(有时称为单选按钮)中进行选择。当需要从少量相斥的选项中进行选择时，最适合使用选项组。图 18.8 在 Follow-Up Date 文本框旁显示了一个选项组。通常，选项组包含一些选项按钮，但也可包含切换按钮和复选框。

要创建选项组，最简单高效的方法是使用“选项组向导”。可以使用该向导来创建具有多个选项按钮、切换按钮或复选框的选项组。当完成整个向导以后，控件的所有属性设置都已正确设置。要创建选项组，请切换到设计视图，并从“设计”选项卡的“控件”组中选择“选项组”按钮。确保选中“使用控件向导”命令。

在“选项值”属性中为选项组中的每个元素指定一个编号。将选项组绑定到一个字段时，会在保存记录时在相应字段中保存选项值。

提示：
为是/否字段(实际上存储为数字)创建选项组时，将“是”值设置为-1，而将“否”值设置为 0。

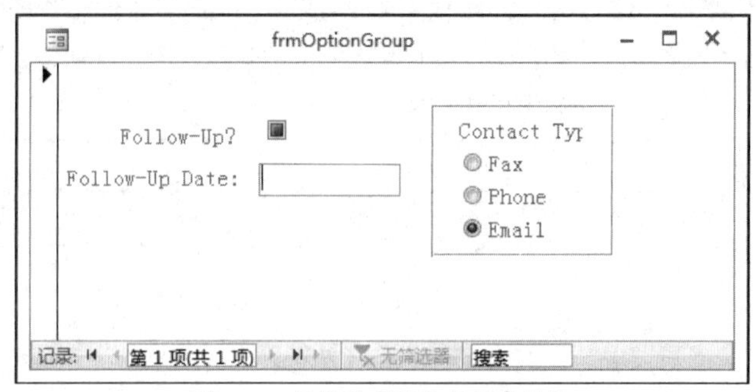

图 18.8 使用选项组选择相斥的值

18.2.6 使用组合框和列表框

Access 提供了两种类型的控件用于显示数据列表，以供用户从中进行选择，它们分别是列表框和组合框。列表框始终显示尽可能多的列表内容，而组合框需要单击才能打开列表。组合框是文本框和列表框的组合。组合框的文本框部分总是可见的，用户可以像其他文本框一样在其中输入文本。用户还可以单击下拉箭头，来显示组合框的列表框部分，并选择一项，而不是键入它。

由于组合框可以非常高效地利用窗体界面上的空间，因此，可能希望使用组合框(举例来说)来包含 tblCustomers 表中的值，如图 18.9 所示。要执行此操作，最简单的方法是使用“组合框向导”。该向导可以指导完成一系列步骤，创建用于在另一个表中查找值的组合框。要创建组合框，请切换到设计视图，并从“设计”选项卡的“控件”组中选择“组合框”命令。确保选中“使用控件向导”命令。

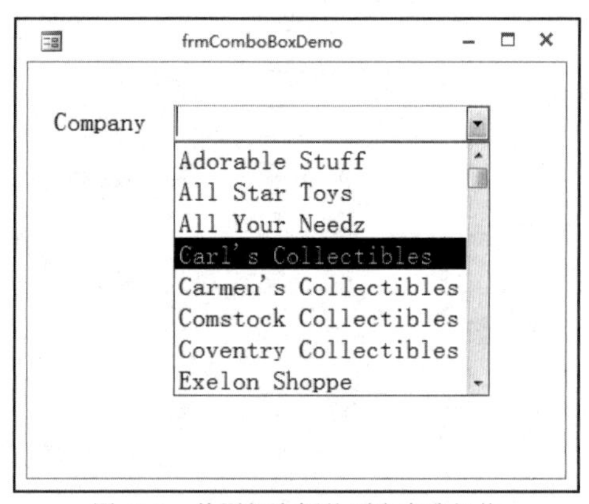

图 18.9 使用组合框从列表中选择值

创建了组合框后，检查“行来源类型”“行来源”“列数”“列标题”“列宽”“绑定列”“列表行数”和“列表宽度”属性。熟悉这些属性的设置后，可以右击某个文本框，然后选择“更改为”|“组合框”，并手动设置组合框的属性。

18.2.7 切换到数据表视图

在窗体处于打开状态的情况下，可通过以下任何一种方法切换到数据表视图：

- 单击“开始”选项卡的“视图”组中的“数据表视图”命令。
- 单击 Access 窗口右下角的“视图快捷方式”部分中的“数据表视图”按钮。
- 右击窗体的标题栏，或窗体的任意空白区域，然后从弹出菜单中选择“数据表视图”。

显示数据表后，光标将位于与在窗体中时相同的字段和记录上。移动到另一个记录和字段，然后在窗体视图中重新显示该窗体，会导致显示的窗体中的光标位于在数据表视图中所占据的字段上。

要返回到窗体视图(或者其他任何视图)，可从 “视图”组、“视图快捷方式”或弹出菜单中选择所需的视图。

注意：
默认情况下，新窗体的“允许数据表视图”属性设置为“否”。为能切换到数据表视图，请将该属性设置为“是”。

18.2.8　保存记录

Access 会在离开记录时自动保存每条记录。按 Shift+Enter 组合键，或从功能区上的“记录”组中选择“保存”，或者选择快速访问工具栏中的“保存”按钮，可以在不修改活动记录的情况下保存记录。关闭窗体也会保存记录。

警告：
由于在移动到另一条记录时，Access 会立即自动保存更改，因此，可能会无意中更改基础表中的数据。并且，由于只能撤消最近一次所做的更改，因此，没有任何简便方法返回到记录之前的状态。

18.3　打印窗体

可以打印屏幕上显示的窗体中的一条或多条记录(第 20 章介绍了如何生成格式化报表)。最简单的打印方法是使用键盘快捷键 Ctrl+P 来显示“打印”对话框。“打印”对话框提供了多个选项用于自定义打印输出，如下所述：

- **打印范围：**打印整个窗体或者仅打印选定的页面或记录。
- **份数：**确定要打印的份数。
- **逐份打印：**确定是否逐份打印多份打印输出。

也可以单击“属性”按钮并针对选定的打印机设置相应的选项，或者选择其他打印机。通过“设置”按钮可以设置页边距和打印标题。

打印窗体与打印其他任何对象一样。Windows 是一种 WYSIWYG (“What You See Is What You Get”，即“所见即所得”)环境，因此，在窗体上看到的就是在打印的硬拷贝中获得的内容。如果添加了页眉或页脚，则会在页面的顶部或底部打印这些内容。打印输出包含在窗体中指定的任何格式设置(包括线条、方框和底纹)，并且在使用黑白打印机的情况下，会将颜色转换为灰度。

打印将输出包括打印所有数据所需的尽可能多的页面。如果窗体超过单个打印机页面的宽度，则需要多个页面来打印该窗体。Access 会根据需要对打印输出进行拆分以适应每个页面。

“文件”菜单下的“打印”命令提供了其他一些打印选项，如下所述：

- **快速打印：**使用默认打印机打印当前窗体，不允许更改任何选项。
- **打印：**显示“打印”对话框。
- **打印预览：**显示基于当前设置应该获得的打印输出外观。

提示：
在“打印预览”模式中，将显示功能区的“打印预览”选项卡，其他所有选项卡都将隐藏。使用功能区命令可以选择不同的视图、更改打印设置以及放大和缩小。单击“打印”可将窗体打印到打印机。单击功能区右侧的“关闭打印预览”命令将返回到上一个视图。

18.4　使用窗体属性

可以使用窗体属性来更改窗体的显示和行为方式。属性设置包括窗体的背景色或图片、窗体的宽度等。表 18.3～表 18.5 涵盖了比较重要的一些属性。更改默认属性相对比较容易：只需要在属性表中选择相应的属性，然后输入或选择新值。

Web 内容
本节的示例使用 Chapter18.accdb 示例数据库中的 frmProducts 窗体。

注意：

窗体选择器是窗体处于设计视图中时标尺所对应的区域。当选中窗体时，将显示一个小的黑色方块，如图 18.10 所示。

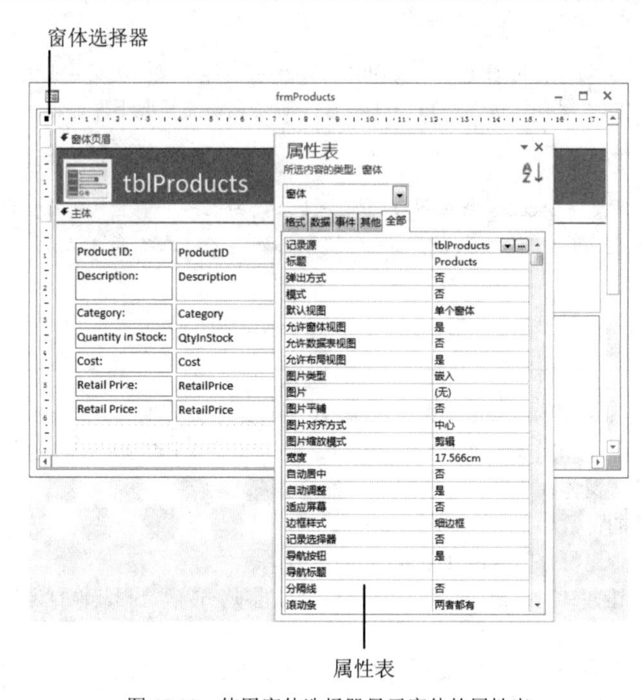

图 18.10 使用窗体选择器显示窗体的属性表

要设置窗体的属性，必须显示窗体的属性表。切换到设计视图或布局视图，并以下面的任一方式显示窗体的属性表：

- 单击窗体选择器以显示小的黑色方块，然后单击“设计”选项卡的“工具”组中的“属性表”按钮。
- 单击“设计”选项卡的“工具”组中的“属性表”命令，然后从属性表顶部的下拉列表中选择“窗体”。
- 双击窗体选择器。
- 在窗体选择器标尺上或者窗体的某个空白区域中单击鼠标右键，然后从弹出菜单中选择“窗体属性”，或者在窗体处于设计视图或布局视图中时按 F4 键。

默认情况下，窗体的属性表停靠在 Access 窗口的右侧。由于属性表是一个窗口，因此可以对其执行取消停靠、移动和调整大小等操作。在图 18.10 中，属性表已经取消停靠，并被拖动到覆盖 frmProducts 窗体的位置。注意，“属性表”窗口没有“最大化”或“最小化”按钮，不具备搜索功能。有一个排序图标，用于在属性的默认顺序和字母升序之间进行切换。

交叉参考：

第 17 章介绍了有关如何使用属性表的更多信息。

18.4.1 使用“标题”属性更改标题栏文本

通常情况下，窗体的标题栏会在保存窗体后显示其名称(如果使用选项卡文档而不是重叠窗口，就显示选项卡的标题)。窗体的“标题”属性指定在窗体处于窗体视图中时显示在标题栏中的文本。要更改标题栏文本，请执行下面的步骤：

(1) 单击窗体选择器，确保窗体本身处于选中状态。

(2) 单击“设计”选项卡的“工具”组中的“属性表”按钮，或者按 F4 键打开属性表。

(3) 单击属性表中的“标题”属性，并在该属性的文本框中输入 Products，如图 18.11 所示。

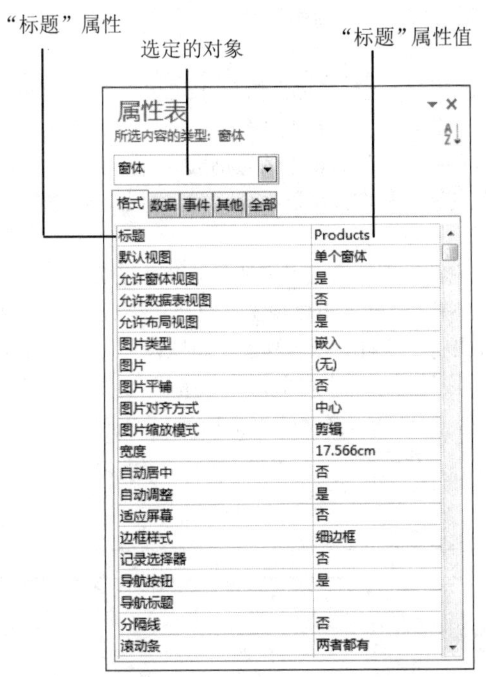

图 18.11　在窗体的属性表中更改"标题"属性

(4) **单击其他任何属性或按 Enter 键退出"标题"属性。**

(5) **切换到窗体视图以查看窗体的新标题栏文本。**在窗体的属性中输入的标题将覆盖所保存的窗体的名称。

> 注意：
> 很明显，使用属性更改窗体的标题没有太大意义。该练习只用于演示通过更改属性来操纵窗体的外观是多么容易。在学习本书的过程中，会遇到几百个示例，这些示例说明了如何使用 Access 提供的设计工具来增强应用程序，并使其对用户更加有用。

18.4.2　创建绑定窗体

绑定窗体(bound form)直接连接到某个数据源，例如表或查询。通常情况下，当用户移动到窗体中的一条新记录时，绑定窗体会自动更新绑定数据源中的数据。

要创建绑定窗体，必须在窗体的"记录源"属性中指定数据源。在图 18.11 中，属性表的"数据"选项卡包含用于控制在窗体上显示哪些数据及其显示方式的属性。尽管该图中没有显示出来，但实际上"记录源"属性位于属性表的"数据"选项卡的最顶端。

数据源可以是以下三个选项之一：

- **表：**当前数据库文件中的某个表的名称。该表可以是本地表(存储在数据库本身中)，也可以链接到其他 Access 数据库或诸如 SQL Server 的外部数据源。
- **查询：**从一个或多个数据库表中选择数据的查询的名称。
- **SQL 语句：**用于从某个表或查询中选择数据的 SQL SELECT 语句。

如果某个窗体未绑定，也就是"记录源"属性为空并且数据使用 VBA 代码获取，就不能在该窗体上具有绑定控件(绑定控件的"控件来源"属性要设置为表中的某个字段)。

> 交叉参考：
> 有关使用字段列表添加绑定控件的详细信息，请参阅第 17 章。

18.4.3　指定如何查看窗体

Access 使用多个属性来确定如何查看窗体。"默认视图"属性确定当窗体最初打开时如何显示数据，选项如下。

- **单个窗体**：一次显示一条记录。“单个窗体”是默认值，并且每个窗体页面显示一条记录，而不管窗体的大小是多少。
- **连续窗体**：一次显示多条记录。“连续窗体”指示 Access 在屏幕空间的适应范围内显示尽可能多的详细信息记录。图 18.12 展示了一个显示 5 条记录的连续窗体。
- **数据表**：像电子表格一样的行列视图或标准的查询数据表视图。
- **分割窗体**：同时提供数据的两个视图，可以在分割窗体的上半部分中选择数据表中的记录，并在下半部分中编辑信息。

存在三个单独的属性，它们允许开发人员确定用户是否可以更改默认视图。这三个属性分别是“允许窗体视图”“允许数据表视图”和“允许布局视图”。“允许窗体视图”和“允许布局视图”的默认设置为“是”，而“允许数据表视图”的默认设置为“否”。如果将“允许数据表视图”属性设置为“是”，数据表视图命令(位于功能区的“视图”组、窗体的“视图快捷方式”区域以及右击弹出菜单中)将可用，并且可采用数据表的形式查看数据。如果将“允许窗体视图”属性设置为“否”，窗体视图命令将不可用。

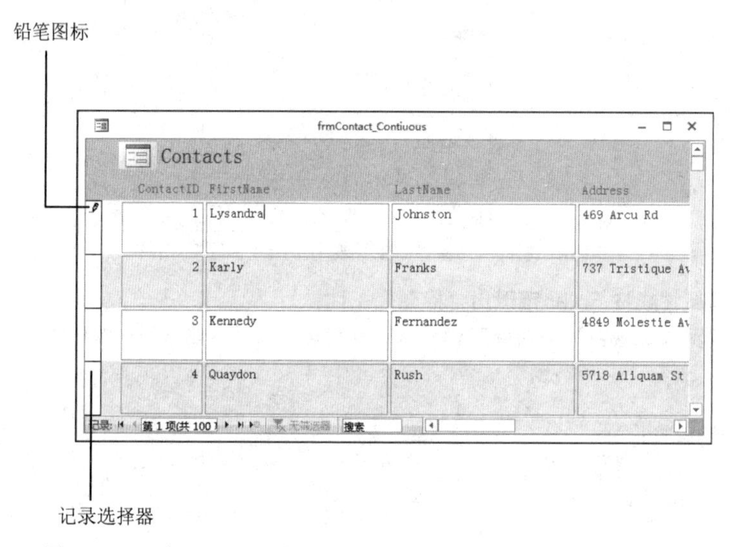

图 18.12　“默认视图”属性的“连续窗体”设置可同时显示多条记录

18.4.4　删除记录选择器

“记录选择器”属性确定是否显示记录选择器(图 18.12 中显示的位于窗体左侧的垂直条)。在多记录窗体或数据表中，记录选择器非常重要，因为它指向当前记录。记录选择器中的向右箭头指示当前记录，当对记录进行编辑时，该箭头会更改为铅笔图标。尽管记录选择器对于数据表非常重要，但对于单记录窗体，可能并不需要它。要删除记录选择器，可将窗体的“记录选择器”属性更改为“否”。

18.4.5　了解其他窗体属性

表 18.3～表 18.5 列出了最常用的一些窗体属性，并对每个属性提供了简短说明。在本章的示例或本书的其他章节中使用这些属性时，将了解到有关它们的更多信息。

表 18.3　窗体“格式”属性

属性	说明	选项
标题	显示在窗体的标题栏中的文本	最多 2048 个字符
默认视图	确定窗体打开时的初始视图	单个窗体：每个页面一条记录(默认选项) 连续窗体：在每个页面的显示范围内显示尽可能多的记录 数据表：行列视图 分割窗体：在上半部分显示数据表，下半部分显示窗体

(续表)

属性	说明	选项
允许窗体视图	是否允许窗体视图	是/否
允许数据表视图	是否允许数据表视图	是/否
允许布局视图	是否允许布局视图	是/否
滚动条	确定是否显示任何滚动条	两者均无：不显示任何滚动条 只水平：仅显示水平滚动条 只垂直：仅显示垂直滚动条 两者都有：显示水平和垂直滚动条
记录选择器	确定是否显示记录选择器	是/否
导航按钮	确定导航按钮是否可见	是/否
分隔线	确定窗体各部分之间的直线是否可见	是/否
自动调整	自动调整窗体大小以显示完整的记录	是/否
自动居中	当窗体打开时在屏幕上居中显示	是/否
边框样式	确定窗体的边框样式	无：不包含边框或边框元素(滚动条、导航按钮) 细边框：不可调整大小 可调边框：正常的窗体设置 对话框边框：粗边框，仅标题栏，无法调整大小；用于对话框
控制框	确定控制菜单(还原、移动和大小)是否可用	是/否
最大最小化按钮	指定是否在窗体的标题栏中显示最小化和最大化按钮	无：不在窗体的右上角显示按钮 最小化按钮：仅显示“最小化”按钮 最大化按钮：仅显示“最大化”按钮 两者都有：显示“最小化”和“最大化”按钮
关闭按钮	确定是否在右上角显示“关闭”按钮，以及是否在控制菜单中显示“关闭”菜单项	是/否
宽度	显示窗体的宽度值。可输入宽度，或在调整窗体宽度时由 Access 设置宽度	介于 0～22 英寸(55.87 厘米)之间的一个数字
图片	显示用作整个窗体的背景的文件名	任何有效的图像文件名
图片类型	确定窗体的图片是嵌入的还是链接的	嵌入：图片嵌入到窗体中，成为窗体的一部分 链接：图片链接到窗体；Access 存储图片的位置，并在每次打开窗体时检索图片 共享：图片由 Access 存储，并可用于数据库中的其他对象
图片缩放模式	确定如何显示窗体的图片	剪辑：按照实际大小显示图片 拉伸：使图片适合窗体大小(不按比例) 缩放：使图片适合窗体大小(按比例)，可能导致图片的某个尺寸(高度或宽度)不适合窗体 水平拉伸：使图片适合窗体的宽度，忽略高度尺寸 垂直拉伸：使图片适合窗体的高度，忽略宽度尺寸
图片对齐方式	确定窗体的图片对齐方式	左上：在窗体的左上角显示图片 右上：在窗体的右上角显示图片 中心(默认设置)：使图片居中显示 左下：在窗体的左下角显示图片 右下：在窗体的右下角显示图片

(续表)

属性	说明	选项
图片对齐方式	确定窗体的图片对齐方式	窗体中心：在水平和垂直方向居中显示图片
图片平铺	当想要覆盖一个小位图(例如，单个砖块可以构成一面墙)的多个副本时使用	是/否
网格线 X 坐标	显示在显示 X 网格情况下的每英寸点数设置	一个介于 1～64 之间的数字
网格线 Y 坐标	显示在显示 Y 网格情况下的每英寸点数设置	一个介于 1～64 之间的数字
打印布局	确定窗体是使用屏幕字体还是打印机字体	是：打印机字体 否：屏幕字体
子数据表高度	确定展开时子数据表的高度	一个介于 0 到 22 英寸(55.87 厘米)之间的数字
子数据表展开	确定表或查询中所有子数据表的已保存状态	是：子数据表的已保存状态为已展开 否：子数据表的已保存状态为已关闭
调色板来源	窗体或报表的调色板	(默认值)：指示默认 Access 调色板 也可以指定其他 Windows 调色板文件(PAL)、ICO、BMP、DB 和 WMF 文件
方向	确定查看方向	从右到左：外观和功能从右向左移动 从左到右：外观和功能从左到右移动
可移动的	确定窗体是否可以移动	是/否
分割窗体方向	确定窗体在分割窗体视图中的外观	数据表在上：数据表显示在窗体顶部 数据表在下：数据表显示在窗体底部 数据表在左：数据表显示在窗体左侧 数据表在右：数据表显示在窗体右侧
分割窗体数据表	确定是否可在分割窗体的数据表中编辑数据	允许编辑：允许进行编辑 只读：数据是只读的，无法进行更改
分割窗体分隔条	确定分割窗体中是否存在分隔条	是/否
保存分隔条位置	确定是否应该保存分隔条的位置	是/否
分割窗体大小	分割窗体的窗体部分的大小	指定“自动”让 Access 调整窗体大小，或者指定数字以设置实际大小
分割窗体打印	确定分割窗体中要打印的部分	仅表单：打印窗体部分 仅数据表：打印数据表部分
导航标题	覆盖窗体的导航按钮中的单词 Record	最多 255 个字符

表 18.4　窗体“数据”属性

属性	说明	选项
记录源	指定窗体上显示的数据的来源	未绑定：空 绑定：表、查询或 SQL 语句的名称
筛选	用于指定当对窗体应用筛选器时显示的记录子集；可以在窗体属性中使用宏或通过 VBA 进行设置	作为不带 WHERE 关键字的有效 SQL WHERE 子句的任何字符串
加载时的筛选器	在窗体/报表启动时应用筛选器	是/否
排序依据	指定用于对视图中的数据进行排序的字段	作为带有 ORDER BY 关键字的有效 SQL ORDER BY 子句的任何字符串
加载时的排序方式	在窗体/报表启动时应用排序	是/否
允许筛选	确定用户是否可以显示筛选窗体	是/否
允许编辑	确定用户是否可以编辑数据，将窗体设置为可编辑或只读	是/否

(续表)

属性	说明	选项
允许删除	确定用户是否可以删除记录	是/否
允许添加	确定用户是否可以添加记录	是/否
数据输入	确定窗体打开时是否显示新的空白记录，而不显示任何保存的记录	是/否
记录集类型	用于确定是否可以更新多表窗体	动态集：只能编辑默认表字段控件 动态集(不一致的更新)：所有表和字段都可以编辑 快照：所有字段都不可编辑(与只读相同)
记录锁定	用于确定绑定窗体上的默认多用户记录锁定	不锁定：仅在保存时锁定记录 所有记录：在使用窗体时锁定整个窗体的记录 已编辑的记录：仅在编辑过程中锁定当前记录
抓取默认值	确定是否应该检索默认值	是/否

表 18.5　窗体“其他”属性

属性	说明	选项定义
弹出方式	窗体是一个浮动在其他所有对象上方的弹出对象	是/否
模式	在执行任何其他操作之前，用户必须关闭窗体；禁用其他窗口；当“弹出方式”设置为“是”时，“模式”将禁用菜单和工具栏，而创建一个对话框	是/否
循环	确定 Tab 键在记录的最后一个字段中的工作方式	所有记录：从记录的最后一个字段跳转到下一条记录 当前记录：从记录的最后一个字段跳转到该记录的第一个字段 当前页：从记录的最后一个字段跳转到当前页面的第一个字段
功能区名称	在打开时应用的自定义功能区的名称	有效的功能区名称(参阅第 30 章)
快捷菜单	确定快捷(右击)菜单是否可用	是/否
快捷菜单栏	指定备用快捷菜单栏的名称	有效的菜单栏名称
快速激光打印	打印嵌线而不是直线和矩形	是/否
标签	允许存储有关窗体的额外信息	最大长度为 2048 字符的字符串
内含模块	允许显示窗体是否具有类模块；将该属性设置为“否”将删除附加到窗体的 VBA 代码模块	是/否
使用默认纸张大小	在打印时使用默认纸张大小	是/否

18.5　添加窗体页眉或页脚

窗体的“主体”节通常会包含绝大部分显示数据的控件，还可以在窗体中添加其他节，如下所述：

- **窗体页眉**：在查看时显示在每个页面的顶部，在打印窗体时显示在窗体的顶部。
- **窗体页脚**：在查看时显示在每个页面的底部，在打印窗体时显示在窗体的底部。

窗体页眉和页脚会一直保留在屏幕上，而“主体”节中的任何控件可以上下滚动。

可在功能区“设计”选项卡上的“页眉/页脚”组中选择页眉和页脚选项，当然，要求窗体在设计视图中打开。

18.6 使用节属性

上面讨论的窗体属性适用于整个窗体。窗体的每个节也有自己的一组属性，可以影响相应节的外观和行为。在窗体的“主体”“窗体页眉”和“窗体页脚”三个节中，除了少数几个例外情况以外，基本共享相同的属性。

18.6.1 “可见”属性

“可见”属性是一个是/否类型的属性，用于确定相应的部分是显示还是隐藏。默认情况下，上述所有三个部分的“可见”属性都默认设置为“是”。除了一些最奇怪的窗体外，“主体”节在其他所有窗体中都应该保持可见，因为绝大多数控件都将在这一节中。“窗体页眉”和“窗体页脚”节可在不需要时隐藏起来。一般来说，窗体页眉用于显示标题，也可能显示图像。在连续窗体上显示窗体页眉有助于用户在使用窗体时保持方向感。窗体页脚可用于显示汇总或状态信息，例如当前日期和时间。

18.6.2 “高度”属性

“高度”属性确定相应节的高度。要更改“高度”属性，最常见的方式是使用鼠标抓取节的边缘，然后上下拖动以减少或增加高度。如果属性表可见，那么，当拖动边缘并在新位置释放鼠标时，可以看到“高度”属性值发生的变化。如果要获得某个特定的高度，请更改“高度”属性值，而不是拖动节的边缘。

18.6.3 “背景色”属性

“背景色”属性确定控件的背景色。可使用属性表中的下拉控件更改“背景色”属性。Access 提供了很多不同的内置颜色可供选择。

属性表中还有一个构造(build)按钮，显示熟悉的调色板，其中包括“主题颜色”和“标准色”。调色板底部的“其他颜色”按钮允许指定所需的任何颜色。

另外，可输入所需的颜色。“背景色”属性接受六位十六进制数字值。十六进制数字由数字 0～9 以及字母 A～F 组成，总共 16 个组成元素。需要在十六进制数字前面加上井号(#)作为前缀，例如#000000 表示黑色，#FFFFFF 表示白色。如果尝试匹配某种颜色，并且已经知道该颜色的十六进制代码，那么可以使用这种方法来设置“背景色”属性。

许多开发人员喜欢将“主体”节的“背景色”属性保持为纯白色。请注意，“主体”节的颜色不能分散用户在使用窗体时的注意力，这一点非常重要。使用一致的背景色可以增加窗体的深度感，并在所有窗体中提供一致的风格印象。

18.6.4 “特殊效果”属性

“特殊效果”属性可设置为“平面”“凸起”或“凹陷”。“平面”是默认值，“凸起”和“凹陷”可在节的边缘提供斜面效果。

18.6.5 “何时显示”属性

“何时显示”属性可以设置为“两者都显示”“只屏幕显示”和“只打印显示”。该属性可在打印时隐藏或显示某个节。可以在屏幕上显示“窗体页眉”和“窗体页脚”节，但在打印窗体时仅获得“主体”节。为实现上述目标，可将“窗体页眉”和“窗体页脚”节的“何时显示”属性设置为“只屏幕显示”，同时将“主体”节设置为默认值“两者都显示”。

18.6.6 打印属性

剩下的大多数节属性更适用于报表，而不是窗体，例如“自动调整高度”“可以扩大”和“可以缩小”。这些属性可基于节中包含的数据动态控制这些节的高度。它们对于窗体在屏幕上的显示方式没有任何效果，很少使用。

18.7　更改布局

本节将了解如何使用布局视图更改窗体的布局。在查看窗体的数据时，可能会添加、移动控件或者调整控件的大小，还可能会更改其他一些特征。

在布局视图中打开窗体，在功能区的“窗体布局工具”区域中选择“排列”选项卡。“排列”选项卡包括用于选择窗体的初始布局的控件，包括控件在窗体上的默认位置。图 18.13 所示的视图是在窗体上选择一些控件后所得到的结果。根据所选的内容，会启用或禁用不同的控件。

图 18.13　布局视图中功能区的“排列”选项卡

18.7.1　更改控件的属性

在以前版本的 Access 中，需要在设计视图中对窗体进行更改。在布局视图中，可在查看数据(而不是空白控件)的同时更改这些属性。单击窗体布局工具“设计”选项卡的“工具”组中的“属性表”命令可以显示选定控件的属性表。

交叉参考：

有关使用属性表更改控件属性的更多信息，请参阅第 17 章。

18.7.2　设置 Tab 键次序

注意，使用 Tab 键从一个控件移到另一个控件时，光标会在屏幕上跳来跳去。Tab 键所经过的路线似乎有点奇怪，但那就是控件最初添加到窗体时的次序。

窗体的 Tab 键次序指的是当按 Tab 键时焦点从一个控件移到另一个控件所采用的次序。窗体的默认 Tab 键次序始终是控件添加到窗体时的次序。在窗体上移动控件意味着需要更改窗体的 Tab 键次序。尽管在设计窗体时可能会大量使用鼠标，但绝大多数的数据输入人员会使用键盘从一个控件移到另一个控件，而不是使用鼠标。

在设计视图中从“设计”选项卡的“工具”组中选择“Tab 键次序”可显示“Tab 键次序”对话框，如图 18.14 所示。该对话框显示窗体中的控件，并按当前的 Tab 键次序进行排列。诸如标签、直线等控件以及其他非数据控件不会显示在“Tab 键次序”对话框中。

图 18.14　“Tab 键次序”对话框

在“Tab 键次序”对话框中，可一次选择一行或多行。通过单击第一个控件并拖动以选择多个行，可以选择多个连续的行。在突出显示行以后，可按 Tab 键次序将选定行拖动到新位置。

“Tab 键次序”对话框的底部包含多个按钮。“自动排序”按钮会根据控件在窗体中的位置，按照从左到右和从上到下的次序依次放置各个控件。当 Tab 键次序杂乱无章时，可在一开始选择该按钮。“确定”按钮可以应用对窗体所做的更改，而“取消”按钮将关闭对话框而不更改 Tab 键次序。

每个控件都有两个与“Tab 键次序”对话框相关的属性。“制表位”属性确定按 Tab 键是否可以到达相应的控件。默认值为“是”。将“制表位”属性更改为“否”可将相应的控件从 Tab 键次序中删除。当设置 Tab 键次序时，将设置“Tab 键索引”属性值。在“Tab 键次序”对话框中移动字段可更改这些(以及其他)控件的“Tab 键索引”属性。

> **警告：**
> 将控件的 Tab Stop 属性设置为“否”不会使该控件为只读。用户仍然可以选择控件并更改其值。

18.7.3　修改控件中文本的格式

要修改控件中文本的格式设置，请通过单击选中该控件，然后选择要应用于该控件的格式设置样式。功能区的“格式”选项卡(如图 18.15 所示)包含更多用于更改控件格式的命令。

图 18.15　布局视图中功能区的“格式”选项卡

要更改 Category 控件的字体，请确保处于布局视图中，然后执行下面的步骤：

(1) 通过单击 Category 文本框控件将其选中。

(2) 将“字号”更改为 14，然后单击“格式”选项卡的“字体”组中的“加粗”按钮。当更改特定的字体属性时，控件可能不会自动调整大小。如果只看到文本框的一部分，那么可能需要调整控件的大小，以便显示所有文本。

18.7.4　使用字段列表添加控件

窗体的字段列表显示窗体所基于的表或查询中的字段组成的列表。如果字段列表当前不可见，可以使用“设计”选项卡上的“添加现有字段”按钮打开该窗口。将字段列表中的字段拖动到窗体界面可将绑定控件添加到窗体中。可以一次选择并拖动一个字段，也可以用 Ctrl 键或 Shift 键同时选择多个字段。对于布局视图中的字段列表，其工作方式与设计视图中的字段列表相同，后者详见第 17 章。

单击“设计”选项卡的“工具”组中的“添加现有字段”命令可以显示字段列表。默认情况下，显示的字段列表将停靠在 Access 窗口的右侧，如图 18.16 所示。该窗口可移动并可调整大小，如果其中包含的字段超过窗口中可以显示的数量，将显示一个垂直滚动条。

图 18.16　在窗体的布局视图中从字段列表添加字段

Access 会添加适合绑定字段的数据类型的控件。例如，将文本字段拖动到窗体界面上将添加一个文本框，而将 OLE 数据字段拖动到窗体界面上将添加一个绑定 OLE 对象控件。

要将字段从字段列表添加到新窗体中，请执行下面的步骤：

(1) 选择功能区上的“创建”选项卡，然后在“窗体”组中选择“空白窗体”命令，以在布局视图中打开一个新窗体。这个新窗体不会被绑定到任何数据源。

(2) 如果字段列表未显示，选择功能区的“设计”选项卡，然后从“工具”组中选择“添加现有字段”命令。

(3) 双击字段列表中的 ProductID 和 Cost 字段，将它们添加到窗体。

提示：
在按住 Ctrl 键的同时单击每个字段，可在列表中选中多个不连续的字段。可将选定的字段拖动(作为组的一部分)到窗体的设计界面上。但这种方法在窗体被绑定到数据源之前是无效的，也就是说，至少要添加一个字段后才能使用该方法。

18.8　将窗体转换为报表

要将窗体另存为报表，可在设计视图中打开相应的窗体，然后选择“文件”｜“另存为”。整个窗体将另存为报表。如果窗体中包含页眉或页脚，这些对象将用作报表的“页眉”和“页脚”部分。如果窗体具有页眉或页脚，这些对象将用作报表的“页面页眉”和“页面页脚”部分。现在，可在设计视图中使用该报表，添加组以及执行其他功能，而不必从头重新创建常规的布局。第 20 和 21 章将介绍有关报表的更多信息。

第 19 章

使用窗体控件

本章内容：

- 为 Access 窗体和控件设置属性
- 创建计算控件
- 在 Access 中使用子窗体
- 了解设计窗体的基本方法
- 了解高级 Access 窗体技术
- 使用 Access 窗体中的选项卡控件
- 使用对话框收集信息
- 从头开始创建窗体

在讨论计算机软件相关内容时，常会听到用户界面(user interface)一词。几乎在所有使用 Microsoft Access 构建的应用程序中，用户界面都由一系列 Access 窗体组成。如果想要开发成功的 Access 应用程序，需要全面了解 Access 窗体的相关信息。

本章有助于你加深对窗体的了解。首先介绍一些常见的控件及其属性。这些控件构成用于构造窗体的构建块(building block)。还将介绍一些利用子窗体的强大方法。在这一章中，将专门通过一节来介绍各种与窗体相关的编程技术，来帮助创建窗体，从而在 Access 和计算机中获得最佳性能。然后，我们将提供详细的分步教程，介绍如何从头开始创建窗体。

> Web 内容
> *本章使用 Chapter19.accdb 数据库以及其他可在本书对应的 Web 站点下载的文件中的示例。*

19.1 设置控件属性

Access 窗体的构建块称为控件。功能区的“设计”选项卡上的“控件”组中包含十几种不同类型的控件，可供构建窗体，其中包括标签、文本框、选项组、选项按钮、切换按钮、复选框、组合框、列表框以及其他控件。本章不会详细讨论每种类型的 Access 窗体控件，但会介绍 Access 应用程序中最常用的一些控件。

Access 窗体上的每个控件都有一组属性，可以确定该控件的外观和行为。在设计视图中，可通过属性表来操纵控件的属性设置。要显示属性表，请执行以下操作之一：

- 右击相应的对象，然后从弹出菜单中选择“属性”。
- 选择相应的对象，然后单击功能区上的“属性表”按钮。
- 在对象处于选中状态的情况下按 F4 键。

属性表打开后，单击窗体中的任意控件将显示选定控件的属性设置。图 19.1 显示的是 Chapter19.accdb 应用程序中 Customers 窗体(frmCustomers)上名为 cmdNew 的命令按钮的属性表。

窗体本身也有自己的一组属性。如果要在选择特定的控件之前在设计视图中显示属性表，Access 会在该属性表中列出窗体的属性，这一点可以通过属性表的标题栏中的标题“窗体”看出来(如图 19.2 所示)。如果要在显示控件的属性以后在属性表中显示窗体的属性，可在窗体设计窗口中单击一个完全空白的区域(窗体的已定义边框之外)。

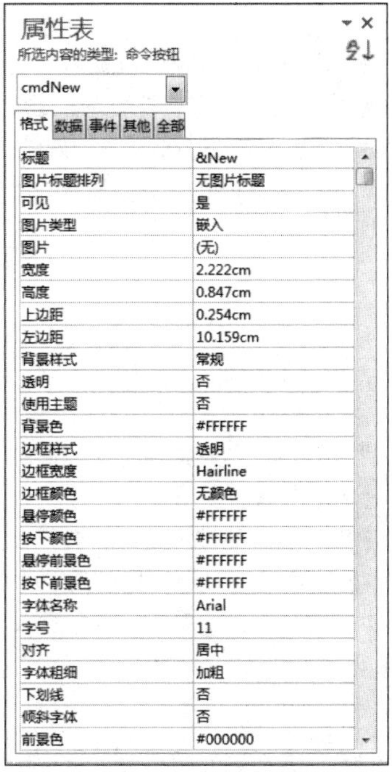

标题	&New
图片标题排列	无图片标题
可见	是
图片类型	嵌入
图片	(无)
宽度	2.222cm
高度	0.847cm
上边距	0.254cm
左边距	10.159cm
背景样式	常规
透明	否
使用主题	否
背景色	#FFFFFF
边框样式	透明
边框宽度	Hairline
边框颜色	无颜色
悬停颜色	#FFFFFF
按下颜色	#FFFFFF
悬停前景色	#FFFFFF
按下前景色	#FFFFFF
字体名称	Arial
字号	11
对齐	居中
字体粗细	加粗
下划线	否
倾斜字体	否
前景色	#000000

图 19.1　cmdNew 命令按钮的属性表

标题	Customers
默认视图	单个窗体
允许窗体视图	是
允许数据表视图	是
允许布局视图	否
图片类型	嵌入
图片	(无)
图片平铺	否
图片对齐方式	中心
图片缩放模式	剪辑
宽度	16.349cm
自动居中	是
自动调整	是
适应屏幕	否
边框样式	细边框
记录选择器	否
导航按钮	是
导航标题	
分隔线	否
滚动条	两者均无
控制框	是
关闭按钮	是
最大最小化按钮	两者都有
可移动的	否
分割窗体大小	自动
分割窗体方向	数据表在上
分割窗体分隔条	是

图 19.2　Customers 窗体的属性表

19.1.1　自定义默认属性

只要从功能区创建控件，创建的控件便会带有一组默认的属性值。这一点是显而易见的，还可以自行设置其中的许多默认值。例如，如果希望窗体中的所有列表框都是平面的，不存在凹陷的情况，在设计窗体之前将默认的“特殊效果”属性改为“平面”会比较高效，而不必针对每个列表框分别更改“特殊效果”属性。

要设置控件默认值，请在工具箱中选择一种工具，然后在属性表中设置属性，而不用将该控件添加到窗体中。注意，属性表中的标题是“所选内容的类型: 默认<控件类型>”。当设置控件的属性时，实际上是为当前窗体中该类型的控件设置默认属性。不必将控件添加到窗体中，只需要选择另一个控件(例如位于“控件”组右上角的“选择”控件)即可“锁定”默认设置。然后，当重新选择所需的控件时，会发现该控件的默认属性已经按照所需的方式进行了设置。当保存窗体时，为窗体的控件设置的属性默认值将随窗体一起保存。

19.1.2　了解常用的控件和属性

这一节将介绍构建 Access 应用程序所需的最常用控件，以及控制这些控件的外观和行为的属性。我们不会列出每个控件或属性。但掌握此处介绍的控件和属性会深入了解窗体的开发过程，其中许多属性可被其他控件共享。可将许多属性组合在一起实现某种特定结果，属性表会将这些相关属性一并列出。

1. 文本框控件

在显示数据时，文本框控件可承载各种控件。该控件中的数据始终是字符串数据类型，只是有时看起来像是数字或日期。文本框控件最重要的属性可确定数据的输入和显示方式。

“格式”属性

“格式”属性确定数据的显示格式。“格式”属性下可用的选项由基础字段的数据类型确定。例如，绑定到日期字段的文本框控件将显示日期格式，而绑定到数值字段的文本框控件将显示数值格式。未绑定文本框将显示所有可用的格式。

设置了适当的“格式”属性后，将由“小数位数”属性控制在小数点右侧显示多少位小数。

“格式”属性不影响基础值，只影响其显示。如果将文本框设置为只显示两位小数，但输入了三位小数，那么三位小数将存储在日期中，但是文本框中只显示两位小数。

控制外观的属性

“背景样式”和“背景色”属性控制文本框的背景的显示方式。将“背景样式”属性设置为“透明”将允许控件下方的所有对象完全显示。将“背景样式”属性设置为“常规”会根据“背景色”属性对背景进行着色。

“边框样式”“边框宽度”和“特殊效果”属性控制文本框边缘的显示方式。将“边框样式”属性设置为“透明”将不会显示边框，也可以选择实线、虚线和点线的其他任何一种组合。当“边框样式”属性设置为“透明”以外的任何选项时，将由“边框宽度”属性来控制边框的粗细。“特殊效果”属性具有多种选项，可为文本框提供更精美的外观。

控制数据外观的属性

“字体名称”和“字号”属性控制文本框中数据的字体。尽管这些属性可在属性表中进行设置，但更多的情况下是使用功能区的“格式”选项卡来设置它们。

“对齐”属性可以设置为“常规”“左”“居中”“右”或“分散”。“常规”设置确定对于显示的数据类型最适合的对齐方式。“分散”设置会尝试增加字符之间的间距，来使用数据填充文本框的整个宽度。

“下划线”和“倾斜字体”属性为“是/否”类型的选项，分别用于确定显示的数据是否具有下划线或者采用倾斜字体。“加粗”是“字体粗细”属性最常用的设置，但可通过其他多种选项实现对数据加粗效果的良好控制。

“前景色”属性控制字体的颜色。但它并不是一个简单的颜色名称。实际上，它是一个数字，表示控件中文本颜色的值。要设置此属性，最简单的方法是使用功能区的“格式”选项卡上的“字体颜色”命令。

数据输入属性

可将“文本格式”属性设置为“纯文本”或“格式文本”。“格式文本”是允许在数据输入过程中为字符应用格式设置的一种格式。当在“文本格式”属性设置为“格式文本”的文本框中输入数据时，功能区上针对“纯文本”选项禁用的特定控件将会启用。数据将使用 HTML 标记进行存储，这些标记定义要应用的格式。如果设置绑定控件的“文本格式”属性为“格式文本”，一定要确保基础字段也为“格式文本”。

可设置“输入掩码”属性以限制数据的输入方式。Access 提供了多种内置的输入掩码，例如“电话号码”以及“社会保险号”，可以使用这些输入掩码来促使用户正确输入数据。也可以创建自己的输入掩码，例如，如果公司使用的部件号采用定义完善的格式，便可以自定义相应的输入掩码。

“默认值”属性用于在创建新记录时使用定义的值填充文本框。除了硬编码的值以外，也可以通过计算，根据其他控件的值来创建不同的“默认值”属性。

“验证规则”和“验证文本”属性可用于确保用户输入的数据适合于相应的文本框。例如，为将输入某个文本框中的日期限制为仅包含特定范围内的日期。可以设置“验证规则”属性，以便在数据超出某个范围时显示消息。如果打破了某个规则，可使用“验证文本”属性为用户提供有关文本框中预期内容的详细信息。

2. 命令按钮控件

就像文本框控件是数据输入内容的承载对象一样，命令按钮控件是用户操作的转至(go-to)控件。命令按钮主要用于运行宏或 VBA 代码。与命令按钮相关的常见操作包括显示另一个窗体、导航到另一条记录或自动运行另一个 Office 应用程序。

控制外观的属性

命令按钮控件的很多与外观相关的属性都与文本框控件相同。并且，它们的工作方式也基本相同。此外，命令按钮具有“图片类型”和“图片”属性，可以指定要显示为按钮的图像。

“悬停颜色”“悬停前景色”“按下颜色”和“按下前景色”属性控制当用户将鼠标指针悬停在命令按钮上方或者单击按钮时该命令按钮控件的外观。这些属性可用于提供一个可视指示器，指示用户的鼠标所在的位置，还可以让用户确信按下的是正确按钮。

默认操作属性

“默认”属性是一个“是/否”类型的属性。当设置为“是”时，用户可在窗体上的任何位置按 Enter 键，并获得与单击命令按钮相同的效果。“默认”属性设置为“是”的命令按钮是一种非常有用的工具，可加快窗体上的数据输入速度。

“取消”属性也是一个是/否类型的属性，并与“默认”属性紧密相关。当设置为“是”时，用户可在窗体上的任何位置按 Esc 键，并获得与单击命令按钮相同的效果。一般情况下，指定为“取消”的命令按钮应该执行与取消当前操作或关闭窗体相同的操作。

> **提示：**
> 只能将一个命令按钮指定为“默认”。类似地，也只能将一个命令按钮指定为“取消”。将这两个属性中的任何一个设置为“是”都会将窗体上其他所有命令按钮的相应属性设置为“否”。

3. 组合框和列表框控件

组合框和列表框控件为用户显示一个列表，以帮助其完成数据输入。列表框控件显示控件大小允许的最大数量的条目，而组合框必须在单击后才能显示列表。组合框指的是文本框和列表框的组合，并因此得名。用户可直接向组合框的文本框部分输入文本，也可以从列表框部分选择一个条目。特定于组合框和列表框的属性控制数据的显示方式以及用户可以使用列表完成的操作。

列表内容属性

“行来源”属性确定在列表中显示什么数据。一般情况下，列表数据通常来源于表、查询或 SQL 语句。当然，也可以在设计时直接在“行来源”属性中输入值列表或在运行时分配值列表。“行来源类型”属性确定“行来源”属性的可用选项。当“行来源类型”属性设置为“值列表”时，窗体设计人员可在“行来源”中输入值列表。当“行来源类型”属性设置为“表/查询”时，“行来源”可以是表名称、查询名称或 SQL 语句。“行来源类型”属性的第三个选项是“字段列表”。当“行来源类型”属性设置为“字段列表”时，“行来源”可以是表名称、查询名称或 SQL 语句，这与类型设置为“表/查询”时一样。差别在于，控件将显示字段名称列表，而不是值列表。

“绑定列”属性确定控件的“值”。列表框和组合框可在列表中显示多列数据。当显示两列或更多列时，“绑定列”属性确定哪一列的数据将存储在绑定控件所对应的字段中，或者保存以供将来在未绑定控件中使用。

列表显示属性

“列数”属性确定列表中的列数(有些不见得都显示)。如果该属性的值不等于数据中的列数(由“行来源”属性定义)，那么可能某些数据未显示，或者可能显示了空列。“列宽”属性保存一个以分号分隔的值列表，这些值表示每一列的宽度。如果该属性留空，或者输入的列宽小于“列数”中指定的值，Access 会推测未指定列的宽度。“列标题”属性是一个是/否类型的属性，用于确定是否在列表顶部显示列标题。

“列表行数”属性是一个数字，它指定要显示的列表项数。如果存在的列表项数超过“列表行数”中指定的值，将为用户显示一个垂直滚动条，用于向下滚动以查看更多的列表项。“列表宽度”属性确定列表的宽度。可对较窄的组合框使用较宽的列表，以便高效地利用窗体上的空间。“列表行数”和“列表宽度”属性不是与列表框控件关联的属性。列表框控件会根据适应情况显示尽可能多的行，宽度与控件本身基本相当。

列表选择属性

对于组合框，“验证规则”“验证文本”和“输入掩码”属性的功能与文本框控件中相应属性的功能相同。列表框没有上述属性，因为用户限制为只能在列表中选择项目。

组合框控件的“限于列表”属性是一个是/否类型的属性。设置为“是”会限制用户只能输入或选择列表中的值，这使得组合框的功能与列表框相同。设置为“否”允许用户从列表中选择项目，也可以在组合框中输入未列出的值。

应用于列表框的“多重选择”属性确定用户可在列表框中选择多个条目的方式。值为“无”表示不允许多重选择。值为“简单”表示通过单击条目一次选择或取消选择一个条目。值为“展开的”表示可通过按住 Ctrl 键并单击条目一次选择一个条目，或者通过按住 Shift 键并单击块中的最后一个条目来选择条目块。

4. 复选框和切换按钮控件

复选框和切换按钮控件绝大多数情况下会绑定到是/否字段。若复选框控件中带有复选标记以及按下切换按钮，则表示为“是”值。若复选框为空以及松开切换按钮，则表示为“否”值。“三种状态”属性特定于这两个控件。当“三种状态”属性设置为“是”时，复选框或切换按钮可以表示三个值，分别是“是”“否”和 Null。当要跟踪用户是否已经肯定地将字段设置为“是”或“否”时，“三种状态”属性非常有用。

5. 选项组控件

选项组实际上根本不是一种控件。实际上，它是一组彼此分离但又相关的控件。选项组中包含一个框控件以及一个或多个选项按钮控件。当创建选项组时，也可选用复选框控件或切换按钮控件来代替选项按钮。属于选项组的复选框和切换按钮的行为方式与不属于选项组的复选框和切换按钮的行为方式有所不同。属于选项组的控件相互排斥，也就是说，选择其中一个控件会自动取消选择该组中的其他控件。

框控件确定存储在数据库中的值。它具有一个“控件来源”属性，用于标识绑定到的字段。此外，它还有一个“默认值”属性，该属性与其他类型的控件中的“默认值”属性作用相同。框中的选项控件没有这些属性。

选项控件具有一个“选项值”属性。该属性确定一个实际值，该值由框控件继承，并最终存储在字段中或保存以供将来使用。默认情况下，Access 按照选项控件在框中显示的顺序为它们分配数字 1、2、3 等。

> **提示：**
> 可更改“选项值”属性，但请注意，不要为两个不同的控件分配相同的数字。

6. Web 浏览器控件

Web 浏览器控件是窗体上的一种小型 Web 浏览器。可以使用该控件来显示完成该窗体的用户可能认为有用的数据，例如天气情况或股票价格。Web 浏览器控件的关键属性是“控件来源”属性。“控件来源”采用一种分类公式。正确的“控件来源”值是一个等号后跟括在双引号中的 Web 站点 URL。例如，="http://www.wiley.com"将在 Web 浏览器控件中显示该 Web 页面。一般来说，可基于在窗体中输入的其他数据使用 VBA 来更改“控件来源”属性。

19.2　创建计算控件

未绑定控件可能会使用表达式作为其“控件来源”属性。在窗体加载时，Access 会对该表达式进行求解，并使用该表达式返回的值填充控件。下面的示例说明了如何创建未绑定的计算控件：

(1) 选择功能区的“创建”选项卡，然后单击“窗体”组中的“窗体设计”命令。**此时将在设计视图中显示一个新窗体。**

(2) 如果字段列表不可见，就单击“窗体设计工具” | “设计”选项卡上的“添加现有字段”命令并单击“显示所有表”链接。

(3) 在 tblProducts 中，将 Cost 和 RetailPrice 从字段列表拖动到窗体的界面上。

(4) 单击“控件”组中的“文本框”，并在窗体上绘制一个新的文本框。

(5) 将“名称”属性设置为 txtCalculatedProfit，并将其“控件来源”属性设置为=[RetailPrice]-[Cost]。

(6) 将“格式”属性更改为“货币”，并将其“小数位数”属性更改为“自动”。

(7) 将标签的“标题”属性更改为 Net Profit。

(8) 切换到窗体视图以测试该表达式。窗体应该如图 19.3 所示。txtCalculatedProfit 显示 RetailPrice 与 Cost 之间的差额。

图 19.3　创建计算控件

19.3　使用子窗体

要在屏幕上同时显示来自两个不同表或查询中的信息，子窗体不可或缺。通常情况下，当主窗体的记录源与子窗体的记录源具有一对多关系时，需要使用子窗体。也就是说，子窗体中的多条记录与主窗体中的一条记录相关联。

Access 使用子窗体控件的“链接主窗体字段”和“链接子窗体字段”属性选择子窗体中与主窗体中的每条记录相关的记录。只要主窗体的链接字段中的值发生更改，Access 便会自动重新查询子窗体。

在创建子窗体时，可能希望在主窗体中显示子窗体聚合信息。例如，可能希望在主窗体上的某个位置显示子窗体中的记录数。有关这种方法的示例，请参阅 Chapter19.accdb 示例数据库中 frmCustomerSales 窗体内的 txtItemCount 控件。在该示例中，txtItemCount 控件中的“控件来源”表达式为：

```
="(" & [subfPurchases].[Form]![txtItemCount] & " items)"
```

请注意，此处需要包含等号。该表达式的结果显示在图 19.4 中。

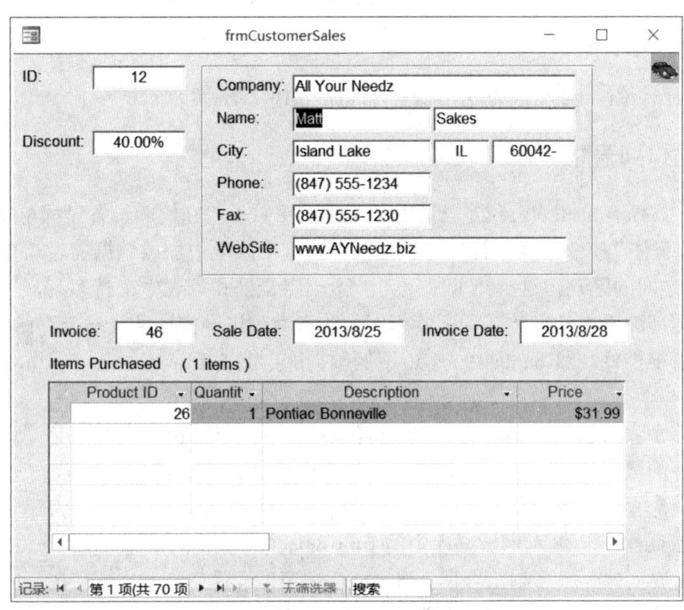

图 19.4　可在主窗体上显示子窗体的聚合数据

在将聚合数据放置到主窗体中之前，必须在子窗体中找到其值。为此，在子窗体中适当的位置放置一个文本框，将其“可见”属性设置为“否”(False)，以使其隐藏。在隐藏控件的“控件来源”属性中输入一个聚合表达式，例如= Count([ProductID])。

在主窗体中，插入一个新的文本框，并将“控件来源”属性设置为以下值：

```
=[Subform1].Form![Name-of-Aggregate-Control]
```

其中，Subform1 是主窗体上包含嵌入式子窗体的控件名称，而 Name-of-Aggregate-Control 是子窗体上包含聚合数据的控件名称。在该示例中，控件的名称 Subform1 并不一定是控件所包含的窗体对象的名称。向控件的名称中添加.Form 时，可以引用基础窗体，而不需要知道其对象名称。

每次在子窗体中更改控件值时，主窗体上的控件都会更新。

19.4　窗体设计提示

下面列出大量窗体设计提示，它们会带来很多便利。希望它们能够激发潜能，催生更多的设计理念！

19.4.1　使用“制表位”属性

有时，可能会在窗体上放置一个控件，用于触发某种相当极端的结果，例如删除记录或者打印长报表。如果希望降低用户无意中激活此控件的风险，需要使用“制表位”属性，该属性指定是否可以使用 Tab 键将焦点移到相应的控件上。

例如，假定已在窗体上放置了一个名为 cmdDelete 的命令按钮，用于删除当前记录。不希望用户误击该按钮。将 cmdDelete 按钮的“制表位”属性修改为“否”，可将该按钮从窗体的 Tab 键次序中移除(默认值为“是”)。用户需要显式单击该按钮以将其激活，因此，用户不会在输入数据时意外选中该按钮。

19.4.2　标记复选框

如果偶尔需要计算复选框控件中 True 值的数量，可以考虑使用下面的表达式：

```
Sum(Abs([CheckBoxControl]))
```

Abs 会将每个-1 转换为 1，而 Sum 函数会对它们进行加总。要计算 False 值的数量，可以使用下面的表达式：

```
Sum([CheckBoxControl] + 1)
```

在求和之前，每个 True 值(-1)都转换为 0，而每个 False 值(0)都转换为 1。

19.4.3　设置组合框和列表框

在窗体构建工具箱中，组合框和列表框是功能非常强大的工具，但它们的设置过程可能会比较复杂。当构建组合框和列表框时，一定要记住“控件来源”(控件将数据保存到其中或从中加载数据的表或查询字段)和“行来源”(列表中显示的数据的来源)之间的区别，这一点非常重要。由于组合框和列表框支持多列，因此，它们允许轻松地关联来自另一个表中的数据，而不必让窗体基于联接相应表的查询。这种方法涉及一个存储 ID 编号但在列表中显示名称的绑定组合框或列表框控件，在 Chapter19.accdb 示例数据库中名为 frmContacts_Northwind 的窗体的 Organization 组合框中使用了该方法。

例如，假定要创建一个窗体以显示上游客户和下游消费客户(“联系人”)的相关信息，并想标识这些联系人所关联的组织。在设计良好的数据库中，仅在每条联系人记录中存储组织 ID 编号，而在一个单独的表中存储组织的名称和其他信息。窗体应包含一个组合框，在列表中显示组织名称和地址，但在字段中存储组织 ID 编号(有关这种方法的示例，请参阅 Chapter19.accdb 示例数据库中的 frmContacts_Northwind 窗体)。

为实现设计目标，需要创建一个多列组合框。将“控件来源”设置为 OrgID 字段(Contacts 表中包含每个联系人的组织 ID 编号的字段)。将该组合框的“行来源类型”属性设置为“表/查询”。可将列表基于某个表，但希望对名称列表进行排序；将“行来源”属性改为一个查询，在第一个字段中包含 OrgID 编号，在第二个字段中按升序对组织名称进行排序。要执行此操作，最佳方法是对“行来源”属性使用查询生成器以创建 SQL 语句；或者，也可创建并保存一个查询以提供列表。在 frmContacts_Northwind 示例(Organization 组合框)中，“行来源”查询如下所示：

```
SELECT Organizations.OrgID, Organizations.Name,
Organizations.AddressLine1, Organizations.AddressLine2,
Organizations.City, Organizations.State,
Organizations.ZipCode, Organizations.Country
FROM Organizations ORDER BY Organizations.Name
```

由于希望所有这些数据都列在组合框中，因此将“列数”属性设置为 8(SELECT 语句中的字段数)。可以立即隐藏 OrgID 列，但在组合框的“行来源”中需要该列，因为其中包含当用户选择某一行时控件保存的数据。该列通过组合框的“绑定列”属性(默认情况下设置为 1)来标识。包含 ID 编号的绑定列不需要对用户可见。“列宽”属性针对下拉列表中的列包含一个以分号分隔的可见列宽列表。对于没有显式选择宽度的任何列，Access 将使用默认算法来确定这些列的宽度。如果对任何列选择了 0 宽度，实际上该列将隐藏，用户无法在屏幕上看到该列，但它不会针对窗体的其他部分、VBA 代码或宏隐藏。在该示例中，将该属性设置为以下值：

```
0";1.4";1.2";0.7";0.7";0.3;0.5";0.3"
```

该设置向 Access 指出，希望第一列不可见，并为其他列设置显式的列宽。

第二列(在该示例中为组织名称)是用户的文本输入应该匹配的列。组合框中的第一个可见列始终用于此目的。图 19.5 显示了生成的下拉列表。虽然这只是加载具有数据的组合框的一个比较极端的示例，但它可以有效地说明 Access 组合框控件的强大功能。

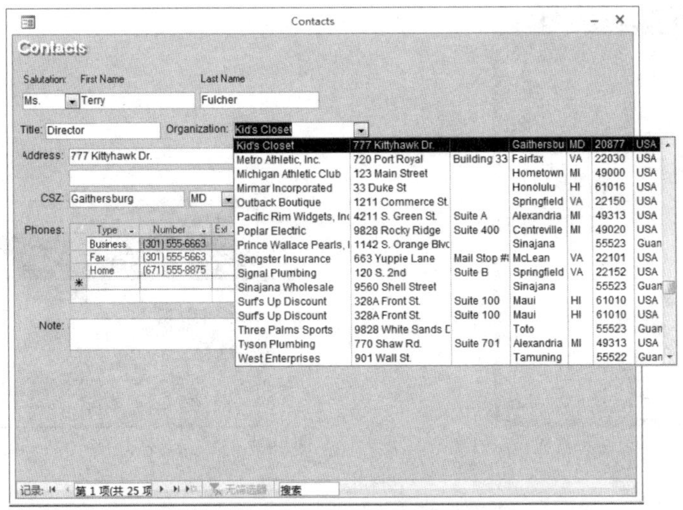

图 19.5　Organization 组合框的下拉列表

在使用组合框时，如果将“限于列表”属性设置为“是”，则需要用户仅从下拉列表的条目中进行选择。然后，可为控件的“不在列表中”事件构造一个事件过程，以处理当用户输入不在列表中的值时会发生的情况。可能希望打开一个窗体，以便用户可在其中输入新信息；或者希望显示一个消息框，向用户指出应该执行哪些操作以添加数据。

19.5　了解高级窗体技术

Access 在窗体设计和用户界面方面包含很多强大且令人兴奋的功能。应用程序中的窗体是用户界面的主要组件。在很大程度上，用户对应用程序易用性和强大功能的感知是由其用户界面的吸引力和高效性决定的。Microsoft 为 Access 窗体提供了大量用于控制用户界面的功能。其中的很多功能已经在 Access 中存在了非常长的时间，只不过尚未被很多开发人员发现。

19.5.1　使用页码和日期/时间控件

很多时候，窗体会包括当前日期和时间。很多开发人员会使用未绑定文本框将此信息添加到窗体或报表中，方法就是使用 Date()函数将此信息返回到该未绑定文本框中。Access 通过功能区的“设计”选项卡上“页眉/页脚”组中的“日期和时间”命令简化了这一过程。

图 19.6 显示的是窗体处于设计视图中时的功能区。

图 19.6　这些命令可以简化向窗体和报表中添加日期的过程

当选择“日期和时间”命令时，将显示“日期和时间”对话框(如图 19.7 所示)，询问希望采用哪种日期和时间格式。做出选择后，单击“确定”按钮，Access 会添加一个窗体页眉，其中包含按照请求的格式显示的日期和时间。如果想改变日期和时间所采用的格式，总能通过更改由此命令添加的文本框的格式属性来实现更改。页眉中显示的日期和时间反映的是窗体打开的时间，而不一定是当前时间。

“页眉/页脚”组中还包含其他一些命令，用于向窗体页眉区域中添加徽标(几乎可以是任何图像文件)和标题。在应用程序中使用页眉/页脚控件可为所有窗体提供一致的外观(见图 19.8，其中显示的是示例数据库中的 frmDialog 窗体)。

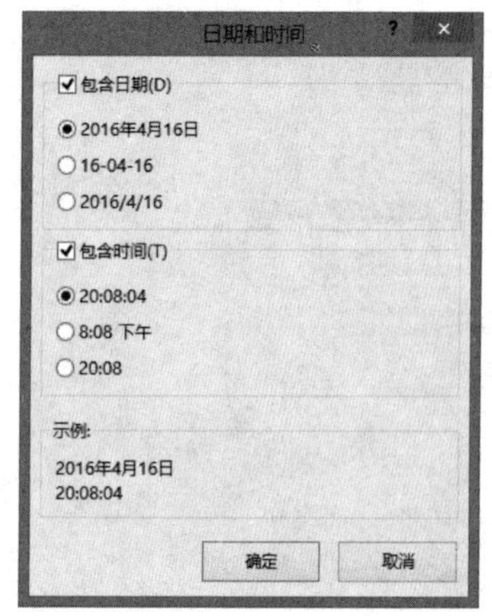

图 19.7　告诉 Access 希望以哪种格式显示日期

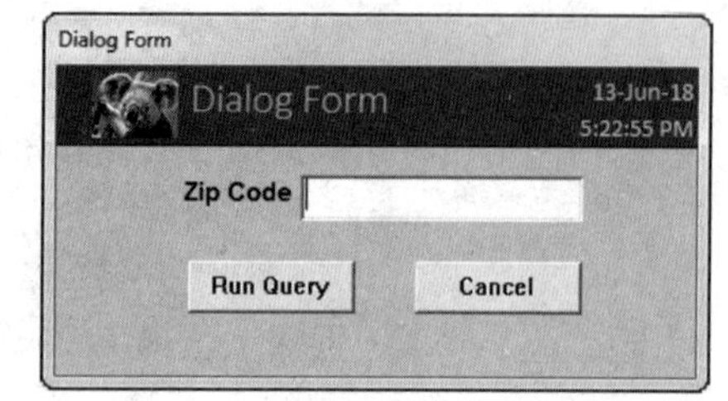

图 19.8　页眉和页脚控件为 Access 窗体提供一致的外观

19.5.2　使用图像控件

在 Access 应用程序中，向窗体中添加静态图像时，经常会监测到一种比较细微的性能问题。图像通常会作为 OLE 对象添加到 Access 窗体中，这意味着，需要使用一定数量的内存和磁盘空间来维护图像与其父应用程序的连接。即使图像是公司徽标或其他不会在运行时发生更改或进行编辑的图形，也同样需要这部分系统开销。

Access 通过图像控件简化了这一过程，并可提供更大的灵活性。图像控件会将一个图像框放到窗体或报表上，但不会使图像对象承担与 OLE 对象相关的系统开销。图像控件几乎可以接受 Windows 能够识别的任何图像数据类型(BMP、PCX、ICO、DIB、GIF、WMF、JPG、PNG、TIF 等)，并允许在运行时通过“图片”属性指定图像文件的路径。图像控件还可接受存储在 Access 表中的图像数据，不过，这种数据并未提供就地编辑的灵活性。

19.5.3　控件变种

毫无疑问，在构建 Access 窗体时，最令人头疼的问题之一就是需要在将控件添加到窗体时指定控件类型。例如，请考虑下面的情形中所涉及的问题：将一个列表框添加到 Access 窗体中，指定了“控件来源”“行来源类型”“行来源”以及其他属性，之后发现窗体上没有足够的空间来容纳该列表框。这种情况下，似乎唯一的解决方法是删除该列表框，添加一个组合框，然后重置所有属性，即使组合框的属性与刚删除的列表框相同，也是如此。

在 Access 中，可将某个控件更改为其他任何兼容的类型。例如，可将文本框更改为标签、列表框或组合框。只需要右击相应的控件，然后从显示的快捷菜单中选择“更改为”命令即可看到对应的选项。图 19.9 显示了用于更改文本框控件的选项。

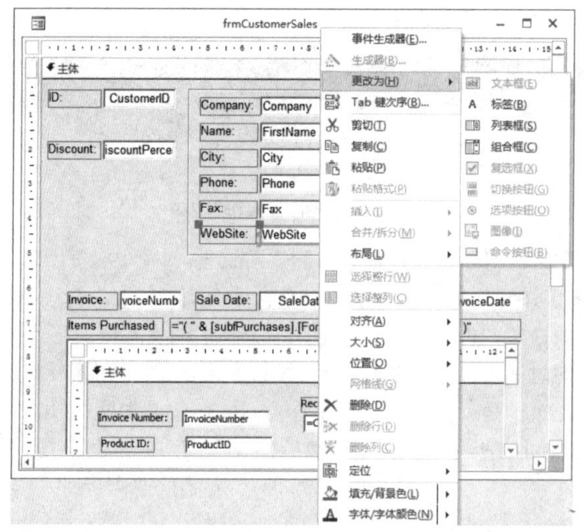

图 19.9　Access 允许更改控件的类型而不丢失已设置的属性

快捷菜单中的选项特定于所更改的控件的类型。例如，可将选项按钮更改为复选框或切换按钮，但不能更改为文本框。

19.5.4　使用格式刷

Access 包含一个格式刷，其功能与 Word 中的格式刷非常类似。在创建窗体时，可设置某个控件的外观(其边框、字体、特效，比如凹陷或凸起)，然后单击功能区“设计”选项卡上“字体”组中的“格式刷”按钮，将这些属性复制到一个特殊的内部缓冲区。当单击相同类型的另一个控件时，选定控件的外观特征将传输到第二个控件。在图 19.10 中，一个文本框的格式属性将被“绘制”到 City 文本框上(鼠标指针旁的小绘图笔刷告诉当前所处的是绘图模式)。

可通过双击功能区上的“格式刷”按钮将格式刷锁定。注意，并不是所有属性都被绘制到第二个控件上。控件的大小、位置和数据属性不受格式刷的影响。格式刷只影响最基本的格式属性。

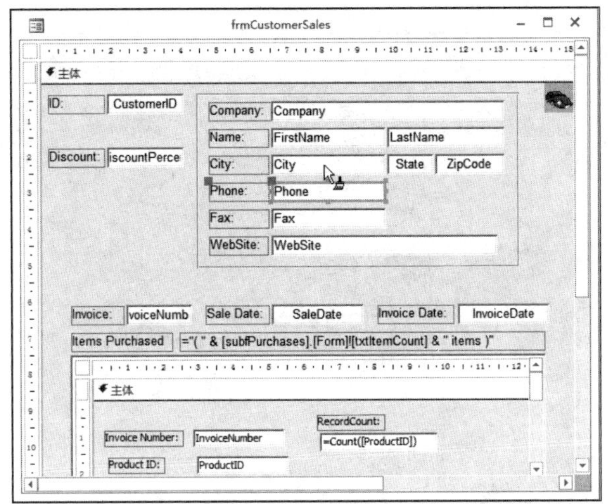

图 19.10　通过格式刷可轻松地将某个控件的外观“绘制”到窗体中的其他控件上

19.5.5　提供更多最终用户帮助

所有 Microsoft Office 产品都会附带屏幕提示帮助，当将鼠标光标悬停在控件或按钮上方时，会显示简短的备注信息。

将帮助文本添加到控件的“控件提示文本”属性，可以向 Access 窗体中添加屏幕提示(见图 19.11)。默认情况下，屏幕提示中的文本不会换行，但可通过在“控件提示文本”属性中希望显示换行符的位置按 Ctrl+Enter 组合键来添加换行符。

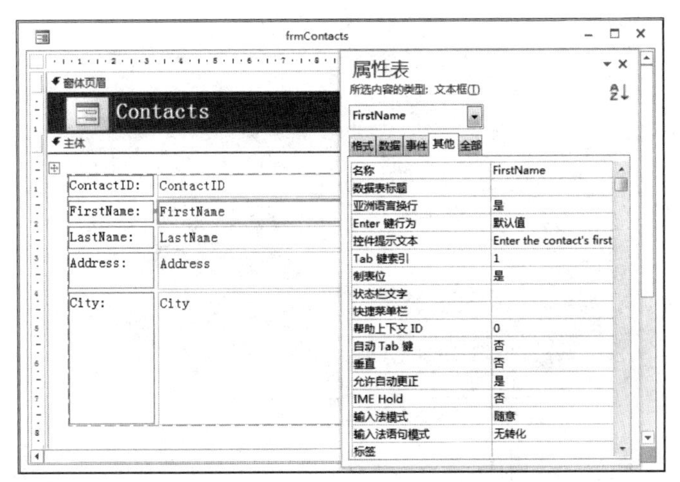

图 19.11　工具提示帮助使应用程序更易用

一般情况下，应该在应用程序中统一地使用屏幕提示。当用户习惯了屏幕提示以后，他们会希望针对除最明显的控件以外的所有对象显示屏幕提示。

19.5.6 添加背景图片

引人注目的窗体总是会为 Access 应用程序增添价值。如果不使窗体上包含的数据变暗，很难向窗体中添加颜色或图形。在 Access 中，可轻松地将图形添加到窗体的背景中，就像显示在昂贵的证券纸上的水印一样。图片可以包含公司徽标、文本或其他任何图形元素。图片通过窗体的“图片”属性来指定，可以嵌入到窗体中或链接到外部文件。如果将图片链接到外部文件，那么只要对外部文件进行编辑，窗体上显示的图形便会相应发生更改。

图片也可以放在窗体的四个边角中的任一处，或者居中放在窗体中央。尽管可对图片进行裁剪、拉伸或扩展以适应窗体的尺寸，但不能修改图片以使其变小(当然，编辑图像文件除外)。图 19.12 显示了一个位于 frmCustomerSales 窗体右上角的非常小的汽车背景图片。

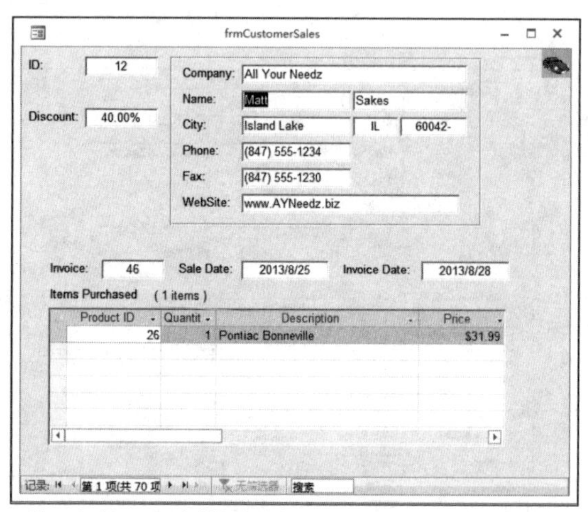

图 19.12 将一个小 BMP 文件添加到 frmCustomerSales 中作为“图片”属性

要将图片添加到窗体上，就在设计视图中打开窗体并显示属性表。如果属性表中没有显示窗体的属性，请选中“窗体”复选框。单击“图片”属性的生成器按钮，选择要在窗体中包含的图片。修改“图片平铺”“图片对齐模式”和“图片缩放模式”属性，以不同方式显示图片。

甚至可将窗体上的控件设置为透明，以使窗体的背景图片能够透过控件显示出来(见图 19.13)。在该示例(frmEmployees_Background)中，每个标签控件的“背景样式”属性都设置为“透明”，使窗体的背景图片可透过控件显示出来。

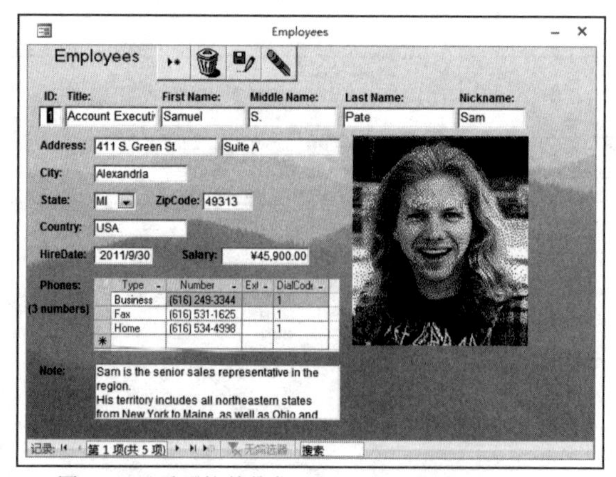

图 19.13 透明控件使背景图片可透过控件显示出来

对于添加到 Access 窗体中的背景图片，很容易操作过度，但如果能够谨慎使用，背景图片可以使用户更容易理解窗体的内容。

警告：

添加到窗体的背景图片会显著降低窗体在屏幕上的显示速度。一般来说，仅当图片提供的优势大于图片显示造成的无法避免的性能损失时，才应使用背景图片。

19.5.7　限制窗体上显示的记录

通常情况下，窗体显示的记录由“记录源”属性确定。要减少显示的记录数量，可更改基础查询或 SQL 语句。但有时可能希望在默认情况下显示某个记录子集，同时用户仍然可以选择查看所有记录。

使用窗体的“筛选”属性，可以定义一个筛选器，用于限制显示的记录。例如，在一个基于订单的窗体上，希望仅显示那些尚未发货的订单，但仍允许用户查看所有订单。为此，将“筛选”属性设置为[Shipped Date] Is Null，并将“加载时的筛选器”属性设置为“是”，则在窗体打开时进行筛选，以仅显示没有 Shipped Date 值的那些记录。窗体的状态栏指示已应用筛选器，如图 19.14 所示。

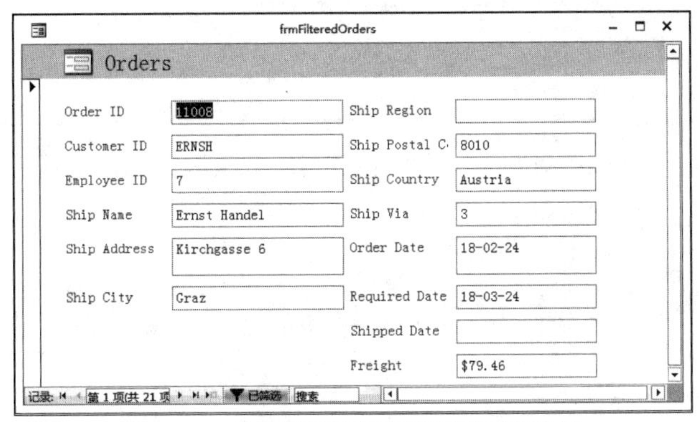

图 19.14　状态栏指示已对窗体应用了筛选器

用户可以单击状态栏上的“已筛选”按钮来删除筛选器，并查看所有记录。按钮标题将更改为“无筛选器”。再次单击该按钮将重新应用该筛选器。

19.6　使用选项卡控件

选项卡控件可提供多个页面，每个页面通过对话框顶部、底部或侧面的选项卡来访问。图 19.15 显示的是 frmCustomers 窗体，它是一个非常好的选项卡式 Access 窗体示例。frmCustomers 窗体包含一个具有三个页面的选项卡控件，使窗体包含的控件数量远远超过没有选项卡控件时可以包含的数量。窗体顶部的每个选项卡显示一页不同的窗体数据。每个页面都包含许多控件。图 19.15 显示了按钮、标签和文本框。页面上每个控件的行为都独立于窗体上的其他所有控件，可以作为一个独立单元通过 Access VBA 代码来访问。

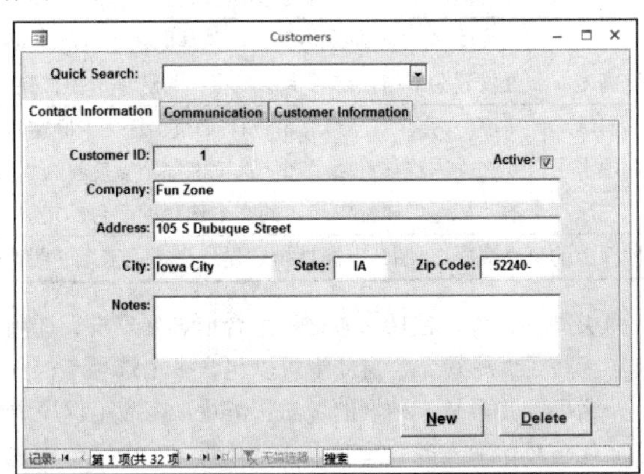

图 19.15　选项卡控件使窗体可以承载大量数据

选项卡控件相当复杂。这种控件包含它自己的属性、事件、方法和对象集合。只有知道并理解了这些条目，才能在应用程序中高效使用选项卡控件。

注意：

开发人员常使用选项卡一词来指代选项卡式对话框的页面。在本章中，术语“页面”和“选项卡”可以互换使用。

选项卡控件由许多选项卡组成。在用户界面上，添加或删除页面的最简捷方法是右击相应的控件，然后从显示的快捷菜单中选择适当的命令(见图 19.16)。

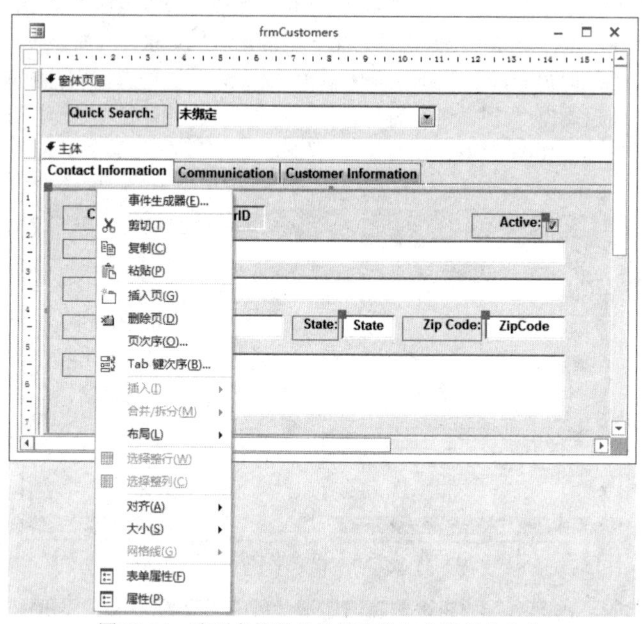

图 19.16　选项卡控件的快捷菜单包含相关的命令

选项卡控件包含一些独特属性。表 19.1 显示了其中的部分属性。使用这些属性可以在应用程序中定制选项卡控件，以满足用户的需求。

表 19.1　重要的选项卡控件属性

属性	说明
标题	应用于选项卡控件中的每个页面。提供显示在选项卡上的文本
多行	应用于选项卡控件。确定选项卡显示为单行还是多行。不能指定在每一行中显示多少个选项卡。Access 会根据行的宽度添加尽可能多的行，以便显示所有选项卡
样式	默认情况下，选项卡就显示为选项卡。其他备用选项(按钮)会使选项卡显示为命令按钮
选项卡固定高度	该值确定控件上选项卡的高度(以英寸或厘米为单位，具体取决于 Windows 控制面板中的度量单位设置)。当“选项卡固定高度”属性设置为 0 时，选项卡高度将由为选项卡控件指定的字体的大小确定
选项卡固定宽度	该值确定控件上选项卡的宽度(以英寸或厘米为单位)。如果“选项卡固定宽度”属性值设置的文本太宽，无法完全显示在选项卡上，那么文本将被截断。当“选项卡固定宽度”属性设置为 0 时，选项卡的宽度将由为选项卡控件和在选项卡的“标题”属性中指定的文本选择的字号确定
图片	应用于选项卡控件上的每个页面。“图片”属性指定显示在选项卡上的图像(BMP、ICO 或内置的图片)

选项卡控件几乎可以包含任何类型的控件，包括文本框、组合框、列表框、选项按钮、复选框以及 OLE 对象。选项卡控件甚至可以包括其他选项卡控件！尽管一个窗体中可以包含多个选项卡控件，但在一个窗体中放置多个选项卡控件会增加用户的工作负担，这可能并不是一种好的做法。毕竟，在应用程序中使用选项卡控件的目的是通过将多页控件包含到单个控件中来简化窗体。绝大多数情况下，没必要在一个窗体中包含多于一个选项卡的控件，来挑战用户的耐心。

19.7　使用对话框收集信息

在 Windows 应用程序中，对话框是最有价值的用户界面组件之一。如果实施得当，对话框提供了一种在计算机上扩展可用屏幕空间的方式。并非在主窗体上放置每个文本框、选项按钮以及其他用户输入控件，对话框提供了一种便捷的方式，用于将上述某些控件移动到方便的弹出式设备上，而这种设备可以仅在需要时才在屏幕上弹出。

通常情况下，对话框会收集特定类型的信息，例如字体属性或硬拷贝参数。对话框是一种非常有价值的方式，可以预先筛选或限定用户输入，而不会使主窗体产生混乱。或者，在运行用于填充窗体或报表的查询之前，使用对话框允许用户输入查询条件；或使用对话框来收集添加到报表的页眉或页脚区域中的信息。

尽管对话框也属于窗体，但它们的外观和行为方式与应用程序中的其他窗体有所不同。对话框通常会在用户执行工作的过程中弹出。如果实施得当，对话框还可以提供一种方式来简化查询取消过程，而不会中断用户工作区中的任何工作。

图 19.8 显示了一个实现为对话框的简单查询窗体。这个简单的窗体要求提供邮政编码，用于在数据库中查询联系人信息。

表 19.2 中列出了该对话框的相关属性。

表 19.2　对话框窗体的属性设置

属性	设置	用途
滚动条	两者均无	不需要
导航按钮	否	不需要
弹出方式	是	使该窗体保持在应用程序中其他窗体的上方
模式	是	在删除对话框之前，阻止用户使用应用程序的其他部分
记录选择器	否	不需要
边框样式	对话框边框	指定无法调整大小的宽边框。同时删除“最小化”和“最大化”按钮
快捷菜单	否	不需要

执行上述更改后，窗体将始终保持在其他用户工作内容的上方，并且在用户单击“运行查询”或“取消”按钮之前不会退出屏幕。

在构造对话框时，应该遵循一些规则。这些规则可以确保对话框符合一般能够接受的 Windows 对话框行为。

19.7.1　设计查询

当用户单击“运行查询”时，Access 将运行一个名为 qryDialog 的查询。qryDialog 查询具有一个特殊的条件，即使用窗体唯一的文本框中的值来限制显示的记录。下面列出了 qryDialog 对应的 SQL 语句：

```
SELECT Contacts.FirstName, Contacts.LastName Contacts.City,
    Contacts.State, Contacts.ZipCode FROM Contacts WHERE
    (((Contacts.ZipCode)=[Forms]![frmDialog]![tbxZipCode]));
```

WHERE 子句引用 tbxZipCode，这是一个特殊类型的参数查询(查看第 13 章可以获取有关参数查询的更多信息)。该参数使用一种特殊的语法来引用窗体上的控件。只要窗体打开，查询就可以检索该值并将其作为查询的条件插入。如果窗体没有打开，Access 就无法理解[Forms]![frmDialog]的含义，但会给出一个提示值，就好像该查询是一个标准的参数查询。

19.7.2　设置命令按钮

将一个命令按钮添加到窗体中时，Access 会显示一个向导，帮助定义该按钮的操作。对于“运行查询”按钮，选择了“运行查询”操作，如图 19.17 所示。

在向导的下一个屏幕上，选择了 qryDialog 作为要运行的查询。现在，单击该按钮时，将执行该查询，并使用窗体的文本框作为条件。

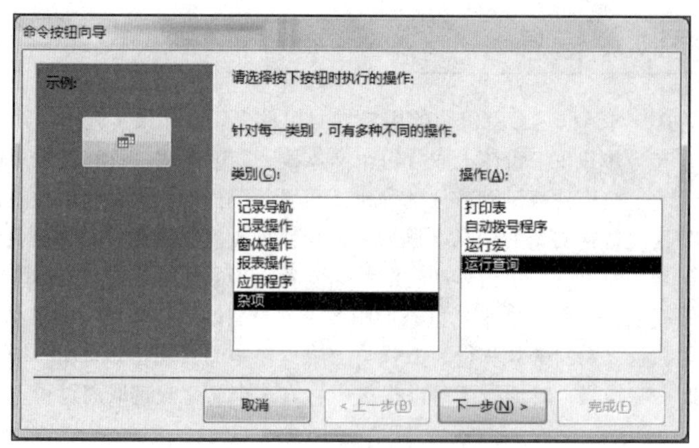

图 19.17　为命令按钮分配操作

“取消”按钮也进行了类似的设置，只是在向导上，从“窗体操作”类别中选择了“关闭窗体”。

19.7.3　添加默认按钮

在对话框打开时，如果用户按 Enter 键，应该会自动选择窗体上的一个按钮。默认按钮不需要用户选中即可触发；Access 会在用户按 Enter 键时自动引发默认按钮的“单击”事件。

例如，用户在 Zip Code 文本框中输入 22152 并按 Enter 键。除非指定了默认按钮，否则输入光标仅会移到下一个控件。如果已将“运行查询”按钮指定为对话框的默认按钮，那么 Access 会将按 Enter 键的操作解释为“运行查询”按钮的“单击”事件。

将“运行查询”的“默认”属性设置为“是”可使其成为该对话框的默认按钮。在一个窗体上，只能将一个按钮的“默认”属性设置为“是”，如果移动到“取消”按钮，并将其“默认”属性设置为“是”，Access 会自动将“运行查询”按钮的“默认”属性更改为“否”。

通常情况下，指定的默认按钮位于窗体的左侧。如果将窗体上的命令按钮在垂直方向上进行排列，那么顶部的按钮应该是默认按钮。

为窗体选择默认按钮时，应该确保在意外触发的情况下不会对窗体造成影响。例如，若要避免丢失数据的风险，将执行删除动作查询的按钮设置为默认按钮并不好。这种情况下，应将“取消”按钮设置为默认按钮。

19.7.4　设置“取消”按钮

在窗体打开时，如果用户按 Esc 键，将自动选中窗体上的“取消”按钮。绝大多数情况下，如果用户在对话框处于打开状态的情况下按 Esc 键，只是希望对话框消失。

设置某个按钮的“取消”属性，可将其指定为窗体的“取消”按钮。在该示例中，cmdCancel 被指定为对话框的“取消”按钮。与默认按钮一样，在一个窗体上只能将一个按钮指定为“取消”按钮。只要用户按 Esc 键，Access 便会触发“取消”按钮的“击键”事件。

19.7.5　删除控制菜单

指定了默认按钮和“取消”按钮后，不再需要窗体左上角的控制菜单按钮。将窗体的“控制框”属性设置为“否”可隐藏控制菜单按钮。删除控制菜单框以后，用户需要使用“取消”或“运行查询”按钮将窗体从屏幕中移除。

19.8　从头开始设计窗体

本节将从头开始创建一个发票输入窗体，并运用本章以及前面章节介绍的大部分知识。该窗体主要用于记录销售情况，而 tblSales 表提供了需要使用的很多字段。

19.8.1　创建基本的窗体

要创建该窗体，请执行下面的步骤：

(1) 在功能区的“创建”选项卡上，单击“窗体设计”。

(2) 在“窗体设计工具”|“设计”选项卡上，单击“添加现有字段”。此时将显示“字段列表”对话框。“添加现有字段”是切换按钮，因此如果它使字段列表窗格消失，请再次单击它，以将其恢复。

(3) 在 tblSales 中，双击 InvoiceNumber、SaleDate、InvoiceDate、CustomerID、SalespersonID、PaymentMethod 和 TaxRate，将其添加到窗体中。现在，不必担心这些控件的放置位置。此时，窗体应该如图 19.18 所示。

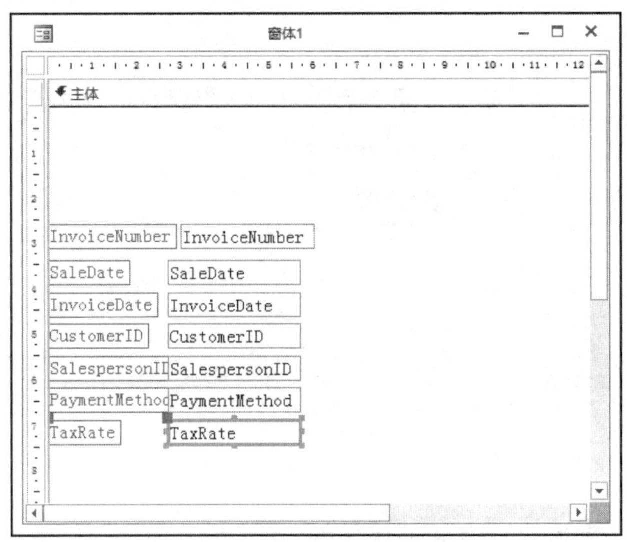

图 19.18　在新窗体上放置控件

(4) 将该窗体另存为 frmInvoiceEntry。

新窗体 frmInvoiceEntry 是一个绑定到 tblSales 表的工作窗体。可在窗体视图中查看该窗体，并切换显示 tblSales 表中的所有记录。如此快速地完成工作很不错，但是，还需要完成其他一些工作，以增加窗体的用户友好程度。在该窗体中，最明显的疏忽在于无法标识销售的产品。此外，输入 CustomerID 和 SalespersonID 要求用户具有超凡的记忆力(或者只有很少的几个客户和销售人员)。请注意，Chapter19.accdb 示例数据库中包含的 frmInvoiceEntry 窗体是该窗体的最终版本，与现阶段的窗体相比，它具有更多功能。

19.8.2　创建子窗体

接下来添加一个子窗体，以使用户输入产品和数量。添加子窗体最好的方式是在将其添加到主窗体之前独立创建子窗体。要创建该子窗体，请执行下面的步骤：

(1) 在功能区上的“创建”选项卡中，单击“窗体设计”创建一个新窗体。

(2) 从 tblSalesLineItems 表中，将 SalesLineItemID、InvoiceNumber、ProductID、Quantity、DiscountPercent 和 SellingPrice 字段添加到子窗体。该子窗体将显示为主窗体上的一个数据表，因此，该窗体看起来是否美观并不重要。重要的是，字段应按所需的顺序显示在数据表中。

(3) 右击 ProductID 文本框，从“更改为”菜单中选择“组合框”。该操作会将 ProductID 控件转换为组合框，以便用户更轻松地选择产品。

(4) 将 ProductID 的“行来源”属性更改为以下 SQL 语句：

```
SELECT ProductID, Description FROM tblProducts ORDER BY Description;
```

(5) 将“列数”属性改为 2，“列宽”属性改为 0";1"，并将“绑定列”属性更改为 1。“列宽”属性确定列在下拉列表中的宽度。将第一个列宽设置为 0，可以隐藏第一列。“绑定列”属性确定在表中存储哪个字段。在该示例中，将在表中存储第一个字段(ProductID)。这是在窗体上选择值的一种非常典型的方式。用户看到的是用户友好的 Description 字段，但存储的是数据库友好的 ProductID 字段。

(6) 将标签从 ProductID 改为 Product。把 DiscountPercent 标签改为 Discount%，把 SellingPrice 标签改为 Price。

(7) 将窗体的“默认视图”属性更改为“数据表”。这是在主窗体上显示子窗体时希望使用的视图。

(8) 将窗体另存为 sfrmInvoiceEntryLines。将获得的窗体与图 19.19 进行比较。

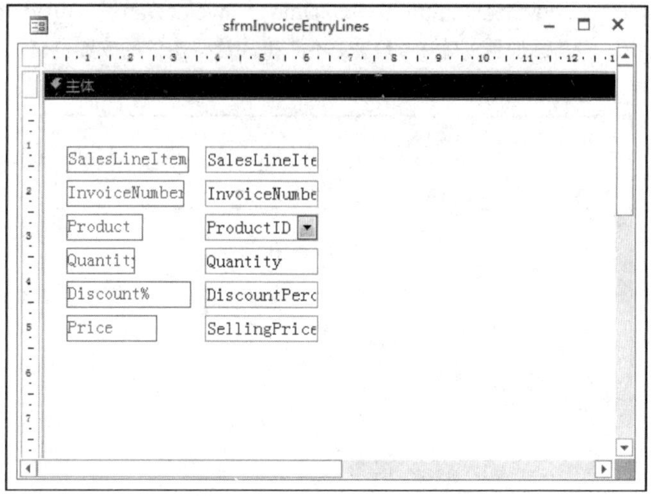

图 19.19 发票行的子窗体

19.8.3 添加子窗体

要将该子窗体添加到主窗体中，请执行下面的步骤：

(1) 在设计视图中打开 frmInvoiceEntry。

(2) 在窗体底部绘制一个“子窗体/子报表”控件。此时将显示“子窗体向导”，如图 19.20 所示。

图 19.20 选择某个现有的窗体作为子窗体

(3) 选中“使用现有的窗体”，并选择 sfrmInvoiceEntryLines，然后单击“下一步”。

(4) 在“子窗体向导”的下一个屏幕中，选中用于链接窗体的第一个选项，如图 19.21 所示。

(5) 保留向导的最后一个屏幕上的默认名称，然后单击“完成”。

(6) 删除为子窗体自动创建的标签。

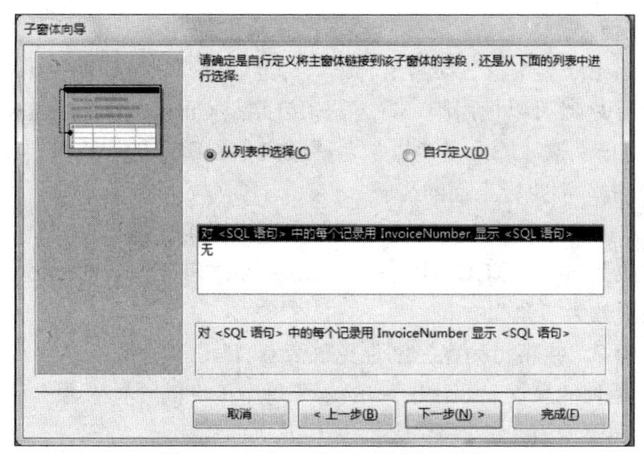

图 19.21　将子窗体链接到主窗体

注意：

当添加子窗体时，Access 可很好地推测出主窗体如何与子窗体进行链接。在第(4)步和图 19.21 中，接受了 Access 推测的链接选项。向导的这一步实际上会设置子窗体的两个属性，分别是“链接主窗体字段”和“链接子窗体字段”。“链接主窗体字段”属性包含链接到子窗体的主窗体上的字段名称。类似地，“链接子窗体字段”属性包含子窗体上的字段名称。在本节的示例中，这两个属性都包含 InvoiceNumber 字段。InvoiceNumber 是主窗体和子窗体上都存在的一个字段，可将这两个窗体绑定到一起。

如果 Access 推测有误，可以轻松地更改这些属性，只需要输入相应的字段名称，或单击其中一个属性旁边的生成按钮，并从列表中选择相应的字段。

现在，已将子窗体添加到主窗体中，不过，窗体看起来相当混乱。不必担心，下面马上就对其进行整理。子窗体会通过设计视图显示在主窗体内，不过，在显示主窗体时，我们会在数据表视图中显示子窗体。当处于主窗体中时，子窗体完全可以编辑。

一般情况下，在 Access 中创建窗体的最佳方式是执行下面三个步骤：

(1) 将所需的全部控件和子窗体添加到窗体中。

(2) 设置影响窗体行为的窗体和控件属性。

(3) 在窗体上放置控件，并设置影响窗体外观的属性。

可按相反的顺序执行后两步，但在窗体正确工作后再优化窗体的外观更容易保存。

19.8.4　更改窗体的行为

窗体设计中的下一步是使窗体能够正常工作。需要更改窗体及其控件的某些属性，以获得所需的行为。

1. 设置窗体属性

将下列窗体属性更改为给定的值：

- 标题：New Invoice Entry
- 允许数据表视图：否
- 允许布局视图：否
- 记录选择器：否
- 导航按钮：否
- 控制框：否
- 数据输入：是
- 循环：当前记录

上面是数据输入窗体的典型属性设置。该窗体的用途是输入新发票，因此，隐藏窗体的记录导航方面非常有意义。“数据输入”属性可以确保窗体在打开时显示新记录。将“循环”属性设置为“当前记录”将禁用默认行为，即在用户退出最后一个字段时移动到下一条记录。通过禁用此行为，可以控制何时保存记录。

2. 在数据输入过程中查找值

在子窗体上，我们将 ProductID 文本框转换为组合框，因此，用户将从说明列表中进行选择，而不是从数字列表中选择。在主窗体上，有多个字段可以使用同一种方法，分别是 CustomerID、SalespersonID、PaymentMethod 和 TaxRate。在这些示例中，对用户来说，输入发票以从名称或其他说明中进行选择要比输入 ID 更容易一些。要将 CustomerID 文本框转换为组合框，请执行下面的步骤：

(1) 右击 CustomerID 文本框，然后从“更改为”菜单中选择“组合框”。

(2) 将“行来源”属性更改为 SELECT CustomerID, Company FROM tblCustomers ORDER BY Company;。

(3) 将“限于列表”属性更改为“是”。

(4) 将“列数”属性更改为 2，并将“列宽”属性更改为 0";1"。

按照类似的方式更改其他控件的属性。表 19.3 中显示了每个控件的“行来源”属性。请确保根据 SQL 语句中返回的字段数来更改“列数”属性的值。

表 19.3 “行来源”属性

控件名称	“行来源”属性
CustomerID	SELECT CustomerID, Company FROM tblCustomers ORDER BY Company;
SalespersonID	SELECT SalespersonID, SalespersonName FROM tblSalesperson ORDER BY SalespersonName;
PaymentMethod	SELECT PaymentType FROM tblPaymentType;
TaxRate	SELECT TaxLocation, TaxRate from tblTaxRates ORDER BY TaxRate DESC;

CustomerID 和 SalespersonID 字段存储另一个表中的外键，就像子窗体中的 ProductID 一样。PaymentMethod 和 TaxRate 字段有一些不同。例如，PaymentMethod 控件不存储 tblPaymentType 的外键。相反，它存储文本，而 tblPaymentType 只存储常用的支付类型。类似地，tblTaxRates 存储一些常用的税率以供选择。对于 PaymentMethod 和 TaxRate，将“限于列表”属性更改为“否”，以便用户输入任何适用的值。

另外注意，我们想要在 tblSales 表中存储的 tblTaxRates 表中的值是第二列中的值。为存储正确的值，请将 TaxRate 的“绑定列”属性更改为 2。由于 PaymentMethod 只有一列，并要对 TaxRate 显示两列，因此将这两个控件的“列宽”属性保留为空。当“列宽”属性为空时，Access 会显示所有列，并选择最适合数据的宽度。

3. 保存记录

窗体行为的最后一部分是保存记录。之前，已将“循环”属性设置为“当前记录”，以防止在用户退出最后一个字段时更改记录。可通过命令按钮来控制窗体的流动。要创建命令按钮以保存记录，请执行下面的步骤：

(1) 在功能区“设计”选项卡上的“控件”组中，选择“按钮”控件并将其放置在窗体上。

(2) 在“命令按钮向导”的第一个屏幕上，选择“记录导航”和“转至下一项记录”，然后单击“下一步”。

(3) 在向导的下一个屏幕上，选中“显示所有图片”复选框，并选择“保存记录”图片，然后单击“下一步”。

(4) 在向导的最后一个屏幕上，将按钮命名为 cmdSave，然后单击“完成”。

使用命令按钮转至下一条记录会自动保存当前记录。相比于简单地退出最后一个字段，它提供的保存界面更为用户所熟悉。此外，还会显示一个新的空记录，供输入更多数据。

还应该为用户提供一种方式来取消输入发票。向窗体中添加另一个命令按钮，并从向导中的“记录操作”组中选择“撤消记录”。为“撤消”选择默认图片，并将按钮命名为 cmdCancel。

最后，还需要添加一个按钮，以允许用户关闭窗体。将“控制框”属性设置为“否”，因此，窗体右上角的 X 图标被隐藏。向窗体中添加一个按钮，使用“窗体操作”类别中的“关闭窗体”操作。将该按钮命名为 cmdClose。

19.8.5 更改窗体的外观

最后一步是美化窗体。在主窗体上，更改控件的宽度和放置位置，将命令按钮放在靠近右下方的位置。在子窗体上，使 SalesLineItemID 和 InvoiceNumber 列的宽度变为 0，方法是将每一列的右侧边框一直向左拖动，直到与左侧边框基本重合。要拖动这些列的边框，需要在窗体视图或布局视图中查看窗体。图 19.22 显示了控件的放置情况。

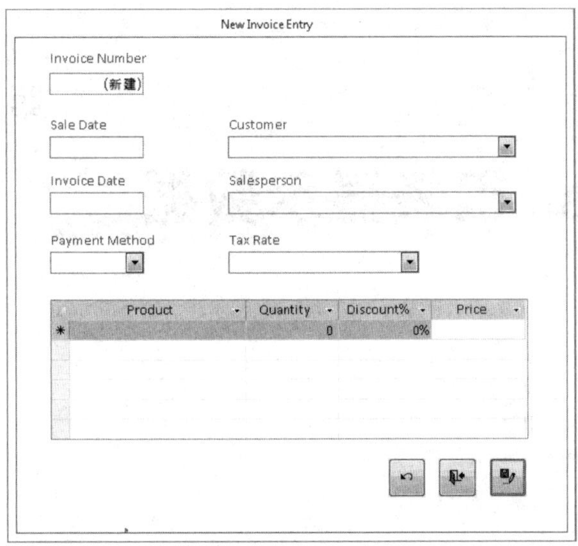

图 19.22　放在窗体上的控件

最后，更改窗体上控件的 Tab 键次序。单击功能区的“设计”选项卡上的“Tab 键次序”控件，以显示“Tab 键次序”对话框，如图 19.23 所示。设置了 Tab 键次序后，将 InvoiceNumber 控件的“制表位”属性改为“否”。发票编号是一个自动编号字段，因此，用户无法对其执行任何操作。

图 19.23　设置控件的 Tab 键次序

第20章

使用 Access 报表显示数据

本章内容：

- 了解不同类型的 Access 报表
- 使用报表向导创建报表
- 从头开始创建报表
- 改进报表的外观

报表为查看和打印数据库中的数据提供了一种很好的方式。可以显示高度概括的信息、包含大量细节的信息，或者介于两者之间的任何信息，还可以采用多种不同的格式查看或打印信息。可以将多级汇总、统计比较以及图片和图形添加到报表中。

本章首先了解如何使用“报表向导”。此外，还将学习如何创建报表以及使用 Access 可以创建哪些类型的报表。

Web 内容

本章将使用“报表向导”创建新报表，并在不使用向导的情况下创建一个空白报表。要用到前面章节中创建的表。本书对应的 Web 站点上的 Chapter20.accdb 数据库文件包含本章中介绍的已完成报表。

20.1 报表简介

报表表示一种自定义的数据视图。可在屏幕上查看报表输出，也可以打印报表输出以提供数据的打印副本。很多情况下，报表可以提供数据库中所包含信息的汇总。数据可以按照任意顺序进行分组和排序，可用于创建针对数据执行统计运算的汇总。报表可以包含图片和其他图解以及备注型字段。只要能想象出的报表，Access 就可以提供相应的支持。

20.1.1 标识不同类型的报表

在绝大多数业务中会用到下面三种基本的报表类型：

- **表格式报表**：以行列形式打印数据，其中包含分组和合计。变体包括汇总和分组/合计报表。
- **纵栏式报表**：打印数据，可以包括合计和图形。
- **邮件标签报表**：创建多列标签或蛇形列报表。

1. 表格式报表

表格式报表类似于以行列形式显示数据的表格。图 20.1 是一个在“打印预览”中显示的典型表格式报表(rptProductsSummary)。

与窗体或数据表不同的是，表格式报表通常会按一个或多个字段对数据进行分组。通常情况下，表格式报表会针对每一组中的数值字段来计算和显示小计或统计信息。某些报表包括页面合计和总计。甚至可以拥有多个蛇形列，以便创建目录(例如电话簿)。这些类型的报表通常会使用页码、报表日期或者用于分隔信息的直线和框。报表可能会具有颜色和底纹，并显示图片、业务图和备注型字段。有一种特殊类型的汇总表格式报表，它可以包含详细表格式报表(detail tabular report)的所有功能，只是省略了有关记录的详细信息。

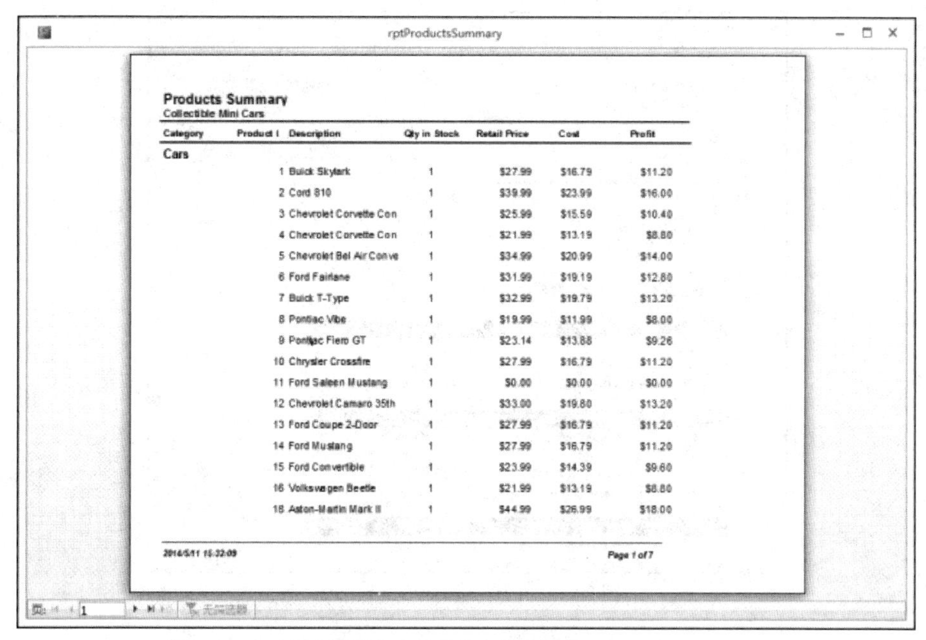

图 20.1　在“打印预览”中显示的表格式报表(rptProductsSummary)

2. 纵栏式报表

一般情况下，纵栏式报表会在每页显示一条或多条记录，但它们是在垂直方向上显示的。纵栏式报表显示数据的方式非常类似于数据输入窗体，只是它们严格用于查看数据，而不能用于输入数据。图 20.2 在“打印预览”中显示了一个纵栏式报表(rptProducts)的一部分。

另一种类型的纵栏式报表会在每一页显示一个主记录(像业务窗体)，但可以在嵌入式子报表中显示许多记录。发票就是一个典型示例。这种类型的报表可以包含只显示某一条记录的部分，同时，还包含显示来自一对多关系“多”这一侧的多条记录的部分，甚至可以包括合计。

图 20.3 在报表视图中显示了一个来自 Collectible Mini Cars 数据库系统的发票报表(rptInvoice)。

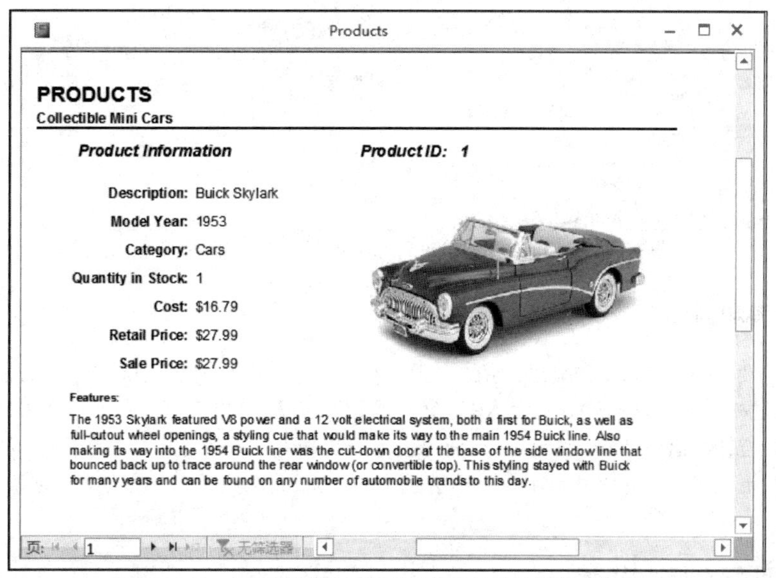

图 20.2　一个利用整个页面显示报表控件的纵栏式报表

在图 20.3 中，报表上半部分中的信息位于报表的“主”部分，而图底部附近的产品详细信息包含在嵌入主报表内的子报表中。

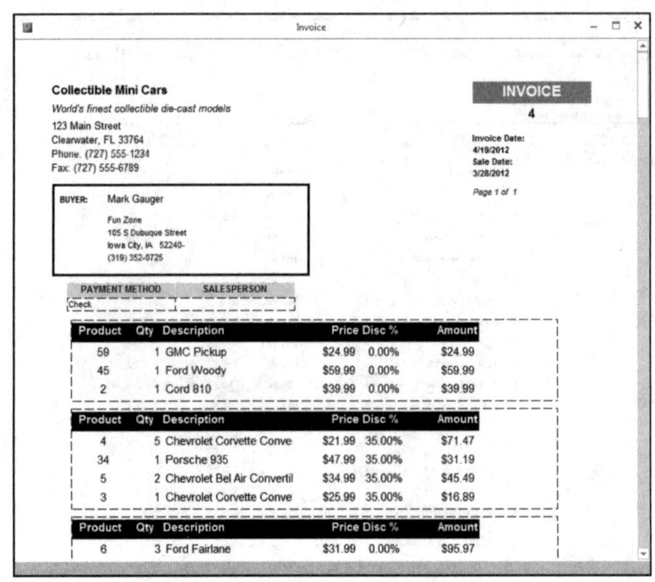

图 20.3　一个发票报表(rptInvoice)

3. 邮件标签报表

邮件标签(如图 20.4 所示)也是一种类型的报表。Access 提供了一个“标签向导”来帮助创建这种类型的报表。“标签向导”允许从一个长长的标签样式列表中选择。Access 会根据选择的标签样式准确创建报表设计。然后，可在设计模式中打开该报表，并根据需要对其进行自定义设置。

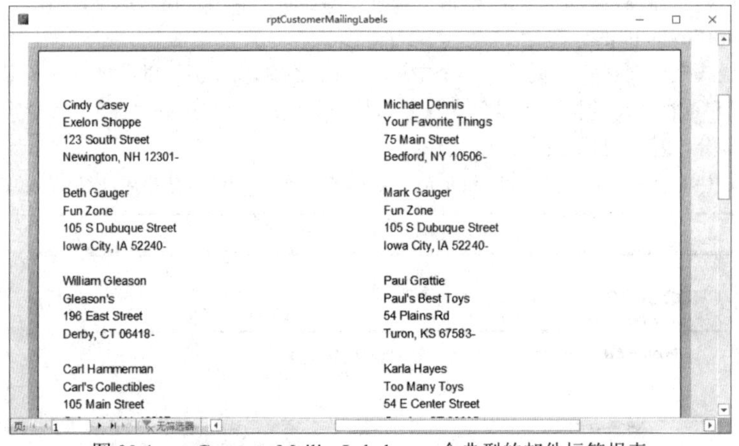

图 20.4　rptCustomerMailingLabels，一个典型的邮件标签报表

20.1.2　区分报表和窗体

报表和窗体的主要差别在于预期的输出。窗体主要用于数据输入以及与用户进行交互，而报表主要用于查看数据(在屏幕上或者通过打印副本的形式)。在窗体中，可使用计算字段来基于记录中的其他字段显示某个数量。对于报表，通常情况下，会针对记录组、一页记录或者报表中包含的所有记录执行计算。除了输入数据外，可使用窗体执行的任何操作都可通过报表来完成。实际上，可将窗体另存为报表，然后在“报表设计”窗口中对其进行细化。

20.2　从头到尾创建报表

报表的创建源于想要以一种不同于窗体或数据表显示的方式来查看数据。报表的用途是将原始数据转换为一组有意义的信息。创建报表的过程涉及多个操作步骤，如下所述。

(1) 定义报表布局
(2) 收集数据
(3) 使用 Access 报表向导创建报表
(4) 打印或查看报表
(5) 保存报表

20.2.1 定义报表布局

首先，应该对报表的布局有一个大致的规划。可在脑子里定义布局，在纸上定义，或者也可以使用报表设计器以交互方式进行定义。在布局报表时，需要考虑数据应该如何排序(例如，以时间顺序或者按照名称)、数据应该如何分组(例如，按照发票编号或周)以及用于打印报表的纸张大小如何限制数据。

提示：
很多情况下，Access 报表应该只是对应用程序用户使用的现有纸质报表或窗体的复制。

20.2.2 收集数据

大致了解报表布局后，需要收集报表所需的数据。Access 报表使用来自下面两个主要来源的数据：

- 单个数据库表
- 通过查询生成的记录集

可在查询中联接多个表，并使用查询的记录集作为报表的记录源。对于 Access 报表来说，查询的记录集就像单个表一样。

如第 8 章所述，可使用查询指定字段、记录以及存储在表中的记录的排序顺序。在数据表、窗体和报表中，Access 会将记录集数据视为单个表(用于处理)。当运行报表时，Access 会针对在报表中指定的绑定控件来匹配记录集或表中的数据，并使用当时可用的数据生成报表。

注意：
报表并不遵循在基础查询中指定的排序顺序。报表将在报表级别进行排序。对于仅用于构建报表的查询来说，对其中的数据排序是浪费时间，因为报表本身会对数据进行重新排序和重新排列。

在下面的示例中，将使用 tblProducts 中的数据创建一个相对简单的表格式报表。

20.2.3 使用报表向导创建报表

通过 Access 几乎可以创建任何类型的报表。但是，某些报表相对于其他报表更容易创建，特别是在一开始就使用“报表向导”的情况下。与窗体向导一样，“报表向导”会自动提供一个基本的报表布局，然后可以对其进行自定义设置。

“报表向导”可以引导用户一步一步地创建报表的一系列步骤，简化控件的布局。本章将使用“报表向导”来创建表格式报表和纵栏式报表。

1. 创建新报表

功能区中包含很多用于为应用程序创建新报表的命令。功能区的“创建”选项卡包括“报表”组，其中包含多个选项，例如“报表”“标签”和“报表向导”。对于此练习，单击“报表向导”按钮。此时将显示“报表向导”的第一个屏幕，如图 20.5 所示。

在图 20.5 中，选择 tblProducts 作为新报表的数据源。为此，可在单击“报表向导”按钮之前选择“导航”选项卡上的 tblProducts 表，也可以选择“表/查询”下拉列表中的 tblProducts 选项。在“表/查询”下拉列表下面是“可用字段”列表。当单击该列表中的某个字段并单击向右箭头时，该字段将从“可用字段”列表移动到报表的“选定字段”列表中。对于此练习，选择 ProductID、Category、Description、QtyInStock、RetailPrice 和 Cost。

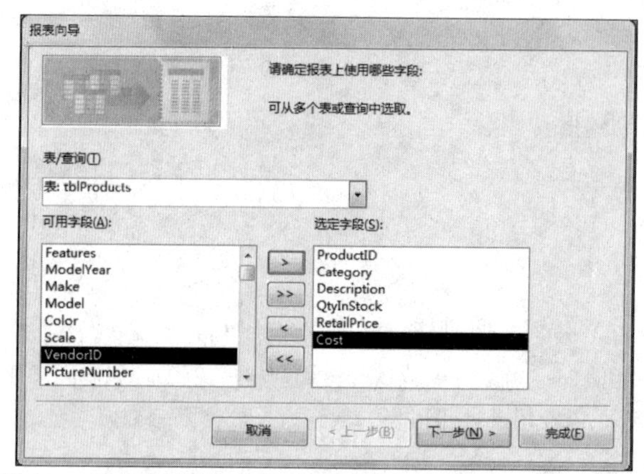

图 20.5　选择数据源和字段后显示的“报表向导”的第一个屏幕

提示：

双击“可用字段”列表中的任意字段可将其添加到“选定字段”列表中。也可双击“选定字段”列表中的任意字段，将其从该框中移除。

只能从最初指定的原始记录源中选择字段。使用“报表向导”中的“表/查询”下拉列表可从其他表或查询中选择字段。只要指定有效的关系，使 Access 可正确链接数据，这些字段就会添加到原始可选内容中，并可以在报表中使用它们。如果从非相关表中选择字段，会显示一个对话框，要求编辑关系并联接相应的表。或者，也可以返回到“报表向导”并删除相应的字段。

选择了数据后，单击“下一步”按钮转至下一个向导对话框。

2. 选择分组级别

在下一个对话框中，可以选择要用于分组数据的字段。图 20.6 显示选择了 Category 字段作为报表的数据分组字段。为分组选择的字段决定数据在报表上的显示方式，分组字段显示为报表中的组页眉和页脚。

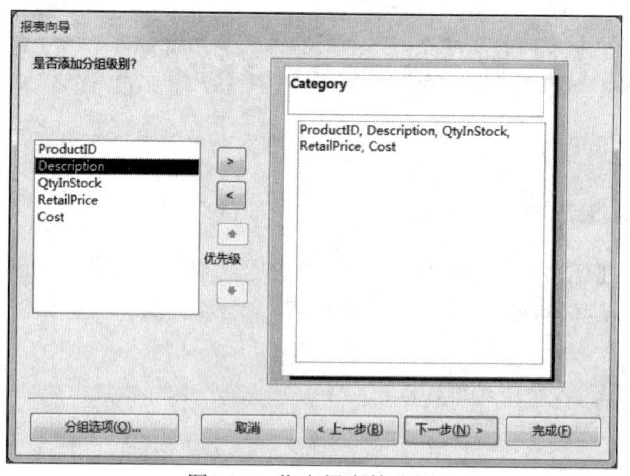

图 20.6　指定报表的分组

组最常用于组合逻辑相关的数据。此示例按产品类别对产品进行分组，因为用户希望看到同一类别中的产品彼此相邻，以便进行比较。另一个示例选择针对 CustomerID 进行分组，以使每个客户的销售历史记录在报表上显示为一组。使用 CustomerID 是因为它是唯一字段，不会将两个客户分组在一起。然后，可使用报表的组页眉和页脚来显示客户名以及其他任何特定于每个客户的信息。

“报表向导”最多允许为报表指定四个分组字段。可使用“优先级”按钮更改报表上的分组顺序。选择分组字段的顺序就是分组层次结构的顺序。

选择 Category 字段作为分组字段，然后单击>按钮，基于类别值指定分组。注意，图片将发生更改，以将 Category 显示为分组字段，如图 20.6 所示。为报表选择的其他各个字段(ProductID、Description、QtyInStock、RetailPrice 和

Cost)将显示在 Category 组的详细信息部分中。

3. 定义组数据

选择了分组字段后，单击对话框底部的“分组选项”按钮以显示“分组选项”对话框，在该对话框中，可以进一步定义各个组在报表上的显示方式。

例如，可以选择仅按分组字段的第一个字符进行分组。这意味着，在分组字段中具有相同的首字符的所有记录将组合到一起。如果针对 CustomerName 对某个客户表进行分组，然后指定按照 CustomerName 字段的第一个字符进行分组，将对名称以相同字符开头的所有客户显示组页眉和页脚。这一规范会将所有以字母 A 开头的客户名称组合到一起，而将客户名称以字母 B 开头的所有记录归入另一个组，以此类推。

“分组间隔”列表框针对各种数据类型显示不同的值，如下所述：

- **文本**：普通、第一个字母、两个首写字母、三个首写字母、四个首写字母、五个首写字母。
- **数值**：普通、10s、50s、100s、500s、1000s、5000s、10 000s、50 000s、100 000s。
- **日期**：普通、年、季度、月、周、日、小时、分钟。

“普通”指的是针对整个字段进行分组。在该示例中，使用整个 Category 字段进行分组。

请注意，分组选项可以简化按日历月、季度和年等分组创建报表的过程。这意味着，可以轻松地生成显示销售情况、薪酬或者商业报告所需的其他财务信息的报表。

如果显示了“分组选项”对话框，单击“确定”按钮将返回到“分组级别”对话框，然后单击“下一步”按钮将移到“排序顺序”对话框。

4. 选择排序顺序

默认情况下，Access 会自动按照一种对分组字段有意义的方式对分组记录进行排序。例如，在选择按照 Category 进行分组后，Access 会根据 Category 以字母顺序排列组。但不能确定组中记录的顺序，因此，建议在每个组中指定排序。举例来说，用户可能希望查看按照 Retail Price 以降序排序的产品记录，以使最贵的产品显示在每个类别组中顶部附近的位置。

在该示例中，Access 按照 Category 字段对数据进行排序。从第一个下拉列表中选择 Description。图 20.7 显示了向导的排序步骤。

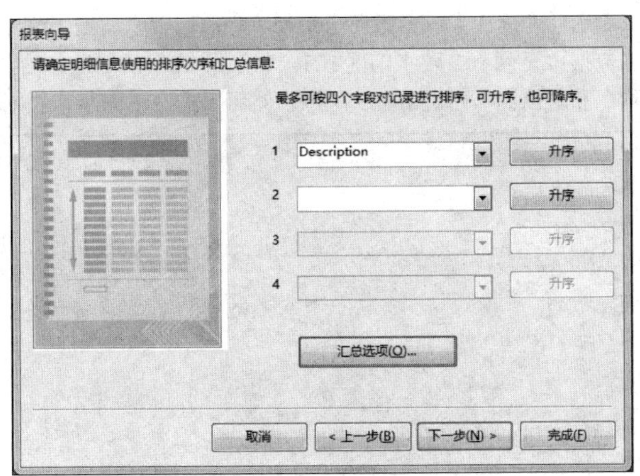

图 20.7　选择字段排序顺序

可以选择没有选择用于分组的字段作为排序字段。在该对话框中选择的字段仅影响报表的“明细”节中显示的数据的排序顺序。可以通过单击每个排序字段右侧的按钮选择升序顺序或降序顺序。

5. 选择汇总选项

在“报表向导”的排序屏幕底部附近有一个“汇总选项”按钮。单击该按钮将显示“汇总选项”对话框(如图 20.8 所示)，其中提供了适用于数值字段的附加显示选项。为报表选择的所有数值和货币字段都将显示，并可能进行求和。此外，还可以显示平均值、最小值和最大值。对于这个示例，为 QtyInStock 选择“汇总”，为 RetailPrice 和 Cost 选择“平均”。

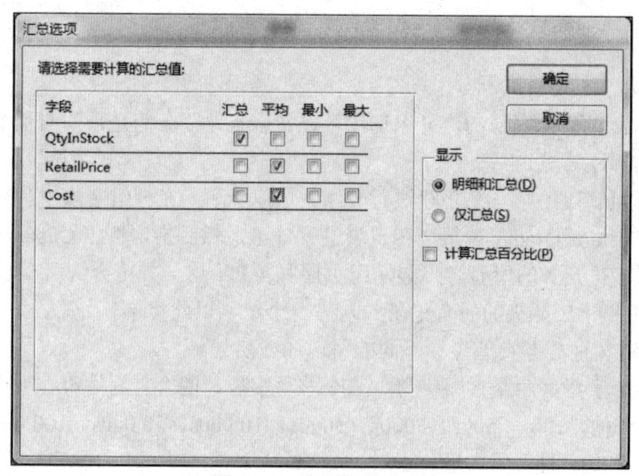

图 20.8　选择汇总选项

也可以决定是显示还是隐藏报表的“明细”节中的数据。如果选择“明细和汇总”，报表将显示明细数据，而选择“仅汇总”将隐藏“明细”节，仅在报表中显示汇总数据。

最后，选中“计算汇总百分比”框将在组页脚中的合计下方添加占整个报表的合计值的百分比。例如，如果有三种产品，其合计分别为 15、25 和 10，将在它们的合计(也就是 50)下显示 30%、50%和 20%，表示各自的合计占合计总值的百分比。

单击该对话框中的“确定”按钮将返回到“报表向导”的排序屏幕。在该屏幕中，可以单击“下一步”按钮，进入下一个向导屏幕。

6. 选择布局

“报表向导”中的下一步影响报表的外观。在“布局”区域中，可确定数据的基本布局。“布局”区域提供了三种布局选项，指示 Access 是否复制列标题、缩进每个组，以及在明细行之间添加直线或框。当选择每个选项时，左侧的图片会发生更改，以显示该选项如何影响报表的外观。

可在“方向”区域中为报表选择“纵向”或“横向”布局。最后选中“调整字段宽度，以便使所有字段都能显示在一页中”复选框可将很多数据填充到一个较小的区域中，不过，为看清这些数据，可能需要使用放大镜！

对于此示例，选择“递阶”和“纵向”，如图 20.9 所示。然后单击“下一步”按钮进入下一个对话框。

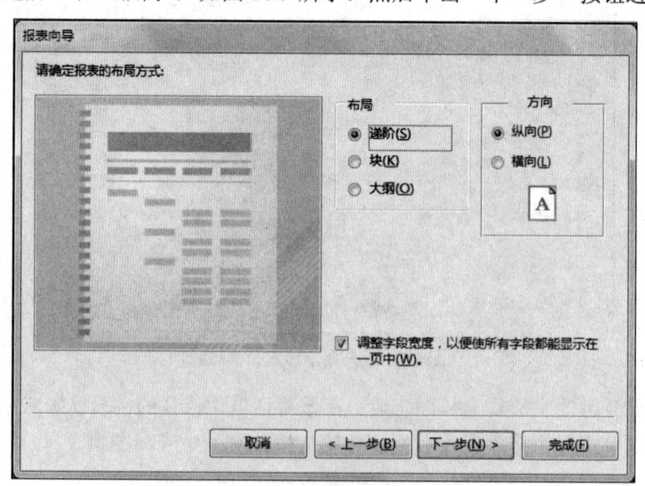

图 20.9　选择页面布局

7. 打开报表设计

“报表向导”的最后一个屏幕包含一个文本框，供输入报表的标题。该标题仅在报表的最开头显示一次，而不是在每页的顶部都显示。报表标题还会作为新报表的名称。默认标题是最初指定为报表的数据源的表或查询的名称。在 Chapter20.accdb 示例中创建的报表命名为 rptProducts_Wizard。

注意：

Chapter20.accdb 文件包含本章描述的所有报告。如果要创建自己的报表，只需在最后一步中选择不同的名称，这样就不会覆盖示例。

接下来，选择对话框底部的某个选项按钮：

- 预览报表
- 修改报表设计

对于此示例，保留默认选择，预览报表。单击“完成”，报表将显示在“打印预览”中(见图 20.10)。

8. 调整报表布局

对于图 20.10 所示的报表，存在一些小问题。Access“报表向导”选择了字体和总体颜色方案，但它们可能并不符合预期。此外，Retail Price 列的宽度不足以完整显示列标题。

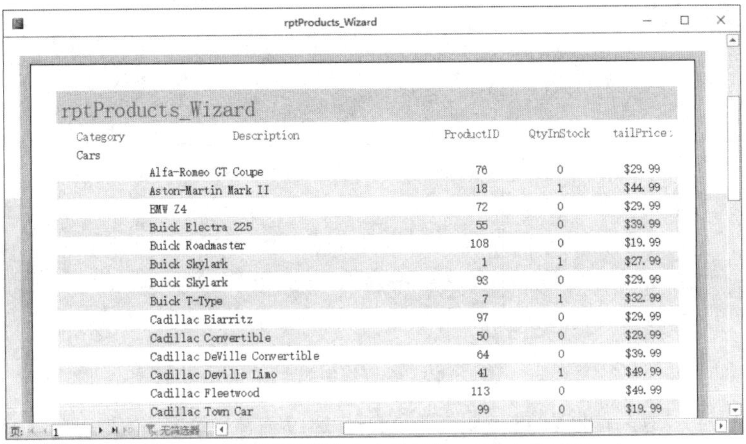

图 20.10　在“打印预览”中显示的 rptProducts_Wizard

“报表向导”在“打印预览”中显示新报表。右击报表的标题栏，并从显示的快捷菜单中选择“布局视图”。此时将在布局视图中显示新报表，如图 20.11 所示。

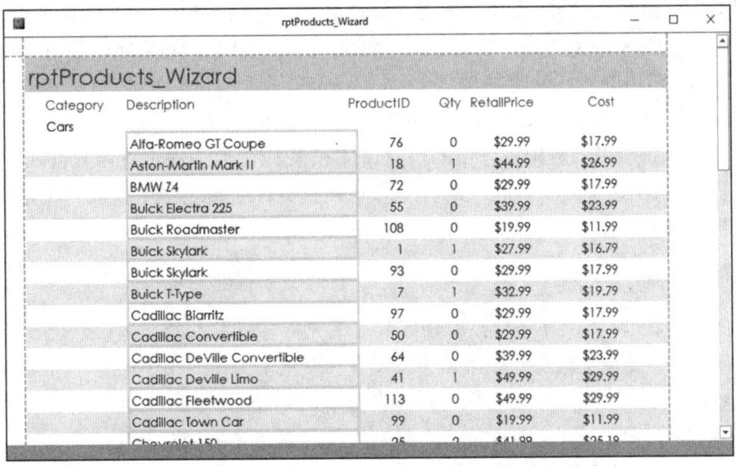

图 20.11　布局视图可用于调整纵栏式报表中控件的大小

在图 20.11 中，缩小了 Category 列，以消除一些不必要的空间，Description 列的左侧有所加宽以填补收缩的空间，其余的列进行了分隔，以便列标题能够显示出来，而不是全部堆在一起。QtyInStock 标题缩短为 Qty。很难选择 Cost 栏，因为 Access 把它变得非常窄。首先，将 RetailPrice 列向左移动。然后单击报表右边缘的左侧。或者切换到设计模式来调整 Cost 列更容易。在报表的布局视图中操纵控件等同于在窗体的布局视图中操纵这些控件。例如，要缩小某一列，可将该控件的右边缘向左拖动。

9. 选择主题

在调整了布局后，可使用功能区的“设计”选项卡上的“主题”组中的控件来更改报表的颜色、字体和整体外观。单击“主题”按钮将打开一个包含几十种主题的库(见图 20.12)。

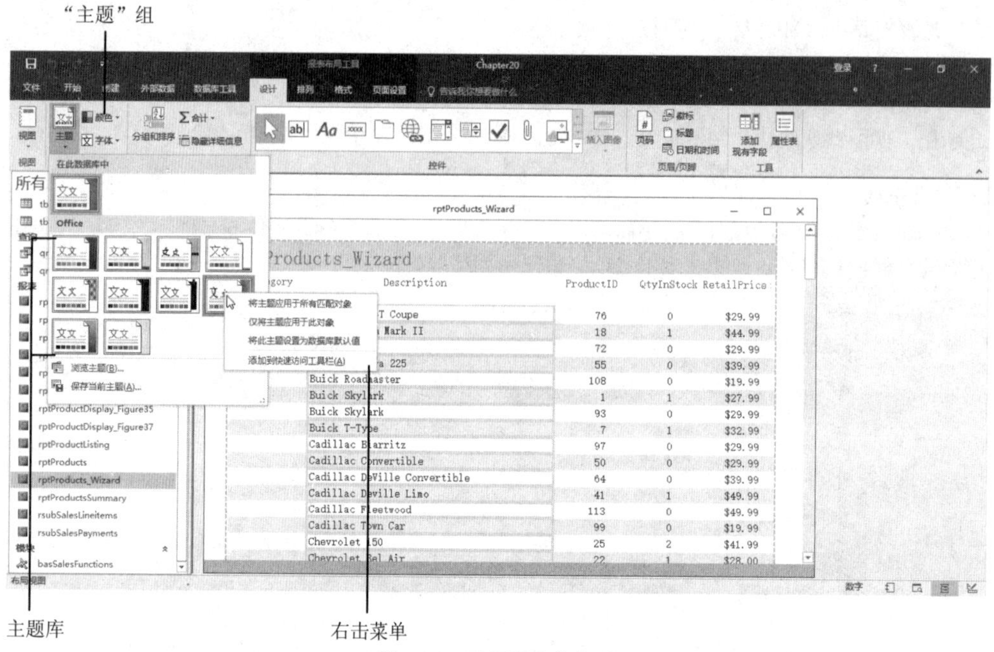

图 20.12　选择报表的主题

在 Access 2019 中，主题是一个重要的概念。对于 Access 2019 窗体和报表，主题可以设置配色方案，可以选定字体、字体颜色以及字号。将鼠标指针悬停在库中的主题图标上方时，库后面在布局视图中打开的报表会立即发生更改，以显示报表在选定主题下的外观。

每个主题都有一个名称，例如 Office、Facet、Organic 和 Slice。当想要在应用程序的文档或者电子邮件及其他信件中引用特定主题时，主题名称会非常有用。主题存储在 Program Files\Microsoft Office\root\Document Themes 19 文件夹下的一个扩展名为 THMX 的文件中。主题适用于所有 Office 2019 文档(Word、Excel 和 Access)，通过它来确定适用于公司的所有 Office 输出的样式非常容易。

如图 20.12 中的右击菜单所示，可将选定主题仅应用于当前报表(仅将主题应用于此对象)、应用于所有报表(将主题应用于所有匹配对象)或者应用于应用程序中的所有窗体和报表(将此主题设置为数据库默认值)。甚至还提供了一个选项，用于将主题添加为快速访问工具栏中的一个按钮，当要有选择地将主题应用于数据库中的其他对象时，这是一个非常有用的选项。

提示：

在构建 Access 窗体和报表时尝试每一种报告样式和选项是非常吸引人的。不过，遗憾的是，如果使用的样式和选项过多，Access 应用程序最后可能看起来像是各种设计理念的剪贴簿，而不是一种有价值的商业工具。专业的数据库开发人员一般会使用最少的窗体和报表样式，并在整个应用程序中统一使用它们。请充分考虑用户的感受，尽量不要使用大量不同的颜色、字体以及其他用户界面和报告样式，使他们无所适从。

对于此练习，为产品报表选择了 Wisp 主题。

10. 创建新的主题配色方案

Access 2019 提供了多个默认主题，每个主题都包含一组补色、字体和字体特征。此外，还可以设置全新的颜色和字体主题，并将它们应用于窗体和报表。要将公司的配色方案应用于某个应用程序中的窗体和报表，可以创建自定义颜色主题。

在设计视图中打开窗体或报表，然后执行下面的步骤。

(1) 单击功能区的“设计”选项卡上的“主题”组中的“颜色”按钮。此时将打开颜色主题列表。

(2) 选择颜色主题列表最底端的“自定义颜色”命令。此时将显示“新建主题颜色”对话框(如图 20.13 所示)，其中显示了当前选定的颜色主题。

修改颜色主题需要相当大的工作量。如图 20.13 所示，每个颜色主题都包括 12 种不同的颜色。“新建主题颜色”对话框上 12 个按钮中的每一个都会打开一个调色板(如图 20.14 所示)，可在其中选择某个主题元素的颜色，例如“文字/背景 – 浅色 2”元素的颜色。

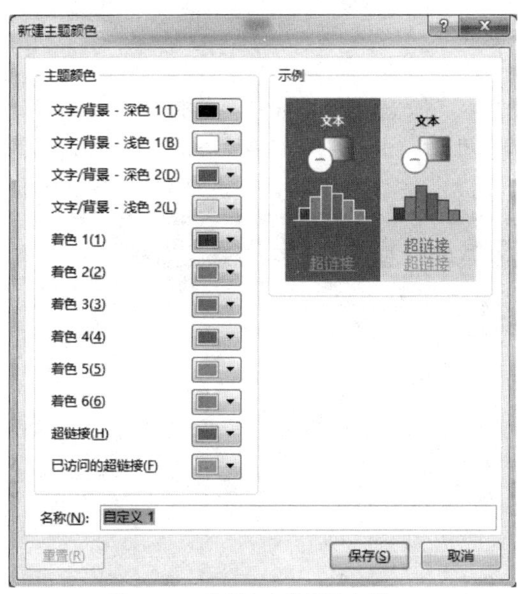

图 20.13　设置自定义颜色主题

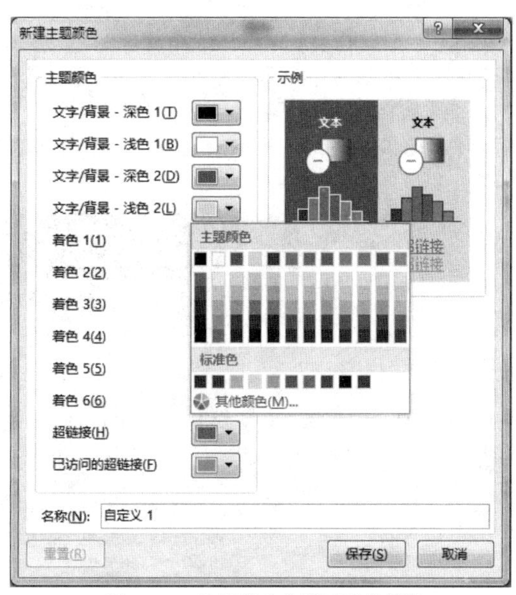

图 20.14　选择某个主题元素的颜色

(3) 当颜色自定义设置完成后，为该自定义颜色主题分配一个名称，然后单击“保存”按钮。当关闭“新建主题颜色”对话框时，该自定义颜色主题就会应用于当前在设计视图中打开的窗体或报表。如果要将新的颜色主题应用于应用程序中的所有窗体或报表，请打开颜色主题列表，右击列表顶部的自定义颜色主题的名称(见图 20.15)，然后选择“将配色方案应用于所有匹配对象”。如果在设计视图中打开了某个报表，该主题将应用于应用程序中的所有报表。另一方面，如果在设计视图中打开了一个窗体，那么应用程序中的所有窗体都将接收到新的颜色主题。

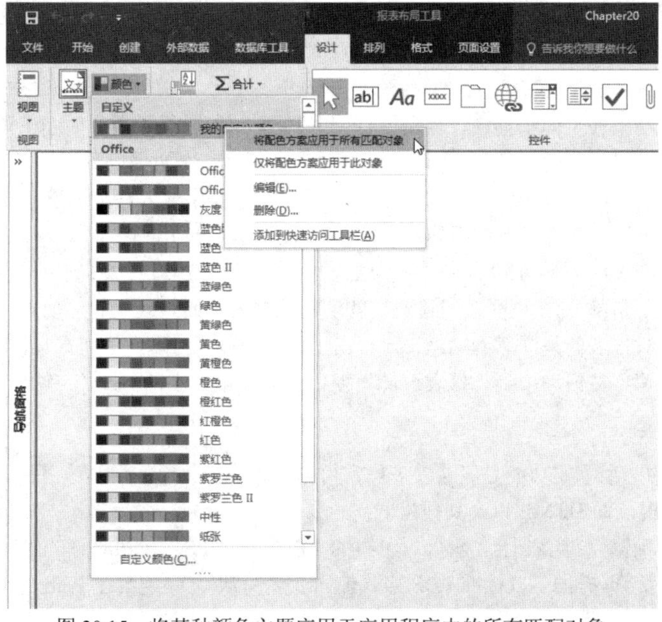

图 20.15　将某种颜色主题应用于应用程序中的所有匹配对象

即使在应用了某个颜色主题以后，仍然可以调整报表上各个项目的颜色(也适用于窗体)。在设计视图中打开相应的报表，选择要更改的项目，然后在属性表中选择其新颜色。

尽管此处没有介绍或显示，但“设计”选项卡上的“主题”组中的“字体”下拉列表中提供了一个类似的对话框(新建主题字体)。在“新建主题字体”对话框中，可以设置自定义字体主题(标题和正文字体等)以应用于窗体和报表。创建自定义字体主题与向应用程序中添加自己的颜色主题非常类似。使用可以识别的名称保存主题，并根据需要将该字体主题应用于窗体和报表。

11. 使用“打印预览”窗口

图 20.16 显示的是 rptProducts_Wizard 的缩放视图中的“打印预览”窗口。要在“打印预览”窗口中打开报表，就在“导航”窗格中右击该报表，并选择“打印预览”。该视图按照打印到默认 Windows 打印机时将在报表上使用的实际字体、底纹、直线、框和数据显示报表。在报表的界面上单击鼠标左键可以在缩放视图和整个页面视图之间进行切换。

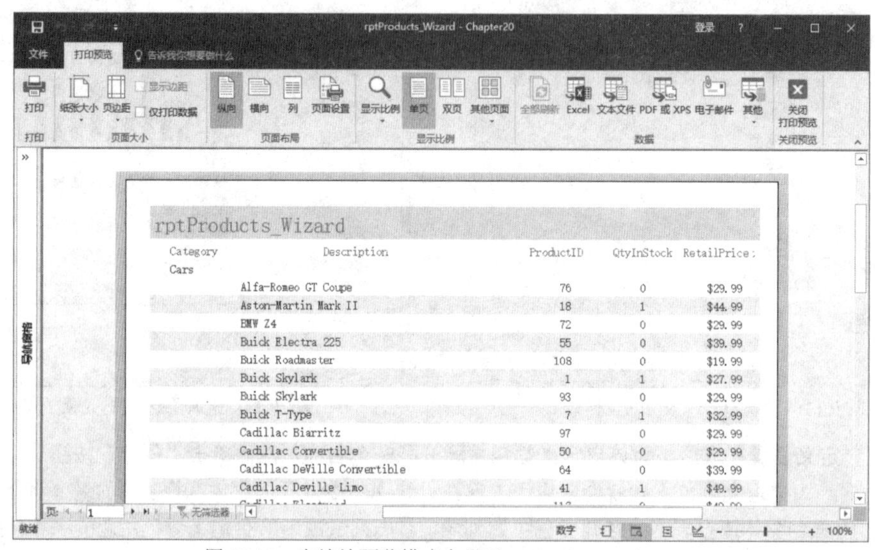

图 20.16　在缩放预览模式中显示 rptProducts_Wizard

功能区将转换为显示与查看和打印报表相关的控件。功能区的“打印预览”选项卡包括用于调整大小、页边距、页面方向(“纵向”或“横向”)以及其他打印选项的控件。当保存报表的设计时，打印选项会随报表一起存储。此外，“打印预览”选项卡还包括一个用于打印报表的“打印”按钮，以及另一个用于关闭“打印预览”并返回到报表之前视图(设计视图、布局视图或报表视图)的按钮。

可使用水平和垂直滚动条在页面中移动，也可以使用“页面”控件(位于窗口的左下角)从一个页面移动到另一个页面。“页面”控件包括一些导航按钮，用于从一个页面移动到另一个页面，或者移动到报表的第一个页面或最后一个页面。也可以通过在“上一页”和“下一页”控件之间的文本框中输入相应的值来转到某个特定的报表页面。

右击报表并选择“多页”选项，或者使用功能区的“打印预览”选项卡上的“显示比例”组中的控件，可以在单个视图中查看报表的多个页面。图 20.17 显示了一个处于“打印预览”的双页模式中的报表视图。使用导航按钮(位于“打印预览”窗口的左下角部分)在页面之间移动，就像在数据表中的记录之间移动一样。

如果在检查预览之后对报表的外观感到满意，可单击工具栏上的“打印”按钮来打印该报表。如果对设计不满意，可选择“关闭打印预览”按钮切换到“报表设计”窗口，并做进一步的更改。

12. 使用备用格式发布

“打印预览”选项卡的一项重要功能是能够以多种常用的格式输出 Access 报表，包括 PDF、XPS (XML Paper Specification，XML 纸张规范)、HTML 以及其他格式。

单击功能区的“打印预览”选项卡上“数据”组中的“PDF 或 XPS”按钮将打开“发布为 PDF 或 XPS”对话框(如图 20.18 所示)。该对话框提供了以标准 PDF 格式输出或以简洁版本输出(在 Web 上下文中使用)的选项。还需要为导出文件指定目标文件夹。

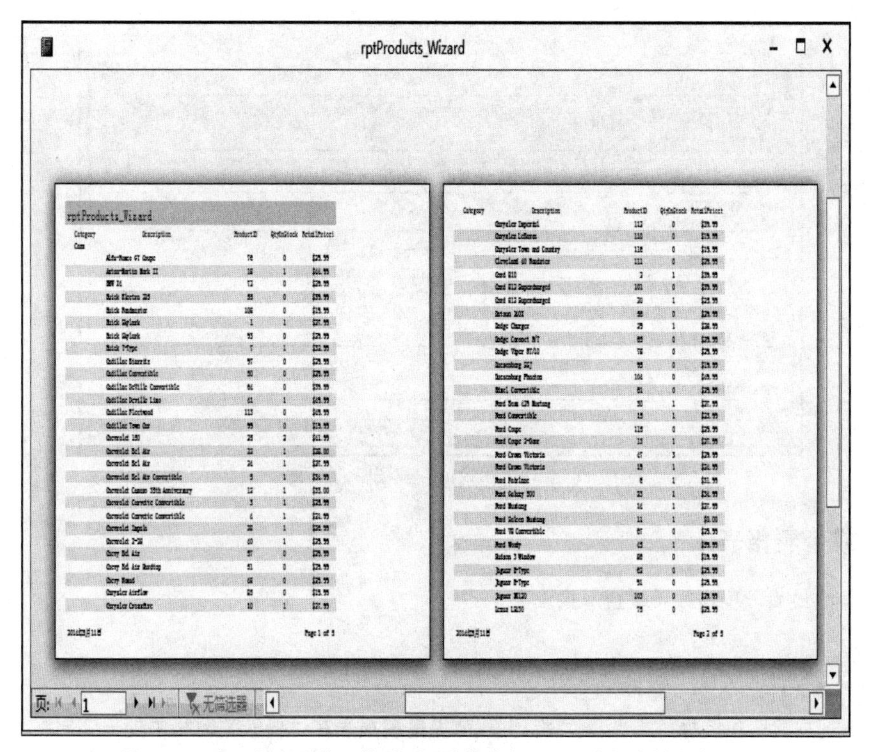

图 20.17 在“打印预览”的页面预览模式中显示一个报表的多个页面

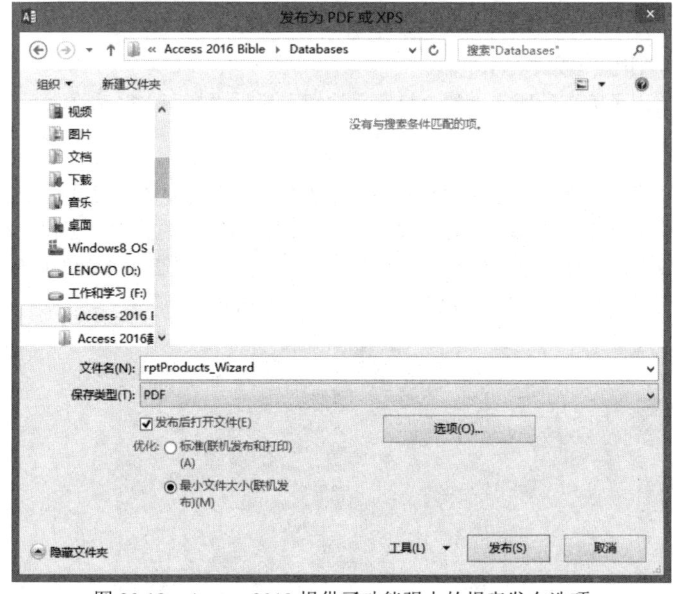

图 20.18 Access 2019 提供了功能强大的报表发布选项

在 Access 中查看时，Access 报表的 PDF 或 XPS 视图无法与报表区分开来。最近，PDF 格式比 XPS 更常用。

13. 在“设计”视图中查看报表

右击报表的标题栏并选择“设计视图”将在“设计”视图中打开报表。如图 20.19 所示，报表设计反映了使用“报表向导”所做出的选择。

可通过单击快捷菜单中的“打印预览”按钮，或者选择“视图”组中的“打印预览”，返回到“打印预览”模式。本章后面将详细讨论“设计”视图。

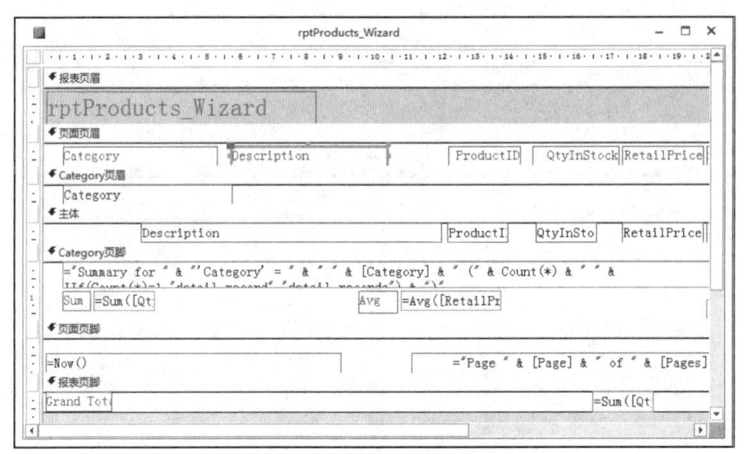

图 20.19　“设计”视图中的报表

20.2.4　打印或查看报表

创建报表过程的最后一步是打印或查看报表。

1. 打印报表

可通过多种方式来打印报表，如下所述：

- **在 Access 主窗口中选择“文件”|“打印”(前提是使报表在“导航”窗格中处于突出显示状态)**。后台区域显示如下选项：
  - 快速打印。立即将报告发送到默认打印机。
  - 打印。显示打印对话框，在打印之前允许进行某些更改。
  - 打印预览。以打印预览模式显示报表。
- **单击功能区的“打印预览”选项卡上的“打印”按钮**。显示“打印”对话框。

2. 查看报表

可在四种不同的视图中查看报表，分别是设计视图、报表视图、布局视图以及打印预览视图。设计视图和布局视图用于构建报表，它们分别类似于窗体的设计视图和布局视图。本章中的大部分工作都是在设计视图中完成的。

最初，要选择某个表或查询作为新报表的数据源来开始使用新报表。还要单击功能区的“创建”选项卡上的“报表”按钮。默认情况下，新报表将显示在布局视图中，如图 20.20 所示。

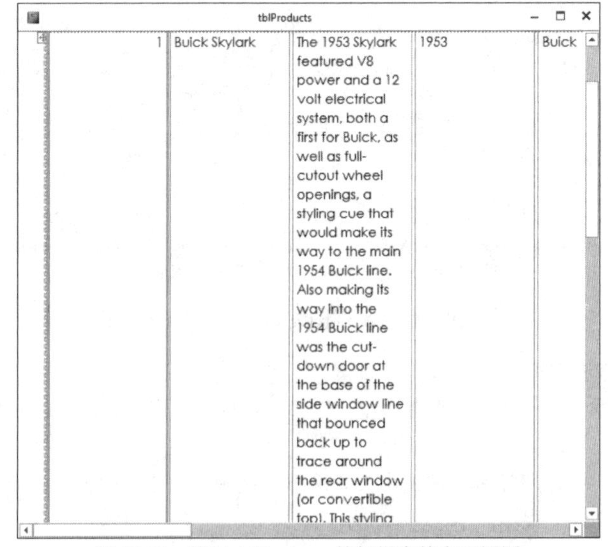

图 20.20　基于 tblProducts 的新报表的布局视图

在布局视图中，可查看各个控件在报表界面上的相对位置，还可以查看页边距、页面页眉和页脚，以及其他报表详细信息。

布局视图的主要局限性在于，不能对报表的设计进行细致的调整，除非将报表转入设计视图。布局视图的主要用途是可以调整各个控件在报表上的相对位置，而不是在报表上移动各个控件。

处于布局视图时，也可以右击任何控件，并从显示的快捷菜单中选择“属性”。属性表允许修改选定控件的设置。

图 20.21 显示的是某个报表在布局视图中打开情况下的功能区。功能区上的选项绝大多数都与调整报表上控件的外观有关。

图 20.21　某个报表在布局视图中打开时的功能区

20.2.5　保存报表

为了随时保存报表设计，可以从“报表设计”窗口中选择“文件”|“保存”，也可选择“文件”|“另存为”或“文件”|“导出”，或者单击快速访问工具栏上的“保存”按钮。首次保存报表时(或者每次选择“另存为”或“导出”时)，将显示一个对话框，可在其中选择或输入名称。

提示：

在对报表开始维护工作之前保存一份报表副本非常有用。报表可能会非常复杂，很容易对报表的设计进行错误的操作，并且不记得如何将报表返回到其上一状态。备份可以提供非常有价值的保证，确保不会意外丢失报表的设计。

20.3　区段报表设计概念

Access 报表支持“区段(banded)”设计方法。区段报表设计在 Access 开发中是一个重要的概念。在 Access 报表中，是一次处理一条记录。各个字段可以放在报表上的不同位置，如有必要，甚至可在一个报表中显示多次。

很多初级 Access 开发人员会感到设计视图中的报表外观非常混乱。他们希望报表与窗体的构建方式非常类似。但是，由于 Access 在处理报表数据时一次只能处理一条记录，因此，设计视图用于帮助指定每一行在打印的页面上的布局方式。此外，设计视图用于显示页面的页眉和页脚等元素，以及组页眉和页脚占据的区域。控件占据的每个区域对于报表的打印外观都有关键的作用。

报表划分为多个节，在大多数报表编写软件包中称为区段(在 Access 中，将其称为节)。Access 会处理基础数据集中的每条记录，按顺序处理每一节，并决定(对于每条记录)是否处理该节中的字段或文本。例如，仅当处理完记录集中的最后一条记录后，才会处理报表页脚节。

在图 20.22 中，rptProductsSummary 显示在“打印预览”中。请注意，报表上的数据按照 Category (Cars、Trucks 等)进行分组。每个组具有一个组页眉，其中包含类别名称。每个组还有一个页脚，用于显示该类别的汇总信息。页面页眉包含列说明(Product ID、Description 等)。

报表中提供了以下 Access 节：

- **报表页眉**：仅在报表的开头打印，用于标题页面
- **页面页眉**：在每个页面的顶部打印
- **组页眉**：在处理组的第一条记录之前打印
- **主体**：打印表或记录集中的每条记录
- **组页脚**：在处理组的最后一条记录以后打印
- **页面页脚**：在每个页面的底部打印
- **报表页脚**：仅当处理所有记录以后在报表的结尾处打印

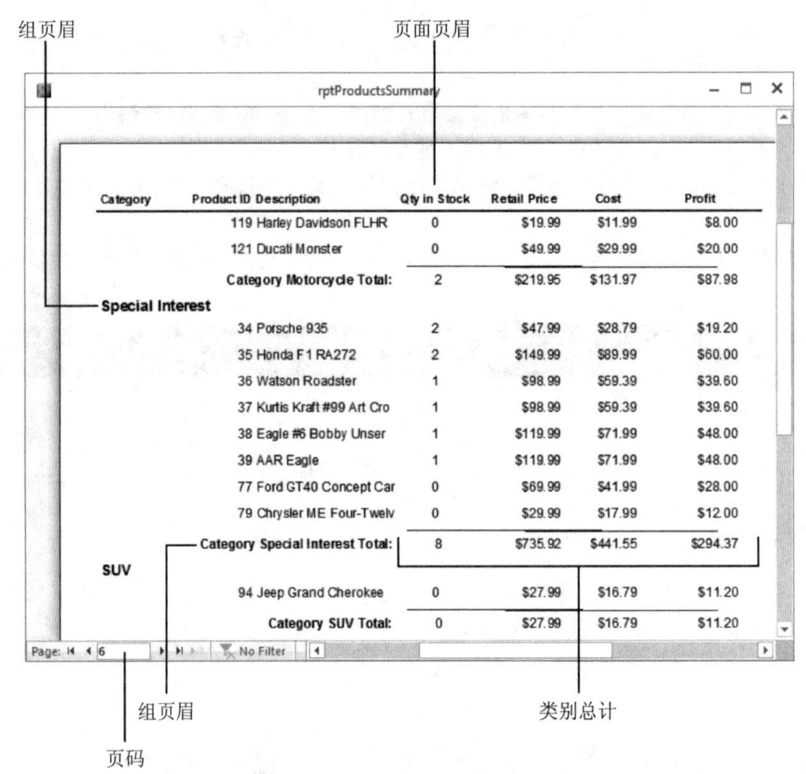

图 20.22 包含汇总数据的分组报表 rptProductsSummary 的一部分

图 20.23 显示的是在设计视图中打开的 rptProductSummary。可以看到，该报表划分为多达七个节。组节显示按类别分组的数据，因此可以看到“Category 页眉”节和“Category 页脚”节。其他每个节也会基于其在报表上的显示位置进行命名。

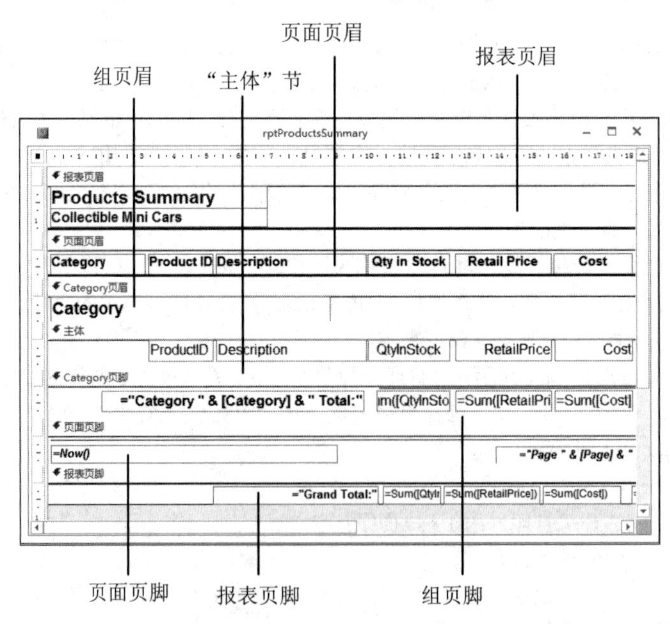

图 20.23 设计视图中的 rptProductSummary

可将任意类型的文本或文本框控件放在任意一节中，但是，Access 在处理数据时一次只处理一条记录。还需要采取特定的动作(基于组字段的值或当前处理的页面的当前节)来激活区段或节。图 20.23 中的示例是具有多个节的一个典型报表。报表中的每个节都有不同的用途和不同的触发方式。

注意：
页面和报表的页眉和页脚都是成对添加的。要仅添加一个而不添加另一个，请删除节中任何不需要的控件，并将节的高度调整为 0，或将其“可见”属性设置为“否”。

警告：
如果删除某个页眉或页脚节，也会丢失这些节中的控件。

20.3.1 “报表页眉”节

“报表页眉”节中的控件仅在报表开头打印一次。“报表页眉”节的常见用法是作为只需要对报表的用户显示一次的信息的封页或随函。

要将“报表页眉”节用作标题页，请将“报表页眉”节中的“强制分页”属性设置为“节后”，以便将报表页眉中的信息放在一个单独页面中。

注意：
如果在报表页面中放置一个数据字段，它将只显示第一条记录的数据。

20.3.2 “页面页眉”节

“页面页眉”节中的控件通常打印在每一页的顶端。如果第一页上的报表页眉不在其自己的页面上，“页面页眉”节中的信息将紧跟在报表页眉信息之后，打印在其下方。通常情况下，页面页眉包含分组/合计报表中的列标题。页面页眉经常包含显示在每个页面上的报表的标题。

图 20.23 中所示的“页面页眉”节在标签控件的下方包含一个水平线。每个标签控件都可各自进行移动或调整大小。也可以更改每个控件的效果(例如颜色、底纹、边框、线粗、字体和字号)。

“页面页眉”和“页面页脚”属性都可以设置为下面四个设置中的一个(位于报表的属性而不是节属性中)：

- **所有页**：节(页面页眉或页面页脚)打印在每一页上。
- **报表页眉不要**：节不会打印在具有报表页眉的页面上。
- **报表页脚不要**：当“页面页眉”或“页面页脚”设置为“报表页脚不要”时，报表页脚将被强制放在它自己的页面上。具有此设置的节不会打印在该页面上。
- **报表页眉/页脚都不要**：报表页脚被强制放在它自己的页面上。节不会打印在该页面上，也不会打印在具有报表页眉的页面上。

20.3.3 “组页眉”节

“组页眉”节通常显示组的名称，例如 Trucks 或 Motorcycles。当组名称发生更改时，Access 知道组中的所有记录都显示在“主体”节中。在该示例中，明细记录都是关于各个产品的。“Category 页眉”中的 Category 控件指定，组中的产品属于指示的类别(Trucks 或 Motorcycles)。“组页眉”节后面紧跟的是“主体”节。

可以有多个级别的组页眉和页脚。例如，在该报表中，只显示类别对应的数据。但在某些报表中，可能具有包含日期值的多组信息。可以按照年或者按照月和年对各节进行分组，并在这些节内按照另一个组(例如类别)进行分组。

注意：
要设置组级别的属性，例如“分组形式”“组间距”“保持同页”或其他一些非默认属性，必须先针对选定的字段或表达式将“组页眉”和“组页脚”属性(或两者)设置为“是”。详见本章后面的内容。

20.3.4 “主体”节

“主体”节处理数据中的每条记录，是打印每个值的区域。“主体”节经常包含作为某个数学表达式结果的计算字段，例如利润。在该示例中，“主体”节只显示 tblProduct 表中除上一个控件之外的信息。通过从 RetailPrice 中减去成本计算出利润。

提示：
在“报表设计”窗口中更改某一节的“可见”属性，可以告诉 Access 是否希望在报表中显示该节。如果禁止显示“主体”节(或者排除选定的组节)，将显示一个汇总报表，其中不显示明细，或者仅显示特定的组。

20.3.5　“组页脚”节

可使用“组页脚”节来计算某个组中所有明细记录的汇总。在 Products Summary 报表中，表达式= Sum ([RetailPrice] - [Cost])会添加一个基于某一类别中的所有记录计算得出的值。该文本框控件的值在组每次发生更改时自动重置为 0。

交叉参考：
有关表达式和汇总文本框的更多信息，请分别参阅第 9 章和第 21 章。

提示：
在“报表设计”窗口中更改文本框的“运行总和”属性，可更改计算汇总的方式。如果将“运行总和”属性设置为“不”，将仅显示当前记录的值，此为默认设置。设置为“工作组之上”值将针对组中的每条记录累计该控件的数值。设置为“全部之上”值将针对报表中的每条记录累计该控件的值。

20.3.6　“页面页脚”节

“页面页脚”节通常包含页码或控件合计。在非常大的报表中，例如当具有多页明细记录而没有汇总时，可能需要页面合计以及组合计。对于 Products Summary 报表，是通过组合某些文字文本和内置的页码控件来打印页码的。这些控件显示“Page x of y”，其中 x 是当前页码，而 y 是报表中的总页数。可在“控件来源”属性中包含以下表达式的文本框控件，来显示用于跟踪报表中页码的页码信息：

```
="Page: " & [Page] & " of " & [Pages]
```

也可以打印报表的打印日期和时间。在图 20.23 中，可在“页面页脚”节中看到页码文本框。rptProductsSummary 中的“页面页脚”还会在“页面页脚”节的左侧包含当前日期和时间。

20.3.7　“报表页脚”节

“报表页脚”节仅在所有明细记录和组页脚节都已打印后在报表结尾位置打印一次。报表页脚通常会显示整个报表的总计或其他统计数据(例如平均值或百分比)。Products Summary 报表的报表页脚对每个数值字段使用表达式= Sum 来对数额进行求和。

注意：
当存在报表页脚时，将在报表页脚之后打印“页面页脚”节。

Access 中的报表编写器是一个二次(two-pass)报表编写器，能够预处理所有记录以计算统计报告所需的合计值(例如百分比)。通过这种功能，可以创建表达式，用于在 Access 处理需要预先了解总计的那些记录时计算百分比。

20.4　从头开始创建报表

最常见的情况是，使用“报表向导”或其他快捷方式来创建报表，然后根据需要进行修改。本节将跳过所有的快捷方式，从头构建一个报表，以便你更好地理解报表的各个部分是如何组合在一起的。

尽管可能显而易见，但还是要提一下，打印的报表中的数据是静态的，仅反映打印报表时数据库中数据的状态。

鉴于此原因，每个报表都应该在某个位置(经常是在报表页眉或页脚区域)显示“打印”日期和时间，以准确记录报表的打印时间。

注意：

Access 允许创建一个报表，而不必先将其绑定到某个表或查询，不过报表上将没有绑定控件。该功能可以用于制作页面模板，其中包含常用的文本页眉或页脚，例如页码或日期和时间，而这些模板可以作为其他报表的模型。以后，可以通过更改报表的基础控件来源来添加控件。

本章余下的内容将学习创建 Product Display 报表(图 20.24 显示了某个页面的一部分)必须完成的任务。这些节将设计基本报表、收集数据并将数据放到适当的位置。

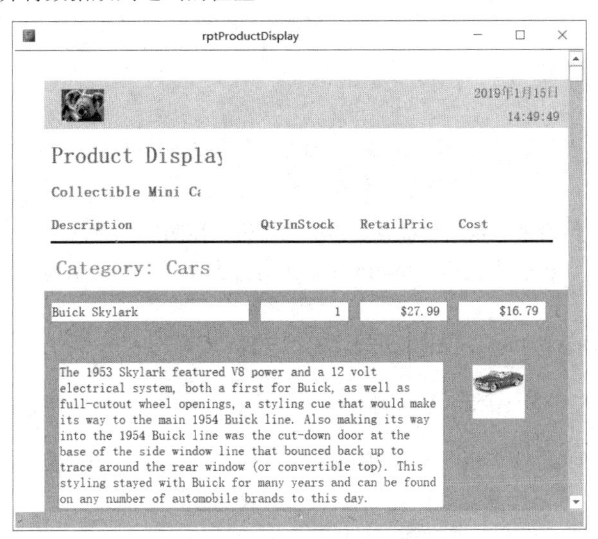

图 20.24　Product Display 报表

提示：

与 Access 中几乎所有的任务一样，除了向导之外，还可通过多种方式来创建报表。但一定要遵循特定类型的方法，这一点很重要，因为创建好的报表需要采用比较统一的方法。应该创建一个包含一组任务的检查表，按照其中的指示进行操作便可以在每次创建报表时都生成出色的报表。当完成每项任务时，将其从检查表中删除。完成所有操作后，将获得一个外观精美的报表。下一节将介绍这种方法。

20.4.1　创建新报表并将其绑定到查询

第一步是创建一个新的空报表，并将其绑定到 tblProducts。创建空白报表的过程非常简单，只需要执行下面的步骤：

(1) 选择功能区的“创建”选项卡。

(2) 单击“报表”组中的“空报表”按钮。Access 在布局视图中打开一个空白报表，并且在新报表的顶部放置一个“字段列表”对话框(见图 20.25)，或将字段列表停靠在应用程序窗口的右侧。单击“显示字段列表上的所有表”以查看可用的表。

此时，可通过两种不同的途径向报表中添加控件，分别是继续在布局视图中操作，或者切换到设计视图。每种方法都有各自的优势，但为了实现本练习的目标，我们使用设计视图，因为它可以更好地演示构建 Access 报表的过程。

注意：

本节中显示设计视图的图片关闭了网格线，以便于查看。默认情况下，网格线是打开的，在布局报表时非常有用。要打开或关闭网格，可以选择“报表设计工具”|“排列”|“大小/空格”|“网格”。

图 20.25　布局视图中的一个空白报表

(3) **右击报表的标题栏，然后从显示的快捷菜单中选择“设计视图”。**“报表”窗口将转换为传统的 Access 区段报表设计器，如图 20.26 所示。该图还显示了 tblProducts 上打开的字段列表，从而可将列表中的字段添加到新报表上的相应节。

在图 20.26 中，已经将 Description 字段拖动到报表的“主体”节上。

20.4.2　定义报表页面大小和布局

在规划报表时，需要考虑页面布局特征以及想要用于输出的纸张和打印机的类型。当做出上述决定时，可使用多个对话框和属性进行调整。将这些规范合在一起便可以创建出所需的输出。

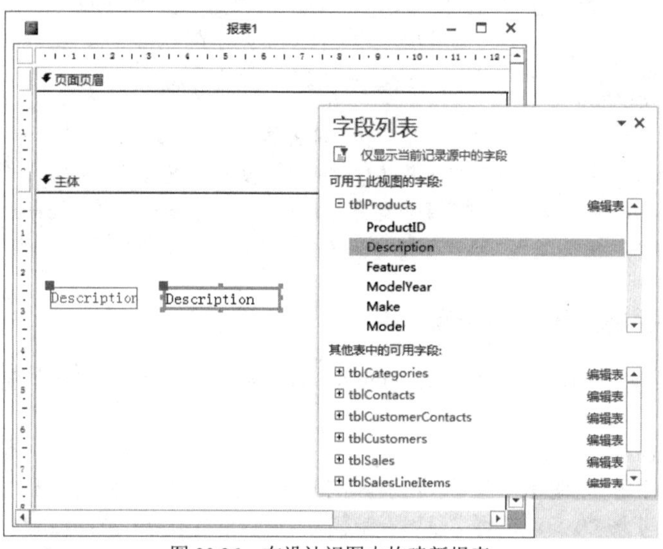

图 20.26　在设计视图中构建新报表

选择功能区的“页面设置”选项卡，从中选择报表的页边距、方向以及其他整体特征。图 20.27 显示了在选定“页面设置”选项卡并打开“页边距”选项的情况下 Access 屏幕的一部分。

注意，“页面设置”选项卡包括用于设置纸张大小、报表方向(“纵向”或“横向”)、页边距以及其他详细信息的选项。单击“纸张大小”或“页边距”下拉选项可以显示一个库，其中包含每个选项的常用设置。

rptProductDisplay 将显示为一个纵向报表，其高度大于宽度。想要在 Letter 大小的纸张(8.5×11 英寸)上打印，并希望将左侧、右侧、顶部和底部的页边距全部设置为 0.25 英寸。在图 20.27 中，请注意，选择了“窄”页边距选项，该选项将四个页边距设置全部指定为 0.25 英寸(约为 0.64 厘米)。

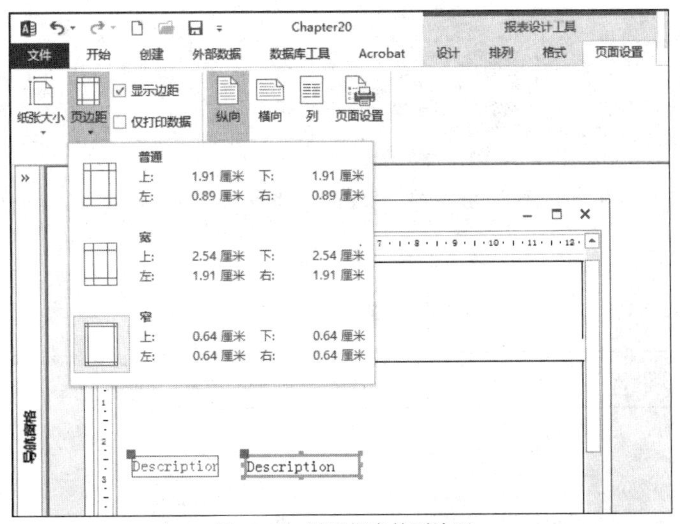

图 20.27　设置报表的页边距

如果为特定报表设置的页边距没有显示在“页边距”选项中，可单击“页面布局”组中的“页面设置”以打开“页面设置”对话框。在该对话框中，可以指定页边距、方向以及其他页面布局规格。

要将 Product Display 报表的右边框设置为 7.5 英寸，请执行下面的步骤：

(1) **单击报表正文的右侧边缘(即白色页面与灰色背景重合的位置)**。鼠标指针将更改为双头箭头。

(2) **将边缘拖动到 7.5 英寸标记处**。

注意：
用户使用的度量单位可能有所不同，具体取决于控制面板中的区域设置。

如果报表设计器中没有显示标尺，请从“排列”选项卡上的“大小/空格”下拉列表中单击“标尺”选项。

注意：
也可在报表的“属性”窗口中更改“宽度”属性。

提示：
如果运行报表，并且其他每一页都是空白的，则说明报表的宽度超过了页面的宽度。要解决此问题，请减少左侧和右侧页边距大小，或者缩小报表的宽度。有时，当移动控件时，可能无意中使报表宽度超过原始预期。例如，在纵向报表中，如果左侧页边距加上报表宽度再加上右侧页边距超过 8.5 英寸，则会看到空白页面。如果不能缩小报表的宽度，可能是因为有些控件越界了。找到这些越界的控件，将其移走或者调整其大小。

20.4.3　在报表上放置控件

Access 充分利用 Windows 的拖放功能。在报表上放置控件的方法也不例外：

(1) **单击功能区的“设计”选项卡上的“工具”组中的“添加现有字段”按钮**。此时将显示“字段列表”窗口。

(2) **如果想要使用字段的默认控件类型以外的控件，在工具箱中选择相应的控件**。

(3) **选择希望显示在报表上的每个字段，然后将它们拖动到“报表设计”窗口上的相应部分**。在按住 Ctrl 键的同时单击字段列表中的字段，可以选择多个字段。根据选择的是一个还是多个字段，在将字段拖动到报表上时，鼠标指针会更改形状，以表示选中了选项。

字段将显示在报表的“主体”节中，如图 20.28 所示。注意，对于拖动到报表上的每个字段，存在两个控件。当使用拖放方法放置字段时，Access 会自动创建一个标签控件，并将字段名称附加到该字段绑定到的文本框控件。

注意：

Access 始终为表中的 OLE 类型对象创建一个绑定对象框控件，例如图 20.28 中的 Picture_Small 字段。另外注意，“主体”节会自动调整自身大小，以适应所有控件。在绑定对象框控件上方的文本框控件不同于其他文本框控件，因为它绑定到一个长文本字段。

需要在页面页眉节中放置客户信息对应的控件。但在执行此操作之前，必须调整页面页眉的大小，以便为稍后添加的标题留出空间。

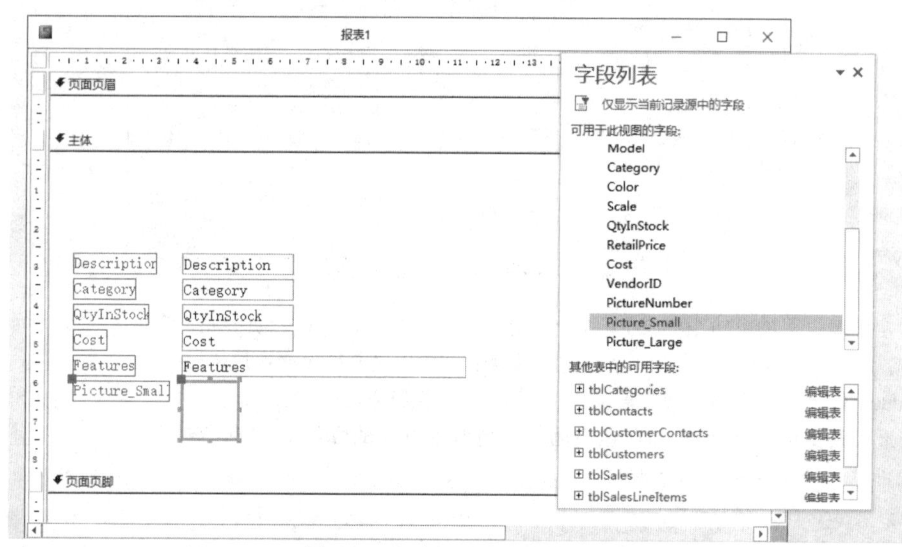

图 20.28 添加了多个字段的报表

20.4.4 调整节的大小

要在报表上为页面页眉中的标题信息留出空间，必须调整其大小。可通过使用鼠标拖动想要调整大小的节的底部来调整大小。当鼠标指针位于某个报表节的底部时，它会变为一个垂直双头箭头。向上或向下拖动节边框可以缩小或放大该节。

通过向下拖动页面页眉的底部页边距，将“页面页眉”节的高度增加约 3/4 英寸。使用功能区的“设计”选项卡上的“控件”组将标签拖动到报表上。向“页面页眉”节中添加两个标签，并输入 Product Display 作为一个标签的“标题”属性，而为另一个标签输入 Collectible Mini Cars。

刚添加的标签是未附加的，它们未与报表上的其他任何控件相关联。当从字段列表拖动某个字段时，Access 不仅会添加一个文本框用于包含字段的数据，还会添加一个标签，用于为该文本框提供标识符。从功能区的“控件”组中拖动的标签未附加，也未与报表中的文本框或其他任何控件相关联。

注意，“页面页眉”节进行了扩展，以便容纳拖动到该节中的标签控件。现在，Product Display 报表需要的所有字段都已放在各自相应的节中。

提示：

要创建多行标签条目，请在控件中希望显示换行符的位置按 Ctrl+Enter 组合键，以强制生成换行符。

提示：

如果输入的标题的长度超过“属性”窗口中的空间，在输入时内容会发生滚动。或者，也可以通过按 Shift+F2 组合键打开“缩放”框，该框可提供更大的输入空间。

修改控件中文本的外观

要修改控件中文本的外观，请选择该控件，并单击“格式”选项卡上的相应按钮，选择要应用于该标签的格式设置。

要使标题突出显示，请执行下面的步骤，以修改标签文本的外观：

(1) 在“报表页眉”节中单击新创建的报表标题 Product Display 标签。

(2) 选择功能区的“格式”选项卡，然后单击“字体”组中的“加粗”按钮。

(3) 从“字号”下拉列表中，选择 18。

(4) 对 Collectible Mini Cars 标签重复上述步骤，但使用 12pt 字体和“加粗”效果。标签的大小可能不适合其显示的文本。要收缩显示或在标签不够大的情况下显示所有文本，可双击任意大小句柄，Access 会为标签选择合适的大小。

图 20.29 显示了这些在报表的“页面页眉”节中添加、调整大小并设置格式的标签。

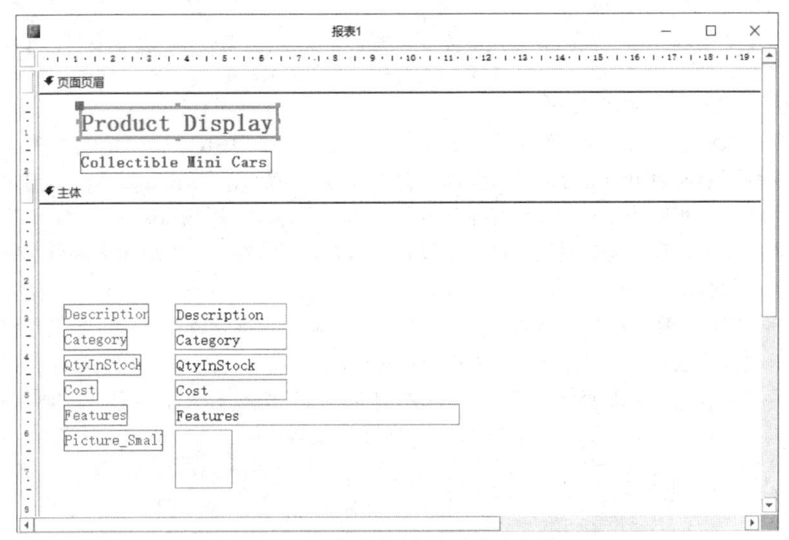

图 20.29 向报表中添加未绑定标签

20.4.5 使用文本框

前面添加了绑定到表中字段的控件，以及用于在报表中显示标题的未绑定标签控件。通常还有一种类型的文本框控件需要添加到报表中，那就是未绑定文本框，这些文本框用于保存表达式，例如页码、日期或计算。

1. 添加和使用文本框控件

在报表中，文本框控件有两种用途，如下所述：

- 它们可以显示某个查询或表中特定字段的存储数据。
- 它们显示某个表达式的结果。

表达式可以是使用其他控件作为其操作数的计算、使用 Access 函数(内置函数或用户定义的函数)的计算或者两者的组合。

2. 在文本控件中输入表达式

通过表达式，可以创建表或查询中尚不存在的值。它们包括的范围很广，从简单函数(例如页码)到复杂的数学计算。

交叉参考：

第 9 章详细讨论了表达式。

函数是一个小程序，运行时将返回单个值。函数可以是诸多内置 Access 函数中的一个，也可以是用户定义的函数。

下面的步骤说明了如何使用一个未绑定文本框控件向报表中添加页码：

(1) 在“页面页脚”节的中间位置单击，并调整页面页脚的大小，使其高度为 1/2 英寸。

(2) 从功能区的“设计”选项卡上的“控件”组中拖动一个文本框控件，并将其放置到“页面页脚”区域中。使该文本框的高度约为“页面页脚”节的四分之三，宽度约为 3/4 英寸。

(3) 选择文本框的附加标签，并将其内容更改为“页:”。

(4) 选择该文本框控件(显示“未绑定”)，并直接在文本框中输入= Page。或者，也可以打开属性表(按 F4 键)，并输入= [Page]作为文本框的“控件来源”属性。

(5) 拖动新的文本框控件，直到其靠近报表页面的右侧边缘，如图 20.30 所示。还可以移动文本框的标签，将其放在接近文本框的位置。利用标签上的左上句柄可以独立于文本框移动标签。

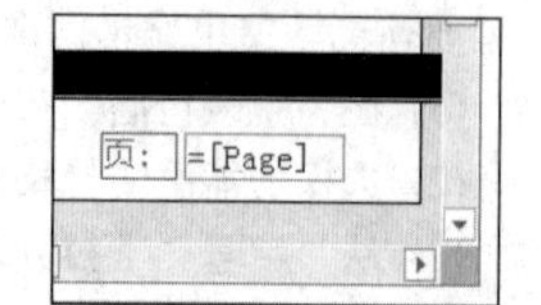

图 20.30　在文本框控件中添加页码表达式

提示：
始终可以通过单击工具栏上的“打印预览”按钮来检查结果，并在“页面页脚”节中放大以检查页码。

3. 调整文本框控件或标签控件的大小

可通过单击控件将其选中。根据控件的大小，会显示三到七个大小句柄，除左上角以外每个角一个，每条边一个。将鼠标指针移动到某个大小句柄上方时，鼠标指针会更改为双头箭头。当指针发生变化时，单击控件并将其拖动到所需的大小。请注意，在拖动过程中，会显示轮廓线，以指示释放鼠标按钮时标签控件将具有的大小。

如果双击任何大小句柄，Access 会调整控件大小以使文本完全适应控件。若增加字号后发现文本无法在控件中完全显示，该功能会非常有用。

请注意，对于标签控件，最佳匹配大小调整会在垂直和水平两个方向上调整大小，而文本控件仅在垂直方向调整大小。之所以会出现这种差别，原因在于，在“报表设计”模式中，Access 不知道要显示的字段数据有多少。之后，字段的名称和内容可能发生显著变化。但有时标签控件也无法正确调整大小，因而必须手动对其进行调整。

提示：
也可以选择“排列”|“大小/空格”|“正好容纳”选项自动更改标签控件文本的大小。

在继续操作之前，应该检查报表的进展情况。在对报表进行更改时，还应该经常保存报表。可将单个页面发送到打印机，但在“打印预览”中查看报表可能更容易一些。右击报表的标题栏，然后从显示的快捷菜单中选择“打印预览”。图 20.31 显示了报表的当前外观的打印预览效果。页面页眉信息位于页面的最顶端，第一条产品记录显示在页眉下方。

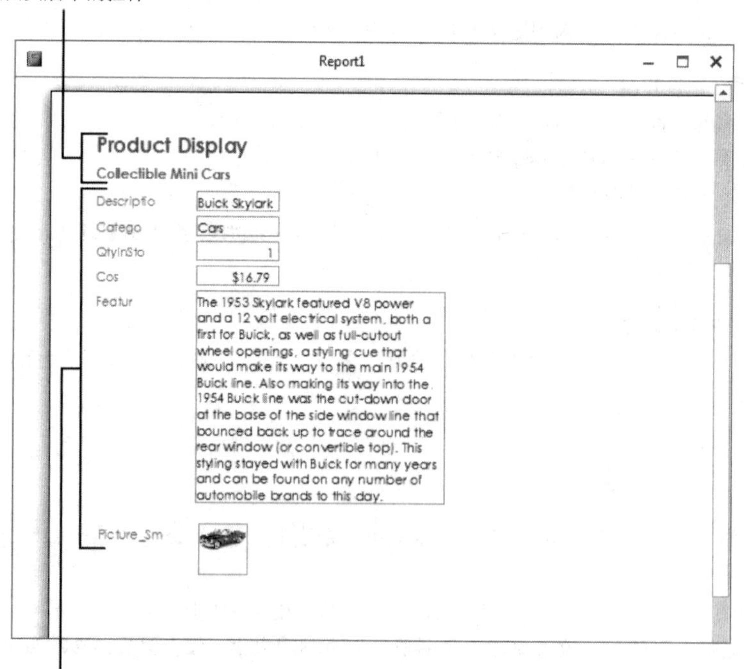

图 20.31　到目前为止报表的打印预览效果

将鼠标指针移动到打印预览上方时，光标将更改为放大镜图标。单击视图的任何部分可将其放大，以便仔细地检查报表的布局。由于是垂直布局，因此，报表上的每页只会显示一条记录。在下一节中，将移动控件并创建一个更偏向于水平方向的布局。

4. 从文本控件中删除和剪切附加标签

要创建更偏向于水平方向的报表，必须将文本框标签从“主体”节移动到“页面页眉”节，并将文本框重新放到表格式布局中。移动后，这些控件将显示为每一列数据上方的标题，并且在报表的每一页上重复。

可轻松地删除报表中的一个或多个附加控件。只需要选中所需的控件并按 Delete 键即可。但是，如果想要将标签移动到“页面页眉”节(而不是简单地将其删除)，可以剪切标签而不是将其删除。在移除附加控件时，有以下三种选项供选择：

- 仅删除标签控件。
- 将标签控件剪切到剪贴板。
- 删除或剪切标签控件和文本框控件。

尽管听起来有点奇怪，但实际上不能简单地将标签从“主体”节拖动到页面页眉。从“主体”节拖动附加标签会连同其文本框一起拖动。必须从“主体”节中剪切标签，然后将其粘贴到“页面页眉”节中。

如果选中标签控件并按 Ctrl+X 组合键剪切该控件，则只会移除该标签控件。如果选中文本框控件并将其剪切或删除，则标签控件和文本框控件都将移除。要剪切附加标签控件(在该示例中为附加到 Description 文本框的标签)，请执行下面的步骤：

(1) 单击功能区上的“关闭打印预览”按钮，退出“打印预览”模式。

(2) 在“主体”节中选择 Description 标签。

(3) 按 Ctrl+X(剪切)组合键。剪切标签后，可能希望将其放在其他地方。在该示例中，将其放在“页面页眉”节中。

5. 将标签粘贴到某个报表节中

可以轻松地从放在“主体”节中的控件剪切标签，然后将其粘贴到页面页眉中，就像删除这些标签并在页面页眉中重新创建它们一样。无论如何，现在都需要粘贴前面步骤剪切的标签：

(1) 在“页面页眉”节中的任意位置或节上单击。

(2) 按 Ctrl+V(粘贴)组合键。Description 标签将显示在页面页眉中。

(3) 对 Quantity in Stock 和 Cost 标签重复上述步骤。如果无意中选择了数据文本框控件，并且剪切或删除了两个控件，可单击“撤消”工具栏按钮，或按 Ctrl+Z 组合键撤消该动作。

> **提示：**
> 如果想要仅删除文本框控件而保留附加的标签控件，可以右击标签控件，然后从显示的快捷菜单中选择“复制”。接下来，要删除文本框控件和标签控件，请选中文本框控件，然后按 Delete 键。最后，在窗体上的任意位置单击鼠标右键，然后从显示的快捷菜单中选择“粘贴”，仅将复制的标签控件粘贴到报表中。

6. 移动标签和文本框控件

在讨论如何移动标签和文本框控件之前，需要了解附加控件与未附加控件之间的一些差异，这一点非常重要。如果随文本框控件自动创建了附加标签，则将其称为复合控件。在复合控件中，只要移动集合中的一个控件，另一个控件也会随之移动。这意味着，移动标签或文本框时也会移动相关控件。

要移动复合控件中的两个控件，请使用鼠标选中这对控件中的任何一个。当将鼠标指针移到任何一个对象上方时，指针将变为手形。可以单击控件并将其拖动到所需的新位置。当拖动时，复合控件的轮廓线会随着指针移动。

要仅移动复合控件中的一个控件，可通过其移动句柄(控件左上角的较大方形)拖动所需的控件。当单击复合控件时，似乎是选中了两个控件，但如果仔细查看，会发现仅选中了两个控件(文本框控件或标签控件)中的一个(同时显示移动句柄和大小句柄可证明这一点)。未选中的控件仅显示移动句柄。手指图标表示已经选择了移动句柄，现在可以独立于一个控件移动另一个控件。要分别移动任何一个控件，请选择相应控件的移动句柄，并将其拖动到所需的新位置。

> **提示：**
> 要移动未附加的标签，只需要单击任意边框(包含句柄的位置除外)并进行拖动。

要选择一组控件，请使用鼠标指针在起始点以外的任意位置单击，并拖动指针穿过(或围绕)想要选择的控件。此时将出现一个灰色的轮廓矩形，显示所选内容的范围。当释放鼠标按钮时，矩形包围的所有控件都将选中。然后，可将整组控件拖动到新位置。

> **提示：**
> “选择行为”选项(选择“文件”|“选项”|“对象设计器”|“窗体/报表设计视图”|“选择行为”)确定如何使用鼠标选择控件。可以选择完全包含(矩形必须完全围绕所选对象)或部分包含(矩形只需要接触控件)，其中后者是默认设置。

确保要对所有控件调整大小，如图所示。更改 Features 长文本字段和 OLE 图片字段 Picture 的大小和形状。在设计视图中，OLE 图片字段显示为不包含字段名称的矩形(该控件是图 20.32 中除页脚以外位于最底端的控件)。

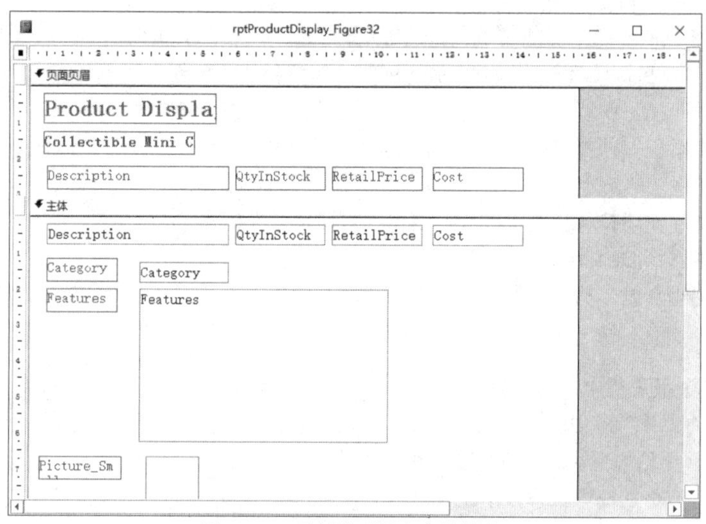

图 20.32　重新排列报表上的控件

将所有控件放到其合适的位置即可完成报表布局。图 20.32 显示了一种可能的控件布局。可以选择多个控件并将其放在接近所需位置的地方，进行一系列的组移动。然后，可根据需要拖动各个控件，以细调其位置。

可使用图 20.32 作为准则，来指导报表上控件的放置。

此时，任务已经完成了接近一半。现在的屏幕应该如图 20.32 所示。请记住，这些屏幕截图是在 Windows 屏幕分辨率设置为 1680×1050 的情况下截取的。如果使用较低的分辨率，或者在 Windows 显示属性(在控制面板中)中启用了较大的字体，则需要滚动屏幕才能查看整个报表。

上述步骤大体完成了此报表的设计。还需要更改属性、字体以及大小。当进行这些更改时，需要再次移动控件。请仅将图 20.32 中的设计作为一种指导原则。当在“报表”窗口中优化报表的外观时，所显示的具体外观将决定最终的设计。

7. 修改多个控件的外观

下一步是对节分隔符紧上方的“页面页眉”节中的所有标签控件应用粗体格式。下面的步骤可以修改多个标签控件中文本的外观：

(1) 选择“页面页眉”节底部的所有标签控件，方法是在按住 Shift 键的同时一次单击一个控件。 或者，也可以在“页面页眉”中标签左侧的垂直标尺中单击。Access 将选中在垂直标尺中单击位置右侧的所有控件。有四个标签控件可供选择(见图 20.32)。

或者，也可在页面页眉中的标签控件周围拖出一个边界框。

(2) 单击工具栏上的“加粗”按钮。 在做出最终修改后，除了修复图片控件外，操作已经完成。要执行此操作，需要更改其属性，相关操作将在下一节中完成。

注意：

这似乎需要很多操作步骤，因为设计这些过程就是为了显示布局报表设计是一个多么漫长的过程。不过请记住，当单击完鼠标后，不会意识到在可视化设计报表布局过程中执行了多少步骤。使用像 Access 报表设计器这样的 WYSIWYG (所见即所得)布局工具，可能需要执行很多任务，但仍比编程简捷得多。下一节将继续改进图 20.23 的报表布局。

20.4.6 更改标签和文本框控件属性

要更改文本或标签控件的属性，需要显示控件的属性表。如果属性表尚未显示，请执行以下操作之一将其显示出来：

- 双击控件的边框(除大小句柄或移动句柄以外的任何位置)。
- 选择控件并按 F4 键。
- 使用鼠标右击控件并选择“属性”。
- 按 F4 键打开“属性”窗口，并使用窗口顶部的下拉列表选择报表或报表上的控件。

通过属性表，可以查看和编辑控件的属性设置。使用功能区的“格式”选项卡上的工具(例如格式设置窗口和文本格式按钮)也可以更改控件的属性设置。例如，单击“格式”选项卡中的“加粗”按钮可将控件的“字体粗细”属性设置为“加粗”。通常情况下，使用功能区的“格式”选项卡上的控件更容易，也更直观，但很多属性无法通过功能区进行访问。此外，通过属性表通常可为对象提供更多选项。

OLE 对象(绑定对象框)的“缩放模式”属性(其选项为“剪辑”“拉伸”和“缩放”)就是只能通过属性表访问的属性的一个好示例。

图像控件是一个绑定对象框，目前其“缩放模式”属性设置为“缩放”，这也是该属性的默认选项。如果将“缩放模式”属性设置为“剪辑”，图片将按其原始大小显示，Access 会在控件的边缘位置裁切图片或在图像周围显示额外的空间。如果将“缩放模式”属性设置为“拉伸”，图像将适应控件框，但是，如果控件框的纵横比与图像不同，那么图像可能会发生扭曲。将“缩放模式”属性设置为“缩放”可以保持图像的纵横比，并使图像在控件框内填满。在图像周围显示有额外的空间，但通常这是一种较好的折中方法，可以避免图像发生扭曲。

可能会考虑将“边框样式”属性更改为“透明”。当设置为“透明”时，不会在图片周围绘制边框，图片将融入报表界面。

Features 和 Pictures 的标签并不需要，因为即使没有它们，用户也肯定知道要显示什么数据。选中每个标签并按 Delete 键将其移除。接下来，调整 Feature 控件的大小，将图像控件重新放置到 Feature 控件的右侧。

到目前为止，这些步骤已经完成了对报表的更改。图 20.33 显示了前几条记录的打印预览效果。如果查看图片，会注意到图片的显示非常合适，并且产品的 Features 文本框现在跨每个“主体”节的底部显示。

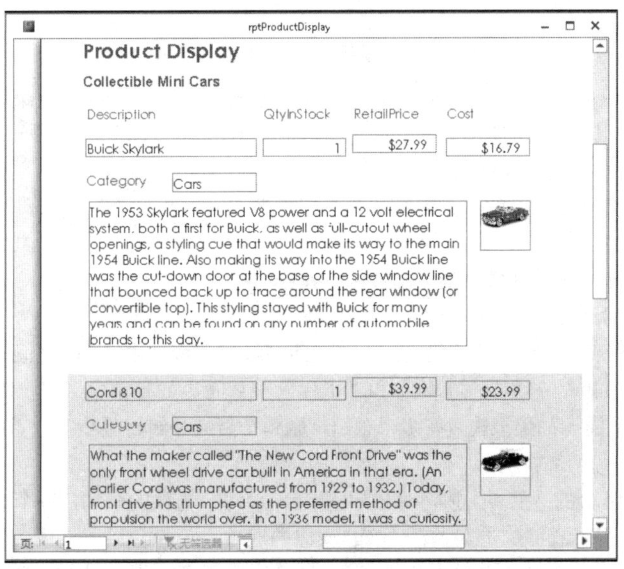

图 20.33 显示在“打印预览”中的报表

20.4.7　放大和缩小文本框控件

当打印或打印预览可能具有可变文本长度的控件时，Access 提供了允许控件在垂直方向上放大或缩小(具体取决于记录的确切内容)的选项。“可以扩大”和“可以缩小”属性确定文本控件是否调整其垂直尺寸，以容纳其绑定字段中包含的文本量。尽管这些属性可用于任何文本控件，但它们对于文本框控件的帮助作用尤为明显。

表 20.1 显示了这两个属性可接受的值。

表 20.1 “可以扩大”和“可以缩小”的文本框控件值

属性	值	说明
可以扩大	是	如果某条记录中的数据所使用的行数超过控件定义显示的行数，控件将调整大小以容纳增加的行
可以扩大	否	如果某条记录中的数据所使用的行数超过控件定义显示的行数，控件不会调整大小。而是截断控件中的数据
可以缩小	是	如果某条记录中的数据所使用的行数少于控件定义显示的行数，控件将调整大小以消除空白空间。仅当节中所有控件的“可以缩小”属性都设置为“是”时，相应的节才能缩小
可以缩小	否	如果某条记录中的数据所使用的行数少于控件定义显示的行数，控件不会调整大小以消除空白空间

要更改文本框控件的“可以扩大”设置，请执行下面的步骤。

(1) 选择 Features 文本框控件。

(2) 显示“属性”窗口。

(3) 单击“可以扩大”属性，确保它设置为“是”。如果它没有设置为“是”，就从下拉列表中选择“是”。

注意：

“可以扩大”和“可以缩小”属性也可用于报表节。可以使用某一节的属性表来修改这些值。设置报表节的“可以扩大”和“可以缩小”属性仅会影响相应的节，而不会影响该节中包含的控件。但是，必须将节的“可以扩大”属性设置为“是”才允许节中的控件扩大。如果未设置节的“可以扩大”属性，控件将只能在节的边框允许的范围内进行扩展。

现在，报表逐渐开始变得美观，但我们希望看到类似的数据组合到一起，并确定特定的数据顺序。为此，可使用排序和分组功能。

20.4.8　排序和分组数据

通常，以各种便于传达信息的方式对数据进行分组，可以使报表上的数据对用户更加有用。假定想要首先按照类别，然后在每个类别中按照说明来列出产品。为此，请使用 Category 和 Description 字段来分组并排序数据。

创建组页眉或页脚

针对报表数据中的某个字段进行分组会向报表中添加两个新的节，即“组页眉”和“组页脚”。在下面的步骤中，使用组页眉在每个记录组的上方显示产品类别的名称。此示例不会使用 Category 组页脚，因为没有按类别的合计汇总，也没有其他需要使用组页脚的理由。

要创建 Category 组页眉，请执行下面的步骤：

(1) 单击功能区“设计”选项卡上的“分组和汇总”组中的“分组和排序”按钮。在屏幕的底部显示“分组、排序和汇总”窗格。

(2) 单击“分组、排序和汇总”区域中的“添加组”按钮。

(3) 从字段列表中选择 Category。Access 会在“分组、排序和汇总”区域中添加“分组形式 Category”并采用升序顺序。当选择 Category 字段进行分组后，Access 会立即向报表的设计中添加“Category 页眉”和“Category 页脚”节。“Category 页眉”节显示在“页面页眉”和“主体”节之间。如果定义了组页脚，它将显示在“主体”节下面，“页面页脚”区域的上面。如果报表具有多个分组，则每个后续分组将逐步靠近“主体”节。首先定义的组离“主体”节最远。

“组属性”窗格(当单击组上的“更多”按钮时显示)显示包含每个选项的语句，各个选项使用逗号进行分隔。选项是可用于设置属性的下拉列表或可单击文本。Category 组的选项语句包含以下选项：

- **分组形式 Category：**确定用于进行分组的字段。即使在设置了分组字段以后也可以更改该字段，只需要从下拉列表中选择一个不同的字段即可。

- **升序(A 到 Z)**：确定排序顺序。在该示例中，采用字母顺序。选择“降序(Z 到 A)”将反转排序。
- **按整个值**：基于字段中的值分隔组。也可以基于字段的第一个字符、字段的前两个字符或在下拉列表中的“字符”框中输入的任意字符数进行分组。
- **无汇总**：确定在组页眉或页脚中显示什么汇总。可以选择要对哪个字段进行汇总以及要显示的汇总类型。
- **有标题**：允许为组指定标题。
- **有页眉节**：显示组页眉节。选择“无页眉节”将隐藏页眉。
- **无页脚节**：隐藏组页脚节。选择“有页脚节”将显示页脚。
- **不将组放在同一页上**：如果信息太多无法在当前页上完全显示，允许组在下一页继续显示。选择“将整个组放在同一页上”时，如果信息太多无法在当前页上完全显示，则将开始新的一页。如果选择“将页眉和第一条记录放在同一页上”，仅当没有足够的空间保存第一条记录时才开始新的一页。

单击“更少”按钮将隐藏设置的这些选项。对于 Category 字段上的一个分组将显示上面的选项，而该字段是一个文本字段。其他字段类型具有一些相同的选项，也有一些不同的选项。日期字段显示以下选项：

- **升序(最旧到最新)**：并不是文本字段中的“升序(A 到 Z)”，日期字段按从最旧到最新排序。选择“降序(最新到最旧)”将反转排序。
- **按季度**：允许按整个日期、按天、按周、按月、按季度、按年或按自定义日期或时间增量进行分组。

其他日期字段选项与文本字段相同，这里不再重复介绍。数值字段显示以下选项：

- **升序(最小到最大)**：确定数值排序。选择“降序(最大到最小)”将反转排序顺序。
- **按整个值**：分别按每个数值或者按 5s、10s、100s、1000s 或自定义间隔进行分组。

20.4.9　对组中的数据进行排序

排序可以确定按哪种顺序基于一个或多个控件中的值查看报表上的记录。当想要按照输入顺序以外的顺序查看表中的数据时，该顺序非常重要。例如，当发票中需要新产品时，会将其添加到 tblProducts 表中。数据库的实际顺序反映了添加产品的日期和时间。然而，在考虑到产品列表时，可能希望它根据 Product ID 以字母顺序显示，可能还需要按照 Description 或产品的成本排序。通过在报表本身中进行排序，不必担心数据的顺序。尽管可按主键对表中的数据进行排序，或按任何所需的字段对查询中的数据进行排序，但还需要在报表中进行数据排序。这样，如果更改查询或表，报表仍然会保持正确的顺序。

在产品报表中，希望每个类别组中显示的记录按照说明进行排序。要在 Category 分组内基于 Description 字段定义排序顺序，请执行下面的步骤：

(1) 单击功能区的“设计”选项卡上的“分组和排序”按钮，显示“分组、排序和汇总”区域(如果尚未打开)。 应该看到 Category 组已经存在于报表中。

(2) 单击“分组、排序和汇总”区域中的“添加排序”按钮。

(3) 在字段列表中选择 Description。 请注意，“排序依据”默认为“升序”。现在，“分组、排序和汇总”部分应该如图 20.34 所示。

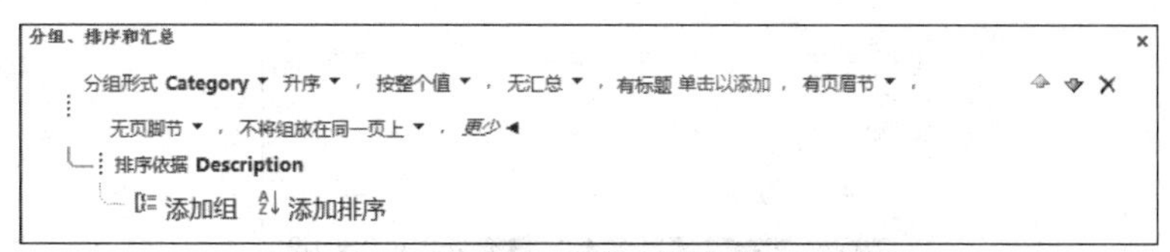

图 20.34　已完成的“分组、排序和汇总”区域

(4) 通过单击右上角的 X 按钮关闭“分组、排序和汇总”区域。

尽管在该示例中使用了字段，但也可以使用表达式进行排序(和分组)。要输入表达式，可单击“分组、排序和汇总”区域中的“添加排序”或“添加组”按钮，然后单击字段列表底部的“表达式”按钮。此时将打开“表达式生成器”对话框，在该对话框中，可以输入任何有效的 Access 表达式，例如= [RetailPrice]-[Cost]。

要在“字段/表达式”列中更改字段的排序顺序，只需要单击“升序”按钮右侧的下拉箭头(见图 20.34)，显示“排序顺序”列表。从显示的排序选项中选择“降序”。

1. 删除组

要删除组，请显示“分组、排序和汇总”区域，选择要删除的分组或排序说明符，然后按 Delete 键。组页眉或页脚中的任何控件都将被删除。

2. 隐藏节

Access 还允许隐藏页眉和页脚，以便将数据分为不同的组，而不必查看有关组本身的信息。也可以隐藏“主体”节，以便仅查看汇总报表。要隐藏节，请执行下面的步骤：

(1) 单击想要隐藏的节。

(2) 显示该节的属性表。

(3) 单击“可见”属性，并从属性文本框的下拉列表中选择“否”。

> 注意：
> 在报表中，节并不是唯一可以隐藏的对象，控件也有“可见”属性。该属性可能对触发其他表达式的表达式非常有用。

3. 调整节大小

现在，已经创建了组页眉，下面希望在节中放置一些控件，移动某些控件，甚至是在节之间移动控件。在开始操纵节中的控件之前，应该确保该节的高度适当。

要修改某个节的高度，请拖动其下方节的顶部边框。例如，如果报表包含页面页眉、“主体”节和页面页脚，可通过拖动“页面页脚”节的边框的顶部来更改“主体”节的高度。可以通过拖动节的底部边框来增大或缩小该节。

对于此示例，请执行下面的步骤，将组页眉节的高度改为 1/2 英寸：

(1) 将鼠标指针移动到“Category 页眉”节的底部。指针将更改为通过两个垂直箭头拆分的水平线。

(2) 选中“主体”节的顶部(也是“Category 页眉”节的底部)。

(3) 向下拖动选定的区段，直到垂直标尺中显示三个点(3/8 英寸)，放置好区段后释放鼠标按钮。灰线表示释放鼠标按钮时边框顶部将达到的位置。

4. 在节之间移动控件

现在，要将 Category 控件从“主体”节移动到“Category 页眉”节。可以在节之间移动一个或多个控件，只需要使用鼠标将控件从一个节拖动到另一个节，或者从一个节剪切控件，并将其粘贴到另一个节中：

(1) 在“主体”节中选择 Category 控件，并将其向上拖动到“Category 页眉”节，如图 20.35 所示。现在，应该执行以下步骤来完成报表设计。

(2) 从组页眉中删除 Category 标签。

(3) 将 Category 控件和“页面页眉”节中的所有控件的“边框样式”属性设置为“透明”。

(4) 更改 Category 控件的字号、粗体和字体颜色，将其与下面的记录明显区分开来。图 20.35 显示了已完成的报表设计中控件的放置情况。

图 20.35　完成“组页眉”节

提示：
Access 会自动对组页眉和页脚节进行命名。要更改此名称，请在属性表中选择组页眉，并将“名称”属性更改为更适合的内容。例如，将“名称”属性从 GroupHeader0 更改为 CategoryHeader，以便于识别。

20.4.10　添加分页符

Access 允许基于组强制分页。也可以在节中插入强制分页符，但“页面页眉”和“页面页脚”节除外。

在某些报表设计中，最好使每个新组在不同的页面上开始。只需要使用组节的“强制分页”属性，即可轻松地实现这种效果，该属性可在每次更改组值时强制分页。

“强制分页”属性的四个设置如下：

- **无**：不强制分页(默认设置)
- **节前**：每次出现新组时，在新页的顶端开始打印当前节
- **节后**：每次出现新组时，在新页的顶端开始打印下一节
- **节前和节后**：组合“节前”和“节后”的效果

要在 Category 组之前强制分页，请执行下面的步骤：

(1) 单击 Category 页眉中的任意位置，或者单击节上方的“Category 页眉”栏。

(2) 显示属性表，并在“强制分页”属性的下拉列表中选择“节前”。

提示：
或者，也可在“Category 页脚”节中将“强制分页”属性设置为“节后”。

有时，要强制分页，但不是基于分组。例如，可能希望跨多个页面拆分报表标题，解决方法是使用功能区的“控件”组中的“分页符”控件。拖动“分页符”控件，将其放到报表上希望在每次打印页面时显示分页符的位置。

注意：
不要拆分控件而使其显示在两个页面上。应将分页符放在控件上方或下方，而不要与控件重叠。

20.5　改进报表的外观

随着报表设计测试过程接近完成，还应该测试报表的打印效果。图 20.36 显示的是 Product Display 报表的第一页。要最终完成报表，仍有许多工作需要完成。

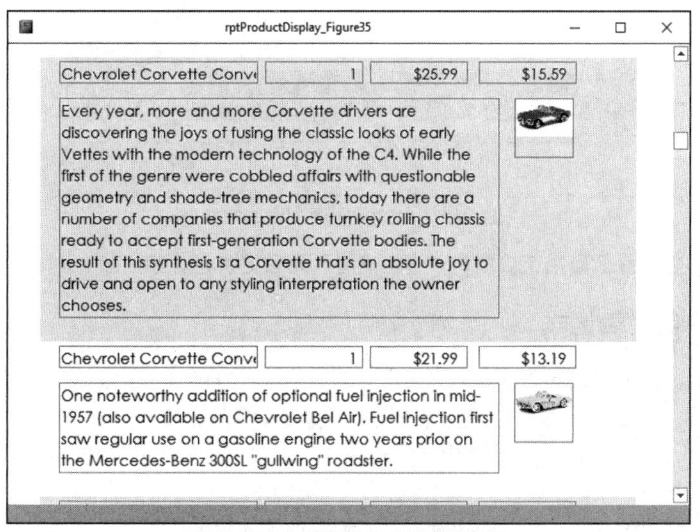

图 20.36　此时的报表非常单调乏味

现在，报表非常单调乏味，没有任何特色。如果目标仅仅是查看数据，这个报表就完成了。但是，在最终完成设计之前，还需要完成很多工作。

尽管报表具有准确且组织有序的数据，但它并不具备专业的品质。要增强报表的可视效果，一般情况下，可以添加一些图形元素，例如直线和矩形，还可能需要添加一些特殊效果，例如阴影或凹陷区域。需要使用直线或颜色确保各个节占据各不相同的区域。确保控件不会彼此接触(因为如果某个值足够长，最终文本可能会接触到一起)。确保文本与上、下、左、右的文本对齐。

20.5.1　调整页面页眉

页面页眉包含若干较大且彼此距离较远的标签。列标题很小，只是悬浮在那里。可将它们设置为增加一个字号。整个页面页眉应该通过一条水平线与“主体”节分隔开来。

如果想要向报表中添加一些颜色，可以为报表名称指定不同的颜色。不过，请注意，如果不是已经在脑海中拥有了特定的主题，一般不要使用过多的颜色。最重要的商业报表一般仅使用一到两种颜色，很少使用三种以上的颜色，除非包含图形和图表。此外，在黑白打印机上打印时，也不会使用过多的颜色。

图 20.37 显示了这些更改。Product Display 标签更改为蓝底白字。为此，首先选择控件，然后选择“蓝色”背景。控件已经从上到下放好，并采用了左对齐方式。此外，还通过双击每个控件的大小句柄，对每个控件周围的矩形进行了大小调整。

下一步添加精美的粗线条，用于将“页面页眉”节与“Category 组页眉”节分开：

(1) 在功能区的“控件”组中选择“直线”工具。

(2) 在 Description 和 QtyInStock 标签下面拖出一条直线，如图 20.37 所示。

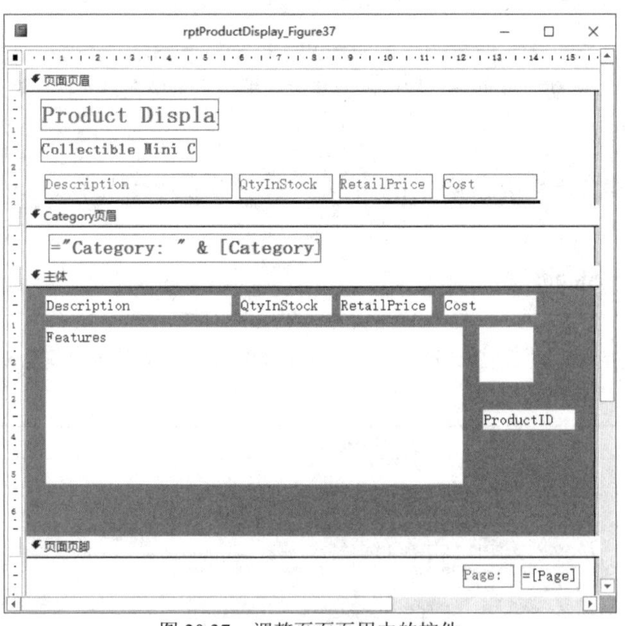

图 20.37　调整页面页眉中的控件

(3) 选中该直线，并在直线的属性窗口中将“边框宽度”属性更改为 2 磅。

20.5.2　在组页眉中创建表达式

图 20.37 还显示，Category 字段被替换为一个表达式。如果在“组页眉”节中放置类别的值，该值可能不在适当的位置，并且可能无法识别。绝大多数数据值都应该具有特定类型的标签，用于标识它们。

表达式="Category: " & [Category]在文本框中显示 Category:后跟一个空格以及 Category 字段的值(例如 Category: Cars)。&符号(连接运算符)用于联接字符串。请确保在冒号后面保留一个空格，否则值无法与标签分开。

注意，在更改控件的“控件来源”后，Access 针对 Category 文本框发生了循环引用。其原因在于，控件的名称是 Category，而该文本框被绑定到一个名为 Category 的字段。Access 并不知道作为“控件来源”输入到表达式中的[Category]实际上指的是字段，而不是文本框(文本框的值不能基于文本框的内容，这是循环引用的定义)。解决方法是将文本框重命名为 txtCategory，以将其与绑定字段区分开。

警告：
当创建绑定控件时，将使用数据字段的名称作为默认的控件名称。如果在表达式中使用控件而不更改控件的名称，会导致出现循环引用的情况。必须手动将控件重命名为不同于原始字段名称的内容。简单命名约定(例如对文本框控件添加前缀 txt)是一种非常好的方法，而这就是为什么需要这样做的另一个原因。对 Access 报表中的控件应用命名约定，可以避免很多烦人的问题。

要完成表达式并重命名控件，请执行下面的步骤：

(1) 在“Category 组页眉”节中选择 Category 控件，并显示该控件的属性窗口。

(2) 将“控件来源”属性更改为="Category: " & [Category]。

(3) 将“名称”属性更改为 txtCategory。

Category Header 的最终格式设置步骤是将 txtCategory 控件的“边框样式”属性改为“透明”。已经通过更改字体将此控件与其他对象区分开来，因此不再需要使用边框。

20.5.3 创建报表页眉

“报表页眉”节仅对整个报表打印一次。报表页眉是用于放置诸如报表的标题、徽标以及打印日期和时间的对象的逻辑位置。在报表页眉中包含此类信息，可使所有报表用户轻松地了解报表中究竟包含哪些内容以及报表的打印时间。

在设计视图中打开报表时，功能区中将包含一个“设计”选项卡。“设计”选项卡的“页眉/页脚”组中包含很多控件，这些控件可以帮助向报表的页眉和页脚中添加重要的功能。

例如，单击“徽标”按钮，Access 将打开“插入图片”对话框(如图 20.38 所示)，在该对话框中，可以浏览要作为报表的徽标插入的图像文件。几乎所有图像文件(JPG、GIF 和 BMP 等)都可以作为报表的徽标。

图 20.38　浏览要用作报表徽标的图像文件

“页眉/页脚”组中的“标题”按钮可将报表的名称添加为报表页眉的标题，并将编辑光标放在标题标签内，以便调整报表的标题。

最后，“日期和时间”按钮可打开“日期和时间”对话框(如图 20.39 所示)。在功能区的“设计”选项卡上的“页眉/页脚”组中选择“日期和时间”控件，可指定希望用于日期控件的日期和时间格式。

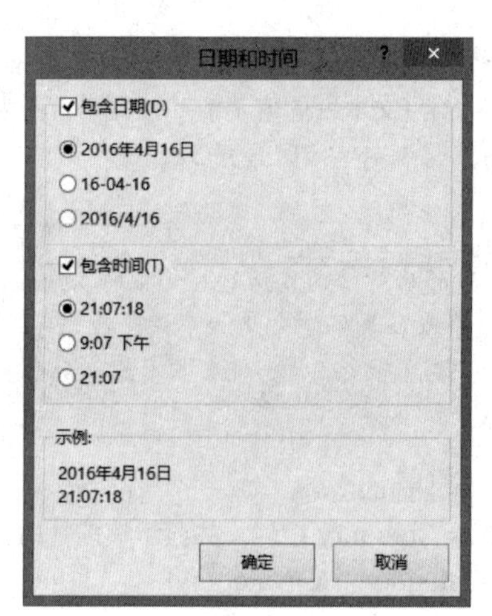

图 20.39 指定日期和时间格式

图 20.40 显示了处于“打印预览”窗口中的已完成报表。使用 Access 2016 中内置的工具，在不到一分钟的时间内便可创建出该图中的报表页眉。

图 20.40 “打印预览”窗口中的已完成报表

当关闭报表时，如果尚未保存报表，Access 将提示保存。

第21章

高级 Access 报表技术

本章内容：

- 组织报表，以通过某种逻辑方式显示数据
- 生成更吸引人的报表
- 提供有关报表的其他信息
- 了解其他增强表示形式的方法

第 20 章通过几个简单步骤创建了具有吸引力的有用报告。对于大多数报表需求，Access 的默认报表就足够了。然而，有时需要的不仅仅是基本的报表布局，而是尝试模拟现有的纸质报告。或者试图在组织中开发与 Access 默认报表不同的一致样式。

本章将展示一些高级技术，用于更改报表的组织，添加有趣的格式，以及避免空白报表和使用控件的一些技巧。

交叉参考：

有关构建 Access 报表的基本过程的详细信息，请参阅第 20 章。

Web 内容

本章中使用的所有示例都可在 Chapter21.accdb 示例数据库中找到，可以在本书对应的 Web 站点下载该示例数据库。请注意，本章中显示的很多示例图都禁用了报表设计视图网格，以便更容易看到报表设计细节。

注意：

本章使用 Northwind Traders 示例数据库中的数据。Northwind 数据非常适于本章介绍的示例报表，对于绝大多数 Access 数据库来说也是一个很好的模型。以下各节介绍的技术应该可以比较轻松地适用于设计良好的数据库。

21.1 分组和排序数据

为使报表上的数据发挥最大效用，应该对数据进行良好的组织。将类似的数据进行分组可以减少显示的数据量，更便于查找特定的数据。如本节所述，Access 报表生成器在这一方面提供了较大的灵活性。

交叉参考：

有关分组和排序的内容详见第 20 章。本节将在前面的基础上进一步展开，并提供更多示例。

21.1.1 按字母顺序分组数据

报表应该用于以有意义的方式显示数据。这通常意味着在报表上执行了某种程度的数据操作或汇总。如果某个报表显示每个员工完成的每笔销售，并以表格格式排列，那么阅读起来可能会非常困难。为降低表格式报表的负担而采取的任何操作都可以使数据变得更有意义。

注意：

报表 rptSalesJanuaryAlpha 是基本报表，没有排序和分组。如果想学习这些例子，这是一个很好的起点。报表 rptSalesJanuaryAlpha1 和 rptSalesJanuaryAlpha2 显示了完成的报告。

“分组、排序和汇总”面板(通过单击“设计”选项卡上的“分组和汇总”组中的“分组和排序”按钮可打开该对话框)控制如何在 Access 报表上对数据进行分组。按字母顺序进行排序会基于公司名称的第一个字符以字母顺序排列记录，而按公司名称分组会为每家公司创建一个单独的组。

单击“分组、排序和汇总”面板中的“添加组”按钮将打开一个列表，可以从该列表中选择一个字段用于对报表上的数据进行分组。在图 21.1 中，CompanyName 和 OrderDate 都已选中，首先按照 CompanyName 分组，然后在公司组内按照 OrderDate 排序。

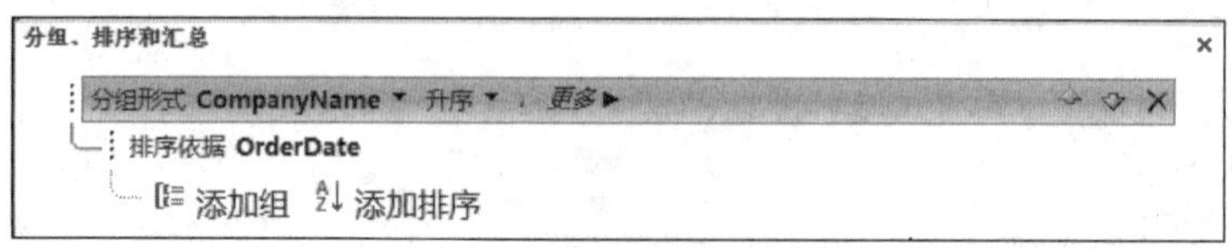

图 21.1　按字母顺序分组非常简单

通常情况下，将根据某个字段或字段组合的完整内容对数据进行分组。针对 CompanyName 字段进行的简单分组意味着，Bottom Dollar Markets 的所有记录将作为一组显示在一起，而 Ernst Handel 的所有记录作为另一个组显示在一起。但在“分组、排序和汇总”面板中更改“分组形式”属性，可以覆盖默认设置，而基于前缀字符进行分组。

在图 21.1 中，请注意 CompanyName 排序栏中的“更多”按钮。单击“更多”按钮将显示希望应用于 CompanyName 字段的排序详细信息(见图 21.2)。默认情况下，诸如 CompanyName 的文本字段会按字段的整个内容以字母顺序进行排序。可以更改此行为，以改变 Access 对字段的数据应用分组的方式(见图 21.3)。

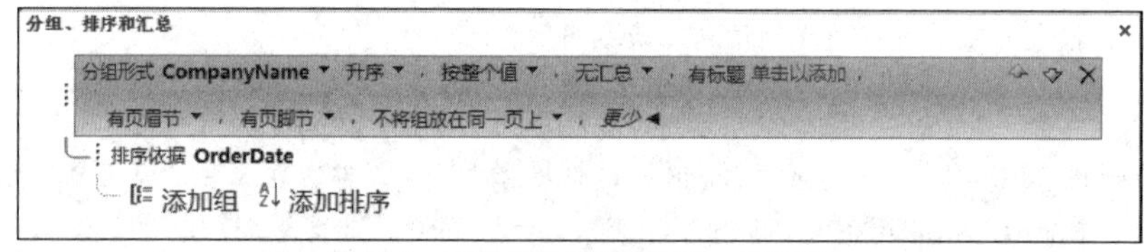

图 21.2　可用于分组和排序的一些选项

图 21.3　修改基于文本的分组

当选择“按第一个字符”时，“组间距”属性将告诉 Access，在针对前缀字符进行分组时需要考虑多少个字符。在该示例中，分组间距设置为 1，意味着“在分组时仅考虑第一个字符”。可以根据自己的需要，选择按第一个字符进行分组、按前两个字符进行分组或按字段中任意数量的字符进行分组。

另外请注意，CompanyName 字段设置为升序(A 到 Z)，这会导致按字母顺序分组首先处理以 A 开头的名称，最后处理以 Z 开头的名称。通过这种属性组合，以字母 A 开头的所有公司将分组到一起，以字母 B 开头的所有公司将位于另一个组中，以此类推。

此示例的报表(rptSalesJanuarayAlpha1，如图 21.4 所示)显示一月份的购买情况，按照公司名称进行排序。订单日期、订单 ID 以及销售人员都显示在页面中。图 21.4 显示了图 21.1 中排序和分组规格所对应的结果。

排序和分组可以生成有用的信息。例如，一眼就能看出，Bottom-Dollar Market 在一月份下达了三个订单，一个是通过销售员 Steven Buchanan，一个是通过 Robert King，而另一个是通过 Nancy Davolio。

假定想通过为组添加字母标签来优化 rptSalesJanuaryAlpha1 报表。也就是说，以字母 A 开头的所有客户(例如 Antonio Moreno Tagueria 和 Around the Horn)位于一组，以字母 B 开头的所有客户(例如 Blondel père et fils、Bon app’和 Bottom-Dollar Markets)位于一组，以此类推。在每个组中，公司名称按照字母顺序进行排序。此外，还将按照订单日期对每个客户的销售情况做进一步的排序。

Northwind Sales: January

Northwind Sales: January

Company Name	Order Date	Order ID	Sales Person
Antonio Moreno Taquería	19-01-24	10365	Janet Leverling
Around the Horn	19-01-12	10355	Michael Suyama
Blondel père et fils	19-01-19	10360	Margaret Peacock
Bon app'	19-01-22	10362	Janet Leverling
Bottom-Dollar Markets	19-01-17	10358	Steven Buchanan
	19-01-25	10367	Robert King
	19-01-30	10371	Nancy Davolio
Chop-suey Chinese	19-01-30	10370	Michael Suyama
Die Wandernde Kuh	19-01-04	10348	Margaret Peacock
	19-01-15	10356	Michael Suyama

页: 1　无筛选器

图 21.4　按公司名称排序和分组的报表

为强调字母顺序分组，在报表中为每个组添加一个包含第一个字符的文本框(参见图 21.5 中的 rptSalesJanuaryAlpha2)。尽管该示例中的数据集非常小，但在较大的报表中，这种标题还是非常有用的。

Northwind Sales: January

Northwind Sales: January

Company Name	Order Date	Order ID	Sales Person
A			
Antonio Moreno Taquería	19-01-24	10365	Janet Leverling
Around the Horn	19-01-12	10355	Michael Suyama
B			
Blondel père et fils	19-01-19	10360	Margaret Peacock
Bon app'	19-01-22	10362	Janet Leverling
Bottom-Dollar Markets	19-01-17	10358	Steven Buchanan
	19-01-25	10367	Robert King
	19-01-30	10371	Nancy Davolio
C			
Chop-suey Chinese	19-01-30	10370	Michael Suyama
D			
Die Wandernde Kuh	19-01-04	10348	Margaret Peacock
	19-01-15	10356	Michael Suyama
Drachenblut Delikatessen	19-01-23	10363	Margaret Peacock
E			
Eastern Connection	19-01-23	10364	Nancy Davolio
Ernst Handel	19-01-08	10351	Nancy Davolio

页: 1　无筛选器

图 21.5　针对每个客户组添加的字母标题使 rptSalesJanuaryAlpha2 报表更便于阅读

添加包含字母字符的文本框非常容易，可以执行下面的步骤：

(1) 右击报表的标题栏并选择“设计视图”。

(2) 从功能区的“设计”选项卡中选择“分组和排序”。此时将显示“分组、排序和汇总”任务窗格。

(3) 为 CompanyName 添加一个组。

(4) 单击“更多”，确保选中“有页眉节”。此操作会基于 CompanyName 信息为一个组添加一个区段(见图 21.6)。

(5) 选择“按第一个字符”，而不是默认的“按整个值”。

(6) 扩展 CompanyName 组页眉，并向 CompanyName 组页眉中添加一个未绑定文本框。

(7) 将该文本框的“控件来源”属性设置为以下表达式：

```
=Left$([CompanyName],1)
```

(8) 删除标签，设置其他文本框属性(字体、字号等)。

(9) 当按照公司名称的第一个字符进行分组时，仍然需要确保公司名称正确排序。单击“添加排序”并再次选择 CompanyName 字段。单击“更多”以确保将对整个字段进行排序，不添加页眉节。

(10) 最后，为 OrderDate 添加一个排序，以便同一公司的多个订单按顺序显示。操作完毕后，设计视图中的报表应该如图 21.6 所示。

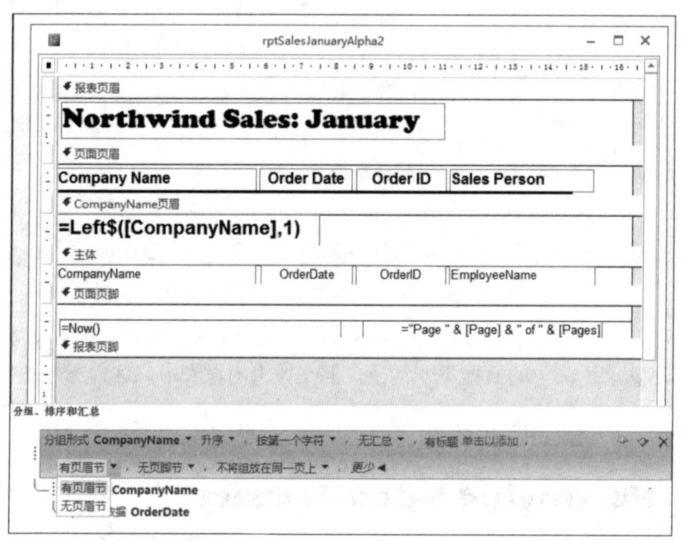

图 21.6　设计视图中的 rptSalesJanuaryAlpha2

请注意由“分组、排序和汇总”面板中的“组页眉”设置添加的 CompanyName 组页眉。CompanyName 页眉中的未绑定文本框显示了用于填充该文本框的表达式。

这个小窍门之所以生效，是因为 CompanyName 组中的所有行的第一个字符都是相同的。使用 Left$()函数可以分离出第一个字符，并使用它作为组页眉的文本框中的文本，从而为 CompanyName 组提供一个引人注意且非常有用的标题。

21.1.2　根据日期间隔进行分组

很多报表需要根据日期或日期间隔(日、周或月)进行分组。例如，Northwind Traders 可能希望对一月份的销售报表按周进行分组，从而显示出各周之间的变动模式。

幸运的是，Access 报表引擎正好包含这样的一种功能。“分组、排序和汇总”任务窗格中提供了一个选项，可以便捷地基于日期或日期间隔对报表数据进行分组。就像在前一个示例中基于前缀字符对数据进行分组一样，也可以使用组的“分组形式”属性针对日期进行分组。图 21.7 显示了按照一月份中的每周进行分组的该月销售报表。该报表命名为 rptSalesJanuaryByWeek。

该报表非常容易设置。再次打开“分组、排序和汇总”面板，并为 OrderDate 字段建立一个组。从页眉下拉列表中选择“有页眉节”(如果没有看到页眉下拉列表，就单击“更多”)，再从如图 21.8 所示的下拉列表中选择“按周”。注意，Access 的智能程度非常高，会自动显示适用于 OrderDate 这样的日期/时间字段的“分组形式”选项(按年、按季度、按月、按周等)。从该列表中选择“按周”将指示 Access 针对 OrderDate 排序数据，并按周进行分组。不过，请注意，仍需要按照 OrderDate 的整个值进行排序，以确保它们在周内按顺序显示。

rptSalesJanuaryByWeek

Northwind Sales: January

Order Date	Order ID	Company Name	Sales Person
Week beginning 2019/1/1:			
19-01-01	10345	QUICK-Stop	Andrew Fuller
19-01-02	10346	Rattlesnake Canyon Grocery	Janet Leverling
19-01-03	10347	Familia Arquibaldo	Margaret Peacock
19-01-04	10348	Die Wandernde Kuh	Margaret Peacock
19-01-05	10349	Split Rail Beer & Ale	Robert King
Week beginning 2019/1/8:			
19-01-08	10350	La maison d'Asie	Michael Suyama
19-01-08	10351	Ernst Handel	Nancy Davolio
19-01-09	10352	Furia Bacalhau e Frutos do Mar	Janet Leverling
19-01-10	10353	Piccolo und mehr	Robert King
19-01-11	10354	Pericles Comidas clásicas	Laura Callahan
19-01-12	10355	Around the Horn	Michael Suyama
Week beginning 2019/1/15:			
19-01-15	10356	Die Wandernde Kuh	Michael Suyama
19-01-16	10357	LILA-Supermercado	Nancy Davolio
19-01-17	10358	Bottom-Dollar Markets	Steven Buchanan
19-01-18	10359	Seven Seas Imports	Steven Buchanan
19-01-19	10360	Blondel père et fils	Margaret Peacock
19-01-19	10361	QUICK-Stop	Nancy Davolio

图 21.7　按照一月份中的每一周进行分组的该月销售数据

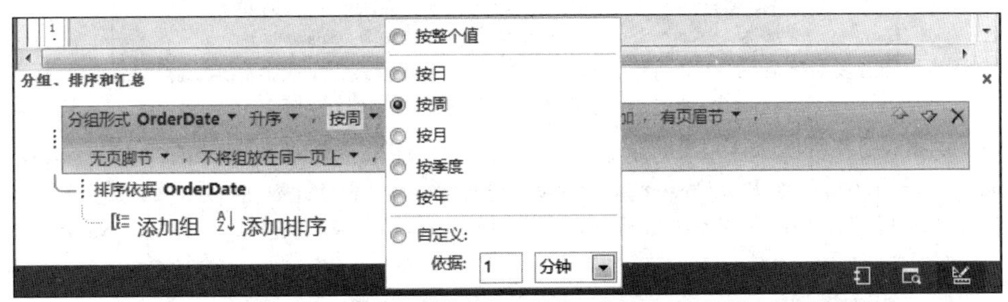

图 21.8　OrderDate 是一个日期/时间字段，因此，分组选项与日期和时间数据相关

组顶部用于标识周的标签(第一个显示为 Week beginning 1/1/2019:)是 OrderDate 组页眉中一个未绑定文本框中的以下表达式的结果：

```
="Week beginning " & [OrderDate] & ":"
```

查看图 21.9 中 rptSalesJanuaryByWeek 的设计视图。请注意 OrderDate 组页眉中的未绑定文本框。该文本框包含 Access 用于在 OrderDate 分组中对数据进行分组的订单日期的值。

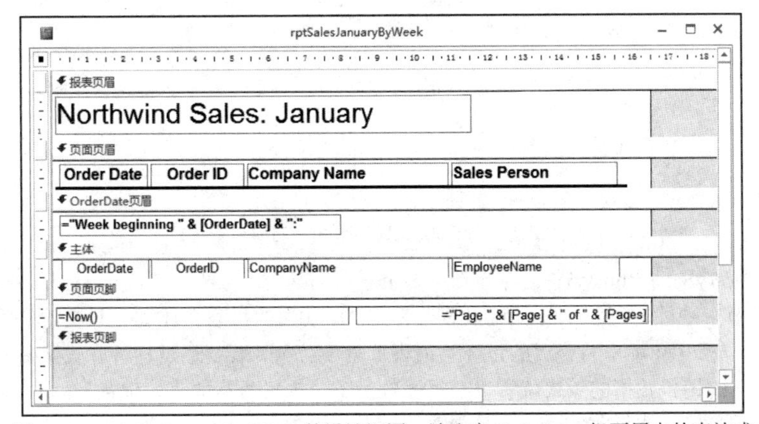

图 21.9　rptSalesJanuaryByWeek 的设计视图。请注意 OrderDate 组页眉中的表达式

21.1.3　隐藏重复信息

对于表格式报表，一种非常容易实现的改进是减少报表中的重复信息量。图 21.10 显示了一个典型的表格式报表(rptTabularBad)，该报表由 Access 基于对 Northwind Traders 数据的简单查询生成。

rptTabularBad

Northwind Sales: January

Name	Order ID	Order Date	Company Name
Andrew Fuller	10345	01-Jan-19	QUICK-Stop
Andrew Fuller	10368	26-Jan-19	Ernst Handel
Janet Leverling	10346	02-Jan-19	Rattlesnake Canyon Gro
Janet Leverling	10352	09-Jan-19	Furia Bacalhau e Frutos
Janet Leverling	10362	22-Jan-19	Bon app'
Janet Leverling	10365	24-Jan-19	Antonio Moreno Taquería
Laura Callahan	10354	11-Jan-19	Pericles Comidas clásic
Laura Callahan	10366	25-Jan-19	Galería del gastrónomo
Laura Callahan	10369	29-Jan-19	Split Rail Beer & Ale
Margaret Peacock	10347	03-Jan-19	Familia Arquibaldo
Margaret Peacock	10348	04-Jan-19	Die Wandernde Kuh
Margaret Peacock	10360	19-Jan-19	Blondel père et fils
Margaret Peacock	10363	23-Jan-19	Drachenblut Delikatesse
Michael Suyama	10350	08-Jan-19	La maison d'Asie
Michael Suyama	10355	12-Jan-19	Around the Horn

图 21.10　简单表格式报表可能非常混乱且乏味

图 21.10 中的报表是使用 Access 报表向导生成的，选择了表格式报表格式以及所有默认设置。此报表的基础查询从 Chapter21.accdb 示例数据库中的 Customers、Orders 和 Employees 表选择数据，并显示在图 21.11 中。请注意，该查询返回的数据被限制为 2019 年 1 月的数据。此外，将员工的名字和姓氏连接在一起作为 Name 字段。

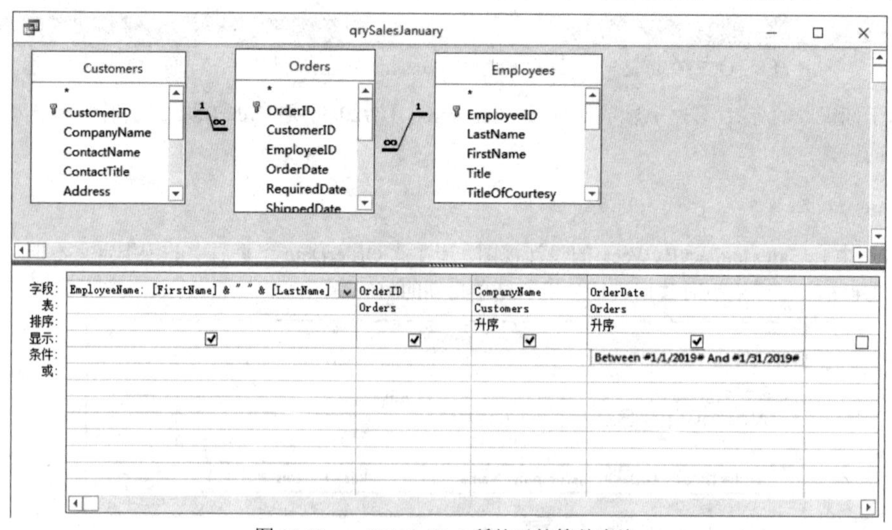

图 21.11　rptTabularBad 所基于的简单查询

图 21.11 中的查询(qrySalesJanuary)将用作本章中多个示例的基础。

通过在“主体”节中隐藏重复的信息，可显著改善图 21.10 中的报表。比如，只要给定姓名 Andrew Fuller，便不需要针对 Andrew 在 2019 年 1 月完成的每一笔销售重复该信息。若要通过这种方式排列 rptTabularBad 上的数据，需要搜索一位员工的销售数据的结束位置以及另一位员工的销售数据的开始位置。

进行更改以隐藏重复值的过程非常简单，只需要执行下面的步骤：

(1) 在设计视图中打开报表。

(2) 在“主体”节中，选择包含员工名字和姓氏的 EmployeeName 字段。

(3) 打开该字段的属性表(见图 21.12)。

图 21.12　属性表

(4) 将“隐藏重复控件”属性更改为“是”。默认值为“否”，会指示 Access 显示每个字段的每个实例。

(5) 将报表切换回“打印预览”模式，并观察新的报表布局(如图 21.13 所示)。图 21.13 中显示的报表是 rptTabularGood。

rptTabularGood

Northwind Sales: January

Name	Order ID	Order Date	Company Name
Andrew Fuller	10345	01-Jan-19	QUICK-Stop
	10368	26-Jan-19	Ernst Handel
Janet Leverling	10346	02-Jan-19	Rattlesnake Canyon Gro
	10352	09-Jan-19	Furia Bacalhau e Frutos
	10362	22-Jan-19	Bon app'
	10365	24-Jan-19	Antonio Moreno Taquerí
Laura Callahan	10354	11-Jan-19	Pericles Comidas clásic
	10366	25-Jan-19	Galería del gastrónomo
	10369	29-Jan-19	Split Rail Beer & Ale
Margaret Peacock	10347	03-Jan-19	Familia Arquibaldo
	10348	04-Jan-19	Die Wandernde Kuh
	10360	19-Jan-19	Blondel père et fils
	10363	23-Jan-19	Drachenblut Delikatesse
Michael Suyama	10350	08-Jan-19	La maison d'Asie

图 21.13　隐藏重复信息后，报表布局改善了很多

在图 21.13 中，区分各个员工的销售数据要比在报表上打印重复信息时容易得多。注意，并不需要多么奇思妙想的编程或报表设计。简单的属性值更改就生成了可读性和实用性大大提高的报表。

“隐藏重复控件”属性仅适用于在报表中按顺序显示的记录。一旦 Access 在报表上放置了一个特定的 Name 值，该名称不会复制到记录中紧随当前记录的位置。在图 21.13 中，记录按照 EmployeeName 字段进行排序，因此，某位员工的所有记录将按顺序显示为一组。如果报表按照另一个字段(例如，OrderID 或 OrderDate)进行排序，针对 EmployeeName 字段设置的“隐藏重复控件”属性将仅适用于员工姓名刚好按顺序显示在报表的多条记录中的那些实例。

“隐藏重复控件”属性可以应用于一个报表中的多个控件。只要了解“隐藏重复控件”属性仅隐藏“主体”节中的连续重复值，应该就可以得到预期的结果(不过注意，如果多个字段中只有一个发生了更改，有时可能会获得意外的结果)。

21.1.4　隐藏页面页眉

有时，需要仅在报表的第一页上显示页面页眉或页脚。发票第一页的页眉中的条款和条件就是这样一个示例。一般希望条款和条件仅显示在发票的第一页上，而不显示在后续页面上。

交叉参考：
本章的某些示例使用 Visual Basic for Applications (VBA)。有关 VBA 的内容详见第 24 至 29 章。

要隐藏第一页后其他页面的页眉，向报表中添加一个未绑定文本框控件，并将其“控件来源”属性设置为表达式=HideHeader()。删除该文本框的标签。HideHeader()函数将返回一个 Null 字符串，使该文本框不可见。

注意：
不能在实际操作中将控件的“可见”属性设置为“否”，如果进行了这样的设置，控件将无法响应事件。

HideHeader()函数如下所示：

```
Function HideHeader() As String

  'Set the visible property of the header
  Me.Section("PageHeader0").Visible = False
  HideHeader = vbNullString

End Function
```

不可见的文本框几乎可放在第一页上的任何位置，但最合理的位置是在页面页脚中。设想一下，由于页面页眉是页面上打印的第一项，因此，始终会获得第一页的页面页眉。对包含不可见文本框的页面页脚进行处理后，页面页眉的“可见”属性将设置为“否”，从而不会在报表的其他任何页面上看到页面页眉。

21.1.5　每个组的页码从 1 开始

有时，报表会针对每组数据包含很多页面。可在打印每个组时将页码重置为 1，以便每个组的打印输出拥有自己的页码序列。例如，假定准备一个包含按地区分组的销售数据的报表。每个地区的销售额可能需要多个页面才能完整显示，并且使用“强制分页”属性来确保分组的数据不会在任何页面上重叠。但是，如何使每个组的页码从 1 开始呢？

报表的 Page 属性(用于在报表的每一页上打印页码)是一个读写属性。这意味着，可以在报表打印输出过程中随时重置 Page 属性。使用组页眉的“格式化”事件可将报表的 Page 属性重置为 1。每次设置组的格式时，都会通过以下代码将 Page 属性重置为 1：

```
Private Sub GroupHeader0_Format(Cancel As Integer, FormatCount As Integer)
Me.Page = 1
End Sub
```

使用 Page 属性可像平常一样在页面页眉或页脚中显示当前页码。例如，在页面页脚的未绑定文本框中包含以下表达式：

```
= "Page " & [Page]
```

名为 rptResetPageEachGroup 的报表包含在 Chapter21.accdb 示例数据库中，它显示了这种方法。遗憾的是，这种方法远不及计算组中的页数并在页面页脚中显示“第 x 页，共 y 页”(其中 y 是组中的页数)容易。

21.2　设置数据格式

除了排序和分组数据外，还可设置报表格式，以突出显示特定的信息，来使报表更加实用。对条目进行编号或使用项目符号可以突出显示特定内容，就像使用直线或空格来分隔报表的不同部分一样。确保报表上的元素按照统一的方式放置也非常重要，报表包含了所有必需的数据，但糟糕的表示形式可能给用户留下非常差的印象。本节讨论的技术有助于生成具有更专业外观的报表。

21.2.1　创建编号列表

默认情况下，不会对 Access 报表中包含的项目进行编号。它们只是按照“分组、排序和汇总”任务窗格中的设置所规定的顺序进行显示。

有时，为报表中的每个条目或者报表上某个组中的每个条目指定一个编号可能会非常有用。需要一个编号来计算列表中的项目数，或者唯一标识列表中的项目。例如，订单详细信息报表可能针对订购的每种商品包含一个商品编号，并为订购的商品添加一个字段，用于显示订购的数量。

Access 的“运行总和”功能提供了一种为 Access 报表上某个列表中的每一项分配编号的方式。例如，Northwind Traders 销售管理人员要求提供报表，报表中显示每位客户一月份的采购总额，并按降序进行排序，以便将购买额最高的客户显示在顶部。此外，他们还要求为报表中的每一行分配一个编号，以便提供 Northwind 客户的排名。

用于实现该请求的查询如图 21.14 (qryCustomerPurchasesJanuary)所示。该查询将对 2019 年 1 月内每位客户的购买额进行求和。由于 Purchases 列按降序排序，因此，产品购买额最高的客户将显示在查询结果集的顶端。OrderDate 字段并未包含在查询结果中，只用作查询的选择条件(请注意“总计”行中的 Where)。

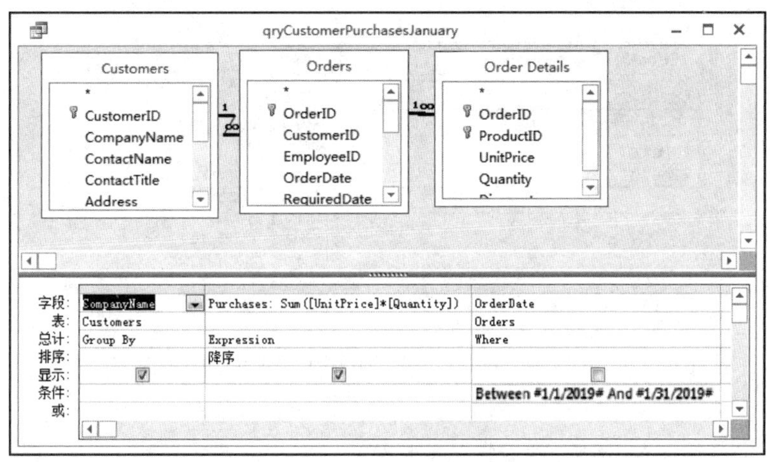

图 21.14　一个有趣的查询，对数据求和，并按合计值的降序顺序对查询结果排序

尽管可以在运行时使用 VBA 执行此项工作的大部分操作，以编程方式对查询或报表的“记录源”属性中的 SQL 语句返回的值进行求和，但应该始终让 Access 查询引擎来执行聚合函数。当保存查询时，将对所有 Access 查询进行优化。可以保证查询尽快运行，比基于报表的“记录源”属性中 SQL 语句的筛选器快得多。

提示：

Access 查询生成器的聚合函数可以完美地执行。此外，ACE 会在每次运行查询时以完全相同的方式执行聚合函数。完全没必要手动对数据求和，因为查询会自动执行此操作。

图 21.15 显示了为 qryCustomerPurchasesJanuary 提供的数据准备的基本报表(rptUnNumberedList)。所有排序选项都已从“分组、排序和汇总”面板中删除，以允许记录按照查询确定的顺序自行排列。

要向报表中添加 Rank 列，请使用未绑定文本框的“运行总和”属性针对报表中的每一项基于它自己的值求和。当“运行总和”属性设置为“工作组之上”时，Access 会针对报表的“主体”节中显示的每条记录将该文本框中的值加 1 (“运行总和”属性也可在组页眉或页脚中使用)。替代设置(“全部之上”)会指示 Access，该文本框在整个报表中每出现一次就增加 1。在报表上 CompanyName 文本框的左侧添加一个未绑定文本框，并在“页面页眉”区域包含一个相应的页眉。将该文本框的“控件来源”属性设置为=1，并将“运行总和”属性设置为“全部之上”。图 21.16 显示了在 rptNumberedList 上设置 Rank 文本框的情况。

rptUnNumberedList
Northwind Sales: January
Company Name
Purchases
Queen Cozinha
$12,281.20
Piccolo und mehr
$10,741.60
Ernst Handel
$7,511.80
Blondel père et fils
$7,390.20
QUICK-Stop
$5,198.40
Seven Seas Imports
$3,654.40
Split Rail Beer & Ale
$2,668.80
Rattlesnake Canyon Grocery
$1,731.20
Bon app'
$1,549.60

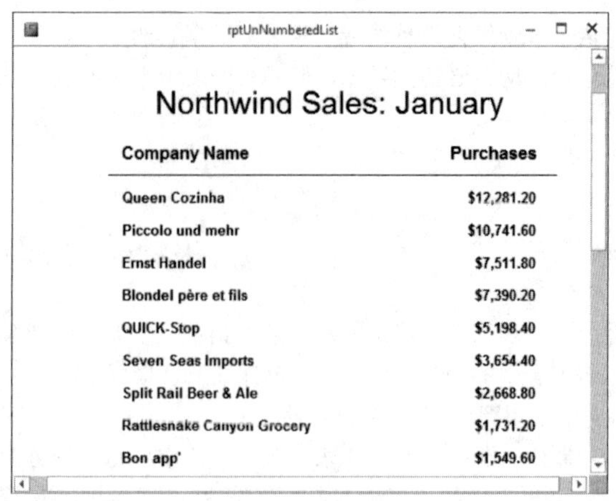

图 21.15　基于 qryCustomerPurchasesJanuary 中的数据生成的直观报表(rptUnNumberedList)

rptNumberedList
报表页眉
Northwind Sales: January
页面页眉
Rank
Company Name
Purchases
主体
=1
CompanyName
页面页脚
报表页脚
属性表
所选内容的类型: 文本框(T)
Rank
格式
数据
事件
其他
全部
控件来源
=1
文本格式
纯文本
运行总和
全部之上
输入掩码
可用
是

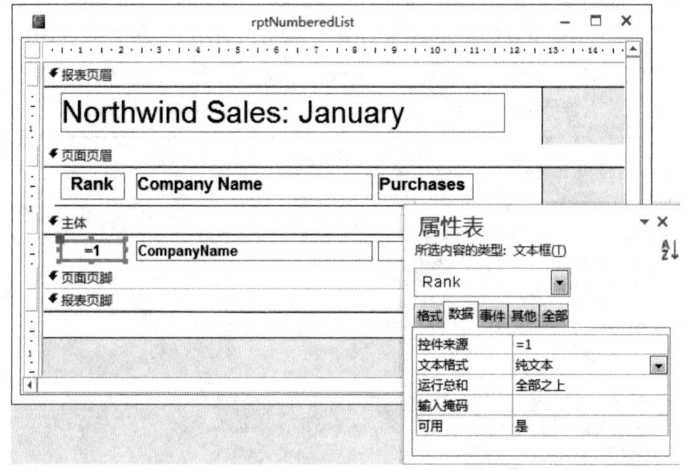

图 21.16　名为 Rank 的未绑定文本框中的值将针对报表中的每条记录增加 1

交叉参考：

第 20 章讨论了如何将标签从“主体”节移动到其他节。

当运行此报表(rptNumberedList)时，Rank 列将填充 Access 计算出来的运行总和(见图 21.17)。再强调一下，此报表中的数据与其他报表示例中的数据是一样的。主要差别在于数据显示到报表之前查询执行的操作量以及运行总和提供的其他信息。

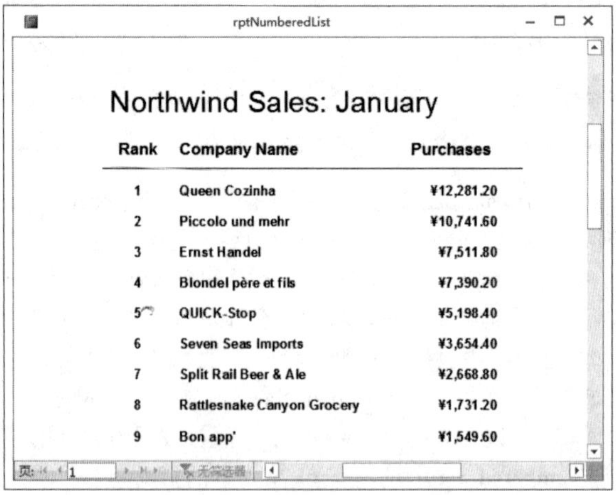

rptNumberedList
Northwind Sales: January
Rank
Company Name
Purchases
1
Queen Cozinha
¥12,281.20
2
Piccolo und mehr
¥10,741.60
3
Ernst Handel
¥7,511.80
4
Blondel père et fils
¥7,390.20
5
QUICK-Stop
¥5,198.40
6
Seven Seas Imports
¥3,654.40
7
Split Rail Beer & Ale
¥2,668.80
8
Rattlesnake Canyon Grocery
¥1,731.20
9
Bon app'
¥1,549.60

图 21.17　Rank 列按照一月份的购买额提供每位客户的排名

报表可以包含多个运行总和字段。例如，可使用一个运行总和来显示多包订单中每个包中打包的商品数，而使用另一个运行总和计算包数。运行总和从 0 开始，因此，需要在属性表上的“控件来源”属性中将其初始化为 1。

将未绑定文本框的“运行总和”属性设置为“工作组之上”而不是“全部之上”，也可在每个组内分配一个运行总和。这种情况下，每个组的运行总和从 0 开始。因此，务必将组的运行总和的“控件来源”属性设置为 1。

21.2.2　添加项目符号字符

可根据自己的意愿向列表中添加项目符号字符，而不是编号。但是，并不需要使用单独的字段来包含项目符号，只需要将项目符号字符连接到控件的“记录源”属性，这种解决方法要容易得多。当数据显示在报表上时，Access 会将项目符号字符“粘合”到数据，从而消除了单独的未绑定文本框可能出现的对齐问题。

图 21.18 显示了 rptBullets 的设计。请注意 txtCompanyName 文本框中以及该文本框的属性表中的项目符号字符。

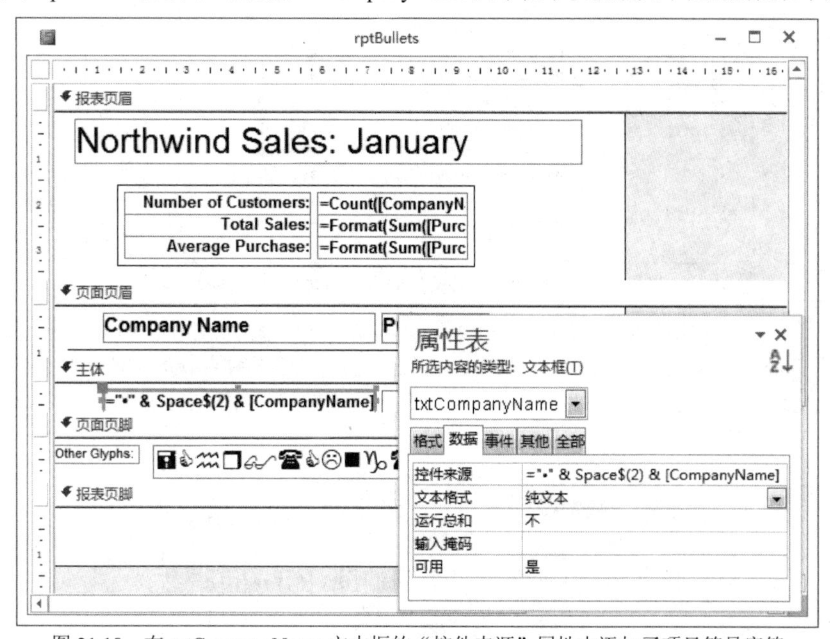

图 21.18　在 txtCompanyName 文本框的“控件来源”属性中添加了项目符号字符

项目符号是利用一项 Windows 功能添加的。在 CompanyName 字段的“控件来源”属性中放置文本插入符，按住 Alt 键，然后输入 0149。Windows 会插入标准的 Windows 项目符号字符，如属性表所示。在图 21.18 中，项目符号字符正确插入报表的文本框中。在“控件来源”属性中使用的表达式如下：

```
= "•" & Space$(2) & [CompanyName]
```

其中，项目符号通过 Alt+0149 快捷方式插入。

在文本框中使用以下表达式，也可以产生同样的效果：

```
= Chr(149) & Space$(2) & [CompanyName]
```

该表达式将 Chr(149)返回的项目符号字符与 CompanyName 字段中的数据连接在一起。

注意：

仅当分配给控件(标签或文本框)的字符集(例如 Arial)使用第 149 个 ASCII 字符作为项目符号字符时，上面这个窍门才有效。并不是 Access 应用程序可以访问的所有字体都包括项目符号字符，但诸如 Arial 这种比较流行的字样一般包括该字符。

现在，报表如图 21.19 所示(顶部有一些汇总信息，详见本章后面的内容)。可以增减 Space$()函数中的数字以在项目符号和文本之间填充空格。由于项目符号字符和 CompanyName 字段已经在文本框中连接在一起，因此，它们将以同样的字体显示。此外，向包含公司名称的文本框中添加项目符号字符，还可以保证项目符号与公司名称的第一个字符之间的间距在每条记录中都是一致的。在使用诸如 Arial 的比例间距字体时，有时可能很难在报表元素之间实现精确对齐。连接文本框中的数据可以消除比例间距字符带来的间距问题。不过，请注意，如果文本框中的文本超过一行，后续的各行不会缩进。

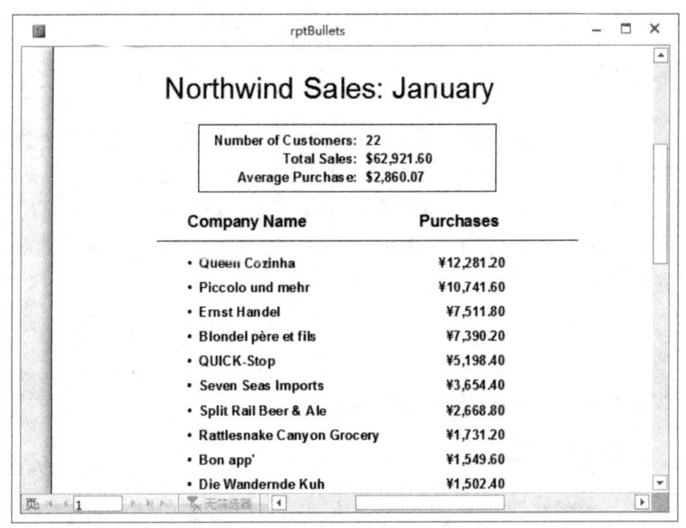

图 21.19　使用一项 Windows 功能在 CompanyName 字段前面插入项目符号

有时希望向控件中添加其他特殊字符。要完整显示为文本框控件选择的字体中可用的字符，可以运行 Windows 字符映射应用程序 Charmap.exe (见图 21.20)。请确保选择已经为文本框控件选择的字体。对于在 Access 报表上使用的字符，唯一的约束是，报表上的文本框使用的字体必须包含指定的字符。并不是所有 Windows TrueType 字符集都包括所有特殊字符，比如项目符号。

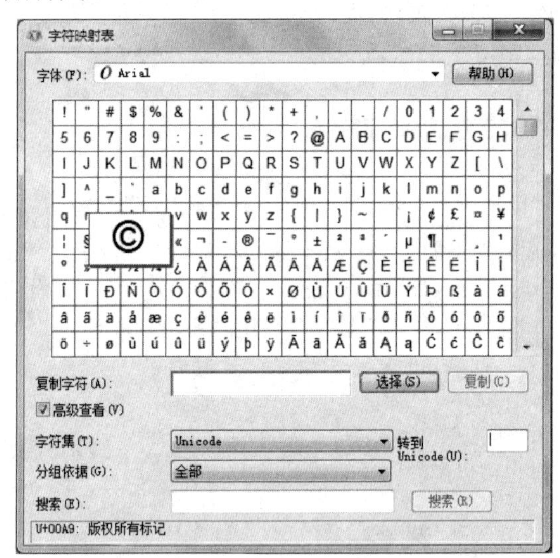

图 21.20　要探究 Windows 字体集，字符映射表是一种非常有用的工具

字符映射使用起来非常简单。从对话框顶部的下拉列表中选择一种字体，主区域中将填充该字体的默认字符集。某些字符集非常大。例如，Arial Unicode MS 字体包含 53 000 种以上不同的字符，其中包括繁体中文、简体中文、Japanese Kanji 和 Korean Hangul 字符集。

Windows 字体中的绝大多数字符都可通过 Chr$()函数进行访问。rptBullets 的页面页脚包括一个文本框，其中填充的是通过 Chr$()函数指定的字符。例如，Wingdings 字体中的笑脸字符使用 Chr$(74)指定。字符映射表显示的某些字符只能通过其十六进制值来标识。如果没有提供十进制值，也可在 Chr$()函数中使用十六进制值，但需要使用 CLng()函数将十六进制值转换为整数值：在用于设置使用 Arial 字体的控件内容时，Chr$(CLng("&H00A9"))可以显示常见的版权符号(©)。

21.2.3　在运行时添加强调效果

设置控件的“可见”属性，可以显示或隐藏特定记录的控件。如果只想在特定条件下显示字段，在其他情况下隐藏它，那么这将非常有用。甚至可以使用另一个控件的值作为条件。当然，在设计时将控件的“可见”属性设置为 False(或“否”)可隐藏相应的控件。仅当需要使用控件中包含的信息时，再将其“可见”属性重置为 True。

例如，在某些情况下，会向 Northwind Traders 客户发送消息，指出特定的商品已经停止供货，库存正在不断减少。如果针对 Northwind 商品目录中的每种商品都显示这种消息，报告将非常混乱，停止供货的商品不会突出显示；但是，如果只在停止供货的商品上显示库存中的数量，可能会促使购买者囤积这种商品。

图 21.21 显示了“打印预览”模式中的 rptPriceList(可能需要右击报表名，然后从显示的上下文菜单中选择“打印预览”)。请注意，Guarana Fantastica 饮料产品以斜体显示，价格以斜体加粗显示，并在产品信息的右侧显示 Only 20 units in stock!消息。

rptPriceList

Northwind Traders Price List

Discounted items in italics and are discounted 50%

Beverages

Product Name	Unit Price	
Ipoh Coffee	$46.00	
Chai	$18.00	
Lakkalikööri	$18.00	
Rhönbräu Klosterbier	$7.75	
Laughing Lumberjack L	$14.00	
Chartreuse verte	$18.00	
Côte de Blaye	$263.50	
Steeleye Stout	$18.00	
Sasquatch Ale	$14.00	
Guaraná Fantástica	***$2.25***	Only 20 units in stock!
Chang	$19.00	
Outback Lager	$15.00	

Condiments

Product Name	Unit Price
Gula Malacca	$19.45

图 21.21　能看出 Guarana Fantastica 在廉价销售吗？

图 21.22 揭示了这种方法背后的部分奥秘。可见的单位价格文本框实际上并未绑定。这是用于向用户显示单位价格的文本框。另一个文本框绑定到基础记录集中的 UnitPrice 字段，但通过将其“可见”属性设置为“否”隐藏了该文本框。就在隐藏的 UnitPrice 字段的左侧，有一个隐藏的复选框，用于表示 Discontinued 字段。此外，包含 Only x units in stock!消息的 txtMessage 也被隐藏。

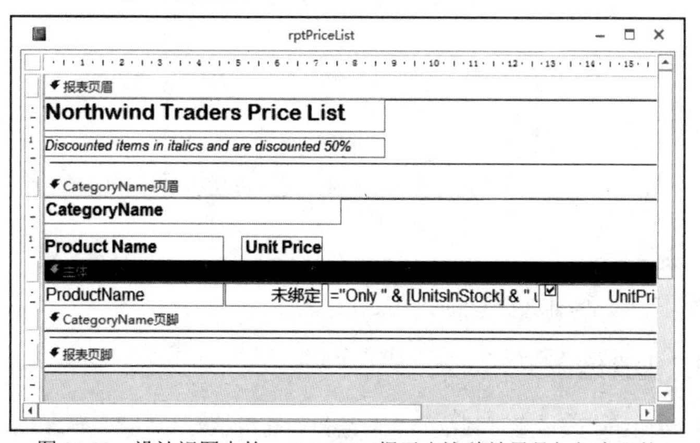

图 21.22　设计视图中的 rptPriceList 揭示出这种效果是如何实现的

当 txtDiscontinued 包含 True 值时，可以使用“主体”节的“格式化”事件将 txtMessage 的 Visible 属性切换为 True。对应的代码如下所示：

```
Private Sub Detail1_Format(Cancel As Integer, _
  FormatCount As Integer)

    Me.txtProductName.FontItalic = Me.Discontinued.Value
    Me.txtPrice.FontItalic = Me.Discontinued.Value
    Me.txtPrice.FontBold = Me.Discontinued.Value

    'Cut price in half for discontinued
    Me.txtPrice = Me.UnitPrice * IIf(Me.Discontinued.Value, 0.5, 1)
    Me.txtMessage.Visible = Me.Discontinued.Value

End Sub
```

在上述程序中，Me 是报表的快捷引用。当产品恢复正常供货以后，必须显式地取消斜体、加粗以及其他字体特征。否则，一旦打印了某种停止供货的产品，在该产品之后的所有产品都将使用特殊的字体属性进行打印。在控件的属性表中设置的字体特征只是控件的初始设置。如果在运行时更改了其中的任何属性，它们将一直保持更改状态，直到再次修改为止。类似地，对于 txtMessage，必须在显示完毕以后将其隐藏，方法是将其 Visible 属性设置为 False，在该示例中，还需要对 Discontinued 值进行类似的处理。

21.2.4　避免出现空白报表

如果 Access 找不到可以插入到报表的“主体”节中的有效记录，那么在打印报表时看到的将是空白的“主体”节。为避免这种问题，请将代码附加到报表的 NoData 事件，指示在找不到记录的情况下显示一条消息，并取消打印事件。

当 Access 尝试构建报表，但在报表的基础记录集中找不到任何数据时，将触发 NoData 事件。使用 NoData 事件的方法非常简单，对应的代码如下：

```
Private Sub Report_NoData(Cancel As Integer)

    MsgBox "There are no records for this report."
    Cancel = True

End Sub
```

Cancel = True 语句将指示 Access 不要尝试显示报表。用户将看到图 21.23 所示的对话框，并且会避免获得无法打印的报表(对于此示例，打开 Chapter21.accdb 示例数据库中的 rptEmpty)。

图 21.23　通知用户没有可以打印的记录

由于 NoData 事件绑定到报表本身，因此，不要在报表的任何节中查找它。只需要将该代码添加为报表的 NoData 事件过程，用户绝对不想知道自己为什么会看到空白报表。

21.2.5　在列之间插入垂直线

对于高度固定的报表节(例如组页眉或页脚)，可以轻松地向其中添加垂直线。而对于高度可以增加的节(例如分组报表上的“主体”节)，添加垂直线要难得多。在报表的列之间获取一条垂直线真的不是一件容易的事情(见图 21.24 中的 rptVerticalLines)。如果简单地向蛇形列报表的某个节的右侧添加一条垂直线，这条垂直线将显示在该页中最右侧列的右侧。必须能够指定垂直线将显示在打印页面上的什么位置。

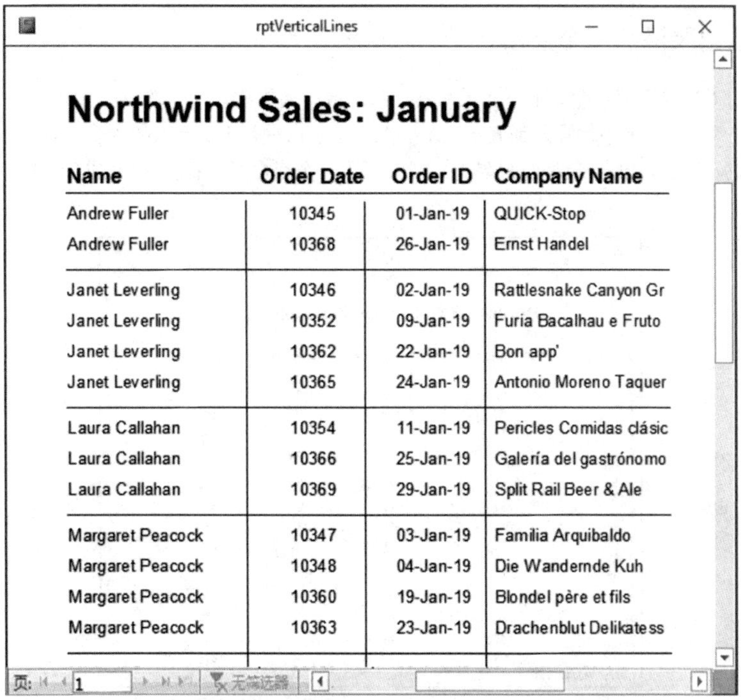

rptVerticalLines

Northwind Sales: January

Name	Order Date	Order ID	Company Name
Andrew Fuller	10345	01-Jan-19	QUICK-Stop
Andrew Fuller	10368	26-Jan-19	Ernst Handel
Janet Leverling	10346	02-Jan-19	Rattlesnake Canyon Gr
Janet Leverling	10352	09-Jan-19	Furia Bacalhau e Fruto
Janet Leverling	10362	22-Jan-19	Bon app'
Janet Leverling	10365	24-Jan-19	Antonio Moreno Taquer
Laura Callahan	10354	11-Jan-19	Pericles Comidas clásic
Laura Callahan	10366	25-Jan-19	Galería del gastrónomo
Laura Callahan	10369	29-Jan-19	Split Rail Beer & Ale
Margaret Peacock	10347	03-Jan-19	Familia Arquibaldo
Margaret Peacock	10348	04-Jan-19	Die Wandernde Kuh
Margaret Peacock	10360	19-Jan-19	Blondel père et fils
Margaret Peacock	10363	23-Jan-19	Drachenblut Delikatess

页: 1　无筛选器

图 21.24　rptVerticalLines 中的垂直线可帮助分隔数据

使用蛇形列的报表的相关内容将在本章后面的“添加更大的灵活性”一节中讨论。

尽管绝大多数控件都是在设计时添加的，但有时，必须在报表准备打印时显式地绘制控件。这种情况下，最简单的方法是在运行时使用报表的 Line 方法添加垂直线。下面的子例程通过“主体”节的 Format 事件触发，在距离报表的左侧可打印页边距 3.5 英寸的位置绘制一条垂直线：

```
Private Sub Detail_Format(Cancel As Integer, FormatCount As Integer)
  Dim X1 as Single
  X1 = 3.5 * 1440
  Me.Line (X1, 0)-(X1, 32767)
End Sub
```

Line 方法的语法如下：

```
object.Line (X1, Y1) - (X2, Y2)
```

Line 方法需要四个参数。这些参数(X1、X2、Y1 和 Y2)指定垂直线的顶部和底部(或者左侧和右侧，具体取决于视角)坐标。请注意，报表上的所有计算度量值都必须以缇(twip)为单位指定(每英寸包含 1 440 缇，也就是每厘米 567 缇)。在该示例中，X1 和 X2 是相同的值，并强制垂直线在“主体”节的最顶端(0)开始，一直向下延伸 32 767 缇。

为什么使用 32 767 作为垂直线终点的 Y2 坐标？Access 会自动将直线“剪裁”为“主体”节的高度。由于直线控件不包含数据，因此，Access 不会扩展“主体”节以容纳通过代码绘制的直线。相反，Access 最多将绘制填充“主体”节所需的 32 767 缇的直线，之后便停止延伸。Y2 的最大值为 32 767。

可使用同样的过程为报表上的每个节绘制水平线。在本章附带的数据库(Chapter21.accdb)中的报表示例(rptVerticalLines)中，我们已经向报表中添加了直线控件。当报表节的高度固定时，使用直线控件(例如，在组页眉和页脚中)要比为其中的每个节绘制直线快得多。

注意：

如果在“导航”窗格中双击某个报表，默认情况下，该报表将在报表视图中打开。要查看特定的技术，例如垂直线技术，必须切换到打印预览视图。

21.2.6　每隔 *n* 条记录添加一个空白行

填满几千条记录的“主体”节可能非常不便于阅读。当跨数据列阅读时，以及当页面上的行拥挤在一起时，很难找到想要查看的位置。在“主体”节中每隔四到五条记录插入一个空白行是不是会改善很多？如果报表(Chapter21.accdb 示例数据库中的 rptGapsEvery5th)中的记录按照每隔五条记录插入一个空白行进行分隔(见图 21.25)，那么阅读单行数据要容易得多。

rptGapsEvery5th

Northwind Traders Order Details

Product ID	Unit Price	Quantity	Discount
11	$14.00	12	0%
42	$9.80	10	0%
72	$34.80	5	0%
14	$18.60	9	0%
51	$42.40	40	0%
41	$7.70	10	0%
51	$42.40	35	15%
65	$16.80	15	15%
22	$16.80	6	5%
57	$15.60	15	5%
65	$16.80	20	0%
20	$64.80	40	5%
33	$2.00	25	5%
60	$27.20	40	0%

图 21.25　使用空白行分隔表格数据可使其更便于阅读

Access 没有提供在“主体”节的中间插入空白行的方法。但是，偶尔可使用少量编程以及一对隐藏控件来诱使 Access 在“主体”节中插入空白行。

图 21.26 揭示了图 21.25 中所示的排列情况背后的诀窍。在“主体”节中包含数据的字段下方放置一个名为 txtSpacer 的空白未绑定文本框。在 txtSpacer 的左侧是另一个名为 txtCounter 的未绑定文本框。

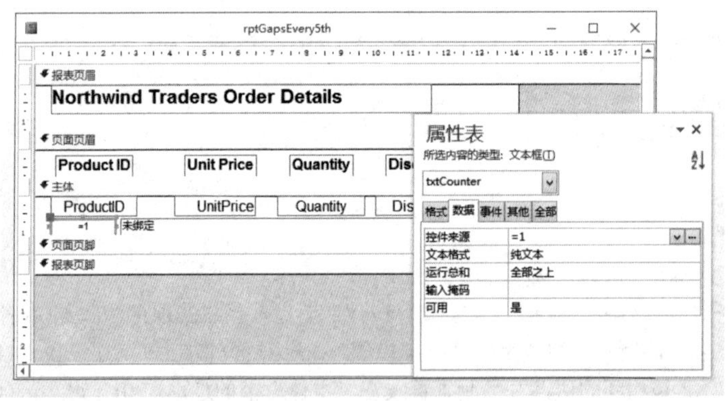

图 21.26　该报表在“主体”节中巧妙地使用了隐藏的未绑定文本框

为 txtSpacer、txtCounter 和“主体”节设置表 21.1 中所示的属性。

表 21.1　“空白行”的属性示例

控件	属性	值
txtSpacer	可见	是
	可以缩小	是
txtCounter	可见	否
	运行总和	全部之上
	控件来源	=1
Detail1	可以缩小	是

这些属性有效地隐藏未绑定的 txtCounter 控件，并允许这些控件和“主体”节在 txtSpacer 文本框控件为空时根据需要进行缩小。尽管 txtSpacer 对用户可见，但是如果其中不含任何数据，Access 会将其高度缩小为 0。txtCounter 控件永远也不需要任何空间，因为其“可见”属性设置为“否”，从而使其对用户隐藏。

最后一步是输入以下代码作为“主体”节的 Format 事件过程：

```
Private Sub Detail1_Format(Cancel As Integer, _
  FormatCount As Integer)

  If Me.txtCounter.Value Mod 5 = 0 Then
    Me.txtSpacer.Value = Space$(1)
  Else
    Me.txtSpacer.Value = Null
  End If

End Sub
```

Access 开始为“主体”节中的控件设置格式时，便会引发 Format 事件。每次向“主体”节中添加记录时，txtCounter 中的值都会增加。Mod 运算符将返回 txtCounter 中的值除以 5 后余下的数值。如果 txtCounter 被 5 整除，txtCounter Mod 5 表达式的结果为 0，这会导致为 txtSpacer 分配空格字符。这种情况下，由于 txtSpacer 不再为空，因此，Access 会增加“主体”节的高度以容纳 txtSpacer，从而导致在“主体”节中每隔五条记录打印一个“空白”行。实际上，用户永远也不会看到 txtSpacer，因为它包含的只不过是一个空白的空格字符。

txtCounter 可以放在报表的“主体”节中的任意位置。可将 txtSpacer 设置为希望空白行在打印输出时所具有的高度。

21.2.7　奇偶页打印

如果准备对某个报表进行双面打印，就需要知道数据是打印在偶数页上还是奇数页上。绝大多数用户都喜欢将页码放在纸张最外侧边缘的附近。在奇数页上，页码应该显示在页面的右侧边缘，而在偶数页上，页码必须显示在页面的左侧边缘。那么，如何将页码从一侧移到另一侧呢？

假定页码显示在报表的“页面页脚”节中，可以使用页面页脚的 Format 事件来确定当前页是偶数页还是奇数页，然后相应地将文本对齐到文本框的左侧或右侧。

图 21.27 显示了 rptEvenOdd 的基本设计。注意，txtPageNumber 的宽度几乎与报表相同——远远超过显示其数据所需的宽度。此外，TextAlign 属性设置为右对齐。Format 事件确定文本是对齐到右侧还是左侧，因此，在设计期间将 TextAlign 属性设置为右对齐还是左对齐并不重要。

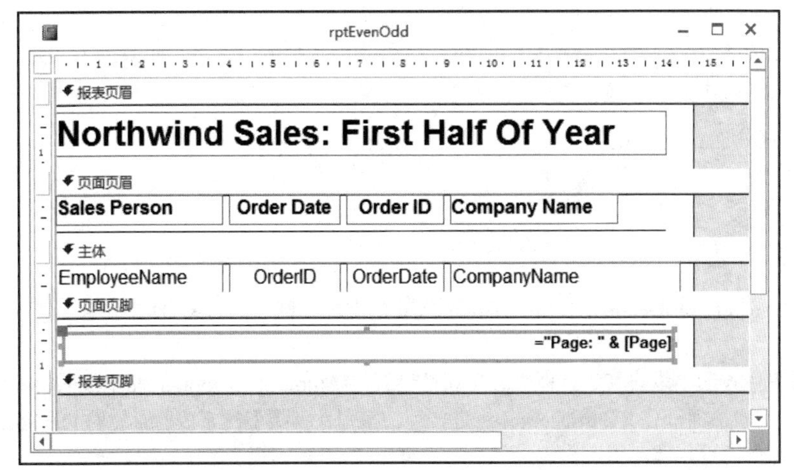

图 21.27　txtPageNumber 的宽度与报表相同

页面页脚的 Format 事件过程调整了 txtPageNumber 的 TextAlign 属性，以根据所在页为偶数页还是奇数页，将页码全部转换到文本框的左侧或右侧。

```
Private Sub PageFooter1_Format(Cancel As Integer, _
    FormatCount As Integer)

    Const byALIGN_LEFT As Byte = 1
    Const byALIGN_RIGHT As Byte = 3

    If Me.Page Mod 2 = 0 Then
      Me.txtPageNumber.TextAlign = byALIGN_LEFT
    Else
      Me.txtPageNumber.TextAlign = byALIGN_RIGHT
    End If

End Sub
```

在该事件过程中，只要表达式 Me.Page Mod 2 为 0(表示页码为偶数)，TextAlign 属性就将设置为左对齐。在奇数页上，TextAlign 属性设置为右对齐。

如图 21.28 所示，第 1 页(奇数页)显示在右侧，第 2 页(偶数页)显示在左侧。

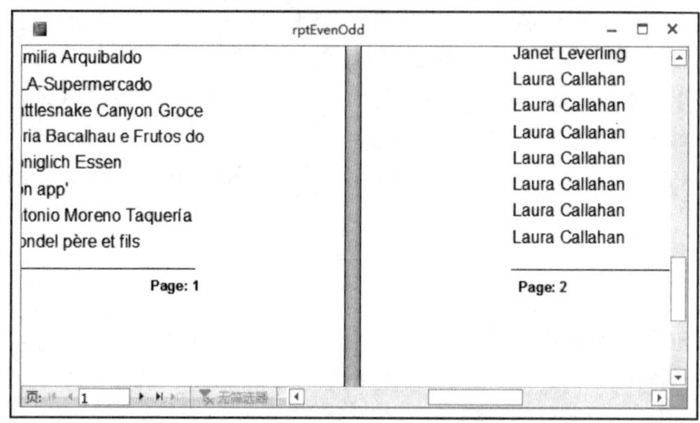

图 21.28 txtPageNumber 从右侧跳转到左侧

21.2.8 在同一文本框中使用不同的格式

在某些报表中，可能希望某条记录中特定字段的格式根据报表上其他字段的值进行更改。例如，多币种财务系统(其中，凭证明细借贷金额格式因用于显示货币值的小数位数而异)中的记账凭证报表。

但是，报表的“主体”节中的控件只能在其属性表中指定一种格式。使用下面的小窍门可在运行时灵活地设置格式属性。FlexFormat()函数(该函数存储在 MFunctions 模块中并用于 rptFlexFormat 中)使用 lDecimals 参数返回一个用于指定所需格式的字符串：

```
Public Function FlexFormat(lDecimals As Long) As String

   FlexFormat = "#,##0." & String(lDecimals, "0")

End Function
```

String 函数返回字符数为 lDecimal 且所有字符都为 0 的文本。例如，如果 lDecimals 为 2，FlexFormat 将返回“#,##0.00”。

假定要动态设置格式的字段将其“控件来源”属性设置为[Amount]。Amount 文本框的格式应该根据同一记录中的 CurrDecPlaces 字段值而变化。CurrDecPlaces 是一个长整型数据类型的字段。要使用 FlexFormat，请将 Amount 文本框的“控件来源”属性更改为以下内容：

```
=Format([Amount],FlexFormat([CurrDecPlaces]))
```

Amount 文本框将根据 CurrDecPlaces 文本框中包含的值动态设置格式。可以推广这种方法，以便为货币字段之外的字段设置格式。增加用户定义的格式设置函数的参数数量，可以根据需要使格式设置依赖于多个字段。

21.2.9　使标题居中

直接将报表标题居中放在页面的中间通常比较困难。要保证标题居中显示，最简单的方法是将标题从左侧页边距拉到右侧页边距，然后单击“开始”选项卡的“文本格式”组中的“居中对齐”按钮。

21.2.10　对齐控件标签

有时，使文本框及其标签在报表上正确对齐并不容易。由于文本框及其标签可以在报表中独立移动，因此，必须频繁地调整标签的位置，以使其与文本框对齐。

将标签文本作为文本框的记录源的一部分，可完全消除文本框标签。可使用连接字符将标签文本添加到文本框的控件来源，如下所示：

```
= "Product: " & [ProductName]
```

现在，只要移动文本框，标签和绑定的记录源将作为一个单元移动。这种方法唯一的缺陷在于，必须对文本框及其标签使用相同的格式。

21.2.11　对控件进行细微调整

要对报表上控件的大小或位置进行小幅调整，最简单的方法是按住 Shift 或 Ctrl 键并根据表 21.2 中的内容按相应的箭头键。

表 21.2　细微调整按键组合

按键组合	调整
Ctrl+向左箭头键	向左移动
Ctrl+向右箭头键	向右移动
Ctrl+向上箭头键	向上移动
Ctrl+向下箭头键	向下移动
Shift+向左箭头键	减小宽度
Shift+向右箭头键	增大宽度
Shift+向上箭头键	减小高度
Shift+向下箭头键	增大高度

另一种调整大小的方法是将光标放在选定控件的任何大小句柄上方，然后双击。控件将自动调整大小以适应控件中包含的文本。这种快捷方法不仅可用于对齐标签，还可用于将文本框与网格对齐。

21.3　添加数据

当通过窗体查看数据时，通常可认为数据是最新的。但对于打印的报表，可能并不总是清楚显示的是否为过去的数据。在打印报表时添加一些简短的指示信息可以帮助增加报表的实用性。本节将介绍一些方法，允许向报表中添加一些附加信息，让用户了解报表的来源。

21.3.1　向报表中添加更多信息

绑定文本框中的以下表达式会打印当前页码以及报表中包含的页数：

```
="Page " & [Page] & " of " & [Pages]
```

Page 和 Pages 都是可以在运行时使用的报表属性，可以包含在报表中。

但是，请考虑如何在报表上添加其他报表属性的值。绝大多数报表属性都可以添加到未绑定文本框，前提是将属性括在方括号中。在很大程度上，这些属性仅对开发人员有价值，但它们也可能对用户有用。

例如，可以使用相同的方式轻松地添加报表的“名称”“记录源”和其他属性。图 21.29 演示了未绑定文本框如何将此信息提供给报表页脚或报表上的其他位置。

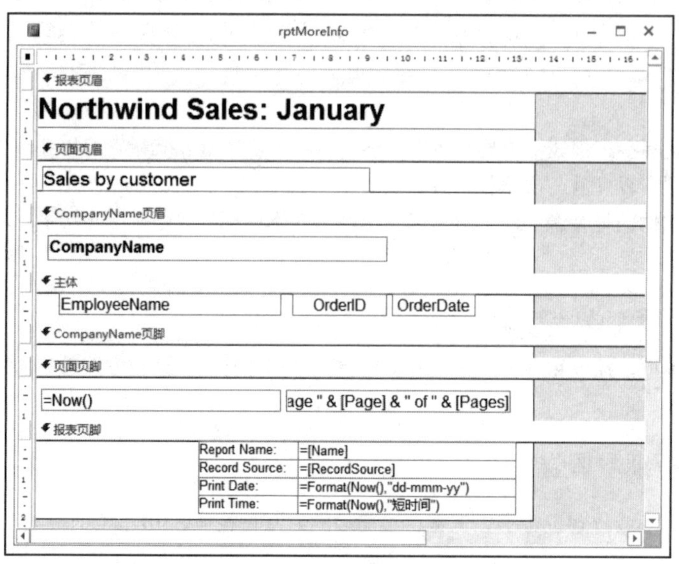

图 21.29　rptMoreInfo 演示了如何向报表中添加更多信息

图 21.29 右下角中的插入内容显示了通过向该报表中添加四个文本框所提供的信息。很多时候，用户甚至不知道报表的名称，用户唯一看到的与报表相关的文本就是显示在标题栏中的文本(换句话说，也就是报表的“标题”属性值)。如果用户对报表有任何疑问，那么在报表页脚中显示图 21.29 中的信息可能会非常有帮助。

21.3.2　将用户的姓名添加到绑定报表中

如果未绑定文本框的“控件来源”属性设置为某个无法解析的引用，会导致 Access 弹出一个对话框，要求提供完成该文本框所需的信息。例如，如果将未绑定文本框的“控制来源”属性设置为以下内容，在运行报表时，将显示图 21.30 所示的对话框：

```
=[What is your name?]
```

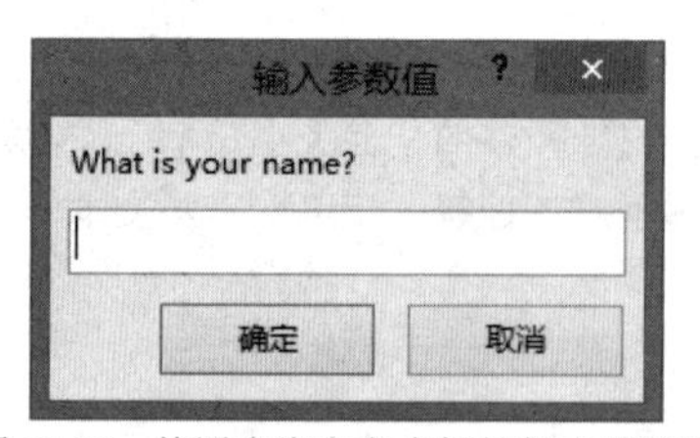

图 21.30　使用未绑定文本框捕捉有用信息

Access 会针对参数查询中的每个参数显示一个类似的“参数”对话框。然后，输入到文本框中的文本将显示在报表上(在本书合作网点上的 Chapter21.accdb 示例数据库中，rptUserName 说明了这种方法)。

报表上的未绑定文本框可以被报表上的其他控件引用。“输入参数值”对话框将在报表准备打印之前显示，这意味着输入到对话框中的数据可以用在报表背后的表达式、计算或 VBA 代码中。

提示：

VBA 包括 ENVIRON()函数，可以使用该函数自动获取用户的姓名。在 VBA 函数中使用 ENVIRON("USERNAME")以及在某个文本框的“控件来源”属性中引用该函数，可以在不提示的情况下显示用户的姓名。用户可以轻松地更改 ENVIRON()返回的用户名，因此，不要在标识相同的地方使用该函数。

21.4　添加更大的灵活性

如前所述，Access 中的报告是一个非常庞大的主题。我们提供了一些额外的技术，帮助提高报表的灵活性。

21.4.1　在一个组合框中显示所有报表

所有顶级数据库对象的名称都存储在 MSysObjects 系统表中。可以针对 MSysObjects 运行查询，就像针对数据库中的其他任何表运行查询一样。可以轻松地使用 Access 数据库中的报表对象列表来填充组合框或列表框。

选择“表/查询”作为列表框的“行来源类型”，并将下面的 SQL 语句放到列表框的“行来源”属性中，以在该框中填充数据库中所有报表的列表：

```
SELECT DISTINCT [Name] FROM MSysObjects
WHERE [Type] = -32764
ORDER BY [Name];
```

-32764 标识 MSysObjects 中的报表对象，MSysObjects 是 Access 使用的一个系统表。图 21.31 中显示了对应结果。

注意：

即使报表并未打开，这种方法也可以发挥作用。MSysObjects 知道数据库中的所有对象，因此，使用这种方法不会漏掉任何报表。

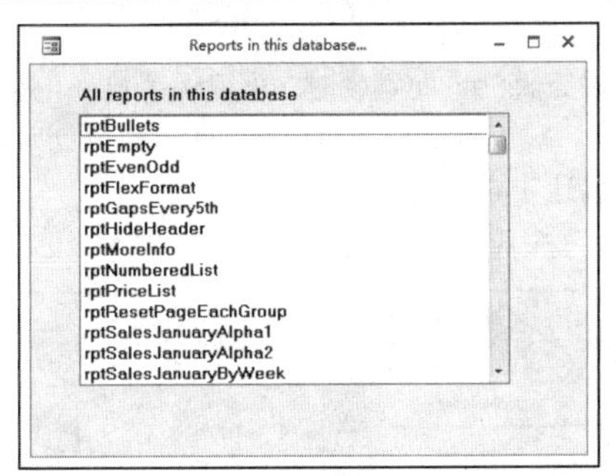

图 21.31　frmAllReports 显示了 Chapter21.accdb 示例数据库中的报表

如果对数据库对象使用某种命名约定，可使用前缀以仅显示所需的报表。下面的代码将仅返回以 tmp 开头的那些报表：

```
SELECT DISTINCTROW [Name] FROM MSysObjects
WHERE [Type] = -32764 AND Left([Name], 3) = "tmp"
ORDER BY [Name];
```

由于 MSysObjects 存储所有数据库对象的名称，因此，也可以返回其他顶级数据库对象的名称。只需要将上述 SQL 语句中的–32764 类型值替换为表 21.3 中的值，即可返回不同的数据库对象类型。

表 21.3　Access 对象类型和值

对象	类型值
本地表	1
链接表(使用 ODBC 链接的表除外)	6
使用 ODBC 的链接表	4
窗体	–32 768
模块	–32 761
宏	–32 766
查询	5
报表	–32 764

要查看 MSysObjects 表，请在“导航选项”对话框(通过右击“导航”窗格的标题栏，然后从显示的快捷菜单中选择“导航选项”，就可以显示该对话框)中将“显示系统对象”设置设为“是”。即使 MSysObjects 不可见，这种方法也可以发挥作用。

注意：

尽管 Microsoft 表示 MSysObjects 以及类型值不受支持，因此随时可能会发生更改，但是 Access 使用同样的类型值已经有很多年了。Microsoft 不太可能会删除 MSysObjects 表或者更改类型值，但这种方法在使用时可能出现不确定性。

21.4.2　基于查询的数据快速打印

打印基于查询的报表可能需要较长的时间。由于报表和窗体不能共享相同的记录集，因此，在用户发现窗体上的正确记录以后，还需要再次运行查询以打印查询中的记录，这是很遗憾的。“缓存”窗体上信息的一种方法是创建一个表(称为 tblCache)，其中包含最终要在报表上打印的所有字段。然后，当用户发现窗体上的正确记录以后，将数据从窗体复制到 tblCache 中，并打开报表。当然，报表基于 tblCache。

查询仅运行一次，用于填充窗体。将数据从窗体复制到 tblCache 表是一个非常快捷的操作，可以根据需要将多条记录添加到 tblCache 表中。由于报表现在基于一个表，因此可以快速打开它，在打开后可以立即进行打印。

21.4.3　在报表中使用蛇形列

当显示在报表上的数据不需要占用完整的页面宽度时，可以像字典或电话本那样以蛇形列形式打印数据，从而节省一些页。这样可以减少浪费的空间，减少需要打印的页数。使用蛇形列可在一页上提供更多信息，很多人发现，从审美的角度看，蛇形列比简单的数据块更令人愉悦。

本节的示例需要一个比之前使用的查询返回更多数据的查询。图 21.32 显示了用于准备本节示例报表的查询。

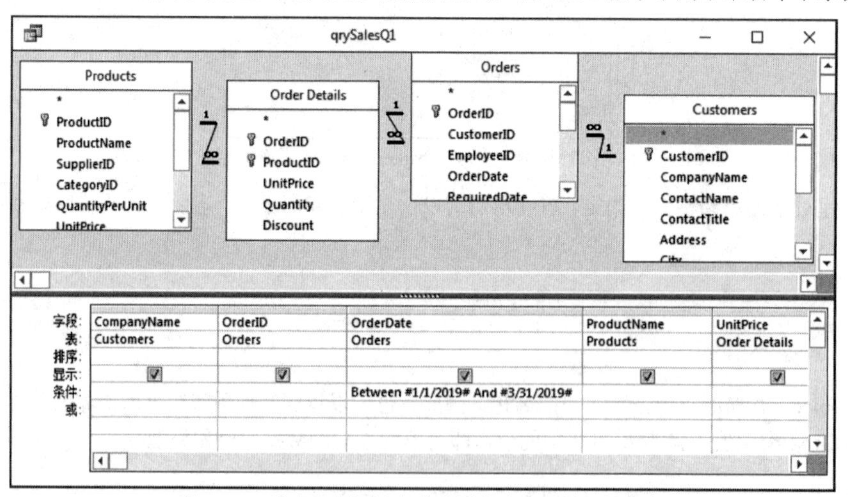

图 21.32　该查询返回比之前使用的查询更详细的信息

该查询返回以下信息：CompanyName、OrderID、OrderDate、ProductName、UnitPrice 以及 Quantity(2019 年 1 月 1 日到 2019 年 3 月 31 日期间)。

图 21.33 中的设计视图显示了 rptSalesQ1 的初始报表设计。这个报表非常复杂，包括一个基于公司下达的每个订单的订单 ID 的组，还包括一个基于公司本身的组。该设计可以汇总该季度内每个订单的数据，以及公司在整个季度的数据。

图 21.34 中显示了同一个报表在“打印预览”模式下的情况。注意，该报表实际上没有充分利用可用的页面宽度。该报表的每条记录的宽度其实仅为 3.25 英寸。

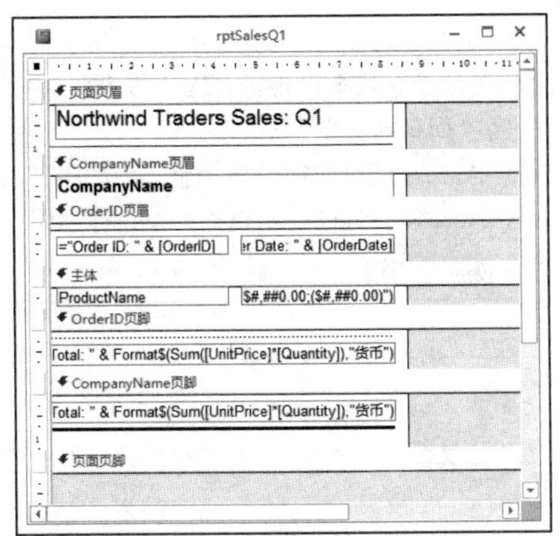

图 21.33　注意该报表中的记录有多窄

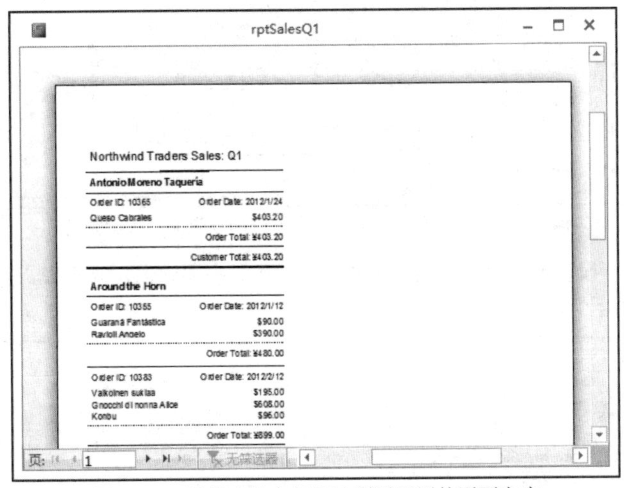

图 21.34　该报表没有很好地利用可用的页面宽度

将报表设置为以蛇形列的形式打印实际上属于报表的打印设置范畴，并不是报表本身的特性。在报表处于设计视图中的情况下，单击功能区的“报表设计工具”|“页面设置”选项卡上的“列”组，以打开“页面设置”对话框(如图 21.35 所示)，并选中“列”选项卡。将“列数”属性改为 2。当将“列数”从 1 更改为 2 时，“布局”选项卡底部附近的“列布局”区域将激活，显示 Access 已经选择了“先行后列”选项，先按页面横向再按纵向打印条目。尽管该打印方向适合于邮件标签，但这并不是我们希望用于报表的打印形式。选择“先列后行”选项指示 Access 以蛇形列形式打印报表(见图 21.35)。

图 21.35　只需要进行少量更改即可生成蛇形列

在使用蛇形列时，请确保选择适当的“列布局”选项。如果忘了将“列布局”设置为“先列后行”，蛇形列将以水平方向跨页排列。这种常见的错误可能导致很多混淆，因为报表没有按预期显示(见图 21.36)。图 21.36 和图 21.37 中显示的报表相同，只是选择的“列布局”设置不同。

只要未选中“与主体相同”复选框，Access 便可以明智地调整“列间距”以及其他选项，以容纳为报表指定的项数。如果选中“与主体相同”复选框，Access 会将列强制设置为在设计视图中为列指定的宽度，这可能意味着在“列数”参数中指定的列数不能在页面上完全显示。

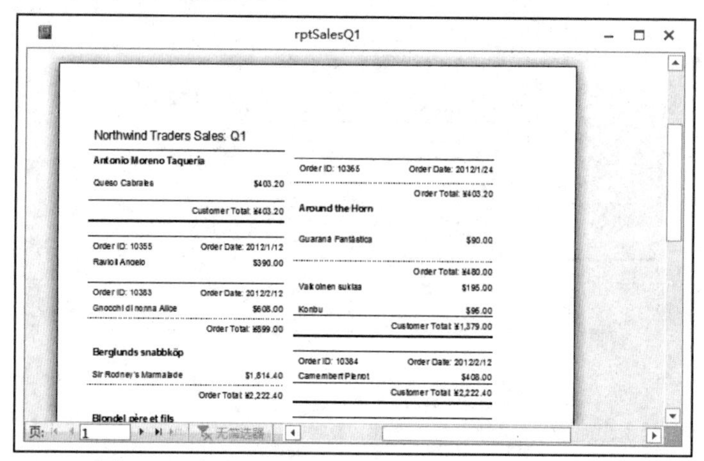

图 21.36　错误的“列布局”设置可能导致非常大的混乱

图 21.37 清晰地演示了将报表更改为蛇形双列布局后的效果。在更改前，该报表需要 17 页才能打印所有数据。但在进行此更改以后，只需要 9 页即可。

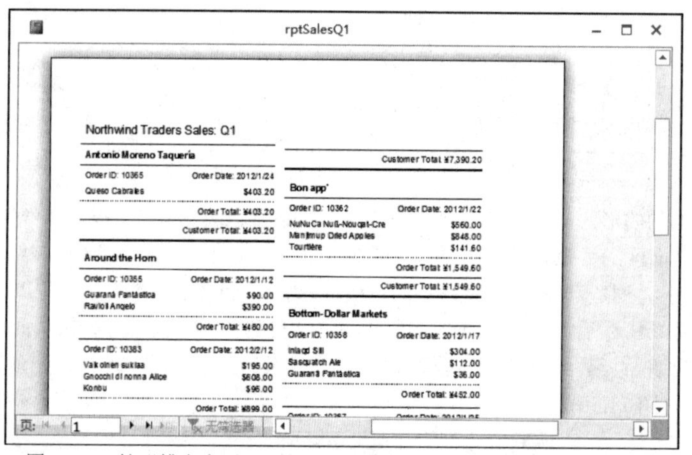

图 21.37　蛇形排布多列可以节省页面空间，并在一页上提供更多信息

读者可能想了解“打印设置”对话框(见图 21.35)中的其他打印选项。下面简短说明了“页面设置”对话框的“布局”选项卡中的每个相关设置：

- **列数**：指定报表中的列数。应该知道，“列数”设置仅影响报表的“主体”节“组页眉”节以及“组页脚”节。“页面页眉”节和“页面页脚”节不会针对每一列重复。在设计多列报表时，必须使设计区域的宽度足够窄，以便在乘以选择的列数以后能够容纳在页面上。绝大多数情况下，以横向模式打印报表可以增加打印宽度，有助于打印报表中的多个列。
- **行间距**：允许每个主体项所具有的额外垂直空间。如果需要将主体项之间的空间设置为比报表设计所允许的空间更大的值，可使用此设置。
- **列间距**：允许每一列所具有的额外水平空间。如果需要将报表中各列之间的空间设置为比报表设计所允许的空间更大的值，可使用此设置。

- **列尺寸 – 与主体相同**：列宽和主体高度将与设计视图中的报表相同。当需要微调报表上的列放置时(例如，将数据打印到预打印的窗体上时)，该属性非常有用。对报表的设计进行调整将直接影响各个列在纸张上的打印情况。
- **列尺寸 – 宽度和高度**：列的宽度和高度。当打印到预打印的窗体以确保数据位于指定的位置时，这些选项非常有用。
- **列布局**：项目的打印方式，选项为“先行后列”以及“先列后行”。

除了上面这些属性外，还需要注意 CompanyName 页眉节的“新行或新列”属性(见图 21.38)。“新行或新列”属性的值包括“无”“节前”“节后”以及“节前和节后”。例如，可使用“新行或新列”属性强制 Access 在打印组页脚或主体节以后立即开始新的一列(见图 21.39)。根据报表及其数据，“新行或新列”属性可提高报表可读性。

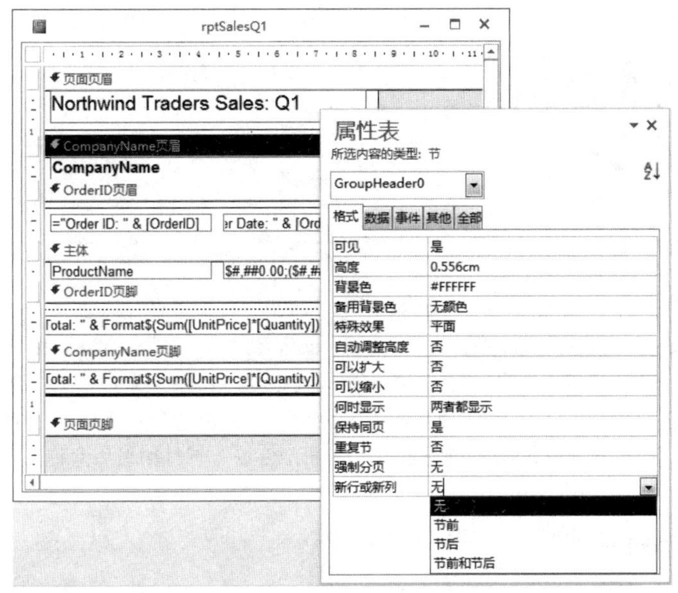

图 21.38　页眉(和页脚)的一些属性可用于控制分组值更改时的操作

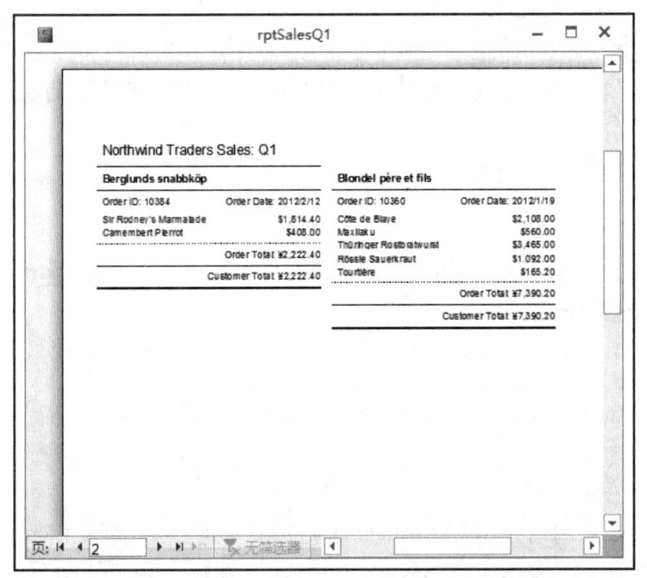

图 21.39　“新行或新列”属性强制 Access 在节前或节后开始一列

请记住，在功能区的“页面设置”选项卡上看到的度量单位是由 Windows 的国际设置确定的。例如，在德国或日本等使用公制单位的地区，度量单位将使用厘米，而不是英寸。此外，还必须允许从功能区的“页面设置”选项卡中访问的“页边距”库中设置页边距宽度(见图 21.40)。

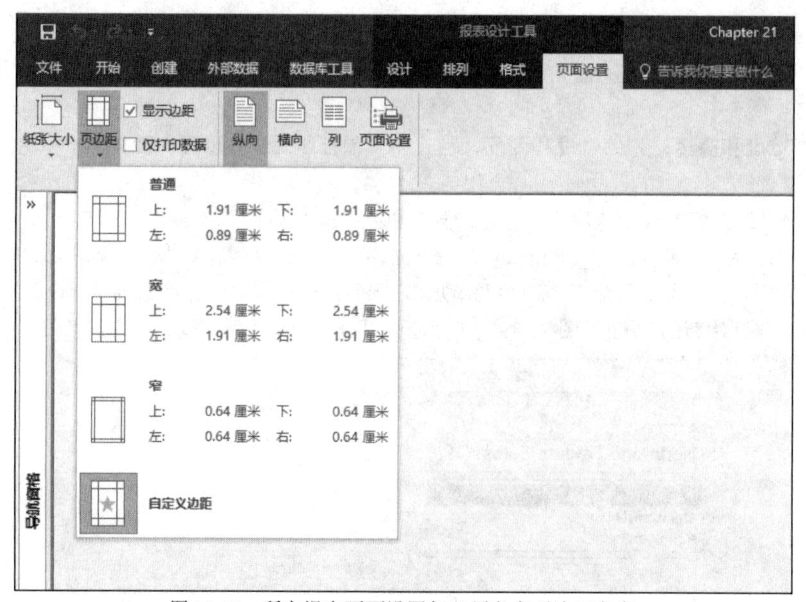

图 21.40　所有报表页面设置都必须考虑页边距宽度

例如，如果将“列尺寸”的“宽度”指定为 8.89 厘米，而左侧页边距设置为 2.54 厘米，则意味着列的右侧边缘实际上将位于距离纸张左侧物理边缘 11.43 厘米的位置，或者在纵向模式下打印的 21.59×27.94 厘米纸张中过半的位置。这些设置不允许在标准的 Letter 纸张上打印两列(每列宽度为 8.89 厘米)。这种情况下，可能考虑减少左右页边距，直到可以容纳两个宽度为 8.89 厘米的列(不必担心将页边距设置得太小而导致无法使用打印机打印。除非使用的是非标准打印机，否则，以 Windows 的智能程度，完全可以了解打印机所允许的可打印区域，不会允许将页边距设置得过小以至于无法正常打印)。

21.4.4　使用双步报表处理

第 20 章提到，Access 会在设置报表格式以及打印报表时使用双步方法。现在，我们将探讨该功能可以提供哪些帮助，以及如何在应用程序中使用这个双步方法。

双步报告的主要优势在于，报表可以包含依赖于报表中任意位置提供的信息的表达式。例如，如果在页眉或页脚中放置一个使用 Sum()函数的控件，则意味着 Access 将用第一步来聚合函数所需的数据，然后用第二步来处理该节中的值，最后将它们打印出来。

另一个明显的示例是在报表的页脚中放置一个包含以下表达式的未绑定文本框：

```
="Page " & [Page] & " of " & [Pages]
```

在 Access 通过报表完成第一步之前，无法确定内置的 Pages 变量(其中包含报表中的总页数)的值。在第二步中，Access 可以使用一个有效的数字来代替 Pages 变量。

双步报告的最大优势在于，可以随意使用依赖报表的基础记录源的聚合函数。组页眉和页脚可以包含直到处理完整个记录源才知道的信息。

很多情况下，聚合信息可为数据分析提供很多有价值的观点。假定某个报表必须包含每个销售人员在过去一年的绩效(通过针对销售部门的总销售额来考量)，或者某个地区的销售额在整个销售区域中的占比。书店可能希望了解其库存中每种图书类别的份额。

图 21.41 中显示了这样的一个报表。该报表(rptSummary)顶部的 Number of Customers、Total Sales 和 Average Purchase 信息都是报表页眉的组成部分。在一次性报表编写器中，执行这些计算所需的数据在到达页面底部之前不会显示，只有处理并布局完所有记录后才会显示。

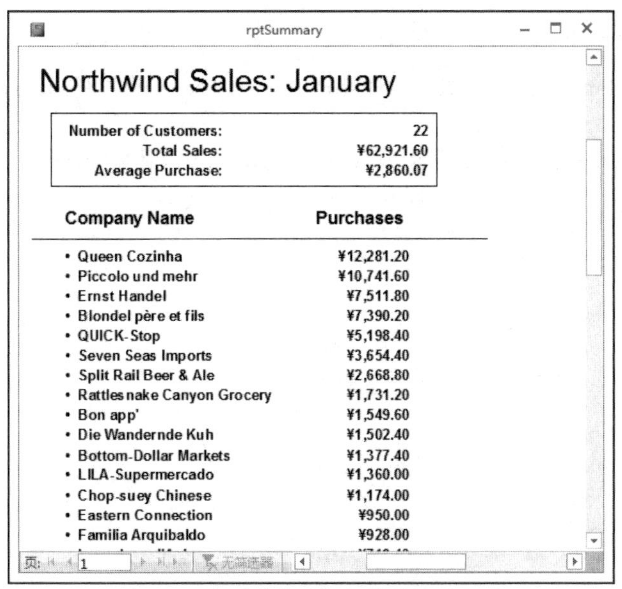

图 21.41　汇总信息是报表页眉的组成部分

大致浏览一下设计视图中的 rptSummary 报表(见图 21.42)，可以发现报表页眉中的文本框填充了从以下数学表达式生成的数据：

```
Number of Customers: =Count([CompanyName])
Total Sales: =Format(Sum([Purchases]),"货币")
Average Purchase: =Format(Sum([Purchases])/ _
   Count([CompanyName]), "货币")
```

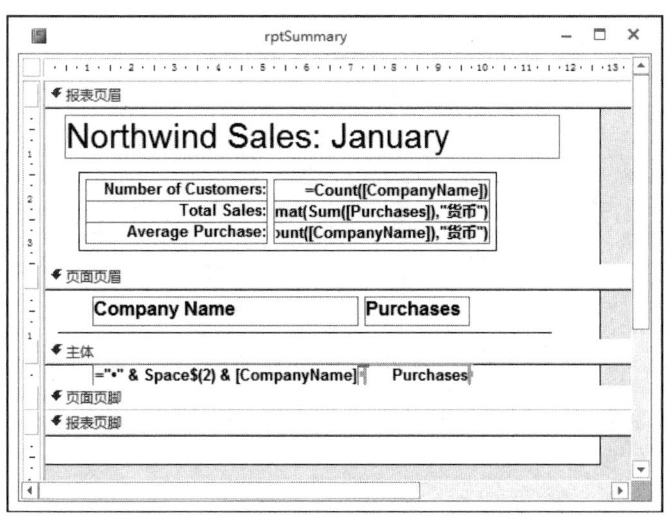

图 21.42　设计视图中的 rptSummary 报表

Count()和 Sum()函数都需要在第一步中处理完整个报表以后才能提供的信息。只要 Access 可以在基础记录集中找到提供给这些函数的参数(CompanyName 和 Purchases)，计算就可以继续进行，而不需要用户执行任何动作。

21.4.5　为控件分配唯一名称

如果在设计报表时使用“报表向导”，或者从字段列表中拖动字段，Access 会为新的文本框分配与报表基础记录集中的字段相同的名称。例如，如果从字段列表中拖动一个名为 Discount 的字段，那么相应文本框的“名称”和“控件来源”属性都将设置为 Discount。

如果报表上的另一个控件引用该文本框，或将该文本框的“控件来源”属性更改为某个计算字段，例如：

```
=IIf([Discount]=0,"N/A",[Discount])
```

当查看报表时，将看到#Error。之所以会出现这种情况，是因为 Access 无法区分名为 Discount 的控件以及基础记录集中名为 Discount 的字段。

只有将控件的“名称”属性更改为其他内容(如 txtDiscount)，Access 才能区分控件名称与基础字段。

第 VI 部分

Access 编程基础知识

第 VI 部分介绍宏编程，并解释 Visual Basic for Applications (VBA)的艺术性与科学性。

很长时间以来，人们都认为宏比 VBA 的功能性要差一些，因此，在很多 Access 开发人员工具集中，都将其归入二类工具。但如第 22 章所述，Microsoft 引入了嵌入的宏，它是一种非常高效的技术，可以使窗体和报表中的很多任务实现自动化。第 23 章介绍了数据宏，使用数据宏可在表级别执行重要的数据管理任务。

从第 24 章开始，第 VI 部分会将注意力转移到如何使用 VBA 实现自动化处理。VBA 将提供更高级的功能，而不是局限于简单地打开窗体和报表以及控制用户界面。

本部分包含的内容：

第22章

使用 Access 宏

本章内容：

- 熟悉宏
- 了解宏安全性
- 使用多操作宏
- 为常用操作使用子宏
- 使用条件做出决策
- 使用临时变量
- 处理错误和调试宏
- 了解嵌入的宏
- 将宏与 VBA 进行比较

从一开始，宏就是 Access 的组成部分。随着 Access 逐渐发展成为一种开发工具，VBA 编程语言成为自动完成 Access 数据库应用程序的标准。Access 2007 以前的版本中的宏缺少变量和错误处理，导致很多开发人员完全放弃了宏的使用。现在的 Access 中包含这些功能，因此相比于早期版本，宏成为 VBA 的一种更好的替代方法。如果打算创建要在 Web 上使用的数据库，或者不喜欢使用 VBA，但仍希望对应用程序执行的操作进行自定义设置，那么构建结构化的宏是理想选择。

Web 内容

本章使用名为 Chapter22.accdb 的数据库。如果还没有从本书对应的 Web 站点下载该数据库，现在需要下载。该数据库包含本章中使用的表、窗体、报表和宏。

22.1 宏简介

宏是一种工具，允许在 Access 中自动完成各种任务。这里所说的宏不同于 Word 中的宏录制器，后者允许录制一系列操作，并在稍后回放这些操作(与 Word 的另一点不同之处在于，Word 宏实际上是 VBA 代码，而 Access 宏与之完全不同)。Access 宏允许执行定义的操作，并向窗体和报表中添加功能。可将宏认为是一种简化的、逐步执行的编程语言。可将宏构建为要执行的操作列表，并决定希望这些操作发生的时间。

构建宏包括从下拉列表中选择操作，然后填充操作的参数(为操作提供信息的值)。宏允许在不编写任何 VBA 代码的情况下选择操作。宏操作是 VBA 提供的命令子集。大多数用户都会发现，构建宏要比编写 VBA 代码更加轻松。如果不熟悉 VBA，构建宏是了解可以使用的部分命令的绝佳手段，同时可以为 Access 应用程序提供附加价值。

假定要构建一个主窗体，其中包含打开应用程序中其他窗体的按钮。可以向窗体中添加一个按钮，构建一个打开应用程序中其他窗体的宏，然后将该宏分配给按钮的“单击”事件。宏可以是一个独立项，显示在“导航”窗格中，也可以是作为事件本身一部分的嵌入对象(请参阅“嵌入的宏”一节)。

22.1.1　创建宏

要说明如何创建宏，一种简单方法是构建一个宏，该宏显示内容为 Hello World!的消息框。要创建新的独立宏，请单击功能区的“创建”选项卡上的“宏与代码”组中的“宏”按钮(如图 22.1 所示)。

图 22.1　使用“创建”选项卡构建新的独立宏

单击“宏”按钮将打开宏设计窗口(如图 22.2 所示)。最初，宏设计窗口几乎不包含任何功能。“宏”窗口中的唯一对象是一个包含宏操作的下拉列表。

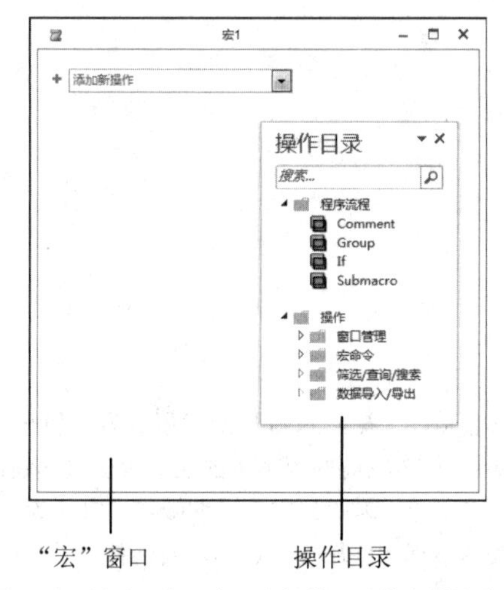

图 22.2　显示“宏”窗口和操作目录的宏设计窗口

在“宏”窗口的右侧，可以看到操作目录。操作目录中包含大量不同的宏操作，了解将哪个操作用于某项特定的任务可能会成为问题。操作目录提供了所有可用宏操作的树视图，帮助了解执行某项任务需要哪个操作。

从宏窗口中的下拉列表选择 MessageBox。宏窗口将改为显示一个区域，供输入与 MessageBox 操作相关联的参数(“消息”“发嘟嘟声”“类型”和“标题”)。

按照下面所述设置参数：

- **消息**：Hello World!
- **发嘟嘟声**：否
- **类型**：无
- **标题**：A Simple Macro

屏幕应该如图 22.3 所示。“消息”参数定义显示在消息框中的文本，是唯一的必需参数，没有默认值。“发嘟嘟声”参数确定在显示消息框时是否播放提示音。“类型”参数设置在消息框中显示哪个图标：“无”“重要”“警告?”“警告!”或“信息”。“标题”参数定义显示在消息框的标题栏中的文本。

要运行该宏，请单击功能区的“设计”选项卡的“工具”组中的“运行”按钮(“运行”按钮是功能区最左侧的一个较大的红色感叹号)。当创建新宏或更改现有宏时，系统将提示保存该宏。实际上，只有保存宏后，Access 才能运行该宏。在出现提示时，请单击“是”保存宏，提供一个名称，例如 mcrHelloWorld，然后单击“确定”。该宏将运行，并根据指定的参数显示消息框(如图 22.4 所示)。

也可从“导航”窗格运行宏。关闭宏设计窗口，并在“导航”窗格中显示“宏”组。双击 mcrHelloWorld 宏可以运行该宏。所得的消息框与从设计窗口运行宏时所显示的消息框相同。

请注意，消息框始终显示在屏幕正中央，只有在单击“确定”以后才能使用 Access。这些是消息框对象的内置行为，在每个方面都与通过 VBA 代码显示的消息框完全相同。

对 Hello World 宏满意后，单击宏窗口右上角的关闭按钮，返回到 Access 主窗口。

图 22.3　Hello World!宏使用 MessageBox 操作显示消息

图 22.4　运行 Hello World 宏将显示一个消息框

22.1.2　将宏分配到事件

当创建宏时，可能不希望最终用户使用“导航”窗格运行它们，或者在更糟的情况下，不希望最终用户从宏设计窗口运行它们。使用宏的目的是自动执行应用程序，而无须编写 VBA 代码。为使应用程序更便于使用，可将宏分配给某个对象的事件。

可能为其分配宏的最常见事件是按钮的“单击”事件。要创建一个简单窗体，其中包含一个运行 mcrHelloWorld 宏的按钮，请执行下面的步骤：

(1) 选择功能区上的“创建”选项卡，然后单击“窗体”组中的“窗体设计”按钮。

(2) 在功能区的“窗体设计工具”|“设计”选项卡上，取消选中“控件”组中的“使用控件向导”选项。对于此例，不希望使用向导来决定该按钮执行的操作。

(3) 单击“按钮”控件，并在窗体上绘制一个按钮。

(4) 将按钮的“名称”属性设置为 cmdHelloWorld。如果该按钮的属性表在屏幕上不可见，可按 F4 键打开其属性表。

(5) 将按钮的“标题”属性设置为 Hello World!。这是显示在按钮表面的文本。

(6) 单击按钮的“单击”事件属性中的下拉列表，然后从列表中选择 mcrHelloWorld(如图 22.5 所示)。

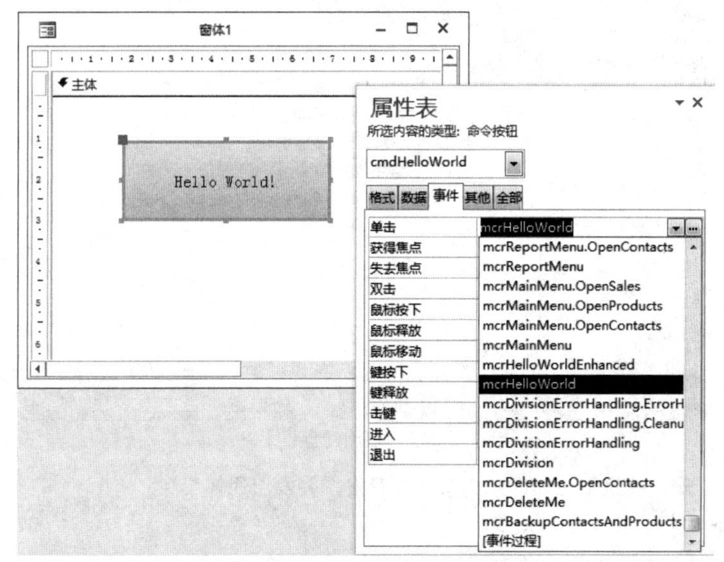

图 22.5　将任意对象的事件属性设置为宏，以在该事件发生时触发该宏

提示：
并不是只能使用按钮的“单击”事件。如果希望某个宏在每次加载窗体时都运行，可将该窗体的“加载”事件属性设置为该宏的名称。在任意对象的属性表中选择“事件”选项卡可以查看可用的事件。

上面就是创建和运行宏的全部内容。只需要选择操作、设置操作参数，并将宏分配给事件属性。

注意：
过去，针对事件的名称及其关联的事件属性存在很多混淆。事件始终是操作，例如 Click，而事件属性是“单击”(OnClick 或 On Click)。从概念上来说，它们几乎是相同的，但在技术上，事件(例如 Click 或 Open)是 Access 对象(例如窗体或命令按钮)支持的操作，而事件过程(“单击”或“打开”)指的是如何将事件附加或绑定到对象。

22.2　了解宏安全性

上一节构建的 Hello World!宏没有任何害处。但是，并不是所有宏都是无害的。在 Access 用户界面中执行的任何操作几乎都可以在宏中实现。其中的部分操作(例如运行删除查询)可能导致数据丢失。Access 具有内置的安全性环境，帮助阻止运行不需要的有害宏。

当在应用程序中运行窗体、报表、查询、宏和 VBA 代码时，Access 会使用信任中心来确定哪些命令可能是不安全的，以及要运行哪些不安全的命令。从信任中心的角度看，宏和 VBA 代码都是“宏”，默认情况下不应该信任它们。不安全的命令会允许恶意用户攻击硬盘驱动器或环境中的其他资源。恶意用户可能会从硬盘驱动器中删除文件，更改计算机的配置，或在工作站中广泛地进行各种类型的破坏行为，甚至将触角扩展到网络环境。

每次打开窗体、报表或其他对象时，Access 都会检查其不安全命令列表。默认情况下，当 Access 遇到某个不安全命令时，会阻止该命令执行。要指示 Access 阻止这些可能不安全的命令，必须启用沙盒模式。

22.2.1　启用沙盒模式

沙盒模式允许 Access 阻止在运行窗体、报表、查询、宏、数据访问页和 Visual Basic 代码时遇到的不安全列表中的任何命令。下面列出了启用沙盒模式的步骤：

(1) 打开 Access，单击“文件”按钮，然后选择“选项”。此时将显示“Access 选项”对话框。

(2) 选择“信任中心”选项卡，然后单击“信任中心设置”。此时将显示“信任中心”对话框。

(3) 选择“宏设置”选项卡(如图 22.6 所示)。

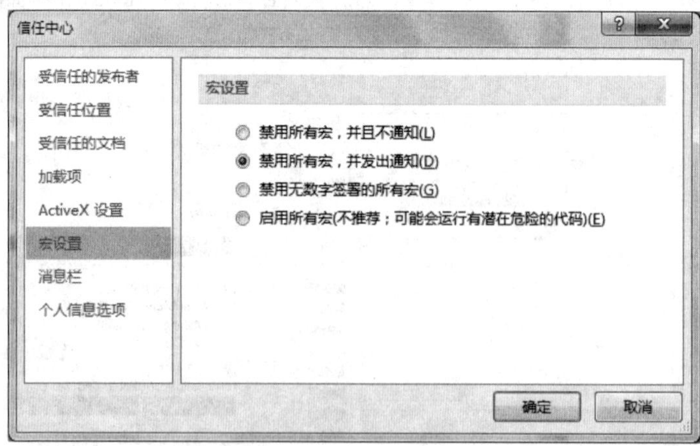

图 22.6　启用沙盒模式

(4) 选中“禁用所有宏，并且不通知”或“禁用所有宏，并发出通知”。

(5) 重新启动 Access 以应用安全性更改。

“宏设置”选项卡提供了 4 个级别的宏安全性，如下所述。

- **禁用所有宏，并且不通知**：禁用所有宏和 VBA 代码，并且不提示用户启用它们。
- **禁用所有宏，并发出通知**：禁用所有宏和 VBA 代码，但提示用户启用它们。
- **禁用无数字签署的所有宏**：针对数字签署的宏验证宏的数字签名状态。对于未签名的宏，将显示提示，建议用户启用宏或取消打开数据库。
- **启用所有宏(不推荐；可能会运行有潜在危险的代码)**：不会检查宏和 VBA 代码的数字签名，并且不会针对未签名的宏显示警告。

数字签名(包含在数字证书中)是一份加密的安全文件，随附一个宏或文档，可用于确认作者是该宏或文档的可信来源。一般情况下，数字签名会在那些愿意在购买和维护数字签名方面投入资金的大型组织中实施。组织的 IT 部门可以通过商业认证机构(例如 VeriSign 或 Thawte)获取数字证书。在 http://msdn.microsoft.com 中搜索“Microsoft Root Certificate Program Members”可以获取有关如何获取数字证书的信息。

一般情况下，最佳选择是“禁用所有宏，并发出通知”，这也是默认选择。在开发和维护周期中，会希望执行应用程序中的所有代码和宏，而没有许可权限对话框会中断操作。下一节将介绍“受信任位置”。可将自己的开发数据库放在一个受信任位置，以免启用未签名代码，但仍受到保护，不会受到可能打开的其他数据库的干扰。

如果组织已经获取了数字证书，那么可以使用它来签署 Access 项目，对应的操作步骤如下所述：

(1) 打开要进行数字签名的 Access 数据库，然后访问任何模块以打开 Visual Basic 编辑器。

(2) 从 Visual Basic 编辑器菜单中选择“工具”|“数字签名”。此时将打开“数字签名”对话框，如图 22.7 所示。

图 22.7　对 Access 项目进行数字签名

(3) 单击“选择”以显示“选择证书”对话框，并从列表中选择一个证书。

(4) 选择要添加到 Access 项目的证书。

(5) 单击“确定”关闭“选择证书”对话框，然后再次单击“确定”关闭“数字签名”对话框，并保存安全性设置。

> **注意：**
> 只有在对应用程序进行彻底的测试并且预期不再对其进行任何进一步的更改之后，再对 Access 项目进行签名。修改项目中的任何代码会使数字签名失效。

> **提示：**
> 为防止用户对项目中的代码进行未授权的更改，请确保锁定项目并应用项目密码。

22.2.2　信任中心

在信任中心，可以找到 Access 的安全和隐私设置。要显示信任中心，请单击“文件”按钮，然后单击“选项”，以打开“Access 选项”对话框。选择“信任中心”选项卡，然后单击“信任中心设置”。

下面列出了每一部分的说明及其控制的内容：

- **受信任的发布者**：显示 Office 的受信任发布者列表，受信任的发布者指的是在遇到可能不安全的宏时单击“信任来自此发布者的所有文档”的那些发布者。要从此列表中删除某个发布者，请选择对应的发布者并单击“删除”。受信任的发布者必须具有未过期的有效数字签名。
- **受信任位置**：显示计算机或网络上的受信任位置列表。在该部分，可在计算机上添加、删除或修改始终包含受信任文件的文件夹。受信任位置的任何文件都可以在不通过信任中心检查的情况下打开。也可以选择不允许网络位置，以及禁用所有受信任位置并接受签名文件。

- **受信任的文档**：当选中“受信任的文档”时，Access 应用程序的名称将添加到用户计算机的系统注册表中的一块特殊区域。之后，每次使用该应用程序时，都会将其识别为受信任的文档，并且该应用程序的所有宏、代码和其他元素都将启用，而不会中断用户的工作流。
- **受信任的加载项目录**：“受信任的加载项目录”部分允许添加、删除和修改信任的 SharePoint 目录。
- **加载项**：可设置 Access 处理加载项的方式。可选择是否需要将加载项数字签名为来自可信来源，以及是否针对未签名加载项显示通知。也可选择禁用所有加载项，但这可能会影响可用的功能。
- **ActiveX 设置**：可设置 ActiveX 控件的安全级别。
- **宏设置**：可为不在受信任位置的宏指定安全设置(有关“宏设置”的详细信息，请参阅前面有关沙盒模式的一节)。
- **消息栏**：可设置是显示消息栏，以针对阻止的内容向发出警告，还是不显示任何有关阻止的内容的信息。
- **个人信息选项**：可选择 Microsoft Office Online 如何与计算机进行通信。可以设置选项，以使用 Microsoft Office Online 来获取帮助，在启动时显示精选链接，下载文件以确定系统问题，以及签名参与客户体验改善计划。

22.3　多操作宏

宏的真正强大功能源于可以通过单击一个按钮执行多个操作。创建可以运行一系列动作查询的宏要好于在“导航”窗格中双击每个动作查询，因为可能会忘记运行某个查询，或者可能未按正确顺序运行它们。

对于下面的示例，Chapter22.accdb 数据库包含两个删除查询，用于从两个不同的表中删除数据，这两个表分别是 tblContacts_Backup 和 tblProducts_Backup。Chapter22.accdb 还包含两个追加查询，用于将记录从 tblContacts 和 tblProducts 复制到备份表。

mcrBackupContactsAndProducts 宏(也包含在 Chapter 22.accdb 示例数据库中)可自动运行这 4 个查询，以备份 tblContacts 和 tblProducts 表中的数据。

表 22.1 显示了 mcrBackupContactsAndProducts 的宏操作和操作参数(图 22.8 显示了其中的一部分)。

注意：

如果“操作”下拉列表中未显示所有操作，可单击功能区的“宏工具”|“设计”选项卡上的“显示/隐藏”组中的“显示所有操作”命令。某些宏操作需要受信任的数据库或者通过安全性设置启用宏。此外，某些宏操作会被认为是不安全的，因为它们会修改数据库中的数据，或者执行在使用不当的情况下可能会导致应用程序损坏的操作。被认为不安全的宏操作在宏设计器中通过警告图标(像一个包含感叹号的黄色三角形)来表示。默认情况下，Access 仅显示那些无论安全性设置为何都会运行的受信任宏操作。

表 22.1　mcrBackupContactsAndProducts

操作	操作参数	操作参数设置
DisplayHourglassPointer	显示沙漏	是
SetWarnings	打开警告	否
Echo	打开回响	否
	状态栏文字	Step 1: Deleting Data
OpenQuery	查询名称	qryDeleteContactsBackup
	视图	数据表
	数据模式	编辑
OpenQuery	查询名称	qryDeleteProductsBackup
	视图	数据表

(续表)

操作	操作参数	操作参数设置
	数据模式	编辑
Echo	打开回响	否
	状态栏文字	Step 2: Appending Data
OpenQuery	查询名称	qryAppendContactsBackup
	视图	数据表
	数据模式	编辑
OpenQuery	查询名称	qryAppendProductsBackup
	视图	数据表
	数据模式	编辑
Echo	打开回响	是
	状态栏文字	<保留为空>
SetWarnings	打开警告	是
DisplayHourglassPointer	显示沙漏	否
MessageBox	消息	Contacts and Products have been archived
	发嘟嘟声	是
	类型	信息
	标题	Finished Archiving

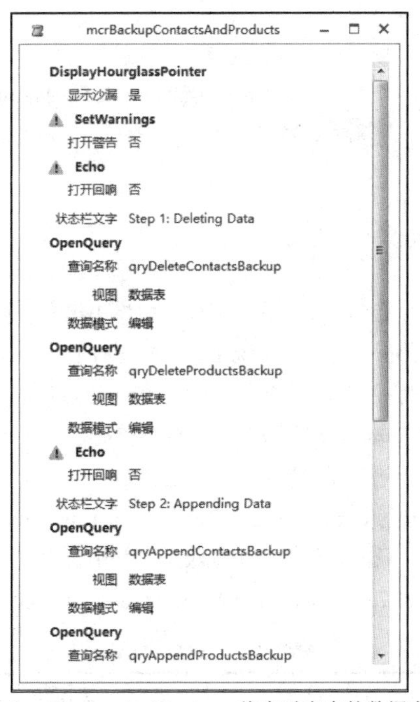

图 22.8　mcrBackupContactsAndProducts 将实时表中的数据存档到备份表中

宏的核心是运行 4 个动作查询的 4 个 OpenQuery 操作。qryDeleteContactsBackup 和 qryDeleteProductsBackup 会清除 tblContacts_Backup 和 tblProducts_Backup 表的内容，因此可将当前数据复制到其中。qryAppendContactsBackup 和 qryAppendProductsBackup 会将数据从 tblContacts 和 tblProducts 追加到备份表中。

观察图 22.8 时，会注意到宏中的几个操作(具体来说，是 SetWarnings 和 Echo)旁的警告图标。这些图标只是表明，关联的动作可能是不安全的，有必要更认真地审视它们。

下面介绍该宏执行的操作。

- DisplayHourglassPointer：该操作会将光标更改为沙漏或使用“显示沙漏”参数的指针。对于运行时间较长的宏，请在宏开始处将该参数设置为“是”，并在宏结尾处将该参数设置为“否”。请确保不要忘记在宏最终结束时设置“关闭沙漏”。否则，沙漏光标会保持打开状态。
- SetWarnings：该操作会使用“打开警告”参数启用或禁用系统消息。在运行动作查询时，将提示确认是否想要运行该动作查询，并询问是否可以删除这 58 条记录，然后针对下一个动作查询再次询问。不要忘记在宏开始处将“打开警告”设置为“否”以禁用这些消息。将“打开警告”设置为“否”以具有自动单击警告的默认按钮(通常为“确定”或“是”)的效果。不要忘记在宏结尾处将该参数设置回“是”。一旦禁用警告，针对重要的操作(例如记录删除)用户将不会收到确认消息，除非重新启用警告。
- Echo：Echo 命令会“冻结”屏幕，使用户不了解宏执行的活动。将该参数设置为“否”以隐藏宏的结果，设置为“是”可以显示结果。设置“状态栏文字”参数，可以为用户提供有关发生的操作的指示信息。这对运行时间较长的宏比较有用，可帮助了解宏在运行过程中的具体位置。在宏最终结束时，请确保将“打开回响”状态还原为“是”，以使 Access 继续其正常显示。如果未将“打开回响”设置回“是”，用户可能会认为应用程序因为某种问题而“锁定”。
- OpenQuery：该操作是 mcrBackupContactsAndProducts 宏的核心。OpenQuery 会打开一个选择查询或交叉表查询，或者运行一个动作查询。“查询名称”参数包含要打开或运行的查询的名称。通过“视图”参数，可为选择查询或交叉表查询选取视图：“数据表”“设计”“打印预览”等。“数据模式”参数可以从“增加”“编辑”或“只读”中进行选择，以限制用户可以在选择查询中执行的操作。对于动作查询，将忽略“视图”和“数据模式”参数。

注意：

只需要使用 4 个 OpenQuery 操作，即可轻松地构建该宏，但运行它可能会有一点麻烦，需要用户观察宏运行每个查询，并准备好确认每个查询操作。使用 DisplayHourglassPointer、SetWarnings、Echo 和 MessageBox 操作可以不再需要用户交互，并可使用户了解宏何时完成其活动。

22.4　子宏

在使用宏自动执行应用程序时，可能会轻松地在“导航”窗格中填充一堆较小的宏，用于打开每个窗体和每个报表。如果有一系列在很多位置执行的操作，理想情况下，只希望拥有一个副本，这样就只需要在一个位置进行更改。子宏提供了该功能：在一个位置将操作系列定义为一个子宏，然后在需要的位置调用该子宏。

宏操作下拉列表包含“子宏”(“Submacro”)条目。在处理宏时，从操作列表中选择“子宏”会向宏中添加一块区域，在该区域中，可以输入与该子宏关联的操作。

如果不使用子宏，必须创建三个单独的宏，通过三个分别打开 frmContacts、frmProducts 和 frmSales 的按钮自动化一个主菜单窗体。如果使用子宏，只需要创建一个顶级宏，其中包含三个子宏。每个子宏可打开一个窗体。只有顶级宏会显示在“导航”窗格中。表 22.2 显示了 mcrMainMenu 的子宏名称、操作和子宏操作。

表 22.2　mcrMainMenu

子宏	操作	操作参数	操作参数设置
OpenContacts	OpenForm	窗体名称	frmContacts
		视图	窗体
		筛选名称	<保留为空>
		当条件	<保留为空>
		数据模式	<保留为空>
		窗口模式	普通

(续表)

子宏	操作	操作参数	操作参数设置
OpenProducts	OpenForm	窗体名称	frmProducts
		视图	窗体
		筛选名称	<保留为空>
		当条件	[ProductID]=3
		数据模式	只读
		窗口模式	对话框
OpenSales	OpenForm	窗体名称	frmSales
		视图	布局
		筛选名称	qrySales2008
		当条件	<保留为空>
		数据模式	编辑
		窗口模式	图标

图 22.9 显示了创建中的 mcrMainMenu。开发人员从“添加新操作”列表中选择了 Submacro，为子宏提供了一个名称(OpenContacts)，并填充其属性。

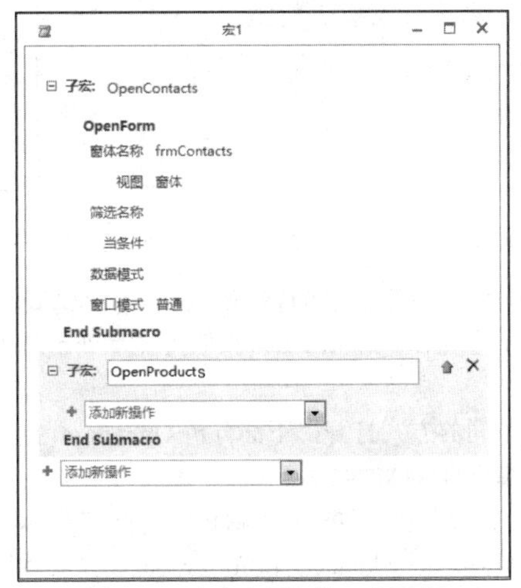

图 22.9 向宏中添加第二个子宏

提示：

“添加新操作”下拉列表显示可用操作列表，并按字母顺序进行排序。但前 4 项(Comment、Group、If 和 Submacro)显示在列表顶部，而不是按字母顺序显示。这 4 项实际上是程序流元素，独立于作为操作的项。

接下来，开发人员再次从“添加新操作”列表中选择了 Submacro，并提供 OpenProducts 作为名称。第二个子宏的所有参数均未填充。

对于子宏，有一点会让人产生混淆，那就是在图 22.9 中看到的两个“添加新操作”列表。其中一个位于主宏的最底部，而另一个位于第二个子宏的内部。当前正在开发的子宏(OpenProducts)包含在一个浅色阴影框中，位于主宏顶部的已完成的子宏(OpenContacts)不包含在框中。

注意：

在图 22.9 中，请注意宏的第一行中“子宏”左侧的减号。减号表示子宏当前已展开，因此可以看到该子宏中的所有步骤。单击减号可将宏折叠为一行，以一目了然地查看宏的更多内容及操作。本章中的多幅图显示的宏折叠了各个部分(可以通过左侧的小加号确定)，因此，如果一幅图中显示的某个宏的某些部分缺失，这属于正常现象，不要感到困惑。

要使用子宏实现某个宏，可创建一个窗体(frmMainMenu)，其中包含三个按钮 cmdContacts、cmdProducts 和 cmdSales。然后，按表 22.3 所示设置这三个按钮的“单击”事件属性(参见图 22.10)。

表 22.3　设置事件属性

按钮名称	“单击”事件属性
cmdContacts	mcrMainMenu.OpenContacts
cmdProducts	mcrMainMenu.OpenProducts
cmdSales	mcrMainMenu.OpenSales

图 22.10　子宏名称显示在事件属性下拉列表中

在窗体视图中打开 frmMainMenu，然后单击 Contacts 按钮；将打开 frmContacts，并显示所有记录。单击 Products 按钮可显示 frmProducts，其中仅显示一条记录。单击 Sales 按钮可显示处于最小化状态的 frmSales，其中显示 2012 年完成的销售。

为帮助你了解为什么这些窗体以不同的方式打开，下面分析 OpenForm 操作的操作参数：

- 窗体名称：该参数是希望宏打开的窗体的名称。
- 视图：该参数可以选择用于打开窗体的视图——“窗体”“设计”“打印预览”“数据表”“数据透视表”“数据透视图”或“布局”。对于此例，frmContacts 和 frmProducts 在窗体视图中打开，而 frmSales 在布局视图中打开。
- 筛选名称：该参数可选择一个查询或者保存为查询的筛选器，以限制和/或排序窗体的记录。对于此例，OpenSales 宏的该参数设置为 qrySales2012。qrySales2012 查询可输出表中的所有字段，并且仅显示 2012 年 1 月 1 日到 2012 年 12 月 31 日之间的销售。该查询还按照 SaleDate 对记录进行排序。
- 当条件：该参数可以输入 SQL Where 子句或表达式，用于从窗体的基础表或查询中为其选择记录。对于此例，OpenProducts 子宏的该参数设置为[ProductID]=3，这种情况下，当打开 frmProducts 时，只会显示一条记录。
- 数据模式：该参数可以选择窗体的数据输入模式。选择“增加”仅允许用户添加新记录，选择“编辑”允许添加和编辑记录，而选择“只读”仅允许查看记录。该设置仅适用于在窗体视图或数据表视图中打开的窗体，并覆盖窗体的“允许编辑”“允许删除”“允许添加”和“数据输入”属性的设置。要将窗体的设置用于这些属性，请将此参数保留为空。对于此例，frmProducts 以只读模式打开，而 frmContacts 和 frmSales 允许编辑。
- 窗口模式：该参数可选择窗体的窗口模式。选择“普通”将使用窗体的属性。选择“隐藏”将打开窗体，并将其“可见”属性设置为“否”。选择“图标”将打开处于最小化状态的窗体。选择“对话框”将打开窗体，并将其“模式”和“弹出方式”属性设置为“是”，将“边框样式”属性设置为“对话框”。对于此例，frmContacts 以普通模式打开，frmProducts 作为对话框打开，而 frmSales 以最小化形式打开。

交叉参考：

有关窗体属性的更多详细信息，请参阅第 17 章。

注意：

从“导航”窗格中运行带有子宏的宏时，将仅执行第一个子宏。

如果对宏进行认真规划，那么可以为每个窗体或报表创建一个顶级宏对象，并为想要在窗体或报表中执行的每个操作使用子宏。使用子宏，可以限制显示在“导航”窗格中的宏数量，并可更轻松地管理多个宏。

22.5 条件

通过子宏，可在一个宏对象中放置多组操作，而条件可以指定在宏执行操作之前必须满足的特定条件。If 宏操作也接受布尔表达式。如果表达式求解为 False、No 或 0，将不会执行该操作。如果表达式求解为其他任何值，将执行该操作。

22.5.1 使用条件打开报表

为说明条件和 If 宏操作，frmReportMenu (如图 22.11 所示)包含三个按钮以及一个具有如下两个选项按钮的框架控件(fraView)：Print 和 Print Preview。单击 Print 会将框架的值设置为 1，而单击 Print Preview 会将框架的值设置为 2。

图 22.11 frmReportMenu 使用框架来选择打开 Contacts、Products 和 Sales 报表的视图

打开报表的宏使用子宏以及 If 宏操作。表 22.4 显示了 mcrReportMenu 的子宏名称、条件、操作和操作参数(图 22.12 所示内容的一部分)，它可以打开三个报表中的一个。对于每个 OpenReport 操作，“筛选名称”和“当条件”参数为空。

表 22.4 mcrReportMenu

子宏名称	If 宏操作条件	操作	操作参数	操作参数设置
OpenContacts	[Forms]![frmReportMenu]![fraView]=1	OpenReport	报表名称	rptContacts_Landscape
			视图	打印
			窗口模式	普通
	[Forms]![frmReportMenu]![fraView]=2	OpenReport	报表名称	rptContacts_Landscape
			视图	打印预览
			窗口模式	普通
OpenProducts	[Forms]![frmReportMenu]![fraView]=1	OpenReport	报表名称	rptProducts
			视图	打印
			窗口模式	普通
	[Forms]![frmReportMenu]![fraView]=2	OpenReport	报表名称	rptProducts
			视图	打印预览
			窗口模式	普通

(续表)

子宏名称	If 宏操作条件	操作	操作参数	操作参数设置
OpenSales	[Forms]![frmReportMenu]![fraView]=1	OpenReport	报表名称	rptSales_Portrait
			视图	打印
			窗口模式	普通
	[Forms]![frmReportMenu]![fraView]=2	OpenReport	报表名称	rptSales_Portrait
			视图	打印预览
			窗口模式	普通

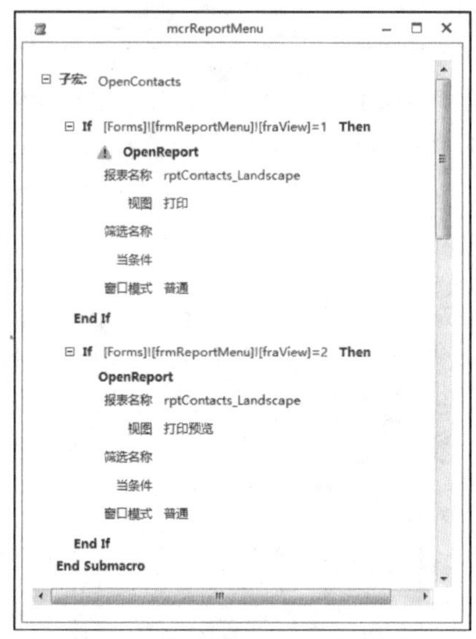

图 22.12　mcrReportMenu 使用一个 If 操作在打印视图或打印预览视图中打开报表

要实施此宏，按表 22.5 所示设置 frmReportMenu 上的按钮(cmdContacts、cmdProducts 和 cmdSales)的“单击”事件属性。

表 22.5　设置“单击”事件属性

按钮名称	“单击”事件属性
cmdContacts	mcrReportMenu.OpenContacts
cmdProducts	mcrReportMenu.OpenProducts
cmdSales	mcrReportMenu.OpenSales

mcrReportMenu 中的 If 宏操作具有两个表达式，在 frmReportMenu 上查看 fraView，以确定选择的是“打印”还是“打印预览”：

- [Forms]![frmReportMenu]![fraView]=1：选择了打印视图
- [Forms]![frmReportMenu]![fraView]=2：选择了打印预览视图

如果在 frmReportMenu 上选择了“打印”，将执行“视图”参数设置为“打印”的 OpenReport 操作。如果在 frmReportMenu 上选择了“打印预览”，就执行“视图”参数设置为“打印预览”的 OpenReport 操作。为 mcrReportMenu 中的每个子宏设置该结构。

22.5.2　条件中的多个操作

如果想要基于一个条件运行多个操作，请在 If 和 End If 操作中添加多个操作。图 22.13 说明了这个概念。

If 宏操作可以基于应用程序中的其他值选择性地运行操作。使用 If 宏操作引用窗体或报表以及其他对象上的控件，并确定要执行的操作。

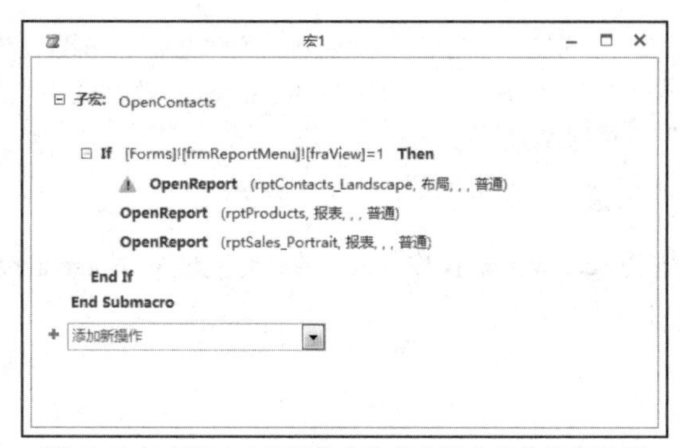

图 22.13　If 和 End If 操作中的多个操作将作为组执行

22.6　临时变量

在以前版本的 Access 中，只能在 VBA 代码中使用变量。宏被限制为执行一系列操作，而不接收从前一个操作转发的任何对象。从 Access 2007 开始，引入了三个新的宏操作，分别是 SetTempVar、RemoveTempVar 和 RemoveAllTempVars，通过这三个宏操作，可以在宏中创建和使用临时变量。可在条件表达式中使用这些变量来控制执行哪些操作，或将数据传递到窗体或报表以及将数据从窗体或报表传递出来。甚至可在 VBA 中访问这些变量，以便与模块进行数据通信。

22.6.1　增强已经创建的宏

要说明如何在宏中使用变量，一种简单方法就是增强在本章前面创建的 Hello World 示例。表 22.6 显示了 mcrHelloWorldEnhanced 的宏操作和操作参数(如图 22.14 所示)。

表 22.6　mcrHelloWorldEnhanced

操作	操作参数	操作参数设置
SetTempVar	名称	MyName
	表达式	InputBox("Enter your name.")
MessageBox	消息	="Hello " & [TempVars]![MyName] & "."
	发嘟嘟声	是
	类型	信息
	标题	Using Variables
RemoveTempVar	名称	MyName

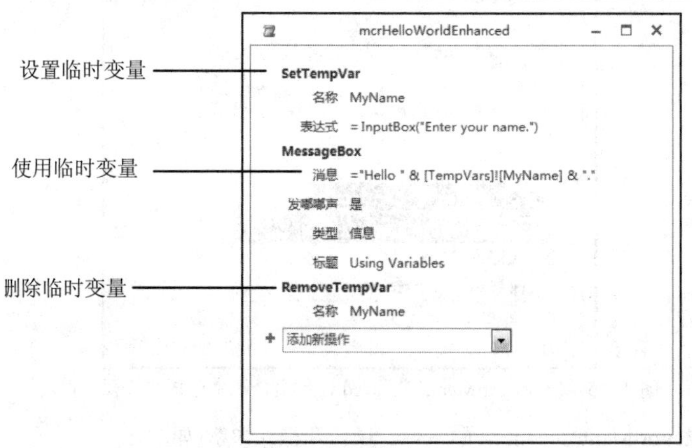

图 22.14　mcrHelloWorldEnhanced 使用 SetTempVar 操作从用户那里获取一个值，并将其显示在消息框中

SetTempVar 操作具有两个参数，分别是“名称”和“表达式”。“名称”参数(在该例中为 MyName)只是临时变量的名称。“表达式”参数是希望变量具有的值。在该例中，InputBox()函数提示用户输入其名称。

MessageBox 操作的“消息”参数包含下面的表达式：

```
="Hello " & [TempVars]![MyName] & "."
```

该表达式将单词 Hello 与在宏的 SetTempVar 操作中创建的临时变量 MyName 连接起来。在引用使用 SetTempVar 操作创建的临时变量时，请使用下面的语法：

```
[TempVars]![VariableName]
```

交叉参考：

有关使用&符号进行字符串串联的更多信息，请参阅第 9 章。

RemoveTempVar 操作可从内存中删除单个临时变量(在该例中是 MyName)。一次只能定义 255 个临时变量。在关闭数据库前，这些变量将一直保留在内存中，除非使用 RemoveTempVar 或 RemoveAllTempVars 将它们删除。在使用完临时变量后将其删除是一种非常好的做法。

警告：

使用 RemoveAllTempVars 操作可以删除通过 SetTempVar 操作创建的所有临时变量。除非确认要执行此操作，否则请改用 RemoveTempVar 操作。

临时变量是全局性的。在创建临时变量后，便可以在 VBA 过程、查询、宏或对象属性中使用该变量。例如，如果将 RemoveTempVar 操作从 mcrHelloWorldEnhanced 中删除，则可以在窗体上创建一个文本框，按照下面所示设置其“控件来源”属性，以显示用户输入的名称：

```
=[TempVars]![MyName]
```

22.6.2　使用临时变量简化宏

有时，使用临时变量可在宏中消除某些步骤。可从窗体上的另一个控件获取窗体或报表名称。使用临时变量，便不再需要创建包含多个 OpenForm 或 OpenReport 操作的结构。也可在一个宏中使用多个变量。

对于此例，使用 frmReportMenuEnhanced (如图 22.15 所示)，其中包含与图 22.12 中所示相同的 fraView，但添加了一个组合框(cboReport)，其中包含要运行的报表列表。Run Report 按钮可执行 mcrReportMenuEnhanced，它不使用子宏来决定要打开的报表。

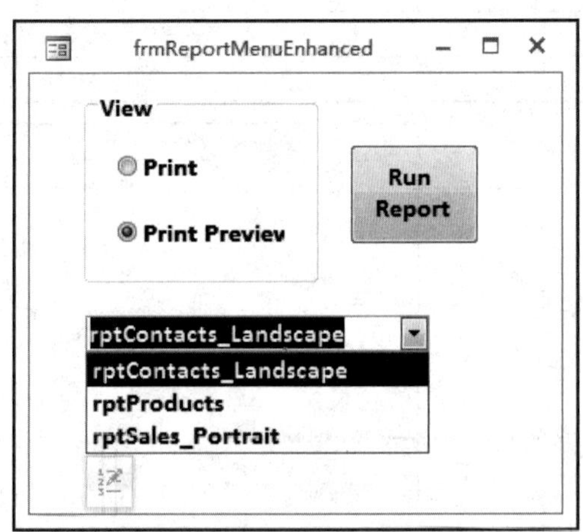

图 22.15　frmReportMenuEnhanced 使用组合框来选择要打开的报表

表 22.7 显示了 mcrReportMenuEnhanced 的条件、操作和操作参数(如图 22.16 所示)，它将打开三个报表中的一个。

表 22.7　mcrReportMenuEnhanced

条件	操作	操作参数	操作参数设置
	SetTempVar	名称	ReportName
		表达式	[Forms]![frmReportMenuEnhanced]![cboReport]
	SetTempVar	名称	ReportView
		表达式	[Forms]![frmReportMenuEnhanced]![fraView]
[TempVars]![ReportView]=1	OpenReport	报表名称	=[TempVars]![ReportName]
		视图	打印
		窗口模式	普通
[TempVars]![ReportView]=2	OpenReport	报表名称	=[TempVars]![ReportName]
		视图	打印预览
		窗口模式	普通
	RemoveTempVar	名称	ReportName
	RemoveTempVar	名称	ReportView

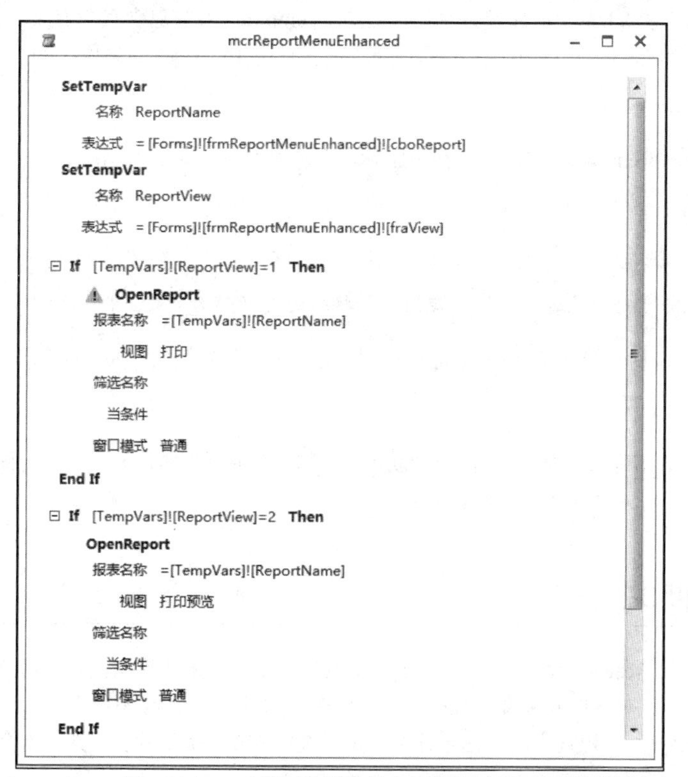

图 22.16　mcrReportMenuEnhanced 使用临时变量在打印视图或打印预览视图中打开报表

mcrReportMenuEnhanced 中的前两个 SetTempVar 操作基于 frmReportMenuEnhanced 上的 cboReport 和 fraView 来设置 ReportName 和 ReportView 临时变量的值。OpenReport 操作使用“条件”列中的临时变量，并将其用于 ReportName 参数。在使用临时变量作为参数的设置时，必须在表达式的前面使用等号(=)，如下所示：

```
=[TempVars]![ReportName]
```

该宏中仍存在两个 OpenReport 操作。某些参数(例如“视图”)不允许在表达式中使用临时变量。由于其中一个变量是报表的视图设置，仍需要使用“条件”列来确定打开报表所用的视图。

RemoveTempVar 的最后两行将临时变量 ReportName 和 ReportView 从内存中删除。由于这些变量将来可能不会在应用程序中使用，请务必将其删除，这一点非常重要。

可以使用临时变量存储值，以便稍后在宏或应用程序的任意位置使用。请记住，只能使用 255 个临时变量，因此，使用完后，不要忘记将它们从内存中删除。

22.6.3 在 VBA 中使用临时变量

可以开始使用宏自动执行应用程序了，但随着时间的推移，还可以开始使用 VBA 代码来自动执行功能以及向其他区域中添加功能。那么怎么处理已经使用宏实施的临时变量？实际上，不必丢弃它们，相反，可以直接在 VBA 代码中使用它们。

要在 VBA 中访问临时变量，请使用与宏中相同的语法，如下所示：

```
X = [TempVars]![VariableName]
```

如果没有在变量名称中使用空格，那么可省略方括号，如下所示：

```
X = TempVars!VariableName
```

使用上面的语法可为现有临时变量分配新值。唯一的不同是将临时变量放在等式左侧，如下所示：

```
TempVars!VariableName = NewValue
```

可使用 TempVars 对象在 VBA 中创建和删除临时变量。TempVars 对象包含三个方法，分别是 Add、Remove 和 RemoveAll。要创建新的临时变量并设置其值，请按照下面所示使用 TempVars 对象的 Add 方法：

```
TempVars.Add "VariableName", Value
```

使用 TempVars 对象的 Remove 方法可从内存中删除单个临时变量，如下所示：

```
TempVars.Remove "VariableName"
```

提示：
在 VBA 中添加或删除临时变量时，请记住使用引号将临时变量的名称括起来。

要从内存中删除所有临时变量，请使用 TempVars 对象的 RemoveAll 方法，如下所示：

```
TempVars.RemoveAll
```

创建的任何 VBA 变量都可以在宏中使用，反之亦然。在 VBA 中删除的任何变量将无法再在宏中使用，反之亦然。使用临时变量，宏和 VBA 代码不再需要彼此独立。

22.7 错误处理和宏调试

在 Access 2007 之前的 Access 版本中，如果某个宏中发生错误，该宏会停止执行，用户会看到一个效果不佳的对话框(如图 22.17 所示)，该对话框并未真正解释发生了什么。如果对 Access 不熟悉，那么在使用应用程序时很快就会感到不满意。在自动执行应用程序时，很多开发人员都选用 VBA 而不是宏，其中一个主要的原因就在于宏中缺少错误处理。

一个非常易于说明的常见错误是除数为 0 错误。对于接下来的示例，mcrDivision(如图 22.18 所示)包含两个使用 InputBox()函数设置的临时变量，分别是 MyNum 和 MyDenom，要求提供被除数和除数。MessageBox 操作在消息框中显示结果，即[TempVars]![MyNum] & " divided by " & [TempVars] ! [MyDenom]，而 RemoveTempVar 操作从内存中删除变量。

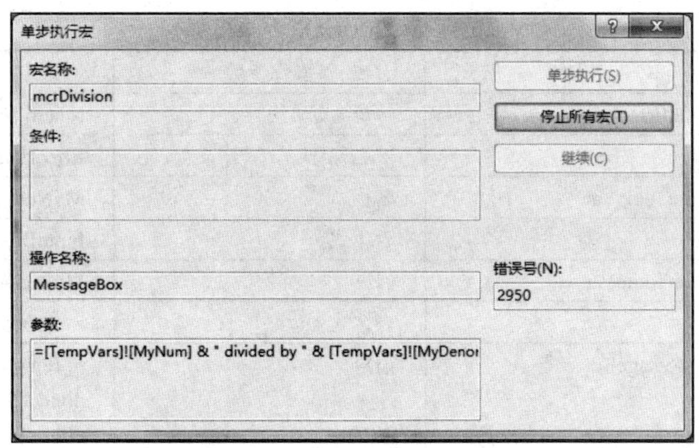

图 22.17　宏中的错误导致宏停止操作

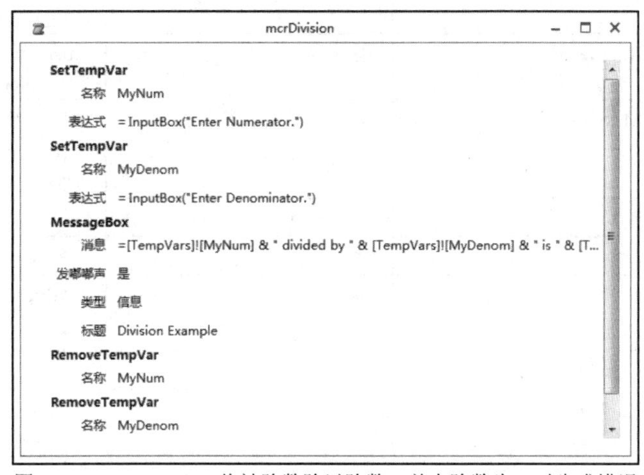

图 22.18　mcrDivision 将被除数除以除数，并在除数为 0 时生成错误

运行该宏，并为被除数输入 1，为除数输入 2，该宏将运行并显示一个消息框，指出 1 除以 2 的结果为 0.5。再次运行该宏，并在除数中输入 0，此时将发生除数为 0 错误，该宏将停止运行。如果没有错误处理，两个 RemoveTempVar 操作将不会运行，不会将临时变量从内存中删除。

如果在另一个宏(例如一系列动作查询)中发生错误，错误发生后的任何查询都不会运行。向宏中添加错误处理后，可选择在宏运行的情况下发生错误时执行什么操作。

22.7.1　OnError 操作

OnError 操作允许确定在宏中发生错误时执行什么操作。该操作有两个参数，分别是“转至”(GoTo)和“宏名称”(Macro Name)。“转至”参数有三个设置，而“宏名称”参数仅与其中的一个设置结合使用，如下所述：

- Next：该设置会在 MacroError 对象中记录错误的详细信息，但不停止宏。宏将继续执行下一个操作。
- Macro Name：该设置将停止当前宏，并运行 OnError 操作的“宏名称”参数中的宏。
- Fail：该设置停止当前宏，并显示一条错误消息。这与宏中没有错误处理的情况相同。

这些设置的 VBA 等效代码如下所示：

```
On Error Resume Next        'Next
On Error GoTo LABELNAME     'Macro Name
On Error GoTo 0            'Fail
```

要向宏中添加错误处理，最简单的方法是对第一个操作生成 OnError，并将“转至”参数设置为 Next。这将导致宏继续运行而不停止，但完全不清楚哪些操作运行，哪些操作不运行。

下面改为创建一个错误处理结构。表 22.8 显示了 mcrDivisionErrorHandling 的宏名称、操作和操作参数(如图 22.19 所示)。

表 22.8　mcrDivisionErrorHandling

子宏名称	操作	操作参数	操作参数设置
	OnError	转至	Macro Name
		宏名称	ErrorHandler
	SetTempVar	名称	MyNum
		表达式	InputBox("Enter Numerator.")
	SetTempVar	名称	MyDenom
		表达式	InputBox("Enter Denominator.")
	MessageBox	消息	=[TempVars]![MyNum] & " divided by " & [TempVars]![MyDenom] & " is " & [TempVars]![MyNum]/ [TempVars]![MyDenom]
	RunMacro	宏名称	mcrDivisionErrorHandling .Cleanup
ErrorHandler	MessageBox	消息	="The following error occurred: " & [MacroError]. [Description]
		发嘟嘟声	是
		类型	警告?
		标题	="Error Number: " & [MacroError].[Number]
	ClearMacroError		
	RunMacro	宏名称	mcrDivisionErrorHandling. Cleanup

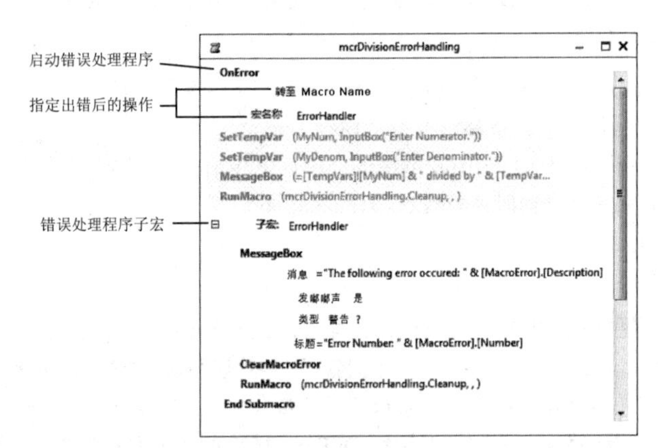

图 22.19　mcrDivisionErrorHandling 使用 OnError 操作显示一条用户友好的错误消息，并删除临时变量

宏中的第一个 OnError 操作让 Access 知道，当发生错误时要移到子宏 ErrorHandler。如果发生错误(输入 0 作为除数)，宏将停止并移到 ErrorHandler 子宏。ErrorHandler 子宏将显示一个消息框，使用 MacroError 对象(在下一节中介绍)在“消息”中显示错误的描述信息，并在“标题”中显示错误编号，使用的表达式如下。

```
[MacroError].[Description]
[MacroError].[Number]
```

在错误处理程序的消息框之后，ClearMacroError 操作将清除 MacroError 对象。RunMacro 操作将执行移到宏的 Cleanup 子宏。宏的 Cleanup 部分将删除临时变量。

注意：

宏错误处理中没有“继续”功能。如果想要在错误处理操作之后运行其他代码，就必须在错误处理子宏中使用 RunMacro 操作以运行另一个宏，或者在错误处理程序中放置操作。

RunMacro 操作还会显示在宏的主部分的 MessageBox 操作之后。由于使用了子宏，因此宏将在到达 ErrorHandler 子宏之后停止。为强制清除临时变量，请使用 RunMacro 操作运行 Cleanup 子宏。否则，需要在宏的主部分和 ErrorHandler 部分放置 RemoveTempVar 操作。

22.7.2　MacroError 对象

MacroError 对象包含最后一个宏错误的信息。它会一直保留该信息，直到发生新的错误，或者使用 ClearMacroError 操作将其清除为止。该对象包含大量只读属性，可以从宏本身或从 VBA 访问这些属性。这些属性如下：

- **操作名称**：这是在发生错误时运行的宏操作的名称。
- **参数**：发生错误时运行的宏操作的参数。
- **条件**：该属性包含发生错误时运行的宏操作的条件。
- **说明**：表示当前错误消息的文本，例如“被 0 除”或“类型不匹配”。
- **宏名称**：包含发生错误时运行的宏的名称。
- **错误号**：该属性包含当前错误编号，例如 11 或 13。

可使用 MacroError 对象作为调试工具或向用户显示消息，然后，用户可以将该信息转达给开发人员。甚至可将这些属性写入一个表中，以跟踪宏中发生的错误。在 If 操作中使用该对象可以自定义基于发生的错误执行的操作。当与 OnError 操作结合使用时，它可以提供其他功能，如处理错误、显示有用的消息以及为开发人员和用户提供信息。

22.7.3　调试宏

尝试在宏中指出要发生的操作可能会非常困难。相比于之前的版本，OnError 操作和 MacroError 对象使调试 Access 宏变得更加轻松。此外，还有其他工具和方法可以用于调试宏。在解决宏相关问题时，请使用下面的列表作为指导：

- **单步执行**：单击功能区的“宏工具”|“设计”选项卡上的“工具”组中的“单步”按钮可以启用单步执行模式。此时，运行宏(在设计模式下)时，“单步执行宏”对话框将被激活。在“单步执行宏”对话框(如图 22.20 所示)中，可在宏操作执行之前查看操作的宏名称、条件、操作名称、参数以及错误号。在该对话框中，单击“单步执行”可执行操作，单击“停止所有宏”将停止运行宏，而单击“继续”将完成宏，并禁用单步执行模式。

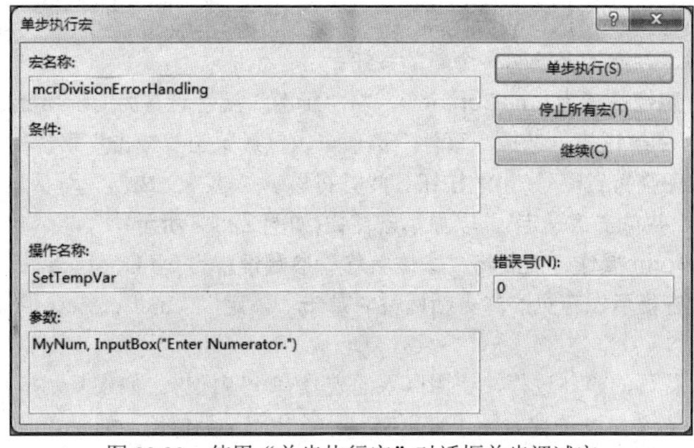

图 22.20　使用“单步执行宏”对话框单步调试宏

- **MessageBox**：使用 MessageBox 宏操作可以显示变量的值、错误消息、控件设置或者其他希望在宏运行时看到的内容。要查看窗体中一个组合框的值，请按下面所示设置“消息”参数：

```
[Forms]![frmReportMenuEnhanced]![cboReport]
```

- **StopMacro**：使用 StopMacro 操作可以停止执行宏。在宏中的任意点插入该操作即可在相应的点停止宏。将该操作与调试窗口结合使用可以检查值。
- **调试窗口**：使用调试窗口可在停止宏以后查看 MacroError 对象的任何值、临时变量或属性。在停止宏以后按 Ctrl+G 组合键可以显示代码窗口。只需要输入问号(?)以及想要检查值的变量或表达式的名称，然后按 Enter 键。下面列出一些在调试窗口中显示的表达式示例：

```
? TempVars!MyNum
? MacroError!Description
? [Forms]![frmReportMenuEnhanced]![cboReport]
```

这些方法与在调试 VBA 代码时使用的方法类似。可以单步调试代码的各个部分，暂停代码并在调试窗口中查看值，以及显示消息框，从而显示变量或发生的错误。当然，并不是所有工具都可用，例如查看变量和 Debug.Print，但至少具有新的 MacroError 对象能提供所需的信息，以弄清楚出错的地方。

交叉参考：
有关错误处理和调试 VBA 代码的更多信息，请参阅第 27 章。

22.8　嵌入的宏

嵌入的宏存储在事件属性中，是其所属的对象的一部分。当修改嵌入的宏时，不必担心可能使用该宏的其他控件，因为每个嵌入的宏都是独立的。嵌入的宏在“导航”窗格中不可见，只能通过对象的属性表进行访问。

举例来说，假定想向窗体中添加一个可以打开报表的命令按钮。可以使用全局宏(位于“导航”窗格中)打开报表，也可以向命令按钮中添加嵌入的宏。

嵌入的宏是受信任的。即使安全性设置阻止运行代码，它们也可以运行。使用嵌入的宏允许将应用程序作为受信任的应用程序进行分发，因为会自动阻止嵌入的宏执行不安全的操作。

使用嵌入的宏替代代码可以实现下面两件事情：

- 允许快速创建可以分发的应用程序。
- 允许不熟悉 VBA 代码的用户自定义使用向导创建的按钮。

要创建可打开 frmContacts 的嵌入的宏，请执行下面的步骤：

(1) 选择功能区上的“创建”选项卡，然后单击“窗体”组中的“窗体设计”按钮。

(2) 在功能区的“窗体设计工具”|“设计”选项卡上，取消选中“控件”组中的“使用控件向导”选项。对于此例，不希望使用向导来决定此按钮执行的操作。

(3) 单击“按钮”控件，在窗体上绘制一个新的按钮。

(4) 将按钮的“名称”属性设置为 cmdContacts，将“标题”属性设置为 Contacts。

(5) 显示 cmdContacts 的属性表，选择“事件”选项卡，然后单击“单击”事件属性。

(6) 单击生成器按钮，即带有省略号(...)的按钮。此时将显示“选择生成器”对话框(如图 22.21 所示)。

(7) 选择“宏生成器”，并单击“确定”，以显示宏窗口(如图 22.22 所示)。

(8) 向宏中添加 OpenForm 操作，然后将“窗体名称”参数设置为 frmContacts。

(9) 关闭嵌入的宏，并在提示保存更改并更新属性时单击“确定”。cmdContacts 的“单击”事件属性现在显示“[嵌入的宏]”。

相比于使用包含 VBA 代码的事件过程，使用嵌入的宏具有一些优势。如果复制按钮并将其粘贴到另一个窗体上，嵌入的宏会随之移动。不必通过单独的操作来复制并粘贴代码。类似地，如果在同一个窗体上剪切并粘贴按钮(例如，将其移动到“选项卡”控件上)，不必将代码重新附加到按钮。

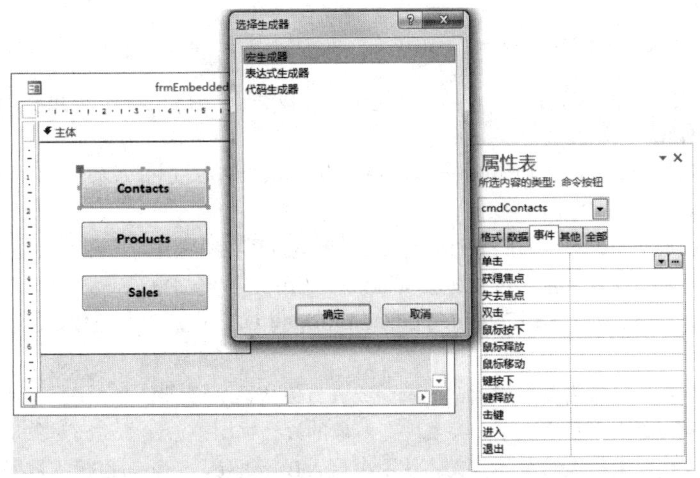

图 22.21　使用事件属性中的生成器按钮显示“选择生成器”对话框以创建嵌入的宏

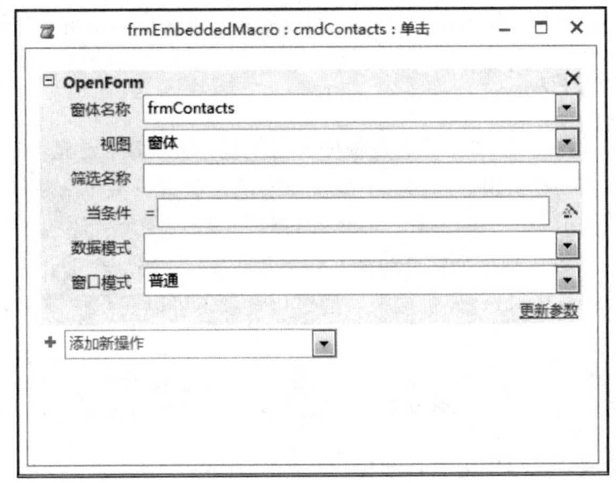

图 22.22　嵌入的宏没有名称。标题栏显示要在其中嵌入宏的控件和事件

嵌入的宏针对以前版本中的宏提供了另一项改进。如果使用嵌入的宏自动执行应用程序，并将窗体或报表导入另一个数据库中(或者仅是在同一数据库中复制控件)，就不用导入或复制关联的宏。通过使用嵌入的宏，所有自动化设置都会随窗体或报表一起移动。这使维护和构建应用程序变得更加轻松。

22.9　宏与 VBA 语句

在 Access 中，宏通常可以提供一种理想的方式来充分考虑许多细节，例如运行报表和窗体。通过使用宏，可以更快速地开发应用程序和分配操作，因为宏操作的参数会随宏一起显示(在宏窗口的下半部分)。不必记住复杂或困难的语法。

对于可通过 VBA 语句完成的某些操作，更适合使用宏来实现。下面的操作在宏中运行时效率更高：

- 通过动作查询针对整个一组记录使用宏，例如，操纵一个或多个表中的多条记录(例如更新字段值或删除记录)。
- 打开和关闭窗体。
- 运行报表。

> **注意：**
> VBA 语言提供了 DoCmd 对象，可以实现很多宏操作。在后台，DoCmd 会运行一个宏任务，以实现与宏操作提供的结果相同的结果。例如，可以指定 DoCmd.Close，以运行 Close 宏操作，并关闭当前活动的窗体。

22.9.1　在宏与 VBA 之间做出选择

尽管在某些情况下宏是理想的选择，但在其他情况下也可以选用 VBA 工具。当想要执行以下操作时，可能希望使用 VBA，而不是宏：

- **创建和使用自己的函数**。除了使用 Access 中的内置函数以外，还可以通过 VBA 代码创建和使用自己的函数。
- **使用自动化与其他 Windows 应用程序进行通信或者运行系统级操作**。可在采取某些措施之前先编写代码，以查看某个文件是否存在，也可以与其他 Windows 应用程序(例如电子表格)进行通信，来回传递数据。
- **使用外部 Windows 动态链接库(Dynamic Link Libraries，DLL)中的现有函数**。宏不允许调用其他 Windows DLL 中的函数。
- **一次处理一条记录**。如果需要单步调试记录，或者将值从记录移到变量以进行操作，应该使用代码。
- **创建或操纵对象**。绝大多数情况下，会发现在对象的设计视图中创建和修改对象是最轻松的。但某些情况下，可能希望在代码中操纵对象的定义。使用少量 VBA 语句，几乎可以操纵数据库中的所有对象，甚至包括数据库本身。
- **在状态栏中显示进度指示器**。如果需要显示进度指示器，以使用户了解进度情况，应该使用 VBA 代码。

22.9.2　将现有宏转换为 VBA

在习惯编写 VBA 代码后，可能希望将某些应用程序宏重新编写为 VBA 过程。在开始这一过程后，很快就会意识到检查各个宏库中的每个宏需要耗费巨大精力。不能仅将宏从宏窗口剪切并粘贴到模块窗口中。对于宏的每个条件、操作和操作参数，都必须分析其实现的任务，然后在过程中编写 VBA 代码的等效语句。

幸运的是，Access 提供了一种功能，可以自动将宏转换为 VBA 代码。在功能区的“设计”选项卡的“工具”组中，有一个“将宏转换为 Visual Basic 代码”按钮。通过该选项，可以在几秒钟内将宏转换为模块。

> **注意：**
> 只有显示在“导航”窗格中的宏可以转换为 VBA。嵌入到窗体或报表中的宏必须手动进行转换。

要尝试转换过程，请转换本章前面使用的 mcrHelloWorldEnhanced 宏。请按照下面的步骤执行转换过程：

(1) **单击“导航”窗格中的“宏”组**。

(2) **在设计视图中打开 mcrHelloWorldEnhanced 宏**。

(3) **单击“设计”选项卡上的“将宏转换为 Visual Basic 代码”按钮**。此时将显示“转换宏”对话框(如图 22.23 所示)。

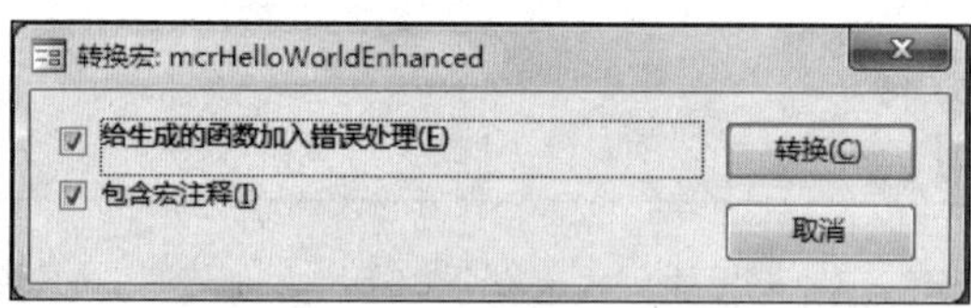

图 22.23　“转换宏”对话框

(4) **选择包含错误处理和宏注释的选项，然后单击“转换”**。当转换过程完成时，将出现 Visual Basic 编辑器(Visual Basic Editor，VBE)，并显示“转换完毕!”消息框。

(5) **单击“确定”关闭该消息框**。

(6) **在 VBE 中，从“视图”菜单中打开“工程资源管理器”(Ctrl+R)，并双击名为“被转换的宏 – mcrHelloWorldEnhanced”的模块**。代码和工程资源管理器如图 22.24 所示。

当为新模块打开 VBE 时，可以查看从宏创建的过程。图 22.24 显示了 Access 从 mcrHello WorldEnhanced 宏创建的 mcrHelloWorldEnhanced 函数。

在函数顶部，Access 针对函数的名称插入了 4 个注释行。在注释行的后面是 Function 语句。Access 使用宏库的名称(mcrHelloWorldEnhanced)为函数命名。

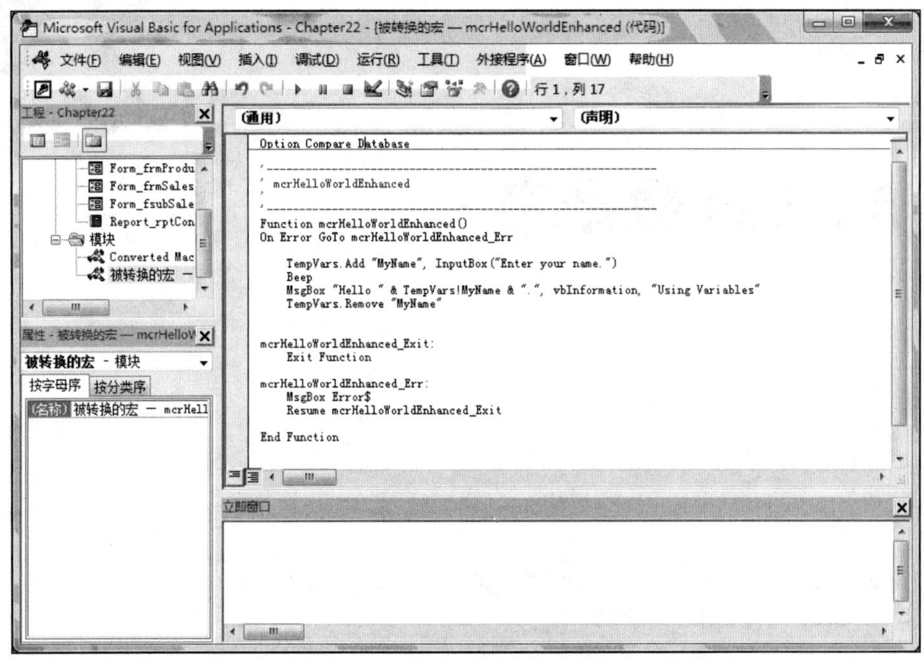

图 22.24 新转换的模块

当指定希望 Access 为转换包含错误处理时，Access 会自动插入 On Error 语句作为过程中的第一条命令。On Error 语句会指示 Access 分支到显示相应消息的其他语句，然后退出函数。

以 TempVars.Add 开头的语句是 Access 基于宏创建的实际代码。宏的每一行都将转换为一行 VBA 代码，其中包括 TempVars 对象、Beep 方法以及 MsgBox 函数。

如果是 VBA 初级用户并且想要了解代码，建议在开始时先将宏转换为模块。只需要保存宏和模块，然后查看 VBA 代码即可慢慢熟悉相应的语法。有了 Access 2019 中的宏功能后，用户更难决定是使用宏还是使用 VBA。

第**23**章

使用 Access 数据宏

本章内容：

- 创建数据宏
- 了解表事件
- 了解数据宏限制

长久以来，宏都被认为是 VBA 语句的小弟。尽管在很多情况下，VBA 与宏的功能是等效的，但在处理应用程序的逻辑方面，宏始终被认为要逊色于 VBA。

传统 Access 宏的问题非常明显，如下所述：

- **宏作为单独的数据库对象存在，因此，在特定窗体上有效地跟踪宏通常会比较困难**。由于窗体(这种情况下也可以是报表)与宏之间没有直接的连接，因此，很容易因为删除或重命名而破坏宏。VBA 代码封装在窗体的代码模块中，从来没有这种问题。
- **无法捕获或处理宏中的错误**。在 2007 之前的 Access 版本中，如果出现某些意外情况，宏只是停止运行并显示一个错误对话框。用户并不欢迎这种中断，更重要的是，绝大多数情况下，用户无法采取相应的措施来更正问题或者防止其再次发生。VBA 代码始终配备强大的错误处理功能，通常可以提供默认值，或者在出现问题时指示用户如何操作。
- **宏无法与代码结合使用**。例如，宏无法循环遍历某个记录集，以对字段值进行求和或检测超出范围的数据。VBA 代码非常适用于数据管理任务，包含针对记录集进行迭代需要的所有循环构造。

在 Access 2019 中，上述问题都已成为过眼云烟。现在，宏可以在执行过程中提供错误处理和临时变量。Access 2019 还提供了嵌入的宏。如第 22 章所述，嵌入的宏消除了宏始终位于其所服务的窗体或报表的外部这样的缺陷。第 22 章还说明了 Access 2019 中的宏允许捕获错误。

本章将具体介绍数据宏，这种宏进一步证明 Access 2019 中的宏比以往的任何版本都更能吸引用户。

> Web 内容
> 本章中练习的起始数据库是 Chapter23.accdb，可以从本书对应的 Web 站点下载。

交叉参考：

如果之前没有阅读前面第 22 章的内容，现在应该仔细学习一下。那一章介绍了一些重要的基础知识，掌握它们才能更好地理解本章的术语和功能。

23.1 数据宏简介

数据宏是附加到表的逻辑，用于在表级别实施业务规则。在某些方面，数据宏与验证规则类似，只不过验证规则的智能性要差很多。验证规则不能修改数据或者确定所需的更正措施。具体地说，提供数据宏旨在表级别管理面向数据的活动。

使用数据宏的目的是更容易确保在应用程序中实现一致的数据处理。由于数据宏是在表级别应用的，因此，每次更新表数据时发生的操作完全相同。尽管可用于数据宏的操作子集要比标准宏小得多，但是如果精心设计和实施，数据宏可以为 Access 应用程序添加强大的功能。

> **注意：**
> 数据宏在拆分数据库应用程序(在这种应用程序中，表的位置与窗体、报表并不相同，而是存储在单独的 Access 文件中)中特别方便。由于宏附加到表，因此，即使有人按照不同于设计的前端应用程序的方式链接到表，仍可以继续工作。

23.2　了解表事件

存在五种不同的表事件，分别是“更改前”“删除前”“插入后”“更新后”以及“删除后”。

要在功能区中查看这些事件，请启动 Chapter23.accdb 数据库并在数据表视图中打开 tblProducts 表。在功能区上，将看到一个“表”选项卡。选择该选项卡，将看到图 23.1 中所示的事件：“更改前”“删除前”“插入后”“更新后”以及“删除后”。

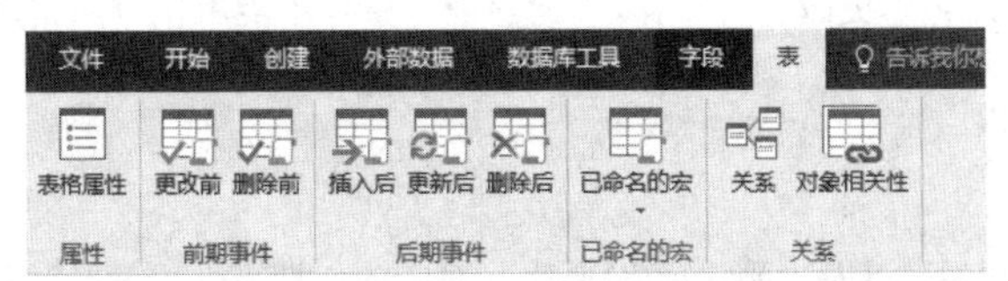

图 23.1　当处于数据表视图中时，每个 Access 表都包含 5 个面向数据的事件，可供选择

这些事件被指定为“前期事件”和“后期事件”。“前期事件”发生在对表数据进行更改之前，而“后期事件”表示已经成功地完成了更改。

23.2.1　前期事件

前期事件(“更改前”和“删除前”)非常简单，仅支持一小部分宏操作。它们支持程序流构造(Comment、Group 和 If)，并且仅支持 LookupRecord 数据块。它们提供的宏数据操作仅包括 ClearMacroError、OnError、RaiseError、SetLocalVar 和 StopMacro。

“更改前”事件类似于附加到窗体、报表和控件的“更新前”事件。顾名思义，“更改前”事件将在用户、查询或 VBA 代码更改某个表中的数据之前触发。

“更改前”事件可在当前记录中查看新值，并根据需要进行更改。默认情况下，“更改前”或“删除前”数据宏中对某个字段的引用会自动指向当前记录。

“更改前”提供了一个很好的机会，可在将值提交到表之前对用户输入进行验证。图 23.2 显示了一个简单示例。在该示例中，tblProducts_BeforeChange 中 Description 字段的默认值设置为 Description。如果用户在向该表添加新记录时未能更改 Description 字段，“更改前”事件会将该字段更新为“Please provide description”。

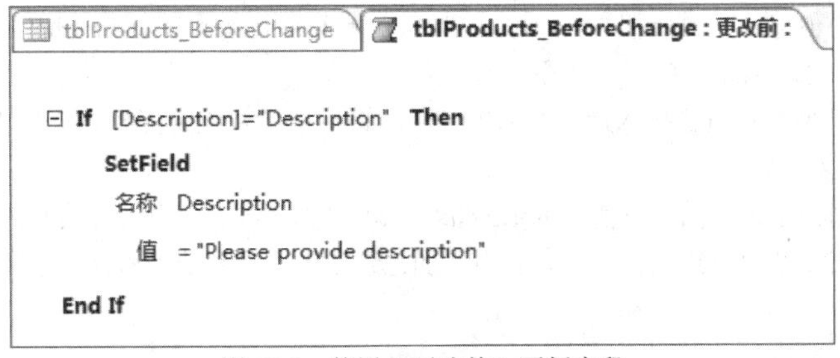

图 23.2　使用“更改前”更新字段

“更改前”事件不能通过显示消息框来中断用户操作，或者停止在基础表中更新记录。“更改前”事件只能在表中添加或更新记录之前，设置某个字段的值或者设置某个局部宏变量的值。

当用户更新现有记录以及向表中插入新记录时，都会触发“更改前”事件。Access 提供了 IsInsert 属性，告诉宏当前更改是插入新记录产生的结果，还是由于更新记录引起的。

图 23.3 显示了如何在 If 块中使用 IsInsert，以确保“更改前”事件作为向表中插入新记录的结果触发。

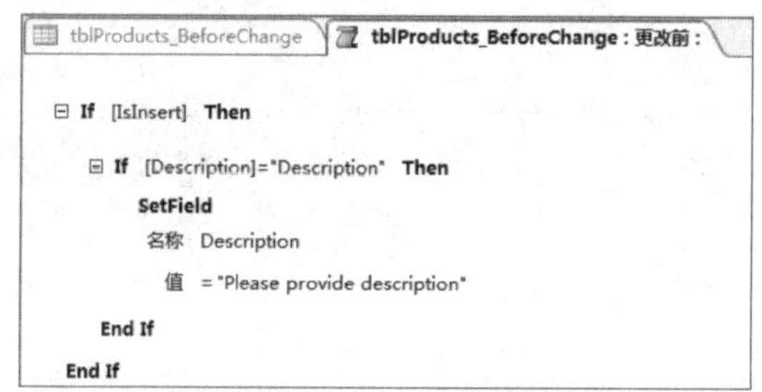

图 23.3　使用 IsInsert 确定“更改前”事件是否作为添加新记录的结果触发

图 23.3 还说明程序流块(例如 If)可以嵌套。外部的 If 块将检查 IsInsert 的值，而内部的 If 块根据条件设置 Description 字段的值。

“删除前”事件几乎在每个方面都与“更改前”事件类似，因此这里不再提供相应的示例。使用“删除前”可以验证与删除操作对应的条件。与“更改前”一样，“删除前”事件不能阻止删除记录，但它可以在满足特定条件的情况下设置局部变量或者引发错误。

23.2.2　后期事件

后期事件(“插入后”“更新后”以及“删除后”)要比其对应的前期事件更健壮。其中的每个事件都支持全系列的数据宏操作(DeleteRecord、SetField 和 SendEmail 等)，因此，可能会频繁地使用这些事件作为数据宏的基础。

图 23.4 显示了“插入后”事件的一种典型用法。只要向某个表中添加新记录，便会触发“插入后”事件。新记录已经提交到表，“插入后”用于更新 tblProductActivityLog 表。

图 23.4　使用“插入后”向 tblProductActivityLog 中添加记录

注意，在图 23.4 中，数据块中的代码将更新 tblProductActivityLog 中的三个字段(ProductActivity、ProductID 和 ProductDescription)。ProductID 是 tblProducts_AfterInsert 中的一个自动编号字段。数据块已经将记录添加到表中，因此，新记录的 ProductID 值对该数据宏可用。所以，当 SetField 宏操作更新 tblProductActivityLog 中的 ProductID 字段时，新产品记录的 ID 将成功添加到日志表中。

只要向表中添加记录，便会运行“插入后”数据宏。可以将类似的数据宏添加到表的“更新后”以及“删除后”事件以记录对表所做的其他更改。

后期事件最有用的方面在于，它们可以使用 ForEachRecord 宏块针对表或查询提供的记录集进行迭代。这种功能使这些事件非常适合扫描表以获得一致性、向日志表中添加记录或者执行其他一些计算密集型更新。

23.3　使用宏设计器处理数据宏

数据宏使用的宏设计器与创建嵌入的宏和用户界面宏所用的设计器相同。在掌握了宏设计器的操作方法后，可使用它来进行所有宏开发和宏管理。主要差别在于，根据特定的上下文，操作目录(详见下一节)会包含不同的操作。

向表中添加数据宏非常简单。实际上，Access 表甚至不必处于设计视图，可以根据自己的意愿为数据表添加数据宏。为表构造的数据宏将立即生效，因此，可以轻松地处理宏，并观察该宏是否能够很好地工作，而不必编译或在设计视图与数据表视图之间进行切换。

在 Chapter23.accdb 数据库中，首先在数据表视图中打开 tblProducts 表。在功能区上，选择“表”选项卡，会显示图 23.1 中所示的事件。

双击“更新后”命令将打开宏设计器(如图 23.5 所示)。至少在最初，没有很多可以查看的内容。

左侧较大的空白区域是宏设计区域。在这里，可以放置宏操作。右侧是操作目录，它是一个层次结构列表，其中包含当前可用的所有宏操作。当前正在编程的表事件显示在 Access 主窗口标题以及宏设计区域上方的选项卡中。

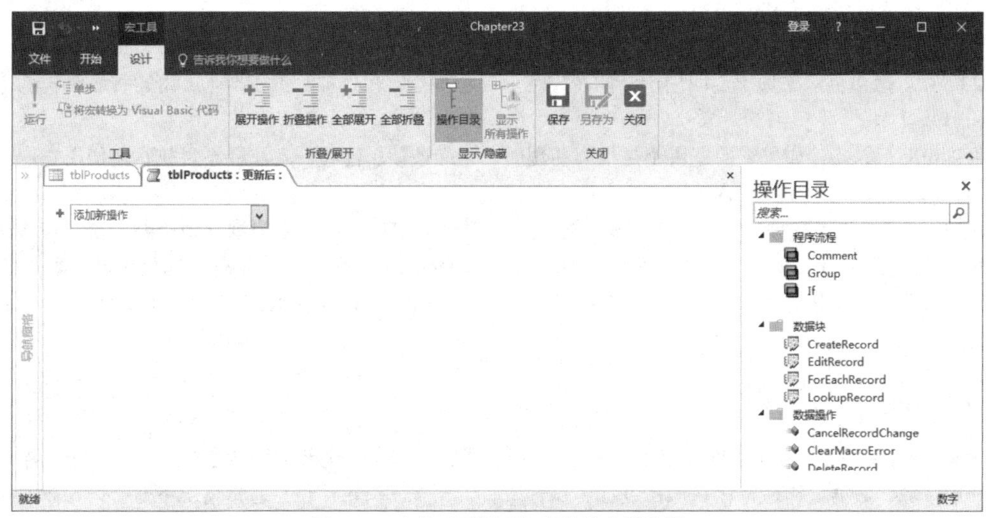

图 23.5　表的“更新后”事件的宏设计器

当某个宏在设计区域中打开时，功能区中包含在处理该宏时使用的一些工具。注意，可以折叠或展开宏部分，保存当前正在构造的宏，关闭宏设计器。

注意，图 23.6 中显示的功能区与处理嵌入的宏或标准宏时看到的功能区完全相同。但某些选项不可用。例如，“工具”组中的所有选项都处于灰显状态。这是因为，数据宏不提供单步处理宏操作或转换为 VBA 代码的选项。数据宏应该比较简短，不能太大或者过于复杂。

顺便说一下，如果表处于设计视图中，则可以通过从“设计”选项卡中选择“创建数据宏”命令来访问数据宏设计器(参见图 23.6)。

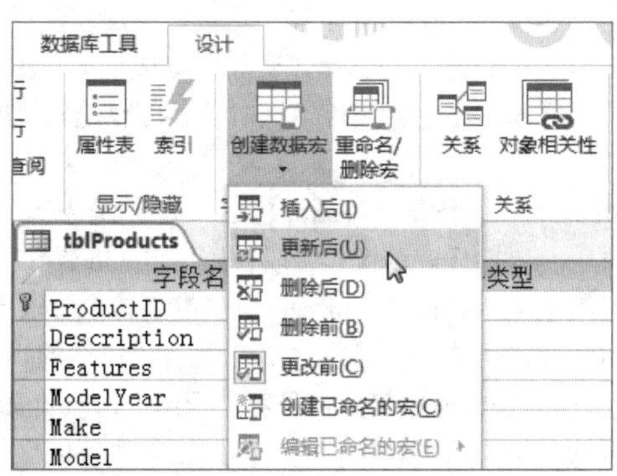

图 23.6　当表处于设计视图中时选择某个表事件

在上述任何一种情况下，都将打开宏设计器，如图 23.5 所示。当使用 Access 选项卡式界面时，表的名称和选定的事件将显示在宏设计器的选项卡中。如果选择重叠窗口界面，该信息将显示在 Access 主窗口的标题中。

在图 23.6 中，请注意“创建已命名的宏”选项。已命名的宏就像附加到表事件的数据宏一样。唯一的差别在于，已命名的宏可以“自由浮动”，而不是具体地绑定到某个特定的事件。已命名的宏要求从事件宏中调用，通常用于实现某个表的各个字段通用的逻辑。考虑前面所述的业务规则。如果表中的多个数据宏都会更改某一产品的批发成本，那么可能创建一个已命名的宏，用于处理 RetailPrice 字段更新。然后，该表的其他任何数据宏都可以调用该已命名的宏，以便该表中的每个宏按照相同的方式处理更新。

23.4　了解操作目录

宏设计器右侧的操作目录将作为添加到数据宏中的宏操作的存储库。操作目录的内容完全取决于选择的是哪个表事件，因此，当使用 Access 宏时，其外观会有很大的差异。

23.4.1　程序流程

在图 23.5 中，操作目录的顶部是应用于宏的特定程序流程构造。在处理数据宏时，可用的程序流程构造仅包括注释、组和 If 块。

注释可以帮助记录宏，如果宏的逻辑不是很容易理解，则应该使用注释。宏注释不可执行，使用它们只是为了提供相应的文本来描述宏中的操作内容。

组(也称为宏组)提供了一种方式将多个宏操作封装为一个命名实体。可在宏中独立地折叠、复制和移动组。但是，宏组不是可执行的单元。实际上，它只是为了提供一种便捷的方式来建立宏操作块，以简化宏设计器中的宏视图。

If 块可以向宏中添加分支逻辑。其他章节介绍了很多有关 VBA If...Then...Else 构造的示例，宏的 If 块并没有什么不同之处。

23.4.2　数据块

如果回头来看图 23.5，将在“程序流程”构造下看到“数据块”。每个数据块构造都包括一个用于添加一个或多个宏操作的区域。数据块构造将在其操作过程中执行所有宏操作。换句话说，通常情况下，会设置想要执行的数据块(例如 EditRecord)，然后在该块中添加想要执行的操作。

数据块也可能会嵌套。例如，可以设置 ForEachRecord，然后运行 CreateRecord 块，以向另一个表中添加记录，该表包含 ForEachRecord 返回的记录中的数据。

数据块宏操作包括：

- CreateRecord：CreateRecord 操作提供了一种向当前表(很少有这种情况)或另一个表(这种情况更为典型)中添加记录的方式。使用 CreateRecord 的一个示例是构建对 tblProducts 表进行的所有更改的日志。CreateRecord 宏操作可以向某个表中添加新记录，使用当前表传递的数据填充该记录中的字段。之所以通常情况下不使用 CreateRecord 向当前表中添加记录，原因在于可能会出现递归。向当前表中添加新记录会触发诸如“插入后” (创建本章前面的内容)的事件，这可能会反复运行 CreateRecord 操作。
- EditRecord：顾名思义，EditRecord 提供了一种更改当前表或另一个表中某条现有记录的内容的方式。适合使用 EditRecord 的情况包括在某种产品售出或退回时调整库存级别，或者在提供了数量字段的情况下计算销售税或运送成本。
- ForEachRecord：**ForEachRecord 操作是一种循环构造**。如果给定表或查询的名称，ForEachRecord 可以针对记录集中的每条记录执行一项操作。该操作可以使用 SetField 操作(参见下一节)进行更新，复制数据，或针对记录集中的数据执行数学运算。ForEachRecord 块中包含一个宏操作，以便指定希望该块执行的操作。并且，可以在 ForEachBlock 中堆叠多个宏操作，以执行更复杂的操作。
- LookupRecord：**LookupRecord 操作非常简单，且容易理解**。LookupRecord 返回在某个表中找到的一条记录，并提供一个宏操作区域，用于指定希望针对返回的记录执行的操作。

注意：

仅当构建后期宏事件时，CreateRecord、EditRecord 和 ForEachRecord 块才可用。这意味着只有创建“插入后”“更新后”和“删除后”数据宏时，它们才可用。前期事件应该非常快速，且是轻量级的，因此，它们不会提供 CPU 密集型操作，例如添加新记录或编辑记录。

23.4.3　数据操作

操作目录中的下一组操作是数据操作，它们是数据宏可以采取的操作。如前所述，数据宏由一个或多个操作组成，这些操作可以作为单个单元执行以响应某个表事件。需要对数据宏可用的宏操作的多样性有很好的了解。

下面列出各种可用的数据宏操作：

> **注意：**
> 并不是下面所有操作都可以用于每个表事件。“更改前”和“删除前仅支持下面的部分操作，因为很多操作都是计算密集型的(例如更新或添加记录)，而前期事件应该非常快速，并且是轻量级的。

- DeleteRecord：顾名思义，DeleteRecord 用于删除表中的记录(不需要用户确认)。显而易见，使用 DeleteRecord 时必须格外谨慎，以防从应用程序中删除有价值的数据。DeleteRecord 的一种典型用法是作为存档操作的一部分，其操作过程是，将某个表中的数据复制到另一个表(可能是一个链接的 SQL Server 表)中，然后将其从当前表中删除。
- CancelRecordChange：EditRecord 和 CreateRecord 对记录所做的更改都是不可取消的。将 CancelRecordChange 与一个 If 块结合使用，允许数据宏在将通过 EditRecord 和 CreateRecord 所做的更改提交到数据库之前取消这些更改。
- ExitForEachRecord：ExitForEachRecord 会循环遍历从某个表或查询返回的记录集，使数据宏可以对记录集的数据进行更改，或者扫描数据以寻找“感兴趣”的值。很多情况下，数据宏可能需要在运行到其记录集的结尾之前从 ForEachRecord 循环中退出。例如，请考虑一个在表中搜索特定值的数据宏，在找到该值以后，便不必继续执行循环。通常情况下，ExitForEachRecord 将作为 If 块(也参见下一节)的一部分执行，且仅当满足特定条件时才会执行。
- LogEvent：每个 Access 2019 应用程序都包含一个隐藏的 USysApplicationLog 表(通过其名称中的 USys 前缀便可以判断出该表是隐藏的)。USysApplicationLog 用于记录数据宏错误，也可以用于记录其他信息。具体地说，LogEvent 宏操作就是设计用于从数据宏向 USysApplicationLog 中添加一条记录。USysApplicationLog 中可以使用 LogEvent 编写的唯一字段是 Description，这是一个备注型字段。USysApplicationLog 中的其他字段(Category、Context、DataMacroInstanceID、ErrorNumber、ObjectType 和 SourceObject)都是由宏本身提供的。
- SendEmail：显而易见，该宏操作将使用默认的 Windows 电子邮件程序(通常为 Outlook)发送一封电子邮件。SendEmail 的参数是 To、CC、BCC、Subject 和 Body。SendEmail 在特定情况下非常有用，例如在出现某种错误条件时，或者在某种产品的库存级别降到特定阈值以下时，自动发送一封电子邮件。
- SetField：SetField 操作更新表中某个字段的值。SetField 的参数包括表和字段名称，以及要分配给相应字段的新值。SetField 不可用于“更改前”和“删除前”表事件。
- SetLocalVar：Access 2019 宏可以使用局部变量将值从某个宏的一部分传递到另一部分。例如，可能具有这样一个宏，该宏在某个表中查找特定的值，并将该值作为变量传递到下一个宏操作。SetLocalVar 是一个多用途的变量声明和赋值操作，可以创建变量并为其赋值。
- StopMacro：StopMacro 操作会中断当前正在执行的宏，使其终止并退出。在绝大多数情况下，该操作都会与 If 数据块结合使用，或者在 OnError 宏操作的目标中使用，StopMacro 操作没有任何参数。
- StopAllMacros：该宏操作与 StopMacro 类似，只不过该操作适用于当前正在执行的所有宏。宏可能会异步运行，因为表事件可能一次启动多个宏，或者某个宏可能在其执行过程中调用已命名的宏。
- RunDataMacro：该宏操作非常简单。该操作的唯一参数是 Access 运行的另一个数据宏的名称。某些情况下，特定数据宏执行的某些任务可能会对另一个数据宏非常有用，此时可以使用 RunDataMacro 操作。不必重复宏的操作，只需要调用该宏，并允许它作为单个操作来执行其操作，这样更简单。
- OnError：OnError 宏操作是 Access 宏错误处理的核心。OnError 是一个指令，告诉 Access 在宏执行过程中出现错误时应该如何操作。第一个参数(GoTo)是必需的，可以设置为 Next、Macro Name 或 Fail。Next 指示 Access 只需要忽略错误，并继续执行导致错误的操作之后的宏操作。

  除非在数据宏中放置另一个 OnError，否则 OnError GoTo Next 将指示 Access 忽略数据宏中的所有错误，并继续执行，而不管发生什么错误。Macro Name 指令指定在出现错误时希望跳转到的宏。Macro Name 的目标是一个已命名的宏，它只不过是未附加到表事件的宏操作的集合。Macro Name 的目标可以是当前表中的一个已命名的宏，也可以是另一个表中的已命名的宏。

- RaiseError：RaiseError 宏操作会将错误向上传递到用户界面层。例如针对"更改前"事件使用 RaiseError，以在将数据提交到数据库之前对其进行验证。RaiseError 会将错误编号和说明传递到应用程序，并将错误详细信息添加到 USysApplicationLog 中。
- ClearMacroError：通过 RaiseError 宏操作或 OnError GoTo 宏操作对错误进行处理以后，ClearMacroError 将重置宏错误对象 MacroError，并使 Access 准备好处理下一个错误。

23.5 创建第一个数据宏

对宏设计器和操作目录有一定的了解后，接下来可以创建第一个数据宏。

对于该练习，假定公司针对其产品使用 66%的标准利润加价。这意味着，将某种产品的批发成本乘以 1.66 即可得出单个产品的默认售价。公司发现，在使用 66%的利润加价的情况下，即使针对精选购买者提供批量折扣、特价销售以及大力度的折扣，仍然可以确保有利可图。

需要使用数据宏解决的问题是在产品的成本发生更改时更新该产品的零售价。尽管通过 Access 窗体的代码或宏可以非常轻松地完成该操作，但我们需要考虑的是在很多不同的窗体中产品成本可能需要更改的情况下会出现的问题。这种情况下，需要在多个不同的地方添加同样的代码或宏，增加了开发和维护成本。此外，始终存在这样的可能：公司可能会决定采用不同的方式来设置其产品的默认零售价，导致一个或多个窗体未能更新。

例如，使用直接附加到 tblProducts 表的数据宏，可以简化应用程序中窗体和报表的开发和维护过程。由于业务规则(将成本乘以 1.66)是在数据层实施的，因此，使用 tblProducts 表数据的每个窗体、报表和查询都会因该数据宏而受益。

> **Web 内容**
> 如果还没有打开本练习对应的数据库 Chapter23.accdb，现在需要立即将其打开，该数据库可以从本书对应的 Web 站点上下载。

(1) 在数据表视图中打开 tblProducts 表。

(2) 在功能区上选择"表"选项卡，然后选择"更改前"事件。此时，Access 将激活宏设计器。

(3) 双击 Group 程序流程操作，或将其拖动到宏的设计界面上。在这里，将创建一个新的宏组。为该宏组提供一个名称，如图 23.7 所示。

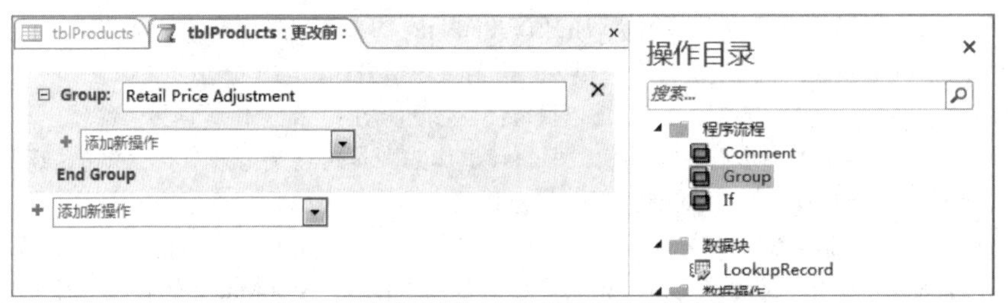

图 23.7　向宏中添加一个组并为其提供名称

(4) 在新创建的组中，双击 Comment 程序流程操作，以在宏的设计界面上放置一段注释。通过该注释，输入一些用户友好的文本，用于描述在此处执行的操作(参见图 23.8)。

(5) 现在，双击 If 程序流程操作，以在宏的设计界面上放置一个新的逻辑检查。如图 23.9 所示，对 Cost 字段求值，以确保对应的值大于 0。该检查将确保仅当满足指定的条件时，才会触发宏的其余部分。

> **注意：**
> 在 If 块的右下角包含一些用于向 If 块中添加 Else 或 Else If 的选项。可以使用这些选项来扩展 If 块，以便包含想要在同一 If 块中检查的其他条件。

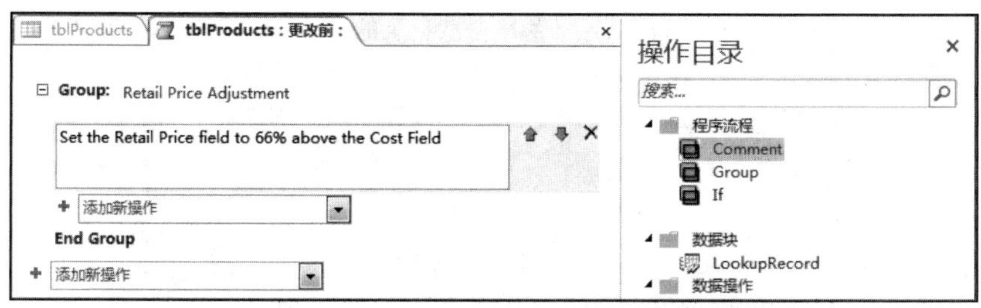

图 23.8 添加一段注释来描述在该宏中执行的操作

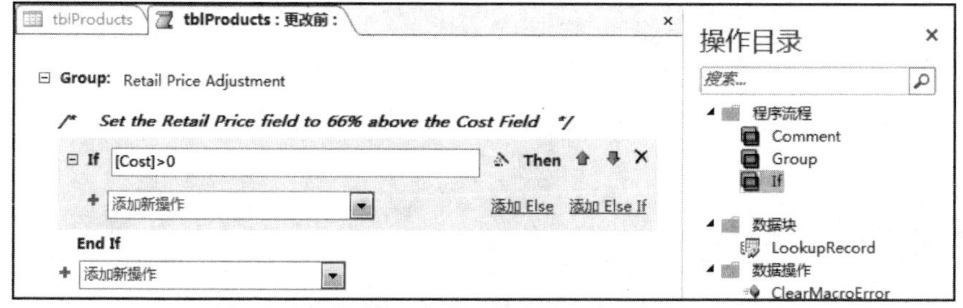

图 23.9 If 块将基于提供的逻辑按照条件执行宏操作

(6) 如果指定的条件求解为 True，就要编辑记录。这种情况下，双击 SetField 操作将其添加到 If 块。这里，需要确定想要编辑的字段以及想要使用的值。如图 23.10 所示，要将[RetailPrice]字段设置为[Cost]*1.66 返回的值。

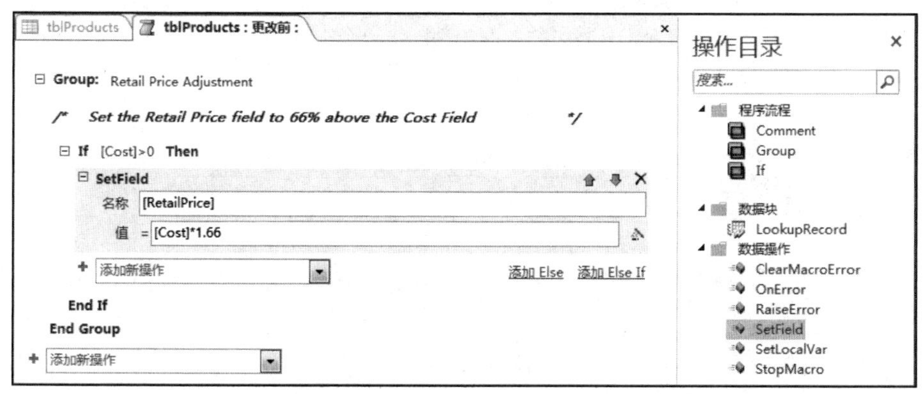

图 23.10 添加 SetField 操作会指示 Access 在满足指定的条件时更改记录

(7) 此时，宏的逻辑已经完成。最后一步是单击“保存”命令，最终完成数据宏(参见图 23.11)。

图 23.11 单击“保存”，最终完成该宏，并使其生效

要对该宏进行测试，只需要打开 tblProducts 表，并在任意记录的 Cost 字段中输入一个正值(如图 23.12 所示)。RetailPrice 字段将根据刚刚创建的“更改前”数据宏提供的操作自动进行计算。

tblProducts

RetailPri	Cost	VendorID	PictureNumt
$19.99	$11.99	3	92508
$23.14	$13.88	4	92588
$27.99	$16.79	6	73121
$166.00	100.00	9	73150
$33.00	$19.80	12	61029
$27.99	$16.79	5	92248
$27.99	$16.79	7	73164

图 23.12　输入正值成本将立即自动更新 RetailPrice 字段

再次强调一下，即使编辑是通过 Access 窗体做出的，该数据宏仍将完全有效。

23.6　管理宏对象

此时，应该对宏设计器的工作方式有了深入了解。本节将深入探讨用于对添加到宏设计中的宏对象进行管理的一些选项。

23.6.1　折叠和展开宏项目

注意，在图 23.11 中，设计器中每个宏条目名称的左侧都附带一个折叠/展开按钮。通过这些按钮，可以查看或隐藏宏的各个部分。在图 23.13 中显示了与前面相同的宏，但“组”级别处于折叠状态。

如果需要查看较大的宏，并且希望每次仅查看宏的一个子集，那么折叠项目会非常有帮助。注意，也可以使用功能区中的“折叠/展开”命令。

图 23.13　可以折叠和展开宏条目，以简化宏设计器的界面

23.6.2　移动宏条目

有时必须更改放在宏中的各个操作的顺序。Access 提供了多种方法来调整宏设计器中的条目。

可以在宏中复制和粘贴宏条目(块、操作等)。只需要单击任意给定的宏条目并分别按 Ctrl+C 或 Ctrl+X 组合键，即可复制或剪切相应的条目，然后将光标放在宏设计器中的另一个位置，并按 Ctrl+V 组合键。

或者，也可以使用鼠标将宏条目拖动到某个新位置。该过程需要一定的技巧，因为很容易拖动错误的条目而使其离开其正确的位置。请小心地将鼠标指针放在目标条目顶部附近，单击鼠标左键，然后将相应的条目拖动到其新位置。

Access 还提供了便捷的向上和向下箭头(参见图 23.14)，可以快速将任何宏条目移动到所需的位置。

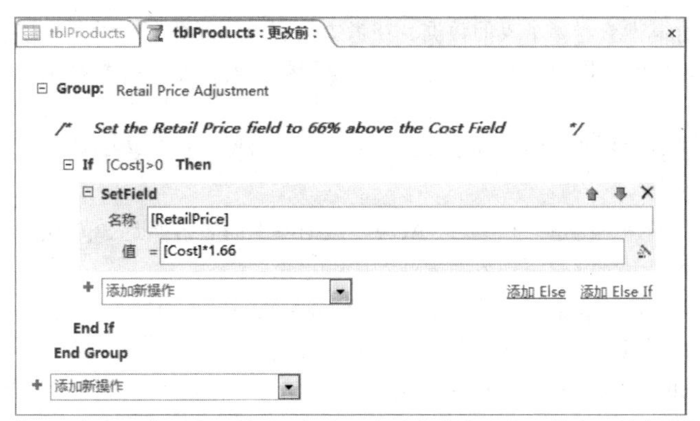

图 23.14　可通过以下方式更改宏条目的顺序：使用目标条目旁边的向上和向下箭头、单击并拖动条目或者复制并粘贴

23.6.3　将宏保存为 XML

Access 数据宏的一个完全隐藏的功能是从宏设计器中复制它们，然后将其以 XML 形式粘贴到文本编辑器中。Access 在内部将宏存储为 XML 格式，复制宏实际上就是复制其 XML 表示形式。

需要将宏保存为 XML 的原因有多种，如下所述：

- **通过电子邮件将宏发送给其他人**。
- **将宏存档为备份**。由于每个表只能包含每个事件宏(例如“更新后”)的一个副本，因此，无法通过一种简单的方式在着手对宏的逻辑进行更改之前留出宏的一份副本。

图 23.15 显示的是将图 23.14 中的同一个宏粘贴到 Windows 记事本后的 XML 表示形式。

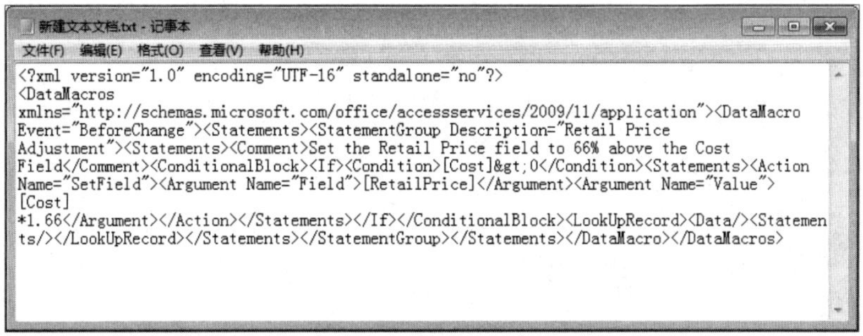

图 23.15　将宏保存为 XML 格式

要获取 XML 表示形式，只需要进入宏设计器，按 Ctrl+A 组合键选择所有操作，然后按 Ctrl+C 组合键复制所有操作。现在，可以将其粘贴到电子邮件、记事本或其他一些文本编辑器中。

保存在文本文件中的 XML 可以直接粘贴到宏设计器界面中，Access 将像平常一样显示它。此处的粘贴操作与 Word 或纯文本编辑器中的粘贴操作完全一样。粘贴的宏操作将精确显示在粘贴操作启动时光标所在的位置。

23.7　了解数据宏的限制

数据宏尽管功能非常强大，但并非无所不能。例如，数据宏完全没有用户界面。数据宏无法显示消息框，无法打开窗体或报表。通过数据宏与用户界面进行通信的功能受到很大的限制，因此，不能使用数据宏向用户通知表中数据存在的问题或者对数据所做的更改。显示用户界面(例如消息框)会对性能产生严重的影响，特别是在执行批量更新或插入的过程中。数据宏应该以不可见的方式运行，才能实现最高的性能。

数据宏直接附加到 Access 表，而不是各个字段。如果在某种情况下，必须监控或更新多个字段，宏可能会变得非常复杂。使用 If 块构造是一种非常好的方式，可以根据条件执行宏语句的各个块。

宏设计器一次仅支持一个宏。必须先到达当前宏上的某个停止点，然后才能将其关闭，并打开另一个数据宏。

类似地，宏设计器是模式化的。不能在未关闭并保存(或不保存)当前宏的情况下退出宏设计器。这种限制使得在处理某个数据宏的逻辑时很难查看某个表的数据。在考虑向表中添加数据宏时，应该一如既往地进行认真规划。

在拆分数据库范式中，数据宏执行并非发生在后端。尽管数据宏存在于后端数据库的表中，但数据宏仅在前端执行。

数据宏不能针对多值字段或附件字段进行操作。如果使用逻辑控制这些数据类型非常重要，那么必须使用传统的用户界面宏或 VBA 代码。

在链接表上不支持 Access 2019 数据宏。如果 Access 数据库中的表链接到 SQL Server，那么不能为该表编写数据宏。为实现此目的，必须使用传统的用户界面宏或 VBA 代码。

数据宏不能调用 VBA 过程。数据宏的一个主要目标是在将 Access 应用程序升迁到 Web 应用程序时使其可以移植到 SharePoint 上。对 VBA 过程进行的任何调用肯定会失败，因为在 SharePoint 环境中无法将 VBA 转换为 JavaScript。尽管 Access Web 应用程序已经被弃用，不能再创建它，但是数据宏仍然不能调用 VBA 过程。

数据宏不支持事务。每个字段和记录更新都会立即执行，并且无法回滚多个表更改。

最后，数据宏与 Access 2010 之前的版本不兼容。Access 2007 应用程序(安装了 Service Pack 1)可以打开和读取、但不能写入包含数据宏的表。

第24章

Access VBA 入门

本章内容：

- 使用 VBA
- 介绍 VBA 术语
- 了解 VBA 代码基础知识
- 创建第一个过程
- 添加分支构造
- 了解循环构造
- 了解对象和集合
- 探索 Visual Basic 编辑器

绝大多数 Access 开发人员都时常用到宏。尽管宏提供了一种简捷的方式来自动执行应用程序，但是，若要创建应用程序，最佳方式还是编写 Visual Basic for Applications (VBA)模块。VBA 提供了数据访问、循环和分支以及宏不支持的其他一些功能，或者至少在使用宏时无法提供大多数开发人员所需的灵活性。本章学习如何使用 VBA 来扩展应用程序的功能和实用性。

Web 内容

请从本书对应的 Web 站点下载数据库文件 Chapter24.accdb。

宏的限制

访问宏的最大限制是它们只能用于 Access 应用程序。如果应用程序始终在 Access 中运行，宏完成了需要的工作，那么宏是扩展应用程序的绝佳方法。在 Access 的最新版本中，宏变得更加强大，添加了变量和简单的错误处理。此外，在以下两个方面，宏是无与伦比的，一是表中的数据宏，一是窗体和控件上的嵌入的宏。在表格和表单中嵌入宏的能力使宏比 Access 2007 之前的版本更具吸引力。

然而，选择 VBA 而非 Access 宏是有原因的。首先，VBA 代码可移植到 Word、Excel、Outlook、Visio，甚至 Visual Studio . NET(需要更改)。不可能知道 Access 应用程序的终点在哪里。有时，Access 应用程序会扩大规模并升级到 SQL Server 和 Visual Studio . NET，将 VBA 转换为 Visual Basic .NET 比转换宏更容易。另一个原因是，在应用程序开发过程中，可能会遇到一些对宏来说过于复杂而无法处理的情况。实际上，在 VBA 中所能做的事情是没有限制的，如果是从 VBA 开始，就知道应用程序不会超过它。

VBA 是一种非常强大的、可移植的、有用的语言，除构建 Access 应用程序之外，VBA 技能还适用于许多情况。

24.1 VBA 简介

Visual Basic for Applications (VBA)是内置到 Microsoft Access 中的编程语言。VBA 在所有 Office 应用程序之间共享，包括 Word、Excel、Outlook、PowerPoint 甚至是 Visio。如果还不是一名 VBA 程序员，那么学习 VBA 语法以及如何将 VBA 挂接到 Access 事件模型中无疑会奠定更成功的职业基础。

在绝大多数专业的 Access 应用程序中，VBA 都是非常关键的元素。Microsoft 之所以在 Access 中提供 VBA，原因在于 VBA 可以为 Access 数据库应用程序提供显著的灵活性和强大功能。如果没有像 VBA 这样完备且成熟的编程语言，Access 应用程序就需要依赖于 Access 宏提供的一组受限操作。尽管宏编程也可以为 Access 应用程序增加灵活性，但当编写复杂的数据管理功能或完善的用户界面时，VBA 更便于使用。

交叉参考：
如果想要了解有关宏的更多信息，包括如何将宏转换为 VBA 代码，请参见第 22 章。

名称中所蕴含的内容

对于使用 Microsoft 产品的用户来说，名称 Visual Basic 会带来无尽的烦恼。Microsoft 将名称 Visual Basic 应用于很多不同的产品和技术。十多年以来，Microsoft 一直在推广一种名为 Visual Basic 的独立产品，该产品在很多方面可以与 Access 相提并论，甚至可以与之竞争。在最初的版本中，Visual Basic 被纳入 Visual Studio。在 1995 年，Microsoft 将 Visual Basic for Applications (VBA)编程语言添加到 Microsoft Office 中的 Access、Word 和 Excel (在 Access 2000 之前，它被称为 Access Basic)。之所以选择名称 Visual Basic for Applications，是因为 Access、Word 和 Excel 中的 VBA 语法是相同的。

尽管 Access 中使用的 VBA 语言非常类似于 Visual Basic .NET，但它们并不完全一样。可以使用 VB .NET 执行某些无法通过 Access VBA 完成的操作，反过来也是一样。

在本书中，VBA 和 Visual Basic 指的是内置到 Access 中的编程语言，不应该与 Microsoft VB .NET 产品混为一谈。

如果是刚开始接触编程，不要因为 VBA 语言看起来比较复杂而感到灰心或无所适从。与其他任何新技能一样，最好在进行 VBA 编程时一次只处理一个步骤。需要了解 VBA 到底能为应用程序做些什么，此外还要了解常规的语法、语句结构以及如何使用 VBA 语言编写过程。

本书提供了大量示例，介绍如何使用 VBA 语言来完成有用的任务。本书的每个过程都已经过测试和验证，可以正确工作。如果发现本书中的部分代码不能按预期执行，请花一点时间仔细检查，以确保使用的示例代码与本书中提供的代码完全相同。很多情况下，在实现任何编程技术的过程中遇到的绝大多数难题都是由简单错误造成的，例如拼写错误或者忘记在需要的位置包含逗号或括号。

注意：

编程语言与人类的语言非常相似。就像人类使用单词、句子和段落与其他人交流一样，计算机语言也是使用单词、语句和过程来告诉计算机，希望它执行什么操作。人类语言和计算机语言的主要差别在于，计算机语言遵循非常严格的格式。必须准确书写每个单词和句子，因为计算机不了解上下文或任何细微的差别。必须使用编程语言支持的语法为计算机认真定义每项任务。

24.2　了解 VBA 术语

在投入 VBA 编程工作之前，先介绍一些基本的 VBA 术语：

- **关键字**：在 VBA 中具有特殊含义的单词。例如，在英语环境中，单词 Now 只是表示一个时间点。在 VBA 中，Now 是一个内置 VBA 函数的名称，该函数返回当前日期和时间。
- **语句**：构成可由 VBA 引擎执行的指令的单个 VBA 单词或单词组合。
- **过程**：组合到一起以执行某项任务的 VBA 语句集合。例如，编写一个复杂过程，用于从表中提取数据，以某种方式组合数据，然后在窗体上显示这些数据。或者，编写三个更小的过程，每个过程分别执行整体过程的单个步骤。

  存在两种类型的 VBA 过程，分别是子例程和函数：
  - **子例程**　执行其中的语句，然后退出。
  - **函数**　执行其中的语句，然后返回一个值，例如某个计算的结果。
- **模块**：过程存储于模块中。如果说语句类似于句子，过程类似于段落，那么模块就是 VBA 语言的章节或文档。模块包括一个或多个过程，以及组合为应用程序中的单个实体的其他元素。

- **变量**：变量不过是为应用程序保留的计算机内存中的一小块，可以命名它，以便以后引用它。在应用程序需要变量之前，暂时将数据存储在变量中。几乎在所有的 VBA 程序中，都会创建和使用变量来保存值，例如 VBA 代码操纵的客户名称、日期以及数字值。

VBA 适当地定义为一种语言。此外，就像任何人类语言一样，VBA 由很多单词、句子和段落组成，所有内容都以某种特定的方式进行排列。每个 VBA 句子是一个语句。语句聚合为过程，过程存在于模块中。函数是一种特定类型的过程，在运行后会返回一个值。例如，Now()是一个内置的 VBA 函数，可以返回当前日期和时间，精确到秒。当需要捕获当前日期和时间时，例如为某条记录分配时间戳值时，可在应用程序中使用 Now()函数。

24.3　了解 VBA 代码基础知识

过程中的每个语句是希望 Access 执行的指令。

在 Access 应用程序中可以显示无限数量的不同 VBA 编程语句。但一般来讲，阅读和理解 VBA 语句相当容易。绝大多数情况下，可以根据语句中的关键字(例如 DoCmd.OpenForm)以及对数据库对象的引用来了解 VBA 语句的用途。

每个 VBA 语句是一个指令，由内置到 Access 中的 VBA 语言引擎处理和执行。下面是一个用于打开窗体的典型 VBA 语句示例：

```
DoCmd.OpenForm "frmMyForm", acNormal
```

请注意，此语句由一个操作(OpenForm)和一个名词(frmMyForm)组成。绝大多数 VBA 语句都遵循某种类似的模式，即包含操作和对执行操作的对象或操作目标对象的引用。

DoCmd 是一个内置的 Access 对象，可自动执行多种任务。可将 DoCmd 当成是一个可以执行许多不同工作的小机器人。DoCmd 之后的 OpenForm 是希望 DoCmd 运行的任务，而 frmMyForm 是要打开的窗体名称。最后，acNormal 是一个修饰符，告诉 DoCmd 希望窗体以“普通”视图打开。言外之意，在打开窗体时，还可以应用其他视图模式，这些模式包括设计视图(acDesign)或数据表视图(acFormDS)以及打印预览视图(acPreview，在应用于报表时)。

注意：

尽管本章以及接下来的几章仅提供 VBA 编程的基础知识，但你将学到足够的知识，可以向 Access 应用程序中添加高级功能。此外，还将打下一个良好基础，你可由此决定是否要继续学习这种非常重要的编程语言。

24.4　创建 VBA 程序

Access 提供了大量工具，可以处理表、查询、窗体和报表，而无须编写哪怕一行代码。某些情况下，可能开始构建更复杂的应用程序。提供更精密的数据输入验证或实施更好的错误处理，可以保护应用程序。

某些操作无法通过用户界面来完成，甚至使用宏也无法完成。有时，你可能发现自言自语道“我希望我可以通过一种方式来……”或者“应该有一种函数让我能够……”。其他情况下，会发现自己不断地在一个查询或筛选器中使用同一个公式或表达式。此时，可能会自言自语道“我已经厌倦了将该公式输入……”或者“可恶，我在该……中输入了错误的公式”。

对于上述情况，需要使用某种高级编程语言(例如 VBA)的强大功能。VBA 是一种现代化的结构化编程语言，可以提供许多能在大多数编程语言中使用的编程结构。VBA 可以扩展(能够调用 Windows API 例程)，可以通过 ActiveX 数据对象(ActiveX Data Object，ADO)或数据访问对象(Data Access Object，DAO)与任何 Access 或 VBA 数据类型进行交互。

开始学习 Access 中的 VBA 编程需要了解其事件驱动的环境。

24.4.1　模块和过程

本节将创建一个非常简单的过程。首先，完成创建该过程的所有步骤，包括创建模块、输入语句以及运行过程。

然后，详细介绍过程中的每个元素。本节创建的过程将显示对某个数字求平方的结果。

要创建 SquareIt 过程，请执行下面的步骤：

(1) 选择功能区的“创建”选项卡，然后单击“宏和代码”组中的“模块”按钮。此时将打开 Visual Basic 编辑器(VBE)，并显示一个空白的代码窗格，如图 24.1 所示。

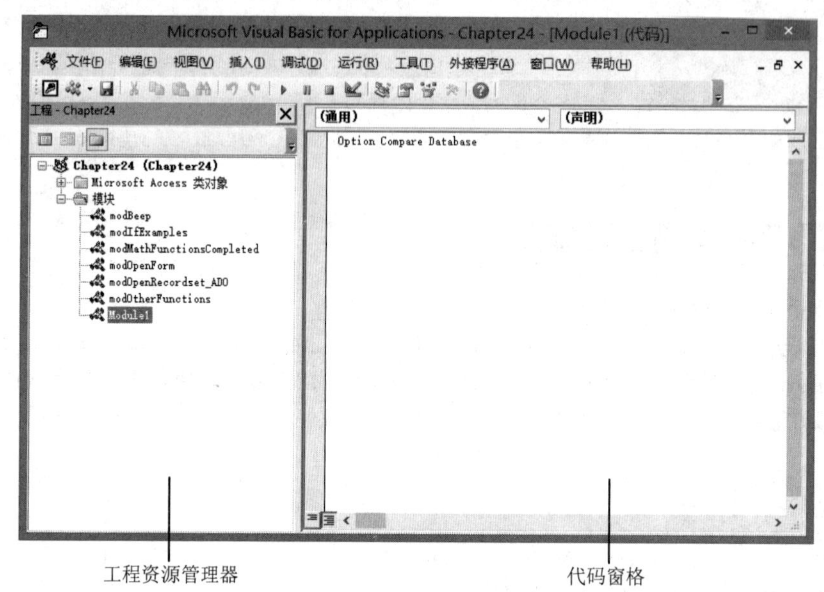

图 24.1 创建一个包含空白代码窗格的模块

(2) 在代码窗格中，输入下面的语句：

```
Sub SquareIt()

    Dim lNumber As Long

    lNumber = 2
    MsgBox lNumber & " squared is " & lNumber ^ 2

End Sub
```

(3) 将鼠标放在刚输入的代码中的任意位置，并从“运行”菜单中选择“运行子过程/用户窗体”。此时应该看到如图 24.2 所示的消息框。

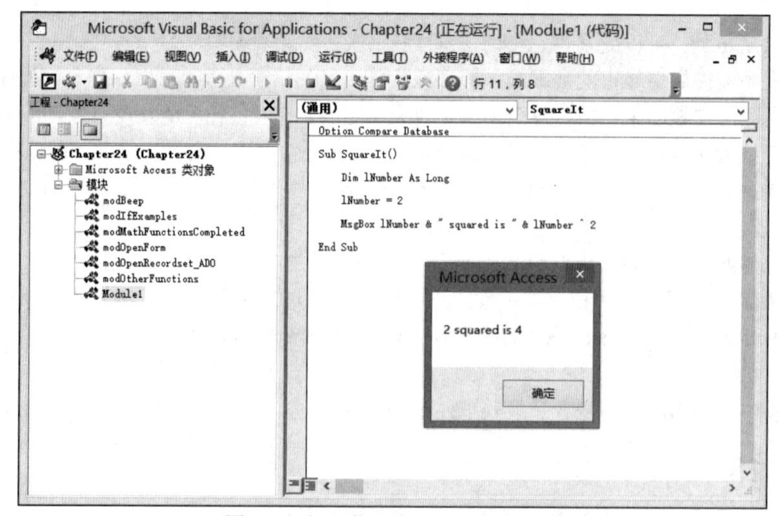

图 24.2 运行代码将显示一个消息框

(4) 单击“确定”消除该消息框，并返回到 VBE。

(5) 选择“文件”|“保存”，并在提示时为模块提供一个名称(参见图 24.3)。

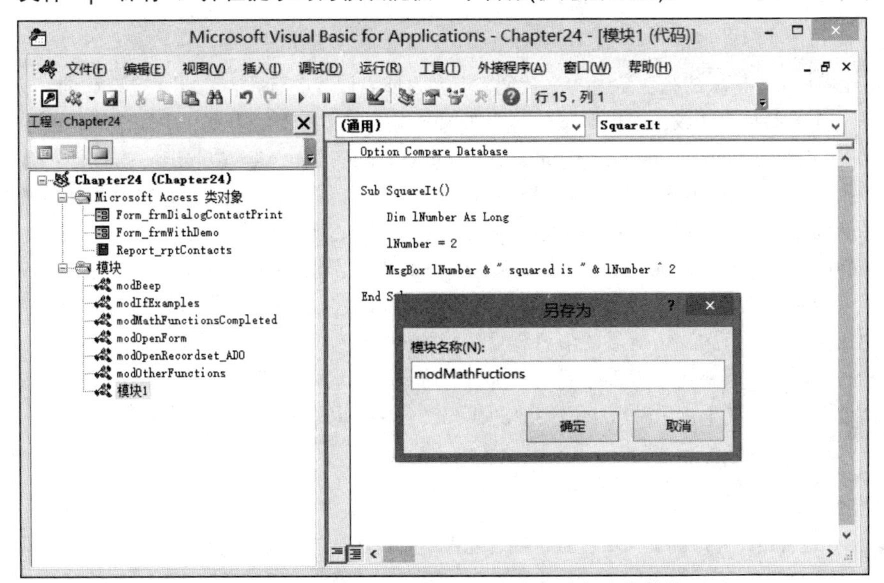

图 24.3　保存数据库时将提示保存任何未保存的模块

如果执行上述步骤，将创建一个过程并运行它。恭喜！下面将详细讨论上述每个步骤。

1. 模块

上面执行的第一步是创建一个新的模块。模块是用于保存过程的容器。该示例创建了一个标准模块。还可以创建的另一种模块称为类模块。

标准模块

标准模块独立于其他 Access 对象，例如窗体和报表。标准模块存储可以从应用程序中的任意位置使用的代码。默认情况下，这些过程通常称为全局或公共过程，因为 Access 应用程序的所有元素都可以访问它们。

可在整个应用程序的表达式、宏、事件过程以及其他 VBA 代码中使用公共过程。要使用公共过程，只需要从应用程序中的事件过程或其他任何过程中的 VBA 代码引用它。

提示：

过程将被执行，并执行操作。另一方面，模块只是简单的容器，用于将过程和声明分组到一起。模块不能运行，不过，可以运行包含在模块中的过程。

标准模块存储在“导航”窗格的“模块”部分中。窗体和报表模块通过窗体属性表或报表属性表进行访问。

提示：

一般来说，应将相关过程分组为模块，例如将应用程序的所有数据转换例程放入一个模块中。对过程进行逻辑分组可使维护工作变得更加轻松，因为支持某项活动的所有过程都放在应用程序中的一个位置。此外，绝大多数模块包含以某种方式相关的过程。

类模块

另一种类型的模块称为类模块。类定义对象的行为方式。可创建自己的类，称为自定义类，但是，最常用的类模块是绑定到窗体或报表的类模块。

在上面的示例中，使用功能区创建了一个标准模块。对于绑定到窗体或报表的类模块，当向窗体或报表中添加 VBA 代码时，Access 将自动创建该模块。

标准模块与类模块之间最重要的差别在于，类模块支持事件。事件响应用户操作，并运行包含在事件过程中的 VBA 代码。

交叉参考：

有关 Access 事件模块和事件过程的内容参见第 26 章。

模块部分

注意，在创建模块时。模块已经包含了一些代码。根据为环境设置的选项，Access 会自动向新模块中插入代码。

模块中第一个过程上面的区域称为声明部分。声明部分用于存储将应用于模块中每个过程的选项和变量。有两个常见的选项声明，分别是 Option Compare Database 和 Option Explicit。Option Compare Database 确定如何对两个字符串进行比较，并指示 VBA 使用与数据库所用相同的比较方法。其他用于比较字符串的选项还包括 Option Compare Text 和 Option Compare Binary。基本上，Option Compare Text 不区分字母是大写还是小写，而 Option Compare Binary 区分大小写。Option Compare Database 比这要稍微复杂一些，但通常情况下，它是最佳选项。

如果使用了未声明的变量，那么 Option Explicit 会指示 VBA 发出警告。通过设置该选项，告诉 VBA 想要显式地声明将使用的任何变量。有关声明变量的信息详见后面的内容。

声明部分下面的所有内容称为过程部分或代码部分。这一部分包含模块的子过程和函数。一定要了解这两个部分之间的差别，因为不能将属于声明部分的语句放到代码部分中，也不能在声明部分中放置代码。否则，VBE 会指出不允许这样做。

2. 过程和函数

创建模块以保存过程后，完成的下一个步骤是创建过程本身。这是一个简单的过程，只是执行一些简单的数学运算并显示结果。每个语句都根据语言的语法进行结构化处理，这意味着语句中关键字的拼写以及单词顺序非常重要。

子过程

在 VBA 工程中，子过程是最简单的过程类型。子过程只不过是 VBA 语句的容器，通常用于执行某项任务，例如打开窗体或报表，或者运行查询。

子过程有两个必需的语句，分别是 Sub *procname* 和 End Sub。如果子过程中仅包含这两个语句，那么该子过程是合法的，却索然无味，因为它什么也不做。在示例中，过程以 Sub SquareIt()语句开始，并以 End Sub 语句结束。

在确定过程的名称时，必须遵循一些规则。需要记住的最重要规则是，名称必须以字母开头，不能包含绝大多数的标点，长度不能超过 255 个字符。撇开规则暂且不谈，为过程选取的名称应该以某种方式描述过程的用途，在以后阅读代码时其用途应显而易见。诸如 GetData()的过程名很可能在以后难以理解，但 ReadDataFromEmployeeTable()就非常清楚。过程名称可能不使用 255 个字符，不过，完全可以使用较长的描述性名称。

变量声明

在简单的子过程中，第一个语句是变量声明语句。该语句首先是 Dim 关键字，这里的 Dim 就是单词 dimension 的缩写形式。接下来是变量名 lNumber。变量名遵循的规则与上一节中介绍的过程名称规则相同。名称后面是 As 关键字，再后是数据类型。在该示例中，lNumber 声明为长整型数据类型。

交叉参考：

有关变量和数据类型的内容详见第 25 章。

变量保存稍后可以在过程中使用的数据。当使用 Dim 关键字声明变量时，会告诉 VBA 在计算机的内存中保留一块区域用于存储该数据。VBA 将保留的内存量取决于对应的数据类型。在该示例中，告诉 VBA 保留足够的内存用于存储一个长整型数据，或者保留 32 位内存。

变量声明语句的 As datatype 部分是可选的。可以使用下面的语句声明 lNumber：

```
Dim lNumber
```

当省略数据类型时，VBA 在为变量赋值时确定相应的数据类型。这似乎是 VBA 提供的一项便捷服务，但它并不是一种非常好的做法。VBA 根据第一次使用变量时的情况为变量分配数据类型，但它并不知道为该变量制定的所有计划。最终结果可能是分配的数据类型太小，无法满足需求。此外，相对于在编写代码时分配数据类型，让 VBA 来分配数据类型要慢一些。

提示：
如果刚开始接触 VBA，不要过分纠结于为变量使用哪种数据类型。一般情况下，对文本使用 String，对没有小数点的数字使用 Long，对有小数点的数字使用 Double，为 True/False 值使用 Boolean。只使用这四种数据类型即可完成很多操作。

变量赋值

使用 Dim 语句声明变量，就在内存中保留了一个区域，来存储数据以供稍后使用。过程中的下一行在变量 lNumber 中存储数字 2。下面列出了过程中的该行代码：

```
lNumber = 2
```

为变量赋值非常简单。只需要记住下面两点：

- **必须分配适用于变量的数据类型的值**。在该示例中，在声明为 Long 的变量中存储一个没有小数点的数字。如果尝试存储不适合于变量的数据类型的数据，VBA 会尽最大努力将值转换为相应的数据类型。例如，如果尝试在 Long 变量中存储值 8.26，VBA 会截断该数字，删除小数部分，将其转换为 8。如果 VBA 无法转换数据，将生成错误。
- **变量名称位于等号的左侧，值位于等号的右侧**。首先对等号右侧的所有内容求值，然后将其分配给变量。对于该示例，没有过多的内容需要求值，因为等号右侧仅是数字 2。请考虑下面的语句，它计算两个数字的乘积，并将结果分配给某个变量。

```
dProduct = 3 * 6.1
```

在该语句中，先计算 3 乘以 6.1，得到结果 18.3，然后将该结果分配给变量。该示例相当简单明了，但下面的示例就不一样了。

```
bIsEqual = dProduct = 18.3
```

在该语句中，bIsEqual 是一个声明为 Boolean 的变量，而 dProduct 是一个声明为 Double 的变量。但其中包含两个等号。第一个等号是赋值运算符，即将变量设置为等于某个值。其他任何等号(在该示例中只包含一个)都是比较运算符。比较运算符将返回 True 或 False。如果 dProduct 等于 18.3，那么 bIsEqual 将获得值 True。首先对第一个等号(赋值运算符)右侧的所有内容求值，然后将得到的结果分配给变量。

函数

函数与子过程非常相似，只有一个主要的例外，那就是函数在结束时会返回一个值。内置的 VBA Now()函数就是一个简单示例，该函数返回当前日期和时间。在应用程序中需要使用或显示当前日期和时间的几乎任何位置都可以使用 Now()函数。例如，在报表页眉或页脚中包含 Now()函数，以使用户了解打印报表的准确时间。

Now()只是几百个内置 VBA 函数中的一个。如本书所述，内置 VBA 函数可以为 Access 应用程序提供有用且非常强大的功能。

除了内置函数外，可能还会添加一些自定义函数，用于返回应用程序需要的值。例如，数据转换例程可以对输入值执行某种数学运算(例如货币转换或计算送货成本)。输入值来源于哪里(表、窗体、查询等)并不重要。函数始终精确返回正确的计算值，而与使用函数的位置无关。

在函数的主体内，可以通过为函数的名称(当然，在函数的主体中包含函数的名称确实有点奇怪)赋值来指定函数的返回值。然后，可在较大的表达式中使用返回的值。下面的函数计算某个房间的建筑面积：

```
Function SquareFeet(dHeight As Double, _
    dWidth As Double) As Double

   'Assign this function's value:
   SquareFeet = dHeight * dWidth

End Function
```

该函数接收两个参数，分别是 dHeight 和 dWidth。请注意，在函数的主体中为函数名 SquareFeet 分配了一个值。该函数声明为 Double 数据类型，因此，VBA 解释器将返回值识别为双精度值。

关于函数，需要记住的要点就是它们会返回值。通常情况下，返回的值将分配给某个变量或者窗体或报表上的控件，如下面的例子所示：

```
dAnswer = SquareFeet(dHeight, dWidth)


Me!txtAnswer = SquareFeet(dHeight, dWidth)
```

如果函数(或子例程)需要信息(例如，SquareFeet 函数中的 Height 和 Width)，将在函数的声明中以参数形式传递信息。

交叉参考：

有关参数的信息参见第 25 章。

24.4.2　在代码窗口中工作

与在报表的节中设计表或删除控件不同，模块的代码窗格是一个结构化程度非常低的工作区域。VBA 代码就是简单的文本，没有很多视觉线索指示如何编写代码或将特定的代码片段放在什么位置。本节介绍代码窗口的一些特征，以及使代码组织有序且可读性较强的一些方法。

1. 空白区域

在本章列出的代码中，注意部分缩进情况以及一些空白行。在编程环境中，这些称为空白区域。空白区域包括空格、制表符以及空白行。除少数例外情况外，一般情况下，VBA 会忽略空白区域。从 VBA 编译器的角度看，下面两个过程是相同的。

```
Function BMI(dPounds As Double, lHeight As Long) As Double

    BMI = dPounds / (lHeight ^ 2) * 703

End Function


Function BMI(dPounds As Double, lHeight As Long) As Double
BMI = dPounds / (lHeight ^ 2) * 703
End Function
```

在第一个函数中，在 Function 语句后面插入了一个空白行，在 End Function 语句之前插入了另一个空白行。此外，还在过程中的单个语句之前插入了一个制表符。在第二个函数中删除了所有空白区域元素。尽管在外观上存在差异，但 VBA 编译器会按相同的方式读取这两个函数，这两个函数将返回相同的结果。

在某些编程语言中，空白区域非常重要，是有实际意义的。不过，VBA 并不属于这种情况。空白区域的用途是增加代码的可读性。不同的程序员会按照不同的方式使用空白区域来设定其代码的格式。不管选择使用哪种格式设置约定，最重要的是保持一致。采用一致的格式设置可以帮助更轻松地读取和理解代码，即使是在几个月甚至几年以后再次阅读代码，也可以清楚地了解其含义。

2. 续行

VBE 窗口可以展开到全屏宽度。有时，语句非常长，即使展开到最大宽度，还是会超出窗口范围。VBA 提供了一种方式，可以在下一行中继续当前行。在对长语句使用这种方法时，它可以帮助提高代码的可读性。续行符是空格后跟下划线。当 VBA 编译器在行的结尾看到空格和下划线时，便会知道下一行是当前行的继续。图 24.4 中显示了一个简单过程，其中包含一个非常长的语句。该语句超出代码窗格窗口的范围，只有滚动才能完整读取其内容。

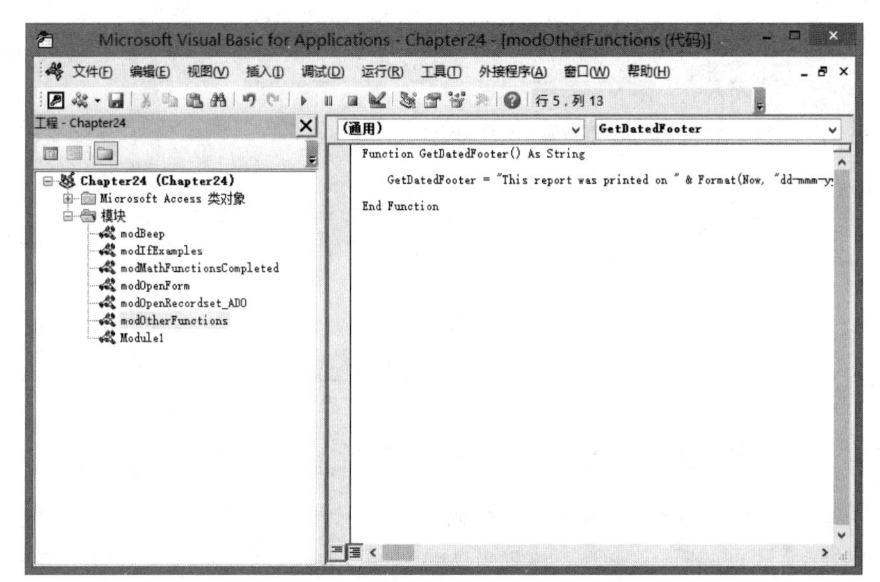

图 24.4　较长的语句超出代码窗口范围

使用续行符可将长语句拆分为多行。这样就可以看到整个语句。可将图 24.4 中的语句重写为下面的语句：

```
Function GetDatedFooter() As String

    GetDatedFooter = "This report was printed on " _
        & Format(Now, "dd-mmm-yyyy") & _
        " and changes made to the data after that " & _
        "date won't be reflected."

End Function
```

通常情况下，下划线称为续行符，但下划线之前的空格也同样重要。需要同时使用空格和下划线两个字符才能继续行。不能在字符串的中间使用续行符。注意，在上面的示例中，长字符串被拆分为四个较小的字符串，并用&符号连接在一起。要将某个长字符串延伸到多行，必须对其进行拆分，以便使用续行符。

3. 多语句行

改善代码可读性的另一种方式是在一行中放置两个或更多语句。VBA 使用冒号分隔同一行中的各个语句。如果有很多较短的语句，分别放在单独的行中会在代码窗格中占用大量的垂直空间，这种情况下，可将其中部分语句放在同一行中，使代码更加整洁。在下面的示例中，许多类似的语句被分组到一起。

```
i = 12: j = 45: k = 32
l = 87: m = 77: n = 2
o = 89: p = 64: q = 52
```

这 9 个语句的用途是为 9 个不同的变量分配数值。如果将每个语句都写在单独的一行中，那么它们会占用大量的代码窗口空间。在每一行中放置三个语句，可以减少占用的空间。当具有很多较小的语句，并且所有语句执行大致相同的操作时，这种方法非常有用。如果语句较长或者各不相同，使用这种方法实际上会影响代码的可读性，应该避免使用。

4. 智能感知

假定知道自己想要使用某个命令，但想不起来精确语法。Access 提供了 4 种功能(合称为智能感知功能)，在创建每一行代码时，可以帮助找到正确的关键字，确定正确的参数，如下所述：

- **自动完成关键字**：当输入关键字时，可按 Ctrl+空格键获取关键字列表。该列表会自动滚动到与已经输入的内容匹配的关键字。如果只有一个匹配项，不会显示该列表，而是自动完成相应的单词。图 24.5 显示了当输入 do 并按 Ctrl+空格键后发生的情况。

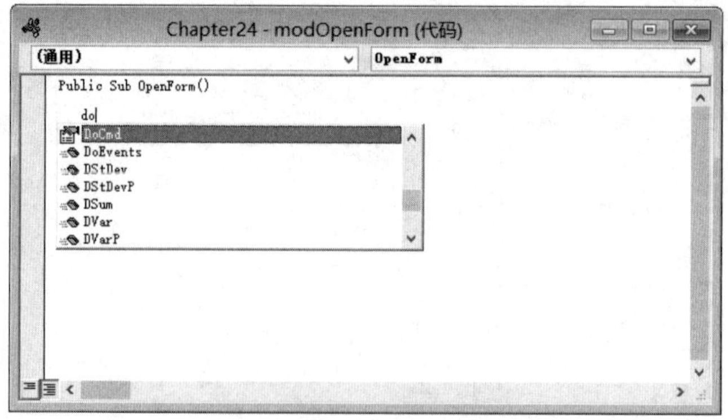

图 24.5　“自动完成关键字”功能显示一个关键字列表

如果输入的是 doc，而不仅是 do，将填写关键字 DoCmd，而不是显示列表，因为只有一个以 doc 开头的关键字。

- **自动列出成员**：“自动列出成员”是一个下拉列表，当输入某个与对象、属性或方法关联的关键字的开头时，会自动显示该下拉列表。例如，如果输入 DoCmd.openf，将显示可能的选项列表，如图 24.6 所示。在列表框中滚动并按 Enter 键可以选择所需的选项，或继续输入字符，会缩小列表中的选项范围。

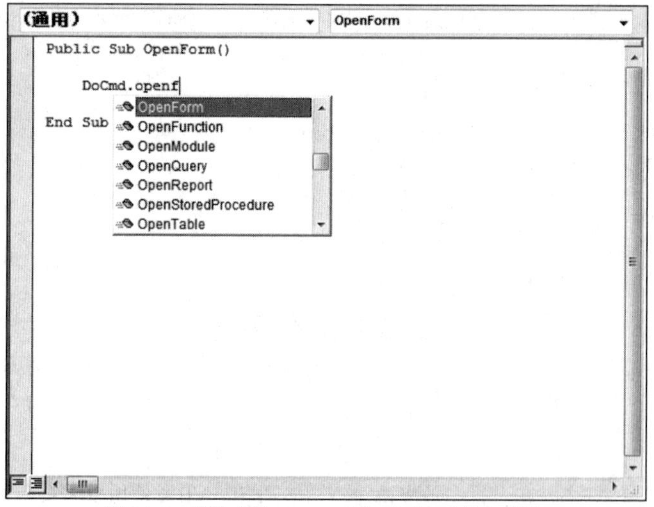

图 24.6　模块中的 Access“自动列出成员”帮助

在该示例中，选择了 OpenForm 方法(与对象关联的操作称为方法)。在列表中选择一项后，将显示更多“自动列出成员”帮助。或者，如果关键字存在关联的参数，将显示另一种类型的模块帮助“自动快速信息”(请参阅下一个项目符号)，如图 24.7 所示。

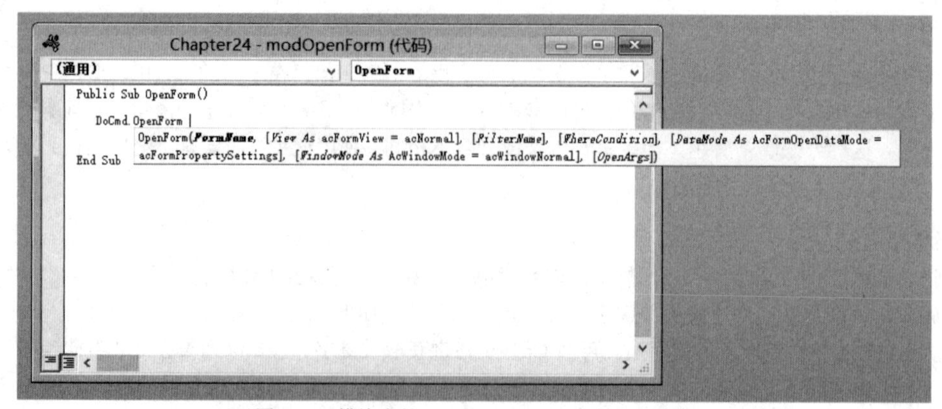

图 24.7　模块中的 Access“自动快速信息”帮助

- **自动快速信息**：“自动快速信息”会指导浏览特定条目的所有选项(称为参数)。粗体单词(FormName)是可用于 OpenForm 方法的下一个参数。图 24.7 显示有很多参数可用于 OpenForm 命令。各个参数用逗号分隔。在输入每个参数时，下一个参数将以粗体突出显示。参数的位置非常重要，不能对其进行重新排列，否则会导致问题。按 Esc 键可隐藏“自动列出成员”帮助。

  对于每个 VBA 命令来说，并不是每个参数都是必需的。使用方括号括起来的参数(如图 24.7 中所示的 View)是可选的。对于在使用命令的语句中省略的所有可选参数，Access 会为其提供合理的默认值。
- **自动常量**：“自动常量”是一个下拉列表，当位于某个需要内置常量的参数上时，会显示该下拉列表。在图 24.7 中，“自动快速信息”显示第二个参数是 View，并描述为[View As acFormView = acNormal]。参数两侧的方括号表示它是一个可选参数。acFormView 是可用于该参数的一系列内置常量。如果省略该参数，将使用默认常量 acNormal。图 24.8 显示了可用的 acFormView 常量列表。只需要选择所需的常量并输入逗号。该常量和逗号将插入语句中，此时可以处理下一个参数。

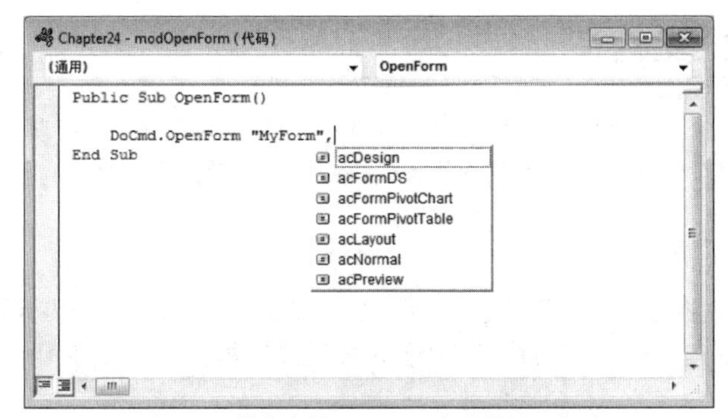

图 24.8　模块中的 Access“自动常量”帮助

提示：

通过向下拖动分隔条(代码窗口右侧边缘的垂直滚动条最顶部较小的水平条)可将代码窗口拆分为两个独立的编辑窗格。拆分窗口后可同时编辑代码的两个部分。拆分后的 VBA 代码窗口的每个部分会独立滚动，而在拆分窗口的一个窗格中所做的更改会显示在另一个窗格中。双击分隔条可将窗口返回到原状态，也可以使用鼠标捕获分隔条，并将其拖动到代码编辑器窗口的顶部，以关闭第二个编辑窗格(Word 和 Excel 提供了类似的拆分器按钮，使得编辑同一 Word 文档或 Excel 工作表的不同部分变得非常轻松)。

5. 编译过程

编写完代码后，应该对其进行编译，以完成开发过程。

编译步骤会将英语样式的 VBA 语法转换为可在运行时轻松执行的二进制格式。此外，在编译过程中，将检查所有代码，确定是否存在不正确的语法，以及其他会导致用户在使用应用程序时出现问题的错误。

如果未在开发周期中编译 Access 应用程序，Access 会在用户打开该应用程序并开始使用它时编译代码。这种情况下，代码中的错误可能会导致用户无法使用该应用程序，从而为涉及的所有用户带来很大的不便。

从 VBE 的菜单中选择“调试”|“编译”可编译应用程序。如果编译过程未能成功完成，将显示一个错误窗口。图 24.9 显示了一个由于变量名拼写错误而导致编译失败的结果。错误消息中没有指出错误地拼写了变量名，而是指出找不到在什么地方声明了特定的变量。这种消息可能指出你忘了声明一个变量，但通常情况下，则意味着代码中的拼写与声明语句中的拼写不同。

图 24.9　编译器报告错误

注意：
Access 会编译模块中的所有过程以及 Access 数据库中的所有模块，而不仅是当前过程和模块。

6. 保存模块

模块与其他 Access 对象的不同之处在于，没有一种方式来显式地保存新创建的单独模块。创建的新模块在保存之前不会显示在“导航”窗格中，而对于显示在“导航”窗格中的模块，双击时将在 VBE 中打开。

保存数据库并响应 Access 显示的提示，可保存模块。在 VBE 中，选择“文件”|“保存”可保存数据库。此时将提示保存所有未保存的模块以及其他未保存的对象。对于已经保存的模块，即使它们发生了更改，也不会提示对其进行保存。这些模块将自动使用之前提供的名称进行保存。

对于附加到窗体或报表的类模块，将在保存对应的窗体或报表时保存。

24.5 了解 VBA 分支构造

对于任何编程语言来说，真正强大的功能在于能根据在用户每次使用应用程序时各不相同的条件做出决策。VBA 提供了两种方式，使某个过程可以根据条件执行代码：分别是分支和循环。

24.5.1 分支

通常情况下，程序会根据特定的值执行不同的任务。如果满足相应的条件，代码将执行某一操作。如果不满足条件，代码将执行另一个操作。应用程序可检查某个值，根据该值决定要运行的代码，这种功能称为分支(也称为有条件处理)。

该过程类似于在一条路上行走，遇到一个交叉口，可以转向左侧，也可以转向右侧。如果交叉口的路标指示左侧是回家的路，右侧是去单位的路，那么可以决定走哪条路。如果需要去单位，则走右侧的路，如果需要回家，则走左侧的路。同样，程序会检查特定变量的值，并根据该值确定应该处理哪一组代码。

VBA 提供了两组有条件处理语句，如下所示：

- If...Then...Else...End If
- Select Case...End Select

1. If 关键字

If 关键字可以几种不同的方式使用，但它们都检查一个条件，并根据求值的结果执行一个操作。条件的值必须为布尔值(True 或 False)。如果条件为 True，程序将移动到 If 语句之后的行。如果条件为 False，程序将跳转到 Else 语句(如果有)之后的语句，如果没有 Else 子句，则跳转到 End If 语句之后的语句。

If...Then 构造

If 语句可采用一些不同的形式。第一种形式是 If...Then 构造。这是一个单行语句，其中条件和操作全都位于同一个语句中。在下面的示例中，如果 sCity 变量包含特定的数据，将设置 sState 变量。

```
If sCity = "Dallas" Then sState = "Texas"
```

首先，VBA 会对 sCity = "Dallas"进行求解，并确定条件为 True 还是 False。如果条件为 True (也就是说，为 sCity 变量分配了值 Dallas)，将执行语句中 Then 关键字之后的部分。在该示例中，为 sState 变量分配了值 Texas。如果条件为 False，程序将移动到过程中的下一行，sState 变量不会更改。

If...End If 构造

接下来的一种形式是 If...End If 构造。通常，该构造以及随后的内容称为 If 块，因为它们可以包含多行代码(一个代码块)，这一点与 If...Then 构造有所不同，后者只能执行一行。上个示例可重写为下面的 If...End If 形式。

```
If sCity = "Dallas" Then
    sState = "Texas"
End If
```

该示例与前面的示例完全相同。如果条件语句为 True，将执行 If 块中的单行代码。当条件为 False 时，情况会有所不同。这种情况下，程序将分支到紧跟在 End If 语句后面的行，并继续执行。

If...End If 构造的优势在于，当条件为 True 时，可以执行多个语句。在接下来的示例中，当条件为 True 时，为两个变量赋值。

```
If sCity = "Dallas" Then
    sState = "Texas"
    dTaxRate = 0.075
End If
```

如果条件为 True，将执行两个语句。否则，程序将分支到紧跟 End If 语句的行并继续执行。

If...Else...End If 构造

在前面的示例中，当条件为 True 时，将执行一个或多个语句，而当条件为 False 时，不会执行任何操作。可在 If 块中包含 Else 关键字，以标识在条件为 False 时应该运行的语句。

```
If sCity = "Dallas" Then
    sState = "Texas"
    dTaxRate = 0.075
Else
    sState = "Michigan"
    dTaxRate = 0.05
End If
```

当条件为 True 时，将执行前两个语句(将 sState 设置为 Texas，并将 dTaxRate 设置为 0.075)。然后，程序将分支到 End If 下面的行并继续执行。Else 和 End If 之间的两个语句将不会执行。

但是，如果条件为 False，程序将分支到 Else 语句下面的语句，并跳过前两个语句。经常会看到与此类似的构造，在满足条件时执行某些代码行，在不满足条件时执行其他代码行。

必须通过 If 块来使用 Else 语句。Else 语句无法与第一个构造(If...Then 构造)结合使用。

If...ElseIf...End If 构造

最后一种 If 构造是另一类 If 块构造。其中包含多个条件，而不仅是一个条件。ElseIf 语句可以根据需要定义其他很多条件。

```
If sCity = "Dallas" Then
    sState = "Texas"
    dTaxRate = 0.075
ElseIf sCity = "Detroit" Then
    sState = "Michigan"
    dTaxRate = 0.05
Else
    sState = "Oregon"
    dTaxRate = 0.0625
End If
```

程序将按照与其他构造极其类似的方式执行 If...ElseIf...EndIf 构造。如果第一个条件为 True，将执行第一部分中的语句，程序分支到紧跟 End If 的行。如果第一个条件为 False，程序将分支到第二个条件(第一个 ElseIf)，测试该条件。如果没有任何条件为 True，将执行 Else 部分中的语句。在使用 ElseIf 时，Else 语句是可选的。如果省略 Else 语句且没有任何条件为 True，则不会执行 If 块中的任何语句。

嵌套 If 语句

所谓嵌套语句，指的是在其他语句块的内部放置一些语句。对于 If 语句，嵌套意味着一个 If 块包含在另一个 If 块中。

```
If sState = "Michigan" Then
    If sCity = "Detrioit" Then
```

```
        dTaxRate = 0.05
    ElseIf sCity = "Kalamazoo" Then
        dTaxRate = 0.045
    Else
        dTaxRate = 0
    End If
End If
```

外部的 If 块将测试 sState 变量。如果该条件为 True，将执行内部的 If 块，并测试 sCity 变量。如果外部 If 块中的条件为 False，程序将分支到与所执行的 If 语句匹配的 End If 语句下面的行。尽管使用适当的缩进不是必需的，但这样做有助于查看与相应的 If 语句匹配的 Else 和 End If 语句。

布尔值与条件

If 语句非常奇妙，几乎在编写的每一段代码中都可以看到它们。但是，在两种情况下会误用这种语句。请考虑下面的代码段：

```
If bIsBuyer = True Then
    bIsInPurchasing = True
Else
    bIsInPurchasing = False
End If
```

这是一个简单的 If...Else...End If 构造，其中条件将检查布尔变量 bIsBuyer 是否为 True。根据该条件的结果，会将另一个布尔变量设置为 True 或 False。该代码没有任何错误，可以正常编译并运行，但可通过一种方式简化该代码，使其更具可读性。首先，将一个布尔变量与 True 或 False 进行比较是不必要的，因为该变量已经是 True 或 False。可将第一行简化为：

```
If bIsBuyer Then
```

假定 bIsBuyer 为 True，那么在第一个示例中，编译器会求解 bIsBuyer = True，它会简化为 True = True，当然，结果将返回 True。在简化后的示例中，对 bIsBuyer 进行求解，并返回 True。由于 bIsBuyer 是一个布尔变量，因此，将其与布尔值比较是多余的。

第二个简化步骤是完全删除 If 语句。只要在 If 块中设置布尔值，就应该考虑是否可以直接设置该布尔值。

```
bIsInPurchasing = bIsBuyer
```

上面这行代码可以执行与开始时使用的五行代码相同的操作。如果 bIsBuyer 为 True，bIsInPurchasing 也将为 True。如果 bIsBuyer 为 False，bIsInPurchasing 也将为 False。某些情况下，可能需要将一个变量设置为与另一个变量相反的值。VBA 提供了 Not 关键字，可将布尔值从 True 转换为 False，反之亦然。

```
bIsInPurchasing = Not bIsTruckDriver
```

变量 bIsTruckDriver 求解为 True 或 False，而 Not 关键字返回相反的值。如果 bIsTruckDriver 为 True，将为 bIsInPurchasing 分配 False 值。

当有很多条件需要测试时，If...Then...ElseIf...Else 条件就会变得非常不实用。更好的方法是使用 Select Case...End Select 语句。

2. Select Case...End Select 语句

VBA 提供了 Select Case 语句用于检查多个条件。下面列出 Select Case 语句的常规语法：

```
Select Case Expression

    Case Value1
        [当 Expression = Value1 时执行的操作]

    Case Value2
```

```
        [当 Expression = Value2 时执行的操作]

    Case ...

    Case Else
        [当没有任何值与 Expression 匹配时执行的默认操作]

End Select
```

注意，上述语法与 If...Then 语句的语法类似。Select Case 语句不使用布尔条件，而在最顶部使用表达式。然后，每个 Case 子句会针对表达式的值测试其值。当某个 Case 值与表达式匹配时，程序将执行代码块，直到到达另一个 Case 语句或 End Select 语句。VBA 仅为一个匹配的 Case 语句执行代码。

注意：
如果有多个 Case 语句匹配测试表达式的值，将仅执行第一个匹配项的代码。如果其他匹配的 Case 语句显示在第一个匹配项的后面，VBA 将忽略它们。

图 24.10 显示了 Form_frmDialogContactPrint 使用的 Select...Case，用于在多个报表中确定要打开的报表。

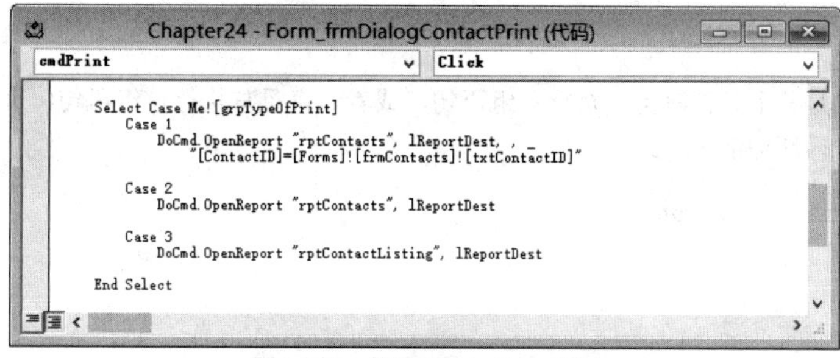

图 24.10　使用 Select Case 语句

图 24.10 中的代码显示 Select Case 中的表达式是 Me![grpTypeOfPrint]。该表达式表示窗体上的一组选项按钮。对该表达式求值时，将返回 1、2 或 3，具体取决于选择的选项按钮。然后，将每个 Case 语句中的值与表达式的值进行比较，如果存在匹配项，将执行匹配的 Case 语句与下一个 Case 语句(或者 End Select 语句)之间的语句。

使用 Case Else 语句是可选的，但建议尽可能地使用它。Case Else 子句始终是 Select Case 的最后一个 Case 语句，在没有任何 Case 值与 Select Case 语句顶部的表达式匹配时执行。

通过与 Is 关键字结合使用，Case 语句可以是不等式。

```
Select Case dTaxRate
   Case Is < 0.03
      MsgBox "Low taxes"
   Case Is > 0.07
      MsgBox "High taxes"
   Case Else
      MsgBox "Average taxes"
End Select
```

通过包含 Is 关键字，可在 Case 语句中进行比较。在该示例中，在 Select Case 语句中对 dTaxRate 变量求值。在第一个 Case 语句中，比较值与 0.03，如果值小于 0.03，将执行该 Case 语句下的代码。如果 dTaxRate 介于 0.03 与 0.07 之间，将执行 Case Else 语句，因为前两个 Case 语句都不为 True。

Case 语句还可接受多个值。可用逗号分隔同一 Case 语句中的多个值。此外，还可以使用 To 关键字指定一个值范围。下面的示例显示了这两种方法。

```
Select Case dSalesAmt
  Case 0.99, 1.99
   dCommissionPct = 0.1
```

```
    Case 2 To 4.99
      dCommissionPct = 0.15
    Case Is >= 5
      dCommissionPct = 0.17
  End Select
```

24.5.2　循环

VBA 提供的另一种非常强大的过程是循环，即能够反复执行单个语句或一组语句。在满足特定的条件前，将一直重复执行该语句或语句组。

VBA 提供了下面两种类型的循环构造：

- Do...Loop
- For...Next

当需要重复执行一个语句或一组语句但不知道需要重复多少次时，可使用 Do...Loop 构造。而当已经知道需要重复执行语句的次数时，可使用 For...Next 构造。

循环常用于处理一个记录集中的记录，更改窗体上控件的外观，以及其他很多需要多次重复执行相同 VBA 语句的任务。

1. Do...Loop 语句

Do...Loop 用于在满足某个条件时重复执行一组语句，或者一直重复执行该组语句，直到满足某个条件为止。该语句是最常用的 VBA 循环构造之一：

```
Do [While | Until Condition]
     [VBA 语句]
     [Exit Do]
     [VBA 语句]
Loop
```

或者，可在构造的底部显示 While (或 Until)，如下所示：

```
Do
     [VBA 语句]
     [Exit Do]
     [VBA 语句]
Loop [While | Until Condition]
```

注意，Do...Loop 具有多个选项。使用 While 子句时，只要条件为 True，就会执行 Do...Loop 中的 VBA 语句。一旦条件求解为 False，即会放弃执行 Do...Loop。

Until 子句的工作方式刚好相反。仅当条件为 False 时，才会执行 Do...Loop 中的代码。

在 Do...Loop 的顶部放置 While 或 Until 子句意味着，如果不满足条件，那么循环永远也不会执行。在循环的底部放置 While 或 Until 子句意味着循环至少会执行一次，因为直到第一次执行循环中的语句以后，才会对条件进行求解。

Exit Do 会立即终止 Do...Loop。下面的示例在循环中使用 Exit Do 作为测试的一部分：

```
Do While Condition1
     [VBA 语句]
     If Condition2 Then Exit Do
     [VBA 语句]
Loop
```

Exit Do 经常用于阻止无限循环。如果条件的状态(True 或 False)在循环中永远不发生更改，则会出现无限循环。

如果感兴趣，可将上例中的 *Condition1* 和 *Condition2* 设置为相同的条件。并没有要求第二个条件必须不同于 Do...Loop 顶部使用的条件。

图 24.11 说明了 Do 循环的使用情况。在这个示例中，打开了一个记录集，并在 Do 循环中处理每条记录。在该示例中，姓氏字段将在当前窗口中打印，但不会通过任何方式修改或使用数据。

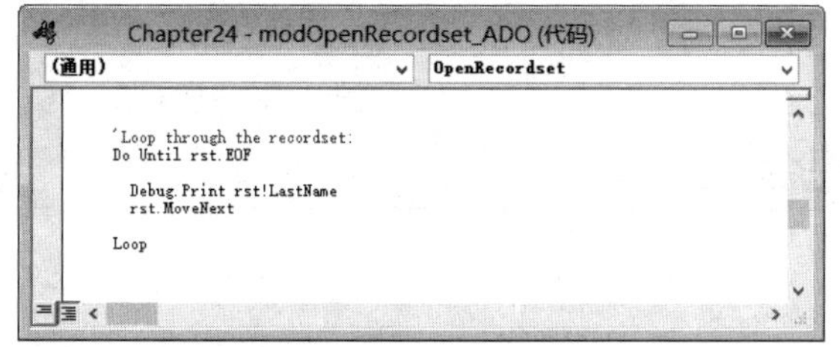

图 24.11　使用 Do...Loop 语句

While 和 Until 子句为处理代码中的 Do...Loop 提供了很大的灵活性。

2. For...Next 语句

可使用 For...Next 重复执行某个语句块一定的次数。For...Next 的一般格式如下：

```
For CounterVariable = Start To End
    [VBA 语句]
    [Exit For]
    [VBA 语句]
Next CounterVariable
```

下面的过程使用内置的 Beep 函数按照一定的次数发出某种声音。For...Next 循环可以确定提示音的数量。

```
Sub BeepWarning()

   Dim lBeep As Long
   Dim lBeepCount As Long

   lBeepCount = 5

   For lBeep = 1 To lBeepCount
       Beep
   Next lBeep

End Sub
```

在该过程中，lBeep 是计数器变量，起始值为 1，而结束值为 lBeepCount。当程序到达 For 行时，lBeep 将设置为 1。只要 lBeep 小于或等于 lBeepCount，就会执行 For...Next 块中的语句。当到达 Next 行时，lBeep 将增加 1，并再次与 lBeepCount 进行比较。如果 lBeep 仍然小于或等于 lBeepCount，将再次执行循环。当 lBeep 大于 lBeepCount 时，循环将完成，并执行过程中其余的代码。

For...Next 的一种备用形式如下：

```
For CounterVariable = Start To End Step StepValue
   [语句块]
Next CounterVariable
```

此处唯一的差别在于，向第一个语句中添加了 StepValue。Step 关键字后跟增量，会使计数器变量在每次执行循环时增加该步长值。例如，如果 Start 为 10，End 为 100，StepValue 为 10，则计数器变量将从 10 开始，并在每次执行循环时增加 10。如前面的示例所示，当省略 Step 时，默认设置为将 CounterVariable 增加 1。

绝大多数情况下，For...Next 循环会向上计数，在某个初始值开始，并按照步长值指定的数额增加计数器变量。但在某些情况下，可能需要向下计数的循环，即以某个较大的起始值开始，最后向下步进到某个结束值。这种情况下，使用负数作为步长值。当向后循环时，需要使用 Step 关键字。如果省略该关键字，For 语句将看到 CounterVariable 大于 End，因此循环将不会执行。

For Each...Next 是 For...Next 的一个特殊实现，用于在集合中进行循环。

到目前为止，已经使用了一些简单变量，例如 Booleans、Longs 以及 Strings。下一节将解释在处理对象(而不是简单变量)时使用的特殊语法。

24.6 使用对象和集合

很多情况下，需要使用对象，诸如窗体上的控件，或者包含从数据库中提取的数据的记录集。VBA 提供了多种构造，专门使用这些对象和对象集合。

24.6.1 对象入门

尽管 VBA for Access 不是严格的面向对象语言，但通常会将其称为是基于对象的。在 Access 中使用的很多内容都是对象，而不仅仅是简单的数字和字符串。一般来说，对象是一个复杂的实体，用于在 Access 应用程序中执行特定类型的作业。Access 使用集合将类似的对象聚合为一个组。

例如，当构建 Access 窗体时，实际上会创建一个 Form 对象。当向窗体中添加控件时，实际上是将它们添加到窗体的 Controls 集合中。尽管可以向窗体中添加不同类型的控件(如按钮和文本框)，但窗体的 Controls 集合会包含添加到窗体的所有控件。

本书包含很多使用单个对象和对象集合的示例。要想成为专家级 Access 开发人员，了解对象与简单变量的差别是非常重要的一步。

每种类型的 Access 对象都包含自己的属性和方法，并与其他许多 Access 对象共享大量其他属性(例如 Name)和方法。

集合通常命名为其中所包含对象的名称的复数形式。Forms 集合包含 Form 对象。Reports 集合包含 Report 对象。不过也存在一些例外情况，例如 Controls 集合。Controls 集合包含 Control 对象，而每个 Control 对象也是另一种类型的对象。Control 对象可以是 Textbox 对象、Combobox 对象或若干更具体的对象类型中的任何一种。

集合只有少量的属性。下面列出与 Access 集合关联的两个最重要属性：

- Count：集合中包含的条目数。Count 为 0 的集合是空集合。集合几乎可以包含任意数量的条目，但是，如果 Count 非常大(超过 50 000 个对象)，性能将会下降。
- Item：将对象存储在某个集合后，需要通过某种方式来引用集合中的各个对象。Item 属性将指向集合中的单个条目。

下面的示例说明了仅针对集合中的一项设置属性的情况：

```
MyCollection.Item(9).SomeProperty = Value
```

或者：

```
MyCollection.Item("ItemName").SomeProperty = Value
```

其中，MyCollection 是分配给集合的名称，SomeProperty 是与该项相关联的属性的名称，而 Value 是分配给该属性的值。

> **注意：**
> Forms 和 Reports 集合有点与众不同，那就是它们仅包含当前打开的 Form 和 Report 对象。与此相反，TableDefs 集合包含数据库中的所有表，而不考虑它们是否打开。

下面的简短示例说明了关于集合的一些重要概念：

- **可通过不同的方式来引用存储在某个集合中的项。**绝大多数情况下，存储在集合(如窗体的 Controls 集合)中的每个条目都有名称，因此，可使用名称对其进行引用，如下所示：

```
MyForm.Controls("txtLastName").FontBold = True
```

因此，集合中每个对象的名称必须唯一。例如，不能在某个 Access 窗体上使用两个同名控件。

引用集合中对象的替代方法是使用一个表示条目在集合中排序位置的数字。添加到集合中的第一项是项 0(零)，第二个是项 1，以此类推。

- **集合具有默认属性**。注意，最后一个代码段并未使用 Item 属性即可访问 txtLastName 控件。对于绝大多数集合来说，Item 是默认属性，经常被省略。下面的两行代码实际上是相同的。

```
MyForm.Controls.Item(1).Text = "Name"
MyForm.Controls(1).Text = "Name"
```

- **一个集合可能包含几千个对象**。尽管当集合包含几万个对象时，性能会受到影响，但在应用程序运行时，可以使用集合便捷地存储任意数量的条目。本书包含多个使用集合作为存储设备的示例。

注意：
对象与其属性或方法之间的句点通常称为点运算符。点运算符可以访问对象的属性和方法。

24.6.2 属性和方法

对象具有属性和方法。此外，它们还具有事件，第 26 章将详细讨论事件的相关内容。

1. 属性

通过属性，可以读取和更改作为对象特征的简单值。Label 对象有一个 Caption 属性。Caption 属性是显示在标签中的字符串。此外，Label 对象还有 Height 和 Width 属性，用于保存确定对象大小的数字。这些都是保存简单值的属性示例。

属性也可返回其他对象。如前所述，Form 对象具有 Controls 属性。但 Controls 不是一个集合对象吗？是的，它确实是一个集合对象。对于每个集合对象，都有一个返回该对象的属性。当编写 MyForm.Controls.Count 时，将使用 MyForm 的 Controls 属性访问 Controls 集合对象。幸运的是，Access 对象模型设计良好，不必担心简单属性是什么以及返回对象的属性是什么。在单个语句中看到两个点运算符时，可以确定正在访问另一个对象。在简单值属性后面输入点运算符不会提供任何选项。

2. 方法

也可以通过点运算符访问对象的方法。方法与属性有所不同，因为它们不返回值。一般情况下，可以将方法分为两类：

- 一次更改多个属性的方法
- 在对象外部执行操作的方法

第一种类型的方法可同时更改两个或更多属性。Commandbutton 对象有一个称为 SizeToFit 的方法。SizeToFit 方法可以更改 Height 属性、Width 属性或两者，以便显示 Caption 属性中的所有文本。

第二种类型的方法在其父对象的外部执行特定的操作。通常情况下，它会在操作过程中更改一些属性。Form 对象具有一个 Undo 方法。Undo 方法必须转到窗体外部，并从 Access 读取撤消堆栈，以确定最后一个操作是什么。如果在更改某个文本框之后调用该方法，该文本框的 Text 属性将更改回其之前的值。

24.6.3 With 语句

使用 With 语句，可访问对象的属性和方法，而不必反复输入对象的名称。在 With 和 End With 之间使用的任何属性或方法会自动引用在 With 语句中指定的对象。可在 With 和 End With 语句之间使用任意数量的语句，并且 With 语句可以嵌套。属性和方法将引用包含它们的最内部 With 块中的对象。

例如，考虑使用下面 For...Next 循环构造的代码。该代码将循环处理窗体的 Controls 集合的所有成员，检查每个控件。如果控件是一个命令按钮，该按钮的字体将设置为 12 磅、加粗、Times New Roman：

```
Private Sub cmdOld_Click()
    Dim i As Integer
    Dim MyControl As Control
```

```
    For i = 0 To Me.Controls.Count - 1
      Set MyControl = Me.Controls(i) 'Grab a control
      If TypeOf MyControl Is CommandButton Then
        'Set a few properties of the control:
        MyControl.FontName = "Times New Roman"
        MyControl.FontBold = True
        MyControl.FontSize = 12
      End If
    Next
  End Sub
```

上面的示例包含不同的表达式，不过不要因此而感到困扰。该过程的核心是 For...Next 循环。该循环以 0(起始值)开始，并一直执行，直到 i 变量达到窗体上的控件数减一(Access 窗体上的控件从 0 开始编号。Count 属性可以显示窗体上包含多少控件)。在该循环中，MyControl 变量指向 i 变量所指示的控件。If TypeOf 语句将评估 MyControl 变量引用的控件的准确类型。

在 If...Then 块的主体内，调整控件的属性(FontName、FontBold 和 FontSize)。如果必须操纵某个集合的所有成员，那么经常会看到诸如此类的代码。

注意，在每个赋值语句中引用控件变量。一次引用一个控件属性是相当缓慢的。如果窗体包含许多控件，那么该代码的执行速度相对缓慢。

对该代码的一种改进是使用 With 语句隔离 Controls 集合的一个成员，并对该控件应用很多语句。下面的代码使用 With 语句将很多字体设置应用于单个控件。

```
Private Sub cmdWith_Click()
  Dim i As Integer
  Dim MyControl As Control

  For i = 0 To Me.Controls.Count - 1
    Set MyControl = Me.Controls(i)  'Grab a control
    If TypeOf MyControl Is CommandButton Then
      With MyControl
        'Set a few properties of the control:
        .FontName = "Arial"
        .FontBold = True
        .FontSize = 8
      End With
    End If
  Next
End Sub
```

该示例(cmdWith_Click)中代码的执行速度要比前一个示例(cmdOld_Click)快一些。当 Access 拥有控件(With MyControl)的控制柄以后，它可以应用 With 的主体中的所有语句，而不必像 cmdOld_Click 那样从窗体的控件中提取相应的控件。

但在实际操作中，不太可能会注意到使用该示例中所示的 With 构造时，执行时间上的任何不同。不过，在使用大量数据集时，With 语句可能有助于改善整体性能。在任何一种情况下，With 语句都会降低子例程的单词数量，使代码更便于读取和理解。此外，当更改某个对象的很多属性时，它还可以节省大量的输入操作。

将 With 语句看成是将某一项交给 Access，并指示它“在这里，将所有这些属性应用于该项”。前一个示例反复表示“获取名为 x 的项，并将该属性应用于它”。

24.6.4　For Each 语句

使用 For Each 语句遍历 Controls 集合，可进一步完善 cmdWith_Click 中的代码。For Each 将遍历集合中的每个成员，使其可用于检查或操纵。下面的代码显示了 For Each 如何简化该示例。

```
Private Sub cmdForEach_Click()
  Dim MyControl As Control

  For Each MyControl In Me.Controls
    If TypeOf MyControl Is CommandButton Then
      With MyControl
        .FontName = "MS Sans Serif"
        .FontBold = False
        .FontSize = 8
      End With
    End If
  Next
End Sub
```

除了使用更少的代码完成相同的工作，上述代码还有其他改进之处。注意，不再需要使用一个整型变量对 Controls 集合进行计数，也不必使用 Controls 集合的 Count 属性来确定何时结束 For 循环。所有这些操作都由 VBA 编程语言以静默方式自动处理。

相比于前面的任意一个过程，该程序清单中的代码更易于理解。对于嵌套的每个级别，用途都非常明确清楚。不必跟踪索引即可了解发生了什么，也不必担心 For 循环从 0 还是 1 开始。For...Each 示例中的代码要比 With...End With 示例中的代码略快一些，因为不必花费时间来增加用于对循环进行计数的整数值，Access 也不必评估要对集合中的哪个控件进行操作。

Web 内容

Chapter24.accdb 示例数据库包括 frmWithDemo(参见图 24.12)，其中包含本节中讨论的所有代码。该窗体底部的三个命令按钮使用不同的代码循环处理该窗体上的 Controls 集合，更改控件的字体特征。

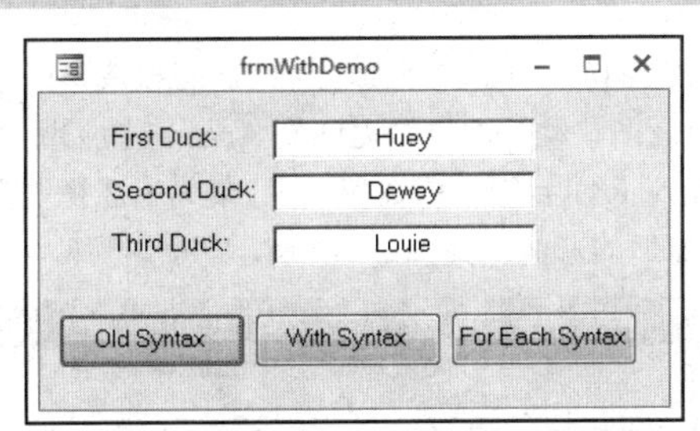

图 24.12　frmWithDemo 包含在 Chapter24.accdb 中

24.7　探索 Visual Basic 编辑器

要成为一名高效的 Access 开发人员，需要非常熟悉 Visual Basic 编辑器(VBE)。这一节将探索 VBE 的功能以及如何使用它们。

24.7.1　立即窗口

当为某个过程编写代码时，可能要在模块中尝试运行该过程，或者可能需要检查某个表达式的结果。通过立即窗口(如图 24.13 所示)，可在不退出模块的情况下尝试运行过程。可以运行模块并检查变量。

按 Ctrl+G 组合键可查看立即窗口，也可在 VBA 代码编辑器中选择“视图”|“立即窗口”。

注意：

请注意，VBE 窗口不使用功能区。相反，在 Access 2000 之后的每个版本中，代码窗口基本上没有什么变化。因此，在本书中，只要介绍如何使用 Access VBA 模块，就会看到对代码窗口的工具栏和菜单的引用。不要将对代码编辑器的工具栏的引用与 Access 主窗口的功能区混淆。

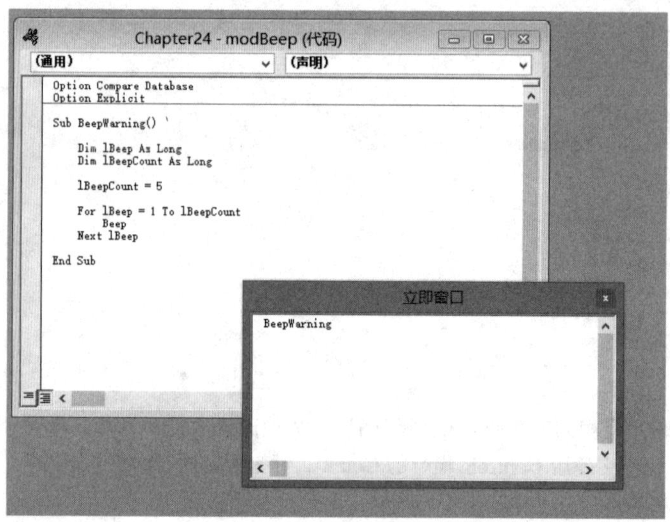

图 24.13　立即窗口

运行 BeepWarning 过程非常简单。只需要将 BeepWarning 输入到立即窗口中并按 Enter 键。可能会听到 5 个提示音，或仅听到一个连续的提示音，因为提示音之间的间隔非常短。

交叉参考：

立即窗口是一种非常出色的调试工具。有关调试 VBA 代码的内容参见第 27 章。

24.7.2　工程资源管理器

工程资源管理器是 VBE 中的一个窗口，用于显示工程中的所有模块，既包括标准模块，也包括窗体和报表模块。它提供了一种简单的方式在模块之间移动，而不必返回到 Access 主应用程序。

要查看工程资源管理器，请按 Ctrl+R 组合键，或在 VBE 的菜单中选择“视图”|“工程资源管理器”。默认情况下，工程资源管理器停靠在 VBE 窗口的左侧，如图 24.14 所示。

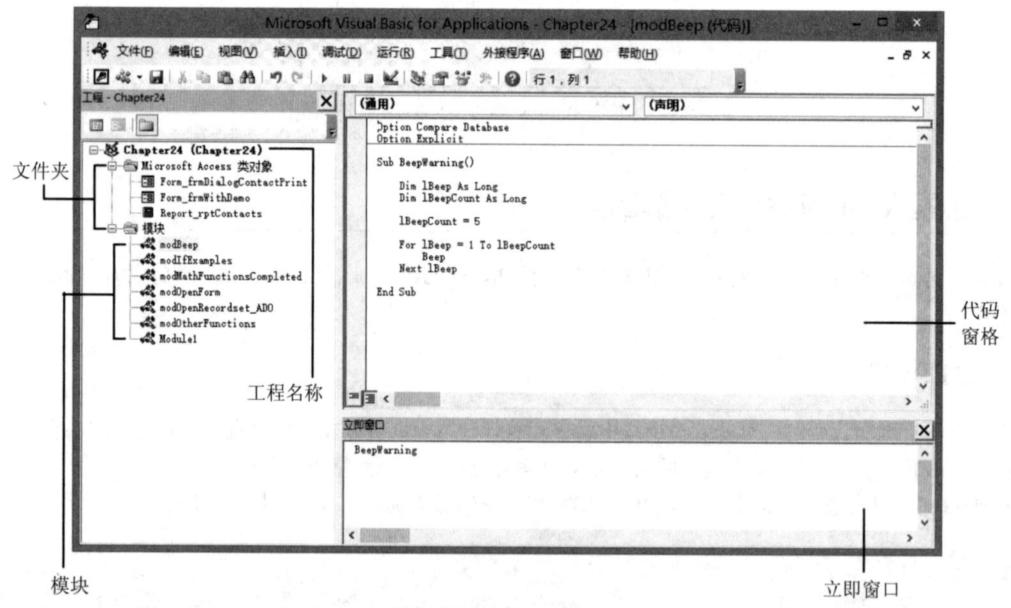

图 24.14　工程资源管理器显示数据库中的所有模块

工程资源管理器在可折叠列表的顶部显示工程。工程与数据库同名，只是没有 ACCDB 扩展名。在工程名称下面是一个或多个文件夹。在图 24.14 中，可以看到，工程有一个对应于“Microsoft Access 类对象”的文件夹，还有一个对应于“模块”的文件夹。“Microsoft Access 类对象”文件夹保存与窗体或报表关联的类模块，而“模块”文件夹保存标准模块。

工程资源管理器的顶部包含三个图标，如下所述：

- **查看代码**：单击“查看代码”会将焦点放在代码窗格中，代码窗格是一个非常大的区域，可在该区域中编写和编辑 VBA 代码。相比于仅移动鼠标并在代码窗格中单击，该图标几乎没有任何优势。
- **查看对象**：单击“查看对象”将显示与模块关联的对象。如果位于与某个窗体或报表关联的模块中，将显示该窗体或报表。它是一个快捷方式，可移动回 Access 主窗口。该按钮对标准模块没有任何效果。
- **切换文件夹**：默认情况下，模块显示在文件夹中。要移除文件夹并将所有模块显示为一个列表，请单击“切换文件夹”。再次单击该图标将返回到文件夹视图。如果使用适当的命名约定，那么不必在工程资源管理器中显示文件夹。如果将所有标准模块加上前缀 mod，它们将在任意视图中全部组合到一起。

24.7.3　对象浏览器

对象浏览器是 VBE 中的一个窗口，在该窗口中，可以看到工程中的所有对象、属性、方法和事件。与立即窗口和工程资源管理器不同的是，默认情况下，对象浏览器并不停靠在界面上，通常会覆盖整个代码窗格。要查看对象浏览器，应从“视图”菜单中选择“对象浏览器”或按 F2。

如果想查找属性和方法，那么对象浏览器是一种非常有用的工具。在图 24.15 中，在搜索框中输入了搜索术语 font。对象浏览器将显示包含该字符串的所有元素。

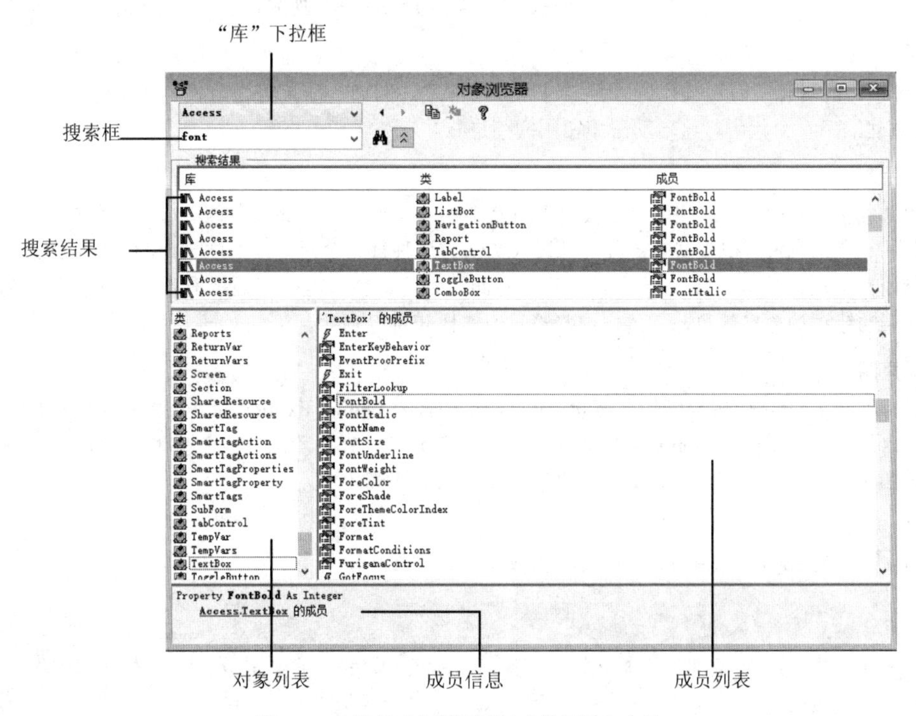

图 24.15　搜索对象浏览器以查找属性和方法

对象浏览器有一个“库”下拉框用于限制搜索。如果不确定要在哪个库中查找，也可以搜索“所有库”。在图 24.15 中，搜索被限制为 Access 库。Access 库包含 Access 对象模型，是在开发 Access 应用程序时最常用的库。

图 24.15 中所示的搜索找到了很多条目。“类”列显示对象的名称，“成员”列显示属性或方法。在对象浏览器的底部，可以滚动浏览所有对象，并查看其所有属性和方法。

24.7.4　VBE 选项

Access 中的很多最重要的功能仅影响开发人员。这些功能对最终用户隐藏，仅为构建应用程序的人员提供帮助。我们花一些时间来介绍这些功能，以便完全了解它们的优势。用户很快就会确定适合自己的工作方式的选项设置以及在编写 VBA 代码时所需的帮助类型。

1. “选项”对话框的“编辑器”选项卡

“选项”对话框包含多个重要设置，在向应用程序中添加代码时，这些设置对与 Access 的交互方式产生重大影响。从 VBE 菜单中选择“工具”|“选项”可访问这些选项。图 24.16 显示的是“选项”对话框的“编辑器”选项卡。

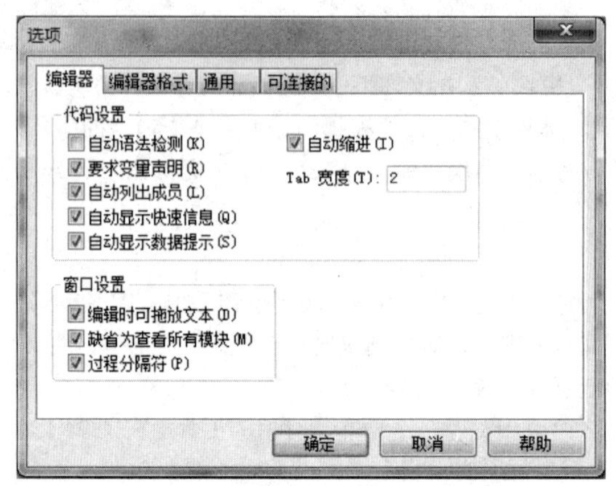

图 24.16　“选项”对话框的“编辑器”选项卡

自动缩进

“自动缩进”功能可使所有后续代码行都缩进到当前深度。例如，如果将当前代码行缩进了两个制表符，那么当按 Enter 时创建的下一个代码行将自动采用相同的缩进量。

自动语法检测

如果选中“自动语法检测”选项，当在代码编辑器中输入代码时，Access 会针对每行代码检查语法错误，并在找到错误时显示一个消息框。很多富有经验的开发人员认为这种行为会对开发产生一定的干扰，因此倾向于禁用此选项。如果禁用“自动语法检测”，包含语法错误的行将标记为红色，但不会显示消息框。消息框的好处在于，它可提供有关找到的错误的更多信息，不过，这些消息通常比较难以理解。

要求变量声明

该设置会自动向 Access 应用程序的所有新 VBA 模块中插入 Option Explicit 指令。默认情况下不会选中该选项。普遍接受的观点是，应该使用 Option Explicit，且应该启用该选项。在设置此选项之前创建的任何模块不会进行更新以包括 Option Explicit。好消息是，可以简单地将该指令输入这些模块中。

交叉参考：

第 25 章将详细讨论变量声明和 Option Explicit 声明。

提示：

当习惯于在每个模块(包括标准模块和类模块)中设置 Option Explicit 时，错误和未解释的变量实例(实际上，它们几乎都是已声明变量的错误拼写形式)将不再出现。通过在每个模块中设置 Option Explicit，代码更易于调试和维护，因为编译器可以捕获每个拼写错误的变量。

自动列出成员

该选项会弹出一个列表框，其中包含代码窗口中某个对象的层次结构的成员。在图 24.6 中，当在 VBA 语句中输入 DoCmd 后跟句点时，会立即显示 DoCmd 对象的成员列表。可以通过以下两种方式选择一个项目：继续输入对应的内容，或者滚动列表并按空格键。

自动显示快速信息

如果选中“自动显示快速信息”，当输入某个过程(函数、子例程或方法)的名称后跟句点、空格或左括号时，Access 将弹出语法帮助(参见图 24.7)。该过程可以是内置的函数或子例程，也可以是在 Access VBA 中编写的自定义函数或子例程。

自动显示数据提示

如果在模块处于中断模式中的情况下将鼠标光标放在某个变量上方，“自动显示数据提示”选项将显示相应变量的值。“自动显示数据提示”是给变量设置监视并在 Access 到达断点时转到“调试”窗口的备选方法。

交叉参考：

第 27 章将介绍有关调试 Access VBA 的内容。

2. “工程属性”对话框

Access 应用程序中的所有代码组件(包括所有模块、过程、变量以及其他元素)聚合在一起构成应用程序的 VBA 工程。VBA 语言引擎按照工程成员的形式访问模块和过程。Access 通过跟踪工程中包含的所有代码对象来管理应用程序中的代码，这与作为运行时库和向导添加到应用程序中的代码不同。

每个 Access 工程都包含很多重要选项。“工程属性”对话框(如图 24.17 所示)包含很多对开发人员非常重要的设置。通过选择“工具”|“工程名称属性”(其中工程名称是数据库的工程名称) 可打开“工程属性”对话框。

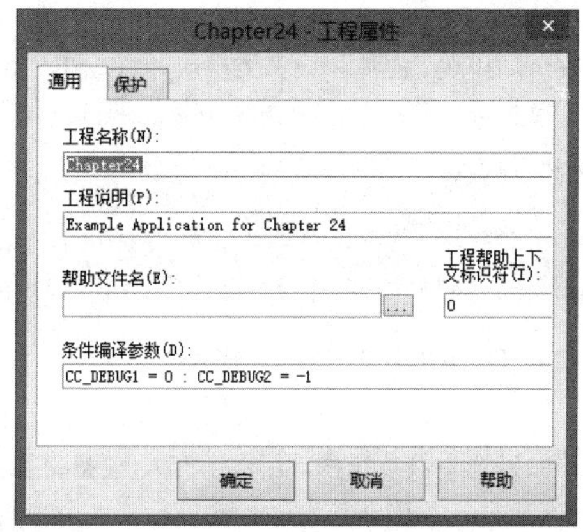

图 24.17　“工程属性”对话框包含很多有趣的选项

工程名称

应用程序结构中的某些更改要求 Access 重新编译该应用程序中的代码。例如，更改某个标准模块中的代码会影响使用该代码的其他模块中的所有语句，因此，Access 必须重新编译该应用程序中的所有代码。Access 会“反编译”应用程序，即把代码恢复为代码的纯文本版本，存储在 ACCDB 文件中，并忽略 ACCDB 中已编译的代码，直到对代码进行重新编译。这意味着必须在运行时解释每一行代码，从而显著降低应用程序的执行速度。

有时，一些无关紧要的修改(例如更改工程本身的名称)足以导致反编译。之所以会发生这种情况，是因为 Access VBA 的层次结构性质。由于所有对象都被其他特定的对象“所有”，因此，更改高级别对象的名称可能会更改在对象层次结构中位于其下方的所有对象的依赖关系和所有权关系。

Access 为应用程序中的代码和可执行对象维护一个独立的工程名称。仅更改 ACCDB 文件的名称不足以反编译 Access 应用程序中的代码。默认情况下，工程名称与 ACCDB 的名称相同，但二者之间并没有依赖关系。可使用“工程属性”对话框的“通用”选项卡中的“工程名称”文本框为工程分配一个唯一名称。

工程说明

顾名思义，所谓工程说明就是工程的说明信息。由于这个区域非常小，因此无法添加任何有助于其他开发人员的重要信息。

条件编译参数

编译器指令会指示 Access VBA 编译器包含或排除代码的某些部分，具体取决于在模块的声明部分中建立的一个常量的值。以#开头的代码行将根据条件进行编译。

使用编译器指令的一个限制在于，常量声明仅在相应的模块内局部有效。这意味着必须在每个包含#If 指令的模块中使用#Const 编译器指令设置该常量。该限制可能导致在开发结束时很难删除所有#Const 编译器指令，以修改代码。

例如，考虑这样一种情形，想要在开发周期内使用条件编译来包含特定的调试语句和函数。在准备将应用程序提供给用户之前，想要从代码中移除编译器指令，以便用户看不到消息框、状态栏消息以及其他调试信息。如果应用程序包含很多窗体和模块，那么必须保证找到每一处#Const 指令，以确保成功停用调试代码(这就是为什么建议对用于#Const 指令的标识符应用某种命名约定)。

幸运的是，Access 提供了一种方式来设置“全局”条件编译参数。“工程属性”对话框的“通用”选项卡包含“条件编译参数”文本框，在该文本框中，可输入要由代码中的条件编译指令进行求值的参数。

例如，假定在应用程序的所有模块中设置了下面一组语句：

```
#If CC_DEBUG2 Then
  MsgBox "Now in ProcessRecords()"
#End If
```

不必在应用程序的每个模块中添加常量指令(`#Const CC_DEBUG2 = True`)，可以在“条件编译参数”文本框中输入下面的文本：

```
CC_DEBUG2 = -1
```

该指令为应用程序中的所有模块(全局模块、窗体和报表类模块)将 CC_DEBUG2 的值设置为-1 (true)。只需要将此处的条目更改为 CC_DEBUG2=0 即可在应用程序的所有模块中禁用调试语句。

注意：

在“工程属性”对话框中设置编译器常量时，不使用单词 true 或 false，即使在某个 VBA 代码模块中使用了这些值也是如此。在“工程属性”对话框中，必须使用-1 表示 true，使用 0 表示 false。

要用冒号分隔多个参数，例如：CC_DEBUG1=0 : CC_DEBUG2=-1。

工程保护

“保护”选项卡中有一个复选框，如果选中该复选框，那么当有人(包括自己)试图打开该模块时，将要求提供一个密码。使用此选项时，必须提供一个密码，并确认该密码。应该牢记这个密码，因为 VBE 没有提供在忘记密码时重新获得该密码的方法。

第 25 章

了解 VBA 数据类型和过程

本章内容：

- 命名和声明变量
- 了解 VBA 数据类型
- 了解变量的作用域和生存期
- 使用常量
- 了解数组
- 使用 Sub 和函数
- 构建函数

所有 VBA 应用程序都需要使用变量，以便在程序执行时保存数据。变量就像是一个白板，可以在其中临时写入重要的信息，并在稍后由程序读取。例如，当用户在窗体上输入值时，可能需要使用变量来临时保存该值，直到其可以永久存储在数据库中或者打印到报表上。简单来讲，变量是为应用程序中特定的数据位分配的名称。以技术性更强的术语来说，变量是内存中的一个命名区域，用于在程序执行过程中存储值。

变量是暂时的，应用程序停止运行以后不会继续存在。此外，如本章后面的“了解变量作用域和生存期”一节所述，变量可能会在程序执行时持续非常短的时间，或者在应用程序运行过程中持续存在。

在绝大多数情况下，要为应用程序中的每个变量分配特定的数据类型。例如，创建一个字符串变量，用于保存诸如名称或说明之类的文本数据。另一方面，货币变量用于包含表示货币金额的值。不应该试图为货币变量分配文本值，因为这样可能导致运行时错误。

使用的变量会对应用程序产生非常明显的效果。在 Access 程序中建立和使用变量时，可以使用很多选项。变量使用不当可能降低应用程序的执行速度，甚至可能导致数据丢失。

本章包含了解如何创建和使用 VBA 变量所需的全部内容。本章中的信息有助于对变量使用最有效、最高效的数据类型，同时避免与 VBA 变量相关的最常见问题。

25.1 使用变量

在编程中，最强大的概念之一就是变量。变量是为特定值提供的一个临时存储位置，并为其提供名称。可以使用变量来存储计算的结果，保存用户输入的或从某个表读取的值，或者，也可以创建一个变量，以使某个控件的值可供其他过程使用。

要引用某个表达式的结果，可以使用变量的名称来存储该结果。要将表达式的结果分配给某个变量，可使用=运算符。下面列出了为变量分配值的一些表达式示例：

```
counter = 1
counter = counter + 1
today = Date()
```

图 25.1 中显示了一个使用多个不同变量的简单过程。尽管这是一个使用变量的简单示例，但它有效地阐明了使用 VBA 变量的基础知识：

- Dim 关键字在过程中建立新的变量：sFormName 和 sCriteria。
- 在 Dim 语句中为变量提供有意义的名称。在图 25.1 中，变量名是 sFormName 和 sCriteria，指示过程如何使用变量。
- Dim 语句包括新变量的数据类型。在图 25.1 中，两个变量均声明为 String 数据类型。
- 可使用不同方法为变量分配值。图 25.1 使用=运算符将字面值 frmContactLog 分配给变量 sFormName。请注意，frmContactLog 使用引号括了起来，表示它是一个字面值。从窗体的 txtContactID 文本框中提取的一个值与字面字符串“[ContactID]=”结合在一起，然后分配给 sCriteria 变量。分配给变量的数据应该始终适合于变量的数据类型。
- 可使用各种运算符来操纵变量。图 25.1 中使用 VBA 连接运算符(&)将[ContactID]=与 txtContactID 中的值结合在一起。

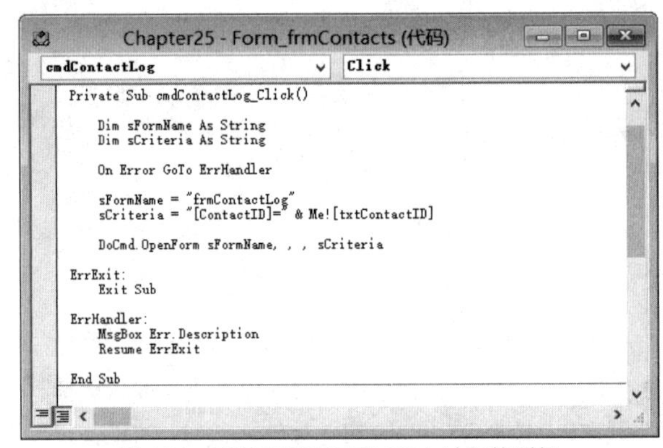

图 25.1 变量声明显示在 VBA 过程的顶部

可通过多种方式来执行图 25.1 中的每项任务。例如，如本章后面的“声明变量”一节所述，Dim 语句并非建立变量的唯一方式。并且，本书还将提到，=运算符也不是为变量分配值的唯一方式。此外，不需要使用像 sCriteria 这样的变量来临时保存通过组合两个值生成的值。可在 DoCmd.OpenForm 语句中轻松地动态组合两个值，如下所示：

```
DoCmd.OpenForm "frmContactLog", _
    "[ContactID] = " & Me![txtContactID]
```

用于控制如何声明和使用变量的规则非常少。应该始终努力提高 VBA 代码的可读性。在图 25.1 中所示的简短示例中，很容易看出，sFormName 保存窗体的名称，主要原因是它用作 DoCmd.OpenForm 语句的一部分。

25.1.1 命名变量

每种编程语言都有自己的变量命名规则。在 VBA 中，变量名称必须满足以下条件：

- 必须以字母字符开头。
- 必须具有唯一的名称。变量的名称不能在过程或使用变量的模块中的其他位置使用。
- 不能包含空格或标点符号(下划线除外)。
- 不能使用保留字，例如 Sub、Module 或 Form。
- 长度不能超过 255 个字符。

尽管可为变量构建几乎任何名称，但绝大多数程序员都会采用标准的变量命名约定。下面列出其中一些常见的做法：

- 混合使用大写和小写字符，例如 TotalCost。
- 全部使用小写字符，例如 counter。
- 使用下划线分隔变量名的各个部分，例如 Total_Cost。
- 使用值的数据类型作为名称的前缀。存储数字的变量可能称为 iCounter，而保存字符串的变量可能命名为 sLastName。

稍后将详细地介绍命名约定的好处。

注意：

对于 Access 开发人员来说，有一点会为其带来无尽的烦恼，那就是 Access 对象(表、查询、窗体等)的名称可能包含空格，而变量名绝对不能包含空格。在 Access 对象名称中不使用空格的理由之一是，消除在一个应用程序中混合使用不同的命名约定时产生的混淆。最好在为 Access 对象、变量、过程和其他应用程序实体应用名称时遵循一致的规则。

提示：

在创建变量时，可使用大写、小写或通过混合两种形式来指定变量或稍后调用它。VBA 变量不区分大小写。这意味着，稍后可以使用 TodayIs 变量，而不必担心在创建该变量时为名称使用的大小写形式，TODAYIS、todayis 和 tOdAyIs 指的是同一个变量。VBA 会将任何显式声明的变量更改为在声明语句(Dim 语句)中使用的大小写形式。

当要使用某个变量的内容时，只需要引用其名称。指定变量的名称时，计算机程序会转入内存，找到该变量，并获取其内容。当然，这一过程意味着必须能够记起并正确引用变量的名称。

25.1.2　声明变量

可通过两种基本方式向应用程序中添加变量。第一种方法称为隐式声明，即让 VBA 自动创建变量。与绝大多数未严格控制的对象一样，让 VBA 准备变量并不好，可能导致在程序中出现性能问题，或者在调试程序时出现问题(请参阅本章后面的“比较隐式变量与显式变量”一节)。

隐式声明意味着，VBA 会自动为其在应用程序中识别为变量的每个标识符创建一个空的变量。在下面的示例中，存在两个隐式声明的变量，分别是 sFirstName 和 sLastName。在该示例中，为这两个变量(sFirstName 和 sLastName)分配了两个文本框(txtFirstName 和 txtLastName)中包含的文本，同时为第三个变量(sFullName)分配了 sFirstName 和 sLastName 的组合值，并在中间包含一个空格。

```
Private Sub Combine_Implicit()

  sFirstName = Me.txtFirstName.Text
  sLastName = Me.txtLastName.Text
  sFullName = sFirstName & Space(1) & sLastName

End Sub
```

第二种方法是使用以下关键字之一显式地声明变量：Dim、Static、Private 或 Public (也称为 Global)。关键字的选择对于变量在应用程序中的作用域具有深远影响，并可确定能够在程序中使用该变量的位置(有关变量作用域的信息参见本章后面的“了解变量作用域和生存期”一节)。

提示：

要强制执行显式变量声明，请在每个模块的顶部输入指令 Option Explicit。如果在“VBE 选项”对话框中选中“要求变量声明”会更好，所有新模块将自动包含 Option Explicit 指令。

显式声明变量的语法非常简单，如下所示：

```
Dim VariableName As DataType
Static VariableName As DataType
Private VariableName As DataType
Public VariableName As DataType
```

在每种情况中，变量的名称及其数据类型都作为声明的一部分提供。VBA 会在执行声明语句之后立即保留保存变量所需的内存量。声明变量后，就不能再更改其数据类型，但可以轻松地转换变量的值，并将转换后的值分配给另一个变量。

下面的示例显示了重新编写的 Combine_Explicit Sub，以使用显式声明的变量：

```
Private Sub Combine_Explicit()

  Dim sFirstName As String
  Dim sLastName As String
  Dim sFullName As String

  sFirstName = Me.txtFirstName.Text
  sLastName = Me.txtLastName.Text
  sFullName = sFirstName & Space(1) & sLastName

End Sub
```

既然通常情况下使用隐式变量与显式变量没有明显差别，为什么还要耗费精力去声明变量呢？下面的代码说明了在应用程序中使用显式声明的变量的重要性：

```
Private Sub Form_Load()

  sDepartment = "Manufacturing"
  sSupervisor = "Joe Jones"
  sTitle = "Senior Engineer"

  'Dozens of lines of code go here

  Me.txtDepartment = sDepartment
  Me.txtSupervisor = sSuperviser
  Me.txtTitle = sTitle

End Sub
```

在上面的示例代码中，窗体上的 txtSupervisor 文本框始终为空，永远也不会分配值。该过程底部附近的一行将隐式声明变量 Superviser 的值分配给 txtSupervisor 文本框。注意，变量名(Superviser)拼写有误，正确的变量应为 Supervisor。由于赋值的来源是一个变量，因此，VBA 只会创建一个名为 Superviser 的新变量，并将其值(不包含任何文字内容)分配给 txtSupervisor 文本框。此外，由于新的 Superviser 变量尚未赋值，因此文本框最后总是为空。像这样的拼写错误非常常见，在较长或较复杂的过程中很容易被忽视。

此外，该示例中显示的代码可以正确运行，不会导致 VBA 错误。由于该过程使用隐式变量声明，因此，Access 不会因拼写错误而指出错误，在有人注意到文本框始终为空之前不会检测到该问题。试想一下，如果在工资单或计费应用程序中因为简单的拼写错误而导致缺少变量，会遇到非常大的问题！

当声明变量时，Access 会提前在计算机的内存中设定一个位置，用于存储该变量的值。为变量分配的存储空间量取决于为该变量分配的数据类型。相比于保存的值永远也不会超过 255 的变量，为保存货币金额(例如 1 000 000 美元)的变量分配的空间要更多。这是因为，使用货币数据类型声明的变量所需的存储空间比其他声明为字节数据类型的变量要多(有关数据类型的内容参见本章后面的“使用数据类型”一节)。

尽管 VBA 不要求在使用变量之前先声明变量，但它提供了各种声明命令。养成声明变量的习惯是一种非常好的做法。变量的声明可以确保只能为它分配特定类型的数据，例如，始终为数值，或仅为字符。此外，通过预先声明变量，还可以获得真正的性能优势。

> **提示：**
> 一种编程最佳做法是在过程的顶部显式声明所有变量，这样，其他程序员可在以后更轻松地使用该程序。

1. Dim 关键字

要声明变量，可使用 Dim 关键字(Dim 是早期的 Dimension 编程术语的缩写形式，因为需要指定变量的维度)。当使用 Dim 关键字时，必须提供分配给该变量的变量名称。下面列出了 Dim 语句的格式：

```
Dim [VariableName] [As DataType]
```

下面的语句将变量 iBeeps 声明为整型数据类型：

```
Dim iBeeps As Integer
```

请注意，Dim 语句后面是变量名称。除了为变量命名，还需要使用 As Data Type 为变量指定数据类型。数据类型是存储在变量中的信息种类，例如 String、Long、Currency 等。默认的数据类型为 Variant，它可以保存任何类型的数据。

下一节中的表 25.1 列出了所有可用的数据类型。

当使用 Dim 语句在某个过程中声明变量时，只能在该过程中引用该变量。对于其他过程来说，即使它们与该过程存储在同一个模块中，也不会了解有关在该过程中声明的变量的任何信息。这种变量通常称为局部变量，因为它只在某个过程中局部声明，只有拥有它的过程知道该变量(有关变量作用域的更多信息，请参阅本章后面的“了解变量作用域和生存期”一节)。

也可在模块的声明部分中声明变量。然后，该模块中的所有过程都可以访问该变量。但是，声明变量的模块以外的过程无法读取或使用该变量。

警告：

可在一个 Dim 语句中声明多个变量，但必须为每个变量提供数据类型。如果不提供数据类型，相应的变量将创建为 Variant。语句 Dim sString1, sString2 As String 会生成 sString1 (Variant 类型)和 sString2 (String 类型)。正确的语句 Dim sString1 As String, sString2 As String 将生成两个 String 类型的变量。

2. Public 关键字

要使某个变量可用于应用程序中的所有模块，在声明该变量时使用 Public 关键字。图 25.2 中显示了声明公共变量的情况。

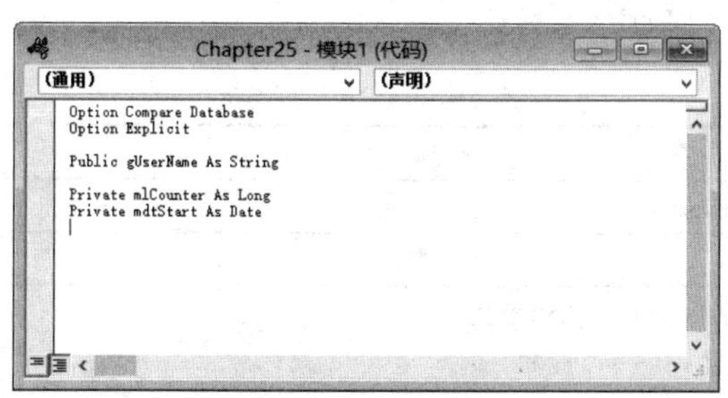

图 25.2　声明公共变量

警告：

不能在过程中声明公共变量，必须在模块的声明部分中声明。如果尝试在某个过程中将变量声明为公共，将显示错误消息。

尽管可在任何模块中声明公共变量，但声明公共变量的最佳做法是在一个仅用于存储公共变量的标准模块中声明所有公共变量。虽然在某些情况下必须使用公共变量，但应该限制这种变量的使用。由于工程中的任何过程都可以更改公共变量的值，因此，很难找出哪个过程进行了不需要的更改。将所有公共声明的变量放在一个位置，可以轻松地找到它们，能方便地发现使用的公共变量是否过多，从而需要重新考虑自己的代码结构。

提示：

可在附加到窗体或报表的代码模块中声明公共变量。在其他模块中引用这些公共变量与引用标准模块中声明的公共变量略有不同。要在其他模块中引用在窗体或报表背后声明的公共变量的值，必须使用窗体或报表对象的名称限定变量引用。例如，frmMainForm.MyVariable 可以访问名为 frmMainForm 的窗体，并获取在该窗体的代码模块中声明的公共变量 MyVariable 的值。如果窗体或报表未处于打开状态，那么无法引用在相应窗体或报表的模块中声明的公共变量。

3. Private 关键字

图 25.2 中的声明部分显示了使用 Private 关键字声明变量的情况。从技术角度看，在模块的声明部分中使用时，Private 和 Dim 之间并没有差别，但是，如果要声明仅可用于某个模块中过程的变量，建议在模块级别使用 Private。

Private 关键字能够确保该模块中的所有过程都可以访问该变量，但其他模块中的所有过程无法访问它。声明私有变量与下面关键字形成对比：

- Dim，必须在过程级别使用。
- Public，在模块中声明变量的另一种方法，可以使理解代码变得更加轻松。

提示：

在某个窗体的模块中处理代码时，可以在代码编辑器的“对象”下拉列表中选择“(通用)”，快速转到模块的声明部分。“过程”下拉列表将更改为“(声明)”(参见图 25.2 中的“模块”窗口组合框)。在“对象”下拉列表中选择某个控件或窗体时，“声明”项不可用。

当声明变量时，可以使用 AS 子句为新变量指定数据类型。由于 Access 是一个数据库开发系统，因此，变量数据类型与 Access 数据库表中的字段数据类型类似并不奇怪。

25.2　使用数据类型

当声明变量时，还会为该变量指定数据类型。每个变量都有一种数据类型。变量的数据类型确定了可以在该变量中存储的信息种类。

字符串变量的数据类型为字符串，它可以保存能够在键盘上输入的任何字符，以及其他一些字符。在创建后，便可以通过多种方式使用字符串变量：将其内容与另一个字符串进行比较，从字符串中提取出部分信息等。但是，如果有一个定义为字符串类型的变量，那么不能使用它来执行数学计算。

表 25.1 列出了 VBA 支持的 12 种基本数据类型。

表 25.1　VBA 数据类型

数据类型	范围	说明
布尔	True 或 False	两个字节
字节	0 到 255	一个字节的二进制数据
货币	–922 337 203 685 477.5808 到 922 337 203 685 477.5807	具有固定小数点的八字节数字
小数	+/–79 228 162 514 264 337 593 543 950 335，不带小数点；+/–7.922 816 251 426 433 759 354 395 033 5，小数点右侧具有 28 位；最小非 0 数字是+/–0.000 000 000 000 000 000 000 000 000 1	14 个字节
日期	100 年 1 月 1 日 00:00:00 至 9999 年 12 月 31 日 23:59:59	8 字节日期/时间值
双精度	–1.797 693 134 862 31E308 到 –4.940 656 458 412 47E–324 表示负值，4.940 656 458 412 465 44E–324 到 1.797 693 134 862 315 70E+308 表示正值	8 字节浮点数
整型	–32 768 到 32 767	双字节整数
长整型	–2 147 483 648 到 2 147 483 647	4 字节整数
对象	任何对象引用	4 个字节
单精度	–3.402 823E38 到–1.401 298E–45 表示负值，1.401 298E–45 到 3.402 823E38 表示正值	4 字节浮点数
字符串(固定长度)	1 到大约 65 400	字符串的长度
字符串(可变长度)	0 到大约 2 000 000 000	10 个字节加上字符串的长度
变量(包含字符)	0 到大约 2 000 000 000	22 个字节加上字符串的长度
变量(包含数字)	任何数值，最高达到双精度数据类型的范围(请参阅本表前面的内容)	16 个字节

在绝大多数情况下，一般会使用字符串、日期、长整型以及货币或双精度数据类型。VBA 不再使用整型数据类型，它仍保留是为了语言的向后兼容性，但 VBA 会在后台把所有整型变量转换为长整型变量，使用整型数据类型不会节省内存，且性能可能有所降低，因为 VBA 要执行转换操作。因此，若使用范围较小的数字，不会节省内存。简言之，千万不要使用整型数据类型。

当想要将某个 Access 字段的值分配给一个变量时，需要确保该变量的数据类型可以保存该字段的数据类型。表 25.2 中显示了 Access 字段类型对应的 VBA 数据类型。一些 Access 数据类型不能存储在 VBA 变量中。

表 25.2　Access 和 VBA 数据类型

Access 字段数据类型	VBA 数据类型
附件	—
自动编号(长整型)	长整型
自动编号(同步复制 ID)	—
货币	货币
计算	—
日期/时间	日期
长文本	字符串
数字(字节)	字节
数字(整型)	整型
数字(长整型)	长整型
数字(单精度)	单精度
数字(双精度)	双精度
数字(同步复制 ID)	—
OLE 对象	字符串
短文本	字符串
超链接	字符串
是/否	布尔

了解了变量及其数据类型后，接下来了解如何在编写过程时使用它们。

25.2.1　比较隐式变量与显式变量

VBA 变量的默认数据类型是变量。这意味着，除非指定其他类型，否则，应用程序中的每个变量都将为“变量”数据类型。如本章前面所述，尽管变量数据类型非常有用，但它并不是非常高效。其数据存储要求要高于等效的简单数据类型(例如字符串)，相比于其他数据类型，计算机需要花费更多时间来跟踪变量类型中包含的数据类型。

下面的示例在使用隐式声明的“变量”类型的变量与显式声明的变量时，测试速度差异。这些代码可在 Chapter25.accdb 中的 frmImplicitTest 后面找到：

```
'Use a Windows API call to get the exact time:
Private Declare Function GetTickCount _
   Lib "kernel32" () As Long

Private Sub cmdGo_Click()

  Dim i As Integer
  Dim j As Integer
  Dim snExplicit As Single

  Me.txtImplicitStart.Value = GetTickCount()
```

```
    For o = 1 To 10000
      For p = 1 To 10000
        q = i / 0.33333
      Next p
    Next o

    Me.txtImplicitEnd.Value = GetTickCount()

    Me.txtImplicitElapsed.Value = _
    Me.txtImplicitEnd.Value - Me.txtImplicitStart.Value

    DoEvents 'Force Access to complete pending operations

    Me.txtExplicitStart.Value = GetTickCount()

    For i = 1 To 10000
      For j = 1 To 10000
        snExplicit = i / 0.33333
      Next j
    Next i

    Me.txtExplicitEnd.Value = GetTickCount()

    Me.txtExplicitElapsed.Value = _
      Me.txtExplicitEnd.Value - Me.txtExplicitStart.Value
    DoEvents

  End Sub
```

在这个小型测试中，使用隐式声明的变量的循环需要大约 2.5 秒运行完成，而使用显式声明的变量的循环仅需要 2.3 秒。这表明，只需要使用显式声明的变量便可使性能提高约 10%。

该 VBA 过程或者其他任何过程的实际执行时间在很大程度上取决于计算机的相对速度，以及在过程运行时计算机执行的任务。台式机在 CPU、内存以及其他资源方面的差别都很大，因此，无法预测执行特定的一组代码应该需要多长时间。

> **注意：**
> 本节的示例使用了 Windows API 函数 GetTickCount。API(Application Program Interface，应用程序编程接口)是某个程序(在这里是 Windows)向程序公开特定功能的一种方式。API 函数的细节不在本书讨论范围内，不过，Windows API 具有完善的文档，可在网上找到其大量示例。

25.2.2 强制显式声明

Access 提供了一个简单的编译器指令，强制始终在应用程序中声明变量。在模块顶部插入 Option Explicit 语句时，它会指示 VBA 需要显式声明该模块中的所有变量。例如，如果使用的应用程序中包含很多隐式声明的变量，那么在每个模块的顶部插入 Option Explicit 语句会导致在下次编译应用程序时检查所有变量声明。

由于显式声明是一种非常好的做法，Access 提供一种方式来自动确保应用程序中的每个模块都使用显式声明也就不足为奇了。“选项”对话框的“编辑器”选项卡(如图 25.3 所示)包含一个“要求变量声明”复选框。该选项自动在该时间点以后创建的每个模块的顶部插入 Option Explicit 指令。

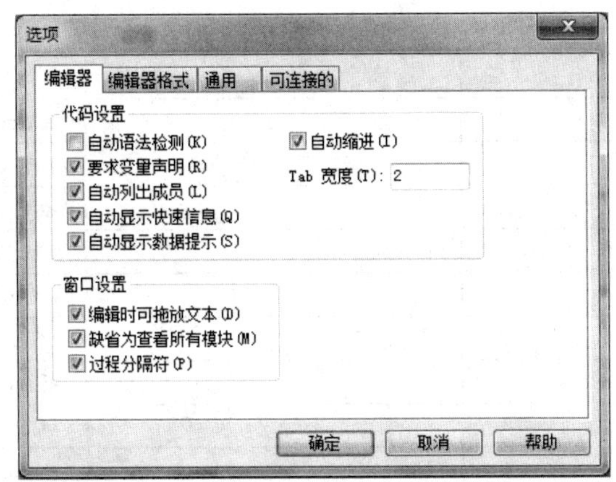

图 25.3　在绝大多数 Access 应用程序中，要求进行变量声明是一种非常好的做法

“要求变量声明”选项不会影响已经编写的模块。该选项仅适用于在选中该选项以后创建的模块，因此，必须在现有的模块中自己插入 Option Explicit 语句。在当前版本的 Access 中，默认情况下不会设置“要求变量声明”选项。必须自行设置该选项，以便让 Access 向所有模块添加 Option Explicit 语句。

25.2.3　给变量使用命名约定

与大多数编程语言一样，使用 VBA 编写的应用程序可能会较长而复杂，通常会使用数千行代码。即使是简单的 VBA 程序，可能也需要几百个不同的变量。VBA 窗体上通常会有很多不同的控件，包括文本框、命令按钮、选项组以及其他控件。即使在中等复杂程度的 VBA 应用程序中，跟踪变量、过程、窗体和控件也是一件工作量非常大的任务。

可以通过一种方式来减轻管理应用程序中的代码和对象的负担，那就是使用命名约定。命名约定会对应用程序中的对象和变量应用标准化的命名方法。

Access 应用程序中最常用的命名约定是在 VBA 应用程序中对象和变量的基本名称前面附加一个包含一到四个字符的前缀(标记)。一般情况下，该标记基于控件的控件类型以及变量保存的数据的类型或变量的作用域。例如，可将包含个人姓氏的文本框命名为 txtLastName，而将关闭窗体的命令按钮命名为 cmdClose 或 cmdCloseForm。

变量的名称遵循类似的模式。保存客户名称的字符串变量可以命名为 sCustomer，而指示客户当前是否处于活动状态的布尔变量可以命名为 bActive。

使用命名约定并不难。本书中的绝大多数代码都对变量使用包含一个字符的前缀，而对控件名称使用包含三个字符的前缀。使用什么命名约定并不重要。重要的是始终使用约定。随着编写的 VBA 代码越来越多，使用恰当的约定所带来的好处就会变得越来越明显。表 25.3 显示了一种命名约定。

表 25.3　命名约定示例

控件/数据类型	前缀	示例
控件：文本框	txt	txtFirstName
控件：标签	lbl	lblFirstName
控件：命令按钮	cmd	cmdClose
控件：框架	frm	frmOptions
控件：组合框	cbx	cbxCustomers
控件：列表框	lbx	lbxProducts
控件：复选框	chk	chkActive
控件：选项按钮	opt	optFemale
类型：字节	bt	btCounter
类型：布尔	b	bActive
类型：整型	i	iCounter

(续表)

控件/数据类型	前缀	示例
类型：长整型	l	lCustomerID
类型：单精度	sn	snTaxRate
类型：双精度	d	dGrossPay
类型：货币	c	cNetSales
类型：日期	dt	dtHired
类型：对象	o	oControl
类型：字符串	s	sLastName
类型：变量	v	vCompany
作用域：局部	None	sState
作用域：私有	m	msState
作用域：公共	g	gsState

对变量使用较短的前缀，而对控件使用较长的前缀，一个好处在于，在读取代码时可以轻松地区分它们。另请注意，更常用的数据类型使用包含一个字符的前缀。通常情况下，使用布尔类型的频率要高于字节类型，因此，对布尔类型使用较短的前缀以减少输入的内容。

某些开发人员不对变量使用任何前缀。这样做没有任何问题。但是，使用前缀可以提供某些优势。第一个优势在于，可在使用变量时识别对应的数据类型。像 sCustomer = chkActive 这样的语句可能会导致问题。因为 sCustomer 的数据类型为字符串，而 chkActive 是一个复选框控件，它返回布尔值。另一个优势在于，使变量名称具有唯一性。回顾一下，变量命名规则指出所有变量名称必须唯一，不能对变量名称使用保留关键字。这意味着不能使用名为 Print 的布尔变量来确定是否打印报表。通过使用前缀，bPrint 不会违反任何规则。

为作用域包含附加前缀可以提供类似的优势。了解当前处理的代码部分中变量的作用域后，在出现某些错误时，可以帮助调试代码。此外，它还允许使用具有不同作用域的类似变量。例如，有一个名为 mbIsEnabled 的私有模块级别的变量，适用于模块中的所有代码，还有一个名为 bIsEnabled 的局部过程级别的变量，仅在该过程中使用。

对于混合使用大小写字母的命名约定来说，最后一个优势在于，可以非常快速地检测出变量名称中的拼写错误。VBA 将更改变量名的大小写，以匹配在声明该变量时使用的大小写。如果在声明变量时使用的是 Dim sFirstName As String 语句，并在之后输入 sfirstname = "Larry" (全部小写)，那么在完成该行代码时，变量会立即更改为 sFirstName = "Larry"。这种即时反馈可以帮助快速捕获拼写错误，从而避免其发展成真正的问题。

25.2.4　了解变量作用域和生存期

变量并不仅是简单的数据存储库。每个变量都是应用程序的一个动态组成部分，可以在程序执行过程中的不同时间使用。变量的声明不仅建立变量的名称和数据类型。根据用于声明变量的关键字以及变量声明在程序代码中的位置，变量可能对应用程序的大部分代码可见。或者，不同的位置可能会严重限制可以在应用程序的过程中引用该变量的位置。

1. 检查作用域

变量或过程的可见性称为其作用域。如果某个变量可被应用程序中的任何过程看到和使用，该变量就有公共作用域。可以被一个模块中的任何过程使用的变量具有该模块的私有作用域。对于可以被单个过程使用的变量，其作用域为特定于该过程的局部作用域。

公共作用域和私有作用域有很多类比的例子。例如，一家公司可能具有一个面向公众公开的电话号码(即总机号码)，在电话簿和公司的 Web 站点上列出；公司内的每个办公室或工作间可能有自己的分机号，这些分机号在公司内是私有的。较大的办公大厦有一个公共的街道地址，路过该大厦的所有人都知道该地址，该大厦内的每间办公室或房间都有一个编号，该编号在该大厦内是私有的。

在某个过程内声明的变量是该过程的局部变量，不能在该过程外使用或引用。本章中的绝大多数程序清单都包含很多在程序清单中的过程内声明的变量。每种情况下，都使用 Dim 关键字来定义变量。Dim 是向 VBA 发出的一个指令，要求它分配足够的内存，以包含 Dim 关键字后面的变量。因此，Dim iMyInt As Long 分配的内存(4 个字节)要少于 Dim dMyDouble As Double (8 个字节)。

使用 Public (或 Global)关键字可使某个变量在整个应用程序中可见。Public 只能在模块级别使用，而不能在过程中使用。绝大多数情况下，Public 关键字仅在不属于窗体的标准(独立)模块中使用。图 25.4 显示了使用三个完全不同的作用域声明的变量。这段代码可在 Chapter25.accdb 中的 modScope 模块中找到。

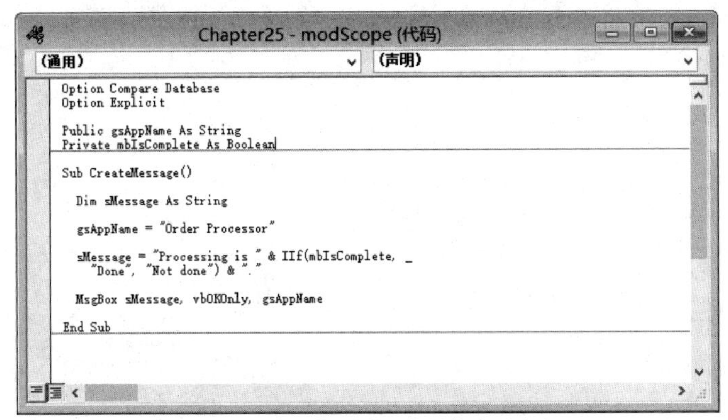

图 25.4 变量作用域由变量的声明确定

在标准模块的声明部分中声明的每个变量是该模块的私有变量，除非使用了 Public 关键字。Private 会将变量的可见性限制为对声明该变量的模块可见。在图 25.4 中，在模块顶部使用 Public 作用域声明的 gsAppName 变量可以在应用程序中的所有位置看到，而在下一个语句中声明的 mbIsComplete 变量只能在该模块中访问。sMessage 变量在一个过程内声明，因此，只有该过程可以看到它。

在很多 Access 应用程序中，错误地理解变量作用域是导致一些严重错误的主要原因之一。在 Access VBA 工程中，完全可能有两个名称相同但作用域不同的变量。如果存在不明确的情况，Access 始终会使用“最近处”声明的变量。

考虑两个名为 MyVariable 的变量。其中一个变量具有全局(公共)作用域，另一个是使用 Private 关键字声明的模块级别的变量。在任何过程中，Access 会使用这两个变量中的一个或另一个。在未声明 MyVariable 的模块中，Access 将使用公共变量。私有变量仅在包含其声明的模块内使用。

如果多个过程使用与多重声明的 MyVariable 同名的变量，问题就出现了。除非处理其中一个过程的开发人员认真确定所使用的变量，否则可能发生严重错误。某个过程可能很容易会更改在应用程序的很多位置使用的公共变量。哪怕只有其中一个过程更改了公共变量，而不是局部变量，也会发生难以解决的错误。

2. 确定变量的生存期

变量不一定在应用程序中永久存在。对于变量来说，就像其可见性由其声明位置确定一样，其生存期也是由其声明确定的。变量的生存期确定其何时可供应用程序访问。

默认情况下，局部变量仅在相应的过程执行时存在。一旦该过程结束，该变量会立即从内存中移除，无法再访问。如前所述，过程级别的变量的作用域仅限于对应的过程，不能扩展到该过程的边界以外。

对于在窗体模块的声明部分中声明的变量，只要该窗体处于打开状态，该变量就存在，而与其声明方式(Public、Private、Dim 等)无关。窗体模块内的所有过程都可以根据需要随意使用模块级别的变量，它们全部共享分配给该变量的值。当窗体关闭并从内存中移除时，其所有变量也将删除。

在标准模块中声明为 Public 的变量具有最长的变量生存期。只要 VBA 应用程序一启动，这些变量便可以使用，它们将持续存在，直到程序关闭并从内存中移除。因此，公共变量将在整个应用程序中一直保留其值，可供程序中的任何过程访问。在标准模块的顶部声明的私有变量(使用 Private 关键字声明)在整个应用程序中持续存在，但是，根据变量作用域的规则，它们只能在相应的模块内访问。

过程级别的变量仅在过程运行时存在，不过，这个一般规则存在一种非常重要的例外情况。Static 关键字可使过程级别的变量在对该过程的调用之间持续存在。为某个静态变量分配值后，该变量将一直保留其值，直到在对该过程的另一个调用中对其进行了更改。

使用静态变量的一种替代方法是声明一个全局或模块级别的变量，在每次调用某个特定过程时使用该变量。这种方法的问题在于，其他过程可以访问声明的全局或模块级别的变量，它们也可以对变量值进行修改。开发人员可能无意中更改了某个作用域很大的变量的值，却未意识到，从而产生了令人讨厌的副作用。由于具有过程范围内的作用域，因此，可通过使用静态变量来避免副作用。

顺便说一下，使用 Static 关键字声明过程会使该过程中的所有变量也成为静态变量。在下面的程序清单中，StaticTest 子过程中的两个变量 iStatic 和 iLocal 都是静态的，尽管它们在过程中进行的是局部声明。在过程的头中使用的 Static 关键字使这两个变量具有静态性质。

```
Private Static Sub StaticTest()

  'Both variables are static because of the
  ' 'Static' keyword in the procedure declaration
  Static iStatic As Long
  Dim iLocal As Long

  iStatic = iStatic + 1
  iLocal = iLocal + 1

  Me.txtLocal.Value = iLocal
  Me.txtStatic.Value = iStatic

End Sub
```

3. 确定变量的作用域

知道声明变量如何影响其作用域和生存期，就要了解如何确定作用域以生成特定的变量。答案非常简单：始终尽可能限制变量的作用域。这意味着绝大多数变量都属于过程级别的变量，使用 Dim 关键字声明。如果发现需要保留某个变量的值，以便在下次调用过程时使用，可将 Dim 改为 Static。这么做，可以延长生存期，但不会扩展作用域。限制作用域会减少变量可以更改的位置数，以更轻松地跟踪发生的问题。

如果同一模块中的另一个过程需要使用变量，可将变量以参数形式传递给该过程。有关参数的信息参见本章后面的内容。当作为参数进行传递时，该变量是声明它的过程中的局部变量，也是其传递到的过程中的局部变量，但其他任何过程都无法看到它。如果变量的值意外发生了更改，只需要对两个过程进行调试，以找出问题的原因。

有时，变量从一个过程传递到同一模块中的另一个过程。如果将变量传递到一个模块中的多个过程，可能需要使用 Private 将该变量声明为该模块的私有变量。

变量作用域的下一级别是模块外的过程需要使用变量。此时，使用 Public 关键字将变量声明为全局变量似乎非常好，但是为了遵循“尽可能地限制变量作用域”的规则，还需要考虑另一组注意事项。首先，考虑另外的这个过程是否属于包含该变量的模块。模块应该设计为包含相关过程，可能应该移动这个“外部”过程。如果不是这种情况，请考虑将该变量以参数形式传递到另外的过程。如果打算将模块级别的变量传递到模块外部的过程，该变量将可用于它自己的模块中的任何过程，同时仅可用于其所传递到的另一个过程。此类变量的作用域开始有所扩展，但仍然限制在可控范围之内。

使用 Public 关键字在标准模块中声明的全局变量应该保持在最小数量。但是，几乎所有工程都至少有一个全局变量。应用程序的名称、应用程序的版本以及用于确定当前应用程序使用者是否具有特殊许可权限的布尔标志都是在全局变量中存储的数据示例。

25.2.5　使用常量

常量与变量的一个主要差别在于，常量的值永远不会发生改变。在声明常量时为其分配值，尝试在代码中更改该值会导致错误。

1. 声明常量

使用 Const 关键字声明常量。常量声明的格式如下所示。

```
[Public | Private] Const constname [As type] = constvalue
```

使用常量可以提高代码的可读性。如果在多个位置使用同一个值，常量也可以帮助防止代码出错。图 25.5 显示了一个使用常量的过程，包含在 modConstants 模块中。

如果图 25.5 的过程未使用常量表示折扣率，它可能包含如下所示的一行：

```
dFinalPrice = dFullPrice * (1 - 0.15)
```

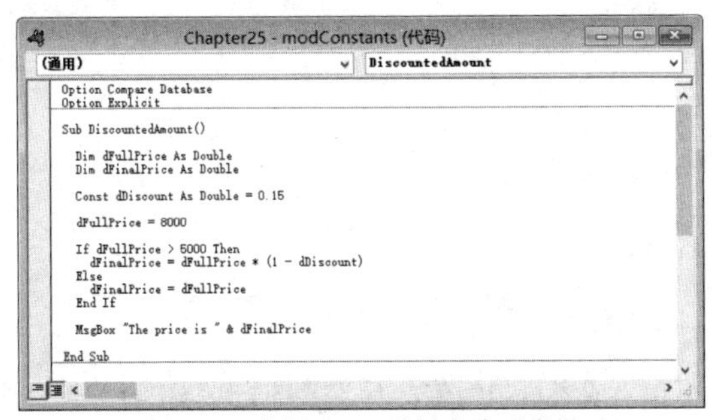

图 25.5　使用 Const 关键字声明常量

由于使用了变量名称，或许可将 0.15 解释为折扣率。而使用诸如 dDISCOUNT 的常量，其用途对于任何阅读代码的用户都是显而易见的。

常量的作用域和生存期与变量非常相似。在某个过程内声明的常量只能在该过程中使用。在某个模块中使用 Private 关键字声明的常量可供该模块中的所有过程使用，但其他模块中的所有过程均无法使用。使用 Public 关键字声明的全局常量可以在整个工程中使用。常量的值永远不会发生变化，因此，在声明常量时，Static 关键字不可用，也没必要使用。

2. 对常量使用命名约定

最好对常量使用与变量相同的命名约定。在公共常量的名称中加上前缀 g，在私有常量的名称中加上前缀 m，可以在使用时了解常量的作用域。此外，包含标识常量数据类型的前缀有助于使常量名保持唯一，并防止出错(如在数学运算中使用字符串常量)。

在图 25.5 中，除了前缀以外，常量名称的其他部分均采用大写字母。并未强制要求在常量中使用大写字母。可使用任意大小写字母组合来声明常量。变量和过程的命名规则同样适用于常量。但是，许多开发人员都使用全大写的约定。

```
dFinalPrice = dFullPrice * (1 - dDISCOUNT)
```

在上面的代码行中，由于为变量使用了适当的大小写命名方案，对常量使用了大写命名方案，因此很容易看出哪个是变量，哪个是常量。

与变量不同的是，使用全局常量不会造成代码可维护性方面的风险。常量值永远不会变化，因此，不需要跟踪哪个过程使用它们。与常量一样，最好将所有全局作用域的常量放置在一个仅用于全局变量和常量的模块中。如果在工程中有一个名为 modGlobals 的模块，十有八九是开发人员使用了该约定。

3. 消除硬编码值

在过程中使用的数字有时称为幻数。该术语并不表示这些数字具有任何特殊功能，而是说其他阅读代码的开发人员可能无法确定该数字来自哪里。对于其他开发人员来说，或者当在几个月或几年以后阅读自己的代码时，如果没有解释，那么这些数字似乎很难琢磨透。许多开发人员都努力从其代码中去除任何幻数，但数字 0 和 1 以及分配给变量的数字除外。这样可以使代码组织有序，便于维护。

下面的代码是对图 25.5 中的过程的重写，其中幻数已经移除，代之以常量：

```
Sub DiscountedAmount2()

  Dim dFullPrice As Double
  Dim dFinalPrice As Double
```

```
  Const dDISCOUNT As Double = 0.15
  Const dDISCTHRESHOLD As Double = 5000
  Const sPROMPT As String = "The price is "

  dFullPrice = 8000

  If dFullPrice > dDISCTHRESHOLD Then
    dFinalPrice = dFullPrice * (1 - dDISCOUNT)
  Else
    dFinalPrice = dFullPrice
  End If

  MsgBox sPROMPT & dFinalPrice

End Sub
```

如果希望更改显示的消息、折扣率或者折扣阈值，不必在整个代码中查找使用这些值的位置。过程中使用的所有重要值都可以在声明部分的 Const 语句中找到。更改 Const 语句中的值会在过程中所有使用它们的位置更改这些值。If dFullPrice > dDISCTHRESHOLD Then 代码行很容易被理解为将全价与折扣阈值进行比较。因为从代码中移除了幻数。最佳做法是为多次使用的任何数字使用常量，在阅读代码时就像第一次阅读一样，确定选择使用描述性的注释名称是否好于使用幻数。

25.2.6　使用数组

数组是一种特殊的变量类型。实际上，一个数组变量会保存多段数据。数组并不是像变量一样保留一块内存，而是保留多块内存。数组的大小可以是固定的，也可以是动态的。使用动态数组，可以在某个过程中增大或减小其大小。本节的代码可在 Chapter25.accdb 中的 modArrays 模块中找到。

1. 固定数组

当声明固定数组时，会在 Dim 语句中指定大小，并且以后无法更改该大小。声明固定数组最简单的方法是在变量名称后面的圆括号中放置上界索引，如下所示。

```
Dim aCustomers(10) as Long
```

在该示例中，aCustomers 是一个可以保存 11 个长整型数字(或许来自 CustomerID 字段)的数组。为什么是 11？默认情况下，通过这种方式声明的数组的下界是 0。这意味着在 aCustomers(0)、aCustomers(1)中都可以存储一个值，直到 aCustomers(10)。

声明固定数组的另一种方法是同时指定下界索引和上界索引。即使想要使用默认值，也最好在声明语句中包含下界。可以使用 To 关键字指定数组的下界索引和上界索引，如下所示。

```
Dim aCustomers(1 to 10) as Long
```

与前一个示例不同的是，该数组的空间只能保存十个长整型数字。长整型数字使用 8 个字节的内存，声明该数组会保留 80 个字节的内存用于保存所有这十个值。在声明数组时使用内存，因此，即使没有为数组分配任何值，其他任何对象也无法访问该内存。如果遇到性能问题，或者应用程序当前使用大量内存，可以查看数组以确保它们不超过所需的大小。不过，对于现代计算机来说，零星散布 80 个字节可能并不是问题。

为数组分配值就像将它们分配给其他任何变量一样，只不过必须指定希望变量位于哪个索引。下面的过程在循环中为一个数组分配浮点型数字(双精度)：

```
Sub ArrayAssignment()

  Dim aCustomers(1 To 5) As Double

  aCustomers(1) = 0.2
```

```
    aCustomers(2) = 24.6
    aCustomers(3) = 7.1
    aCustomers(4) = 99.9
    aCustomers(5) = 14.7

End Sub
```

就像变量一样，数组名称位于等号的左侧，值位于等号的右侧。但是，与变量不同的是，每个赋值都包含数组的索引，用于指示分配该值的位置。

提示：
VBA 包括一个指令，用于为没有指定下界的数组设置默认下界。Option Base 指令可确定默认下界。在模块的顶部包含 Option Base 1 会将下界强制设置为 1。同时声明了下界和上界的数组将忽略 Option Base 指令。Option Base 指令仅适用于声明该指令的模块。

从数组中读取值是大家非常熟悉的过程。就像从变量中读取值一样，只需要使用变量名称。使用数组时，必须始终包含想要读取的索引。下面的过程在一个数组中存储五个随机数字，将这些数字乘以 10，最后将数字输出到立即窗口。

```
Sub ArrayRandom()

  Dim aRandom(1 To 5) As Double
  Dim i As Long

  For i = 1 To 5
    aRandom(i) = Rnd
  Next i

  For i = 1 To 5
    aRandom(i) = aRandom(i) * 10
  Next i

  For i = 1 To 5
    Debug.Print aRandom(i)
  Next i

End Sub
```

由于数组索引每次递增 1，因此，通常情况下使用 For...Next 循环来访问数组中的所有元素。

前面的数组称为一维数组。一维数组与列表类似，它们具有很多行，但只有一列。也可以使用二维数组。二维数组类似于表，它们具有多行多列。在声明二维数组时，使用逗号来分隔第一维的边界与第二维的边界。

```
Dim aContact(1 to 10, 1 to 3) As String
```

aContact 数组具有 30 个位置用于存储数据。该数组可能用于存储十个联系人的三段数据。读取和写入二维数组需要为两个维度指定索引。

```
Sub TwoDArray()

  Dim aPotus(1 To 2, 1 To 3)
  Dim i As Long

  aPotus(1, 1) = "George"
  aPotus(1, 2) = "Washington"
  aPotus(1, 3) = "1789-1797"
  aPotus(2, 1) = "John"
```

```
    aPotus(2, 2) = "Adams"
    aPotus(2, 3) = "1797-1801"

    For i = 1 To 2
      Debug.Print aPotus(i, 1) & Space(1) & aPotus(i, 2) & Space(1) & _
        "was President in the years" & Space(1) & aPotus(i, 3)
    Next i

  End Sub
```

注意：

可以指定两个以上的维度，但这种数组很难管理。如果需要存储非常多的数据，可以考虑使用用户定义的类型或自定义类模块。

2. 动态数组

动态数组在声明时不包含任何索引，以后可在过程中调整其大小。除了缺少索引编号外，它们的声明方式与固定数组完全相同。

```
Dim aProductIDs() as Long
```

对于动态数组声明，在通过提供维度初始化数组之前，不会为其分配任何内存。只有在初始化该数组后，才能为其分配值。要初始化动态数组，可使用 ReDim 关键字。

```
ReDim aProductIDs(1 to 100)
```

注意，ReDim 语句中不包含数据类型。数据类型在声明数组时设置，并且不能更改。如果在运行之前不知道所需的数组大小，可使用动态数组。在该示例中，数据库中所有打开窗体的名称都放在一个数组中。由于不知道将打开哪个窗体，因此，可以声明一个动态数组，并在过程执行时调整其大小。

```
Sub FormArray()

  Dim aForms() As String
  Dim frm As Form
  Dim lFrmCnt As Long
  Dim i As Long

  If Application.Forms.Count > 0 Then
    ReDim aForms(1 To Application.Forms.Count)

    For Each frm In Application.Forms
      lFrmCnt = lFrmCnt + 1
      aForms(lFrmCnt) = frm.Name
    Next frm

    For i = LBound(aForms) To UBound(aForms)
      Debug.Print aForms(i) & " is open."
    Next i
  End If

End Sub
```

Forms.Count 属性用于设置动态数组的大小。然后，For...Each 循环将每个打开窗体的名称放到数组的一个不同索引中。最后，过程循环遍历数组，并将每个窗体的名称输出到立即窗口。

如果在设计时知道数组的大小，建议创建固定数组。如果必须使用动态数组，可以确定所需的数组大小并发出 ReDim 语句调整数组大小，来获取最佳性能。但某些情况下，只有在开始填充数组后才会知道需要的元素数量。VBA 提供了 Preserve 关键字来调整动态数组的大小，而不会丢失数组中已有的数据。如前所述，使用不带 Preserve

关键字的 ReDim 可以调整数组的大小，但会对数组进行重新初始化，任何现有的数据都将丢失。

```
ReDim Preserve aCustomerIDs(1 to x) As Long
```

Preserve 关键字会生成一个具有新大小的新数组，然后将旧数组中的所有数据复制到新数组中。即使对于中等大小的数组，该过程也会显著影响性能。仅当没有其他选项可用时才使用 Preserve 关键字。

3. 数组函数

VBA 提供了多个有用的函数来处理数组。这里没有足够的篇幅介绍所有这些函数，下面只介绍其中最有用、最有趣的函数。

边界函数

VBA 提供了两个函数 LBound 和 UBound 来确定数组的大小。LBound 返回下界，而 UBound 返回上界。当用于循环遍历数组的所有元素时，这些函数最有用。

```
For i = LBound(aContacts) To UBound(aContacts)
  Debug.Print aContacts(i)
Next i
```

如果 aContacts 声明为 Dim aContacts(1 to 5) As String，则 LBound 返回 1，而 UBound 返回 5。将代码修改为 Dim aContacts(1 to 6) As String 时，优势就真正体现出来了。如果对 For...Next 循环中的边界进行了硬编码，则可能需要在两个位置更改上界。而使用 LBound 和 UBound，只需要在 Dim 语句中进行更改。

对于二维数组，LBound 和 UBound 需要另一个表示维度的参数。下面的示例是一个循环遍历二维数组中所有元素的典型方法。

```
For i = LBound(aBounds, 1) To UBound(aBounds, 1)
  For j = LBound(aBounds, 2) To UBound(aBounds, 2)
    Debug.Print aBounds(i, j)
  Next j
Next i
```

Array 函数

Array 函数允许通过在一个语句中为数组提供所有值来创建数组。Array 函数返回的数组称为变量数组，即保存数组的变量数据类型。要将 Array 函数的结果返回到一个变量，必须将该变量声明为“变量”数据类型。Array 函数的语法如下所示：

```
Array(ParamArray ArgList() as Variant)
```

ParamArray 关键字指出参数可以有一个或多个，但是具体数字无法提前知道。Array 函数的各个参数使用逗号进行分隔，每个参数都会成为数组的一个元素。

```
Sub ArrayFunction()

  Dim vaRates As Variant
  Dim i As Long

  vaRates = Array(0.05, 0.055, 0.06, 0.065, 0.07)

  For i = LBound(vaRates) To UBound(vaRates)
    Debug.Print vaRates(i)
  Next i

End Sub
```

在前面的示例中，vaRates 变量是一个“变量”数据类型的变量，包含具有五个元素(来自 Array 函数的五个数字)的数组。由于该变量是“变量”数据类型，因此，并未预先指定数组的大小。Array 函数中的参数数量确定大小。鉴于此，下界和上界由 VBA 确定。默认下界为 0，而默认上界为 Array 函数中的参数数量减一。对于上面示例中的 vaRates，边界分别为 0 和 4。Array 函数返回的数组的下界由位于模块顶部的 Option Base 指令确定(如果该指令存在)。

> **注意：**
> Array 函数将返回一个变量数组，即一个包含数组的变量类型。也可以声明一个变量类型构成的数组。变量类型构成的数组是数据类型为“变量”的固定或动态数组。变量数组与变量类型构成的数组是两种不同类型的数组。

Split 函数

Split 函数可将文本转换为一个变量数组。VBA 无法了解 Split 函数返回的数组的大小，因此，保存数据的变量必须声明为“变量”数据类型。Split 函数的语法如下所示：

```
Split(string_expression, [delimiter],[limit],[compare])
```

第一个参数是想要拆分到一个数组中的字符串。delimiter 参数通知 Split 函数在哪个字符处拆分字符串。limit 参数确定生成的数组的大小。数组达到定义的限制以后，Split 函数将停止拆分字符串，即使存在更多分隔符也是如此。

```
Sub TheSplitFunction()

  Dim vaWords As Variant
  Dim i As Long

  vaWords = Split("Now is the time.", Space(1))

  For i = LBound(vaWords) To UBound(vaWords)
    Debug.Print vaWords(i)
  Next i

End Sub
```

vaWords 变量是包含四个元素的变量数组。在该示例中，分隔符是一个空格，并未包含在元素中。在结尾包含句点，从而构成最后一个元素 time. (带有句点)，而不是 time (不带句点)。

> **注意：**
> 一些 VBA 函数(包括 Split)有一个 compare 参数，用于指定文本比较是否区分大小写。这是一个可选参数，在本节的例子中被省略。compare 参数的有效值包括 vbBinaryCompare(区分大小写)、vbDatabaseCompare(使用数据库的默认比较选项)和 vbTextCompare(不区分大小写)。

Join 函数

Join 函数与 Split 函数相反。Join 函数获取一个数组，最后返回一个字符串。Join 函数的语法如下所示。

```
Join(source_array, [delimiter])
```

第一个参数是要转换为字符串的一维数组。source_array 可以是 VBA 能够转换为字符串的任何数据类型，甚至可以是数字和日期。delimiter 是要在数组的元素之间插入的一个或多个字符。

```
Sub TheJoinFunction()

  Dim sResult As String
  Dim aWords(1 To 5) As String

  aWords(1) = "The"
  aWords(2) = "quick"
  aWords(3) = "brown"
  aWords(4) = "fox"
  aWords(5) = "jumped"
```

```
    sResult = Join(aWords, Space(1))

    Debug.Print sResult

  End Sub
```

sResult 变量将包含字符串 The quick brown fox jumped。通过在数组的每个元素之间插入分隔符(这里是一个空格)，将这些元素连接在一起。

25.3　了解 Sub 和函数

VBA 应用程序中的代码位于称为模块的容器中。如第 24 章所述，模块存在于 Access 应用程序中的窗体和报表后面，以及独立模块中。模块本身包含很多过程、变量和常量声明以及发送到 VBA 引擎的其他指令。

模块中的代码由过程组成。VBA 包含两种主要的过程类型，即子例程或子过程(通常称为 sub)和函数。

适用于过程的一般规则包括：

- **必须为过程提供一个在其作用域内唯一的名称**。一般允许包含多个同名的过程，尽管这不是一种很好的做法，因为有可能使 VBA 引擎或者其他处理代码的用户产生混淆，但只要使用的名称在每个过程的作用域中唯一，就不会产生问题。
- **为过程分配的名称不能与 VBA 关键字相同。**
- **过程和模块不能同名**。这种情况下，命名约定非常有用。如果始终在模块名称中添加前缀 bas 或 mod，则不存在“过程与模块同名”的错误。
- **过程中不能包含其他过程**。但是，一个过程可以随时调用其他过程，执行其他过程中的代码。

由于存在控制过程作用域的规则，因此，不能有两个名称均为 MyProcedure 的公共过程，但是可以有两个名称均为 MyProcedure 的私有过程，或者一个名为 MyProcedure 的公共过程以及一个同名的私有过程，但在后一种情况下，两个过程不能位于同一个模块中。即使多个过程具有不同的作用域，也不建议对它们使用相同的过程名称，其中的原因应该是显而易见的。

接下来将介绍一些有关 VBA 过程的具体细节。在使用 VBA 的过程中，规划和编写模块中的过程是最耗时的部分，因此，了解过程如何适应应用程序开发的整体方案非常重要。

子例程和函数均包含可以运行的代码行。当运行某个子例程或函数时，需要调用它。调用和运行都是表示执行(或运行)过程或函数中的语句(或代码行)的术语。所有这些术语可以交替使用(当然，不同开发人员可能会使用不同的术语)。不管如何调用 VBA 过程，使用 Call 关键字、通过名称引用过程或者从立即窗口运行过程，它们都执行相同的任务，即对代码行进行处理、运行和执行等。

过程与函数之间唯一的真正差别在于，在调用时，函数会返回一个值，换句话说，它在运行时会生成一个值，并使该值可在调用它的代码中使用。例如，可以使用布尔函数返回 True 或 False 值，用于指示该过程执行的操作是否成功。可以查看某个文件是否存在、某个值是否大于另一个值或者选择其他操作。函数可以返回日期、数字或字符串；此外，函数甚至可以返回诸如记录集之类的复杂数据类型。

子过程不会返回值。但是，尽管函数会直接将值返回到作为函数调用的一部分创建的变量，对于函数和子过程来说，还可以通过其他方式与窗体控件或内存中声明的变量交换数据。

25.3.1　了解创建过程的位置

可在下面两个位置中的一个创建过程：

- **在标准 VBA 模块中**：当过程被多个窗体或报表中的代码或者窗体或报表之外的对象共享时，可以在标准模块中创建子过程或函数。例如，查询可以使用函数来处理非常复杂的条件。
- **在窗体或报表背后**：如果创建的代码仅由单个过程或窗体调用，则应在窗体或报表的模块中创建子过程或函数。

> **注意：**
> 模块是多个子过程和函数的容器。

25.3.2　调用 VBA 过程

可以通过各种不同的方式以及从各种位置来调用 VBA 过程。可以在窗体和报表背后从事件调用它们，也可以将它们放在模块中，并简单地使用其名称或 Call 语句来调用它们。下面提供了一些示例：

```
SomeSubRoutineName

Call SomeSubRoutineName

Somevalue = SomeFunctionName
```

只有函数会返回可以分配给变量的值。子过程只是被调用，执行其工作，最后结束。尽管函数仅返回单个值，但子过程和函数都可以将值放在表、窗体控件中，甚至是可供程序的任何部分使用的公共变量中。本章的多个示例说明了如何通过不同方式来使用子过程和函数。

用于使用参数调用子过程的语法会因调用过程的方式而有所变化。例如，当使用 Call 关键字调用包含参数的子过程时，必须使用圆括号将参数括起来，如下所示：

```
Call SomeSubRoutineName(arg1, arg2)
```

但是，如果在调用同一个过程时不使用 Call 关键字，则不需要使用圆括号，如下所示：

```
SomeSubRoutineName arg1, arg2
```

此外，对函数使用 Call 关键字会通知 Access，代码不会捕获该函数的返回值，如下所示：

```
Call SomeFunctionName
```

或者，当需要参数时，语法如下所示：

```
Call SomeFunctionName(arg1, arg2)
```

这种情况下，该函数会像子例程一样进行处理。

> **提示：**
> 在 BASIC 编程语言中，一开始就提供了 Call 关键字。使用 Call 关键字并没有什么特别的优势，因此，绝大多数开发人员都已经不再使用该关键字。

25.3.3　创建 Sub

从概念上讲，子例程非常容易理解。子例程(通常称为 Sub，有时也称为子过程)是由 VBA 引擎作为一个单元执行的一组编程语句。VBA 过程可能会变得非常复杂，因此这种对于子例程的基本描述很快就会淹没在 Access 应用程序中实际编写的众多子例程中。

图 25.6 显示了一个典型的子例程。请注意位于例程开头的 Sub 关键字，其后是子例程的名称。该子例程的声明中包含 Private 关键字，从而将该子例程的可用性限制为包含该子例程的模块。

图 25.6 中的子例程包含几乎在每个 VBA Sub 或函数中都有的大多数组件，如下所述：

- **声明：**所有过程都必须声明，以使 VBA 知道在哪里找到它们。为过程分配的名称在 VBA 工程中必须唯一。Sub 关键字将该过程标识为子例程。
- **终止符：**所有过程都必须以 End 关键字终止，后跟要结束的过程的类型。在图 25.6 中，终止符是 End Sub。函数以 End Function 终止。
- **声明区域：**尽管可以在过程的主体中的任意位置声明变量和常量(前提是必须在使用前声明)，但良好的编程约定要求在接近过程顶部的位置声明变量和常量，使其很容易被找到。

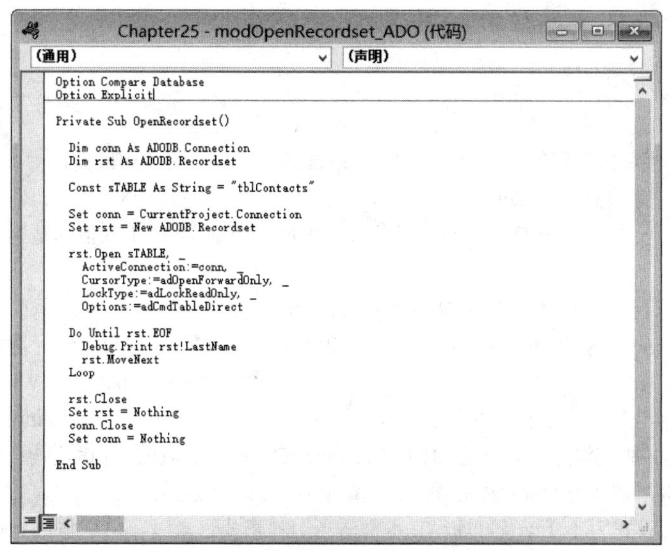

图 25.6　Access 应用程序中的一个典型子例程

- **语句**：一个 VBA 过程可包含很多语句。但通常情况下，希望使 VBA 过程尽可能小，最大程度地减轻调试的负担。子例程过大会使其难以处理，而使其保持较小可以避免很多问题。建议不要在单个过程中添加过多的功能和操作，而是将各种操作放在不同的过程中，并根据需要调用包含相应操作的过程。

在子例程结束时，程序流将返回到最初调用该子例程的代码或操作。图 25.6 中所示的子例程可能是从某个窗体的 Load 事件调用的，因此，控制权将返回到该事件。

作为有用 VBA 子例程的示例，接下来的几段将介绍如何为 Access 窗体上的控件构建事件过程。该过程将从某个 cboCustomerID 组合框列检索值，并使用该值查找一条记录。cboCustomerID 组合框的 RowSource 是一个返回 CustomerID 和 Company 字段的 SQL 语句。该 SQL 语句如下所示。

```
SELECT DISTINCT tblCustomers.CustomerID, tblCustomers.Company
FROM tblCustomers
INNER JOIN tblSales
ON tblCustomers.CustomerID = tblSales.CustomerID
ORDER BY tblCustomers.Company;
```

tblCustomers 表与 tblSales 表内部联接，因此，只有那些具有发票的客户会显示在组合框中。由于使用了 DISTINCT 关键字，因此，每个客户只会返回一次。

交叉参考：

第 14 章详细介绍了 SQL 语法的相关内容。

该练习的目标是了解过程，还介绍了其他一些 VBA 命令。代码作为 cboCustomerID _AfterUpdate 事件添加到窗体中。

要在窗体中创建事件过程，请执行下面的步骤：

(1) 在 frmSales 设计视图中选择 cboCustomerID 控件。

(2) 按 F4 键显示该控件的“属性”窗口。

(3) 在属性表的“事件”选项卡中单击“更新后”事件属性，并从事件的下拉列表中选择“[事件过程]”。

(4) 按生成器按钮(...)打开 VBA 代码编辑器。

(5) 将下面的代码输入 cboCustomerID_AfterUpdate 事件过程中，如图 25.7 所示。在 VBA 代码编辑器中，下面的代码位于 Private Sub cboCustomerID_AfterUpdate()与 End Sub 之间。

```
Me.txtCustomerID.SetFocus

If Not IsNull(Me.cboCustomerID.Value) Then
```

```
        DoCmd.FindRecord Me.cboCustomerID.Value
    End If

    Me.txtInvoiceDate.SetFocus
```

(6) 从代码编辑器的“调试”菜单中选择“编译 Chapter25”以对语法进行检查。

(7) 关闭 VBA 窗口，返回到 frmSales 窗体。

代码首先将焦点移到 txtCustomerID 文本框，以使该字段成为当前字段。Me.指的是当前窗体，在该示例中用于替代 Forms!frmSales!。

第一个 If 语句进行检查，以确保组合框的绑定列(CustomerID)的当前值不为 Null，从而保证已选中 Customer ID。

该过程的核心是 DoCmd 对象的 FindRecord 方法。FindRecord 方法将在记录集中进行搜索，并返回与参数匹配的记录。FindRecord 方法中包含多个参数，但这里仅提供第一个参数，即 FindWhat。FindWhat 参数指的是 FindRecord 方法在记录中搜索的内容。在该示例中，该方法搜索的是 Me.cboCustomerID.Value。FindRecord 方法的其他参数是可选的，这里接受默认值。通过将焦点设置为 Me.txtCustomerID，使该字段成为当前字段。默认情况下，FindRecord 方法仅在当前字段中搜索，在调用 FindRecord 之前设置当前字段即可达到目的。

最后一行代码将焦点设置为 txtInvoiceDate 文本框。当用户查找记录时，最好将焦点设置为便于导航浏览该记录的起始点。尽管不是必需的，但它可以提供一种良好的用户体验。

图 25.7 显示了输入之前所述的过程以后，在代码编辑器中创建的过程。在输入完这些语句后，请在关闭 VBA 窗口之前按工具栏上的“保存”按钮，以保存所编写的代码。

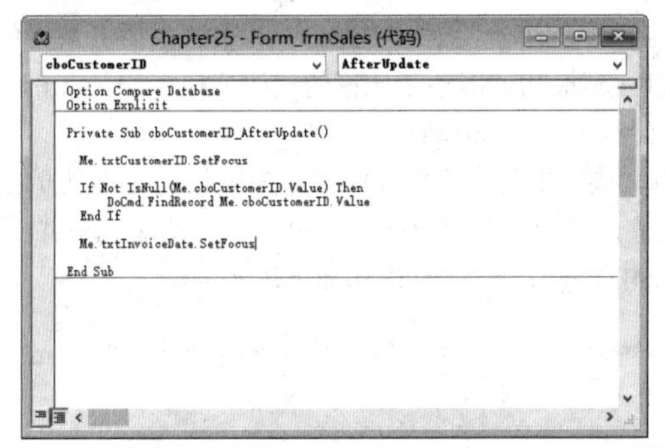

图 25.7　VBA 代码窗口中的 cboCustomerID_AfterUpdate 事件过程

用户每次在 cboCustomerID 中选择一个不同客户时，都会运行该窗体背后的过程。该代码显示该客户的第一张发票。

25.4　创建函数

函数与子过程的不同之处在于，函数会返回一个值。在本节的示例中，将看到用于计算某个行条目的总价(数量×单价)的函数，创建一个函数以计算所有应征税行条目的总和，然后对得到的总和应用当前税率。

尽管可在各个窗体或报表背后创建函数，但通常情况下，它们是在标准模块中创建的。这里所述的第一个函数将在一个名为 modSalesFunctions 的新模块中创建。将该函数放在标准模块中会使其可用于应用程序的所有部分。要执行此操作，请执行下面的步骤：

(1) 选择“导航”窗格中的“模块”选项卡。

(2) 右击 modSalesFunctions 模块，并从显示的上下文菜单中选择“设计视图”。此时将显示 VBA 窗口，其标题栏中的标题为 modSalesFunctions (代码)。

(3) 移动到模块的底部，然后输入下面的代码：

```
Public Function CalcExtendedPrice( _
    lQuantity As Long, _
    cPrice As Currency, _
    dDiscount As Double _
```

```
    ) As Currency

    Dim cExtendedPrice As Currency

    cExtendedPrice = lQuantity * cPrice

    CalcExtendedPrice = cExtendedPrice * (1 - dDiscount)

End Function
```

第一个语句将变量 cExtendedPrice 声明为货币数据类型。在函数的一个中间步骤中使用了 cExtendedPrice。下一行代码执行计算，以将两个变量 lQuantity 和 cPrice 的乘积分配给 cExtendedPrice 变量。注意，lQuantity 和 cPrice 变量并未在函数中声明，下一节“处理参数”将解释这些变量。

最后，最后一行代码执行另一个计算，以对 cExtendedPrice 应用任何折扣。函数的名称将被视为变量，并且分配计算的值。这就是函数获取要返回到调用程序的值的方法。

输入函数后，可通过多种方式来使用函数，如接下来的小节所述。

25.4.1　处理参数

现在要问的问题是：lQuantity、cPrice 和 dDiscount 变量是从哪里来的？答案非常简单。它们是从另一个过程传递的参数。

对于传递到过程的参数，过程会像其他任何变量一样对其进行处理。参数有名称和数据类型，用作向过程发送信息的一种方式。此外，参数还经常用于从过程获取返回信息。

表 25.4 显示了 CalcExtendedPrice 函数中使用的参数的名称和数据类型。

表 25.4　参数名称和数据类型

参数名称	数据类型
lQuantity	长整型
cPrice	货币
dDiscount	双精度

可将这些参数名设置为任何所需的内容。可将它们视为通常情况下所声明的变量。所缺少的只是 Dim 语句。不要求它们必须与函数调用中使用的变量同名。大多数情况下，将表中的字段、窗体上的控件或在调用过程中创建的变量名称作为参数传递给某个过程。

完成的 CalcExtendedPrice 函数如图 25.8 所示。请注意该函数的参数在函数的声明语句中的定义方式。这些语句通过续行符(空格后跟下划线)进行分隔，以提高代码的可读性。

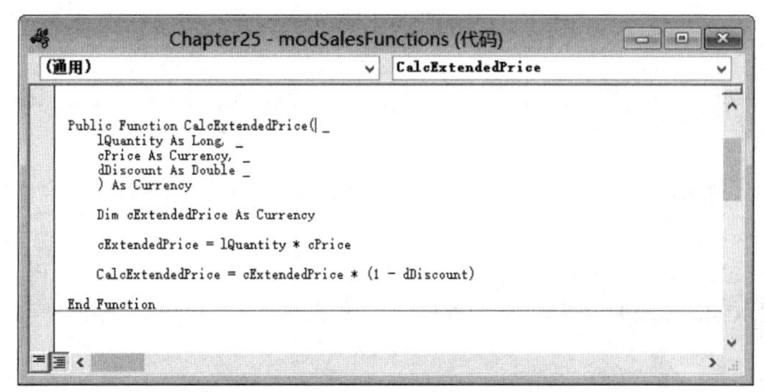

图 25.8　完成的 CalcExtendedPrice 函数

25.4.2　调用函数并传递参数

现在，已经完成了该函数，下面需要对其进行测试。

通常情况下，函数调用来源于窗体或报表事件，或者来源于另一个过程，函数调用会以参数的形式传递信息。传递到过程的参数通常是变量或取自窗体控件的数据。可以转到立即窗口，使用手动输入的值作为参数来测试该函数。

要测试该函数，请执行下面的步骤：

(1) 按 Ctrl+G 组合键显示立即窗口。

(2) 输入?CalcExtendedPrice(5, 3.50, 0.05)。该语句将值 5、3.50 和 0.05 (5%)分别传递到 lQuantity、cPrice 和 dDiscount 参数。CalcExtendedPrice 使用这些值最终返回 16.625，如图 25.9 所示。

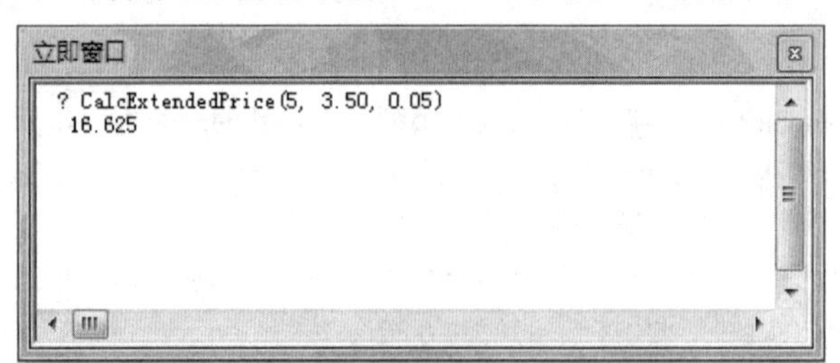

图 25.9　在立即窗口中测试 CalcExtendedPrice 函数

(3) 关闭立即窗口和 VBA 窗口，并返回到“数据库”窗口。

下一个任务是使用该函数计算销售发票中包含的每一项的总价(单价乘以数量)。可从 fsubSalesLineitems 上的 Amount 框中添加对该函数的调用。这是一个嵌入 frmSales 的子窗体。执行下面的步骤：

(1) 在设计视图中显示 frmSales 窗体。

(2) 单击 fsubSalesLineitems 子窗体。

(3) 单击子窗体中的 txtAmount 控件。

(4) 显示“属性”窗口，并将以下内容输入“数据”选项卡的“控件来源”属性中，如图 25.10 所示：

```
=CalcExtendedPrice (Nz(txtQuantity,0),Nz(txtPrice,0),Nz(txtDiscountPercent,0))。
```

该表达式会将子窗体上的三个控件(分别是 txtQuantity、txtPrice 和 txtDiscountPercent)中的值传递到模块中的 CalcExtendedPrice 函数，并在每次重新计算该行或者任何参数发生更改时将值返回到 txtAmount 控件的控件来源。对 txtQuantity、txtPrice 和 txtDiscountPercent 的引用包含在 Nz 函数调用中，该函数会将 null 值转换为 0。这用于避免在其他情况下可能出现的“无效的 Null 使用”错误的一种方式。

属性表

所选内容的类型：文本框(T)

txtAmount

格式 数据 事件 其他 全部

控件来源	=CalcExtendedPrice(Nz([txtQuantity],0),Nz([txtPrice],0),Nz([txtDiscountPercent],0))
文本格式	纯文本
输入掩码	
默认值	
验证规则	
验证文本	

图 25.10　向控件的控件来源添加函数调用

销售窗体(frmSales)实施某种业务规则，即只要用户更改销售窗体上的数量、单价或折扣，就会重新计算总价。

在图 25.10 中，请注意，txtAmount 的“控件来源”属性只是调用 CalcExtendedPrice 函数。该调用并未指定包含该函数的模块。由于 CalcExtendedPrice 是用 Public 关键字声明的，因此，Access 可以轻松地找到它并为它传递必需的参数。

提示：

CalcExtendedPrice 示例说明了 Access 开发的一个重要方面：在应用程序代码中的任意一个位置添加一个公共函数，并在所需的任意位置使用该函数。在多个位置重复使用某个过程的功能可以减少维护工作。更改函数的单个实例将在使用该公共过程的所有位置反映出来。

25.4.3　创建函数以计算销售税

在 Collectible Mini Cars 应用程序中，只要向销售发票中添加一个行条目，都会指定该条目是否可征税。销售窗体会加总所有可征税行条目的总价，以确定销售对应的销售税。然后，将得到的总价乘以适用的税率可确定应缴税额。

Collectable Mini Cars 销售窗体(frmSales)包含一个文本框控件，用于显示应缴税款的数额。可以简单地为该控件的值创建一个表达式，例如：

```
=fSubSalesLineitems.Form!txtTaxableTotal * txtTaxRate
```

该表达式在子窗体(fSubSalesLineitems)中引用 txtTaxableTotal，并将其乘以主窗体(frmSales)中的税率(txtTaxRate)。

但是，尽管该表达式显示应缴税款数额，输入 txtTaxAmount 控件中的表达式会将 txtTaxAmount 控件设置为只读，因为它包含一个表达式。无法覆盖计算的数额，即使想要这么做也不可以。适用于某个销售的税额是一个需要针对特定的业务用途随时进行更改的字段。

相比于使用硬编码的表达式，更好的方法是创建函数来计算一个值，然后将计算得到的值放在控件中。通过这种方式，可以根据需要简单地在计算值基础上进行输入。

可将以下代码行输入 txtQuantity、txtPrice、txtDiscountPercent 和 chkTaxable 控件背后的 AfterUpdate 事件。通过这种方式，每次其中一个控件的值发生更改时，都会在 frmSales 窗体上检索到该控件的税率以后重新计算税额。

```
txtTaxAmount = _
  fSubSalesLineitems.Form!txtTaxableTotal * txtTaxRate
```

实际上，更好的方法是将该语句放在 fsubSalesLineitems 的 AfterUpdate 事件中。这样，每次在该窗体的任何记录中更新某个值时，都会重新计算税额。由于 fsubSalesLineitems 显示为数据表，因此，只要用户移动到 fsubSalesLineitems 中的另一行，就会激发 AfterUpdate 事件。

尽管可使用简单的表达式来引用窗体和子窗体上的控件，但该方法仅适用于包含代码的窗体。假定也需要在其他窗体或报表中计算税额。还有一种比依赖窗体更好的方法。

下面是一位资深开发人员的表述：“窗体和报表不一定反映真实的情况，但表永远是真实可信的。”这意味着，窗体或报表的控件经常会包含一些表达式、格式和 VBA 代码，其中的值显示为某种内容，而实际上表中包含的是一个完全不同的值。包含数据的表是存储实际值的位置，也是计算和报表应该从中检索数据的位置。

可以轻松地使用 VBA 代码从表中提取数据，在复杂计算中使用数据，并将结果返回到窗体、报表上的控件或者代码的另一部分。

图 25.11 显示了完成的 CalcTax 函数。

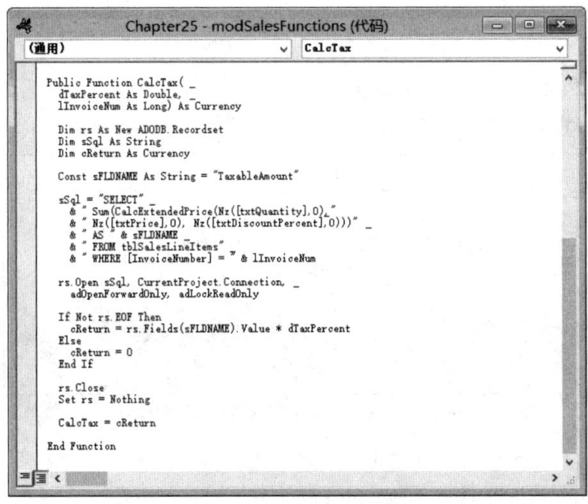

图 25.11　CalcTax 函数

该函数从 AfterUpdate 事件调用。CalcTax 函数计算 tblSalesItems 表中可征税行条目的总和。SQL 语句与一些 ADO 代码结合以确定总和。然后，将计算的总额乘以 dTaxPercent 参数，得到税额。税额设置为 cReturn 变量，该变量在函数结束时设置为 CalcTax (表达式的名称)。

该示例代码的一个重要功能是，它可以将从 txtQuantity、txtPrice、txtDiscountPercent 中提取的数据与作为参数(dTaxPercent、lInvoiceNum)传递的数据相结合。所有提取和计算都是通过代码自动执行的，用户永远也不知道如何确定税额。

> **提示：**
> 函数和子过程对于应用程序中的可重用代码的概念非常重要。应该尝试使用函数和子过程，并在可能的情况下为其传递参数。有一条很好的规则，那就是在第一次发现自己复制一组代码时，应该创建过程或函数。

25.5　使用命名参数简化代码

Access VBA 的另一个非常重要的功能是为过程使用命名参数。如果没有命名参数，那么传递到过程的参数必须按照从左到右的顺序正确显示。而使用命名参数，将提供传递到子例程或函数的每个参数的名称，子例程或函数将基于参数的名称而不是其在参数列表中的位置来使用参数。如果使用的是命名的参数，就完全可以忽略列表中可选的参数。

假定应用程序包含下面的函数：

```
Function PrepareOutput(sStr1 As String, sStr2 As String, _
    sStr3 As String) As String

  PrepareOutput = sStr1 & Space(1) & sStr2 & Space(2) & sStr3

End Function
```

当然，该函数只不过是连接 sStr1、sStr2 和 sStr3，并将其返回到调用例程。下一个示例显示如何从另一个过程调用该函数：

```
Private Sub cmdForward_Click()

  Me.txtOutput.Value = PrepareOutput( _
    Me.txtFirstName.Value, _
    Me.txtLastName.Value, _
    Me.txtHireDate.Value)

End Sub
```

PrepareOutput()所需的参数必须按照与其在过程声明中列出的相同顺序进行传递。该函数的结果如图 25.12 所示。该窗体上的 Function output 文本框中的文本按照参数在该窗体左侧的文本框中的顺序显示参数。

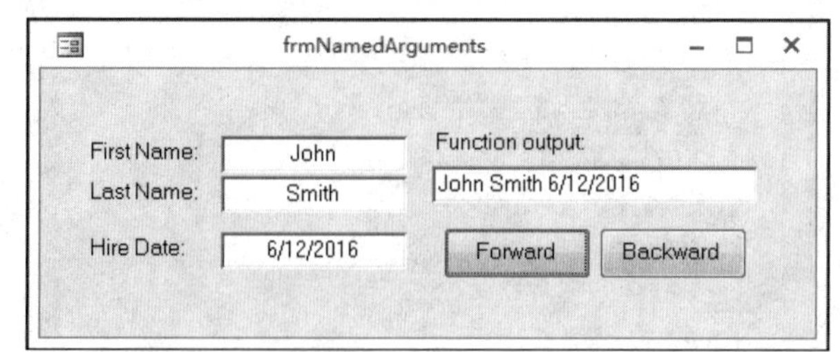

图 25.12　frmNamedArguments 说明了在 VBA 过程中使用命名参数的价值

在将每个参数传递到函数时，可按其名称指定该参数。为参数命名可以使它们不依赖于位置。

检查下面的程序清单中的代码以查看命名参数的工作方式。

```
Private Sub cmdBackward_Click()

  Me.txtOutput.Value = PrepareOutput( _
    sStr2:=Me.txtLastName.Value, _
    sStr3:=Me.txtFirstName.Value, _
    sStr1:=Me.txtHireDate.Value)

End Sub
```

在 cmdBackward_Click 中，需要注意，参数并未按照过程的参数列表所指定的顺序传递到 PrepareOutput()。只要用于参数的名称与 PrepareOutputs 参数列表中的一个参数匹配，Access VBA 就可以在 PrepareOutput()中正确地使用参数。

Web 内容

Chapter25.accdb 示例数据库中包含图 25.12 和图 25.13 中的 frmNamedArguments。Function output 文本框下面的两个按钮会使用位置参数和命名参数将 First Name、Last Name 和 Hire Date 文本框中的文本传递到 PrepareOutput()函数。

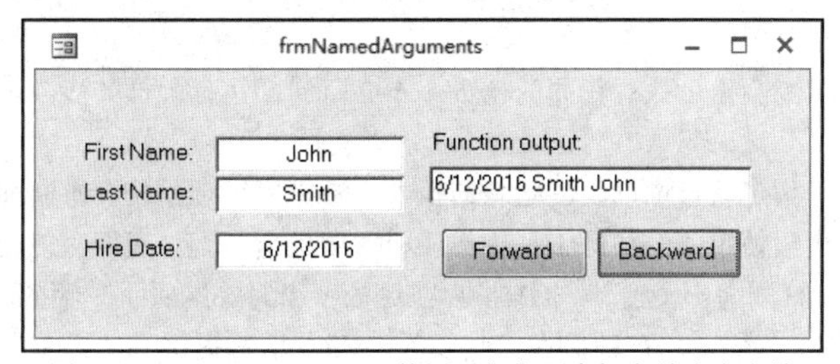

图 25.13　PrepareOutput()可使用以任意顺序提交的命名参数

第26章

了解 Access 事件模型

本章内容：

- 掌握 Access 事件编程
- 分析常见的事件
- 了解事件序列

在使用数据库系统时，可能会重复执行相同的任务。不必每次都执行同样的步骤，而是可以通过 VBA 宏自动执行相应的过程。

随着在窗体中添加记录、构建新查询以及创建新的报表，数据库管理系统会不断增大。而随着系统不断增大，会保存很多数据库对象以供稍后使用，例如用于每周报表或月度更新查询。我们可能会创建并重复执行很多任务。每次添加联系人记录时，都会打开同一个窗体。同样，为在过去一个月中购买了车辆的联系人打印同样的套用信函。

可在应用程序中添加 VBA 代码，以自动执行这些任务。VBA 语言提供了一组非常完善的强大命令，可用于操纵表中的记录、窗体上的控件或者仅执行其他一些操作。本章将继续前面的章节中有关在窗体、报表和标准模块中使用过程的讨论。

Web 内容

本章将使用数据库文件 Chapter26.accdb。如果要按本章中提供的示例进行操作，需要从本书对应的 Web 站点下载该数据库文件。

本章将重点介绍 Access 事件模型，它是 Access 开发中极其重要的内容。如本章所述，Access 会提供多种事件以触发代码，从而响应用户操作。

26.1 编程事件

Access 事件是某些用户操作的结果或结论。当用户从窗体中的一条记录移动到另一条记录、关闭报表或者单击窗体上的命令按钮时，就会发生 Access 事件。甚至是移动鼠标也会生成连续的事件流。

Access 应用程序是由事件驱动的，Access 对象可以响应多种类型的事件。Access 事件挂接到特定的对象属性。例如，选中或取消选中某个复选框会触发 MouseDown、MouseUp 和 Click 事件。这些事件分别通过“鼠标按下”“鼠标释放”和“单击”属性挂接到该复选框。可以使用 VBA 来编写事件过程，只要用户单击该复选框，便会运行这些事件过程。

可将 Access 事件归为以下七组：

- **窗口(窗体、报表)事件**：打开、关闭和调整大小
- **键盘事件**：按下或释放键
- **鼠标事件**：单击或按下某个鼠标按钮
- **焦点事件**：激活、进入和退出
- **数据事件**：更改当前行以及删除、插入或更新
- **打印事件**：格式设置和打印

- **错误和计时事件**：在出现错误或经历一定的时间之后发生

Access 总共支持 50 多种可以通过 VBA 事件过程进行管理的不同事件。

在这些类型的事件中，到目前为止最常见的是窗体上的键盘和鼠标事件。如以下几节所述，窗体和绝大多数控件都可以识别键盘和鼠标事件。实际上，窗体和控件可以识别完全相同的键盘和鼠标事件。为命令按钮上的鼠标单击事件编写的代码与为窗体上的鼠标单击事件编写的代码是完全相同的。

此外，绝大多数 Access 对象类型都有自己的独特事件。下面将讨论大多数通用的编程事件，Access 应用程序中使用的许多 ActiveX 控件都有自己独特的特殊事件。在 Access 应用程序中使用不熟悉的控件或者新的对象类型时，请确保检查该控件或对象支持的事件和属性。

26.1.1　了解事件如何触发 VBA 代码

可以创建一个事件过程，并在用户执行 Access 识别的许多不同事件中的任一事件时运行。Access 会通过特殊的窗体和控件属性来响应事件。报表有一组类似的事件，但针对报表的特殊需求和要求进行了定制处理。

图 26.1 显示了 frmProducts 的属性表。该窗体有很多事件属性。每个窗体节(页面页眉、窗体页眉、主体、页面页脚、窗体页脚)和窗体上的每个控件(例如标签、文本框、复选框和选项按钮)都有自己的一组事件。

图 26.1　frmProducts 的属性表，“事件”选项卡处于打开状态

在图 26.1 中，请注意，属性表打开时位于“事件”选项卡上。Access 窗体包括 52 个事件，每个窗体节以及窗体上的每个控件都包括许多事件。当选择一个窗体节或窗体上的一个控件时，属性表中的“事件”选项卡将发生更改，以显示该对象的事件。

在图 26.1 中，现有事件过程的所有事件都包含“[事件过程]”，表示该属性已关联在触发此事件时执行的 VBA 代码。事件还可能包含“[嵌入的宏]”、非嵌入的宏的名称或者函数的名称。

26.1.2　创建事件过程

在 Access 中，可以通过对象的事件属性来执行事件过程。

Access 提供了用于将 VBA 代码绑定到某个对象的事件的事件属性。例如，“打开”属性与在屏幕上打开的窗体或报表相关联。

> **注意：**
> 如属性表所示，Access 事件过程通常包含空格。例如，Open 事件显示为“打开(On Open)”事件过程。当然，事件本身是 Open。尽管不是全部，但很多事件属性名称都以 On 开头。

在对象的属性表中选择事件属性(在该示例中为“更新前”)，可向窗体或报表中添加事件过程。如果属性当前不存在任何事件过程，将在该属性的框中显示一个下拉箭头和生成器按钮，如图 26.1 中的“更新前”事件属性所示。

下拉列表将显示一个列表，其中包含单个条目“[事件过程]”。选择该选项，然后单击生成器按钮，将转到 VBA 代码编辑器，并显示一个事件过程模板(参见图 26.2)。

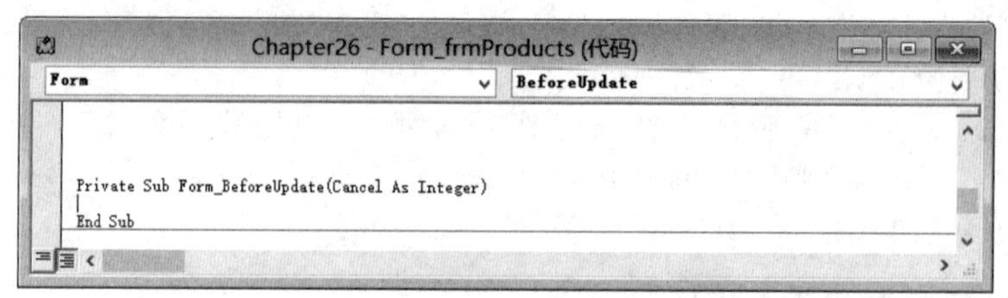

图 26.2　窗体的 BeforeUpdate 事件的一个空白事件过程模板

请注意事件过程的声明的常规格式，如下所示：

```
Private Sub Object_Event()
```

当然，过程名称的 Object 部分是引发事件的对象的名称，而 Event 部分是对象引发的特定事件。在图 26.2 中，对象是 Form，而事件是 BeforeUpdate。某些事件支持参数，这些参数包含在圆括号中，并显示在声明的末尾处。

如果更改事件过程的名称或参数，它将无法继续正常工作。Access VBA 依赖于 Object_Event 命名约定，将过程绑定到对象的事件。

26.2　识别常用事件

某些事件可由许多不同的 Access 对象引发。Microsoft 采取了很多措施，以使这些事件按照完全相同的方式进行操作，而不管引发它们的对象的什么。表 26.1 列出了 Access 开发人员最常用的一些事件。其中的绝大多数事件适用于窗体以及可能添加到 Access 窗体中的所有不同控件。

表 26.1　多种对象类型通用的事件

事件	事件类型	触发事件的时间
Click(单击)	鼠标事件	当用户在对象上按下并释放(单击)鼠标左键时
DblClick(双击)	鼠标事件	当用户在对象上两次按下并释放(单击)鼠标左键时
MouseDown(鼠标按下)	鼠标事件	当用户在指针位于某个对象上的情况下按鼠标按钮时
MouseMove (鼠标移动)	鼠标事件	当将鼠标指针移动到某个对象上方时
MouseUp(鼠标释放)	鼠标事件	当用户在指针位于某个对象上的情况下释放按下的鼠标按钮时
MouseWheel(鼠标滚动时)	鼠标事件	当用户旋转鼠标滚轮时
KeyDown(键按下)	键盘事件	当对象具有焦点的情况下用户按键盘上的任何键时，或者用户使用 SendKeys 宏操作时
KeyUp(键释放)	键盘事件	当用户释放按下的键或者刚好在用户使用 SendKeys 宏操作之后
KeyPress(击键)	键盘事件	当用户在具有焦点的对象上按下并释放某个键时，或者用户使用 SendKeys 宏操作时

不言而喻，这些事件都与鼠标和键盘相关，因为它们是用户向应用程序输入信息和提供命令的主要方式。并不是每个对象都会响应上述每个事件，但当对象响应上述任何事件时，事件会展现出完全相同的行为。

提示：

很多开发人员都只是将 VBA 代码从一个事件过程复制并粘贴到另一个对象上的同一事件过程。例如，希望在用户单击文本框时针对该框设置一些流行的格式。可以将执行流行格式设置的代码复制到另一个控件的 Click 事件过程，以取得同样的效果，而不必重新输入代码。即使需要使用第二个文本框的名称修补粘贴的代码，其工作量还是要比重新输入整个过程要少得多。

Access 支持许多不同的事件。实际上，Access 的一个基本优势在于为开发人员提供各种不同的事件。通过事件过程，几乎可以控制 Access 应用程序行为和数据管理的每个方面。尽管 Microsoft 没有在各种事件类型之间设定正式的差别，但下面的几节将根据引发组中事件的对象类型(窗体、报表等)将事件和事件过程分为不同的组。

提示：

Access 支持一个丰富的事件模型。并不是很多 Access 开发人员都掌握了每个 Access 事件，也没这个必要。几乎每个 Access 开发人员都会了解并使用对其构建的应用程序非常重要的事件，然后在实际工作中再根据需要了解其他事件。不需要记住所有这些事件，只需要知道 Access 支持很多不同类型的事件，可以根据需要使用它们。

26.2.1　窗体事件过程

当使用窗体时，可以根据窗体级别、节级别或控件级别的事件创建事件过程。如果将某个事件过程附加到窗体级别的事件，那么只要该事件发生，操作就会针对整个窗体生效(例如当移动到另一条记录或退出窗体时)。

为使窗体响应某个事件，需要编写一个事件过程，并将其附加到识别该事件的窗体中的事件属性。许多属性都可以用于在窗体级别触发事件过程。

注意：

我们所说的窗体事件指的是针对整个窗体发生的事件，而不是可以由窗体上的特定控件触发的事件。在从一条记录移动到另一条记录，或者在打开或关闭窗体时，将执行窗体事件。控件事件的相关内容参见本章后面的“控件事件过程”一节。

1. 基本的窗体事件

Access 窗体可以响应许多事件。鉴于事件的专用性，开发人员永远也不会为绝大多数事件编写代码。但是，需要在 Access 应用程序中反复为某些事件编写代码。表 26.2 列出了一些最基本、最重要的 Access 窗体事件。巧的是，这些事件也是最常编写的 Access 窗体事件。

表 26.2 中列出了将窗体作为一个整体进行处理的许多事件，如当窗体打开或关闭时发生的事件。

表 26.2　基本的窗体事件

事件	触发事件的时间
Open(打开)	当打开窗体，但第一条记录尚未显示时
Load(加载)	当某个窗体加载到内存中时
Resize(调整大小)	当窗体大小发生更改时
Unload (卸载)	当窗体关闭并且记录卸载时，并且在窗体从屏幕中移除之前
Close(关闭)	当窗体关闭并从屏幕中移除时
Activate(激活)	当某个打开的窗体接收到焦点从而成为活动窗口时
Deactivate(停用)	当其他窗口成为活动窗口时，但在其失去焦点之前
GotFocus(获得焦点)	当某个没有活动或已启用控件的窗体接收到焦点时
LostFocus(失去焦点)	当窗体失去焦点时
Timer (计时器)	当经过指定的时间间隔时。该间隔(以毫秒为单位)通过“计时器间隔”属性指定
BeforeScreenTip(屏幕提示前)	当激活某个屏幕提示时

2. 窗体鼠标和键盘事件

Access 窗体还可以响应很多鼠标和键盘事件，如表 26.3 所示。

表 26.3　窗体鼠标和键盘事件

事件	触发事件的时间
Click(单击)	当用户按下并释放(单击)鼠标左键时
DblClick(双击)	当用户在窗体上两次按下并释放(单击)鼠标左键时
MouseDown(鼠标按下)	当用户在指针位于某个窗体上的情况下按鼠标按钮时

(续表)

事件	触发事件的时间
MouseMove(鼠标移动)	当用户将鼠标指针移动到窗体的某个区域上方时
MouseUp(鼠标释放)	当用户在指针位于某个窗体上的情况下释放按下的鼠标按钮时
MouseWheel(鼠标滚动时)	当用户旋转鼠标滚轮时
KeyDown(键按下)	当用户在某个窗体具有焦点的情况下按键盘上的任何键时，或者用户使用 SendKeys 宏操作时
KeyUp(键释放)	当用户释放按下的键时，或者在用户刚刚使用 SendKeys 宏操作以后
KeyPress(击键)	当用户在具有焦点的窗体上按下并释放某个键时，或者用户使用 SendKeys 宏操作时

此外，“键预览”属性与窗体键盘事件紧密相关。该属性(仅在窗体中可用)指示 Access 允许窗体先于窗体上的控件看到键盘事件。默认情况下，Access 窗体上的控件会在窗体之前收到事件。例如，当单击窗体上的某个按钮时，该按钮(而不是窗体)将看到单击事件，即使窗体支持 Click 事件也是如此。这意味着，窗体的控件会对窗体屏蔽键事件，窗体永远也无法响应这些事件。只有将“键预览”属性设置为“是”(True)后，窗体才能响应任何键事件(KeyDown、KeyUp 等)。

3. 窗体数据事件

Access 窗体的主要用途是显示数据。那么不言而喻，Access 窗体有很多事件，与窗体的数据管理直接相关。本书将反复地对这些事件编程，几乎在每次处理 Access 应用程序时，都会遇到为这些事件编写的事件过程。表 26.4 对这些事件进行了汇总。

表 26.4　窗体数据事件

事件	触发事件的时间
Current(成为当前)	当移动到另一条记录并使其成为当前记录时
BeforeInsert(插入前)	在将数据首次输入到新记录中以后，但在实际创建记录之前
AfterInsert*(插入后)	在将新记录添加到表中以后
BeforeUpdate(更新前)	在记录中更新更改后的数据之前
AfterUpdate(更新后)	在记录中更新更改后的数据以后
Dirty(有脏数据时)	当对记录进行修改，处于未保存的状态下时
Undo(撤消)	当用户将窗体返回到干净状态(记录已重新设置为未修改状态)；OnDirty 的反向事件
Delete(删除)	当删除某条记录时，但在删除发生之前
BeforeDelConfirm(确认删除前)	刚好在 Access 显示“删除确认”对话框之前
AfterDelConfirm(确认删除后)	在“删除确认”对话框关闭并且已经确认之后
Error(出错)	当生成运行时错误时
Filter(筛选)	当指定了筛选器时，但在应用筛选器之前
ApplyFilter(应用筛选)	将筛选器应用于窗体后

Current 事件刚好在刷新窗体上的数据以后激发。绝大多数情况下，当用户将窗体移动到窗体下面的记录集中的其他记录时会发生该事件。Current 事件常用于根据窗体的数据执行计算，或者设置控件的格式。例如，如果某个数字或日期值位于预期的范围之外，则可以使用 Current 事件更改文本框的“背景色”属性，以使用户注意到该问题。

BeforeInsert 和 AfterInsert 事件与将新记录从窗体转移到基础数据源有关。BeforeInsert 在 Access 准备转移数据时激发，而 AfterInsert 在将记录提交到数据源以后触发。例如，可以使用这些事件执行日志记录操作，以跟踪对表执行的添加操作。

BeforeUpdate 和 AfterUpdate 事件常用于在将数据发送到基础数据源之前对其进行验证。如本章后面所述，很多窗体控件也支持 BeforeUpdate 和 AfterUpdate 事件。当控件中的数据发生更改后，会触发控件的更新事件。

提示：
激发窗体的 Update 事件的时间要比 BeforeInsert 或 AfterInsert 事件晚很多。Update 事件刚好在窗体准备移动到另一条记录时发生。许多开发人员使用窗体的 BeforeUpdate 事件来扫描窗体上的所有控件，以确保窗体的控件中的所有数据都有效。窗体的 BeforeUpdate 事件包括一个 Cancel 参数，当设置为 True 时，会导致更新终止。取消更新事件可有效保护 Access 应用程序背后的数据的完整性。

提示：
用户通常希望在从某条记录移动到另一条记录之前得到关于待定更新的通知。默认情况下，Access 窗体会在用户移动到另一条记录或者关闭窗体时，自动更新窗体的基础数据源。只要用户更改窗体上的任何数据，便会激发 Dirty 事件。可使用 Dirty 事件设置一个模块级别的布尔(True/False)变量(将其称为 bDirty)，以便窗体上的其他控件(例如关闭按钮)知道窗体上存在待定更改。如果 bDirty 为 True，那么当单击关闭按钮或者激发 BeforeUpdate 事件时，可以显示“是否确定?”消息框，来确认用户是否要将更改提交到数据库。

26.2.2　控件事件过程

控件也会引发事件。控件事件通常用于操纵控件的外观，或者在用户对控件的内容进行更改时验证数据。控件事件还会在用户使用控件时影响鼠标和键盘的行为方式。对于控件的 BeforeUpdate 事件，将在焦点离开控件后立即激发(更准确地说，BeforeUpdate 事件在将数据从控件转移到窗体的基础记录集之前激发，允许在数据验证失败的情况下取消事件)，而窗体的 BeforeUpdate 事件直到将窗体移动到另一条记录后才会激发(窗体的 BeforeUpdate 事件会将整个记录提交到窗体的数据源)。

这意味着，控件的 BeforeUpdate 事件适于验证单个控件，而窗体的 BeforeUpdate 事件适于验证窗体上的多个控件。窗体的 BeforeUpdate 事件非常适合验证两个不同控件中的值是否相符(例如一个文本框中的邮政编码和另一个文本框中的城市)，而不是依赖每个控件中的 BeforeUpdate 事件。

可按与为窗体事件创建过程完全相同的方式，为控件事件创建事件过程。可在事件的属性表中选择“[事件过程]”，然后将 VBA 代码添加到附加到该事件的事件过程。表 26.5 显示了每个控件事件属性、其识别的事件及其工作方式。当查看表 26.5 中的信息时，请记住，并不是每个控件都支持每种类型的事件。

表 26.5　控件事件

事件	触发事件的时间
BeforeUpdate(更新前)	将控件中更改的数据更新到基础记录集之前
AfterUpdate(更新后)	将更改的数据转移到窗体的记录集之后
Dirty(有脏数据时)	当某个控件的内容发生更改时
Undo(撤消)	当窗体返回到干净状态时
Change(修改)	当某个文本框的内容发生更改或者某个组合框的文本发生更改时
Updated(更新)	当某个 ActiveX 对象的数据已进行修改时
NotInList(不在列表中)	当在组合框中输入不在列表中的值时
(Enter	当某个控件从另一个控件那里接收到焦点之前
Exit(退出)	刚好在焦点离开当前控件并转移到另一个控件之前
GotFocus(获得焦点)	当某个非活动或已启用的控件接收到焦点时
LostFocus(失去焦点)	当某个控件失去焦点时
Click(单击)	当在某个控件上按下并释放(单击)鼠标左键时
DblClick(双击)	当在某个控件或标签上两次按下并释放(单击)鼠标左键时
MouseDown(鼠标按下)	当指针位于某个控件上的情况下按某个鼠标按钮时
MouseMove(鼠标移动)	当鼠标指针移动到某个控件上方时
MouseUp(鼠标释放)	当指针位于某个控件上的情况下释放某个按下的鼠标按钮时

(续表)

事件	触发事件的时间
KeyDown(键按下)	当某个控件具有焦点的情况下按键盘上的任何键时，或者在使用 SendKeys 宏操作时
KeyPress(击键)	当在某个具有焦点的控件上按下并释放某个键时，或者在使用 SendKeys 宏操作时
KeyUp(键释放)	当释放某个按下的键时，或者刚好在使用 SendKeys 宏操作之后

注意：

Click 事件在绝大多数情况下与在控件上单击鼠标左键的操作关联在一起。但是，其他几种操作也会触发此事件，包括当控件具有焦点时按下空格键，当控件的默认属性设为“是”时按下 Enter 键，当控件的“取消”属性设为“是”时按下 Esc 键，以及按下控件的快捷键(控件标题中带有下划线的字母)。

26.2.3　报表事件过程

与窗体一样，报表也使用事件过程来响应特定的事件。Access 报表不仅对整体报表本身支持事件，对报表中的每个节也支持事件。Access 报表上的单个控件不会引发事件。

将事件过程附加到报表后，只要该报表打开、关闭或打印输出，就会运行相应的代码。报表中的每个节(页眉、页脚等)也包含事件，当对报表进行格式设置或打印输出时，将运行这些事件。

有一些整体报表事件属性可用。表 26.6 显示了 Access 报表事件。可以看出，报表事件列表要比窗体事件列表短得多。

表 26.6　报表事件

事件	触发事件的时间
Open(打开)	当报表打开时，但在打印输出之前
Close(关闭)	当报表关闭并从屏幕中移除时
Activate(激活)	当报表接收到焦点并成为活动窗口时
Deactivate(停用)	当其他窗口成为活动窗口时
NoData(无数据)	当报表打开后没有为其传递任何数据时
Page(页面)	当报表更改页面时
Error(出错)	当 Access 中生成运行时错误时

尽管用户不会像使用窗体时那样与报表进行交互，但在报表设计中，事件仍然扮演着至关重要的角色。通常情况下，打开不包含任何数据的报表会生成错误结果。报表可能会仅显示标题，而不包含任何详细信息。或者，为缺少的信息显示#error 值。这种情况可能使用户有一点担心。可使用 NoData 事件向用户通知报表不包含任何数据。如果报表打开后，其“记录源”中不存在任何可用数据，将激发 NoData 事件。使用 NoData 事件过程可以显示一个消息框，为用户描述当前的情况，然后取消打开报表的操作。图 26.3 显示了典型的 NoData 事件过程。

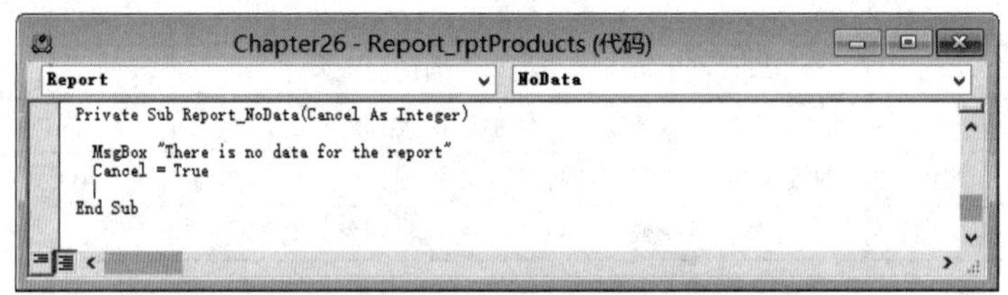

图 26.3　当报表没有任何数据时运行 NoData 事件过程

图 26.3 所示的 Report_NoData 事件首先显示一个消息框，通知用户报表不包含任何数据。然后，事件过程会将 Cancel 参数设置为 True，来取消报表打开操作。由于 Cancel 参数设置为 True，因此，报表绝对不会显示在屏幕上，也不会发送到打印机。

很多 Access 事件都附带参数，例如图 26.3 中所示的 Cancel 参数。在该示例中，将 Cancel 参数设置为 True 会指示 Access 只需要简单地忽略触发事件的过程，并阻止后续事件被触发。由于 NoData 是作为报表打开过程的一部分触发的，因此，将 Cancel 参数设置为 True 会阻止将报表发送到打印机或者将其显示在屏幕上。本书后面包含很多有关事件属性过程参数的示例。

26.2.4 报表节事件过程

除了报表本身的事件属性外，Access 还提供了 3 个适用于报表节的专用事件属性。表 26.7 显示了这 3 个事件及其工作方式。

表 26.7 报表节事件

事件	触发事件的时间
Format(格式化)	在将节发送到打印机之前，在内存中预先对其设置格式时。此时，可对节中的控件应用特殊格式
Print(打印)	在将节发送到打印机时。当 Print 事件激发时，便无法再为报表节中的控件设置格式
Retreat(撤回)	在 Format 事件之后，但在 Print 事件之前。当 Access 需要倒退到页面上之前的其他节，以执行多个格式设置过程时发生此事件。Retreat 事件包含在除页眉和页脚之外的所有节中

使用 Format 事件可以在打印节之前，为该节中的控件应用特殊格式。Format 事件非常有用，例如，可用于隐藏由于报表数据中的某些条件而不希望打印的控件。当 Access 在内存中排布该节但将报表发送到打印机之前，将运行该事件过程。

可为报表的任何节设置“格式化”和“打印”事件属性。但是，On Retreat 不可用于页面页眉或页面页脚节。图 26.4 显示了某个报表的属性表的“事件”选项卡。请注意，属性表顶部的下拉列表显示已选中报表，因此，“事件”选项卡中的事件与报表本身相关，而不是与报表上的单个控件相关。

图 26.4 为报表的“无数据”事件指定事件过程

除了“无数据”事件外，还常使用 Format 事件。图 26.5 显示了如何将代码添加到报表节的 Format 事件，以控制报表上控件的可见性。

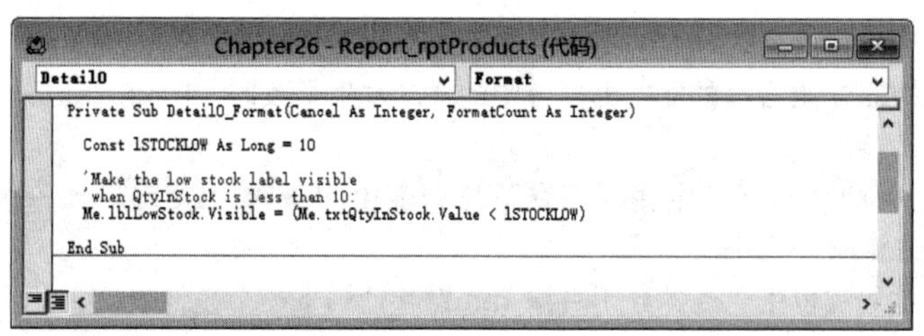

图 26.5 运行某个事件过程，以显示或隐藏报表上的某个控件

图 26.5 中所示的 Detail0_Format 事件过程首先检查 txtQtyInStock 控件的值。如果 txtQtyInStock 的值小于 10，将显示 lblLowStock；否则，将隐藏警告控件。

提示：

Access 通过在节类型的后面附加一个数字来为报表节命名，例如 Detail0。可以更改节的“名称”属性，来对这些节重命名。

本书包含很多有关使用事件和事件过程来操纵窗体、报表和控件的示例。

26.3 关注事件序列

有时，即使是用户执行的较简单操作也会接连不断地引发多个事件。例如，每次用户按键盘上的某个键时，都会按顺序引发 KeyDown、KeyPress 和 KeyUp 事件。类似地，单击鼠标左键会激发 MouseDown 和 MouseUp 事件以及 Click 事件。VBA 开发人员应决定在 Access 应用程序中对哪些事件进行编程处理。

事件不是随机发生的。实际上，事件会按可预测的方式激发，具体取决于引发事件的控件。有时，使用事件的过程中最棘手的方面是跟踪事件发生的顺序。例如，并不能直观地看到 Enter 事件在 GotFocus 事件(参见表 26.5)之前发生，或者 KeyDown 事件在 KeyPress 事件(参见表 26.3)之前发生。

26.3.1 了解常见的事件序列

下面列出了最常见的窗体场景方案对应的事件序列：

- **打开和关闭窗体**
  - 当某个窗体打开时：Open (窗体) → Load (窗体) → Resize (窗体) → Activate (窗体) → Current (窗体) → Enter (控件) → GotFocus (控件)
  - 当某个窗体关闭时：Exit (控件) → LostFocus (控件) → Unload (窗体) → Deactivate (窗体) → Close (窗体)
- **焦点更改**
  - 当焦点从一个窗体移动到另一个窗体时：Deactivate (窗体 1) → Activate (窗体 2)
  - 当焦点移动到窗体上的某个控件时：Enter → GotFocus
  - 当焦点离开某个窗体控件时：Exit → LostFocus
  - 当焦点从控件 1 移动到控件 2 时：Exit (控件 1) → LostFocus (控件 1) → Enter (控件 2) → GotFocus (控件 2)
  - 当焦点离开数据发生更改的记录时，但在进入下一条记录之前：BeforeUpdate (窗体) → AfterUpdate (窗体) → Exit (控件) → LostFocus (控件) → Current (窗体)
  - 当焦点移动到窗体视图中的某条现有记录时：BeforeUpdate (窗体) → AfterUpdate (窗体) → Current (窗体)
- **数据更改**
  - 当在某个窗体控件中输入或更改数据并且焦点移动到另一个控件时：BeforeUpdate → AfterUpdate → Exit → LostFocus
  - 当用户在某个窗体控件具有焦点的情况下按下并释放某个键时：KeyDown → KeyPress → KeyUp
  - 当某个文本框或某个组合框的文本框部分中的文本发生更改时：KeyDown → KeyPress → Change → KeyUp
  - 当在某个组合框的文本区域中输入不在下拉列表中的值时：KeyDown → KeyPress → Change → KeyUp → NotInList → Error
  - 当某个控件中的数据发生更改并且用户按 Tab 键移动到下一个控件时：
    控件 1：KeyDown → BeforeUpdate → AfterUpdate → Exit → LostFocus
    控件 2：Enter → GotFocus → KeyPress → KeyUp

- 当某个窗体打开并且某个控件中的数据发生更改时：Current (窗体) → Enter (控件)→ GotFocus (控件) → BeforeUpdate (控件) → AfterUpdate (控件)
- 当删除某条记录时：Delete → BeforeDelConfirm → AfterDelConfirm
- 当焦点移动到窗体上的新空白记录时，以及用户在某个控件中输入的情况下创建新记录时：Current (窗体) → Enter (控件) → GotFocus (控件) → BeforeInsert (窗体)→ AfterInsert (窗体)

- 鼠标事件
  - 当用户在鼠标指针位于某个窗体控件上的情况下按下并释放(单击)某个鼠标按钮时：MouseDown → MouseUp → Click
  - 当用户通过单击第二个控件将焦点从一个控件移动到另一个控件时：
    控件 1：Exit → LostFocus
    控件 2：Enter → GotFocus → MouseDown → MouseUp → Click
  - 当用户双击除命令按钮以外的某个控件时：
    MouseDown → MouseUp → Click → DblClick → MouseUp

26.3.2 编写简单的窗体和控件事件过程

编写简单的过程以验证窗体或控件的事件序列非常容易。使用前面的信息即可确定应该在应用程序中利用哪些事件。大多数情况下，可将异常行为追溯到附加到发生得太晚或太早的事件的事件过程，以捕获应用程序所需的信息。

Chapter26.accdb 示例数据库包含一个名为 frmEventLogger 的窗体，该窗体可在“调试”窗口中打印输出命令按钮、文本框和切换按钮的每个事件。该窗体并未绑定到某个记录集，因此，事件列表会与绑定窗体的事件列表略有不同。提供该窗体只是为了说明较小的操作也会触发很多 Access 事件。例如，单击命令按钮一次，然后进入文本框，并按键盘上的某个键，将激发以下事件：

- cmdButton_MouseDown
- cmdButton_MouseUp
- cmdButton_Click
- cmdButton_KeyDown
- cmdButton_Exit
- cmdButton_LostFocus
- txtText1_Enter
- txtText1_GotFocus
- txtText1_KeyPress
- txtText1_KeyPress
- txtText1_KeyUp
- txtText1_KeyDown
- txtText1_KeyPress
- txtText1_Change
- txtText1_KeyUp

需要打开代码编辑器并显示立即窗口，以查看显示的这些事件。在 Access 环境中的任意位置，按 Ctrl+G 组合键后将立即打开代码编辑器，并显示立即窗口。然后，按 Alt+Tab 组合键返回到 Access 主屏幕，打开窗体，单击各个控件，并在文本框中输入一些内容。当使用 Ctrl+G 组合键返回到立即窗口时，将看到长长的事件消息列表。

很明显，这远远超出了想要进行编程的事件数量。请注意，在命令按钮上，MouseDown 和 MouseUp 事件都是在 Click 事件之前激发的。此外，按下 Tab 键时将发生 KeyDown 事件，然后命令按钮的 Exit 事件在其 LostFocus 事件之前激发(当然，在按 Tab 键时，焦点将从命令按钮移动到文本框)。

还要注意，文本框引发了多个 KeyPress 事件。第一个是来自 Tab 键的 KeyPress 事件，第二个是在按键盘上的某个字符时发生的 KeyPress 事件。尽管 Tab 键的 KeyPress 事件由文本框而不是命令按钮捕获似乎有点奇怪，但当考虑在表面的背后发生了什么操作时，这就会变得有意义。Tab 键是将焦点移动到跳转序列中的下一个控件的指令。

实际上，Access 会在将 KeyPress 事件传递到窗体上的控件之前移动焦点。这意味着焦点将移动到文本框，文本框将接收到 Tab 键引发的 KeyPress 事件。

记住，仅为对应用程序有意义的事件编写代码。不包含代码的任何事件都将被 Access 忽略，并且不会对应用程序产生任何影响。

此外，完全可能无意中针对特定的任务编写错误的事件。例如，向控件的 Enter 事件中添加代码，尝试更改控件的外观(很多开发人员都会更改控件的 BackColor 或 ForeColor，以使用户可以轻松地看到哪个控件具有焦点)。但很快就会发现，对于控件何时获取焦点，Enter 事件并不是一个可靠的指示器。GotFocus 和 LostFocus 事件是专门用于控制用户界面的事件，而 Enter 和 Exit 事件更多地具有“概念”性质，通常不会在 Access 应用程序中进行编程处理。

或许，这个简短示例可以帮助解释为什么 Access 会支持这么多不同的事件。Microsoft 对 Access 进行了精心的设计，可以处理不同类别的事件，例如数据或用户界面任务。这些事件提供了一个丰富的编程环境。几乎总是可以找到正确的控件、事件或编程方法，来让 Access 执行所需的操作。

1. 使用事件过程打开窗体

绝大多数应用程序都需要多个窗体和报表，来实现应用程序的业务功能。不是直接让应用程序的用户浏览数据库容器以确定哪些窗体和报表实现哪些任务，应用程序通常会提供一个切换面板窗体，以帮助用户在应用程序中导航。切换面板提供了一组命令按钮，这些按钮添加了适当的标签，可以表明其打开的窗体或报表。图 26.6 显示了 Collectible Mini Cars 应用程序的切换面板。

图 26.6　使用切换面板导航应用程序的窗体和报表

Collectible Mini Cars 切换面板包含 5 个命令按钮。在单击时，每个命令按钮都会运行一个事件过程。例如，Products 按钮(cmdProducts)会运行打开 frmProducts 的事件过程。图 26.7 显示了 cmdProducts 的属性窗口。图 26.8 显示了 cmdProducts_Click 事件的 VBA 代码。

2. 在关闭窗体时运行事件过程

有时，希望在关闭或退出窗体时执行某些操作。例如，希望 Access 针对使用窗体的每个用户保留一份日志，或者希望在用户每次关闭主窗体时关闭窗体的“打印”对话框。

要在每次关闭 frmProducts 时自动关闭 frmDialogProductPrint，可为 frmProducts Close 事件创建一个事件过程。图 26.9 显示了该事件过程。

图 26.7　为控件事件指定事件过程

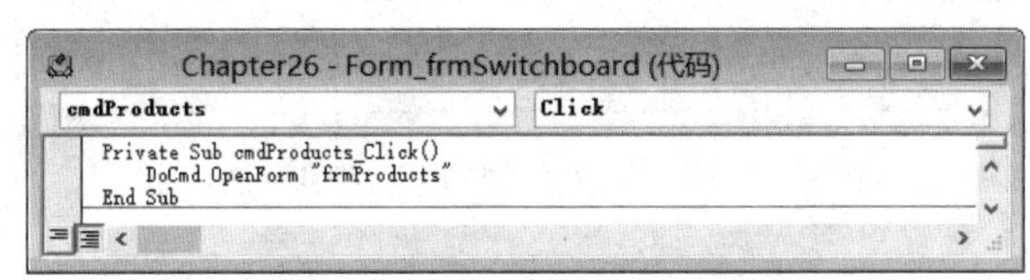

图 26.8　使用事件过程打开窗体

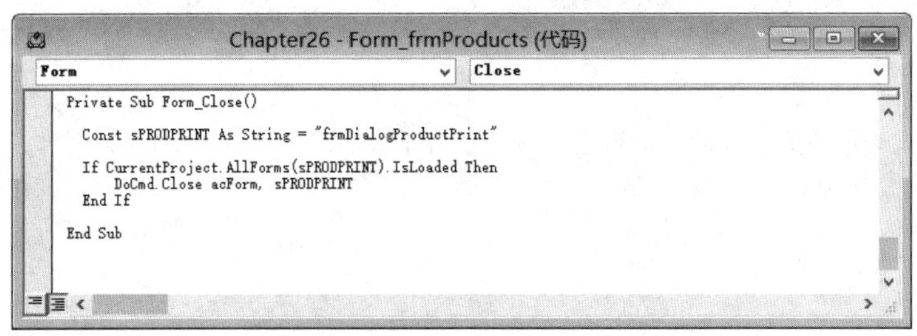

图 26.9　当窗体关闭时运行事件过程

图 26.9 所示的 Form_Close 事件会首先检查，以确定 frmDialogProductPrint 是否处于打开状态。如果处于打开状态，将执行关闭该窗体的语句。尽管尝试关闭当前未打开的窗体不会导致错误，但建议在编写针对某个对象的操作之前，先检查确定该对象是否可用。

3. 使用事件过程确认记录删除

尽管可以使用功能区的“开始”选项卡的“记录”组中的“删除”按钮来删除窗体中的记录，但更好的方法是在窗体上提供一个“删除”按钮。“删除”按钮的用户友好程度更高，因为它会为用户提供一个视觉提示，说明如何删除记录。此外，命令按钮可以针对删除过程提供更强的控制，因为可以包含代码，在实际处理删除操作之前对其进行确认。或者，可能需要执行参照完整性检查，以确保删除相应的记录不会导致与数据库中其他一些表中记录的连接丢失。

可使用 MsgBox()函数确认删除。cmdDelete 的事件过程使用 MsgBox()来确认删除，如图 26.10 所示。

当 cmdDelete_Click()事件过程执行时，Access 会显示一个消息框提示，如图 26.11 所示。请注意，该消息框包含两个命令按钮，分别为“是”和“否”。Access 会显示提示，并等待用户做出选择。仅当用户通过单击“是”按钮确认删除之后，才会删除记录。

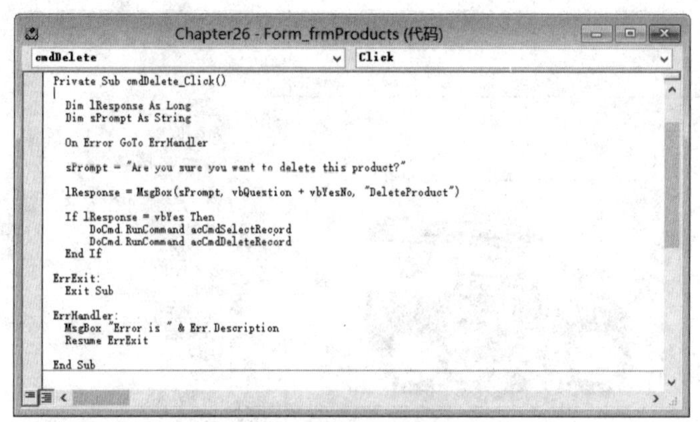

图 26.10　使用 MsgBox()函数确认删除

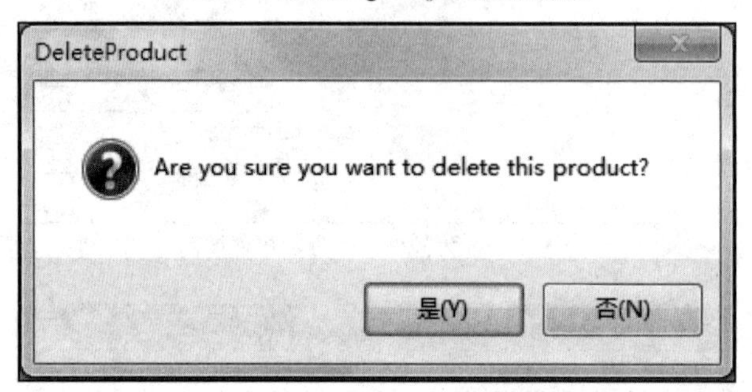

图 26.11　在删除记录之前显示的确认对话框

警告：

在 RunCommand acCmdDeleteRecord 语句执行之前，将自动检查以确定删除该记录是否违反在关系图中设定的参照完整性规则。如果违反设定的规则，将显示一条 Access 错误消息，而且删除操作将被取消。

交叉参考：

有关在数据库中设定参照完整性的更多信息，请参阅第 4 章。

第27章

调试 Access 应用程序

本章内容：

- 组织 VBA 代码
- 测试应用程序
- 通过传统方式(即使用 MsgBox 和 Debug.Print)进行调试
- 利用 Access 中提供的调试工具
- 捕获意外错误

许多 Access 应用程序依赖于窗体和报表中的大量 VBA 代码，并将其作为独立模块。由于具备强大的功能和灵活性，VBA 应用于应用程序开发的所有方面，从与用户进行通信到按自己的方式来传递和转换表、查询、窗体和报表的数据。

与任何编程语言一样，调试 VBA 中的错误或应用程序中的问题比较困难、耗时。根据代码的组织情况，以及是否遵循简单的约定(例如为变量和过程提供描述性名称)，即使是非常小的编码错误，要想成功捕捉到也是非常困难的。

幸运的是，Access 提供了一套完整的调试工具，可以大大减轻调试工作。这些工具不仅可以帮助指出发生编码错误的位置，从而节省时间，还可以帮助更好地了解代码的组织情况以及执行流如何从一个过程传递到另一个过程。

> 注意：
> 本章基本上忽略由于设计较差导致的错误，例如由于查询设计较差导致的数据表示错误、由于未适当地应用参照完整性规则导致的更新和插入异常等。之所以会出现上述问题，多半是由于未能遵从适当的设计原则、错误地理解 Access 查询设计等。但是，我们只能针对 VBA 代码中出现的错误提供帮助，特别是那些会导致应用程序中的数据或用户界面出现明显问题的错误。

> Web 内容
> 本章不同于之前本书使用的其他示例文件。示例数据库文件(Chapter27.accdb)包含本章所显示的基本示例代码。Chapter27.accdb 中的代码不一定执行有用的操作。它的主要目的是为实际操作 Access 调试工具提供一个“测试平台”，而不是实用 VBA 代码的良好示例。

27.1 组织 VBA 代码

调试代码的第一步是避免一开始就存在编码错误。编码习惯会对应用程序中的错误类型和数量产生非常大的影响，这一点也不奇怪。大多数情况下，采用简单的编码约定可以消除 VBA 代码中除最顽固的语法和逻辑错误以外的所有错误。其中的部分约定在本书的其他章节描述，这里重复这些内容，只为了加深记忆。

- **使用命名约定**。适用于过程、变量和常量的命名约定不必过于复杂。但是，统一地应用命名约定可以帮助找出那些原本可能会被漏掉的错误。命名约定可以帮助避免的问题示例包括：尝试为常量分配值、在数学运算中使用字符串变量以及向函数传递类型有误的参数。
- **限制变量的作用域**。应该在保证程序高效工作的情况下，尽可能缩小变量的作用域。默认情况下，在过程级别创建变量，仅当代码的逻辑需要时才扩大变量的作用域。使全局作用域变量保持在其自己的模块中。当全局变量列表开始变得过大时，请考虑重构代码。

- **使用常量**。使用常量是增强代码的可读性并防止错误的一种绝佳方法。当使用诸如 dDISCOUNT_THRESHOLD 之类的常量时，意图要比使用幻数(比如 5000)明显得多。尝试从代码中删除所有幻数，将其放在具备描述性名称的常量中。即使未能成功获取所有幻数，代码也会比不受限制地四处散布数字要强壮得多，且不容易出错。
- **使过程尽可能简短**。一般情况下，一个过程应该执行一个任务。如果发现自己的过程太长，无法在一个屏幕内完全显示，可考虑将该过程拆分为多个过程，并根据需要从主过程调用每个子过程。当然，在某些情况下，一个过程可以执行多项任务。但相比于使用少数较大的过程，当具有很多简单的过程时，管理代码会变得容易得多。
- **使模块保持干净整洁**。对于可以在工程中具有的模块数量，几乎没有任何限制。模块中的所有过程都应该以某种方式相关。窗体和报表背后的模块包含其父对象的事件过程，但应该仅包含支持这些事件过程的其他过程。仅在模块中保留相关过程，确保该模块中的私有变量不会被误用。
- **在需要时使用注释**。注释可能会成为工程中代码的重要组成部分。但是，如果使用过多的注释，没有人会阅读它们，注释很快就会因为代码更改而过期。使用命名得当的过程、变量和常量可以使代码具有自解释性。如果以某种不同寻常的方式编写了部分代码，应该使用注释，或者通过注释来解释针对某个问题，为什么采取了代码中的方法而未采用其他方法。注释不应该描述代码执行的操作，而应该说明代码执行该操作的原因。
- **不要自行重复**。大部分编写好的代码似乎都是重复的，特别是当针对具有很多控件的窗体上的事件进行编码时。如果看起来像是在反复编写相同的代码，请考虑将代码移动到单独的过程，并从事件过程传入参数。如果需要更改，只需要在一个位置更改代码，从而节省时间并防止出错。
- **经常编译**。在编写或更改了几行代码后，就编译工程。不要等到整个模块或工程都编写完毕后再编译。在编写代码的过程中捕获语法错误，可以尽早更正这些错误。在编写过程时，可以掌握很多有关过程执行的操作及其使用位置的信息，是捕获错误的最佳时间。

27.2　测试应用程序

测试 Access 应用程序是一个持续进行的过程。每次将窗体或报表从设计视图切换为普通视图时，或者让 VBA 编辑器运行一部分代码时，就是在测试应用程序。每次编写一行代码并移动到另一行时，VBA 语法分析器都会检查刚刚编写的代码。每次更改窗体或报表中的某个属性并将光标移到另一个属性或另一个控件时，都会测试所更改的属性。

在测试过程中，需要查看应用程序是否按照预期的方式运行，甚至是查看其是否运行。当运行应用程序时，该程序不工作，则说明存在错误。解决问题的过程通常称为调试。

> **注意：**
> 该术语可以追溯到最早的电子机械计算机。最早的情况是一个蛀虫导致电路短路。后来计算领域的先驱者海军少将 Grace Hopper 创造了术语“调试”，用来描述删除蛀虫的过程。

如果运行报表时没有显示任何数据，则需要检查报表的“记录源”属性，以确保该报表填入了正确的数据。查看查询或表中的数据，检查数据源是否存在问题。如果在运行窗体时在控件中看到#Name 或#Error，就需要检查控件的“控件来源”属性。或许是错误地引用了某个表字段，或者出现拼写错误导致 Access 无法对引用进行评估。

也许在表达式中使用过多的圆括号，或者在公式中使用了与 Access 关键字冲突的控件名称。每次遇到这种问题时，可向经验更丰富的人员请教问题究竟是什么，在网上或相关图书中查找相关的问题，或者研究公式的语法。

有关查询、窗体和报表设计的绝大多数问题都是显而易见的。如果查询返回错误数据，窗体或报表无法打开或者在打开时显示错误消息，就表示出了问题。在后台，Access 会执行大量的操作以帮助用户注意到并更正应用程序设计存在的问题。当运行窗体和报表时，如果发现某些内容出现很严重、很明显的错误，那么 Access 通常会报告错误。

对于编写有误的代码，Access 很难提供帮助。VBA 代码中的问题常在几个月甚至几年以后才被用户注意到。即使是编写质量非常差的代码也可以运行，而不引发错误或暴露出明显的问题。但是，在 VBA 代码中确定某个错误的具体位置并指出采取哪些措施来修复该错误可能非常困难。当创建 VBA 代码时，检测并解决问题的工作多半要由自己来完成。幸运的是，编辑器内置了各种工具，以提供帮助。

提示：

测试和调试工作需要耗费大量时间。很多好的开发人员一般会花费三分之一的时间来设计程序，另外三分之一的时间来编写代码，最后三分之一的时间来测试和调试程序。最好让开发人员之外的用户测试程序的操作。对应用程序不熟悉的人员更可能执行开发人员未曾想到的操作，导致新的、不可思议的错误以及不稳定问题。

27.2.1　测试函数

函数会返回值，使它们比其他类型的过程更容易测试。好的开发人员会编写一个单独的过程来测试每个函数，以确保输出预期的内容。在编写函数时对其进行测试可以尽早暴露出各种问题，此时解决问题会更加容易。如果某个函数包含错误，且该错误传播到窗体上的某个控件，解决起来就要困难得多。编写测试还会强制从不同的角度考虑函数的逻辑。

VBA 提供了 Debug.Assert 方法以帮助编写测试。下面的示例过程将计算发票上的折扣。有多种因素用于确定是否提供折扣。看看是否可以在阅读代码的过程中识别出这些因素。

```
Function InvoiceDiscountAmount( _
  sCustomerID As String, _
  cInvoiceTotal As Currency, _
  dtInvoice As Date _
  ) As Currency

  Dim cReturn As Currency

  Const dDISCOUNT_THRESHOLD As Double = 10000
  Const dDEFAULT_DISCOUNT As Double = 0.1

  cReturn = 0

  If cInvoiceTotal >= dDISCOUNT_THRESHOLD Then
    cReturn = cInvoiceTotal * dDEFAULT_DISCOUNT
  ElseIf IsDiscountCustomer(sCustomerID) Then
    cReturn = cInvoiceTotal * dDEFAULT_DISCOUNT
  ElseIf IsLastDayOfMonth(dtInvoice) Then
    cReturn = cInvoiceTotal * dDEFAULT_DISCOUNT
  End If

  InvoiceDiscountAmount = cReturn

End Function
```

有三种情况会导致提供折扣。如果发票金额超过某个特定的数量、如果客户被标记为获得折扣，或者如果当天是月底的最后一天，就对发票应用默认的折扣。将发票总额与阈值进行比较非常直接明了。为使代码整洁、干净且可读，应将另外两个条件移动到其自己的函数中。这些函数如下：

```
Private Function IsDiscountCustomer(sCustomerID As String) As Boolean

  Dim rsCustomer As ADODB.Recordset
  Dim conn As ADODB.Connection
  Dim sSql As String
```

```
  Set conn = CurrentProject.Connection
  sSql = "SELECT GetsDiscount FROM Customers " & _
    "WHERE CustomerID = '" & sCustomerID & "'"

  Set rsCustomer = conn.Execute(sSql)

  If Not rsCustomer.EOF Then
    IsDiscountCustomer = rsCustomer.Fields(0).Value
  End If

End Function

Private Function IsLastDayOfMonth(dtDate As Date) As Boolean

  'The zeroth day of the next month is the last
  'day of the current month
   IsLastDayOfMonth = (dtDate = DateSerial(Year(dtDate), Month(dtDate), 0))

End Function
```

现在，这些函数已经编写完毕，下面可编写一个测试过程来检查它是否按预期运行。我们知道会导致应用折扣的三个条件，所以测试这三个条件的组合。如果测试未通过，Debug.Assert 方法将停止运行代码。为便于说明，IsLastDayOfMonth 函数中包含一个错误。稍后将修复该错误。图 27.1 显示了运行后的测试过程。

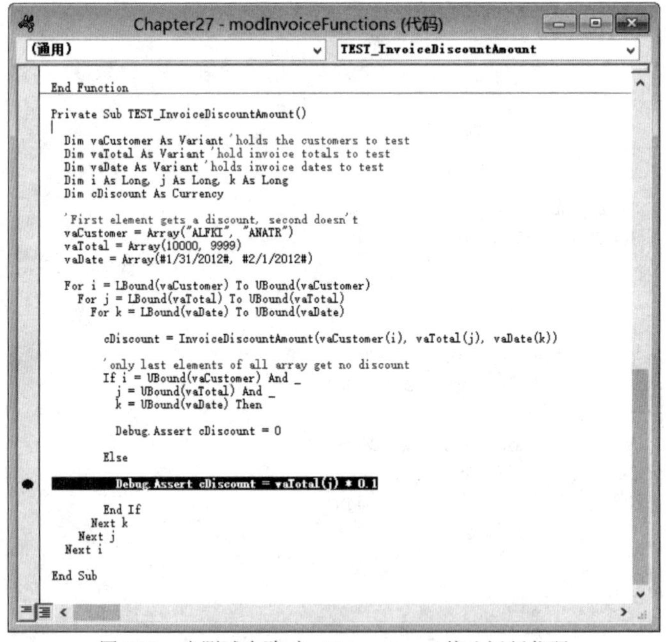

图 27.1　当测试失败时，Debug.Assert 停止运行代码

为测试该函数，创建了三个数组，其中包含传递到函数的信息。vaCustomer 数组包含一个获得折扣的客户和一个没有获得折扣的客户。这些客户是通过检查 Customers 表选中的。vaTotal 数组包含一个获得折扣的发票总金额和一个没有获得折扣的总金额。第一个值是阈值的数额(应该通过测试)，第二个值是小于阈值的数额(测试应该失败)。围绕那些定义通过/失败的值来选取值的过程称为选取边界情况。最后一个数组包含一个应该通过测试的日期(因为它是当月的最后一天)和一个不应该通过测试的日期。

该过程包含三个嵌套循环，因此，所有 8 个数据组合都会传递到函数。仅当每个数组的最后一个元素是当前元素时，才应该没有折扣(也就是说，当 ANATR、9999 和#2/1/2012#传递到函数时)。If 语句检查以确定每个循环是否引用的是最后一个元素。如果是，Debug.Assert 会将计算的折扣与 0 进行比较。如果循环未引用最后一个元素，

Debug.Assert 会将计算的折扣与发票总额的 10%进行比较。

运行该测试过程导致执行在 Debug.Assert 行停止。检查 i、j 和 k 的值，可看到 ANATR、9999 和#1/31/2012#的组合导致计算的折扣为 0，但是，测试表示该折扣应为 999.9。我们知道函数中存在问题，现在需要找出该问题。

更细致地检查 IsLastDayOfMonth 函数，我们发现它本应为以下形式：

```
IsLastDayOfMonth = (dtDate = DateSerial(Year(dtDate), Month(dtDate) + 1, 0))
```

我们忘记了包含+1 以使月份前进到下个月。在更正错误后重新运行 TEST_InvoiceDiscount- Amount，此时代码可以正确无误地运行。仅当测试未通过时，Debug.Assert 才会停止运行代码。如果所有代码都正确无误，则不会发生任何事情。可以在测试的结尾处包含 MsgBox 或 Debug.Print 语句，显示测试过程已完成。

在该示例中，编写测试的时间几乎与编写三个函数的时间相当。但是，如果没能捕捉到该错误，那么可能在使用该函数的窗体中导致很多严重的问题。错误的过程会导致在客户本应享受折扣的情况下未返回任何折扣。很容易想象到，用户可能不会注意到这样的错误，但结果可能导致客户不满。通过这种方式测试函数的另一个优势在于，对函数所做的任何更改都可以使用同一个测试过程进行测试。如果测试通过，就说明所做的更改并未违反应用程序的业务规则。

27.2.2　编译 VBA 代码

如果在创建子过程或函数之后想要确保所有语法都正确无误，应该对过程进行编译，方法是从 VBA 代码编辑器窗口的菜单中选择“调试”|“编译*工程名称*”(其中*工程名称*是在通过“工具”菜单访问的“工程”对话框中设置的工程名)。图 27.2 显示了在编辑器窗口中打开的“调试”菜单。

图 27.2　VBA 代码编辑器窗口中的“调试”菜单包含有价值的调试工具

编译操作会检查代码中的错误，还将程序转换为计算机可以识别的形式。如果编译操作未成功，将显示一个错误窗口，如图 27.3 所示。

该级别的检查要比单行语法检查器更加严格。要对变量进行检查，以确保引用和类型正确。还会针对每个语句检查是否所有参数都正确。此外，还要检查所有文本字符串，确保使用了正确的分隔符，例如适用于文本字符串的引号。图 27.3 显示了一个典型的编译时错误。在该示例中，方法的名称(GetOption)拼写错误，编译器无法解析拼写有误的引用。

Access 会编译当前未编译的所有过程，而不仅是当前查看的过程。如果收到编译错误，应该立即修改代码以解决问题。然后，再次尝试编译该过程。如果仍存在编译错误，将看到下一个错误。

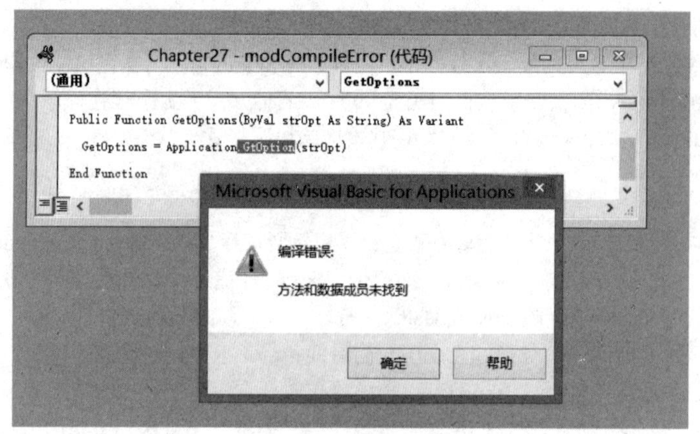

图 27.3　查看编译错误

提示：

在编译应用程序后，不能再选择“调试”|“编译”(灰显)。在实施应用程序前，应该确保应用程序已编译。

数据库使用标准的 Windows 名称来命名，例如 Chapter27.accdb，但 Access 使用内部工程名称来引用应用程序中的 VBA 代码。在编译数据库时，将看到此名称。当首次创建数据库文件时，工程名和 Windows 文件名是相同的。当更改 ACCDB 文件的 Windows 文件名时，工程名不会随之更改。选择“工具”|“工程*名称属性*”(其中*工程名称*是当前内部工程名称)可更改工程名称。

编译数据库只能确保没有语法错误。编译器只能检查是否存在语言问题，即首先识别 VBA 语句，然后检查以确定是否按正确顺序指定了正确的选项数量。VBA 编译器不能检测代码中的逻辑错误，当然也不能帮助识别和解决运行时问题(在运行代码时通过了编译却发生的错误)。

提示：

如果发现数据库文件变得非常大，则应该压缩数据库(关于压缩的更多信息，请阅读第 31 章)。每次对程序进行更改时，Access 都会存储所做的更改和原始版本。当编译程序时，会同时存储代码的已编译版本和未编译版本，从而可能导致大小加倍。压缩数据库可使数据库缩小 80%到 90%，因为它可以内部消除之前的所有版本。

27.3　传统调试技术

自 Access 1.0 以后有两种调试技术一直被广泛使用。第一种是插入 MsgBox 语句以显示变量的值、过程名称等。第二种常用技术是插入 Debug.Print 语句，以在立即窗口中输出消息。

27.3.1　使用 MsgBox

图 27.4 显示了一个消息框示例，其中显示一个较长的 SQL 语句，使开发人员能够验证应用程序编写的语句是否正确。图 27.4 的示例可在 Chapter27.accdb 示例数据库的 modUsingMsgBox 模块中找到，如下所示：

```
Public Function UsingMsgBox()
  Dim db As DAO.Database
  Dim rs As DAO.Recordset
  Dim sSql As String

  Set db = DBEngine.Workspaces(0).Databases(0)

  sSql = "SELECT DISTINCTROW OrderDetails.OrderID, " _
    & "OrderDetails.ProductID, " _
    & "Products.ProductName, " _
```

```
        & "OrderDetails.UnitPrice, " _
        & "OrderDetails.Quantity, " _
        & "OrderDetails.Discount, " _
        & "CCur(OrderDetails.UnitPrice*Quantity) AS ExtendedPrice " _
        & "FROM Products INNER JOIN OrderDetails " _
        & "ON Products.ProductID = OrderDetails.ProductID " _
        & "ORDER BY OrderDetails.OrderID;"


    MsgBox "sSql: " & sSql

    Set rs = db.OpenRecordset(sSql, dbOpenForwardOnly)

    rs.Close
    Set rs = Nothing

End Function
```

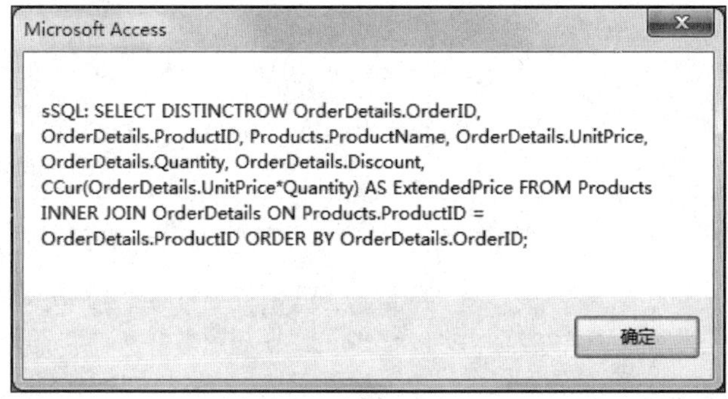

图 27.4　MsgBox 语句构成一种令人满意的调试工具(有一些限制)

MsgBox 关键字会停止代码的执行，并在消息框中显示一个字符串，清除该消息后代码才能继续执行。下面列出了使用 MsgBox 语句的优势：

- MsgBox 语句简单易用，仅占用一行代码。
- MsgBox 语句可以输出多种类型的数据。
- 消息框本身会在用户界面上弹出，不必打开立即窗口，或转到立即窗口以查看消息框。
- MsgBox 会停止代码执行，由于知道自己将 MsgBox 语句放置在什么位置，因此，可以准确地了解执行代码的位置。

当然，MsgBox 语句也存在一些问题，如下所述：

- MsgBox 语句无法阻止消息框在最终用户面前弹出，导致各种类型的混淆和其他问题。

警告：

千万不要忘记在将最终代码提供给最终用户之前，从代码中删除所有调试语句。在代码中搜索 MsgBox 和 Debug.Print，以确保所有调试语句都已删除。

- 消息框是模式对话框，这意味着不能转到代码编辑器窗口或立即窗口(参见本章后面的“使用立即窗口运行代码”一节)以检查变量的值，或检查应用程序底层的代码。
- 很难提取消息框中的文本。不能复制文本或选择其中的一部分。除了阅读消息框中的文本以外，唯一可以执行的操作只有打印输出屏幕内容。

编译器指令

对 MsgBox 技术的一种改进是使用编译器指令来抑制 MsgBox 语句，除非在代码中或 Access 环境内部设置了一种特殊类型的常量。分析图 27.5 中的代码。请注意 MsgBox 语句上方的#Const 编译器指令以及 MsgBox 语句前后的#If 和#End If 指令。

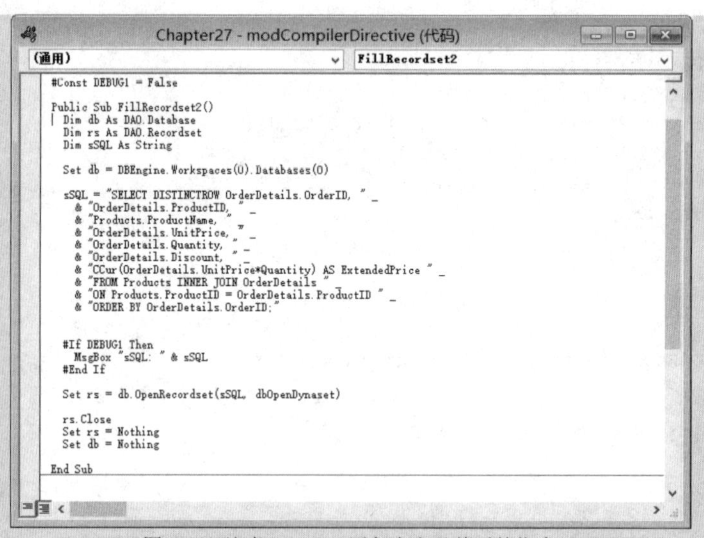

图 27.5　注意 MsgBox 语句上方及前后的指令

以#号开头的所有关键字仅对 VBA 编译器可见。这些关键字(#Const、#If、#Else 和#End If)构成发送给 VBA 编译器的指令，以指示在工程的编译版本中包含(或排除)特定的语句。

交叉参考：

第 24 章介绍了使用编译器指令进行条件编译的内容。

在上图中显示的#Const 指令可以出现在模块中的任意位置，前提是将其放在#If 指令的上方。#Const 的逻辑位置位于模块的声明部分中，因为#Const 值在模块中是全局性的。在该图中，编译器常量设置为 False，这意味着#If 和#End If 之间的语句不会编译到应用程序的 VBA 工程中。这种情况下，MsgBox 语句不会被处理，也不会显示在用户界面中。将#Const 指令的值设置为 True 时，则在运行代码时显示 MsgBox 语句。

编译器指令还可用于 MsgBox 之外的语句。例如，可使用编译器指令有条件地将功能、附加帮助或其他功能编译到应用程序中。编译器指令对于抑制用于调试目的的 MsgBox 语句特别有效，并且必须在将应用程序提供给用户之前进行抑制。可以轻松地重新激活 MsgBox 语句，只需将#Const 语句设置为 True 即可。

或许，使用编译器常量最大的障碍在于，#Const 语句具有模块级别的作用域。在一个模块中声明的编译器常量对应用程序中的其他模块不可见。这意味着必须在想要使用条件编译的每个模块中添加编译器常量。

Access 在应用程序的“工程属性”对话框(“工具”|“应用程序名称属性”)的“通用”选项卡中提供了“条件编译参数”文本框，以避开上面的约束。如图 27.6 所示，可以使用“条件编译参数”文本框来指定任意数量的编译器常量，以应用于整个应用程序。通过这些设置，可以非常轻松地将条件编译从应用程序中的一个位置切换到另一个位置，而不必在每个模块中更改#Const 语句。

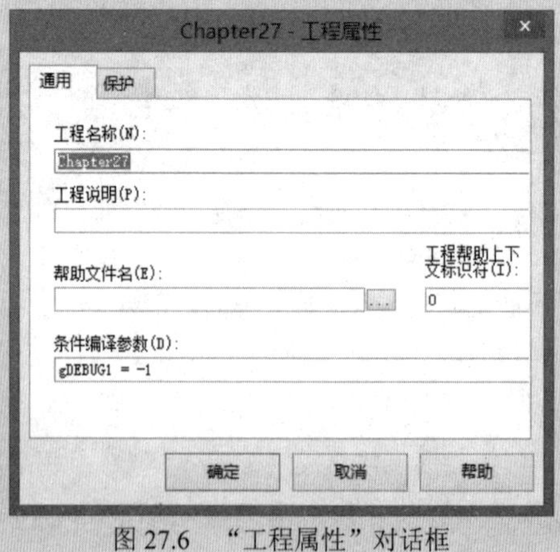

图 27.6　“工程属性”对话框

“条件编译参数”以及在“工程属性”对话框中设定的其他设置仅适用于当前应用程序。与在“选项”对话框(可通过“工具”菜单访问)中设置的选项不同，“工程属性”设置不会在多个 Access 应用程序之间共享。

在图 27.6 中，请注意，分配给“条件编译参数”的值是数字。为“条件编译参数”分配 0 会将参数的逻辑值设置为 False，而任何非 0 值将被解释为 True。不能在“条件编译参数”文本框中使用单词 True 和 False。将值设置为 0 (False)意味着可在代码中保留所有条件编译指令。将值设置为 False 实际上会禁用它们，允许代码正常执行，就像它们不存在一样。

很多用户对适用于 VBA 条件编译功能的冲突术语感到非常困惑。在 VBA 代码模块中，可以使用#Const 关键字分配条件编译常量，同时，也可在“工程属性”对话框中设置“条件编译参数”。此外，还可以为 VBA 模块中的条件编译常量分配 True 和 False 关键字，但需要分别使用-1 和 0 为“条件编译参数”分配 True 和 False。在 Access VBA 工程的不同部分中，用于同一目的的术语和语法可能会完全不同，上面就属于这种情况。

如果愿意，可将应用于编译器常量的名称设置为任何所需的内容。本节中的示例使用 gDEBUG1 仅是为了方便起见，也可以使用 MyComplierConstant、Betty、DooDah 或其他任何有效的常量名称。

27.3.2　使用 Debug.Print

第二种常用的调试技术是使用 Debug.Print 向立即窗口中输出消息(实际上，Print 是 Debug 对象的一种方法)。图 27.7 显示了 sSQL 变量在立即窗口中的显示情况。

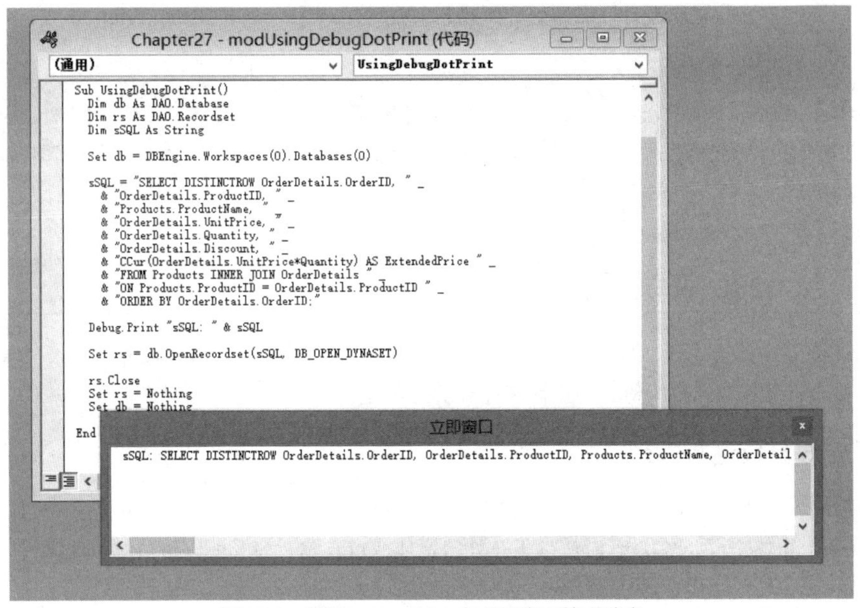

图 27.7　使用 Debug.Print 向立即窗口输出消息

下面的代码可在 Chapter27.accdb 的 modUsingDebugDotPrint 模块中找到。这段代码与 modUsingMsgBox 非常相似，只是这里使用 Debug.Print 来检查变量，而不是使用 MsgBox。

```
Sub UsingDebugDotPrint()
  Dim db As DAO.Database
  Dim rs As DAO.Recordset
  Dim sSql As String

  Set db = DBEngine.Workspaces(0).Databases(0)

  sSql = "SELECT DISTINCTROW OrderDetails.OrderID, " _
    & "OrderDetails.ProductID, " _
    & "Products.ProductName, " _
```

```
        & "OrderDetails.UnitPrice, " _
        & "OrderDetails.Quantity, " _
        & "OrderDetails.Discount, " _
        & "CCur(OrderDetails.UnitPrice*Quantity) AS ExtendedPrice " _
        & "FROM Products INNER JOIN OrderDetails " _
        & "ON Products.ProductID = OrderDetails.ProductID " _
        & "ORDER BY OrderDetails.OrderID;"

    Debug.Print "sSQL: " & sSQL

    Set rs = db.OpenRecordset(sSQL, DB_OPEN_DYNASET)

    rs.Close
    Set rs = Nothing
    Set db = Nothing

End Sub
```

与 MsgBox 语句不同的是，不必执行任何特殊的操作，以在用户界面上抑制 Debug.Print 输出。Debug.Print 的输出仅会转到立即窗口，而由于最终用户永远也看不到立即窗口，因此，不必担心用户遇到调试消息。

有关 Debug.Print 的问题在图 27.7 中显而易见。长字符串在立即窗口中不会换行。此外，立即窗口必须可见，才能查看其输出。不过，这些限制没有什么坏处，可以经常在应用程序中使用 Debug.Print。

注意：

使用大量的 Debug.Print 语句可能会降低应用程序的运行速度。尽管立即窗口不可见，但 Access 还是会执行其在代码中发现的 Debug.Print 语句。可以在每个 Debug.Print 语句的两侧添加“编译器指令”补充内容中所述的编译器指令，以将其从最终用户得到的应用程序中删除。

27.4　使用 Access 调试工具

Access 补充了完整的调试工具以及其他功能。可以使用这些工具来监控 VBA 代码的执行，在某个语句处停止代码执行，以便检查变量在该时刻的值，并执行其他调试任务。

27.4.1　使用立即窗口运行代码

通过选择“视图”|“立即窗口”或按 Ctrl+G 组合键打开立即窗口(也称为“调试”窗口)。可以随时打开立即窗口(例如，当处理某个窗体的设计时)。有时，当正在处理窗体或报表时，会发现该窗口对于测试一行代码或运行过程(这两种都是立即窗口支持的操作)非常有用。

立即窗口如图 27.8 所示。立即窗口允许与代码进行特定交互，并为 Debug.Print 语句提供了一个输出区域。基本的调试过程包括停止执行，以便检查代码和变量、动态观察变量值以及单步执行代码。

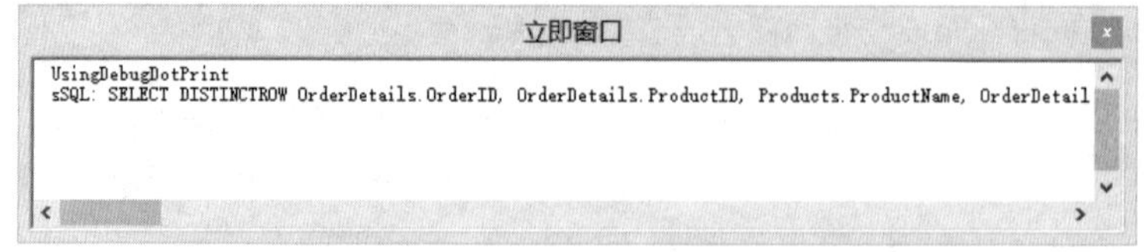

图 27.8　了解立即窗口！在 Access 中要频繁地使用该窗口

立即窗口最基本的用途之一是运行代码，例如内置函数或者编写的子例程和函数。图 27.9 显示了在立即窗口中运行的部分代码示例。

图 27.9 中的第一个示例显示了如何运行添加到 VBA 工程中的子过程(UsingDebugDotPrint)。该子过程包含一个 Debug.Print 语句，可返回一个很长的 SQL 语句，当按 Enter 键时，将在过程名的下方显示这个输出。

```
立即窗口
UsingDebugDotPrint
sSQL: SELECT DISTINCTROW OrderDetails.OrderID, OrderDetails.ProductID, Products.ProductName, OrderDetail

?Now
2016/4/4 10:28:54

?IsLastDayOfMonth(#2016/2/28#)
False
```

图 27.9　从立即窗口运行代码是一种常见的做法

在第二个示例中，从立即窗口运行了内置的 Now()函数，返回当前的日期和时间。Now()函数名称前面的问号(?)是 Print 关键字的快捷方式。如果不输入?Now，也可以输入 Print Now。问号和 Print 关键字都是向立即窗口发出的指令，要求显示(或打印输出)Now()函数返回的值。

图 27.9 中的第三个示例显示的是从立即窗口调用一个函数(IsLastDayOfMonth)。与 Now()函数一样，问号用来告诉 VBA 返回该函数的值。这里传递了一个必需参数，结果显示在函数调用的下方。对于本例，该函数已从 Private 改为 Public，因为在立即窗口中只能调用公共函数。

27.4.2　使用断点中断执行

在代码中设置断点可中断执行。当 Access 遇到断点时，执行会立即停止，允许切换到立即窗口，以设置或检查变量的值。

设置断点非常简单。只需要打开代码窗口，单击希望执行停止处的语句左侧的灰色边距指示符条(参见图 27.10)。或者，也可将光标放在相应的行上，然后单击"断点"工具栏按钮。断点本身显示为代码窗口左侧边缘灰色条中的一个较大的棕色圆点，其后的代码将以棕色突出显示。断点语句的文本以粗体显示。

提示：
可在"选项"对话框的"编辑器格式"选项卡中更改上述所有颜色和字体特征。

要删除断点，只需要单击边距指示符条中的断点指示符。当关闭应用程序时，将自动删除断点。

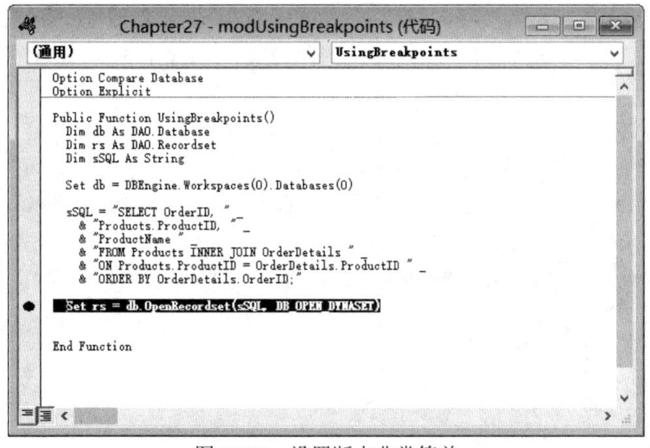

图 27.10　设置断点非常简单

当执行到断点时，Access 会停止执行，并打开断点位置的模块(请参阅图 27.11)。现在，可以使用立即窗口(请参阅上一节)检查变量的值并执行其他操作，或者使用本节中所述的其他调试工具。代码窗口和立即窗口都不是模式对话框，因此，仍可对开发环境进行完全访问。

图 27.12 中显示了两种用于当执行在断点位置停止时查看变量值的方法。本地窗口包含当前过程中所有变量的名称和当前值。从"视图"菜单中选择"本地窗口"可以打开本地窗口。如果想要以一种略微不同的格式查看某个变量的值，可在立即窗口中使用打印命令(?)来显示该变量的值。

```
Chapter27 - modUsingBreakpoints (代码)
(通用)    UsingBreakpoints

Option Compare Database
Option Explicit

Public Function UsingBreakpoints()
  Dim db As DAO.Database
  Dim rs As DAO.Recordset
  Dim sSQL As String

  Set db = DBEngine.Workspaces(0).Databases(0)

  sSQL = "SELECT OrderID, " _
    & "Products.ProductID, " _
    & "ProductName " _
    & "FROM Products INNER JOIN OrderDetails " _
    & "ON Products.ProductID = OrderDetails.ProductID " _
    & "ORDER BY OrderDetails.OrderID;"

  Set rs = db.OpenRecordset(sSQL, DB_OPEN_DYNASET)

End Function
```

图 27.11　执行在断点位置停止

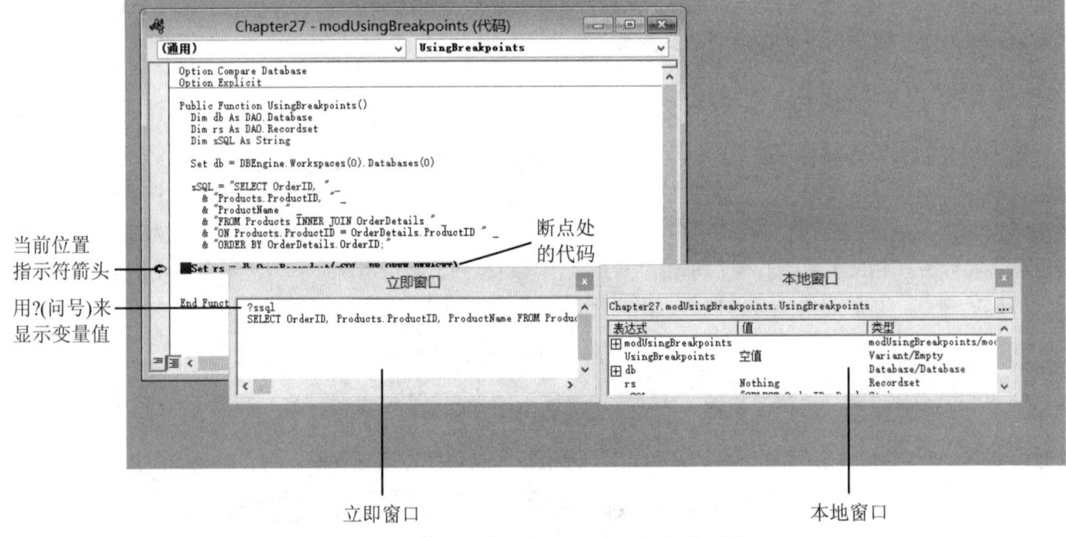

图 27.12　在中断模式中时，变量位于作用域中

使用 Stop 语句代替设置断点

设置断点的一种替代方法是使用 Stop 语句。Stop 语句也会停止执行，但持续时间要比断点更久。像其他任何 VBA 语句一样，Stop 语句会从一个会话持续到另一个会话，直到显式删除。但是，可以将 Stop 语句包含在条件编译表达式中，并通过更改分配给条件编译常量的值来切换其操作。图 27.13 说明了使用 Stop 语句的情况。

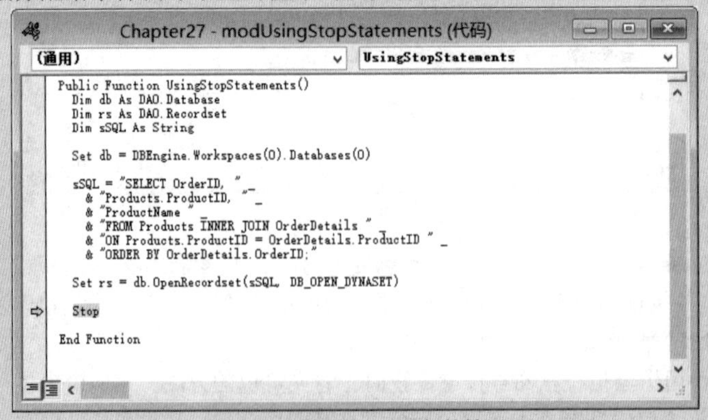

图 27.13　使用 Stop 语句的情况

不过，使用 Stop 有一点危险。由于 Stop 是一个可执行语句，因此，除非使用编译器指令对其进行严格控制、

删除，或将其注释掉，否则，应用程序将在用户面前停止执行。绝大多数情况下，使用常规的断点可能要比 Stop 语句更好一些。

断点位置最基本的操作是遍历代码，一次浏览一条语句，允许查看应用程序的逻辑和变量发生了什么情况。在到达断点后，可通过一些按键组合来控制应用程序的执行。可以通过一次一条语句单步执行代码、自动遍历局部过程，或者单步执行过程，并在过程的“另一侧”继续执行。

在图 27.14 中，在 UsingBreakpoints()函数的顶部附近插入一个断点。当执行过程到达该语句时，一个断点将断言其本身，以控制程序的执行。

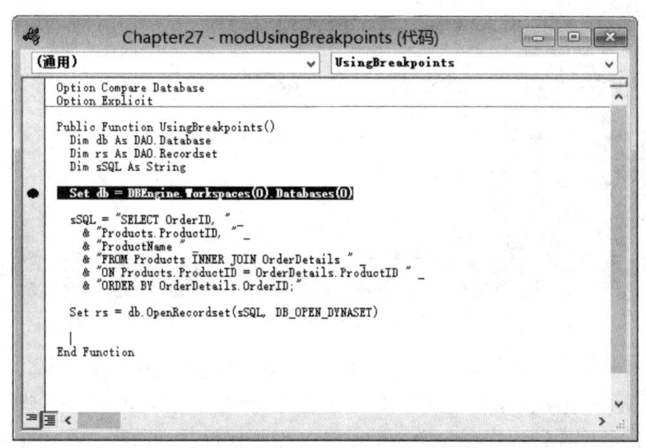

图 27.14　在想要单步执行的代码位置附近插入断点

在图 27.15 中，发生了中断，且我们已经单击了“逐语句”按钮(或者按 F8 键)。“逐语句”按钮将执行当前语句，并移动到程序执行流中的下一个语句。在该示例中，设置了 db 变量，当前行成为设置 sSQL 变量的语句(通过突出显示和左侧边距中的箭头指示)。此时，sSQL 赋值语句尚未执行，sSQL 的值是一个空字符串。再次按 F8 键可执行 sSQL 赋值语句，并将当前行移动到下一行。在设置 sSQL 以后，要查看 sSQL 的值，可以使用?sSQL 在立即窗口中查看，或者打开本地窗口查看。

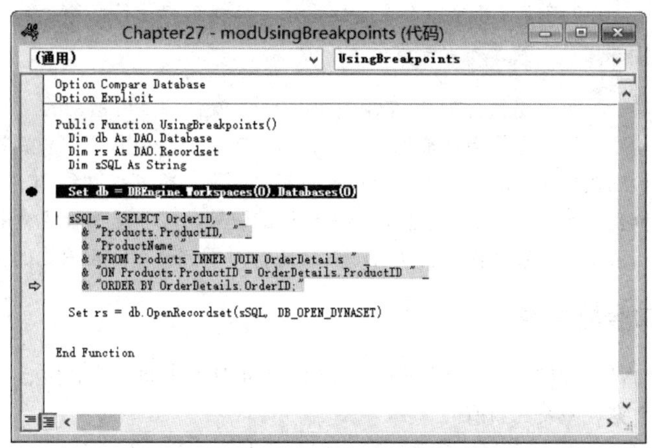

图 27.15　“逐语句”按钮一次执行一行

连续单击“逐语句”按钮(或按 F8 键)将按一次一条语句的方式遍历代码。如果某个语句包含对子过程的调用，将转到该过程并遍历其代码。如果愿意，可使用“逐过程”按钮(或按 Shift+F8 组合键)执行该子例程的所有代码(不是一次执行一行)，而在调用过程中仍然一次执行一行。如果之前已经对该子例程进行了调试，确信其中不包含任何错误，则没理由遍历其代码。当单击“逐过程”按钮时，调用的例程中的代码会实际执行，更改涉及到的任何变量。

当感到满意，不需要继续遍历子过程中的代码时，可单击“跳出”按钮(或按 Ctrl+F8 组合键)以完成该过程。如果已经单步执行某个调用的例程，确信其中没有任何需要处理的内容，单击“跳出”按钮十分方便。

Access VBA 窗口中的一项非常好的功能是“选项”对话框的“编辑器”选项卡中的“自动显示数据提示”选项(关于 VBE 选项的更多内容，请阅读第 25 章)。选择该选项后，可将鼠标指针悬停在模块窗口中变量名称的上方，在一个类似于工具提示的窗口中查看任何变量的值(参见图 27.16)。

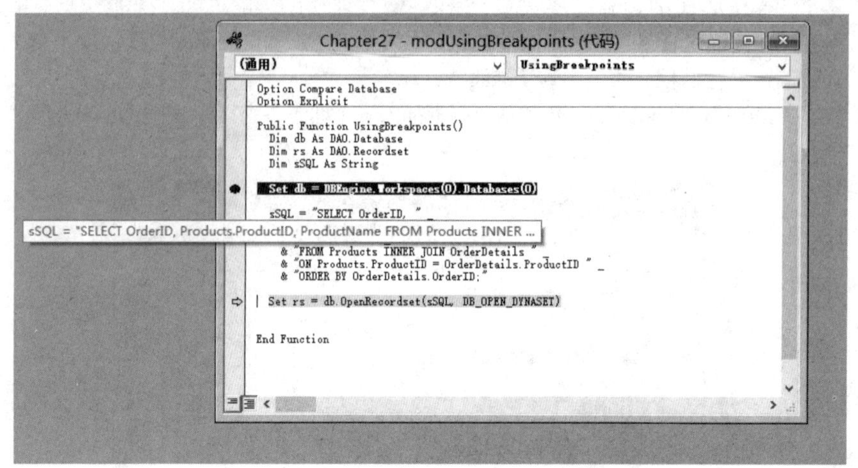

图 27.16　“自动显示数据提示”是非常强大的调试工具

将鼠标悬停在变量上方看到的“自动显示数据提示”显示内容，其变化性非常强。只要为变量分配一个新值，“自动显示数据提示”中显示的值便会发生更改。由于悬停鼠标非常容易，因此，不必使用立即窗口也可以查看代码中的每个变量。可将鼠标悬停在过程中任何变量的上方，而不仅仅是当前行。在图 27.16 中，鼠标悬停在具有执行指针的行前面的行中的 sSQL 变量(OpenRecordset 的第一个参数)的上方。

注意：

为显示图 27.16 中看到的数据提示，必须在“编辑器”选项卡中选中“自动显示数据提示”选项。

提示：

图 27.16 通过一个非常长的字符串显示了某个变量的自动数据提示。使用这种方法不能看到整个值。但可通过在按住 Ctrl 键的同时将鼠标悬停在变量上方来查看后一部分。

断点有一项非常好的功能，那就是执行指针(左侧边距中的黄色箭头)是可移动的。可使用鼠标将指针重新定位到当前过程中的另一个语句。例如，可将指针拖动到当前位置上方的某个位置，以重新执行多行代码。

可轻松地通过一种使代码执行无效的方式重新定位执行指针，例如将其移动到 If...Then...Else 语句的主体中，或移动到某个循环的中间位置。此外，将指针移到代码中较低的位置，可能意味着变量未正确设置，或者忽略一部分重要的代码。不过，总的来说，能够轻松重新执行一些代码行对于调试是非常有用的帮助。

27.4.3　使用本地窗口查看变量

本地窗口(“视图”|“本地窗口”)会显示当前位于作用域内的所有变量，不必按照一次一个的方式检查每个变量。将显示变量的名称、数据类型及其当前值。

请注意图 27.17 中本地窗口中的条目。本地窗口中以加号开头的每一行将展开以显示更多信息。例如，可在 UsingBreakpoints 函数底部附近的 rs.Close 语句位置设置一个断点，以停止执行，检查 rs 赋值语句的结果。在本地窗口中展开 rs 条目，将显示 rs 对象的所有属性及其内容(参见图 27.17)。

本地窗口的一个强大功能在于，单击变量行中的“值”列，并为该变量输入新值，可设置简单变量(数字、字符串等)的值。通过这种方式，可非常轻松地测试各种变量值组合对应用程序产生怎样的影响。

上一节介绍了如何使用鼠标拖动黄色箭头，在过程内移动执行指针。更改某个变量的值，并将执行指针移动到过程中的不同位置，可以验证代码是否按预期执行。为测试离群值和意外值的效果，直接操纵变量要比其他方法容易得多。

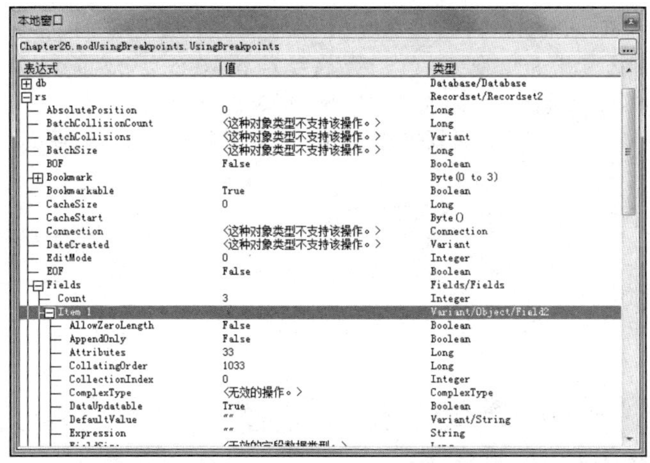

图 27.17 使用本地窗口检查复杂对象的值

注意：

本地窗口会在模块名称下方显示模块级别的变量。全局作用域的变量不会显示在本地窗口中。必须使用立即窗口或“自动显示数据提示”来检查全局变量。

27.4.4 使用“监视”窗口设置监视

在大型应用程序或有很多有效变量的应用程序中，本地窗口可能包含大量变量。通过“监视”窗口，可以指定希望在单步执行代码时监视的变量。受监视变量的值会在代码运行时动态更改(当然，要实际查看值，需要在某种断点上查看)。使用“监视”窗口的优势在于，显示的变量不必来自于局部过程。实际上，“监视”窗口中的变量可来自应用程序的任何部分。

设置监视要比使用本地窗口或设置断点更加复杂，对应的操作步骤如下：

(1) 选择“视图”|“监视窗口”以显示“监视”窗口。

(2) 选择“调试”|“添加监视”，或右击“监视”窗口中的任意位置，然后从显示的快捷菜单中选择“添加监视”。此时将显示“添加监视”对话框(请参阅图 27.18)。

(3) 在“表达式”文本框中输入变量或其他任何表达式的名称。

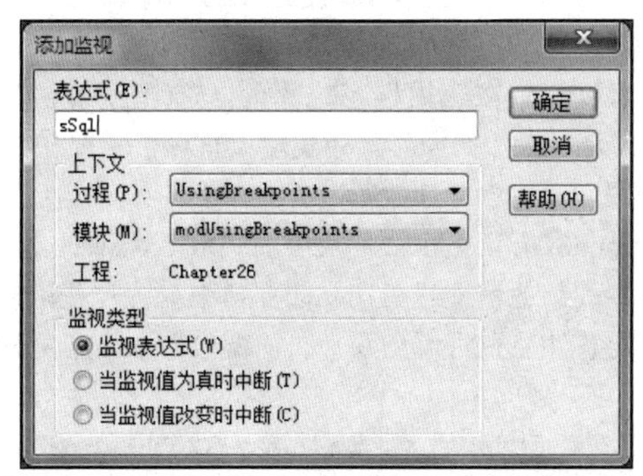

图 27.18 “添加监视”对话框包含一些强大的选项

“添加监视”对话框包含一些重要选项。除了变量或表达式(表达式可能是像 Len(sSQL) = 0 这样的对象)的名称外，还有用于指定要监视的模块以及模块中的过程的选项。在图 27.18 中，“添加监视”对话框设置为监视 sSQL 变量，但只能使用 modUsingBreakpoints 模块中的 UsingBreakpoints 过程。如果其他任何过程或者其他任何模块中也存在一个 sSQL 变量，在这里就看不到它。

在“添加监视”对话框的底部，包含以下选项：

- **监视表达式**：变量的值将在“监视”窗口中动态更改。必须使用显式的断点或 Stop 语句来观察被监视的变量的值。

- **当监视值为真时中断**：该选项可在被监视变量或表达式的值变为真时声明中断。如果将表达式设置为 Len(sSQL) = 0，那么每当 sSQL 变量的值更改为空字符串时，就会出现断点。
- **当监视值改变时中断**：该指令会导致 Access 在变量或表达式的值发生改变时停止执行。显然，该设置可以生成很多断点，但是，如果某个变量发生异常更改，而不能指出发生更改的位置，那么该选项会非常有用。

警告：

使用监视时应该谨慎。不希望过于频繁地中断程序执行，否则永远也无法执行完所有代码。另一方面，又不希望由于未能正确设置监视而漏过变量值中发生的一些重要更改。

图 27.19 中显示了实际操作中的监视窗口。该监视窗口包含可展开的 rs 变量以及显示分配的字符串的 sSQL 变量。

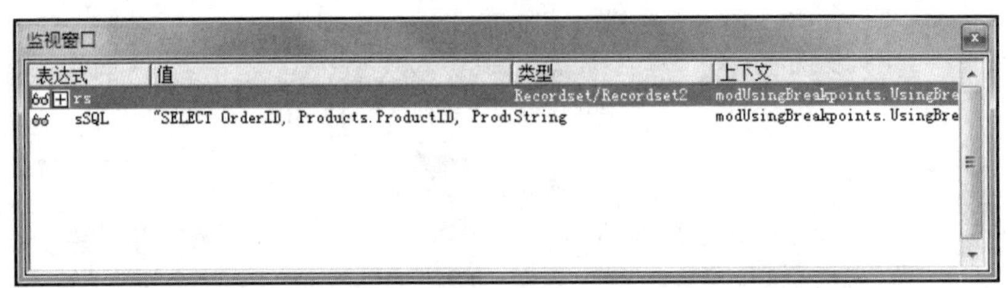

图 27.19　“监视窗口”显示某个变量的所有详细信息

提示：

“监视窗口”可以“浮动”或停靠在 VBA 编辑器窗口的任何一侧。如果不满意“监视窗口”的当前位置，可使用其标题栏将其拖动到另一个位置。当将窗口拖动到某个停靠位置时，会在 Access 认为希望停靠窗口的位置显示一个灰色矩形。在将窗口放到其新位置时，释放鼠标按钮，Access 便会根据指示将窗口停靠在该位置或让其自由浮动。当下次打开 VBA 编辑器窗口时，“监视窗口”将位于与之前相同的位置。如果不喜欢“停靠”行为，可右击“监视窗口”主体内的任意位置，然后取消选中“可连接的”选项。

27.4.5　使用条件监视

尽管在本地窗口或“监视窗口”中监视变量可能非常有趣，但是可能会在期望观察到一些意外情况上花费掉大量无用时间。对变量设置条件监视并指示 VBA 引擎在满足建立的条件时中断会更加高效。

“添加监视”对话框(请参阅图 27.20)接受布尔(True 或 False)表达式，例如顶部附近的文本框中的 rs.Fields("OrderID").Value=10251。可以指定在应用程序的什么位置(哪个过程以及哪个模块)应用表达式，并告诉 Access 希望 VBA 引擎在求解表达式时执行什么操作。为实现该目标，希望在循环到达 OrderID 字段等于 10251 的记录时(也就是当上面的表达式求解为 True 时)中断执行。

在设置了该监视的情况下运行 modSQLStatement 模块中的 FillRecordset1 过程，将导致代码在 Loop 语句处停止。此时，可通过本地窗口检查记录集中的其他值，或者在立即窗口中编写一些语句来调查问题的原因。

通过“添加监视”对话框设置的条件监视将添加到“监视窗口”中。监视表达式显示在“监视窗口”的“表达式”列中。

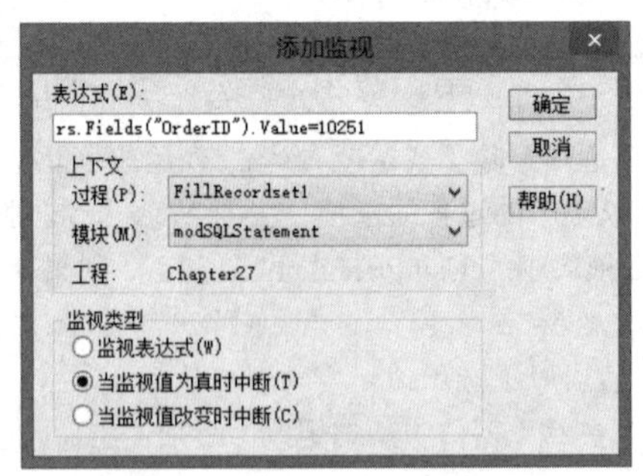

图 27.20　当表达式 rs.Fields("OrderID").Value=10251 求解为 True 时，条件监视将停止执行

也可通过其他方式使用条件监视，例如使用复合条件(X = True And Y = False)，并在“表达式”文本框中设置的值更改为其他值时强制中断。图 27.20 显示的示例仅仅是暗示条件监视可以实现的功能。

提示：

“监视窗口”并不是一个静态显示窗口。如有必要，可以单击“表达式”列中的一项，并更改监视的表达式。例如，假定设置一个包含表达式 TotalSale > 100 的监视，并指示监视在该表达式变为 True 时立即声明断点。对于自己的测试目标，断点会非常频繁地出现。不必删除监视表达式并从头开始，而可以轻松地修改表达式，将 100 替换为 200 或者其他任何希望试用的值。

可以使用任意数量的监视，但与其他所有调试工具一样，当退出 Access 时将删除监视。

提示：

在使用条件监视过程中，如果发现某个特定的表达式非常有用，可能希望将其记录下来，以供将来使用。

27.4.6　使用“调用堆栈”窗口

下面介绍的最后一种调试工具理解起来要稍微困难一些，因为它涉及“多维”执行。在很多 Access 应用程序中，一些过程可能会调用其他过程，而被调用的过程还会调用其他过程。在 VBA 工程中可以顺序调用的过程数没有特定的限制。这意味着可能有一个包含很多级别的过程“树”，而其中的一个级别导致应用程序出现问题。如果某个应用程序被多次修改，或者未能优化应用程序中代码的使用方式，更可能会出现这种情况。

即使这样，仍然有一些经过精心设计的应用程序会包含深度嵌套的代码，导致了解所有代码如何连接到一起相当困难。

想象一下应用程序中用于执行某一常见操作(例如计算送货成本)的函数。作为一般规则，并不是在应用程序的每个模块中都包含该函数，而是将该函数放在单个模块中，使用 Public 关键字声明它，以便被整个应用程序识别和使用，然后从需要计算送货成本的过程调用它。

此外，设想该应用程序有很多这样的函数和子例程，每一个都调用另一个，具体取决于当时的应用程序逻辑。最后，假定用户报告在某些条件下送货费的计算结果似乎不正确，但其他条件下计算结果正确无误。

可以单步执行应用程序中的所有代码，希望发现导致送货费错误的原因。但是，这种方法的效率不是很高。最好对送货费函数中的重要变量设置条件监视，然后在满足条件时强制代码中断。之后，从“视图”菜单中选择“调用堆栈”，打开“调用堆栈”窗口(参见图 27.21)，查看 VBA 引擎到达代码中的该特定点所经历的路径。

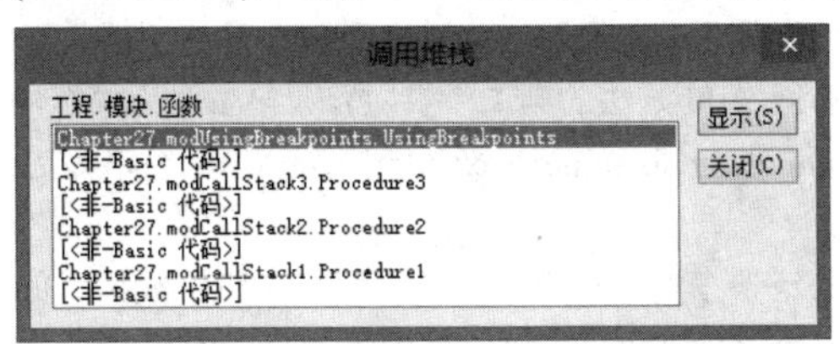

图 27.21　“调用堆栈”窗口显示执行点如何到达其当前位置

“调用堆栈”窗口中最底部的条目(Chapter27.modCallStack1.Procedure1)指示 Procedure1(包含在模块 modCallStack1 中)是调用的第一个函数。该条目上面的条目(Chapter27.modCallStack2. Procedure2)指示 Procedure1 调用 Procedure2 (包含在 modCallStack2 中)，以此类推。可以非常轻松地跟踪 VBA 代码到达当前断点位置所经历的路径。

可双击“调用堆栈”窗口中列出的要加入到语句(该语句将执行发送到下一过程)的条目。将“调用堆栈”窗口与条件监视结合使用，可在任意相关的位置停止代码，并诊断代码如何执行到断点位置。

27.5　捕获代码中的错误

即使尽情地测试并调试代码，仍然无法发现所有可能的错误。所有大型工程都包含开发人员无法在开发的测试和调试阶段发现的错误。开发人员的职责是确保程序可以平稳地处理异常问题。

27.5.1　了解错误捕获

VBA 在代码中遇到错误时，它会引发错误。当引发错误时，会发生很多事情，最明显的是 VBA 引擎会查找 On Error 语句并创建 Err 对象。如果希望 VBA 在发生错误时以某种特定的方式进行操作，可在代码中包含 On Error 关键字。

1. On Error Resume Next

On Error Resume Next 语句会指示 VBA 忽略其后的语句中发生的任何错误，并继续执行，就像错误从未发生过一样。这是一个非常危险的语句。如果代码中的语句依赖之前的语句成功执行，错误将堆积起来并可能导致混乱。但是，如果能够明智而审慎地使用，On Error Resume Next 可能会非常有用。

VBA 包含一个名为 Collection 的对象，该对象可以存储多个条目。当将条目添加到集合时，与该条目关联的键必须唯一。如果尝试添加已经存在的键，将发生错误。可将 Collection 对象的这种特性与 On Error Resume Next 结合使用，以获取唯一条目列表。

```
Sub IgnoringErrors()

  Dim colUnique As Collection
  Dim vaFruit As Variant
  Dim i As Long

  vaFruit = Array("Apple", "Pear", "Orange", "Apple", "Grape", "Pear")
  Set colUnique = New Collection

  For i = LBound(vaFruit) To UBound(vaFruit)
    On Error Resume Next
      colUnique.Add vaFruit(i), vaFruit(i)
    On Error GoTo 0
  Next i

  For i = 1 To colUnique.Count
    Debug.Print colUnique.Item(i)
  Next i

End Sub
```

在上面的过程中，存在一个包含重复项的数组。为获取不包含重复项的数组中的条目列表，将每个条目添加到一个集合中，该条目的名称也用作键(Add 方法的第二个参数)。当 VBA 为集合中已有的条目执行 colUnique.Add 语句时，将引发错误。该行上面的 On Error Resume Next 语句指示 VBA 忽略该错误，并继续进行处理。集合中不会添加重复项，只包含唯一的条目。

该过程演示了如何抑制已知的错误来实现自己的目的。紧跟在将生成错误的行后面的一行指示 VBA 按照正常情况对待错误。通过这种方式重置错误处理程序，可以确保不会无意中抑制错误。最好缩进 On Error 语句之间的任何语句，以显示出应该抑制的错误。

警告：

On Error Resume Next 会抑制“不使用该语句便会导致代码停止”的所有错误。尽管该语句对抑制特定的错误非常有用，但它并不知道希望忽略的错误与非有意编码的错误之间的差别。请务必仔细调试 On Error Resume Next 范围内的语句。

2. On Error Goto 0

在上个示例中，使用 On Error Resume Next 来忽略任何错误。如果未做另行指定，VBA 将在子例程的剩余部分继续忽略错误，这可能并不是我们想要的结果。在该例中， 使用了 On Error Goto 0 语句将错误处理程序重置为默认值。如果代码中不包含任何 On Error 语句，VBA 会在遇到任何错误时均中断，并显示错误消息。On Error Goto 0 语句也执行相同的操作。通常情况下，该语句与 On Error Resume Next 语句结合使用，以在有意抑制特定错误以后，将错误处理程序返回到默认状态。

3. On Error Goto 标签

On Error 最常见的用法是将程序流转向过程中的某个标签。标签是在代码中提供定位点的特殊语句。标签显示为特定的文本后跟冒号，并且不能缩进。当 VBA 在 On Error Goto 标签之后引发错误时，程序将分支到紧跟标签后面的行，并继续执行，如下所示。

```
Sub BranchError()

  Dim x As Long

  On Error GoTo ErrHandler

  x = 1 / 0

  Debug.Print x

ErrHandler:
  MsgBox "An error occurred"

End Sub
```

在上面的这个简单示例中，由于尝试除以 0 而生成了一个错误。当引发该错误时，VBA 将分支到 ErrHandler:下面的行，显示一个消息框，然后继续执行到 End Sub 语句。永远也不会执行 Debug.Print 语句。

4. Resume 关键字

前面讲过 Resume Next 如何与 On Error 结合使用以忽略特定的错误。Resume 也可以单独使用。如果单独使用，Resume 会将程序重新分支到导致错误的行，然后重新引发错误。当想要处理错误，但可以检查导致错误的行时，该关键字非常有用，但如果使用不当，可能会陷入引发错误再恢复的无限循环。

Resume 也可与标签结合使用，将程序执行流分支到其他位置。一般来说，Resume 标签会分支到执行清理职责的代码部分并退出过程。标签是 VBA 代码中特殊的一行，以冒号(:)结束。标签类似于代码中的书签或定位点，可以跳转到其所在的位置，例如当使用 Resume 语句时，如下所示。

```
Sub ErrorResumeOptions()

  Dim x As Long
  Dim lResp As Long

  On Error GoTo ErrHandler

  x = 1 / 0

  Debug.Print x

ErrExit:
  Exit Sub

ErrHandler:
  lResp = MsgBox("Do you want to inspect the error?", vbYesNo)
  If lResp = vbYes Then
      Stop
      Resume
  Else
      Resume ErrExit
  End If

End Sub
```

与上例一样，该代码尝试除以 0，有意引发一个错误。然后调用错误处理程序，程序将分支到标签“ErrHandler:”。在错误处理程序内部，将向用户询问是否希望检查错误。如果在消息框中单击“否”，将执行 Resume ErrExit 语句，并且执行流将分支到该标签，而在该标签位置，将执行 Exit Sub。单击“是”将首先执行一个 Stop 语句。如果没有 Stop 语句，Resume 会将程序执行流发送回导致错误的行，并再次引发该错误，程序也将返回到错误处理程序。Stop 语句允许开发人员逐行单步执行代码，首先执行 Resume 以查看哪一行导致错误，然后检查变量以诊断问题。

27.5.2　Err 对象

除了引发错误并根据 On Error 进行分支操作外，VBA 还会创建一个 Err 对象，其中包含有关错误的信息。实际上，Err 对象始终存在，即使没有引发任何错误时也存在。当 VBA 遇到错误时，不管是否存在错误处理，Err 对象的 Number 属性都设置为所发生错误的编号。如果尚未遇到任何错误，Number 属性的值将为 0。

Err 对象还有一个 Description 属性。错误编号可能没有什么意义，但 Description 属性一般可帮助识别错误。

27.5.3　在过程中包含错误处理

某些过程非常微小，不需要使用错误处理。对于其他所有过程，应该包含一些错误处理，以免让用户在发生意外错误时进入 VB 编辑器。

错误处理技术应包括位于过程顶部附近的一个 On Error Goto 标签语句，在需要时暂停代码中的错误处理，还应包含用于清理任何进程中的变量的退出标签，以及显示错误并控制程序流的错误处理标签。

下面显示一个包含错误处理的典型过程：

```
Sub ATypicalErrorHandler()

  Dim statements

  On Error GoTo ErrHandler

  Multiple statements

  On Error Resume Next
    Intentional errors to ignore
  On Error GoTo ErrHandler

  Multiple statements

ErrExit:
  Clean up code
  Exit Sub

ErrHandler:
  MsgBox Err.Description, vbOKOnly
  If gbDebugMode Then
    Stop
    Resume
  Else
    Resume ErrExit
  End If

End Sub
```

该过程以 On Error Goto ErrHandler 开头，如果发生意外错误，该语句会将程序转向 ErrHandler 标签。在该过程的中间使用 On Error Resume Next 停止错误处理程序，以捕获有意添加的错误。在包含有意添加的错误的语句之后，错误处理程序重新启动。在错误处理部分的上面，执行了清理和退出语句。如果不存在任何错误，将运行该代码，过程将正常完成，而不运行错误处理代码。

错误处理部分使用 Err 对象的 Description 属性显示一条消息。有一个全局变量 gbDebugMode，在调试过程中，开发人员可将其设置为 True，而在将应用程序发送到用户时将其设置为 False。如果 gbDebugMode 为 True，程序将停止运行，开发人员可以单步执行代码，以检查错误。否则，将执行代码的 ErrExit 部分，用户只会看到消息框。

第 VII 部分

高级 Access 编程技术

访问就是管理数据。一旦熟悉了 VBA，就会自然而然地希望使用代码来管理数据。Access 提供了通过 VBA 访问和操作数据的多种方法。

第 28 章和第 29 章提供了使用代码访问和控制数据需要的所有工具，包括了解 DAO 和 ADO 对象模型。

第 30 章讨论如何在 Access 中更改功能区，使应用程序更易于使用，具有更专业的外观。

第 31 章解释了使 Access 应用程序能够交付给用户所需要知道的过程。

最后，如果处于 SharePoint 环境中，第 32 章介绍将 Access 与 SharePoint 集成所需的技能。

本部分包含的内容：

第28章

使用 VBA 代码访问数据

本章内容：

- 使用 Access 数据
- 了解 DAO 对象
- 检查 ADO 对象模型
- 使用 VBA 代码更新表

数据访问和数据管理是任何数据库应用程序的核心。尽管可以通过绑定窗体和报表很好地构建应用程序，但相对于绑定应用程序，直接使用 Visual Basic for Applications (VBA)代码来访问和操纵数据可以提供更大的灵活性。通过绑定窗体和控件可以完成的所有任务都可以通过一些 VBA 代码来完成，方法是使用 ActiveX 数据对象(ActiveX Data Objects，ADO)或数据访问对象(Data Access Objects，DAO)来检索和使用数据。

VBA 语言提供了一整套强大的命令，用于操纵表中的记录、为窗体上的控件提供数据或者执行其他一些操作。本章将列举一些深层次的示例，详细说明如何处理使用 SQL 和 ADO 来操纵数据库数据的过程。

> Web 内容
> 在 Chapter28.accdb 示例数据库中，可以找到很多在开始阶段使用的窗体，以及其他一些已经完成的窗体，用于与该示例中更改的窗体进行比较。

28.1 使用数据

在讨论数据访问对象时，第一点需要注意的是，DAO 和 ADO 对象模型不同于 Access 对象模型。DAO 和 ADO 表示由 Access 数据库引擎(ACE 或 Jet)管理和“拥有”的对象，它们是随 Office 一起安装的软件组件。在过去，Excel (带有 MSQuery 增件)和 Visual Basic (独立应用程序开发产品)可以直接使用 Jet 数据库引擎，或者通过开放式数据库连接(Open Database Connectivity，ODBC)或 Microsoft Query 来访问它。

使用 Access VBA，可以操纵后台的数据库对象，从而在应用程序中获得非常大的灵活性。Access 提供了两种不同的对象模型来使用数据，分别是 ADO 和 DAO。

DAO 是用于在 Access 中处理数据的默认数据管理库。它作为 Microsoft Office Access 数据库引擎对象库的一部分，包含在所有新项目中。DAO 对象模型是一个丰富而复杂的层次结构，它经过优化以处理 Access 数据(更具体地说，ACE 格式的数据)。除非某个工程能因使用 ADO 而获益，否则大多数 Access 开发人员都使用 DAO 来操作数据。

ADO 基于 Microsoft 的 ActiveX 技术，为在不需要来自主机的输入的情况下执行复杂任务的独立对象提供了基础。DAO 有丰富的层次结构，而 ADO 对象模型(指的是 ADO 对象层次结构)非常稀少。只需要少数几个对象便可执行 Access 应用程序中几乎所有的数据访问任务。当工程包含外部数据时，ADO 最常用。

在 VBA 代码中学习和使用 DAO 和 ADO 时，DAO 感觉像是直接操作数据，而 ADO 感觉像是在传递 SQL 语句。这是因为 DAO 是专门为操作 ACE 数据而构建的，而 ADO 是为了操作任何兼容的数据库。

区分 Access 与 DAO 之间的差别非常重要，因为 Access 的用户界面可能会模糊属于 Access 的对象和属于数据库引擎的对象之间的界线。可能会将代码中提供的某些功能认为是数据访问对象，但实际上是 Access 的功能，此外还可能出现相反的情况。在代码中，需要在开发过程中始终牢记这点区别。例如，ADO 和 DAO 对象具有很多内置的属性和方法，而其他属性是由 Access 添加的。

相对于严格使用绑定到查询和表的窗体和报表，在 VBA 过程中使用 ADO 和 DAO 可以提供更大的灵活性。如本章其他部分所述，只需要几行代码即可针对数据执行复杂的操作，例如更新或删除现有记录，或者向表中添加新的记录。使用 VBA 代码意味着应用程序可以响应窗体上的当前情况，例如缺少值或值不正确。针对数据执行即席查询非常容易，而如果不使用 VBA 代码，则需要带有很多参数的复杂查询。

针对本章的主题，已经有人编写过专门的图书，而且是大部头的图书。本章只是提供在 Access 应用程序中使用 ADO 和 DAO 的基本示例，加上本书其他章节提供的资料，就应该做好准备，在 Access 应用程序中加入基于 VBA 的数据管理。

> **注意：**
> ADO 和 DAO 并非在所有方面都是等效的。通过这两种语法，都可以在表中添加或修改数据、构建记录集、处理记录集中的数据以及在窗体中填充数据。但在使用外部数据源时，ADO 具有明显优势。如后面所述，ADO 需要一个提供程序，用于定义应用程序中 ADO 对象所使用的数据源。ADO 提供程序特定于数据源，例如 SQL Server 或 Access。提供程序可为 ADO 对象提供特殊功能(例如，能够测试与数据源的连接)，具体取决于基础数据源。而另一方面，DAO 是一种更常见的数据访问语法，并不特定于任何一种数据源。DAO 还能自然地理解较新的访问数据类型，如附件数据类型。

尽管 Access 并不是严格面向对象，但毫无疑问它是基于对象的。本章其余的部分将介绍在 VBA 代码中用于执行 Access 应用程序中的数据管理任务的对象模型。所谓对象模型，是执行数据管理任务的对象的排列组合。在使用 VBA 代码管理 Access 数据时，充分了解 ADO 和 DAO 对象模型是一项必不可少的要求。

本章中介绍的很多对象都包含一个集合，其中可能不包含任何对象，也可能包含多个对象。集合是一个容器，用于保存某种对象类型的所有成员(集合本身也是一个对象)。

集合就像是一堆棒球球员照片卡。这堆照片卡中的每张卡都与其他卡不同，但所有棒球球员照片卡都有一些共同的特征(例如尺寸、印在背面的统计数据等)。在 Access 中，记录集对象(ADO 或 DAO)包含一组字段对象。每个记录集对象都与其他记录集对象共享某些特征，每个字段对象都在特定的方面与其他字段类似。

集合名称几乎总是集合中对象类型的复数形式。因此，Fields 集合包含很多不同的 Field 对象。

> **注意：**
> 必须要弄清某个术语什么时候适用于具有该名称的对象，什么时候只是常规的一类数据库条目的名称。在本书中，像 Field 这种首字母大写的单词指的是 Field 对象，与此相对的是，全小写的 field 是对任何表中的任何字段的常规引用。类似地，Fields 表示一个 Fields 集合，而 fields 指的是一些不同的字段。

每个对象都附带一个属性和方法集合。每个属性或方法提供一种定义对象的方式，或者表示一个操作，来指示对象执行其作业。

对象的 Properties 集合由很多 Property 对象组成。每个 Property 对象都有自己的一组属性。属性可以直接引用、通过 Access 界面创建，或者由用户创建并添加到 Properties 集合。一般情况下，会通过以下方式引用属性：对象名.属性名。例如，要引用某个字段的 Name 属性，对应的语法如下所示：

```
MyField.Name
```

方法略有不同。方法是对象可以执行的操作，或者是针对对象执行的操作。数据访问对象的用途是操纵或显示数据库中的数据，因此，每个对象必须通过某种方式对该数据进行处理。不能在对象中添加或删除方法(这也从一个方面说明了 Access 不是真正面向对象)。只能针对对象调用方法。例如，下面的代码将记录集 MyRecordset 的记录指针放在下一条记录处：

```
MyRecordset.MoveNext
```

与属性类似，每个对象都有一组适用于该对象的方法。

如果需要了解更多有关对象的内容，可使用对象浏览器(如图 28.1 所示)。要从 VBA 编辑器内打开对象浏览器，可以

按 F2 键或从 VBA 编辑器窗口的菜单中选择“视图”|“对象浏览器”。通过对象浏览器，可以检查每个对象的方法和属性，以及在使用它们时预期使用的参数。以 VBA 作为语言引擎的所有 Microsoft 应用程序都使用对象浏览器。

对象浏览器非常易于使用。只需要从左上角的下拉列表中选择一个库(例如 DAO)，然后滚动查找浏览器左侧的对象列表，以找到感兴趣的对象。选择某个对象会在右侧列表中填充该对象的属性、方法和事件(如果适用)。单击某个属性、方法或事件会在列表下面的区域显示该项的语法。

尽管对象浏览器并不显示特定的代码示例，但大多数情况下，查看与属性、方法或事件关联的语法，就足以开始编写 VBA 代码，或弄清对象的详细信息。

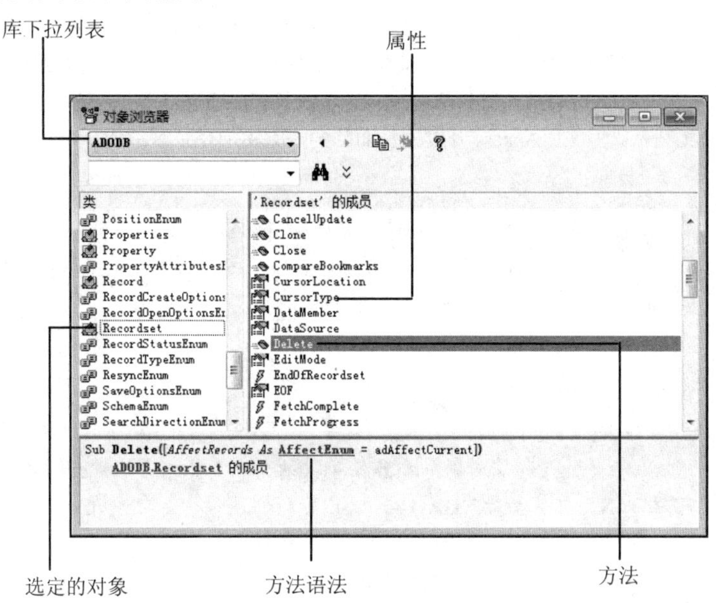

图 28.1　通过对象浏览器可以查看对象的属性和方法

28.2　了解 DAO 对象

DAO 是默认的 Access 数据访问对象模型。从一开始，DAO 就一直包含在 Access 中。微软一直在更新 DAO，以跟上 Access 数据库引擎的变化。

DAO 对象是按照层次结构的形式排列的。特定的对象是其他对象的下级对象，如果没有上级对象的实例，那么它们无法存在。顶级 DAO 对象是 DBEngine，其他所有 DAO 对象都是 DBEngine 的子级(参见图 28.2)。

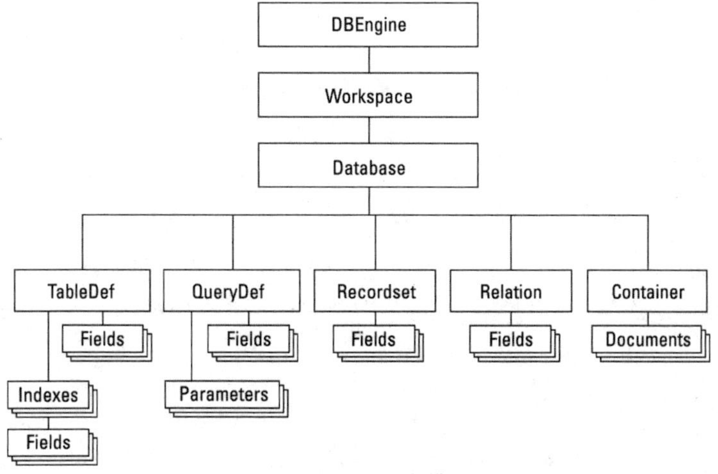

图 28.2　DAO 对象模型

本节后面将介绍每个最常用的 DAO 对象。

一般来讲，DAO 层次结构严格遵循 Access 数据库对象的排列形式。例如，Access 表(即 TableDef 对象)包含字段(每个字段都是一个 Field 对象)。字段有一组属性，用于指定其详细信息，包括数据类型、默认值和验证规则等。

> **注意：**
> 为明确起见，图 28.2 中并未包含每种 DAO 对象的相关属性集。但是，可以放心地认定图 28.2 中的每种对象都包含许多属性。

每种 DAO 对象还有一组适用于其对象类型的属性。TableDef 对象可能具有一些与 QueryDef 通用的属性，但每种对象都有特定于其对象类型的属性。QueryDef 和 TableDef 都有 Name 属性，但 QueryDef 有 SQL 属性，而 TableDef 没有。这种情况也适用于方法。每种 DAO 对象都有只有它可以执行的操作。例如，QueryDef 定义的动作查询具有 Execute 方法，但 TableDef 没有该方法。Access 开发人员面临的最大挑战是了解适用于每种 DAO 对象的属性和方法。

> **注意：**
> 在阅读以下几节时，注意在讨论每种类型的数据访问对象时省略了详细信息。由于每种 DAO 对象都有大量相关的属性和方法，这些对象在 Access 应用程序中的使用方式有很多种，因此，无法通过一章的篇幅详细介绍整个 DAO 对象模型。本书提供一些有关 DAO (和 ADO)特定用法的示例。

> **注意：**
> Access 2007 引入了 ACE (Microsoft Access Engine)，这是一种适用于 Office 产品的新型数据库引擎。正是因为有了 ACE，Access 2007 到 2016 才能支持诸如附件和多值字段的高级功能。由于这些新的数据类型，ACE 需要更新版本的 DAO (称为 ACEDAO)以支持新功能。DAO 与 ACEDAO 之间最大的差别是引入了 Recordset2 和 Field2 对象，以及支持 Access 2007 中引入功能所需的新属性和方法。本章的示例使用的是 ACEDAO，但为了简单起见，仍将数据访问模型称为 DAO。Access 2003 MDB 格式仅支持 DAO 3.6，不支持 ACEDAO。

28.3.1　DAO DBEngine 对象

DBEngine 对象是表示 ACE 引擎的对象，位于 DAO 层次结构的最顶级。它不是任何集合的成员，所有集合都是 DBEngine 的子级。该对象只有一个实例，它是为数不多的几个不能自行创建的数据访问对象之一。在启动 Access 并发出 DAO 操作时，将打开 DBEngine 对象。它的属性和方法较少。为使属性更改生效，必须在执行数据访问对象操作之前发出它们，否则，将接收到错误。由于 DBEngine 位于层次结构的最顶级，因此，几乎总是以 DBEngine 开始 DAO 代码序列。

28.3.2　DAO Workspace 对象

Workspace 对象表示针对每个使用 Access 的用户的一个打开的活动会话。所有数据库都在一个工作区中打开，要么作为默认数据库会话，要么作为使用 DBEngine 对象的 CreateWorkspace 方法创建的数据库会话。

> **提示：**
> 如果选择在应用程序中使用事务跟踪(BeginTrans...EndTrans)，这些语句将包含在当前工作区中打开的所有记录集。如果不希望对某个特定的记录集使用事务，可创建一个新的工作区，并在新的 Workspace 对象中打开该记录集。

安全性也是通过 Workspace 对象来实现的(不过仅适用于 MDB 文件格式)。可用于 Workspace 对象的安全性方法允许创建自己的安全性接口和例程。如有必要，可使用 Workspace 对象的 CreateUser 或 CreateGroup 方法创建用户或组。

28.3.3　DAO Database 对象

Database 对象表示打开的 Access 文件。Access 可直接打开很多不同的数据库格式。当直接与 ACE 或 Jet 数据库引擎结合使用时，数据库可以是任意数量的数据源，例如另一个 ACCDB 或 ODBC 数据源。区别在于如何设置数据库对象变量。

下面的代码引用当前打开的 Access 数据库：

```
Dim daDb As DAO.Database
Set daDb = CurrentDb
```

CurrentDb 是 Access Application 对象的一种方法，该对象表示整个 Access 环境及其所有对象。通过 CurrentDb 可以便捷地访问用户当前使用的数据库。

还可打开当前数据库外部的 Access 数据库，如下所示：

```
Dim daDb As DAO.Database
Set daDb = OpenDatabase("C:\Northwind.mdb")
```

请注意，OpenDatabase 方法接受指向现有 MDB 或 ACCDB 文件的路径。OpenDatabase 方法可能会失败，具体取决于外部 Access 数据库是否可用，或者其当前状态是否阻止从另一个 Access 应用程序中打开。

如果在工程中混合了 DAO 和 ADO，请确保为 DAO 对象类型声明加上 DAO 前缀，以便 Access 可以明确在设置对象时使用哪个库。如果只使用 DAO，则不需要使用库名(在前面的示例中，只需要使用 Dim daDb As Database)，但一些开发人员为清晰起见将其包括在内。本书中的示例通常包括库名前缀。

注意：
ACEDAO 对象也使用 DAO 作为前缀，与 DAO 3.6 对象一样。

28.3.4 DAO TableDef 对象

DAO TableDef 对象表示 Access 数据库中的表。该表可能是当前数据库的本地表，也可能链接到外部数据源的表。下面的过程(包含在 Chapter28.accdb 示例数据库中)创建一个名为 MyTempTable 的新表，向其中添加三个文本字段，然后将该表添加到当前数据库的 TableDefs 集合。

```
Public Sub CreateNewTableDef()

  Dim daDb As DAO.Database
  Dim daTdf As DAO.TableDef

  Const sTABLENAME As String = "MyTempTable"

  Set daDb = Application.CurrentDb

 'Delete an existing table, but ignore the error
 'if table doesn't exist
  On Error Resume Next
    daDb.TableDefs.Delete sTABLENAME
  On Error GoTo 0

  ' Create a new TableDef object:
  Set daTdf = daDb.CreateTableDef(sTABLENAME)

  With daTdf
      ' Create fields and append them to the TableDef
      .Fields.Append .CreateField("FirstName", dbText)
      .Fields.Append .CreateField("LastName", dbText)
      .Fields.Append .CreateField("Phone", dbText)
  End With

  ' Append the new TableDef object to the current database:
  daDb.TableDefs.Append daTdf
```

```
    daDb.Close
    Set daDb = Nothing

  End Sub
```

运行 Chapter28.accdb 示例数据库中的上述代码，将创建一个名为 MyTempTable 的新表，向数据库中永久添加一项内容。注意，如果该表已经存在，CreateNewTableDef 过程会将其删除，然后创建该表作为一个新的 TableDef。如果数据库中已经存在同名的表，那么 Access 无法将新的 TableDef 对象追加到其 TableDefs 集合。

提示：
如果新创建的 TableDef 或其他对象未显示在"导航"窗格中，请按 F5 键刷新窗格。

交叉参考：
CreateNewTableDef 过程包含两个语句，用于控制 Access 如何处理上述代码中的错误。第 27 章讨论了 VBA 错误处理语句，并解释了为什么要在过程中使用 On Error Resume Next 和 On Error GoTo 0，就像该过程中这样。

TableDef 对象存储在 TableDefs 集合中。下面的过程将显示当前数据库中所有 TableDef 对象(包括隐藏的表和系统表)的名称：

```
  Public Sub DisplayAllTableDefs()

    Dim daDb As DAO.Database
    Dim daTdf As DAO.TableDef

    Set daDb = CurrentDb

    With daDb
      Debug.Print .TableDefs.Count & _
        " TableDefs in " & .Name

      For Each daTdf In .TableDefs
         Debug.Print , daTdf.Name
      Next daTdf
    End With

    daDb.Close
    Set daDb = Nothing

  End Sub
```

28.3.5　DAO QueryDef 对象

QueryDef 对象表示 Access 数据库中的已保存查询。使用 VBA 代码，可指向某个现有查询中的一个 QueryDef 对象变量(或者创建一个新查询)，并更改查询的 SQL 语句，填充查询使用的参数，然后执行该查询。该查询可能是返回记录集的选择查询，也可能是在查询的基础表中修改代码的动作查询。

在代码中创建 QueryDef 类似于创建 TableDef，只是新的 QueryDef 不必显式追加到数据库的 QueryDefs 集合。下面显示的 CreateNewQueryDef 过程创建了一个新的 QueryDef，用于查询 Customers 表中的记录：

```
  Public Sub CreateNewQueryDef()

    Dim daDb As DAO.Database
    Dim daQdf As DAO.QueryDef
```

```
  Const sQRYNAME As String = "MyQueryDef"

  Set daDb = CurrentDb

  Set daQdf = daDb.CreateQueryDef(sQRYNAME, _
    "SELECT * FROM tblCustomers;")

  daDb.Close
  Set daDb = Nothing

End Sub
```

实际上，执行 CreateQueryDef 方法后，Access 会立即将新的 QueryDef 添加到数据库中。如果不希望 QueryDef 显示在“导航”窗格中，必须显式地将其删除，如下所示。

```
CurrentDb.TableDefs.Delete "QueryDefName"
```

如有必要，可创建一个没有名称的 QueryDef。这种情况下，不会保存新的 QueryDef，它也不会显示在“导航”窗格中。如果想使用数据填充某个组合框或列表框，但不希望创建永久性 QueryDef(因为每次执行代码时条件都会发生变化)，这种方法可能非常有用。

一种传统的高级 Access 技术是动态更改现有 QueryDef 对象的 SQL 语句。一旦 SQL 属性发生更改，查询便会返回新 SQL 语句指定的记录集，如下所示：

```
Public Sub ChangeQueryDefSQL()

  CurrentDb.QueryDefs("MyQueryDef").SQL = _
    "SELECT * FROM tblProducts;"

End Sub
```

注意，ChangeQueryDefSQL 过程并不声明任何对象变量(例如 daDb 或 daQdf)以引用 Database 或 QueryDef。相反，该过程将使用 CurrentDb 来引用 Database，并直接在 QueryDefs 属性返回的对象上访问 SQL 属性。对于较长的过程，建议使用对象变量，但对于像上面这种较短的过程，直接使用 CurrentDb 会更容易一些，可切实提高可读性。

直接从 QueryDef 填充 DAO Recordset 对象非常容易(有关 Recordset 对象的内容，可参见下一节)。

```
Public Function GetRecordset() As DAO.Recordset

  Dim daRs As DAO.Recordset
  Dim daQdf As DAO.QueryDef

  Set daQdf = CurrentDb.QueryDefs("MyQueryDef")

  'Open Recordset from QueryDef.
  Set daRs = daQdf.OpenRecordset(dbOpenSnapshot)

  daRs.MoveLast
  Debug.Print "Number of records = " & daRs.RecordCount

  Set GetRecordset = daRs

End Sub
```

注意，局部声明的 Recordset 对象(daRs)将在函数即将结束前指定给函数。通过这种方式，过程可以构建记录集，而不必在应用程序需要记录集的每个位置都重复用于设置记录集和运行 QueryDef 的代码。

28.3.6　DAO Recordset 对象

Recordset 对象是在代码中操作数据的主要方式。使用 Recordset 对象的方法，可以更新、编辑和删除记录，在记录集中向前和向后移动，或跳转到特定的记录。

Recordset 对象可以是五种类型之一，指定的类型取决于需求。表 28.1 描述了记录集的不同类型。

表 28.1　记录集的类型

类型	说明
Table	数据来自单个本机 Access 表，而不是链接表或查询
Dynaset	数据来自可以更新、添加或删除的任何表或查询。这是最常用的类型
Snapshot	类似于 Dynaset，但是记录是只读的。如果只想读取数据，它比 Dynaset 更快
Forward Only	与 Snapshot 相同(只读)，但只能在记录中前进。如果只想遍历记录并读取数据，那么这种类型是最快的
Dynamic	用于 ODBCDirect 工作区，这超出了本书的讨论范围

可使用 dbOpenTable、dbOpenDynaset、dbOpenSnapshot 和 dbOpenForwardOnly 常量作为 Database 对象的 OpenRecordset 方法的参数来指定记录集的类型。下面的示例显示了如何基于 SQL 字符串打开 Snapshot 类型的记录集。

```
Dim daDb As DAO.Database
Dim daRs As DAO.Recordset
Dim sSql As String
sSql = "SELECT * FROM tblCustomers;"
Set daDb = CurrentDb
Set daRs = daDb.OpenRecordset(sSql, dbOpenSnapshot)
```

如果不显式选择 Recordset 的类型，Access 将使用它认为最高效的方法。Dynaset 类型的记录集是最常用的，因为它是最通用的。其他类型限制了对记录集的操作，以换取更好的性能。

1. 浏览记录集

如果只能打开和关闭记录集，它们就没有多大用处。根据上下文的不同，“记录集”一词有几种不同的含义：

- 查询返回的数据行
- 绑定到 Access 窗体的数据
- 填充了数据的对象，作为 DAO 操作的结果

然而，在所有情况下，记录集都是包含数据行和列的数据结构。行当然是记录，而列是字段。

DAO 提供了在记录集中导航的方法，这是有意义的。当将表或查询结果作为数据表来查看时，可以使用垂直和水平滚动条或箭头键，在记录集的数据表视图上下左右移动。因此，Recordset 对象支持在记录集包含的记录中移动的方法就不足为奇了。

下面的过程 RecordsetNavigation 演示了基本的记录集导航方法：

```
Public Sub RecordsetNavigation()

    Dim daDb As DAO.Database
    Dim daRs As DAO.Recordset

    Set daDb = CurrentDb
    Set daRs = daDb.OpenRecordset("tblCustomers", dbOpenTable)

    Debug.Print daRs!CustomerID, daRs!Company

    daRs.MoveNext
    Debug.Print daRs!CustomerID, daRs!Company
```

```
    daRs.MoveLast
    Debug.Print daRs!CustomerID, daRs!Company

    daRs.MovePrevious
    Debug.Print daRs!CustomerID, daRs!Company

    daRs.MoveFirst
    Debug.Print daRs.Fields("CustomerID").Value, _
      daRs.Fields("Company").Value

    daRs.Close
    Set daRs = Nothing
    Set daDb = Nothing

End Sub
```

这个过程首先将一个变量设置为当前数据库，并打开一个 Recordset 对象，其中填充了 tblCustomers 中的数据。它立即从第一个记录中显示 CustomerID 和 Company；然后，它在记录集中一次移动几行，显示每个记录的 CustomerID 和 Company。最后返回第一条记录，并显示其数据。RecordsetNavigation 生成的输出如图 28.3 所示。

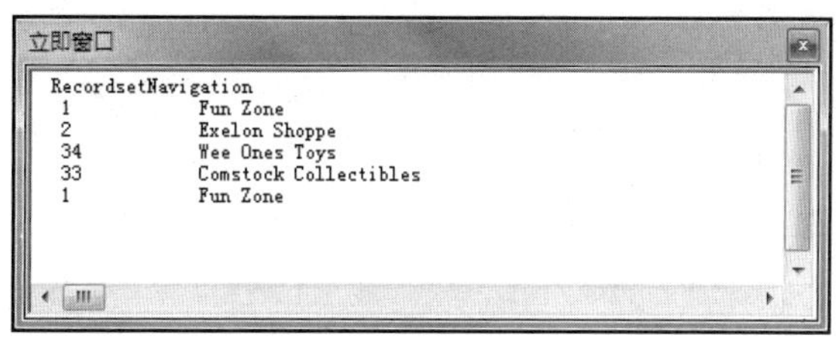

图 28.3　演示记录集的导航

显然，这是一个简单示例，用于演示如何轻松地导航记录集。开发人员可自由地处理记录集中的任何记录，根据需要在行中上下移动。

记录集支持当前记录指针的概念。记录集中每次只有一条记录是当前的。当更改记录集或在数据行中导航时，代码只影响当前记录。

RecordsetNavigation 过程还演示了在一条记录中引用单个字段的两种方法：使用 bang 运算符(!)和 Fields 集合。

在移动到一行后，各个字段引用为记录集的成员。Access 一次只处理一条记录，因此对字段的任何引用都求值为当前记录中的字段。

2. 检测记录集的结束或开始

MovePrevious 和 MoveNext 方法将当前记录指针在记录集中移动一行。如果指针位于第一条记录或最后一条记录，这些方法就将指针移出记录集的开头或结尾，而不会引发错误。在浏览记录集时，在引用数据或对记录执行操作之前，需要确保当前记录指针位于有效记录上。

Recordset 对象支持两个布尔属性 EOF 和 BOF，它们指示当前记录指针何时位于记录集的结束或开始。EOF 和 BOF 是 End Of File (文件结尾)和 Beginning Of File (文件开头)的缩写。当记录指针位于有效记录上时，EOF 和 BOF 都为 False。仅当记录指针超出记录集的结尾时，EOF 才为 True，仅当指针超出记录集的开头时，BOF 才为 True。仅当记录集不包含任何记录时，EOF 和 BOF 才同时为 True。

Use_EOF_BOF 过程演示了如何使用 EOF 和 BOF：

```
Public Sub Use_EOF_BOF()

    Dim daDb As DAO.Database
    Dim daRs As DAO.Recordset
    Dim sSql As String
```

```
    sSql = "SELECT * FROM tblCustomers" _
      & " WHERE State = 'NY'" _
      & " ORDER BY Company;"

    Set daDb = CurrentDb
    Set daRs = daDb.OpenRecordset(sSql, dbOpenDynaset)

    If daRs.BOF And daRs.EOF Then
        Debug.Print "No records to process"
        Exit Sub
    End If

    Do Until daRs.EOF
        Debug.Print daRs!Company
        daRs.MoveNext
    Loop

    daRs.MoveLast

    Do Until daRs.BOF
        Debug.Print daRs!Company
        daRs.MovePrevious
        Loop

    daRs.Close
    Set daRs = Nothing
    Set daDb = Nothing

End Sub
```

在本例中，如果 BOF 和 EOF 都为 True，则输出一条消息并退出该过程。如果有记录，则代码会向前遍历这些记录，然后向后遍历，并在执行过程中进行打印。Do Until 语句块是遍历记录集的一种常见方法。

3. 对记录计数

在可能需要很长时间的操作开始之前，知道记录集中有多少条记录通常非常有用。用户可能不明智地选择条件，而返回太多记录，以至于无法有效处理，此时希望在处理大型记录集之前，代码对这些条件发出警告。幸运的是，RecordSet 对象提供了一个 RecordCount 属性，该属性准确地指出记录集中有多少条记录。下面的 UseRecordCount 子例程使用 RecordCount 属性在处理记录集时显示总记录数：

```
Public Sub UseRecordCount()

    Dim adRs As ADODB.Recordset
    Dim lCnt As Long

    Set adRs = New ADODB.Recordset
    adRs.ActiveConnection = CurrentProject.Connection
    adRs.CursorType = adOpenStatic

    adRs.Open "SELECT * FROM tblCustomers;"

    Do While Not adRs.EOF
      lCnt = lCnt + 1
      Debug.Print "Record " & lCnt & " of " & adRs.RecordCount
      adRs.MoveNext
    Loop

    adRs.Close
```

```
    Set adRs = Nothing

End Sub
```

RecordCount 是判断记录集是否包含记录的一种方便方法。RecordCount 的唯一问题是，在大型记录集中，RecordCount 会影响性能。RecordSet 对象实际上计算它所包含的记录数，在计数完成时停止执行。

检测空记录集的一种更快捷方法是确定 EOF 和 BOF 是否都为 True：

```
If daRs.BOF And daRs.EOF Then
    Debug.Print "No records to process"
    Exit Sub
End If
```

如果 BOF 和 EOF 都为 True，则光标同时位于第一条记录之前和最后一条记录之后。这只有在没有记录的情况下才会发生。

28.3.7　DAO Field 对象(记录集)

记录集中的 Field 对象表示某个表中或某个查询返回的一列数据。记录集 Field 对象与其对等的 TableDef 和 QueryDef 对象有所不同，主要体现在它们实际包含数据值。每个 TableDef 对象都包含一个 Fields 集合，其中保存 TableDef 表示的表中存储的数据。

本书包含很多对 DAO (和 ADO)字段的引用，因此，这里未过多讨论。同时，只要知道 DAO Field 对象支持的属性要远超 Access 表设计器中可见的属性就足够了。Chapter28.accdb 示例数据库包含下面的过程，用于枚举 tblCustomers 中 Company 字段的所有“有效”属性：

```
Public Sub DisplayFieldProperties()

  Dim daDb As DAO.Database
  Dim daTdf As DAO.TableDef
  Dim daFld As DAO.Field
  Dim daProp As DAO.Property

  Set daDb = CurrentDb
  Set daTdf = daDb.TableDefs("tblCustomers")

  Set daFld = daTdf.Fields("Company")

  Debug.Print "Properties in Company field:"

  For Each daProp In daFld.Properties
    On Error Resume Next
      Debug.Print Space(2) & daProp.Name & " = " & daProp.Value
    On Error GoTo 0
  Next daProp

  daDb.Close

End Sub
```

在某个特定时间，并不是与 Field 对象关联的所有属性都是有效的。某些属性仅当字段包含数据后或当字段包含在索引中时才会设置。例如，Field 对象的 Value 属性不能直接从代码中引用。只能通过字段在 Recordset 对象中的成员身份来设置或获取该字段的值。On Error Resume Next 语句允许该代码运行，而不考虑无效的属性。在该代码引用无效属性时，可能发生的错误将被忽略。

28.3　了解 ADO 对象

ADO 对象模型如图 28.4 所示。可以看出，ADO 对象模型比 DAO 模型简单，仅包含几个对象。注意，ADO 对象模型并不采用层次结构。每个对象都是独立的，不从属于模型中的其他对象。

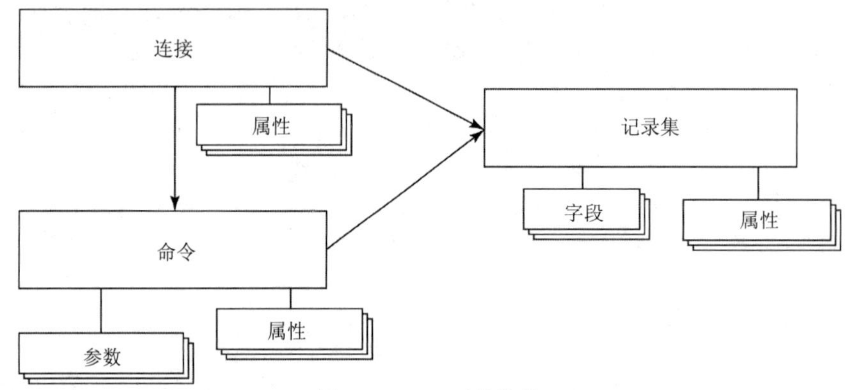

图 28.4　ADO 对象模型

使用 ADO 对象需要引用 ADO 库。图 28.5 显示了“引用”对话框(通过在 VBA 编辑器窗口中选择“工具”|“引用”打开)，并选定了 ADO 库(Microsoft ActiveX 数据对象)。计算机上安装的 ADO 库的具体版本可能有所不同，实际上，“引用”对话框中可能存在多个 ADO 库。如果想要使用可用于 Access 的最新版本，可选择编号最高的库。可以选择编号较低的库以维护与现有系统的兼容性。

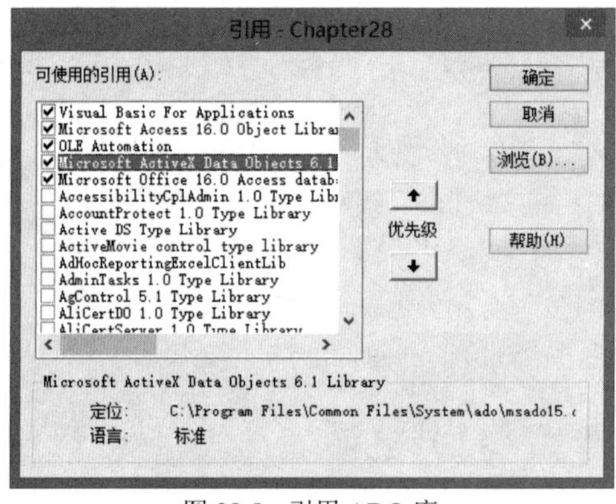

图 28.5　引用 ADO 库

在下面的代码示例中，所有 ADO 对象变量都引用为 ADODB 对象类型。尽管不是完全必要，但在对象类型名称中加上库引用前缀可以澄清 Access 对于 VBA 语句引用的对象类型可能产生的歧义。例如，ADO 和 DAO 都支持 Recordset 对象。如果不在对象类型声明中加上前缀 ADODB 或 DAO，Access 可能会错误地理解 VBA 语句中引用的是哪种类型的记录集。

28.3.1　ADO Connection 对象

顾名思义，Connection 对象提供对数据源的连接。能够访问数据源是执行任何数据操作所必需的，因此，几乎在任何涉及 ADO 的场景中都需要 Connection 对象。

在引用 ADO 库后，创建 Connection 对象非常简单(ADO 库在 VBA 代码中表示为 ADODB)，如下所示：

```
Dim adConn as ADODB.Connection
Set adConn = New ADODB.Connection
```

必须先打开 Connection 对象，然后才能使用。下面的语句是打开 ADO Connection 对象最简单的方式：

```
adConn.Open CurrentProject.Connection
```

在该示例中，Connection 对象连接到当前数据库。如后面所述，Connection 对象需要设置很多属性，然后才能成功打开，但在当前数据库的 Connection 属性中打开 Connection 对象可提供所有这些设置。实际上，CurrentProject.Connection 是一个长字符串(具体地说，是一个连接字符串)，其中包含所需的有关当前数据库的所有信息。典型的 Connection 属性设置如下所示：

```
Provider=Microsoft.ACE.OLEDB.12.0;User ID=Admin;
Data Source=C:\...\Chapter28.accdb;
Mode=Share Deny None;Extended Properties="";
Jet OLEDB:System database=C:\...\Microsoft\Access\System.mdw;
Jet OLEDB:Registry Path=Software\...\Access Connectivity Engine;
Jet OLEDB:Database Password="";
Jet OLEDB:Engine Type=6;
Jet OLEDB:Database Locking Mode=1;
Jet OLEDB:Global Partial Bulk Ops=2;
Jet OLEDB:Global Bulk Transactions=1;
Jet OLEDB:New Database Password="";
Jet OLEDB:Create System Database=False;
Jet OLEDB:Encrypt Database=False;
Jet OLEDB:Don't Copy Locale on Compact=False;
Jet OLEDB:Compact Without Replica Repair=False;
Jet OLEDB:SFP=False;
Jet OLEDB:Support Complex Data=True;
Jet OLEDB:Bypass UserInfo Validation=False;
Jet OLEDB:Limited DB Caching=False;
Jet OLEDB:Bypass ChoiceField Validation=False
```

注意：

为明确起见，在上面的示例中添加了换行符，缩短了某些代码行。

实际上，这要远远超过 Connection 对象实际所需的内容，但是，Microsoft 希望确保不遗漏任何内容。

请注意 ConnectionString 属性的 Data Source 部分。这部分指向特定的 ACCDB 文件。更改该路径表示 Connection 对象几乎可以打开任何 Access 数据库，前提是该路径有效并指向一个 ACCDB 文件。

下面的过程将针对当前数据库打开 Connection 对象，打印输出该 Connection 对象的 Provider 属性，然后关闭并放弃该 Connection 对象：

```
Public Sub OpenConnection()

    Dim adConn As ADODB.Connection

    Set adConn = New ADODB.Connection
    adConn.Open CurrentProject.Connection

    ' Connection is open
    Debug.Print adConn.Provider

    adConn.Close
    Set adConn = Nothing

End Sub
```

在使用 ADO 时，在代码完成对象处理以后应该关闭对象(如果该对象支持 Close 方法)并将其设置为 Nothing，这一点非常重要。ADO 对象在打开后会保留在内存中，必须显式关闭并放弃(设置为 Nothing)，以便将其从内存中清除。如果某个 ADO 对象未正确终止，那么它可能仍留在内存中，最终为用户带来问题。

Connection 对象需要提供程序信息和数据源。提供程序指定附加到 Connection 对象的 ADO 提供程序(从本质上说是驱动程序)。例如，存在适用于 SQL Server 数据库的提供程序：一个用于 Jet 数据库引擎，另一个用于 ACE 数据库引擎。每个提供程序都知道如何连接到一种不同类型的数据，并为 Connection 对象提供特定于数据源的功能。

Connection 对象的不利方面是开发人员难以掌握用于 ConnectionString 属性的正确语法，这一点为 Access 开发人员带来很多问题。幸好，互联网上的许多站点都列出了几乎每个数据提供程序的连接字符串。

28.3.2　ADO Command 对象

第二个 ADO 主题是 Command 对象。顾名思义，Command 对象针对通过 Connection 对象打开的数据源执行命令。命令可能如同 Access 查询的名称一样简单，也可能非常复杂，如同用于选择很多字段并包含 WHERE 和 ORDER BY 子句的长 SQL 语句一样。实际上，Command 对象是从 Access 应用程序中执行 SQL Server 存储过程最常用的方式。

如本章后面所述，执行 Command 对象得到的输出可以直接转到记录集中。然后，可以使用该记录集中的数据填充窗体或控件，例如文本框、组合框和列表框。

可通过很多方式来使用 Command 对象。下面的过程只是使用 Command 对象的一个示例。在该示例中，Command 对象将使用直接从 tblCustomers 表获取的数据填充记录集(有关记录集的内容将在下一节中讨论)。下面的过程(ExecuteCommand)包含在 Chapter28.accdb 示例数据库的 modADO_Commands 中。

```
Public Sub ExecuteCommand()

    Dim adRs As ADODB.Recordset
    Dim adCmd As ADODB.Command

    Const sTABLE As String = "tblCustomers"

    Set adRs = New ADODB.Recordset
    Set adCmd = New ADODB.Command

    adCmd.ActiveConnection = CurrentProject.Connection
    adCmd.CommandText = sTABLE

    Set adRs = adCmd.Execute

    Debug.Print adRs.GetString

    adRs.Close
    Set adRs = Nothing
    Set adCmd = Nothing

End Sub
```

请注意该过程中的以下操作：

- 声明并实例化了一个 Recordset 对象和一个 Command 对象。
- Command 对象的 ActiveConnection 属性设置为当前工程的 Connection 属性。
- Command 对象的 CommandText 属性设置为数据库中某个表的名称。
- 通过将记录集设置为执行 Command 对象时返回的值来填充该记录集。

请注意记录集的 GetString 方法的用法。GetString 方法是一种输出记录集中所有内容的便捷方式。图 28.6 在立即窗口中显示了 ExecuteCommand 的输出。

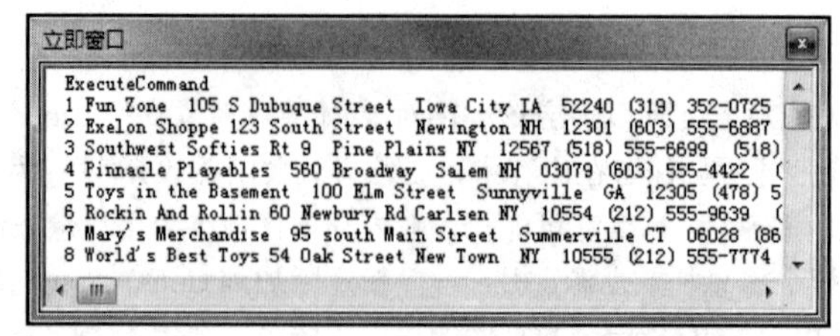

图 28.6　GetString 提供了一种便捷方式来查看记录集中的内容

交叉参考：
有关立即窗口的内容详见第 27 章。

这个简短示例说明了对于 ADO Command 对象需要了解的基本知识。必须通过 ActiveConnection 属性将 Command 对象附加到可用的 Connection。ActiveConnection 可以是一个连接字符串，也可以是一个打开的 Connection 对象。对于 Connection 指向的位置，不会产生任何差别，可能是 Access 或 SQL Server 数据库、Oracle 或其他任何数据源。Command 对象使用 Connection 的数据源特别知识来到达该数据。

在处理参数化查询时，Command 对象的价值最大。每个 Command 对象都包括一个 Parameters 集合，其中自然会包含 Parameter 对象。每个参数对应于 Command 的 CommandText 属性引用的查询或存储过程所需的一个参数。

很多情况下，CommandText 属性设置为包括参数的 SQL 语句，如下所示：

```
SELECT * FROM tblCustomers
WHERE State = 'NY' OR State = 'NJ';
```

本书包含很多有关使用 ADO Command 对象来填充记录集以及针对数据执行操作的示例。

28.3.3　ADO Recordset 对象

ADO Recordset 是一种非常通用的对象。在绝大多数情况下，通过执行 Command 或直接通过其 Open 方法来填充该对象。Open_ADO_Recordset 说明了 Recordset 对象可以非常轻松地打开 Access 表，如下所示：

```
Public Sub Open_ADO_Recordset()

    Dim adRs As ADODB.Recordset

    Set adRs = New ADODB.Recordset

    adRs.Open "SELECT * FROM tblCustomers;", _
      CurrentProject.Connection

    Debug.Print adRs.GetString

    adRs.Close
    Set adRs = Nothing

End Sub
```

在该示例中，使用了一个 SQL 语句从 tblCustomers 表中选择记录，并填充记录集。该 SQL 语句可包含 WHERE 或 ORDER BY 子句，对选定的数据进行筛选和排序。

编写此过程的一种替代方式是用单个语句分配 ActiveConnection 属性，如下所示：

```
Public Sub Open_ADO_Rs_Connection()

  Dim adRs As ADODB.Recordset

  Set adRs = New ADODB.Recordset
  adRs.ActiveConnection = CurrentProject.Connection

  adRs.Open "SELECT * FROM tblCustomers;"

  Debug.Print adRs.GetString

  adRs.Close
  Set adRs = Nothing

End Sub
```

很多开发人员倾向于使用 Open_ADO_Rs_Connection 中的方法，因为它可以更轻松地显示对 Recordset 对象执行了什么操作以及设置其属性的位置。尽管这些非常小的过程可以轻松地理解，但对于查找对某种对象(例如 adRs)的所有引用的大型代码段，理解起来可能会比较难，特别是在 VBA 语句很长、很复杂的情况下。

与其他 ADO 对象一样，必须对 Recordset 对象进行声明和实例化。就像 Command 对象一样，如果使用 Open 方法来填充 Recordset 对象，则必须将一个打开的连接以参数形式提供给 Open 方法。

在本书中的很多不同位置都使用了 Recordset 对象。根据上下文，最常用的 Recordset 方法包括 Open、Close、MoveFirst、MoveNext、MovePrevious 和 MoveLast。

交叉参考：

Open_ADO_Recordset 和 Open_ADO_Rs_Connection 包含在 Chapter28.accdb 示例数据库的 modADO_Recordsets 中。

28.4 编写 VBA 代码以更新表

使用窗体更新表中的数据非常容易。只需要针对想要更新的表字段，在窗体上放置控件。例如，图 28.7 显示了 frmSales。frmSales 上的控件可以更新 tblSales、tblSalesLineitems 和 tblSalesPayments 中的数据，因为这些字段直接绑定到 frmSales 上的控件。

但有时，可能希望更新表中某个未显示在窗体上的字段。例如，在 frmSales 中输入信息时，tblCustomers 中最后销售日期的字段(LastSalesDate)应该进行更新，以反映联系人购买某种产品的最新日期。当输入一笔新销售时，LastSalesDate 字段的值是 frmSales 上 txtSaleDate 控件的值。

由于联系人的最后销售日期引用 frmSales 上的 txtSaleDate 控件，因此，不希望用户两次输入该值。从理论上来说，可将 LastSalesDate 字段作为一个计算字段放在窗体上，在用户输入销售日期后进行更新，但显示该字段将比较混乱，并与当前销售的商品不相关。

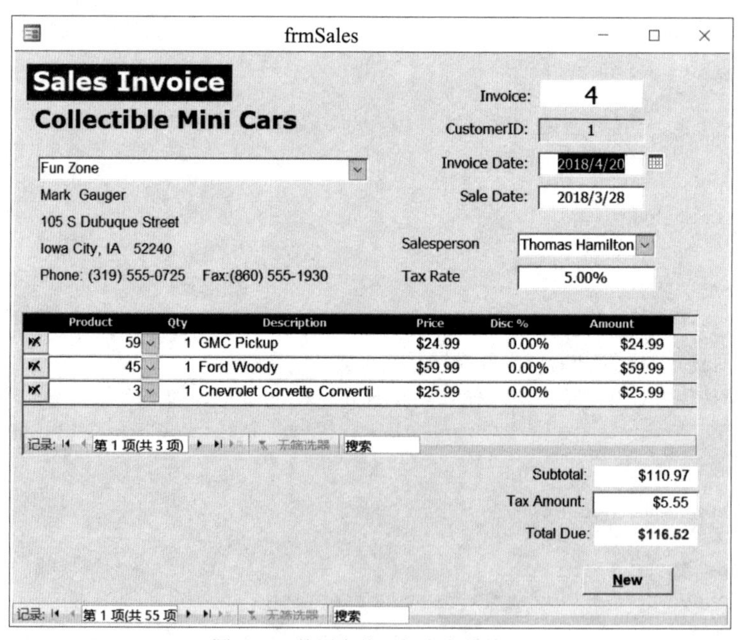

图 28.7 使用窗体更新表中的数据

处理 tblCustomers 中的 LastSalesDate 字段更新的最佳方式是使用 VBA 过程。可使用 VBA 代码来更新某条记录中的各个字段、添加新记录或删除记录。

28.4.1 使用 ADO 更新记录中的字段

可使用 AfterUpdate 事件过程更新 LastSalesDate (参见图 28.8)。

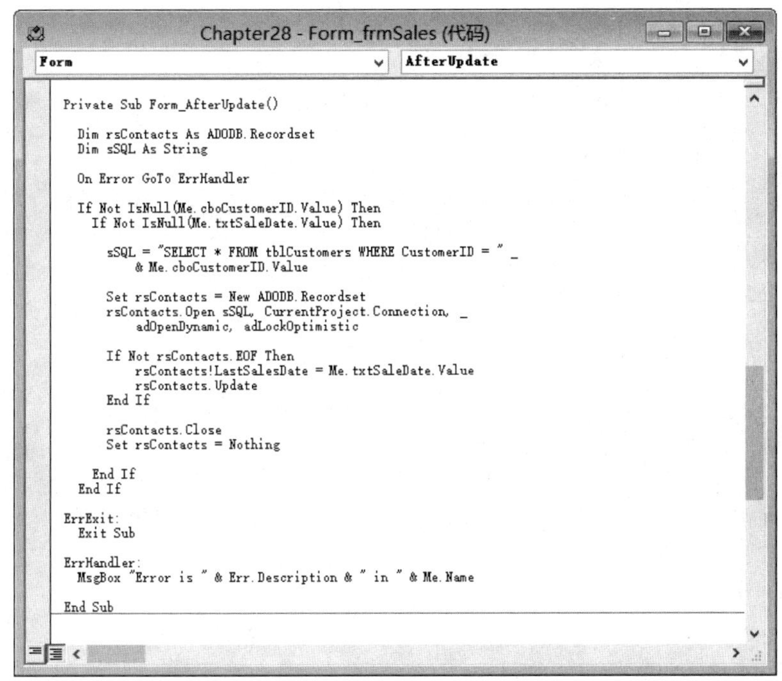

图 28.8　更新表

使用 Dim 语句在代码的顶部声明变量。可以在任何地方声明变量，只要在使用它之前声明它即可。最好在顶部同时声明所有变量。数据库和记录集的变量使用这个库作为前缀。

下一行代码使用 On Error 告诉 VBA，如果遇到任何错误，就跳到 ErrHandler 标签。如果没有错误处理程序，但发生了错误，用户将带入 VBE。靠近底部的两个标签 ErrExit 和 ErrHandler 完成错误处理。这是在代码中包含错误处理的常见方法。将 On Error 设置在程序顶部附近，ErrorHandler 标签设置在代码底部附近，Exit Sub 语句设置在 ErrorHandler 标签的上方。如果没有发生错误，则在 MsgBox 语句之前执行 Exit Sub 语句。

接下来的两行开始两个嵌套的 If 块。代码的核心就在这些块中。它们进行检查，以确保选择了客户，输入了销售日期。如果其中任何一个为空，则代码的其余部分将失败。如果没有设置这些值，Not 运算符从 True 变为 False，IsNull 函数将返回 True，反之亦然。

前面几节介绍了如何打开记录集。数据的实际写入发生在 5 行的 If 块中。它首先检查一下，看看目前是不是在文件末尾。SQL 语句返回一条记录(具有特定 ID 的客户)。如果没有返回记录，则 rsContacts.EOF 将为 Ture，跳过更新的代码。

最后，代码关闭记录集，释放为两个 DAO 变量保留的内存。

数据表视图中打开的表与记录集之间的一个主要区别是，记录集没有为其包含的数据提供可视化表示。数据表提供数据的行和列，甚至包括列标题，以便确定底层表中字段的名称。

记录集只存在于内存中，无法简单地可视化记录集中的数据。开发人员必须始终了解字段名称、行数和其他对应用程序很重要的数据属性。

使用数据表和记录集时，只有一条记录是活动的。在数据表中，活动记录由行中的色差指示。记录集没有这样的可视辅助功能，因此必须始终知道记录集中当前的记录是哪条记录。

在更改记录集的字段中的数据之前，需要确保位于要编辑的记录中。当记录集打开时，当前记录是该记录集中的第一条记录。如果该记录集不包含记录，则该记录集的 EOF 属性为 True。在本例中，SQL 语句只返回一条记录。但如果处理的记录集有多个记录，就需要导航，确保想要更改的记录是当前记录。

28.4.2　更新计算控件

在 frmSales 示例中，txtTaxAmount 控件显示在销售时征收的税款。税款金额的值并不是一个简单计算。税款金额由以下各项确定：

- 购买的可征税商品的金额总和
- 在销售日期生效的客户税率
- txtOtherAmount 中的值以及 txtOtherAmount 是否为可征税商品

警告：

如果试图在不包含记录的记录集中操作数据，则会发生运行时错误。在打开记录集后，一定要立即检查 EOF 属性的值：

```
Set rs = db.OpenRecordset("tblCustomers")
If Not rs.EOF Then
    'Okay to process records
End If
```

如果代码越过了 EOF (MoveNext)或 BOF (MovePrevious)，就会发生错误。在执行 move 方法之后，代码应该始终检查 EOF 和 BOF 属性。

当用户更改当前销售的信息时，上述三个因素或者其中的任何一个都可以更改税款金额。只要窗体中发生下面任何一个事件，就必须重新计算税款金额：

- 添加或更新行条目
- 删除行条目
- 将购买者更改为另一个客户
- 更改 txtTaxLocation
- 更改 txtOtherAmount

当发生上述任何事件时，可使用 VBA 过程重新计算税款金额。

1. 在更新或添加记录时重新计算控件

图 28.9 中显示了在 frmSales 上添加或更新行条目所对应的代码。

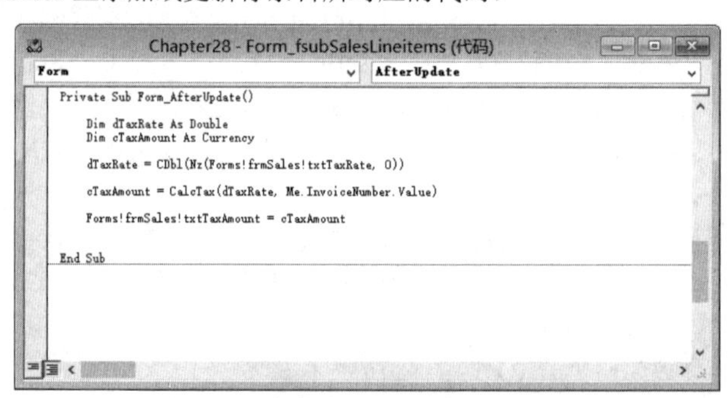

图 28.9　在窗体更新后重新计算字段

当添加了新的行条目或者更改了某个行条目(例如更改了某一项的价格或数量)时，单个事件便可以处理重新计算税款金额的操作。在任何情况下，都可以使用子窗体的 AfterUpdate 事件来更新销售税。当输入新记录或者更改现有记录的任何值时，将发生 AfterUpdate 事件。

将某个行条目添加到子窗体时，或者某个行条目中的任何信息发生更改时，将执行 fsubSalesLineitems 的 Form_AfterUpdate 过程。Form_AfterUpdate 过程将重新计算 frmSales 上的税款金额控件(txtTaxAmount)。dTaxRate 变量保存客户的税率(frmSales 上的 txtTaxRate 的值)，而 cTaxAmount 存储 CalcTax()函数返回的值。CalcTax()计算实际的税款金额。调用 CalcTax()时，它将传递两个参数，分别是 dTaxRate 的值以及当前行条目的发票编号(Me.InvoiceNumber)。图 28.10 显示了 CalcTax()函数。

CalcTax()创建一个记录集，用于对当前销售的 tblSalesLineItems 中的可征税项目的数量和价格求和。该函数接收两个参数，分别是税率(dTaxPercent)和发票编号(lInvoiceNum)。代码将检查以了解记录集是否返回了记录。如果记录集位于文件结尾(EOF)，也就是记录集未针对当前销售找到任何行条目，那么 CalcTax 返回 0。如果记录集包含记录，CalcTax 的返回值设置为记录集的 Subtotal 字段乘以税率(dTaxPercent)所得到的值。

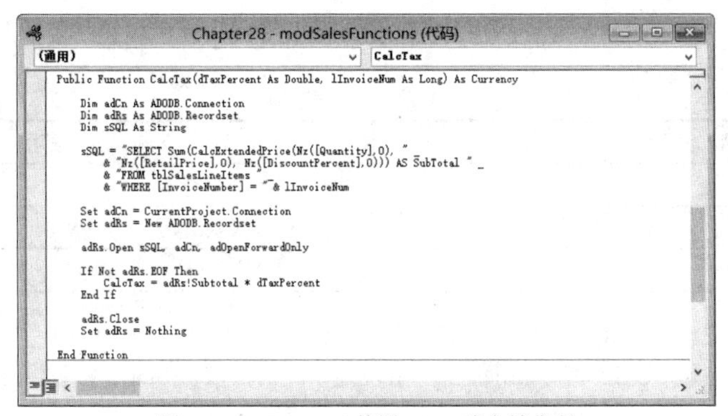

图 28.10　CalcTax()使用 ADO 确定销售税

在调用 CalcTax 的过程的结尾处(如图 28.11 所示)，txtTaxAmount 设置为 cTaxAmount 值。

当 frmSales 中的 Buyer、Tax Location 或 Tax Rate 控件发生更改时，可以对单个控件使用 AfterUpdate 事件，以重新计算税款金额。图 28.11 显示了 txtTaxRate_AfterUpdate 事件的代码。

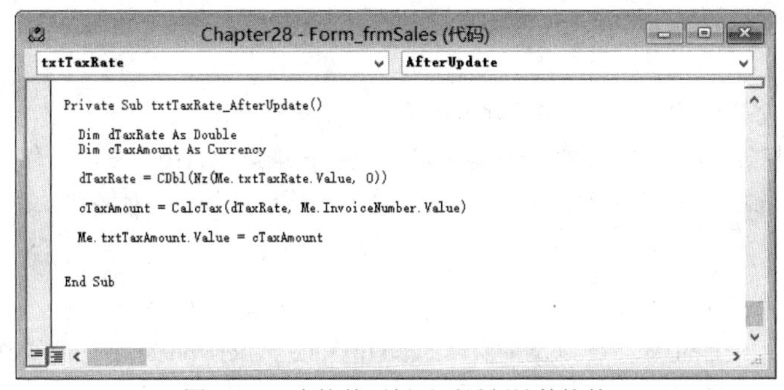

图 28.11　在控件更新以后重新计算控件

txtTaxRate_AfterUpdate 中实施的逻辑与 fsubSalesLineitems_AfterUpdate 中的逻辑相同。实际上，也可以对 Buyer 和 Tax Location 控件使用相同的代码。图 28.9 中的代码与图 28.11 中的代码之间的唯一差别在于，只要销售行项目子窗体中发生更改，图 28.9 中的过程便会运行，而图 28.11 中的代码在对主窗体上的 txtTaxRate 进行更改时运行。

2. 检查记录删除的状态

当删除某个行条目时，可使用窗体的 AfterDelConfirm 事件来重新计算 txtTaxAmount 控件。窗体的 AfterDelConfirm 事件(如图 28.12 所示)与子窗体的 AfterUpdate 事件代码类似。但注意，销售主窗体上的 txtTaxAmount 通过该过程设置，尽管该代码在 frmSales 上嵌入的 fsubSalesLineitems 子窗体中运行。

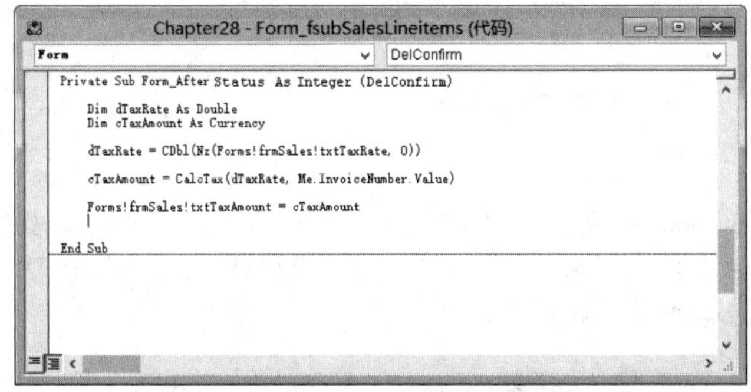

图 28.12　在删除记录后重新计算控件

Access 总会确认用户启动的删除操作。Access 将显示一个消息框，要求用户确认删除。如果用户确认删除，当前记录将从窗体的记录集中删除，并临时存储在内存中，以便根据需要撤消删除操作。在用户确认或取消删除操作后，将发生 AfterDelConfirm 事件。如果 BeforeDelConfirm 事件未取消，将在显示删除确认对话框以后发生 AfterDelConfirm 事件。即使 BeforeDelConfirm 事件被取消，仍会发生 AfterDelConfirm 事件。

AfterDelConfirm 事件过程返回有关删除的状态信息。表 28.2 介绍了各个删除状态值。

表 28.2　删除状态值

状态值	说明
acDeleteOK	删除正常进行
acDeleteCancel	以编程方式取消删除
acDeleteUserCancel	用户取消了删除

AfterDelConfirm 事件过程的 Status 参数可以在该过程中设置为上述任何值。例如，如果 AfterDelConfirm 事件过程中的代码确定，删除记录可能会导致应用程序中出现问题，则应该将 Status 参数设置为 acDeleteCancel，如下所示：

```
If <Condition_Indicates_a_Problem> Then
  Status = acDeleteCancel
  Exit Sub
Else
  Status = acDeleteOK
End If
```

之所以提供 Status 参数，是为使 VBA 代码能够覆盖用户删除记录的决定，前提是条件允许这种覆盖。如果 Status 设置为 acDeleteCancel，临时缓冲区中存储的记录副本将恢复到记录集，且终止删除过程。另一方面，如果 Status 设置为 acDeleteOK，删除将继续，在用户移动到记录集中的另一条记录后，临时缓冲区将被清空。

3. 消除重复代码

本节中的示例将生成三个包含近乎相同的代码的过程。如果需要修改代码，必须在子窗体的 Form_AfterDelConfirm 和 Form_AfterUpdate 事件以及主窗体的 txtTaxRate_AfterUpdate 事件中修改。如果所做的修改不一样，或者只是忘记了在其中一个过程中修改代码，可能会在工程中引入错误。

在多个事件过程中编写相同或者非常相似的代码时，最佳做法是将代码移动到一个标准模块中，并从事件过程中调用它。不能简单地将代码复制到标准模块中，因为这些代码尽管非常相似，但并不完全相同。需要在新过程的参数中处理代码中的差异，例如引用 txtTaxRate 的方式，如下所示。

```
Public Sub UpdateTaxRate(frmMain As Form, _
  dTaxRate As Double, _
  lInvoiceNumber As Long)

  Dim cTaxAmount As Currency

  cTaxAmount = CalcTax(dTaxRate, lInvoiceNumber)

  frmMain.txtTaxAmount.Value = cTaxAmount

End Sub
```

该过程放在 modSalesFunctions 模块中。并不是在三个事件过程中使用相似的代码，而是在每个事件过程中调用该过程。如果必须进行任何更改，只需要更新该过程。下面的代码显示了如何从子窗体的 Form_AfterUpdate 事件和主窗体的 txtTaxRate_AfterUpdate 事件调用该过程。

```
Private Sub txtTaxRate_AfterUpdate()

  UpdateTaxRate Me, CDbl(Nz(Me.txtTaxRate.Value, 0)), _
    Me.InvoiceNumber.Value

End Sub
```

```
Private Sub Form_AfterUpdate()

  UpdateTaxRate Me.Parent, _
    CDbl(Nz(Me.Parent.txtTaxRate.Value, 0)), _
    Me.InvoiceNumber.Value

End Sub
```

从主窗体中，传递了 Me 关键字(引用窗体本身)，并从窗体上的控件获取了其他参数。从子窗体中，使用了 Me.Parent 引用主窗体，以检索必需的值。

28.4.3 添加新记录

可向表中添加记录，就像更新记录一样轻松。使用 AddNew 方法可向表中添加新记录。下面显示的 ADO 过程向 tblCustomerContacts 表中添加新客户：

```
Public Sub AddNewContact(sFirstName As String, sLastName As String)

    Dim db As DAO.Database
    Dim rs As DAO.Recordset

    Set db = CurrentDb
    Set rs = db.OpenRecordset("tblCustomerContacts", dbOpenDynaset)

    With rs
        .AddNew 'Add new record

        'Add data:
        .Fields("LastName").Value = sLastName
        .Fields("FirstName").Value = sFirstName

        .Update 'Commit changes
    End With

    rs.Close
    Set rs = Nothing
    Set db = Nothing

End Sub
```

如该示例所示，使用 AddNew 方法类似于使用 Edit 方法编辑记录集数据。AddNew 会为新记录创建一个缓冲区。执行 AddNew 后，将为新记录中的字段分配值。Update 方法会将新记录添加到记录集的末尾处，然后添加到基础表中。

28.4.4 删除记录

要从表中删除记录，可使用 ADO 方法 Delete。下面的代码显示了用于从 tblCustomerContacts 表中删除记录的 ADO 过程。

```
Public Sub DeleteContact(ContactID As Long)

    Dim db As DAO.Database
    Dim rs As DAO.Recordset
    Dim sSql As String

    sSql = "SELECT * FROM tblCustomerContacts " _
       & "WHERE ID = " & ContactID & ";"
```

```
    Set db = CurrentDb
    Set rs = db.OpenRecordset(sSql, dbOpenDynaset)

    With rs
       If Not .EOF Then
          .Delete 'Delete the record
       End If
    End With

    rs.Close
    Set rs = Nothing
  Set db = Nothing
```

注意：

请不要在 Delete 方法后面紧跟 Update。一旦执行了 Delete 方法，记录便会立即从记录集中永久删除。

使用 ADO 删除记录不会触发删除确认对话框。一般来讲，使用 ADO 代码对数据所做的更改不需要进行确认，因为确认会中断用户的工作流。这意味着，开发人员应该负责确保删除操作正确无误，然后继续操作。记录删除后，便无法再撤消对基础表所做的更改。但是，Access 仍然会强制实施参照完整性。如果尝试删除违反参照完整性的记录，将收到错误。

28.4.5　删除多个表中的相关记录

当编写 ADO 代码以删除记录时，需要了解应用程序的关联关系。包含要删除的记录的表可能会与另一个表具有一对多关系。

看一下 frmSales 示例中使用的表的关系图(参见图 28.13)。tblSales 有两个关联的相关表，分别是 tblSalesLineItems 和 tblSalesPayments。

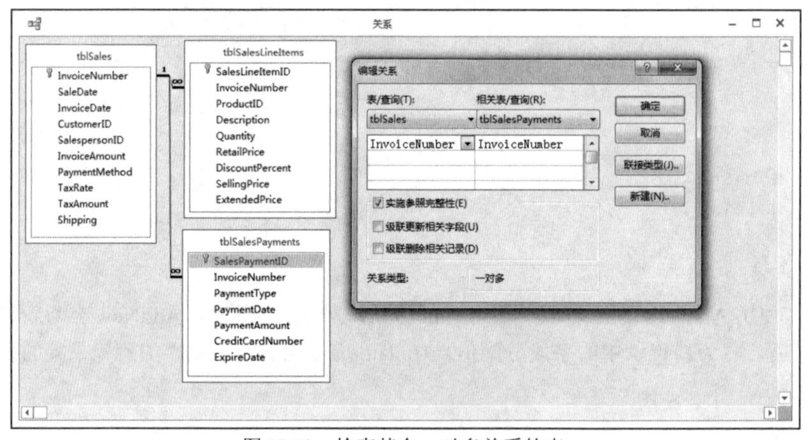

图 28.13　检查某个一对多关系的表

"编辑关系"对话框显示了 tblSales 和 tblSalesPayments 之间的关系的设置情况。关系类型为一对多(1:M)，并强制实施参照完整性。一对多关系意味着父表(tblSales)中的每条记录可以在子表(tblSalesPayments)中对应一条或多条记录。父表中的每条记录必须唯一，比如，不能有两条 InvoiceNumber 和其他信息完全相同的销售记录。

交叉参考：

有关表之间的关系的内容参见第 4 章。

在一对多关系中，每条子记录(在 tblSalesPayments 中)必须与父表(tblSales)中的一条记录(只能有一条记录)相关联。但是，tblSales 中的每条销售记录可能与 tblSalesPayments 中的多条记录相关联。

当针对一对多关系强制实施参照完整性时，即会告诉 Access，对于 tblSales 表中的记录，如果 tblSalesPayments

表中存在具有相同发票编号值的记录，则不能将其删除。如果 Access 遇到违反参照完整性的删除请求，那么它会显示一条错误消息，并取消删除操作，除非在“编辑关系”对话框中启用了级联删除(请参阅图 28.13)。

如第 4 章所述，在“编辑关系”对话框中提供了设置“级联更新相关字段”和“级联删除相关记录”的选项。默认情况下，不会启用这些选项，理由非常充分。如果启用级联删除，当使用 VBA 代码删除某条销售记录时，tblSalesLineItems 和 tblSalesPayments 中的所有相关记录也将删除。这可能是好事，也可能是坏事，具体取决于特定的情况。对于取消的销售订单，删除未售出的销售行条目，不会产生不好的结果。但是，在处理已经完成付款的已取消订单时，删除客户的付款记录就会导致错误。客户肯定希望退还针对该订单的付款，但 Access 删除了对应的付款记录。

绝大多数情况下，最好使用 Active 字段(是/否数据类型)来指示父记录的状态。当订单下达时，Active 字段设置为 Yes，仅当订单已经取消或完成时，才会设置为 No。也可以考虑向 tblSales 表中添加一个 CancellationDate 字段，并将其设置为订单被取消的日期。如果 CancellationDate 为空，则表示订单尚未取消。

当编写代码以删除记录时，需要首先检查以确定包含要删除的记录的表与数据库中的其他任何表之间是否存在一对多关系。如果存在相关表，在 Access 允许删除父表中的记录之前，需要先删除相关表中的记录。

幸运的是，可以编写单个过程，以删除相关表和父表中的记录。图 28.14 中显示了 frmSales 中的 cmdDelete 命令按钮对应的代码。

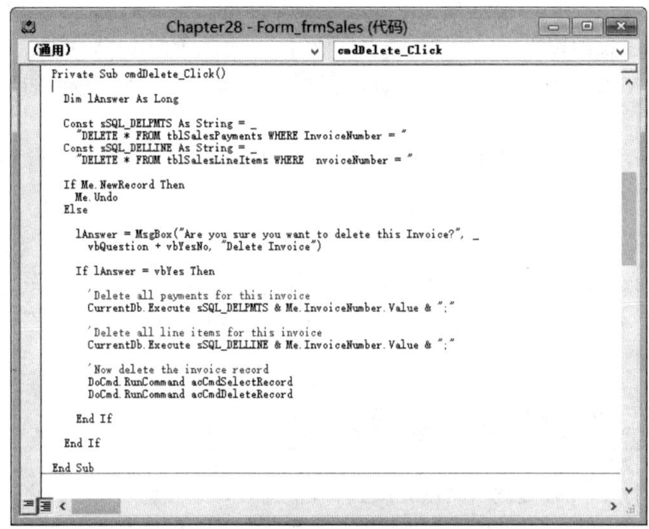

图 28.14　使用 ADO 代码删除多条记录

cmdDelete_Click 事件过程将删除 tblSalesPayments、tblSalesLineItems 和 tblSales 中具有与当前发票编号匹配的发票编号的记录。

cmdDelete_Click 中的语句(If Me.NewRecord Then)使用 NewRecord 属性来确定当前销售记录是否为新记录。如果是新记录，Me.Undo 将回滚对记录所做的更改。如果当前记录不是新记录，该过程将显示一个消息框，确认用户确实想要删除该记录。如果用户单击“是”按钮，该过程会将该记录从表中删除。

两个常量 sSQL_DELPMTS 和 sSQL_DELLINE 保存的 SQL 语句分别用于在 tblSalesPayments 和 tblSalesLineItems 中查找和删除具有与 frmSales 上的发票编号匹配的发票编号的记录。发票编号连接到常量的结尾，并以参数形式传递到 CurrentDb 的 Execute 方法。可将查询的名称或 SQL 语句作为参数传递到 Execute 方法。Execute 方法只是运行指定的查询或 SQL 语句。

注意：

如果查询或 SQL 语句包含 WHERE 子句，但 Execute 方法找不到任何满足 WHERE 条件的记录，不会发生任何错误。但是，如果查询或 SQL 语句包含无效的语法或者无效的字段或表名，Execute 方法将失败，并引发错误。

在删除 tblSalesPayments 和 tblSalesLineItems 表中的记录后，便可以删除 tblSales 表中的记录。

第29章

使用 VBA 进行高级数据访问

本章内容：

- 使用组合框在窗体上查找记录
- 使用窗体的筛选选项
- 使用参数查询筛选窗体

前面的几章介绍了 Access 编程的基本知识，查看并使用了一些内置的 VBA 函数，亲身体验了各种 VBA 逻辑构造。还了解了 DAO 和 ADO 的相关知识，以及如何通过记录集来访问表和查询中的数据。此外，还探讨了很多有关窗体和查询的内容。

本章将运用上述所有知识，了解如何使用涉及窗体、Visual Basic 代码和查询等技术的组合来显示窗体或报表中的选定数据。

> Web 内容
>
> 在 Chapter29.accdb 示例数据库中，可以找到一些可用作起点的窗体，以及其他一些已完成的窗体，来与在该示例中更改的窗体进行比较。所有示例都使用经过修改的 frmProducts 和 tblProducts。

29.1 向窗体中添加未绑定组合框以查找数据

在查看 Access 窗体时，经常需要逐页浏览成百上千条记录，以查找想要使用的记录或记录集。可以告诉用户如何使用 Access 的“查找”功能，执行哪些操作以查看其他记录等，但这有悖于为应用程序编程的目的。如果构建应用程序，则希望用户可以更轻松高效地使用系统，而不需要教他们如何使用内置到 Access 中的工具。

图 29.1 显示了一个基于 frmProducts 的窗体在顶部增加了一个控件，这个组合框控件未绑定到窗体中的任何数据。该未绑定的组合框用于直接在 tblProducts 中查找记录，然后使用一些代码在窗体中显示该记录。本章将介绍多种方式来构建该组合框，并使用它作为一种快捷方式在窗体中查找记录。

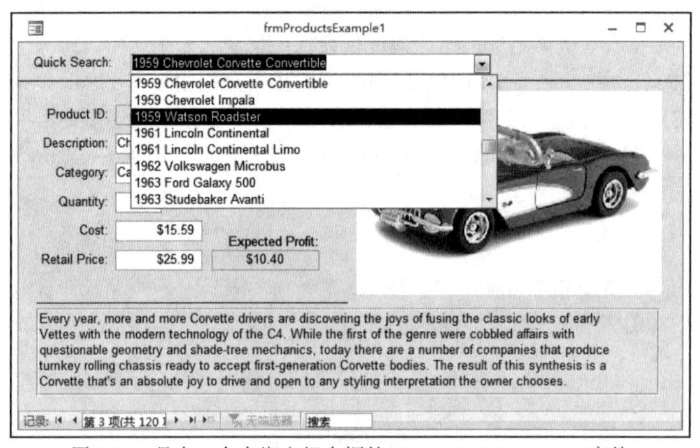

图 29.1 具有一个未绑定组合框的 frmProductsExample1 窗体

该组合框的设计如图 29.2 所示。请注意，“控件来源”属性为空。这表示该组合框未绑定到表中的任何字段，仅由窗体使用，而不更改基础数据库中的数据。

图 29.2 未绑定组合框控件的属性表

该组合框包含两个图 29.3 所示的查询选择的列。第一列 LongDescription 用于连接 tblProducts 表中的 ModelYear 和 Description。第二列是 tblProducts 表中的 ProductID 字段。ProductID 列作为该组合框的绑定列，其值是在该组合框中选择一行时该组合框返回的值。第二列的宽度为 0，会导致在下拉该组合框列表时隐藏该列。

注意：

在随后的代码示例中，将看到对 cboQuickSearch.Value 的引用。请记住，该组合框的值来源于“绑定列”(不一定是显示的信息)，在该示例中是组合框中选定项目的 Product ID。

该组合框用于本章中的多个示例。接下来讨论如何使用该组合框及其背后的代码通过各种方式来查找记录。

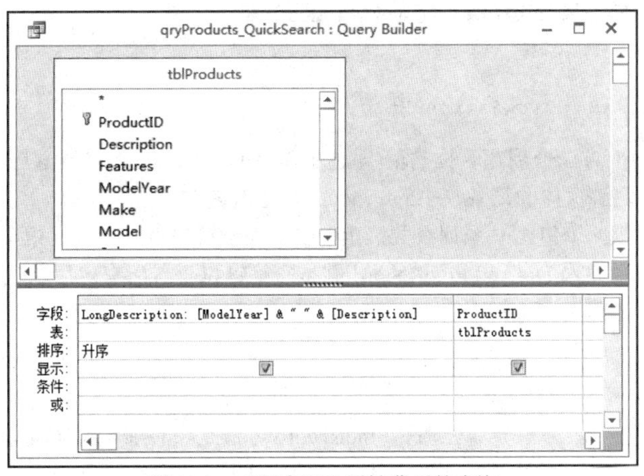

图 29.3 “行来源”属性背后的查询

29.1.1 使用 FindRecord 方法

下面看看 frmProductsExample1 上的快速搜索组合框的工作方式。从 cboQuickSearch 中选择一种产品将激发 AfterUpdate 事件。AfterUpdate 事件过程中的代码对窗体执行搜索，窗体会立即显示选定的记录。

FindRecord 方法可在窗体的绑定记录集中查找记录。这等效于使用功能区上的双筒望远镜在数据表中查找记录。

对数据表执行搜索时，首先单击想要搜索的列，如 LastName。接下来，单击功能区上的双筒望远镜，打开“查找和替换”对话框，然后输入想要在记录集中查找的名称。Access 知道使用 LastName 字段，因为它是在数据表中选择的列。当输入 Smith 作为搜索条件时，Access 会将数据表记录指针移动到 LastName 字段中包含 Smith 的第一行。

当使用代码在绑定 Access 窗体的内容中进行搜索时，实际上是使用 VBA 语句执行同样的步骤。

要在组合框背后创建一个 AfterUpdate 事件过程，请执行下面的步骤：

(1) 在设计视图中显示 frmProductsExample1，单击 cboQuickSearch，然后按 F4 键以显示属性表。

(2) 选择“事件”选项卡并选中“更新后”事件。

(3) 单击“更新后”事件属性中的组合框箭头，然后选择“事件过程”。

(4) 单击显示在属性右侧的生成器按钮。该过程将显示在一个单独的 VBA 代码窗口中。在窗体的代码模块中自动创建事件过程模板(Private Sub cboQuickSearch_AfterUpdate() ... End Sub)。如前所述，只要创建事件过程，控件和事件的名称就会成为子过程的一部分。

(5) 输入如图 29.4 所示的四行代码。

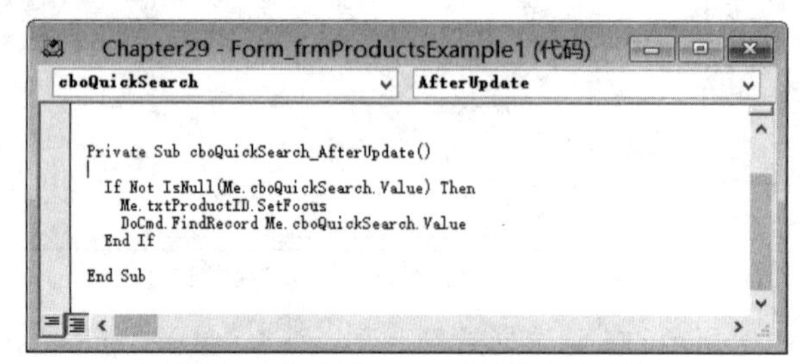

图 29.4　使用 FindRecord 方法查找记录

第一行将进行检查以确保 cboQuickSearch 包含值(不为空)。如果 cboQuickSearch 为空，程序将流向 End If 语句，不会进行任何搜索。如果 cboQuickSearch 有值，将执行 If 块中的代码，首先是下面的语句：

```
Me.txtProductID.SetFocus
```

该语句会将光标移到 txtProductID 控件。就像需要手动将光标移动到数据表中的一列，以便使用功能区上的“查找”图标一样，必须将光标放在想要用作搜索目标的绑定控件中。在该示例中，将光标移到包含 ProductID 值的控件，因为搜索操作在窗体的绑定记录集中查找特定的 ProductID。

If 块中的下一个语句如下：

```
DoCmd.FindRecord Me.cboQuickSearch.Value
```

在该语句中，FindRecord 方法使用组合框的值(即选定项目的 ProductID)以搜索选定产品的记录。Access 会将 cboQuickSearch 中的值与绑定到窗体的记录集中的 ProductID 进行匹配。

FindRecord 方法找到的第一个值由一系列参数确定，包括大小写是否匹配以及搜索是向前还是向后，或者第一条找到的记录。在代码窗口中输入 DoCmd.FindRecord 并按空格键以查看所有可用选项。FindRecord 方法一次仅查找一条记录，同时允许查看其他所有记录。

29.1.2　使用书签

当想要用于查找记录的控件显示在窗体上时，FindRecord 方法是一种非常好的搜索方式。此外，如果要搜索的值是单个值，也可以使用该方法。书签是另一种查找记录的方式。

frmProductsExample2 包含该示例的代码。

图 29.5 显示了组合框的 AfterUpdate 事件过程。该代码使用书签在窗体的记录集中查找与搜索条件匹配的记录。上图中的前几行代码如下：

```
Dim rsClone As DAO.Recordset
Dim sCriteria As String

Const sSEARCHFLD As String = "[ProductID]"

If Not IsNull(Me.cboQuickSearch.Value) Then

    Set rsClone = Me.RecordsetClone
```

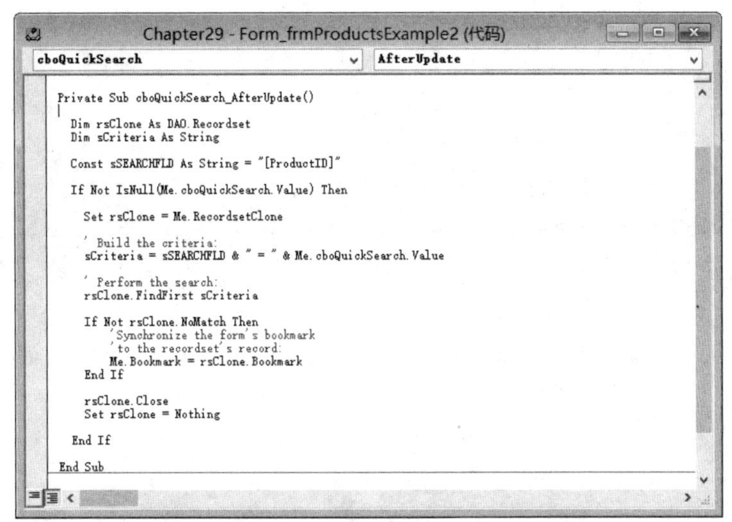

图 29.5 使用 RecordsetClone 书签查找记录

前三行声明一个名为 rsClone 的记录集、一个名为 sCriteria 的字符串以及一个名为 sSEARCHFLD 的常量，该常量设置为要搜索的字段名称。这些对象稍后在代码中使用。紧接着，过程将检查 cboQuickSearch 是否有值，即用户是否在组合框中选择了选项。下一行将记录集设置为窗体的绑定记录集的副本(RecordsetClone)。

RecordsetClone 与它的名称完全相符，即在搜索记录时可以使用的窗体记录集的内存副本。如果改为使用窗体的绑定记录集，搜索会将当前记录移离窗体中显示的记录。如果未在窗体的绑定记录集中找到搜索目标，窗体最终将位于绑定记录集中的最后一条记录，这肯定会使用户产生混淆。

Recordset 对象的 FindFirst 方法需要一个包含条件的搜索字符串，以在记录集中进行查找。通过搜索副本，可以控制绑定记录集何时更改当前记录。

可根据需要使用任意复杂的条件字符串。以下语句将连接[ProductID] (常量)、一个等号以及 cboQuickSearch 的值：

```
sCriteria = sSEARCHFLD & " = " & Me.cboQuickSearch.Value
```

假定 cboQuickSearch 的值为 17，那么 sCriteria 将为：

```
[ProductID] = 17
```

注意：

之所以可以单独使用条件字符串，是因为 ProductID 是一个数字字段。如果是文本字段，则需要在值两侧加上引号，如下所示：

```
sCriteria = sSEARCHFLD & " = '" & Me.cboQuickSearch.Value & "'"
```

此时，条件实际上是：

```
[ProductID] = '17'
```

在该示例中，对条件字符串有很多控制，因为使用的是组合框的值。在其他情况下，可从文本框中获取条件字符串的组成部分，而用户几乎可在该文本框中输入任何内容。例如，如果文本框中包含一个在条件字符串中使用的单引号，就会遇到一种称为“嵌入引号”的情况(引用字符串内的引号)。

幸运的是，嵌入引号非常容易避免。如果需要在引用字符串中使用引号，只需要使用两个引号。例如，如果搜索名称 O’Mally，代码应该如下所示：

```
sCriteria = "[LastName] = 'O''Mally'"
```

请注意在处理条件字符串时，O"Mally 中的两个引号将转换为一个引号。要通过文本框实现这一目标，可使用 Replace 函数将一个引号替换为两个引号。

```
sCriteria = "[LastName] = " & _
  Replace(Me.txtLastName, String(1, "'"), _
  String(2, "'"))
```

提示：

有时，在代码中创建条件是一个比较复杂的过程。目标是构建一个可以复制到查询 SQL 窗口并按原样运行的字符串。通常情况下，创建条件字符串最好的方式是构建查询，切换到 SQL 视图，并将 SQL 语句复制到 VBA 代码窗口中。然后，将代码的 WHERE 子句拆分为字段名称和控件值，根据需要在字符串和日期值两侧插入连接运算符和分隔符。

条件字符串完成后，使用记录集的 FindFirst 方法在 RecordsetClone 中搜索记录。下面的代码行使用记录集的 FindFirst 方法，以参数形式传递条件字符串：

```
rsClone.FindFirst sCriteria
```

注意：

不必创建 sCriteria 变量，然后将条件字符串设置为该变量。可简单地将条件放在 rsClone.FindFirst 方法的后面，如下所示：

```
rsClone.FindFirst "ProductID = " & Me.cboQuickSearch.Value
```

但是，当具有复杂条件时，通过使用条件字符串的命令单独创建条件可能会更容易一些，这样可以在查询编辑器中单独调试该字符串。

使用接下来的几行确定是否应该移动窗体中的记录指针。请注意下面的代码块中引用的 Bookmark 属性。书签是一个固定指针，指向记录集中的一条记录。FindFirst 方法会将记录集的书签放在找到的记录上。

```
If Not rsClone.NoMatch Then
  Me.Bookmark = rsClone.Bookmark
End If
```

如果未找到任何记录，则记录集的 NoMatch 属性为 True。由于希望在找到记录的情况下设置书签，因此需要相当于双重否定的计算机语言。从本质上说，意思就是如果“不是找不到记录”，则书签是有效的。为什么 Microsoft 选择了 NoMatch 而不是 Match (它可将逻辑减少为 If rsClone.Match Then...)？对于大家来说，这一直是一个谜团。

如果找到匹配的记录，窗体的书签(Me.Bookmark)将设置为找到的记录集的书签(rsClone. Bookmark)，窗体会将自身重定位到带有书签的记录。该操作不会筛选记录，而只是将窗体的书签放到匹配条件的第一条记录上。其他所有记录在窗体中仍然可见。

最后几行代码只是关闭记录集，并将其从内存中删除。

注意：

可根据需要设置复杂的条件，甚至可以涉及多个不同数据类型的字段。请记住，字符串必须通过单引号进行分隔(不是双引号，因为双引号用于括住整个字符串)，日期通过#号(#)进行分隔，而数字值不需要分隔。

使用 FindFirst 或 Bookmark 方法要好于使用 FindRecord，因为它允许使用更复杂的条件，不要求被搜索的控件必须可见。不必将光标预先定位到某个控件上，即可使用记录集的 FindFirst 方法。

注意：

这里说明一下，通过窗体的 RecordsetClone 属性创建的记录集是 DAO 类型的记录集。只有 DAO 记录集支持 FindFirst、FindLast、FindNext 和 FindPrevious 方法。对于 Microsoft 来说，没有任何理由重新构建 Access 窗体(这种情况下还包括报表)以使用 ADO 类型的记录集。在处理绑定窗体和报表时，DAO 模型没有任何问题。

29.2　筛选窗体

尽管使用 FindRecord 或 FindFirst 方法可以快速查找满足所需条件的记录，但仍会显示表或查询记录集中的其他所有记录，并且不一定将所有记录保存在一起。筛选窗体可以仅查看所需的记录或记录集，隐藏所有不匹配的记录。

如果记录集很大，而只希望查看与需求匹配的记录子集，那么筛选器是很好的选择。

可以使用代码或使用查询来筛选窗体。本节介绍这两种方法。

29.2.1　使用代码

图 29.6 显示 cboQuickSearch_AfterUpdate 的事件包含了针对窗体的记录集创建和应用筛选器所需的两行代码。每个窗体都包含一个 Filter 属性，用于指定如何筛选绑定记录。默认情况下，Filter 属性为空，窗体显示基础记录集中的所有记录。

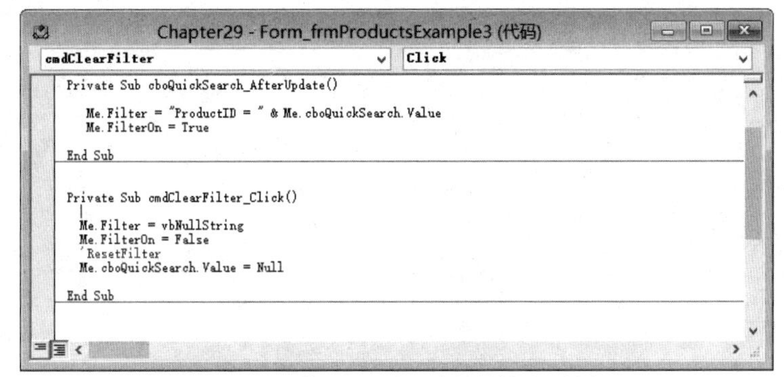

图 29.6　用于筛选以及清理窗体的筛选器的代码

第一行代码设置窗体的 Filter 属性：

```
Me.Filter = "ProductID = "& Me.cboQuickSearch.Value
```

注意，该字符串与用作传递到记录集的 FindFirst 属性的条件的字符串完全相同。

第二行代码(Me.FilterOn = True)启用筛选器。可将所需的所有条件放到一个筛选器属性中，但是，除非显式地将 FilterOn 属性设置为 True，否则筛选器永远也不会应用于窗体的记录集。筛选器将隐藏与条件不符的所有记录，仅显示满足筛选器值的记录。

```
Me.FilterOn = True
```

启用筛选器后，最好提供一种禁用该筛选器的方式。frmProductsExample3 上的组合框旁边有一个小按钮(cmdClearFilter)。该按钮可禁用筛选器，并将窗体的 Filter 属性设置为空字符串(vbNullString)。图 29.6 所示的第二个过程是该按钮的 Click 事件过程：

```
Private Sub cmdClearFilter_Click()

  Me.Filter = vbNullString
  Me.FilterOn = False
  Me.cboQuickSearch.Value = Null

End Sub
```

警告：

如果创建窗体筛选器，然后保存设置了筛选器的窗体设计，该筛选器将与窗体一起保存。下次打开该窗体时，保存的筛选器将处于活动状态。当窗体关闭时，最好将窗体的 Filter 属性设置为空字符串。下面的代码使用窗体的 Close 事件过程来清除筛选器：

```
Private Sub Form_Close()
    Me.Filter = vbNullString
    Me.FilterOn = False
End Sub
```

除了清除组合框的行以外，该代码与 cmdClearFilter_Click 中的代码相同。为获得更整洁的基本代码，建议将重复代码移动到其自己的过程中。下面显示了这两个事件过程以及具有重复代码的新过程：

```
Private Sub cmdClearFilter_Click()

  ResetFilter
  Me.cboQuickSearch.Value = Null

End Sub
Private Sub Form_Close()

  ResetFilter

End Sub
Private Sub ResetFilter()

  Me.Filter = vbNullString
  Me.FilterOn = False

End Sub
```

这两个事件过程都调用 ResetFilter，而不是使用重复代码。

29.2.2　使用查询

可使用一个窗体控制另一个窗体。或者让记录集根据用户输入的即席条件显示选定的数据。例如，每次运行报表时，都会显示一个对话框，然后用户输入一组日期或者选择产品或客户。执行这项任务的一种方式是使用参数查询。

1. 创建参数查询

参数查询指的是其条件引用了变量、函数或窗体控件的查询。通常情况下，可在条件输入区域中输入诸如 SMITH、26 或 6/15/12 的值。也可以输入提示，例如[Enter the Last Name]，或者对窗体上控件的引用，例如 Forms!frmProducts![cboQuickFind]。

Web 内容

Chapter29.accdb 示例数据库包含一个名为 qryProductParameterQuery 的参数查询。

创建参数查询最简单的方法是创建一个选择查询，指定查询的条件，并运行该查询，以确保其正常工作。然后将条件更改为以下内容：

```
Like [<some prompt>] & "*"
```

或者：

```
Like "*" & [<some prompt>] & "*"
```

其中，*<some prompt>*是想要向用户提出的问题。图 29.7 显示了一个参数查询，当运行查询时提示用户输入产品类别。

只要运行该查询，即使将它用作窗体或报表的记录源，或者列表框或组合框的行来源，也会显示参数对话框，根据输入的内容，查询条件还会对查询结果进行筛选。图 29.8 显示了打开的参数对话框，要求用户输入查询所需的产品类别值。

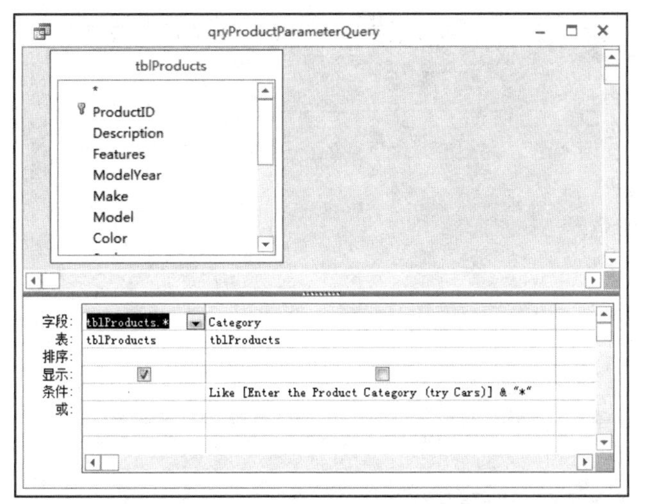

图 29.7　创建一个简单的参数查询

如前所述，Like 运算符允许进行通配符搜索。例如，如果想要筛选以“cars”(或“CARS”)开头的产品类别的查询记录，可在参数对话框中输入 Cars。如果不使用参数，那么必须在查询的条件区域中输入 Like "Cars*"。此外，由于通配符(*)包含为参数的一部分，因此，用户在响应参数对话框时不必包含通配符。

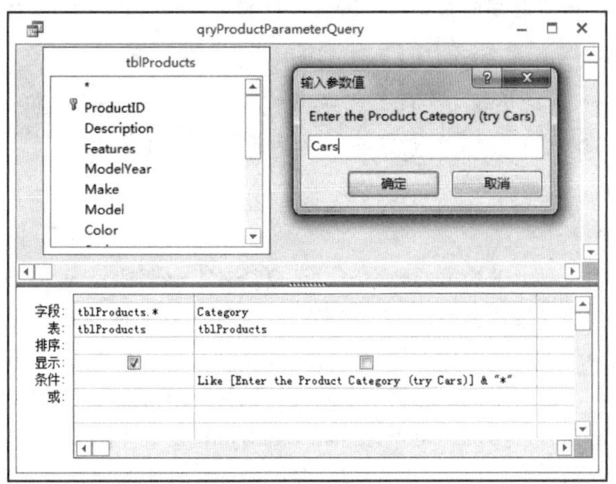

图 29.8　运行参数查询

提示：

在任何查询或 SQL 字符串中可将通配符* (该位置后可以是任意字符)和? (该位置代表一个字符)与 Like 运算符结合使用。

注意：

如果选择“SQL Server 兼容语法(ANSI 92)”(选择“文件”|“选项”，然后选择“对象设计器”选项卡)，或者使用 ADO 运行 SQL 语句，那么通配符是% (该位置可以是任意字符)和_ (该位置代表一个字符)。

向参数中添加星号的结果是，如果用户不输入参数值，那么条件将求解为“LIKE *”，而查询将返回除 Null 外的所有记录。如果用户未能提供产品类别，将星号放在条件表达式以外将导致不返回任何记录。

图 29.9 显示的是“查询参数”对话框(通过右击查询的上部区域并从显示的快捷菜单中选择“参数”打开)。可使用“查询参数”对话框指定需要特别注意的参数，例如日期/事件条目或者特殊格式的数字。在“查询参数”对话框中输入一个文本条目以显示其工作方式。可输入参数文本并选择参数的数据类型。

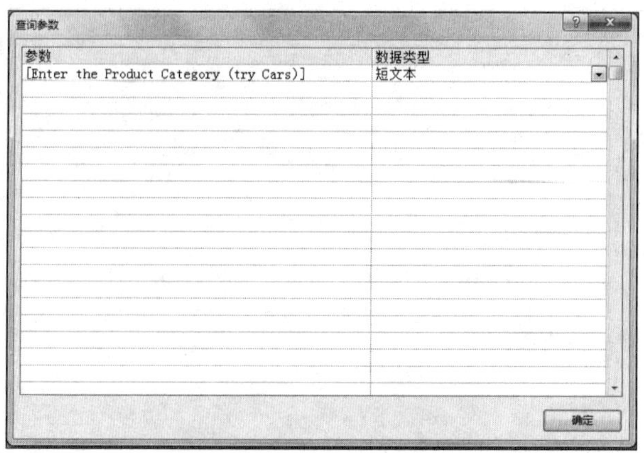

图 29.9　“查询参数”对话框

提示：

如果想添加更复杂的参数，例如日期范围，请在日期字段中使用诸如 Between [Enter the Start Date] and [Enter the End Date]的表达式作为条件。这会显示两个单独的参数对话框，然后相应地筛选日期值。

但是，Access 参数查询不能为参数提供默认值。最好始终在条件表达式中包含星号，这样，如果用户在不输入值的情况下关闭参数对话框，查询将返回所有记录，因为条件表达式将解析为 Like “*”。

警告：

只能对文本字段使用 Like "*"。对于数字字段，可将条件设置为[My Prompt] OR ([My Prompt] IS NULL)。需要确保两处 My Prompt 输入相同的内容(可以复制并粘贴)。如果希望返回所有记录，包括具有 Null 值的记录在内，也可对文本字段使用这种方法。

2. 创建交互式筛选对话框

参数查询的问题在于，它们只适用于简单参数。用户必须精确了解要输入到参数对话框中的内容，如果他们输入的参数有误，则不会看到预期的结果。此外，使用参数查询来输入复杂条件相当困难。

更好的方法是创建一个简单窗体，在窗体上放置控件，并以参数形式从查询引用这些控件。换句话说，查询使用窗体的控件获取其参数值。对于用户来说，这是一个巨大的优势，因为控件可以呈现可接受参数值的列表或下拉菜单，从而帮助用户选择条件。此外，可以向每个控件的 AfterUpdate 事件添加代码来验证用户的输入，以确保查询可以真正运行。诸如组合框或列表框的控件的内容可以是动态的，包含来自基础表的实际值。这意味着条件控件可能仅包含下订单的客户名称，或者当时实际位于数据库中的产品类别。

图 29.10 显示了设计视图的 frmFilterProducts。cboCategory 中填充了来自 qryCategories 的数据，其中按照字母顺序对 tblCategories 表中的记录排序。

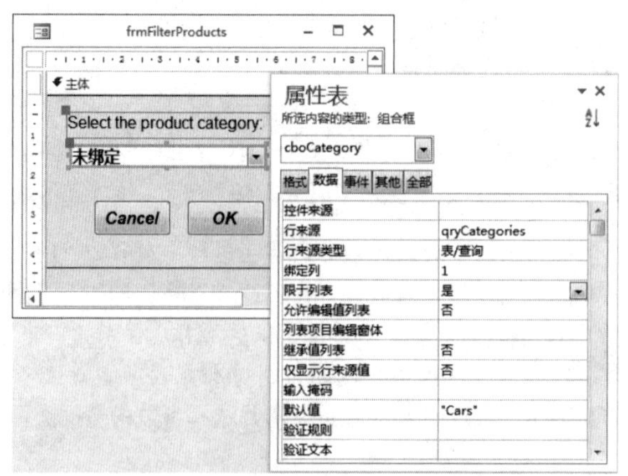

图 29.10　创建一个对话框来选择记录

cboCategory 的“默认值”属性设置为 Cars，因为这是 Products 窗体最常用的条件。在该示例中，“限于列表”设置为“是”，因为希望强制用户仅从实际位于 tblCategories 表的类别中选择。

图 29.11 显示了 qryProducts_FormParameter。该查询基于从 frmFilterProducts 的 cboCategory 中检索的类别选择 tblProducts 中的所有字段。请注意 Category 列中的条件表达式，如下所示：

```
= [Forms]![frmFilterProducts]![cboCategory]
```

当查询运行时，它将自动从 cboCategory 中检索条件值。该组合框将返回 Cars，除非用户已经选择了其他类别。

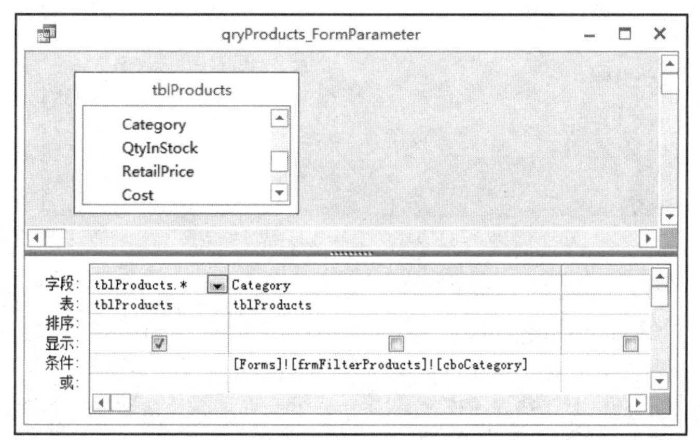

图 29.11　创建一个引用窗体控件的查询

在正常操作中，用户将从 frmFilterProducts 中选择一个产品类别，并单击 OK 按钮。该按钮背后的代码将打开 frmProductsExample4，该窗体绑定到 qryProducts_FormParameter。qryProducts_ FormParameter 中 Category 字段的条件将在 frmFilterProducts 上的 cboCategory 中查找选定的值，这样就会打开 frmProductsExample4，其中仅加载选定的产品类别。

开发人员处理像这种紧密集成的数据库对象(在该示例中为 frmFilterProducts、qryProducts_ FormParameter 和 frmProductsExample4)时，所面临的唯一问题在于，这些对象是协同工作的并不明显。删除或修改其中的任何对象可能会打断工作流或者为用户带来问题。

可以选用某种命名约定，即在名称中指示两个窗体和查询之间的关系，例如为每一项提供相同的名称，但使用不同的前缀。或者，也可在“导航”窗格中使用自定义组，将对象添加到单个组中。在最初的设计人员和开发人员看来显而易见的一些事情，对其他人来说常常并不非常清楚，因此，利用简单的方法帮助记录应用程序非常有益。

警告：

在 frmFilterProducts 未打开的情况下运行 qryProducts_FormParameter，查询就会提示用户输入值。当 frmFilterProducts 未打开时，Access 不能指出条件[Forms]![frmFilterProducts]![cbCategory] 表示什么，因为没有加载名为 frmFilterProducts 的窗体。这种情况下，Access 会假定参数是一个提示，并显示一个输入框。

3. 将对话框链接到另一个窗体

frmFilterProducts 对话框(如图 29.10 所示)不仅创建了一个可从查询引用的值，它还包含用于打开 frmProductsExample4 的代码。

图 29.12 显示了 frmFilterProducts 上 Cancel 和 OK 按钮背后的 cmdCancel_Click 和 cmdOK_Click 事件过程。

cmdOK_Click 事件过程代码将打开 frmProductsExample4，在其上设置焦点，然后重新查询窗体，以确保在窗体上使用最新选择的内容。必须使用 SetFocus 方法将焦点移动到打开的窗体。Requery 方法并不是严格必需的，因为窗体会在其第一次打开时自动重新查询其记录源。但是，如果窗体已经打开，例如，第二次使用该对话框来搜索另一条记录，Requery 方法可确保窗体显示新的数据。

尽管未在 frmFilterProducts 中实施，但 cmdOK_Click 事件过程也可以包含 DoCmd.Close 语句，用于在打开 frmProductExample4 后关闭对话框。或者，也可以选择使对话框保持打开状态，以便用户选择另一个产品类别进行查看。

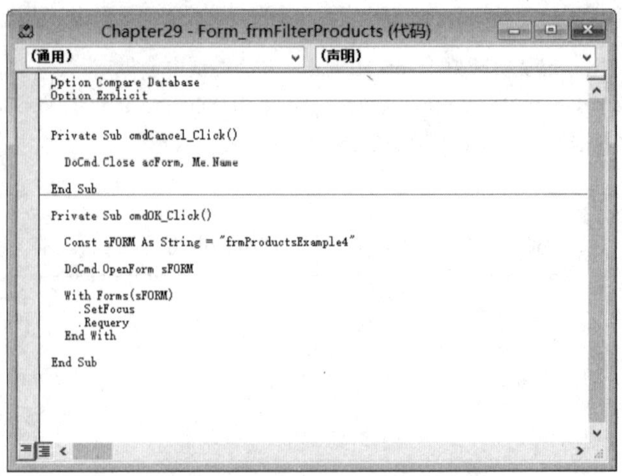

图 29.12　创建一个打开窗体的对话框

使用 With 关键字

使用 With 关键字时无须显式(也就是直接)引用窗体上的控件，例如 Forms!frmProductsExam ple4.SetFocus，从而节省执行时间。该语法要求 Access 按字母顺序搜索数据库容器中的窗体列表。如果有 500 个窗体(某些大型系统有这么多窗体，有时甚至会更多)，而要搜索的窗体名称以 z 开头，那么该搜索将持续相当长的时间。由于存在多个对该窗体的引用，因此，需要多次执行该过程。With 命令可设置一个指向该窗体的内部指针，因此，对该窗体的控件、属性或方法(例如 Requery 或 SetFocus)的所有后续引用会快很多。

当使用 With 关键字并引用窗体名称时，只需要使用句点(.)或感叹号(!)引用控件、属性或方法，比如 Forms!FormName 属于第一种。可在图 29.12 中看到这种形式。

对于每个 With，必须有与之对应的 End With。

第30章

自定义功能区

本章内容：

- 使用默认功能区
- 检查功能区体系结构
- 了解功能区控件
- 了解构造功能区所需的 XML
- 添加 VBA 回调

功能区是用户与 Office 应用程序交互的主要方式。所有 Office 应用程序都有功能区，并支持自定义功能区，包括 Access。

与其他 Office 应用程序相比，Access 是一个独特的应用程序。主要的区别是使用 Access 来创建应用程序，但是使用 Word 和 Excel 来创建文档。功能区定制在 Access 中也有所不同。虽然大多数 Office 文档都是压缩的 XML 文档，但 Access 文件不遵循该模型。如果用户已经在其他 Office 应用程序中定制了功能区，那么在 Access 中将领先一步，因为用户已经熟悉了 XML。如果是功能区定制的新手，请不要担心。本章囊括了所有需要知道的内容。

Web 内容

在 Chapter30.accdb 示例数据库中，有一个名为 Complete_USysRibbon 的表，其中包含了本章示例中的所有数据。我们将创建 USysRibbon 表，但是因为它以 USys 开头，所以要看到它或其他系统表，必须右击"导航"窗格，选择"导航选项"，然后在"导航选项"对话框中选中"显示系统对象"复选框。示例数据库随附了一些将在本章中使用的 XML 文件。

30.1 功能区层次结构

功能区是一个相当复杂的结构，具有层次结构的性质。层次结构的顶部级别是在功能区的顶部显示的选项卡。每个选项卡包含一个或多个组，每个组包含一个或多个控件。功能区可针对当前的任务进行高度灵活的调整，因此，下面的说明可能与屏幕上的内容并不完全相同。

- **选项卡**：功能区层次结构中的顶级对象。可使用选项卡将最基本的操作分为不同的逻辑组。例如，默认功能区包含 5 个选项卡，分别是"开始""创建""外部数据""数据库工具"和"帮助"。"文件"选项卡与其他选项卡的行为不同，它会打开后台区域，其中包含典型的文件操作。
- **组**：功能区层次结构中的第二级对象。组包含任意数量不同类型的控件，用于在逻辑上分隔某个功能区选项卡支持的操作。在图 30.1 中，"开始"选项卡包含 7 个组，分别是"视图""剪贴板""排序和筛选""记录""查找""窗口"和"文本格式"。
- **控件**：在图 30.1 中，请注意"开始"选项卡上每个组中的各种控件。"视图"组包含一个控件，而"文本格式"组包含 18 个不同的控件。通常情况下，一个组中的控件彼此相关，但这并不是必须严格遵循的规则。

图 30.1　默认功能区

警告：

本书中的示例文件使用重叠窗口，而不是默认的选项卡界面。如果使用选项卡界面，则不会在功能区的“开始”选项卡上看到“窗口”组。

当设计自定义功能区时，应该记住基本的功能区层次结构。Microsoft 投入了大量时间来实验和测试功能区范例，它可以很好地适用于各种不同的应用程序。

可以向自定义功能区中添加的最大选项卡数量是 100。这是一个非常高的限制数量。类似地，其他对象也有很高的限制数量。很明显，添加过多的选项卡或组会对用户的实际使用带来问题。一般来说，在设计功能区时应该采取比较谨慎的方式，仅在每个级别包含用户实际需要的条目。Microsoft 建议使用 4 到 5 个选项卡，绝对不要超过 7 个。

30.1.1　Access 功能区的控件

功能区可包含按钮、文本框、标签、分隔符、复选框、切换按钮、编辑框，甚至是嵌套在其他控件中的控件。由于篇幅限制，本章将仅介绍其中的一些控件，不过，如果感兴趣，可以从 Microsoft Office Web 站点(http://office.microsoft.com)上找到说明如何使用 Access 中的每种功能区控件类型的示例。

Access 提供了一些非常有趣的控件，可以在自定义功能区上使用。这些控件在默认功能区中使用，且可以添加到应用程序中的自定义功能区进行访问。

1. 拆分按钮

拆分按钮类似于 Access 界面中的传统按钮。不同之处在于，拆分按钮垂直或水平拆分为两个不同的控件。控件的左侧或顶部就像其他按钮一样，并响应一次单击。按钮的右侧或底部包含一个箭头，在单击时会显示由单项选择选项组成的选择列表。

拆分按钮的一个示例(如图 30.2 所示)是“开始”选项卡上的“视图”按钮。

可以单击“视图”按钮的顶部以切换到特定的视图。在图 30.2 中，设计视图显示在按钮的顶部，因为在数据表视图中打开了一个查询。拆分按钮顶部显示的内容取决于打开的内容和状态。单击“视图”按钮上的箭头可以显示其他选项的列表。只能选择拆分按钮列表中的一个选项。一旦选中列表中的条目，拆分按钮列表就会关闭，并执行用户选择的操作。

拆分按钮控件的按钮部分可以独立编程。

2. 菜单

菜单控件如图 30.3 所示。尽管菜单看起来与组合框或下拉框非常相似，但它们并不是同一种对象类型。注意，图 30.3 中下拉列表中的条目不仅包括文本(“清除所有筛选器”“按窗体筛选”等)，还包含与每一项关联的图像。

图 30.2　拆分按钮是一个功能强大的功能区控件

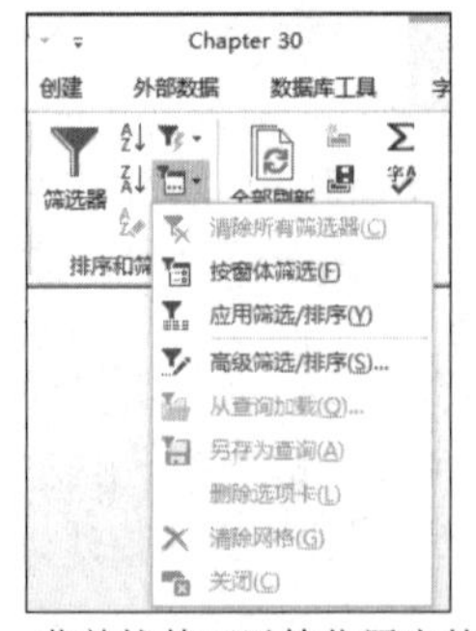

图 30.3　菜单控件可以简化用户的选择

一次只能选择列表中的一项，当存在有限数量的选项时，菜单为用户提供了一种易于理解的界面。

拆分按钮和菜单在很多方面非常类似。在单击时，它们都会显示一个列表，并提供一个由单项选择项目组成的列表。二者的主要差别在于，拆分按钮会拆分成两部分(执行默认操作的按钮部分和一个菜单部分)，而菜单只是在单击时弹出下拉列表。

3. 库

库为用户显示用于设置格式以及执行其他任务的不同选项的缩减视图。图 30.4 显示的是报表的“主题”库。

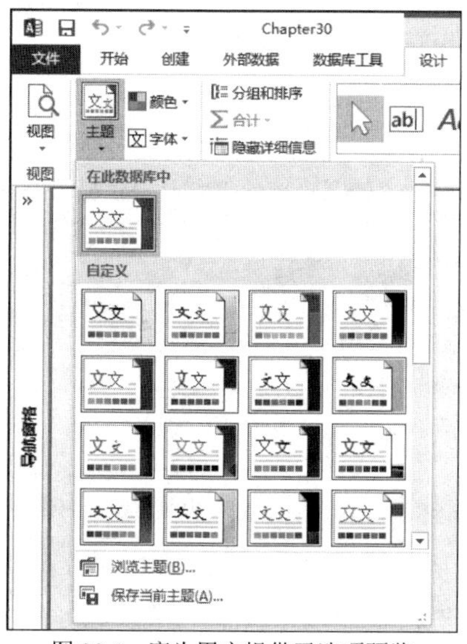

图 30.4　库为用户提供了选项预览

库控件在 Access 中广泛用于显示选项，诸如控件格式设置和字体选择等。

4. 按钮

可以单击按钮以执行操作。它不像菜单或库一样提供选项，但它可以打开一个包含其他选项的对话框。“开始”选项卡的“剪贴板”组中的“复制”按钮就是一个按钮示例。单击“复制”会将当前所选内容复制到剪贴板上，但它不提供其他选项或执行其他操作。

5. 切换按钮

切换按钮是一种特殊类型的按钮控件，用于设置应用程序的状态或条件。切换按钮有两种状态，分别是打开和关闭。当切换按钮处于关闭状态时，就像功能区上的普通按钮一样。当单击切换按钮以设置打开状态时，其背景色将发生更改以指示其状态，其工具提示标题可能会发生更改。图 30.5 显示了处于打开状态的“应用筛选”切换按钮。外观的更改指示应用了筛选。其工具提示从“应用筛选”更改为“取消筛选”。

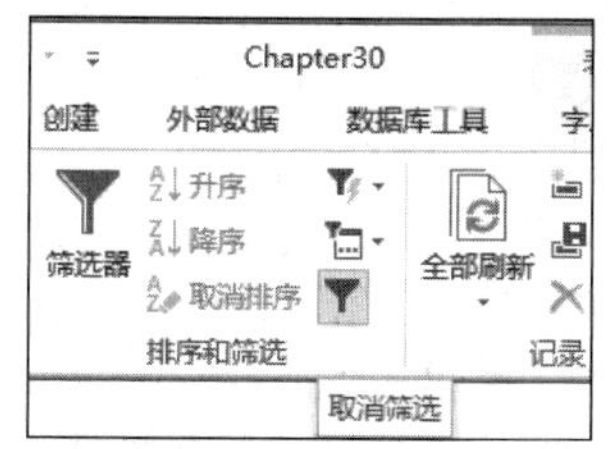

图 30.5　切换按钮更改外观以指示状态

6. 组合框

功能区上的组合框与窗体上的组合框控件非常类似。它是文本框和列表框的组合，可以直接在组合框中输入内容，或者单击控件的向下箭头部分以显示选项列表。“开始”选项卡的“文本格式”组上的“字体”控件就是一个组合框控件的示例。

7. 复选框

复选框控件是一种可能看似熟悉的控件。它的外观和行为方式就像放在窗体上的复选框一样。当单击复选框时，将在框中显示复选标记。否则，复选框显示为空。“表格工具”选项卡的“字段验证”组上的“必需”控件就是一个复选框控件示例。

30.1.2　特殊功能区功能

功能区包含其他两个值得注意的特殊功能。某些控件具有超级提示，可以扩展屏幕提示中显示的信息量。此外，还可以隐藏功能区，以增加可用的屏幕空间。

1. 超级提示

超级提示与屏幕提示非常类似，但超级提示较大，通常显示更多的信息。超级提示显示指定的文本，帮助用户了解控件的用途。用户将鼠标悬停在功能区上的某个控件上方时，就显示如图 30.6 所示的超级提示。

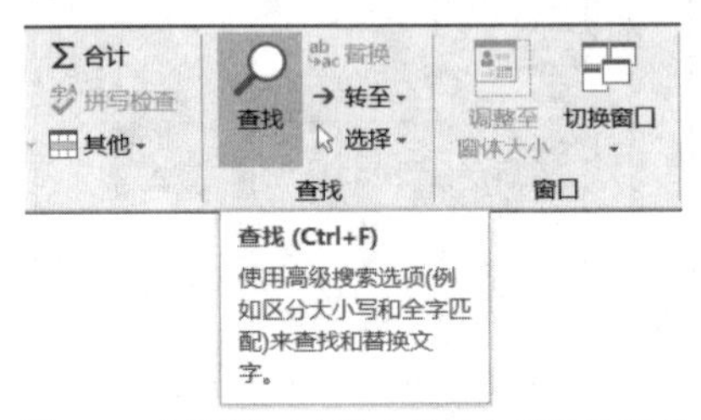

图 30.6　超级提示为用户提供有帮助的信息

当将鼠标指针悬停在“开始”选项卡上的“查找”按钮上方时，将显示图 30.6 所示的超级提示示例。它比屏幕提示更大，可以显示更多信息，例如快捷键以及有关其功能的较长解释。

2. 折叠功能区

默认情况下，功能区始终在屏幕上处于打开状态。但是，功能区及其所有控件和选项卡非常大，可能会妨碍用户使用应用程序。可通过多种方式折叠功能区。最容易的方法是按 Ctrl+F1 组合键或者双击任意选项卡。单击任意选项卡会重新显示功能区，但只是暂时的，功能区还将“自动折叠”，直到双击某个选项卡(或按 Ctrl+F1 组合键)，将功能区恢复到其固定状态。当功能区展开时，其右下角包含一个“折叠”按钮。当功能区折叠时，该按钮会消失，必须用其他方法再次固定它。

当功能区折叠和展开时，任何打开的窗体或报表将向上或向下移动，以使其位置(相对于功能区)保持不变。例如，刚好在功能区下方打开的窗体将向上移动，以在窗体顶部和功能区区域的底部之间保持相同的距离。

30.2　编辑默认功能区

在 Access 2010 中添加了编辑默认功能区的功能。对功能区所做的更改会随 Access 一起保存在进行更改的计算机上，但是，功能区设计器提供了一个可以导出所做修改的选项。

右击功能区的任意位置，从快捷菜单中选择“自定义功能区”命令，将启动功能区设计器。“自定义功能区”窗口(参见图 30.7)中的一个列表包含可用的命令，另一个列表包含选定的命令。可以从左侧列表上方的下拉框中选择要修改的功能区类别(“文件”选项卡、主选项卡、宏、所有命令、常用命令、不在功能区中的命令等)，然后使用两个列表之间的“添加”和“删除”按钮向功能区中添加条目或从中删除条目。

从 Access 的角度看，只有一个功能区，但其中包含很多主选项卡，例如“打印预览”“开始”“创建”“外部数据”“数据库工具”“版本控制”“加载项”和“帮助”。在每个主选项卡中包含很多组，例如“视图”“剪贴板”以及“排序和筛选”。不能在默认功能区中添加、删除选项卡或命令，但可以删除单个组。

可删除整个内置组，但不能删除某个组中的各个命令。可使用右侧列表下面的按钮添加新的自定义选项卡，或在现有功能区选项卡中添加新组，然后向自定义组中添加命令。使用新的自定义选项卡或组是从左侧列表向右侧的功能区定义中添加命令的唯一方式。

不能直接向选项卡中添加命令。命令必须存在于某个选项卡上的组中。可以轻松地将命令添加到组中，只需要从左侧的列表中选择相应的命令，在右侧的列表中选择用于接收该命令的自定义组，然后单击两个列表之间的“添加”按钮。

如果想要从内置组中删除特定的命令，必须删除包含对应命令的内置组，添加一个自定义组，将其移动到相应的选项卡，然后仅添加希望用户在该组中使用的命令。右击新组，并从显示的快捷菜单中选择“重命名”，或者选择新组并单击“自定义功能区”列表下的“重命名”按钮。此时将显示“重命名”对话框(参见图 30.8)。使用该对话框为组分配一个新名称并选择该组的图标。

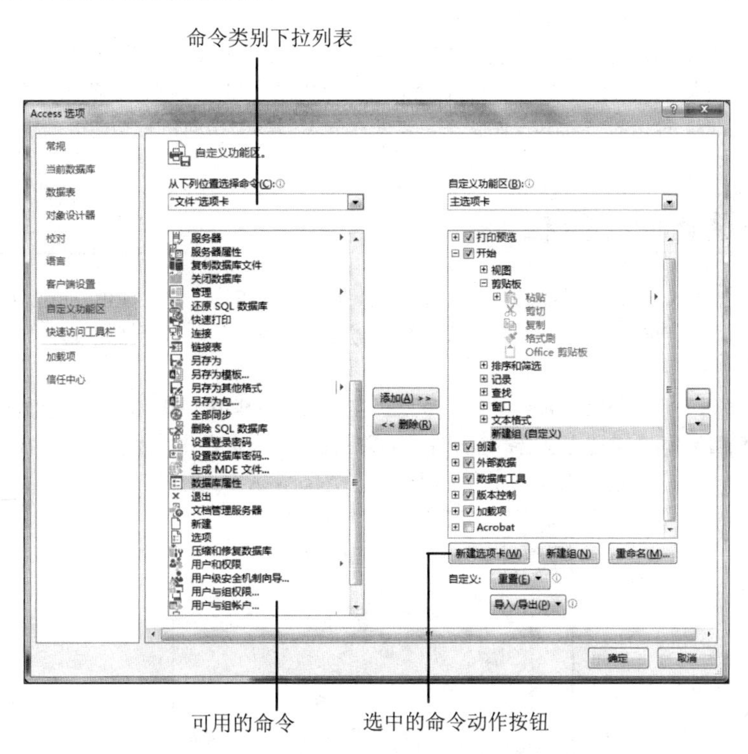

图 30.7　功能区设计器允许进行功能区自定义

如果愿意，可以隐藏内置的功能区选项卡。请注意图 30.7 右侧列表中各个条目旁边的复选框。取消选中某个选项卡旁边的框可以将该选项卡对用户隐藏。如果选项卡包含用户必须使用的命令，那么可以添加一个自定义选项卡(使用图 30.7 右侧的“自定义功能区”列表下方的“新建选项卡”按钮)，然后根据需要添加自定义组。最后，向自定义组中添加必需的命令。

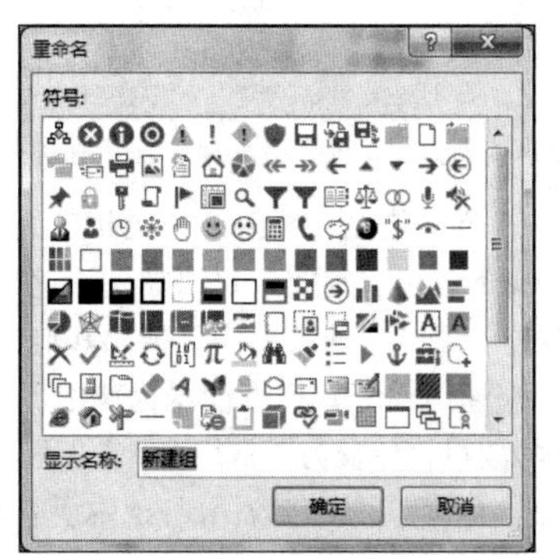

图 30.8　重命名自定义组并设置该组的图标

在很多情况下，仅隐藏选项卡可能比将其从功能区删除容易一些。如果隐藏了选项卡，以后可以根据需要轻松地恢复其可见性。

功能区设计器的最右侧包含向上和向下箭头，用于重新定位选项卡和选项卡中的组。例如，可以添加一个自定义组(或者使用某个现有组)，然后使用向上和向下箭头键将最常用的命令移到该组中。

如果所做的更改没有按预期起作用，可以单击“自定义功能区”列表下方的“重置”按钮，将内置功能区返回到其原始状态。通过“重置”按钮(请注意图 30.7 中其对应的下拉箭头)，可以重置整个功能区，也可以只重置选定的选项卡。

单击“自定义功能区”列表下方的“导入/导出”按钮可将对功能区所做的自定义设置导出到外部文件中。或者，单击“导入/导出”按钮时显示的列表会包括一个命令，用于导入自定义文件，并将其应用于功能区。自定义文件采用 XML 格式，并由所有 Office 2019 应用程序共享。

使用自定义文件可以轻松地将自定义功能区更改应用于使用 Access 2019 应用程序的所有用户。此外，这也适用于备份所做的更改，以便稍后根据需要重新应用这些更改。例如，可以完全按照希望用户看到的样子设置功能区，导出自定义设置，然后将功能区重置为其原始状态，以便在开发周期中访问所有功能区功能。

30.3　使用快速访问工具栏

快速访问工具栏位于 Access 主屏幕的左上角(参见图 30.9)，就在“文件”选项卡的上方。快速访问工具栏在 Access 中始终可见，并为用户提供了一种便捷方式来快速访问经常执行的任务，例如打开数据库文件或将某个对象发送到打印机。

快速访问工具栏可以完全自定义。它会附带一个默认控件列表，其中一些控件处于隐藏状态，通过快速访问工具栏菜单(参见图 30.9)可以隐藏或取消隐藏各个控件。可以便捷地将大量操作中的一部分添加到快速访问工具栏中。此外，添加的控件要么适用于当前数据库，要么适用于所有 Access 数据库。

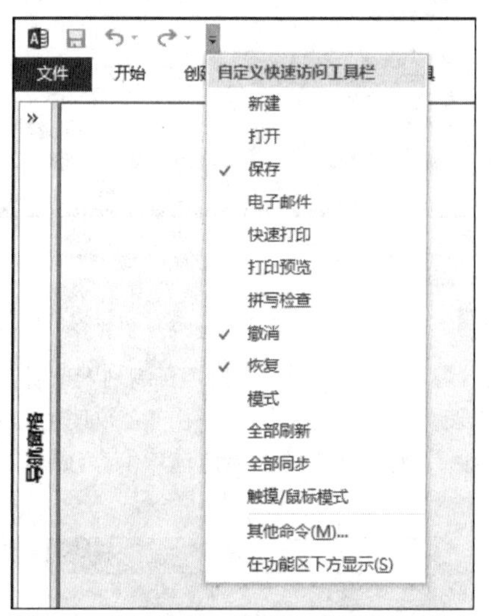

图 30.9　快速访问工具栏始终保留在屏幕上

向快速访问工具栏中添加命令最容易的方式是在功能区上找到相应的命令，右击该命令，然后从显示的快捷菜单中选择“添加到快速访问工具栏”。Access 会将选定的条目添加到快速访问工具栏中最右侧的位置。

一种更灵活的修改快速访问工具栏的方式是从快捷菜单中选择“其他命令”，打开“自定义快速访问工具栏”屏幕(参见图 30.10)。与功能区设计器一样，快速访问工具栏设计器也使用可用命令列表和选定命令列表。屏幕左侧的列表包含代表 Access 中可用的每个命令的项目，分类为“常用命令”“不在功能区中的命令”“所有命令”和“宏”。可从列表上方的下拉控件中选择命令类别。类别列表还包含 Access 中所有功能区选项卡对应的条目(“文件”“开始”“外部数据”等)。从该下拉列表中选择一项将显示该类别中的命令。

快速访问工具栏提供了一种便捷的方式来控制用户在使用 Access 应用程序时所访问的命令。可以通过快速访问工具栏完成的任务包括很多操作，例如备份当前数据库、将当前数据库转换为另一种 Access 数据格式、查看数据库属性以及链接表。

图 30.10　可以轻松地向快速访问工具栏中添加新命令

由于快速访问工具栏对所有用户可见，因此，请确保不要包含可能会对用户造成混淆或对应用程序产生破坏的命令(例如“设计视图”)。由于快速访问工具栏非常容易自定义，因此，在需要时添加相应的命令并非难事，而不必使其始终对所有用户可见。

使用快速访问工具栏设计器中的“添加”和“删除”按钮可将项目从左侧的列表移动到右侧的列表。快速访问工具栏设计器非常智能。某个命令添加到快速访问工具栏后，便无法再次添加该命令，因此，不能多次添加同一个命令。

快速访问工具栏设计器的选定列表右侧还包含向上和向下箭头，可以对快速访问工具栏命令从左到右的外观进行重新排序。

注意，可向快速访问工具栏中添加任意数量的命令。如果包含的命令超过快速访问工具栏可以显示的数量，将在最右侧显示一个双右箭头按钮，单击该按钮可展开工具栏以显示隐藏的命令。但是，由于快速访问工具栏的整体理念是使用户可以快速访问命令，因此，在快速访问工具栏中加载大量的命令没有任何意义，而只会增加用户访问命令的难度。

30.4　开发自定义功能区

功能区设计器和快速访问工具栏设计器提供了非常便捷的方式来自定义 Access 用户界面。但是，如前所述，这些方法会限制可以进行的自定义设置。使用可扩展标记语言(Extensible Markup Language，XML)，可以在自定义功能区过程中拥有很大的灵活性。

功能区不是通过 Access 中的可编程对象模型来表示的。功能区自定义设置通过一个特殊表(UsysRibbons)中的 XML 语句来定义。Access 使用其在 XML 中找到的信息编写并在屏幕上呈现功能区。

30.4.1　功能区创建过程

简而言之，创建自定义功能区过程包含 5 个步骤，如下所述：

(1) 设计功能区并编写用于定义功能区的 XML。

(2) 编写支持功能区操作的 VBA 回调例程(在下一节中介绍)。

(3) 创建 USysRibbons 表。

(4) 提供功能区名称，并将自定义功能区的 XML 添加到 USysRibbons 表中。

(5) 在 Access 选项对话框中指定自定义功能区的名称。

上述每个步骤都不是特别直观，特别是编写 XML 以及编写回调例程。最好找到一个与需求非常接近的示例，并自定义其 XML 以适合目标。

30.4.2 使用 VBA 回调

回调指的是传递到另一个实体进行处理的代码。编写以支持功能区操作的每个过程将传递到 Access 中的“功能区处理器”，功能区处理器会实际执行功能区的操作。这与之前在 Access 中使用的事件驱动型代码截然不同。单击窗体上的某个按钮会直接触发该按钮的 Click 事件过程中的代码。功能区的回调过程将链接到功能区，但由 Access 在内部进行处理，而不是直接运行以响应功能区上的单击事件。

为充分理解这一过程，想象一下 Access 包含一个持续不断地监视功能区上的活动的进程。只要用户单击某个功能区控件，功能区处理器就会立即采取操作，检索与该控件相关联的回调过程，并执行该回调中指定的操作。

这意味着没有与 Access 中的功能区关联的 Click、DblClick 或 GotFocus 事件。而是通过定义功能区的 XML 将回调绑定到功能区控件。每个功能区控件都包括很多操作属性，可将这些操作属性附加到回调，当用户调用某个控件的操作时，功能区处理器将接管该操作。

下面示例中的 XML 语句在功能区上定义一个按钮控件：

```
<button id="ViewProducts"
    label="All Products"
    size="large"
    imageMso="FindDialog"
    onAction="OpenProductsForm"
    tag="frmProductsDisplay"/>
```

注意：

上述代码行是一个 XML 语句。添加换行符是为了提高可读性。

请注意该 XML 代码中的 onAction 属性。另外需要注意，onAction 属性设置为 Open ProductsForm。onAction 属性类似于与窗体的控件相关联的事件。每个交互式功能区控件(按钮、拆分按钮等)都包括 onAction 属性。当发生控件对应的操作时，分配给 onAction 属性的回调过程(在该示例中为 OpenProductsForm)将传递到功能区处理器。

控件的属性可在控件的 XML 中以任意顺序显示，但它们必须拼写正确。XML 区分大小写，因此，必须严格按照本章中的示例以及 Chapter30.accdb 示例数据库中的形式输入属性。并且，必须使用双引号或单引号字符将属性值括起来(例如"FindDialog")。这两种类型的引号在 XML 中都是合法的，但是最好选择其中的一种坚持使用，以保持一致。

请注意，该按钮控件不包含单击事件。而是由每个交互式控件的 onAction 属性来处理控件预期的操作。对于按钮，操作是用户单击按钮，而对于文本框，操作是用户向文本框中输入内容。这两种控件都包含 onAction 属性，但对于每种控件，onAction 表示不同的内容。

注意：

onAction 不是事件。它只是一个 XML 属性，指向绑定到功能区控件的回调过程。只要用户与控件进行交互，便会运行回调过程。在该示例中，当用户单击 ViewProducts 按钮时，将调用该按钮的回调过程。

功能区控件还有其他一些重要的属性，例如 imageMso、screentip 和 supertip。有关这些属性的内容将在本章后面的“添加功能区控件”一节中介绍。

提示：

可在开发过程中看到由自定义功能区生成的任何错误。默认情况下，功能区错误报告处于禁用状态，只有启用以后才能看到功能区引发的错误消息。在 Access 主屏幕的左上角选择“文件”选项卡，然后选择底部的“选项”按钮。接下来，在“选项”对话框中选择“客户端设置”选项卡，并向下滚动到“常规”部分(参见图 30.11)。确保“显示加载项用户界面错误”复选框处于选中状态，单击对话框底部的“确定”按钮。功能区生成的错误消息对于调试具有非常大的帮助作用。没有这些消息，便无法了解自定义功能区中的哪些对象出现了问题。

图 30.11　设置“显示加载项用户界面错误”属性以查看功能区错误

30.5　创建自定义功能区

创建 Access 功能区的过程至少包含五个步骤。接下来的几节详细介绍其中的每个步骤。稍后介绍有关这些步骤的更多示例。

30.5.1　步骤 1：设计功能区并构建 XML

与绝大多数数据库对象一样，创建新 Access 功能区的第一步也是在纸上对其进行精心设计。如果准备将某个现有的工具栏或菜单转换成 Access 功能区，则可以清楚地了解要添加到功能区中的控件和其他条目。

为功能区创建的 XML 文档会镜像已经排布的设计。对于编写功能区 XML 来说，最具挑战性的方面或许是根据功能区背后的 XML 可视化其外观形式。功能区 XML 文档中没有提供任何指示信息来提示功能区在 Access 中的外观。在处理功能区自定义过程中，经验将成为最好的老师，有时，不断地试错是实现最终目标的唯一途径。

最后需要说明的是，Access 对于用于编写功能区的 XML 非常挑剔。Access 中没有用于在呈现功能区时验证 XML 的“分析器”。如果 XML 文档中存在错误，Access 会拒绝呈现该功能区，否则功能区将缺少 XML 中定义的元素。使用良好的 XML 编辑器编写 XML 非常重要，而这就是其中的一个原因。大多数情况下，了解功能区 XML 代码中存在错误的唯一方法是，Access 加载默认功能区，而不是自定义功能区。

不可避免地，Access 中的功能区开发需要大量的往返过程，在此期间修改 XML，将其传输到 Access，然后查看结果。在 Access 将功能区呈现在屏幕前，始终无法真正了解 XML 是否符合功能区规范。

本章后面的“基本的功能区 XML”一节将介绍 Access 功能区所需的基本 XML 语句。

此示例将在默认功能区上创建一个新的选项卡。该新选项卡名为 Messages，其中包含一个可以打开窗体的控件。首先要设计一个窗体，它带有一个标签控件，其中包含要显示的消息。图 30.12 显示的是可在 Chapter30.accdb 示例数据库中找到的 frmMessage 窗体。

要创建用于定义新功能区元素的 XML，请打开最喜欢的 XML 编辑器。本章中的示例将使用 XML Notepad 应用程序，可从 Microsoft.com 网站免费下载该应用程序，对应的网址为 www.microsoft.com/en-us/download/details.aspx?id=7973。图 30.13 显示了 XML Notepad 中的 XML。

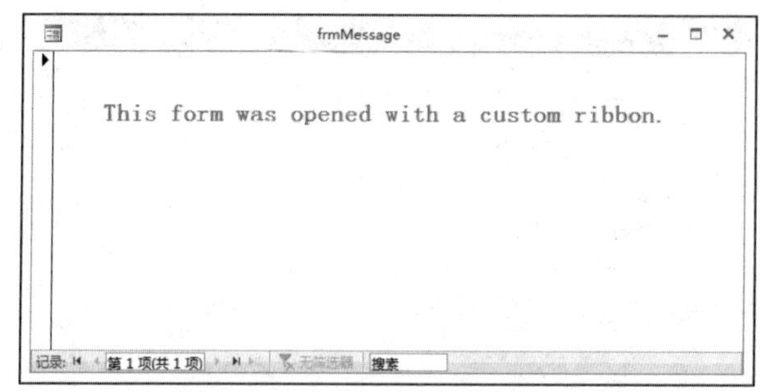

图 30.12　一个显示消息的简单窗体

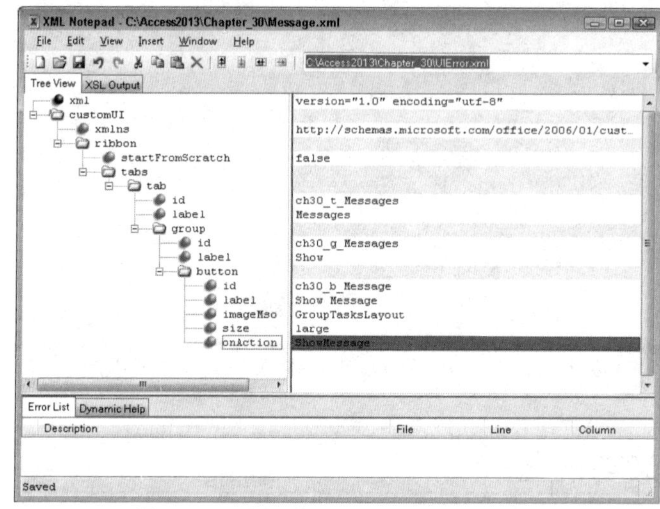

图 30.13　可用于编写 XML 的 XML Notepad

在 XML Notepad 中，可从 View 文件中选择 Source 以查看生成的 XML。下面列出 Message.xml 的 XML 代码：

```
<?xml version="1.0" encoding="utf-8"?>
<customUI xmlns="http://schemas.microsoft.com/office/2009/07
     /customui" onLoad="onRibbonLoad">
  <ribbon startFromScratch="false">
    <tabs>
      <tab id="ch30_t_Messages" label="Messages">
        <group id="ch30_g_Messages" label="Show">
          <button id="ch30_b_Message" label="Show Message"
           imageMso="GroupTasksLayout" size="large"
             onAction="ShowMessage" />
        </group>
      </tab>
    </tabs>
  </ribbon>
</customUI>
```

本章后面将讨论该 XML 文件的每一部分。现在，请注意，该 XML 将在标签为 Messages 的选项卡上名为 Show 的组中创建一个标签为 Show Messages 的按钮。onAction 属性名为 ShowMessage，下一步需要该名称。

30.5.2　步骤 2：编写回调例程

在为功能区控件编写回调代码之前，必须在“引用”对话框中引用 Microsoft Office 16.0 Object Library (选择“工具”|“引用”，并选中 Microsoft Office 16.0 Object Library 旁边的复选框)。否则，VBA 解释器将不知道如何处理对功能区控件的引用。

如本章前面所述，回调例程类似于事件过程，但它们并不直接响应控件事件。每种类型的回调例程都必须附带一个特定的“签名”，以便功能区处理器找到并使用该回调。例如，按钮控件的原型 onAction 回调签名如下：

```
Public Sub OnAction(control as IRibbonControl)
```

复选框的原型 onAction 回调如下：

```
Public Sub OnAction(control As IRibbonControl, _
    pressed As Boolean)
```

尽管上面两个回调支持相同的 onAction 控件属性，但由于控件不同，因此签名也是不同的。单击按钮其实就是单击一次，然后操作完成。对于复选框，单击是选择(pressed = True)或取消选择(pressed = False)控件。因此，复选框需要一个额外的参数。

这些过程只是原型，并不应用于功能区上的任何特定控件。在实际操作中，某个控件的回调过程通常根据该控件命名，以与其他控件的回调过程进行区分。对于此示例，在一个标准模块中编写下面的代码：

```
Public Sub ShowMessage(control As IRibbonControl)

  'Called from Messages > Show > Show Message
  DoCmd.OpenForm "frmMessage"

End Sub
```

注意，该过程的声明与按钮控件的 onAction 回调过程的原型匹配。尽管不是必需的，但该过程还是包含一个注释，用于标识调用例程的功能区控件。

必须使用 Public 属性在标准模块中声明回调例程，否则功能区进程无法看到它们。

应用于回调例程的名称完全由开发人员选择，只要过程的声明与控件的 onAction 签名匹配即可。毫无疑问，过程的名称必须与分配给控件的 onAction 属性值匹配，在修改功能区或回调时，记录过程与功能区控件的关系的名称会非常有帮助。

请注意，上面的回调过程并未按名称引用控件。这意味着必须为每个控件编写一个名称唯一的回调，或者为多个类似的控件使用单个回调。

30.5.3　步骤 3：创建 USysRibbons 表

Access 会查找一个名为 USysRibbons 的表，以检查当前数据库应用程序中是否存在任何自定义功能区。默认情况下，该表并不存在，而如果存在，它将包含在应用程序中定义自定义功能区的 XML。

注意：

由于名称中带有 USys 前缀，因此 USysRibbons 将在“导航”窗格中隐藏(名称中的前四个字符为 USys 的任何数据库对象将自动在“导航”窗格中隐藏)。如果想要在“导航”窗格中看到 USysRibbons，必须在“导航选项”中启用“显示系统对象”，方法是右击“导航”窗格标题栏，选择“导航选项”，然后在“导航选项”对话框的左下角选择“显示系统对象”。

USysRibbons 非常简单，仅包含三个字段，如表 30.1 所示。

表 30.1　USysRibbons 表设计

字段	数据类型
ID	自动编号
RibbonName	短文本
RibbonXML	长文本

ID 字段仅跟踪表中的功能区。RibbonName 用于指定 Access 在启动时应该加载的功能区(将在后面的步骤 5 中介绍)，而 RibbonXML 是一个长文本字段，包含用于定义功能区的 XML。

由于 USysRibbons 是一个表，因此，Access 数据库实际上可能会包括许多不同的自定义功能区的定义。但是，一次只能激活一个自定义功能区。本章后面将介绍如何使某个现有的功能区失效，并在其位置加载一个新的功能区。

必要的话，可能需要向 USysRibbons 中添加额外的字段。例如，可以添加 Notes 或 Comments 字段，以帮助其他开发人员了解应该如何使用该功能区，也可以添加修改日期以及其他帮助跟踪对自定义功能区所做更改的字段。如果修改 USysRibbons，切勿删除或重命名三个必需字段(ID、RibbonName 和 RibbonXML)。这三个字段必须存在于 USysRibbons 中，且必须正确命名，只有这样，自定义功能区才能正常工作。

30.5.4　步骤 4：向 USysRibbons 中添加 XML

现在，可将 XML 存储在 USysRibbons 表中。在数据表视图中打开 USysRibbons 表。在 RibbonName 字段中，输入 rbnMessages 并将光标移动到 RibbonXml 字段。

复制在步骤 1 中创建的 XML，并将其粘贴到 USysRibbons 的 RibbonXml 字段中。如果使用 XML Notepad，在 XML Notepad 中打开该 XML 文件，并选择 View | Source 将该 XML 输出到 Windows 记事本。然后从该位置复制 XML，并粘贴到 USysRibbons 中。图 30.14 显示了包含已完成的字段的 USysRibbons。

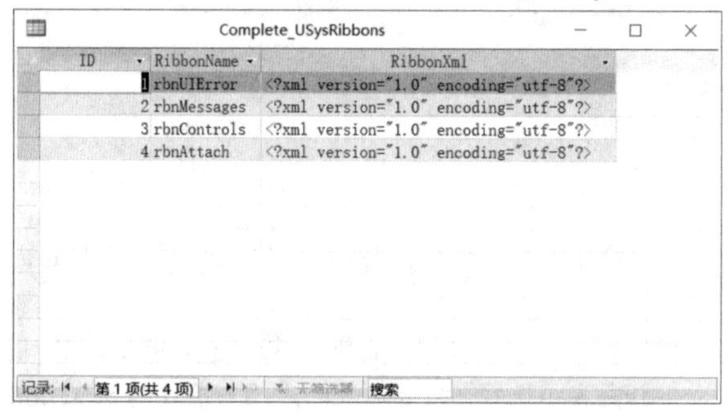

图 30.14　USysRibbons 表存储自定义功能区的 XML

粘贴到 RibbonXml 字段中的 XML 包含很多空格。不必担心 XML 中的制表符和换行符。但是，如果替换 RibbonXml 字段中的现有数据，一定要替换现有的所有数据。有了制表符和换行符，可能很难了解是否从之前的数据遗留下任何内容。

提示：

由于很难在数据表视图中读取长 XML 字符串，因此，可创建一个窗体，其中包含一个足够大的文本框，用于显示更多字符串。图 30.15 显示了一个来自 Chapter30.accdb 示例数据库的窗体 frmRibbons，其中显示 USysRibbons 表的内容。

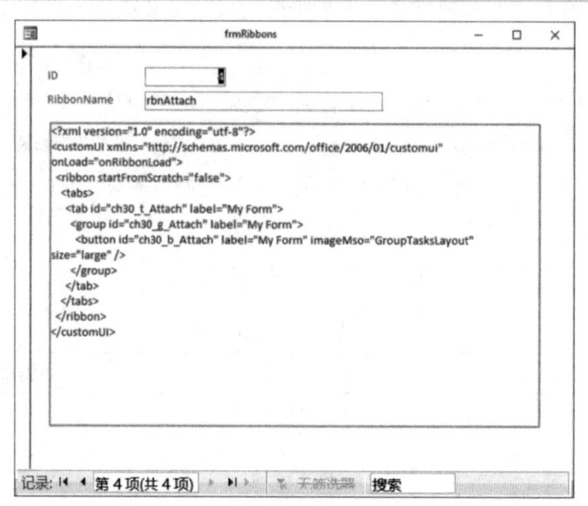

图 30.15　frmRibbons 显示存储在 USysRibbons 表中的信息

30.5.5　步骤 5：指定自定义功能区属性

在重新启动应用程序之前的最后一步是打开“当前数据库属性”(选择“文件”|“选项”|“当前数据库”)，滚

动到“功能区和工具栏选项”部分，并从“功能区名称”组合框中选择新功能区的名称(参见图 30.16)。该组合框的列表仅包含 Access 启动时位于 USysRibbons 表中的自定义功能区的名称(很显然，Access 仅在打开数据库时读取一次 USysRibbons)，因此，其中不包含新功能区的名称。必须在组合框中输入功能区的名称，或者重新启动应用程序，让 Access 在 USysRibbons 中找到新的功能区。

图 30.16 在“当前数据库”选项对话框中指定新的自定义功能区

当选择新的“功能区名称”后关闭“选项”对话框时，Access 将显示一条消息，指出必须关闭并重新打开数据库以使更改生效。图 30.17 显示了该消息。

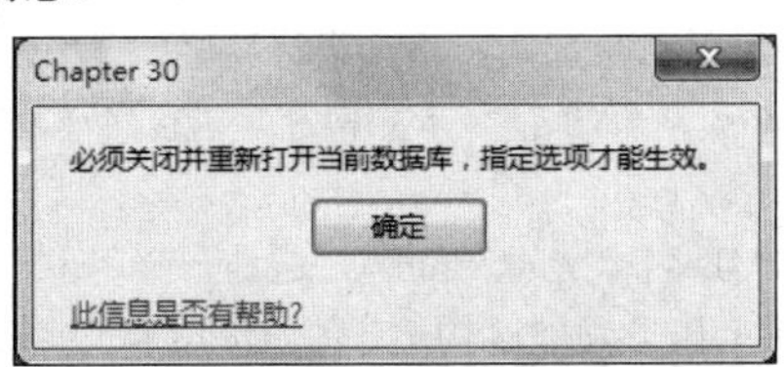

图 30.17 对“功能区名称”属性所做的更改需要重新启动应用程序才能生效

Access 重新启动后，新的选项卡将显示在默认功能区上。图 30.18 中显示了新的选项卡、该选项卡上的 Show 组、唯一的一个 Show Message 按钮以及单击该按钮时打开的窗体。

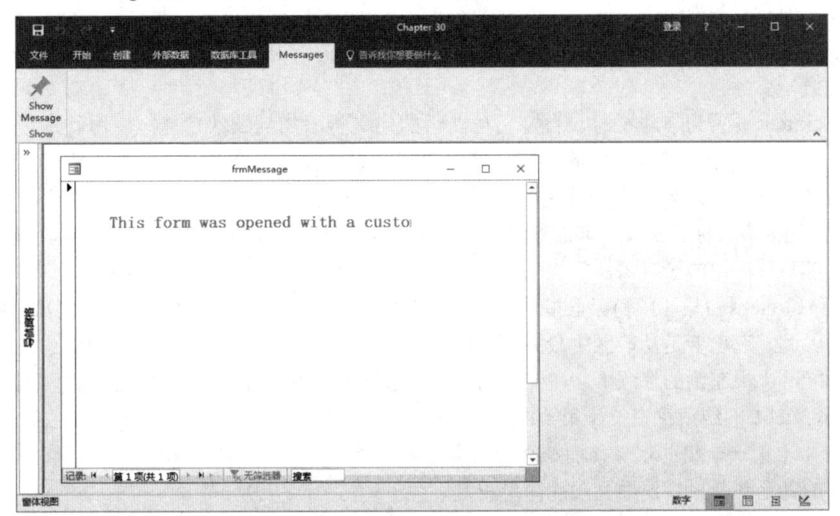

图 30.18 XML 生成新的用于打开窗体的功能区元素

30.6　基本的功能区 XML

接下来细致地了解一下功能区所需的基本 XML。下面的 XML 表示一个原型功能区(添加了行号，以便理解后面针对该 XML 的讨论)：

```
 1 <?xml version="1.0" encoding="utf-8"?>
 2 <!-- This is a comment in the ribbon's XML -->
 3 <customUI xmlns="http://schemas.microsoft.com/office
    /2009/07/customui" onLoad="onRibbonLoad">
 4  <ribbon startFromScratch="true">
 5    <tabs>
 6      <tab id="tab1" ...
 7        <group id="group1" ... >
 8         ... Controls go here ...
 9        </group>
10      </tab>
11      <tab id="tab2" ...
12        <group id="group2" ... >
13         ... Controls go here ...
14        </group>
15        ... Repeat Groups ...
16      </tab>
17      ... Repeat Tabs ...
18    </tabs>
19  </ribbon>
20 </customUI>
```

第一个语句(<?xml version="1.0" encoding="utf-8"?>)并不是 Access 功能区所需的，而且不会对其产生影响。是否在 USysRibbons 表中保留该行完全由开发人员决定。格式设计良好的 XML 会包含版本行，这有助于其他程序呈现该文件，因此，建议在代码中包含这一行。第 2 行显示如何在功能区的 XML 代码中添加注释。<!--和-->是 XML 文档中的标准注释标记。

第 3 行(以<customUI...开头)指定 XML 名称空间(xmlns)，这是一个用于预定义随后的 XML 语句可以接受的标记的 XML 文档。Office 名称空间定义了 Office 功能区构造，例如选项卡、组、控件等。USysRibbons 的 RibbonXML 字段中定义的每个功能区都必须以该语句开始，因此，请务必包含该语句。

第 4 行中的语句非常重要。startFromScratch 指令确定是要从头开始构建整个功能区，还是通过添加或删除内容来修改默认功能区。根据具体情况，大部分自定义功能区可能是从头构建的，因为默认功能区完全不知道数据库中的窗体、报表以及其他对象和操作。此外，默认功能区包含可能会对应用程序的完整性造成威胁的命令。例如，用户可能会在设计视图中打开窗体、报表或表，并在开发人员不知情的情况下进行更改。从用户界面中删除这些命令是保护应用程序的第一要务。

当 startFromScratch 设置为 False 时，自定义功能区的定义将添加到默认功能区中内置选项卡的右侧。由于 Access 默认情况下仅包含 5 个选项卡，因此，有足够的空间来添加其他选项卡，而不会造成功能区过度拥挤。当 startFromScratch 设置为 True 时，不会在功能区中显示任何默认选项卡、组或控件。只会显示包含在 XML 中的对象。

XML 文件中的绝大多数标记都有对应的结束标记，用于定义与该标记相关的部分的结束。开始标记和结束标记之间的所有语句都是该标记的子对象。第 19 和第 20 行分别是 Ribbon 和 CustomUI 元素的结束标记。

<tabs> (第 5 行)和</tabs> (第 18 行)标记指示功能区上选项卡的开始和结束。功能区具有层次结构，选项卡包含组，组包含控件。因此，选项卡是功能区中最高级别的对象，其中包括其他所有功能区对象。

第 6 行定义功能区上最左侧的选项卡。在该示例中，该选项卡名为 tab1。该选项卡的其他属性并未显示，而是通过省略号(...)指示。tab1 的结束标记位于第 10 行。

第 7 行开始 tab1 上第一个组的定义，而第 9 行结束该组。该组中包含其所显示的控件。

该原型功能区的其余部分只是前面几项的简单重复。

> **注意：**
>
> XML 区分大小写。请务必对 XML 以及支持功能区的回调代码中的所有引用使用完全相同的大小写形式和拼写方式。

30.7　添加功能区控件

前一节介绍了一个简单的原型功能区。在该示例中，通过第 8 行和第 13 行中的…Controls go here…来表示控件。本节介绍多个控件的 XML 和回调过程。许多 XML 属性都是多个控件共用的。我们不会针对每个控件讨论每个属性，而是介绍最常用的属性。

30.7.1　指定 imageMso

绝大多数(但并非全部)功能区控件都包含 imageMso 属性，用于指定附加到控件的图片。不能提供对图像文件的简单引用，而必须使用 imageMso 标识符来实现此目的。Office 2019 应用程序中的每个功能区控件都有一个关联的 imageMso 值。可在自己的自定义 Access 功能区控件上使用这些值，并提供一个标签，以告诉用户该控件的确切用途。

要查找某个特定功能区控件的 imageMso，请使用“自定义功能区”窗口打开特定的功能区。然后使用设计器左上角的下拉列表选择包含相应功能区命令的功能区类别，并将鼠标悬停在列表中的命令条目上方(参见图 30.19)。

图 30.19　使用功能区设计器获取某个功能区命令的 imageMso 属性

30.7.2　标签控件

标签控件是到目前为止添加到功能区的最简单、最容易的控件。功能区标签与添加到 Access 窗体中的标签非常相似。它包含硬编码的文本或由回调过程生成的文本。

下面列出了一个示例标签定义：

```
<group id="ch30_g_Settings" label="Settings">
  <labelControl id="lbl1" label="Font Things" />
  <separator id="s1"/>
  <labelControl id="lbl2" label="Choose Font Settings" />
  <checkBox id="chk1" label="Bold" onAction="SetBold"/>
  <checkBox id="chk2" label="Italics" onAction="SetItalics"/>
```

```
</group>
```

该 XML 包含两个标签、一个分隔条和两个复选框。这些标签中的文本都是硬编码的，而不是通过回调过程返回。可在运行时使用回调过程和 getLabel 属性来设置标签的标题。

```
<group id="ch30_g_Label" label="Labels">
  <labelControl id="lbl3" getLabel="lbl3_getLabel" />
</group>
```

上面的 XML 代码使用 getLabel 标识来确定显示哪个标签的回调过程。在标准模块中，下面的过程在标签中显示当前日期。

```
Public Sub lbl3_getLabel(control As IRibbonControl, ByRef label)

  label = FormatDateTime(Date, vbLongDate)

End Sub
```

label 参数传递到 ByRef，分配给该参数的字符串显示在 labelControl 中。在该示例中，使用了 FormatDateTime 函数来创建包含当前日期的字符串。

也可使用一个回调过程来控制多个标签。在该示例中，三个标签使用同一个 getLabel 属性。

```
<group id="ch30_g_Label" label="Labels">
  <labelControl id="lbl3" getLabel="lbl3_getLabel" />
  <labelControl id="lbl4" getLabel="lbl456_getLabel" />
  <labelControl id="lbl5" getLabel="lbl456_getLabel" />
  <labelControl id="lbl6" getLabel="lbl456_getLabel" />
</group>
```

lbl456_getLabel 回调过程使用控件的 id 属性来确定调用该过程的控件。

```
Public Sub lbl456_getLabel(control As IRibbonControl, ByRef label)

  Select Case control.Id
    Case "lbl4"
      label = "This is Label 4"
    Case "lbl5"
      label = "This is Label 5"
    Case "lbl6"
      label = "This is Label 6"
  End Select

End Sub
```

注意：

绝大多数属性都具有静态形式和动态形式。为属性名称添加 get 前缀，可将其从 XML 中设置值的属性转换为通过回调过程确定值的属性。例如，labelControl 有 label 属性和 getLabel 属性。当希望在 XML 中设置值时，使用 label；而当希望在 VBA 回调过程中动态设置值时，使用 getLabel。属性及其 getAttribute 形式是互斥的。只能在 XML 中指定一个或者另一个。

30.7.3 按钮控件

在所有功能区控件中，按钮控件或许是最有用也是最基本的控件。按钮非常简单。按钮具有标签、用于设置按钮图像的 imageMso 属性以及用于命名回调例程的 onAction 属性。下面是按钮 XML 的一个示例：

```
<button id="btn1" size="large"
  label="Browse"
```

```
  imageMso="OutlookGlobe"
  onAction="btn1_onAction" />
```

下面显示的 btn1_onAction 回调过程使用 Application 对象的 FollowHyperlink 方法来启动 Web 浏览器。按钮功能区控件不支持双击操作，因此，将按钮绑定到回调过程非常简单。

```
Public Sub btn1_onAction(control As IRibbonControl)

  Application.FollowHyperlink "http://www.wiley.com"

End Sub
```

可用于按钮控件的另一个属性是 keytip 属性。Access 会为添加到功能区中的大多数控件分配键提示。在按 Alt 键时，将显示键提示。它们可通过键盘导航功能区。可以使用 keytip 属性指定自己的键提示。上述包含 keytip 属性的按钮的 XML 如下所示：

```
<button id="btn1" size="large"
label="Browse" keytip="B"
imageMso="OutlookGlobe"
onAction="btn1_onAction" />
```

图 30.20 显示了使用 B 作为键提示的新按钮，允许用户通过容易记忆的键盘快捷键访问该按钮。

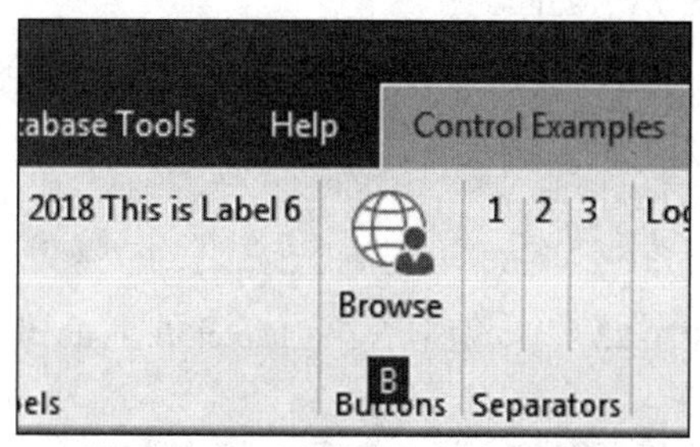

图 30.20　可为控件指定自定义键提示

30.7.4　分隔条

分隔条是用于分隔组中不同条目的图形元素，如图 30.21 所示。分隔条不包含文本，显示为组中的垂直线条。分隔条本身并无有趣之处，但它们可通过图形方式分隔组中距离太近的控件。

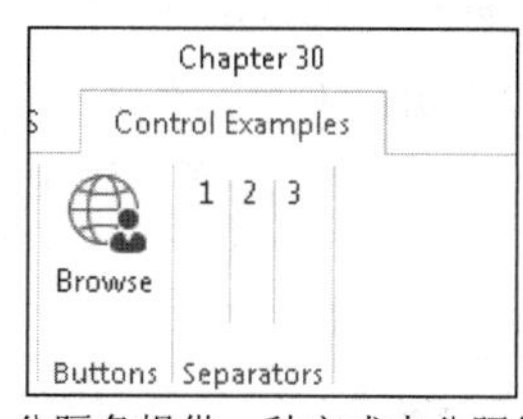

图 30.21　分隔条提供一种方式来分隔组中的控件

图 30.21 中的分隔条对应的 XML 代码如下：

```
<group id="ch30_g_Separator" label="Separators">
  <labelControl id="lbl7" label="1" />
  <separator id="s2" />
  <labelControl id="lbl8" label="2" />
  <separator id="s3" />
  <labelControl id="lbl9" label="3" />
</group>
```

对分隔条的唯一要求是，为每个分隔条分配一个唯一的 ID 值。

30.7.5　复选框控件

复选框控件的实际效用是允许用户从许多不同选项中选择。各个复选框并不互斥，因此，用户可选择组中的任何复选框，而不会影响其他选择。

复选框的建立方式与其他功能区控件非常类似，如下所示：

```
<tab id="ch30_t_Outdoor" label="Outdoor">
  <group id="ch30_g_Sports" label="Sports">
    <checkBox id="chkBaseball" label="Baseball" ...
    <checkBox id="chkBasketball" label="Basketball" ...
    <separator id="outdoor_Sep1"/>
    <checkBox id="chkTennis" label="Tennis" ...
    <checkBox id="chkWaterPolo" label="Water Polo" ...
  </group>
  <group id="ch30_g_Camping" label="Camping Supplies">
    <checkBox id="chkTent" label="Tent" ...
    <checkBox id="chkGranola" label="Granola" ...
    <checkBox id="chkLantern" label="Lantern" ...
    <separator id="camping_Sep1"/>
    <button id="btnCamping" imageMso="StartTimer"
      size="large" label="A Big Button" />
  </group>
</tab>
```

注意：
这里删除了一些 XML，将其替换为省略号字符，以使该示例 XML 更加清晰明确。

该 XML 代码生成的选项卡如图 30.22 所示，并包含在 Chapter30.accdb 数据库的 ControlExamples.xml 示例功能区中。

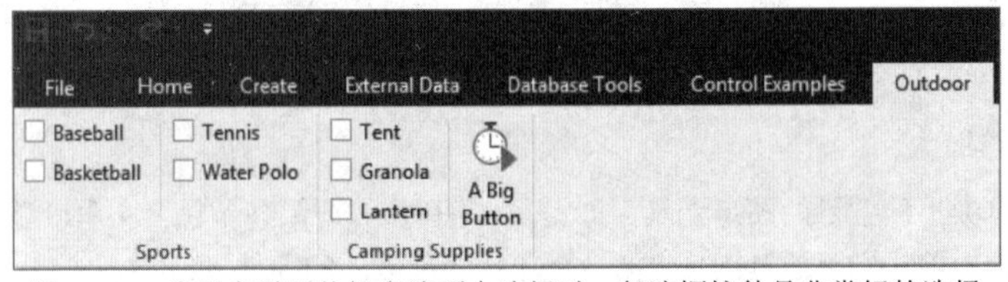

图 30.22　当用户需要从很多选项中选择时，复选框控件是非常好的选择

图 30.22 所示的功能区复选框控件完全按照预期工作。各个复选框可以单独选中，也可按任意组合选中。复选框并不互斥，每个复选框可以有自己的 onAction 属性，或者多个复选框可以共享一个回调过程。

30.7.6　下拉列表控件

下拉列表控件比之前介绍的标签、按钮和复选框示例更复杂。它包括一个条目列表，以供用户从中选择。因此，下拉列表有很多用于定义其外观的属性，以及用于填充其列表的回调：

```
<dropDown
  id="ddLogin"
  label="Login" supertip="Select your employee name...
  screentip="Login Name"
  getItemCount="ddLogin_getItemCount"
  getItemLabel="ddLogin_getItemLabel"
  onAction="ddLogin_onAction" />
```

id、label、screentip 和 supertip 属性可定义下拉列表控件的外观。getItemCount 和 getItemLabel 用于填充下拉列表控件的列表。onAction 指定用于处理控件的操作的回调。图 30.23 显示了本节中创建的下拉列表控件。

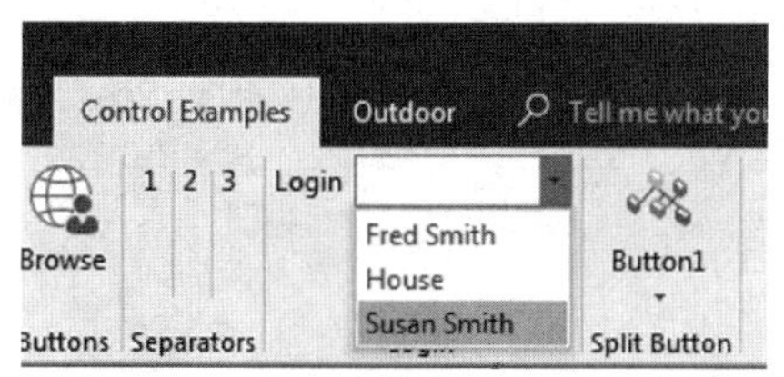

图 30.23　下拉列表控件列出用户的姓名

下面的代码显示了一个典型的下拉列表控件的 VBA 回调。下拉列表控件需要两个主要的回调。第一个设置显示在列表中的条目数，第二个实际填充列表。

```
Public Sub ddLogin_getItemCount( _
    control As IRibbonControl, ByRef count)

    count = Nz(DCount("*", "tblSalesPerson"), 0)

End Sub

Public Sub ddLogin_getItemLabel( _
    control As IRibbonControl, index As Integer, ByRef label)

    Dim sName As String

    sName = Nz(DLookup("SalespersonName", _
        "tblSalesPerson", "SalesPersonID = " & index + 1), _
        vbNullString)

    label = sName

End Sub
```

第一个回调(ddLogin_getItemCount)获取要放到下拉列表控件的列表中的条目数。注意 ByRef count 参数。该参数告诉下拉列表控件要在列表中包含多少个条目。

第二个过程(ddLogin_getItemLabel)实际检索列表的条目。在该示例中，该过程将使用 DLookup 从 tblSalesPerson 表中提取 SalesPersonName 字段。ddLogin_getItemLabel 被下拉列表控件调用多次，精确的调用次数由 ddLogin_getItemCount 建立的计数值确定。

要添加到下拉列表控件中的值的准确计数非常重要。除了计数参数外，下拉列表控件无法通过其他任何方式了解预期会包含多少个条目。将计数设置得过低意味着不会添加所有条目，而将计数设置得过高意味着列表包含空白区域。例如，如果将计数设置为 10 个条目，但只有 5 个条目可用，下拉列表控件的列表将包含 5 个条目，此外还包括 5 个空白区域。

ddLogin_getItemLabel 例程采取有一点欺骗性质的方式提供此信息。请注意传递到该例程的 index 参数。索引会告诉过程，在调用该过程时将填充下拉列表上的哪个位置。DLookup 会对该值加 1，并提取 ID 与该值匹配的销售人员的姓名。这意味着 SalesPersonID 值必须连续，从 1 开始，否则该过程将失败。

如果数据的 ID 值不连续，或者 ID 值不是数字，提取这样的数据需要完成更多的工作。在下面的代码中，对 ddLogin_getItemLabel 进行了重写，以使用记录集，而不是 DLookup 函数。ddLogin_onAction 过程以同样的方式使用记录集。

```
Private Const msSQLSALESPERSON As String = _
  "SELECT SalespersonName FROM tblSalesPerson ORDER BY
   SalesPersonName;"

Public Sub ddLogin_getItemLabel( _
  control As IRibbonControl, index As Integer, ByRef label)

  Dim adRs As ADODB.Recordset
```

```
  Set adRs = CurrentProject.Connection.Execute(msSQLSALESPERSON)
  adRs.Move index

  label = adRs.Fields(0).Value

End Sub

Public Sub ddLogin_onAction( _
  control As IRibbonControl, id As String, index As Integer)

  Dim adRs As ADODB.Recordset

  Set adRs = CurrentProject.Connection.Execute(msSQLSALESPERSON)
  adRs.Move index

  MsgBox "You are logged in as " & _
    adRs.Fields(0).Value & ".", _
    vbOKOnly, "Logged In"

End Sub
```

上面两个过程使用同一个模块级别的常量 msSQLSALESPERSON。这样可以确保记录按照完全相同的顺序进行排序。Move 方法将移动到 index 指定的记录，如果一个过程中的记录顺序与另一个过程中的顺序不同，将返回错误的姓名。使用 adRs.Fields(0).Value 语句检索销售人员的姓名。通过将该 SQL 语句控制在模块级别的常量中，可以确保第一个字段(.Fields(0))包含正确的信息。

注意：

功能区包含三个外观非常相似的控件。本节中讨论的下拉列表控件与菜单控件和组合框控件(例如“开始”选项卡上“文本格式”组中的“字体”组合框)有很多相同的视觉特征。下拉列表控件和组合框控件都使用 getItemCount 和 getItemLabel 回调来填充其列表，而菜单控件直接在 XML 中包含按钮元素。应该了解这些控件之间的差异，以便选择最适合应用程序的控件。

下拉列表控件会强制用户在列表中选择一项，并在控件中显示选定的条目。尽管下拉列表控件与组合框控件很相似，但用户不能直接编辑其值。

组合框控件的工作方式与下拉列表控件非常相似，只不过用户可以直接在控件中编辑值，并且不仅限于列表中的条目。下拉列表控件和组合框控件类似于在窗体上使用的列表框和组合框。

三个控件中最简单的是菜单控件，它是执行操作的按钮的列表。选择的值不会显示在控件中，并且按钮不能动态创建。

30.7.7 拆分按钮控件

如果用户需要从很多不同的选项中选择，但某个选项的使用频率高于其他选项，在这种情况下，拆分按钮控件非常有用。例如，有很多报表，其中一个需要经常打印输出，而其他报表的打印输出频率要低一些。在设计表时，“开始”选项卡上显示的“视图”拆分按钮是一个很好的示例。“视图”拆分按钮的按钮部分会根据上下文环境发生变化。如果用户已经处于数据表视图中，则按钮会更改为设计视图，反之亦然。

拆分按钮的列表中的条目包含在<menu>和</menu>标记中。出现在这些标记中的控件(当然，要在情理之中)显示在拆分按钮的列表中。拆分按钮的默认按钮部分的定义位于<menu>和</menu>标记外部。在下面的代码段中，spbtn1_btn1 是默认按钮，而其他按钮(spbtn1_btn2、spbtn1_btn3 等)会占据拆分按钮的列表。

```
<group id="ch30_g_Splits" label="Split Button">
  <splitButton id="spbtn1" size="large">
    <button id="spbtn1_btn1"
```

```
        imageMso="ModuleInsert"
        label="Button1"
        onAction="spbtn1_onAction" />
      <menu id="spbtn1_menu" itemSize="large">
        <button id="spbtn1_btn2"
          imageMso="OutlookGlobe"
          label="Button2"
          onAction="spbtn1_onAction" />
        <button id="spbtn1_btn3"
          imageMso="OutlookGears"
          label="Button3"
          onAction="spbtn1_onAction" />
        <button id="spbtn1_btn4"
          imageMso="Organizer"
          label="Button4"
          onAction="spbtn1_onAction" />
      </menu>
    </splitButton>
  </group>
```

该功能区 XML 示例会生成图 30.24 所示的拆分按钮。该示例包含在 Chapter30.accdb 示例数据库的 rbnControls 示例中。

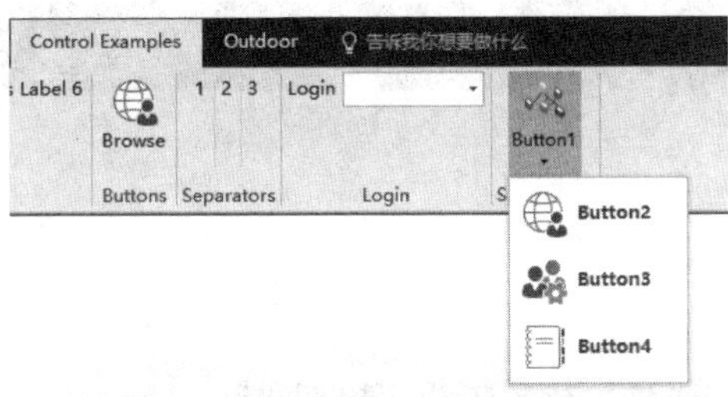

图 30.24　拆分按钮是非常有用的功能区控件

30.8　将功能区附加到窗体和报表

前面创建的功能区元素始终可见。通常情况下，放在功能区上的按钮、下拉列表和菜单始终可用。但是，对于某些功能区元素，可能只希望它们在特定的情况下显示。幸运的是，Access 提供了一种简单的方式，在窗体或报表处于活动状态时显示功能区。

窗体和报表有一个 RibbonName 属性，可在属性表中或使用 VBA 来设置该属性。属性表中的“功能区名称”属性针对 USysRibbons 表中的所有功能区提供了一个下拉列表。图 30.25 显示了一个要附加到窗体的功能区。

图 30.25　设置窗体的“功能区名称”属性

rbnAttach XML 代码包含在本章示例文件附带的 FormAttach.xml 文件中，也包含在 Chapter30.accdb 示例数据库的 USysRibbons 表中。下面列出对应的 XML：

```
<?xml version="1.0" encoding="utf-8"?>
<customUI xmlns="http://schemas.microsoft.com/office/2009/07
    /customui" onLoad="onRibbonLoad">
  <ribbon startFromScratch="false">
    <tabs>
      <tab id="ch30_t_Attach" label="My Form">
        <group id="ch30_g_Attach" label="My Form">
          <button id="ch30_b_Attach" label="My Form"
           imageMso="GroupTasksLayout" size="large" />
        </group>
      </tab>
    </tabs>
  </ribbon>
</customUI>
```

该按钮没有 onAction 属性，因此，功能区不会实际执行任何操作。上述代码只是一个示例，用于说明功能区在附加到窗体时会如何更改。startFromScratch 属性设置为 false，以便将选项卡添加到默认功能区，而不是将其替换。图 30.26 显示了打开窗体时显示的新选项卡。

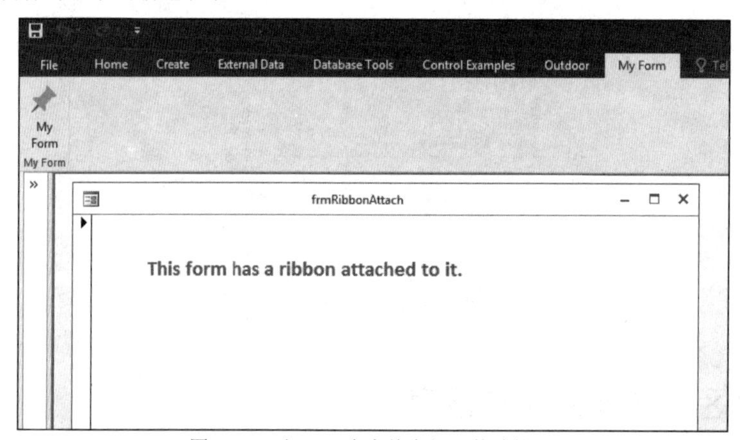

图 30.26　打开一个窗体会打开其功能区

打开窗体时，My Form 选项卡及其关联控件将可用。关闭窗体将导致新选项卡消失。属性表中的功能区列表与 Access 选项表中的列表类似。也就是说，向 USysRibbons 中添加新的功能区时，它不会进行更新。只有关闭并重新打开应用程序，才能更新该列表。

提示：

从“文件”|“信息”中选择“压缩和修复”会自动关闭并重新打开数据库。可通过这种方法来更新加载的功能区列表。此外，它还增加了一项优势，那就是可以压缩数据库。

30.9　彻底删除功能区

假定在某种情况下，有非常充分的理由证明不希望在应用程序中使用功能区。可能是已经开发了一组高效的切换面板窗体，或者使用无边框窗体来模仿旧式的工具栏和菜单。亦或应用程序完全由窗体驱动，不需要工具栏和功能区所提供的灵活性。

下面列出从 Access 界面中彻底删除功能区的操作步骤：

(1) 如果尚未创建名为 USysRibbons 的新表，则创建一个。

(2) 如果是第一次创建 USysRibbons 表，添加三个字段，分别是 ID(自动编号)、RibbonName(文本)和

RibbonXML(备注型)。

(3) 创建一条新记录，并将 RibbonName 设置为 Blank。指定什么名称并没有实际影响。

(4) 将下面的 XML 添加到 RibbonXML 列中：

```
<CustomUI xmlns="http://schemas.microsoft.com/office/2009
/07/CustomUI">
 <Ribbon startFromScratch="true"/>
</CustomUI>
```

(5) 重新启动数据库。

(6) 选择“文件”选项卡，并在 Backstage 中选择“选项”按钮。

(7) 单击“当前数据库”选项卡并滚动到“功能区和工具栏选项”区域。

(8) 在“功能区和工具栏选项”区域中，将“功能区名称”设置为 Blank (与在步骤 3 中为 RibbonName 列指定的名称相同)。

(9) 关闭并重新打开数据库。

该过程将设置一个名为 Blank 的虚拟功能区，其中不包含任何选项卡、组和控件。实际上，只是告诉 Access 呈现一个空的功能区，实际作用是将该功能区从 Access 用户界面中删除。然而，“文件”选项卡仍然保留，以便访问“选项”并更改功能区。

第31章

准备 Access 应用程序以进行分发

本章内容：

- 为当前数据库设置选项
- 开发应用程序
- 对应用程序进行最终修饰
- 强化应用程序
- 保护 Access 环境的安全

如果只是开发单个用户使用的内部应用程序，永远也不必担心在公司内或跨国分发应用程序，那么真是够幸运的。绝大多数开发人员都需要准备 Access 应用程序，以供或早或晚进行分发。甚至不必开发商业软件来处理分发，当开发要在一个组织中的很多工作站运行的应用程序时，需要以特定形式分发应用程序。

本章将介绍与分发 Access 应用程序相关的问题。但是，由于其中的某些主题(例如错误处理和拆分表)在本书的其他章节中介绍过了，因此，本章重点讨论如何在准备应用程序以进行分发时设置数据库选项。

在准备 Acces 应用程序以进行分发时，需要考虑很多问题。正确分发应用程序不仅会使最终用户更轻松地安装和使用应用程序，还会使应用程序的开发人员更轻松地更新和维护应用程序。此外，通过正确准备和打包进行分发的数据库和关联文件，应用程序所需的支持也会显著减少。

Web 内容

本章使用 Chapter31.accdb 示例数据库。如果尚未将其复制到自己的计算机上，需要立即复制。

本章介绍的绝大多数技术已经应用于示例数据库。为打开它以便看到各个选项，请先打开 Access，然后在按住 Shift 键的同时单击要打开的数据库名称。在数据库打开之前，请不要释放 Shift 键。该数据库有一个自定义图标，如本章所述。图标文件不会放在计算机上的同一个位置，必须调整设置以使其正常显示。

31.1 定义当前数据库选项

Access 数据库有很多简化分发过程的选项。可通过以下方式来访问这些数据库选项：选择“文件”|“选项”，然后选择“当前数据库”选项卡(如图 31.1 所示)。仍可以使用 Autoexec 宏来执行初始化代码，但通过“当前数据库”选项，可以设置应用程序的某些方面，从而减少需要编写的启动代码量。在分发 Access 应用程序之前正确构造这些选项非常重要。

提示：

设置“当前数据库”选项可以省去正常情况下执行同样的功能所需的多行代码，并可在用户启动应用程序时对应用程序界面进行控制。在分发应用程序前，请始终验证“当前数据库”选项。

图 31.1　通过“当前数据库”选项，可在用户启动应用程序时对其进行控制

31.1.1　应用程序选项

“应用程序选项”区域中的设置可将数据库作为应用程序为其定义参数。

1. 应用程序标题

在“应用程序标题”字段中提供的文本将显示在 Access 主窗口的标题栏中。当应用程序打开并运行时，在 Windows 任务栏中也会显示“应用程序标题”字段中提供的文本。

> **提示：**
> 应该始终为分发的应用程序指定应用程序标题。如果不指定，就在应用程序的标题栏中显示数据库名称和“Access”。

2. 应用程序图标

在“应用程序图标”字段中指定的图标将显示在应用程序的标题栏以及 Windows 的任务切换程序(Alt+Tab)中。如果选中“用作窗体和报表图标”框，当窗体或报表最小化时也会显示该图标。

如果不指定自己的图标，Access 只会显示默认的 Access 图标，因此，可为自己的应用程序提供特定于该应用程序的图标。使用特殊程序图标可以帮助用户区分不同的 Access 应用程序。

> **提示：**
> 可在 Windows 画图工具中创建一个小的位图，并使用转换工具将 BMP 文件转换为 ICO 文件格式。也可以使用其他图形程序创建图标，或者在线搜索应用程序图标。

3. 显示窗体

当 Access 启动应用程序时，在“显示窗体”下拉列表中选择的窗体将自动打开。当窗体加载时，将激发显示窗体的 Form Load 事件(如果其中包含代码)，从而降低使用 Autoexec 宏的需求。

> **提示：**
> 可考虑使用初始屏幕(参见本章后面的“初始屏幕”一节)作为启动显示窗体。

4. 显示状态栏

取消选中“显示状态栏”复选框可将状态栏从 Access 屏幕的底部移除(默认情况下，该选项处于选中状态)。

> **提示：**
>
> 状态栏是一个易于使用的信息性工具，因为它会自动显示键状态(例如 Caps Lock 和 Scroll Lock)，并显示活动控件的“状态栏文本”属性。一般情况下，不要隐藏状态栏，而是应该充分利用它，仅在绝对必要的情况下才将其禁用。

5. 文档窗口选项

在“文档窗口选项”下，可选择窗体和报表在分发的应用程序中的显示方式。可用选项如下：

- **重叠窗口：**“重叠窗口”选项保留之前版本的 Access 的外观，允许同时查看多个窗体。
- **选项卡式文档：**“选项卡式文档”选项使用的单文档界面类似于最新版本的 Web 浏览器(如图 31.2 所示)。

为使更改生效，必须关闭并重新打开当前数据库。

仅当选择“选项卡式文档”时，“显示文档选项卡”复选框才可用，它可以启用或禁用显示在已打开的数据库对象顶部的选项卡。该设置只是禁用选项卡，而不会关闭选项卡式对象本身。

6. 使用 Access 特殊键

如果选择该选项，那么应用程序用户可以使用特定于 Access 环境的加速键，以避开某些安全限制，例如取消隐藏“导航”窗格。如果取消选择该选项，将禁用下面的加速键：

- F11：按该键可显示“导航”窗格(如果隐藏)。

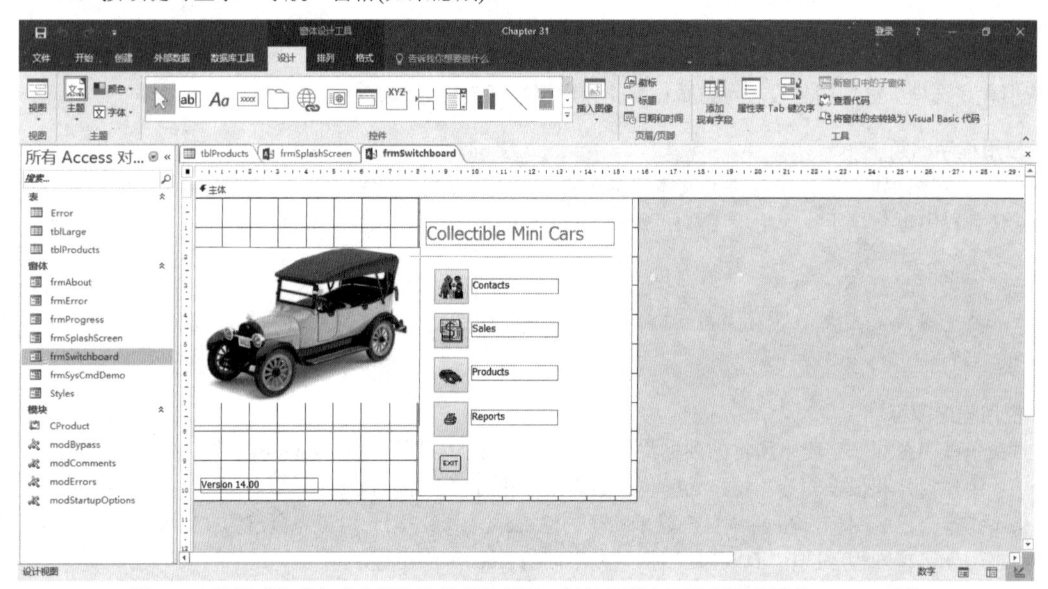

图 31.2　选择“选项卡式文档”选项的数据库。通过选项卡可选择要使用的 Access 对象

- Ctrl+G：按该组合键可在 Visual Basic 编辑器中打开立即窗口。
- Ctrl+Break：在 Access 工程中，按该组合键可在从服务器数据库中检索记录时中断 Access。
- Alt+F11：按该组合键可启动 VBE。

> **提示：**
>
> 在分发应用程序时，取消选中“使用 Access 特殊键”复选框是一种很好的做法，这样可以阻止用户避开选择的选项。否则，用户可能会无意中显示“导航”窗格或 VBA 代码编辑器，从而产生混淆或其他问题。

> **提示：**
>
> 在使用“Access 特殊键”属性禁用 Access 的默认加速键时，仍然可以使用 AutoKeys 宏来设置应用程序的快捷键。

7. 关闭时压缩

选中“关闭时压缩”复选框会指示 Access，在关闭数据库时自动对数据库进行压缩和修复。某些 Access 开发人员会在每次用户处理数据库时使用“关闭时压缩”来执行这种维护过程，而其他开发人员可能会发现该选项完全没有必要。我们属于后一阵营，但是，可以根据数据库中的活动级别自行做出决定。为使该更改生效，必须关闭并重新打开当前数据库。

注意：

Access 在“数据库工具”功能区选项卡中包含一个“压缩和修复数据库”实用程序。基于文件的数据库(如 Access)需要使用这样的实用程序来避免数据损坏、优化性能和减小文件的大小。随着在表中添加和删除记录，Access 数据库文件可能变得非常大。

压缩 Access 数据库强制 Access 重建所有表中的索引，并在物理上按照主键顺序重排 ACCDB 文件中的表。这种维护操作确保了 Access 数据库以最高效的方式操作。

请记住，压缩较大的数据库时，可能需要相当长的时间。此外，“关闭时压缩”选项仅影响前端数据库。除非应用程序使用前端处理临时表或者其他可以导致前端代码膨胀的操作，否则“关闭时压缩”选项为用户带来的好处可能微乎其微。

8. 保存时从文件属性中删除个人信息

选中此复选框后，当保存文件时，会自动从文件属性中删除个人信息。为使该更改生效，必须关闭并重新打开当前数据库。

9. 在窗体上使用应用了 Windows 主题的控件

选中此复选框将在窗体/报表控件上使用系统的 Windows 主题。仅当使用标准主题以外的 Windows 主题时，该设置才适用。

10. 启用布局视图

使用“启用布局视图”复选框，可在 Access 状态栏上以及右击某个对象选项卡时显示的快捷菜单中显示或隐藏“布局视图”按钮。

注意：

请记住，可对单个对象禁用布局视图，因此，即使启用了该选项，布局视图也可能对特定的窗体和报表不可用。

11. 为数据表视图中的表启用设计更改

通过“为数据表视图中的表启用设计更改”复选框，可以对数据表视图中的表进行结构性更改，而不是必须在设计视图中进行更改。在大多数设计完美的 Access 应用程序中，用户永远也不会看到设计视图或数据表视图中的表，而是通过窗体与数据进行交互。如果应用程序允许查看数据表视图中的表，那么应该取消选中该选项，以防止对表的设计做出不必要的更改。

12. 检查截断的数字字段

选中该选项会使数字在所属的列太窄而无法显示整个值时显示为#####形式(在很久以前 Excel 中就已经提供了该功能)。取消选中该复选框会将因为过宽而无法显示在数据表中的值截断，这意味着当列过窄时，用户只能看到该列值的一部分，并可能曲解该列中的内容。

13. 图片属性存储格式

在“图片属性存储格式”下，可以选择图形文件在数据库中的存储方式。可用的选项如下：

- **保留源图像格式(文件较小)**：如果想要以原始格式存储图像，可选择此选项，这样还可以缩小数据库。
- **将所有图片数据转换成位图(与 Access 2003 和更早的版本兼容)**：如果想要将所有图像存储成位图，可以选择此选项，这会增大数据库大小，但可以使图像与之前版本的 Access (Access 2003 和更早的版本)兼容。

可以选择“保留源图像格式”，通过降低数据库文件的大小来节省磁盘空间(该选项仅在 ACCDB 文件格式中可用)。在使用该选项时，Access 仅存储图像的一份副本(采用其原始格式)，并当图像要在窗体或报表上显示时动态地生成位图。

31.1.2　导航选项

通过“导航”区域中的设置，可定义在将数据库作为应用程序进行导航时的参数。

1. “显示导航窗格”复选框

对于绝大多数分发的应用程序，可能永远也不希望用户能够直接访问任何表、查询、窗体或其他数据库对象。对于用户来说，尝试“改进”窗体或报表，或者对表或查询进行细微修改，可能具有非常大的诱惑力。用户很少有资格对 Access 数据库进行此类更改。取消选择“显示导航窗格”选项将在启动时对用户隐藏“导航”窗格。

注意：

除非同时取消选中“使用 Access 特殊键”选项(参见本章前面的内容)，否则，用户可以通过按 F11 键取消隐藏“导航”窗格。

为使该更改生效，必须关闭并重新打开当前数据库。

2. “导航选项”按钮

对最新版本 Access 新增的一项好功能是当“导航”窗格启动时，可选择对用户显示的数据库选项。单击“导航选项”按钮将打开“导航选项”对话框(如图 31.3 所示)，可以使用该对话框来更改显示在“导航”窗格中的类别和组。

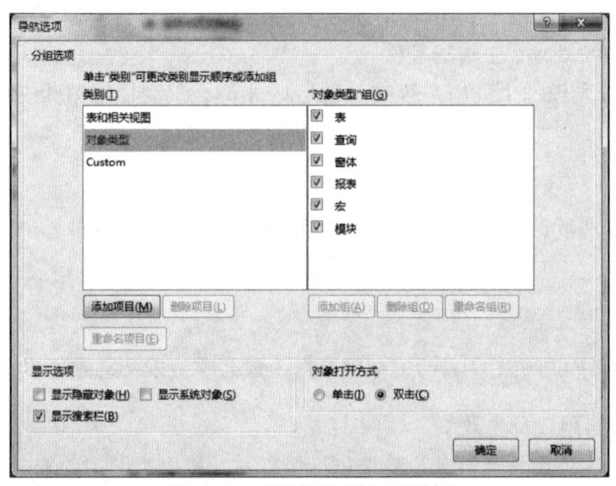

图 31.3　“导航选项”对话框

在“分组选项”区域中，单击对话框左侧的某个类别可更改该类别的显示顺序，或者可以向对话框右侧添加组。单击“对象类型”类别可禁止查看特定的 Access 对象(表、查询、窗体、报表、宏或模块)。

在“显示选项”区域中，可以选中“显示隐藏对象”“显示系统对象”和“显示搜索栏”复选框。

提示：

对于隐藏对象和系统对象，正常情况下不希望对其进行修改，因此，通常建议将这些对象隐藏。

另一方面，当有很多对象并且想要缩小列表范围以避免过多滚动时，搜索栏(如图 31.4 所示)在“导航”窗格中非常有用，因此应该选中“显示搜索栏”复选框。例如，如果想要查看其中包含单词 Product 的对象(表、窗体等)，可在搜索栏中输入 Prod 以限制在“导航”窗格中显示的表。

图 31.4　搜索栏显示在“导航”窗格的顶部

在对话框的“对象打开方式”区域中，选择“单击”或“双击”以确定打开数据库对象的方式。“双击”是默认选项，也是所有用户最熟悉的选项。

31.1.3　功能区和工具栏选项

通过“功能区和工具栏选项”区域中的设置，可以在使用数据库作为应用程序时定义自定义功能区和工具栏。对于该区域中的所有选项，为使更改生效，需要关闭并重新打开当前数据库。

交叉参考：
有关自定义功能区创建过程的内容，可参见第 30 章。

1. 功能区名称

使用“功能区名称”选项可以指定自定义(通常是精简)版本的功能区。如果不提供功能区名称，Access 将使用其内置的功能区，而它可能不适合应用程序。默认功能区包含很多用于修改数据库对象的控件，而这可能导致用户遇到问题。

2. 快捷菜单栏

设置“快捷菜单栏”会将快捷菜单(右击菜单)的默认菜单更改为指定的菜单栏。使用具有特定于应用程序的功能的自定义快捷菜单始终是更可取的做法。

3. 允许全部菜单

选中“允许全部菜单”可确定 Access 显示其菜单中的所有命令还是仅显示常用命令。如果为所有窗体和报表提供了自定义菜单，并将“菜单栏”属性设置为某个自定义菜单栏，则该设置没有任何效果。

4. 允许默认快捷菜单

“允许默认快捷菜单”设置用于确定，当用户右击“导航”窗格中的某个对象或者窗体或报表上的某个控件时，Access 是否显示自己的默认快捷菜单。

31.1.4　名称自动更正选项

本书中的部分章节提到了有关更改基本数据库对象(例如表和表中的字段)的名称的问题。例如，如果更改某个表的名称，那么引用该表的所有位置(查询、控件的 ControlSource 属性、VBA 代码、宏等)都将无效，从而导致应用程序无法正常运行。

Microsoft 在 Access 2000 中添加了“名称自动更正”功能，以此消除在重命名数据库对象时难免出现的问题。遗憾的是，该功能从未像 Microsoft 预期的那样发挥作用。主要问题在于，名称自动更正会对性能产生很大影响。由于 Access 在运行过程中必须始终监视活动，因此，选中该选项的情况下的数据库运行速度要比禁用该选项的情况下慢很多。此外，某个对象的名称可能会在很多位置出现，当重命名该对象时，自动更正功能很难高效地捕捉到每个对象实例。对于出现在 VBA 代码中的对象名称，这种情况更严重，很多应用程序都包含成百上千行 VBA 代码，几乎不可能找到并更新每个对象引用。

提示：
在 Access 应用程序中，“跟踪名称自动更正信息”选项默认情况下处于启用状态。除非发现该选项在项目中非常有用，否则应该考虑将其禁用，如本章对应的 Chapter31.accdb 示例数据库中那样。

31.2　开发应用程序

一般情况下，开发应用程序包括定义需求、构建数据库对象、编写代码、创建文档以及测试应用程序。如果要开发供自己使用的应用程序，需求可能已经在脑海中了。对尝试解决的问题也非常熟悉，因此，没必要定义正式的需求。不过，还是应该考虑将需求记录下来，以明确想法并在开发过程的早期确定所有问题。

31.2.1　构建规范

所有数据库都用于解决用户遇到的特定问题。问题可能是当前的方法缺乏效率，或者无法以用户所需的格式查看或检索数据。也可能只是想将过时的数据库转换为更流行的等效数据库。构建的解决方案的有效性将通过其能在多大程度上解决用户遇到的问题进行评判。对成功最可靠的保证就是在构建任何表、查询或窗体之前认真规划应用程序。只有通过认真制定计划才能知道应用程序能否很好地解决用户的问题。

绝大多数 Access 开发项目都遵循下面的常规活动序列：

(1) **定义问题**。出现了一些问题或者当前方法不能满足要求，此时需要一个更好的系统，Access 似乎是一种非常好的备选工具来生成新系统。

(2) **确定需求**。与用户进行交流以生成程序应该提供的基本功能描述。这些讨论的产物就是设计规范，是详细描述应用程序的书面文档。

(3) **最终确定规范**。与用户确认设计规范，以确保规范的准确性和完整性。

(4) **设计应用程序**。开发人员使用初始设计规范设计数据库的基本结构及其用户界面。

(5) **开发应用程序**。对于绝大多数开发人员来说，大部分时间都花费在这一阶段。将花费大量的时间来构建满足步骤 2 中生成的规范所需的表、查询、窗体以及其他数据库对象。

(6) **测试**。开发人员和客户使用该应用程序，以验证其是否按预期执行。针对在设计规范中定义的需求对应用程序进行测试，差异内容将被记录下来并进行更正以便进入步骤 7。

(7) **分发并推广**。对应用程序的执行情况进行验证后，将其分发给用户。如有必要，对用户培训应用程序的使用方法，并指出如何报告问题或对将来的版本提出建议。

很多 Access 开发人员在未充分定义应用程序的目标或设计数据库结构的情况下就开始进行开发。除非应用程序非常简单，否则在不制定规范的情况下，开发人员最终一定会生成一个包含大量错误、不可靠且容易出现问题的数据库。

另一个主要错误是允许数据库与初始设计规范过度偏离。向本来很简单直接的数据库中添加很多花里胡哨的内容太舍本逐末。如果实施过程与设计规范过度偏离，项目可能会失败，因为在那些并不是直接解决用户问题的功能上浪费了太多时间。这就是需要进行第三步(最终确定规范)的原因之一。此时，开发人员和用户基本上都会签订一份合同，同时可能希望包含一个后续流程，以便在双方达成一致的情况下由任何一方对规范进行更改。

在开始进行任何工作前，大多数专业的应用程序开发人员会要求客户提供一份书面文档，描述其想要得到的应用程序并指定希望使用该程序执行什么操作。好的设计规范包含以下信息：

- **预期输入**：数据库需要处理哪种类型的数据(文本、数字、二进制)？数据是否会与其他应用程序(如 Excel 或另一个数据库系统)共享？数据采用的是易于导入 Access 数据库中的格式，还是需要在运行时重新输入数据？是否所有数据都始终可用？类型是否有可能发生变化？例如，出生日期很明显属于日期类型，但是，如果知道生日的年份而不知道月份或具体是哪一天，会出现什么情况？
- **用户界面**：使用简单的窗体即可满足用户的需求，还是需要使用自定义菜单和功能区以及其他用户界面组件？是否需要上下文相关的联机帮助？
- **预期输出**：用户需要哪些类型的报表？简单的选择查询是否足以生成所需的结果，还是同时需要总计、交叉表和其他高级查询？

设计规范的主要目的是避免添加一些计划外的功能，它们不但不会提高数据库的实用性，反而会降低其可靠性。在开始实际实施工作之前编写设计规范总会产生以下好处：

- **指导开发工作**：如果没有某种类型的设计规范，如何了解正在构建的应用程序是否真正满足客户的预期？在一步一步完成开发阶段的各项工作时，可避免添加一些不会对实现应用程序的目标提供帮助的功能，而重点关注客户已确认需要优先考虑的那些项目。
- **验证应用程序满足预期**：必须对应用程序的所有方面进行测试以验证其操作。测试的最佳结果是确认所有设计目标都已满足，在测试阶段也没有发现任何意外行为。
- **最大程度减少实施过程中的设计更改**：通过严格遵循设计规范，可避免很多问题。破坏应用程序最容易的方法之一是添加一些并未包含在原始设计中的新功能。如果应用程序经过合理规划，指定的功能应该设计为协同工作。在开发过程开始后引入新功能很可能导致系统的可靠性降低。

总的来说，好的设计规范可为创建结构严密且不容易出错的应用程序提供基础，从而满足用户的需求。在项目结束时，可将完成的数据库与设计规范进行比较，并客观地评价其解决原始问题的效果。如果没有在项目开始阶段编写设计规范，便不能在第一时间考量应用程序能否很好地解决影响项目的问题。

31.2.2　创建文档

如果用户不能完全了解如何使用，那么即使是编写得天衣无缝的 Access 应用程序也是失败的。需要了解的不仅是用户界面，还需要了解在用户单击某个特定的按钮时所发生情况的逻辑，而需要了解这些内容不仅包括一些必不可少的用户，还包括可能会参与应用程序操作的技术支持人员。

很多开发人员不喜欢编写文档，将其放在开发过程的最后一步，那时他们可能已经转移到另一个项目，并以没有时间为由而省略掉编写文档的过程，但文档真的是必不可少的。

1. 对编写的代码编制文档

随着时间的推移，可能需要对应用程序进行更改或者添加。在最初编写代码一段时间以后，即使是实施更改的人员也可能无法准确理解代码所完成的操作。由此可以想象，其他人要想指出代码的具体用途将是多么困难！

通过对变量、常量和过程使用一致的命名约定，可以编写自文档化的代码。为过程提供简单、明确地说明其用途的逻辑名称。如果不能为过程提供合理名称，可能是因为尝试在一个过程中执行过多的操作，此时应该考虑将其拆分成多个过程。可在必要的情况下使用注释，但不要过度使用，否则没有人会阅读它们，很快就会过时。如果做出了一个重要的设计决定，需要将其记录下来，或者使用的编程方法不是很直观，此时应该创建注释，否则不太容易理解。注释不应指出代码在做什么(代码自己就说明了这一点)，而应说明为什么这么做。

图 31.5 显示了一个简短过程，其中的绝大部分是自文档化的。过程、变量和常量都进行了合理的命名，并添加了注释，用于解释一个不太常见的代码行。

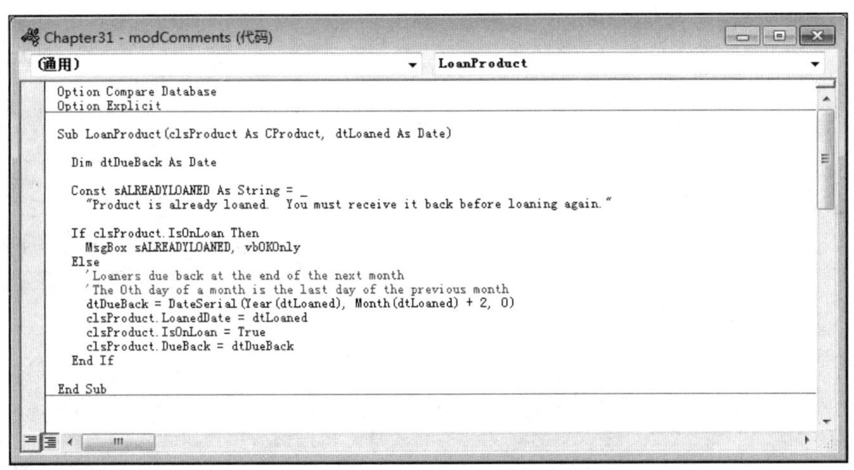

图 31.5　尽可能生成自文档化的代码

对数据库对象和控件进行命名，而不要接受 Access 为窗体和控件等数据库对象提供的默认名称。默认名称只是为了便于使用简单应用程序而提供的，不应该在专业质量的工作中使用。

2. 对应用程序编制文档

交付给最终用户的应用程序应该随附相应的文档，以解释应用程序的使用方式。最终用户文档不必包含用户界面背后的内部结构或逻辑的说明。但是，它应该解释窗体和报表的工作方式，说明用户应该避免的一些事情(例如，更改现有数据)以及包含示例报表的打印输出。可以使用屏幕截图对文档进行说明。

提示：

确保在文档的标题或页脚中包含准确的版本号，以便用户确认文档版本与其正在使用的软件相对应。

应用程序的用户会因构建到数据库中的联机帮助而受益。当然，联机帮助所涉及的范围很广，从附加到窗体上控件的屏幕提示，到状态栏文本，再到复杂的上下文相关的帮助以及在很多 Microsoft 产品中看到的“这是什么?”

帮助。

> **提示：**
> 通常情况下，让用户编写实际的用户文档非常有用(当然，需要与开发人员协同工作)。通过这种方式，能够确保使用用户理解的语言编写文档。

31.2.3　在分发以前对应用程序进行测试

在设计应用程序时，请考虑如何测试其各个方面。在设计阶段规划测试是最佳时机，因为窗体或报表的功能在脑海中将是全新的。不要等到开发全部完成以后再开始考虑测试，否则需要回忆应该测试的所有重要功能，这往往是非常痛苦的。在应用程序中设计对象(例如表或窗体)的过程中或设计完成后较短的时间内编写出测试计划。即使测试计划并不是尽善尽美，也不必担心，可以在分发应用程序之前对其进行更改。

应该尽早开始执行测试计划。然后，在整个项目完成并准备好进行分发后，再次执行这些测试计划。第一次执行测试计划可以确保按照预想设计对象。在最后再次执行测试计划可确保后来的更改并未引入错误。由于对设计做出了更改，可能导致自己的测试不再有效。在整个开发过程中会不断地发生设计更改，当测试变得无效时，只需要将其删除，或者对其进行更改以测试新功能。

> **提示：**
> 分发完全不包含错误的应用程序几乎是不可能的。软件开发让人讨厌的性质在于，如果编写了一个程序，一些人可以(并且一定会)找到意想不到的方式将其破坏。有些人似乎具备某种天赋，可以在几分钟内就将其破坏(换句话说，找到关键错误)。如果知道有这样的人，一定要将其招致麾下，以帮助测试应用程序。

在完成应用程序调试的过程中，可将遇到的错误分为以下三个类别之一：

- **类别 1：灾难性错误**：这些错误绝对不能接受，例如，会计应用程序中的数字没有按照应有的方式加总，或者某个例程总是导致应用程序意外终止。如果交付的应用程序中包含已知的类别 1 错误，很可能会导致用户的强烈抵制，对此一定要做好准备！
- **类别 2：具有解决方法的严重错误**：类别 2 中的错误是相当严重的错误，但它们不会导致用户无法执行其任务，因为应用程序中存在特定的解决方法。例如，某个按钮无法正确调用相应的过程是一个错误。如果该按钮是唯一可用于运行该过程的方式，那么该错误属于类别 1 错误。但是，如果对应的功能区命令可以正确地调用该过程，那么该错误属于类别 2 错误。有时，交付带有类别 2 错误的应用程序是必要的。尽管交付错误是不允许的，但有时截止期限的存在意味着需要做一些例外处理。类别 2 错误会对用户产生一定的困扰，但应该不会导致其暴跳如雷。

> **提示：**
> 如果交付的应用程序中包含已知的类别 2 错误，请将它们记录下来！有些开发人员对类别 2 错误抱着默不作声、故作惊讶的态度。这种态度可能严重挫伤用户的信心，并浪费他们的时间，因为他们不但要发现问题，还需要找出解决方案。例如，如果要交付的应用程序中包含刚才所述的类别 2 错误，应该在应用程序的自述文件中包含声明，内容类似如下："The button on the XYZ form does not correctly call feature such-and-such. Please use the corresponding command such-and-such found on the Ribbon. A patch will be made available as soon as possible."(XYZ 窗体上的按钮不能正确调用功能 XXX。请使用功能区上对应的命令 XXX。我们将尽快提供相应的修补程序)。

- **类别 3：小错误和修饰性问题**：类别 3 错误是一些小问题，不会影响应用程序正常操作。它们可能包括标题或标签拼写错误或文本框颜色不正确。类别 3 错误应该尽快修复，但它们的优先级不应高于类别 1 错误。仅当以下情况下，它们的优先级才应高于类别 2 错误：它们非常严重，导致应用程序外观完全无法接受；或者它们为用户带来很大麻烦，需要尽快修复。

对错误进行归类并对其进行系统处理，可以帮助创建外观和行为与用户预期相符的程序。有时，可能会感觉自己永远也处理不完类别 1 列表中的错误修复，但实际上是可以的。在检查错误表时会感到分外惊喜，原因是发现错误数量已经减少了，只剩下少量类别 2 错误以及一些类别 3 错误！尽管开发人员可能想要在开发中跳过上述测试阶段，但建议不要这样做。因为，从长远来看，这么做会在将来付出沉重代价。

提示：

当某个应用程序在 Access 运行时环境中运行时，并不是所有 Access 功能都可用。在启动 Access 应用程序时使用/Runtime 命令行选项，可以在运行时环境中操作，并使用完整版本的 Access 测试代码中和运行时环境中的问题。

31.3　完善应用程序

在彻底测试应用程序，以准备分发时，请再花一些时间完善它。

31.3.1　为应用程序提供一致的外观

首先，确定一些视觉设计标准，并将其应用于应用程序。如果希望应用程序具有专业的外观，那么该步骤非常重要。图 31.6 显示了一个窗体，其中包含不同控件样式的示例。

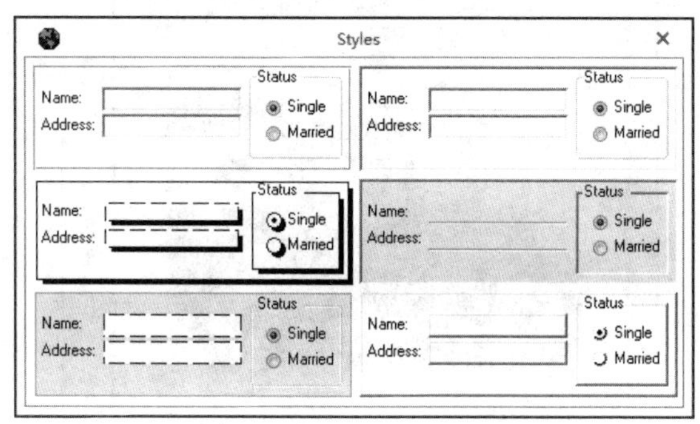

图 31.6　给应用程序的每个对象使用统一的样式

需要做出的设计决定可能包括：

- 文本框的效果为凹陷、带有边框的平面、不带边框的平面、凿痕还是凸起？
- 文本框应该采用什么背景色？
- 窗体使用哪种颜色？
- 使用凿痕边框来分隔相关项还是选择凹陷或凸起边框？
- 窗体上的按钮采用什么尺寸？
- 对于具有类似按钮(例如“关闭”和“帮助”)的窗体，按钮以什么顺序显示？
- 对于常用的按钮(例如“关闭”和“帮助”)，使用什么加速键？
- 当窗体打开时，哪个控件具有焦点？
- 如何设置 Tab 键次序？
- 文本框的 Enter 键属性是什么？
- 是否会添加一些可视提示，以指示何时列表框为多选，何时不是多选？
- 是否会添加一些可视提示，以指示组合框何时设置“限于列表”属性？

为使应用程序看起来更加专业，最重要的方法之一就是让应用程序具有一致的外观，按照一致的方式进行工作。为了确定要在应用程序中实施的设计标准，请花费一些时间查看最喜欢的一些程序，了解它们所使用的标准。

警告：

在外观方面复制另一位开发人员的标准一般不会被认为是剽窃，相反，通常会得到称赞。但是，这种复制不能扩展为使用另一个应用程序的图标，或者直接复制竞争对手产品的外观，这是非常不好的做法。

31.3.2　添加常见的专业组件

绝大多数专业的应用程序都有一些类似的组件。最常见的组件包括初始屏幕、应用程序切换面板以及“关于”

框。这些组件可能并不是重要的功能，但它们可以大大增强应用程序的吸引力。它们不需要太长的实施时间，应该在所有分发的应用程序中都包含它们。

1. 初始屏幕

初始屏幕(例如，参见图 31.7)不仅有助于提高应用程序的感知速度，还会从用户运行程序那一刻起就为应用程序提供精美、专业的外观。

> Web 内容
>
> 图 31.7 显示了初始屏幕模板的设计窗口，可以在构建自己的应用程序时使用该模板。该窗体包含在 Chapter31.accdb 示例数据库中，其名称为 frmSplashScreen。请将该窗体导入应用程序中，并使用它作为创建初始屏幕的模板。

图 31.7　初始屏幕不仅有助于提高应用程序的感知速度，还会为应用程序提供专业的外观

绝大多数初始屏幕都包含如下信息：

- 应用程序的标题
- 应用程序的版本号
- 公司的信息
- 版权声明

此外，还可在初始屏幕上包含许可证持有人的信息和/或图片。如果在初始屏幕上使用图片，请使用与应用程序的功能相关的图片。例如可以对支票书写应用程序使用一些钱币外加一张支票的图像。如果愿意，还可以对初始屏幕使用剪贴画，只需要确保图片清楚、准确，不会对初始屏幕上显示的文本信息产生干扰。

要实施初始屏幕，请让应用程序在执行其他操作之前先加载初始窗体(请考虑在“应用程序选项”中将初始屏幕设置为显示窗体，如本章前面所述)。当应用程序完成所有初始化过程时，关闭该窗体。请将初始窗体设置为轻型窗体，并将放在初始屏幕上的任何位图转换为图片，以缩短初始窗体的加载时间。

2. 应用程序切换面板

应用程序切换面板是一个地图，用户可以通过它找到应用程序中可用的各种功能和窗体。可将切换面板本身用作一个导航窗体，使用按钮来显示其他窗体，如图 31.8 中的切换面板示例所示。它是为本书中的 Collectible Mini Cars 数据库创建的 frmSwitchboard 切换面板。

切换面板为用户提供了一个熟悉的位置，在这里，他们可以在应用程序中找到所需的内容。

> 提示：
>
> 请确保在用户关闭窗体后重新显示切换面板。

图 31.8　切换面板提供了一种便捷的方式来导航应用程序

3. “关于”框

“关于”框(如图 31.9 所示)包含公司和版权信息，以及应用程序名称和当前版本。也可在“关于”框中包含应用程序的许可证持有人信息(如果具有此类信息)。

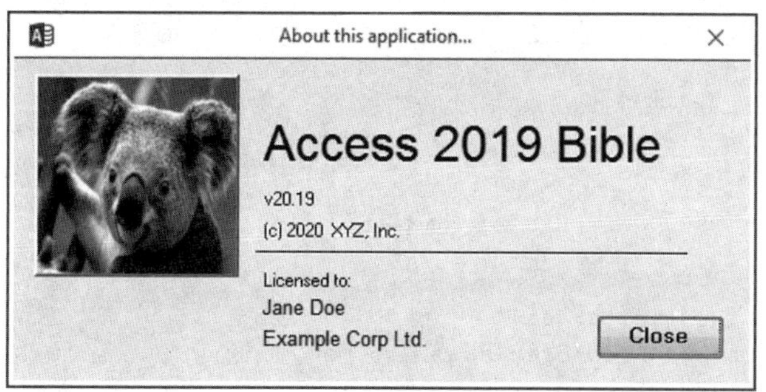

图 31.9　“关于”框为用户提供有用的信息并保护法律权益

“关于”框可以作为所有权的法律声明，使用户可以轻松访问版本信息，让应用程序更易于获得支持。一些高级的“关于”框会调用其他显示系统信息的窗体。可以根据自己的意愿设置“关于”框，但通常情况下，简单的内容会很好地发挥作用。

Web 内容

图 31.9 显示了可在构建自己的应用程序时使用的“关于”框模板窗体。该窗体包含在 Chapter31.accdb 示例数据库中，其名称为 frmAbout。请将该窗体导入应用程序中，并用作创建“关于”框的模板。

应该可以通过“帮助”菜单或切换面板窗体上的按钮访问“关于”框。

充分利用图片

绝大多数用户都喜欢图片，而绝大多数开发人员都喜欢在按钮上使用图片。清晰准确的图片比文本标题更直观，更易识别。然而，大多数开发人员并不是图画艺术家，他们通常是将利用手头的剪贴画生成的按钮堆叠在一起。这些难看的按钮使应用程序看起来相当笨拙，非常不专业。此外，如果图片不能明确显示按钮的功能，则会导致应用程序更难使用。

请选择或创建最终用户容易识别的图片。避免使用抽象的图片或者需要特定的知识才能理解的图片。如果预算允许，可以考虑雇用专业的设计公司来创建按钮图片。有很多专业的图像库和工具可用于创建和编辑按钮。

精心设计的图片按钮可以使应用程序看起来与众不同，更易于使用。

4. 状态栏

为构建良好的用户体验，让用户了解应用程序所发生的事情是非常重要的一部分。Access 提供了一个 SysCmd 函数，可在状态栏(屏幕底部的横向细小彩色条栏)中显示消息。

默认情况下，状态栏显示当前处理的对象的状态信息。例如，在设计视图中打开一个窗体时，状态栏的左侧将显示“设计视图”。状态栏还会显示 NUM LOCK 键是否处于活动状态。根据打开的对象类型，状态栏的最右侧会提供一种在视图之间快速切换的方式。

使用 SysCmd 函数，可以在状态栏的左侧显示自己的消息。状态栏非常适于显示非关键的消息，因为它不需要任何用户交互(当然，读取消息内容除外)。

要在状态栏中显示消息，可使用 acSysCmdSetStatus 参数，如下面的代码所示：

```
Private Sub cmdHelpText_Click()

  Const sMSG As String = "Hello, World!"

  SysCmd acSysCmdSetStatus, sMSG

End Sub
```

上述代码在状态栏中显示“Hello, World!”，还可以显示任何字符串。但是，如果字符串长度超过 Access 提供的显示空间，则不会显示任何内容。状态栏也可以用于在运行时间较长的过程中向用户显示所发生的操作。在下面的代码中，状态栏在遍历大记录集的过程中更新显示。

```
Private Sub cmdLoop_Click()

  Dim rs As DAO.Recordset
  Dim sSql As String
  Dim lCnt As Long

  sSql = "SELECT * FROM tblLarge;"
  Set rs = CurrentDb.OpenRecordset(sSql, dbOpenSnapshot)
  rs.MoveLast
  rs.MoveFirst

  Do While Not rs.EOF
    lCnt = lCnt + 1
    If lCnt Mod 10 = 0 Then
    SysCmd acSysCmdSetStatus, "Processing record " & _
       lCnt & " of " & rs.RecordCount
      DoEvents
    End If
    rs.MoveNext
  Loop

  SysCmd acSysCmdClearStatus

  rs.Close
  Set rs = Nothing

End Sub
```

在处理很多记录时，显示像上述代码中那样的计数器非常有用。该代码每隔十条记录更新一次状态栏。如果针对每条记录都更新一次，那么状态栏的切换速度会非常快，用户几乎无法看到实际内容。此外，过度使用状态栏可能会降低性能，因此，仅在需要时进行更新有助于加快处理速度。Mod 函数可以返回第一个数字除以第二个数字所得到的余数。当余数为 0 时，计数器的值为 10 的倍数，状态栏将进行更新。请找到一个适合数据的倍数。状态栏应该经常更新，不会让用户觉得程序已停止，但更新也不能过于频繁，使文本一晃而过，或者对处理性能产生影响。

上述代码还有其他一些方面值得注意。只有访问了记录集中的所有记录，RecordCount 属性才返回记录总数。MoveLast 和 MoveFirst 方法确保 RecordCount 是正确的。在循环内部使用了 DoEvents 关键字。当代码运行时，它可以使用所有 Windows 资源，诸如刷新屏幕的一些活动将处于暂停状态，直至代码停止。当尝试在状态栏中显示文本时，这不会提供很大帮助。DoEvents 命令只是简单地将控制权交给 Windows，使其完成事件队列中的任何任务。

图 31.10 显示了正在更新的状态栏。

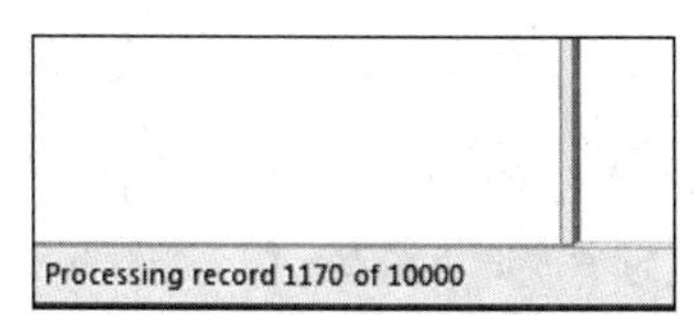

图 31.10　使用状态栏提供长时间运行的过程的反馈

在过程接近结束时，使用 acSysCmdClearStatus 参数将状态栏的控制权返还给 Access。

提示：

如果不希望显示状态栏消息，也不希望 Access 显示消息，则可以使用 SysCmd 在状态栏中设置一个空间。代码 SysCmd acSysCmdSetStatus, Space(1)使状态栏保持空白，直到准备使用它。

5. 进度指示器

Access 在 Access 主窗口底部的状态栏中提供一个内置的进度指示器。该进度指示器是一个矩形，会随着 Access 执行的推进在水平方向增长。

设置和使用进度指示器需要初始化步骤，然后将指示器设置为下一个值。随着代码的不断推进，并不仅是增加 SysCmd 管理的计数器。必须将指示器的值显式地设置为 0 到“在初始化阶段设置的最大值”之间的值。

Web 内容

下面的代码和演示包含在 Chapter31. accdb 示例数据库的 frmSysCmdDemo 窗体中。

使用 acSysCmdInitMeter 常量来初始化该指示器。必须传递一些用于标记该指示器的文本以及该指示器的最大值：

```
Private Sub cmdInitMeter_Click()

  Const sSTATUSTEXT As String = "Reading Data"

  mlMeterMax = 100
  mlMeterIncrement = 0
  SysCmd acSysCmdInitMeter, sSTATUSTEXT, mlMeterMax

End Sub
```

该过程将最大值设置为 100，将 mlMeterIncrement 变量初始化为 0。当运行该过程时，将显示 Access 状态栏和空白的进度指示器，如图 31.11 所示。

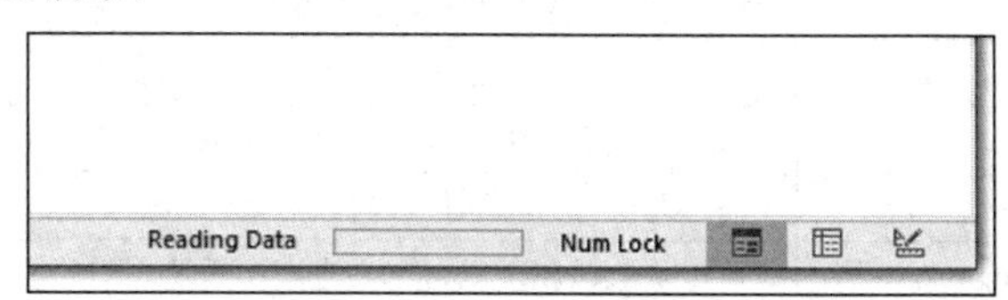

图 31.11　初始化后的进度指示器

增加该指示器需要一定的技巧。在下面的子例程中，模块级别的变量 mlMeterIncrement 增加 10，指示器的位置设置为 mlMeterIncrement 的值。

```
Private Sub cmdIncrementMeter_Click()

  mlMeterIncrement = mlMeterIncrement + 10
```

```
    If mlMeterIncrement > mlMeterMax Then
      mlMeterIncrement = 0
    End If

    SysCmd acSysCmdUpdateMeter, mlMeterIncrement

  End Sub
```

该过程还检查 mlMeterIncrement 的值是否超过初始化例程中设置的最大值。如果超过，则会将其重置为 0。这里只是为了便于说明，而在实际情况中，最好将最大值设置为一般不会被超过的值。图 31.12 显示了单击 Progress Meter Demo 按钮，然后单击 Increment Meter 按钮 5 次后的进度指示器。很容易发现，该指示器已经根据 mlMeterIncrement 递增 5 次以后的值按比例移动了一段距离。

图 31.12　移动中的进度指示器

必须在应用程序中为进度指示器的最大值和增量设置选择值。此外，请确保按照适当的间隔更新进度指示器，例如每当运行了过程的十分之一时(当然，需要假定事先知道要处理的条目数或者操作需要的时间)。

指示器是一种非常有价值的方式，可使用户了解运行时间较长的过程的进度。由于控制其初始值以及递增的速率，因此，可以相当精确地向用户报告应用程序的进度。

对于默认的 Access 进度指示器来说，唯一的问题在于，它显示在屏幕的最底部，很容易被用户忽视。此外，如果通过“Access 选项”对话框的“当前数据库”选项卡上的“显示状态栏”选项隐藏了状态栏，则完全无法看到进度指示器。

如果希望隐藏状态栏，并在用户确定想要查看时显示进度指示器，则可以创建自己的进度指示器，其中包含一个窗体和一些标签控件。图 31.13 显示了这样一个进度指示器。该指示器首先是一个未绑定窗体，其中有两个标签控件。一个标签位于另一个标签的上方，它们有相同的上边距、左边距、高度和宽度属性。下面标签的背景色比上面的标签浅一些。

图 31.13　自定义的进度指示器

随着程序不断推进，顶部标签的宽度属性将增加，从而造成较深颜色不断填充矩形框的假象。窗体设置了特定的属性，以提供进度指示器的外观。表 31.1 列出了窗体的部分属性。

表 31.1　进度指示器的窗体属性

属性	值	说明
弹出方式	是	与“模式”属性一起，可以确保窗体始终位于顶部，无法选择其他窗体
模式	是	与“弹出方式”属性一起，可确保窗体始终位于顶部，无法选择其他窗体
标题	Progress	可以更改该属性以自定义进度指示器
允许数据表视图	否	进度指示器应该仅在窗体视图中显示
允许布局视图	否	进度指示器应该仅在窗体视图中显示
自动居中	是	将进度指示器放在屏幕的中间
记录选择器	否	隐藏记录选择器

(续表)

属性	值	说明
导航按钮	否	隐藏导航按钮
控制框	否	隐藏控制框
关闭按钮	否	隐藏关闭按钮
最大最小化按钮	否	隐藏最小化和最大化按钮
边框样式	对话框	使进度指示器显示为对话框

Web 内容

在 Chapter 31.accdb 示例数据库中，frmSysCmdDemo 窗体调用 frmProgress 窗体并包含本节中的所有代码。

要创建图 31.13 所示的进度指示器，首先向 frmProgress 中添加两个自定义属性。除了内置到 Access 中的窗体属性外，还可添加特定于应用程序的属性。添加一个 Max 属性以设置进度条的最大长度，添加一个 Progress 属性以设置过程开始了多长时间。

```
Private mlMax As Long
Private mdProgress As Double

Public Property Get Max() As Long
  Max = mlMax
End Property

Public Property Let Max(lMax As Long)
  mlMax = lMax
End Property

Public Property Get Progress() As Double
  Progress = mdProgress
End Property

Public Property Let Progress(dProgress As Double)
  mdProgress = dProgress
End Property
```

使用 VBA 中的 Property 关键字以定义自定义属性。声明一个模块级别的变量以保存属性的值，如 mlMax。然后创建 Property Get 和 Property Let 过程来读写属性。如果希望将属性设置为只读或只写，也可省略 Get 或 Let 属性语句。

使用 Form_Load 事件初始化顶部标签 lblPmFront 的宽度。底部标签 lblPmBack 始终保持相同的宽度。

```
Private Sub Form_Load()

  Me.lblPmFront.Width = 0

End Sub
```

frmProgress 的最后一段代码是一个自定义方法，用于更新进度条。自定义方法其实就是使用 Public 关键字声明的子过程。

```
Public Sub UpdateProgress(lProgress As Long)

  If lProgress >= Me.Max Then
    Me.Progress = 1
  Else
    Me.Progress = lProgress / Me.Max
```

```
    End If

    Me.lblPmFront.Width = Me.lblPmBack.Width * Me.Progress

  End Sub
```

自定义方法的第一部分确定 lProgress 参数是否大于最大值。如果是，Progress 将设置为 1 或 100%。通过这种方式，进度指示器永远也不会超过 100%。如果 lProgress 小于最大值，Progress 将设置为 lProgress 相对于最大值的比率。最后，按照该比例增加 lblPmFront 的宽度。

下面显示了使用该进度指示器的 frmSysCmdDemo 窗体中的过程。它与本章前面用于在遍历大记录集时更新状态栏的代码非常类似：

```
Private Sub cmdLoopProgress_Click()

  Dim frmProgress As Form
  Dim rs As DAO.Recordset
  Dim sSql As String
  Dim lCnt As Long

  Const sFORMPROGRESS As String = "frmProgress"

  sSql = "SELECT * FROM tblLarge;"
  Set rs = CurrentDb.OpenRecordset(sSql, dbOpenSnapshot)
  rs.MoveLast
  rs.MoveFirst

  DoCmd.OpenForm sFORMPROGRESS
  Set frmProgress = Forms(sFORMPROGRESS)
  frmProgress.Max = rs.RecordCount

  Do While Not rs.EOF
    lCnt = lCnt + 1
    If lCnt Mod 10 = 0 Then
      frmProgress.UpdateProgress lCnt
      DoEvents
    End If
    rs.MoveNext
  Loop

  DoCmd.Close acForm, sFORMPROGRESS
End Sub
```

在该过程中，frmProgress 窗体将打开并分配给一个变量，允许访问 Max 属性和 UpdateProgress 方法。Max 属性设置为 rs.RecordCount，同时在循环中调用 UpdateProgress 方法，以传递 lCnt 变量。最后，过程结束时，进度窗体将关闭。

31.3.3 使应用程序易于启动

不应该指望用户查找 Access 数据文件(ACCDB 或 MDB)，或者在 Access 中选择“文件”|“打开”以调用应用程序。将条目固定到 Windows 开始屏幕并不困难。正确实施后，程序图标会让人产生这样的印象：应用程序作为独立于 Access 的实体存在，使其具有与 Word、Excel 或其他面向任务的程序等效的状态。

创建程序图标并不难。在线提供了很多免费软件和共享软件版本的图标编辑器，可以创建全新的图标。Chapter31.accdb 示例数据库附带了自己的程序图标(Earth.ico)，以供体验。可在 Access 启动选项中指定程序图标(参见本章前面的“应用程序选项”一节)，也可以在 Windows 资源管理器中设置程序图标。

要为 Access 数据库应用程序建立 Windows 快捷方式，请执行下面的步骤：

(1) 在 Microsoft Office 程序文件夹(通常为 `C:\Program Files\Microsoft Office\root\Office16`)中，找到 MSACCESS.EXE。

(2) 右击 MSACCESS.EXE，并在显示的快捷菜单中选择“创建快捷方式”。

(3) 在快捷方式处于突出显示状态的情况下按 F2 键，并为图标输入一个新的标题。

(4) 右击该图标，并选择“属性”。此时将显示该图标的“属性”对话框。

(5) 选择“快捷方式”选项卡，并在“目标”文本框中添加对应用程序的 ACCDB 或 MDB 文件的完整路径引用。

(6) 单击“更改图标”按钮。此时将显示“更改图标”对话框。

(7) 单击“浏览”按钮并导航到想要使用的图标文件(具有 ICO 扩展名)，请参阅图 31.14。

(8) 将快捷方式拖动到计算机的桌面，以提供一种便捷的方式来启动 Access 应用程序。

警告：
切勿删除或更改 Access 可执行文件的路径。

在图 31.14 中，应用程序数据库的路径是 E:\Dropbox\Dropbox\Access2016\Chapter31\ Chapter31. accdb。请注意，“目标”文本框包含 Access 可执行文件的路径，后跟 ACCDB 文件的路径。

注意：
如果数据库的路径包含空格，那么需要使用双引号将整个路径括起来。

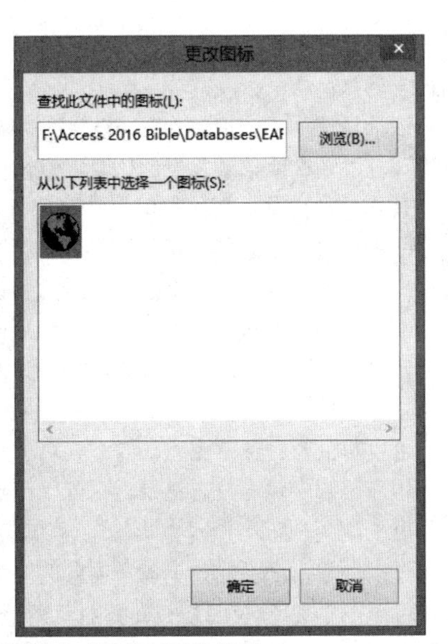

图 31.14　很容易让 Access 自动通过快捷方式图标打开数据库

31.4　保护应用程序

保护(或强化)应用程序指的是使应用程序更稳固、不容易出现因为用户技能不高而导致的问题的过程。保护过程涉及捕捉用户可能导致的错误，例如无效的数据输入，在应用程序未准备好运行某个函数时尝试运行该函数，以及允许用户在输入所有必需的数据之前单击“计算”按钮。保护应用程序是一个附加的阶段，应该与调试并行完成，且应该在应用程序能够运行并被调试以后再次执行。

交叉参考：

第 27 章讨论了如何在 VBA 中捕获错误。

31.4.1　在所有 Visual Basic 过程中使用错误捕获功能

错误处理例程可以向用户显示友好的消息，而不是一些不太直观的默认消息框。图 31.15 显示了一个包含运行时错误“2102”的消息框，该消息框对用户而言可能没有意义，但是，它还针对缺少或拼写错误的窗体显示了更详细的消息。用户不知道窗体的名称，也不知道它是否拼写错误或者缺失。因此，需要一个错误处理例程，为用户提供比图 31.15 所示内容包含更多信息且更有意义的错误消息。

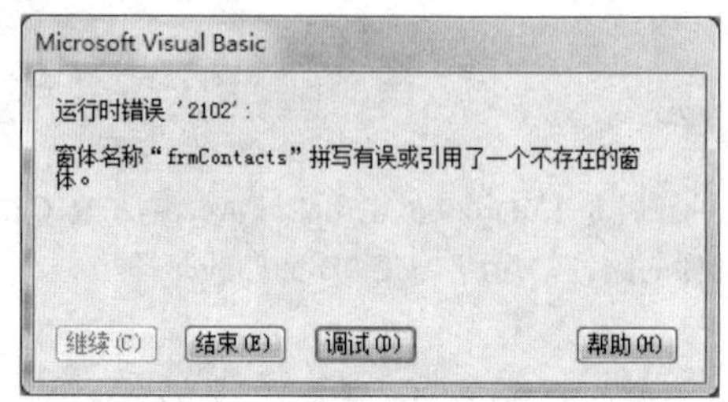

图 31.15　不包含错误处理例程的过程生成的错误消息

对于保护应用程序来说，最重要的元素之一是确保应用程序永远也不会崩溃(在意外情况下完全终止操作)。尽管 Access 针对绝大多数数据输入错误(例如，在货币字段中输入了字符)提供了内置的错误处理，但对于 VBA 代码错误并不存在自动处理。应该在每个 VBA 过程中包含错误处理例程，如第 27 章所述。

在运行应用程序时，如果代码中存在任何没有捕获的错误，都会导致程序完全终止。用户不能从此类崩溃中恢复，并可能发生严重的数据丢失。在发生此类应用程序错误后，用户必须重新启动应用程序。

维护使用日志

使用日志可以捕获诸如用户名、用户 ID、日期以及时间等信息。它们提供了有价值的信息，特别是在发生错误的情况下。尽管可以轻松地记录大量的信息，但设计良好的使用日志允许指出，当特定的用户使用系统或者特定的查询运行时，是否总是会发生某种类型的错误。

添加到数据库中的日志记录信息可能包括在进行更改时更新表中记录的时间戳。但请注意，添加的日志记录信息越多，应用程序运行得越慢。日志信息还会导致数据库增大，除非日志信息存储在其他位置。

甚至可以定制日志记录的级别，以满足单个用户或用户组的需求。使用在登录窗体上捕获的信息，应用程序可在启动时确定会话过程中要采用的日志记录级别。为便于查看日志，甚至可将信息记录到位于网络其他位置的外部数据库表中。

使用日志还可以提供一种非常出色的方式，用于对运行不正常的应用程序执行事后分析。如果在可能在运行时失败的每个子例程和函数中包含日志记录，则可以精确地了解在发生错误时发生的事情，而不必依赖用户对错误的描述。

当发生错误时，日志记录可能会生成不需要的结果。例如，对于导致无限循环的错误，如果每次循环迭代都向错误日志中添加一条消息，那么很容易占用用户计算机上的所有可用磁盘空间。使用日志记录需要一定的技巧。可在测试过程中向应用程序中的每个过程添加日志记录，而在将应用程序分发给用户之前减少调用日志记录过程的次数。甚至可以提供某种方式，使用户可以在数据库应用程序中遇到可重现问题时启用日志记录。

以下列表中显示的函数提供了错误日志记录的基本组成部分。LogError()会将以下信息写入数据库所在位置的一个文本文件中：

- 当前日期和时间
- 生成错误的过程名称
- 错误编号
- 错误说明

- 发生错误时处于活动状态的窗体(如果未打开任何窗体，可能为空)
- 发生错误时处于活动状态的控件的名称(如果未选定任何控件，可能为空)

要使用文本文件作为日志，而不是将日志信息写入数据库，可以使数据库较小，提高性能。

```
Public Sub LogError(ProcName As String, _
    ErrNum As Integer, ErrDescription As String)

  Dim sFile As String, lFile As Long
  Dim aLogEntry(1 To 6) As String

  Const sLOGFILE = "Error.log"
  Const sLOGDELIM = "|"

  On Error Resume Next
  sFile = CurrentProject.Path & "\" & sLOGFILE
  lFile = FreeFile

  aLogEntry(1) = Format(Now, "yyyy-mm-dd hh:mm:ss") 'Date stamp
  aLogEntry(2) = ErrNum
  aLogEntry(3) = ErrDescription
  aLogEntry(4) = ProcName
  'The following may be NULL
  aLogEntry(5) = Screen.ActiveForm.Name
  aLogEntry(6) = Screen.ActiveControl.Name

  Open sFile For Append As lFile
  Print #lFile, Join(aLogEntry, sLOGDELIM)
  Close lFile

End Sub
```

上面这个简单的子例程会在与数据库相同的目录中添加或创建一个名为 Error.log 的文本文件。遇到的每个错误都对应文本文件中的一行，每一段信息通过竖线分隔符来分隔。

错误日志中最关键的条目是日期、时间、错误编号以及错误描述。过程名称非常有用，但对于使用 LogError()记录的每个过程(子例程或函数)，过程名称必须采用硬编码形式。

下面的过程将故意生成一个错误，以测试 LogError 过程。frmError 窗体上的一个按钮可以运行此过程。单击该按钮若干次后，Error.log 文件如图 31.16 所示。

```
Private Sub cmdError_Click()

  Dim x As Long

  On Error GoTo ErrHandler

  x = 1 / 0

ErrExit:
  Exit Sub

ErrHandler:
  LogError "cmdError_Click", Err.Number, Err.Description
  Resume ErrExit

End Sub
```

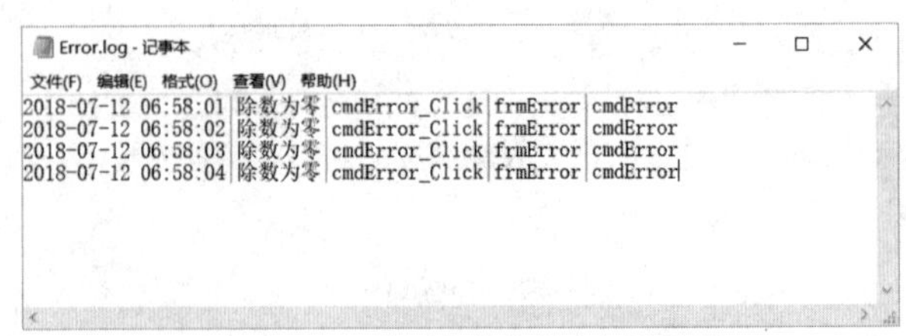

图 31.16　可使用文本文件来记录错误

需要查看错误时，可以打开该文本文件以了解发生的操作。也可以将该文本文件导入 Access 表中，以对其中的条目进行排序和筛选。图 31.17 显示了导入一个表中的 Error.log。

对数据进行分析后，便可以删除错误表以减小数据库的大小。导入错误日志是一种非常好的做法，它可以节省导入步骤，在下次想要查看数据时轻松地导入相关数据。

交叉参考：

有关导入文本文件的更多信息，请参阅第 6 章。

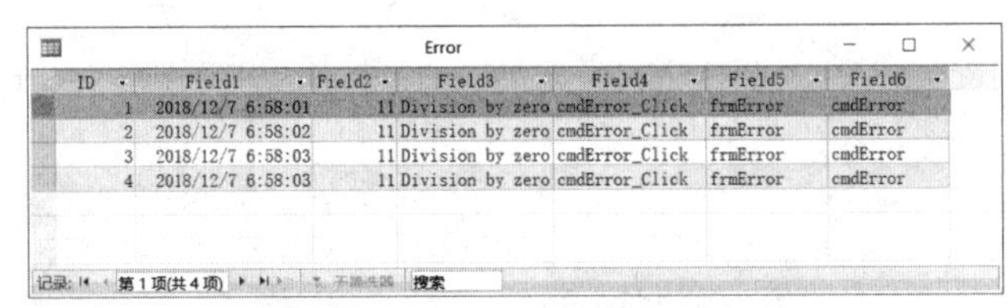

ID	Field1	Field2	Field3	Field4	Field5	Field6
1	2018/12/7 6:58:01	11	Division by zero	cmdError_Click	frmError	cmdError
2	2018/12/7 6:58:02	11	Division by zero	cmdError_Click	frmError	cmdError
3	2018/12/7 6:58:03	11	Division by zero	cmdError_Click	frmError	cmdError
4	2018/12/7 6:58:03	11	Division by zero	cmdError_Click	frmError	cmdError

图 31.17　可将错误日志导入表中

31.4.2　将表与应用程序的其他内容分隔开来

应该将代码对象(窗体、报表、查询、模块和宏)与表对象分隔开来。将这些对象放在单独的 ACCDB 文件中可以获得很多优势，如下所述：

- 通过在本地运行代码 ACCDB (包含查询、窗体、宏、报表和模块的数据库)，且仅在网络上访问共享数据，网络用户可以享受到速度提升的优势。
- 可轻松地将更新分发给用户。
- 可更高效地备份数据，因为不会占用磁盘空间和时间来持续备份代码对象。

所有专业分发的应用程序(特别是那些计划用于网络的应用程序)都应该具有单独的代码和数据文件。

交叉参考：

第 7 章详细讨论了如何将表与数据库的其他部分分隔开来，这一过程称为拆分数据库。

31.4.3　构建坚固的窗体

可以采取若干操作步骤，使应用程序中的每个窗体都非常坚固：

- **考虑在设计时删除窗体中的控制框、“最小化”“最大化”和“关闭”按钮。**强制用户使用内置到应用程序中的导航辅助方法来关闭窗体，确保应用程序可以测试和验证用户的输入。当使用选项卡式文档界面时，“最小化”和“最大化”按钮不适用。“关闭”按钮通过窗体主体上方选项卡最右侧的 X 表示。从选项卡式窗体中删除“关闭”按钮会在选项卡中禁用 X，但不会将其实际删除。
- **始终在窗体上放置“关闭”或“返回”按钮，以将用户返回到应用程序中的上一个或下一个窗体。**这些按钮应该在每个窗体上显示在相同的常规位置，且使用一致的标签。不要在一个窗体上使用“关闭”，在另一个窗体上使用“返回”，而在第三个窗体上又使用“退出”。
- **在设计时将窗体的 ViewsAllowed 属性设置为窗体。**该设置防止用户看到数据表式的窗体。
- **在适用的情况下使用模式窗体。**请记住，模式窗体会强制用户响应窗体上的控件，当模式窗体打开时，用户不能访问应用程序的其他部分。
- **使用自己的导航按钮来检查绑定窗体上的 EOF(文件结束)和 BOF(文件开始)条件。**当用户在记录之间移动时，使用 OnCurrent 事件来验证信息或设置窗体。

- **在每个控件上使用 StatusBarText 属性，使用户了解每个控件中的预期内容**，还应该针对所有相关控件设置 ControlTipText 属性。

注意：

为了使用 StatusBarText，必须显示状态栏(参见图 31.1)。

31.4.4　验证用户输入

最重要的坚固技术之一是简单地验证用户输入到数据库中的所有内容。捕获数据输入过程中的错误数据输入是可以添加到应用程序中的重要保障措施之一。很多情况下，可以使用表级别的验证(由每个字段的“验证规则”和“验证文本”属性确定)，但在其他很多情况下，可更多地控制出现错误输入时用户接收到的消息或数据库采取的操作。

“验证规则”属性的一个主要问题在于，在用户实际切换到下一个控件之前不会检查它，从而无法捕获错误的数据输入。很多情况下，最好通过代码验证输入。通常希望通过窗体的“更新前”事件来验证窗体上的所有控件，而不是分别检查窗体上的每个控件。

31.4.5　使用/runtime 选项

如果并不关注应用程序的保护，而只是希望防止用户通过修改或删除对象来错误地破坏应用程序，则可以强制应用程序在 Access 的运行时模式中运行。当某个数据库在 Access 的运行时模式中打开时，允许对对象进行更改的所有界面元素都将对用户隐藏。实际上，当处于运行时模式时，用户无法访问“导航”窗格。

在使用运行时选项时，必须确保应用程序具有一个启动窗体，使用户可以访问希望他们访问的对象。通常情况下，这是应用程序的主菜单或主切换面板。

提示：

要将某个窗体指定为启动窗体，请打开想要使用的数据库，依次选择“文件”选项卡、“选项”选项卡和“当前数据库”选项卡。在“应用程序选项”下方，将“显示窗体”下拉列表设置为希望作为应用程序的启动窗体的窗体。有关启动窗体的内容参见本章前面的“完善应用程序”一节。

在本章前面的“使应用程序易于启动”一节中，介绍了如何创建可以启动 Access 应用程序的 Windows 快捷方式。在 Access 中强制运行时行为非常简单。只需要在快捷方式属性中在数据库文件的引用后面添加/runtime 开关，如图 31.18 所示。

图 31.18　在快捷方式中添加/runtime 开关

提示：

如果数据库具有关联的密码，在打开该数据库之前仍会提示用户输入密码。本章后面将讨论密码。

提示：

Access 允许将数据库文件的扩展名从 ACCDB 改为 ACCDR，其效果与使用/runtime 开关启动 Access 应用程序相同。将扩展名改回 ACCDB 可以恢复完整功能。

31.4.6　对数据库进行加密或编码

当安全性具有最高重要性时，需要采取的一个最终步骤是对数据库进行加密或编码。Access 使用强加密，以保护 Access 数据库的数据和内容的安全。

要对 Access ACCDB 数据库进行加密，请执行下面的步骤：

(1) 以独占方式打开现有的 ACCDB 数据库(Chapter31.accdb)。在“文件”选项卡上，单击“打开”并找到该文件。单击“打开”按钮旁边的箭头，然后选择“独占打开”。

(2) 单击屏幕左上角的“文件”按钮，并在“信息”选项卡上选择“用密码进行加密”命令(参见图 31.19)。

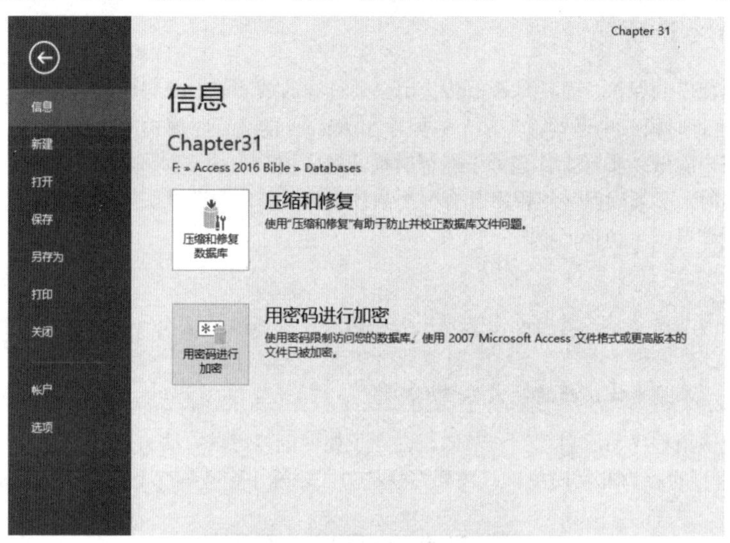

图 31.19　选择加密 Access 数据库

(3) 在“密码”字段中，输入想要用于保护数据库的密码(参见图 31.20)。Access 不会显示密码，而是显示星号(*)来代替每个字母。

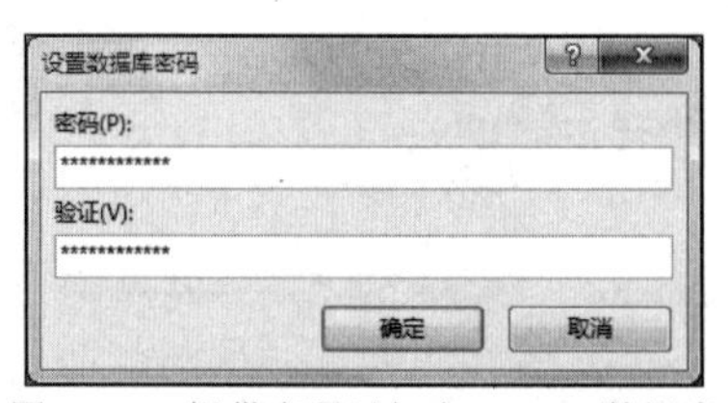

图 31.20　提供密码以加密 Access 数据库

(4) 在“验证”字段中重新输入同样的密码，然后单击“确定”按钮。

加密数据库对用户的显示外观与其他 Access 应用程序一样。在加密后，应用程序的窗体或报表的外观并没有什么差别。唯一的差别在于，在每次打开数据库时，都需要用户提供密码。

但在对数据库进行加密时，请注意以下缺陷：

- **在与压缩程序(例如WinZip)结合使用或者将其发送到压缩文件夹时，加密的数据库不会在原始大小的基础上进行压缩。**加密会修改数据在硬盘驱动器上的存储方式，因此，压缩实用程序产生的效果微乎其微，或者没有任何效果。

- 加密的数据库会使性能产生一定的降低(最高可达 15%)。根据数据库的大小以及所用计算机的速度，这种性能降低可能无法察觉。

此外还要注意，加密数据库后，如果没有对应的密码，便无法访问数据或数据库对象。请始终在安全位置维护数据库的未加密备份副本，以防出现密码丢失或被意外更改的情况。不存在可以对加密 Access 数据库进行解密的“通用”密码，并且，由于 Access 使用强加密，如果没有对应的密码，便无法解密数据库。

删除数据库密码

执行下面的步骤，可从已加密数据库中删除密码，将其恢复到之前的未加密状态：

(1) 以独占方式打开已加密的 ACCDB 数据库(例如 Chapter31.accdb)。

(2) 单击屏幕左上角的“文件”按钮，并在“信息”选项卡上选择“解密数据库”命令(如图 31.21)所示。此时将显示“撤消数据库密码”对话框(参见图 31.22)。

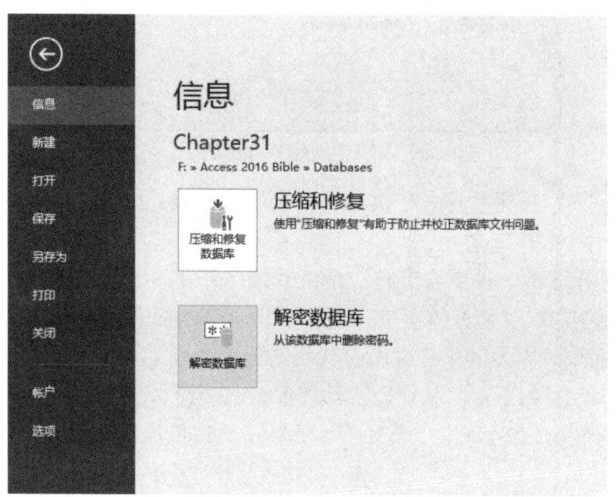

图 31.21　选择从已加密的 Access 数据库中删除密码

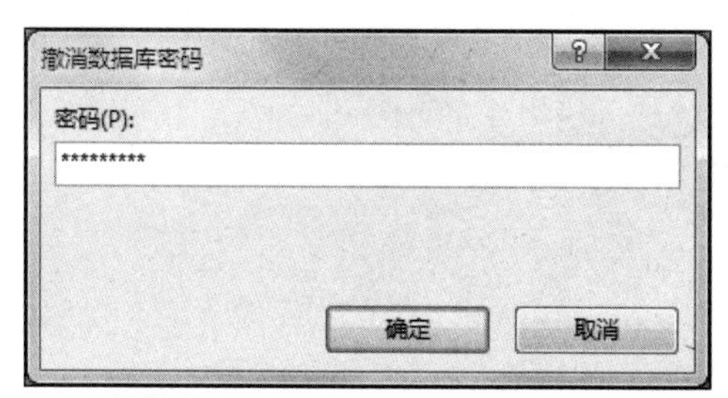

图 31.22　提供密码，从已加密的 Access 数据库中删除密码

(3) 输入数据库密码，然后单击“确定”按钮。

31.4.7　保护 Visual Basic 代码

为要保护的 Visual Basic 工程创建密码，可控制对应用程序中 VBA 代码的访问。如果为某个工程设置了数据库密码，每次用户尝试查看数据库中的 Visual Basic 代码时，都会提示他们输入密码。

注意：

Visual Basic 工程指的是 Access 数据库中的标准模块和类模块集(窗体和报表背后的代码)。

(1) 按 Alt+F11 组合键，打开 Visual Basic 编辑器。

(2) 在 Visual Basic 编辑器中，选择“工具”|“Chapter31 属性”。此时将显示“工程属性”对话框。

(3) 选择“保护”选项卡(如图 31.23 所示)。

(4) 选中“查看时锁定工程”复选框。

(5) 在“密码”文本框中输入密码。Access 不显示密码，而是显示星号(*)代表每个字母。

(6) 在“确认密码”文本框中再次输入密码，然后单击“确定”。这种安全措施可确保不会错误地输入密码(因为看不到所输入的字符)，且不会错误地阻止包括自己在内的所有人访问数据库。

图 31.23　创建工程密码

在保存并关闭工程后，尝试访问应用程序代码的用户必须输入密码。Access 针对每个会话仅提示一次输入工程密码。

保护应用程序代码、窗体和报表的一种更安全方法是将数据库分发为 ACCDE 文件。当将数据库保存为 ACCDE 文件时，Access 会编译所有代码模块(包括窗体模块)，删除所有可编辑的源代码，并压缩数据库。新的 ACCDE 文件不包含源代码，但可以继续工作，因为其中包含所有代码的已编译副本。这不仅是保护源代码的好方法，还可以分发更小的数据库(因为它们不包含源代码)，且使模块始终保持已编译状态。

要创建 ACCDE 文件，请从“文件”选项卡中选择“另存为”，然后依次选择“数据库另存为”和“生成 ACCDE”，如图 31.24 所示。

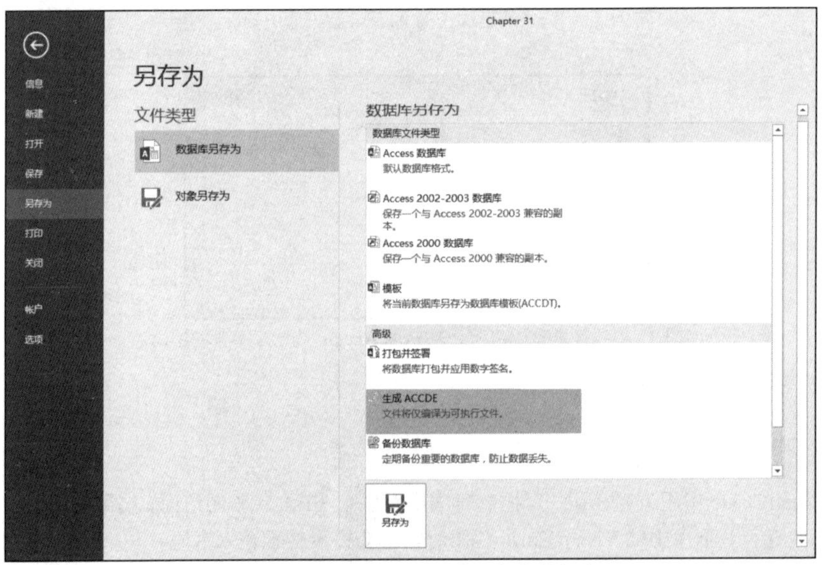

图 31.24　创建 ACCDE 文件以保护数据库

31.5　保护环境

必须保护重要的 Access 应用程序，以避免未授权用户访问它们。内置的用户级别安全系统(由 ACE 数据库引擎实施，而不是 Access)提供了多种安全性级别。例如，可以保护单个数据库对象(窗体、表、报表)，以避免个人、组或组中的个人对其进行访问。用户甚至可以具有多个安全性级别(前提是为该用户分配了多个登录名)。所有 Access

安全对象及其属性和方法都可在整个 Access Visual Basic 代码中访问。

用户级别的安全性只能以 MDB 数据库格式获得。ACCDB 格式可提供其他类型的数据保护，例如密码保护的强加密，这种保护在 MDB 格式中不可用。开发人员必须确定需要使用用户级别的安全性还是强加密来保护 Access 应用程序中的数据。

31.5.1　在代码中设置启动选项

在“Access 选项”对话框的“当前数据库”选项卡中设置的选项(参见图 31.1)将全局地应用于登录到数据库的每个用户。某些情况下，希望通过启动代码来控制这些选项，而不是允许全局设置来控制应用程序。例如，数据库管理员可以访问的数据库控件(菜单、“导航”窗格)应该比数据输入人员更多。

“Access 选项”对话框上的每个选项几乎都可以通过代码来设置。如“设置属性值”一节所述，可以使用 Access VBA 来控制表 31.2 中列出的当前数据库属性设置。

表 31.2　应用程序对象的启动选项属性

启动选项	要设置的属性	数据类型
应用程序标题	AppTitle	dbText
应用程序图标	AppIcon	dbText
显示窗体	StartupForm	dbText
显示数据库窗口	StartupShowDBWindow	dbBoolean
显示状态栏	StartupShowStatusBar	dbBoolean
菜单栏	StartupMenuBar	dbText
快捷菜单栏	StartupShortcutMenuBar	dbText
允许全部菜单	AllowFullMenus	dbBoolean
允许默认快捷菜单	AllowShortcutMenus	dbBoolean
允许内置工具栏	AllowBuiltInToolbars	dbBoolean
允许工具栏更改	AllowToolbarChanges	dbBoolean
允许出错后查看代码	AllowBreakIntoCode	dbBoolean
使用 Access 特殊键	AllowSpecialKeys	dbBoolean

根据在登录窗体上提供的用户名(以及密码)，可以在初始屏幕或切换面板窗体上使用 VBA 代码来设置或重置上述任何属性。很明显，这些属性对于在启动时控制 Access 环境具有非常大的作用。

注意，对于表 31.2 中列出的许多数据库选项(例如 AppIcon)，只有重新启动 Access 数据库后才能生效。

31.5.2　禁用启动跳过

Access 启动属性提供了一些选项，可控制用户在启动应用程序时看到的内容。但遗憾的是，用户仍可以在应用程序启动时按住 Shift 键，来跳过精心设计的启动选项。当然，跳过启动例程会显示出隐藏在用户界面背后的应用程序设计和对象。

幸运的是，Access 设计师早就预料到保护应用程序启动的需求，提供了数据库属性 AllowBypassKey。该属性接受 True 或 False 值，可以禁用(或启用)应用程序启动时的 Shift 键跳过行为。

注意：

由于 AllowBypassKey 是一个只能由开发人员使用的属性，因此，它没有内置到 Access 数据库中。必须在开发过程中的某个时间创建、追加和设置该属性。追加到数据库的 Properties 集合中后，可以根据需要对其进行设置和重置。

下面列出了实现 AllowBypassKey 属性所需的代码：

```
Public Sub SetBypass(bFlag As Boolean)
```

```
    Dim db As DAO.Database
    Dim pBypass As DAO.Property
    Const sKEYNAME As String = "AllowBypassKey"

    Set db = CurrentDb
    On Error Resume Next
      Set pBypass = db.Properties(sKEYNAME)
    On Error GoTo 0

    If pBypass Is Nothing Then
      Set pBypass = db.CreateProperty(sKEYNAME, dbBoolean, bFlag)
      db.Properties.Append pBypass
    Else
      pBypass.Value = bFlag
    End If

  End Sub
```

该过程首先尝试将一个变量(pBypass)指向 AllowBypassKey 属性。如果该变量是 Nothing，则 AllowBypassKey 属性不存在，创建该属性并将其追加到数据库。如果该属性已经存在，则将其 Value 属性设置为 bFlag (传递到该过程的值)。

31.5.3　设置属性值

可使用 CurrentDb 对象的 CreateProperty 和 Properties.Append 方法来添加每个属性。绝大多数情况下，除非属性已经在“Access 选项”对话框中设置，否则该属性尚未追加到数据库的 Properties 集合。尝试在代码中设置属性值前，必须确保该属性存在。下面的函数设置某个启动属性的值，如果该属性不存在，就创建该属性并将其追加到 Properties 集合：

```
Public Function SetStartupProperty(sPropName As String, _
  ePropType As DAO.DataTypeEnum, vPropValue As Variant) As Boolean

  Dim db As DAO.Database
  Dim prp As DAO.Property
  Dim bReturn As Boolean

  Set db = CurrentDb
  On Error Resume Next
    Set prp = db.Properties(sPropName)

    If prp Is Nothing Then
      Set prp = db.CreateProperty(sPropName, ePropType, vPropValue)

    If prp Is Nothing Then
      bReturn = False
    Else
      db.Properties.Append prp
      bReturn = True
    End If
  Else
    prp.Value = vPropValue
    bReturn = True
  End If

    SetStartupProperty = bReturn

End Function
```

使用 SetStartupProperty()函数非常简单。在调用 SetStartupProperty()函数之前，必须知道准确的属性名称以及属性的数据类型。下面的子例程演示了如何使用 SetStartupProperty()函数来设置某个启动属性：

```
Sub ChangeAppTitle()

  Dim bSuccess As Boolean

  bSuccess = SetStartupProperty("AppTitle", dbText, "My Application")

  If bSuccess Then
    MsgBox "Application title has been changed."
  Else
    MsgBox "Application title has not been changed."
  End If

End Sub
```

注意，AppTitle 属性为字符串数据类型(dbText)。

提示：

可使用 RefreshTitleBar 方法来查看通过设置 AppTitle 或 AppIcon 属性所做的更改。RefreshTitleBar 的语法非常简单，如下所示：

```
Application.RefreshTitleBar
```

31.5.4　获取属性值

获取属性的值要比设置属性值容易得多。Properties 集合返回相应的属性，而 Value 属性返回对应的值。获取 AppTitle 属性值的语法如下所示：

```
On Error Resume Next
GetAppTitle = CurrentDb.Properties("AppTitle").Value
```

其中，GetAppTitle 是一个字符串变量。必须使用 On Error Resume Next 语句，以防出现属性尚未设置的情况。

第32章

将 Access 与 SharePoint 集成

本章内容：

- 熟悉 SharePoint 网站
- 了解 Access 与 SharePoint 集成
- 链接到 SharePoint 列表
- 导入 SharePoint 列表
- 将 Access 表导出到 SharePoint
- 将 Access 数据库升迁到 SharePoint
- 使用 SharePoint 列表模板

本书介绍了 Microsoft 添加到 Access 中的很多功能。尽管这些新功能令人激动不已，具有重大意义，但是与将 Access 应用程序升迁到 Windows SharePoint Server 上的功能比起来还是相形见绌。每个新的 Access 版本都展示了与 SharePoint 集成越来越强大的功能。这种集成最令人激动的方面在于，能作为 SharePoint 网站实际运行 Access 应用程序。

本章介绍将 Access 数据库升迁到 SharePoint 上的各种技术，使读者对 SharePoint 的含义及其如何帮助组织共享和协作处理数据有一个基本的了解。

32.1 SharePoint 简介

SharePoint 是 Microsoft 的协作服务器环境，提供了用于在公司网络内的各个组织之间共享文档和数据的工具。

通常情况下，SharePoint 作为一系列 SharePoint 网站部署在公司的网络上。SharePoint 网站配置为一个内部网站，使各个部门可以控制自己的安全性、工作组、文档和数据。这些网站可以采用层次结构的形式嵌套在其他网站中。

与其他网站一样，可以通过 URL 访问 SharePoint 网站中的页面，用户可以通过标准的 Web 浏览器访问该 URL。

SharePoint 最常用于共享文档、数据表以及其他内容管理任务，也会频繁地应用于许多其他应用程序。例如，SharePoint 常用于处理产品开发所需的文档。用于开发项目的 SharePoint 网站可以轻松处理项目启动、跟踪和进度报告等任务。由于 SharePoint 可以轻松处理几乎任何类型的文档，因此，可将项目工程图、视频、图表、照片等添加到项目的 SharePoint 网站，以供项目成员审查和评论。

公司经常会使用 SharePoint 来发布人力资源和政策文档。由于 SharePoint 提供了用户和组级别的安全性，因此，可以非常轻松地授予特定部门访问某个 SharePoint 页面的权限，同时拒绝其他用户访问同一个网页。

SharePoint 还可以记录对文档所做的更改，并支持签入/签出范例，以控制谁有资格对现有文档做出更改以及允许谁发布新的文档和文件。

一些最常见的 SharePoint 部署包括存储通过版本进行控制的文档，例如 Word 文档和 Excel 电子表格。在很多环境中，使用电子邮件在用户之间来回传递文档。同一文档的不同版本混合在一起的可能性非常大。此外，存储同一文档的多个副本会占用大量的磁盘空间。由于 SharePoint 提供了单个源用于存储、查看和更新文档，因此上述很多问题都可以彻底消除。

32.2　了解 SharePoint 网站

在详细介绍如何将 Access 与 SharePoint 技术集成之前，先了解一下典型的 SharePoint 网站会非常有帮助。本节将简单了解 SharePoint 网站的两个最常见方面：文档和列表。

注意：

SharePoint 主题的范围非常大，完全可以单独编写一本书。考虑到这一点，我们不会讨论如何创建和管理 SharePoint 列表或文档库。本书假定组织有一个 SharePoint 网站，可通过 Access 使用。如果想要深入了解 SharePoint 设置和管理的相关内容，可考虑阅读由 Amanda Perran、Shane Perran、Jennifer Mason 和 Laura Rogers 合著的 *Beginning SharePoint 2013: Building Business Solutions with SharePoint* 一书(由 Wiley 于 2013 年出版)。

32.2.1　了解 SharePoint 文档

或许 SharePoint 最常见的用途就是存储共享文档和其他文件。SharePoint 可以对文件进行跟踪，从其被添加到列表中起，一直到被移除或删除。对 SharePoint 网站具有写入权限的任何用户都可以上载文档，以与其他用户共享。图 32.1 显示了上载到 SharePoint 文档库的几种不同类型的文档。

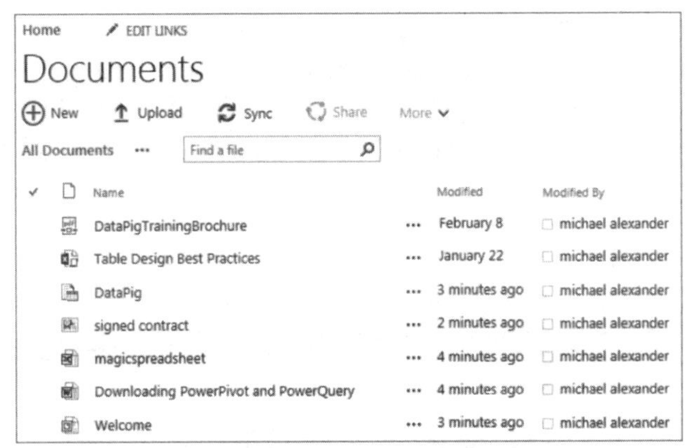

图 32.1　SharePoint 文档库

注意在图 32.1 中，该库包含多种不同类型的文档。文档列表中的每一行都包括一个图标，用于表示文档的类型、文档的名称、文档上次修改的日期以及将该文档添加到列表的用户名。

SharePoint 文档库支持签入/签出范例。一次只能有一个用户可签出文档进行更改。尽管图 32.1 中并未显示，但 SharePoint 会记录文档的签入或签出时间，并跟踪做出更改的各个用户。如有必要，甚至可指示 SharePoint 将文档更改回滚到之前的版本。

再次强调一下，该文档共享范例最常用于跨组织共享信息，从而允许在 SharePoint 网站的用户之间进行协作。

32.2.2　SharePoint 列表

除了存储和跟踪整个文档外，SharePoint 用户还可以通过 SharePoint 列表来存储和共享数据。从概念上讲，SharePoint 列表类似于数据库表，因为每个列表都由数据行和列组成。每一列都保存特定类型的数据，例如文本、日期或对象(例如照片)。单纯从这个角度看，SharePoint 列表类似于 Access 表。

图 32.2 显示了一个典型的 SharePoint 列表。可以看到，相关信息都显示在单个屏幕中。可通过同一个屏幕添加新项、编辑现有项或者删除某一项。

SharePoint 可以管理要与其他用户共享的几乎任何数据类型。尽管图 32.2 中所示的网站专为某种特定的用途而设计，但 SharePoint 适合于许多其他场景。例如，人力资源部门可以使用 SharePoint 列表来共享和跟踪所需的培训课程。IT 部门可以维护资产列表，其中包括状态和位置。甚至是像本地保龄球俱乐部这样的小型组织也可以通过 SharePoint 列表来共享和维护比赛日程表和球员排名。

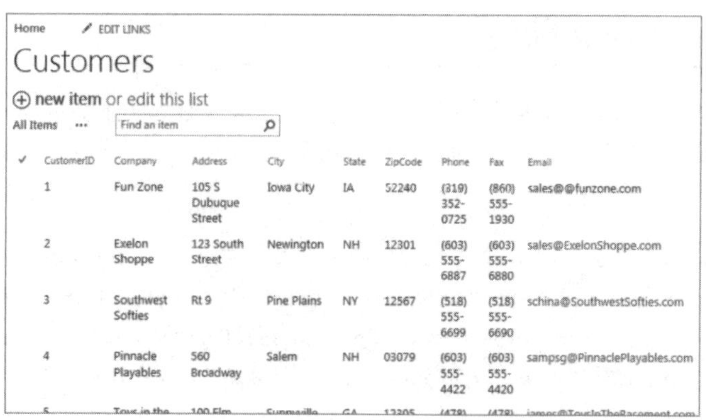

图 32.2　SharePoint 列表允许以表格式存储和跟踪数据

SharePoint 可轻松地支持多个列表，允许组织根据需要添加任意数量的列表。遗憾的是，与 Access 表不同，SharePoint 列表并不是关系型的。无法直接关联两个不同 SharePoint 列表中的数据，或者查询多个 SharePoint 列表以查找相关数据。但是，可在 Access 中链接或导入 SharePoint 列表。在 Access 中链接 SharePoint 列表，可使 SharePoint 网站中存储的数据显示为链接表。

链接到 SharePoint 列表在很大程度上与链接到 SQL Server 数据库表或其他远程数据源没有什么区别。但是，存在一个重要区别：在 Access 2019 中，链接的 SharePoint 列表是只读的，不能编辑或更新链接的 SharePoint 列表。

当链接到 Access 应用程序时，应用程序中的所有查询、窗体和报表都可以使用 SharePoint 数据。这意味着可以通过 Access 应用程序实时查看并使用在 SharePoint 列表中输入的数据，从而使 Access 成为显示 SharePoint 内容的一个功能丰富的前端平台。

注意：

现在，许多 IT 组织都已经实施了 SharePoint 环境。你的组织很可能已经在网络上运行 SharePoint。单个用户要想建立 SharePoint 网站并不容易。如果对使用 SharePoint 感兴趣，需要与 IT 部门联系，以咨询如何访问 SharePoint 网站。

32.3　在 Access 和 SharePoint 之间共享数据

使用 SharePoint 数据构建 Access 应用程序只是意味着进入 Access 应用程序，链接到 SharePoint 列表，然后基于这些链接表编写窗体和报表。链接的 SharePoint 列表在 Access 中的显示方式与其他任何链接数据源一样。

交叉参考：

有关链接到外部数据的详细信息，请参阅第 7 章。

除了链接到 SharePoint 列表，将 SharePoint 数据直接导入本地 Access 表中也很有帮助。导入的数据不再连接到 SharePoint 网站，因此，当需要处理 SharePoint 列表的静态快照时，导入的数据很有用。

注意：

因为需要具有 SharePoint 环境才能尝试这里介绍的概念，所以本章没有提供示例数据库。如果对使用 SharePoint 感兴趣，需要与 IT 部门联系，以咨询如何访问 SharePoint 网站。另外，还可以找到一个商业网站(甚至还可能找到免费的演示服务)来进行试验。

32.3.1　链接到 SharePoint 列表

Access 与 SharePoint 之间最基本的数据共享是 Access 链接到 SharePoint 列表，并与其他任何链接数据源一样使用链接数据。链接到 SharePoint 列表的操作步骤如下：

(1) **单击“外部数据”选项卡上的“导入并链接”组中的“新数据源”|“从联机服务”|“SharePoint 列表”。** 此时将列出更多高级导入和链接选项(参见图 32.3)。

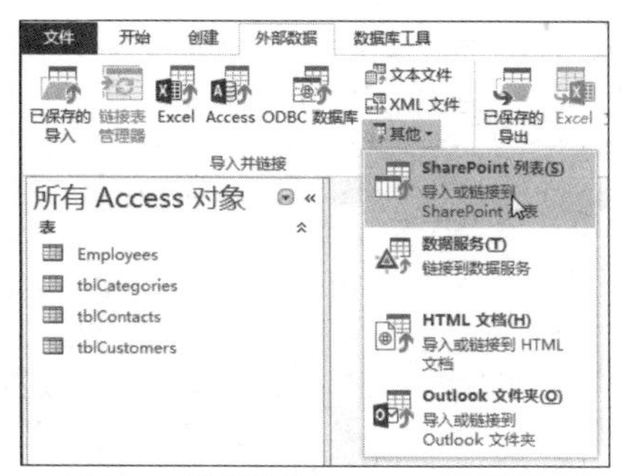

图 32.3　准备链接到 SharePoint 列表

(2) **此时将显示“获取外部数据- SharePoint 网站”对话框(参见图 32.4)**。在该对话框中，输入目标 SharePoint 网站的 URL，可指定目标 SharePoint 网站。该对话框将记忆输入的任何 URL，当再次激活时，将显示最近使用过的 URL 的列表。选择“通过创建链接表来链接到数据源”选项，然后单击“下一步”按钮。

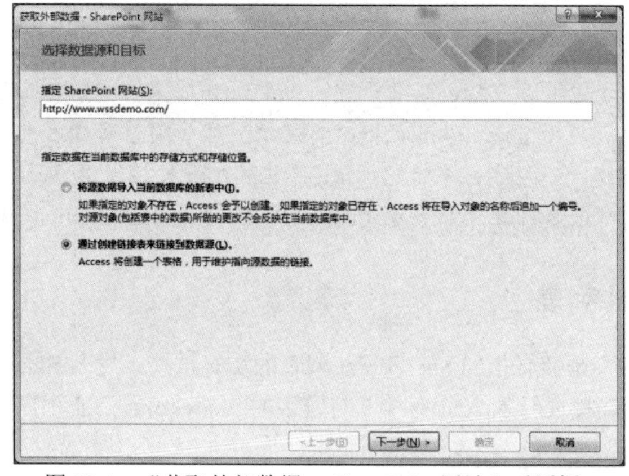

图 32.4　“获取外部数据 – SharePoint 网站”对话框

必须有相应的权限才能链接到 SharePoint 列表。实际上，如果没有正确的权限，Access 甚至无法显示指定网站上的 SharePoint 列表。SharePoint 用户通过其在 Windows Active Directory 服务中的成员身份及其是否包含在指定 SharePoint 组中来识别。这些主题超出了本书的讨论范围，但是应该知道，对 SharePoint 网站和 SharePoint 数据的访问受到保护，保护过程与其他 Windows 应用程序类似。

(3) **输入用户名和密码**。当成功登录到 SharePoint 网站后，将显示指定 SharePoint 网站中的 SharePoint 列表。该列表中的每一项都附带一个复选框。

(4) **在想要链接的每个列表旁边放置一个复选标记，然后单击“确定”按钮**。如图 32.5 所示。也可选择多个列表。

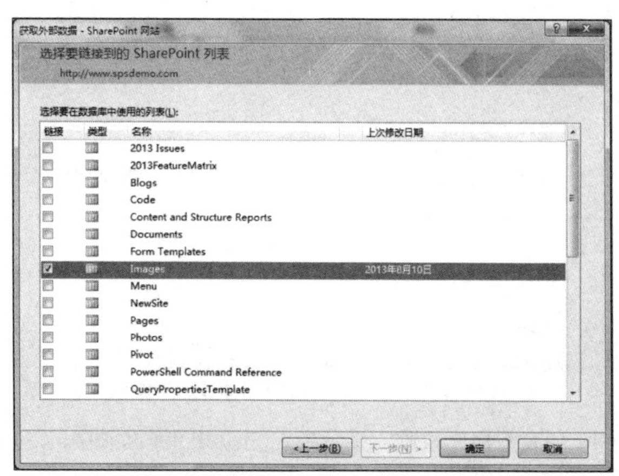

图 32.5　选择 SharePoint 列表进行链接

图 32.6 显示了链接的 SharePoint 列表。表示链接 SharePoint 列表的图标看起来与 Access 表图标非常类似。每个链接列表都带有一个箭头，图标的颜色更改为黄橙色。

图 32.6　链接的 SharePoint 列表类似于其他 Access 表

链接表中的数据与 Access 兼容，可以根据需要针对这些数据构建查询、窗体和报表。一定要注意，链接列表中的数据是只读的，这意味着无法通过 Access 2019 更新 SharePoint 列表中的数据。

注意：

在建立了用户的 SharePoint 凭据后，Access 将创建一个 UserInfo 表，其中包含该用户及其在 SharePoint 中的角色信息，而不需要该用户在每次使用 SharePoint 数据时都登录。尽管用户必须在初始访问 SharePoint 时提供密码，但 UserInfo 表可作为一个存储库，保存该用户的其他信息。UserInfo 表存在于 Access 内，这意味着它在用户登录到 SharePoint 之前便可用。所以 Access 可在用户登录到 SharePoint 时为 SharePoint 提供相应的用户信息。

32.3.2　导入 SharePoint 列表

有时，需要导入列表，而不是拥有指向 SharePoint 列表的实时链接。导入 SharePoint 列表可简单地捕获列表的快照，并将数据作为独立的未连接表导入 Access 中。与链接的 SharePoint 列表不同的是，导入的列表不会自动使用新的 SharePoint 数据来更新。

导入 SharePoint 列表的步骤与链接列表的步骤类似：

(1)在“外部数据”选项卡上单击“导入并链接”组中的“新数据源”下拉按钮。此时将显示列出更多高级导入和链接选项。

(2) 选择“从联机服务”|“SharePoint 列表”。此时将显示“获取外部数据 – SharePoint 网站”对话框。

(3) 在该对话框的上半部分中，选择一个最近访问的SharePoint网站，或者输入一个新的目标SharePoint URL，然后选择如图 32.7 所示的导入选项。

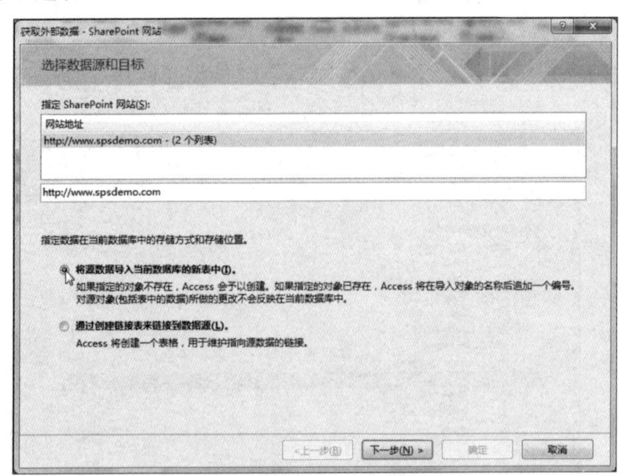

图 32.7　选择要导入的 SharePoint 列表

(4) 输入链接到 SharePoint 列表的相应权限，显示指定 SharePoint 网站中的 SharePoint 列表。列表中的每一项都附带一个复选框。

(5) 在想要导入的每个列表旁边放置一个复选标记，然后单击“确定”按钮。Access 会将选中的列表导入表中，可以像其他标准表一样通过“导航”窗格来查看和使用。

32.3.3　将 Access 表导出到 SharePoint

有时，需要将数据从 Access 传输到 SharePoint 中，以便 SharePoint 用户访问与 Access 用户相同的数据。下面的步骤将一个表从 Access 导出到 SharePoint 列表。请记住，需要具有 SharePoint 网站上合适的写入权限才能执行此操作。

(1) 在“导航”窗格中右击想要导出的表，然后选择“导出”|“SharePoint 列表”(参见图 32.8)。激活“导出-SharePoint 网站”对话框。

图 32.8　将一个表导出到 SharePoint

(2) 输入或选择目标 SharePoint 网站的 URL (参见图 32.9)。除了指向该 URL，还可指定将创建的列表的名称。

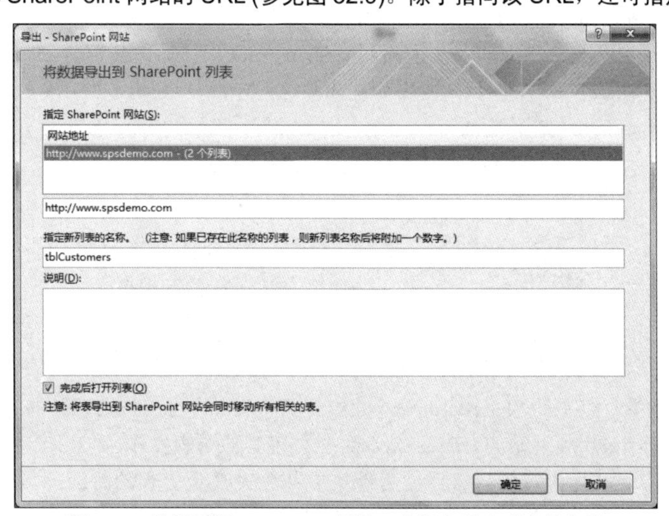

图 32.9　选择目标 SharePoint 网站，并指定导出列表的名称

(3) 单击“确定”按钮。如果提示输入登录名，就输入有效的 SharePoint 用户名和密码。导出过程完成后，新的 SharePoint 列表将与 SharePoint 网站上的其他列表显示在一起。

(4) 单击 Access 中的“关闭”按钮，以关闭“导出到 SharePoint”对话框。

注意，将数据从 Access 导出到 SharePoint 后，两个数据表并未连接，因此，如果改变了其中一个数据表中的内容，另一个应用程序不会看到变化。

注意：
也可将某个查询的结果导出到 SharePoint。只需要右击目标查询并选择“导出”|“SharePoint 列表”即可。

某些字段不能很好地导出到 SharePoint。例如，OLE 对象字段在 SharePoint 端将保留为空，不包含任何数据。但是，其他绝大多数字段数据类型都可以正确转换到兼容的 SharePoint 列中，并在其中填充 Access 表的数据。表 32.1 显示了 Access 数据类型如何转换为 SharePoint 中的兼容列类型。注意，SharePoint 列表中可用的数据类型要比 Access 表少得多。只要将 Access 表导出到 SharePoint，表 32.1 中的数据类型均适用。

表 32.1　SharePoint 数据类型转换

Access 数据类型	SharePoint 中的转换类型
自动编号	数字
文本	单行文本
备注型	多行文本，不得超过 8192 个字符
所有数字类型(字节、整型、长整型、单精度、双精度、小数)	数字
日期/时间	日期和时间
货币	货币
是/否	是/否
OLE 对象	单行文本
计算	计算
超链接	超链接或图片

32.3.4　将 Access 表迁移到 SharePoint

除了简单地将 Access 表导出到 SharePoint 以外，另一种数据共享方法是通过一次导出操作将 Access 应用程序中的所有表全部迁移到 SharePoint，并将新的 SharePoint 列表链接回 Access 应用程序。Access 数据库中的所有表将通过一个过程迁移到 SharePoint，并链接回 Access。

将 Access 表迁移到 SharePoint 的优势在于，可利用所有便捷的表创建工具在 Access 中创建数据模型，然后将数据模型迁移到 SharePoint。数据位于 SharePoint 之后，在 SharePoint 中所做的任何更改都会立即在 Access 中可见。

这种级别的集成允许将 SharePoint 用作数据协作处理和跟踪门户，用户还可以使用 Access 的高级用户报告工具。

将 Access 表迁移到 SharePoint 并不是 Access 2019 的一项导入/导出功能。实际上，将整组 Access 表迁移到 SharePoint 所需的命令位于功能区的“数据库工具”选项卡上(参见图 32.10)。

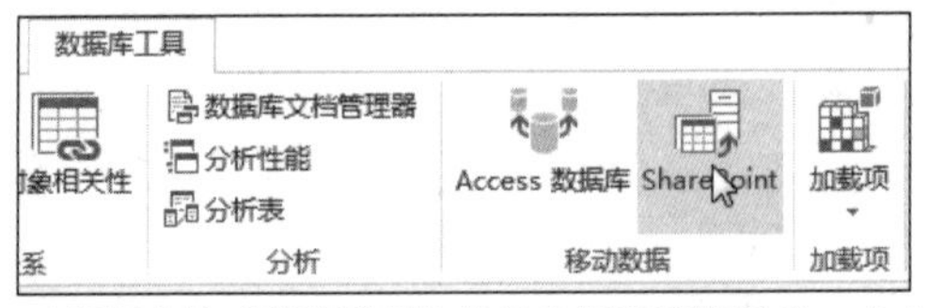

图 32.10　功能区上的“移动数据”组包含用于迁移到 SharePoint 的向导

单击功能区上“移动数据”组中的 SharePoint 命令，打开“将表导出至 SharePoint 向导”(如图 32.11 所示)。唯一需要输入的信息是目标 SharePoint 网站的 URL。Access 将处理其他所有操作。

单击“下一步”按钮将启动导出过程，该过程可能需要几分钟甚至更长的时间，具体取决于 Access 数据库中的表数、每条记录中的数据量以及 SharePoint 服务器硬件和软件的效率。还可能要求提供 SharePoint 用户名和密码，因为 SharePoint 必须验证用户是否有在目标 SharePoint 网站中创建对象所需的相应权限。

新创建的 SharePoint 列表有相同的名称。在操作结束时，Access 数据库中的所有表都已经迁移到 SharePoint 并链接回 Access 应用程序。现在，这些表及其数据由 SharePoint Services 存储和管理。Access 数据库只剩下 SharePoint 网站的逻辑链接。这些表和数据不再存储在 Access 数据库中。

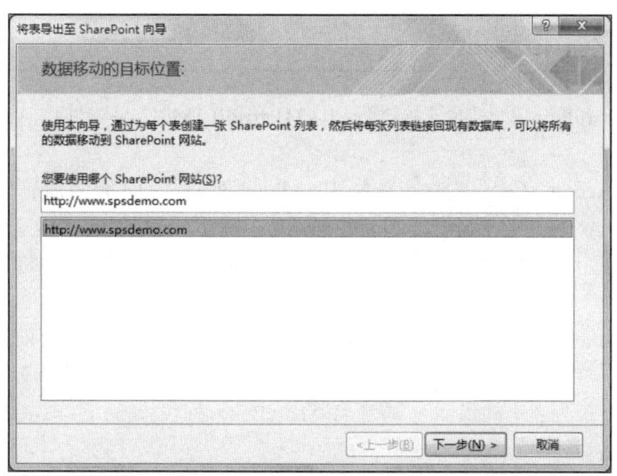

图 32.11　“将表导出至 SharePoint 向导”对话框指定目标 SharePoint 网站

与其他导出过程一样，可以保存导出步骤，以便将来使用。Access 还在执行导出过程之前生成 Access 数据库文件的备份，以便在需要时恢复到之前的状态。

将 Access 表迁移到 SharePoint 之前的注意事项

尝试将 Access 表迁移到 SharePoint 之前，请记住以下事项：

- **如果某个 Access 表名不符合 SharePoint 命名规则，导出可能会失败。**例如，Access 表名可能包含空格以及受限的标点字符，而 SharePoint 表是不包含空格的纯文本。如果导出失败，可能是由于违反了列表命名规则。
- **基于链接表的所有查询、窗体和报表都应该像以前一样正常工作，只有少数例外情况。**由于 Access 与 SharePoint 数据之间的不兼容性，并不是每种 Access 数据类型都可以迁移到 SharePoint。导出过程会在 SharePoint 列表中创建不兼容的字段，但它们会以文本列的形式添加到 SharePoint 列表中，并且保留为空。
- **导出问题在名为“迁移到 SharePoint 网站时出现的问题”的表中报告，每个问题对应一行。**单个 Access 字段可能会在问题表中生成多行。绝大多数导出问题都可以跟踪到数据不兼容性问题。
- **在导出过程中，会向 SharePoint 列表中添加一些在 SharePoint 端进行列表管理所需的字段。**这些字段在 Access 的链接表中可用，但在将表导出到 SharePoint 之前，它们不会包含在基于该表的任何查询、窗体或报表中。表 32.2 列出了这些附加字段。可以利用其中的至少一部分列，但总的来说，它们在 Access 应用程序中没有什么作用。

表 32.2　附加字段

SharePoint 字段名称	数据类型
_OldId	数字(双精度)
Content Type	文本
Workflow Instance ID	文本
File Type	文本
Modified	日期/时间
Created	日期/时间
Created By	文本
Modified By	文本
URL Path	文本
Path	文本
Item Type	文本
Encoded Absolute URL	文本

32.4　使用 SharePoint 模板

在尝试巩固 Access 与 SharePoint 之间的连接过程中，Microsoft 提供了另一种将 Access 应用程序与 SharePoint 集成起来的方法。

这种可选的方法需要在 Access 环境中构建全新的 SharePoint 列表，而不是将现有 Access 表导出到 SharePoint 或者链接到 SharePoint 列表。Access 2019 提供了 SharePoint 列表模板，该模板包含构建 SharePoint 列表需要的所有详细信息，包括列名、数据类型以及其他列表属性。从本质上说，提供模板是为了节省时间，使用户可在 SharePoint 上快速构建新列表。

Access 2019 中的 SharePoint 模板包括很多重要的业务功能：“联系人”“任务”“问题”和“事件”，如图 32.12 的“创建”选项卡所示。此外，“自定义”列表模板(在列表的底部附近)允许将几乎所有 SharePoint 兼容列的组合添加到最初为空白的列表中。下拉列表中的最后一项(现有 SharePoint 列表)提供了与本章前面的“链接到 SharePoint 列表”一节的内容相同的链接功能。

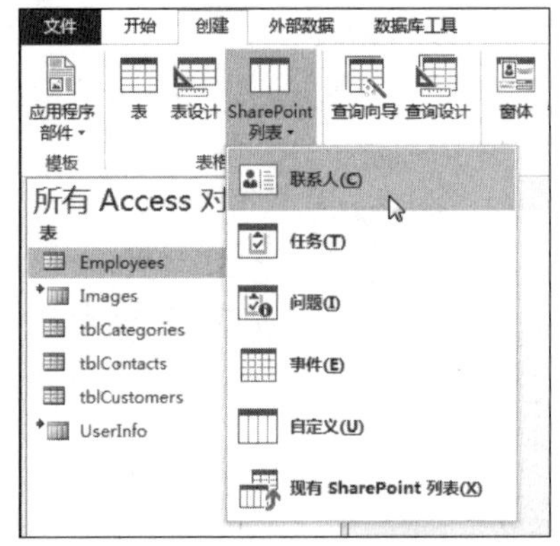

图 32.12　Access 中可用的 SharePoint 列表模板

从 SharePoint 列表模板的下拉列表中选择一项，打开“创建新列表”对话框(如图 32.13 所示)。需要为新列表提供 SharePoint URL 和名称。

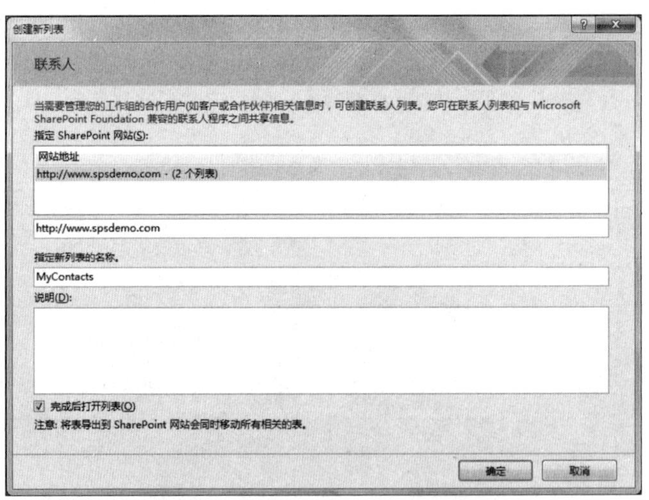

图 32.13　通过 Access 模板创建新 SharePoint 列表时使用的“创建新列表”对话框

注意，在 SharePoint 中创建列表之前无法修改模板。当然，这意味着列表包括预先确定好的列集，每一列都设置为执行列表操作所需的特定数据类型。

在创建新列表时，可能要求提供 SharePoint 凭据。只有具有管理权限，才能将列表添加到 SharePoint 网站，因此，即使可以链接到 SharePoint 列表，仍然有可能无法创建全新的列表。

新创建的列表将以链接表的形式自动添加到 Access 中，其行为方式与其他链接的 SharePoint 列表一样。